Wer Entsorgungsprobleme löst, braucht Köpfchen.

Wir bieten systematische Lösungen für eine umweltbewußte Entsorgung. Wir verfügen in unserem Unternehmen und in unseren Beteiligungsgesellschaften über umfassendes Knowhow im Bereich der Umwelt- und Verfahrenstechnik.

Darüber hinaus steht uns das in der RWE AG vorhandene Potential der verschiedenen Konzernunternehmen zur Seite.

So können wir praktisch für jeden Bereich der Entsorgung optimale Lösungen anbieten: integrierte Konzepte für Entsorgung mit System.

- Abfallentsorgung
- Abwasserreinigung
- Altlastensanierung
- Rohstoffrückgewinnung
- Klärschlammentsorgung
- Sonderabfallentsorgung

RWE Entsorgung AG
Bamlerstraße 61, 4300 Essen 1, Tel. 02 01/3 19 20

RWE Entsorgung
Ideen für die Umweltverantwortung.

NEUERSCHEINUNG

Strategien zur Vermeidung von Abfällen im Bereich der Produkte
LANGLEBIGKEIT UND MATERIAL-RECYCLING

Autor: Walter R. Stahel
1991, 242 Seiten mit 25 Tafeln,
Format DIN A4, kartoniert,
DM 64,- , ISBN 3-8027-2815-7
Bestell-Nr. 2815

Das Genfer Institut für Produktdauer-Forschung hat im Auftrag des baden-württembergischen Umweltministeriums eine Studie erarbeitet. Der nun vorliegende Abschlußbericht will anhand der Grundstrategien »Langlebigkeit« und »Material-Recycling« Wege zur Abfallvermeidung aufzeigen.

Erstmals ist versucht worden, die ganze Breite der Möglichkeiten abzudecken, ohne auf technische oder Vertriebseinzelheiten näher einzugehen. Es werden vielmehr Hemmnisse und ungenutzte Möglichkeiten der Abfallvermeidung aufgezeigt und generelle Vorschläge zu ihrer Überwindung gemacht.

Inhalt

Analyse des Umfeldes
Eine Übersicht über bestehende Dokumente, welche die zwei Grundstrategien direkt betreffen, mit besonderer Berücksichtigung der Bereiche der Fallstudien

- **Bestandsaufnahme** vorhandener und in Arbeit befindlicher Untersuchungen sowie Forschungs- und Entwicklungs-Förderprogramme in der Bundesrepublik Deutschland und Europa.
- **Einschlägige Gesetze, Verordnungen und Regelungen** auf EG- und Bundesebene

Definition und Umsetzung der Grundstrategien

- **Generelle Ansätze zur Lösung**

- **Fallstudien**
  ○ Elektrowerkzeuge (schadstoffarme Kleingeräte) in Zusammenarbeit mit: Robert Bosch GmbH,
  ○ Waschmaschinen (schadstoffarme Großgeräte) in Zusammenarbeit mit: Zanker GmbH und Electrolux Wäschereimaschinen GmbH,
  ○ Personal Computer (elektronische Büro- und Haushaltsgeräte) in Zusammenarbeit mit: Siemens-Nixdorf Informationssysteme AG
- **Aufzeigen von Hemmnissen** (Auswertung der Fallstudien)
- **Bisher ungenutzte Möglichkeiten der Abfallvermeidung** (Auswertung der Fallstudien)

Erkenntnisse, Folgerungen, Vorschläge

Schrifttum und Quellen

Glossar

BESTELLSCHEIN
Bitte einsenden an Ihre Fachbuchhandlung oder an den

Ja, senden Sie mir (uns) gegen Rechnung:
.................Exempl. »LANGLEBIGKEIT UND MATERIAL-RECYCLING«
Bestell-Nr. 2815, Preis je Exemplar DM 64,-
Die Zahlung erfolgt sofort nach Rechnungseingang.

Name / Firma ....
....
....

VULKAN-VERLAG GmbH
Postfach 10 39 62

Anschrift ....
....
....

4300 Essen 1

Bestell-Zeichen/Nr./Abteilung ....

Datum/Unterschrift ....

ABFALL-
WIRTSCHAFT
UND
RECYCLING

E. Keller / W. Schenkel
(Herausgeber)

ABFALL-WIRTSCHAFT UND RECYCLING

VULKAN-VERLAG ESSEN

Die Deutsche Bibliothek — CIP-Einheitsaufnahme

Abfallwirtschaft und Recycling / Hrsg. und wiss.-technische
Leitung: E. Keller; W. Schenkel.
Essen: Vulkan-Verl., 1992
   ISBN 3-8027-2811-4
NE: Keller, Egon [Hrsg.]

Das Werk ist urheberrechtlich geschützt. Die dadurch begründeten Rechte, insbesondere die der Übersetzung, des Nachdrucks, der Entnahme von Abbildungen, der Funksendung, der Wiedergabe auf photomechanischem oder ähnlichem Weg und der Speicherung in Datenverarbeitungsanlagen bleiben, auch bei nur auszugsweiser Verwertung, vorbehalten.

© Vulkan-Verlag, Essen — 1992

Printed in Germany

Die Wiedergabe von Gebrauchsnamen, Handelsnamen, Warenbezeichnungen usw. in diesem Werk berechtigt auch ohne besondere Kennzeichnung nicht zu der Annahme, daß solche Namen im Sinne der Warenzeichen- und Markenschutz-Gesetzgebung als frei zu betrachten wären und daher von jedermann benutzt werden dürften.

Inhalt

E. KELLER
Vorwort IX

1 Abfallwirtschaft im zukünftigen Europa

N. RETHMANN
Entsorgungsstruktur in Europa 2

K. RUDISCHHAUSER
Die Abfallwirtschaftspolitik der Europäischen Gemeinschaft — Umweltpolitik im
Vorfeld des Binnenmarktes 4

W. SCHENKEL
„Abfallwirtschaft im Europäischen Binnenmarkt — Fragen an die EG" 7

E. STAUDT
Binnenmarkt-Chancen und Grenzen für die Entsorgung von Reststoffen und Abfällen 12

H.-J. PAPIER
Einführung in die Rechtsfragen der Sonderabfallentsorgung 15

2 Abfallrecht

G. FELDHAUS
Abfallvermeidung und -verwertung
Stoffpolitische Zielvorstellungen der Bundesregierung für das Immissionsschutz-
und Abfallrecht 20

M. SCHEIER
Rechtsprobleme im Spannungsverhältnis zwischen Reststoffverwertung und
Abfallvermeidungsgebot 24

B. VAN DER FELDEN
Die Umweltverträglichkeitsprüfung und das abfallrechtliche Planfeststellungsverfahren 28

R. ERICHSEN und CL. RÜSING
Auswirkungen neuer abfallrechtlicher Regelungen auf die Entsorgungspraxis 32

3 Vermeidung und Verwertung von Abfällen und Reststoffen. Beispiele aus Industrie und Gewerbe

P. BACHHAUSEN
Reststoffe/Rückstände aus der Lackverarbeitung — Verwertung/Entsorgung — 38

H. KRAEF
Distribution und Entsorgung von halogenhaltigen und halogenfreien Lösemitteln 41

E. FREUNSCHT und A. RUDOLPH
Konzeption einer modernen Heißwind-Kupolofenanlage 44

M. BECKMANN
Aufarbeitung von Aluminiumsalzschlacken in Nordrhein-Westfalen 51

I. CELI und A. CELI
Rückgewinnung von Metallen aus Problemabfällen 57

R. RIESS
Kunststoff-Recycling und -Entsorgung 58

K.-H. PITZ
ORFA-Verfahrenstechnologie zur Sortierung und Aufbereitung von Siedlungsabfällen 63

H. O. HANGEN
Techniken der Bioabfallkompostierung 67

H. OFFERMANN
Stand und Aussichten des Baustoff-Recyclings 72

F. TETTINGER
Die Abfallbörse der Industrie- und Handelskammern als Beitrag zum Recycling 77

4 Konzepte und Instrumente für eine integrierte Abfallentsorgung

H. KRÄMER
Die Entsorgungswirtschaft als High-Tech-Branche 80

M. POPP
Integrierte Entsorgungskonzepte 82

N. KOPYTZIOK
Instrumente der Abfallvermeidung 90

W. LOSCHELDER
Abfallwirtschaftskonzepte der Kreise und kreisfreien Städte und ihre Durchsetzung;
Möglichkeiten der Abfallberatung und der Einflußnahme auf die Beschaffung umwelt-
verträglicher Güter durch die öffentliche Hand 92

U. LAHL und A. WIEBE
Das Bielefelder Abfallwirtschaftskonzept
— ein Zwischenbericht aus der Realisierungsphase — 99

E. v. PERFALL
Integrierte Entsorgungskonzepte im Steinkohlenbergbau
Betriebsmittel und Reststoffe im Kreislauf 104

W. R. STAHEL
Technische Langzeit-Systeme als Beitrag zur Abfallvermeidung 106

A. WIEBE
Kommunale Steuerungsinstrumente für eine ökologische Abfallwirtschaft 113

5 Abfallverbrennung und Reststoffverwertung

B. KASSEBOHM und G. WOLFERING
Aktivkoksverfahren zur weitergehenden Abgasreinigung 118

K. KÜRZINGER
Zukunftsweisende Rauchgasreinigungstechnik für MVA's mit extrem niedrigen Emissionen
und wiederverwertbaren Reststoffen 127

H. HÖLTER
Herstellung von Baustoffen unter Verwendung trockener Reststoffe aus Abfallverbrennungsanlagen UTR-Verfahren 129

W. CICHON und M. STEGER
Einsatz von Wirbelschichtfeuerung und Entgasung für die thermische Behandlung und
Verwertung von Klärschlamm 131

A. TOUSSAINT
Verwertung von Aschen aus der Abfallverbrennung 149

D. SCHNEIDER
„Sonderabfallverbrennung mit Rückstandsbehandlung" 154

B. STEGEMANN und R. KNOCHE
Emissionsminderung in der thermischen Abfallverwertung
Verfahren und Möglichkeiten der Rauchgasreinigung und Rückstandsbehandlung 163

H. OBERS
Thermische Verwertung kommunaler Klärschlämme 175

H. VOGG
Produkte der Rauchgasreinigung — offenes Endproblem der Abfallverbrennung 180

6 Abfallablagerung

C.O. ZUBILLER
Auswirkungen der TA-Abfall auf die Sonderabfalldeponierung 188

K. STIEF
Planung, Bau und Betrieb von Deponien nach TA Abfall 192

R. STEGMANN
Abbau- und Umsetzungsprozesse im Deponiekörper 198

W. WEGENER
Die Bergwerksdeponie Heilbronn — Endlagerung für Rauchgasrückstände 206

W. LEUCHS
Untersuchung von Abfällen und Rückständen zur Beurteilung bei der Ablagerung und Verwertung 210

P. SPILLMANN
Schrittweise Optimierung der Restmüllbeseitigung durch Kombination biologischer
und thermischer Verfahren 215

H.-G. RAMKE und M. BRUNE
Ergebnisse von Untersuchungen zur Funktionsfähigkeit von Entwässerungssystemen
bei Hausmülldeponien 221

7 Aspekte der Abfallwirtschaft in Ostdeutschland

H.-H. SEYFARTH
Bilanz der Abfallwirtschaft in der DDR am Beispiel einer Region 240

E. GARBE und G. SCHRÖDER
Abfallentsorgungs- und Altlastenprobleme im Bundesland Sachsen-Anhalt 245

Autorenverzeichnis 248

Stichwortverzeichnis 251

Vorwort

Кто опоздает, того наказывает жизнь
(Wer zu spät kommt, den bestraft das Leben!)

Michael Gorbatschow, Berlin-Besucher aus Moskau, erinnerte seine Gastgeber an diese Überlebensregel in jenem Herbst 1989, der wie in einem tektonischen Beben eine politische und wirtschaftliche Verkrustung mitten in Europa aufbrechen sah: Offenkundig waren einige Verantwortliche zu spät gekommen und wurden vom Leben bestraft.

Roger Bruge, Berlin-Besucher aus Troyes (Champagne) und Veteran der 3. Schwadron des 2. Spahi-Regimentes, das am 14. November 1945 — also fast auf den Tag genau 44 Jahre zuvor — den französischen Sektor in Berlin als 'Besatzer' übernahm, schrieb noch in der Nacht des 9. November 1989 aus Paris an den Verfasser, um ihm seine Freude über die Bilder des französischen Fernsehens zu sagen, das die Berliner beim Überklettern der Mauer zeigte.

Jene Gefühle der Freude über die Öffnung nicht nur der Mauer — sondern ganz Europas — sind heute einer Nachdenklichkeit gewichen, in manchen Fällen auch einem Erschrecken über die Folgen von Jahrzehnten der Rücksichtslosigkeit im Umgang mit den Menschen und ihrer Umwelt. Das ökologische Desaster im Raum Halle-Merseburg-Bitterfeld oder im oberschlesischen Notstandsgebiet um den Industrieballungsraum von Katowice zeigt die Grenzen der Belastbarkeit der Umwelt ohne ML-Schminke. Diese traditionsreichen Industriestandorte mitten in Europa strahlen heute den Charme von ökologischen Ausnüchterungszellen aus: Die Narrenkappe der Ideologie ist abgerissen, die Wände sind verschmiert mit Menetekel-Grafitti.

Freilich wurden Menetekel-Botschaften nicht nur dort zu spät erkannt, wo man unter 'ML' eben Marxismus und Leninismus lehrte, sondern auch dort, wo man darunter eher Marketing und Logistik vermuten mußte.

1 Zeitgeschichtlicher Hintergrund

Auf beiden Seiten dieser Europa teilenden Demarkationslinie waren — geblendet durch die Lockungen des wirtschaftlichen Wachstums und der dafür entwickelten technisch-industriellen Lösungen in einer auch politisch geförderten Dynamik — gewaltige Stoffströme in Bewegung gesetzt worden, die sich von der Rohstoffgewinnung über großtechnische Produktionsprozesse zum Massenkonsum drängten. Daß zwangsläufig ungeheure Abfallströme die Folge waren, war den Planern erst zu spät bewußt geworden: Was interessierte, war 'Planerfüllung in der Produktionsschlacht' (Ost-Jargon) bzw. 'Marktanteile' (West-Jargon), also die Schokoladenseite der Industrialisierung. Den Begriff 'Abfallwirtschaft' kannten beide Seiten nicht.

Beiden war nicht bewußt, daß Abfallwirtschaft die Kehrseite jedes Wirtschaftssystems ist.

Dem Trugbild des seit 1917 für die kommunistische Utopie keuchenden Kämpfers — 'Brüder, zur Sonne empor!' — schien der Westen das Märchenbild vom unbegrenzt quellenden süßen Brei und vom Schlaraffenland entgegenzusetzen.

Im Osten Europas brach schon zu Lenins Lebzeiten jene planwirtschaftliche Besessenheit aus, die aus Russlands 'heiliger Erde' in revolutionärer Rücksichtslosigkeit die industrielle Machtbasis der Sowjetunion machen sollte. Etwas Gegensätzlicheres als das Leitbild vom 'Ökobauern' in einer Heilen Grünen Welt und dem Lenin'schen crash program der Sowchosen und Kolchosen ist kaum vorstellbar. Hinzu kamen jene industriellen Komplexe in den nur landwirtschaftlich oder überhaupt noch nicht intensiv genutzten Gebieten des alten Zarenreiches. Die gnadenlose Verseuchung jener Flächen in den Staaten der Gemeinschaft Unabhängiger Staaten (GUS) schreit heute nach Hilfe aus dem Westen.

Ein Lichtblick: Vom 24.–27. Februar 1992 hat das INFU Institut für Umweltschutz der Universität Dortmund, ein Partner der ECOSYSTEM-Gruppe, unter dem Dach der UNO in der Internationalen Konferenz über 'Umrüstung als Chance für Entwicklung und Umwelt' ('Conversion — an Opportunity for Development and Environment') mit starker Beteiligung von Fachleuten aus der GUS die Problematik aufgegriffen, die sich aus der Bodenverseuchung durch die gewaltigen Rüstungskomplexe besonders in den GUS-Staaten wie in den neuen Bundesländern ergibt. Das Fehlen jeglicher Abfallwirtschaftskonzepte über Jahrzehnte hatte gewaltige Rüstungsaltlasten verursacht. Jetzt sollte die Chance aufgezeigt werden, durch eine gezielte Übertragung von Arbeitsplätzen auf nichtmilitärische Felder auch zu einer für den Osten wie den Westen nützlichen Doppelstrategie zur Sanierung und dem Flächenrecycling derartig verseuchter Areale zu gelangen.

Die weltweite politische Aktualität zu Beginn der 90er Jahre solcher Fachkonferenzen für zukunftssichernde Abfallwirtschafts- und Recyclingkonzepte zeigte die Teilnahme nicht nur von Vertretern des NATO-Hauptquartiers oder der 'Fachvereinigung für die Friedliche Nutzung von Rüstungstechnologie' der Volksrepublik China, Peking, oder des 'Ausschusses für Militärproduktion und Umrüstung', St. Petersburg, wie eines Vertreters von Eduard Schewardsnaze, Moskau, sondern auch von deutschen Spitzenpolitikern wie Prof. Dr. Klaus Töpfer (Bundesminister für Umwelt, Naturschutz und Reaktorsicherheit, Bonn) und Johannes Rau, Ministerpräsident von Nordrhein-Westfalen. Die Konzentration von umwelttechnischen Potentialen im industriellen Ballungsraum allein dieses Bundeslandes — das Ruhrgebiet ist eines der Kraftfelder der Weltwirtschaft — begründet auch Erwartungen auf jenen Technologiesprung im Entsorgungsbereich, der gerade im Märchenland des süßen Breis angesichts seiner enormen Verpackungsmengen gefordert wird. Solche Technologiesprünge werden im Dreijahresrhytmus von der ENVITEC in Düsseldorf, einer weltweit maßgeblichen Fachmesse für Umwelttechnik aufgezeigt. Solche Veranstaltungen helfen auch im Bereich der Abfallwirtschaft und des Recycling den Blick zu weiten.

Wozu eine Blickeinengung über Jahrzehnte führen kann, zeigten auf der westlichen Seite, wo Marketing und Logistik Haushaltsvokabel des homo oeconomicus waren, jener schlimme Werbeslogan vom 'Ex-und-hopp' und das sorglose Wunschdenken, daß zur Beseitigung der Abfallströme, die auf ihre durch Siedlungs- und Produktionsdichte z.T. bereits hochbelasteten Territorien niederprasseln, gefälligst die 'Anderen', z.B. Staat oder Stadt zu sorgen hätten. Die vox populi nahm dankbar den Begriff von der 'Entsorgung' in ihren Wortschatz auf, der den Brüdern Grimm noch nicht geläufig war.

Das war noch im Jahr der planetarischen Zeitenwende, als Neil Armstrong seinen Riesensprung für die Menschheit tat, indem er im Juni 1969 seinen Fuß auf den Mond setzte.

Nicht nur unter dem Eindruck vom 'begrenzten Raumschiff Erde' entstand zu jener Zeit in den USA unter den Fachleuten aus Industrie und behördlichem Gesundheitswesen (eine Bundesbehörde für Umweltschutz 'Environmental Protection Agency', EPA wurde in Washington im Folgejahr geschaffen) die Hinwendung zum umwelt- und ressourcenschonenden Umgang mit den bislang unbegrenzt empfundenen Schätzen dieses riesigen Landes zwischen Atlantik und Pazifik. Die Amerikaner hatten diesen Ansatz aus der Praxis der Schrottwirtschaft und der Großchemie übernommen, wo eine solche 'Mehrfachnutzung durch Kreislaufführung von Ressourcen' schon aus wirtschaftlichen Gründen sinnvoll erschienen ist. Diesem ökologischen wie technologischen 'new deal' gaben sie in Behörden-Amerikanisch den Namen 'Resource Recovery', die Praxis in den USA nannte es 'Recycling'.

Die wirtschaftliche Erfolgsstory des kapitalistischen Systems des Westens hatte im Fall der Bundesrepublik Deutschland ein Vorweismodell: Hier hatte man ein im Vergleich zur Mitleid erregenden Stümperei des real existierenden Sozialismus im Osten geradezu triumphal erfolgreiches politisches Leitbild entworfen, die 'soziale Marktwirtschaft'.

In diesem System hatte der Staat sich nicht wie in der Planwirtschaft in die Einzelreglementierung von wirtschaftlichen Abläufen einzumischen. Seine Aufgabe war vielmehr, die 'großen Ziele', also auf volkswirtschaftlicher oder umweltpolitischer Ebene, möglichst mit vernünftigen Zeithorizonten und nicht in schädlichem Reglementierungseifer, hoheitlich vorzugeben und ihre Erfüllung zu überwachen. Ihre bestmögliche Verwirklichung sollte den Marktkräften überlassen bleiben. Es ist ja eine Binsenwahrheit, daß man in der Industrie (Typ: Verfahrensingenieur für Betriebsanlagen) von technisch-wirtschaftlichen Optimierungsaufgaben mehr versteht als die hoheitlich eingesetzte Verwaltung (Typ: Referent für Veranlagungsverfahren eines Finanzamtes, also auch ein 'Verfahrensexperte').

Als mit dem Beginn der 70er Jahre in einigen Industrieländern das Bewußtsein um die Verschlechterung ihrer Umweltbedingungen — konkret in den Hauptbereichen Luft — Wasser — Abfall — zu gezieltem politischem Handeln drängte, war die Bundesrepublik Deutschland unter den ersten Staaten, die solche hoheitlichen Ziele in einem politischen 'Umweltprogramm' konkretisierten.

Dies geschah im Bereich der Abfallwirtschaft im politisch gewollten Zusammenwirken zwischen Staat, Wissenschaft und Wirtschaft mit der systematischen Erarbeitung eines 'Abfallwirtschaftsprogramms' der Bundesregierung. Es wurde in Bonn zum 1. Oktober 1975 (daher abgekürzt AWP '75) verkündet und ist seither zu einem Erfolgsmodell für wirksames politisches Handeln im Rahmen einer Marktwirtschaft geworden.

Es hatte den kategorischen Imperativ der Abfallwirtschaft aufgestellt:

> Abfallvermeidung geht vor Abfallverwertung (Recycling)
> Abfallverwertung geht vor Abfallbeseitigung.

Das AWP '75 hat gerade der Erforschung und Entwicklung neuer Techniken und Methoden der Abfallwirtschaft starke Impulse gegeben, die weit über das 'Geburtsland' Deutschland reichen und in Zukunft große Hoffnungen auf einen Technologietransfer im Europa der neuen Dimensionen begründen. Sie sind eine der technischen Voraussetzungen zur 'ökologischen Erneuerung der Abfallwirtschaft', wie sie das Europäische Parlament am 20. November 1991 in den Worten seines Berichterstatters Karl-Heinz Florenz vom Umweltausschuß des EP politisch gefordert hat.

In der Tat bleiben noch soviele Hausaufgaben für Staat, Wissenschaft und Wirtschaft zu erledigen, daß auch für die umweltbewegten Deutschen ihr AWP '75 keineswegs als immergrüner Lorbeerkranz oder gar als Vorwand für das Einlegen eines abfallpolitischen Kriechgangs gelten kann.

Unser hier vorgelegtes Jahrbuch 1992 soll gerade auch dieses umweltpolitische und umwelttechnische Tor zu dem größer gewordenen Europa weiter öffnen helfen. Es soll dazu beitragen, unsere im Westen gewonnenen Erkenntnisse und unser technisches und organisatorisches knowhow auf den Feldern der Abfallwirtschaft und des Recycling (auch zur Verhütung späterer Altlasten) besonders unseren Nachbarn in der Mitte und im Osten Europas bereitzustellen.

Das mag altruistisch klingen, dient aber sehr wohl auch den Eigeninteressen der 'Hightech-Länder des Umweltschutzes'. So geben auch die skandinavischen Nachbarn Schweden und Finnland zweckbestimmte Hilfsbudgets an Polen zur umwelttechnischen Sanierung von Oder und Weichsel, die in die gemeinsame flache 'Badewanne' Ostsee eintragen. Ein gemeinsames Ökosystem zwingt seine Mitglieder zu rechtzeitigem (und abgestimmtem) Handeln — sonst siehe Gorbatschows Warnung!

Mit dem end-of-the-pipe-Ansatz des punktuellen Umweltschutzes in der frühen Phase der 'Blaulicht-Einsätze', als man erst eingriff, wenn es schon brannte, und man vom 'Vorsorgeprinzip' in der Umweltdiskussion zu schwärmen anfing, erreichte man keine durchgreifende Umweltentlastung: Umweltschutz muß ökosystemar ansetzen, also systemumfassend und dazu vorsorglich, also im Gorbatschowschen Sinne 'nicht zu spät kommend'.

Abfallwirtschaft als ein zentraler Handlungsraum des Umweltschutzes wie der Wirtschaftspraxis jedes Landes muß daher als ein vernetztes System begriffen werden. Das erfordert Bestandsaufnahmen und Lösungsentwürfe über einen punktuellen Ansatz hinaus, wenngleich die Fachleute wissen, daß das unbedingt auch die wirksame Lösung der sogenannten 'technischen Details' erfordert, in denen bekanntlich der Teufel steckt.

Wirksame Lösungen von Problemen der Abfallwirtschaft erzielt man erst über integrierte Ansätze. Unser Jahrbuch zeigt hierzu einige praxisnahe neue Erkenntnisse und konkrete Lösungsbeispiele auf.

So ist auch die vom Freistaat Sachsen ausgehende Idee eines Regionalprogrammes zur Wiederherstellung einer gesunden Umwelt im Dreiländereck Sachsen-Böhmen-Schlesien wegweisend — auch für die Erarbeitung von regionalen Abfallwirtschaftskonzepten gerade im ökologisch erneuerten Europa der neuen Dimensionen.

Systemorientiertes wie grenzübergreifendes Denken ist also der erste Schritt auf dem Weg zur ökologisch erneuerten Abfallwirtschaft für Europa, gerade in seinen seit dem Herbst 1989 erweiterten Dimensionen. Dieses Denken beginnt vor der eigenen Tür und sollte im ganzen europäischen Haus zu rechtzeitigem Handeln beitragen.

Über diesen gesamtpolitischen Rahmen hinaus wird ein solcher — für das volkswirtschaftlich wie ökologisch bedeutende Feld der Abfallwirtschaft und des Recycling — anzustrebender Technologietransfer quer durch Europa auch jenen weltwirtschaftlich wie volkswirtschaftlich willkommenen spin-off bringen, daß er den Gebenden (im wesentlichen also den Hightech-Ländern des Umweltschutzes im Westen) neue Marktchancen für ihre im Osten und in anderen Ländern mit Nachholbedarf im Umweltschutz dringend benötigten qualifizierten Leistungen und Lieferungen eröffnet.

Welche Stichwörter sollte man sich heute zum Kehren vor der eigenen Tür — am Beispiel Deutschlands — merken, und wie sehen einige Randbedingungen — organisatorische oder finanzielle — für den geforderten Technologietransfer auf dem Feld von Abfallwirtschaft und Recycling in Europa aus?

2 Stichwörter der heutigen Diskussion um Abfallwirtschaft am Beispiel des EG-Mitglieds Deutschland

Die heutige Praxis der Abfallwirtschaft in Deutschland, einem der Kernländer der Europäischen Gemeinschaft, und der in diesem Land erreichte organisatorische wie technische Status des Recycling als einem tragenden Element der Abfallwirtschaft spiegeln die Anstrengungen wider, die über Jahrzehnte, ganz gezielt seit Verkündung des AWP '75 von Politik, Wirtschaft und Wissenschaft unternommen wurden.

Praxis und technischer Status brauchen einen internationalen Vergleich nicht zu scheuen. Aber auch hier ist dem kritischen Beobachter deutlich, wie abwegig der Gedanke wäre, daß am deutschen Wesen auch nur die Abfallwirtschaft der Welt genesen sollte.

Die Diskussion um die Verbesserung der heutigen Praxis ist in der Fachwelt lebhaft und dort, wo auch politische Töne mitklingen, zuweilen bissig (zumindest wadenbeißerisch).

Wer sich beruflich auch für globale Entwicklungen der Umwelt- und Ressourcensicherung einsetzt, stellt fest, daß die Deutschen sich auch in Fragen der Abfallwirtschaft gelegentlich ziemlich weit im Vorfeld befinden, dort wo es um Konzepte oder Techniken zur Lösung von Problemen geht, die in anderen Ländern z.T. noch gar nicht als politisch spürbare Probleme aufgetreten sind oder als solche noch nicht erkannt wurden (Stichwort 'Phasenverschiebung bei Bedürfnispyramide und Problembewußtsein' verschiedener Länder). So strebt man hierzulande z.T. schon die Perfektionierung von Lösungen für Probleme einer Überflußgesellschaft an, die andere Gesellschaften zum Stoßseufzer verleiten mögen 'Ach, wenn wir nur die Probleme der Deutschen erst mal hätten!'

Solche Seufzer sind um so eher zu verstehen, je weiter man vom märchenhaften Status der süßen Brei-Sättigung entfernt ist.

Es fällt auf, daß in Deutschland eine Diskussion auf Touren (auch der Rotationspresse) gekommen ist, wie die Eindämmung der von einer Überflußgesellschaft selbst erzeugten Flut von Verpackungsabfällen am besten zu erreichen sei. Es zwingt zu gezieltem Handeln, wenn in einem Land mit dem auch nach seiner Vereinigung nicht riesigen Raum wie Deutschland in einem einzigen Jahr 100 Milliarden Verpackungsbehältnisse den Abfallstrom aufquellen lassen. Ein für Deutschland und aus vielen Gründen auch für die Europäische Gemeinschaft unbestreitbar aktuelles Thema — für ein Land wie Uganda ist es (noch) keins!

Weil hierzulande auch im öffentlichen Bereich fast alles 'gründlich' gehandhabt wird, genügt ein Blick auf die in schnellem Fluß befindliche Entwicklung der abfallrechtlichen Veröffentlichungen. Dieser Bereich ist für die Praxis so wichtig, daß unser Jahrbuch ihm ein volles Kapitel widmet (Kap. 2 Abfallrecht).

Hierzu zunächst die Stichwörter 'Verpackungsverordnung' und 'Duales System Deutschland (DSD)':

Zur Verpackungsverordnung:

Die Verpackungsverordnung ('Verordnung über die Vermeidung von Verpackungsabfällen / Verpackungsverordnung / VerpackV') vom 12. Juni 1991, Bundesgesetzblatt Teil I, Seiten 1234–1238) ist seit dem 1. Dezember 1991 in Kraft und macht als 1. Schritt die Rücknahme von 'Transportverpackungen' zur Pflicht. Als zweiter Schritt gilt ab 1. April 1992 die Pflicht zur Rücknahme der 'Umverpackungen'. Als 3. Schritt gilt ab 1. Januar 1993 die Rücknahmepflicht für 'Verkaufsverpackungen'.

In den Worten von Jakob Jobst, der als Chefredakteur des 'Umweltmagazins' seit Jahrzehnten ein kritischer Beobachter der umweltpolitischen und umwelttechnischen Entwicklung gerade Deutschlands ist, 'ist noch nicht sicher, ob die Verpackungsverordnung bei den Bürgern und Konsumenten die breite Akzeptanz findet, die notwendig ist, um die mit dem Gesetz angestrebte umweltschonende Abfallwirtschaft zu erreichen'. ... Das 'Duale System Deutschland' (DSD), mit dem die Verpackungsordnung umgesetzt werden soll, ist in der breiten Öffentlichkeit derzeit noch viel zu wenig bekannt. Es gibt erhebliche Zweifel, ob die Erfassung und Verwertung von Verpackungsabfällen flächendeckend sichergestellt werden kann.

Praktische Hilfe bei der Umsetzung der abfallwirtschaftlichen Normen geben häufig die Industrie- und Handelskammern. So hat die IHK zu Düsseldorf bereits im Dezember 1991 ein 'IHK Spezial' zur Verpackungsverordnung herausgebracht, das umfassend und übersichtlich für den Praktiker die vom Gesetzgeber abgestrebte Entlastung der Umwelt erläutert, der sinnvolle erste Schritt zur wirksamen Realisierung.

Kennzeichnend für den nach dem 1. Dezember 1991 einsetzenden Erläuterungsbedarf der Praxis sind Fachseminare: Als Beispiel das am 29. April 1992 in München und am 18. Mai 1992 in Düsseldorf vom Institute for International Research veranstaltete Seminar zur Entsorgung von Transportverpackungen. Laut IRR stehen Experten aus Industrie und Handel, die unmittelbar mit der Entwicklung entsorgungslogistischer Konzepte befaßt sind, zusammen mit dem Leiter des Referates 'Vermeidung und Verwertung von Abfallmengen' (Dr. Thomas Rummler) im Bundesministerium für Umwelt, Naturschutz und Reaktorsicherheit zum Bericht und zur Diskussion zur Verfügung. Die Aktualität und die Breite der Thematik zu diesem Stichwort zeigen Gliederung der Einzelvorträge und Kaliber der dafür gewonnenen Organisationen:

Entsorgung von Transportverpackungen aus der Sicht der Industrie
Dipl.-Wirtschaftsing. Theo Janschuk, Leiter Hauptabteilung 'Marketingsystem', Henkel KGaA, Düsseldorf

Entsorgung von Transportverpackungen und die Situation des Handels
Dr. Günther Schulte, stv. Hauptgeschäftsführer, Zentralverband Gewerbliche Verbundgruppe (ZGV) eG, Bonn

Resy — das Entsorgungssystem für Transportverpackungen
Dr. Uwe Schwarting, Geschäftsführer, Resy Organisation für Wertstoff-Entsorgung GmbH, Darmstadt

Das VfW-Entsorgungssystem
Hans-Günther Fischer, Geschäftsführer der Vereinigung für Wertstoffrecycling GmbH, Köln

EPSY — Entsorgung von Transportverpackungen aus Styropor
Wolfram Dölker, Mitglied der Geschäftsleitung, Storopack Umweltservice, Metzingen und Vorsitzender des Arbeitskreises Umwelt des Industrieverbandes Verpackung und Folien aus Kunststoff eV (IK), Frankfurt

FAF — die europäische Verantwortung
Volker Wiese, Geschäftsführer, FAF Folienverwertungsgesellschaft, Düsseldorf und Marketing und Sales Manager, Mobil Plastics Europe, Virton (Belgien)

Der Spediteur als Partner von Versendern und Verwertungsbetrieben
Hans Rohde, Geschäftsführer, TNT Express GmbH, Troisdorf

Praxisorientierte Mehrwegsysteme (POM) in der Lebensmitteldistribution
Peter Zimmermann, Leiter Marketing, Chep Deutschland GmbH, Köln

Den Informationswert für die Wirtschaft verdeutlicht die Praxisnähe von Referenten wie Tagungsvorsitzendem (RA Dieter Löhr, Hauptgeschäftsführer, Markenverband eV, Wiesbaden).

Das rege Interesse der Wirtschaft an der Umsetzung der Verpflichtungen für Transportverpackungen aus der VerPackV bezeugte auch das Engagement des DIHT (Deutscher Industrie- und Handelstag) als Spitzenverband, dessen Umweltschutzausschußsitzung vom 12. November 1991 eine Übersicht der Modelle gab, die in Deutschland zur Umsetzung der VerpackV durch die Praxis entwickelt wurden:

1. Modell 'Rücknahme und Verwertung von Transportverpackungen' (RVT).

Markenverband, Bundesvereinigung der deutschen Ernährungsindustrie, ZVEI, VDMA und Rat des Handels haben gemeinsam ein Konzept/Modell für die Rücknahme und Verwertung von Transportverpackungen (RVT) aus Pappe/Papier und Kunststoffen entwickelt, das als gesamthaftes Entsorgungsmodell für gebrauchte Transportverpackungen auch für weitere Industrie- und Handelskreise Geltung erlangen könnte. Dieses Modell regelt den Bereich Industrie-Handel (nicht den Bereich Industrie-Industrie).

2. Recyclingsystem (RESY).

Im o.g. RVT-Modell wäre RESY ein integrativer Bestandteil insbesondere im Pappe- und Wellpappen-Bereich. Da das Gesamtmodell bisher gescheitert war, hat RESY ein eigenständiges, funktionsfähiges System zur Rückführung und Wiederverwertung von gebrauchten Transportverpackungen aus Papier und Wellpappe ab dem 1. Dezember 1991 wie auch eine gesamthafte Entsorgung angeboten.

Die Verwertungsgarantie erfolgt durch VPWP- und VfW-Mitglieder (s. Punkt 3!). Die Abnahmegarantie erfolgt durch VfW-Mitglieder für die mit dem RESY-Symbol gekennzeichneten Transportverpackungen aus Papier und Wellpappe. Die Garantie über die Recyclingfähigkeit erfolgt über die VDW-Mitglieder für die mit dem RESY-Symbol gekennzeichneten Transportverpackungen aus Papier und Wellpappe.

Die Vorfinanzierung erfolgt über die Packmittelhersteller (Wellpappenindustrie) und Importeure, RESY übernimmt daher keine Entsorgungskosten, sondern ist organisationstechnischer Zusammenschluß der Hauptbeteiligten.

Fazit: Ab 1. Dezember 1991 arbeits- und leistungsfähig.

3. Vereinigung für Wertstoffrecycling GmbH (VfW).

Die VfW als Zusammenschluß von Entsorgungsunternehmen des Bundesverbandes Papierrohstoffe (bvP) bietet eine Gesamthaftentsorgung gebrauchter Transportverpackungen ab dem 1. Dezember 1991 an. Dies gilt für gebrauchte Transport- und Umverpackungen aus Wellpappe, Kartons, Kunststoffen, Styropor und Holz. Diese Vereinigung ist integrativer Bestandteil von RESY; die zusammengeschlossenen Unternehmen sind arbeits- und leistungsfähig.

4. Gesellschaft für Papier-Recycling mbH (GesPaRec).

Am 3. September 1991 in Frankfurt von der deutschen Papierindustrie gegründet ... Aufgabe, Gegenstand und Ziel dieser Gesellschaft ist die gesamthafte Entsorgung von Altpapier im Rahmen der gesetzlichen Verpflichtung für Transportverpackungen in der VerpackV sowie anstehenden Altpapier-VO. Gesellschafter sind die Deutschen Papierfabriken (80 %), der Altpapierhandel (Vereinigung für Wertstoffrecycling GmbH) und als beratendes Verhältnis der Interseroh AG. Geschäftsführer ist RA B. Böcking.

Finanziert wird dieses System durch die deutsche Papierindustrie und entsprechende Importeure durch einen Zuschlag pro Tonne verkauften Papiers, der dann über die nachfolgenden Wirtschaftsstufen im Preis überwälzt wird. Die Entsorgung erfolgt durch die Beauftragung von Entsorgungsunternehmen mittels Lizenzvergabe. Ein entsprechendes Entsorgungssymbol auf Papier soll angebracht werden.

5. Rücknahme und Verwertung von Holzpackmitteln und Paletten.

Die deutschen Hersteller von Holzpaletten haben sich bereiterklärt, ab dem 1. Dezember 1991 sämtliche gelieferten Paletten und Kisten zurückzunehmen. Hierzu werden die derzeit bestehenden 100 Annahmestellen bundesweit kurzfristig auf 150 erhöht. Gebrauchte Paletten und Kisten werden in jeder Menge zurückgenommen, durch Lkw-Fuhren bei großen Mengen und einem spezifischen Abholsystem bei kleineren Mengen. Rücknahme und Verwertung werden über die 'Verwertungsgesellschaft für Holzpackmittel und Paletten mbH' (VHP) organisiert.

Die Entsorgungsgebühr auf Basis von Annahmepreisen beträgt voraussichtlich 200—250 DM pro Tonne.

6. WGA-Entsorgungssystem

Im Rahmen der bestehenden WGA-Außenhandelsservice GmbH ist ein System zur Entsorgung gebrauchter Transportverpackungen entwickelt worden. Zielgruppe sind insbesondere Importeure, Großhändler, Verpackungsmittelhersteller, Versandhandel sowie verpackende und abpakkende Betriebe. Die Rücknahme erfolgt über Dritte, insbesondere über die VfW.

Das System finanziert sich auf Grundlage von 'Gutschriften' zwischen den einzelnen Lieferanten. Das zur Entsorgung verpflichtete Unternehmen beauftragt vor Ort einen Entsorger der eigenen Wahl und verrechnet die anfallenden Kosten mit der ihm gewährten Gutschrift des Vorlieferanten.

7. Branchenkonzepte

Da zum 1. Dezember 1991 für den Bereich Transportverpackungen nur der 'Haus-Entsorger', die Interseroh AG und das RESY-System als voll arbeits- und leistungsfähig angesehen wurden, entwickelten sich im Winter 1991/92 auch Branchenentsorgungskonzepte (Beispiel der VCI (Verband der Chemischen Industrie, Frankfurt) und andere Branchen, etwa Markenverband und Ernäherungsindustrie).

Kritisch wurde angemerkt, daß die bereits im Winter 1991–92 vorhandene Anzahl von Entsorgungssystemen in verschiedenen Wirtschaftsbereichen und für unterschiedliche Verpackungsarten den Überblick erschwert über die tatsächliche Übernahme- und Verwertungssituation vor Ort. Über Auswirkungen der jeweiligen Kostensysteme besteht keineswegs Konsens zwischen den zu Entsorgenden und den Entsorgern.

Die Tischvorlage zur DIHT-Umweltausschußsitzung schloß daher mit der kritischen Bewertung, daß die Vielzahl der angebotenen Entsorgungssysteme den Eindruck aufkommen läßt, daß der kommerziellen Vermarktung der sich aus der Verpackungsverordnung ergebenden Möglichkeiten/Konsequenzen erheblicher Wert beigemessen wird und die wesentliche Problemstellung, nämlich die Entsorgung vor Ort (Rückgabe, Wiederverwendung oder stoffliche Verwertung) in den Hintergrund rückt.

Stichworte 'Duales System Deutschland' und 'Grüner Punkt'

Bis 1995 soll die am 25. September 1990 gegründete Duales System Deutschland GmbH, Bonn dafür sorgen, daß mindestens 80 Prozent der gebrauchten Verkaufsverpackungen gesammelt und wiederverwertbar sortiert werden. Durch die Aufteilung in zwei Geschäfts- und fünf Arbeitsbereiche wollen die Geschäftsführer Dr. Olaf Oelsen und Wolfram Brück sicherstellen, daß dem politisch vorgegebenen Zeitdruck entsprechend ein rechtzeitiges und wirksames Ergebnis erzielt wird. So muß zunächst das DSD-Kennzeichen 'Grüner Punkt' flächendeckend vermarktet sein. Durch die Vergabe der Nutzungsrechte für den Grünen Punkt an Unternehmen aus Industrie und Handel — z.B. bedeutende Handelsketten wie ALDI, REWE, SPAR, EDEKA, TENGELMANN — werden Aufbau und Betrieb des Dualen Systems finanziert. Bis Frühjahr 1992 wurden 4 000 Lizenzen vergeben, bis Ende 1992 sollen 70 Prozent aller Verpackungen den Grünen Punkt tragen.

Das gilt dann auch für Importwaren, etwa japanisches Fotozubehör oder französisches Mineralwasser, das freilich heute schon in 1-Liter-Flaschen aus Kunststoff mit einem dem Grünen Punkt ähnlichen Signet 'Plastique recyclable' gekennzeichnet ist.

Das Duale System kann nur funktionieren, wenn möglichst alle Endverbraucher das neue Erfassungssystem für Wertstoffe aktiv unterstützen. Daher müssen Sinn und Ablauf des DSD möglichst schnell breit bekanntgemacht werden.

Im März 1992 waren schon über 80 Städte und Kreise mit insgesamt 15 Millionen Bürgern an das Duale System angeschlossen. Wolfram Brück ist zuversichtlich, daß die Vertragsgestaltung mit den jeweiligen Gebietskörperschaften durch Rahmenvereinbarungen mit den kommunalen Spitzenverbänden beschleunigt werden kann.

Zu diesem Zeitpunkt betrug der bei der Größe der Aufgabe und des Zeitdrucks knapp wirkende Personalstamm der DSD in Bonn etwa 60 Mitarbeiter. Das solle auch die Philosophie der Geschäftsführung widerspiegeln, daß Abfallvermeidung privatwirtschaftlich effektiv geleistet werden kann. Dr. Olaf Oelsen: 'Wir wollen Verwaltungsaufwand und Bürokratie denkbar gering halten.''

Der Start des DSD ist geglückt, 1992 soll die schwierige Phase der Konsolidierung folgen. Die in der Marktwirtschaft erprobten Techniken des Marketing werden eingesetzt: Kinderkampagne, Info-Bus, Wanderausstellung, Messen.

Im Mittelpunkt der Kinderkampagne stehen zwei Symphatiefiguren, von einem Team aus Kinderbuchautoren, Kinder- und Puppentheater-Profis sowie Cartoonisten in Szene gesetzt: Zunächst treten 'Hugo Tonne' und 'Egon', der kleine Wertstoff-Sack in den Regionen auf, die bereits an das Duale System angeschlossen sind.

Eine Supermarktkette — Kaisers — hatte bereits mit animalischen Sympathiefiguren (Schildkröten und Fröschen) für die Umwelt geworben. Seit Jahresbeginn 1992 sind die Plakate mit Erläuterungen zum Grünen Punkt in den Filialen unübersehbar.

Timothy Glaz vom Hauptverband des Deutschen Einzelhandels: 'Für uns gibt es zum Dualen System derzeit keine Alternative. Es ist die beste Lösung, Verpackungsmaterial wiederzuverwerten. Denn auch in Zukunft sind Verpackungen notwendig. Und zwar aus Gründen der Hygiene und des Handlings der Produkte. Auch der Handel wird den Grünen Punkt und das Duale System nach Kräften fördern. Denn nur, wenn alle Beteiligten beim Aufbau des Dualen Systems helfen, kann die flächendeckende Erfassung und Verwertung von Verkaufsverpackungen erreicht werden.'

Zur europäischen Auswirkung: MdEP Ursula Schleicher, Vizepräsidentin des Ausschusses für Umweltfragen, Volksgesundheit und Verbraucherschutz des Europäischen Parlamentes: 'Durch die deutsche Verpackungsverordnung ist die Europäische Gemeinschaft natürlich herausgefordert. Noch ist offen, ob die deutsche Gesetzgebung in dieser oder ähnlicher Form als Muster für eine gemeinschaftliche Regelung dienen wird. Widerstände gibt es aus den unterschiedlichsten Gründen sowohl aus verschiedenen Mitgliedstaaten, aber auch von betroffenen Marktpartnern.

Hauptanliegen bestimmter Mitgliedstaaten ist der Wunsch, eine generelle EG-Strategie zur Reduzierung der Abfallmengen zu entwickeln und nicht nur einen Teilbereich — nämlich den Verpackungsabfall — herauszugreifen. Bisher existieren mehrere interne EG-Kommissionsentwürfe, aber noch kein endgültiger Vorschlag, zu dem das Europäische Parlament gehört werden muß. Auf jeden Fall muß eine EG-Regelung so ausgestaltet sein, daß keine neue Wettbewerbsverzerrungen daraus resultieren.

Stichwort 'Recycling-Auto' als Leitbild einer neuen Industriephilosophie

Die Automobilbranche gehört zu den Schrittmachern der deutschen Exportbilanzen seit vielen Jahren. Jetzt ist dieser international respektierte Industriezweig auch zu den Schrittmachern für die großtechnische Verwirklichung jener Erkenntnis geworden, daß wirksame Umwelt- und Ressourcenschonung nicht mit end-of-the-pipe Ansätzen zu erreichen ist.

Die Schrottpresse gehört schon lange zur Basis-Ausrüstung der Automobilbranche, freilich meist zu deren mittelständischem Umfeld von Dienstleistern, einem Schrotthändler viel näher als einem Auto-Konstrukteur. Inzwischen sind aber bei weltweit bekannten Konzernen wie Mercedes-Benz, BMW und Volkswagen nicht nur die Philosophie der Konstrukteure, sondern mit unternehmerischem Engagement auch die Produktionspraxis auf den Bau von Automobilen ausgerichtet, die mit systemtechnischer Konsequenz die Wiederverwertbarkeit ganzer Baukomponenten sichert. Es genüge hier ein Blick auf die PR-Aussagen der Autohersteller zum Recycling.

Diese Hightech-Unternehmen sind Pfadfinder für unser Überleben an dem hochindustrialisierten Standort Bundesrepublik Deutschland und somit auch für unsere Nachbarn in vergleichbarer Lage. Der Weg führt zum 'sustainable development' als zukunftssichernder Wirtschaftsform im Ökosystem Europa. Dieses neue Denken unserer Schrittmacherindustrien läßt hoffen, daß der Weg der Industrie in Deutschland unumkehrbar in Richtung auf eine Umwelt- und Ressourcen schonende Wirtschaftsphilosophie eingeschlagen worden ist. Die strategischen — naturwissenschaftlichen, technisch-wirtschaftlichen wie politischen Zusammenhänge sind im Beitrag von Werner Schenkel eingehend angesprochen.

Es ist unausweichlich, daß die hier gewonnenen Erkenntnisse noch in diesem Jahrzehnt zu einem 'new deal' des industriellen Umgangs mit den Ressourcen unseres Planeten führen — also zur gezielten Mehrfachverwendung bzw. stofflichen Mehrfachverwertung von Bauteilen in Großserien wie am Beispiel des Recycling-Autos demonstriert.

Dennoch: Kein Grund zum Schwärmen! Es ist eine ökologische Minimumleistung, die unsere Industriegesellschaft jetzt tut, nicht unähnlich einer Torschlußangst und keineswegs eine Versicherungspolice gegen das Gorbatschow-Syndrom.

Unsere Zukunftsplanung muß ohne weiteres Zaudern auf industrielle Überlebensstrategien setzen, also zumindest auf Langzeitprodukte und Mehrfachnutzung, und die Philosophie des ‚ex-und-hopp' als jenen Irrweg erkennen, der er schon war, als wir noch glaubten, der süße Brei werde tatsächlich irgendwie unbegrenzt für uns Wunderkinder quellen.

Eine solche Überlebensstrategie zeigt den Weg unserer zukünftigen Abfallwirtschaft und den Rang unserer F+E-Bemühungen um intelligente Recyclingtechnologien. Sie muß auf zuverlässigen Fundamenten gründen, also vor allem gerade in einem Land wie Deutschland auf technischer Kreativität und auf vernünftige Planungsbedingungen setzen, nicht etwa auf Technikfeindlichkeit oder wirres Wunschdenken im Grünen Utopia. Das wären schlimme Randbedingungen, denen vergleichbar, die mitten in Europa jenen ökologisch-ökonomischen Megaflop verursacht haben. Es kommt nicht von ungefähr, daß die russische Erfahrung mit dieser Ideologie zu drastischen Sprachbildern gefunden hat wie dem 'Vorhof der Hölle' oder der Bestrafung der Säumigen durch das Leben.

3 Randbedingungen für einen Technologietransfer für Abfallwirtschaft und Recycling in Europa

Gegenwärtig wird in Brüssel ein 'Programm für Umweltpolitik und Maßnahmen im Hinblick auf eine dauerhafte und umweltgerechte Entwicklung' entworfen, das unter der Überschrift 'Die Herausforderung der 90er Jahre' daran erinnert, daß 'die Gemeinschaft der größte Wirtschafts- und Handelspartner in der Welt ist, in der immer klarer wird, daß Wachstum umweltgerecht gestaltet werden muß. Sie muß ihre Verantwortung wahrnehmen, wenn sie in der Weltgemeinschaft eine moralische, wirtschaftliche und politische Führungsrolle einnehmen will. In dieser Eigenschaft trägt sie sowohl für die heutigen als auch für die künftigen Generationen die Verantwortung, ihr eigenes Haus in Ordnung zu bringen und sowohl den Industriestaaten als auch den Entwicklungsländern ein Beispiel für öffentliche Gesundheitspflege, Umweltschutz und eine langfristig tragbare Nutzung der natürlichen Ressourcen zu geben.'

Damit sind die politischen Randbedingungen angesprochen, die wir auch auf dem Feld von Abfallwirtschaft und Recycling als Voraussetzung für effiziente Entwicklung von Technologien und deren Anwendung und Übertragung im ganzen Europa brauchen.

So ist im Frühjahr 1992 das Hilfsprogramm der EG für unsere Nachbarstaaten in Mitteleuropa, zunächst Ungarn und Polen, dann CSFR, sowohl thematisch wie finanziell so konkretisiert worden, daß bereits Einzelprojekte für einen Technologietransfer erkennbar und finanzierbar geworden sind.

Das Hilfsprogramm PHARE ist in seiner Phase II (1991 und 1992/93) vorrangig auf die Umweltentlastung des alten Industrieviers Oberschlesien ausgerichtet. Die EG stellt dafür einen Finanzrahmen von 30 Mio. ECU, als etwa 60 Mio. DM) zur Verfügung. Im Regionalen Unterprogramm von 15,5 Mio. ECU sind Studien und Konzeptplanungen auf den Gebieten Abfalltrennung, Lagerung, Behandlung und Entsorgung auf EG-Stand-der-Technik gefordert. Für die Stadt Gliwice (Gleiwitz) wird die Planung und Durchführung eines Pilotprojektes zur Verwertung und Entsorgung von Siedlungsmüll gefordert.

Die Programmkoordinierung liegt bei einer eigenen Dienststelle des polnischen Umweltministeriums, die in Kürze von Warschau nach Katowice verlegt wird, um die Projektdurchführung wirksamer vor Ort begleiten zu können.

Aus dem gleichen praktischen Grund bereitet die ECOSYSTEM Group die Errichtung eines Stützpunktes vor, in dem westeuropäische Ingenieure und Abfallexperten zusammen mit polnischen Wissenschaftlern und Praktikern zusammen arbeiten werden. Es ist eine Erfahrung aus der internationalen Projektpraxis, daß es sinnvoll ist, einen Technologietransfer dadurch abzustützen, daß im Empfängerland ausgebildetes und erfahrenes Fachpersonal mit den aus den Geberländern stammenden Abfallfachleuten zusammen eingesetzt werden.

Für die Durchführung von Abfallwirtschaftsprojekten in den neuen Bundesländern und in der CSFR ist der Einsatz der ECOSYSTEM SAXONIA Dresden geplant, die bereits einen erfolgreichen Technologietransfer von Abwassertechnologie nach Großbritannien im Auftrag eines bedeutenden britischen Wasserversorgungskonzerns durchgeführt haben, ein weiterer Beweis, daß Technologietransfer keine Einbahnstraße West-Ost ist. Freilich war eine der organisatorischen Randbedingungen dramatisch verbessert: Es gab keine Reisebeschränkung mehr zwischen Sachsen und England.

So begründet die seit dem 9. November 1989 eingetretene umwälzende Veränderung Europas die Zuversicht, daß die gemeinsame Arbeit der in diesem Kraftfeld der Weltwirtschaft zusammenwirkenden technischen Potentiale der EG-Erklärung von Dublin gerecht werden wird:

'Der Zustand der Umwelt hängt von unseren gemeinsamen Maßnahmen ab, und ihr zukünftiger Zustand hängt davon ab, wie wir uns heute verhalten. Heute ist in der ganzen Gemeinschaft und darüber hinaus immer deutlicher zu spüren, daß viele der großen Umweltkämpfe in diesem Jahrzehnt gewonnen oder verloren werden und daß es im nächsten Jahrhundert vielleicht schon zu spät ist.

Wir können es uns nicht leisten, abzuwarten — oder zu spät zu kommen — und dann herauszufinden, einen Fehler gemacht zu haben.'

The ECOSYSTEM Group
Bruxelles-Heerenveen   Dr. Egon Keller

1 Abfallwirtschaft im zukünftigen Europa

Entsorgungsstruktur in Europa[2])

Von N. Rethmann[1])

Am 1. Januar 1993 hat der größte Binnenmarkt der Welt Premiere. Sichtbare wie unsichtbare Schranken in der Europäischen Gemeinschaft werden fallen. 36 Jahre nach den Römischen Verträgen wird das Ziel erreicht: Freizügigkeit für Personen, Waren, Dienstleistungen und Kapitalverkehr. Dieser große Binnenmarkt ist gemeinsamer Wirtschafts- und Sozialraum für Unternehmen und Beschäftigte, für Produzenten und Verbraucher.

Der Binnenmarkt Europa wird im Welthandel mit einem Schlag zur Nummer 1 – vor den Vereinigten Staaten und Japan. Welche wirtschaftliche Dynamik mit diesem Schritt freigesetzt wird, ist überhaupt noch nicht abzusehen. Nach der Cecchini-Studie für die EG-Kommission dürfte das Brutto-Inlandsprodukt der Zwölfer-Gemeinschaft nach Vollendung des Binnenmarktes um rund 4,5 Prozent höher sein als zuvor. 4,5 Prozent – das sind 200 Milliarden ECU, ca. 420 Milliarden DM. Dieser Effekt wird – so die Studie – ab Mitte der 90er Jahre erreicht.

Frage Nummer 1 lautet also: **Welche Einflüsse kann das erwartete Wirtschaftswachstum auf die Entsorgungsstruktur in Europa haben?**

Wirtschaftswachstum in einer Größenordnung von 400 Milliarden DM bedeutet ein beträchtliches Mehr an Industrieproduktion. Die überaus positive Cecchini-Prognose für die europäische Wirtschaft legt also den Schluß auf eine ebenso positive Entwicklung der Entsorgungswirtschaft nahe. Denn Entsorgung ist als integrierter Bestandteil der Volkswirtschaft Spiegelbild des gesamten Wirtschaftsgeschehens.

Es gibt aber durchaus gute Gründe, anzunehmen, daß sich die Entsorgungswirtschaft in Europa überdurchschnittlich entwickeln wird. Verglichen mit dem hohen Stand von Produktion und Konsum hat die Abfallwirtschaft noch einen erheblichen Nachholbedarf. Man kann behaupten, daß das angepeilte Wirtschaftswachstum angesichts der hohen Bevölkerungsdichte im gesamten EG-Raum nur bei gleichzeitiger Anhebung der Umweltverträglichkeit möglich und akzeptabel ist.

Mit anderen Worten: Ohne einen Ausbau der europäischen Entsorgungsinfrastruktur werden die übrigen positiven Wachstumsimpulse wirkungslos verpuffen.

Die Antwort auf Frage 1 heißt: Der Entsorgungsmarkt in Europa wird überdurchschnittlich wachsen.

Aus meiner Sicht muß nun die zweite Frage lauten: **Wie müssen wir uns diesen Markt vorstellen?**

Mit dem Binnenmarktprogramm wurde vor dem Anspruch einer Vollharmonisierung aller wichtigen Bereiche Abschied genommen. Es wurde eine Strategie entwickelt, die auf Liberalisierung und Deregulierung, auf die Beseitigung protektionistischer staatlicher Instrumente und die daraus resultierenden Wettbewerbsverzerrungen setzt. Es ist ein Programm der Stärkung des freien Wettbewerbs und der Marktkräfte in allen Wirtschaftsbereichen.

Von besonderer Bedeutung für die Entsorgungswirtschaft ist der gemeinsame Dienstleistungsmarkt. Im EWG-Vertrag ist festgelegt, daß die Gemeinschaft schrittweise den freien Dienstleistungsverkehr verwirklicht. Da bei Dienstleistungen der grenzüberschreitende Austausch innerhalb der EG besonders niedrig ist, andererseits der Anteil der Dienstleistungen am Bruttosozialprodukt in allen EG-Ländern kontinuierlich steigt, werden hier mit dem Binnenmarkt die größten Wachstums- und Beschäftigungseffekte erwartet.

In einem wichtigen Teilbereich des Dienstleistungssektors, nämlich dem Güterkraftverkehr, werden die Liberalisierung und Deregulierung eine besonders wichtige Rolle spielen. Nach den Vorstellungen der EG-Kommission soll der grenzüberschreitende Transport von Abfällen künftig grundsätzlich frei sein. Wir wissen zwar, daß die Bundesregierung diesem Plan sehr zurückhaltend gegenübersteht, die Äußerungen aus Brüssel sind in dieser Frage jedoch eindeutig.

Draußen liegt die von unserer ENTSORGA-Gesellschaft herausgegebene Frachzeitschrift ENTSORGA Magazin. Darin finden Sie den Wortlaut eines Interviews, das die Redaktion der Zeitschrift vor ein paar Wochen mit dem für Umweltschutz zuständigen Generaldirektor Dr. Brinkhorst geführt hat. Ich zitiere: ,,Aus der Sicht der Kommission wäre es widersinnig, nur für Abfall die nationalen Grenzen stehenzulassen."

Noch deutlicher wurde der EG-Umwelt-Kommissar Carlo Ripa di Meana im Amtsblatt der Europäischen Gemeinschaften vom 7. August dieses Jahres. Ich zitiere auszugsweise: ,,Nach Auffassung der Kommission unterliegen Abfälle den Bestimmungen des EG-Vertrags über den freien Warenverkehr, da sie sich für vielfältige Handelsgeschäfte sowohl im Hinblick auf ihre Verwertung als auch auf ihre Entsorgung eignen ... Für die Anwendung der Bestimmungen des Vertrages ist es also belanglos, rechtlich zwischen Waren und Abfällen zu unterscheiden. .... Es ist jedenfalls nicht mehr damit zu rechnen, daß bei der grenzüberschreitenden Verbringung von Abfällen in der Gemeinschaft weiterhin Kontrollen stattfinden werden."

Soweit Herr Ripa di Meana. Darauf müssen wir uns also einstellen.

Tatsache ist aber auch, daß wir innerhalb Europas erhebliche Qualitäts- und Kostendifferenzen haben, was die Abfallentsorgung anbelangt. Die Öffnung der Grenzen könnte daher unerwünschte Folgen haben, nämlich Abfalltourismus zu den kostengünstigsten Entsorgungsanlagen. Dadurch würde der Wettbewerb verzerrt, und zugleich wäre dem Umweltschutz ein Bärendienst erwiesen. Die Liberalisierung des Waren- und Dienstleistungsverkehrs auch für Abfälle ist daher nur akzeptabel, wenn die technischen Normen für die Entsorgung europaweit auf hohem Niveau angesetzt werden.

Damit sind wir bei Frage 3: **Berechtigt die europäische Umweltpolitik zu der Hoffnung auf einheitliche hohe Entsorgungsstandards?**

Durch die Einheitliche Europäische Akte erhielt die Gemeinschaft im Juli 1987 eine klare und starke Aufforderung zum Umweltschutz. Das Verursacherprinzip, das Vorsorgeprinzip und sogar die Integration des Umweltschutzes in andere Politikbereiche sind seither EWG-Vertragsbestandteil.

Die Gründe für eine gemeinschaftliche Umweltpolitik liegen auf der Hand: Es geht um die Erhaltung und Verbesserung der Lebensbedingungen der Menschen, denn Umweltverschmutzung macht nicht an Grenzen halt. Es geht aber auch und vor allem darum, daß das Funktionieren des Binnenmarktes durch unterschiedliche nationale Standards und die dadurch entstehenden Wettbewerbsverzerrungen empfindlich beeinträchtigt werden würde.

Im Bereich der Abfallentsorgung verfolgt die Gemeinschaft drei Ziele, die mit den bundesdeutschen identisch sind, nämlich:

1. Die Verringerung der Menge nicht verwertbarer Abfälle,
2. die möglichst weitgehende Rückführung und Wiederverwertung von Abfällen als Energieträger und Rohmaterialien und
3. die Ablagerung aller verbleibenden, nicht verwertbaren Abfälle.

Darüber hinaus hat die Kommission ein ehrgeiziges Programm zur Einführung sauberer Technologien vorgelegt.

Die gemeinschaftliche Umweltpolitik wird in der nächsten Zukunft noch stärker in den Vordergrund rücken: Die Staats- und Regierungschefs der EG-Mitgliedsstaaten haben auf der Tagung des Europäischen Rates in Rhodos am 2./3. September 1988 die Notwendigkeit betont, daß die Bemühungen um einen direkten Umweltschutz der EG gesteigert werden und daß dieser Umweltschutz integraler Bestandteil aller anderen Politiken wird. Auch die neue EG-Kommission hat in ihrem Arbeitsprogramm 1989 den Umweltschutz zu einem der Schwerpunkte erklärt.

---
[1]) Norbert Rethmann, Rethmann Entsorgungswirtschaft, Selm. Präsident des Bundesverbandes der Deutschen Entsorgungswirtschaft
[2]) Vortrag ,,ENTSORGA-CONGRESS '89, Essen

Ich zitiere noch einmal Herrn Dr. Brinkhorst aus dem eben erwähnten Interview: „Nicht zuletzt im Umweltschutz verlangen die Menschen bestmögliche Lösungen. Es ist also klar, wohin wir steuern müssen: entweder werden wir einen Binnenmarkt haben mit hohen Umweltstandards oder wir werden keinen Binnenmarkt kriegen."

Ich glaube, uns braucht in diesem Punkt nicht mehr bange zu sein. Die Haltung der Kommission ist eindeutig. Dem Vortrag von Frau Weber ist zu entnehmen, daß das Europa-Parlament dem Schutz der Umwelt höchste Priorität einräumt.

Nun ist die Macht in den europäischen Gremien Parlament, Kommission und Ministerrat so gewichtet, daß der Rat, von dem am ehesten nationale Egoismen zu erwarten sind, nahezu chancenlos ist, wenn sich Parlament und Kommission einig sind. Und in der Frage hoher und höchster Umweltstandards scheinen sich die beiden tatsächlich einig zu sein.

Damit stände dann eigentlich dem Aufbau einer europäischen Entsorgungswirtschaft auf hohem Niveau nichts mehr im Wege.

Nun müssen wir uns Frage 4 stellen: **Sind wir, ist die deutsche Entsorgungswirtschaft für diesen Markt gerüstet?**

Wir stehen vor einer völlig neuen Wettbewerbssituation. Ich weiß selbst, wie gut wir sind. Aber glaube nur ja niemand, wir wären einsame Spitze auf weiter Flur. Ich habe Entsorgungsunternehmen in Frankreich, Großbritannien und Italien gesehen, die sich mit uns durchaus messen können. Wir alle wissen, daß amerikanische Entsorgungskonzerne mit enormen finanziellen Mitteln und wertvollem Know-how in unseren Nachbarländern bereits Fuß gefaßt haben und nun sozusagen auf den Tag X warten. Wir werden auf unserem angestammten Markt in einen harten Wettbewerb mit den leistungsfähigsten Entsorgungsunternehmen Europas, ja der Welt eintreten müssen. Ich warne also vor Übermut.

Dennoch schätze ich die Ausgangslage für unsere Branche als günstig ein. Zumindest dann, wenn meine These zur systematischen Weiterentwicklung des Umweltschutzes in Europa richtig ist. Denn dann muß der Qualität der Entsorgung ein höherer Rang eingeräumt werden als dem niedrigsten Preis, und damit relativieren sich auch typisch deutsche Standortnachteile wie hohe Lohnkosten und hohe Standards im sozialen Bereich.

Insgesamt dürfte sich die deutsche Entsorgungswirtschaft auch bei der qualitativen Ausgestaltung ihrer Dienstleistungen einen Marktvorteil erwirtschaftet haben, der durch konsequente Weiterentwicklung und den Einsatz spezieller Geräte, Fahrzeuge und Anlagen noch ausgebaut werden kann.

Sammeln, Transportieren und Behandeln von Abfällen bedingen sowohl im Industrie- und Gewerbebereich als auch bei der Hausmüllentsorgung im Auftrag von öffentlichen Körperschaften kontinuierliche Zusammenarbeit mit den Kommunen, die mit systematischer Vermeidungs- und Verwertungsberatung beginnt. Zuverlässigkeit und gegenseitiges Vertrauen bieten die Grundlage für Entsorgungssicherheit, die der Abfallerzeuger in Zukunft mehr denn je brauchen wird.

Die deutsche Entsorgungswirtschaft sollte sich daher auf ein Engagement im europäischen Ausland einstellen. Sie sollte sich auf die zu erwartenden EG-weiten Ausschreibungen einrichten. Wir wären schlecht beraten, wenn wir uns im Hinblick auf die Besonderheiten unseres Sektors – Stichwort: Abfall ist kein Wirtschaftsgut – darauf einrichten wollten, vom Binnenmarkt weitgehend unberührt zu bleiben. Wir müssen die Chancen des Binnenmarktes wahrnehmen und konsequent auf Europa hinarbeiten. Wir müssen aber auch mit neuen Konkurrenten auf unserem heimischen Markt rechnen.

Wir haben nur noch drei Jahre Zeit für die wichtigsten Weichenstellungen: Wir müssen unsere Mitarbeiter weiterbilden, wir müssen überzeugende Konzepte für Logistik und Abfallbehandlung vorlegen und uns schließlich für Joint-ventures mit europäischen Partnern öffnen.

Sie sehen, meine Damen und Herren, daß wir Entsorger mit mehr Hoffen als Bangen auf den liberalisierten, deregulierten europäischen Binnenmarkt schauen. Blicken wir uns dagegen in der Bundesrepublik um, müßte das Bangen überwiegen. Provinzielles Festhalten an öffentlich-rechtlichen Privilegien, kleinkariertes Gezänk um Standorte: eine Situation, als wäre Europa Jahrzehnte weit weg.

Gerade Europa hat in der Vergangenheit gezeigt, daß Abschottungen, Erhaltungssubventionen und regionaler Egoismus wirtschaftspolitische Irrwege sind. In einer Welt ständig neuer Herausforderungen sind wirtschaftliche Stärke und Flexibilität durch viel Markt die beste Zukunftsvorsorge. Das wird Europa beweisen. Dann hat auch die deutsche Entsorgungswirtschaft im europäischen Binnenmarkt einen zukunftssicheren Platz.

Die Abfallwirtschaftspolitik der Europäischen Gemeinschaft – Umweltpolitik im Vorfeld des Binnenmarktes[2])

Von K. Rudischhauser[1])

In der jüngsten Zeit ist Abfallwirtschaftspolitik zu einem der wichtigsten Umweltthemen für die Europäische Gemeinschaft geworden. Dies erklärt sich zum einen aus einem steigenden Problemdruck, ausgelöst durch ungebrochenes Wachstum der Abfallmengen und immer größere Schwierigkeiten, die erforderlichen Beseitigungskapazitäten bereitzustellen. Zum andern erfordert die Verwirklichung des Binnenmarktes ohne Grenzen neue Ansätze und neue Regelungen. Gleichzeitig müssen viele Abfallprobleme in einem weiteren europäischen und auch weltweiten Rahmen gesehen werden.

Diese Entwicklung hat eine neue Diskussion über die Definition von Abfall und über die Prinzipien der Abfallwirtschaft ausgelöst. Mehr und mehr Abfälle können zumindest potentiell wieder aufgearbeitet werden und werden daher als sekundäre Rohstoffe betrachtet.

Kann man sie aber nur deshalb, weil sich ihre Bestimmung ändert, plötzlich als etwas anderes betrachten, obwohl sie stofflich gleich geblieben sind und ihre möglichen Auswirkungen auf die Umwelt dieselben bleiben?

Sollen sie als Rohstoff die Grenzen überschreiten können und es als Abfall nicht dürfen?

Abfallbeseitigung wird technisch aufwendiger und eine Beseitigungsindustrie ist im Aufbau begriffen. Soll sie anderen Bestimmungen unterliegen als die Verwertungsindustrie oder produzierende Industrien?

Diese an sich nicht neuen Fragen stellen sich neu, wenn man die Abfallwirtschaft in Beziehung setzt zu den Veränderungen, die die Verwirklichung des Binnenmarktes mit sich bringen wird.

1. Der rechtliche Kontext auf der Ebene der Gemeinschaft

Um aus der Sicht der Kommission eine Antwort zu geben, ist es erforderlich, kurz auf den Rahmen einzugehen, den die EG-Verträge vorgeben.

Wie Sie wissen, wurde der Vertrag von Rom durch die Annahme der Einheitlichen Akte nicht nur bezüglich der Verwirklichung des Binnenmarktes geändert, sondern er wurde auch durch die Einfügung der Artikel 130 R bis T um ein Kapitel „Umwelt" erweitert. Damit wurde die Umweltpolitik mit den bisherigen Aufgaben der EG auf eine Ebene gestellt. Sie hat drei Ziele zu verfolgen:

1. Bewahrung, Schutz und Verbesserung der Umwelt
2. Schutz der menschlichen Gesundheit
3. Gewährleistung einer rationellen Verwendung von natürlichen Ressourcen.

Paragraph 2 des Artikels 130 R enthält klare und eindeutige Handlungsanweisungen: er nennt die drei Prinzipien, auf die sich die gemeinschaftliche Umweltpolitik stützen muß:

– das Vorsorgeprinzip,
– das Prinzip, mit Maßnahmen an der Quelle der Verschmutzung anzusetzen
– und schließlich und besonders wichtig, das Verursacherprinzip.

Es ist selbstverständlich, daß diese Prinzipien auch auf alle Maßnahmen anzuwenden sind, die die Gemeinschaft im Bereich der Abfallwirtschaftspolitik unternimmt.

Paragraph 2 des Artikels 130 R bestimmt weiter: Die Erfordernisse des Umweltschutzes sind Bestandteil der anderen Politiken der Gemeinschaft.

---

[1]) K. Rudischhauser. Generaldirektion f. Umwelt. nukleare Sicherheit und Zivilschutz bei der Kommission der Europäischen Gemeinschaft. B-Brüssel
[2]) Vortrag KABV-Seminar „Stand der abfallwirtschaftlichen Gesetzgebung der EG im Hinblick auf den Binnenmarkt"

Das bedeutet, daß die Ziele der Umweltpolitik bezüglich der Abfallproblematik unter anderem auch in der Verbraucher- und Industriepolitik berücksichtigt werden müssen.

Durch die Einheitliche Akte hat die Gemeinschaft also eine starke Rechtsgrundlage für ihre zukünftige Umweltpolitik erhalten. Mitgliedstaaten, die weitergehende Maßnahmen für notwendig halten, ist diese Möglichkeit in Artikel 130 T eingeräumt.

Neben der Aufnahme der Umweltpolitik in die EG-Verträge ist natürlich das Ziel der Einheitlichen Akte vor allem die Verwirklichung des Binnenmarktes bis 1992. Dieser ist definiert als „ein Raum ohne Binnengrenzen, in dem der freie Verkehr von Waren, Personen, Dienstleistungen und Kapital gemäß der Bestimmungen des Vertrages gewährleistet ist".

Wie Sie wissen, betrachtet die Kommission die Abfallwirtschaft auch unter dem Gesichtspunkt der Wirtschafts-, Industrie- und Handelspolitik. Sie ist der Ansicht, daß Abfall nach dem Gemeinschaftsrecht als Ware zu betrachten ist und seine Handhabung als Dienstleistung. Unterschiedliche Standards und dadurch unterschiedliche Kosten der Abfallbeseitigung wirken sich nicht nur auf die Umwelt aus, sondern auch auf die Produktionskosten und beeinflussen damit die Konkurrenzsituation. Dies ist einer der Gründe – wenn auch nicht der einzige – dafür, daß die Kommission die Abfallwirtschaft in den Kontext des Binnenmarktes stellen möchte. Angesichts dieser Tatsache werden Befürchtungen geäußert, daß die Einbeziehung der Abfallwirtschaft in den freien Waren- und Dienstleistungsverkehr zu einer Deregulierung und damit zu einer Verschlechterung der in einigen Ländern schon erreichten Standards der Abfallbeseitigung und zu einer Zunahme der grenzüberschreitenden Abfalltransporte führen wird.

Die Kommission ist durchaus auch der Ansicht, daß durch den Binnenmarkt im Abfallbereich Probleme aufgeworfen werden, die nach neuen Maßnahmen verlangen, und sie tritt keineswegs für eine unbeschränkte Abfallverbringung ein.

Die Lösung dieser Probleme kann aber unserer Ansicht nach nur dann erfolgen, wenn die Abfallwirtschaft im Binnenmarktkontext gesehen wird und nicht, wenn sie isoliert davon betrachtet wird.

Um dies zu erläutern, muß man sich die Bedingungen vergegenwärtigen, unter denen der Binnenmarkt verwirklicht werden soll.

Die Einheitliche Akte besagt hierzu:

„Die Gemeinschaft trifft die erforderlichen Maßnahmen, um bis zum 31. Dezember 1992 (......) unbeschadet der sonstigen Bestimmungen dieses Vertrages den Binnenmarkt schrittweise zu verwirklichen. Der Binnenmarkt umfaßt einen Raum ohne Binnengrenzen, in dem der freie Verkehr von Waren, Personen, Dienstleistungen und Kapital gemäß den Bestimmungen dieses Vertrages gewährleistet ist."

Die erwähnten sonstigen Bedingungen umfassen natürlich unter anderem den Artikel 130, dessen Inhalt und Bedeutung soeben ausgeführt wurde. Das bedeutet, daß das Ziel der Verwirklichung des Binnenmarktes auf einer Ebene steht mit der ebenfalls neu in den Vertrag eingefügten Umweltpolitik. Der Binnenmarkt muß also unter Berücksichtigung der Ziele der Umweltpolitik verwirklicht werden und umgekehrt die Umweltpolitik und damit natürlich auch die Abfallpolitik in einem europäischen Wirtschaftsraum ohne Binnengrenzen.

Umweltpolitik darf also die Verwirklichung des Binnenmarktes nicht in unangemessener Weise behindern, sie darf andererseits auch dem Binnenmarkt nicht geopfert werden. Dies wird zusätzlich bestätigt in dem neu in den Vertrag eingefügten Artikel 100 A, der im vorher zitierten Artikel 8 A ausdrücklich genannt wird. Dieser besagt in seinem Paragraph 3:

„Die Kommission geht in ihren Vorschlägen (...) in den Bereichen Gesundheit, Sicherheit, Umweltschutz und Verbraucherschutz von einem hohen Schutzniveau aus."

Der Binnenmarkt soll also einen großen Wirtschaftsraum mit freiem Waren- und Dienstleistungsverkehr verwirklichen und gleichzeitig in der ganzen Gemeinschaft ein hohes Niveau an Umwelt- und Verbraucherschutz gewährleisten. So hat der Europäische Gerichtshof am Beispiel der Reglementierung der Einfuhr von Bierdosen in Dänemark festgestellt, daß der freie Warenverkehr aus Gründen des Umweltschutzes eingeschränkt werden kann, soweit die einschränkenden Maßnahmen dem zu erreichenden Ziel angemessen sind.

Mit dem Artikel 100 A steht der Gemeinschaft also neben dem schon vorgestellten Artikel 130 eine zweite Grundlage für Harmonisierungsmaßnahmen im Umweltbereich zur Verfügung und es muß jeweils im Einzelfall entschieden werden, welche Rechtsgrundlage für eine Maßnahme als Begründung herangezogen wird.

Diese beiden Artikel des EWG-Vertrages unterscheiden sich jedoch in einem wichtigen Punkt: Maßnahmen nach Artikel 130 müssen einstimmig getroffen werden, während der Binnenmarktartikel 100 A die Annahme von Entscheidungen mit qualifizierter Mehrheit zuläßt. Artikel 100 A ermöglicht damit die Annahme strengerer Maßnahmen auch gegen den Willen einzelner Länder, während dem Artikel 130, wenn auch nicht ganz zu Recht, das Stigma anhaftet, daß wegen der notwendigen Einstimmigkeit nur der kleinste gemeinsame Nenner annahmefähig ist. Andererseits, und auch gerade deswegen läßt Artikel 130 striktere Maßnahmen einzelner Mitgliedstaaten zu, während diese Möglichkeit bei Artikel 100 A wegen der für den Binnenmarkt notwendigen Harmonisierung nur in sehr viel beschränkterem Maße besteht.

Es ist aber auf jeden Fall möglich, schon bestehende striktere Maßnahmen beizubehalten, soweit diese nicht die Verwirklichung des Binnenmarktes in unangemessener Weise behindern. Daher ist die Befürchtung, daß der Binnenmarkt zu einer Verschlechterung der in einzelnen Ländern schon erreichten Standards im Umweltschutz, also auch im Abfallbereich führen wird, im wesentlichen unbegründet. Es entsteht viel mehr aus der Notwendigkeit zur Harmonisierung, die durch die Berufung auf Artikel 100 A entsteht, ein Druck in Richtung auf höhere Standards.

2. Die Gemeinschaftsstrategie der Kommission

Daß diese eher abstrakten Ausführungen zum Verständnis der Diskussion um die gemeinschaftliche Abfallpolitik notwendig sind, wird deutlich, wenn man sich die gegenwärtige Situation im Abfallbereich in Europa ansieht und vor diesem Hintergrund die Abfallpolitik der Kommission beurteilen will.

Die gegenwärtige Situation kann man grob und vereinfacht etwa so darstellen:

Die Standards der Abfallbeseitigung sind extrem unterschiedlich. Die Spannweite reicht von sehr hohen Anforderungen bis zur völligen Abwesenheit von Normen oder zumindest einer sehr unvollständigen Anwendung eventuell bestehender Vorschriften.

Dies trägt neben anderen Faktoren zu sehr unterschiedlichen Entsorgungskosten bei; im Fall von Deponien unterscheiden sich die Preise teilweise um das dreißigfache zwischen EG-Mitgliedsländern. Gleichzeitig haben inzwischen alle Länder, selbst diejenigen, die noch viel Nachholbedarf haben, wegen mangelnder Akzeptanz der Bevölkerung wachsende Schwierigkeiten, neue Anlagen zu schaffen, um mit den anfallenden Abfallmengen fertig zu werden. Maßnahmen der Abfallvermeidung und Förderung des Recycling greifen nicht schnell genug, um Erweiterungen der Beseitigungskapazitäten unnötig zu machen.

Zweck dieses Bildes ist es nicht, Katastrophenstimmung zu schaffen, sondern den Hintergrund zu skizzieren, vor dem nationale und europäische Behörden gegenwärtig Abfallpolitik betreiben müssen.

Die Gefahr in dieser Situation ist sicherlich jedem klar. Wenn die Entsorgungspreise in bestimmten Ländern hoch sind und auch noch Kapazitäten fehlen, besteht ein große Gefahr, daß Abfälle – auf welchem Weg auch immer – ihren Weg in andere Mitgliedsländer oder ins außereuropäische Ausland finden. Dabei kann es sehr wohl sein, daß sie dort in einer adäquaten Anlage entsorgt werden, es besteht aber auch die Gefahr, daß sie in solche Entsorgungswege gehen, die wesentlich geringere Standards aufweisen. Im ersten Fall ist die Frage berechtigt, wie lange die ortsansässige Bevölkerung dies duldet, und im zweiten Fall wird die Umwelt in einem anderen Teil der Gemeinschaft geschädigt.

Hier setzt die gegenwärtige Diskussion über die Situierung der Abfallpolitik an.

Maßnahmen auf der Grundlage des Artikels 130, d. h. Mindeststandards und weitergehende nationale Maßnahmen, bergen das Risiko in sich, daß die Unterschiede zwischen den Mitgliedländern bestehen bleiben oder sich sogar vergrößern.

Nach Ansicht der Kommission kommt es aber darauf an, gerade im Abfallbereich die Standards so schnell wie möglich auf einem hohen Niveau anzugleichen und Maßnahmen auf Gemeinschaftsebene statt in den einzelnen Mitgliedstaaten zu treffen.

Die Kommission hat daher vorgeschlagen, die grundlegenden Abfallrichtlinien auf Artikel 100 A zu stützen und damit ein Signal für eine weitergehende Harmonisierung zu setzen.

Sicherlich ist eine gewisse Zeitspanne erforderlich, um die bestehenden Unterschiede abzubauen und dafür müssen Übergangsregelungen vorgesehen werden.

Der Vorschlag, die Abfallrichtlinien auf den Binnenmarktartikel zu stützen, ist teilweise so ausgelegt worden, daß die Kommission für einen freien Warenverkehr für Abfälle eintritt. Dies ist nicht richtig. Die Kommission strebt nicht eine Liberalisierung oder Deregulierung für Abfälle an, sondern einheitliche Normen auf hohem Niveau. Sie tritt außerdem dafür ein, daß Abfallbewegungen mit Hilfe eines neuen Konzepts auf ein Minimum eingeschränkt werden.

Sie hat die Grundzüge ihrer Abfallpolitik und besonders ihre Haltung zu diesem speziellen Problem in einem kürzlich beschlossenen Grundsatzpapier niedergelegt, in dem eine gemeinschaftliche Strategie für die Abfallwirtschaft vorgestellt wird.

Bevor ich auf die weiteren Themen dieses Papiers zu sprechen komme, möchte ich Ihnen kurz erläutern, was darin zum Binnenmarktaspekt gesagt wird:

Grundsätzlich muß man, wie anfangs ausgeführt, Abfällen Warencharakter zubilligen. Dies gilt um so mehr, als ja mehr und mehr Abfälle wieder in irgendeiner Weise verwertet werden oder verwertet werden sollen. Es bedeutet jedoch nicht, daß sie deshalb unkontrolliert verbracht werden sollen. Wie schon erwähnt, hat der Europäische Gerichtshof festgestellt, daß der freie Warenverkehr eingeschränkt werden kann, wenn dafür objektive Gründe vorliegen. Die Kommission meint, daß der Schutz der Umwelt bei der Verbringung von Abfällen Einschränkungen rechtfertigt und erarbeitet derzeit eine Ratsverordnung, die die 84er Richtlinie über die grenzüberschreitende Verbringung von gefährlichen Abfällen ersetzen und für alle Abfälle gelten soll.

Die Entsorgung von Abfällen erfordert eine ausgewogene und ausgeglichene Infrastruktur in der ganzen Gemeinschaft, nicht zuletzt um die Risiken und die Umweltbelastung durch den Transport zu minimieren. Um die Voraussetzungen für die Errichtung einer ausgewogenen Infrastruktur zu schaffen, schlägt die Kommission als Prinzip vor, daß Abfälle, die zur endgültigen Entsorgung bestimmt sind, in einer der nächstgelegenen Anlagen, die hohen Umweltstandards genügen, entsorgt werden müssen.

Für spezielle Arten von Sonderfällen, für die nur eine begrenzte Zahl von Anlagen erforderlich ist, kann natürlich die Entfernung eine andere sein als zum Beispiel für Hausmüll. Wichtig ist allerdings, daß dieses in gewissem Sinn einer regionalen Autarkie entsprechende Konzept nicht von nationalen Grenzen abhängig ist. Wenn für einen bestimmten Abfalltyp die nächstgelegene Anlage jenseits einer Grenze liegt, gibt es keinen Grund, den Abfall nicht dort zu entsorgen. Dies ist aber nur akzeptabel, wenn insgesamt eine ausgewogene Infrastruktur vorliegt, so daß nicht einzelne Länder eine unangemessene Last tragen, weil andere ihrer Verantwortung nicht nachkommen. Es erfordert außerdem eine Zusammenarbeit der Länder bzw. Regionen bei der Erstellung ihrer Abfallwirtschaftspläne.

Mit diesem Konzept wird gleichzeitig zwei Problemen Rechnung getragen: zum einen ermöglicht seine natürlich noch zu leistende

Operationalisierung, daß auch unter Binnenmarktbedingungen Anlagen mit hohen Umweltstandards und damit hohen Entsorgungskosten gebaut werden können. Denn es stellt sicher, daß die Abfälle nicht wegen niedrigerer Kosten weiter entfernt entsorgt werden und die Investition gefährdet wird. Zum anderen antwortet es auf den Widerstand der Öffentlichkeit gegen weiträumige Abfallverbringung. Indem es die Abfallverbringung begrenzt, erzeugt es natürlich auch einen Druck auf die Regionen der Gemeinschaft, entsprechende Infrastrukturen vorzuhalten oder zu schaffen anstatt den Abfall anderswohin zu bringen, weil wiederum die Öffentlichkeit sich auch gegen Anlagen in ihrem Lebensumfeld wehrt.

Dieses Prinzip der Entsorgung in der nächstgelegenen Anlage soll nicht für Abfälle gelten, die wiederverwertet werden. Unter Berücksichtigung der Transportrisiken und der notwendigen Verbleibskontrolle sollen diese frei verbracht werden können, um eine möglichst hohe Wirtschaftlichkeit der Wiederverwertung zu ermöglichen.

Die Kommission äußert sich in ihrem Strategiepapier nicht nur zur Binnenmarktproblematik, sondern vor allem zu ihren Prioritäten für die Abfallwirtschaft und den mittelfristig vorgesehenen Maßnahmen im Bereich der Abfallwirtschaft. Die erste Priorität gibt die Kommission selbstverständlich der Abfallvermeidung durch saubere Technologien und saubere Produkte, d. h. solche, die leicht zu beseitigen oder wieder zu verwerten sind.

Die Einführung sauberer Technologien und sauberer Produkte kann jedoch nur begrenzt durch rechtliche Instrumente erfolgen. Hier können nur entsprechende Rahmenbedingungen geschaffen werden, die die Verantwortung für entstehende Abfälle den Produzenten zuweisen, sei es durch entsprechende Haftungsregelungen für durch Abfälle verursachte Schäden, wie sie jetzt vor kurzem von der Kommission vorgeschlagen wurden, oder sei es durch Entsorgungspreise, die gemäß dem Verursacherprinzip die Kosten für die Abfallbeseitigung dem Produzenten zuweisen.

Darüber hinaus können Anreize geschaffen werden, um neue Technologien schneller einzuführen oder die Entwicklung sauberer, d. h. unter anderem weniger Abfälle erzeugender Produkte zu fördern.

Die gemeinschaftlichen Richtlinien verpflichten die Mitgliedstaaten, solche Maßnahmen zu ergreifen. Die Kommission hat aber auch selbst die Initiative ergriffen. So wurde erkannt, daß es von Interesse sein kann, in bestimmten Bereichen durch finanzielle Unterstützung die Einführung sauberer Technologien zu fördern, die sich ohne diese Unterstützung nicht oder langsamer durchsetzen und darüber hinaus die Information über solche Technologien besser zu verbreiten. Diesen Zielen dienen die Verordnung über gemeinschaftliche Umweltaktionen und das sogenannte Nett-Projekt, das Netzwerk für den Transfer von Umwelttechnologien.

Die Entwicklung sauberer oder umweltfreundlicher Produkte soll in Zukunft durch die Einführung eines gemeinschaftsweiten Umweltzeichens unterstützt werden, das sich unter anderem auf die in Deutschland mit dem blauen Engel gemachten Erfahrungen stützt.

Die zweite Priorität ist die Wiederverwertung von Abfällen. Diese bietet nach Ansicht der Kommission mittelfristig die größten Möglichkeiten, den Anteil der zu beseitigenden Abfälle zu vermindern. Dazu zunächst eine grundsätzliche Betrachtung: in der Bundesrepublik Deutschland werden wiederzuverwertende Abfälle als Reststoffe bezeichnet und von den abfallrechtlichen Bestimmungen weitgehend ausgeschlossen.

Die Kommission hat sich gegen eine solche Unterscheidung ausgesprochen und ist dafür insbesondere von deutscher Seite kritisiert und ihre Politik ist als recyclinghemmend dargestellt worden.

Wegen der Position, die die Kommission hier bezogen hat, waren wir in letzter Zeit in vielfältige Diskussionen darüber verwickelt, ob man Abfälle nicht durch eine geeignete Definition von sekundären Rohstoffen unterscheiden kann.

Ich meine, daß dieses Problem nicht auf der Ebene von Definitionen angegangen werden sollte. Schließlich sind sich ja alle einig, daß immer mehr Abfälle einer Wiederverwertung zugeführt werden müssen. Anderseits ist es gefährlich, den Eindruck zu erwecken, daß alle Abfälle verwertet werden können. Darüber hinaus erzeugt auch die Verwertung ebenso wie Umweltschutzmaßnahmen wiederum Abfälle. Sowohl Entsorgung als Verwertung sind industrielle Tätigkeiten und die Unterscheidung in Abfallentsorgung, die negativ belegt und Rststoffverwertung, die positiv gesehen wird, muß überwunden werden. Es handelt sich oft um das gleiche Material mit den gleichen möglichen Umweltauswirkungen. Die Begrenzung des Risikos für die Umwelt ist das Ziel der Abfallgesetzgebung, gleichgültig, ob entsorgt oder wiederverwertet wird.

Vor diesem Hintergrund schlägt die Kommission eine Reihe von Initiativen zur Förderung des Recycling vor.

Einige Beispiele dazu möchte ich hier anführen. Dazu gehört die Altölrichtlinie, die letztes Jahr vorgeschlagene Batterierichtlinie, die in Vorbereitung befindliche Änderung der Getränkebehälterrichtlinie und eine ebenfalls in Vorbereitung befindliche Richtlinie zur Förderung des Plastikrecyclings. Darüber hinaus ist natürlich die Verordnung über gemeinschaftliche Umweltaktionen zu nennen, mit deren Hilfe Demonstrationsprojekte von Recyclingtechnologien unterstützt werden.

Derzeit untersucht die Kommission, wie Abfallbörsen mehr zum Recycling beitragen können als bisher.

Die dritte Priorität der Abfallwirtschaft schließlich ist eine optimale Beseitigung derjenigen Abfälle, die weder vermieden noch verwertet werden können. Die endgültige Beseitigung von Abfällen wird auch bei größtmöglicher Nutzung der Vermeidungs- und Verwertungsmöglichkeiten ein notwendiger Bestandteil der Abfallpolitik bleiben und man sollte auch den Mut haben, dies auszusprechen. Die Kommission vertritt die Ansicht, daß die Deponie aufgrund der Knappheit an geeigneten Standorten und der technischen Probleme die ultima ratio sein sollte und alle Möglichkeiten der Vorbehandlung der Abfälle mit dem Ziel der Verminderung des Volumens und der Gefährlichkeit der Abfälle ausgenutzt werden sollten. In dieser Strategie hat auch die Müllverbrennung, wenn entsprechende Schutzmaßnahmen gegen Luftverunreinigung getroffen werden, ihren berechtigten Platz.

Die Aktivitäten der Kommission in diesem Bereich zielen vor allem auf Harmonisierung der technischen Standards ab. So wurden bereits Richtlinien für neue und bestehende Hausmüllverbrennungsanlagen angenommen, für die Verbrennung gefährlicher Abfälle und für Deponien befinden sich Standards in Vorbereitung.

Vor kurzem hat der Ministerrat die Richtlinie 91/156/EWG[1]) angenommen, in der die allgemeinen Prinzipien, besonders auch die Gleichbehandlung verwertbarer Abfälle festgelegt werden.

Zusammen mit dieser wurde auch eine Neufassung der Richtlinie 78/319 über giftige und gefährliche Abfälle vorgelegt, deren wesentliches Ziel die Neufassung und Ausweitung der Definition gefährlicher Abfälle ist. Ein wichtiger neuer Vorschlag wurde mit der Richtlinie über zivile Haftung für von Abfällen verursachte Schäden vorgelegt, der dazu beitragen soll, daß das Verursacherprinzip auch im Abfallbereich stärker zum Tragen kommt.

Neben den Bereichen Transport von Abfällen und Identifizierung und Sanierung von Altlasten, auf die ich hier nicht im einzelnen eingehen möchte, befaßt sich die Gemeinschaftsstrategie noch mit dem Export von Abfällen aus der Gemeinschaft. Die Gemeinschaft und alle Mitgliedsländer haben das Basler Abkommen über grenzüberschreitende Verbringung von Abfällen unterzeichnet. Daher arbeiten wir bereits mit Hochdruck an der Änderung der Richtlinie 84/631 über die grenzüberschreitende Verbringung von gefährlichen Abfällen, die neben dem Abschluß des Basler Übereinkommens auch durch den Wegfall der Binnengrenzen nach 1992 notwendig wird.

Ich hoffe, Ihnen mit diesen Ausführungen die weitgehenden Änderungen, die der Binnenmarkt für die Abfallpolitik mit sich bringen wird sowie die Breite, in der die Kommission derzeit den Bereich der Abfallwirtschaft angeht, deutlich gemacht zu haben und bedanke mich für Ihre Aufmerksamkeit.

---

[1]) Amtsblatt L 78 vom 26.3.1991

„Abfallwirtschaft im Europäischen Binnenmarkt – Fragen an die EG"[2])

Von W. Schenkel[1])

Einführung

Der europäische Binnenmarkt wird als realistische Antwort auf die ökonomische Herausforderung der westeuropäischen Industriestaaten in den 80er Jahren angenommen. Es wird ein einheitlicher Markt für 323 Mio Einwohner entstehen mit einem BSP von 4,3 Billionen US-Dollar. Im Vergleich dazu haben die USA 242 Mio Einwohner und erwirtschaften 4,4 Billionen US-Dollar BSP. Dieser Markt soll zukünftiges materielles Wohlergehen sichern und die Voraussetzung für die Fortentwicklung des derzeitigen Wirtschaftssystems schaffen.

Es wird ein erhebliches Wirtschaftswachstum und damit verbunden auch die Schaffung neuer Arbeitsplätze erwartet. Dieses Wachstum wird auch Zuwachs für die Abfallwirtschaft bedeuten. Industrielles Produzieren und Konsumieren bedeutet, systematisch Abfälle zu produzieren.

Die Abfälle, von denen gesprochen werden soll, sind:

– Abfälle aus der Gewinnung von Rohstoffen und deren Aufarbeitung zu Vorprodukten und Halbzeug;
– Abfälle, die beim Herstellen von Stoffen, Produkten und Gütern entstehen;
– Abfälle, die aus Stoffen, Produkten und Gütern entstehen, wenn nach ihrem Gebrauch keine Folgenutzung vorgesehen ist;
– Infrastrukturabfälle, die dadurch entstehen, daß sich Schadstoffe im Staub, in Schlämmen, im Boden, in Sedimenten verteilen und diese von der üblichen Nutzung ausschließen.

Diese Abfälle sind die logische Folge eines Produktions- und Konsumsystems, das keine systematische Antwort auf die Frage kennt: Was geschieht mit Produkten nach Ver- und Gebrauch? Abfall ist auch ein Phänomen der jeweiligen Werteskala seines Besitzers. Es gibt nichts, was nicht gleichzeitig Wertstoff und Abfall sein könnte. Für den entstehenden Binnenmarkt heißt dies, bei weitgehender Liberalisierung der Produktion und des Marktes wird der Warenumlauf beschleunigt und vergrößert. Die zwangsläufige Folge wird eine vergrößerte Abfallmenge sein.

Die Ureinwohner Südamerikas kennen das Problem nicht. Die ehemalige DDR erzeugte ca. 180 kg häusliche Abfälle je a, E; die BR Deutschland produziert um 360 kg/E, a und in den USA wird mit 6–700 kg/E, a gerechnet. Die industrielle, westliche Wirtschaft ist eine Wegwerfgesellschaft.

Es werden auch Stoffströme in Form von Rückständen, Reststoffen und Abfällen wieder exportiert, weil die Nachfrage nach noch nutzbaren Inhalten in den Importländern größer ist oder die Lohnstufe in den Importländern niedriger wie in den Exportländern und damit der Wert dieser Sekundärrohstoffe steigt. Abfälle sind naturwissenschaftlich nicht definierbar, sondern weitgehend definiert durch ökonomische Fließgleichgewichte aus Angebot und Nachfrage bzw. aus hohen und niedrigen Einkommen. Dieses Gleichgewicht stellt sich zeitlich, räumlich und gesellschaftlich jeweils neu ein. Abfall läßt sich naturwissenschaftlich nicht definieren, allenfalls bürokratisch, was eine entsprechende Abfallbürokratie zur Folge hat.

Dieser vergrößerte und beschleunigte Warendurchlauf hat noch zwei weitere Effekte. Einmal treten die Abfallprobleme, die besonders mit der Gewinnung von Rohstoffen zusammenhängen, in den Importländern gar nicht mehr als Problem auf. Die Länder der EG führen ihre Rohstoffe weitgehend in der Form von Futtermitteln, metallurgischen Vorprodukten, Nahrungskonserven, Schnittholz etc. ein.

---
[1]) Dipl.-Ing. Werner Schenkel, Erster Direktor und Professor beim Umweltbundesamt, Berlin
[2]) Vortrag „320. FGU-Seminars Abfallwirtschaft und EG-Binnenmarkt", Berlin

Die dabei entstehenden Abfälle verbleiben in den Exportländern. Die EG interessiert sich dafür nicht und fühlt sich dafür auch nicht verantwortlich.

Andererseits führt der stete Import von Rohstoffen zwangsläufig zu Stoffkonzentrationen bzw. Stoffanreicherungen in den Importländern. In ihnen werden die weltweit gewonnenen Rohstoffe mit großem Energieaufwand zusammengetragen, verarbeitet, teilweise als Produkt exportiert, aber wesentlicher als Produkt selbst verbraucht unter Hinnahme der ganzen, beim Produktionsprozeß entstandenen, diffus verteilten Abfälle.

Die Länder der EG exportieren Güter und Stoffe in Länder der Dritten und Vierten Welt. Darunter sind solche wie PCB-gefüllte Trafos, FCKW in Kühlanlagen, gewachste Autokarosserien u. a. m. Jedermann weiß, daß die Importländer nicht in der Lage sind, die Betriebsmittel ordnungsgemäß zu entsorgen noch die Güter nach Gebrauch sinnvoll zu nutzen, aber niemand fühlt sich für die dadurch entstehenden Abfallprobleme verantwortlich. Stattdessen regen wir uns pharisärhaft über unerlaubte SA-Exporte, die u. a. PCB, FCKW oder Dioxine enthalten können, auf.

Die Gütermenge in den reichen Industrieländern hat mittlerweile so zugenommen, daß die Abfallwirtschaft, d. h. die systematische Suche nach der Antwort auf die Frage, was passiert mit dem Gut nach Nutzung, einer systematischen Antwort bedarf bzw. regional schon zum Produktionsengpaß geworden ist.

Das Phänomen Abfall kann langfristig nur gelöst werden, wenn die Volkswirtschaften erkennen, daß zu den Produktionsfaktoren Kapital, Arbeit und Boden der Verbleib der Ressource gehört.

Abfall ist integraler Teil unseres Wirtschaftens und Konsumierens und die derzeitige Aufgabenstellung, daß privat produziert wird, aber öffentlich-rechtlich beseitigt werden soll, kann über die Länge der Zeit nicht aufrechterhalten werden. Der Übergang von einer Wegwerf- zu einer Vermeidungsgesellschaft wird tiefer in unser Wirtschaftssystem eingreifen, als wir uns derzeit vorstellen (von der Linearität zum Kreislauf) können.

Die derzeitige Entwicklung im Osten signalisiert einen zukünftig vermehrten Rohstoff- und Energiebedarf. Welche Konsequenz hat dies für die Abfallwirtschft?

In dieser Situation erleben wir die unterschiedliche Auffassung in der EG zwischen dem Ministerrat und Kommission, wie diese Fragen administrativ am besten zu behandeln wären. Ein Streit, der sich auch zwischen Kommission und Bundesregierung abspielt. Es geht darum, ob die Kommission recht behält, die Abfallwirtschaft als integrierten Teil des Wirtschaftens bzw. als Dienstleistung zu sehen, verbunden mit einem hohen Schutzbedürfnis und damit den EG-Art. 100 A anzuwenden. Er ermöglicht eine Harmonisierung von unterschiedlichen Positionen durch Mehrheitsentscheidung, wobei jeder Mitgliedstaat darüber hinausgehende Maßnahmen ergreifen darf, die allerdings der Kommission mitgeteilt werden müssen.

Die Gegenposition des Ministerrates und auch der Bundesregierung stützt sich auf den EG-Art. 130 S. In diesem Fall wird die Gemeinschaft im Bereich Umwelt tätig, wenn gemeinsame Ziele besser auf Gemeinschaftsebene als auf der Ebene der Mitgliedsstaaten erreicht werden können (Subsidiarität). Der Rat bestimmt einstimmig über das Tätigwerden der Gemeinschaft. Diese Einstimmigkeit läßt sich im Zweifel immer nur für Minimalziele erzielen. Weitergehende nationale Maßnahmen sind möglich, wenn sie mit dem EG-Vertrag vereinbar sind.

Wir erleben aber auch die herbe Kritik an den bisherigen Umweltrichtlinien der EG, die seit Jahren auf dem Papier stehen und nicht oder nur mangelhaft in den Mitgliedsländern umgesetzt worden sind. Dieser Mangel an Umsetzung und Umsetzbarkeit führt zu der Frage, ob die Umweltziele nicht besser mit ökonomischen, statt mit administrativen Instrumenten verwirklicht werden können. Die Revision von

Art. 2 und Art. 130 R des EG-Vertrages zeigen in diese Richtung. Die Umweltbelastung muß mehr als Kostenfaktor und weniger als Nutzfaktor begriffen werden. Eine wirksame Abfallwirtschaftspolitik ist nur über eine Harmonisierung der Wettbewerbsbedingungen und nicht über nachgeschaltete Umweltaktivitäten zu erreichen. Es geht um Globalstrategien zur Minderung der Stoffdurchsätze.

Es erscheint fraglich, ob diese erwünschte Harmonisierung über Einzelrichtlinien überhaupt zu erreichen ist oder ob nicht andere Steuerungsinstrumente entwickelt und angewendet werden müßten.

So erscheint es mir nötig, das zukünftige volkswirtschaftliche Wachstum stärker als bisher vom Güterverbrauch zu entkoppeln. Hier ist eine ähnliche Entwicklung wie in der Energiepolitik anzusteuern, bei der es noch nicht allzulange her ist, daß man volkswirtschaftlichen Wohlstand direkt mit wachsendem Energieverbrauch korrellierte. Auch diese Zusammenhänge erscheinen mir zuwenig ausgeleuchtet und durchaus intensiven Studien zugänglich. Abfallwirtschaft ist mindestens so sehr Rohstoff- und Technologiepolitik wie Umweltpolitik.

Der zukünftige Binnenmarkt wird die Bedingungen für die Abfallwirtschaft entscheidend verändern. Nationale Ansätze werden für die europäischen Lösungen nicht mehr ausreichen. Sie bleiben nationale Aktions- und Aktionismusinseln. Der Binnenmarkt bedroht diese zusehends aber dann, wenn ein EG-weites Rahmenkonzept besteht, dem sich die nationalen Aktivitäten unterwerfen müssen.

1. Bedeutet der Binnenmarkt '92 eine abfallwirtschaftliche Katastrophe für die Mitglieder der EG?

,,Die derzeitige unbarmherzig kurzsichtige, parasitäre Wachstumspolitik hat bereits Teile Europas ruiniert", so der für Umweltfragen zuständige Kommissar Ripa di Meana neulich in einem Interview mit Michael Bullard. Fehlende Umweltgesetze, ungenügende Standards, mangelhafte Kontrollbürokratien werden nach dem Wegfall der Grenzen den Mülltourismus und dem Ökodumping Tür und Tor öffnen. Und Dazu nochmals Ripa di Meana: ,,Die vergangenen Generationen haben uns Kathedralen und Paläste hinterlassen. Wir sind auf den besten Wege, unseren Nachfahren eine gigantische Mülltonne zu vererben. Die derzeitigen angewandten Marktmechanismen geben umweltpolitisch völlig falsche Anreize."

Offensichtlich stehen in der EG die ,,Marktentwickler" und ,,Industrieförderer" noch weit von der Position der Umweltschützer entfernt. So ist es interessant, einmal die Fragen zu stellen,

– warum es in den EG-Planungen noch keine produktbezogenen Maßnahmen analog zum § 14 AbfG, die ja mittlerweile in der BR Deutschland zum zentralen Handlungsinstrument geworden sind, gibt oder

– warum es keine den § 5.1.3 BImSchG vergleichbare Regelung zur Minderung der Abfallentstehung an der Quelle gibt?

Beide Ansätze sind mittlerweile zu einem zentralen Bestandteil bundesdeutscher Abfallwirtschaftspolitik geworden. Es wäre unerträglich, feststellen zu müssen, wenn sich die EG-Abfallwirtschaftspolitik nur auf End of the pipe-Maßnahmen, d.h. die reine Bekämpfung der Phänomene beschränkte.

Natürlich ist bei uns bekannt, daß die EG-Kommission mittlerweile eine Produktrichtlinie für Verpackungen, Stanniolkapseln und Autowracks vorbereitet. Aber diese Entwicklung erscheint uns doch noch recht zögerlich und halbherzig.

Es gehört mittlerweile zum Allgemeinwissen, daß Abfallwirtschaft integraler Bestandteil der Produktionswirtschaft sein muß und daß End of the pipe-Maßnahmen, so notwendig sie auch zukünftig sein mögen, nicht mehr ausreichen und von zunehmend größer werdenden Teilen der Gesellschaft auch nicht mehr akzeptiert werden. Abfallwirtschaftspolitik bedeutet Instrumente zur Steuerung von Produkt- und Güterflüssen zu entwickeln und anzuwenden. Mit welchen Maßnahmen sollen solche Ziele realisiert werden? Das EG-Abfallwirtschaftsprogramm deutet solche Maßnahmen erst nach dem Jahr 2000 an. Dies ist für die Bundesrepublik Deutschland unannehmbar.

Andererseits halten wir es auch für nicht akzeptabel, wenn bei jeder abfallwirtschaftlichen, produktbezogenen Maßnahme das Wettbewerbsargument als Killer eingesetzt wird. Wie arbeiten eigentlich die Direktionen Umweltschutz, Wettbewerb und regionale Entwicklungspolitik in diesem Fall zusammen?

2. Könnten ökonomische Instrumente zur Abfallverminderung und -verwertung eine gangbare Alternative sein?

Die bisherigen abfallrechtlichen Richtlinien der EG reichen nicht aus. Sie sind weitgehend unwirksam. Ihre Umsetzung in nationales Recht, ihr Vollzug im konkreten Einzelfall führen zu Verzögerungen und zu mangelhafter Wirksamkeit. Es bestehen darüber hinaus erhebliche Zweifel, ob Länder wie Portugal, Griechenland, Irland, Belgien überhaupt willens und in der Lage sind, die für den Vollzug nötige bürokratische Infrastruktur zu schaffen und ob sie die Autorität haben, um sich gegenüber den am Markt Handelnden durchzusetzen.

Der Ruf nach alternativen Instrumenten ist laut. Eine Alternative sind die ökonomischen Instrumente. Welche Positionen böten sich an, um Produkt- und Güterströme ökonomisch zu steuern? Es bieten sich die Verteuerung des Rohstoffes, die Verteuerung der Entsorgung und die Verteuerung des Produktes selbst an. Ob als Rohstoffsteuer, als Altlastenabgabe oder Deponieabgabe oder als PVC-, Cl-Steuer ausgeformt, muß im konkreten Einzelfall geprüft werden. Wichtig ist nur der Nachweis der Wirksamkeit. Weniger Abfall soll entstehen. Besonders bei Strategien der Nutzenverlängerung, der Reparaturfreundlichkeit und des Langzeitproduktes spielt das Verhältnis von Einnahmen bzw. Lohnkosten zu Produktkosten eine entscheidende Rolle. Wenn Produkte zu billig zu erwerben sind, werden sie eben nicht mehr repariert. Da außerdem die Produkte hochentwickelter Volkswirtschaften immer materialextensiver, aber immer komplexer werden, ist auch eine Rohstoffsteuer wahrscheinlich ungeeigneter als eine Produktsteuer oder -abgabe. Trotzdem sollte man die Zusammenhänge zwischen Rohstoffpreisen und ihren Anteilen an Produktionspreisen intensiver untersuchen.

Bei der Prüfung dieser Ansätze haben wir aber immer festgestellt, ohne administrative Stützung geht es nicht:

– die Festlegung der Bemessungsgrößen, der Abgabenhöhe und der Einziehung der Abgabe,

– die Verhinderung von Mißbrauch in jeder Form, denn nichts scheint so attraktiv, wie die Maßnahmen des Staates zu umgehen,

– die Kontrolle von unerwünschten Alternativen wie unerlaubte Transformation in Wirtschaftsgüter, Ausfuhr in abfallwirtschaftliche Entwicklungsländer u. ä. m.

Nach unseren Erfahrungen sind ökonomische Instrumente allein nicht ausreichend, das gewünschte Ziel, die Abfallmenge zu mindern, zu erreichen. Sie sind sicher dienlich, erwünschte Richtungen zu unterstützen oder dringend nötige Investitionen mit zu finanzieren, aber die Hoffnung, das ökonomische Instrument könne das Problem lösen, erscheint mir trügerisch.

Der Nutzwert unserer Produktion läßt sich nur erwirtschaften, wenn die Umweltgüter Luft, Wasser, Landschaft billig sind und die Rohstoffe wenig kosten bzw. der Rohstoffkostenanteil in den Produkten minimiert worden ist. D.h. jede massive Umweltabgabe oder Steuer gefährdet das System so, daß diese Maßnahme eigentlich niemand will. Schon gar nicht jene, die eine Wirtschaftspolitik der Entwicklung und des Wachstums betreiben. Die Zusammenarbeit zwischen Umweltdirektion und den Direktionen für Wettbewerb und Strukturpolitik erscheint für Außenstehende entwicklungsbedürftig. Wirtschaftliche Entwicklung zu betreiben, ohne integrale Entsorgung parallel sicherzustellen, erscheint mir mittlerweile kriminell. Das Beispiel DDR zeigt deutlich, zu welcher aberwitzigen Entwicklung es führt, wenn man den Konsum anheizt und die Entsorgung nicht sicherstellen kann.

An welche anderen Instrumente könnte man noch denken?

3. Ist die Produktrücknahme ein taugliches Instrument?

Im Rahmen des derzeitigen Wirtschaftens ist es üblich, daß der angestrebte Nutzen nur durch einen Eigentumsübergang des Gutes zu erreichen ist. Wenn jemand Strom benötigt für netzunabhängige Geräte, kauft er eine Batterie. Er will die Batterie selbst nicht haben, aber er braucht den in ihr gespeicherten Strom.

Was läge demnach näher, die Batterie, nachdem sie den Strom abgegeben hat, wieder an den Produzenten zurückzugeben? Dieser Gedanke erscheint attraktiv für viele Investitions- und Gebrauchsgüter wie Sportgeräte, elektronische Geräte, Fahrzeuge, braune und weiße Geräte (Unterhaltungselektronik und Kücheneinrichtungen), Werkzeugmaschinen u. ä. m. Der Produzent erhält den Restwert des Produktes zurück. Er kann es aufarbeiten und erneut verleihen oder auseinandernehmen und stofflich verwerten. Er bleibt auf jeden Fall im Besitz der verarbeiteten Rohstoffe und könnte einen wichtigen Beitrag dabei leisten, die Stoffe und Produkte nicht beschleunigt in die Umwelt zu verteilen.

Besonders bei Exporten der EG in Ländern der Dritten und Vierten Welt müßte die Rücknahme zum Prinzip zukünftigen Geschäftsgebarens werden. Auch wenn man damit rechnen muß, daß viele Geräte nicht zurückkommen, erscheint dieser Ansatz attraktiv, um sich systematisch auf mögliche Folgenutzungen einzustellen. Die Einflüsse auf die Werkstoffwahl, die Konstruktion, die Verpackung, den Vertrieb würden ganz wesentlich von diesem Ansatz bestimmt. Die Philosophie des „just in time", d. h. der geringen Lagerhaltung von Vorprodukten und Fertigungsteile, wäre danach zu überprüfen. Der Produzent bliebe der Besitzer der von ihm gekauften Rohstoffe und der erzeugten Produkte. Die Handelsorganisationen wandeln sich bei Investgütern und Konsumgütern, soweit sie nicht zum Verbrauch bestimmt sind, in Verleihorganisationen. Das bekannte Leasing bei Autos oder Werkzeugmaschinen wäre ein gängiges Vorbild. Wenn dieser Ansatz sinnvoll wäre, um die derzeitige Wegwerfwirtschaft zu einer sparsameren Vermeidungswirtschaft zu entwickeln, die sich mehr nach den Prinzipien des sustainable development ausrichtet, wie könnte dies die EG unterstützen? Könnte man das Produkthaftungsrecht in der Produkthaftungsrichtlinie so erweitern, daß der Gewerbetreibende grundsätzlich für den Produktverbleib zuständig ist? Was geschieht mit den Personen, die die Produkte nicht zurückbringen wollen oder können? Könnte man die Risiken und Kosten über eine Produktversicherung abfedern? Es wäre begrüßenswert, wenn die EG deutlicher die Verantwortung der Produzenten und des Handels für den Verbleib ihrer Produkte einfordern würde.

Geht man diesen Weg nicht, sondern erklärt jeden Reststoff und jedes gebrauchte Produkt nach der neuen EG-Richtlinie 75/442 zum Abfall und unterwirft ihn dem bürokratischen Regelungen der Abfallrichtlinie bzw. der Abfallgesetze in den Ländern, dann gehört keine Phantasie dazu, sich neben der Landwirtschaftsbürokratie eine Abfallbürokratie vorzustellen, die sich nach bekannten Gesetzen krebsartig wuchernd entwickeln muß.

An dieser Stelle könnte auch noch kurz auf das Problem der „Regelungsverzögerung" durch institutionelle Probleme hingewiesen werden. So liegen derzeit die Richtlinien Gefährliche Abfälle, PCB-haltige Abfälle, Klärschlamm, Verbrennung gefährlicher Abfälle, Deponie aus den unterschiedlichsten Gründen in den Gremien von Rat und Kommission fest und behindern bzw. verzögern die eigene Aktivität als auch die in den Mitgliedsländern.

Aber nach diesen sehr grundsätzlichen Fragen an die EG sollten wir noch einige näherliegende Fragen, soweit sie abfallwirtschaftliche Sachverhalte betreffen, ansprechen.

4. Wie stark beeinflußt die Richtlinienkompetenz und das Strategiepapier Abfall 2000 der EG-Kommission die nationalen Abfallwirtschaftspolitiken?

Seit 15 Jahren gelten die Abfallrichtlinien 75/442/EWG und 78/319/EWG. Wie wurden sie in den Mitgliedsländern operationalisiert? Warum gibt es keine vergleichenden Veröffentlichungen über die Umweltstandards in den einzelnen Mitgliedsländern? Ist die EG-Kommission mit der Entwicklung zufrieden?

Wie und bis wann sollen die offensichtlich vorhandenen Disparitäten in der Entsorgungsinfrastruktur offengelegt und ausgeglichen werden? Sie sind die Ursache für Kostendifferenzen der Abfallentsorgung, und sie werden die Ursache von Altlasten sein, die später saniert werden müssen.

Wie soll die Harmonisierung der Standards erfolgen? Wie werden diese Standards durchgesetzt, und wie sollen die dafür benötigten Anlagen finanziert werden?

An welchen Standards will die EG die Abfallbehandlung und Ablagerung anpassen? Was ist ein hohes Schutzniveau? Bis wann? Die BR Deutschland wird bis 1992 eine vergleichsweise komplette Standardisierung haben (TA Siedlungsabfall, TA Sonderabfall und TA Produktionsspezifische Abfälle). Sie ist aber dann noch weit davon entfernt, eine entsprechende Infrastruktur aufgebaut zu haben.

Wie wird die Übergangszeit überbrückt? Wie soll das in den Ländern der Gemeinschaft geschehen, die nicht über die Ressourcen verfügen wie die BR Deutschland? Müßte nicht sofort ein europaweiter Altlastenfonds gegründet werden, aus dem die voraussehbaren Spätschäden bezahlt werden? Warum soll bei solchen Voraussetzungen die öffentliche Hand für die Entsorgung die Verantwortung tragen? Entsorgung ist heute nicht mehr verknüpft mit der Sicherstellung hygienischer und ordentlicher Zustände. Vielmehr gilt es heute ein Management für einen Produkt- und Güterfluß gigantischen Ausmaßes zu entwickeln. Eine Aufgabe, der sich diejenigen, die diesen Strom verursachen, nicht entziehen dürfen. Derzeit gilt die Priorität Schaffung von Behandlungsanlagen vor Vermeidungsmaßnahmen? Ist das richtig? Ist es nicht effektiver, mehr für die Vermeidung von Abfällen zu investieren?

Derzeit ist die Verständigung über Abfälle derart erschwert, daß die EG von gefährlichen Stoffen in Abfällen spricht. Eine Definition, die es in der BR Deutschland so nicht gibt, während wir eine Liste gefährlicher Abfälle haben, die die EG nicht benutzt. Wie und bis wann soll dieses Wirrwarr harmonisiert sein? Hat der International Waste Identification Code der OECD eine Chance als europäischer Abfallkatalog übernommen zu werden?

Was den Transport von Abfällen anbelangt, treffen wir auf Prinzipien, die denen der Wirtschaftsstrategen völlig zuwiderlaufen. Legen Letztere größten Wert auf Freizügigkeit, Schnelligkeit und Wettbewerbsgleichheit, so postulieren die Abfallwirtschaftler die Beseitigung in den nächstgelegenen, geeigneten Anlagen bzw. am Ort des Abfallentstehens. Vor dem Hintergrund zunehmender Internationalisierung, auch des Entsorgungsgeschäftes kommt mir diese Position eher hilflos vor. Auch unter Umweltschutzgesichtspunkten erscheint mir vieles gegen diesen „Kirchtumsgrundsatz" zu sprechen. Die diesbezügliche Neufassung der EG-Richtlinie 86/631 erscheint mir in diesem Zusammenhang auch wenig hilfreich. Die hohen Behandlungspreise im Binnenmarkt erlauben es leicht, sehr große Entfernungen mit Eisenbahn und Schiff zu überbrücken. Warum also keine Abfälle ausführen?

Niemand regt sich in der EG über die Abfälle, die bei der Chrom- oder Bleiproduktion, bei der Papierfaser oder Kunststoffproduktion, bei den Lebensmittelkonserven oder Faserexporten in den Exportländern entstehen, auf, obwohl jedem Verantwortlichen klar ist, daß diese Abfälle dort nur auf der Basis unserer Verschwendungswirtschaft entstehen. Andererseits werden wir akzeptieren müssen, wenn wir verstärkt Alt-Produkte und Sekundärrohstoffe bei uns sammeln, daß für deren Weiterverwertung die heimischen Märkte zu klein sind. Wir werden solche Stoffe und Güter exportieren müssen. Der Export von Sekundärrohstoff und Abfall ist inhärenter Teil des weltweit gewünschten Wirtschaftsbeschleunigungssystems, genannt Marktwirtschaft. Es läßt sich durch eine Abfallbürokratie nicht aufhalten. Wie sollen dann beim Wegfall der innereuropäischen Grenzen z.B. die SA-Transporte überwacht werden? Gibt es eine EG-Abfall-Polizei? Allerdings wird diese Freizügigkeit beim Transport zunehmend begrenzt durch das NIMBY ode St. Florianspinzip.

Jeder kennt ihn – keiner will ihn – den Abfall.

Der Widerstand von betroffenen Bevölkerungsgruppen setzen der Anlage von Entsorgungsanlagen und den damit entstehenden Transporten enge Grenzen. Wie sieht die EG diesen zunehmend größeren Engpaß an Behandlungsanlagen, die für eine Entsorgungsinfrastruktur unabdingbar sind? Wird hier wirtschaftliche Entwicklung nicht ganz unerwartet aus ganz archaischen Gründen heraus gefährdet? Wird der Abfallexport nicht plötzlich zur Überlebensstrategie? Allerdings gilt dann für den Standard der in den Importländern stehenden Anlagen, daß sie dem der Exportländern entsprechen müßten, und die Deklaration der Stoffe und Produkte hat so zu erfolgen, daß der Empfänger weiß, womit er es zu tun hat. Das Baseler Abkommen hilft hier sicherlich weiter.

An dieser Stelle ist noch auf ein ganz anderes Phänomen zu verweisen, nämlich der Zwang zur Mitbenutzung bestehender Anlagen. Wenn einerseits der Anschluß- und Benutzungszwang zum Schutz des Einzugsgebietes einer Anlage nicht gelten soll, dann muß es andererseits erlaubt sein, jede vorhandene Anlage für seine Abfälle zu nutzen, falls sie dafür geeignet ist. Am Beispiel der Deponie Schöneberg erleben wir gerade, wie eifersüchtig holländische Firmen darauf achten, nicht schlechter als inländische Firmen gestellt zu werden.

Außer den Fragen zum Transport lassen sich auch noch andere wichtige Fragen zur Entwicklung der nationalen Infrastruktur der Abfallwirtschaft durch die EG an die EG stellen.

5. Wie stark ist die nationale Infrastruktur (Anlagen, Betriebe, Produzenten von Geräten und Einrichtungen) und der nationale Vollzug der Abfallwirtschaft durch Maßnahmen der EG gefährdet? Oder wie stark wird sie gefördert?

Die unterschiedliche Auffassung zwischen der Bundesregierung und der Kommission über die Anwendung des § 100a oder § 130g des EG-Vertrages führt auch zu einer völlig anderen Haltung über den Zwang zur nationalen Inlandsentsorgung, solange noch keine Harmonisierung der EG-Standards stattgefunden hat. Um diese Frage zu klären, strengt die Kommission beim Europäischen Gerichtshof ein Strafverfahren an. Danach könnte der in der BR Deutschland benutzte Anschluß- und Benutzungszwang für Anlagen hinfällig werden. Es wird vermutet, daß dadurch die wirtschaftliche Basis vieler Entsorgungsanlagen entfallen würde.

Wie soll dann die umweltpolitische Billigentsorgung in der EG verhindert werden? (Es sei nur an Verhältnisse in der BR Deutschland in den 70er Jahren erinnert. Das Schlagwort vom Abfalltourismus war damals ein Schlagwort in der politischen Auseinandersetzung. Dieses Ungleichgewicht war u. a. Grund für die Erarbeitung der TA Abfall.)

Wie soll national vertreten werden, daß derzeit eigene hohe Umweltstandards (TA Sonderabfall) EG-weit bei einer Harmonisierung abgesenkt werden (zukünftige Rolle der thermischen Vorbehandlung bei der Deponie oder engl. Co disposal?)

Wenn der freie Abfallmarkt entsteht, verlangt er Entsorgung zu den billigsten Kosten. Dies ist Gesetz unseres wirtschaftlichen Handelns und trifft auch in der marktwirtschaftlichen Abfallwirtschaft zu. Eine mögliche Folge dieser Exporte zu Billiganlagen könnte bedeuten, daß die nationalen Anlagen nicht mehr ausgelastet werden können und verfallen.

Kann die EG den durch Billigexporte verhinderten Ausbau nationaler Kapazitäten bei Wegfall des Anschluß- und Benutzungszwanges verantworten?

Welche wirtschaftlichen Auswirkungen hätte dies u. a. auf die deutschen Hersteller von Anlagen? Diese Hersteller besitzen know how, schaffen Arbeitsplätze, dienen dem Umweltschutz und sind auch Bestandteil des gemeinsamen Marktes. Auch diese dürfen im Wettbewerb nicht behindert werden.

Die freie Verfügbarkeit von Ressourcen (auch Behandlungsanlagen) für EG-Mitglieder bedeutet vermehrt den Wegfall eigener Anstrengung mit der Folge eines systematischen Defizits von Anlagen (Hessen, USA 1978). Die Tendenz, Anlagen im eigenen politischen Wirkungsfeld nicht zu schaffen und mögliche politische Auseinandersetzungen zu umgehen und stattdessen vorhandene Kapazitäten in Nachbarländern mit zu nutzen oder sich einweisen zu lassen, ist sehr groß.

Wie will die EG den Grundsatz der freien Ressourcenverfügbarkeit durchsetzen?

Welche Rolle soll die zunehmende Internationalisierung des Abfallgeschäftes spielen (Waste Management, VEBA, RWE, Formen internat. Entsorgungsstrukturen)?

Ändert sich durch die im Entwurf vorliegende Neufassung der Abfallrichtlinie 75/442/EWG im Falle ihrer Verabschiedung die Rechtslage in bezug auf die strittigen Punkte des Abfallbegriffs und des Vorranges der Inlandsentsorgung

a) der Abfallbegriff

Bei der Definition des Begriffes „Abfall" in Artikel 1 (a) des Richtlinienentwurfs sind drei Änderungen im Vergleich zur Richtlinie 75/442/EWG zu verzeichnen:

– als Abfall werden alle Stoffe oder Gegenstände bezeichnet, die in den im neu eingeführten Annex I enthaltenen Kategorien aufgeführt sind, und zwar

– nicht nur, wie bisher, wenn der Abfallbesitzer sich ihrer entledigt, sondern auch, wenn er sich entledigen will

– oder sich ihrer zu entledigen hat, wobei an dieser Stelle der Verweis auf die geltenden einzelstaatlichen Vorschriften entfallen ist.

Es stellt sich die Frage nach der Bedeutung des Kataloges der Abfallkategorien im Annex I, der laut Artikel 1 (a) 2. Absatz um eine Liste erweitert werden soll, in der Abfälle den Kategorien zugeordnet werden.

Zunächst könnte der Eindruck entstehen, als sollten in dem Annex in Verbindung mit der noch zu erstellenden Liste Abfälle und Abfallarten anschließend aufgezählt werden.

Gegen eine solche Auslegung der Bestimmung spricht jedoch die Auffangklausel Q 16 in Annex I, wonach die Liste der Abfallkategorien um alle Materialien, Stoffe und Gegenstände erweitert wird, die nicht in den ausdrücklich genannten Kategorien erfaßt werden.

Dies legt die Vermutung nahe, daß es sich bei dem Annex eher um einen Versuch handelt, Abfälle in Gruppen zusammenzufassen, ähnlich dem Abfallartenkatalog der Länderarbeitsgemeinschaft Abfall.

Um ein konstitutives Element der Definition des Begriffes „Abfall" scheint es sich dagegen nicht zu handeln. Infolgedessen sind an dieser Stelle keine Auswirkungen für den bundesdeutschen Abfallbegriff ersichtlich.

Ferner ist das subjektive Element des Abfallbegriffes stärker betont worden („... oder sich entledigen will"), was den subjektiven Abfallbegriff des AbfG demjenigen der Europäischen Gemeinschaft näherbringt.

Aus dem Wegfall des Verweises auf die einzelstaatlichen Vorschriften könnte gefolgert werden, daß der Bundesgesetzgeber nicht länger zur Ausfüllung des objektiven Abfallbegriffes befugt sein könnte.

Jedoch gibt der Richtlinienentwurf selber nicht vor, nach welchen Kriterien eine Pflicht zur Entledigung für die Abfallbesitzer bestehen könnte.

Solange die europäischen Regelungen keine dahingehenden Maßgaben enthalten, müssen einzelstaatliche Vorschriften weiterhin zur Festlegung einer Entledigungspflicht und damit zur Bestimmung des Abfalls im objektiven Sinne herangezogen werden. Hinter der Streichung des Verweises könnte evtl. die Absicht der EG stehen, in Zukunft eigene Vorschriften zur Entledigungspflicht zu erlassen, die dann evtl. einen Rückgriff auf nationale Regelungen ausschließen würden.

b) Vorrang der Inlandsentsorgung

Gemäß Artikel 5 des Richtlinienentwurfs sind die Mitgliedstaaten gehalten, ein integriertes und ausreichendes Netz von Entsorgungseinrichtungen zu schaffen.

Ziel des Netzes ist die Entsorgungsautonomie zum einen in den einzelnen Mitgliedstaaten. Zum anderen soll das Netz insgesamt die Gemeinschaft als Ganzes in die Lage versetzen, die Abfallentsorgung selbständig bewerkstelligen zu können.

In diesen Punkten kommt der neu eingeführte Artikel dem Standpunkt der Bundesregierung entgegen, wonach die Bundesrepublik Deutschland über eine ausreichende Entsorgungsinfrastruktur auf hohem technischen Niveau verfügen soll, die für die im Inland angefallenen Abfälle bestimmt sein soll.

Ferner stützten die Bestimmungen die Auffassung der Bundesregierung, daß auch die übrigen Mitgliedsländer der Europäischen

Gemeinschaft in der Lage sein sollten, eine umweltgerechte Entsorgung ihrer Abfälle zu gewährleisten.

Jedoch sieht Artikel 5 des Entwurfs ferner die Zusammenarbeit unter den Mitgliedstaaten beim Aufbau des Entsorgungssystems, die Berücksichtigung geographischer Gegebenheiten und der Notwendigkeit von Sonderanlagen für bestimmte Abfallarten beim Aufbau des europäischen Entsorgungsnetzes sowie die Möglichkeit der Entsorgung in einer der nächstgelegenen, geeigneten Anlagen vor.

Daraus läßt sich entnehmen, daß der Richtlinienentwurf neben der Inlandsentsorgung durchaus auch die Möglichkeit grenzüberschreitender Abfallverringerung sowie den Aufbau von Gemeinschaftsanlagen mit einschließt.

Im Vordergrund steht wohl die Entsorgungsautonomie der Gemeinschaft, die die Zuweisung von Abfällen eines Mitgliedstaates zu besonders ausgestatteten Entsorgungsanlagen eines anderen erforderlich machen kann.

Meines Erachtens müßte es dem Bundesgesetzgeber möglich sein, an dem Grundsatz der Inlandsentsorgung unter Berufung auf die entsprechenden Passagen des Artikels 5 festzuhalten. Die Länder müssen jedoch u.U. damit rechnen, in ihren Abfallentsorgungsplänen nach § 6 AbfG verstärkt die Möglichkeit von regionalen Entsorgungsverbänden sowie die Entsorgung von Abfällen der Mitgliedstaaten in Spezialanlagen im Bundesgebiet vorsehen zu müssen (vgl. auch Artikel 7 Nr. 2 des Entwurfes). Dies würde dann auch die Rüge des Genehmigungserfordernisses der §§ 13 ff. AbfG durch die EG zumindet teilweise entkräften (vgl. § 13 Abs. 1 Nr. 3b, Abs. 1 Nr. 4a).

Im übrigen hat die Bundesregierung stets deutlich gemacht, daß ihr an einem hohen Niveau der Entsorgungsinfrastuktur in der gesamten Europäischen Gemeinschaft gelegen ist.

Sollte dies einheitlich gewährleistet sein (u.U. auch durch eine europäische „TA Abfall"), so wären Abstriche von dem Grundsatz des Vorrangs der Inlandsentsorgung evtl. denkbar.

7. Schlußbemerkungen

Die Bundesrepublik Deutschland erlebt derzeit in ihren eigenen Grenzen die Probleme des Zusammenwachsens armer und reicher Landesteile. Sie nimmt viele Entwicklungen im nationalen Rahmen vorweg, die sich im Rahmen der Europäischen Gemeinschaft nach '92 nochmals in anderem Maßstab wiederholen werden.

Wirtschaftliche Entwicklung ohne ein integrales Entsorgungssystem parallel aufzubauen, ist danach unverantwortlich und kriminell. Die Folgeschäden ungeordneter Abfallbehandlung für Boden, Luft und Wasser sind bekannt. Die Altlasten sind nicht zu sanieren. Die Geldmittel werden dafür nicht aufgebracht werden. Es ist deshalb kriminell so zu tun, als ob wirtschaftliche Entwicklung stattfinden könne ohne gleichzeitig den Preis für die Entsorgung zu bezahlen.

Abfallwirtschaft hat nach meiner Auffassung viel mit Ressourcenpolitik, mit Technologiepolitik, mit gesellschaftlichen Wertesystemen zu tun und dann auch mit Umweltschutz. Sieht man Abfallentsorgung ausschließlich als Umweltphänomen an, wird man der Problemlage nicht gerecht. Die derzeit, in den Ländern der EG zuständigen öffentlichen Hände, können dem stetig größer werdenden Stoff- und Produktstrom eines effektiven Wirtschaftssystems nicht mehr vernünftig handhaben. Der Zeitpunkt ist gekommen, wo auch die EG über Produktrücknahme, Produkteinschränkungen und Verboten sowie über ökonomische Instrumente verstärkt nachdenken muß.

Binnenmarkt-Chancen und Grenzen für die Entsorgung von Reststoffen und Abfällen

Von E. Staudt[1]

1. Umweltgemeinschaft zwischen Wunsch und Wirklichkeit

Wir werden 1992 zwar einen europäischen Binnenmarkt haben, doch noch lange keine Umweltgemeinschaft!

Was heißt das – Binnenmarkt?

Das bedeutet offene Grenzen für Waren und Dienstleistungen. Für den Schmutz in Luft und Wasser gilt diese Öffnung schon länger, in Zukunft aber auch für Reststoffe und Abfälle.

In der Bundesrepublik gibt es noch erhebliche Verständnisprobleme: Während man freie Waren- und Materialbewegungen euphorisch begrüßt, glaubt man in grün-blindem Wetteifer den Mülltourismus verteufeln zu können. Man nimmt nur sehr begrenzt wahr, daß in einem Binnenmarkt Kostendifferenzen Produktions- und Entsorgungsstandorte bestimmen und das Preisgefälle die Waren- und Abfallströme in Europa lenkt.

Die Naivität zu glauben, hier selektiv einzelne Materialströme regional begrenzen zu können, wird offensichtlich deutlich, wenn man bedenkt, daß ein Sondermüllkontingent, nur mit einer DM Wert belegt, zur Ware wird, die – sieht man einmal von den Transportrisiken ab – in Europa frei bewegbar ist.

Dieser Binnenmarkt ist nun für 1993 angesagt und wird verbunden mit der Hoffnung, daß neben dem gemeinsamen Markt Europa auch eine Umweltgemeinschaft werde.

Was heißt aber Umweltgemeinschaft?

Das bedeutet gleicher Zugang zu und gleiche Verantwortung für bisher freie Güter, die unter dem Begriff „Umwelt" subsummiert werden. Diese freien Güter werden z. Zt. je nach Umweltbewußtsein und Umweltverhalten einer zwar zunehmenden, aber doch differierenden Bewirtschaftung in Europa unterworfen.

Fühlen wir uns etwa für die Sauberkeit der Mittelmeerstrände wirklich verantwortlich? Sind wir davon nur im Urlaub berührt oder wirklich betroffen? Findet der Austausch zwischen den Abgasen der Küstenländer und den Abwässern von Industrie und Landwirtschaft wirklich auf der Basis einer gegenseitigen Verantwortung statt? Würden wir französische Wiederaufbereitungstechnik in Wackersdorf akzeptieren?

Ich glaube nicht, denn schon gleiches Umweltbewußtsein scheitert an der Verschiedenartigkeit

– natürlicher Standorte,
– der Traditionen in den Regionen Europas,
– des kulturellen Selbstverständnisses.

Aus empirischen Untersuchungen wissen wir heute genau, daß nicht einmal ein gestiegenes Umweltbewußtsein wirklich ein konkretes Umweltverhalten bewirkt. Zu konkreten Verhaltensänderungen gehört eigentlich viel mehr. Verhaltensänderungen sind kaum durch rationale Überzeugungsarbeit machbar. Selbst einfache Verhaltensänderungen wie „sich das Rauchen abgewöhnen" setzen einen gewissen Leidensdruck, wie die Androhung eines Herzinfarktes, voraus.

Da der entsprechende Leidensdruck in Europa sehr verschiedenartig ausgeprägt ist, gibt es ein sehr breites Spektrum an Bereitschaft, auf Umweltprobleme einzugehen und eine breite Varianz

– in der Abfallvermeidung,
– in den Toleranzen zur Zwischen- und Endlagerung,
– im Entsorgungsniveau,
– und in den angewandten Technologien.

Die Höhe des Leidensdrucks beeinflußt also die Bereitschaft, bestimmte Kosten für die Umwelt zu tragen.

[1]) Prof. Dr. Erich Staudt, Lehrstuhl Arbeitsökonomie, Ruhr-Universität Bochum, Vorstand des Instituts für angewandte Innovationsforschung (IAI), Bochum e.V.

2. Das ökonomische Defizit in der Umweltdiskussion

Während es durchaus möglich erscheint, für mehr idealistische Vorstellungen über unsere Umwelt einen europäischen Konsens und damit eine Umweltgemeinschaft zu erzielen, gibt es bei der Realisierung von Vermeidungs- und Entsorgungsstandards eine erheblich größere Heterogenität. Die realistische Einstellung zu Umweltproblemen ist vom Leidensdruck abhängig, und da dieser breit streut und sehr unterschiedliche Regionen und Bevölkerungsgruppen in Europa fragen:

– „Wieviel Abfall können wir ertragen?"
– Wieviel Aufwand wollen wir für Vorsorgen und Entsorgen aufbringen?"

wird deutlich, daß zwischen dem Binnenmarkt und der Umweltgemeinschaft eine erhebliche Lücke klafft. Diese Lücke kann – wenn man im Bereich der Umweltgüter nicht in eine zentralistische Planwirtschaft übergehen will – nur durch ökonomische Zusatzüberlegungen geschlossen werden. Leider scheint dies jedoch ein ungeschriebenes Gesetz zu verhindern, das lautet:„Umweltpolitisches Engagement ist umgekehrt proportional zu ökonomischer Einsicht." Derartige Defizite an ökonomischen Einsichten bestehen sowohl bei den einzelnen Wirtschaftssubjekten als auch bei den Gesetzgebern. Soweit beide bisher nicht in der Lage sind, die ökonomischen Effekte von umweltgerechtem Verhalten in ihr Kalkül einzubeziehen, begrenzt ihr Verhalten die Entwicklung hin zu einer Umweltgemeinschaft.

Betrachten wir zunächst das Verhalten von Wirtschaftssubjekten; das sind

– Konsumenten,
– Haushalte,
– Wirtschaftsbetriebe.

Sie verhalten sich, von Ausnahmen abgesehen, keineswegs idealistisch oder gar altruistisch. Das Individuum fragt:„ Warum soll ich die teuere oder umständlichere Lösung präferieren, wenn alle anderen das auch nicht tun."

Und wir kennen auch das betriebswirtschaftliche Argument:„Wenn ich die aufwendigere oder umständlichere Lösung wähle, dann steigen meine Kosten, dann verschlechtert sich meine Wettbewerbssituation und dann scheidet gerade der, der sich umweltgerecht verhält, aus dem Markt aus".

Diese und ähnliche Fragen deuten eine gewisse Schizophrenie zwischen Umweltbewußtsein und konkretem Umweltverhalten an. Der Ursache kommt man nur auf die Spur, wenn man der Frage nachgeht, warum erscheint die umweltfreundlichere Lösung meistens teurer, umständlicher usw. Die Antwort darauf lautet: Weil die umweltfreundlichere Lösung anders als die gewohnte ist. D. h., bewertet wird gar nicht erst eine Alternativenstellung, sondern in der Regel nur die Änderungskosten, die additiv zum gewohnten Kostensatz auftreten.

Was uns fehlt in diesem Bereich sind Instrumente einer Art erweiterter Wirtschaftlichkeitsbetrachtung, die es dem einzelnen Wirtschaftssubjekt erlauben, konkrete Alternativen, aber auch Umweltschutzauflagen einer Bewertung zu unterziehen. Das Überraschende dabei wird sein, daß eine Reihe umweltfreundlicher Alternativen sogar günstiger als die gewohnten ausfallen. Damit würde über eine erweiterte Wirtschaftlichkeitsbetrachtung bestimmten Umweltschutzmaßnahmen quasi von selbst zum Durchbruch verholfen.

Da davon auszugehen ist, daß Umweltschutzmaßnahmen oder Auflagen kaum aufgrund idealistischer Vorstellungen durchsetzbar sind, sondern erst umgesetzt werden, wenn sie dem einzelnen Wirtschaftssubjekt ökonomisch sinnvoll erscheinen, wird ein derartiger Mechanismus nur wirksam, wenn erstens entsprechende Methoden zur Herstellung der Kostentranzparenz zur Verfügung stehen (diese werden zur Zeit im IAI entwickelt) und zweitens Rahmenbedingungen so gesetzt werden, daß entsprechende Aufwendungen auch durchgesetzt werden können.

Das führt dann zur zweiten Schlüsselfrage für die europäische Umweltgemeinschaft:

„Wer entscheidet über die Rahmenbedingungen?"

Bisher sind es die einzelnen Mitgliedsländer in der EG, die, getragen von Idealismus, vor allem aber auch von Opportunismus, z.B. in der Bundesrepublik daran gehen, im Wettlauf der politischen Parteien ein Maximum an Ökoregulation zu installieren. Warum maximieren Politiker in guter Absicht ökologische Regulative ohne Rücksicht auf die konkreten Auswirkungen? Die Antwort ist einfach. Nach der politischen Ökonomie sind in demokratischen Staaten Politiker eine Art Stimmenmaximierer, d.h. ihr Erfolgskriterium sind die in der nächsten Wahl zu erhaltenden Stimmen. Im Ergebnis bedeutet dies, daß ihre Aktivitäten nicht zwangsläufig zu mehr Effektivität in Richtung einer verbesserten Umweltsituation führen müssen.

Will man diese Effektivität sicherstellen und aus dem Stimmenfang wirklich verantwortliche Entscheidungen machen, dann stößt man auf das zweite Defizit an ökonomischen Überlegungen: Es fehlt an Gesetzes- und Regelungsfolgenabschätzungen gerade auch im Umweltschutz, und es besteht ein gewaltiger Mangel darin, Umweltschutzmaßnahmen vor ihrer Installation unter Einbeziehung der einzelwirtschaftlichen Reaktionsmuster hinsichtlich ihrer Wirkungen und Wirksamkeit zu analysieren. Preise, erweiterte Wirtschaftlichkeitsbetrachtungen und darüber erzielte Wirkungen bleiben außer Ansatz, so daß der Regelungswettlauf nicht zu einer Umweltgemeinschaft, sondern zu einer Störung des Binnenmarktes führt.

3. Die Differenz zwischen europäischem Binnenmarkt und einer Umweltgemeinschaft

Wir hatten bei den einzelnen Wirtschaftssubjekten schon diagnostiziert, daß die Kostentoleranz von dem lokalen Leidensdruck abhängig ist und daß ihre Bereitschaft zur Vermeidung, Lagerung und zur Festlegung des technischen Entsorgungsniveaus standortabhängig ist. Da nun unterstellt werden kann, daß alle Länder der Gemeinschaft von Demokraten und damit Stimmenmaximierern regiert werden und diese Stimmenmaximierer dazu gezwungen sind, auf die lokalen bzw. regionalen Verhältnisse einzugehen, resultiert daraus auch eine breite Streuung der Rahmenbedingungen mit dem Leidensdruck in Europa.

Diese Pluralität der Regelungen wird nun konterkariert durch die Brüsseler Behörden, die in der einheitlichen europäischen Akte vom 1. Juli 1987 verpflichtet wurden, einen Raum ohne Binnengrenzen zu schaffen, in dem der „freie Verkehr von Waren, Personen, Dienstleistungen und Kapital gemäß den Bestimmungen dieses Vertrages gewährleistet ist". Sie sollen dadurch die Wettbewerbskräfte im Inneren und nach außen stärken und eine weitere Angleichung der Lebensbedingungen in der Gemeinschaft auf einem insgesamt höheren Wohlstandsniveau erreichen.

Was heißt das nun für die Umweltpolitik in der Bundesrepublik?

1. Zunächst muß man wohl unterstellen, daß, soweit einheitliche Regelungen in der EG installiert werden, eher ein Durchschnittsniveau angestrebt wird. Das bedeutet für die Bundesrepublik, daß sie als Musterschüler bei den meisten Regelungen über den Mittelwerten Europas liegen wird.

2. Zumindest für eine Übergangszeit werden Ländereigenheiten partiell erhalten bleiben bzw. mehr oder weniger erfolgreich in Brüssel durchgesetzt. Bei letzterem ist davon auszugehen, daß die Bundesrepublik nicht gerade für ihre besondere Durchsetzungsfähigkeit in Brüssel bekannt ist.

Für eine Übergangszeit dürfte also trotz aller Harmonisierungsbemühungen in Europa ein gewisses Gefälle bestehen bleiben: Was in Portugal endgelagert werden kann, muß in der Bundesrepublik aufwendig entsorgt werden und während im Ruhrgebiet z.B. kein Standort mehr für einen Entsorgungsbetrieb durchgesetzt werden kann, baut man in den Nachbarländern Überkapazitäten, evtl. staatlich unterstützt, auf. Da die Entsorgungstechnik, die dort noch toleriert wird, hier eventuell nicht akzeptiert wird, arbeitet man vielleicht auf etwas vereinfachterem technischen Niveau und damit kostengünstiger.

Es entsteht also ein erhebliches Kostengefälle im Binnenmarkt. Die gewünschte Stärkung der Wettbewerbskräfte fordert seine konsequente Ausnutzung und nicht seine Behinderung, indem einzelne Materialströme, versehen mit einem deutschen Stempel für Reststoffe und Abfälle, aus dem freien Verkehr ausgeschlossen werden. Die Differenz zwischen gemeinsamem europäischen Binnenmarkt und den heterogenen Vorstellungen zu einer effektiven Umweltpolitik läßt daher Raum für drei Szenarien einer Entsorgungswirtschaft in der europäischen Gemeinschaft:

3.1 Regionale Entsorgungszwangswirtschaft

Im ersten Modell werden Muster der regionalen Gebietsmonopole, wie wir sie beispielsweise in der Stromversorgung kennen, auf den Entsorgungsmarkt übertragen. Das heißt, man ignoriert den gemeinsamen Binnenmarkt und tut so, als ob man unabhängig von den anderen Aktivitäten in Europa

– das technische Entwicklungsniveau allein festschreiben könne,
– Kapazitäten an jedem Standort ohne Rücksicht auf Kosten und erweiterte Wirtschaftlichkeitsüberlegungen durchzusetzen seien,
– Materialströme durch Anschluß- und Benutzungszwänge beliebig zu begrenzen seien.

Auf diesem Weg kommt man zu einem planwirtschaftlichen Modell ohne marktliche Kostenkontrolle. Die willkürliche Festlegung von „Abfall" schließt Weiterentwicklungen aus. Weil z.B. die brennbaren Anteile zum Betrieb der lokalen Müllverbrennung notwendig sind, können entsprechende Stoffe weder in Weiterverwertung noch in Recycling einbezogen werden. Einmal installierte Kapazitäten drängen zur Anwendung und werden einem fortschreitenden Innovationswettbewerb entzogen. Mit staatlich verordneten Preisen führt dies letztlich in eine Entsorgungszwangswirtschaft, die zwar in idealer Weise evtl. an eine historische regionale Leidensdrucksituation angepaßt ist und die vielleicht auch für bestimmte Risikobereiche und gewisse technische Entwicklungsniveaus angemessen ist. Doch fehlen bisher jegliche Kriterien für eine eindeutige Auswahl der angemessenen Entsorgungsbereiche.

Die unreflektierte Diskussion und der naive Übertragungsversuch solcher zwangswirtschaftlichen Modelle wird aber in einem gemeinsamen Markt sehr schnell an Entwicklungsgrenzen stoßen, die dann, ähnlich wie in anderen Bereichen, von der Gemeinschaft konfliktär aufgelöst werden. Dies wird im Übergangsszenario deutlich.

3.2 Realistisches europäisches Übergangsmodell

Es ist kaum anzunehmen, daß ohne besondere Bedingungskonstellationen – die immer noch unbekannt sind – regionale Entsorgungszwangswirtschaften in Europa durchzuhalten sind. Wenn man trotzdem regional begrenzte Kapazitäten bzw. Überkapazitäten installiert, wird es sehr schnell zu einer Verlagerung der Probleme auf evtl. eine Art Quotenhandel wie bei Stahl zulaufen, wenn die installierten Entsorgungskapazitäten aufgrund von europäischen Öffnungszwängen miteinander in Wettbewerb geraten. Die regionale Regulierung bedarf dann wiederum einer zusätzlichen Regulierung nicht nur des jeweiligen Entsorgungsproblems selbst, sondern auch der regionalen Verteilung der Entsorgungswirtschaften auf höherer Ebene. An den einzelnen Standorten wird die Willkür der Setzungen und die Problematik der jeweiligen Aktualisierung entsprechend der wirtschaftlichen, technischen und gesellschaftlichen Entwicklung und des regionalen Leidensdrucks zu erheblichen Anpassungsproblemen führen.

Der Aufbau von regionalen Entsorgungszwangswirtschaften hat nicht nur weitere Regelungsfolgen, sondern auch dynamische positive und negative Effekte.

Je nach den Spezifika der regionalen Zwangswirtschaft werden Produktion und Arbeitsplätze daher an andere Stellen der europäischen Gemeinschaft ausweichen. Da die Entsorgungsaufwendungen Bestandteil des Kostengerüstes für die erstellten Produkte und Dienstleistungen sind, werden – ähnlich wie bei zu hohen Energiepreisen – bestimmte Wirtschaften, ganze Fabriken oder Fertigungsstufen dem durch die regionalen Entsorgungszwangswirtschaften aufgebauten Gefälle in Europa folgen. D.h., die Zwangsbewirtschaftung der installierten Kapazitäten erwirkt ihre lokale Überflüssigkeit.

Dies führt dann zu der Chance, daß die jeweiligen Entsorgungstechniken, soweit sie führend und ausreichend getestet sind, exportierbar werden. Nicht die Entsorgungsdienstleistung selbst, sondern der Export von Entsorgungsanlagen wird zum eigentlichen Erfolg. Dies wird allerdings nur dann möglich sein, wenn der Entwicklungsstand nicht zu weit weg von dem an anderen Stellen erzeugten und durch den regionalen Leidensdruck manifestierten akzeptierten Entwicklungsniveau rückt. Insofern ist die Förderung einer deutschen Entsorgungstechnik eine gewisse Gratwanderung zwischen einem technischen und umweltorientierten Perfektionismus und den marktlichen Gegebenheiten an anderen Stellen in Europa und der Welt. Der als Reaktion auf derartige regionale Entsorgungszwangswirtschaften eintretende Harmonisierungsdruck der Brüsseler Behörden und der Zwang zur Durchsetzung der in der gemeinsamen europäischen Akte fixierten Öffnung der Märkte führt dann letztlich dazu, daß auch die Materialströme diesen Entwicklungstechniken folgen werden und aus den regionalen evtl. hochsubventionierten Entsorgungsbetrieben sehr schnell sehr viele „Wackersdörfer" werden.

3.3 Umweltgemeinschaftsszenario

Welche Situation in der Entsorgungswirtschaft würde nun einem gemeinsamen europäischen Markt entsprechen und realistisch in eine Umweltgemeinschaft überführen? Die Bedingungen des gemeinsamen Marktes sind offene Grenzen für Waren und Dienstleistungen jeder Art und gemeinsame Rahmenbedingungen. Wie schafft man das aber auch für den Umweltbereich?

Aufgrund des sehr heterogenen Leidensdrucks in Europa kommt es zu einer erheblichen Ausdifferenzierung der verschiedenartigen Normen, im europäisch harmonisierten Bereich voraussichtlich zu einer Akzeptanz eines mittleren Niveaus unterhalb des deutschen. Das eigentliche Aktionsfeld einer deutschen Umweltpolitik müßte sich demnach auf die Brüsseler Normsetzungen ausrichten. Dort ist der Versuch zu machen, möglichst viele der deutschen Normen in möglichst hohem Grade durch und für Europa umzusetzen. Hier wäre das eigentliche Aktionsfeld einer marktwirtschaftlich orientierten Politik und nicht in der planwirtschaftlichen Disposition über Materialflüsse und Entsorgungsstandorte.

Bleibt abschließend noch zu fragen: wie kann man eine derartige Politik flankieren und was hilft unserem Umweltminister dabei?

Da ist zunächst der Nachweis der Machbarkeit einer ökonomischen und ökologisch sinnvollen Entsorgung von Reststoffen und Abfällen auf der Grundlage einer führenden Entsorgungstechnologie.

Als zweites käme hinzu: Man müßte vor der Harmonisierung der Rahmenbedingungen eine Harmonisierung des europäischen Leidensdrucks zur Durchsetzung eines gemeinsamen Umweltverhaltens bewirken.

Das heißt aber – angesichts des deutschen Überschusses – auch ein Stück Export von Leidensdruck. Dies geschieht nicht auf dem verbalen Weg von Überzeugung und rationalem Diskurs, sondern am besten materiell durch Verzicht auf jene etwas obskure Diskussion vom Mülltourismus, die angesichts der harten Mittel der Brüsseler Behörden sowieso nicht durchhaltbar ist, sondern nur einen verbalen Kraftakt deutschen Musters darstellt.

Da mit anderenorts gelagerten Abfällen und den dort aufgebauten Entsorgungskapazitäten auch an anderer Stelle der Leidensdruck auf deutsches Niveau steigt, folgt dem gemeinsamen Leidensdruck dann auch ein gemeinsames Umweltverhalten. Wenn alle dann auf gleichem Kostenniveau wirtschaften, schlagen die Transportkosten durch und sorgen auch für lokale Lösungen, soweit diese technisch und wirtschaftlich sinnvoll erscheinen. Dies bedeutet nicht nur die große Chance, daß die von der hiesigen Wirtschaft entwickelten Entsorgungstechniken zum Exportschlager werden, sondern auch, daß erst dann, wenn dies vollzogen ist, aus dem gemeinsamen europäischen Markt auch eine Umweltgemeinschaft wird.

Einführung in die Rechtsfragen der Sonderabfallentsorgung

Von H.-J. Papier[1]

Vorbemerkung und Problemstellung

Das bundesdeutsche Abfallrecht hat sich in den letzten Jahrzehnten von der landesrechtlichen Ebene des Kommunal- und Ordnungsrechts (Stichwort: Müllabfuhr) zu einem Bundesrecht der Abfallwirtschaft entwickelt [1]. Den vorläufigen Schlußpunkt bildete die Vierte Novelle des Abfallbeseitigungsgesetzes [2], die am 1. November 1986 in Kraft trat und den neuen Terminus „Gesetz über die Vermeidung und Entsorgung von Abfällen" kreierte. Damit kommt sehr augenfällig die neue Zielsetzung des Gesetzes zum Ausdruck: Nicht mehr das schlichte „Beiseitebringen" von Abfällen, sondern die Vermeidung und die Verwertung von Abfällen sollen im Vordergrund stehen. Mit dem Slogan:„Von der Müllabfuhr zum Werkstoffrecycling" [3] ist diese Veränderung des deutschen Abfallrechts umschrieben worden. Damit wird aber auch sehr deutlich, wie stark das deutsche Abfallrecht an die Gewährleistungszone des Gemeinschaftsrechts mit seinen Verbürgungen des freies Waren- und Dienstleistungsverkehrs (Art. 30, 59 EWGV) herangerückt ist.

Die Entsorgungswirtschaft steht an einem Scheideweg; zwei in grundsätzlicher Hinsicht differierende Lösung- oder Ordnungsmodelle stehen — rechtspolitisch betrachtet — zur Diskussion. Das eine Modell ist das des freien Marktes, des Wettbewerbs und der offenen Grenzen, das wirtschafts- und umweltpolitisch sicher nur dann vertretbar ist, wenn die Entsorgungsstandards im EG-Bereich — auf hohem Niveau — vereinheitlicht sind. Das andere Modell ist das der geschlossenen Entsorgungsmärkte und Grenzen, das mit planwirtschaftlichen Instrumenten ausgestattet ist und die Entsorgung am Anfallort nach Maßgabe eines Anschluß- und Benutzungszwanges favorisiert. Da bislang noch keine rechte Klarheit über die künftige Richtung der Entsorgungspolitik im Binnenmarkt der EG gewonnen werden konnte, ist eine Investitionszurückhaltung der deutschen Entsorgungswirtschaft allzu verständlich. Die Aufwendungen für Planung und Errichtung moderner Entsorgungsanlagen auf hohem Standard sind so erheblich, daß ein Betreiber schwerlich ein „Vorbeiziehen" der Abfallströme aus Wirtschaftlichkeitsgründen in andere Regionen des Binnenmarktes und eine erhebliche Unterauslastung seiner Anlage verkraften könnte. Wegen der Unsicherheit über die langfristigen normativen Rahmenbedingungen der Entsorgungswirtschaft ist die Lage prekär, und dies bei einem stetig zunehmenden Anfall von Sonderabfall ebenso wie von Hausmüll [4].

I. Regelungssystem des Bundes-Abfallrechts

Der gegenwärtige Zustand gravierender Unsicherheiten über den künftigen Weg der Entsorgungswirtschaft basiert zu einem erheblichen Teil auf Mängeln und Auslegungsschwierigkeiten, die das geltende Recht bietet. Gemäß der Verteilung der Aufgabenstellungen werden hier die gemeinschaftsrechtlichen Vorgaben, insbesondere die aus den Grundfreiheiten des freien Waren- und Dienstleistungsverkehrs, nicht vertiefend behandelt. Die gemeinschaftsrechtliche Beurteilung der Abfallentsorgung mag schwierig sein [5], das geltende innerstaatliche Abfallrecht wirft im oben angesprochenen Spannungsfeld der Ordnungsmodelle Probleme nicht minderer Art auf.

1. Verwaltungsmonopol der Entsorgung

Nach § 3 Abs. 2 S. 1 AbfG haben die nach Landesrecht zuständigen Körperschaften des öffentlichen Rechts die in ihrem Gebiet angefallenen Abfälle zu entsorgen. Der Besitzer hat seine Abfälle der entsorgungspflichtigen Körperschaft zu überlassen (§ 3 Abs. 1 AbfG). Die entsorgungspflichtigen öffentlich-rechtlichen Körperschaften können sich zur Erfüllung ihrer Pflichten Dritter bedienen (§ 3 Abs. 2 S. 2 AbfG). Die abfallrechtliche Grundsatzentscheidung geht also dahin, daß die Abfallentsorgung eine Aufgabe der öffentlichen Hand sein soll, daß sie als Teil der öffentlichen Verwaltung und Daseinsvorsorge und im Verwaltungsmonopol mit einem Anschluß- und Benutzungszwang wahrzunehmen ist. Die ausdrücklich eröffnete Möglichkeit, sich bei der Erfüllung der öffentlich-rechtlichen Entsorgungspflichten Dritter zu bedienen, ändert an dieser grundsätzlichen Zuordnung zur öffentlichen Verwaltung nichts. Der Dritte wird insoweit nur zu einem Verwaltungsgehilfen [6], dem überlassungspflichtigen Abfallbesitzer gegenüber tritt rechtlich gesehen nur die öffentlich-rechtliche Körperschaft als Träger öffentlicher Verwaltung in Wahrnehmung hoheitlicher Aufgaben auf. Etwas anderes gilt nur, wenn die zuständige Behörde dem Inhaber einer Abfallbeseitigungsanlage, der Abfälle wirtschaftlicher entsorgen kann als die öffentlich-rechtliche Körperschaft, nach § 3 Abs. 6 AbfG die Entsorgung dieser Abfälle auf seinen Antrag hin übertragen hat. Hier wird die Entsorgungspflicht auf einen Dritten — einen Hoheitsträger oder einen Privaten — selbst und nicht nur deren Erfüllung wie im Falle des eingeschalteten Verwaltungshelfers nach § 3 Abs. 2 S. 2 AbfG übertragen [7].

Der Verwaltungsvorbehalt oder das Verwaltungsmonopol bei der Abfallentsorgung läßt für ein privatwirtschaftliches Ordnungsmodell des Wettbewerbs und der offenen Märkte und Grenzen keinen Raum. Der darin liegende normative Eingriff in das Grundrecht der freien Berufswahl (Art. 12 Abs. 1 GG) dürfte nach den Maßstäben des Bundesverfassungsgerichts [8] zum Schutz überragender Gemeinschaftsgüter erforderlich und damit gerechtfertigt sein. Gemeinschaftsrechtlich sind möglicherweise die Art. 66 und 55 EWGV relevant, die eine Geltung der Grundfreiheiten des freien Dienstleistungsverkehrs etc. in bezug auf hoheitliche Tätigkeiten ausschließen [9].

2. Privatwirtschaftliche Alternative

Die öffentlich-rechtliche Abfallentsorgung im Verwaltungsmonopol ist aber nur **ein** Ordnungsmodell des Bundesabfallrechts, das nach dem Regelungssystem des Gesetzes allerdings die Regel darstellen soll. Das andere wird durch § 3 Abs. 3 und 4 AbfG ermöglicht, und es zielt auf eine privatwirtschaftliche Lösung, bei der die Entsorgung unter bestimmten Voraussetzungen für „gewerbefähig" erklärt wird [10].

Nach § 3 Abs. 3 AbfG können die entsorgungspflichtigen öffentlich-rechtlichen Körperschaften mit Zustimmung der zuständigen Behörde Abfälle von der Entsorgung ausschließen, soweit sie diese nach ihrer Art und Menge nicht mit den in Haushaltungen anfallenden Abfällen entsorgen können. In diesem Fall ist der Besitzer zur Entsorgung verpflichtet (§ 3 Abs. 4 S. 1 AbfG); er kann sich zur Erfüllung seiner Pflicht Dritter bedienen (§ 3 Abs. 4 S. 2 i. V. m. § 3 Abs. 2 S. 2 AbfG). Mit dem Ausschluß der öffentlich-rechtlichen Entsorgung verliert der Abfallbesitzer seinen (öffentlich-rechtlichen) Entsorgungsanspruch gegen die Körperschaft, er wird selbst entsorgungspflichtig, erhält damit aber auch das **Recht** der Entsorgung [11]. Er darf seine — ausgeschlossenen — Abfälle selbstverständlich nur in dafür zugelassenen Anlagen entsorgen (§ 4 Abs. 1 AbfG). Verfügt er nicht über eine solche nach Maßgabe der §§ 7, 8 AbfG zugelassene Anlage, muß er die Abfälle einem dritten Inhaber einer nach §§ 7, 8 AbfG zugelassenen Anlage — also einem sogenannten Fremdentsorger — überlassen. Eigen- und Fremdentsorger ausgeschlossener Abfälle haben gleichermaßen den Vorrang der Abfallverwertung vor der sonstigen Entsorgung zu beachten (§ 3 Abs. 4 S. 2 i. V. m. § 3 Abs. 2 S. 3 AbfG).

Das Bundesrecht verweist somit bei den ausgeschlossenen Abfällen — also im wesentlichen bei den sogenannten Sonderabfällen — auf ein Modell der privatwirtschaftlich organisierten Entsorgung. Es mag unter rechtspolitischen Aspekten überraschen, daß die Entsorgung des Hausmülls zwingend der Hoheitsverwaltung unterstellt wird, während der unter Umweltschutzgesichtspunkten im allgemeinen „sensiblere" Bereich der Sonderabfallentsorgung dem privatwirtschaftlich-gewerblichen Bereich überantwortet wird oder werden kann [12]. Die dahinter stehenden rechtspolitischen Erwägungen und Abwägungen sollen hier aber nicht weiter erörtert werden, ist doch die Entscheidung des Bundesgesetzgebers relativ klar und eindeutig. Damit sind für die Sonderabfallentsorgung von Bundesrechts wegen nicht in jeder Hinsicht der freie Markt und Wettbewerb eröffnet. Immer-

---

[1] Prof. Dr. Hans-Jürgen Papier, Bielefeld, Universität Bielefeld

hin schreibt § 2 Abs. 1 AbfG den Vorrang der Entsorgung im Bundesgebiet vor, nach § 13 AbfG steht der grenzüberschreitende Verkehr mit Sonderabfällen unter einem repressiven Verbot mit Befreiungsvorbehalt. Das Recht der Eigen- und Fremdentsorgung kann ferner schon von Bundesrechts wegen durch verbindliche Festlegungen in Abfallentsorgungsplänen nach § 6 AbfG und durch Versagung der Planfeststellung für Abfallbeseitigungsanlagen nach § 8 AbfG beschränkt werden. Die grundsätzliche Entscheidung des Bundesgesetzgebers für die Zulassung eines privatwirtschaftlich-gewerblichen Organisationsmodells der Entsorgung bei ausgeschlossenen Abfällen kann indes nicht in Zweifel gezogen werden.

II. Regelungsspielraum der Länder

1. „Lizenzmodell" von NRW

Seit geraumer Zeit wird aber die Frage sehr intensiv diskutiert, welchen Regelungsspielraum die **Länder** in diesem Zusammenhang haben [13]. Der Landesgesetzgeber von Nordrhein-Westfalen hat für die Entsorgung ausgeschlossener Abfälle ein **Lizenzsystem** eingeführt, dessen Vereinbarkeit mit dem Bundesrecht vielfach in Abrede gestellt wird. Wer im Gebiet des Landes Nordrhein-Westfalen ausgeschlossene Abfälle behandelt oder ablagert, bedarf nach § 10 Abs. 1 des Landes-Abfallgesetzes vom 21. Juni 1988 [14] der Lizenz. Die Lizenz darf nur erteilt werden, wenn die mit ihr beabsichtigte Nutzung mit den abfallwirtschaftlichen Zielvorstellungen des Landes, insbesondere den Abfallentsorgungsplänen, im Einklang steht (§ 10 Abs. 2 LAbfG NW). Für die Nutzung der Lizenz wird ein Lizenzentgelt erhoben (§ 11 Abs. 1 LAbfG NW). Die Entsorgung ausgeschlossener Abfälle ist sowohl als Eigen- wie als Fremdentsorgung landesrechtlich abhängig von einer behördlichen Erlaubnis, die nach Maßgabe eines staatlichen Planungs- und Bewirtschaftungsermessens erteilt wird. Dieser Erlaubnisvorbehalt auf landesgesetzlicher Basis ist zu unterscheiden von der anlagenspezifischen Zulassung über den Planfeststellungsbeschluß bzw. die Genehmigung der Abfallentsorgungsanlage nach Maßgabe des Bundesrechts (siehe §§ 7, 8 AbfG).

Das Landesrecht von Nordrhein-Westfalen überläßt also die Entsorgung ausgeschlossener Abfälle grundsätzlich dem privatwirtschaftlich-gewerblichen Ordnungsmodell, modifiziert dieses aber nicht unwesentlich durch das Erfordernis einer staatlichen Entsorgungszulassung, deren Erteilung mit einem staatlichen Planungs-, Bewirtschaftungs- und Bedarfsprüfungsermessen verbunden ist [15]. Außerdem ist der nach dem Gesetz vom 21. Juni 1988 [16] zu errichtende und bereits konstituierte öffentlich-rechtliche Abfallentsorgungs- und Altlastensanierungsverband berechtigt, Entsorgungsanlagen zu errichten und zu betreiben, soweit Abfallerzeuger oder Entsorgungsunternehmen nicht selbst diese Anlagen errichten und betreiben (§ 7 Abs. 1 Nr. 3 des Gesetzes vom 21. Juni 1988). Es ist also nur eine **subsidiäre** Zuständigkeit eines öffentlich-rechtlichen Betreibers vorgesehen.

Über das staatliche Planungs- und Bewirtschaftungsermessen bei der Lizenzvergabe kann das Land Einfluß nehmen auf die Zahl der Fremd- und Eigenentsorger und damit auf die Art und den Umfang des Wettbewerbs. Es kann keinen Anschluß- und Benutzungszwang bestimmen und zum Beispiel einen Abfallbesitzer nicht zwingen, selbst zu entsorgen oder bei einem bestimmten Fremdentsorger entsorgen zu lassen. Auch ein Verbringen der Abfälle in ein anderes Bundesland zum Zwecke der dortigen Entsorgung kann nicht ausgeschlossen werden. Die primären Ziele des Gesetzes, über das Lizenzsystem Überkapazitäten zu verhindern, den vorhandenen Betreibern von Entsorgungsanlagen die Auslastung ihrer Anlagen zu gewährleisten sowie den sogenannten Abfalltourismus zu unterbinden [17], können also nur in sehr beschränktem Umfang verwirklicht werden. Nach dem Landesrecht kann allerdings ein Abfallbesitzer, der nach Bundesrecht zur Eigenentsorgung verpflichtet und damit auch berechtigt ist (§ 3 Abs. 4 AbfG), durch Vorenthaltung der Entsorgungslizenz gezwungen werden, den Weg der Fremdentsorgung zu beschreiten [18].

2. Inhalt und Bedeutung des § 3 Abs. 4 AbfG

Es fragt sich, ob die Länder zu derartigen Modifikationen des Bundesrechts überhaupt berechtigt sind [19]. Mit dem Erlaß des Abfallgesetzes hat der Bund von seinem Recht der konkurrierenden Gesetzgebung über die „Abfallbeseitigung" (Art. 74 Nr. 24 GG) Gebrauch gemacht. Die Länder haben auf diesem Gebiet nur noch eine Gesetzgebungsbefugnis, **soweit** der Bund von seinem Gesetzgebungsrecht keinen Gebrauch gemacht hat (Art. 72 Abs. 1 GG). Auch soweit im Bundesrecht ein solcher Regelungsfreiraum gegeben sein sollte, dürfen die Länder keine Regelungen erlassen, die gegen bestehende Rechtsnormen des Bundes verstoßen (Art. 31 GG).

Die wohl herrschende Lehre sowie überwiegend auch die Staatspraxis gehen von der Annahme aus, der Bundesgesetzgeber habe im § 3 Abs. 4 AbfG für die Sonderabfallentsorgung einen solchen Regelungsfreiraum belassen, den die Länder durch eine nähere Ordnung der Sonderabfallentsorgung regeln und ausfüllen dürften [20]. Die Vorschrift des § 3 Abs. 4 AbfG wird mit anderen Worten dahingehend interpretiert, daß der Bundesgesetzgeber die Normierung der Sonderabfallentsorgung weitgehend den Ländern überlassen habe. Auf dieser Argumentationsbasis werden dann die Länder sogar für befugt gehalten, das im § 3 Abs. 2 AbfG vorgesehene Verwaltungsmonopol auf die Entsorgung der Sonderabfälle im Sinne des § 3 Abs. 3 und 4 AbfG in der einen oder anderen Form zu erstrecken [21] und etwa als staatliche Aufgabenwahrnehmung mit einem Anschluß- und Benutzungszwang zu gestalten. Dann läge auch das Argument nahe, die Länder könnten anstatt des Verwaltungsmonopols das weniger einschneidende Lizenzmodell verwirklichen, bei dem zwar auch staatliches Planungs- und Bewirtschaftungsermessen herrsche, die privatwirtschaftliche Organisation aber im Grundsatz erhalten bleibe [22].

Auf der Schiene des öffentlich-rechtlich geregelten Verwaltungsmonopols liegt vor allem das niedersächsische Modell. Die Organisation der Sonderabfallentsorgung in Niedersachsen obliegt der „Zentralen Stelle für Sonderabfälle" (§ 6 Abs. 1 NdsAbfG) [23]. Gemäß § 6 Abs. 2 NdsAbfG bestimmt die Oberste Abfallbehörde die Zentrale Stelle für Sonderabfälle durch Verordnung. In dieser muß das Land Niedersachsen durch Mehrheitsbeteiligung einen bestimmenden Einfluß haben (§ 6 Abs. 2 Nr. 2 NdsAbfG). Durch die Verordnung über die Andienung von Sonderabfällen vom 21. April 1989, die auf der Grundlage des § 3 Abs. 7 des vorangegangenen Vorschaltgesetzes erlassen worden ist, ist zur Zentralen Stelle für Sonderabfälle die Niedersächsiche Gesellschaft zur Endablagerung von Sonderabfall mbH mit Sitz in Hannover bestimmt worden (§ 1). Nach § 7 Abs. 1 NdsAbfG hat der entsorgungspflichtige Abfallbesitzer die Sonderabfälle der Zentralen Stelle für Sonderabfälle (NGS) anzudienen. Die NGS hat die ihr ordnungsgemäß angedienten Sonderabfälle einer Abfallentsorgungsanlage zuzuweisen; der Andienungspflichtige hat die Sonderabfälle der Abfallentsorgungsanlage zuzuführen, der sie von der NGS zugewiesen worden sind (§ 7 Abs. 2 NdsAbfG). Die NGS, die insoweit als mit öffentlicher Gewalt Beliehene auftritt, erhebt von dem andienungspflichtigen Abfallbesitzer für die ihr entstehenden Aufwendungen und die Behandlung, Lagerung und Ablagerung der Sonderabfälle in der Abfallentsorgungsanlage, der sie zugewiesen worden sind, Gebühren und Auslagen (Kosten) – § 9 Abs. 1 S. 1 NdsAbfG.

Nach dem Recht anderer Bundesländer – siehe etwa § 4 Abs. 3, 5 des Hessischen Abfallwirtschafts- und Altlastengesetzes i.d.F. vom 10.7.1989 [24] – haben sich die entsorgungspflichtigen Sonderabfallbesitzer einer spezifischen privatrechtlichen Gesellschaft zu bedienen, die Rechtsbeziehungen zur Entsorgungseinrichtung sind also – anders als in Niedersachsen zur NGS, der vorrangig nur eine Verteilungsfunktion zukommt – privatrechtlicher Natur, untermauert allerdings durch einen öffentlich-rechtlichen Anschluß- und Benutzungszwang. Nach Art. 10 des Bayerischen Abfallwirtschafts- und Altlastengesetzes vom 7.2.1991 [25] besteht gleichfalls ein Anschluß- und Benutzungszwang, der jedoch eine Wahlmöglichkeit zwischen einer privatrechtlichen Gesellschaft und einem öffentlich-rechtlichen Zweckverband beläßt.

Mag man eine solche Regelungskompetenz der Länder in Ansehung der Sonderabfallentsorgung für wünschenswert und rechtspolitisch dringlich erachten, ergeben sich indes Bedenken, diesen weiten Regelungsspielraum der Länder aus dem geschriebenen Bundesrecht abzuleiten. Im Gesetzestext des § 3 Abs. 4 AbfG gibt es keine Anhaltspunkte [26] dafür, daß § 3 Abs. 4 AbfG die Regelung der Sonderabfallentsorgung schlechthin den Ländern überlasse. Diese Vorschrift bestimmt vielmehr ausdrücklich, daß bei ausgeschlossenen Abfällen der Besitzer zur Entsorgung verpflichtet ist und sich zur Erfüllung dieser seiner Entsorgungspflicht eines Fremdentsorgers bedienen darf. Die Entsorgung ausgeschlossener Abfälle ist von Bundesrechts wegen gerade dem Verwaltungsmonopol des § 3 Abs. 2 AbfG entzogen und dem privatwirtschaftlich-gewerblich organisierten System der Eigen- und Fremdentsorgung überantwortet worden. Das legt die Annahme nahe, die Länder handelten bundesrechtswidrig, würden sie offen oder durch die Hintertür das Verwaltungsmonopol für die Sonderabfallentsorgung wieder einführen. Man mag jene Entscheidung des Bundesgesetzgebers rechtspolitisch beklagen und bedauern, sie scheint indes ziemlich eindeutig und in einer die Länder bindenden Weise getroffen worden zu sein.

Wenn die herrschende Lehre meint, Sinn des Bundesrechts sei es nicht, den Landesgesetzgeber in der Organisation der Sonderabfallentsorgung zu binden [27], so muß dem entgegengehalten werden, daß diese Auffassung im Gesetz – also vor allem im § 3 Abs. 4 AbfG – überhaupt keinen Niederschlag gefunden hat. Salzwedel etwa spricht davon, durch § 3 Abs. 4 AbfG werde ein „Betätigungsfeld für gewerbliche Sonderabfallentsorgung" eröffnet [28]. Es ist sicher richtig, daß der Landesgesetzgeber Einzelheiten dieser gewerblichen Betätigung regeln darf, den ganzen Regelungsinhalt des § 3 Abs. 4 AbfG aber einfach zu ignorieren und an seine Stelle einen umfassenden Vorbehalt landesgesetzlicher Regelung der Sonderabfallentsorgung zu setzen, dies dürfte die Grenzen zulässiger Gesetzesinterpretation überschreiten [29].

3. Vereinbarkeit des Lizenzmodells mit Bundesrecht?

Zweifel an der Übereinstimmung mit geltendem Bundesrecht bestehen auch in bezug auf das Lizenzmodell. Nach § 3 Abs. 4 AbfG hat der Abfallbesitzer die Pflicht und damit auch das Recht, unter Wahrung der oben angesprochenen bundesgesetzlichen Vorgaben die Abfälle selbst zu entsorgen. Es scheint damit sehr problematisch, wenn der Landesgesetzgeber die Vorenthaltung dieses Rechts nach behördlicher Ermessensentscheidung ermöglicht [30]. Besonders kritisch wird das Lizenzerfordernis aber für die Fremdentsorger. Denn hier geht es nicht mehr nur – wie bei den Eigenentsorgern – um die **Art** und **Weise** der Berufs- oder Gewerbeausübung, sondern um den Berufs- und Gewerbe**zugang**. Der Bundesgesetzgeber hat im § 3 Abs. 4 AbfG die Entsorgung ausgeschlossener Abfälle der privatwirtschaftlichen Organisation überantwortet und damit für „gewerbefähig" [31] erklärt. Zwar kann sicherlich auch der Zugang zu einem Gewerbe oder Beruf gesetzlich beschränkt werden, ohne daß die Berufsfreiheitsgarantie des Art. 12 Abs. 1 GG verletzt wird. Das gilt selbst für objektive, am Bedarf und an der staatlichen Bedarfsermittlung orientierte Zugangsbeschränkungen [32]. Von dieser materiellen Beurteilung ist aber die Kompetenzfrage zu trennen. Aufgrund der im § 1 GewO normierten Gewerbefreiheit dürfen Beschränkungen des Zugangs zu einem Gewerbe nur durch ein Bundesgesetz oder nur aufgrund bundesgesetzlicher Ermächtigungen normiert werden [33]. Das Erfordernis einer staatlichen Lizenz zur Fremdentsorgung bedeutet eine Beschränkung des Zugangs zu einem Gewerbe, die wegen der bundesgesetzlichen Regelung der Gewerbefreiheit auch nur durch ein Bundesgesetz oder aufgrund einer bundesgesetzlichen Ermächtigung verfügt oder ermöglicht werden dürfte.

Es ist zutreffend, daß der staatliche Gesetzgeber in gewissen Grenzen Betätigungen zur staatlichen oder öffentlichen Aufgabe erklären und damit unter Staats- oder Kommunalvorbehalt stellen darf. Das darf im Rahmen der jeweiligen Sachkompetenzen grundsätzlich auch der Landesgesetzgeber, er stellt damit diese Tätigkeit außerhalb des Gewerberechts und damit auch der nur bundesgesetzlicher Beschränkung zugänglichen Gewerbefreiheit [34]. Im Fall der Sonderabfallentsorgung ist aber gerade umgekehrt durch – kompetenzgemäßes – Bundesgesetz eine Betätigung für „gewerbefähig" erklärt worden [35]. Daran ist der Landesgesetzgeber gebunden, diese Entscheidung kann er weder rückgängig machen und einen Staatsvorbehalt konstituieren noch kann er wegen der bundesrechtlichen Sperrwirkung des § 1 GewO den Zugang zu jenem Gewerbe durch eine eigene Konzessionsregelung und Bedürfnisprüfung ausschließen oder beschränken.

Man wird daher alles in allem gewichtige, aus dem Bundesrecht folgende Bedenken gegen die Gültigkeit des in Nordrhein-Westfalen eingeführten Lizenzmodells anmelden müssen. Das gilt selbstverständlich erst recht für eine landesrechtliche Einführung oder Erstreckung des Verwaltungsmonopols und Verwaltungsvorbehalts, also eines Systems der öffentlich-rechtlichen Zwangskorporierung und Verbandslösung mit Anschluß und Benutzungszwang.

III. Bedeutung der gemeinschaftsrechtlichen Grundfreiheiten

Die Entsorgung ausgeschlossener Abfälle ist durch das Bundesrecht (§ 3 Abs. 4 AbfG) dem privatwirtschaftlich-gewerblichen Organisationsmodell überantwortet worden. Damit sind den Landesgesetzgebern Grenzen für die Einführung unmittelbar oder mittelbar administrativer Organisationsstrukturen mit geschlossenen und verteilten Märkten gezogen. Zugleich werden aufgrund der privatwirtschaftlichen Grundstrukturierung im Bundesrecht die gemeinschaftsrechtlichen Grundfreiheiten des freien Waren- und Dienstleistungsverkehrs (Art. 30, 59 EWGV) in bezug auf die grenzüberschreitenden Vorgänge relevant [36]. Allerdings steht es inzwischen außer Streit, daß die Belange des Umweltschutzes nationale Beschränkungen jener Grundfreiheiten zu rechtfertigen vermögen. Es entspricht der Rechtsprechung des EuGH [37], daß der Umweltschutz als ein wesentliches Ziel der Gemeinschaft Beschränkungen des freien Warenverkehrs rechtfertigen kann und daß jene Bewertung des Umweltschutzes durch die Einheitliche Europäische Akte noch bestärkt worden ist.

Die staatliche Beschränkung muß indes auf das Maß dessen beschränkt sein, was zur Erreichung des rechtmäßig verfolgten Ziels erforderlich ist, es hat eine Abwägung mit den gemeinschaftsrechtlichen Erfordernissen des freien Binnenmarktes nach den Kriterien des Übermaßverbotes zu erfolgen. Daher wird man eine innerstaatliche Regelung, sei sie nun bundes- oder landesrechtlicher Natur, für bedenklich erachten müssen, die das Prinzip der geschlossenen Grenze ohne Rücksicht auf die konkrete Notwendigkeit der Maßnahme für den Umweltschutz und auf die Existenz weniger einschneidender Mittel verankert – etwa mit der offen verkündeten oder klar erkennbaren Zielsetzung einer Abwehr von Wettbewerb und Konkurrenz und der Sicherung der Auslastung eigener Anlagen.

IV. Anlagen der Produktion und Entsorgung – Gemeinsamkeiten

Von der Müllabfuhr und Müllablagerung zum Wertstoffrecycling, das ist die Zielsetzung des neuzeitlichen Abfallwirtschaft und des modernen Abfallwirtschaftsrechts. Dies impliziert den Vorrang der Abfallverwertung, insbesondere der stofflichen Verwertung, vor anderen Formen der Entsorgung. Anlagen der stofflichen Abfallverwertung auf hohem technologischen und umweltschutzspezifischen Niveau unterscheiden sich erkennbar von den Anlagen schlichter Deponierung; sie weisen demgegenüber im Hinblick auf ihre technologische Ausstattung, Verfahrensweise und Umweltrelevanz eher Gemeinsamkeiten mit den Anlagen der Produktion auf. Produktionsprozesse der Güterherstellung und Produktionsprozesse der Entsorgung haben unter den eben genannten Aspekten mehr Gemeinsamkeiten als die letztere Kategorie mit den Abfalldeponien. Bei der Betrachtung des geltenden Abfallrechts des Bundes und der Länder drängt sich aber die Frage auf, ob diesem Umstand hinreichend Rechnung getragen ist. Denn dieses Recht schert alle Anlagen der Abfallentsorgung über eine Kamm, gleichgültig, ob es um technologisch hochwertige und hochkomplexe Anlagen der stofflichen Verwertung oder um technologisch eher schlichte, dafür aber sehr raumintensive und für die Umweltmedien Boden und Wasser besonders relevante Deponien geht. Für die erste Kategorie drängt sich die Frage einer weitgehenden rechtlichen Gleichstellung mit den genehmigungsbedürftigen Anlagen nach dem Bundes-Immissionsschutzgesetz auf. Nicht nur die technologische Ausstattung und die Verfahrensweisen, auch die umweltspezifischen Auswirkungen sind bei beiden Anlagenkategorien ähnlich, die derzeit geltende rechtliche Verschiedenbehandlung wirkt daher etwas anachronistisch.

So ist z.B. die Anlagengenehmigung gemäß den §§ 4 ff. BImSchG eine rechtlich gebundene Entscheidung, während die abfallrechtliche Anlagenzulassung als Akt der Planfeststellung eine Entscheidung mit Planungsermessen darstellt (vgl. § 8 AbfG) [38]. Bei den raumintensiven Deponien ist dies einsichtig, bei technologisch hochwertigen

Anlagen der stofflichen Verwertung ist dieser Unterschied zum immissionsschutzrechtlichen Anlagenrecht eher unverständlich. Dasselbe gilt etwa für den als Regel geltenden abfallrechtlichen Verwaltungsvorbehalt oder das Verwaltungsmonopol für die Abfallentsorgung. Auch hier erscheint die Gleichbehandlung aller Abfallentsorgungsanlagen und die Abgrenzung zum Recht der Herstellung und des Betriebs von Produktionsanlagen schwer begründbar.

Schrifttum

[1] Siehe auch **Tettinger**, Randnotizen zum neuen Recht der Abfallwirtschaft, in: GewArch 1988, S. 41 ff.; **Backes**, Das neue Abfallgesetz des Bundes und seine Entstehung, in: DVBl. 1987, S. 333 ff.
[2] Vom 27. August 1986 (BGBl. I S. 1410).
[3] **Tettinger**, aaO. (o. Fn. 1), S. 41.
[4] Siehe auch **Ruchay**, in: Umweltschutz im EG-Binnenrecht: Probleme und Lösungsmöglichkeiten für die Praxis, IWL-Forum 1989-1, S. 25, 28.
[5] Siehe dazu jüngst **Salzwedel**, Probleme der Abfallentsorgung, in: NVwZ 1989, S. 820 (820 f.).
[6] **Tettinger**, aaO. (o. Fn. 1), S. 46; s. auch **Kunig/Schwermer/Versteyl**, Abfallgesetz – AbfG –, 1988, § 3 Rdnr. 33.
[7] **Kunig/Schwermer/Versteyl**, aaO. (o. Fn. 6), § 3 Rdnr. 59.
[8] Siehe grundlegend **BVerfGE** 7, S. 377 ff. – Apothekenurteil.
[9] Siehe auch **von Kempis**, Überlegungen zu der Vereinbarkeit des Grundsatzes der Abfallbeseitigung im Inland mit dem EWG-Vertrag, in: UPR 1985, S. 354 (357).
[10] Siehe auch **Tettinger**, aaO. (o. Fn. 1), S. 47.
[11] **Kloepfer/Follmann**, Lizenzentgelt und Verfassungsrecht, in: DÖV 1988, S. 573 (576).
[12] Siehe auch **Tettinger**, aaO. (o. Fn. 1), S. 47: „Einsatz von Hoheitsbefugnissen umgekehrt proportional zur Umweltrelevanz?"
[13] Siehe **Friauf**, Altlastensanierung durch „Lizenzabgaben" auf die Sonderabfallentsorgung?, Rechtsgutachten 1987; **Kloepfer**, Lizenzpflicht als Finanzquelle?, Rechtsgutachten 1988; **Kloepfer/Follmann**, DÖV 1988, S. 573 ff.; **Salzwedel**, Sonderabfallentsorgung und Altlastensanierung, Rechtsgutachten, S. 39 ff.; ders., NVwZ 1989, S. 820 (823 ff.); **Peine**, Der Spielraum des Landesgesetzgebers im Abfallrecht, in: NWVBl. 1988, S. 193 ff.; vgl. ferner **Amtl. Begründung** des Gesetzentwurfes der Landesregierung zum Landesabfallgesetz NW, LT-Drs. 10/2613, S. 39 ff.
[14] GV NW S. 250/SGV NW 74.
[15] Siehe auch **Amtl. Begründung** (o. Fn. 13), LT-Drs. 10/2613, S. 41.
[16] Gesetz über die Gründung des Abfallentsorgungs- und Altlastensanierungsverbandes Nordrhein-Westfalen v. 21. Juni 1988 (GV NW S. 268).
[17] Siehe **Amtl. Begründung** (o. Fn. 13), LT-Drs. 10/2613, S. 40 f.
[18] Siehe auch **Kloepfer/Follmann**, aaO. (o. Fn. 11), S. 575.
[19] Siehe zum Meinungsstand o. Fn. 13.
[20] Siehe etwa **Salzwedel**, Rechtsgutachten, S. 40 ff.; **Peine**, aaO. (o. Fn. 13), S. 193 (195 ff.); **Amtl. Begründung** (o. Fn. 13), LT-Drs. 10/2613, S. 39 ff.; vgl. auch **Hösel/von Lersner**, Recht der Abfallbeseitigung, Stand 1988, § 3 Abs. 4 Rdnr. 41.
[21] So etwa **Amtl. Begründung** (o. Fn. 13), LT-Drs. 10/2613, S. 41.
[22] Siehe **Amtl. Begründung** (o. Fn. 13), LT-Drs. 10/2613, S. 41 f.
[23] Vom 21. 3. 1990. Nds. GVBl. S. 91.
[24] Hess. GVBl. I, S. 198.
[25] Bay. GVBl. S. 64.
[26] Ebenso **Kloepfer/Follmann**, aaO. (o. Fn. 11), S. 576.
[27] AaO. (o. Fn. 13), S. 40.
[28] AaO. (o. Fn. 13), S. 40.
[29] Ebenso **Kloepfer/Follmann**, aaO. (o. Fn. 11), S. 576.
[30] Ebenso **Kloepfer/Follmann**, aaO. (o. Fn. 11), S. 576.
[31] So ausdrücklich auch **Salzwedel**, Rechtsgutachten (o. Fn. 11), S. 43; **Amtl. Begründung** (o. Fn. 13), LT-Drs. 10/2613, S. 42.
[32] Grundlegend **BVerfGE** 7, S. 377 ff., Ls. 6 c – Apothekenurteil.
[33] **Salzwedel**, Rechtsgutachten (o. Fn. 11), S. 42.
[34] Darauf stellt **Salzwedel**, Rechtsgutachten (o. Fn. 11), S. 42, entscheidend ab.
[35] Was von **Salzwedel**, aaO. (o. Fn. 11), S. 42 ff. und von **Peine**, NWVBl. 1988, S. 199, nicht hinreichend beachtet wird.
[36] Siehe dazu **Szelinski**, Nationale, internationale und EG-rechtliche Regelungen der „grenzüberschreitenden Abfallbeseitigung", in: UPR 1984, S. 364 ff.; **von Kempis**, aaO. (o. Fn. 9), S. 354 ff.; **Salzwedel**, NVwZ 1989, S. 820 (820 f.).
[37] Siehe insbesondere Urteil vom 20.9.1988 – Rs 302/86, NVwZ 1989, S. 849.
[38] Siehe auch **Kunig/Schwermer/Versteyl**, aaO. (o. Fn. 6), § 8 Rdnr. 10.

2 Abfallrecht

Abfallvermeidung und -verwertung
Stoffpolitische Zielvorstellungen der Bundesregierung für das Immissionsschutz- und Abfallrecht[2])

Von G. Feldhaus[1])

Das gestellte Thema zeigte sich bei näherer Befassung noch weniger zugänglich als ohnehin befürchtet. Die Schwierigkeit liegt vor allem im stoffpolitischen Ansatz, der dem klassischen Immissionsschutzrecht weitgehend fremd und auch im Abfallrecht erst in neuerer Zeit Konturen zu gewinnen beginnt.

Das zeigt schon die Terminologie des geltenden Rechts. Beim flüchtigen Durchblättern immissionsschutzrechtlicher Vorschriften findet man Einsatzstoffe, Rohstoffe, Hilfsstoffe, Reststoffe – aber keine Stoffe.

Das Abfallgesetz ist da ergiebiger. § 1 Abs. 2 AbfG spricht von Stoffen, die bei der Abfallentsorgung gewonnen werden – also ein Begriff mit offenbar positivem Inhalt. § 14 Abs. 1 Satz 1 AbfG spricht von schädlichen Stoffen in Abfällen, die es zu vermeiden oder zu verringern gilt – also ein negativ besetzter Stoffbegriff. Die Vermutung liegt nahe, daß sich zwischen diesen beiden Extremen die stoffpolitischen Zielvorstellungen bewegen müssen.

Untersuchen wir unter diesem Blickwinkel zunächst das Immissionsschutzrecht oder besser das Luftreinhalterecht, das ja in erster Linie stoffrelevant ist.

Eine der wichtigsten Pflichten des Luftreinhalterechts ist es, Anlagen so zu errichten und zu betreiben, daß von ihnen keine schädlichen Umwelteinwirkungen, also Gefahren, erhebliche Nachteile oder erhebliche Belästigung für die Nachbarschaft oder die Allgemeinheit hervorgerufen werden können; § 5 Abs. 1 Nr. 1 BImSchG.

Solche Gefahren können im engeren Bereich der Luftreinhaltung nur durch von der Anlage ausgehende Luftverunreinigungen verursacht werden. Diese werden in § 3 Abs. 4 BImSchG relativ wertneutral definiert als Veränderungen der natürlichen Zusammensetzung der Luft durch Rauch, Ruß, Staub, Gase Aerosole, Dampf oder Geruchsstoffe. Die Pflicht zur Vermeidung schädlicher Umwelteinwirkungen kann sich aber nur auf solche luftverunreinigenden Stoffe beziehen, die ein Schädigungspotential aufweisen. Das bedeutet: Die Luftreinhaltung beschäftigt sich nicht mit Stoffen, sondern mit Schadstoffen. Das gleiche gilt übrigens für den zweiten Stoffbereich des Immissionsschutzrechts: den Störfallbereich. Der stoffpolitische Ansatz beschränkt sich deshalb im Immissionsschutzrecht auf einen schadstoffpolitischen Ansatz, eine wichtige Einschränkung, auf die später noch zurückzukommen sein wird.

Die traditionelle Methode, Schadstoffe am Austritt in die Umwelt zu verhindern, ist die Rückhaltetechnik, etwa die Entstaubung, die Entschwefelung oder Entstickung. Dem Stand der Technik entsprechende Rückhaltemaßnahmen werden inzwischen von allen einigermaßen bedeutsamen luftverschmutzenden industriellen und gewerblichen Anlagen verlangt. Im großen und ganzen gehört moderne Rückhaltetechnik heute zur betrieblichen Praxis. Üblich sind heute Entstaubungsraten von über 99 %, Entschwefelungsraten von über 90 % und Entstickungsraten bei den größeren Feuerungsanlagen von 80 %. Auf Grund dieser Maßnahmen kann das Staubproblem bei uns – bis auf kritische Inhaltsstoffe, vor allem Schwermetalle – praktisch als gelöst angesehen werden. Die durch die Großfeuerungsanlagen-Verordnung von 1983 vorgeschriebene Entschwefelung der größeren Feuerungsanlagen ist in wesentlichen Teilen abgeschlossen. Allein im Bereich der öffentlichen Stromversorgung sind am 1. Juli 1988 etwa 38 000 MW Kraftwerksleistung entschwefelt worden. Das sind ca. 90 % der rund 40 000 MW aller Steinkohle- und Braunkohleblöcke. Insgesamt sind jetzt ca. 170 Rauchgasentschwefelungsanlagen an 72 Kraftwerksstandorten installiert. Hierdurch wurden die SO_2-Emissionen in diesem Bereich gegenüber 1982 um ca. 65 % reduziert. Anfang der 90er Jahre

werden es etwa 80 % weniger sein. Bei der Reduktion der NO_x-Emissionen haben wir eine kleine zeitliche Verzögerung in der Umrüstung. Die z. T. aus dem Ausland übernommenen Abgasreinigungsverfahren müssen an die deutschen Betriebsverhältnisse angepaßt werden. Aber schon Ende 1988 arbeiteten 48 Kraftwerksblöcke der deutschen Stromerzeuger mit insgesamt 15 500 MW mit großtechnischen Anlagen zur Verringerung der NO_x-Emissionen. Anfang der 90er Jahre werden in diesem Bereich 70 % weniger emittiert werden als 1982.

Der Investitionsbedarf für diese Emissionsminderungsmaßnahmen wird auf 28 Milliarden DM geschätzt, was die Durchführung der Großfeuerungsanlagen-Verordnung angeht, auf 10 Milliarden DM hinsichtlich der TA Luft 1986, und die Kosten der seit langem betriebenen Entstaubung sind hierin nur zu einem kleinen Teil eingerechnet.

Eine stolze Bilanz. Gleichwohl vermag der Zustand, nimmt man den Umweltschutz als Ganzes, nicht rundherum zu befriedigen. Die schädlichen Stoffe sind – oder werden – zwar aus der Luft herausgenommen. Damit sind sie aber nicht verschwunden. Wir finden sie wieder im Abfall, Abwasser oder im Klärschlamm – und dies in großen Mengen. Je wirksamer die Rückhaltetechnik, desto größer werden die Mengen. Der Umweltschutz hat sich auf diese Weise ein neues Betätigungsfeld geschaffen. Aus diesem Dilemma muß ein Ausweg gefunden werden, wenn wir uns mit anspruchsvoller Umwelttechnik nicht selbst im Weg stehen wollen.

Ein Weg zur Lösung des Problems liegt darin, die Luftreinhaltung nicht erst an der Ausschleusungsstelle anzusetzen. Wir dürfen übernommene Produktionsverfahren nicht als gegeben betrachten. Wir müssen sie unter Umweltschutzgesichtspunkten immer wieder in Frage stellen und versuchen, sie so umzugestalten, daß keine oder jedenfalls weniger Schadstoffe anfallen, die sonst durch die Rückhaltetechnik aufgefangen werden müßten. Die Schadstoffbegrenzung ist von der Peripherie der Anlage in den Betrieb der Anlage hinein zu verlagern. Um den Betreiber zu Maßnahmen dieser Art zu veranlassen, reicht die Grundpflicht des § 5 Abs. 1 Nr. 1 BImSchG, nach der schädliche Umwelteinwirkungen zu verhindern sind, nicht aus. Gefahrenabwehr kann heute in der Regel mit fortschrittlicher Rückhaltetechnik garantiert werden.

Weitergehende Anforderungen können auf § 5 Abs. 1 Nr. 2 BImSchG gestützt werden, nach dem Vorsorge gegen schädliche Umwelteinwirkungen zu treffen ist. Der Wortlaut dieser Vorschrift erhält zwar den Zusatz, daß Vorsorge insbesondere „durch die dem Stand der Technik entsprechende Maßnahmen zur Emissionsbegrenzung" zu verwirklichen ist. Hieraus darf aber nicht der Schluß gezogen werden, daß Vorsorge nur in Form der Rückhaltetechnik (Emissionsbegrenzung) statthaft wäre. Erstens ist der Zusatz nur ein Beispiel für Vorsorgemaßnahmen („insbesondere"). Zweitens würde es dem Sinn der Vorsorge widersprechen, lediglich eine Begrenzung der Emissionen an der Austrittsstelle zu verlangen. Der Zweck des BImSchG ist nach seinem § 1 gerade darauf ausgerichtet, dem Entstehen schädlicher Umwelteinwirkungen vorzubeugen. Diesem Zweck entspricht es, bereits das Entstehen von Schadstoffen im Betrieb zu verhindern. So schreibt Nr. 3.1.2 der TA Luft ausdrücklich vor, daß die emissionsbegrenzenden Maßnahmen auf eine Verminderung der Massenkonzentrationen und Massenströme der von einer Anlage ausgehenden Luftverunreinigungen ausgerichtet sein sollen, um die Entstehung von luftverunreinigenden Emissionen von vornherein zu vermeiden oder zu minimieren.

Eine möglichst frühzeitige Vermeidung oder Minderung von Emissionen kann auf verschiedenen Wegen erreicht werden. Hierfür hat sich der Begriff des integrierten Umweltschutzes eingebürgert. Die TA Luft 1986 nennt in Nr. 3.1.2 einige Beispiele: Verminderung der Abgasmenge, z. B. durch Kapselung von Anlagenteilen; gezielte Er-

---

[1]) Dr. Gerhard Feldhaus, Ministerialdirektor im Bundesministerium für Umwelt, Naturschutz und Reaktorsicherheit, Bonn
[2]) Vortrag „Umweltrechtstage 1989", Düsseldorf

fassung von Abgasströmen; Kreislaufführungen; Verfahrensoptimierung; sowie Optimierung von An- und Abfahrvorgängen.

Integrierter Umweltschutz verwirklicht in der Regel besonders konsequent das Vorsorgeprinzip. Er ist zumeist wirtschaftlicher als nachgeschaltete Reinigungsverfahren. Überdies führt er häufig auch zu produktionstechnischen Verbesserungen. Weil die Interessen des Umweltschutzes und die wirtschaftlichen Interessen hier vielfach parallel laufen, öffnet sich im integrierten Umweltschutz ein wichtiges Feld künftiger Umweltschutztechnik. Nicht zufällig stoßen wir bei unserer Zusammenarbeit mit der UdSSR, der DDR und der CSSR gerade in diesem Bereich auf das stärkste Interesse.

Noch einen Schritt weiter in den Produktionsprozeß hinein kann man gehen, wenn die Entstehung der Schadstoffe auf Bestandteile von Einsatzstoffen oder Brennstoffen zurückzuführen ist und man Einfluß auf diese Bestandteile nehmen kann. Dann kann es geboten sein, nur schadstofffreie oder schadstoffarme Einsatz- oder Brennstoffe zu verwenden. Ein typisches Beispiel ist der Einsatz schwefelarmer Brennstoffe.

Die wirksamste Form ist schließlich ein möglichst sparsamer Einsatz von Rohstoffen, Hilfsstoffen und Brennstoffen, also der Bereich der Ressourcenschonung. Denn, je weniger man in den Produktionsprozeß hineingibt, desto geringer sind im Regelfall die anfallenden Schadstoffe.

In besonders gelagerten Fällen kann hierin der einzige Weg liegen, künftig Probleme des Umweltschutzes zu lösen. Ich denke hierbei insbesondere an das Problem des Treibhauseffektes durch Anstieg des CO_2-Gehalts der Atmosphäre. Rückhaltemaßnahmen für CO_2-Emissionen gibt es leider (noch) nicht.

An diesem besonders effektiven Ansatz ist der Einfluß des Umweltschutzes allerdings auch besonders gering. Hier bestimmt fast ausschließlich der Preis das Verhalten des Betreibers. Ressourcenschonung ist deshalb wesentlich über den Preis steuerbar.

Ein aktuelles Beispiel ist die FCKW-Verordnung der EG, die zu einer stufenweisen Begrenzung der Herstellung und des Imports verpflichtet und damit mittelfristig zu einer nachhaltigen Verteuerung von Fluorchlorkohlenwasserstoffen führen wird. Nicht zufällig haben die beiden einzigen deutschen Hersteller von FCKW fast zeitgleich mit dem Inkrafttreten dieser EG-Verordnung den allmählichen Ausstieg aus der FCKW-Produktion angekündigt.

Neben der Verteuerung durch Verknappung der Produkte ist die Erhebung von Abgaben das Mittel zur umweltgerechten Preisgestaltung. Mit diesem Beispiel haben wir uns dem einschneidensten Mittel der umweltrelevanten Beeinflussung des Produktionsverfahrens genähert: Dem Verbot eines Stoffes für ein bestimmtes Produktionsverfahren. Weil dies die stringenteste und jedem umittelbar einleuchtende Methode der Vermeidung von Schadstoffen ist, wird der Ruf nach einem Verbot von Stoffen immer häufiger erhoben. Aber gerade weil es die stringenteste Methode ist, stellen sich hier erwartungsgemäß zahlreiche ordnungspolitische, wettbewerbspolitische und rechtliche Probleme, auf die hier nicht näher eingegangen werden kann. Eines der wichtigsten Probleme ist die Frage des Substituts. Soweit es sich um produktionstechnisch unverzichtbare Rohstoffe oder Hilfsstoffe handelt, kann ein Verbot dieser Stoffe nur in Betracht gezogen werden, wenn ungefährliche oder weniger gefährliche Stoffe mit gleicher Eignung zur Verfügung stehen. Welche Schwierigkeit die Frage des Substituts bereitet, zeigt das seit 1987 in den Medien viel diskutierte Beispiel der Perchlorethylen-Emissionen aus Chemischreinigungsanlagen. Nachdem das Bundesgesundheitsamt im Sommer 1987 Perchlorethylen als krebsverdächtig eingestuft und darauf einsetzende Untersuchungen der Länderbehörden z. T. nicht unerhebliche PER-Immissionen in der Nähe dieser Anlagen ergaben, wurde verständlicherweise allenthalben die Forderung nach Abhilfemaßnahmen laut. Eine der denkbaren Maßnahmen ist ein Verbot, Perchlorethylen in Chemischreinigungsanlagen zu verwenden. Durch welches andere Lösungsmittel wäre Per zu ersetzen? Soweit ersichtlich, gibt es nur 2 Substitute: Benzin, auf das man u.a. aus sicherheitstechnischen Bedenken bereits seit Jahren verzichtet hat; und zweitens Fluorchlorkohlenwasserstoffe, die wegen ihrer ozonschädigenden Wirkung grundsätzlich nicht als Substitut in Betracht gezogen werden können, eher selbst zum Verbot anstehen.

Fazit: Das geschilderte Immissionsschutzproblem wird voraussichtlich nicht durch ein Stoffverbot, dem rigidesten Mittel, gelöst werden können, sondern dadurch, daß man das als krebsverdächtig bewertete Perchlorethylen weiter zuläßt, aber durch Verbesserung des integrierten Umweltschutzes (geschlossene Systeme) und Verschärfungen im Hinblick auf die Rückhaltetechnik zu einer erheblichen Senkung der Emissionen kommt. Dieses Beispiel zeigt unter stoffpolitischen Aspekten zweierlei:

– Ein Stoffverbot steht und fällt mit der Frage, ob eine vertretbare Substituierung möglich ist. Es kann in aller Regel nur als ultima ratio in Betracht kommen.
– Bei der bisher ausgezogenen Linie der Vermeidung von Schadstoffen von außen (Rückhaltetechnik) nach innen (Veränderung des Produktionsprozesses) gibt es keine zwingende Abfolge von Prioritäten. Es kann sogar sein, daß nach Abwägung aller Gesichtspunkte die technisch weniger intelligente Lösung, z. B. die Rückhaltetechnik, anderen Lösungen vorgezogen werden muß.

Ziehen wir für das Immissionsschutzrecht Bilanz der verschiedenen Maßnahmen zur Vermeidung von Schadstoffen, so ist festzuhalten:

– Die Maßnahmen haben zu einer erheblichen Entlastung der Atmosphäre durch Schadstoffe geführt oder werden in den nächsten Jahren dazu führen.
– Teilweise wird durch diese Maßnahmen die Schadstoffproblematik in andere Bereiche verlagert, insbesondere in das Abfall- und das Wasserrecht.
– Weitergehende Vorsorgemaßnahmen des Immissionsschutzrechts, insbesondere in Form integrierter Reinigungsmaßnahmen und der Ressourcenschonung, sind geeignet, den Schadstoffgehalt weiter zu reduzieren. Sie werden ein Schwerpunktbereich künftigen Immissionsschutzes sein.

Dennoch werden nicht unerhebliche Mengen an Reststoffen verbleiben, die vor allem die Abfallentsorgung vor erhebliche Probleme stellen werden, und zwar aus zwei Gründen: wegen des Schadstoffgehalts der Reststoffe und wegen der – in Teilbereichen zunehmenden – Menge.

Dieses Problem verschärft sich noch erheblich durch die bekannten Engpässe in der Abfallentsorgung. Deshalb ist es eines der vordringlichsten Ziele, den Schadstoffgehalt und die Menge der vor allem bei der industriellen Produktion anfallenden Reststoffe zu reduzieren.

Das Problem ist sowohl im Immissionsschutz- wie auch im Abfallrecht erkannt, wenn auch vielleicht bisher nicht mit der nötigen Intensität angepackt worden. Der Ansatz zur Lösung des Problems ist im Bundes-Immissionsschutzgesetz und im Abfallgesetz vorhanden, nämlich das übereinstimmende Postulat der Reststoff/Abfallvermeidung und Reststoff/Abfallverwertung; § 1 a AbfG, § 5 Abs. 1 Nr. 3 BImSchG.

Unterschiedlich ist in beiden Gesetzen allerdings der Ansatz der Lösung des Verwertungs/Vermeidungsproblems, nach der unterschiedlichen Konzeption beider Gesetze durchaus folgerichtig.

Das Abfallgesetz enthält zur Abfallvermeidung Regelungen über die Verwendung oder Beschaffenheit von Produkten, um ihre Lebensdauer zu verlängern und sie zur Entlastung der Abfallentsorgung möglichst lange im Wirtschaftskreislauf zu halten, insbesondere durch

– Einführung von Rücknahme- und Pfandpflichten (§ 1 a Abs. 1 Satz 1 i. V. mit § 14 Abs. 1 Nr. 3 AbfG),
– Einführung von Kennzeichnungspflichten (§ 1 a Abs. 1 Satz 1 i. V. mit § 14 Abs. 2 Satz 3 Nr. 1 AbfG).

Die Abfallverwertung wird vornehmlich durch Vorschriften über die getrennte Lagerung und Überlassung von Abfällen sichergestellt, insbesondere durch

– Einführung einer Pflicht zur getrennten Entsorgung von Abfällen mit besonderem Schadstoffgehalt (§ 1 a Abs. 2 i. V. mit § 14 Abs. 1 Nr. 2),
– Einführung von Rücknahme- und Pfandpflichten (§ 1 a Abs. 2 i. V. mit § 14 Abs. 1 Nr. 3 AbfG),
– Vorschriften über die eine Verwertung erleichternde Form von Erzeugnissen (§ 1 a Abs. 2 i. V. mit § 14 Abs. 2 Satz 3 Nr. 2 AbfG),

- Einführung von Rücknahme- und Pfandsystemen zu umweltschonender Wiederverwendung, Verwertung und sonstiger Entsorgung (§ 1 a Abs. 2 i. V. mit § 14 Abs. 2 Satz 3 Nr. 3 AbfG),
- Einführung einer getrennten Überlassung von Abfällen (§ 1 a Abs. 2 i. V. mit § 14 Abs. 2 Satz 3 Nr. 4 AbfG).

Das anlagenbezogene Bundes-Immissionsschutzgesetz zielt darauf ab, beim Betrieb genehmigungsbedürftiger Anlagen, also während der Produktionsphase, das Entstehen von Reststoffen zu vermeiden oder die beim Betrieb der Anlagen entstandenen Reststoffe zu verwerten; § 5 Abs. 1 Nr. 3 BImSchG. Die Verbindlichkeit der immissionsschutzrechtlichen Reststoffverwertungs- und -vermeidungspflichten für nach BImSchG genehmigungsbedürftige Anlagen wird durch § 1 a Abs. 1 Satz 2 AbfG ausdrücklich unterstrichen.

Auf diesen speziellen Fragenkomplex wird in den folgenden Referaten näher eingegangen. Ich beschränke mich deshalb an dieser Stelle auf einige wenige Bemerkungen zu den rechtlichen Besonderheiten des Reststoffverwertungs- und -vermeidungsgebots.

In § 5 Abs. 1 Nr. 3 BImSchG wird der sonst vorherrschende schadstoffpolitische Ansatz verlassen und zu einem stoffpolitischen Ansatz ausgeweitet. Ziel von § 5 Abs. 1 Nr. 3 BImSchG ist nicht die Vermeidung oder Reduzierung von Schadstoffen in Reststoffen, sondern die Vermeidung oder Verwertung von Reststoffen schlechthin. Die vom Gesetz geforderte Schadlosigkeit ist lediglich eine Kondition der vorgeschriebenen Verwertung. Das stoffpolitische Ziel einer möglichst weitgehenden Vermeidung von Abfällen während der Produktionsphase greift über den Immissionsschutz hinaus in das Abfallwirtschaftsrecht. Gleichwohl ist die Verwirklichung dieser Ziele zu Recht dem Genehmigungsverfahren nach BImSchG anvertraut worden. Denn dieses ist eben nicht ein rein immissionsschutzrechtliches Genehmigungsverfahren, sondern ein Industriezulassungsverfahren, das auch der Erfüllung anderer umweltpolitischer Ziele dient, wie etwa der Abfallwirtschaft oder – ganz deutlich beim Abwärmenutzungsgebot des § 5 Abs. 1 Nr. 4 BImSchG – der Ressourcenschonung.

Das äußere Mittel der Reststoff- oder Abfallvermeidung ist das generelle Verbot eines Stoffes oder eines Erzeugnisses. Ermächtigungen hierfür enthält das geltende Recht an mehreren Stellen.

Nach § 14 Abs. 1 Nr. 4 AbfG kann durch Rechtsverordnung vorgeschrieben werden, daß bestimmte Erzeugnisse nicht in den Verkehr gebracht werden dürfen, wenn bei ihrer Entsorgung die Freisetzung schädlicher Stoffe nicht oder nur mit unverhältnismäßigem Aufwand verhindert werden könnte.

Auf Grund von § 35 Abs. 1 Satz 1 BImSchG kann durch Rechtsverordnung die Herstellung, Einfuhr oder das Inverkehrbringen bestimmter Stoffe oder Erzeugnisse von einer bestimmten Zusammensetzung – oder auch einem bestimmten Herstellungsverfahren – abhängig gemacht werden, um schädliche Umwelteinwirkungen bei ihrer Verwendung oder ihrer Entsorgung zu verhindern.

Auf Grund des § 17 Chemikaliengesetz können durch Rechtsverordnung bestimmte gefährliche Stoffe oder Zubereitungen oder Erzeugnisse, die solche enthalten, zum Schutz der Gesundheit oder Umwelt verboten werden, wenn den Gefahren durch Einstufung, Verpackung und Kennzeichnung nicht hinreichend begegnet werden kann.

Auf Grund keiner der genannten Ermächtigungen ist allerdings bisher ein generelles Stoffverbot ausgesprochen worden. Das einzige Stoffverbot enthält das DDT-Gesetz. Die Gründe für diese normative Abstinenz liegen auf der Hand: Die anfangs geschilderten Schwierigkeiten, die sich schon einem Verwendungsverbot in bestimmten Anlagen entgegenstellen (Beispiel: PER in Chemischreinigungsanlagen), sind bei einem generellen Stoffverbot noch ungleich größer. Dies gilt insbesondere für ein generelles Stoffverbot nach § 17 ChemG.

Die eine Schwierigkeit besteht darin, daß „tatsächliche Anhaltspunkte" dafür bestehen müssen, daß der Stoff, die Zubereitung oder das Erzeugnis für jedwede Verwendung gefährlich ist. Unser Wissen um die Gefährlichkeit von Stoffen, insbesondere der etwa 100 000 Altstoffe, ist gering. Die Bundesregierung hat in ihrem vor kurzem beschlossenen, auf vielfältigen internationalen und nationalen Erfahrungen beruhenden Altstoffkonzept die Schritte aufgezeigt, die für eine systematische Erfassung und Bewertung gefährlicher Stoffe notwendig sind. § 16 d der als Referentenentwurf vorliegenden Chemikaliennovelle wird dieses Verfahren gesetzlich absichern. Das Kardinalproblem liegt naturgemäß auch beim generellen Stoffverbot in der Frage des Substituts.

Ein Substitut, das es erlaubt, einen anderen Stoff zu verbieten, muß im wesentlichen zwei Voraussetzungen erfüllen:

- Es muß ungefährlich oder weniger gefährlich sein;
- es muß für den jeweiligen Verwendungszweck in etwa gleich gut geeignet sein.

Die Beurteilung der einen wie der anderen Voraussetzung ist mit großen Unsicherheiten behaftet.

Hinsichtlich der geringeren Gefährlichkeit sind die FCKW's ein Musterbeispiel für mögliche Fehleinschätzungen.

Vor 20 Jahren noch hätte man viele Lösemittel verbieten können, weil man sicher war, in den FCKW'en fast ideale Substitute gefunden zu haben: Nicht brennbar, also auch nicht explosionsfähig, ungiftig, chemisch reaktionsträge, also auch sonst unbedenklich, leicht zu verwenden, preiswert.

Hätte man seinerzeit durch Verbot anderer Lösungsmittel oder Treibgase die Verwendung von FCKW noch weiter vorangetrieben, hätten wir der Umwelt mit der Förderung dieser ozonschädigenden Substanzen den denkbar schlechtesten Dienst erwiesen.

Die Frage einer möglichen Substituierung bedarf deshalb, insbesondere hinsichtlich der Risikobewertung von Ersatzstoffen, besonders sorgfältiger Prüfung. Dieser Aufgabe widmet sich vor allem der Unterausschuß VII des Ausschusses für Gefahrstoffe nach § 44 der Gefahrstoffverordnung. Er entwickelt derzeit – im Hinblick auf krebserzeugende Gefahrstoffe – Mindestvoraussetzungen, denen potentielle Ersatzstoffe genügen müssen. Nach bisherigem Stand der Beratungen werden gefordert:

- Die potentiellen Ersatzstoffe müssen technisch geeignet sein.
- Für sie muß eine Abschätzung des toxikologischen und ökologischen Gefährdungspotentials durchgeführt werden.
- Stehen mehrere Ersatzstoffe für den gleichen Anwendungszweck zur Verfügung, sollte grundsätzlich zuerst immer der toxikologisch unbedenklichste Stoffe geprüft und möglichst auch gewählt werden.
- Mögliche Verunreinigungen und deren Wirkung auf Mensch und Umwelt sind zu berücksichtigen (Aktuelles Beispiel: F 22 mit Verunreinigung von R 31).
- Krebserzeugende, mutagene oder andere Stoffe, bei denen keine Wirkungsschwelle festgelegt werden kann, sind grundsätzlich als Ersatzstoffe ungeeignet.
- Stoffe mit sensibilisierenden Eigenschaften sollten grundsätzlich nicht in den Bereich der Endverbraucher gelangen.

Die in einer Check-Liste detailliert aufgeführten Eigenschaften sind jeweils für den Ersatzstoff und den zu ersetzenden Stoff zu ermitteln und miteinander zu vergleichen. Auf Grund eine sachverständigen Bewertung ist dann zu entscheiden, ob ein Ersatzstoff vorgeschlagen werden kann.

Die in Vorbereitung befindliche Chemikaliennovelle wird den Erlaß von Stoffverboten auf Grund einer Neufassung des § 17 ChemG erleichtern.

Thesen

1. Der stoffpolitische Ansatz ist im Abfallrecht und mehr noch im Immissionsschutzrecht entwicklungsbedürftig.
2. Im Immissionsschutzrecht beschränkt sich der stoffpolitische Ansatz im wesentlichen auf einen schadstoffpolitischen Ansatz.
3. Die herkömmliche Methode, Schadstoffe am Austritt in die Umwelt zu hindern, ist die Rückhaltetechnik.
4. Mit der Rückhaltetechnik gelang es in den letzten Jahren, die Luft in ganz erheblichem Umfang von Schadstoffen zu entlasten, vor

allem von Staub, SO_2 und NO_x. Weitere Verbesserungen sind eingeleitet.

5. Die Erfolge bei der Luftreinhaltung haben neue Schadstoffprobleme entstehen lassen, z.B.: beim Abfall, Abwasser, Klärschlamm.

6. Ein Weg, medienübergreifend neu entstehende Schadstoffprobleme zu verhindern, liegt in einer Umgestaltung der Produktionsverfahren, so daß weniger Schadstoffe anfallen, die sonst durch die Rückhaltetechnik aufgefangen werden müssen. Die Schadstoffminderung ist von der Peripherie der Anlage in den Betrieb der Anlage hinein zu verlagern.

7. Rechtliche Gründe für produktionsgestaltende Vermeidungsmaßnahmen ist vor allem die Pflicht, Vorsorge gegen schädliche Umwelteinwirkungen zu treffen; § 5 Abs. 1 Nr. 2 BImSchG.

8. Produktionsgestaltende Maßnahmen sind im wesentlichen Maßnahmen des integrierten Umweltschutzes, z.B.
   - Verringerung der Abgasmenge durch Kapselung
   - Kreislaufführungen
   - Verfahrensoptimierung
   - Verwendung schadstofffreier oder schadstoffarmer Einsatz- oder Brennstoffe

   sowie Maßnahmen der Ressourcenschonung, z.B.
   - möglichst sparsamer Einsatz von Rohstoffen, Hilfsstoffen und Brennstoffen.

9. Die ultima ratio ist das Verbot eines Stoffes für ein bestimmtes Produktionsverfahren. Ein solches Verbot steht und fällt mit der Frage einer möglichen Substituierung.

10. Unter den verschiedenen Möglichkeiten zur Vermeidung oder Verringerung von Schadstoffen gibt es keine zwingende Prioritätenfolge. Es kann sogar sein, daß nach Abwägung aller Gesichtspunkte die technisch weniger intelligente Lösung (z.B. Rückhaltetechnik) anderen Lösungen vorgezogen werden muß.

11. Trotz Maßnahmen des integrierten Umweltschutzes und Ressourcenschonung werden nicht unerhebliche Mengen an Reststoffen verbleiben, die vor allem die Abfallentsorgung vor erhebliche Probleme stellen wird, insbesondere wegen des Schadstoffgehalts der Reststoffe oder wegen ihrer Mengen.

12. BImSchG und AbfG enthalten übereinstimmend das Postulat der Reststoff/Abfallverwertung und Reststoff/Abfallvermeidung: § 1 a AbfG, § 5 Abs. 1 Nr. 3 BImSchG. Auch hinsichtlich der Prioritäten besteht grundsätzlich Übereinstimmung nach beiden Gesetzen: Verwertung geht vor Vermeidung; § 3 Abs. 2 Satz 3 AbfG, § 5 Abs. 1 Nr. 3 BImSchG.

13. Unterschiedlich ist in beiden Gesetzen der Ansatz zur Lösung des Verwertungs-/Vermeidungsproblems. Das AbfG regelt vornehmlich Produkte über ihre Lebensdauer, um sie zur Entlastung der Abfallentsorgung möglichst lange im Wirtschaftskreislauf zu halten oder um die Verwertung oder Entsorgung zu ermöglichen oder zu erleichtern, z.B. durch getrennte Lagerung und Überlassung von Abfällen, Einführung bestimmter Rücknahme- und Pfandsysteme.

    Das anlagenbezogene BImSchG zielt darauf ab, im Laufe des Betriebs genehmigungsbedürftiger Anlagen, also während der Produktionsphase, Reststoffverwertung und Reststoffvermeidung sicherzustellen.

14. Das stringenteste Mittel der Reststoff- oder Abfallvermeidung ist das generelle Verbot eines Stoffes oder Erzeugnisses. Ermächtigungen hierfür enthalten § 14 AbfG, § 35 BImSchG, § 17 ChemG. Auch hier ist die Frage des Substitutes das Kardinalproblem.

Rechtsprobleme im Spannungsverhältnis zwischen Reststoffverwertung und Abfallvermeidungsgebot[2])

Von M. Scheier[1])

I. Meine Ausführungen beschäftigen sich schwerpunktmäßig mit den Fragen der Reststoffverwertung und Abfallentsorgung und ihren gegenseitigen Abhängigkeiten. Es geht dabei vor allen Dingen um Reststoffe, die im Rahmen von Produktionsprozessen genehmigungspflichtiger Anlagen im Sinne des BImSchG anfallen und damit schwerpunktmäßig um die Problematik des § 5 Abs. 1 Nr. 3 BImSchG. Zur Einführung möchte ich zunächst 3 Fallbeispiele geben, an denen ich dann im Anschluß daran die aus meiner Sicht bestehenden Spannungssituationen im rechtlichen Sinne aufzeigen möchte.

1. 1. Fall

Ein Antragsteller, der bisher für die bei seiner Produktion anfallenden Reststoffe im Rahmen einer genehmigungspflichtigen Anlage eine kostengünstige Verwertungsmöglichkeit hatte und diese auf Grund nachlassender Marktgegebenheiten verloren hat, möchte sich der Reststoffe entledigen und hat dazu im benachbarten Ausland eine Entsorgungsmöglichkeit in der Weise gefunden, daß die Stoffe in einer Deponie abgelagert werden können. Er beantragt die entsprechende Beförderungsgenehmigung gem. § 13 Abs. 1 AbfG i.V.m. Abfallverbringungs-VO vom 18. 11. 1988 (BGBl. I S. 2126). Diese wird ihm untersagt mit dem Hinweis, daß er im Inland eine Verwertungsmöglichkeit habe. Diese Verwertungsmöglichkeit ist doppelt so teuer wie die Entsorgungsmöglichkeiten des Auslandes, insbesondere sind die Transportkosten doppelt so hoch wie die Transportkosten für die Fahrt zur Deponie.

2. Fall

Eine Zuckerfabrik möchte die im Rahmen der Zuckerproduktion von den Zuckerrüben anfallende Rübenerde in einer benachbarten Kiesgrube ablagern. Sie betrachtet den Vorgang als einen der Reststoffverwertung und beantragt ausschließlich eine bauordnungsrechtliche Genehmigung, weil es sich dabei um eine Aufschüttung von mehr als 200 m³ handelt. Die zuständige Abfallwirtschaftsbehörde fordert die Durchführung eines abfallrechtlichen Planfeststellungsverfahrens.

3. Fall

Bei der Rauchgasreinigung eines Kohlekraftwerkes fallen neben den Aschen auch entsprechende Gipsmengen an. Die für das Verfahren nach dem BImSchG zuständige Behörde hat nach Prüfung der entsprechenden Marktchancen die Ablagerung des Gipses auf einer benachbarten Deponie ausdrücklich zugelassen. Im Rahmen des abfallrechtlichen Deponieverfahrens fordert die für die Abfallwirtschaft zuständige Behörde die Verwertung des Gipses bzw. sie läßt nur die befristete Ablagerung des Gipses zu und fordert den Betreiber des Kraftwerkes auf, sich in verstärktem Maße um Verwertungsmöglichkeiten für den Gips zu bemühen.

Diesen Fällen ist insgesamt gemeinsam, daß hier nicht von vorneherein erkennbar zu sein scheint, nach welchem Rechtsgebiet die Frage einer etwaigen Verwertung, Entsorgung bzw. Vermeidung zu erfolgen hat, ob insbesondere dies unter den Regelungsbereich des BImSchG, des AbfG oder gar nach beiden zu geschehen hat.

II. 1. Ausgehend **davon**, daß die Reststoffe in den drei Beispielfällen im Rahmen von genehmigungspflichtigen Anlagen entstehen, ist zunächst die einschlägige immissionsrechtliche Betreiberpflicht des § 5 Abs. 1 Nr. 3 BImSchG zu prüfen. Auf Grund der Novellierung des BImSchG vom 4. 10. 85 lautet nunmehr der einschlägige § 5 Abs. 1 Nr. 3 BImSchG wie folgt:

„Genehmigungsbedürftige Anlagen sind so zu errichten und zu betreiben, daß

3. Reststoffe vermieden werden, es sei denn, sie werden ordnungsgemäß und schadlos verwertet oder, soweit Vermeidung und Verwertung technisch nicht möglich oder zumutbar sind, als Abfälle ohne Beeinträchtigung des Wohls der Allgemeinheit beseitigt, ..."

Der Betreiber hat demnach ein zweistufiges System zu beachten. Auf der ersten Stufe hat der Betreiber die Wahl, ob er Reststoffe gar nicht entstehen lassen oder ordnungsgemäß und schadlos verwerten will mit der Folge, daß die Stoffe auf dieser Stufe nicht zum Abfall werden. Als Reststoffe sind dabei all' die Stoffe anzusehen, die bei der Produktion als – unerwünschte – Nebenprodukte anfallen. Ob der Reststoff zum Wirtschaftsgut oder zum Abfall wird, entscheidet sich in den spannungsreichen Beziehungen der Reststoffverwertung und der Abfallentsorgung. Auf der zweiten (nachrangigen) Stufe hat der Betreiber die Möglichkeit der Abfallentsorgung.

Da also Reststoffvermeidung und -verwertung die Stoffe erst gar nicht in die Regelungen der Abfallentsorgung kommen lassen, dienen sie damit dem Ziel, das Entstehen von Abfällen zu begrenzen bzw. vermeiden. Sie stellen damit immissionsrechtlich eine Form der Abfallvermeidung dar und sind grundsätzlich untereinander als gleichrangig anzusehen[1]).

Dieses sogenannte immissionsrechtliche Abfallvermeidungsgebot hat allerdings Vorrang vor der Pflicht zur Abfallbeseitigung.

2. Was hat nun der Betreiber einer genehmigungspflichtigen Anlage zu beachten, wenn er die Gebote der Reststoffvermeidung und Reststoffverwertung erfüllen will?

a. Das Gebot der Reststoffvermeidung führt im Idealfall zu einem reststofffreien Produktionsverfahren. Bei dem Streben und dem Durchsetzen dieses Gebotes darf allerdings nicht außer acht gelassen werden, daß die Vermeidung nicht um jeden Preis durchgeführt werden muß. Dabei sind neben der Umweltbelastung, die durch die Vermeidungstechnik nicht erhöht werden darf, die Frage der technischen Möglichkeit und der Zumutbarkeit zu prüfen.

Gleichwertig neben der Vermeidung steht die Verwertung von Reststoffen jedenfalls dann, wenn sie genauso verträglich oder sogar weniger umweltbelastend ist.

b. Eine Reststoffverwertung liegt dann vor, wenn die Reststoffe vom Betreiber der Anlage, in der sie angefallen sind, innerhalb oder außerhalb seines Betriebes u. U. in anderen Anlagen nutzt[2]). Sei es, daß er sie wieder in den Produktionsprozeß miteinbezieht, sei es, daß er sie an Dritte veräußert bzw. über die Vermittlung einer „Abfallbörse" veräußern läßt. Abzulehnen ist in diesem Zusammenhang die in Ziff. 3.1 des LAI-Entwurfes enthaltene Auffassung, „eine Verwertung im Sinne des § 5 Abs. 1 Nr. 3 BImSchG liege nicht vor, wenn die stoffliche oder energetische Nutzung lediglich nachgeordneter Zweck eines hauptsächlich auf Entledigung gerichteten Vorganges" sei. Der vorgenannte Gang an die „Abfallbörse" macht dies sehr schön deutlich. Bei der Inanspruchnahme dieser Einrichtung wird neben dem Entledigenwollen die Nutzung einen ebenso großen Raum einnehmen. Ich werde zu diesem Punkt noch einmal Stellung nehmen; an dieser Stelle sei aber schon soviel gesagt: Bei aller Akzeptanz der staatlichen Kontrolle darf dies nicht dazu führen, daß die Dispositionsfreiheit des Unternehmers zu sehr eingeschränkt wird. Der Gang z. B. zur „Abfallbörse" ist nach meinem Dafürhalten damit auch auf dieser Stufe noch ein zulässiger Weg im Rahmen der Verpflichtung zur Reststoffverwertung. Entscheidend für meine Ansicht ist die Tatsache, daß durch die Zulassung dieser Verwertungsmöglichkeit ebenfalls eine marktwirtschaftliche Entlastung der Abfallwirtschaft stattfindet.

---
[1]) Rechtsanwalt Michael Scheier, Bergisch Gladbach
[2]) Vortrag „Umweltrechtstage 89"

c. Nur wenn Reststoffvermeidung und Reststoffverwertung technisch nicht möglich oder unzumutbar ist, sind die Reststoffe als Abfälle ordnungsgemäß zu beseitigen, womit sie dann in vollem Umfange den Regelungen des Abfallgesetzes unterliegen.

(1) Technisch möglich ist u. U. die stoffliche Verwertung, wenn ein in der Praxis erprobtes Verfahren zur Verfügung steht. In Abgrenzung zu dem LAI-Entwurf bin ich der Auffassung, daß das Merkmal der „technischen Möglichkeit" im Rahmen des Verwertungsgebotes bedeutet, daß grundsätzlich die Anwendung aller bekannten **branchenüblichen** (und nicht „aller tatsächlich vorhandenen") Verwertungstechniken in Betracht kommen können. Die Forderung, **alle** tatsächlich in Betracht kommenden Verwertungstechniken auszuschöpfen, überfordert sowohl die Behörden als auch die Betreiber und fördert und produziert eher ein neues Vollzugsdefizit, als daß es das bestehende vermindert.

(2) Der Begriff „unzumutbar" ist an die Stelle des früheren „wirtschaftlich nicht vertretbar" getreten. Das korrespondierte mit der gleichzeitigen Änderung des § 17 BImSchG. Waren früher nachträgliche Anordnungen nach Erteilung einer immissionsschutzrechtlichen Genehmigung nur dann zulässig, wenn sie für den Betreiber oder für Anlagen der von ihm betriebenen Art wirtschaftlich vertretbar waren, so dürfen nunmehr solche Anordnungen nur dann nicht getroffen werden, wenn sie unverhältnismäßig sind. Nach der einschlägigen Literatur[3]) soll der Maßstab der Zumutbarkeit in § 5 Abs. 1 Nr. 3 BImSchG mehr Flexibilität gewähren als der Hinweis auf die Verhältnismäßigkeit im geänderten § 17 Abs. 2 BImSchG.

Der Fortfall des Kriteriums „wirtschaftliche Vertretbarkeit" bedeutet nun allerdings nicht, daß wirtschaftliche Gesichtspunkte bei der Entscheidung, ob die Abfallvermeidung unzumutbar ist, keine Rolle spielen (würden). Dazu wird in der Literatur[4]) der Standpunkt vertreten, daß der Betreiber sich insoweit nicht mehr auf den Grundsatz der Gewinnmaximierung oder lediglich einen Kostenvergleich zwischen Abfallvermeidung und Beseitigung berufen kann. Es wird vielmehr in erster Linie auf die Schwere der Umweltnachteile, die eine Abfallbeseitigung im Vergleich zur Reststoffvermeidung oder -verwertung mit sich bringt, ankommen, erst in zweiter Linie auf einen Kostenvergleich, wenn die Abfallbeseitigung ohne schwerwiegende Nachteile für die Allgemeinheit möglich ist. Die Bestimmung des Begriffes zumutbar wird daher durch folgende Faktoren bestimmt[5]):

– Berücksichtigung der Umweltverträglichkeit bzw. Umweltbelastung des gewählten Verfahrens;

– und mitentscheidend ist weiterhin die sog. Branchenüblichkeit;

– schließlich ist ein Kostenvergleich der Kosten für Reststoffverwertung bzw. Vermeidung und Abfallentsorgung vorzunehmen.

Die Nachteile, die der Betreiber durch die Reststoffverwertung gegenüber einer vorteiligeren Abfallbeseitigung hinnehmen muß, richtet sich demnach nach der Schwere der Umweltnachteile, die eine Abfallbeseitigung im Vergleich zur Reststoffverwertung mit sich bringt. Eine solche Betrachtung entwickelt also die Maßstäbe der Wirtschaftlichkeit aus dem Vorgang der Entsorgung selbst und ist im Wege einer Abwägung zu gewinnen. Unzumutbar im Sinne dieser Vorschrift ist danach eine Reststoffverwertung (und gleiches gilt für die Vermeidung), wenn die Abfallentsorgung unter Berücksichtigung der in derselben Branche erzielten Ergebnisse und geübten Verfahren spürbar kostengünstiger ist und die Reststoffverwertung nicht wegen der Umweltbelastung der Abfallentsorgung geboten ist.

(3) Nur am Rande sei angemerkt, daß es für mich fragwürdig wird, wenn der Weg der Verwertung wie z. B. bei der Faulgasverbrennung dadurch erschwert bzw. finanziell belastet wird, daß dieser Einsatz grundsätzlich mit Mineralölsteuer belastet wird, von der allerdings Befreiung beantragt werden kann.

(4) In diesem Zusammenhang ist zu fragen, ob auch sog. Altgenehmigungen, d. h. Genehmigungen, die vor Inkrafttreten der v. g. Novellierung ausgesprochen worden sind, den in § 5 Abs. 1 Nr. 3 BImSchG geregelten Grundpflichten unterstellt sind, und damit auch die Reststoffverwertung bzw. Abfallvermeidung bei Altanlagen ggf. neu zu fassen ist. § 5 Abs. 1 Nr. 3 BImSchG richtet sich in seiner jetzigen Fassung zunächst an den Betreiber von Neuanlagen. Die Grundpflicht des § 5 Abs. 1 Nr. 3 BImSchG wird bei Altanlagen erst durch nachträgliche Anordnung nach § 17 Abs. 1 BImSchG zu aktualisieren sein. Die Tatsache, daß es sich um eine Altgenehmigung handelt und der Betreiber sich evtl. mit großen Aufwendungen auf die Abfallbeseitigung eingerichtet hat, ist bei dem in § 17 Abs. 1 BImSchG geregelten Ermessen nicht nur berücksichtigungsfähig; sie ist im Rahmen der zu treffenden Ermessensentscheidung an erster Stelle zu berücksichtigen. So ist insbesondere zu prüfen, ob es quasi einen Bestandsschutz für den einmal eingeschlagenen Weg der Entsorgung gibt.

Im Endergebnis wird in diesen Fällen folgendes gelten müssen.

Auch wenn die Unzumutbarkeit im Sinne des § 5 Abs. 1 Nr. 3 BImSchG, die einer Reststoffverwertung entgegenstand, später wegfällt, etwa durch Einführung neuer kostengünstigerer Verfahren, lebt die latent gebliebene Pflicht zur vorrangigen Reststoffverwertung erst dann wieder auf, wenn dieses Verfahren allgemein branchenüblich wird. Im übrigen ist auch in diesen Fällen im Rahmen der Ermessensabwägung folgendes zu berücksichtigen:

– die bisherigen Aufwendungen für Abfallbeseitigungsanlagen

– die Aufwendungen für die Umstellung auf die Reststoffverwertung, die evtl. notwendig werden

– die Umweltvorteile der Reststoffverwertung gegenüber den Umweltnachteilen der Abfallentsorgung.

Gerade im Zusammenhang mit dem zuletzt genannten Kriterium dürfte es nach meiner Auffassung unerheblich sein, ob die Abfallentsorgung im betroffenen Bundesland oder in dem betroffenen Regionalstaat stattfindet oder in einem sonstigen z. B. der EG zugehörigen Land. Insoweit hört der Umweltschutz nicht an der Staatsgrenze auf, es können also nachteilige Folgen, die bei der Entsorgung im Ausland auftreten, durchaus in die Entscheidung mit einfließen. In gleicher Weise kann sich eine umweltverträgliche Entsorgungsmöglichkeit im benachbarten Ausland zu Gunsten eines Betreibers auswirken, der auf eine innerstaatliche Verwertungsmöglichkeit festgelegt werden soll.

III. 1) Im Zusammenhang mit der zuvor dargestellten Systematik ergibt sich auf Grund der unterschiedlichen Literaturmeinungen für die Praxis eine verwirrende Meinungsvielfalt. So ergibt sich angesichts des relativen Abfallvermeidungsgebotes die Frage, ob bei der Produktion anfallende Reststoffe, deren Verwertung innerhalb oder außerhalb des Betriebes technisch möglich und zumutbar ist, gleichwohl Abfall im Sinne des Abfallgesetzes sein können. Diese Frage ist nach Sinn und Zielsetzung des § 5 Abs. 1 Nr. 3 BImSchG ohne weiteres zu verneinen. Wer etwa bei der Aufarbeitung von Altöl anfallende Rückstände zur Gewinnung von Prozeßwärme im eigenen Betrieb verbrennt, also verwertet, beseitigt keinen Abfall.

Auf einen entgegenstehenden Entledigungswillen des Betreibers soll es insoweit nicht ankommen. Solche Stoffe unterlägen also nicht dem Abfallrecht, ihre Lagerung sei deshalb keine Abfallbeseitigung, die Lagerstätte keine Abfallbeseitigungsanlage. Die Ordnung und Überwachung ihrer Behandlung obliegt vielmehr den Immissionsschutzbehörden. Sie haben im Zweifel auch zu entscheiden, ob eine Reststoffvermeidung und -verwertung technisch möglich und zumutbar ist.

Ist dies nicht der Fall, so werden die Reststoffe allerdings Abfall, wenn sich der Betreiber ihrer entledigen will oder ihre Beseitigung geboten ist. Sie können jedoch die Abfalleigenschaft wieder verlieren, wenn, etwa durch eine Änderung der Marktsituation oder durch Entwicklung von Recyclingverfahren, ihre Verwertung nicht nur sinnvoll, sondern auch zumutbar ist. Denn Abfall bleibt nicht notwendigerweise immer Abfall[6]). Will daher der Besitzer die Stoffe wieder verwerten oder ist ihre Verwertung nach Entscheidung der Immissionsschutzbehörde geboten, die sie nach § 17 Abs. 1 BImSchG umzusetzen hat, so können sie ihre Abfalleigenschaft verlieren, vorausgesetzt, daß die Verwertungsmöglichkeit zumutbar ist.

Umgekehrt kann sich der Betreiber der Abfallüberwachung nicht dadurch entziehen, daß er behauptet, aus gefährlichen Stoffen, deren Beseitigung zur Wahrung des Wohls der Allgemeinheit geboten ist, wolle er noch Teile verwerten und sich deshalb ihrer insgesamt nicht entledigen. Sie bleiben auch ohne entsprechenden Entledigungswillen Abfall.

Fraglich kann sein, ob eine Entledigung dann vorliegt und rechtlich beachtlich ist, wenn sich der Besitzer des Reststoffes nicht entledigen darf, weil er unter die zumutbaren Verwertungsgebote nach § 5 Abs. 1 Nr. 3 BImSchG fällt. Sicher ist, daß die Abfalleigenschaft nicht von der zivilrechtlichen Legalität der Entledigung abhängen kann, da anderenfalls die entsorgungspflichtige Körperschaft jeweils die Entledigungsbefugnis des Besitzers prüfen müßte. Anders ist jedoch ein öffentlichrechtliches Verwertungsgebot zu behandeln. Eine rechtsgeschäftsähnliche Willenserklärung kann nach öffentlichem Recht nur eine nach diesem Recht zulässige Wirkung haben. Solange der Besitzer eines Reststoffes also dem Verwertungsgebot nach § 5 Abs. 1 Nr. 3 BImSchG unterliegt, so lange ist der Entledigungswille des Besitzers rechtlich nicht zu beachten[7]).

Auf der anderen Seite wird in der Literatur die Ansicht vertreten, daß in den Fällen, in denen ein Reststoff Abfall im objektiven Sinne des § 1 Abs. 1 AbfG sein, er also auf Grund seiner objektiven Gefährlichkeit zu entsorgen sei, er nicht mehr ordnungsgemäß und schadlos im Sinne des § 5 Abs. 1 Nr. 3 BImSchG verwertet werden könne; das Verwertungsgebot komme nicht zum Zuge[8]).

2) Das schon mehrfach angesprochene (und von H. MinRat Rebentisch auch erläuterte) LAI-Papier geht einen anderen Weg und versteht unter Abfallentsorgung im Sinne des § 5 Abs. 1 Ziff. 3 BImSchG und unter „Abfälle" einen Sammelbegriff, der nicht an § 1 Abs. 1 AbfG anknüpft, sondern weitergefaßt sein soll. Es werden ergänzend z. B. auch die Abfälle einbezogen, die kraft Gesetzes gemäß § 1 Abs. 3 AbfG von den Regelungen des AbfG nicht betroffen sind (Ziff. 5.1). Offensichtlich soll (so sind die Ausführungen in Ziff. 5.2 des Entwurfes zu verstehen) damit insgesamt die Frage der Zulässigkeit der Abfallentsorgung nach Grundsätzen des BImSchG geprüft werden und im Extremfall eine nach § 4 BImSchG beantragte Anlagengenehmigung mit der Begründung versagt werden können, das Wohl der Allgemeinheit werde durch die Inanspruchnahme von (zugelassenem) Deponieraum beeinträchtigt.

Dieser Betrachtungsweise kann aus folgenden Gründen nicht gefolgt werden.

Die Zulässigkeit und Ordnungsgemäßheit der Abfallbeseitigung bestimmt sich nach den Regelungen des AbfG, insbesondere nach § 2 Abs. 1 S. 2 AbfG. Eine zusätzliche Genehmigungsanforderung nach dem BImSchG auf abfallrechtlichem Gebiet ist weder durch den Gesetzeswortlaut noch durch Sinn und Zweck der Vorschrift gedeckt. Wie oben zu den Fragen der Zumutbarkeit der Verwertung bereits ausgeführt, hat eine sorgfältige Prüfung stattzufinden, ob und inwieweit die Verwertung/Vermeidung oder die Entsorgung nach umweltverträglichen Kriterien möglich ist.

Wenn im Rahmen dieser Prüfung festgestellt wird, daß die Verwertung unzumutbar ist, weil eine umweltverträgliche Entsorgung möglich ist, dann kann dies nicht durch die Erwägung unterlaufen werden, die Entsorgung führe zu einer Beeinträchtigung des Wohles der Allgemeinheit, weil z.B. Deponieraum in Anspruch genommen werden müsse. Diese Anforderung sprengt den Regelungsinhalt des § 5 Abs. 1 Nr. 3 BImSchG und beansprucht Regelungsinhalte (= Frage der Abfallentsorgung) für sich, die den abfallrechtlichen und abfallwirtschaftlichen Entscheidungen und Verfahren vorbehalten sind. Diese Betrachtung allein führt zu einer sachgerechten Lösung der Probleme, denn hinsichtlich der Abfallbeseitigung unterliegt der Betreiber einer genehmigungsbedürftigen Anlage gestuften Pflichtenkreisen:

Einmal nach § 5 Abs. 1 Nr. 3 BImSchG, und zum anderen nach den Vorschriften des Abfallrechtes. Die besondere Bedeutung dieser gestuften Inpflichtnahme liegt darin, daß Abfallanfall und -beseitigung bereits bei Errichtung der Anlage und während ihres Betriebes auf Grund des o.a. Abfallvermeidungsgebotes überwacht und gesteuert werden können.

Es ist deutlich geworden, daß diese Stufung in der Praxis nicht immer leicht zu erkennen ist und daß damit für Betreiber und Behörden verfahrensrechtlich erhebliche Schwierigkeiten entstehen.

3) Zu diesen Schwierigkeiten zählt z.B. die oben erwähnte scheinbare Unmöglichkeit, über einen Reststoff in der Weise zu verfügen, daß er durch die Entledigung zum Abfall wird. Es stößt rechtlich auf erhebliche Bedenken, wenn dem Betreiber diese Möglichkeit versagt wird, denn es kann im Grunde genommen nicht im Sinne des Gesetzgebers und des Umweltschutzes sein, wenn die Dispositionsfreiheit des Erzeugers in der Weise beeinträchtigt wird, daß er grundsätzlich von der Möglichkeit ausgeschlossen wird, einen Reststoff als Abfall u. U. umweltschonend zu entsorgen sondern auf einen Verwertungspfad gedrängt wird, der zum einen wirtschaftlich belastender ist und zum zweiten in seiner Umweltbelastung u. U. nun zumindest gleichwertig, wenn nicht schwerer belastend als die Abfallentsorgung sein kann.

Ich verkenne nicht, daß der LAI-Entwurf hier bereits Zuordnungshilfen enthält, die die o. a. Unklarheiten beseitigen sollen. Diese klare Zuordnung, die die möglichst weitgehende Dispositionsfreiheit des Betreibers gewährleisten muß, natürlich unter Beachtung der Umweltschutzbelange, muß so ausgestaltet sein, daß die Entscheidung und Dispositionsmöglichkeit des Betreibers angemessen berücksichtigt wird.

Die in den v. g. Literaturstellen erwähnte Rechtsauffassung berücksichtigt dieses nach meiner Auffassung nicht in ausreichendem Maße. Der Betreiber wird u. U. in ein System der Verwertung oder gar Vermeidung hineingezwängt und es wird ihm verwehrt, den Weg der möglicherweise kostengünstigeren und umweltschonenderen Abfallentsorgung zu beschreiten.

Insbesondere taucht in diesem Zusammenhang immer wieder die Marktgängigkeit auf, ein Begriff, der sehr zwiespältig und unscharf ist und der für den Vollzug der in Rede stehenden Vorschriften nur wenig hilfreich ist.

4) Ein weiterer Problemkreis besteht darin, ob Reststoffverwertung und Abfallverwertung identisch sind. So ist es durchaus denkbar, daß die Reststoffverwertung in sich einen Pflichtenkreis hat. Solange ein Stoff in dem Bereich der Reststoffverwertung verharrt, besteht kein Anlaß, von der Genehmigungsseite her darin einzugreifen. D.h. die Abfallbehörde/Abfallwirtschaftsbehörde kann erst dann eingreifen, wenn der Stoff zum Abfallstoff wird; sei es auf Grund der subjektiven Entscheidung, sei es auf Grund der objektiven Gefährlichkeit, wobei auch da zu sehen ist, daß sehr viele Produktionsstoffe, wenn sie von ihrer umweltrechtlichen Relevanz her betrachtet werden, so gefährlich sind, daß sie im Grunde genommen nur unter hohen Umweltschutzauflagen beseitigt werden könnten. D. h., die Umweltgefährlichkeit eines Stoffes kann nicht ohne weiteres zum Maßstab aller Dinge genommen werden, denn dadurch würde unzulässigerweise in die Dispositionsfreiheit des Betreibers eingegriffen, dessen Produktionsvorstellungen allerdings dann enden, wenn ein Stoff die genehmigungsbedürftige Anlage verläßt. D. h., solange der Betreiber einen Stoff zu Produktionszwecken an seinem Grundstück hat, steht eindeutig die immissionsschutzrechtliche Anwendung im Vordergrund. Erst wenn er mit Genehmigung unter Beachtung der Zumutbarkeitsgrenzen und der technischen Machbarkeit den Stoff zur Entsorgung nach außen gibt, dann unterwirft er sich damit dem allgemeinen Abfallregime, so daß dann in der Tat die Vorschriften des Abfallrechts eingreifen können. D. h., im Rahmen einer Sphärenbetrachtung wäre immer erst dann das Abfallrecht im Vordergrund, wenn der Bereich der genehmigungspflichtigen Anlage im weitesten Sinne verlassen wird und damit die Grundentscheidung des Betreibers, die im Vordergrund stehen muß, betroffen wird, die die Grundlage für den Eingriff der weiteren behördlichen Akte ist. D. h., der behördliche Akt der Immissionsschutzbehörde beschränkt sich in diesem Sinne auf den Bereich der genehmigungspflichtigen Anlage. Soweit der Betreiber diesen Bereich zulässigerweise verläßt, muß er sich den Regeln des Abfallrechts unterwerfen mit all den daraus erwachsenden Konsequenzen.

IV. Was bedeutet dies für die eingangs geschilderten Fälle?

1) Es bedeutet zunächst im ersten Falle, daß die Grundentscheidung des Betreibers nicht mehr unter der Regelung des § 5 Abs. 1 Nr. 3 BImSchG bewertet werden kann. Der Abfallbesitzer muß nach meiner Auffassung in diesem Falle den Weg der Abfallentsorgung wählen können. Ein Zurückholen des Stoffes in den Bereich des Immissionsschutzgesetzes ist insoweit rechtlich nicht möglich, weil unzumutbar. Die Verweigerung der erforderlichen Genehmigung allein aus den genannten Gründen wäre demnach rechtswidrig.

2) Zum zweiten Fall: Hier wird es entscheidend davon abhängen, ob die Verkippung der Rübenerde im Bereich der ehemaligen Kiesgrube unter dem Stichwort der Grundwassergefährdung als ein abfallrechtlicher Vorgang anzusehen ist. Nur soweit dies bejaht werden kann, wird man von einer abfallrechtlichen Betrachtung ausgehen können und ein entsprechendes Genehmigungsverfahren gefordert werden können.

3) Im dritten Fall schließlich ist zu sehen, daß die Verwertungsprüfung im Sinne des BImSchG hier abgeschlossen ist, so daß man von daher der Auffassung sein könnte, es sei keine weitere Verwertungsüberlegung anzustellen. Man muß allerdings sehen, daß der Verwertungsbegriff des Abfallgesetzes hier eingreifen könnte. Allerdings ist auch hier wieder zu sehen, daß § 1 a AbfG die nach § 5 Abs. 1 Nr. 3 BImSchG obliegenden Verwertungsbemühungen unberührt läßt. Dieses Unberührtlassen ist sicherlich so in dieser Weise zu eng gefaßt. Man wird es dahingehend auslegen müssen, daß damit umfassend die Verwertungsbemühungen des Betreibers zu sehen sind. Damit ist es der Abfallbehörde verwehrt, in dem Deponieverfahren erneut schärfere Anforderungen an die Verwertung zu stellen und allein damit eine (ordnungsgemäße) Abfallentsorgung zu verhindern.

Zusammenfassend läßt sich damit feststellen, daß nur eine strikte Beachtung der vorhandenen Stufung zwischen Reststoffverwertung und Abfallentsorgung zu sachgerechten Ergebnissen führt.

Schrifttum

[1] So Kutscheid in NVWZ 1986, S. 622, a.a.A. wohl Länderausschuß für Immissionsschutz (LAI)-Entwurf Ziff. 2.2.
[2] Beispiele: Hochofen, Glashütte, Aluhütte, Einsatz im Straßenbau, vgl. 3.1 LAI-Entwurf.
[3] Kutscheid, a.a.O., S. 623 m. w. Nachweisen.
[4] Feldhaus UPR 1985, 387.
[5] So grundlegend Hoppe: Die wirtschaftliche Vertretbarkeit im Umweltschutzrecht, S. 104 ff.
[6] Kutscheid a.a.O., S. 623.
[7] Hösel-v. Lersner, Recht der Abfallbeseitigung, Kommentar zum Abfallgesetz, Rnr. 8 zu § 1, Feldhaus, Bundesimmissionsschutzrecht, Kommentar, Rnr. 9 zu § 5.
[8] So Hösel-v. Lersner, a.a.O., Rnr. 8 zu § 1.
[9] So Urteil des Verwaltungsgerichts Aachen vom 19. März 1990. AZ = 3 K 1832/88 (bisher noch nicht veröffentlicht).

Die Umweltverträglichkeitsprüfung und das abfallrechtliche Planfeststellungsverfahren[2])

Von B. van der Felden[1])

1. Einleitung

Die Verbesserung der Umweltverhältnisse ist ein gesamtgesellschaftliches Anliegen, das hohe politische Priorität genießt. Insbesondere die Errichtung und der Betrieb von Abfallentsorgungsanlagen haben zum Teil erhebliche Auswirkungen auf die Umwelt. Zu nennen sind hier vor allem der Landschaftsverbrauch, Immissionsbelastungen, nicht auszuschließende Gefährdungen von Boden und Gewässern bei unsachgerechter Errichtung oder auflagewidrig durchgeführtem Betrieb. Es ist deshalb einsichtig, daß von Beginn der Planung einer Anlage über deren Baudurchführung, der Inbetriebnahme und dem Dauerbetrieb absehbare Auswirkungen auf die Umwelt rechtzeitig erkannt und weitgehend vermieden werden müssen. Diese Anforderungen sind jedoch nur dann zu erfüllen, wenn neben den herkömmlichen Maßstäben wie die der Einhaltung rechtlicher Vorgaben oder die der Sicherheit der Anlage das Kriterium der Umweltverträglichkeit Bedeutung im behördlichen Entscheidungsprozeß gewinnt. Eine solche Zielsetzung enthält die von der EG im Jahre 1985 verabschiedete Richtlinie „über die Umweltverträglichkeitsprüfung bei bestimmten öffentlichen und privaten Projekten" (UVP), die in nationales Recht zu transformieren ist. Der Zweck des in der Richtlinie niedergelegten Prüfungsverfahrens besteht darin, die Entscheidung darüber, ob und in welcher Weise umwelterhebliche Vorhaben durchgeführt werden sollen, einem detaillierteren Prüfverfahren als bisher zu unterziehen. Dies soll durch eine umfassende, systematische und verfahrensmäßig geregelte Untersuchung der zu erwartenden Umweltauswirkungen erfolgen, an der nicht nur der Träger der Maßnahme und die Entscheidungsbehörde beteiligt sind, sondern darüber hinaus die Öffentlichkeit und andere, möglicherweise betroffene Behörden in einem staatlich geregelten Verfahren bestimmte, abgesicherte Beteiligungsrechte erhalten.

Die UVP-Richtlinie stellt von ihrem Regelungsgehalt her auf Projekte ab, ihre Zulassungsebene ist mithin projektbezogen. Sie erfaßt dagegen nicht vorgeschaltete Programme und Pläne, die nicht unmittelbar auf die Zulassung bestimmter Projekte gerichtet sind.

Die wesentliche Neuerung der UVP ist ihr sogenannter integrativer Ansatz. Artikel 3 der Richtlinie verpflichtet die Genehmigungsbehörde dazu, die Medien und Umweltgüter nicht nur isoliert zu betrachten, vielmehr ist auch eine Prüfung der Projektauswirkungen hinsichtlich sämtlicher Umweltfaktoren, insbesondere ihrer gegenseitigen Wechselwirkungen, gefordert. Dieses sogenannte Gesamtentscheidungsmodell stellt dann auch den geeigneten Ansatzpunkt für nationale Regelungen in materieller sowie in verfahrensrechtlicher Hinsicht, mithin auch im Planfeststellungsverfahren, dar.

2. Das Gesetz zur Umsetzung der Richtlinie des Rates vom 27. Juni 1985 über die Umweltverträglichkeitsprüfung (UVP) bei bestimmten öffentlichen und privaten Projekten

Die europarechtlich gebotene Umsetzung der EG-Richtlinie in das Recht der Bundesrepublik erfolgte regelungstechnisch in Form eines sogenannten Artikelgesetzes, das am 1. August 1990 in Kraft getreten ist. Diese Form der Gesetzgebung hat den Vorteil, daß nicht alle anderen von der UVP betroffenen Gesetze – es handelt sich hier um insgesamt 16 Bundesgesetze – einzeln auf ihre Übereinstimmung mit der UVP-Richtlinie überprüft werden müssen, vielmehr werden die betroffenen Fachgesetze des Bundes fachübergreifend durch das in Artikel 1 enthaltene sogenannte UVP-Stammgesetz verklammert, das die allgemeinen Anforderungen der Umweltverträglichkeitsprüfung festlegt.

Die in den Artikeln 2 ff vorgenommenen Anpassungen der einzelnen Fachgesetze verfolgen dagegen in erster Linie den Zweck, die Umweltgesetze als Folge der Kodifizierung der Umweltverträglichkeitsprüfung aus sich heraus lesbar und verständlich zu machen, ohne daß dabei die Einzelregelungsgehalte des Stammgesetzes wiederholt werden. Dies gilt auch für das Abfallgesetz des Bundes, das zukünftig in § 7 Abs. 1 aus Gründen der Rechtssicherheit die Umweltverträglichkeitsprüfung zum verpflichtenden Bestandteil der abfallrechtlichen Planfeststellung macht und darüber hinaus in Absatz 2 der zuständigen Behörde die Möglichkeit beschränkt, in bestimmten Fällen – erhebliche Umweltauswirkungen vorausgesetzt – statt eines Planfeststellungsverfahren ein Plangenehmigungsverfahren durchzuführen. Diese Beschränkung gilt für solche Vorhaben, die nach dem Wortlaut der Anlage zu § 3 Nr. 4 des UVP-Gesetzes einer UVP zu unterwerfen sind. Die Änderung des Abfallgesetzes durch das UVP-Gesetz bedeutet im Kern, daß künftig alle nicht unbedeutenden Abfallentsorgungsanlagen der UVP unterzogen werden.

Seiner formalen Struktur nach gliedert sich das Gesetz in drei Teile, und zwar das sogenannte in Artikel 1 aufgeführte bereits erwähnte Stammgesetz, die in Artikel 2 bis Artikel 14 aufgeführten Änderungen der betroffenen Fachgesetze des Bundes und schließlich die Schlußbestimmungen der Artikel 13–14.

Die Einzelbestimmungen des UVP-Stammgesetzes selbst lassen sich wiederum in die Abschnitte Allgemeine Ziele (§§ 1–4), Allgemeine Bestimmungen über das UVP-Verfahren (§§ 5–12), Besondere Bestimmungen über das UVP-Verfahren in gestuften Vorhaben-Zulassungsverfahren (§§ 13–16), Sonderbestimmungen (§§ 17–19) und Schlußbestimmungen einschließlich Übergangsregelungen (§§ 20–21) aufgliedern.

Eine Grundentscheidung des Gesetzgebers besteht darin, daß nach der Legaldefinition des § 2 Abs. 1 eine Umweltverträglichkeitsprüfung in einem selbständigen Prüfungsverfahren, das mit einer Dokumentation der Umweltverträglichkeit abschlösse, ausdrücklich abgelehnt wird. Statt dessen wird die UVP als ein „unselbständiger Teil verwaltungsbehördlichen Verfahrens" bezeichnet, dessen Abschluß keiner besonderen Dokumentation bedarf (vgl. § 11 Satz 4 UVP-Gesetz).

In der amtlichen Begründung wird eigens darauf hingewiesen, daß insbesondere bei Planfeststellungsverfahren, in denen nur eine Behörde zuständig ist, die Erstellung eines selbständigen Dokuments zu unnötigem Verwaltungsaufwand führte und deshalb die Möglichkeit bestehen müsse, die zusammenfassende Darstellung – dazu noch später – in die Begründung zur Entscheidung aufzunehmen.

Der Verzicht auf eine eigenständige Umweltverträglichkeitsprüfung bedient sich damit eines regelungssystematischen Ansatzes, der im deutschen Verwaltungsrecht Parallelen beispielsweise bei der naturschutzrechtlichen Eingriffsregelung des § 8 Bundesnaturschutzgesetz findet. Hier wie dort werden vorhandene Verwaltungsverfahren vorausgesetzt und diese um einen umweltbezogenen, spezifisch ökologische Anforderungen beachtenden Prüfvorgang ergänzt. Egal, wie man diesen juristischen Kunstgriff wertet: Artikel 2 Absatz 2 der Richtlinie läßt die Integration der Umweltverträglichkeitsprüfung in bestehende Verfahren ausdrücklich zu, das Gesetz ist also richtlinienkonform. Welche Auswirkung die Ablehnung eines eigenständigen UVP-Verfahrens insbesondere für das Planfeststellungsverfahren hat, wird an späterer Stelle aufgezeigt.

Seinen sachlichen Anwendungsbereich bezieht das Gesetz auf die Errichtung und den Betrieb von Anlagen, deren wesentliche Änderungen sowie auf weitere Eingriffe in Natur und Landschaft, die erhebliche Auswirkungen auf die Umwelt haben können, soweit diese Vorhaben in einer Anlage zu dem Gesetz aufgeführt sind (§ 2 Abs. 2, § 3).

Die Notwendigkeit der Durchführung einer UVP wird allerdings durch eine Subsidiaritätsklausel in § 4 insoweit beschränkt, als das Gesetz nur Anwendung findet, soweit „Rechtsvorschriften des Bundes und der Länder die Prüfung der Umweltverträglichkeit nicht näher bestimmen oder in ihren Anforderungen diesem Gesetz nicht entspre-

---
[1]) Ministerialrat Dr. Bernd van der Felden. Ministerium für Umwelt. Saarbrücken
[2]) Aktualisierter Vortrag „KABV-Kongreß '89"

chen". Rechtsvorschriften mit weitergehenden Anforderungen als die der UVP bleiben mithin unberührt; dies gilt auch für die Fälle eines nur punktuellen Vorrangs. Nur dann, wenn diese Vorschriften keine der UVP entsprechenden oder entgegenstehenden Regelungen enthalten, ist das UVP-Gesetz anzuwenden (sogenannter Teil-Vorrang).

Laut amtlicher Begründung zu dieser Norm ist die Subsidiarität des Stammgesetzes im Verhältnis zu UVP-gemäßen Regelungen in anderen Rechtsvorschriften von Bund und Ländern darin begründet, daß die grundsätzlich größere Sachnähe fachspezifischer Vorschriften fallbezogenere Problemlösungen als bei der direkten Anwendung des UVP-Gesetzes ermöglicht.

3. Das UVP-Verfahren im Vorhaben-Zulassungsverfahren

Die spezifischen Verfahrensschritte der Umweltverträglichkeitsprüfung schreibt das Gesetz in den §§ 5 ff. vor.

Die UVP beginnt mit der Unterrichtung der zuständigen Behörde durch den Vorhabenträger über das geplante Vorhaben (§ 5). In diesem sogenannten Scoping-Verfahren sollen sowohl Vorhabenträger als auch Genehmigungsbehörde möglichst frühzeitig Klarheit über den Untersuchungsrahmen der erforderlichen Umweltverträglichkeitsprüfung erlangen. Die Zulassungsbehörde konkretisiert vor Eintritt in das förmliche Verwaltungsverfahren die vom Projektträger vorzunehmenden Untersuchungen und darzulegenden Angaben und stellt dem Vorhabenträger die für die Beibringung der Unterlagen nach § 6 zweckdienlichen Informationen zur Verfügung. Der gesetzlich aufgenommene Hinweis auf Planungsunterlagen macht deutlich, daß der Vorhabenträger seine Planungen schon konkretisiert haben muß, bevor die zuständige Behörde Erörterungen vorzunehmen braucht. Nach der amtlichen Begründung soll damit vermieden werden, daß die Behörde in die Funktion von „Planungsbüros" gedrängt wird.

Die Umweltverträglichkeitsprüfung findet ihre Fortsetzung nach § 6 des Gesetzes, der die Vorlage einer Reihe von Unterlagen und Angaben des Projektträgers bei der zuständigen Behörde fordert, mithin zu einer weiteren Verfestigung dessen Pflichtenkreises führt. Nach der Intention des Gesetzes sind die Angaben des Vorhabenträgers Grundlage für die Beteiligung anderer Behörden sowie für die Beteiligung der Öffentlichkeit (vgl. §§ 7–9). Dabei differenziert die Vorschrift zwischen den sogenannten entscheidungserheblichen Unterlagen (Absatz 1), den Mindestanforderungen der vorzulegenden Unterlagen, um die Prüfung der Umweltverträglichkeit zu ermöglichen (Absatz 3), und schließlich den Zusatzangaben, die jedoch an die einschränkenden Merkmale der Erforderlichkeit und Zumutbarkeit geknüpft sind (Absatz 4). Eine Anmerkung zu Absatz 4 Nr. 3: Zwar verlangt diese Norm nur eine Darstellung der Umweltauswirkungen des beantragten Vorhabens, nicht aber der Vorhabenalternativen. Eine sinngerechte Interpretation wird aber zu dem Ergebnis kommen müssen, daß auch die Alternativen dem Darstellungserfordernis der Umweltauswirkungen unterliegen.

Die umfangreichen Unterlagen, die der Projektträger nach § 6 vorzulegen hat, macht die Intention des Gesetzgebers deutlich, nach der die UVP zunächst Angelegenheit des Projektträgers ist. Der Projektträger muß mithin auf eigene Kosten umfangreiche Ermittlungen durchführen mit dem Ziel festzustellen, ob und inwieweit öffentliche Schutzgüter durch sein Vorhaben berührt werden können. Ihm obliegt sonach die Analyse, Prognose und Bewertung der Umweltauswirkungen.

Die UVP führt sodann zu einer Beteiligung der vom Vorhaben in ihrem Aufgabenbereich berührten Behörden (§ 7). Diese Vorschrift übernimmt den Wortlaut des § 73 Abs. 2 Verwaltungsverfahrensgesetz. Danach sind den Behörden, die in ihrem umweltbezogenen Aufgabenbereich von einem Vorhaben berührt sind, die nach § 6 vorzulegenden Angaben einschließlich des Antrags zuzuleiten.

Die grenzüberschreitende Beteiligung ausländischer Behörden ist nach § 8 dann erforderlich, wenn erhebliche Auswirkungen des Vorhabens auch jenseits der nationalen Grenze zu erwarten sind. In diesem Fall sieht das Gesetz besondere Bestimmungen über Informationen und Konsultationen vor. Aus § 8 läßt sich zugleich rückschließend folgern, daß die vom Projektträger einzureichenden Unterlagen Aussagen über die jeweils grenzüberschreitenden Auswirkungen des Objekts enthalten müssen.

Ein Wesenselement der UVP ist die Öffentlichkeitsbeteiligung. Ziel dieser Beteiligung ist sowohl die Verbesserung der Informationsbasis für die Entscheidungsbehörde als auch der Beteiligungsrechte möglicherweise Betroffener. Die Beteiligung dient damit auch einer Erhöhung der Akzeptanz behördlicher Entscheidungen. Zugleich trägt die Verstärkung der Öffentlichkeitsbeteiligung zur Transparenz und der Bürgerfreundlichkeit von Verfahren bei.

Was die Öffentlichkeitsbeteiligung im einzelnen angeht, schreibt das Gesetz in § 9 Abs. 1 als Mindeststandard die Anforderungen des Verwaltungsverfahrensgesetzes für das Planfeststellungsverfahren vor, wie der ausdrückliche Verweis auf die einschlägigen Anforderungen des § 73 Abs. 3–7 des Verwaltungsverfahrensgesetzes (VwVfG) beweist. Im übrigen regelt Absatz 2 derselben Vorschrift die Bekanntgabe der Entscheidung über die Zulässigkeit des Vorhabens, die einschließlich der Entscheidungsgründe dem dort näher aufgeführten Personenkreis zugänglich zu machen ist. Zugänglich machen im Sinne der Vorschrift ist die Einräumung der Gelegenheit zur Einsichtnahme, die durch Zustellung der Entscheidung, ortsübliche Bekanntmachung oder auf andere Weise erfolgen kann. Die Formulierung des Absatzes 2 Satz 1 findet dabei vom Wortlaut und vom Inhalt her ihre Parallele in der Verfahrensvorschrift des § 74 Abs. 4 Satz 1 VwVfG.

Die Umweltverträglichkeitsprüfung mündet seitens der zuständigen Behörde in die Erarbeitung einer zusammenfassenden Darstellung der Projektauswirkungen auf die Schutzgüter des § 2 Abs. 1 Satz 2 einschließlich der Wechselwirkungen, die in ihrer Konsequenz nach der Vorstellung des Gesetzgebers eine Gesamt-Risiko-Abschätzung der Umweltauswirkungen eines Vorhabens enthalten sollte (§ 11). Inhaltlich hat diese Darstellung gleichermaßen die Unterlagen des Projektträgers, die behördlichen Stellungnahmen, die Äußerungen der Öffentlichkeit sowie die eigenen Ermittlungen zu berücksichtigen.

Schließlich muß die zuständige Behörde die Umweltauswirkungen des Vorhabens bewerten (vgl. § 12). Bei diesem Verfahrensschritt hat die Behörde auf der Grundlage der zusammenfassenden Darstellung aller entscheidungserheblichen Informationen nach § 11 Aussagen darüber zu machen, ob die prognostizierten Umweltauswirkungen tolerierbar, vernachlässigbar oder sonstwie positiv oder negativ zu bewerten sind. Diese Bewertung dient als unerläßlich notwendiger UVP-Verfahrensschritt der Entscheidungsvorbereitung. Halbsatz 2 derselben Norm verknüpft dann das UVP-Verfahren mit der anschließenden Zulassungsentscheidung dergestalt, daß die Berücksichtigung des Bewertungsergebnisses untrennbarer Bestandteil der behördlichen Entscheidung, hier: des Planfeststellungsbeschlusses, sein muß.

4. Einzelfragen

Sowohl bei der Festlegung des Untersuchungsrahmens (§ 5), der Vorlagepflicht des Trägers des Vorhabens (§ 6), der umfassenden Darstellung (§ 11) als auch bei der nach § 12 vorzunehmenden Bewertung der Umweltauswirkungen von Vorhaben verweist das Gesetz auf die jeweils zuständige Behörde. Damit ist zugleich deren entscheidende Rolle im UVP-Verfahren vorgegeben. Das Gesetz selbst trifft keine Bestimmung über die Zuständigkeit im einzelnen, deren Regelung den Ländern vorbehalten bleiben soll. Lediglich bei der Zulassung sogenannter Parallelverfahren nach § 14 des Gesetzes wird die neue Funktion einer sogenannten „federführenden Behörde" geschaffen. Nach der ausdrücklichen Aussage der Gesetzesbegründung erfordert das UVP-Gesetz nicht die Errichtung besonderer „UVP-Behörden" (vgl. Drucksache 11/3919, Seite 19), auch ist an keine Änderung bestehender Zuständigkeiten gedacht (vgl. S. 16 a.a.O.). Das Gesetz läßt zudem offen, ob die sogenannten Zulassungs- oder Genehmigungsbehörden auch mit der Durchführung der UVP zu betrauen sind. Dies legt zwar § 12 angesichts der Verklammerung von Bewertung und Entscheidung nahe, ohne daß jedoch aus der Gesetzesformulierung ein zwingender Schluß abzuleiten wäre. Insofern besteht ein ergänzender Regelungsbedarf bei den Ländern, ggf. im Wege von Verwaltungsvorschriften die Befugnisse von Behörden zur Anwendung der einen oder/und anderen Rechtsmaterie exakt festzulegen.

Wie bereits erwähnt, endet die UVP-Prüfung mit der in § 11 aufgeführten zusammenfassenden Darstellung der Umweltauswirkungen sowie der nach § 12 verpflichtenden Bewertung der Umweltrelevanz von Projekten.

Die Verpflichtung, Umweltauswirkungen zu bewerten und bei Entscheidungen zu berücksichtigen bedeutet, daß sich die Behörde nachvollziehbar mit den Ergebnissen der Umweltverträglichkeitsprüfung im Rahmen der Entscheidungsfindung auseinanderzusetzen hat. Bewertungsmaßstab müssen dabei die geltenden Gesetze sowie die die unbestimmten Gesetzesbegriffe konkretisierenden Rechts- und Verwaltungsvorschriften sein. Der Erfolg einer Umweltverträglichkeitsprüfung hängt also wesentlich davon ab, daß dem Anlagenbetreiber und der zuständigen Behörde Kriterien für die Ermittlung und Beschreibung sowie Maßstäbe für die Bewertung der Auswirkungen des Vorhabens auf die verschiedenen Umweltmedien einschließlich der jeweiligen Wechselwirkungen zur Verfügung stehen. Das Gesetz enthält jedoch an keiner Stelle derartige Kriterien und Maßstäbe, sieht man einmal von der allgemeinen Auflistung der Schutzgüter in § 2 Abs. 1 ab. Allerdings findet sich in § 20 eine Ermächtigung an die Bundesregierung zum Erlaß entsprechender Verwaltungsvorschriften. Diesbezüglich liegt bislang lediglich ein Arbeitsentwurf vor, vom Bundes-Umweltminister, wobei Konzeption und Inhalt kontrovers diskutiert werden. Solange die einschlägige Verwaltungsvorschrift jedoch noch nicht erlassen ist, besteht die Gefahr, daß das Gesetz die Aufgabe der Erarbeitung inhaltlicher und methodischer Gesichtspunkte einer Umweltverträglichkeitsprüfung auf die Behörden überwälzt. Daß damit zugleich uneinheitliche Verfahren bzw. sich widersprechende Ergebnisse bei gleichgelagerten Problemen nicht auszuschließen sind, liegt auf der Hand. Von daher wäre es dem Anliegen der UVP dienlich, wenn sobald als möglich die erforderlichen Verwaltungsvorschriften vorlägen. Die in der Literatur bislang entwickelten Prüfschemata über Inhalt und Ablauf der Untersuchungen von Umweltauswirkungen, die Ansätze einer Bestandsaufnahme, der Prognose sowie der Bewertung von Umweltauswirkungen, der Überprüfung der Maßnahmeplanung bis zur Auswahl der zu realisierenden Handlungsmöglichkeiten aufweisen, erfassen lediglich Teilaspekte einer ganzheitlich ausgerichteten UVP und können deshalb allenfalls als Hilfskonstruktionen, nicht aber als verbindliche Handlungsmuster angesehen werden, die Behörden und Antragsteller gleichermaßen Rechtssicherheit verleihen.

Schließlich hat die zuständige Behörde das Ergebnis der Bewertung bei der Entscheidung über die Zuverlässigkeit des Vorhabens zu berücksichtigen. Die Behörde hat damit das Bewertungsergebnis nicht lediglich zur Kenntnis zu nehmen, vielmehr muß sie sich mit dessen Ergebnissen inhaltlich auseinandersetzen. Ob und inwieweit sich das Bewertungsergebnis auf Zulassungsentscheidungen das Vorhaben betreffend auswirkt, beurteilt sich – so die amtliche Begründung – grundsätzlich nach den Umständen des Einzelfalles und nach den jeweils anzuwendenden Gesetzen. Mit dem Hinweis in § 12, daß die Bewertung nach Maßgabe der geltenden Gesetze im Hinblick auf eine wirksame Umweltvorsorge vorzunehmen ist, sperrt das Gesetz den Behörden den isolierten Zugriff auf den Vorsorgemaßstab. Die gesetzlichen Maßstäbe ergeben sich also insbesondere aus den vorhandenen rechtlichen Entscheidungsgrundlagen. Auch dort gibt es – bereits – Bewertungsmaßstäbe für Umweltauswirkungen. Nach dem Verständnis des Gesetzes werden diese Maßstäbe sozusagen vor- und in den Vorgang der Bewertung hineingezogen. Die Kritik der Rechtsliteratur richtet sich vornehmlich gegen diesen Verweis auf die Fachgesetze, da nach dieser kontroversen Meinung die Fachgesetze zum Teil nur unvollständig die den Erfordernissen einer gesamthaft angelegten UVP gerecht werdende Kriterien enthalten, die eben eine ganzheitliche Bewertung von Anlagen erfordern. Insofern könne allenfalls eine fachgesetzlich begrenzte Bewertung und Berücksichtigung erfolgen. Hier könnte in der Tat gegen den integrativen Aspekt der UVP-Richtlinie verstoßen worden sein.

Bei Ermessensentscheidungen – hier: der Zulassungsentscheidung – bilden die zu berücksichtigenden Umweltauswirkungen einen Ermessensbelang. Dies bedeutet, daß die Ergebnisse der UVP zwar nach der jeweiligen Zulassungsentscheidung berücksichtigungsfähig sind, allerdings kommt ihnen nicht unbedingt ein Vorrang vor anderen in die Entscheidung einzustellenden Belangen zu. Sie können vielmehr – entsprechend den allgemein geltenden Ermessensregeln des Verwaltungsrechts – durch Abwägung überwunden werden. Insbesondere im Planfeststellungsverfahren spielt damit die Umweltverträglichkeitsprüfung im Ergebnis regelmäßig nur als abwägungserheblicher Belang eine Rolle, der – unter den Voraussetzungen rechtsstaatlich geordneter Abwägung – vom Grundsatz her hintangesetzt werden kann.

5. Die UVP – Verfahrenselement des Planfeststellungsverfahrens

Maßgebend für die Beantwortung der Frage, ob das Gesetz zur Umweltverträglichkeitsprüfung das abfallrechtliche Planfeststellungsverfahren in wesentlichen Teilen ändert oder aber zu bloßen Anpassungserfordernissen des geltenden Verfahrensrechts führt, kommt als Rechtsquelle neben dem Gesetzestext selbst die diesbezügliche amtliche Begründung in Frage. Nach deren ausdrücklichem Wortlaut sollen alle Planfeststellungsverfahren, mithin auch das nach § 7 AbfG, für Vorhaben, bei denen die Einbeziehung der Öffentlichkeit vorgesehen ist, UVP-konform durchgeführt werden. Die bereits jetzt im Verwaltungsverfahrensrecht erreichte Rechtseinheitlichkeit soll damit – neben dem umweltpolitischen Erfordernis der Durchführung der UVP – gleichermaßen bewahrt wie fortentwickelt werden.

An anderer Stelle (Seite 16 der Begründung) wird ausdrücklich darauf hingewiesen, daß Planfeststellungsverfahren bereits jetzt schon in Teilen der Anforderungen der UVP entsprechen, so daß kein weitgehender Änderungsbedarf besteht.

Dies bedeutet jedoch im Klartext, daß das UVP-Gesetz von der Intention her zu Modifikationen des Verfahrensrechts, nicht jedoch zur grundstürzenden Änderung als Folge der Einführung der Umweltverträglichkeitsprüfung in das Planfeststellungsverfahren führen soll.

Die Konsequenz aus dieser gesetzgeberischen Festlegung zieht zunächst § 2 Abs. 1 Satz 1, nach dessen explizitem Wortlaut die Umweltverträglichkeitsprüfung „ein unselbständiger Teil verwaltungsbehördlicher Verfahren ist, die der Entscheidung über die Zulässigkeit von Vorhaben dient". Damit wird eine – rechtlich verselbständigte – formelle Umweltverträglichkeitsprüfung vom Gesetz nicht vorgesehen. Vielmehr ist die Umweltverträglichkeitsprüfung – verfahrensrechtlich gesehen – nur ein, wenngleich ein bedeutender, Teil der Ermittlung, Beschreibung und Bewertung des entscheidungserheblichen Sachverhalts. Die UVP als unselbständiger Verfahrensteil liegt damit vor der eigentlichen Entscheidungsfindung, die Entscheidung selbst gehört nicht mehr zur UVP.

Konsequent statuiert § 4 des Gesetzes einen – gegebenenfalls nur punktuellen – Vorrang anderweitiger, über die Anforderungen des Gesetzes hinausgehenden Vorschriften. Die Einschränkung des Anwendungsbereiches der UVP durch die Subsidiaritätsklausel des § 4 bedeutet in der genehmigungsmäßigen Umsetzung, daß allein die detaillierten, fachspezifischeren Vorschriften der einschlägigen Fachgesetze weiterhin anzuwenden sind, soweit diese Rechtsvorschriften den Anforderungen des UVP-Stammgesetzes entsprechen oder darüber hinausgehen, d. h., schärfere Anforderungen treffen.

Da die UVP nur ein unselbständiger Teil bestehender verwaltungsrechtlicher Verfahren ist, wird folgerichtig die Zuständigkeit der entscheidenden Behörde durch das Stammgesetz nicht berührt. Sofern auf die „zuständige Behörde" (vgl. §§ 6, 7) oder die „federführende Behörde" (§ 14) verwiesen wird, bedeutet dies keine Änderung bestehender Zuständigkeiten. Vielmehr sind für die Durchführung der UVP-Verfahrenselemente diejenigen Behörden zuständig, die nach den Fachgesetzen für den jeweiligen Verfahrensschritt die Kompetenz übertragen erhielten.

Die Vorschriften zur Beteiligung anderer Behörden (§ 7) sowie die der Einbeziehung der Öffentlichkeit (§ 9) verweisen – entsprechend der durch § 2 Abs. 1 Satz 1 des Gesetzes aufgezeigten Generallinie – in ihrer Begründung auf die verfahrensrechtlichen Regelungen der §§ 69, 73 und 74 des Verwaltungsverfahrensgesetzes. Die Anwendung bekannter Verfahrensregelungen stellt damit – wenngleich hier die zuständige Behörde weitergehend als bisher die betroffene Öffentlichkeit vor der endgültigen Zulassungsentscheidung oder Versagung selbst von der Zulässigkeit oder Ablehnung eines Vorhabens im Sinne der UVP in geeigneter Weise benachrichtigen muß – die betroffene Behörde nicht vor grundlegend neue Problemlösungserfordernisse.

Auch die von dem Gesetz vorgegebene, weitgehende Informationspflicht des Projektträgers und das dahingehende Prüfungs- und Unterrichtungserfordernis durch die zuständige Behörde finden ihre Parallelen im Verwaltungsverfahrensrecht. Die in § 6 festgeschriebene Prüfungspflicht der Behörde korrespondiert mit dem Untersuchungsgrundsatz des § 24 Verwaltungsverfahrensgesetz, die Pflicht der Behörde, den Träger des Vorhabens über den voraussichtlichen Untersuchungsrahmen der UVP zu unterrichten (§ 5 Satz 3), stimmt mit ihrer Pflicht zur Beratung und Auskunftserteilung nach § 25 Verwaltungsverfahrensgesetz überein, und schließlich ist der Träger des Vorhabens in § 6 Abs. 1 des Gesetzes genauso zur Vorlage sämtlicher entscheidungserheblicher Unterlagen verpflichtet, wie ihn § 26 Abs. 2 des Verwaltungsverfahrensgesetzes zur weitgehenden Mitwirkungspflicht bei der Ermittlung z. B. genehmigungsrelevanter Sachverhalte anhält.

Die Amtsermittlungspflicht des § 24 Verwaltungsverfahrensgesetz aktualisiert sich erneut in § 11 Satz 2 des UVP-Gesetzes, nach dessen Wortlaut die Ergebnisse eigener behördlicher Ermittlungen in die zusammenfassende Darstellung einzubeziehen sind.

Was das Zusammenwirken der Behörde, die nach § 11 zur zusammenfassenden Darstellung der Umweltauswirkungen verpflichtet ist, mit der Zulassungs- oder Genehmigungsbehörde angeht, drängt sich die Parallele der gesetzlich vorgegebenen Koordination von Anhörungs- und Planfeststellungsbehörde im Planfeststellungsverfahren auf, Abstimmungsschritte also, die über den bloßen Wiedererkennungswert hinaus den Praktiker zu zügigem, systemorientiertem Verwaltungshandeln veranlassen sollten.

Hinsichtlich der durch § 12 des Gesetzes formulierten Bewertungspflicht der zuständigen Behörde liefern die erforderlichen Bewertungsmaßstäbe die geltenden Gesetze, die den Schutz der in § 2 Abs. 1 Satz 2 genannten Umweltgüter bezwecken, solange die Bundesregierung von ihrer Befugnis zum Erlaß konkretisierender Verwaltungsvorschriften keinen Gebrauch machte. Den Ergebnissen der UVP kommt jedoch keine entscheidungsbestimmende Wirkung zu, vielmehr können sie – wie erwähnt – durch Abwägung überwunden werden. Die Umweltauswirkungen bilden damit einen Abwägungsbelang, der in seiner Bedeutung gegenüber Planungszielen und anderen Abwägungsbelangen gleichgewichtig in die zu treffende Entscheidung eingeht. Anzumerken ist, daß eine Abwägung innerhalb eines gesetzlich vorgeschriebenen Abwägungsverfahrens zwar die denkbar schwächste Stufe der Berücksichtigung von Ergebnissen ist, andererseits setzt diese legislative Entscheidung die Genehmigungsbehörde in die Lage, bekannte Abwägungsmechanismen anzuwenden und bereits gewonnene Erkenntnisse zu verwerten. Auch an dieser Stelle ist also festzustellen, daß bewährte verfahrensrechtliche Entscheidungsfindungsinstrumente der Umweltverträglichkeitsprüfung vorgegeben werden.

Mit der Regelung des § 20, die eine Ermächtigung für die Bundesregierung enthält, Grundsatzregelungen zu erlassen, die den durch das Gesetz bereitgestellten Verfahrensrahmen in methodischer und inhaltlicher Hinsicht ausfüllen, ist der Exekutive die Möglichkeit eingeräumt, das Verfahren zur Durchführung der UVP zu harmonisieren und zu standardisieren. Hier dürfte es – der Intention des Gesetzgebers entsprechend – kaum dazu kommen, daß über die Methode sowie die anzuwendenden Kriterien die durch das Verwaltungsverfahrensgesetz eingeführten Regelungen „von innen heraus" in ihrer Zielsetzung und Aussage verändert werden.

Schließlich ist darauf hinzuweisen, daß laut amtlicher Begründung (S. 18) das Gesetz ausdrücklich von einer – dem bisher geltenden Verfahrensrecht fremden – Regelung der Nachkontrolle absieht mit der Erwägung, daß derzeit das rechtliche Instrumentarium für die Regelung einer Nachkontrolle nicht vorhanden ist.

6. Ergebnis

Die Intention des Gesetzes, einerseits die Fachgesetze möglichst unberührt zu lassen, andererseits ein Mindestmaß an Harmonisierung zu leisten, rechtfertigt den Schluß, daß es sich bei der Umweltverträglichkeitsprüfung weder um ein neues Instrument des Umweltschutzes noch um eine verfahrensrechtlich grundlegende Änderung bestehender Genehmigungsverfahren handelt. Dieser Schluß ist um so mehr begründet, als das Gesetz ausdrücklich kein neues, den Besonderheiten der UVP Rechnung tragendes Genehmigungsverfahren vorsieht, vielmehr die die UVP betreffenden Verfahrensschritte und -elemente in bestehende Verfahren integriert, inhaltsgleichen oder weitergehenden bundes- oder landesrechtlichen Regelungen den Vorrang läßt, soweit als möglich den Vorschriften der Verwaltungsverfahrensgesetze Geltung verschafft und auf die Einrichtung neuer Behörden verzichtet. Insgesamt werden die bisherigen Zuständigkeiten und Verfahrensregelungen nach dem Verwaltungsverfahrensgesetz beibehalten und lediglich durch den Verfahrensschritt „Durchführung der Umweltverträglichkeitsprüfung" komplettiert. Dieser Verfahrensschritt, der auf die Abklärung der verschiedenen Umweltbelange angelegt ist und diese zu einer Bewertung bringen muß, soll eine möglichst weitgehende Schonung der Umwelt und Umweltressourcen bewirken, mithin das Wohl der Allgemeinheit sichern und wahren helfen. Bezogen auf das Planfeststellungsverfahren läßt dies den weiteren Schluß zu, daß diese Verfahrensart angesichts ihrer Konzentrationswirkung und umfassend angelegten Abwägungspflicht das „Für" und „Wider" einer Genehmigung betreffend bereits jetzt schon vom Grundsatz her eine medienübergreifende Umweltverträglichkeitsprüfung ermöglicht und lediglich hinsichtlich der konkreten, durch die Richtlinie der EG vorgegebenen Anforderungen noch spezifizierender Ergänzungen bedarf. Die abwägungserheblichen Belange des Umweltschutzes werden mithin stärker akzentuiert, ohne daß dadurch das geltende Verfahrensrecht „aus den Angeln gehoben würde". Zusammenfassend gesehen handelt es sich bei der Einführung der Umweltverträglichkeitsprüfung – hier in das Abfallrecht – nicht um eine verfahrensrechtliche Revolution, vielmehr um eine – umweltpolitische Belangen Rechnung tragende – Evolution, letztlich eine zeitbedingte Aktualisierung, wie sie jeder Gesetzesmaterie immanent ist.

Schrifttum

Th. Bunge: Zweck, Inhalt und Verfahren von Umweltverträglichkeitsprüfungen, in: Handbuch der Umweltverträglichkeitsprüfung, Berlin 1988.

J. Cupei: Umweltverträglichkeitsprüfung (UVP), Köln 1986.

W. Erbguth: Gemeinschaftsrechtliche Impulse zur Weiterentwicklung des nationalen Verwaltungsrechts, in: Die Öffentliche Verwaltung 1988, S. 481–488.

W. Erbguth: Der Entwurf eines Gesetzes über die Umweltverträglichkeitsprüfung: Musterfall querschnittsorientierter Gesetzgebung aufgrund EG-Rechts, in: Neue Zeitschrift für Verwaltungsrecht 1988, S. 969–977.

W. Hoppe und G. Püchel: Zur Anwendung der Art. 3 und 8 EG-Richtlinie zur UVP bei der Genehmigung nach dem Bundes-Immissionsschutzgesetz, in: Deutsches Verwaltungsblatt 1988, S. 1–12.

R. Steinberg: Bemerkungen zum Entwurf eines Bundesgesetzes über die Umweltverträglichkeitsprüfung, in: Deutsches Verwaltungsblatt 1988, S. 995–1001.

P.-Ch. Storm: Zum rechtlichen Entwicklungsstand der Umweltverträglichkeitsprüfung (UVP), in: Handbuch der Umweltverträglichkeitsprüfung, Berlin 1988.

Auswirkungen neuer abfallrechtlicher Regelungen auf die Entsorgungspraxis

Von R. Erichsen und Cl. Rüsing[1]

1. Einleitung

Mit der Novellierung des Abfallgesetzes (AbfG) im Jahre 1986 wurde der Rahmen für die Entwicklung hin zu einer umweltgerechten Abfallentsorgung geschaffen.

Neben der Festschreibung des Vorrangs der Vermeidung und Verwertung vor der sonstigen Entsorgung ermächtigt das Abfallgesetz, einheitliche Anforderungen an die Entsorgung nach dem Stand der Technik aufzustellen.

Auf dieser Grundlage ist von der Bundesregierung für den Bereich der Sonderabfallentsorgung ein Regelungspaket erlassen worden, bestehend aus der Technischen Anleitung Abfall (TA Abfall) und den drei ergänzenden Verordnungen

- Abfallbestimmungs-Verordnung (AbfBestV)
- Reststoffbestimmungs-Verordnung (RestBestV)
- Abfall- und Reststoffüberwachungs-Verordnung (AbfRestÜberwV).

Die Verwaltungsvorschrift sowie die Verordnungen sind am 01.10.90 bzw. am 01.04.91 in Kraft getreten. Die TA Abfall hat als Verwaltungsvorschrift nur mittelbare Wirkung, da der Adressat die das Abfallgesetz vollziehende Behörde ist. An den Stellen, an denen zur Durchsetzung abfallpolitischer Ziele unmittelbare Anforderungen geboten sind, wird die Verwaltungsvorschrift TA Abfall durch Rechtsverordnungen flankiert. Aus diesem Grund sind TA Abfall und die drei Verordnungen stets als zusammengehöriges Paket abfallrechtlicher Regelungen zu betrachten.

Bevor deren wesentliche Inhalte, Ziele und vor allem Auswirkungen für die am Entsorgungsprozeß Beteiligten einer näheren Betrachtung unterzogen werden, soll an dieser Stelle noch kurz auf einige andere rechtliche Neuerungen eingegangen werden, die sich auf das Abfallgesetz und/oder das Bundes-Immissionsschutzgesetz stützen. Eine Übersicht der Rechtssystematik zeigt Bild 1.

Verwaltungsvorschrift nach § 5 Abs. 1 Nr. 3 BImSchG

Der Entwurf einer „Verwaltungsvorschrift zur Vermeidung, Verwertung und Beseitigung von Reststoffen nach § 5 Abs. 1 Nr. 3 BImSchG" des Länderausschusses für Immissionsschutz von 1988 stellt eine norminterpretierende Verwaltungsvorschrift dar, die Auslegungsdirektiven gibt und Verfahrensabläufe aufzeigt. Außerdem wird beschrieben, welche Anforderungen an das Genehmigungs- und Überwachungsverfahren gestellt werden.

Verwaltungsvorschriften zum Abfallgesetz und zum Bundes-Immissionsschutzgesetz

Im Rahmen der Erarbeitung der TA Abfall wurde der Themenkomplex Vermeidung/Verwertung in der Arbeitsgruppe 7 behandelt. Ausgehend von dieser Arbeitsgruppe wurden Unterarbeitsgruppen gebildet, die sich mit bestimmten Abfall-/Reststoffarten beschäftigen. Die Unterarbeitsgruppen setzen sich aus Vertretern aus Industrie und Wirtschaft, Wissenschaft und Behörden zusammen.

Bezogen auf die jeweilige Stoffgruppe wird der Stand der Technik der Vermeidung/Verwertung, die Kriterien der wirtschaftlichen und ökologischen Zumutbarkeit sowie die Möglichkeit eines Abnahmemarktes beschrieben.

In Erarbeitung befinden sich derzeit Verwaltungsvorschriften für folgende Reststoff-/Abfallgruppen:

- Salzschlacke
- halogenhaltige Lösemittelabfälle
- Lackschlämme
- Galvanikabfälle
- Gießereialtsande
- Gipse mit produktionsspezifischen Verunreinigungen
- ölhaltige Abfälle
- nichthalogenhaltige Lösemittelabfälle
- verunreinigte Säuren.

Um im Rahmen dieser geplanten Verwaltungsvorschriften auch technische Anforderungen an Produktionsanlagen regeln zu können, wurde neben dem § 4 Abs. 5 AbfG auch der § 5 Abs. 1 Nr. 3 BImSchG als Rechtsgrundlage herangezogen.

Rechtsvorschriften nach § 14 AbfG zur Vermeidung oder Verringerung schädlicher Stoffe in Abfällen

Die Bundesregierung ist ermächtigt, im Rahmen einer Verordnung gemäß § 14 Abs. 1 stoffbezogene und gemäß § 14 Abs. 2 mengenbezogene Regelungen für die Entsorgung zu erlassen.

Dies kann folgende Anordnungen beinhalten:

- Kennzeichnungspflicht
- Pflicht zur getrennten Entsorgung
- Rücknahme- und Pfandpflicht
- Verbot bzw. Einschränkung von Inverkehrbringen und Gebrauch.

Als Vorstufe zu einer Rechtsverordnung sind im Bereich der Mengenproblematik (Abs. 2) Zielfestlegungen vorgesehen.

Darin werden Quoten für die Vermeidung, Verringerung oder Verwertung von Abfällen aus bestimmten Erzeugnissen festgelegt, die innerhalb einer bestimmten Frist zu erreichen sind. Die Quoten und Fristen werden im Bundesanzeiger veröffentlicht.

Bei Nichterreichen der Zielfestlegungen ist die Bundesregierung ermächtigt, Verordnungen zur Durchsetzung dieser abfallpolitischen Ziele zu erlassen.

Im Bereich der Schadstoffproblematik (Abs. 1) wird als Vorstufe zur Verordnung die freiwillige Selbstverpflichtung der Industrie gehandhabt.

Ein Beispiel für diese Vorgehensweise zeigt die Verpackungsverordnung. Zunächst wurden von der Bundesregierung Zielfestlegungen in Form von Verwertungs- und Rückführquoten vorgenommen. Da diese Quoten bis zum vorgegebenen Stichtag, in diesem Fall dem 31.07.1990, nicht erfüllt wurden, mußte das wesentlich stringentere Mittel der Rechtsverordnung zur Durchsetzung der Ziele herangezogen werden.

2. Technische Anleitung Abfall (TA Abfall)

Durch die TA Abfall mit den dazugehörigen Verordnungen soll der Entsorgungsstandard in der Bundesrepublik Deutschland bundesweit vereinheitlicht werden.

Am 01.10.90 ist die „Zweite allgemeine Verwaltungsvorschrift zum Abfallgesetz (TA Abfall) Teil 1: Technische Anleitung zur Lagerung, chemisch-physikalischen und biologischen Behandlung und Verbrennung von besonders überwachungsbedürftigen Abfällen" in Kraft getreten. Sie wurde am 01.04.91 abgelöst durch eine Gesamtfassung der TA Abfall, die zusätzlich Anforderungen an die oberirdische und untertägige Ablagerung enthält.

In einem weiteren Teil der TA Abfall sollen Kriterien für die Optimierung der Entsorgung im Bereich von Siedlungsabfällen aufgenommen werden.

2.1 Inhalte und Ziele

Die TA Abfall verfolgt zwei große Ziele:

- Festlegung des Standes der Technik für Sonderabfallentsorgungsanlagen
- Steuerung und Überwachung der Sonderabfallströme

[1] Dipl.-Ing. Ralf Erichsen/ Claudia Rüsing, ORG-CONSULT Essen

Neue gesetzliche Rahmenbedingungen zur Vermeidung, Verwertung u. sonstigen Entsorgung von Abfällen und Reststoffen nach	
Abfallgesetz (AbfG) vom 27.08.1986	**Bundes-Immissionsschutz-gesetz (BImSchG) vom 14.05.1990**

Vermeidung und Verwertung	Verordnungen nach § 14 zur Vermeidung oder Verringerung schädlicher Stoffe in Abfällen	Entwurf einer VwV*) nach § 5.1.3 zur Vermeidung, Verwertung und Beseitigung von Reststoffen
	VwVs zur Vermeidung/ Verwertung von Abfällen und Reststoffen, z.B. Aluminiumsalzschlacken, halogenhaltige Lösemittel, Farb- und Lackschlämme, Galvanikschlämme (in Vorbereitung)	
Entsorgung	Abfallbestimmungs-Verordnung AbfBestV (03.04.90)	Störfall-Verordnung 12. BImSchV (19.05.88)
	Reststoffbestimmungs-Verordnung RestBestV (03.04.90)	Verordnung über Verbrennungsanlagen für Abfälle und ähnliche brennbare Stoffe 17. BImSchV (23.11.90)
	Abfall- und Reststoffüberwachungs-Verordnung AbfRestÜberwV (03.04.90)	
	Muster-VwV zur Durchführung der §§ 11 u. 12 AbfG und der AbfRestÜberwV (Entwurf)	
	1. allg. VwV zum Schutz des Grundwassers bei der Lagerung und Ablagerung von Abfällen (17.12.90)	
	2. allg. VwV zum AbfG TA Abfall (12.03.91)	
	TA Siedlungsabfall (Entwurf) TA Shredderrückstände (Entwurf)	

*) VwV = Verwaltungsvorschrift

Bild 1

Definition: Stand der Technik im Sinne der TA Abfall ist der Entwicklungsstand fortschrittlicher Anlagen, Einrichtungen oder Betriebsweisen, der die praktische Eignung einer Maßnahme für eine umweltverträgliche Abfallentsorgung gesichert erscheinen läßt. Bei der Bestimmung des Standes der Technik sind insbesondere vergleichbare geeignete Verfahren, Einrichtungen oder Betriebsweisen heranzuziehen, die mit Erfolg im Betrieb erprobt worden sind.

Bei der Festlegung des Standes der Technik, wie er in der Definition beschrieben wird, ergibt sich die Schwierigkeit, daß im Rahmen der Erstellung einer technischen Anleitung auf der einen Seite konkrete technische Anforderungen formuliert werden sollen, daß aber auf der anderen Seite wegen der ständigen technischen Weiterentwicklung eine zu enge Festschreibung technischer Details nicht vorgenommen werden sollte.

Eine weitere Schwierigkeit bei der Erarbeitung der TA Abfall lag in der Abgrenzung zu konkurrierenden Rechtsvorschriften. Dies wird insbesondere in den Anforderungen an Verbrennungsanlagen deutlich, da hier bereits durch Vorschriften aus dem Bereich des Bundes-Immissionsschutzgesetzes technische Anforderungen festgelegt wurden.

Neben den Anforderungen an die Anlagentechnik werden in der TA Abfall organisatorische Regelungen festgeschrieben. Diese betreffen sowohl die Aufbauorganisation als auch die Ablauforganisation. Ferner werden Vorgaben für die Qualifikation des Anlagenpersonals sowie für die Information und Dokumentation gemacht.

Während die technischen Anforderungen im wesentlichen Auswirkung auf die Planung und Genehmigung von Anlagen haben, wirken die organisatorischen Anforderungen hauptsächlich in der Betriebsphase.

Das zweite der oben genannten Ziele ist die Steuerung und Überwachung der Sonderabfallströme.

Die Steuerung der Abfallströme soll durch die Zuordnung von Abfällen zu Entsorgungsverfahren und -anlagen erreicht werden. Neben der Einführung des Vermischungsverbotes werden weiterführende Regelungen zum § 3 Abs. 2 AbfG getroffen. Für den dort angesprochenen Bereich der Verwertung werden die Aussagen

– zur technischen Möglichkeit

– zur Zumutbarkeit

– zu Vorhandensein und Schaffung eines Marktes

spezifiziert.

Für die nicht verwertbaren Abfälle werden Kriterien für die Zuordnung zur sogenannten „sonstigen Entsorgung" festgelegt. Während im Textteil der TA Abfall qualitative Angaben für eine Anlagenzuordnung in Abhängigkeit von der Abfallbeschaffenheit gemacht werden, werden im Anhang C Entsorgungshinweise für alle im Katalog der Abfallbestimmungs-Verordnung aufgeführten Abfälle gegeben.

Zur Umsetzung dieser Steuerfunktion wurde das Instrument des Entsorgungsnachweises eingeführt (siehe Kapitel 5).

Die Überwachung der Abfallströme wird dadurch gewährleistet, daß die Dokumentation relevanter Entsorgungsvorgänge vorgeschrieben wird.

2.2 Auswirkungen

Die oben beschriebenen Vorgaben der TA Abfall haben Auswirkungen auf unterschiedliche an der Entsorgung beteiligte Personenkreise:

– Die technischen Anforderungen richten sich an die Genehmigungsbehörden. Sie haben dadurch jedoch mittelbare Wirkung auf die Planer und Erbauer von Entsorgungsanlagen. Hier sind insbesondere zu nennen

  * Aufbau von Anlagen
    - Eingangsbereich
    - Arbeitsbereich
    - Lagerbereich
    - Behandlungsbereich

  * Ausführung von Anlagenteilen z. B.
    - Abdichtung
    - Überdachung
    - Entwässerung

– Die organisatorischen Anforderungen betreffen hauptsächlich die Betreiber von Entsorgungsanlagen, da sie im wesentlichen während der Betriebsphase greifen. Die größten Auswirkungen haben hier folgende Anforderungen:

  * Organisationseinheit „Kontrolle"
  * Qualifikationsmerkmale für Personal
  * Information und Dokumentation
    - Betriebshandbuch
    - Betriebstagebuch
    - Meldepflichten
    - Jahresübersicht

– Die Zuordnung von Abfällen zu Entsorgungsanlagen hat auch Einfluß auf den Bedarf an bestimmten Anlagenkapazitäten und betrifft somit wieder die Planungsphase.

– Darüber hinaus hat die Zuordnung mittelbare Wirkung auf den Abfallerzeuger, da Vorgaben über den Verbleib seines „Produktes" gemacht werden.

– Sehr große Auswirkungen hat die gesamte TA Abfall durch ihre unmittelbare Wirkung auf die Genehmigungs- und Überwachungsbehörden. Auf der einen Seite soll diese Verwaltungsvorschrift Entscheidungshilfe bei der Bearbeitung technischer Fragestellungen sein, auf der anderen Seite wird der Überwachungsaufwand durch die Vielzahl der zu dokumentierenden Entsorgungsvorgänge wesentlich erhöht.

3. Abfallbestimmungs-Verordnung

§ 2 Abs. 2 AbfG enthält die Ermächtigung, durch Rechtsverordnung Abfälle zu bestimmen, an deren Entsorgung nach Maßgabe des Abfallgesetzes zusätzliche Anforderungen zu stellen sind.

Die auf dieser Rechtsgrundlage am 01.10.90 in Kraft getretene Abfallbestimmungs-Verordnung löste die Verordnung zur Bestimmung von Abfällen vom 24.05.1977 ab. Sie enthält als Anhang einen Katalog besonders überwachungsbedürfter Abfälle.

Als Konsequenz aus den gestiegenen Anforderungen, die sich aus der Entwicklung der Abfallentsorgung in den letzten Jahren und dem novellierten Abfallgesetz ergaben, wurde der Katalog der besonders überwachungsbedürftigen Abfälle von 86 auf 332 Abfallarten erhöht. Für diese Abfallarten besteht nach § 11 Abs. 3 AbfG bundeseinheitlich eine Nachweispflicht über die ordnungsgemäße Entsorgung.

3.1 Inhalte und Ziele

Durch die novellierte Abfallbestimmungs-Verordnung soll ein bundeseinheitlicher Vollzug und eine einheitliche Anzeigepflicht und Überwachung sichergestellt werden.

In der Anlage ist für die aufgelisteten Abfallarten

– der fünfstellige Abfallschlüssel,

– die Bezeichnung (Abfallart und ggf. Eigenschaft und Inhaltsstoffe),

– die Herkunft (beispielhaft)

angegeben.

§ 1 Abs. 2 der Abfallbestimmungs-Verordnung enthält die sogenannte „Kleinmengenregelung". Diese besagt, daß die aufgeführten Abfallarten von den Vorschriften für besonders überwachungsbedürftige Abfälle ausgenommen sind, wenn sie bei einem Abfallerzeuger im Jahr nicht mehr als insgesamt 500 kg anfallen.

Überwachungsbedürftig werden diese Abfälle allerdings, sobald sie gem. § 1 Abs. 2 AbfBestV an „einen zur Entsorgung nach dem Abfallgesetz Befugten" abgegeben werden. Dabei kann es sich sowohl um den Einsammler und Transporteur als auch um den Betreiber einer Entsorgungsanlage handeln.

3.2 Auswirkungen

Nach § 11 Abs. 3 AbfG sind die Erzeuger besonders überwachungsbedürftiger Abfälle – aufgelistet in der Anlage zur Abfallbestimmungs-Verordnung – verpflichtet, einen Nachweis über Art, Menge und Entsorgung zu führen. Die Erzeuger von Kleinmengen sind von dieser Verpflichtung entbunden. Auf diese Weise wird der Praxis Rechnung getragen, da der Aufwand für den Abfallerzeuger wie auch für die Behörden erheblich reduziert wird.

Zwei Punkte sind für den Erzeuger bei der Handhabung der Kleinmengenregelung zu beachten:

– Die Begrenzung auf 500 kg bezieht sich auf die beim Abfallerzeuger anfallende jährliche Gesamtmenge der in der Anlage zur Verordnung aufgeführten Abfälle, nicht auf einzelne Abfallarten.

– Ist vom Abfallerzeuger aufgrund seiner Erfahrung abzusehen, daß er die Kleinmenge von 500 kg im Laufe eines Jahres überschritten wird, sind von ihm rechtzeitig die entsprechenden Schritte zu veranlassen, die sich aus der Einstufung des besonders überwachungsbedürftigen Abfalles ergeben.

Eine Konsequenz für die Behörde ergibt sich durch die Abfallbestimmungs-Verordnung. Durch die bundeseinheitliche Festlegung der 332 besonders überwachungsbedürftigen Abfälle müssen erheblich weniger Abfälle im Einzelfall nachweispflichtig gemacht werden.

4. Reststoffbestimmungs-Verordnung
4.1 Inhalte und Ziele

In § 2 Abs. 3 AbfG wird die Bundesregierung ermächtigt, für bestimmte Stoffe, die keine Abfälle im Sinne dieses Gesetzes sind, sondern als Reststoffe verwertet werden sollen, die Überwachung, Genehmigungs- und Kennzeichnungspflicht dieser Stoffe anzuordnen, wenn von ihnen bei unsachgemäßer Handhabung eine erhebliche Beeinträchtigung des Wohls der Allgemeinheit ausgehen kann.

Die auf dieser Rechtsgrundlage basierende Verordnung, die Reststoffbestimmungs-Verordnung, enthält als Anlage eine Auflistung der potentiell überwachungsbedürftigen Reststoffe. Nach § 11 Abs. 2 AbfG kann die zuständige Behörde diese Reststoffe im Einzelfall nachweispflichtig machen.

Ursprünglich wurde davon ausgegangen, daß auch die in dieser Verordnung genannten Reststoffe einer generellen Nachweispflicht unterliegen. Um zu vermeiden, daß ein Sonderabfall durch Deklaration als Reststoff der Überwachung des Abfallrechts entzogen wird, wurde der Katalog nahezu identisch gestaltet. Nur wenige Abfälle finden sich im Reststoffkatalog nicht wieder, da für diese eine Verwertungsmöglichkeit a priori ausgeschlossen werden kann. Die Kleinmengenregelung der Abfallbestimmungs-Verordnung gilt entsprechend.

4.2 Auswirkungen

Wenn Reststoffe im Einzelfall der Nachweispflicht unterworfen werden, greifen für diese die gleichen Überwachungsinstrumente wie bei Sonderabfällen. D.h., in diesen Fällen ist es nunmehr nicht möglich, unter dem Vorwand der wirtschaftlichen Verwertung von Reststoffen, die als Wirtschaftsgut oder Sekundärrohstoff bezeichnet werden, die Bestimmungen über die Entsorgung von Sonderabfällen zu umgehen.

5. Abfall- und Reststoffüberwachungs-Verordnung
5.1 Inhalt und Ziele

Die Abfall- und Reststoffüberwachungs-Verordnung verfolgt die Absicht, eine umweltverträgliche Abfallentsorgung durch wirksame Kontrollmechanismen zu gewährleisten.

Die Verordnung löste die Abfallbeförderungs-Verordnung vom 24.08.83 und die Verordnung über den Nachweis von Abfällen vom 02.06.78 ab. Sie enthält folgende Schwerpunkte:

– Einsammeln und Befördern von Abfällen

  Die Einsammlungs- und Beförderungsgenehmigung steht nicht in Beziehung zum konkreten Entsorgungsvorgang, sondern konzentriert sich vorrangig auf die Prüfung der Zuverlässigkeit des Beförderers.

– Nachweis über die Zulässigkeit der vorgesehenen Entsorgung/Verwertung

  Als Instrumente der vorgesehenen Entsorgung, d.h. als Vorabkontrolle, sind je nach Abfallart und Abfallerzeuger der Entsorgungsnachweis, der Sammelentsorgungsnachweis und der vereinfachte Entsorgungsnachweis anzuwenden.

  Der Entsorgungsnachweis (auf Sammelentsorgungsnachweis und vereinfachten Entsorgungsnachweis wird hier nicht eingegangen) setzt sich folgendermaßen zusammen:

  * Verantwortliche Erklärung des Abfallerzeugers (VE)
  * Annahmeerklärung des Abfallentsorgers (AE)
  * Entsorgungsbestätigung der für die Anlage zuständigen Behörde
  * Anhänge 1 a - f (Deklarationsanalysen, die vom Abfallerzeuger in Abstimmung mit dem Abfallentsorger auszufüllen sind)

– Nachweis über entsorgte Abfälle/ durchgeführte Verwertung

  Der Nachweis der durchgeführten Entsorgung erfolgt wie bisher über das Begleitscheinverfahren. Hier haben sich lediglich geringfügige Veränderungen ergeben.

  Zusätzlich wurde der Übernahmeschein eingeführt, der bei der Führung eines Sammelentsorgungsnachweises gem. § 10 AbfRestÜberwV sowie bei der Übergabe von Kleinmengen gem. § 18 (3) AbfRestÜberwV Anwendung findet.

5.2 Auswirkungen

Durch das ab 01.10.90 praktizierte Nachweisverfahren ist der Aufwand für den Abfallerzeuger mit Sicherheit höher als bisher.

Im Rahmen der Verantwortlichen Erklärung muß der Abfallerzeuger zunächst nachweisen, daß eine Verwertung seiner Abfälle nicht möglich ist. Er hat zu begründen, warum ein Abfall nicht verwertet werden kann. Die Verantwortliche Erklärung verlangt detaillierte Angaben des Abfallerzeugers zu Art, Menge, Entstehung und Zusammensetzung des zu entsorgenden Abfalls sowie Angaben zur Verwertung.

Ein Ziel dieser Forderung des Gesetzgebers ist sicherlich, daß der Abfallerzeuger sich auf diese Weise stärker mit den Produktionsprozessen sowie deren Auswirkung auf die Umwelt auseinandersetzen muß.

Eine mögliche Vereinfachung des Verfahrens bietet der Sammelentsorgungsnachweis. Er wurde eingeführt für die Entsorgung bei Abfallerzeugern, bei denen nur geringe Mengen an Abfällen anfallen. Angewendet werden darf der Sammelentsorgungsnachweis allerdings nur, wenn die in § 10 Abs. 1. Nrn 1 - 4 AbfRestÜberwV aufgeführten Bedingungen erfüllt sind:

– gleicher Abfallschlüssel

– gleicher Entsorgungsweg (-anlage)

– Zusammensetzung entsprechend den deklarierten Maßgaben für die Sammelcharge

– je Sammeltour und je Abfallerzeuger nicht mehr als 1,1 m^3, bei flüssigen Abfällen unter Einsatz von Saugdrucktankwagen nicht mehr als 3 m^3.

Sind diese Bedingungen erfüllt, kann der Beförderer im Rahmen des Sammelentsorgungsnachweisverfahrens gegenüber dem Betreiber der Abfallentsorgungsanlage und dessen zuständiger Behörde an die Stelle des Abfallerzeugers treten.

Die Verbleibskontrolle im Rahmen des Nachweisverfahrens hat sich durch die Einführung des Übernahmescheins geändert. Bei Übergabe seiner Abfälle an den Abfallbeförderer erhält der Abfallerzeuger die Ausfertigung „1" des Übernahmescheins. Der Beförderer behält die Ausfertigung „2" und stellt für die Sammeltour einen Begleitschein aus.

Das Begleitscheinverfahren wurde in der Handhabung nur geringfügig geändert. Die Ausfertigungsnummern wurden getauscht. Außerdem sind die Ausfertigungen 1 und 5 vom Abfallerzeuger einander zuzuordnen, um die Kontrolle zu erleichtern, ob der Abfall tatsächlich den vorgesehenen Entsorgungsweg gegangen ist.

3 Vermeidung und Verwertung von Abfällen und Reststoffen.

Beispiele aus Industrie und Gewerbe

Reststoffe/Rückstände aus der Lackverarbeitung[2])
– Verwertung/Entsorgung –

Von P. Bachhausen[1])

1. Einleitung

Aus der Erkenntnis heraus, daß keine Stoffumsetzungen, kein Produktionsverfahren und keine Handhabungen von Produkten vollständig zum gewünschten Ergebnis führen, und aus der begrenzten Lebensdauer von Gütern selbst, wird klar, daß eine verantwortungsvolle Handhabung von Gütern und Stoffen in einer modernen Industriegesellschaft einer geordneten und sicheren Entsorgung bedarf.

Durch die neuen reststoff- und abfallrechtlichen Bestimmungen wird sich ein Wertewandel einstellen, da Entsorgung eben nicht mehr allein die Beseitigung von Abfällen bedeutet, sondern bereits bei der Planung neuer Produkte und Verfahren eingreift.

Dies gilt um so mehr, als uns heute die negativen Auswirkungen von Abfällen der Vergangenheit auf die Umwelt deutlich werden. Darüber hinaus gilt es natürlich die mit Rest- und Abfallstoffen umgehenden Personen vor Schäden zu bewahren.

Die rechtlichen Rahmenbedingungen haben sich in den letzten Jahren weiterentwickelt, und derzeit stehen wir an einem Wendepunkt der Entsorgungssituation. Bei praktisch unveränderter Kapazität an Abfallbehandlungsanlagen und sinkendem verfügbaren Deponievolumen stieg in den letzten Jahren das Abfallaufkommen stetig an.

Für industrielle und gewerbliche Unternehmen haben die neuen Rechtsvorschriften, die in ihren Auswirkungen besprochen werden, die unmittelbare Folge, daß nur noch als Abfall – nach dem Stand der Technik/TA-Abfall – entsorgt werden darf, was nicht vermeid-/verwertbar ist. Darüber hinausgehend sagt ein Entwurf einer Verwaltungsvorschrift zum § 5 Abs. 1 Nr. 3 des Bundesimmissionsschutzgesetzes (BImSchG) aus, daß Reststoffe, deren umweltverträgliche Entsorgung als Abfall nicht gesichert sei, nicht anfallen dürfen.

2. Rückstände aus der Lackverarbeitung

Eine systematische Zusammenfassung der einzelnen Rückstandsarten führt zu folgenden Hauptgruppen:

- nicht mehr gebrauchsfähige Reste
- Verpackungsmaterial und Verpackungshilfsmittel
- Applikationsrückstände
- Rückstände aus Reinigungsoperationen
- Rückstände aus Umweltreinhaltemaßnahmen

Im Hinblick auf die Möglichkeiten des Recyclings seien beispielhaft einige Einzelrückstände etwas näher erläutert. Hierzu zählen Verpackungsmaterialien, Reinigungslösemittelgemische und Lackkoagulate.

3. Grundzüge und Voraussetzungen für die Verwertung

Reststoffe und Abfälle lassen sich um so einfacher verwerten je sortenreiner diese anfallen. Dieses allen aus der Papier-, Kunststoff-, Glas- und Metallverwertung bekannte Prinzip gilt natürlich auch für Rückstände aus der Lackverarbeitung.

Verarbeitungsbedingt fallen derzeit zahlreiche Rückstände aus Lakkierprozessen noch nicht sortenrein an. Darüber hinaus werden in vielen Betrieben andere Abfallstoffe zugefügt, die ein Recycling erheblich erschweren, wenn nicht sogar völlig unmöglich machen.

Allen mit potentiell verwertbaren Rückständen umgehenden Mitarbeitern in den Lackierbetrieben muß deshalb klar werden, daß beim Umgang mit recyclingfähigen Rückständen die gleiche Sorgfalt wie beim Umgang mit Roh-/Einsatzstoffen erforderlich ist.

Wegen der prinzipiellen Unmöglichkeit einer 100 %igen Verwertung muß zudem jeweils auch die Frage der Vermeidbarkeit des Anfalls von Rückständen untersucht werden.

4. Verwertung/Entsorgung von Leeremballagen von lackverarbeitenden Kunden

Die Produkte der Lackindustrie werden in den unterschiedlichsten Verpackungen und Gebinden an die Kunden weitergegeben. Bei den mit den Produkten in direkten Kontakt kommenden Gebinden handelt es sich um Behältnisse aus Metallen, Kunststoffen und Glas. Auf Grund der seit 01. 11. 1986 in Kraft getretenen Novelle des Abfallgesetzes wird seitens der Lackkunden verstärkt die Forderung nach der Angabe der Entsorgungsmöglichkeit der Gebinde an die Lackproduzenten herangetragen. Hierbei wird vermehrt die Rücknahme leerer Emballagen durch die Lackhersteller gewünscht. Die hierbei auftretenden Probleme bei Markenartikelkunden und Großkunden werden unter logistischen und technischen Gesichtspunkten im folgenden kurz skizziert.

4.1 Wiederverwendung

Zur Wiederverwendung sind lediglich solche Gebinde geeignet, aus denen sich die Produkte vollständig entfernen lassen. Hierzu sind nur wenige Werkstoffe und Gebindeformen geeignet. Edelstahlemballagen werden seit längerer Zeit z. B. in Form von Tankcontainern erfolgreich zur erneuten Aufnahme der Erzeugnisse der Lackindustrie eingesetzt. Hierin werden in der Regel Lackprodukte an Großkunden vertrieben.

Die erfolgreiche Wiederverwendung dieser Emballagen, die eine verkehrsrechtliche Zulassung besitzen müssen – GGVS, GGVE – setzt die Verfügbarkeit ausreichender, qualifizierter Reinigungsanlagen beim Lackproduzenten, – Kunden oder bei externen Betrieben voraus. Bei der Abgabe an externe Betriebe ist sicherzustellen, daß die gereinigten Emballagen nicht in den Bereich der Lebensmittelindustrie weitergeleitet werden.

4.2 Verwertung

Hinsichtlich der Verwertung sind zwei prinzipielle Unterscheidungen erforderlich, und zwar bezüglich der Werkstoffe. Metallemballagen sind nach einer entsprechenden Behandlung über den Schrott der metallerzeugenden Industrie zuzuführen, Kunststoffemballagen können gegebenenfalls der Kunststoffindustrie oder einer thermischen Verwertung zugeführt werden.

4.3 Sonstige Entsorgung

Kleingebinde – insbesondere aus dem Bereich des Selbststreichers – gelangen nach wie vor in den Hausmüll. Hierdurch können, je nach der angewandten Entsorgungsart – normale Deponierung – und dem Aufkommen im Gesamtabfall, langfristige Beeinträchtigungen im biologischen Ablauf des Deponiekörpers nicht ausgeschlossen werden. Dies gilt insbesondere, wenn die Emballagen noch erhebliche Restmengen des Füllgutes enthalten. Kommunale und regionale Sammelaktionen sollten daher mit einer entsprechenden Aufklärung durch die Lackerzeuger unterstützt werden.

4.4 Logistische Aspekte

Die mehrfach geforderte vollständige Rückführung aller (leeren) Emballagen zum Lackproduzenten wirft zahlreiche zusätzliche Fragen auf; z.B. werden ausschließlich (leere?) Gebinde zurückgeführt, wer definiert und kontrolliert, ob die Behältnisse leer sind? Bei der Rücknahme von nicht entleerten Emballagen, wer kontrolliert die Restmenge, wie wird diese entsorgt? Einfach zu lösen scheinen diese Probleme bei Großkunden, hier ist jedoch eine lokale bzw. regionale Entsorgung einfacher. Problematisch wird die Rücknahme bei Selbststreichern und Malerartikelkunden, die ihre Ware in Geschäften, Heimwerkermärkten oder Großhandelsmärkten erworben haben. Eine Rückverfolgung ist hier aussichtslos. Zusätzlich wäre die Logistik mit inversem Warenstrom erforderlich, von der Unsinnigkeit des Trans-

---

[1]) Dr. rer. nat. Peter Bachhausen. BASF Lacke + Farben AG. Münster
[2]) Vortrag „1. Nordrhein-Westfälischer Recycling-Kongreß". Duisburg

portes von leeren, ungereinigten Emballagen über weite Entfernungen (z. B. von München nach Hamburg oder gar aus dem Ausland) einmal abgesehen.

4.5 Lösungsansatz

Zur Lösung dieses Problemkomplexes bieten sich daher die lokal bzw. regional tätigen Betriebe der Entsorgungs- und Verwertungswirtschaft an. Bei der Abgabe von Emballagen an Rekonditionierbetriebe sind diese über die jetzigen Füllgüter zu informieren, z. B. durch Übergabe der entsprechenden Sicherheitsdatenblätter. Von den Rekonditionierbetrieben ist die Entsorgung der ausgespülten Anhaftungen nachzuweisen.

Für nichtrekonditionierbare Gebinde ist die Übergabe an die Verwertungswirtschaft, die Entsorgungsunternehmen besitzen hierfür eine geeignete Logistik oder können diese schaffen, der geeignete Weg. In den Verwertungsbetrieben ist die Gebindeform durch Kompaktierung aufzulösen. Die Presspakete bzw. die Schnittstücke können bei Bedarf – zum Schutz des Wassers und des Bodens – in geeigneter Form nachbehandelt werden. Für Schnittstücke aus Schredderanlagen bietet sich eine thermische Nachbehandlung zur Eliminierung von flüchtigen Füllgutresten an.

Die hierdurch geschaffenen kurzen Entsorgungswege verhindern den Aufbau eines zusätzlichen Warenflusses vom Kunden zum Erzeuger zurück und bieten gleichzeitig die Gewähr für eine, dem Abfallrecht entsprechende, für die Umwelt unschädliche, sachgerechte Entsorgung unter Nutzung der Emballagen als Rohstoffe.

Die ersten Ansätze des Informationskreises „Verwertung entleerter Blechgebinde" führen bereits in diese Richtung, hier sind jedoch zusätzliche Hinweise unter Berücksichtigung der logistischen Aspekte, einer eventuell erforderlichen Nachbehandlung zum Schutz von Wasser und Boden sowie zur Entsorgung von Nichtmetallemballagen notwendig.

5. Verwertung/Entsorgung von Reinigungslösemitteln

Im Hinblick auf die anfallenden Reinigungslösemittel/-verdünnungen muß ebenfalls hinsichtlich der Anfallstellen unterschieden werden. Im Bereich der Selbststreicher und Kleinbetriebe anfallenden verunreinigten Waschlösemitteln ist mit dem Anfall sehr komplexer Mischungen zu rechnen. Dementsprechend wurde auch die Verordnung über die Getrennthaltung, Kennzeichnung und Rücknahme von halogenierten Lösemitteln/-gemischen auf Basis des § 14 Abs. 1 Abfallgesetz mit einer Mindestmengenschwelle versehen.

Bei Abfallstellen mit größeren Durchsätzen an Reinigungslösemitteln ist eine Getrennthaltung nicht nur nach den Hauptgruppen:

– organische Lösemittelgemische, halogenhaltig
– organische Lösemittelgemische, nicht halogenhaltig

für eine optimale Verwertung erforderlich, sondern darüber hinaus, falls anfallend, in die jeweiligen Lösemittelarten.

Es muß darauf hingewiesen werden, daß eine derartige Trennung ein Umdenkprozeß aller Beteiligten voraussetzt und den auftretenden Sicherheits- und Logistikaspekten Rechnung zu tragen ist.

Den nachfolgenden Beiträgen zur Lösemittelentsorgung wie auch zur Lösemittelrückgewinnung aus Abluften von Lackieranlagen soll hier nicht vorgegriffen werden. Zusammenfassend lassen sich jedoch die Verwertungs-/Entsorgungsmöglichkeiten wie folgt beschreiben:

– Wiedereinsatz nach chem. physik. Reinigung z. B. Destillation, Membranverfahren zum Ursprungzweck
– Fraktionierung zur Gewinnung einzelner Lösemittel
– Einsatz als Reinigungslösemittel nach Aufarbeitung
– Chemische Umwandlung zur Gewinnung von Rohstoffen z. B. katalytische Hydrierung
  Pyrolyse
  Veresterungsreaktionen
– Einsatz als Sonderbrennstoff zur Energieerzeugung
– Entsorgung in Sonderverbrennungsanlagen

6. Verwertung von Lackkoagulaten

Im folgenden Vortrag wird auf die Entstehung von Lackkoagulaten, die im abfallrechtlichen Sinn als Lackschlämme – AbfSchNr. 55503 – bezeichnet werden, und die mengenmäßige Bedeutung hingewiesen. Wie bereits eingangs erläutert, gilt auch für die Lackkoagulate das Prinzip, daß ihre Verwertung um so einfacher ist, je sortenreicher diese anfallen.

Bei den bislang bekannten Verwertungsverfahren bedeutet dies, daß eine Trennung zumindest im Hinblick auf die enthaltenen Bindemittelsysteme im Idealfall aber auch bis zum Farbton durchgeführt werden muß. Lediglich bei thermischen Verwertungsverfahren kann diese Regel durchbrochen werden.

6.1 Direktrecycling

Wird hinter dem zu beschichtenden Objekt eine bewegliche Auffängerfläche in die Spritzkabine integriert, so gelangt der größte Teil des Oversprays auf diese Flächen und kann von diesen vor der Vernetzung zurückgewonnen werden. Da von den Lacktröpfchen während der Flugphase Lösemittel verdunsten, müssen diese Lösemittelverluste vor dem Wiedereinsatz ausgeglichen werden, zudem müssen die beweglichen Flächen mit Lösemitteln benetzt werden. Dies führt zu einer zusätzlichen Emission an Lösemitteln und beim Einsatz von organischen Lösungsmitteln zu entsprechenden sicherheitstechnischen Risiken. Nach dem gegenwärtigen Kenntnisstand wird diese Rückgewinnung um so besser gelingen, je robuster die eingesetzten Lacke sind und je geringer die Variation der darin enthaltenen Rohstoffe sind.

6.2 Recycling des Koagulates

Bei Lacken, die durch den Auswaschprozeß bis auf die Lösemittelzusammensetzung in ihren Eigenschaften nicht wesentlich verändert werden, bietet sich die Rückgewinnung aus dem Koagulat an. So zum Beispiel bei Wasserlacken, bei denen keine Koagulation des Oversprays durchgeführt würde. Der aufgefangene Overspray müßte anschließend konditioniert werden – z. B. Ultrafiltration ähnlich der Elektrotauchlacke – und anschließend als Lack wieder eingesetzt werden.

Aus Koagulaten mit nicht wässrigen bzw. wassermischbaren Lösemitteln können durch mechanische Verfahren Fraktionierungen in Bindemittel- und Pigmentkonzentrate aufgetrennt werden. Dies ist jedoch nur sinnvoll, wenn eine weitgehende Abtrennung erreichbar ist, die Bindemittelfraktion ihre Reaktivität behält und das Pigmentkonzentrat in der für den Wiedereinsatz erforderlichen Reinheit gewonnen werden kann. In 1989 wurde eine großtechnische Demonstrationsanlage in Nordrhein-Westfalen in Betrieb genommen.

6.3 Verwertung durch Einsatz in Formteilen

Die nicht durchpolymerisierten Lackbindemittel im Koagulat ermöglichen prinzipiell den Einsatz von Koagulaten in Kunststoffteilen. Hierzu wurden zahlreiche Patente erteilt, z. B. zur Herstellung von Dämmmatten, Hutablagen etc. für Personenkraftwagen sowie zur Kunstholzherstellung für den Einsatz im Bauaußenbereich. U. E. hängen diese Verwertungswege erheblich von der Artenreinheit der Koagulate ab. Zudem müssen die technischen und toxikologischen Prüfungen zeigen, inwieweit ein Einsatz dieses Ersatzrohstoffes zu Erfolgen führt.

6.4 Verwertung als Füllstoffersatz

Nach der Trocknung und Vernetzung des Koagulates können Kunststoffpulver hergestellt werden, die bei entsprechender Feinkörnigkeit – 30–60 µm – und ggf. nachfolgender Oberflächenmodifikation in spritz- und streichfähigen Kunststoffdispersionen als Füllstoffersatz eingearbeitet werden können.

Nach Angaben des Verfahrensentwicklers kommen hier Koagulate aller Lacke in Betracht (?), die so hergestellten Kunststoffdispersionen sollen als Nahtabdichtung und Unterbodenschutz in der Automobilindustrie sowie in der Bauindustrie als Abdicht- und Isoliermaterial Verwendung finden. Es bleibt abzuwarten, ob diese positive Beurteilung durch die Verfahrensentwickler Bestand haben wird. Eigene Untersuchungen zeigen, daß die angegebenen Daten zur Trocknung und Vernetzung – T 130 °C, t 20 min – nicht für alle Lackkoagulate ausreicht.

6.5 Herstellung von Grundstoffen

Ausgehend von der Überlegung, die bei der Lackherstellung eingesetzten Rohstoffe durch chemisch-physikalische Prozesse zurückzugewinnen, hat zu Untersuchungen der selektiven Extrahierbarkeit, der selektiven Hydrolyse und der Pyrolyse geführt. Lediglich letzteres Verfahren hat derzeitig berechtigte Erfolgsaussichten. Über den Ausgang des für 1989 angelaufenen Genehmigungsverfahrens liegen noch keine Kenntnisse vor. Erst nach einer ausreichenden Pilotphase wird man diese Verwertungsmöglichkeit beurteilen können auch im Hinblick auf die entsprechenden Reststoffe dieser Verfahren.

Als besondere Ausführungsformen der Pyrolyse können die Herstellung von Synthesegas und die Niedertemperaturkonvertierung angesehen werden. Beide Techniken werden derzeit intensiv untersucht.

Bei einigen speziellen Koagulaten ist auch die Rückgewinnung von Schwermetallen/Buntmetallen denkbar. So wird z. Zt. intensiv geprüft, ob Blei aus den Koagulaten des KTL-Prozesses rückgewinnbar ist.

6.6 Thermische Verwertung

Zur thermischen Verwertung von Lackkoagulaten in Drehrohrofenverbrennungsanlagen bestehen langjährige Erfahrungen bei der BASF L+F AG. Wegen der Knappheit an Verbrennungskapazität waren demnach weitere Hochtemperaturprozesse (Schrottverwertung, Zementherstellung, Glasschmelze u. ä.) auf die Möglichkeiten der umweltverträglichen Nutzung des in den Koagulaten enthaltenen Energieinhaltes zu untersuchen. U. E. sind die technischen Voraussetzungen – Brennraum, Prozeßtemperatur und -verweilzeit sowie Abgasreinigung – prinzipiell geeignet Sonderbrennstoffe mit ausreichendem Heizwert zu verarbeiten. Problematisch erweisen sich hier häufig die Immissionsrechtlichen Genehmigungsanforderungen, die einem Einsatz solcher Sonderbrennstoffe entgegen stehen.

Problematische Inhaltsstoffe wie Chlorkohlenwasserstoffe und toxische Schwermetalle sollten nicht bzw. nur in sehr geringen Mengen enthalten sein.

Koagulate, die problematische Inhaltsstoffe enthalten, müssen einer Sonderabfallverbrennung zugeführt werden, eine Deponierung solcher Rückstände ist nach unserem Verständnis nicht zu verantworten.

Da derzeit die angesprochenen Verwertungswege für Lackkoagulate noch weitgehend in der Erprobungs- und Entwicklungsphase stecken und die Rahmenbedingungen für die Verwertung noch zu fixieren sind, kann kurzfristig nur mit einer relativ bescheidenen Reduzierung der anfallenden und als Abfall zu entsorgenden Menge gerechnet werden.

Trotz der zahlreichen Bemühungen von Bundes- und Landesumweltministerien, intensiven Forschungen, bei Lackherstellern und -verarbeitern und kaum noch zu zählenden Forschungsprojekten wird sich u. E. ein durchgreifender Erfolg der Koagulatverwertung erst in einigen Jahren einstellen.

Abschließen muß der Vollständigkeit halber darauf hingewiesen werden, daß auch bei der Lackkoagulatverwertung ein 100 % Recycling nicht realistisch ist und daß demzufolge die Möglichkeiten der Koagulatvermeidung voll ausgeschöpft werden müssen sowie die Anlagen zur Sonderabfallverbrennung zur Verfügung stehen müssen.

Distribution und Entsorgung von halogenhaltigen und halogenfreien Lösemitteln[2])

Von H. Kraef[1])

Ökologische Aspekte

Wenn man sich mit der Entsorgung und Wiederaufarbeitung von umweltrelevanten halogenhaltigen und halogenfreien Lösemitteln beschäftigt, spielen die ökologischen Randbedingungen eine wesentliche Rolle und müssen in die Gesamtbetrachtungen einbezogen werden.

Die Konsequenzen des sorglosen Umgangs mit der Natur, wie die Vernichtung der Regenwälder in der Dritten Welt, das Waldsterben in vielen Ländern, die Verödung riesiger landwirtschaftlicher Flächen durch Bodenerosion, die Zerstörung der schützenden Ozonschicht, sind nie so augenfällig geworden, wie in den letzten Jahren.

Hinzu kommt, daß die wachsende Weltbevölkerung eine Steigerung des Energieeinsatzes notwendig machen. Der damit verursachte Treibhauseffekt wird durch die thermische Vernichtung der gleichzeitig anschwellenden Müllberge beschleunigt. Um eine Klimakatastrophe verhindern zu können, muß der gedankenlose Verbrauch fossiler Energien und Rohstoffe drastisch reduziert werden. Dies erfordert ein Umdenken auf vielen Feldern.

Die Produktion von Gütern, ihre Verteilung, ihr Gebrauch und ihre Entsorgung müssen in einer hoch-industrialisierten Gesellschaft als geschlossenes System gesehen werden, denn bisher gilt noch immer: alle Produkte werden irgendwann zu Abfall.

Die Abfallwirtschaft wird deshalb zunehmend Schwerpunkt der Umweltpolitik und integrierter Bestandteil unserer Produktions- und Verteilungsindustrie werden.

Dies führt zu folgenden Konsequenzen:

- gesetzliche und ökonomische Rahmenbedingungen müssen zukünftig für die Wirtschaft Spielräume zur Herstellung von umweltentlastenden Produkten und Verfahren sichern.

- Überlebensfähige Produkte oder Systeme dürfen künftig nicht nur für einen Zweck einsetzbar sein, sondern unterliegen zunehmend einer Mehrfachnutzung. Dies muß schon bei der Produktentwicklung berücksichtigt werden. Ebenso ist im vorhinein der Verbleib des Produktes nach Ablauf seiner Lebensdauer zu beachten.

- Eine notwendige Kopplung des Vorsorgeprinzips mit dem Verursacherprinzip wird dazu führen, daß Hersteller oder deren Beauftragte die Mitverantwortung für die Entsorgung zu übernehmen haben.

- Neben den zwei traditionellen Faktoren Arbeit und Kapital, muß vom Verbraucher ein dritter Faktor – die Ökologie – akzeptiert und bezahlt werden. Auch lassen sich in diesem Zusammenhang Produktions- oder Konsumbeschränkungen nicht vermeiden.

- Ein breiter gesellschaftlicher Konsens wird zu entwickeln sein, der zu eben diesem neuen Verständnis von Produktion, Konsum und Entsorgung führen wird.

Daraus ergibt sich die Forderung nach einer zukünftigen Mehrfachnutzung von Stoffen. Nicht einseitige Entsorgungsverfahren (wie die Sonder-Müllverbrennung), die, abgesehen von einer geringen Energiegewinnung, das Abfallproblem von der Deponie auf die Umweltmedien Luft und Wasser verlagern, sondern das Prinzip des Recycling sind verstärkt einzusetzen.

Also nur durch eine nutzbringende Wiedereingliederung von Abfallprodukten in den Wirtschaftskreislauf können die derzeit immer größer werdenden Entsorgungsprobleme gelöst werden, doch sind dazu neue Denkansätze erforderlich.

Hier hilft ein eindimensionales Prinzip, das nur Anfang und Ende kennt, nicht weiter. Es sind Kreisprozesse zu entwickeln und zu durchdenken, auch dann, wenn dies nur branchenübergreifend – also im Verbund verschiedenartiger Wiederanwendungsbereiche – möglich ist.

Neben dem System der Mehrfachnutzung werden jedoch auch andere ökologische Entwicklungen zu einer drastischen Veränderung, insbesondere der Chemiemärkte, führen und eine Umorientierung der Managementstrategien auf umweltgerechtes Handeln für die 90er Jahre fordern.

Dazu drei Beispiele:

1. Der unbeirrbare Glaube an den technischen Fortschritt, mit dessen Hilfe gleichzeitig alle mit der Industrialisierung und Technisierung verbundenen Folgewirkungen und Risiken zu überwinden seien, ist erschüttert. Daraus haben sich gerade in Deutschland Skepsis und Selbstzweifel beim Umgang und bei der Anwendung chemischer Produkte entwickelt. Gesamtökologische Auswirkungen rücken demnach mehr und mehr in den Vordergrund.

   Dies erfordert ein Sicherheitsdenken, das in Zukunft noch stärker als bisher als Teil einer umfassend zu definierenden Verträglichkeitspolitik der Unternehmen verstanden werden sollte.

2. Das Denken in Wachstumskategorien läßt sich auf Dauer nicht mehr durchhalten. Im Gegenteil: die einseitige Abhängigkeit von quantitativem Wachstum muß zu Mißerfolgen führen. Das erfordert eine verstärkte Unabhängigkeit von einzelnen Produkten und ihrer verkauften Menge. Gerade die Chemie ist von dieser Entwicklung besonders betroffen. Sie wird sich neu einstellen müssen von Produktions- auf Funktionsleistungen, denn Produkte ändern sich zunehmend schneller, Funktionen aber bleiben lange erhalten.

3. Der externe Einfluß auf die Unternehmen durch politische Entwicklungen oder gesetzliche Maßnahmen wird ansteigen. Damit verlieren die bisher ausschließlich relevanten unternehmerischen Aspekte, sich mit rationellen Fertigungsverfahren, günstigen Preisen und möglichen Wettbewerbsvorteilen durchzusetzen, ihre Gültigkeit. Statt dessen treten Umweltfreundlichkeit, Energieeinsparung, Wiedereinsatz und eine umfassende Dienstleistungsorientierung in den Vordergrund.

Es wird als nicht mehr ausschließlich um die ständige Gewinn-Maximierung, sondern vielmehr um die Sicherung der Überlebensfähigkeit der Unternehmen und ihrer Märkte gehen.

Entwicklung der westeuropäischen Lösemittelmärkte

Diese durch Abhängigkeit von quantitativem Wachstum entstandenen Risiken lassen sich eindrucksvoll an den Bedarfsentwicklungen der halogenierten und nicht-halogenierten Lösemittel in Westeuropa belegen. Wenn man die Entwicklung der einzelnen Produktgruppen betrachtet, ergeben sich, wie die nachfolgende Tafel zeigt, zum Teil drastische Konsumabnahmen. Es läßt sich erkennen, daß gerade umweltexponierte Produkte, wie Halogenkohlenwasserstoffe, starke Mengenverluste aufweisen.

Halogenkohlenwasserstoffe

Durch weltweite restriktive Maßnahmen ist eine massive Einschränkung des Einsatzes dieser Stoffe in den nächsten Jahren zu erwarten. Zum Beispiel ist in den USA vorgesehen, die Produktion des Lösemittels 1.1.1-Trichlorethan wegen seines ozonschädigenden Potentials bis zum Jahre 2000 einzustellen. Die FCKW sind schon jetzt aus den gleichen Gründen mit einer zusätzlichen Umweltabgabe in Höhe von umgerechnet 2,30 DM/kg im Jahre 1990 bis hin zu umgerechnet 4,50 DM/kg im Jahre 1994 besteuert.

In Deutschland reglementiert der Gesetzgeber den künftigen Umgang mit Halogenkohlenwasserstoffen massiv. Der zuvor beschriebene

---
[1]) Hannes Kraef, Recycling-Chemie Niederrhein GmbH, Goch
[2]) Vortrag „1. Nordrhein-Westfälischer Recycling-Kongreß", Duisburg

Tafel 1: Bedarfsentwicklung chlorierter und nichtchlorierter Lösemittel

Produktgruppe	Bedarf (Mio t) 1980	Bedarf (Mio t) 1991	Änderung (%)
Aliphate	1,45	0,85	− 42
Aromate	1,05	0,89	− 15
andere Kohlenwasserstoffe (Aceate, Glykole, Alkohole etc.)	1,86	2,25	+ 21
Halogenkohlenwasserstoffe	0,74	0,36	− 51
Gesamt	5,10	4,36	− 15

europäische Konsumrückgang wird beschleunigt bis Mitte der 90er Jahre anhalten. Von den rund 180.000 t/a Bedarf 1986 werden 1994 bis 1995 noch etwa 50.000 t/a verbleiben.

Dies ist im einzelnen auf Produktionsverbote, ökologische und umweltpolitische Auflagen, Verbesserung der Anwendungstechnologien, der Anlagentechnik und einer grundsätzlichen Verschärfung der Grenzwerte für Wasser, Boden und Luft zurückzuführen.

Dennoch bleiben die halogenierten Lösemittel für die High Tech-Industrie wegen ihrer besonderen Reinigungs- und Entfettungswirkung und der Nicht-Brennbarkeit wichtige Produkte. Sie sind in der Summe der Eigenschaften durch andere Verfahren nur schwer ersetzbar, denn Kohlenwasserstoffe und wässrige Systeme haben nicht zu unterschätzende Anwendungsnachteile und führen darüber hinaus ebenfalls zu Sicherheits- und Umweltproblemen.

Insgesamt wird die sensiblere Anwendung von halogenierten Lösemitteln in gekapselten Anlagen mit integrierter Abluftreinigung und Rückgewinnung zu erheblich geringerem Verbrauch, deutlich weniger Emissionen und einer stärkeren Belastung der Lösemittel durch Kreislaufsysteme führen.

Zudem wird eine systematische Überwachung der Bäder zur Einhaltung von Grenzwerten, eine kontinuierliche Stabilisatordosierung sowie ein häufigerer Gesamtaustausch in den Reinigungsanlagen notwendig.

An den Wiedereinsatz von Redestillaten, mit praktisch „frischwarenvergleichbaren" Reinheitsgraden werden hohe Qualitätsanforderungen zu stellen sein.

Auf die beteiligten Hersteller und Distributeure kommen daher zusätzliche Aufgaben und Maßnahmen im Sinne von Dienstleistungen zu:

– Anlieferung von Frischware und gleichzeitige Rücknahme des gebrauchten Materials (Organisation der Logistik)
– analytische Kontrolle der Reinigungsbäder auf notwendige Nachstabilisierung bis zum Austausch
– Lieferung von Stabilisatorsystemen
– Durchführung von Emissionsmessungen

sowie:

– Beratung und Verkauf von modernen Reinigungs- und Entfettungsanlagesystemen in Kooperation mit den Herstellern
– Beratung und Verkauf von Installationen zum Schutz des Bodens
– Beratung und Verkauf von Geräten zur Reinigung von Kontaktwässern.

Die Rücknahme von halogenierten Lösemitteln ist ab Januar 1990 per Verordnung gesetzlich vorgeschrieben. Damit sind die Anwender grundsätzlich zur sortenreinen Sammlung der Reststoffe gezwungen (Vermischungsverbot), sowie Hersteller als auch Verteiler zur direkten Rücknahme oder deren Organisation verpflichtet.

Dies hat erhebliche Auswirkungen auf die Anwendung halogenierter Lösemittel. Sollen die Märkte – wenigstens in einem begrenzten Umfang – erhalten bleiben, so fordert die Abhängigkeit zwischen Lieferung und Rücknahme abgestimmte Problemlösungen.

Der beschriebene Konsumrückgang, verbunden mit der Rücknahmepflicht und anschließender Wiederaufarbeitung, wird einerseits in den westeuropäischen Märkten zu Produktionsstillegungen führen. Andererseits wird sich zwangsläufig auch die Anzahl der vielen regionalen Verteiler auf wenige spezialisierte überregionale verringern.

Daher geht der Trend eindeutig zu einer engen Kooperation zwischen jeweils einem Produzenten und einem landesweiten Chemie-Verteiler. Diese Partner müssen selbstverständlich auch die Kreislaufführung der gebrauchten Ströme über Recycling regeln.

Halogenfreie Kohlenwasserstoffe

Bei diesen sog. brennbaren Lösemitteln werden zwei wesentliche Entwicklungen den Verbrauch auf Basis des Jahres 1988 mindestens um weitere 25 % bis 1992 reduzieren.

Die gesetzlich vorgeschriebenen Emissionsbegrenzungen (TA Luft) führen im gesamten Bereich der Lackindustrie zum verstärkten Einsatz von Abluftreinigungsanlagen. Diese ermöglichen durch Kreislaufführung über eine interne oder externe Aufarbeitung eine Mehrfachnutzung der Lösemittel. Insgesamt sollen zukünftig ca. 200.000 t/a weniger in die Atmosphäre abgegeben werden.

Zum anderen wird der Einsatz von Substitutionsprodukten und -verfahren, wie wasserverdünnbare oder lösemittelarme Lacksysteme, Pulverlacke und andere Anwendungen verstärkt.

Die Automobilindustrie stellt mit großem finanziellen Einsatz die Serienlackierungen auf wasserverdünnbare und lösemittelarme Grundierungs- und Lacksysteme um. Sie wird auf diesem Gebiet in den nächsten Jahren eine Vorreiterrolle übernehmen.

Abfallwirtschaft und Recycling

Die gesetzgebenden Organe, verstärkt auch regionale Aufsichtsbehörden, steuern immer detaillierter und restriktiver die Behandlung von Reststoffen und Abfällen und geben dabei folgende Prioritäten vor:

1. Abfallvermeidung durch innerbetriebliche, verfahrenstechnische Maßnahmen
2. Abfallwirtschaftlich gebotene Verwertung
3. Emissionsneutrale Beseitigung
4. Entsorgung durch Deponierung

Neben der grundsätzlichen Vermeidung von Rückständen wird zunehmend das Prinzip der Verwertung durch Recycling vorgeschrieben, denn die derzeitig verfügbaren Deponien sind in absehbarer Zeit am Ende ihrer Aufnahmekapazität und es mangelt an sicheren Müllverbrennungsanlagen mit ausreichender Kapazität.

Zwar gibt es eine Vielzahl innovativer Projekte, doch sind die Genehmigungsverfahren schwierig und Einsprüche der Bürger zahlreich. Über die Notwendigkeit derartiger Anlagen bestehen kaum Zweifel, jedoch gilt das Prinzip „Not in my backyard".

Deutschland ist derzeit der größte Abfallexporteur in Westeuropa. Seit Einstellung der Hohe-See-Verbrennung hat dieser Trend noch zugenommen. Man weicht auf landgestützte Verbrennungsanlagen in Frankreich, Belgien, Großbritannien, Dänemark und Finnland aus. Inwieweit diese Sonder-Müllverbrennungsanlagen unserem Sicherheitsstandard, verbunden mit den hier geltenden Abluftgrenzwerten entsprechen, ist nicht bekannt.

Der Gesamtexport von Abfall stieg allein in den Jahren 1982 bis 1988 um 655 % auf 1,9 Mio t pro Jahr. Um diese Sondermüllmengen zu reduzieren, müßte bei einer Vielzahl von Stoffen, und ganz besonders auch bei organischen Lösemitteln, die Mehrfachnutzung der Weg der Zukunft sein. Daraus ergeben sich neue Stellenwerte für Recyclingunternehmen, deren technischer Standard zur Bewältigung der Gesamtproblematik heute noch nicht ausreicht.

In Deutschland und Westeuropa sind die Lösemittel-Wiederaufarbeiter überwiegend kleine bis mittelständische Gesellschaften. Ihre Kapitalkraft ist begrenzt. Kaum ein Unternehmen verfügt über eine eigene landesweite Beschaffungs- und Verteilerorganisation. Fast alle haben Nachholbedarf im sicherheitstechnischen Feld. Zudem fehlt Stabilisierungs-Know how für Chlorkohlenwasserstoffe, insbesondere für 1.1.1-Trichlorethan. Die Redestillatqualitäten entsprechen daher nur in Ausnahmefällen der Originalware. Ihr Wiedereinsatz muß auf einfache Anwendungen begrenzt werden. Diese Bereiche verlieren jedoch künftig erheblich an Nachfrage, denn gerade die Kaltreinigung mit CKW wird in der Metallindustrie praktisch abgeschafft.

Zukünftig müssen Recyclingunternehmen als Voraussetzung über hochtechnische Recyclinganlagen mit wirtschaftlicher Kapazität, die einem sicherheitstechnischen Standard gleich dem Niveau der Großchemie entsprechen, verfügen. Sie benötigen ferner das technische Know how, die Lösemittel nach Vorreinigung und anschließender Rektifikation auf extrem hohe Reinheiten zu bringen. Gleichzeitig ist eine sichere Basis für die Entsorgung der nicht verwertbaren Rückstände zu schaffen.

Darüber hinaus sind der Originalherstellung angepaßte Analyse-Methoden mit Prüfverfahren zur Vollstabilisierung auf uneingeschränkten Wiedereinsatz, feste Kooperationsvereinbarungen mit Mengenkontigenten im in- und output sowohl mit Produzenten als auch mit Verteilern sowie eine komplette Infrastruktur mit Gleis- und Wasseranschlüssen unabdingbare Voraussetzung.

Hierfür ist ein erheblicher Kapitalbedarf erforderlich. Die Anzahl der Recyclingbetriebe wird gerade deshalb auf einige wenige leistungsstarke Unternehmen zurückgehen. Dadurch reduzieren sich die Risiken des semiprofessionellen Umgangs mit diesen Stoffen erheblich. Es ergibt sich also eine Konzentration auf wenige kapitalstarke, professionelle Wiederaufarbeiter in den einzelnen EG-Ländern.

Zuammenfassung

Zusammenfassend läßt sich erkennen, daß die Lösemittelmärkte für halogenierte und nichthalogenierte Kohlenwasserstoffe in den nächsten Jahren vielfachen Änderungen unterliegen werden.

Insbesondere ist davon auszugehen, daß die ökologischen Rahmenbedingungen den traditionellen Umgang mit umweltrelevanten Stoffen nicht mehr bedingungslos zulassen. Die globale Beeinträchtigung der Umwelt – mit allen daraus entstehenden Konsequenzen – fordert neue Denkansätze zu sensibler Anwendung dieser Produkte.

Statt des eindimensionalen Prinzips mit Anfang und Ende muß die künftige Orientierung verstärkt Kreislaufsysteme berücksichtigen. Bisheriges Wachstumsdenken wird unrealistisch und daher durch größere Funktionsorientierung mit Dienstleistungsaufgaben zu ersetzen sein.

Die Wiederaufarbeitung von Lösemitteln kann nur mit hohem sicherheitstechnischen Aufwand sinnvoll durchgeführt werden. Die Anforderungen an Recycling-Produkte steigen. Ein uneingeschränkter Wieder einsatz läßt sich nur mit komplizierten mehrstufigen Verfahrensschritten erreichen. Für die verbleibenden Rückstände ist die Sicherung von stofflichen Verwertungsverfahren zur schadlosen Be- seitigung notwendig.

Die Vielzahl von Aufgaben lassen sich nur gemeinsam, also im Verbund der beteiligten Wirtschaftskreise, lösen. Der Gesetzgeber hat die dazu notwendigen Voraussetzungen weitgehend geschaffen.

Es kann davon ausgegangen werden, daß Deutschland in diesem Bereich damit eine Führungsrolle übernommen hat, die hoffentlich zunehmend von anderen Industrieländern nachvollzogen wird.

Konzeption einer modernen Heißwind-Kupolofenanlage[2]

Von E. Freunscht und A. Rudolph[1]

Zusammenfassung

Eine Vielzahl von Gründen führte in einer Gießerei zu Überlegungen, ihren Schmelzbetrieb, der Gießanlagen zur Herstellung von Gußstücken aus Gußeisen mit Kugelgraphit bzw. Temperguß versorgt, neu zu konzipieren. Neben metallurgischen Verbesserungen galt es u. a., die Staubemission zu senken, die zu deponierende Staubmenge erheblich zu vermindern und den Auswirkungen des zunehmenden Anteils an verzinkten Blechen im Einsatzmaterial z. B. auf die Entstaubungsleistung entgegenzutreten. Bei der Planung wurden auch weitere Möglichkeiten eines wirtschaftlichen und umweltfreundlicheren Betriebs geprüft, so der Einsatz kostengünstiger staubförmiger Brennstoffe, eine Staubrückführung in den Kupolofen mit dem Ziel der Anreicherung des Zinkgehalts für die Möglichkeit der Verwertung insbesondere des Zinks in einer Metallhütte und die Nutzung der Abwärme. Das Konzept der Großanlage ist im folgenden ausführlich beschrieben.

Ausgangssituation

Die Georg Fischer GmbH betreibt in Mettmann eine Schmelzerei mit mehreren Kupolofenanlagen. Diese versorgt zwei Gießanlagen zur Herstellung von Gußstücken aus Gußeisen mit Kugelgraphit bzw. Temperguß.

Eine der vorhandenen Heißwindkupolofenanlagen soll nunmehr auf den neuesten Stand der Technik umgerüstet werden. Besondere Gesichtspunkte dieser Maßnahmen sind:

— deutliches Absenken des Staubemissionswertes durch den Einsatz eines filternden Abscheiders unter die zulässigen Massenkonzentration nach TA Luft;

— Verringerung der heute üblichen Deponieabfallmenge durch Anwendung einer neuen Staub-(Reststoff-)Verwertungstechnik;

— Verbesserung des thermischen Gesamtwirkungsgrades der Kupolofenschmelzanlage durch eine weitgehende, fortschrittliche Abwärmenutzung;

— Einsatz kostengünstiger staubförmiger Alternativbrennstoffe.

Beschreibung der vorhandenen Anlage

Die vorhandene Kupolofenanlage ist mit einer Rohgasverbrennung, einem Heißwindrekuperator und einer nachgeschalteten Entstaubungsanlage ausgerüstet. Als Entstaubungsaggregat ist ein statisches Elektrofilter eingesetzt.

Der trockene Filterstaub wird aus dem Filter ausgetragen und mit Wasser in ein Klärbecken geschlämmt. Der anfallende Schlamm wird über Filterpressen entwässert und der Filterkuchen ausnahmslos in Deponien eingelagert.

Diese Anlage ermittelt im Durchschnitt 47,8 mg Staub/m^3 und kann zwar damit die nach TA Luft maximal zulässige Massenkonzentration noch einhalten, setzt aber im Betrieb in „Grenzwertnähe" einen hohen Aufwand an Meß- und Regeltechnik voraus.

Geplante Anlage

Die Planungen zielen aus eingangs genannten Gründen auf die Errichtung einer Gaswirtschaft, die diese Probleme vermeidet. Grundlage dafür ist der Einsatz eines filternden Entstaubers, da damit die Emissionsbegrenzung für Staub weit unterschritten und der abgeschiedene Staub einer Weiterverwertung zugeführt werden kann.

Bei der Erzeugung des Basiseisens für Gußeisen mit Kugelgraphit fallen allein in dieser Schmelzerei jährlich bis zu 1300 t trockene Stäube an, die entsorgt werden müssen.

Als Einsatzstoffe des Kupolofens für die Erzeugung von Gußeisen mit Kugelgraphit kommen vermehrt verzinkte Blechpakete der Automobilindustrie zum Einsatz.

Die Stäube des Kupolofens, die somit zunehmend mit Zink und Zinkoxid angereichert sind, enthalten ferner Bleioxid. Der Abscheidewirkungsgrad eines Elektrofilters für Zinkoxid ist sehr gering. Deshalb ist dieser Filtertyp bei der beabsichtigten Rückführung des Staubes in den Kupolofen, die eine Anreicherung des Zinkoxids zur Folge hat, nicht geeignet. Der filternde Abscheider hingegen ist ein für die Zinkabscheidung bewährtes Aggregat und wird z. B. auch bei der großtechnischen Zinkgewinnung als Zinkstaubabscheider eingesetzt.

Eine wirtschaftliche Aufarbeitung der Kupolofenstäube wird für die Gießereiindustrie steigende Bedeutung erlangen, wenn die Deponie solcher Stäube aufgrund des Umweltschutzes nur mit besonderen Auflagen zugelassen werden kann. Die neue Gaswirtschaft soll so ausgestattet werden, daß

— die staubförmigen Emissionen die Massenkonzentration von 50 mg/m^3 deutlich unterschreiten,

— die jährlich anfallenden 1300 t Filterstaub wieder eingesetzt werden können,

— die Verwertung der NE-Metalle Zink und Blei aus den Reststäuben als Wirtschaftsgut ermöglicht wird (Zinkrecycling),

— die Nutzung von zur Zeit nicht verwertbaren Brennstoffen ermöglicht wird,

— der Einsatz an Primärenergie durch Steigerung des thermischen Gesamtwirkungsgrades gesenkt werden kann und

— die bei der durch Einsatz des filternden Abscheiders notwendige Kühlung der Abgase anfallende Abwärme genutzt wird.

Zielsetzung

Mit diesen geplanten Maßnahmen wird angestrebt,

— eine Staubemission von < 10 mg/m^3 durch den Einsatz eines filternden Entstaubers einzuhalten,

— die Massenkonzentrationen an umweltschutzrelevanten Schwermetallen ohne hohen Kontrollaufwand einzuhalten und sicherzustellen, daß auch bei zunehmenden Gehalten an solchen Schwermetallen in den Roh- bzw. Einsatzstoffen ein Überschreiten der Emissionswerte ausgeschlossen wird,

— die Staubemission um 60 % und gegebenenfalls die Schwefeldioxidemissionen durch bessere Primärenergienutzung um rd. 15 % zu senken, analog gilt das gleiche für CO,

— die abgeschiedenen Stäube in die Kupolofenanlage zurückzuführen; dadurch könnte die heute noch zu deponierende Reststoffmenge erheblich gesenkt werden,

— die auf hohe Zink- und Bleigehalte angereicherten Filterstäube auszuschleusen und an eine NE-Metallhütte zur Aufarbeitung abzugeben,

— preisgünstige Zusatz-Brennstoffe einzusetzen,

— den durch das Einbringen von Staub und Brennstoffen veränderten thermischen Wirkungsgrad und die dadurch entstehende erhöhte Menge an Abwärme durch eine optimale sekundäre Wärmenutzung zu kompensieren,

— den Primärenergieverbrauch zu senken,

— die Störfallsicherheit im Dauerbetrieb gegenüber der bestehenden Anlage deutlich zu verbessern.

Im Oktober 1988 wurde dieser Zielsetzung ein Gesamtauftrag an einen führenden Hersteller von Kupolofenanlagen vergeben. Die Anlage ist im August 1989 in Betrieb gegangen.

---

[1] Dipl.-Ing. Emil Freunscht, Gesellschaft für Hüttenwerksanlagen mbH (GHW) Düsseldorf, Dipl.-Ing. Axel Rudolph, Schmelzbetrieb der Georg Fischer GmbH, Mettmann
[2] Giesserei-Verlag GmbH, Düsseldorf

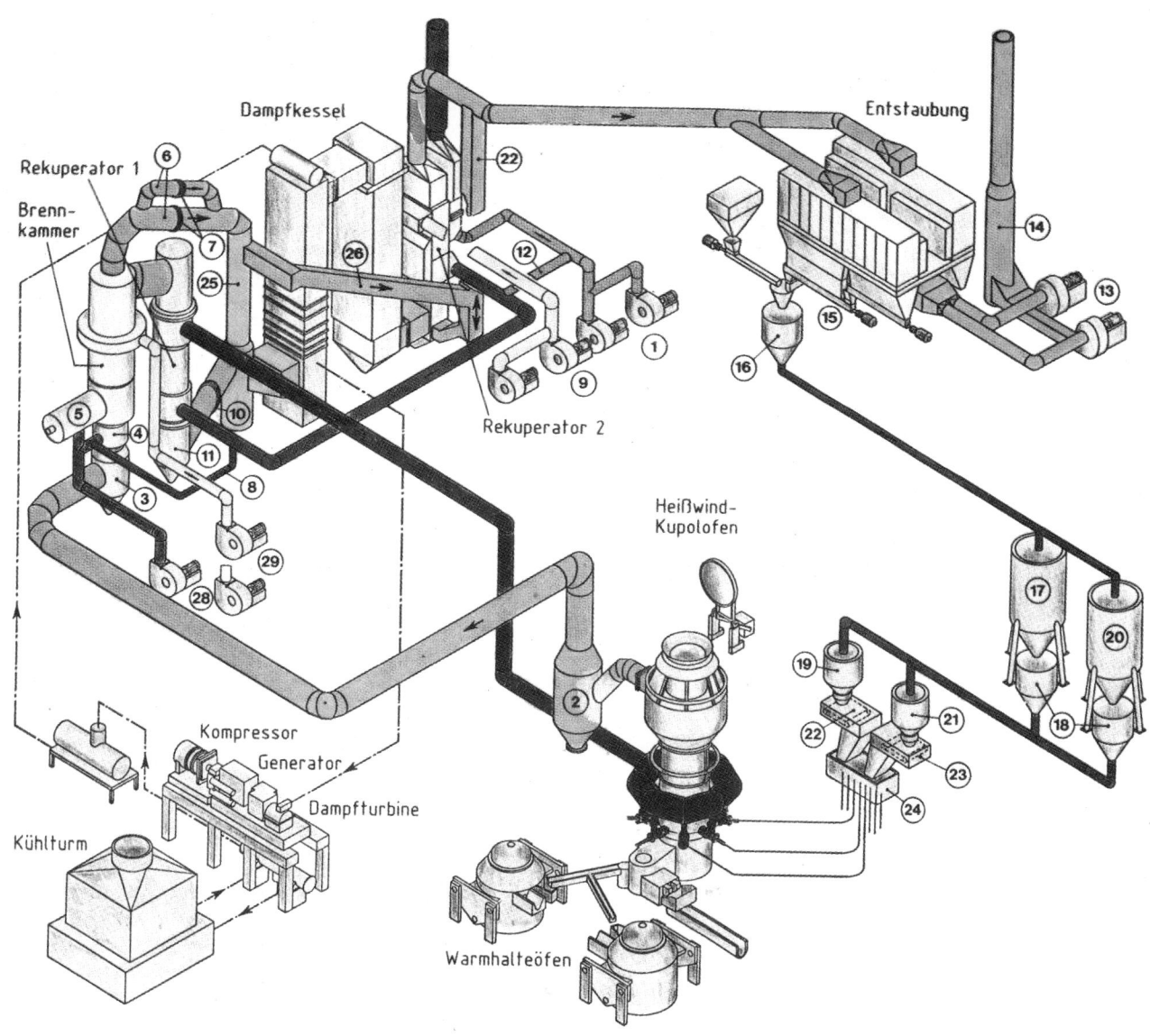

1 Ofenwindventilator	9 Kühlluftgebläse	16 Schubsender	23 Bandwaage
2 Staubsack	10 Rauchgasklappe	17 Staubsilo	24 Verteileinrichtung
3 Staubsack	11 Rauchgasaustrittskasten	18 Schubsender	25 Rekuperator-Bypass 1
4 Gichtgasbrenner	12 Windbypass	19 Vorlagebehälter	26 Kessel-Bypass
5 Erdgas-Zusatzbrenner	13 Saugzuggebläse	20 Brennstoffsilo	27 Rekuperator-Bypass 2
6 Bypassleitung	14 Abgaskamin	21 Vorlagebehälter	28 Verbrennungsluftgebläse
7 Regelklappen-Bypass	15 Transportschnecken	22 Bandwaage	29 Kühlluftgebläse
8 Brennkammerkühlluft			

Bild 1: Konzept der neuen Kupolofenanlage

Konzept und Funktion der neuen Anlage

Die Kupolofenanlage (Bild 1) besteht im wesentlichen aus folgenden Anlagenteilen

– dem Kupolofen,
– der Brennkammer,
– dem Konvektionsrekuperator 1,
– der Abgaswärmenutzungsanlage mit Dampfkessel,
– dem Konvektionsrekuperator 2,
– der Entstaubungsanlage und
– der Anlage zur Entsaugung von Staub und alternativen Brennstoffen.

Der Kupolofen

Entsprechend der Aufgabenstellung ist der Kupolofen als futterloser Langzeit-Heißwindkupolofen ausgelegt. Die Schmelzleistung beträgt maximal 50 t/h.

Der Kupolofen wird mit einem Drucksiphon ausgerüstet, dessen Auskleidung frühestens nach zwei Betriebswochen repariert werden muß.

Das Flüssigeisen fließt mit der Schlacke über den geneigten Ofenboden direkt in den Drucksiphon ab, so daß weder Eisen noch Schlacke im Ofenherd gesammelt werden. Hierdurch werden außerordentlich konstante Schmelzergebnisse, insbesondere was den Kohlenstoffgehalt betrifft, erzielt. Das Flüssigeisen wird kontinuierlich über Eisenablaufrinnen zwei Rinnenöfen zugeführt.

Die im Drucksiphon abgetrennte Schlacke wird unmittelbar nach dem Auslauf aus dem Siphon granuliert und zur Schlackenrinne gespült.

Das beim Schmelzeprozeß im Kupolofen erzeugte Gichtgas wärmt auf dem Weg zur Gasabsaugkammer das im Ofenschacht befindliche Einsatzmaterial vor. Es wird unterhalb der Gichtöffnung vollständig abgesaugt, so daß ein in jeder Betriebsphase rauchfreier Betrieb ermöglicht wird.

Hierbei wirkt das im wassergekühlten Schlagpanzer oberhalb der Absaugung befindliche Einsatzmaterial in Verbindung mit einer Absaugdruckregelung als „Stopfen" gegen das Austreten von Gichtgas oder Ansaugen atmosphärischer Luft. Beim Niederschmelzen, wenn das als Stopfen wirkende Einsatzmaterial im Schlagpanzer fehlt, wird als Ersatz hierfür der Gichtverschlußdeckel auf die Gichtöffnung abgesenkt.

Das Gichtgas wird ungereinigt der Brennkammer eines Rekuperators zugeführt und dort verbrannt.

Der Heißwind wird im Rekuperator 1 und in einem Teil des Rekuperators 2 erzeugt.

Der Ofenwindventilator (1 in Bild 1) fördert die für den Kupolofenbetrieb erforderliche Windmenge durch den Rekuperator 2, wo der Wind auf 160 °C vorgewärmt wird, zum Rekuperator 1. Im Rekuperator 1 erfolgt die Winderhitzung auf 600 °C. Danach wird der Wind zum Windring des Kupolofens gefördert, wo er auf die Blasformen verteilt wird. Der Ofenwindventilator wird entsprechend der Schmelzleistung geregelt.

Kühlwassersystem

Das Kühlwassersystem des Kupolofens ist in zwei Kreisläufe unterteilt,

a) den Düsen-Kühlwasserkreislauf und
b) den Ofen-Kühlwasserkreislauf.

Das Wasser zur Kühlung der kupfernen Blasformen wird im Kreislauf geführt und mittels eines Rippenrohrkühlers rückgekühlt. Durch den geschlossenen Kreislauf entstehen keine Verdampfungsverluste. Leckverluste werden mit Wasser aus der Vollentsalzungsanlage für das Kesselspeisewasser ergänzt. Zum erstmaligen Füllen oder zum Nachfüllen bei Reparaturen ist ein Sammelbehälter vorgesehen. Über eine Füllstandskontrolle dieses Behälters kann der Wasserverlust des Düsenkreislaufes kontrolliert werden, so daß ggf. Undichtigkeiten schnell erkannt werden können.

Zur Überwachung der Kühlwassermenge und der Temperatur sind für jede einzelne Blasform in den Zu- bzw. Rückführungsleitungen zum Verteiler und Sammelring Durchflußwächter, Thermometer und Regulierventile eingebaut.

Das Wasser zur Kühlung von Schlagpanzer und Ofenmantel wird aus dem Werkswasserkreislauf gespeist. Die erforderliche Wassertemperatur wird durch Kühltürme sichergestellt. Die Verteiler- und Spritzringe zur Ofenmantel- und Schlagpanzerkühlung erhalten getrennte Zuführungsleitungen.

Zur Sicherstellung der Kühlwasserversorgung der Blasformen ist eine Reservepumpe vorgesehen, die im Falle des Ausfalls einer Pumpe automatisch eingeschaltet wird. Zur Sicherstellung der Kühlwasserversorgung im Falle von Stromausfall sind die Pumpen für Düsen- und Mantelkühlung an ein Notstromaggregat angeschlossen.

Schlackengranulation

Die im Kupolofen erzeugte Schlacke wird unmittelbar nach dem Austritt aus dem Schlackenabscheider granuliert. Das zum Granulieren und anschließenden Transport der granulierten Schlacke erforderliche Wasser wird direkt dem Granulationskopf am Schlackenabscheider zugeführt.

Brennkammer

Die Brennkammer ist für die vollständige Verbrennung der ungereinigten Gichtgase in allen Betriebsphasen sowie zur Verbrennung von zusätzlichem Erdgas bei Teillastbetrieb oder Stillstand des Kupolofens ausgelegt.

Das beim Schmelzprozeß im Kupolofen entstehende Gichtgas wird unterhalb der Gichtöffnung vollständig abgesaugt und gelangt ungereinigt mit einer Temperatur von rd. 200 °C bis 250 °C über Grobstaubabscheider [Staubsäcke (2 und 3 in Bild 1)] zum Gichtgasbrenner (4). Der Staubgehalt des Gichtgases ist abhängig von der Art des verwendeten Einsatzmaterials und wird beim Verlassen des Kupolofen maximal 20 g/m^3 betragen.

Da die Dampfleistung der Kesselanlage, die dem Windrekuperator rauchgasseitig nachgeschaltet ist, durch die Abgasmenge und die Abgaseintrittstemperatur bestimmt wird und diese sich – je nach Schmelzleistung des Kupolofens – ändert, ist, um eine konstante minimale Dampfleistung zu gewährleisten, an der Brennkammer ein Erdgas-Zusatzbrenner (5) angeordnet. In diesem Brenner kann, bei bestimmten Betriebsfällen zum Ausgleich fehlender Abgasenergie, zusätzlich Brennstoff (Erdgas) zugefeuert werden. Eine Erdgas-Zusatzfeuerung ist z.B. dann notwendig, wenn bei einem zu niedrigen CO-Anteil im Gichtgas und geschlossenen Bypass-Regelklappen die erforderliche Windtemperatur nicht erreicht wird. Weiter muß auch während des Ausfalls der Kupolofenanlage und zum Aufheizen der Brennkammer der Erdgas-Zusatzbrenner in Betrieb genommen werden.

Im Gichtgasbrenner wird dem Gichtgas entsprechend dem CO-Gehalt Verbrennungsluft zugemischt und das Gemisch mittels eines Erdgas-Zündbrenners gezündet. Das Gichtgas-Luft-Gemisch verbrennt in der nachgeschalteten mit Feuerfeststeinen ausgekleideten Brennkammer vollständig. Die dabei entstehenden Abgase werden nach dem Ausbrand durch Kühlluftzugabe auf 850 °C abgekühlt, und die fühlbare Wärme der Abgase wird im nachgeschalteten Windrekuperator weitgehend ausgenutzt.

Konvektionsrekuperator 1

Als Windrekuperator wurde ein Konvektionsrekuperator 1 der Bauart „Rauchgas durch die Rohre" gewählt. Bei dieser Bauart strömt das wärmeabgebende, auf 850 °C gekühlte Rauchgas von oben nach unten durch die senkrecht angeordneten Rohre eines Rohrbündels, während Kaltluft mit Leitblechen im Gegenstrom zur Rauchgasströmungsrichtung um die Rohre geführt wird.

Das Rohrbündel des Windrekuperators ist in einer außenisolierten Ummantelung angeordnet. Zur Reinhaltung der Rohrinnenseiten ist eine Kugelregenreinigungsanlage vorgesehen. Die Reinigungsintervalle können über ein Zeitschaltwerk gesteuert werden.

Für die Erwärmung des Kupolofenwindes auf 600 °C wird nur eine Teilmenge des Abgasstromes benötigt. Die restliche Teilmenge wird über eine Bypassleitung (6) um den Rekuperator geführt. Die Heißwindtemperatur wird durch Regelklappen (7), die den Abgasstrom durch die Bypassleitung steuern, geregelt. Zur besseren Regelmöglichkeit ist der Bypass zweisträngig ausgeführt.

Die weitere Ausnutzung der Abgaswärme erfolgt in einer Dampfkesselanlage und die Abkühlung der Abgase auf Filtereintrittstemperatur in einem Luftvorwärmer (Rekuperator 2). Der Wind aus diesem Luftvorwärmer wird mit rd. 160 °C als vorgewärmter Wind vom Windgebläse zum Rekuperator 1 gefördert.

Bei Ausfall der Kupolofenanlage und beim Betrieb des Dampfkessels mit Abgasen aus der Verbrennung von Erdgas ist das Windgebläse außer Betrieb. Eine Kaltwind-Teilmenge aus dem Luftvorwärmer wird dann – zur Erzielung eines besseren Wirkungsgrades – als vorgewärmte Brennkammerkühlluft (8) über ein Kühlluftgebläse (9) dem aus der Erdgasverbrennung entstandenen Rauchgas zugemischt.

Bei reinem Erdgasbetrieb sind die Rauchgasklappen in den Bypassleitungen geöffnet und ist die Klappe (10) im Rauchgasstrom hinter dem Rekuperator 1 geschlossen.

Zum Schutz des luftseitig unbeaufschlagten Windrekuperators wird am Rauchgasaustrittskasten unterhalb des Rekuperators ein Stutzen (11) geöffnet, durch den eine vorgewärmte Teilluftmenge aus dem Luftvorwärmer strömt. Diese Luft kühlt den Rekuperator 1 und schützt – da sie vorgewärmt ist – den kalten Bereich der Heizflächen vor Taupunktunterschreitung.

1 Dampfkessel
2 Dampfturbine
3 Generator
4 Luftverdichter
5 Turbinenkondensator
6 Kühlturm
7 Vollentsalzungsanlage
8 Entgaser
9 Kondensatpumpen
10 Speisewasserbehälter
11 Speisewasserpumpen
12 Dampftrommel
13 Trommelvorwärmer
14 Einspritzkühler
15 Anfahrleitung
16 Turbinenentnahme
17 Kondensatpumpe
18 Druckreduzierstation

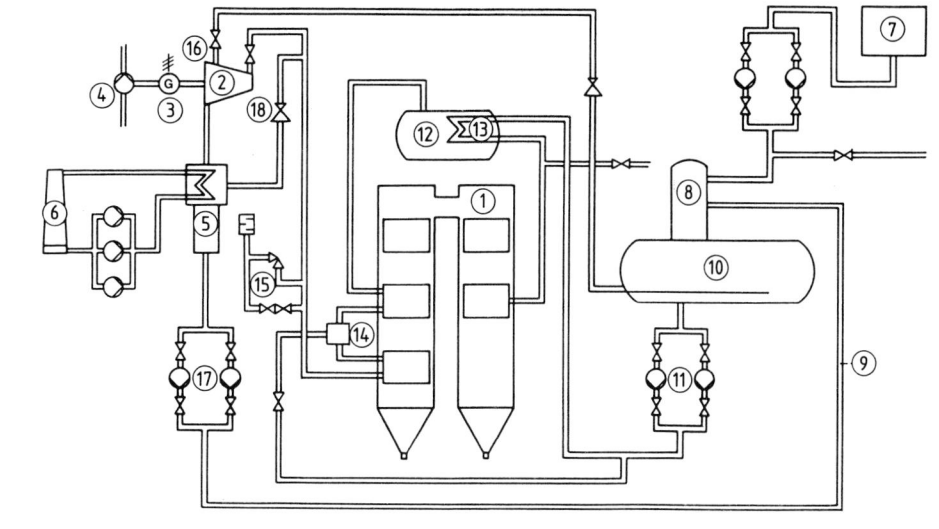

Bild 2: Konzept der Abgaswärmenutzungsanlage

Die Abgaswärmenutzungsanlage

Die Abgaswärmenutzungsanlage besteht aus folgenden Hauptkomponenten (Bild 2):

– Kesselanlage (1),
– Dampfturbine (2) mit Generator (3) und Luftverdichter (4),
– Turbinenkondensator (5) und Kühlturm (6) sowie
– Vollentsalzungsanlage (7) und Entgaser (8).

Die nach dem Austritt aus dem Rekuperator 1 wieder zusammengeführten Gase werden in einem zweizügigen Dampferzeuger weiter abgekühlt. Der Kessel ist so ausgelegt, daß eine Rauchgastemperatur nach Kessel von maximal 240 °C in jeder Betriebsphase gewährleistet ist.

Die Betriebsdaten des Kessels (Dampferzeugnis) sind folgende:

– zulässiger Betriebsdruck	50 bar
– Betriebsüberdruck am Überhitzeraustritt	43 bar
– Heißdampftemperatur (geregelt)	450 °C
– Speisewassereintrittstemperatur	104 °C

Wasser-Dampf-Kreislauf

Das aus dem vom Turbinenproezß zurücklaufende Kondensat (9 in Bild 2) wird entgast (8) und zu einem Speisewasserbehälter (10) gespeichert. Dieses Speisewasser wird in einen in der Dampftrommel (12) liegenden Vorwärmer (13) gepumpt (11) und von 104 °C auf 120 °C erwärmt, um beim Eintritt in den Dampfkessel Taupunktunterschreitungen zu vermeiden.

In der Ausdampftrommel wird der Sattdampf durch Abscheideeinbauten von mitgerissenen Wassertropfen getrennt und dem zweigeteilten Überhitzer zugeführt. Um am Austritt des Kessels II eine konstante Heißdampftemperatur von 450 °C zu erreichen, ist zwischen Überhitzer I und Überhitzer II ein Dampfkühler (14) vorgesehen, in welchen Speisewasser eingespritzt wird.

Während der Anfahrphase und bei Ansprechen der Sicherheitsventile wird der Heißdampf durch eine Anfahrleitung mit Schalldämpfer (15) in die Atmosphäre abgeführt.

Nach Erreichen der Dampfzustände (Druck und Temperatur) wird der Heißdampf auf den Turbosatz geleitet, der als Anzapfkondensationsturbine mit Generator (3) und Kompressorenanlage (4) ausgeführt ist. Kompressor und Generator sind über eine Welle verbunden und laufen mit der gleichen Drehzahl. Der am Turbinenentnahmestutzen (16) entnommene Dampf wird für die Vorwärmung und Entgasung des Speisewassers im Speisewasserbehälter mit Entgaser bzw. für den später vorgesehenen Heizkondensator verwendet. Der die Turbine am Austrittsstutzen verlassende Dampf wird in einem Turbinenkondensator niedergeschlagen. Mit Pumpen (17) wird dieses Kondensat dem Entgaser und somit dem Speisewassersystem wieder zugeführt.

Beim dampfseitigen Umfahren des Turbosatzes (z. B. bei Wartungsarbeiten) wird der Dampf direkt in den Turbinenkondensator und in den Speisewasserbehälter bzw. Heizkondensator geleitet. Vor dem Eintritt in die obengenannten Aggregate wird der Dampf in Druckreduzierstationen (18) entspannt und mit Einspritzwasser heruntergekühlt. Das im Turbinenkondensator aufgewärmte Kühlwasser wird in einem Kühlturm abgekühlt und wieder in den Kondensator zurückgepumpt.

Konvektionsrekuperator 2

Der Konvektionsrekuperator 2 (Luftvorwärmer) dient der Abkühlung der Abgase auf die maximal zulässige Filtereintrittstemperatur von rd. 130 °C. Die noch im Abgas enthaltene Restwärme soll zu einem möglichst hohen Prozentsatz in nutzbare Energie überführt werden.

Bei den wechselnden Betriebsbedingungen der Schmelzanlage sind Abgaszustände und die als Wärmeträger nutzbaren Luftmengen sehr unterschiedlich. Die Druckdifferenz zwischen Windseite und Abgasseite ist sehr groß. Die Auslegung des Wärmetauschers muß all diesen Anforderungen gerecht werden. Da die Betriebstemperaturen von rd. 240 °C bis 130 °C auf der Gasseite und unter 30 °C auf der Luftseite verhältnismäßig niedrig sind, ist eine große Heiz- bzw. Kühlfläche erforderlich. Die gasseitige Austrittstemperatur von 130 ° und luftseitige Eintrittstemperatur von unter 30 °C bergen die Gefahr der Taupunktunterschreitung der Wärmetauscherflächen und somit die Gefahr von Korrosion bzw. im Teillastbereich Verkleben der Stäube.

Um all diesen Anforderungen Rechnung zu tragen, wurde ein gußeiserner Rippenplattenwärmetauscher (Bild 3) eingesetzt. Dieser hat eine große Heizfläche bei geringem Raumbedarf. Der Einbau von Abreinigungseinrichtungen wie Rußbläser oder Kugelregenreinigungen ist möglich. Im vorliegenden Fall fiel die Entscheidung wegen der geringeren Betriebskosten auf eine Kugelregenreinigung. Die Wandtemperatur kann bei dieser Bauart durch Größe und Anzahl der Berippung auf der Gas- oder Luftseite beeinflußt werden. So sind hier die Platten im Lufteintrittsbereich zum Teil unberippt, auf der Gasseite jedoch berippt. Bedingt durch die größere Heizfläche auf der Gasseite, verschiebt sich die Wandtemperatur in Richtung Abgastemperatur. Hierdurch werden Taupunktunterschreitungen vermieden.

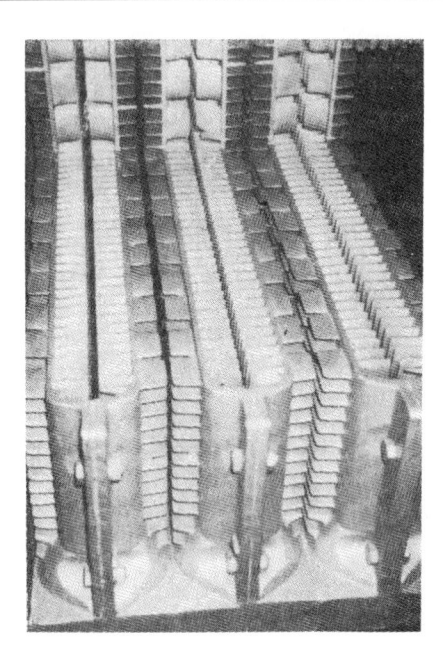

Bild 3: Rippenplattenwärmetauscher

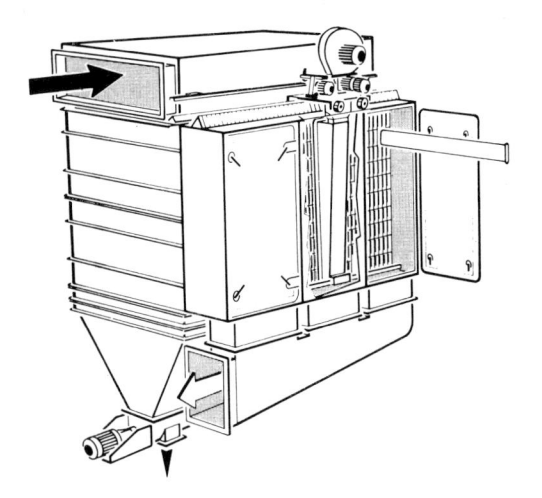

Bild 4: Filternder Abscheider des Kupolofens

Den verschiedenen Betriebsarten wie Anfahrbetreib, Schmelzbetrieb mit und ohne Zusatzfeuerung und reiner Erdgasbetrieb wurde durch verschiedene Arten der Luftführung Rechnung getragen. Hierfür war ein hoher Aufwand an Umführungskanälen und Absperrklappen notwendig. Die hohe Wirtschaftlichkeit und die Flexibilität der Anlage rechtfertigen jedoch diesen Aufwand.

Beim Schmelzbetrieb werden drei der vier Rippenplattenbündel zur Windvorwärmung genutzt. Die Menge des Windes und somit die Kühlleistung dieser Bündel ist abhängig von der erforderlichen Windmenge und somit von der Schmelzleistung. Die Abkühlung der Abgase auf Filtereintrittstemperatur übernimmt das vierte Bündel, das entsprechend der erforderlichen Kühlleistung über die Drehzahl des Kühlluftgebläses (9 in Bild 1) geregelt wird.

Beim Anfahren werden alle vier Bündel über das Kühlluftgebläse mit Kühlluft versorgt. Der Wind wird unvorgewärmt über einen Bypass (12) in den Rekuperator 1 gefördert. Die Regelung erfolgt entsprechend der Filtereintrittstemperatur. Beim reinen Erdgasbetrieb wird die Kühlluft durch die Kühlluftgebläse ebenfalls durch alle vier Bündel geführt und dient mit einer Temperatur von rd. 130 °C als Kühlluft bei der Erdgasverbrennung in der Brennkammer.

Entstaubungsanlage

Die Entstaubungsanlage ist ein ganz wesentlicher Teil der Gesamtkonzeption.

Da die Stäube in den Kupolofen zurückgeführt werden sollen, was nur in trockenem Zustand möglich ist, schieden Naßabscheider prinzipiell aus. Die Wahl fiel auf einen filternden Abscheider (Bild 4). Die Filterschläuche sind horizontal auf Metallstützkörben aufgezogen. Diese Bauart bietet neben geringem Platzbedarf auch den Vorteil der einfacheren Handhabung der Schläuche durch deren geringe Länge von nur rd. 2 m. Die Schläuche werden über einen verfahrbaren Spülwagen durch Mitteldruck-Gegenspülung gereinigt. Die Reinigungsintervalle werden über den Differenzdruck gesteuert.

Da die Wirksamkeit der Einbindung von Staub in die Schlacke noch geklärt werden muß, war die zu erwartende Staubfracht in den Abgasen und somit die Belastung des Filters nicht vorhersagbar. Empirische Untersuchungen haben ergeben, daß Kupolofenentstauber, vor allem bei hohem Zinkanteil im Staub, Filterflächenbelastungen von $< 0,6$ m^3/(m$^2 \cdot$ min) im Normalbetrieb erfordern.

Die aus wirtschaftlichen Gründen im vorliegenden Konzept relativ niedrige Abgastemperatur soll zur Vermeidung von Taupunktunterschreitungen in keinem Bereich der Entstaubungsanlage unterschritten werden. Der filternde Abscheider wurde deshalb zusätzlich zur Unterbringung in einem geschlossenen Gebäude wärmeisoliert.

Um auch bei Störungen die Emissionswerte für Staub zu unterschreiten und um eventuelle Wartungsarbeiten ohne Unterbrechung des Schmelzbetriebes durchführen zu können, wurde die Gasreinigungsanlage in vier Module unterteilt (Bild 1), die unabhängig voneinander betrieben werden können. Jedes der Module kann rein- oder rohgasseitig abgeschiebert werden. Schlauchwechsel sind also während des Betriebes möglich.

Die gereinigten Abgase werden über zwei drehzahlgeregelte Saugzuggebläse (13 in Bild 1) dem Abgaskamin (14) zugeführt. Die Saugzüge sind so ausgelegt, daß der Kupolofen mit nur einem Gebläse betrieben werden kann. Nur im Anfahrbetrieb sind beide Gebläse einzusetzen.

Staubrückführungsanlage

Parallel zur Einsaugung staubförmiger Brennstoffe durch die Winddüsen des Kupolofens* soll auch der Filterstaub in den Kupolofen zurückgeführt und in der Schmelzzone verschlackt werden**. Die Einsaugeinrichtung arbeitet mit Unterdruck, der in den Düsen mit Hlfe des Heißwindes durch eine integrierte Venturidüse erzeugt wird (Bild 5). In den Unterdruckbereich der Venturidüse mündet eine Staubzuführungsleitung.

Der Filterstaub wird mit Transportschnecken (15 in Bild 1) gesammelt und einem pneumatischen Schubsender (16) zugeführt, der den Staub in ein Lagersilo (17) transportiert.

Aus dem Lagersilo kann der Staub abgezogen und durch einen Schubsender (18) zu einem Vorlagebehälter (19) in Ofennähe transportiert werden. Aus einem weiteren Silo (20) kann staubförmiger Brennstoff abgezogen und durch den gleichen Schubsender wechselseitig zu einem weiteren Vorlagebehälter (21) in Ofennähe transportiert werden.

Aus den Vorlagebehältern kann nun eine vorgegebene Menge Staub, staubförmiger Brennstoff oder ein Gemisch aus beiden über zwei Bandwaagen (22 und 23) abgezogen und einer Verteileinrichtung (24) zugeführt werden. Die Verteileinrichtung versorgt die acht Blasformen des Kupolofens.

Die Einsaugeinrichtung hat neben dem geringen Energiebedarf den Vorteil der Vermeidung von Emissionen, da durch den im Vorlagebereich herrschenden Unterdruck austretender Staub wieder in die Einsaugeinrichtung rückgesaugt wird. Zudem sind Störungen in einzelnen Düsen bzw. im Zuführbereich einzelner Düsen ohne Folgen für den Schmelzbetrieb, da die Staubmenge automatisch auf die restlichen noch funktionierenden Einsaugdüsen verteilt wird.

---

*) Internationale Anmeldenummer WO 87/00173.
**) Patentanmeldung 00492/89-5

Weitere Vorteile sind die geringen Falschluftmengen sowie der gegenüber Einblasvorrichtungen aufgrund geringerer Geschwindigkeit verminderte Verschleiß durch den transportierten Staub.

Der Anlagenaufbau ist zudem wesentlich einfacher und erfordert einen geringeren Aufwand an Komponenten und Steuerungen.

Das Ziel der Staubrückführung ist

- die Erhöhung des Zinkgehaltes im Filterstaub auf Größenordnungen, die eine Weiterverwertung in Zinkhütten wirtschaftlich machen; der zinkhaltige Staub kann aus dem Lagersilo trocken in Silofahrzeuge zum Abtransport verladen werden,
- die Verschlackung eines Teiles der anfallenden Stäube mit dem Zweck, Schadstoffe so einzubinden, daß sie bei Deponierung bzw. Nutzung als Baustoffe durch Grund- und Regenwasser nicht mehr eluierbar sind.

Prozeßüberwachung

Die Überwachung und Beeinflussung eines solchen komplexen Verfahrens erfordert den Einsatz moderner Hilfsmittel, wie sie die heutige Computergeneration bietet. Der Prozeßablauf wird auf einem Farbmonitor eines Personalcomputers in Form eines Übersichtsbildes sowie mehrerer Untergruppen dargestellt. Alle wichtigen Meßwerte werden in das entsprechende Bild eingeblendet. Soll-Werte können über den PC verändert werden. Störungen werden im Klartext auf dem Bildschirm angezeigt und mit einem Drucker protokolliert.

Alle wichtigen Meßwerte werden auf Festplatte abgespeichert und können zur Auswertung abgerufen werden. Zur Darstellung des zeitlichen Prozeßverlaufs können mehrere Meßwerte als Diagramm angezeigt und ausgedruckt werden. Analysen zurückliegender Ereignisse sind somit stets möglich.

Um bei Ausfall eines PC den Prozeß weiterführen zu können, sind die Regelkreise hardwareseitig realisiert. Die Soll-Werte werden den Regeln vom PC vorgegeben, die Ist-Werte in dem entsprechenden Bild dargestellt.

Um die Darstellung des Prozesses bei Auswertungsarbeiten nicht zu beeinflussen und aus Redundanzgründen, sind zwei gleiche PC installiert. Es handelt sich dabei um 32-bit-Rechner mit 80386 Prozessoren.

Betriebsweise der Schmelzanlage

Die Schmelzanlage dient, trotz aller Zusatzeinrichtungen, vorrangig selbstverständlich der Erzeugung von Flüssigeisen. Die Anlage arbeitet im Dreischichtbetrieb. Die Gichtgase werden in dieser Zeit in der Brennkammer verbrannt. Die erzeugte Energie dient zunächst zur Heißwinderzeugung, die Restenergie soll in der Abwärmenutzungsanlage (AWN) in elektrischen Strom und Druckluft umgesetzt werden.

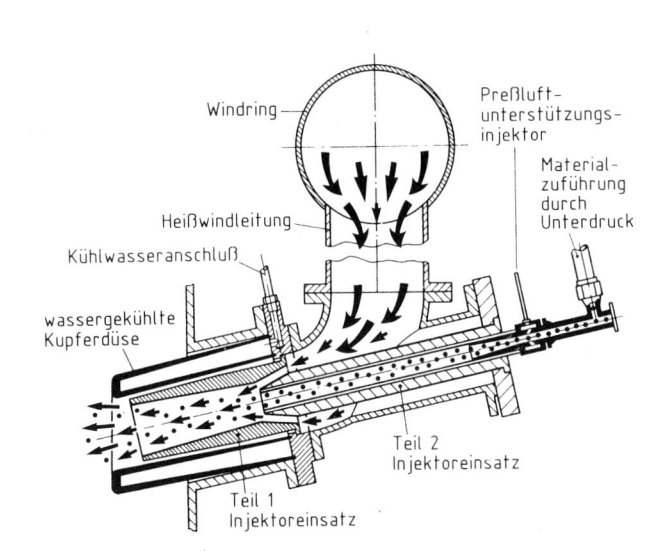

Bild 5: Einsaugeinrichtung für staubförmige Brennstoffe und Filterstaub

Die AWN ist so dimensioniert, daß bei einer Schmelzleistung von 50 t/h die gesamte Gichtgaswärme in Heißwind, Strom und Druckluft umgesetzt werden kann. Das bedeutet, daß die AWN bei Verringerung der Schmelzleistung nur ungenügend mit Energie versorgt würde. Um dies zu vermeiden und in jedem Betriebszustand die AWN gleichmäßig betreiben zu können, wird zusätzlich zur Gichtgaswärme durch die Verbrennung von Erdgas Energie erzeugt.

Um auch bei kurzzeitiger Unterbrechung des Schmelzbetriebes die AWN nicht abstellen zu müssen, kann die Zusatzfeuerung den gesamten Leistungsbereich für die AWN abdecken.

Im Normalbetrieb wird also der Kupolofen in Abhängigkeit von der zu erschmelzenden Eisenmenge betrieben: die Zusatzfeuerung erzeugt die für ein gleichmäßiges Fahren der AWN notwendige Abgasmenge. Zur Vermeidung von Schäden durch Temperaturwechsel und Taupunktunterschreitung beim An- und Abfahren, besonders in den Bereichen Brennkammer – Kessel – Entstaubung werden diese Anlagenteile dann bei Stillstand des Kupolofens zum Warmhalten weiterbetrieben. Dafür wird in der Brennkammer Erdgas verbrannt und dem Dampfkessel zugeführt. Der Rekuperator 1 wird gasseitig vollständig durch Zufahren der Abgasklappe (10 in Bild 1) und Öffnen der Bypassklappen (7) „umfahren". Die Gaseintrittstemperatur im Kessel ist somit nahezu identisch mit der Brennkammertemperatur. Dadurch erhöht sich der Kesselwirkungsgrad, wodurch diese Betriebsweise wirtschaftlich vertretbar wird. Die Temperatur der Abgase nach dem Kessel wird wie beim Normalbetrieb im Rekuperator 2 auf Filtereintrittstemperatur abgesenkt. Die Kühlluft kann allerdings nicht mehr zur Windvorwärmung genutzt werden und wird deshalb, um auch diese Energie noch auszunutzen, als Kühlluft in die Brennkammer gegeben (8).

Der Dampfkessel wird mit rd. 60 % Teillast betrieben und erzeugt Dampf zum Betrieb der Turbine mit Generator. Der Kompressor wird dann abgekuppelt.

Sicherheitseinrichtungen und vorgesehene Maßnahmen bei Störfällen

Bei einer komplexen Anlage wie der hier vorgestellten muß sichergestellt werden, daß eine Störung bzw. ein Ausfall einzelner Komponenten nicht den gesamten Betrieb wesentlich beeinträchtigt. Durch konstruktive Maßnahmen und durch entsprechende Dimensionierung wurde dieser Forderung Rechnung getragen. Um bei Ausfall der Anlagenteile

- Rekuperator 1
- Dampferzeuger oder
- Rekuperator 2

den Schmelzbetrieb fortsetzen zu können, sind diese Anlagenteile jeweils mit einem Bypass auf der Rauchgasseite versehen (6, 26, 27 in Bild 1). Im Störfall kann während einer kurzen Unterbrechung des Schmelzbetriebes das gestörte Aggregat abgesperrt und der entsprechende Bypass geöffnet werden. Danach kann der Schmelzbetrieb, allerdings nicht mit voller Leistung, fortgesetzt werden.

Bei kurzzeitigem Ausfall des Kupolofens oder auch bei gezieltem Abstellen, etwa bei Störungen der Eisenabnahme, wird die AWN mit dem Erdgasbrenner bis zur Beseitigung der Störung weiter betrieben.

Bei Ausfall des Kompressors, des Generators oder auch der kompletten Turbine kann der Dampfkessel, der zur Kühlung der Abgase auf Filtereintrittstemperatur notwendig ist, weiter betrieben werden. Der erzeugte Dampf wird dann je nach Störfall vollständig oder teilweise um die Turbine geleitet, in einem Reduzierventil entspannt und im Kondensator niedergeschlagen.

Der Ausfall einzelner Gebläse wurde durch den Einbau von Stand-by-Gebläsen berücksichtigt. In allen betriebswichtigen Gebläsen für

- Wind (1 in Bild 1),
- Verbrennungsluft (28),
- Kühlluft (29) und
- Abgas (Saugzug) (13)

wurden diese Stand-by-Gebläse zusätzlich installiert.

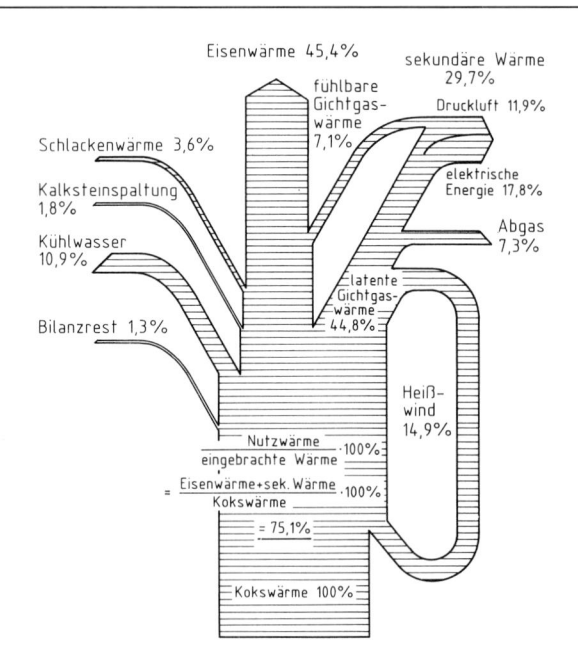

Bild 6: Energiebilanz der Kupolofenanlage

Energiebilanz

Der Wirkungsgrad bei der Umsetzung der in den Kupolofen eingebrachten Energie ist für die Höhe der Schmelzkosten von entscheidender Bedeutung (Energiebilanz in Bild 6).

Die in den Kupolofen in Form von Koks eingebrachte Energie über ein bestimmtes Maß zu senken, hat sich als wirtschaftlich falsch erwiesen, da sich der Ofen die notwendige Energie dann aus dem um ein Vielfaches teureren Silicium holt. So bleibt neben der Optimierung des Koks- und Siliciumeinsatzes die konsequente Nutzung der im Kupolofen nicht als Schmelzwärme genutzten Restenergie als einzig sinnvoller Weg.

Die Umsetzung eines Teiles der Restenergie in Heißwind ist seit langem Stand der Technik. Die sinnvolle Grenze der Heißwindtemperatur liegt dabei, bestimmt durch Investitions- und Betriebskosten, bei rd. 600 °C.

Die restliche Abgaswärme beträgt noch ca. 37 % der eingesetzten Kokswärme. In der vorliegenden Planung wurden davon durch sinnvolle Anordnung der einzelnen Wärmetauscher und durch größtmögliche Absenkung der Abgastemperatur auf 130 °C weitere 29,7 % zur Erzeugung von Druckluft und Strom genutzt. Hierbei ist jedoch zu berücksichtigen, daß erst die Umsetzung mit einem hohen Wirkungsgrad in jederzeit nutzbare Energieträger den wirtschaftlichen Nutzen bringt. Im vorliegenden Fall beträgt der Wirkungsgrad der Umsetzung in elektrische Energie und Druckluft ohne Auskopplung von Heizwärme rd. 25 %. Durch die Auskopplung von Heizwärme läßt sich sicherlich ein höherer Wirkungsgrad der Abwärmenutzung erzielen; die Verwertbarkeit dieser Energie ist jedoch sehr eingeschränkt und daher nicht immer sinnvoll. Die Gewinnung von Heizenergie ist im vorliegenden Konzept deshalb nur in der verwertbaren Größenordnung realisiert.

Die verbleibenden Restenergien aus Abgas, Schlacke und Kalksteinspaltung sind aus technischen Gründen kaum nutzbar. Die verhältnismäßig hohe Kühlwasserenergie von 10,9 % wird im vorliegenden Konzept jedoch noch teilweise genutzt. Der Düsenkühlwasserkreislauf ist geschlossen ausgeführt, das Kühlwasser wird in einem Luftkühler rückgekühlt. Die erwärmte Kühlluft wird in die Schrotthalle geleitet und sorgt dort für eine Klimatisierung durch Erwärmung und Luftwechsel.

Zusammenfassung

Nach einer kurzen Beschreibung der vorhandenen Kupolofenanlage in einer großen Gießerei werden die Ziele, die man sich bei der Planung der neuen Anlage gesetzt hat, genannt. Diese betreffen in erheblichem Maße Verbesserungen hinsichtlich Umweltschutz; stark verminderte Staub-, CO_2-, SO_2- und Schwermetallemissionen durch Einsatz eines filternden Abscheiders und verbesserte Energienutzung; Rückführung der abgeschiedenen Stäube in den Kupolofen, wodurch gleichzeitig eine Anreicherung der Zink- und Bleianteile erreicht werden soll, so daß dieser Staub in einer NE-Metallhütte aufgearbeitet werden kann. Weiter wird angestrebt, preisgünstigere Brennstoffe einzusetzen, die Abwärme optimal zu nutzen, den Primärenergieverbrauch zu senken und die Störfallsicherheit zu verbessern. Im weiteren werden ausführlich das Konzept und die Funktion der neuen Anlage dargestellt, und zwar mit den Anlagenteilen Kupolofen, Brennkammer, Konvektionsrekuperator 1 und 2, Abwärmenutzungsanlage, Entstaubungsanlage sowie Staubrückführungsanlage. Schließlich werden Angaben zur Betriebsweise der Schmelzanlagen sowie zu Sicherheitseinrichtungen und vorgesehenen Maßnahmen bei Störfällen gemacht und wird eine Energiebilanz der Gesamtanlage aufgestellt.

Aufarbeitung von Aluminiumsalzschlacken in Nordrhein-Westfalen

Von M. Beckmann[1]

Die Zahlen in Tafel 1 unterstreichen, daß die Bundesrepublik Deutschland im Jahr 1988 mit einer Produktion von knapp 530.000 t Sekundäraluminium, nach Japan und den USA, weltweit der drittgrößte Sekundäraluminiumproduzent gewesen ist. Diese Produktionsleistung wurde von 23 Umschmelzwerken erbracht. Nordrhein-Westfalen ist eindeutig der Schwerpunkt. Hier sind zehn Umschmelzwerke und vier Primärhütten angesiedelt. Die Kapazitäten dieser Werke decken mehr als die Hälfte der Sekundäraluminiumproduktion der Bundesrepublik Deutschland ab.

Das Einschmelzen des recycleten Aluminiummetalls erfolgt in der Bundesrepublik Deutschland fast ausschließlich in Drehtrommelöfen unter einer geschmolzenen Salzdecke, bestehend aus ca. 70 % NaCl und ca. 30 % KCl mit Zusätzen von CaF_2 Flußspat zur Schmelzpunkt- und Viskositätserniedrigung der Schmelze, aber auch, um das sichere Ablösen der Oxidhäute von den Aluminiumrohstoffen zu gewährleisten. Diese Salzschmelze schützt das metallische Aluminium weitgehend vor Oxidation und nimmt darüber hinaus die Verschmutzungen sowie die Zersetzungs- und Oxidationsprodukte auf, die sich vor oder während des Schmelzprozesses gebildet haben. Nach selektivem Abguß des flüssigen Aluminiums und der Salzabdeckung erstarrt diese, je nach Geometrie und Größe der verwendeten Abgußbehälter, zu unterschiedlich großen Schlackebrocken.

Je produzierter Tonne Sekundäraluminium fallen, je nach Verschmutzungsgrad der eingesetzten Aluminiumschrotte, 0,5 t bis 0,7 t Salzschlacke an. Somit resultiert aus den knapp 530.000 jato Sekundäraluminium ein Zwangsanfall an Salzschlacke von ca. 270.000 jato. Der effektive Salzschlackenanfall in der deutschen Sekundäraluminium-Industrie dürfte unter Berücksichtigung der Verarbeitung von ca. 75.000 jato der unterschiedlichsten Aluminiumkrätzen ca. 350.000 jato betragen.

Das beigefügte Mengentableau (Tafel 2) zeigt den Salzschlacken- und Krätzestaubanfall in Nordrhein-Westfalen. Nach Inbetriebnahme der SEGL-Erweiterung ist durch die beiden in Nordrhein-Westfalen befindlichen Salzschlacke-Aufarbeitungsanlagen die Aufarbeitung aller anfallenden Salzschlacke und Krätzestäube sichergestellt. Wesentliche Voraussetzungen für dieses bemerkenswerte umweltpolitische Ergebnis ist durch den Bau und Betrieb der Pilot- und Demonstrationsanlage bei der Salzschlacke-Entsorgungsgesellschaft in Lünen erarbeitet worden.

1984 hatten sich weitblickende Umschmelzwerke entschlossen, mit der seinerzeitigen Uraphos Chemie GmbH, der heutigen B.U.S. Chemie GmbH, eine Gesellschaft mit dem Ziel der Aufarbeitung von Salzschlacken und Kugelmühlenstäuben zu gründen. Die Gesellschaftsstruktur (Bild 1) blieb im Prinzip bis heute unverändert.

Nicht zuletzt durch die Zusage des Landes Nordrhein-Westfalen, über einen Investitionszuschuß in Höhe von 2,70 Mio. DM im Rahmen des regionalen Wirtschaftsförderungsprogrammes schien die Finanzierung des Baus einer Anlage mit einer Kapazität von 60.000 jato auf dem Gelände des VAW Lippewerkes realisierbar. Die Anlage wurde im März 1986 planmäßig fertiggestellt. Bei der Inbetriebnahme ergaben sich jedoch eine Vielzahl von technischen Problemen, die primär daraus resultierten, daß erst bei der Verarbeitung von Salzschlacken und Kugelmühlenstäuben deren Verhalten abschließend beurteilt werden konnte. Durch Nachinvestitionen mit einem Gesamtvolumen von ca. 8,7 Mio. DM konnte der Anlagenbetrieb stabilisiert werden. Erstmals im Jahre 1988 wurde die Nominalkapazität, d.h. die Durchsatzleistung von mehr als 60.000 jato Salzschlacke, erreicht.

Vor dem Hintergrund des heute erreichten stabilen Betriebes der Produktionsanlage ist als bewiesen anzusehen, daß Laboruntersuchungen sowie Tests im halbtechnischen Maßstab nur sehr eingeschränkte Informationen über das Verhalten der Salzschlacke bei der kontinuierlichen Verarbeitung geben können. Nachdem in Lünen mehr als 300.000 t Salzschlacke durchgesetzt wurden, darüber hinaus Salzschlackeproben aus aller Welt untersucht wurden, sind die Voraussetzungen bekannt, um mit dem Lösekristallisationsverfahren die Probleme der Salzschlackenaufarbeitung sicher zu lösen.

[1]) Dipl.-Ing. Manfred Beckmann. B.U.S. Chemie GmbH. Frankfurt

Tafel 1: Sekundäraluminiumproduktion

(1000 t)	1985 t / %	1986 t / %	1987 t / %	1988 t / %	78/88 %
Japan	861,4 / +5,2	872,0 / +1,2	894,0 / +2,5	953,6 / +6,7	+3,4
USA	803,6 / +0,4	775,2 / -3,5	882,3 / +13,8	935,7 / +6,0	+0,1
Deutschland	457,3 / +3,4	482,5 / +5,5	501,2 / +3,9	529,9 / +5,7	+2,6
Italien	282,0 / -0,4	301,0 / +6,7	335,0 / +11,3	378,0 / +12,8	+4,3
Frankreich	170,1 / -2,2	180,3 / +6,0	196,0 / +8,8	224,7 / +14,6	+2,4
Niederlande	83,3 / *)	96,8 / +16,2	101,4 / +4,7	115,9 / +14,3	*)
Großbritannien	127,6 / -11,3	116,4 / -8,8	116,7 / +0,2	105,8 / -9,3	-5,1
Spanien	42,5 / +4,7	48,2 / +13,4	70,0 / *)	85,0 / +21,4	*)
Schweden	30,4 / -1,3	32,8 / +7,9	30,0 / -8,5	32,0 / +6,6	+3,5
Finnland	21,0 / +22,1	22,2 / +5,7	25,7 / +15,8	29,9 / +16,3	+16,6
Österreich	21,1 / -1,2	24,7 / +17,1	19,8 / -19,8	29,4 / +48,5	+11,7
Schweiz	26,1 / +12,5	25,5 / -2,3	25,5 / –	28,2 / +10,6	+4,5

*) Neue Statistikmethode   % durchschnittliche Jahresänderungen
Aus: Rohstoff Rundschau 8/1990

Tafel 2: Salzschlacke- und Krätzestaub-Anfall und -aufarbeitung in Nordrhein-Westfalen

Produzent	Ort	Schlacke in t/a	Krätzestaub in t/a	Gesamt in t/a
VAW	Grevenbroich	18 000	4 000	22 000
VAW	Lünen	6 000		6 000
Metallwerk Olsberg	Essen	22 000	3 000	25 000
Wuppermetall	Wuppertal	10 000	2 000	12 000
Jacobs	Gelsenkirchen	18 000	2 000	20 000
		(12 000)		(12 000)
Bender	Krefeld	21 000	4 000	25 000
Alugral	Neuss	11 000	1 000	12 000
		(5 000)		(5 000)
				139 000
[VW]	Baunatal	10 000	1 000	11 000
				150 000
Bruch	Dortmund	25 000	4 000	29 000
Honsel	Meschede	8 000	2 000	10 000
[Oetinger]	Berlin	6 000		6 000
				45 000

( ) optionale Mengen;
[ ] Anfall außerhalb von Nordrhein-Westfalen.
Aufarbeitung in Nordrhein-Westfalen

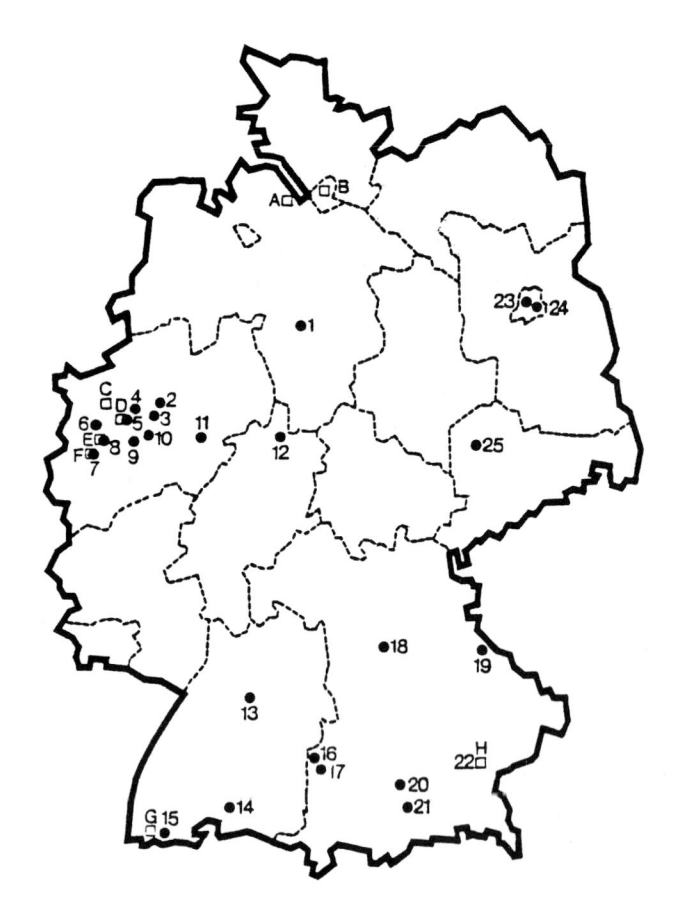

□ Primärhütten:
A. Stade   C. Voerde   E. Neuss   H. Rheinfelden
B. Hamburg   D. Essen   F. Grevenbroich   H. Töging

● Umschmelzwerke:
1. Hannover   7. Neuss   13. Asperg   19. Furth i. W.
2. Lünen   8. Grevenbroich 14. Stockach   20. Fürstenfeldbruck
3. Dortmund   9. Wuppertal   15. Bad Säckingen 21. Neufahrn
4. Gelsenkirchen 10. Ennepetal   16. Neu-Ulm   22. Töging
5. Essen   11. Meschede   17. Weißenhorn   23. u. 24. Berlin
6. Krefeld   12. Kassel   18. Nürnberg-Fürth 25. Rackwitz

Bild 1: Aluminium-Primärhütten und Umschmelzwerke in der Bundesrepublik Deutschland

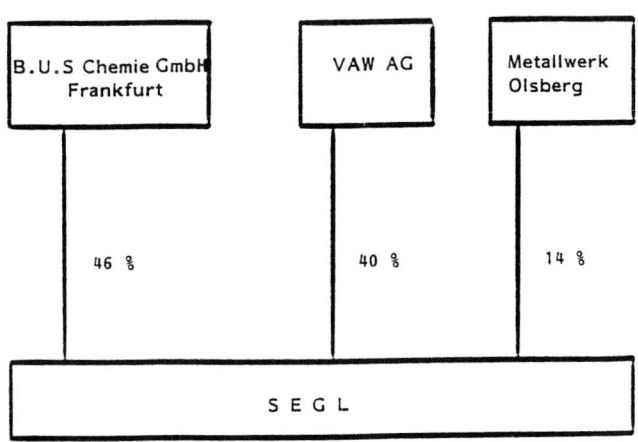

Bild 2: Gesellschaftsstruktur der Salzschlackeentsorgungs GmbH Lünen

(B.U.S Chemie GmbH Frankfurt 46 %, VAW AG 40 %, Metallwerk Olsberg 14 %) → SEGL

Der eingesetzte Prozeß, das Lösekristallisationsverfahren, besteht aus fünf Prozeßschritten:

1. Brechen, Sieben und trockene Abscheidung von Aluminiummetall;
2. Verlösen, Entgasen und Herstellung einer Feststoffflüssigsuspension;
3. Abscheiden der Schadgase;
4. Eindicken, Filtration des Unlöslichen, Gewinnung der Tonerde;
5. Kristallisieren, Zentrifugieren und Gewinnung des Recyclingsatzes.

Das in Bild 4 vereinfacht dargestellte Ablaufschema erläutert den Verfahrensgang und die wesentlichen Mengenströme für die 60.000 jato Anlage in Lünen.

Durch Einsatz des beschriebenen Prozesses ist es möglich, die Emissionen auf ein absolutes Minimum zu reduzieren. Der geschlossene Wasserkreislauf des B.U.S.-Verfahrens stellt sicher, daß aus der Aufarbeitung von Salzschlacken und Kugelmühlenstäuben keinerlei Abwässer anfallen. Die Brüdenkondensate aus der Eindampfkristallisation werden zunächst zum Waschen des Filterkuchens und später zum Verlösen der Salzschlacken eingesetzt. Alle Waschwässer und Waschchemikalien werden im Prozeß selbst aufgearbeitet. Feuchtigkeitsverluste ergeben sich lediglich durch die Restfeuchte der Tonerde bzw. des produzierten Resals.

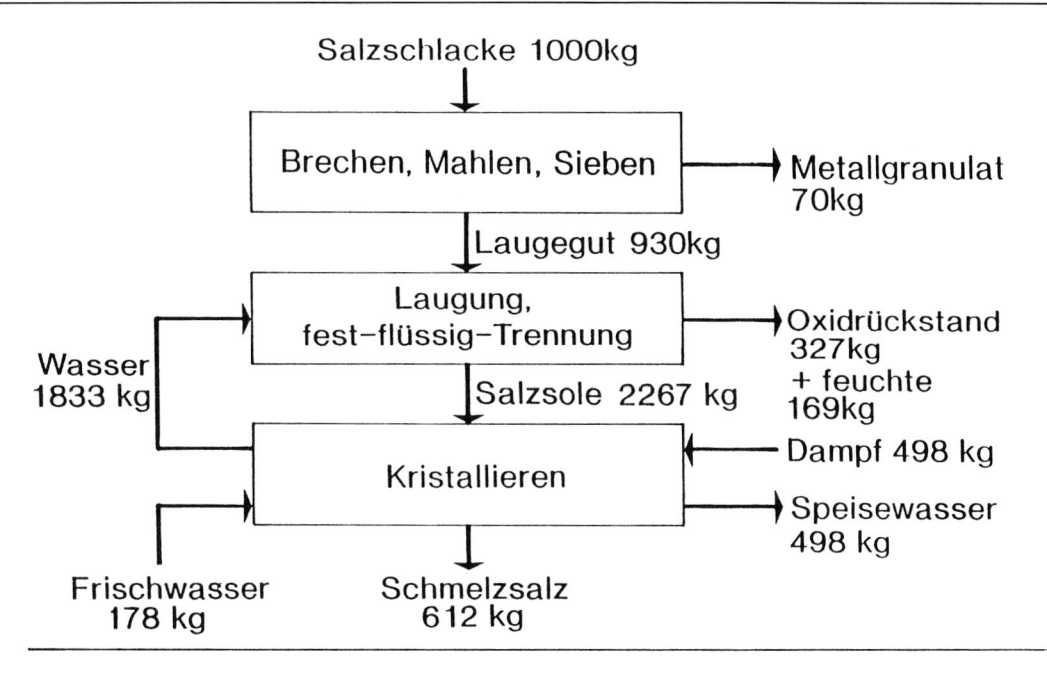

Bild 3: Funktionsschema der Salzschlackenaufbereitung (Mittelwerte)

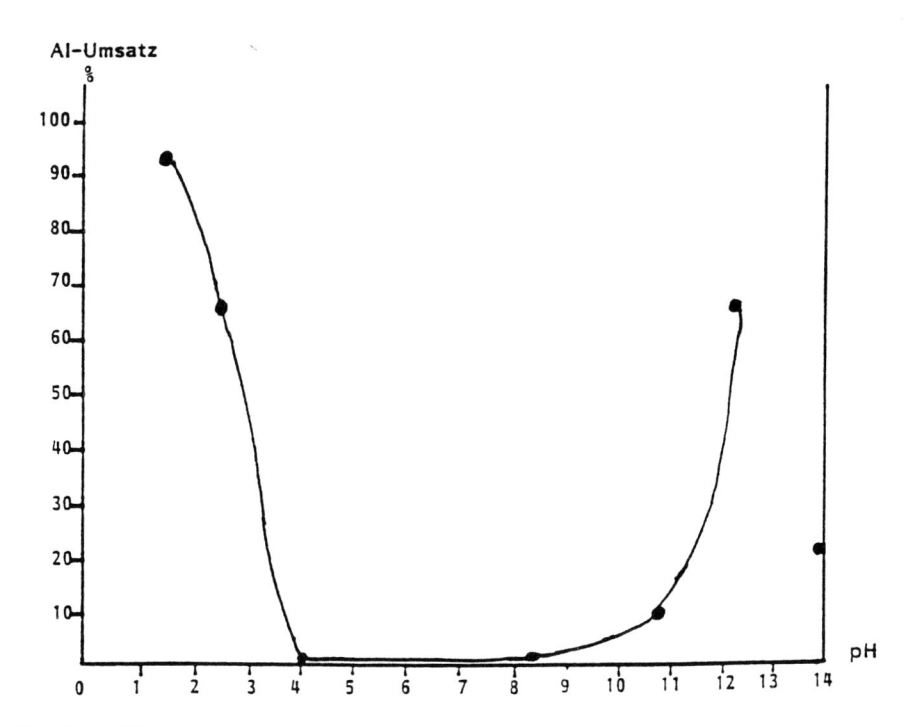

Bild 4: Al-Umsatz als Funktion des pH-Wertes

Um Staubentwicklungen bei der Verarbeitung der Salzschlacken und Kugelmühlenstäube zu vermeiden, wird der gesamte Brech- und Mahlteil der Anlage unter Unterdruck gesetzt. Die an den Aggregaten abgesaugten Luftmengen werden durch Einsatz von hochwertigen Schlauchfiltern gereinigt. Bei Einsatz einer Gewebedichte von 550 g/m² und einer spezifischen Gasbelastung von 1,2 m³/m² des Schlauchfilters, werden Reststaubgehalte in der Abluft von < 10 mg/m³ erreicht.

Es ist bekannt, daß bei der Verlösung hauptsächlich die in der Tafel 3 aufgeführten Gase entstehen. Die Menge der entwickelten Gase/Tonne Verlösegut stellt hier einen repräsentativen Mittelwert dar. Selbstverständlich ergeben sich durch die nicht homogene Konsistenz der Salzschlacken und die unterschiedlichsten Provenienzen der zu verarbeitenden Schrotte Schwankungen in den Gasentwicklungen. Die Hauptursache für die teilweise doch sehr divergierenden Literaturangaben hinsichtlich der entstehenden Schadgasmengen resultieren jedoch aus der Art der Versuchsdurchführung bzw. aus den Randbedingungen bei der Verlösung – hier sei nur beispielhaft der pH-Wert erwähnt. Bedenkt man, daß insbesondere Ammoniak, aber auch Schwefelwasserstoff in erheblichem Umfang in Wasser löslich sind, so beeinflußt die vorgelegte Wassermenge die letztlich bei der Versuchsdurchführung aufgefangene Schadgasmenge.

Da die Schadgase CH_4 aus Karbiden, NH_3 aus Nitriden, PH_3 aus Phosphiden und H_2S aus Sulfiden durch Hydrolyse entstehen, sind die Milieubedingungen wie Temperatur, pH-Wert etc. von mitentscheidender Bedeutung. Der produzierte Wasserstoff entsteht durch Zersetzungen des metallischen Aluminiums. Da sich nun bekanntlich

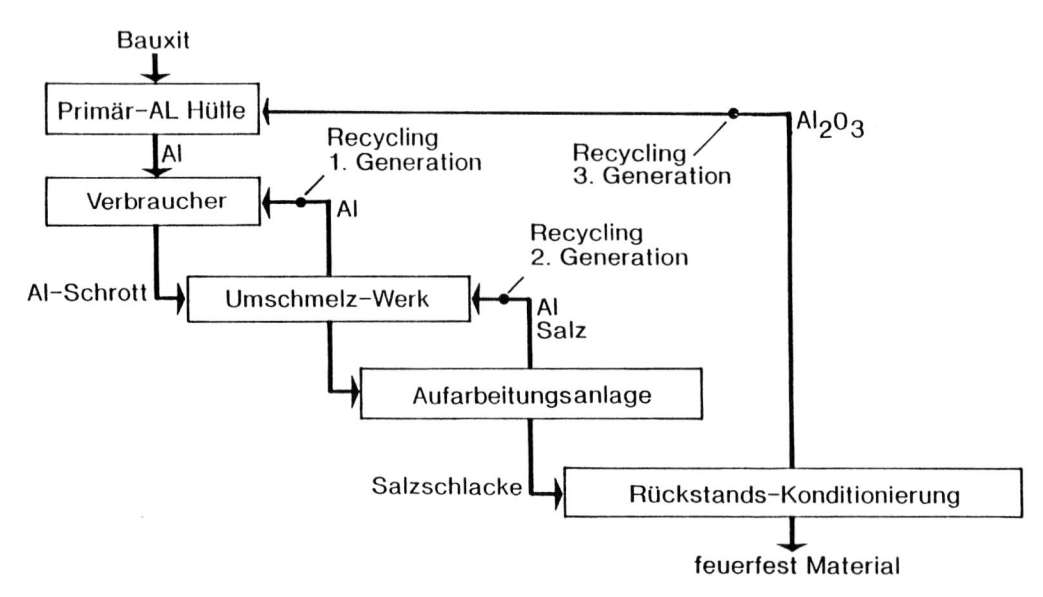

Bild 5: Aluminium Recycling

Aluminium durch eine Oxidschicht passivieren kann, ist dieser Vorgang stark verzögert. Gehen jedoch, bedingt durch die pH-Werte der Lösung, Aluminiumionen von der Oberfläche der Metallteile in Lösung, so können immer wieder reaktive Oberflächen geschaffen werden, und zwar so lange, bis die Löslichkeit des Aluminiums in der Sole erreicht bzw. das gesamte vorgelegte metallische Aluminium zersetzt ist. Die Abhängigkeit der Wasserstoffproduktion vom pH-Wert bei einem Gehalt des Lösegutes von ca. 2,5 % Aluminiumlegierung zeigt Bild 3.

Unter solchen alkalischen Lösebedingungen des B.U.S.-Prozesses wird kein Cyanwasserstoffgas gebildet. Spuren von Acethylen sind nur dann nachweisbar, wenn in den Einsatzstoffen neben Aluminiumkarbid andere Metallkarbide auftreten.

Die vielfach von Autoren beschriebene Arsenwasserstoff- oder Selenwasserstoffbildung führt unter den Prozeßbedingungen der SEGL-Anlage zu keinen zusätzlichen verfahrenstechnischen Konsequenzen. Bedingt durch die Aktivkohlebehandlung werden die Schadgase PH_3, H_2S, aber auch für den Fall des Autretens Arsen- und Selenwasserstoff durch Adsorption an der Aktivkohle in Kontakt mit dem Verdünnungsluftstrom oxidiert. Bedingt durch die Feuchtigkeit des Luftstromes können sich auch Säuren bilden, die wiederum mit den Restammoniakgehalten reagieren.

Aus dem Gesagten resultieren Schadgasemissionen aus der Produktionsanlage gemäß Tafel 4. Die Restemission an H_2S und PH_3 wird semikontinuierlich über einen Gaschromatographen gemessen, so daß Abweichungen von den Normbedingungen sofort erkannt und geeignete Maßnahmen eingeleitet werden können.

Bei der Hydrolyse von Phosphiden, insbesondere jedoch von Kalzium- und Zinkphosphid, entsteht neben Phosphin auch Diphosphan P_2H_4, das in Kontakt mit Luftsauerstoff spontan zerfällt. Die dabei freiwerdende Energie ist ausreichend, um als Zündquelle zu agieren. Vor diesem Hintergrund ist es zwingend erforderlich, so wie es das Verfahren der B.U.S. vorsieht, eine Verdünnung der Schadgase unter die untere Zündgrenze sicherzustellen. Überlegungen, die anfallenden Schadgase zu sammeln und zentral zu verbrennen, müssen verworfen werden, da eine Spontananzündung durch die Zündquelle P_2H_4 nicht ausgeschlossen werden kann.

Die Schallemissionen der Anlage sind beherrschbar, lediglich die Brech- und Mahleinheit mit Schalldruckpegelspitzen von 105 dB(A) muß entsprechend gekapselt werden.

Mit der Anlage werden folgende Produkte hergestellt:

– Recyclefähiges Aluminiumlegierungsgranulat, das hohe Schmelzausbeuten von 80 bis 90 % sicherstellt. Dieses Aluminiumlegie-

Tafel 3: Mittlerer Schadgasanfall bei der Verarbeitung von Salzschlacke (je Tonne Laugegut)

	m^3/t	Vol %
H_2	8	66,2
CH_4	3,5	28,9
NH_3	0,56	4,6
PH_3	0,0365	0,31
H_2S	0,0002	0,002

Tafel 4: Schadgasemission

	TA-Luft BRD	MAK-Werte BRD	Anlagenerfahrungen Lünen
NH_3	[<8 mg/Nm^3]	35 mg/m^3 $\widehat{=}$ 50 ppm	<10,00 ppm
H_2S	<5 mg/Nm^3	15 mg/m^3 $\widehat{=}$ 10 ppm	< 0,05 ppm
PH_3	<1 mg/Nm^3	0,15 mg/m^3 $\widehat{=}$ 0,1 ppm	< 0,08 ppm

rungsgranulat wird direkt von den Umschmelzern eingesetzt. Es ist häufig wegen seiner konstanten Analyse ein bevorzugtes Einsatzmaterial. Es kann hinsichtlich seiner Legierungsbestandteile mit der Standardlegierung 226 verglichen werden.

- „Resal", das sich nach einer Einführungsphase als vorzügliches Decksalz bewährt hat. Seine Viskosität liegt im schmelzflüssigen Zustand niedriger als bei natürlichen Salzgemischen (Montanal). Da im künstlich produzierten Resal keine Salze mit gebundenen Sauerstoffanteilen vorkommen, haben sich die Schmelzausbeuten in den Drehtrommelöfen nachweislich erhöht.

Das rückgewonnene Aluminiumlegierungsgranulat sowie das Resal machen in der Regel mehr als 70 % der angelieferten Salzschlacke-Tonnage aus. Der verbleibende Rest, die Tonerde, besteht zu hohen Anteilen aus Aluminiumoxid. Details sind der beigefügten Strukturanalyse, Tafel 5, zu entnehmen.

Die vom Hygieneinstitut in Gelsenkirchen durchgeführten Eluatuntersuchungen bestätigen, daß die Schwermetalle, die sich im Rückstand befinden, nahezu unlöslich sind und daß eine schwermetallbedingte Umweltbelastung durch den Rückstand ausgeschlossen werden kann. Legt man die vom Landesamt für Wasser und Abfall erarbeitete Richtlinie über die Untersuchung und Beurteilung von Abfällen zugrunde, so ergeben sich hinsichtlich der Löslichkeit der Schwermetalle keinerlei Deponierungsanforderungen, das heißt, es würde sich im Prinzip um Deponieklasse 1 handeln.

Zusammenfassend bedeutet dies, daß die Deponierung von tonerdehaltigem Rückstand problemlos möglich ist. Unabhängig hiervon ist es jedoch das erklärte Ziel, bei der Verarbeitung von Aluminiumsalzschlacken ein Komplett-Recycling sicherzustellen. Deshalb wurde eine Vielzahl von Vermarktungsmöglichkeiten für den Tonerderückstand untersucht.

Tafel 5: Kristallchemische Verbindungen des Tonerderückstandes, Strukturanalyse

Verbindung	Gehalt in %	Bezeichnung / Bemerkung
α-Al_2O_3	ca. 44,0%	α – Korund, ähnlich
$MgAl_2O_4$	ca. 32,0%	Mg – Al – Spinell, ähnlich
β-$Al_2O_3 \cdot 3 H_2O$)		Bayerit
– $NaAl_{11}O_{17}$)		Na – Al – Oxide
– $(Ba, Sr, Ti) \cdot Al_2O_4$)		Spinell
– $x Al_2O_3 \cdot y SiO_2$)	ca. 6,0%	Al-Silikat
– AlN)		Al-Nitrid
– Al_4C_3)		Al-Karbid
SiO_2	ca. 10,6%	Quarz
$x Na_2O \cdot y SiO_2$)		Natriumsilikat / glasartig
– Na_2SiF_6)	ca. 1,0%	Natriumsilicofluorid / Spuren
CaF_2)		Flußspat
– $CaSO_4 \cdot 2H_2O$)	ca. 5,0%	Gips / geringfügig
$BaCO_3/SiCO_3$)		Barium-/Strontiumcarbonat
$BaSO_4/SrSO_4$)	ca. 0,6%	Barium-/Strontiumsulfat
$(Cu,Ni,Pb,Zn)S$)		Cu-Ni-Pb-Zn – Kies
$(Cu,Ni,Pb)FeS_2$)		techn. Chalkopyrit
– FeS/FeS_2)	ca. 0,5%	Pyrrhotin/Pyrit
– NaCl	< 0,3%	Kochsalz
– KCl	< 0,1%	Sylvin
Gesamt	ca. 100,0%	Tonerderückstand

Der beigefügte Recyclingstammbaum (Bild 4) zeigt, daß in der dritten Recyclinggeneration die produzierte Tonerde aus der Salzschlackenaufarbeitung nach einigen Konditionierungsschritten in den Aluminiummetallgewinnungsprozeß rückgeführt werden kann. Hierbei kommt die Tonerde einmal als Bauxitersatz zum Einsatz, sie kann jedoch auch nach einem weiteren Aufarbeitungsschritt in eine Natriumaluminatlösung überführt werden.

Wegen der besonderen Reinheit der auf diese Art und Weise produzierten Natriumaluminatlösung kann diese als Produkt (als Wasserchemikalie oder aber als pH-Regulator in der Papierindustrie) zum Einsatz gelangen. Der Reststoff der Tonerdekonditionierung wiederum kann von seiner Zusammensetzung her in der Feuerfestindustrie eingesetzt werden.

Darüber hinaus werden größte Anstrengungen unternommen, um die einzigen verbliebenen Reststoffe der Sekundäraluminium-Industrie, nämlich die Trommelofenfilterstäube, in das Recycling zu integrieren. Der Mengenanfall der sogenannten Trommelofenfilterstäube liegt bei ca. 3 bis 4 %, bezogen auf die ausgebrachte Aluminiumlegierungsmenge der Trommelofenproduktion. Das bedeutet, daß bei einer Produktion von mehr als 500.000 jato Aluminiumlegierung in Trommelöfen ca. 20.000 jato Trommelofenfilterstaub in der Bundesrepublik Deutschland anfallen. Diese Trommelofenfilterstäube enthalten neben den Stoffen, die sich in Salzschlacken und Kugelmühlenstäuben befinden, erhebliche Mengen an

- Härtebildnern in Form von Sulfiden, Sulfaten, Bi-Karbonaten und Karbonaten;
- erheblichen Anteilen an organischen Verbindungen sowie
- erhöhten Mengen an Schwermetallen, teilweise in wasserlöslicher Form.

Auf Basis der durchgeführten Untersuchungen ist es möglich, die Organika zu skimmen, die Härtebildner in der Lösung durch eine karbonatige Fällung stark zu reduzieren sowie in einer hochalkalischen Umgebung die Schwermetalle entweder hydroxydisch oder sulfidisch zu fällen. Die nach diesen Verfahrensschritten verfügbare, klare Salzlösung kann dann der Eindampfkristallisationsanlage der üblichen Salzschlackenaufarbeitung zugeführt werden. Bei Vorlage einer behördlichen Versuchsgenehmigung sind erste großtechnische Untersuchungen ab Juli 1992 geplant. Bei positiver Entwicklung kann erwartet werden, daß die letzte Entsorgungslücke der westdeutschen Sekundäraluminiumindustrie ab 1994 geschlossen wird.

Rückgewinnung von Metallen aus Problemabfällen

Von I. Celi und A. Celi[1]

Aufarbeitung, Aufbereitung, Entsorgung und Rückgewinnung von Metallen und Chemiestoffen aus

metallhaltigen Ätz- und Waschlösungen
(Säure und alkalisch) der Elektronik-, Galvano-, Eloxalindustrie

metallhaltigen Schlämmen
der Eloxal-, Galvano-, Chemie-, Elektronikindustrie

metallkaschierten Duroplasten und Kunststoffen
der Elektronikindustrie

metallkaschierten Kunststoffen und Alutuben
der Pharma- und Lebensmittelverpackungsindustrie

Computer-, Radio- und Fernsehschrott

Gerätebatterien jeglicher Art

In situ: Aufarbeitung von

a) Altablagerungen von metallhaltigen Produktionsrückständen (metallhaltige Schlämme), auch wenn mit Erdreich und mit anderen Stoffen gemischt
b) metallhaltigen kontaminierten Böden von Altlastenstandorten, stillgelegten oder laufenden Produktionsanlagen mittels
  – MR-mobilem metallbelastetes Erdreich-Waschgerät
  – MR-mobilem Schlämme-/Schlämmegemisch-Waschgerät

Technische Beschreibung

Aufarbeitung metallhaltiger Ätz- und Waschlösungen (Säure und alkalisch) der Elektronik-, Galvano-, Eloxalindustrie.

Ammonium-Kupfer-Chlorid wird durch flüssige-flüssige Mehrstufenextraktion (mittels eines aliphatischen-aromatischen Oxyms, das als flüssiger Ionenaustauscher dient) entkupfert und regeneriert. Kupferbelasteter Ionenaustauscher wird in Reextrationsphase mittels verdünnter Schwefelsäure entmetallisiert und wiederum in den Kreislauf geführt.

Aus dem in Reextrationsphase entstandenen Kupfersulfat wird elektrolytisches Kupfer ausgeschieden, die verdünnte Schwefelsäure wird ebenfalls wieder im Kreislauf verwendet.

Der vorbeschriebene Prozeß findet in einem Komplex statt, wo mehrere miteinander verbundene Behälter kaskadenähnlich genutzt werden. Hier laufen die Misch- und Trennvorgänge ab bis zur Beschickung des Elektrolytbades.

Aufarbeitung von metallhaltigen Schlämmen – Ursprung: Eloxal-, Chemie-, Galvanoindustrie

Es wurde ein Verfahren und eine Vorrichtung zur Aufarbeitung metallbelasteter Abfallstoffe geschaffen, so daß einmal die Metalle als wertvolle Rohstoffe zurückgewonnen werden, zum anderen aber auch die Abfallstoffe selbst (Klärschlamm etc.) in eine ungefährliche Form gebracht werden, so daß diese entweder zu einer Deponie gebracht oder als ungefährliche Düngemittel in der Landwirtschaft eingesetzt werden können.

Die Vorrichtung besteht aus einem langgestreckten routierenden behälter, der auf der Innenwandung sogenannte Hubflügel aufweist, mit denen der Schlamm jeweils bei der Rotation des Behälters angehoben und durch das „Waschmittel" (Lösungsmittel) bewegt wird und die auch eine ständige Bewegung des behandelten Stoffes durch die Trommel zur Austrittsöffnung bewirken. Feste Stoffe werden nach Verlassen der Vorrichtung mittels Bandpresse stichfest vom Lösungsmittel getrennt. Diese sind jetzt entweder zu deponieren oder in Landwirtschaft zu verwenden. Metallbelastetes Lösungsmittel (Waschmittel) wird in Ionenaustauscherverfahren behandelt und als frisches, metallfreies Lösungsmittel wieder in den Kreislauf zurückgegeben.

[1] Dipl.-Ing. Ivo Celi; Dipl.-Ing. Antonio Celi

Verfahren und Vorrichtung zur Aufbereitung von kupferkaschierten Duroplasten (Pertinax) – Ursprung: Elektronikindustrie

Eine langgestreckte Trommel routiert in einer zweiten der gleichen Länge, die auch als Außenmantel/Isoliermantel dient. Der Raum zwischen dem Außenmantel und der innen routierenden Trommel wird als Verbrennungs-/Erwärmungsraum benutzt.

Trommelinnenraum und Zwischenraum (Erwärmungsraum) sind völlig getrennt. Die routierende Trommel ist an der Innenwandung mit sogenannten Hubflügeln versehen und schaut an einem Ende aus dem Kopfstück des Außenmantels heraus. Die Eingabeöffnung und die Austrittsöffnung sind mit Luftschleuse versehen. Beide Schleusen – mit Stickstoff beschickt – weisen einen leichten Überdruck auf, Überdruck, der sich in Richtung Innentrommel ausdehnen wird, weil hier durch entsprechendes Gerät für einen Unterdruck gesorgt wird.

Die routierende Trommel wird auf eine Temperatur gebracht und gehalten. Eine Trennung der Metalle/Duroplaste wird durch mechanische Einwirkung im Zusammenhang mit der vorgegebenen Temperatur stattfinden. Die mechanische Einwirkung wird durch Aufnehmen und Aufschlagen der Duroplaste und Schlangenkette mittels Hubflügel erreicht.

Der Stickstoff, der durch die Schleuse in die Innentrommel gelangt, wird aus dieser abgesaugt, von evtl. Phenolpartikeln durch Abkühlung befreit und wiederum durch die Schleuse hineingedrückt. Evtl. Verluste an Stickstoff werden automatisch ersetzt.

Die getrennten Stoffe (Duroplaste/Metalle) aus der Austrittsöffnung werden entsprechend gekühlt und sortiert. Metallstreifen werden zusammengepreßt, Duroplaste werden zermahlen und für verschiedene Zwecke auf den Markt gebracht.

Aufarbeitung von Computer-, Radiogeräte-, Fernsehgeräteschrott

Das Bearbeitungsverfahren sowie die Vorrichtung entspricht der für die Duroplaste geschilderten.

Die gleiche Vorrichtung wird mit einer anderen Temperatur gefahren und wird mit Computer-, Radiogeräte, Fernsehgeräteschrott beschickt. Die Kühlvorrichtung an der Austrittsöffnung wird mit entsprechender Trennvorrichtung (Zinn, elektronische Bausteine, Kunststoff, Duroplaste) versehen. Zinn wird in handelsübliche Stäbe geformt. Baustein-Metalle werden gemeinsam mit metallhaltigen Schlämmen in Metallionen verwandelt und im Ionenaustauscherverfahren zurückgewonnen. Kunststoff/Duroplaste werden wie im Duroplast-Behandlungsverfahren behandelt.

Gerätebatterien-Bearbeitung in thermomechanischem Verfahren

Das Bearbeitungsverfahren sowie die Vorrichtung entspricht der für kaschierte Duroplaste beschriebenen. Diese Vorrichtung wird mit einer Temperatur in Verbindung mit einem „mechanischen Aufschlagen" betrieben, was alle in der routierenden Trommel eingefüllten Batterien – egal welche – zum Auseinanderplatzen bringt. Der abgesaugte Stickstoff, diesmal mit Quecksilberdämpfen belastet, wird in einem Schwefelsäurebad gekühlt. Dampf kondensiert sich und in Verbindung mit Schwefelsäure bildet sich Quecksilbersulfat. Gereinigter Stickstoff wird wiederum unter Druck durch die Schleusen zugeführt (Verluste werden ersetzt). Quecksilbersulfat wird in einem Elektrolytbad behandelt. Aus Quecksilbersulfat wird Quecksilber zurückgewonnen. Die Schwefelsäure aus dem Elektrolytbad wird in das Stickstoff-Kühlsystem zurückgeführt. Ummantelung der Gerätebatterien (Metall/Kunststoff) werden an der Austrittsöffnung sortiert. Elektrolyte werden gemischt mit Ätzmittel der Schlammaufarbeitungsgeräte. Hier werden Metalle der Elektrolyte wie in unserem Ionenaustauscherverfahren bereits beschrieben zurückgewonnen.

Kunststoff-Recycling und -Entsorgung

Von R. Rieß[1]

1. Kunststoffe – ein Müllproblem?

Höherer Wohlstand führt zu steigender Produktion und zu einem vermehrten Verbrauch von Gütern. Damit entsteht letztlich auch mehr Abfall, dessen Entsorgung allen Industrienationen große Schwierigkeiten bereitet. Die bestehenden Entsorgungswege reichen schon heute nicht mehr aus, alle Probleme befriedigend zu lösen. Sie müssen früher oder später völlig versagen, wenn wir nicht neue Wege finden, die Abfallentsorgung in der Zukunft diesen negativen Randerscheinungen unserer Wohlstandsgesellschaft anzupassen.

Die Vorwürfe richten sich vor allem gegen Kunststoffverpackungen im Hausmüll, dabei ganz besonders gegen Einwegverpackungen. Im Blickpunkt stehen außerdem voluminöse Schaumstoffe, FCKW-haltige Dämmstoffe, PVC und Shreddermüll aus der Automobilverschrottung. Auf diese Weise ist in der Öffentlichkeit der Eindruck entstanden, vor allem Kunststoffe seien daran schuld, daß sich das Abfallproblem derart zugespitzt hat.

In der BRD fallen heute insgesamt ca. 2,5 Tonnen Kunststoffrückstände an (Bild 1). Davon werden 20 % stofflich wiederverwertet, die größtenteils aus den Herstellungs- und Verarbeitungsprozessen stammen. 2 Mio Tonnen sind zu entsorgen: 0,7 Mio Tonnen werden in Müllkraftwerken energetisch genutzt, 1,3 Mio Tonnen werden deponiert. Zu je der Hälfte stammen die zu entsorgenden 2 Mio Tonnen Kunststoff aus Haushalten und dem gewerblichen Bereich. Die meisten gewerblichen Kunststoffabfälle werden gemeinsam mit Abfällen aus Privathaushalten als sogenannter Kommunal- oder Siedlungsmüll entsorgt. Im Hausmüll sind ca. 7 % Kunststoffe enthalten, die zu ca. 90 % aus Standardthermoplasten (Verpackung) bestehen.

Obwohl der kunststoffenthaltende Müll seit längerer Zeit in der Menge nicht ansteigt, nimmt die zu entsorgende Menge Kunststoff zu. Grund: Die Verwendungsdauer von Kunststofferzeugnissen beträgt für 20 % < 1 Jahr, für 15 % 1–8 Jahre, für 65 % > 8 Jahre, und im Wirtschaftskreislauf befinden sich noch ca. 40 Mio Tonnen Kunststoff.

Neben der „Allgegenwärtigkeit" der Kunststoffe im täglichen Leben und ihrer Nichtabbaubarkeit ist es die in Bild 2 dargestellte Entwicklung, die zu einer Verschärfung der Diskussion beiträgt.

Kunststoffe müssen kein Entsorgungsproblem sein. In Übereinstimmung mit den Grundforderungen des Abfallgesetzes zur

- Abfallvermeidung
- Abfallverwertung
- Abfallentsorgung

hat die Kunststoffindustrie schon frühzeitig Entwicklungen angestoßen und Wege aufgezeigt, wie Kunststoffe stofflich, chemisch und thermisch wiederverwertet werden können.

2. Konzept zur Wiederverwertung

Der VKE hat anläßlich der K '89 der Öffentlichkeit ein Konzept vorgestellt, wie die genannten Forderungen erfüllt werden können.

Das gesamte Wiederverwertungs- und Entsorgungskonzept umfaßt folgerichtig in dieser Prioritätonfolge die Stufen:

- Verringerung des Materialeinsatzes
- Material-Recycling
- Rückführung in Chemie-Rohstoffe
- Energie-Verwertung
- Deponieren der unvermeidlichen Reste

Inzwischen hat der VKE dieses Konzept durch eine praktische Orientierungshilfe in Form einer Beispielsammlung zur „Vermeidung und Verwertung von Kunststoffabfällen" ergänzt, die allen Interessenten zugänglich ist. Sie enthält die Recyclingaktivitäten unterschiedlicher

[1] Dr. Reinhard Rieß, Bayer AG, Leverkusen
 Vortrag „1. Nordrhein-Westfälischer Recycling-Kongreß", Duisburg

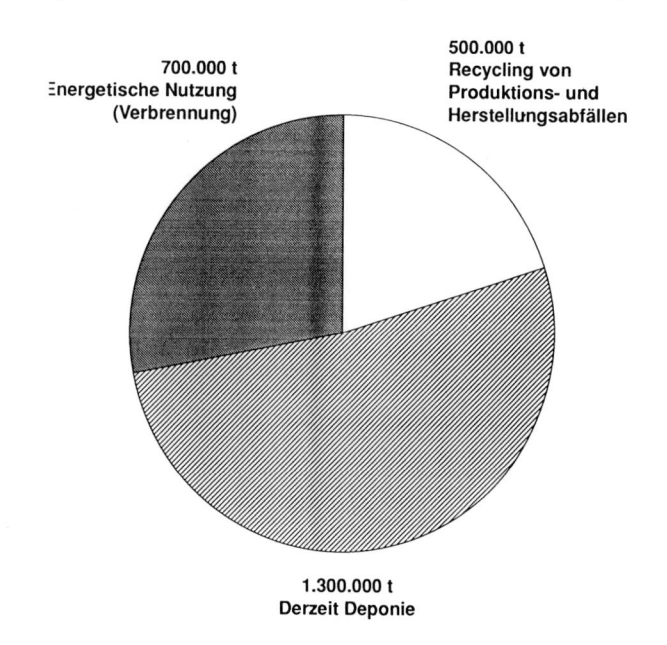

Bild 1: Wiederverwertung von Kunststoffabfällen (2,5 Mio t)

- 700.000 t Energetische Nutzung (Verbrennung)
- 500.000 t Recycling von Produktions- und Herstellungsabfällen
- 1.300.000 t Derzeit Deponie

Trägereigenschaften, laufende Projekte zur Wiederverwertung sowie eine Zusammenstellung der in Deutschland tätigen Recyclingfirmen.

Alle Konzepte zur Abfallverwertung beginnen mit Maßnahmen zur Abfallvermeidung oder Abfallverminderung. Für die Entwicklung von Kunststoffanwendungen ist die Minimierung des Materialeinsatzes eine grundsätzliche Zielvorgabe. Dadurch können die Vorteile der Kunststoffe gegenüber anderen meist billigeren Werkstoffen noch besser genutzt werden. Die Erfüllung der Funktionen mit weniger Kunststoff ist auch eine treibende Kraft für die Entwicklung von Hochleistungswerkstoffen. Weniger Materialeinsatz bedeutet aber auch Ressourcenschonung und geringere Umweltbelastung.

Ein qualifiziertes Abfall-Management (Bild 3) ist Kernstück jedes Wiederverwertungskonzeptes. Dabei kommt den Kreisläufen des Materialrecycling eine primäre Bedeutung zu, während die bekannten chemischen Verfahren überwiegend aus Wirtschaftlichkeitsgründen vorläufig nichts zur Verwertung von Kunststoffabfällen beitragen kön-

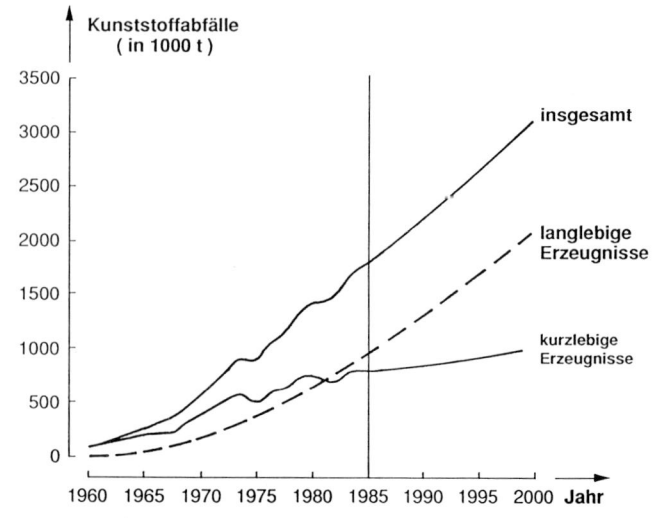

Bild 2: Prognose des Abfallaufkommens für kurz- und langlebige Kunststofferzeugnisse

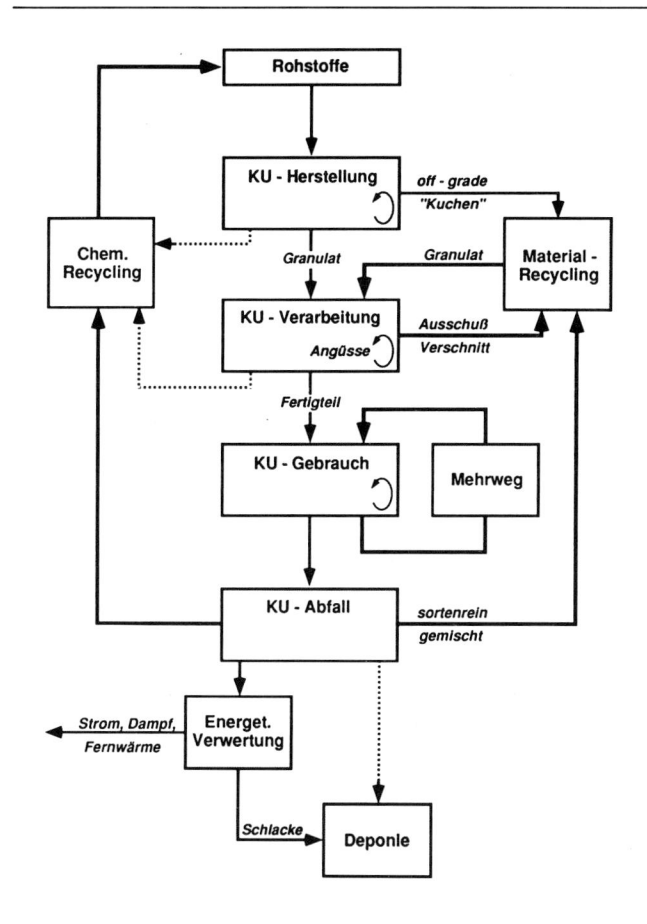

Bild 3: Qualifiziertes Recycling und Entsorgung

3. Materialrecycling – der Schwerpunkt

3.1 Status und Duale Abfallwirtschaft

Zur Zeit werden von 200–250 Firmen in Deutschland ca. 500.000 t Kunststoffabfälle stofflich wiederverwertet (Beispiele siehe Bild 4). Dabei fallen aus dem Industriebereich überwiegend sortenreine Abfälle z. B. in Form von LDPE-Folien an, die sich vergleichsweise unproblematisch aufarbeiten und wieder als Folienmaterial, z. B. für Müllsäcke vermarkten lassen.

Wesentlich problematischer ist die Verwertung gemischter Kunststoffabfälle aus dem Hausmüll, in dem ca. 65 % Polyolefine, ca. 10 % PVC und ca. 15 % PS enthalten sind.

Entweder durch spezielle Sammelsysteme (z. B. Folien und Hohlkörper) oder Trennverfahren (Hydrozyklon nach AKW) läßt sich eine sortenähnliche Polyolefinfraktion erhalten, aus der Abwasserrohre und Paletten hergestellt werden können. Aus verschmutzten und gemischten Kunststoffabfällen werden immerhin schon ca. 20.000 t über Walzenextruder (WKR-Verfahren) zu Profilen „extrudiert", die u. a. für Parkbänke und Lärmschutzwände eingesetzt werden.

Die von der Bundesregierung eingeführte Verpackungsordnung sieht die Rücknahme der Transport-, Um- und Verkaufsverpackungen durch die jeweiligen „In-Verkehr-Bringer" vor. Außerdem tritt die Pfandregelung für Getränkeflaschen sowie Reinigungs- und Dispersionsfarbbehälter in Kraft.

Bei Erreichen der jeweilig vorgeschriebenen Sammel-, Sortier- und Verwertungsquoten können Rücknahmepflicht für Verkaufsverpackungen und Pfandregelungen von einem vom Handel initiierten „Dualen Abfallsystem" vermieden werden. Dieses in Bild 5 dargestellte System sammelt privatwirtschaftlich die mit einem „Grünen Punkt" versehenen Verkaufsverpackungen haushaltsnah ein und führt sie den jeweiligen Industrien zur Wiederverwertung zu, z. B. einer „Kunststoff-Verwertungs(KV)-Gesellschaft".

Unverwertbare Kunststoffabfälle und Reste aus den Sortierprozessen sollten einer thermischen Verwertung zugeführt werden.

3.2 Kunststoffe aus Altautos

Zur Zeit werden ca. 2 Mio Altautos pro Jahr verschrottet, wobei knapp 500.000 t Shredderleichtfraktion anfallen, die in Zukunft kaum noch über die Hausmülldeponie entsorgt werden können. Der Kunststoffanteil an dieser Fraktion beträgt ca. 1/3 und wird aufgrund der vielfältigen Vorteile, die die Kunststoffe dem Automobilbau beschert haben und noch bringen werden, zunächst weiterhin steigen. Die For-

nen. Trotz intensiver Bemühungen bei der Vermeidung und der stofflichen Verwertung sind wesentliche Beiträge zur Deponieentlastung nur von einer umweltschonenden thermischen Nutzung zu erwarten.

Aufgrund des immer knapper und kostbarer werdenden Deponieraumes müssen in den einzelnen Verwertungsstufen maximale ökologisch und ökonomisch sinnvolle Anstrengungen unternommen werden, um wirklich nur noch den unvermeidlichen Rest-Abfall über die Deponie entsorgen zu müssen.

Beispiele für praktiziertes Material-Recycling

Abfall	Recycliertes Produkt	Verwendung
Flaschenkästen	PE	Flaschenkästen
Kabelisolierung	PE	Granulat
Landwirtschaftsfolie	PE	Landwirtschaftsfolie, Folien
KU-Säcke	PE	Folien
Autobatterien	PP	Granulat, Energie für Recycling-Prozeß
Telefongehäuse	ABS	Granulat
Vorsortierter Gewerbemüll / Hausmüll	Gemenge	Lärmschutzwände, Pfosten, Profile usw.
Vorsortierter Hausmüll	Gemenge	Möbel
Vorsortierter Hausmüll	Gemenge	Granulat
Getränkeflaschen	PET	Fiberfill, Granulat, Flaschen für Waschmittel
Getränkeflaschen	PE	Granulat
Faser-Abfälle	PA	Granulat
Flaschen	PVC	Granulat / Drainagerohre
Folien-Abfälle	PE	Folien, Tragetaschen usw.

Bild 4: Beispiele für praktiziertes Material-Recycling

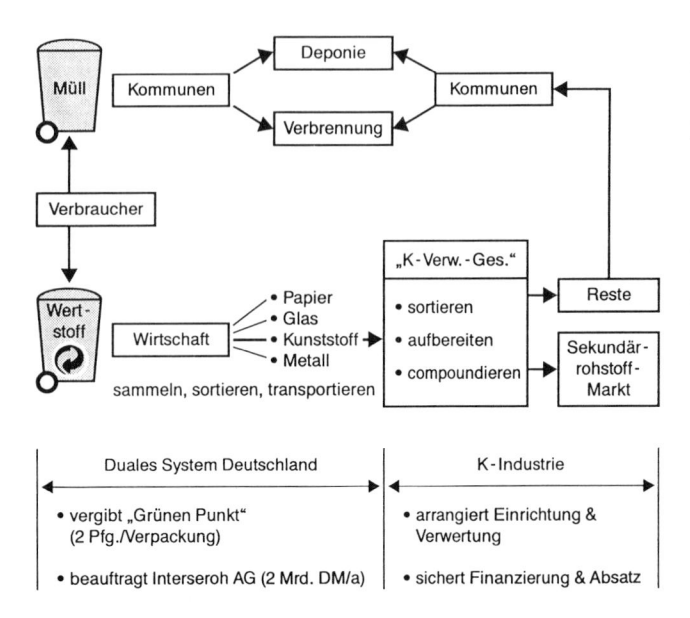

Bild 5: Duales Abfallsystem für Verkaufsverpackungen

derungen nach Deponieentlastung und Ressourcenschonung führen konsequenterweise zu intensiven Aktivitäten, Kunststoffe vor dem Shreddern auszubauen und zu recyclieren. Eine grundlegende Arbeit hierzu wurde von Porsche im Rahmen eines FAT-Projektes durchgeführt, dessen Ergebnisse in Bild 6 wiedergegeben sind.

Inzwischen haben VW in Leer und BMW in Landshut Pilotanlagen zur Demontage von Altautos in Betrieb genommen.

Folgende Aspekte sind bei der Rückgewinnung von Kunststoffbauteilen u. a. zu beachten:

- Kennzeichnung der Teile zur sortenreinen Erfassung
- demontagefreundliche Konstruktionen
- Entwicklung von Anwendungen und Spezifikationen für Recyclate.

Eine Reduzierung der Sortenvielfalt zur Erhöhung der Massestromes sollte nur nach Abwägung aller ökonomischer und ökologischer Fakten erwogen werden. Es ist jedoch sinnvoll, bestimmte Baugruppen aus miteinander verträglichen (kompatiblen) Kunststoffen herzustellen, die dann gemeinsam ausgebaut und verwertet werden können.

Bild 6: Ausbau von Kunststoffen aus Altautos
(VW Passat, Bj. 1988, Gewicht 1.100 kg)

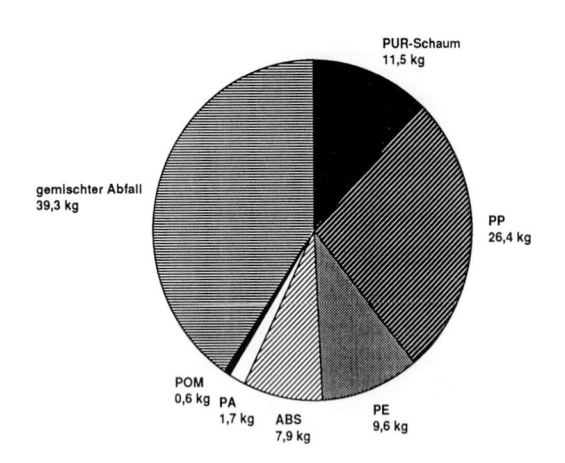

Die Rohstoffhersteller arbeiten bei allen genannten Aspekten eng mit der Automobil-Industrie zusammen. Ihre Hauptaufgabe liegt dabei in Entwicklungen zum „upgrading" von Recyclaten, während die Automobilhersteller aufgefordert sind, mittels angemessener Spezifikationen den Wiedereinsatz von Recyclaten im Auto zu ermöglichen.

Auf die Zielfestlegungen der Bundesregierung zur Altautoentsorgung hat inzwischen der Verband der Automobilindustrie (VDA) mit dem in Bild 7 dargestellten Konzept der zukünftigen Autoverwertung geantwortet. Kennpunkt ist die Etablierung lizensierter Altautoverwerter, die die Fahrzeuge trockenlegen und vor dem Shreddern demontieren. Die verbleibende Shredderleichtfraktion kann nach einer geeigneten thermischen Behandlung umweltgerecht deponiert werden.

3.3 Entwicklungen von Anwendungen und Märkten

Nach übereinstimmender Meinung von Rohstoffherstellern, Recyclierern und Endverbrauchern ist das Auffinden neuer Einsatzgebiete für Recyclate das bestimmende Element für ein erfolgreiches und wachsendes Materialrecycling.

Während Systeme der Logistik sowie der Aufbereitungs- und Verarbeitungstechnologie prinzipiell bekannt, wenn auch in einigen Fällen verbesserungswürdig sind, so steckt die Marktentwicklung noch weitgehend in ihren Anfängen.

Wenn gesetzliche Verordnungen zum Materialrecycling erlassen werden, so ist nicht nur die Genehmigung der dafür notwendigen Anlagen eine unumgängliche Voraussetzung, sondern auch die gemeinsame Suche nach entsprechenden Einsatzgebieten. Letzteres wird von den Rohstoffherstellern und den Endverbrauchern, z. B. der Automobilindustrie, bereits intensiv betrieben, indem einerseits Recyclateigenschaften bestimmt und ggf. verbessert werden und andererseits Normen und Spezifikationen überdacht und ggf. angepaßt werden. Auch von der öffentlichen Hand muß erwartet werden, durch gemeinsame Überarbeitung bestimmter Zulassungsbestimmungen einen Beitrag zum Einsatz von Recyclaten durch entsprechende Richtlinien zu gewährleisten.

Die derzeitige Diskussion über die Recyclierfähigkeit von Kunststoffen, ausgelöst durch die vergleichsweise geringen Anteile im Hausmüll, steht im Gegensatz zu ihren Vorteilen, die gern und inzwischen unbewußt genutzt werden. Hier muß eine sachliche Aufklärung der Öffentlichkeit erfolgen, um die Akzeptanz der Kunststoffe zu erhöhen und damit auch den Weg für Anwendungen aus ihren Recyclaten zu ebnen.

Eine Übersicht über wesentliche Aspekte einer erfolgreichen Markterschließung enthält Bild 8.

4. Chemisches Recycling

Während beim Material-Recycling Kunststoffabfälle zu Granulaten zerkleinert, also nicht in ihrer Chemie verändert werden, bedeutet Chemisches Recycling das Zerlegen des Kunststoffs in seine ursprünglichen Rohstoffe, die dann wiederum zur Herstellung neuer Kunststoffe eingesetzt werden können.

Die bekanntesten Verfahren zur Rückgewinnung gasförmiger oder flüssiger Kohlewasserstoffe sind:

- **Hydrierung** (Behandlung von Kunststoffabfällen mit Wasserstoff bei erhöhtem Druck (bis 400 bar) und Temperaturen bis 500°C)
- **Pyrolyse** („thermische Spaltung" von Kunststoffabfällen im Wirbelschichtreaktor bei 700–800°C)
- **Alkoholyse/Glykolyse** (Spaltung von z. B. PUR, Polyestern und Polyamiden in Polyolgemische)
- **Hydrolyse** („Spaltung durch Wasser" von z. B. PUR, Polyestern und Polyamiden in ihre ursprünglichen Ausgangsstoffe)

Die genannten Verfahren befinden sich in mehr oder weniger fortgeschrittenen Erprobungsstadien. Aufgrund fehlender Wirtschaftlichkeit (im wesentlichen derzeitiger Ölpreis und Kosten für die Reinigung der Nutz- und Abgase) ist ein großtechnischer Einsatz mit signifikanten Beiträgen zur Deponieentlastung kurzfristig nicht zu erwarten.

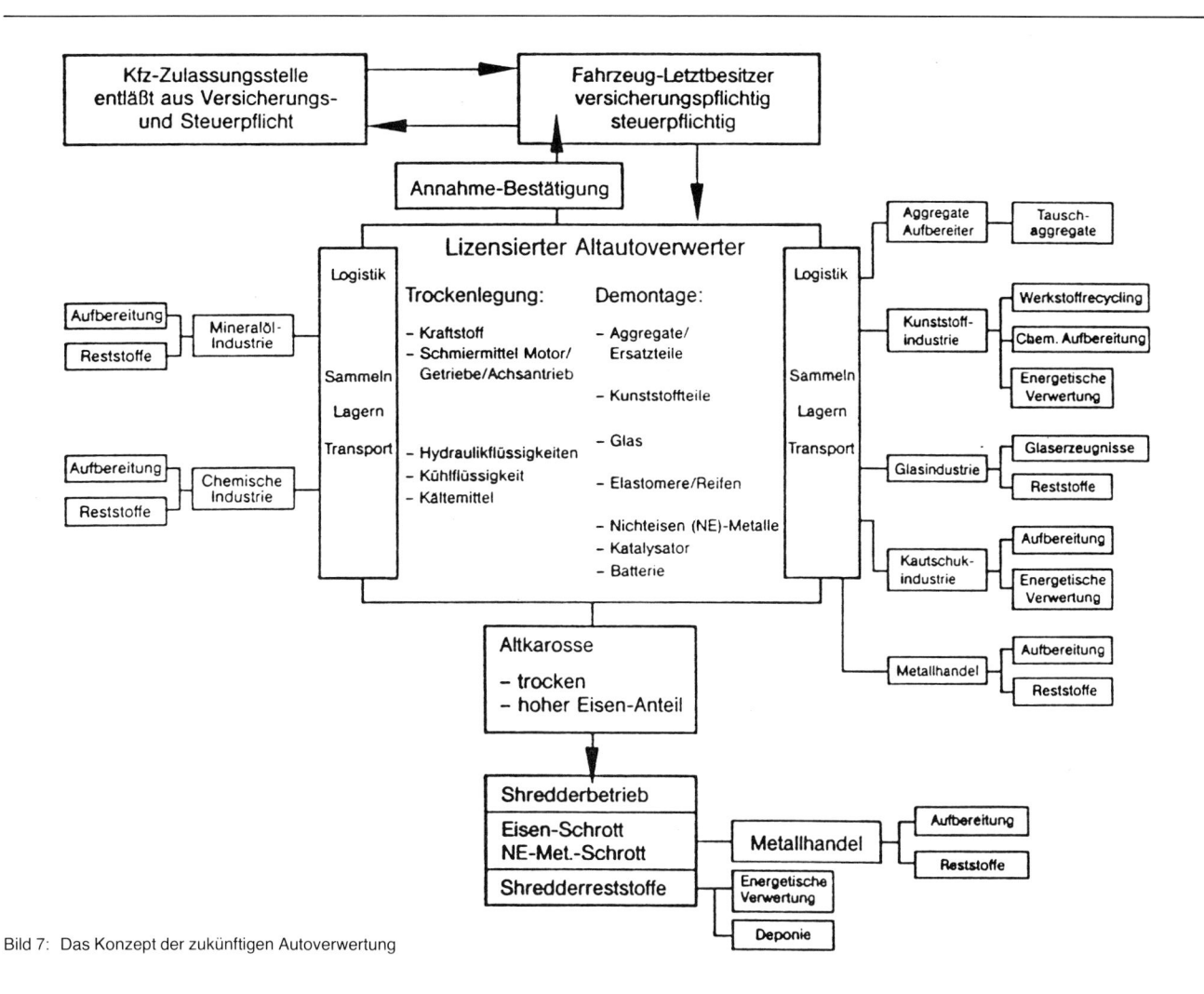

Bild 7: Das Konzept der zukünftigen Autoverwertung

5. Energetische Nutzung

Stoffliches Recycling ist stets mit Eigenschaftseinbußen verbunden und so werden alle Kunststoffteile irgendwann zu Abfall. Sie sind dann immer noch Energieträger, deren Heizwert sogar höher ist als der von Heizöl. Ökologisch und ökonomisch nicht sinnvoll wiederverwertbare Kunststoffabfälle sollten daher thermisch genutzt werden und im Sinne der Ressourcenschonung als Ersatz fossiler Brennstoffe dienen. Sie liefern z. B. einen wesentlichen Teil der Energie zur Verbrennung von Hausmüll und die dabei erzeugte Energie wird bereits in Strom, Fernwärme oder Dampf umgewandelt.

1. Kennzeichnung
2. Reduktion der Sortenvielfalt
3. Demontagefreundliche Konstruktionen
4. Sortenreines Sammeln (ggf. Trennen)
5. Verfügbarkeit ausreichender Mengen (sortenrein)
6. „Aufbessern" der Recyclat-Eigenschaften
7. Überprüfung existenter Normen/Spezifikationen
8. Garantie der Eigenschaften
9. Preislich wettbewerbsfähig
10. Akzeptanz beim Verbraucher

Bild 8: Entwicklung von Anwendungen und Märkten für Kunststoff-Recyclate

Moderne Müllverbrennungsanlagen (MVA) arbeiten bezüglich ihrer Emissionen toxikologisch unbedenklich, was auch für die Verbrennung von PVC sowie für Dioxine und Furane gilt. Ältere MVAs müssen entsprechend den gesetzlichen Auflagen nachgerüstet werden.

Neben der energetischen Nutzung trägt die thermische Behandlung von Kunststoffabfällen in hohem Maße zur Mengenreduzierungen der zu deponierenden Reste bei. Daher kommt neben Abfallvermeidung und der Abfallverwertung der thermischen Behandlung unter Energienutzung eine bedeutende Rolle zu; sie ist im Hinblick auf signifikante Beiträge zur Deponieentlastung unverzichtbar. Von daher gesehen ist die beschleunigte Genehmigung und der Bau entsprechender Anlagen unumgänglich.

6. Deponie

Kunststoffabfälle verhalten sich in der Deponie weitgehend inert und stellen keine Gefährdung für das Grundwasser oder die Atmosphäre dar.

Da keinerlei Nutzung des Material- oder Energiewertes der Kunststoffabfälle mehr erfolgt, sondern wertvoller Deponieraum beansprucht wird, haben die stoffliche, chemische und thermische Verwertung in Einklang mit § 14 AbfG eindeutig Vorrang vor dem Deponieren. Alle Bestrebungen sind daher so auszurichten, daß nur noch unvermeidliche Reste, wie z. B. Schlacken deponiert werden müssen.

Zusammenfassung

Bayer unterstützt vorbehaltlos das Prinzip der Vermeidung bzw. Verminderung und der Verwertung von Kunststoffabfällen, wie es mit höchster Priorität im deutschen Abfallgesetz gefordert wird. Bayer bekennt sich dabei zu seiner Verantwortung gegenüber Mensch und Umwelt und verpflichtet sich, vorhandenes Know-how zur Entsorgung zur Verfügung zu stellen. Außerdem ist Bayer intensiv bemüht, weitere Problemlösungen zu entwickeln – unter anderem auch als Gründungsmitglied der im Frühjahr 1990 ins Leben gerufenen „Entwicklungsgesellschaft für die Wiederverwertung von Kunststoffen" (EWvK). Bayer ist überzeugt davon, daß Kunststoffe – nicht zuletzt aufgrund ihrer längeren Lebensdauer – zur Ressourcenschonung und Umweltentlastung beitragen und umweltgerecht wiederverwertet bzw. entsorgt werden können. Dazu müssen Material- und Energie-Recycling als prinzipiell umweltverträgliche Entsorgungswege akzeptiert werden. Dabei muß es gestattet sein, die Wahl des Verfahrens auch nach wirtschaftlichen Gesichtspunkten durchzuführen. Bayer unterstützt alle Aktivitäten zu einem stofflichen Recycling, sofern dies ökologisch und wirtschaftlich die bessere Alternative zu anderen Entsorgungswegen darstellt. Die Voraussetzung dazu: ein aufnahmefähiger Markt, der die Recycling-Produkte akzeptiert, und die Genehmigung der zu ihrer Produktion erforderlichen Anlagen.

Bayer sieht im chemischen Recycling einen alternativen Weg der Kunststoffverwertung, für den allerdings die bekannten Technologien aus technisch-wirtschaftlicher sowie ökologischer Sicht noch weiter entwickelt werden müssen.

In anderen Fällen sieht Bayer in der Verbrennung unter Energiegewinnung die wirksamste Methode, das zur Entsorgung anstehende Müllvolumen deutlich zu verringern.

Umweltschutz gibt es nicht zum Nulltarif. Auch das Kunststoff-Recycling verursacht Kosten. Sie müssen aufgewendet werden, um technisch realisierbare Lösungen zu erarbeiten und zu verwirklichen. Von einer vollständigen Lösung dieses Problems sind wir aber noch weit entfernt. Nur durch konsequente Ausschöpfung aller Verwertungsmöglichkeiten wird es gelingen, das Problem der Kunststoffabfälle in den Griff zu bekommen. Dann müssen nur noch die wirklich unvermeidlichen Reste auf der Deponie entsorgt werden.

ORFA-Verfahrenstechnologie zur Sortierung und Aufbereitung von Siedlungsabfällen[2])

Von K.-H. Pitz[1])

Das **ORFA-Verfahren** ist eine patentierte Verfahrenstechnologie zur Sortierung und Aufbereitung von **Hausmüll, hausmüllähnlichem Gewerbemüll und Sperrmüll**. Sie basiert auf marktgängigen und erprobten Maschinenkomponenten. Patentiert ist die Abfolge der Verfahrensschritte.

In diesem über lange Jahre entwickelten **rein mechanischen** Verfahren werden aus den gemischt gesammelten Siedlungsabfällen Wertstoffgruppen **heraussortiert** und zur Weiterverarbeitung in Industrie und Landwirtschaft aufbereitet.

Beim ORFA-Verfahren handelt es sich um ein Verfahren zur mechanischen Sortierung und Aufbereitung von Siedlungsabfällen. Die Besonderheiten liegen in der weitgehenden Zerkleinerung des Mülls, der Trocknung und Ozonisierung sowie der ausgefeilten Sicht- und Siebtechnik. Die Trennung der Stoffströme erfolgt auf Basis der magnetischen und elektrostatischen Eigenschaften der Müllbestandteile sowie nach dem spezifischen Gewicht der enthaltenen Stoffe.

Das Verfahren läuft im einzelnen wie folgt ab:
Unsortierter und sortierter Müll wird mit konventionellen Müllfahrzeugen oder in Containern angeliefert. Er wird über Kippvorrichtungen (Container) oder direkt aus den Müllfahrzeugen auf einem Plattentransportband aufgegeben. Das Transportband wird vom Kontrollraum über Video-Kamera überwacht. Eine Abstreifeinrichtung stellt sicher, daß übergroße Teile nicht in die Vorzerkleinerung (Prallmühle) gelangen.

In der Prallmühle erfolgt eine Vorzerkleinerung der Siedlungsabfälle auf eine Größe von maximal 100 mm. Nicht zerkleinerungsfähige Störstoffe (Motorteile, Betonpfosten, u.a.) werden über einen gesonderten Auswurfschacht ausgeschleust.

FE-Metalle werden nach der Vorzerkleinerung über Magnetabscheider aussortiert und in Containern abgelagert.

Der gesamte Materialstrom, ohne Fe-Metalle, wird in einer kombinierten Siebung/Sichtung in drei Stoffströme aufgeteilt: Das flugfähige Material (Papier, Plastikfolien, u.a.) wird abgesaugt und Messermühlen zur Nachzerkleinerung zugeführt.

Nicht-flugfähiges Feinmaterial unter 8 mm Korngröße wird abgesiebt. Schwerteile auf dem Sieb (Korngröße über 8 mm) werden in Hammermühlen weiter aufgeschlossen und solange im Kreislauf gefahren, bis sie flugfähig sind oder kleiner als 8 mm.

Das abgesiebte Feinmaterial und das in den Messermühlen auf eine Korngröße unter 8 mm zerschnittene flugfähige Material wird in einen Zwischenbunker gefördert.

Aus dem Zwischenbunker wird der zerkleinerte und gut durchmischte Siedlungsabfall in einen Trommeltrockner gegeben und in einem Heißgasstrom bei einer Materialtemperatur von rund 100 °C von etwa 20–40 % Feuchte auf rund 5 % Restfeuchte getrocknet. Bei dieser Temperatur kommt es gleichzeitig zu einer Teilsterilisierung des Materials. Die Abluft aus dem Trockner wird vermischt mit Hallenluft und zur Hälfte dem Gasbrenner als Zuluft beigegeben. Die andere Hälfte wird nach Staubabscheidung in einem Biofilter von Geruch befreit.

Der zerkleinerte und getrocknete Siedlungsabfall wird pneumatisch einer Ozontrommel zugeführt. Mit Ozon werden u. a. Bakterien abgetötet und die geruchsintensiven Stoffe im Müll (Eiweißstoffe, Fette u. ä.) oxidiert. Nach der Ozonbehandlung ist das Material biologisch stabilisiert, geruchsfrei und langfristig lagerfähig. Überschüssige, mit Ozon angereicherte Luft aus der Trommel wird als Zuluft dem Gasbrenner zugeleitet.

Die nunmehr zerkleinerten, trockenen und geruchsfreien Siedlungsabfälle werden zur weiteren Homogenisierung der Korngröße in drei Fraktionen abgesiebt. Die einzelnen Fraktionen werden dann in der letzten Stufe des Verfahrens mit einem komplexen System an Windsichtern in jeweils eine Leichtfraktion und eine Schwerteilfraktion getrennt. Die einzelnen Fraktionen werden zum Weitertransport zu den Endverbrauchern oder Weiterverarbeitungsunternehmen in Container abgefüllt.

Alle Transporteinrichtungen sind gekapselt. Die Luft wird bei allen Verfahrensschritten abgesaugt, über Staubabscheider von Staub entfrachtet und über einen Biofilter gereinigt. Bunker und Produktionshalle stehen unter Unterdruck.

Die in drei Korngrößen anfallende Leichtfraktion enthält organische Bestandteile aus den Siedlungsabfällen – im wesentlichen Papier, Karton, Biomasse. Sie zeichnet sich durch eine hohe Störstoff-Freiheit (Inertion) und Schadstoffarmut (Schwermetalle) aus.

Für eine weitergehende Auftrennung der gleichermaßen in drei Korngrößen anfallenden Schwerteilfraktion stehen Technologien zur Verfügung. Eine Sortierung dieser Rest-/Wertstoffe erfolgt in Weiterverarbeitungsanlagen außerhalb der ORFA-Anlage.

Die **Schwerfraktion** wied mit einem Windsichter in eine im wesentlichen **inerte**

– Glas
– Stein
– Keramik
– Ne-Metalle

SYSTEMEINBINDUNG

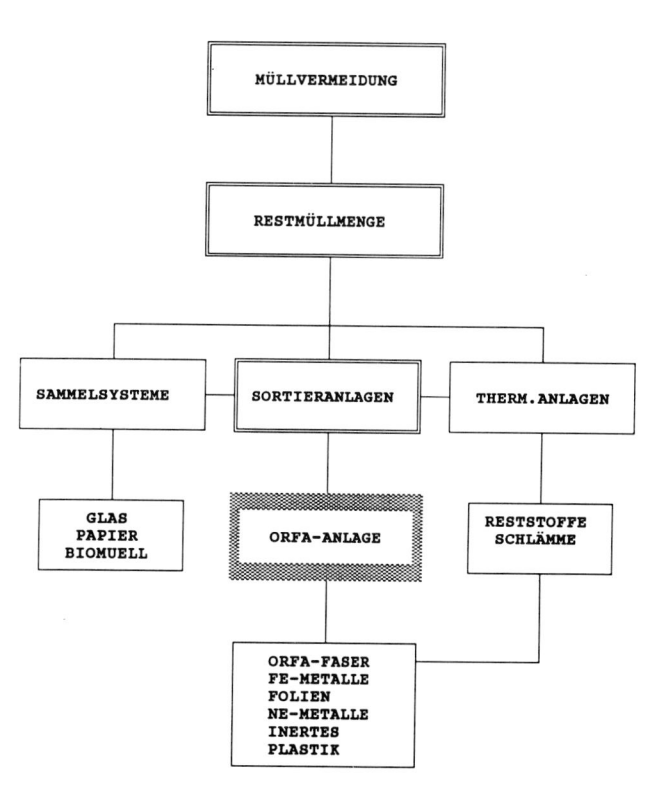

Bild 1:

---

[1]) Dr.-rer. oec. K.-H. Pitz, ORFA Organ-Faser Aufbereitungs GmbH & Co. KG, Arnsberg.
[2]) Vortrag „Aufbereitung bester Abfallstoffe" Haus der Technik, Essen.

VERFAHRENSSCHRITTE

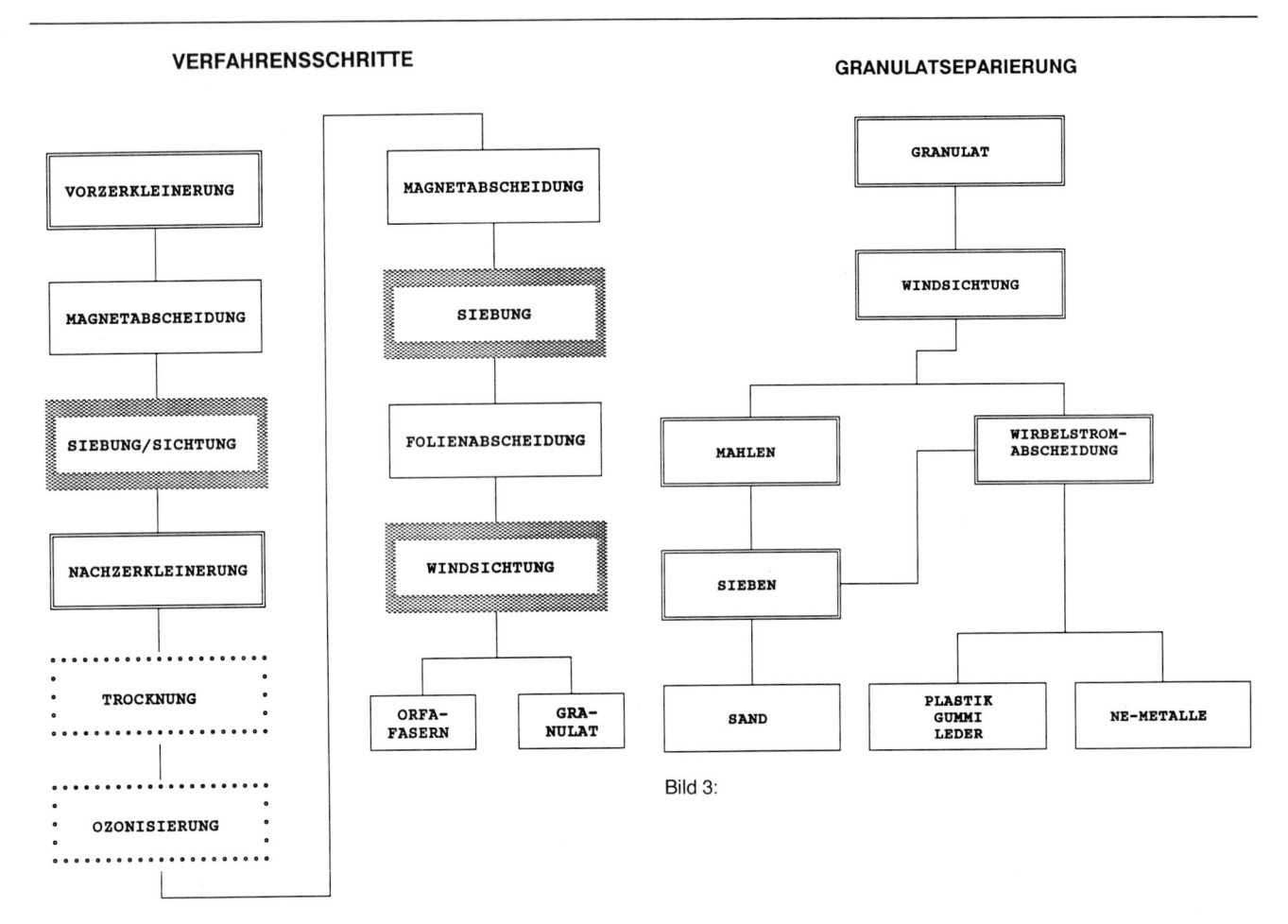

GRANULATSEPARIERUNG

Bild 3:

Bild 2:

und eine **leichtere, energiereiche** Fraktion

- Plastik
- Gummi
- Leder
- Holzstücke
- Aluminium

getrennt. Die inerte Fraktion wird in Walzenmühlen zu einem Sandersatz zerpulvert und Nicht-Eisenmetalle sowie sonstige Störstoffe (Plastik) werden abgesiebt. Aus der leichten, energiereichen Fraktion sowie den Siebresten der inerten Fraktion werden über einen Wirbelstromabscheider die **NE-Metalle** abgetrennt. Als Rest verbleibt eine Granulatfraktion aus gemischtem Kunststoff, Leder, Gummi und Holz. Dieses Granulat ist als **Reststoff** zu **deponieren** oder einer geeigneten **thermischen Behandlung** zuzuführen. Sofern nicht thermisch verwertbar, bietet sich im Hinblick auf noch zu entwickelnde Verfahren und einer dann ggf. möglichen weiteren Auftrennung mit anschließender stofflichen Verwertung eine Ablagerung dieses Materials auf **Monodeponien** an.

Mit dem ORFA-Verfahren werden die Siedlungsabfälle somit aufgetrennt in

- organische Fasern (40–50 %),
- Fe-Metalle (4–5 %),
- Folien (0,5–1 %),
- Inertien (6–8 %),
- NE-Metalle (0,5–1 %) und eine
- Restfraktion (8–10 %).

Beim Trocknen des Mülls werden rd. 25–35 % **Wasser** verdampft.

Diesem Verfahren gelingt es als derzeit einzigem bekannten Verfahren, im Rahmen der dargestellten Sortier- und Behandlungsschritte gleichzeitig auch die Schwermetalle verfügbar zu machen und in zwei Fraktionen zu konzentrieren: Die im Müll enthaltenen Schwermetalle

MATERIALFLÜSSE (1)

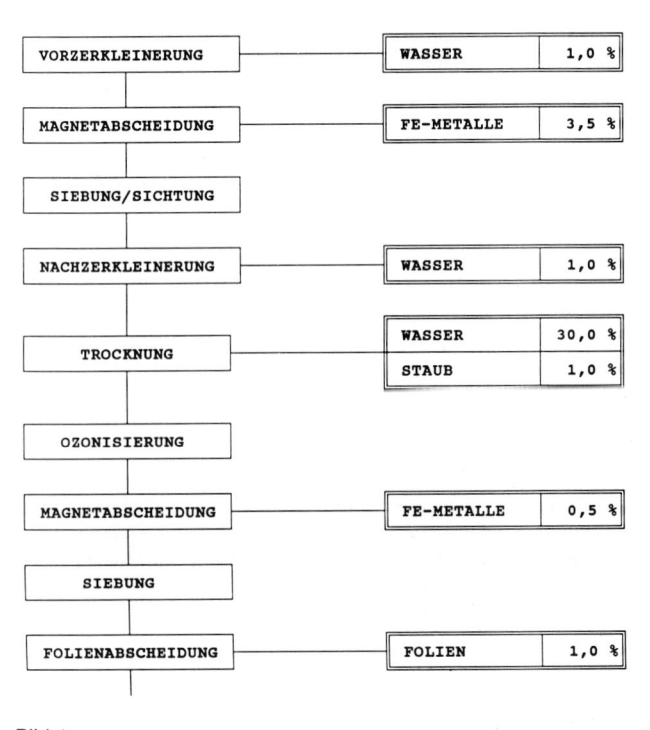

Bild 4:

MATERIALFLÜSSE (2)

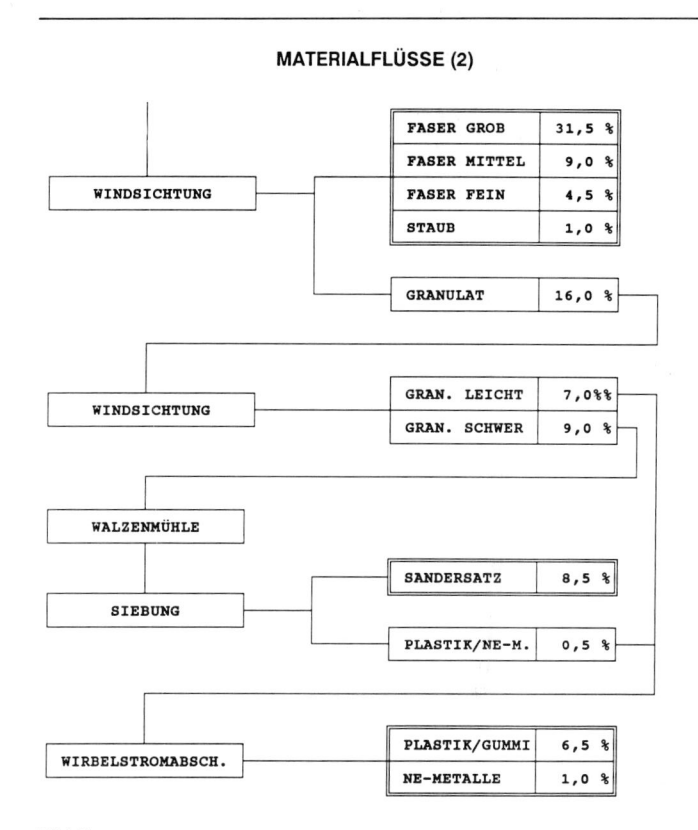

```
WINDSICHTUNG ──┬── FASER GROB      31,5 %
               ├── FASER MITTEL     9,0 %
               ├── FASER FEIN       4,5 %
               └── STAUB            1,0 %

               ── GRANULAT         16,0 %

WINDSICHTUNG ──┬── GRAN. LEICHT     7,0 %
               └── GRAN. SCHWER     9,0 %

WALZENMÜHLE
SIEBUNG      ──┬── SANDERSATZ       8,5 %
               └── PLASTIK/NE-M.    0,5 %

WIRBELSTROMABSCH. ─┬── PLASTIK/GUMMI 6,5 %
                   └── NE-METALLE    1,0 %
```

Bild 5:

	HAUSMÜLL BADEN-W.	KOMPOST VERORDN.	ORFA-FASER GROB	ORFA-KOMPOST
BLEI	706,0	150,0	27,0	40,0
ZINK	1420,0	300,0	175,0	250,0
KUPFER	282,0	150,0	59,0	85,0
NICKEL	42,0	50,0	5,0	7,0
CHROM	48,0	50,0	24,0	35,0
QUECKSILBER	6,3	3,0	0,6	0,9
CADMIUM	4,3	3,0	0,7	1,0

Bild 6:

treten in der Regel in **metallischer Form** oder **eingebunden in Plastik** (Cadmium) auf. Sie können damit über die Magnetabscheidung (Metallgemische, verzinktes Eisen) und in der Windsichtung (NE-Metalle/Hartplaste) abgetrennt werden. Folien werden isostatisch abgeschieden. **Organische Schadstoffe** werden in den organischen Staub- und Feinfraktionen konzentriert. Staub und Feinfraktionen können später zu unproblematischen Produkten weiterverarbeitet werden (Staubfeuerungen, Zementbaustoffe). Da der Müll im ORFA-Verfahren nur mechanisch bearbeitet wird und die Materialtemperatur 100 Grad nicht überschreitet, entstehen **keine neuen (gefährlichen) Verbindungen**.

Wesentliche Kriterien für die Beurteilung von Hausmüllsortier- und -aufbereitungsverfahren sind die **Müllabschöpfung** und die **Qualität** der gewonnenen Sekundärrohstoffe. Betrachtet man die gesamte Schwerfraktion als Rest, so entspricht die **Deponieentlastung** mit rd. 80–85 % der von Müllverbrennungsanlagen – mit einer Option auf eine noch weitergehende Entlastung durch Abschöpfung der Inertien und NE-Metalle. Aufgrund der hohen Trennschärfe bei der Abtrennung der leichten (organischen) Fraktionen und der Kanalisierung sowohl der anorganischen als auch der organischen Schadstoffe wird eine **bisher nicht erreichte Qualität der Sekundärrohstoffe** geboten.

Eine getrennte Sammlung von **Biomüll, Glas, Papier, Metall** und **Schadstoffen** hat keinen wesentlichen Einfluß auf die Technologie und die Produktqualität; es verändert sich lediglich der **Energieeinsatz** und die **Mengenbilanz** der Wertstoffe.

Die ORFA-Verfahrenstechnologie ist ein Baustein in **Gesamtentsorgungskonzeption**, bestehend aus Getrenntsammlung, Restmüllsortierung und -aufbereitung und nachgeschalteter thermischer Behandlung der nichtverwertbaren Reststoffe und Ablagerung der Reste auf Schlacken-Deponien. Dabei können Getrenntsammlung und Restmüllsortierung **dezentral**, thermische Behandlung der Rohstoffe und Schlackendeponie **zentral** in ggf. bereits vorhandenen Müllverbrennungsanlagen und Deponien erfolgen.

Das ORFA-Verfahren zeichnet sich durch eine außerordentliche **Umweltverträglichkeit** aus: In den Produktionshallen herrscht Unterdruck, um unkontrollierte **Geruchsemissionen** zu vermeiden. Die Abluft (Hallenluft/Brüden) wird mit Zyklonen und Filtern von **Stäuben** und mit einem Biofilter von **Gerüchen** befreit. Hallen und Zerkleinerungsmaschinen sind entsprechend den gesetzlichen Bestimmungen **lärmgeschützt**. Es gibt keine **prozeßbedingten Abwässer**. Zur Trocknung wird **Gas**, Deponiegas oder, so vorhanden, **Abwärme** eingesetzt. Der spezifische Energiebedarf (thermisch/elektrisch) erlaubt bei Einsatz von Gas die optimale Nutzung einer **Wärmekraftkopplung** (Energienutzung rd. 90–95 %).

Die **Investitionskosten** liegen mit rd. 400–600 DM/t Jahresdurchsatzleistung unter denen von Müllverbrennungsanlagen, die **Betriebskosten** mit rd. 150–250 DM/t Müll in der Größenordnung vergleichbarer anderer Entsorgungspfade. Der **Flächenbedarf** beträgt bei einer Kapazität von rd. 60.000 t/a (= ca. 150.000 Einwohner) rd. 15.000 m² und bei einer Kapazität von rd. 150.000 t/a (= ca. 450.000 Einwohner) rd. 20.000 m². Die Anlagen sind für den **Dreischichtbetrieb** konzipiert und haben eine **Verfügbarkeit** von 85–90 %.

Seit 8 Jahren wird in der Schweiz eine Pilotanlage mit einer Kapazität von rd. 2.000 t/a betrieben. 1989 ist in den USA eine **industrielle Großanlage** mit einer Kapazität von 120.000 t/a in Betrieb gegangen. Im Hochsauerlandkreis läuft das **Planfeststellungs**verfahren für eine erste europäische Demonstrationsanlage mit einer Kapazität von 60.000 t/a. Mit der Stadt Dortmund, den Landkreisen Erding/Freising und Emsland und weiteren kommunen im In- und Ausland wird über die Errichtung weiterer Anlagen verhandelt.

Zur **Weiterverarbeitung** von ORFA-Sekundärrohstoffen hat eine erste **Granulieranlage** (Katzenstreu, Ölbindemittel) in der Schweiz die Produktion aufgenommen. In der Bundesrepublik ist ein **Weiterverarbeitungszentrum** für die Sekundärrohstoffe aus der geplanten Anlage im Hochsauerlandkreis im Bau: Eine **Anlage** zur Herstellung von Rohkomposten und Brennstoffen in Verbindung mit Schlämmen (Brauereischlämmen, Papierschlämmen, Gülle, Klärschlämmen) hat den Probebetrieb aufgenommen.

In Zusammenarbeit mit namhaften Kooperationspartnern wie

– VEW Vereinigte Elektrizitätswerke Westfalen AG
– Edelhoff Städtereinigung GmbH
– Ruhrkohle Oel & Gas GmbH
– Thyssen Entsorgungs-Technik GmbH
– Josef Riepl Bau Umwelt-Technik GmbH und
– GSW Gesellschaft für Stoffliche Wiederverwertung mbH

bietet ORFA Organ-Faser Aufbereitungsgesellschaft mbH & Co. KG den entsorgungspflichtigen Kommunen die

- Projektplanung,
- Anlagenerrichtung,
- den Anlagenbetrieb und
- die Rohstoffvermarktung/-weiterverarbeitung

an. ORFA-Anlagen können **kommunal** oder **privatwirtschaftlich** betrieben werden. Auch gemischte Gesellschaften sind vorstellbar.

Mit Hilfe von ORFA-Fasermaterial können Schlämme unterschiedlichster Provenienz
- Gülle,
- Brauereischlamm,
- Brennereischlempe,
- Papierschlamm,
- Klärschlamm

im Rahmen eines biologischen Trocknungsverfahrens so aufbereitet werden, daß sie **landwirtschaftlich eingesetzt** (Rohkompost), **deponiert** oder **thermisch genutzt** werden können. So können weitere Entsorgungsprobleme mitgelöst werden.

Für ORFA-Anlagen sind **Planfeststellungsverfahren** nach Abfallrecht durchzuführen. Sie können auf und an Deponien, aber auch in **Industrie- und Gewerbegebieten** errichtet werden.

Verfahrenstechnologie und Produktqualität sowie die Weiterverarbeitungstechnologien für die Sekundärrohstoffe werden im ORFA-Technologiezentrum zusammen mit den vorgenannten Kooperationspartnern ständig verbessert und weiterentwickelt um stets ein äußerstes Maß an Umweltschutz und Wiederverwertung zu gewährleisten.

Techniken der Bioabfallkompostierung[2])

Von H. O. Hangen[1])

1. Abfallwirtschaftlicher Stellenwert der Bioabfallkompostierung

Die Kompostierung als Methode zur Behandlung und Verwertung von Abfallstoffen erlebt zur Zeit eine ausgeprägte Renaissance. Wurde sie vor zehn Jahren noch fast totgesagt, so beobachten wir heute bundesweit eine Vielzahl von Kompostierungsaktivitäten und es kommen täglich neue hinzu.

Die Impulse kamen und kommen allerdings nicht aus dem Bereich der traditionellen Mischmüll- und Klärschlammkompostierung, sondern sie werden getragen von den Stoffgruppen „Rinde", „Grünabfall" und „Bioabfall". Die Tendenz geht eindeutig dahin, möglichst homogene, für die Kompostierung besonders geeignete organische Materialien bereits an der Abfallstelle getrennt zu erfassen und nur diese Stoffe der Kompostierung zuzuführen.

2. Stoffliche Vorgaben für die Verfahrenstechnik

Bioabfälle – um sie geht es hier insbesondere – sind getrennt gesammelte, nativ organische Küchen- und Gartenabfälle. Sie fallen als Anteil des Hausmülls, des Sperrmülls, des Geschäftsmülls und der hausmüllähnlichen Gewerbeabfälle an. Die Begrifflichkeit Bioabfall/Biomüll ist unscharf und interpretationsbedürftig. Die entsorgungspflichtige Gebietskörperschaft muß sich bei der Entwicklung ihres Abfallvermeidungs- und -verwertungskonzeptes darüber klar werden, ob sie der zentralisierteren Kompostierung eine sehr pointierte Rolle zuweisen will oder ob es eher gewollt ist, Stoffgruppen, die anderweitig verwertet werden können, der Bioabfallschiene vorzuenthalten.

Solche grundsätzlichen Vorüberlegungen haben entscheidende Auswirkungen, wenn es dann um die Frage nach der geeigneten Anlagenauslegung und -technik geht. Die Problematik läßt sich leicht an einigen Beispielen verdeutlichen. Es sei vorausgesetzt, daß im Regelfall die Erfassung der Bioabfälle beim Bürger direkt mittels einer Biotonne erfolgt. Die Gebietskörperschaft wird hier sehr schnell mit der Frage nach der zukünftigen Rolle der Eigenkompostierung konfrontiert werden. Im Falle des Landkreises Bad Kreuznach haben wir parallel zur Einführung der Biotonne ein Eigenkomposter-Programm aufgelegt um zu verhindern, daß abfallwirtschaftlich konstruktive Gewohnheiten aufgegeben werden. Und überhaupt muß man grundsätzlich darüber nachdenken, wie man mit den Grünabfällen umgehen will. Soll es im Zuständigkeitsbereich der Gebietskörperschaft noch separate reine Grünabfallkompostplätze geben oder nicht? Welche Verwertungswege sind für Altpapier vorgesehen und in welchem Umfang ist die Kompostierung als Verwertungsweg beteiligt – bei der jetzigen Lage auf dem Altpapiermarkt eine sicher sehr interessante Frage.

Je nachdem, wie die Vorgaben formuliert sind, sind Bioabfallmodifikationen in der Bandbreite von „im wesentlichen Grünabfälle mit gewissen Beimengungen von Küchenabfällen und Knüllpapier" bis „Mischung aus Papier/Pappe, Küchenabfällen und gewissen Mengen an Grünabfällen" denkbar. Der „papierbetonte" Biomüll stellt andere Anforderungen an die Verfahrenstechnik als der „grünabfallbetonte". Die Mengenbilanzen werden sich sehr unterschiedlich darstellen. Das kann sehr wesentliche Auswirkungen auf das Genehmigungsverfahren haben.

In der folgenden Übersicht hat der Regierungspräsident Düsseldorf versucht, alle derzeitigen Überlegungen hinsichtlich der Abgrenzung und Unterscheidung von **Komposthaufen**, **Kompostieranlage** und **Kompostwerk** zusammenzufassen und schematisch darzustellen. Außerdem hat er eine Definition der Durchsatzleistung einer Kompostieranlage erarbeitet.

Definition

der Durchsatzleistung einer Kompostieranlage
(zu § 7 Abs. 2 Satz 2 AbfG)

Der Materialeinsatz in eine Kompostieranlage erfolgt – jahreszeitbedingt – nicht kontinuierlich.

Ausgangspunkt muß daher die Menge an Abfällen sein, die innerhalb eines Jahres die Anlage als Rohmaterial durchlaufen kann (Kapazität der Anlage).

In der Regel wird dies die vom Antragsteller angegebene voraussichtliche Jahresmenge sein.

Da das Rohmaterial während des Kompostierungsvorganges bis zu 50 % an Gewicht verliert, wird man für die Berechnung der Durchsatzleistung (t/h) nicht ausschließlich von der Anliefermenge ausgehen können, sondern einen Abschlag von etwa 45 % berücksichtigen müssen.

Weiter wird angenommen, daß die Anlage während 24 Stunden am Tag (= 8 760 Stunden im Jahr) „arbeitet", wobei die mechanische Behandlung des Materials, die Anlieferung, Zerkleinerung, auf Rotte setzen, Absieben sich nur auf wenige Stunden am Tag bzw. wenige Tage in der Woche beschränken kann.

Somit ergibt sich folgende Berechnung:

$$\text{Durchsatzleistung} = \frac{\text{Anliefermenge (t)} \times 0{,}55}{8\,760\ (h)}$$

Zusatz:

1 m^3 Kompostmaterial entspricht etwa 0,2 t.

Den Durchsatzmengen und Abfallarten werden hier bereits konkret technische Anforderungen an die Anlage zugeordnet.

3. Technik der Kompostierung

3.1 Grundlagen

Die Verfahrenstechnik hat die Aufgabe, den Mikroorganismen optimale Umweltbedingungen zu schaffen und nicht etwa, biologische Vorgänge zu verändern. Die Technik tritt unterstützend und nicht bestimmend in Erscheinung. Die Rotte ist nicht unbegrenzt manipulierbar – sie kann also nicht in einer beliebig kurzen Zeit abgeschlossen werden. Voraussetzungen für ihren ungestörten Verlauf sind ein ausreichendes Nährstoffangebot, die entsprechende Versorgung mit Sauerstoff und Wasser sowie ein verträgliches Umgebungsmilieu. Sehr maßgebend für den Rotteverlauf ist die Struktur des Rottegutes. Nur bei einem ausreichenden Luftporenvolumen werden die Mikroorganismen genügend mit Sauerstoff versorgt. Der Wassergehalt sollte während der Intensivrotte 35–40 % nicht unterschreiten, da die Mikroorganismen die Nährstoffe nur in gelöster Form aufnehmen können, andererseits sollten 60 % nicht überschritten werden, da sonst das für die Sauerstoffzufuhr verfügbare Luftporenvolumen zu sehr eingegrenzt wird.

3.2 Grundelemente eines Bioabfallkompostwerkes

An Bioabfallkompostwerke sind grundsätzlich die gleichen Kriterien anzulegen, wie an konventionelle Kompostwerke. Es müssen lediglich bei den einzelnen Verfahrensschritten Modifikationen vorgenommen werden, die die von gemischt gesammelten Haushaltsabfällen mehr oder weniger abweichende Konsistenz des Bioabfalls berücksichtigen. Man muß sich hierbei stets darüber im klaren sein, daß, wie eingangs ausführlich dargelegt, die stoffliche Bandbreite dessen, was Bioabfall sein kann, außerordentlich groß ist und somit die Anforderungen an die Flexibilität eines Bioabfallkompostwerkes nicht hoch genug angesetzt werden können.

Tendenziell kann bei Bioabfallkompostwerken davon ausgegangen werden, daß

– die angelieferten Bioabfallmengen pro Einwohner geringer sind, als bei Mischmüllanlieferungen – im besten Falle liegen sie bei 50 %, meist deutlich darunter,

---

[1]) Hermann Otto Hangen. Kreisverwaltung Bad Kreuznach
[2]) Vortrag „KABV-Kongreß 1990"

Art Kriterien	Komposthaufen "Kleine Kompostierunlage"	Kompostieranlage § 7 (2) AbfG	Kompostieranlage § 4 Abs. 1 AbfG / § 7 (1) AbfG	Kompostwerk Nr. 8.5 der 4. BImSchV § 4 BImSchG, §§ 4 (1) u. 7 (3) AbfG
Gesetzliche Regelungen	insbesondere: WHG,			
Dimensionen	① häuslicher Komposthaufen ② Komposthaufen in Parkanlagen * ③ Komposthaufen in Landw.- u. Gärtnereibetrieben * ④ Komposthaufen in Gewerbebetrieben * * für zweils dort anfallende organische Rückstände	bis 0,75 t/h Durchsatz ○ oder mit Einwirkungen nicht zu rechnen ist, unabhängig von Durchsatz	über 0,75 t/h Durchsatz ○ kleiner 3,0 t/h Durchsatz ○	1. über 3,0 t/h Durchsatz ○ 2. über 0,75 t/h bei Einsatz von Hausmüll ○ 3. über 0,75 t/h bei § 1 Abs. 3 Nr. 7 AbfG 4. bei Einsatz von spez. Kompostaggregaten z. B. Eingabe in eine Trommel zur Beschleunigung des Rotteprozesses
Kompost-Verfahren	aerobe Verrottung	- Mietenkompostierung - Mattenkompostierung - Kompostierung in Rottoboxen		Mieten- u. Mattenkompostierung und / oder Kompostaggregate
Technischer Aufwand	allg. sehr gering ggf. Untergrundabdichtung	- Untergrundabdichtung - Maßnahme des Immissions- und Arbeitsschutzes - Geräte: Zerkleinerungs-g., Mulch-g., Radlader, Sieb, Mischaggregat		(zusätzlich zu den Anford. an Kompostieranlagen) - erhöhte Anforderungen an den Immissionsschutz - Einsatz von Kompostaggregaten - Fabrikmäßige Herstellung von Kompost
Personeller Aufwand	sehr gering	- 2 - 4 Personen ständig im Einsatz weitere Personen nur sporadisch		mehr als 4 Personen ständig im Einsatz
Aballart	pflanzliche Rückstände	- Garten- und Parkabfälle - Friedhofsabfälle - Bio - Tonne ☐		(zusätzlich zu Kompostieranlage - Hausmüll (einschließlich Bio - Tonne ☐)
Trägerschaft (Genehmigungs-nehmer)	- Private - Kommunen (nur eigene pflanzliche Rückstände) - Gewerbe (soweit aus eigener Produktion) - Gewerbe in Verbindung mit § 1 Abs 3 Nr. 7 AbfG	- Private - Kommunen - soweit ausgeschlossene Abfälle oder - Beauftragung durch Kreis - Entsorgungspfl. Körperschaft oder von diesen beauftragte Dritte - Gewerbe soweit ausgeschlossene Abfälle - u. U. Gewerbe in Verb. m. § 1 Abs. 3 Nr. 7 AbfG		- siehe Kompostieranlage - zusätzlich - Gewerbe in Verbindung m. § 1 Abs. 3 Nr. 7 AbfG
Genehmigungs-behörde	① genehmigungsfrei ②④ UWB, ggf. genehmigungsfrei	Regierungspräsident, Dezernat 54		Regierungspräsident, Dezernat 54

○ vgl. Definition der Durchsatzleistung

☐ Inhalt der Biotonne: ausschl. Küchenabfälle und Grünabfälle

Zusatz:
1. Bei einer bereits nach § 7 Abs. 2 AbfG genehmigten Anlage (z. B. Deponie, Zwischenlager) wäre eine Kompostieranlage auf gleichem Gelände nach § 7 Abs. 2 AbfG ggf. zusätzlich zu genehmigen. Der Gesamtcharakter der Anlage sollte erhalten bleiben; ein Kompostwerk nicht zugelassen werden.
2. Im Bereich einer nach § 7 Abs. 1 planfestgestellten Anlage kann
   - der Anlage eines Komposthaufens zugestimmt werden,
   - eine Kompostierungsanlage oder ein Kompostwerk je nach Bedeutung gem. § 76 Abs. 3 VwVfG, §§ 7,8 AbfG in einem Änderungsverfahren genehmigt oder
   - in einem Planfeststellungsverfahren genehmigt werden.
3. In den Fällen der Ziffern 1 und 2 nur während der Laufzeit der Anlage.

54.30.01 - Kompost, Übersicht

- der Anteil an Stör- und Hartstoffen geringer ist,
- die Materialeigenschaften und -mengen jahreszeitlich stark schwanken,
- der Anteil der organischen Substanz höher ist und sich im Mittel bei 70 % einpendelt,
- der Wassergehalt höher ist und häufiger den für die Kompostierung kritischen Bereich von 60 % erreicht,
- die Lagerungsdichte höher ist und in einer Größenordnung von 0,6 t/m^3 angesetzt werden muß und
- damit das verfügbare Luftporenvolumen geringer ist

als bei der Mischmüllkompostierung.

Die Grundelemente eines Bioabfallkompostwerkes stellen sich im Verfahrensfließbild wie folgt dar:

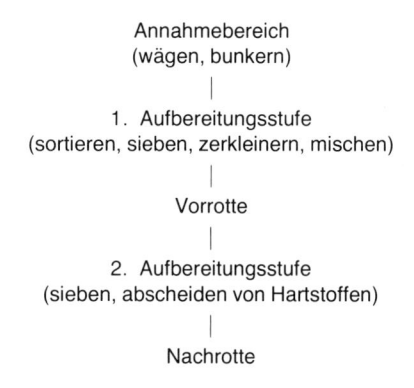

Annahmebereich
(wägen, bunkern)
|
1. Aufbereitungsstufe
(sortieren, sieben, zerkleinern, mischen)
|
Vorrotte
|
2. Aufbereitungsstufe
(sieben, abscheiden von Hartstoffen)
|
Nachrotte

Annahmebereich

Eine Waage gehört heute zur Standardausstattung einer jeden Abfallbehandlungsanlage. Die Entladung des Biomülls aus den Sammelfahrzeugen sollte in einem geschlossenen Raum erfolgen. Es bietet sich ein Flachbunker an, da die Konsistenz des Biomülls eine Lagerung über längere Zeit und bei großen Schütthöhen ausschließt. Der Flachbunker sollte arbeitstäglich geräumt werden. Zwischenlagerflächen für Strukturmaterial müssen außerhalb des Flachbunkers in unter Umständen erheblichem Umfang vorgesehen werden.

1. Aufbereitungsstufe

Bioabfall wird nicht immer und aus allen Sammelgebietstypen in einer definitionsgemäßen Reinheit angeliefert, die eine „Reinigung" erübrigen würde.

So empfiehlt es sich auf jeden Fall, Metallabscheider und händische Störstoffauslese anlagentechnisch vor der Intensivrotte vorzusehen. Der gereinigte Stoffstrom wird dann entweder insgesamt oder aber nur als Überkorn-Teilstrom nach Klassierung einem Zerkleinerungsaggregat zugeführt. Auf die richtige Wahl des Zerkleinerers ist vor allem bei hohen Papieranteilen im Biomüll besonderes Augenmerk zu legen. Außerhalb der normalen Systemabfuhr angelieferte Grünabfälle sollten gesondert gelagert und zerkleinert und an entsprechender Stelle zudosiert werden. Ihre Zumischung gewinnt besonders unter dem Gesichtspunkt der Bereitstellung von Strukturmaterial zum Beispiel im Winter an Bedeutung. Bei dynamischen Vorrottesystemen erfolgt die Mischung direkt im System, bei anderen Systemen muß ein eigenständiges Mischaggregat der Intensivrotte vorgeschaltet werden.

Vorrotte/Intensivrotte

Im Verlauf der Intensivrotte kann aufgrund des hohen organischen Anteils mit einer hohen Aktivität und entsprechend hohen Abbauleistungen gerechnet werden. Demzufolge muß die Rotteführung so gestaltet sein, daß die Einhaltung von optimalen Rottebedingungen sowohl durch die Belüftungssteuerung als auch durch ein z.B. regelmäßiges Umsetzen gewährleistet ist. Entsprechend der Struktur des Biomülls ist die maximale Mietenhöhe eng zu begrenzen, so daß ein ausreichendes Luftporenvolumen erhalten bleibt. Es muß heute davon ausgegangen werden, daß wegen der Vorgaben bezüglich der Geruchsemissionen nur noch gekapselte Vorrottesysteme in Frage kommen. Zur Reinigung der aus den Rottehallen, Boxen, Containern, Reaktoren abgesaugten Abluft werden Biofilter eingesetzt.

2. Aufbereitungsstufe

An die Intensivrotte schließt sich eine Feinaufbereitung des Kompostes an, die vor allem dazu dient, das optische Erscheinungsbild des Kompostes marktgerecht zu gestalten. Siebung und Hartstoffabscheidung stehen als bewährte Verfahrenstechniken zur Verfügung.

Nachrotte

Um die Pflanzenverträglichkeit zu gewährleisten ist es notwendig, den Kompost einer Nachrotte zu unterziehen.

3.3 Systematik der Kompostierungsverfahren

Die zur Zeit am Markt angebotenen Kompostierungsverfahren für Biomüll lassen sich in statische, teilstatische und dynamische Verfahren einteilen. Die Unterschiede beziehen sich oft nur auf die erste Phase der Rotte, die sog. Vorrotte oder Intensivrotte. Nachfolgende Rottephasen finden dann auf Tafel- oder Dreiecksmieten statt.

Überblick über bestehende Vorrotteverfahren

statische Verfahren	teilstatische Verfahren	dynamische Verfahren
Mietenkompostierung ohne Umsetzen	Mietenkompostierung mit Umsetzen	Rottetrommel
Mattenkompostierung	Tunnelreaktor	Rottetürme
Boxenkompostierung		
Containerkompostierung		
Brikollare-Verfahren		

3.4 Anbieterfirmen und -konzepte

Es ist auffällig, daß sich die Branche geschlossen auf die neue Situation eingestellt hat, daß im wesentlichen bekannte Verfahrenskombinationen modifiziert für den Einsatzbereich „Bioabfallkompostierung" angeboten werden. Auffällig ist eine Tendenz weg von der Systemfestlegung. Von den Firmenvertretern wird darauf hingewiesen, daß in der Regel bei den Ausschreibungen die Verfahrenstechnik schon derart exakt durch die planenden Ingenieurbüros vorgegeben ist, daß für eigene Variationen nur noch bedingt Spielräume existieren.

Die folgende Aufstellung gibt einen Überblick über die Anbieterfirmen und die von ihnen angebotenen Verfahren. Mit den Firmen O.W.S. und VALORGA wurden auch zwei herausragende Vertreter der anaeroben Vergärung mit in die Liste aufgenommen.

Anbieterfirmen und Kompostierungsverfahren (Bioabfall)

Altvater	Alvahum; Rottetrommel
BAV-Trienekens	Tunnelreaktor
Bezner	Sortiertechnologie; Zulieferer Voest-Alpine
Bühler-Miag	Mischtrommel; belüftete Mieten
Deutsche Babcock Anlagen	Rottetrommel
Doppstadt	Doppstadt-Shredder; Mietenrotte
Herhof	Rotteboxen; Miete
Horstmann Fördertechnik	Förder- und Sortieraggregate
Krupp MaK Maschinenbau	keine Systemfestlegung; u. a. Rottetrommel
Lescha	Kompostiertrommel
Loesche	Cascaden-Mühle; Rotteplatten mit Impulsbelüftung

Bild 1: Biomüllaktivitäten – Bundesrepublik Deutschland (Stand Juli 1989)

MAB-Lentjes	Bio-Container
Organic Waste Systems (Belgien)	DRANCO-Verfahren (anaerob) + Mietenkompostierung
Rethmann	Brikollare
Riecken-Harvestore	Bio-Reaktoren
SFW-Saarberg-Fernwärme	keine Systemfestlegung
SMAG Bereich Hazemag	keine Systemfestlegung (Rottetrommel; Großmieten; Türme)
Steinmüller	Rottetürme
Thyssen Engineering	Rottetrommel
T.U.C. Consult (Schweiz)	keine Systemfestlegung
Valorga (Frankreich)	Anaerobe Fermentation; Mietenrotte
Voest-Alpine (Österreich)	Saugbelüftung intermittierend

In der Gesamtbetrachtung fällt auf, daß immerhin sechs Firmen die Rottetrommel als Vorrotteaggregat bei der Bioabfallkompostierung anbieten, also bewußt an diesem relativ kostspieligen Aggregat festhalten. Offensichtlich will man nicht auf die hervorragende Homogenisierungs- und Zerkleinerungswirkung der Trommel verzichten – eine sicherlich richtige Entscheidung – vor allem dann, wenn größere Mengen an Papier mitverarbeitet werden sollen.

Eine interessante neue Variante bietet die Firma MAB-Lentjes Energie- und Umwelttechnik GmbH an. Die Fermentation erfolgt in einem geschlossenen System mit modularer Ausbaufähigkeit. Speziell konstruierte Bio-Container dienen als Fermenter, die von herkömmlichen Abrollkippern und anderen Hebe- und Transportsystemen gehandhabt werden. Der zerkleinerte, entschrottete und homogenisierte Biomüll wird in die verschließbaren und wärmeisolierten Bio-Container eingefüllt. In den Bio-Containern sind Lochböden installiert, die für eine gleichmäßige Belüftung des aufgeschütteten Rohmaterials sorgen. Zum Anschluß an das Be- und Entlüftungssystem sind die Bio-Container mit Schnellkupplungen ausgerüstet. Vom Grundprinzip her zeigen sich hier deutliche Parallelen zur Biozellenreaktor-Box „System Herhof", vor allem hinsichtlich der Ausbaufähigkeit und der Eigenständigkeit des Einzelreaktors im Gesamtgefüge.

Fazit

Die Bioabfallkompostierung findet mittlerweile Eingang in die meisten integrierten Abfallwirtschaftskonzepte der entsorgungspflichtigen Gebietskörperschaften. Die Karte „Biomüllaktivitäten Bundesrepublik Deutschland" zeigt die Situation Mitte 1989, neue Aktivitäten sind seither hinzugekommen.

Planerisches Vorgehen bei der Entwicklung eines Abfallwirtschaftskonzeptes bedeutet, im Vorfeld die Ziele festzulegen. Bezogen auf die Sammlung und Kompostierung organischer Abfälle stellt sich vorab die Frage, welches Material in welcher Menge eingesammelt und verarbeitet werden soll, welche Kompostqualitäten gewonnen werden sollen und wo das ganze stattfinden soll. Die Antworten auf diese Fragen haben einen deutlichen Einfluß auf die Wahl der Verfahrenstechnik und die baulichen Aufwendungen.

Die Bioabfallkompostierung kann in zentralen und dezentralen Anlagen erfolgen. Die positiven Betriebsergebnisse dezentraler Anlagen mit unterschiedlichen Verfahrenstechniken (Miete, Box, Matte) und die Anzahl laufender Planungen lassen erwarten, daß die Gebietskörperschaften den Einstieg in die Kompostierung sukzessive vornehmen. Eigene Umfragen bei den Projektträgern haben gezeigt, daß die Mietenkompostierung häufig das Einstiegsverfahren ist.

Mitte 1988 stellte sich die Situation wie folgt dar:

Verfahren	dauert an	geplant	beendet	Summe
traditionelles Kompostwerk	5	3	2	10
Miete	32	9	8	49
Matte/Miete	3	1	1	5
Tunnelmiete		1		1
Rottebox	2	1		3
ohne Angaben				3

Die Zahlen geben jeweils Auskunft über die Anzahl der den Verfahren zuzuordnenden Projekte. Es muß hier allerdings bemerkt werden, daß in einigen Fällen zwei oder mehrere Projekte je eine gemeinsame Kompostierungseinrichtung benutzen.

Eine im Herbst 1989 durch den Arbeitskreis für die Nutzbarmachung von Siedlungsabfällen durchgeführte zweite Umfrageaktion, in der alle Landkreise und kreisfreien Städte im Bundesgebiet angeschrieben wurden, brachte für den Bereich Bioabfallkompostierung und hier insbesondere die technische Durchführung keine grundsätzlich neuen Erkenntnisse. Einer Vielzahl von Absichtserklärungen stehen nur eine kleine Zahl realisierter, technisch leistungsfähiger Anlagen gegenüber. Der Schritt von der reinen Grünabfallkompostierung zur Bioabfallkompostierung wird aber zunehmend planerisch angedacht und auch für die Entscheidungsgremien vorbereitet.

Schrifttum

[1] Bidlingmaier, W., Müsken, A.: Unveröffentlichtes Manuskript; Stuttgart 1988.
[2] Ministerium für Umwelt und Gesundheit (Hrsg.): Leitfaden zur Kompostierung organischer Abfälle; Mainz 1989.
[3] Selle, M., Kron, D., Hangen, H.O.: Die Biomüllsammlung und -kompostierung in der Bundesrepublik Deutschland – Situationsanalyse 1988; Schriftenreihe des Arbeitskreises für die Nutzbarmachung von Siedlungsabfällen (ANS) e. V., Heft 13, Bad Kreuznach 1988.
[4] Turk, T.: Verfahrenskonzepte der Bioabfallkompostierung; I. Witzenhäuser Abfalltage; Grundlagen der Kompostierung von Bioabfällen; Band II; S. 185–197; Witzenhausen 1989.

Stand und Aussichten des Baustoff-Recyclings

Von H. Offermann[1])

Entsprechend den amtlichen Statistiken ist das Bauwesen eines der größten Abfallproduzenten in der Bundesrepublik Deutschland. Von dieser Tatsache ausgehend besteht die Notwendigkeit des Baustoff-Recyclings.

1. Recyclingsystem Bauwesen

Die modellhafte Grundlage einer solchen Vorgehensweise zeigt das Recyclingsystem Bauwesen in Bild 1. Das Bauwesen ist als Primärkreislauf dargestellt. Aus Ressourcen werden Zwischenprodukte hergestellt, die wiederum in Bauwerke eingebaut werden. Nach der Nutzungsdauer der Bauwerke werden diese abgebrochen, und bisher wurden die Abbruchmaterialien deponiert. Dies bedeutete einerseits einen hohen Ressourcenverbrauch und andererseits einen großen Deponiebedarf. Das Recyclingsystem sieht nun vor, daß das Abbruchmaterial in einer Recyclinganlage aufbereitet wird.

Durch eine direkte Wiederverwendung können Baustoffe in neue Bauwerke eingebaut werden, durch eine Wiederverwertung Zwischenprodukte für neue Bauwerke geschaffen werden oder durch eine Weiterverarbeitung Zwischenprodukte für andere Wirtschaftszweige, hier dargestellt als Sekundärkreislauf, geschaffen werden.

2. Abfallaufkommen

Baurestmassen, auch Bauabfälle genannt, werden unterteilt in

---

[1]) Dr.-Ing. Helmut Offermann, Betriebswirtschaftliches Institut der Westdeutschen Bauindustrie, Düsseldorf
Der Aufsatz ist eine erweiterte und aktualisierte Fassung eines Beitrags mit gleichem Titel beim 1. Nordrhein-Westfälischen Recycling-Kongreß in Duisburg am 3. April 1990, veröffentlicht in: Landesamt für Wasser und Abfall (Hrsg.): 1. Nordrhein-Westfälischer Recycling-Kongreß. LWA-Materialien Nr. 2/90. Düsseldorf: Eigenverlag, 1990, S. 79–91

- Erdaushub,
- Bauschutt,
- Straßenaufbruch und
- Baustellen-Mischabfälle.

Entsprechend Bild 2 fallen im Bauwesen pro Jahr mindestens 125 Mio. Tonnen Baurestmassen an; dies sind umgerechnet rund 2 Tonnen pro Einwohner und Jahr. Es ist allerdings davon auszugehen, daß die wirklichen Abfallmengen höher liegen.

Neben der abfallwirtschaftlichen Unterteilung der Baurestmassen ist auch eine bautechnische Gliederung in

- Rohbaumaterialien und
- Ausbaumaterialien

möglich. Unter Ausbaumaterialien sind so unterschiedliche Bauteile wie

- Trockenbaumaterialien,
- Fenster, Türen,
- Fußbodenbeläge und
- Installationsmaterial

zu verstehen [3].

Ausbaumaterialien können einerseits Bauteile oder andererseits Einbaustoffe von Bauteilen sein. Sie fallen hauptsächlich bei Renovierungen an und wurden bisher größtenteils als Containerschutt auf Deponien entsorgt. In geringerem Umfang fällt das Material auch bei Abbrüchen an.

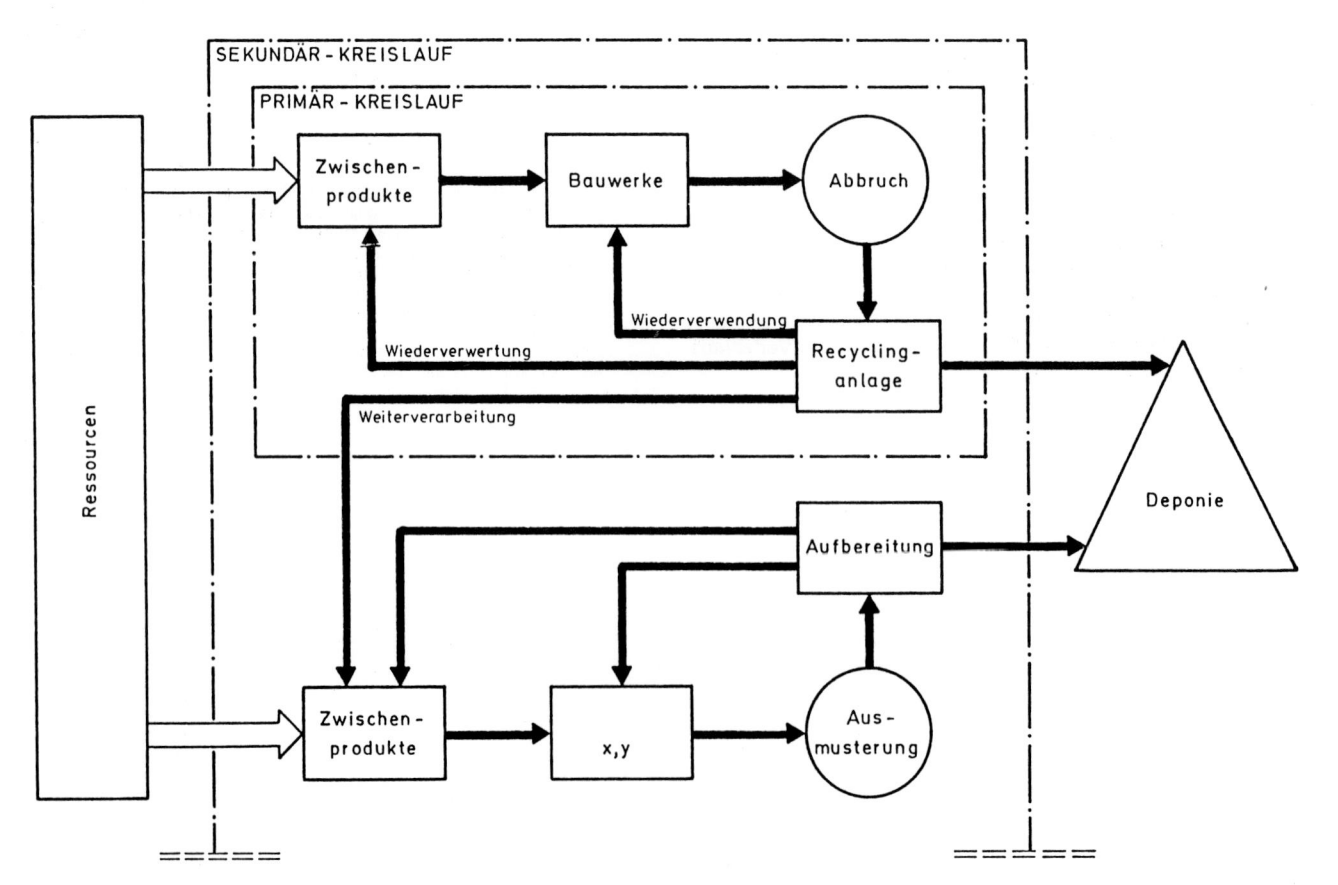

Bild 1: Recyclingsystem Bauwesen [nach 1]

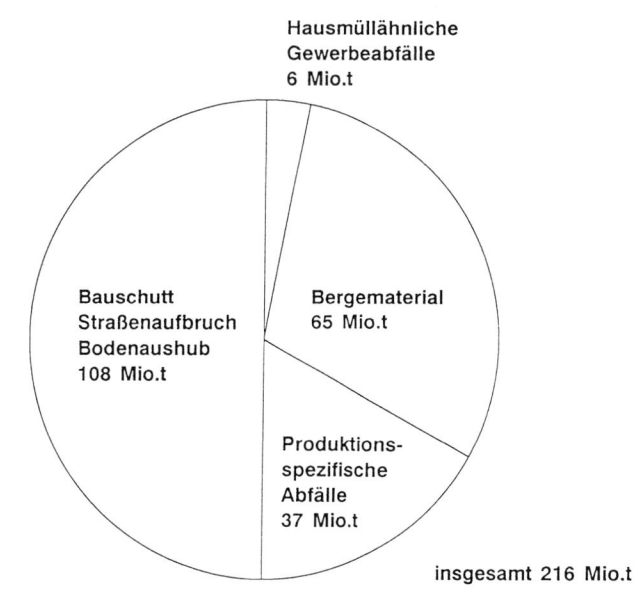

Bild 2: Mengenanfall Baurestmassen im Jahr 1987 [2]

(Pie chart: Hausmüllähnliche Gewerbeabfälle 6 Mio.t; Bauschutt Straßenaufbruch Bodenaushub 108 Mio.t; Bergematerial 65 Mio.t; Produktionsspezifische Abfälle 37 Mio.t; insgesamt 216 Mio.t)

3. Recycling

3.1 Ausbaumaterialien

Die Recyclingmöglichkeiten für Ausbaumaterialien sind grundsätzlich vielfältiger Art. Für die Wiederverwendung von Bauteilen gibt es schon seit längerem verschiedene theoretische Ansätze. Allerdings werden in der Praxis bisher fast ausschließlich neue Produkte eingebaut. Die Baustoffe konnten aufgrund der bisherigen Abbruchmethoden praktisch keiner Verwendung zugeführt werden. Es gibt jedoch Ausnahmen bei „antiken Teilen", so z.B. bei Ziegelsteinen in den USA. Demgegenüber ist die Wiederverwertung von Metallen und auch teilweise von Holz eine gängige Praxis.

3.2 Bodenaushub

Im Rohbaubereich fällt hauptsächlich Bodenaushub an. Hierfür gibt es schon verschiedene bewährte Recyclingmöglichkeiten. Die sinnvollste Methode ist die Bodenbörse. Hierbei schafft eine Kontaktstelle einen Ausgleich zwischen den Anbietern, d.h. denjenigen, die sich des Bodens entledigen wollen, und anderen, die für bestimmte Maßnahmen Boden benötigen. Dadurch ist es möglich, Zwischentransporte bzw. Zwischenlagerungen zu vermeiden oder den Einsatz von neu gewonnenen Baustoffen zu reduzieren.

Eine andere Möglichkeit sind Bodenaufbereitungsanlagen. Bei rolligen Böden können mit einer einfachen maschinentechnischen Ausstattung Siebungen durchgeführt werden. Dieses wird schon seit langem z.B. in der Rheinebene und in Berlin durchgeführt. Aufwendiger und maschinentechnisch wesentlich anspruchsvoller sind die Anlagen in Gebieten, in denen ein teilweise bindiger Boden ansteht [4]. Allerdings muß berücksichtigt werden, daß die Wiederverwendung von einem so aufbereiteten Material z.B. in Leitungsgräben aufgrund von Vorschriften noch problematisch ist.

Eine dritte Möglichkeit des Recyclings von Bodenaushub ist die Rekultivierung, d.h. die Verfüllung von ehemaligen Kiesgruben oder eine bewußte Landschaftsgestaltung. Allerdings ist die Rekultivierung vielfach aufgrund historisch schlechter Erfahrungen schwierig. So sind viele ehemalige Rekultivierungsstätten heutige Altlasten. Aus diesem Grund bestehen bei den Wasserbehörden vielfach restriktive Vorstellungen.

3.3 Asphalt und Bauschutt

Der im Bauwesen anfallende Asphalt kann zum größten Teil einer Wiederverwendung zugeführt werden. Die hierfür möglichen Recyclingverfahren sind in Bild 3 dargestellt. Die Grundlage der hohen Recyclingquote von Asphalt liegt im Wert des Bindemittels Bitumen begründet.

Ungünstiger ist die Situation beim Bauschutt. Bauschutt setzt sich hauptsächlich aus Beton und Mauerwerk sowie geringeren Anteilen von Putz, Kunststoffen, Holz etc. zusammen. Aufgrund der inhomogenen Zusammensetzung des Bauschutts ist eine differenzierte Be-

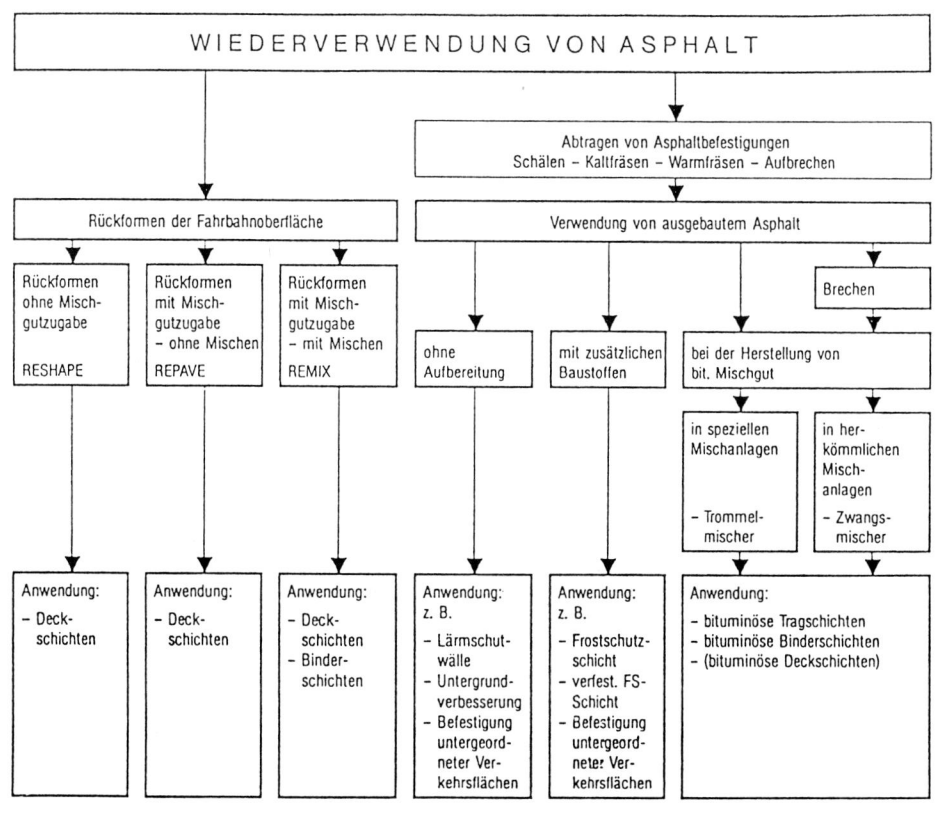

Bild 3: Möglichkeiten der Wiederverwendung von Asphalt [5]

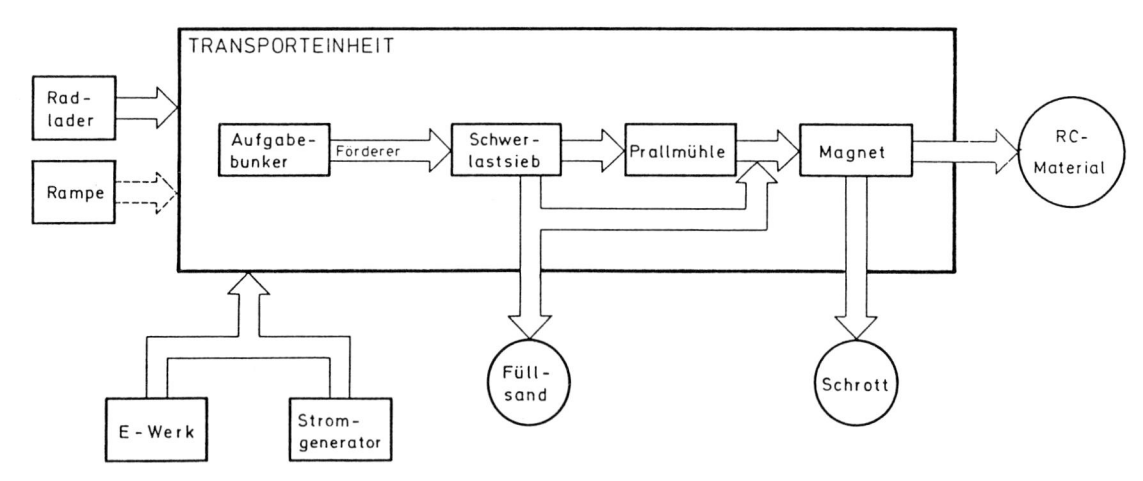

Bild 4: Bauschuttrecyclinganlage [6]

handlung des Materials erforderlich. Die notwendigen Stufen einer Bauschuttrecyclinganlage sind in Bild 4 dargestellt. Der Output einer solchen Recyclinganlage besteht aus ungefähr 70 % eigentlichem Recyclingmaterial (RC-Material), ungefähr 30 % sog. Füllsand, das ist das vorab gesiebte feine Material und ungefähr 1 % Reststoffen, die z. T. deponiert werden müssen [6].

Zur Akzeptanz von RC-Materialien ist es erforderlich, daß diese Baustoffe eine gesicherte Qualität aufweisen. Der Qualitätsbegriff bezieht sich hierbei sowohl auf bautechnische als auch auf umweltrelevante Faktoren. Aus dieser Notwendigkeit heraus besteht seit einigen Jahren eine Gütegemeinschaft, die ein RAL-Gütezeichen verleihen kann. Hierdurch ist es dem Auftraggeber möglich, einen Qualitätsstandard der ihm angebotenen RC-Materialien zu erkennen.

3.4 Baustellenmischabfälle

Die vierte Gruppe der Baurestmassen sind die Baustellenmischabfälle. Aufgrund ihrer extremen Inhomogenität werden sie erst seit kurzer Zeit einer Aufbereitung zugeführt. Allerdings muß gesagt werden, daß diese Aufbereitung bisher meist nur eine Sortierung ist, d. h. hierdurch wird der Anteil der Stoffe reduziert, der auf hochwertigen Hausmülldeponien gelagert werden muß. Die grundsätzliche Funktionsweise einer Containerschutt-Sortieranlage ist in Bild 5 erkennbar. Aus dem Abfallstrom werden wiederverwertbare Stoffe wie Dachziegel, Metalle, Holz etc. aussortiert sowie Müll zu einer Deponie oder einer Müllverbrennungsanlage (MVA) geschickt. Die übrigbleibenden inerten Materialien bilden einerseits den Füllsand, der einer Weiterverwendung zugeführt werden kann oder auch auf einer Aushubdeponie gelagert wird, und andererseits die groben mineralischen Bestandteile, die wiederum in einer Bauschuttaufbereitungsanlage weiterbehandelt werden können [7].

4. Gesetzliche Veränderungen

Seit Ende 1989 liegt der Entwurf der „Zielfestlegungen der Bundesregierung zur Verwertung von Bauschutt, Baustellenabfällen, Erdaushub und Straßenaufbruch" vor; dessen Ziel ist die Erhöhung der Verwertungsquote. Die konkret angestrebten Quoten mit Stand Mitte 1990 sind in Bild 6 erkennbar.

Darüber hinaus gibt es einen Entwurf der Bundesregierung über die „Entsorgung schadstoffhaltiger Baustellenabfälle" [9]. Nach § 1 dieses Entwurfs sind unter schadstoffhaltigen Baustellenabfällen (dies wäre nun eine 5. Untergruppe der Baurestmassen)

– Gebinde mit Resten,
– Altöle,
– behandelte Abbruchhölzer,
– Abbruchhölzer, Steine und Erden aus der Sanierung von Altlasten,
– Teer, Pech, Teerfolien, Teerpappen,
– Faserbaustoffe

zu verstehen. Diese Stoffe müßten gesondert erfaßt und entsorgt werden.

5. Zukünftige Entwicklungen

Sicherlich müssen unsere Bauweisen recyclinggerechter werden. Unter recyclinggerechten Bauweisen können zwei Ausprägungen verstanden werden. Einerseits sollte sich das Materialaufkommen verbessern. Hierunter ist eine möglichst sortenreine Trennung des Abbruchmaterials zu verstehen, z. B. eine Trennung zwischen Ausbau- und Rohbaumaterialien. Dies würde bedeuten, daß eine Trennung zwischen Gips und normalem Mauerwerk erfolgen müßte.

Bild 5: Containerschuttaufbereitung [7]

	Aufkommen* 1989	Verwertung* 1989		Vom Bundesumweltministerium angestrebte Verwertungsziele für die erste Hälfte der 90er Jahre
	Mio. t	Mio. t	%	%
Bauschutt	22.6	3,7	16	60
Baustellenabfälle	10.0	–	–	40
Erdaushub	167,9	53,3	32	70
Straßenaufbruch	20,4	11,2	55	90
* Schätzungen des Statistischen Bundesamtes vom 1. März 1990				

Bild 6: Verwertungsziele für Baurestmassen [8]

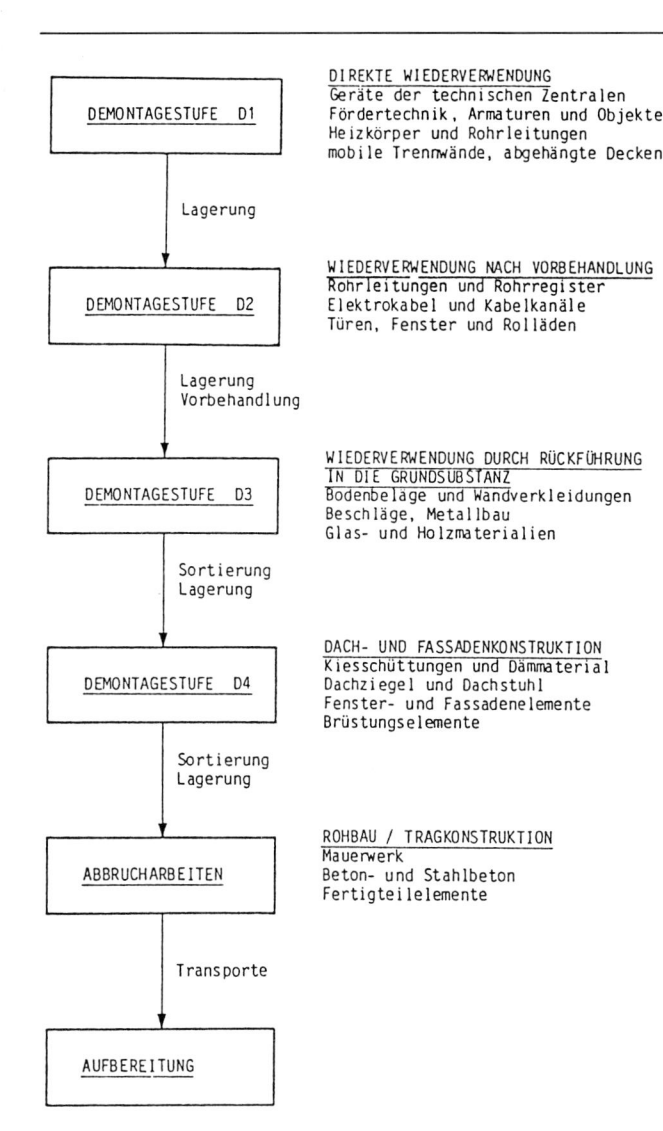

```
DEMONTAGESTUFE  D1          DIREKTE WIEDERVERWENDUNG
                            Geräte der technischen Zentralen
                            Fördertechnik, Armaturen und Objekte
        │                   Heizkörper und Rohrleitungen
    Lagerung                mobile Trennwände, abgehängte Decken
        │
        ▼                   WIEDERVERWENDUNG NACH VORBEHANDLUNG
DEMONTAGESTUFE  D2          Rohrleitungen und Rohrregister
                            Elektrokabel und Kabelkanäle
        │                   Türen, Fenster und Rolläden
    Lagerung
   Vorbehandlung
        │                   WIEDERVERWENDUNG DURCH RÜCKFÜHRUNG
        ▼                   IN DIE GRUNDSUBSTANZ
DEMONTAGESTUFE  D3          Bodenbeläge und Wandverkleidungen
                            Beschläge, Metallbau
        │                   Glas- und Holzmaterialien
    Sortierung
    Lagerung
        │                   DACH- UND FASSADENKONSTRUKTION
        ▼                   Kiesschüttungen und Dämmaterial
DEMONTAGESTUFE  D4          Dachziegel und Dachstuhl
                            Fenster- und Fassadenelemente
        │                   Brüstungselemente
    Sortierung
    Lagerung
        │                   ROHBAU / TRAGKONSTRUKTION
        ▼                   Mauerwerk
 ABBRUCHARBEITEN            Beton- und Stahlbeton
                            Fertigteilelemente
        │
    Transporte
        │
        ▼
  AUFBEREITUNG
```

Bild 7: Abgestufte Demontage [10]

Der Gegensatz von recyclinggerechten Bauweisen unter dem Gesichtspunkt des Materialaufkommens sind Verbundkonstruktionen. Andererseits müssen Bauweisen verwandt werden, die eine Möglichkeit zum Einsatz von Recyclingmaterialien bieten.

Momentan setzt sich eine recyclinggerechtere Demontage durch. Das heißt, die Abbruchmethoden verändern sich und passen sich mehr den jeweiligen speziellen Randbedingungen an. So ist eine Erhaltung noch brauchbarer Materialien möglich. Außerdem ist die o. a. sortenreine Trennung erst hierdurch möglich. Zusätzlich müssen auf den Baustellen für die einzelnen anfallenden Materialien jeweils geschlossene Container benutzt werden. Ein Modell einer differenzierten Demontage und eines möglichst hohen Recyclinganteils zeigt Bild 7.

Neben diesen rein technischen Veränderungen ist zur Erzielung einer hohen Baustoffrecyclingquote eine Zusammenarbeit zwischen Architekten, Planern, Behörden, Bauherren, Ingenieuren und Bauunternehmen erforderlich.

6. Offene Fragestellungen

Wie wird man mittel- bis langfristig den Einbau von manchen Recyclingmaterialien, industriellen Nebenprodukten oder auch einigen „altbewährten Baustoffen" bewerten? Die möglicherweise unterschiedlichen Bewertungskriterien erkennt man beim Thema Asbest. Es sind deshalb konkrete Verordnungen notwendig, die auch zum Teil schon in der Beratung sind.

Können im Bauhauptgewerbe die gleichen Kriterien zur Abfallvermeidung und Abfallverwertung wie in anderen – stationären, in ihrer Produktvielfalt begrenzten und normalerweise nicht mit Abfällen anderer Produzenten konfrontierten – Wirtschaftszweigen herangezogen werden? In Bild 8 ist z. B. erkennbar, daß die Bauunternehmen nur für einen Teil der Baustellenmischabfälle direkt verantwortlich sind.

Wird sich die Erkenntnis durchsetzen, daß im Lebenskreislauf eines Bauwerkes die Bauindustrie nur einen sehr kleinen Anteil hat? Werden die Planer und Nutzer ihre Mitverantwortung für die Bauumwelt erkennen?

Beim Entwurf der Zielfestlegungen der Bundesregierung zur Verwertungsquote stellt sich die Frage, ob die notwendigen Aufbereitungskapazitäten überhaupt rechtzeitig genehmigt werden können. Die Erfahrungen vieler Unternehmen in diesem Bereich sind negativ. Wie ließen sich die Genehmigungsverfahren beidseitig verbessern, durchschaubarer machen und die Akzeptanz erhöhen?

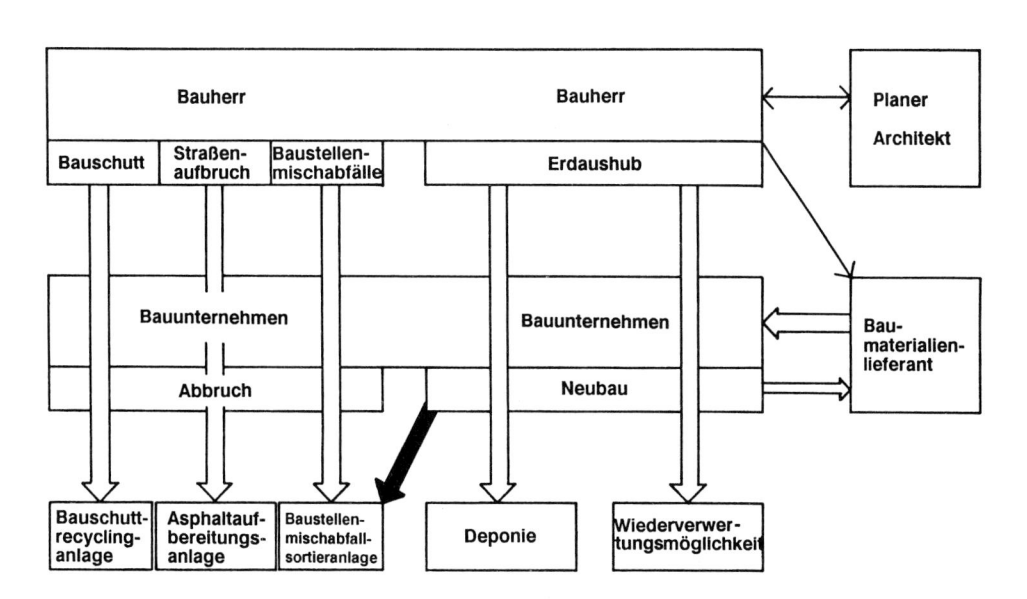

Bild 8: Bauabfälle und ihre Verursacher [11]

Wer übernimmt das „Restrisiko"? Recyclingmaterialien aus Baustoffen können nie ganz ihre ursprünglichen Stoffmerkmale wiedergewinnen, d.h. trotz Eigen- und Fremdüberwachungen kann z.B. nur eine 99%ige Gewähr für die Umweltverträglichkeit gegeben werden.

Lassen sich die unterschiedlichen Zielfunktionen der einzelnen Richtungen der öffentlichen Hand wie z.B.

- Bundes-/Landesumweltministerium: Reduzierung der zu deponierenden Menge,
- Wasserbehörde: Bestmöglicher Schutz des Bodens und des Grundwassers,
- Bauämter: Bautechnische Sicherheit der Ausführung,
- Stadtreinigungsämter: Streckung des nicht vorhandenen Deponieraumes,
- harmonisieren und für die Bauindustrie und für die Entsorgungsfirmen berechenbar machen?

Wie sieht das Ausschreibungsverhalten vieler Auftraggeber mit Sicht auf

- RC-Materialien,
- Verbleib der Abfälle beim Bau, Umbau oder Abbruch im Besitz des Bauherrn

aus?

Wie läßt sich die Umweltverträglichkeit von RC-Baustoffen oder sanierten Böden sicher und unter realistischen Kosten nachweisen?

7. Resümee

Nach diesen Fragen ist festzustellen, daß sich die bauausführenden Unternehmen zu den Forderungen nach einer umweltgerechten Abfallpolitik bekennen. Abfallpolitik bedeutet für die Bauwirtschaft Vermeidung von Abfällen, Wiederverwertung von RC-Materialien und Endablagerung von nichtverwertbaren Abfällen [12].

Schrifttum

[1] Kuhne, V.: Recycling von Bauschutt. Baumaschine und Bautechnik, Jg. 31 (1984) Heft 8, S. 293–298.
[2] Statistisches Bundesamt, Fachserie 19, Reihe 1 und 2.
[3] Willkomm, W.: Recycling-Verfahren für Ausbaumaterialien. Forschungsbericht des Bundesministeriums für Raumordnung, Bauwesen und Städtebau, Projekt B I 6-800196-10, Band F2101. Stuttgart: IRB Verlag, o. J.
[4] Niermöller, F.: Neuartige Recycling-Anlage für Grabenaushub. Aufbereitungs-Technik, Jg. 30 (1989) Heft 8, S. 484–489.
[5] Deters, R.: Entwicklungstendenzen in der Wiederverwendung von Asphalt. Teerbau Veröffentlichungen Nr. 32. Essen: Eigenverlag, 1986.
[6] Offermann, H.: Aktuelle betriebs- und volkswirtschaftliche Bedeutung des Bauschuttrecyclings. In: K.J. Thome-Kozminsky (Hrsg.): Recycling von Abfällen. Berlin: EF-Verlag, 1989. S. 359–373.
[7] Offermann, H.: Sortierung von Baustellenabfällen. Straßen- und Tiefbau, Jg. 43 (1989) Heft 5, S. 6–9.
[8] Bundesministerium für Umwelt, Naturschutz und Reaktorsicherheit: Entwurf zu den „Zielfestlegungen der Bundesregierung zur Verwertung von Bauschutt, Baustellenabfällen, Erdaushub und Straßenaufbruch" vom 11. Dez. 1989, Stand Juni 1990.
[9] Bundesministerium für Umwelt, Naturschutz und Reaktorsicherheit: Entwurf einer „Verordnung über die Entsorgung schadstoffhaltiger Baustellenabfälle" vom 15. 12. 1989.
[10] Petzschmann, E.: Wirtschaftliche Durchführung von Baustoffrecycling im Hochbau. In: K.J. Thome-Kozminsky (Hrsg.): Recycling in der Bauwirtschaft. Berlin: EF-Verlag, 1987. S. 236–245.
[11] Offermann, H.: Die Bauunternehmen im Spannungsfeld von Abfallverminderung und Abfallverwertung. In: Sonderdienst Bauindustrie 1990. Düsseldorf: Wirtschaftsvereinigung Bauindustrie NW, 1990. S. 13–17.
[12] Offermann, H.: Bedeutung der Abfallwirtschaft für die Bauunternehmen. In: Betriebswirtschaftliches Institut der Westdeutschen Bauindustrie (Hrsg.): Bauwirtschaftliche Informationen 1990. Düsseldorf: BWI-Bau, 1990. S. 21–26.

Die Abfallbörse der Industrie- und Handelskammern als Beitrag zum Recycling

Von F. Tettinger[1]

1. Recycling von gewerblichen Reststoffen – eine Aufgabe für Wirtschaft und Industrie- und Handelskammern

Im Rahmen des Nordrhein-Westfälischen Recycling-Kongresses danke ich für die Gelegenheit, die Abfallbörse der Industrie- und Handelskammern als Beitrag zum Recycling vorzustellen. Mit der Einrichtung dieser Abfallbörse haben die Industrie- und Handelskammern in Nordrhein-Westfalen bereits vor genau 16 Jahren eine eigenständige Antwort auf dringende Fragestellungen gegeben, die heute mit den Stichworten Abfallvermeidung und Abfallverwertung einen hohen politischen Stellenwert einnehmen. Kammern und beteiligte Wirtschaft wollten damals wie heute einen eigenen, über die vielfältigen schon bestehenden Recyclingaktivitäten hinausgehenden Anstoß erbringen. Die Abfallbörse soll als freiwillige Einrichtung im Vorfeld von gesetzlichen Regelungen des Gesetz- und Verordnungsgebers für alle Interessierten und Beteiligten deutlich machen, daß nicht nur das einzelne Unternehmen, sondern auch die Wirtschaft insgesamt mit ihrer Organisation den Gedanken des Umweltschutzes aus sich heraus mitträgt und über mehr als 1 1/2 Jahrzehnte im Wege der Eigeninitiative und Selbstverwaltung einen zusätzlichen, verläßlichen Mosaikstein im Geflecht der vielfältigen Recyclingbemühungen der Wirtschaft erbringt.

Um Mißverständnissen im Rahmen eines Recycling-Kongresses vorzubeugen, ist darauf hinzuweisen, daß die Bezeichnung „Abfallbörse" für die hier behandelte Einrichtung im Grunde nicht zutrifft. Es handelt sich nämlich seit Bestehen der Abfallbörse nicht um wirkliche Abfälle im Sinne der Gesetzgebung, sondern um die Verwertung der im Produktionsprozeß anfallenden Reststoffe, die als Wirtschaftsgüter einzustufen sind. Außerdem liegt keine Börse im traditionellen Sinn mit regelmäßigen Kursnotierungen vor. Die Abfallbörse ist vielmehr der Abfallvermeidung dienend und will damit im Vorfeld der eigentlichen Abfallentsorgung tätig sein. Die Industrie- und Handelskammern, zunächst in Nordrhein-Westfalen – später im Bundesgebiet, haben gleichwohl vor nunmehr 16 Jahren einen für die Praxis eingängigen und zugleich schlagkräftigen Begriff gewählt und diesen „Schönheitsfehler" in Kauf genommen.

2. IHK-Abfallbörse – unbürokratisches Verfahren

Der Service der Kammerorganisation ist für alle Teilnehmer in der Handhabung einfach. Ein Unternehmen jeder Größenordnung kann auf einem einfachen Formular seine Produktionsrückstände an der Abfallbörse anbieten oder solche nachfragen. Zur Darstellung dieser Stoffe sind Angaben über die angebotene Stoffart, evtl. die chemische Zusammensetzung, Menge, Verpackung, Transportmöglichkeiten und Anfallort erforderlich.

Mit diesen wenigen Angaben auf einer DIN A4-Seite an seine örtlich zuständige Industrie- und Handelskammer ist für den Anbieter von Rückständen zunächst alles Wesentliche erledigt. Die übrigen organisatorischen Arbeiten übernehmen die Kammern. Sie versehen die Angebote und Nachfragen mit einer Chiffre-Nummer, klassifizieren die Positionen in Chemische Rückstände, Kunststoffe, Papier/Pappe, Holz, Gummi, Leder, Textil, Glas, Metalle und „Sonstige" als Sammelposten für manche unerwarteten Angebote. Diese Angaben werden von allen Kammern sowohl als „Angebote" als auch als „Nachfrage" an den Deutschen Industrie- und Handelstag gemeldet. Dort wird die sogenannte Bundesliste der Abfallbörse erstellt.

Neben der Bundesliste gibt es unverändert seit 1974 weiterhin die zusätzliche, auf die nordrhein-westfälischen Positionen zugeschnittene „grüne Abfallbörse" der Industrie- und Handelskammern dieses Landes. Sie wird bei der für Umweltschutzfragen federführenden Niederrheinischen Industrie- und Handelskammer zu Duisburg erstellt und kann über alle Kammern des Landes bezogen werden.

[1] Dipl.-Volksw. Friedrich Tettinger, Niederrheinische Industrie- u. Handelskammer, Duisburg

Um die Abfallbörse möglichst breiten Kreisen der Wirtschaft bekannt zu machen, wurde sie in Nordrhein-Westfalen in den ersten Jahren vielfach regelmäßig den Kammerzeitschriften beigefügt. Inzwischen haben die Kammern des Bundesgebietes oft spezielle Verteiler eingerichtet, oder sie veröffentlichen in ihrer jeweiligen Kammerzeitschrift die Positionen des eigenen Bezirks und aus der Nachbarschaft. Damit werden Angebote und Nachfragen einem großen Kreis von Unternehmen sowie sonstigen Interessenten bekannt gemacht.

3. Abfallbörse auf dauerhaftem Erfolgskurs – bisher 100.000 Interessenten

Die branchenübergreifende und regional flächendeckende Funktion der Industrie- und Handelskammern ist eine günstige Voraussetzung für den Austausch von Angeboten und Nachfragen auch zwischen sehr unterschiedlichen Branchen und Regionen. Auf diesen günstigen Rahmenbedingungen aufbauend wurden seit 1974 bis 1989 bundesweit im Inland 41.640 Produktionsrückstände, davon 28.477 Angebote und 13.163 Nachfragen, im Rahmen der Abfallbörse veröffentlicht. Das große Interesse an dieser Einrichtung zeigt sich daran, daß sich in diesem Zeitraum 99.517 Interessenten hierfür gemeldet haben, und zwar 60.708 auf die Angebote und 38.809 auf die Nachfragen.

In der Vergangenheit hat sich eine Vielzahl von Partnern über die Abfallbörse gefunden, so daß deren Produktionsrückstände nunmehr ohne Inanspruchnahme der Abfallbörse ausgetauscht werden. Das Hauptinteresse konzentriert sich weiterhin auf Kunststoffe, gefolgt von Stoffen aus dem Bereich Chemie, der Stoffgruppe Sonstige sowie Metalle, Holz und Papier. Interessant ist die Feststellung, daß im Durchschnitt der Stoffgruppen im Jahre 1989 2,5 Interessenten pro Angebot zu verzeichnen waren und auf eine Nachfrage durchschnittlich 3,6 Angebote erfolgten.

Dieses insgesamt beachtliche Ergebnis war nur möglich, weil innerhalb der Wirtschaft eine breite Streuung der Bundesliste, in Nordrhein-Westfalen etwa zusätzlich die Verteilung von mehr als 650 000 Exemplaren der Landesliste eine günstige Voraussetzung für eine weitläufige Resonanz in der Wirtschaft bildet. Neben Firmen sind außerdem andere Einrichtungen, wie z. B. Kommunen, Einzelpersonen oder auch soziale Dienste, als „Börsenpartner" beteiligt. Ein weiterer positiver Aspekt für die hohe Erfolgsquote ist die seit Anfang an bestehende enge Kooperation mit der Abfallbörse des Verbandes der Chemischen Industrie (VCI).

5. IHK-Abfallbörse – positive Erfolgskontrolle

Entscheidend für den Erfolg jeder Abfallbörse ist, in welchem Umfang die Angebote bzw. Nachfragen ihren „Partner" gefunden haben. Hierzu haben die Industrie- und Handelskammern im Jahre 1980 eine repräsentativ angelegte Erfolgskontrolle durchgeführt.

Als erfreuliches Ergebnis konnte festgestellt werden, daß mehr als 1/4 der Anbieter ihre Produktionsrückstände mit Erfolg absetzen konnten. Hiervon wurde in 75 % der Fälle jeweils die gesamte Menge abgenommen. Bei 70 % wurde vom Abnehmer noch ein Entgelt gezahlt und für weitere 23 % der erfolgreichen Austauschoperationen erfolgte noch eine kostenlose Abholung.

Auf der Nachfrageseite waren sogar 1/3 der nachfragenden Partner erfolgreich. 25 % der Rückstände konnten sofort zu neuen Stoffen verarbeitet werden, bei 20 % wurden die Wertstoffe zurückgewonnen, während bei rund der Hälfte dieser positiv verlaufenden Fälle zunächst Rohproduktenhändler die Nachfrager waren. Nach anfänglicher Zurückhaltung hat sich der Rohproduktenhandel in einem erfreulich hohen Ausmaß als Partner an der Abfallbörse beteiligt.

Schwierigkeiten für den gegenseitigen Austausch lagen sowohl in der Höhe der Transportkosten als auch in Verunreinigungen der Rückstände mit den daraus folgenden Absatzschwierigkeiten für eine evtl. Weiterverarbeitung.

Sporadische Umfragen bei Teilnehmern der Abfallbörse im Frühjahr 1987 bestätigen weiterhin den hohen Beliebtheitsgrad dieser unbürokratischen freiwilligen Einrichtung. Erfolgreiche Vermittlungen von Gesamt- oder Teilmengen werden ebenso bestätigt wie unterschiedliche Vorstellungen über die jeweilige Kosten-/Erlössituation und die Transportkosten sowie Verunreinigungen als Hinderungsgrund für einen erfolgreichen Austausch.

6. Grenzüberschreitende Abfallbörse

Die Vermittlungserfolge der IHK-Abfallbörse machten sehr bald auch die Wirtschaft des benachbarten Auslands zum Interessenten. Seit 1980 erfolgt eine Koordination aller europäischen Abfallbörsen über den Deutschen Industrie- und Handelstag, die Spitzenorganisation der Industrie- und Handelskammern. Beteiligt sind regionale Abfallbörsen des Auslands, vor allem aus Österreich, Frankreich und Italien. An der Europäischen Abfallbörse wurden von 1975 bis 1989 insgesamt 23.524 Inserate veröffentlicht, davon 15.641 Angebote und 7.883 Nachfragen.

7. Vielfältig positive Bilanz – kein Grund zum Ausruhen

Inzwischen ist die Abfallbörse der Kammern zu einer dauerhaften Einrichtung und zu einem intensiven Bindeglied einer Vielzahl bis dahin gegenseitig unbekannter Partner geworden. Viele Kontakte zwischen Anbietern und Nachfragern, erstmals durch die Abfallbörse ermöglicht, haben sich in der Zwischenzeit außerhalb der Börse zu einer dauerhaften Bindung entwickelt. Die branchenübergreifende Funktion der Kammern hat es außerdem ermöglicht, im Laufe der Jahre sogar so ausgefallene Positionen wie beschädigte Badewannen, angeschimmelten Schnittkäse, geputzte Kirschkerne und asiatisches Menschenhaar an der Abfallbörse zu vermitteln.

Daß die Abfallbörse auch in Öffentlichkeit und Politik entsprechend gewürdigt wird, zeigt sich u. a. daran, daß sie im Rahmen des Europäischen Umweltjahres ausgezeichnet wurde.

Trotz der eindeutig positiven Bewertung der bisherigen Erfolge bleibt jetzt und in Zukunft weiterhin genug auf diesem Sektor zu tun. Bei Einrichtung der Abfallbörse wurde von uns das Motto ausgegeben, daß diese Einrichtung aufgrund der ständig wachsenden Kontakte der „Börsenpartner" untereinander möglichst bald überflüssig werden sollte. Wissend, daß dieser Wunsch nie Realität werden würde, steht er jedoch ständig über den Bemühungen der Kammern, die Abfallbörse noch effizienter zu gestalten und einem noch größeren Kreis von Wirtschaftspartnern ständig nahe zu bringen. Die Gelegenheit, dies im Rahmen dieses Recycling-Kongresses erneut zu tun, soll damit sowohl im Rahmen dieses Beitrages als auch mit dem Stand im Vorraum dieses Vortragssaales erreicht werden.

Im Ergebnis bleiben jedoch trotz aller Recycling-Bemühungen vielfältige Abfälle zur geordneten Entsorgung letztlich übrig. Auch im Rahmen eines Recycling-Kongresses ist es daher angezeigt und unverzichtbar, Politik und Verwaltung nachdrücklich an ihre Verpflichtung zu erinnern, eine geordnete Entsorgung durch verläßliche Standortausweisungen und mit Hilfe eines zeitlich überschaubaren und in der Sache kalkulierbaren Planfeststellungsverfahrens zu ermöglichen.

4 Konzepte und Instrumente für eine integrierte Abfallentsorgung

Die Entsorgungswirtschaft als High-Tech-Branche

Von H. Krämer[1])

Die brisante Umweltsituation in den neuen Bundesländern sowie eine Reihe neuer Verordnungen und Gesetzt stellt die Entsorgungsbranche der 90er Jahre vor besondere Herausforderungen. In allen Bereichen der Entsorgungswirtschaft – also von der Abfallentsorgung über die Rohstoffrückgewinnung, Sonderabfallentsorgung, Abwasserreinigung, Klärschlammentsorgung bis hin zur Altlastensanierung – müssen vorhandene Techniken weiterentwickelt und neue Lösungsstrategien erarbeitet werden. Neben der rein technischen Dimension spielen Akzeptanzdefizite bei Abfallbehandlungsanlagen eine immer bedeutendere Rolle. Noch so innovative Techniken sind wertlos, wenn sie von der breiten Öffentlichkeit nicht getragen werden. Der vorliegende Beitrag befaßt sich im ersten Teil mit den neuen Herausforderungen an die Entsorgungswirtschaft. Anschließend werden kommunikative Aspekte diskutiert.

Wer vor einigen Jahren Abfall in Verbindung mit High-Tech erwähnte, wurde zumeist mit erstaunten Blicken bedacht. Das Abfallwirtschaftsgesetz aus dem Jahre 1986 konfrontierte die Entsorgungswirtschaft mit neuen Aufgabenstellungen. Die Reihenfolge Vermeiden, Verwerten, Beseitigen implizierte, daß die nur spärlich vorhandenen Entsorgungssysteme rasch weiterentwickelt werden mußten, um den immer knapper werdenden Deponieraum zu schonen.

Neue, leistungsfähigere Systeme sind mit einem erheblichen Kapitalbedarf verbunden. Für moderne Sortier- und Aufbereitungsanlagen, die bereits heute Verwertungsquoten von bis zu 60 % erreichen, müssen Summen zwischen 10 und 30 Mio. DM investiert werden.

Die Kommunen sind hier häufig überfordert. Nicht einmal eine Handvoll der rund 200 Recyclinganlagen in der Bundesrepublik wird von Kommunen betrieben.

200 neue Sortieranlagen

Die kürzlich verabschiedete Verpackungsverordnung schreibt vor, bis zur Jahresmitte 1995 durchschnittlich 80 % der verschiedenen Wertstofffraktionen zu erfassen und hiervon wiederum 80 % zu sortieren. Um diese bisher in Europa einzigartigen Quoten zu erreichen, müssen in der Bundesrepublik über 200 weitere Sortieranlagen innerhalb weniger Jahre errichtet sowie zahlreiche neue Sammelcontainer und Fahrzeuge eingesetzt werden.

Experten gehen davon aus, daß die Abfallberge durch das Duale System, dessen Gesamtrealisierungskosten die Duales System Deutschland GmbH auf rund 7 Mrd. DM beziffert, jährlich um 7 bis 8 Mio. t reduziert werden können. Allein im bevölkerungsreichsten Bundesland Nordrhein-Westfalen fallen nach Berechnungen der Landesregierung jährlich mehr als 17,7 Mio m³ Verpackungsmüll an.

Insbesondere im Ballungsraum Ruhrgebiet bietet sich eine enge Kooperation mit den Kommunen an. In dieser Region verfügen die Städte und Kreise traditionell über ein sehr gutes Sammel- und Transportsystem. Diese Leistungsfähigkeit ergänzt sich vorzüglich mit dem Know-how der privaten Entsorgungswirtschaft bei der Sortierung, Vermarktung der im Abfall enthaltenen Wertstoffe.

Konzerne stehen in der Pflicht

Besonderen Herausforderungen sieht sich die Entsorgungswirtschaft in den neuen Bundesländern gegenübergestellt. Weit über 200 Mrd. DM müssen hier bis zum Jahr 2000 nach Berechnungen des Münchener Instituts für Wirtschaftsforschung (Ifo) für die Umweltsanierung aufgebracht werden. Allein für den Abwasserbereich wird eine Summe von 125 Mrd. DM veranschlagt.

So müssen zur schnellen Erhöhung des Anschlußgrades an öffentliche Kläranlagen etwa 6 200 km Hauptsammler neu gebaut werden. Weitere 5 000 km sind dringend sanierungsbedürftig. Dieser gewaltige Sanierungs- und Ausbaubedarf in allen Bereichen der Entsorgungswirtschaft wird allein über öffentliche Investitionsprogramme und staatliche Finanzierungshilfen in absehbarer Zeit nicht zu decken sein.

Unser Unternehmen sieht sich hier neben anderen Unternehmen in der Pflicht und Verantwortung, einen erheblichen Investitionsbeitrag für den Bau und den Betrieb von Umweltschutzanlagen zu leisten.

Um den Anforderungen in den neuen Bundesländern nachzukommen, haben wir gemeinsam mit der Trienekens Entsorgung GmbH die R + T Umwelt GmbH mit Hauptsitz in Leipzig gegründet. Weitere Niederlassungen werden zur Zeit in Schwerin, Halberstadt/Magdeburg, Potsdam, Halle und Erfurt aufgebaut. Insbesondere durch die Realisierung von integrierten Abfallwirtschaftskonzepten wird ein Beitrag zur Lösung der Probleme in den neuen Bundesländern angestrebt.

Ein besonderer Schwerpunkt der Aktivitäten liegt im Verwertungssektor. So hat R + T Umwelt die Serobetriebe in Schwerin, Magdeburg und Halle übernommen und wird hier in den nächsten drei Jahren über 30 Mio. DM investieren. Darüber hinaus werden zur Zeit drei große Verwertungszentren für Kühlschränke sowie mehrere Deponieprojekte, wie beispielsweise die Deponie Cröbern für die südliche Region von Leipzig, geplant. Hinzu kommen eine Reihe von kommunalen Entsorgungsaufträgen.

Abfallwirtschaft 2000

Die enormen Mißstände in den neuen Bundesländern dürfen jedoch nicht von den Entsorgungsproblemen in der alten Bundesrepublik ablenken.

Mit dem Abfallwirtschaftskonzept 2000 hat unser Unternehmen einen Weg aufgezeigt, der ökologische und ökonomische Aspekte sinnvoll miteinander verbindet. Durch intensive Beratung zur Abfallvermeidung sowie verstärkte stoffliche Verwertung sollen mit aktiver Beteiligung der Bürger die Abfallberge um gut 50 % reduziert werden.

Unsere Unternehmensgruppe verfügt seit über einem Jahrzehnt über umfassendes Know-how beim Betrieb von Rohstoffrückgewinnungsanlagen. Insbesondere ist hier die Trienekens Entsorgung GmbH zu erwähnen. Die Techniken werden zur Zeit vor dem Hintergrund der Einführung des Dualen Systems in erheblichem Maße weiterentwickelt. Wie werden zukünftig in Einklang mit den gesetzlichen Vorgaben die entsprechenden Abfallströme trennen und somit hochwertige Sekundärrohstoffe gewinnen, die den gestiegenen Anforderungen der Industrie an die Sortenreinheit entsprechen.

Darüber hinaus arbeiten wir an neuen Verfahren zur Verwertung von Elektronikschrott, zur Trennung von Kunststoffen und zum Recycling von Verbundverpackungen.

Bereits diese wenigen Beispiele belegen, daß die Entsorgungswirtschaft in den 90er Jahren in eine neue Phase eingetreten ist und somit High-Tech-Ansprüchen zunehmend gerecht werden muß. Qualifizierte Verwertungstechniken spielen eine immer größere Rolle.

Mit der Entwicklung zur High-Tech-Branche geht eine Steigerung der Entsorgungskosten einher. Der einzelne Bundesbürger zahlt heute durchschnittlich 500 bis 600 DM für die Versorgung. Bis zu dieser Höhe werden sich auch die Kosten für die Entsorgung entwickeln.

Offensive Kommunikation

Die Entsorgungswirtschaft muß sich jedoch nicht nur zur High-Tech-Branche entwickeln, sie muß zugleich neue Wege einer offensiven Kommunikation beschreiten. Wie wichtig diese Neuorientierung ist, zeigen die Akzeptanzprobleme bei der Planung von thermischen Behandlungsanlagen oder sogar beim Bau von Großkompostierungsanlagen.

Dies alles hat seinen Grund in dem Wertewandel, der das Bewußtsein der Menschen in den letzten 20 Jahren entscheidend verändert hat.

---

[1]) Dr. H. Krämer, Vorstandsvorsitzender der RWE Entsorgung AG und Mitglied des Vorstandes der RWE AG, Essen.

Der hohe Lebensstandard, das erreichte Wachstumsniveau und die soziale Sicherheit sowie das damit einhergehende Infragestellen von Wirtschaftswachstum und technischem Fortschritt, haben die Akzeptanz für technische Anlagen schwinden lassen. Dies wiederum hat zur Verunsicherung der Industrie bei Investitionsentscheidungen geführt.

Verunsicherung bewirkt Nachdenken und aus Nachdenken erwachsen häufig neue Lösungsansätze. So muß die Entsorgungswirtschaft, für die Technikakzeptanz letztlich lebensnotwendig ist, sowohl ihre Ziele als auch ihr Kommunikationsverhalten überdenken.

Ökologische und ökonomische Zielsetzungen müssen als Einheit gesehen werden. Hierzu müssen neue Formen der Kooperation und Kommunikation eingesetzt werden. In der Vergangenheit wurde zu oft aus der Befürchtung vor Auseinandersetzungen die Kommunikation auf das unbedingt erforderliche Maß beschränkt. Die Unternehmen haben erst allmählich begriffen, daß der Verzicht auf einen intensiven Dialog mit der Öffentlichkeit und damit zu einer gesellschaftspolitischen Falle geworden ist.

Die Zielvorstellungen der Gesellschaft auch in die Unternehmensziele einzubetten und dies glaubhaft den eigenen Mitarbeitern und der gesellschaftlichen Umwelt deutlich zu machen, sichert allein auf Dauer die Existenz der Unternehmen. Wichtige Ansatzpunkte dieser Corporate Communication sind die Verstärkung des gesellschaftlichen Dialogs über Technikentwicklung und Technikanwendung, eine problemadäquate Technikgestaltung und die Gestaltung der Unternehmenskultur.

Nur die rechtzeitige Information und aktive Einbindung des Bürgers bei geplanten Entsorgungsprojekten gewährleisten, daß die Öffentlichkeit den Bau und Betrieb großtechnischer Anlagen akzeptiert. Der Weg der Entsorgungswirtschaft zur High-Tech-Branche wird erheblich langwieriger und aufwendiger sein, wenn der Bürger bei den neuen Wegen der Kommunikation nicht im Mittelpunkt steht.

Integrierte Entsorgungskonzepte[2])

Von M. Popp[1])

Die moderne Industriegesellschaft hat Wege gefunden, auch eine große Zahl von Menschen zumindest in Teilräumen mit hohem Lebensstandard und mit hoher Lebenserwartung auszustatten. Der Preis dafür ist die Abkehr von der Nutzung von Naturkreisläufen. Die Probleme der intensiven Nutzung von Rohstoffen sind bereits in den siebziger Jahren durch Untersuchungen beschrieben und durch die Energiekrisen von 1973 und 1979 zur Erfahrung geworden. Erfolge bei der rationelleren Nutzung von Rohstoffen, insbesondere Energie, aber auch das stark verlangsamte Wirtschaftswachstum in den Entwicklungsländern haben das Ressourcenproblem in den achtziger Jahren scheinbar entschärft. Erst im Verlaufe der achtziger Jahre wurde aber auch der Öffentlichkeit bewußt, daß dem Versorgungsproblem ein vergleichbares Problem der Entsorgung gegenüber steht. Entsprechend rückschrittlich stellt sich das Entsorgungssystem heute dar: unzureichende Entsorgungskapazitäten, unbefriedigendes technisches Niveau der Entsorgung, z. B. Ablagerung unbehandelter Mischabfälle auf Deponien, die zu Altlasten von morgen zu werden drohen, Exporte von Problemabfällen in Länder mit weit geringerer Wirtschaftskraft, etwa in bisherigen Ostblock und in die dritte Welt, oder Verlagerung des Problems durch Verbrennung oder Verklappung von Abfällen auf hoher See.

Für eine moderne und verantwortbare Abfallwirtschaft muß zunächst dem Prinzip der entstehungsnahen Entsorgung Geltung verschafft werden. Auch wenn Abfallexporte technisch möglich und wirtschaftlich für beide Seiten vorteilhaft sein können, so ist es doch auf Dauer kaum zu rechtfertigen, den Genuß eines hohen Wohlstands und die Bewältigung seiner Folgen zu trennen. Das Verursacherprinzip muß – zumindest regional – auch bei der Entsorgung gelten. Nur so können die Stoffströme in einem Wirtschaftsraum in ihrer Ganzheit gesehen und dann auch optimiert werden.

Eine moderne Abfallwirtschaft muß sich heute an drei weiteren Prinzipien orientieren; in der Reihenfolge ihrer Priorität:

Vermeidung der Entstehung von Abfällen durch abfallarme Prozesse

Verwertung der entstandenen Abfälle – stofflich und energetisch

Behandlung des Restmülls zur Inertisierung – physikalisch, chemisch oder thermisch

Ablagerung auf Deponien mit hoher Langzeitsicherheit.

Keine dieser Maßnahmen kann das Entsorgungsproblem allein lösen. Erst in der Verbindung aller dieser Elemente in einem integrierten Entsorgungskonzept ist eine ökonomisch und ökologisch befriedigende Lösung möglich. Das wichtigste und zukunftsweisendste unter diesen Zielen ist sicher die Vermeidung des Entstehens von Abfällen an der Quelle, das Umstellungen in zahllosen Produktionsprozessen und grundlegende Änderung von Verhaltensweisen erfordert. So wichtig hier Fortschritte sind, sie können weder so rasch oder gar so vollständig sein, als daß sie einen Verzicht auf die anderen Elemente der integrierten Entsorgung zulassen würden. Im übrigen werden die Fortschritte bei der Vermeidung immer schwer nachweisbar sein, weil sie von keiner Statistik erfaßt werden können, der globale Effekt auf die Abfallmengen aber zumindest zur Zeit noch von anderen Effekten, insbesondere der Schadstoffrückhaltung aus Abgasen und Abwasser, überdeckt wird.

Am Beispiel Hessens, das durch seine vielfältige Wirtschaftsstruktur weitgehend typisch für die gesamte Bundesrepublik Deutschland ist, wobei der Industrieschwerpunkt Chemie die wichtigen Effekte verstärkt, sollen Ziele und Maßnahmen für die integrierte Entsorgung von Haus-, Gewerbe- und Industriemüll dargestellt werden. Die hessischen Erfahrungen sind auch deshalb besonders interessant, weil durch die bestehende Andienungspflicht für Sonderabfälle aus der Industrie an die Hessische Industriemüll GmbH (HIM) ein vollständiger Überblick über diesen wichtigen Bereich besteht, der durch den Betrieb der Untertagedeponie in Herfa-Neurode mit seiner mehr als bundesweiten Bedeutung für die Entsorgung besonders problematischer Industrieabfälle ergänzt wird.

1. Haus- und Gewerbemüll

Untersuchungen zur Entsorgung von Haus- und Gewerbemüll sind zunächst auch heute noch durch einen erschütternden Mangel an Daten erschwert. Die nach dem Abfallgesetz entsorgungspflichtigen Gebietskörperschaften, die Kreise und kreisfreien Städe, verfügen meist nur über höchst unzureichende und keinesfalls über vergleichbare Daten über den Entsorgungsbedarf und damit auch nur über unzureichende Planungsgrundlagen. In Hessen mußte 1988/1989 deshalb zunächst der Entsorgungsbedarf durch Ermittlung repräsentativer Daten, Hochrechnungen und Plausibilitätsannahmen ermittelt werden [1], wobei durch schrittweise Rückkopplung des Zahlenmaterials mit den entsorgungspflichtigen Gebietskörperschaften ein im Ganzen ausreichend zuverlässiges Datenmaterial gewonnen wurde. Die wesentlichen Stoffströme sind im Flußdiagramm (Bild 1) [1] dargestellt.

1.1 Erdaushub und Bauschutt

Im Flußdiagramm fällt auf, daß das Abfallaufkommen, das dem in der Bundesrepublik nicht unüblichen Wert von 600 kg pro Einwohner entspricht, um entsprechende Mengen sowohl für Erdaushub als auch für Bauschutt erhöht wird. Bisher werden nur 5 % dieser gewaltigen Menge nicht als Abfall entsorgt. Dabei besteht ein Bedarf an vergleichbar großen Mengen von Verfüllmaterial und Bauzuschlagsstoffen, der durch Förderung von Sand und Kies gedeckt wird. Hier werden also auf der einen Seite Primärrohstoffe meist unter Problemen für den Naturschutz und den Schutz des Grundwassers gefördert, während gleichzeitig für zumindest weitgehend ähnliches Material spezielle Deponien geschaffen, oft aber die überlasteten Hausmülldeponien in Anspruch genommen werden müssen. Für die Bauschuttaufbereitung stehen inzwischen Techniken zur Verfügung, die zu qualitätssicheren Produkten führen. Offensichtlich haben hier fehlende rechtliche Rahmenbedingungen aber auch zu niedrige Entsorgungspreise, die bei Erdaushub und Bauschutt oft nur einen Bruchteil der sonstigen Entsorgungspreise erreichen, eine sinnvolle Nutzung dieser großen Stoffströme verhindert. Nach der am 14. 06. 1989 in Kraft getretenen Novellierung des Hessischen Abfallgesetzes dürfen nach einer Übergangszeit von 2 Jahren deshalb nur noch kontaminierter Erdaushub und echte Baustellenabfälle als Abfall behandelt werden. Bauschutt und unkontaminierter Erdaushub sind wiederzuverwenden, mindestens aber 5 Jahre zwischenzulagern, bis sie auf einer zugelassenen Deponie abgelagert werden dürfen – dann aber zu einem Einheitspreis und nicht zu Vorzugsbedingungen.

1.2 Klärschlämme

Klärschlämme aus kommunalen und industriellen Kläranlagen bilden mit einer Gesamtmenge von rund 1 Mio t/a ein besonderes Entsorgungsproblem, das als Folge der Schadstoffentfrachtung der Abwässer entsteht, die zu einer wesentlichen Verbesserung der Qualität der Fließgewässer geführt hat. Die ursprüngliche Absicht einer möglichst weitgehenden Verwertung dieser Klärschlämme als Düngematerial in der Landwirtschaft kann nicht aufrecht erhalten werden. Im Jahre 1989 hat der Bundesminister für Umwelt, Naturschutz und Reaktorsicherheit (BMU) eine Empfehlung des Umweltbundesamtes (UBA) an die Länder weitergegeben, die Aufbringung von Klärschlämmen auf Weideland und Futteranbauflächen wegen in einigen Fällen festgestellter geringer Dioxinverunreinigungen mittelfristig einzustellen. Auch wenn danach die Verwertung im Ackerbau möglich bleiben soll, hat diese Empfehlung wahrscheinlich das Ende der bisher erreichten, bescheidenen Verwertungsquoten zur Folge. An diesem Beispiel werden die Grenzen der Verwertung von Abfallströmen deutlich. Viele Abfälle sind gleichzeitig auch Schadstoffsenken, deren Verwertung je nach Belastung zu einer Verschleppung von Schad-

---
[1]) Dr. M. Popp, Hessisches Ministerium für Umwelt und Reaktorsicherheit, Wiesbaden.
[2]) Vortrag Envitec-Kongreß '89, Düsseldorf.

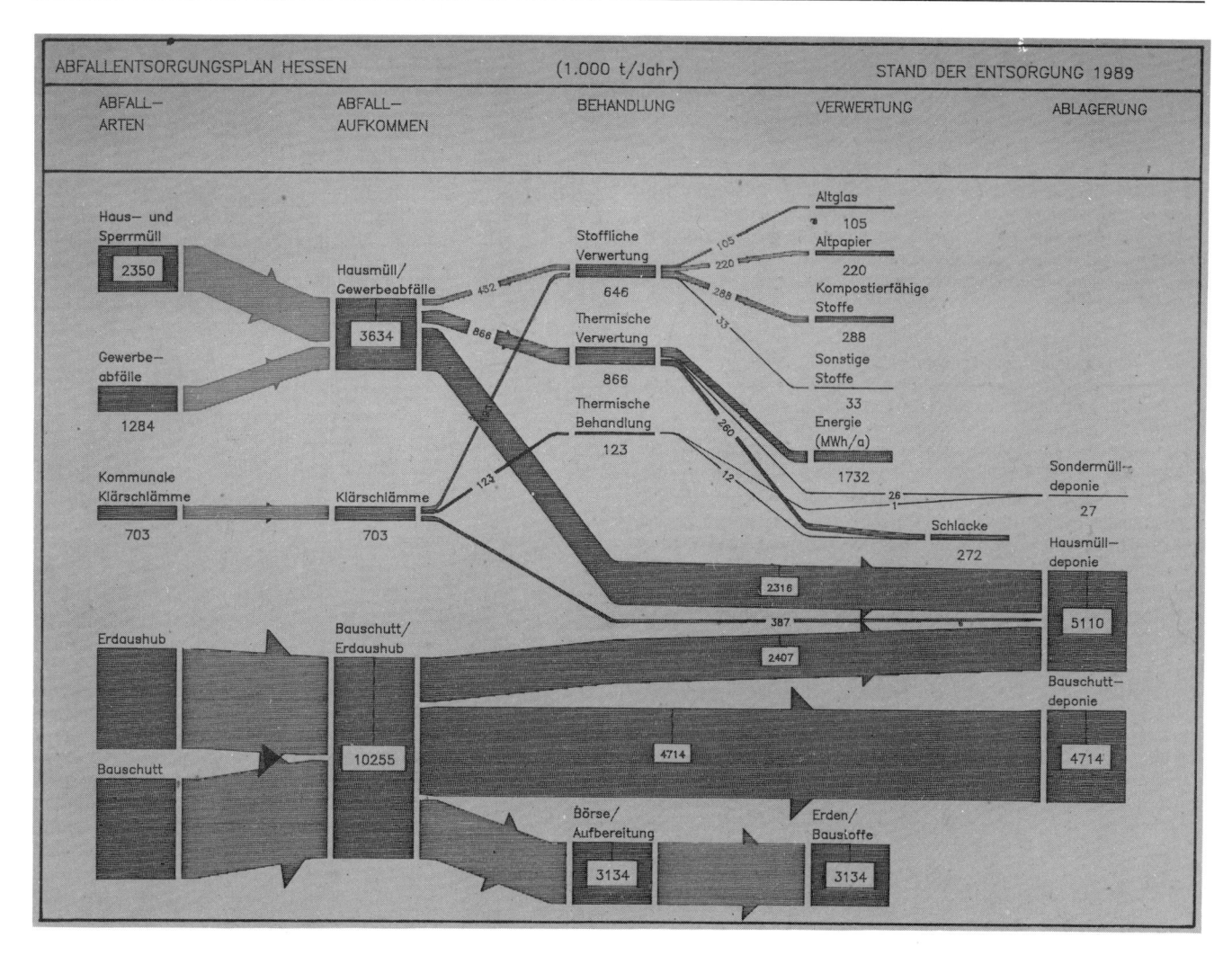

Bild 1: Flußdiagramm Abfallentsorgung in Hessen 1989

stoffen in neue Produkte und damit in immer breitere Stoffströme zur Konsequenz haben kann. Für Klärschlämme aus industriellen Regionen mit hoher Dichte von Indirekteinleitern in die kommunalen Kläranlagen, erst recht für industrielle Klärschlämme wird dieser Charakter der Schadstoffsenke in Zukunft dominieren und eine Entsorgung der Klärschlämme als Abfall erforderlich machen, die in befriedigender Weise jedoch nur durch Verbrennung möglich ist. Nur in ländlichen Räumen hat eine landwirtschaftliche Verwertung der Klärschlämme unter genauer Qualitätsüberwachung noch eine Chance. Dieser Fall macht deutlich, daß auch heute noch umweltpolitische Entscheidungen getroffen werden müssen, die zur Vermeidung von Gefährdungen durch Schadstoffe das Entsorgungsvolumen vergrößern und damit bei solchen Mengenabfällen auch namhafte Erfolge bei der Abfallverwertung an anderer Stelle überkompensieren können. Der Prozeß, daß Abfallströme wachsen, weil der Verteilung von Schadstoffen über den Abwasser- und Abluftpfad entgegengewirkt werden soll, hält also noch an.

1.3 Gewerbeabfälle

Der eigentliche Abfallsektor wird zu einem Drittel von Gewerbeabfällen gebildet, die wegen ihrer geringen Toxizität und Menge nicht unter das Regime der Industriemüllbeseitigung fallen. Da sie außerordentlich heterogen zusammengesetzt sind, ist ein einheitlicher Ansatz zur Abfallvermeidung und -verwertung zunächst über den Entsorgungspreis gegeben, der ohnehin durch wachsende technische Anforderungen steigen wird. Darüber hinaus kann wie bei anderen Industrieabfällen in geeigneten Einzelfällen aber auch das Vermeidungsgebot des Bundesimmissionsschutzgesetzes (§ 5.1.3 BImschG) angewendet werden.

1.4 Haus- und Sperrmüll

Der Haus- und Sperrmüll aus den Haushaltungen bietet wohl das größte Potential für Vermeidungs- und Verwertungsbemühungen. Er besteht zu rund einem Drittel (0.77 Mio t/a) aus organischen Abfällen, die theoretisch vollständig einer Vermeidung durch dezentrale und einer Verwertung durch zentrale Kompostierung zugeführt werden könnten. Dies setzt jedoch eine getrennte Sammlung der organischen Abfälle voraus, da eine Kompostierung von gemischtem Müll zu unbefriedigenden Ergebnissen geführt hat. Solange Haus- und Sperrmüll überwiegend unbehandelt auf Deponien abgelagert wird, hat die getrennte Erfassung und Kompostierung über die Mengenentlastung hinaus die wichtige Aufgabe, die biologisch aktive Fraktion des Hausmülls so weit wie möglich von den Deponien fernzuhalten. Bei der heutigen Technik stellt eine Hausmülldeponie einen über Jahrzehnte aktiven Bioreaktor das, dessen Effizienz durch die zu wirtschaftlichen Bedingungen mögliche Deponiegasnutzung eindrucksvoll unterstrichen wird. Da mit der Gasbildung zugleich aber auch Wegsamkeiten für die zahlreichen in der Deponie abgelagerten oder durch Reaktionen der Inhaltsstoffe gebildeten Schadstoffe entstehen, die durch die Deponiegasnutzung nicht vollständig ausgeschlossen werden können, ist die Ablagerung unbehandelten Hausmülls mit nennenswertem organischen Anteil eine umweltpolitisch höchst bedenkliche Primitivtechnik. Die neue Technische Anleitung Abfall sieht deshalb neue Deponiestandards vor, die in Massen beschleunigt und verschärft eingeführt werden sollen, damit die Deponietechnik endlich zuverlässig das Entstehen neuer Altlasten ausschließen kann.

Unter den übrigen Inhalten des Haus- und Sperrmülls hat die Verwertung von Glas und Papier mit Werten um 33 % bereits ein Niveau erreicht, das auch ökonomisch fühlbare Einsparungen bei Primärrohstoffen zur Folge hat. Diese Mengen sind jedoch sicher noch steigerungsfähig. Allerdings muß auch hier der Ansatz zu einer direkten getrennten Erfassung liegen, weil die durch Sortierung gewonnenen zusätzlichen Mengen zu minderwertiger, weil verunreinigter Ware schwerer abzusetzen sind.

Der übrige Sektor von Reststoffen im Haus- und Sperrmüll enthält eine breite Stoffpalette, die insgesamt ein toxisches Potential aufweist, das dem Mittel des Industriemülls durchaus vergleichbar ist. Dieser toxische Anteil ist trotz großer Bemühungen um die getrennte Erfassung von Sondermüll (Batterien, Lacke, Lösungsmittel, Haushaltschemikalien, Pharmazeutika, Pflanzenschutzmittel, ect.) kaum geringer geworden.

Nach Schätzungen der HIM erfaßt die gegenwärtige Getrenntsammlung von Sondermüll aus Haushalten nur ca. 3-5%, so daß von einer nennenswerten Schadstoffentfrachtung nicht die Rede sein kann. Auch eine stark forcierte Getrenntsammlung bietet auf dem Hintergrund dieser bislang äußerst bescheidenen Erfolge keine Gewähr dafür, daß die Schadstoffentfrachtung so weitgehend gelingen könnte, daß dadurch die technischen Anforderungen an die Entsorgung des Restmülls erleichtert werden können. Solange aber die Entsorgungstechnik so ausgelegt werden muß, daß sie zum Schutz der Umwelt zuverlässig diese Schadstoffe beherrscht, könnte – von Ausnahmen abgesehen – auf die aufwendige und gefährliche Kleinmengensammlung von Sondermüll in einem integrierten Entsorgungskonzept aus technischen Gründen eigentlich verzichtet werden, wenn dies den umweltpolitisch motivierten Bürgern vermittelbar wäre.

Eine – auch mengenmäßig – problematische Fraktion des Hausmülls bildet die breite Palette von Kunststoffen, deren Vielfalt eine Wiederverwertung erschwert bzw. auf bestimmte Produkte, etwa Bauelemente für Schallschutzwände, beschränkt. Wie weit eine Kennzeichnungspflicht für die verschiedenen Kunststoffe hier zu sortenreineren Stoffströmen führt, muß abgewartet werden. Auch bei wachsendem Umweltbewußtsein sollte die Bereitschaft der Bürger zur Mitwirkung in einem immer komplizierter werdenden Getrenntsammelsystem nicht überschätzt werden. In vielen Fällen muß deshalb wohl die Verwendung von Kunststoffen z.B. für Verpackungen gesetzlich geregelt und so eingeschränkt werden, daß schadstoffenthaltende oder -erzeugende Materialien zurückgedrängt werden und besser verwertbare Restmengen entstehen.

Einer Prognose für die Menge und den Fluß der Abfallströme aufgrund dieser Ziele und Maßnahmen für Hessen bis zum Jahr 2000 (Bild 2) [2] sind bewußt ehrgeizige bzw. optimistische Daten über die erzielbaren Vermeidungs- und Verwertungserfolge zugrunde gelegt worden, so die weitgehende Kompostierung des organischen Abfalls und eine Verdoppelung der Verwertung von Glas und Papier. Dennoch bleibt ein beachtlicher Restmüll zurück, der dann auch die Funktion der Schadstoffsenke der Abfallwirtschaft auf eine kleinere Fraktion konzentriert. Neuere Untersuchungen [2] haben gezeigt, daß dieser Restmüll noch einen Brennwert hat, der dem von Braunkohle vergleichbar ist. Die Verbrennung dieses Restmülls in Müllverbrennungsanlagen ist deshalb eine echte thermische Verwertung, die zumindest solange einer stofflichen Verwertung weiterer Teilmengen gleichwertig ist, wie wertvolle Primärstoffe wie Erdgas, Erdöl oder auch Kohle zur Energieverwendung hierdurch – wenn auch in bescheidenem Umfang – ersetzt werden können. Die Verbrennung dieses Restmülls ist aber auch ein Gebot fortschrittlicher Deponietechnik, die auf eine Inertisierung des abzulagernden Materials angewiesen ist. Der heutige Stand der Müllverbrennungstechnologie bietet dabei die Gewähr für eine schadlose Verwertung des Restmülls

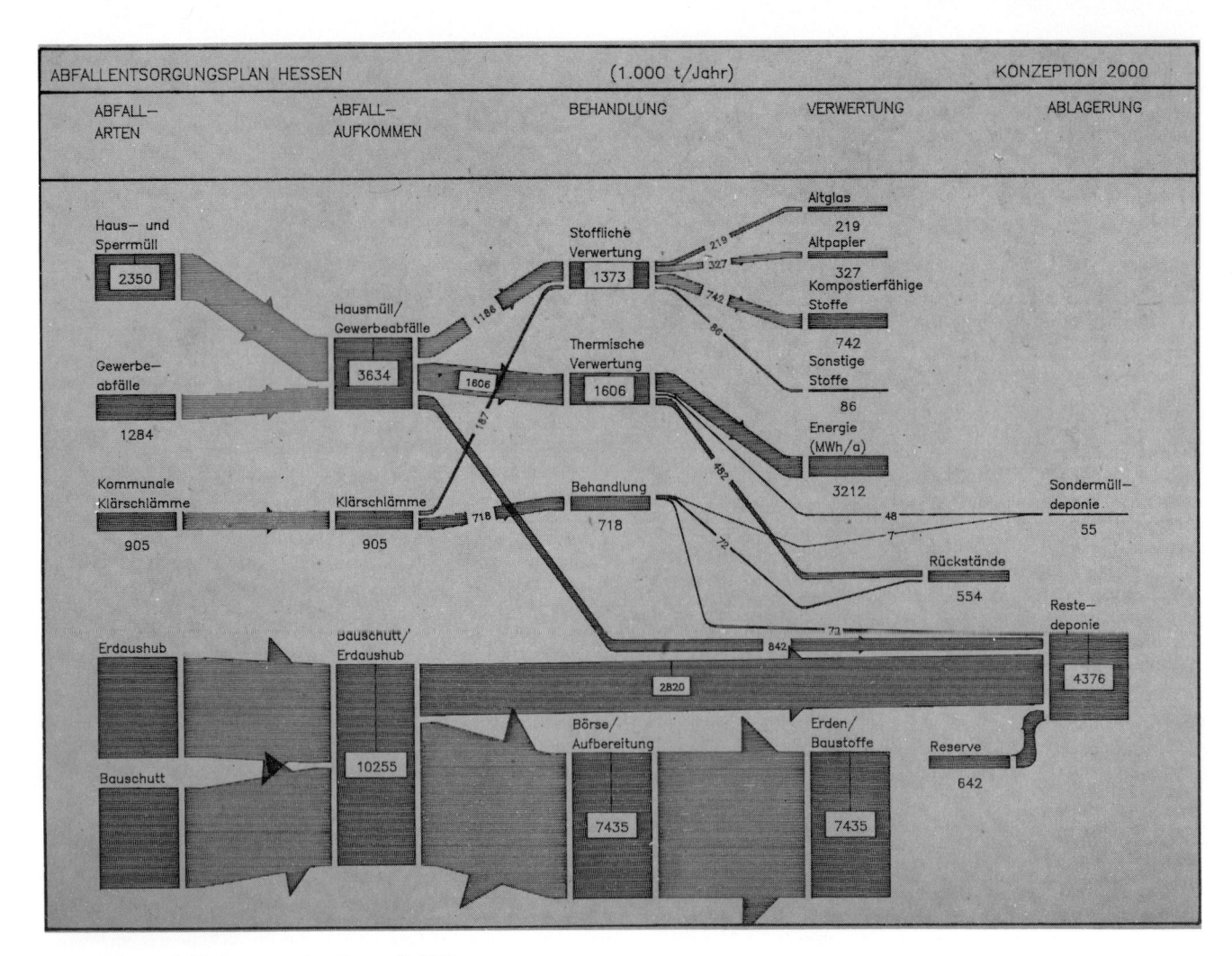

Bild 2: Ziele des Abfallentsorgungsplans Hessen für 2000

trotz seiner toxischen Belastung. Fast alle schädlichen Inhaltsstoffe des Restmülls können bei der Verbrennung zerstört bzw. bei der Rauchgasreinigung zurückgehalten werden. Lediglich bei Quecksilber würde sich eine vorherige Sortierung des Mülls, insbesondere durch getrennte Erfassung von Batterien und Thermometern entlastend auswirken. Andere aufwendige Abtrennungen von Schadstoffen könnten in einem solchen integrierten Entsorgungssystem unterbleiben. Die Bildung von Dioxinen kann nach den neueren Erkenntnissen [3] so weitgehend vermieden und darüber hinaus durch Filtertechniken gesenkt werden, daß die 17. Verordnung zum Bundesimmissionsschutzgesetz mit einem Grenzwert von 0,1 ng/m^3 eingehalten werden kann und die Bedeutung der Emissionen von Müllverbrennungsanlagen um eine Größenordnung unter die anderer Quellen der Dioxinproduktion drückt. Für die gesamte Restmüllbeseitigung ermöglicht die Müllverbrennung eine deutliche Volumenreduktion auf ca. 20 % der Ausgangsmenge und eine vollständige Inertisierung des abzulagernden Produkts, wobei in vielen Fällen die entstehende Schlacke nach entsprechender Aufbereitung zur Verwertung, z.B. im Straßenbau, zugelassen werden kann. Eine ausreichende Verbrennungskapazität für Haus- und Gewerbemüll ist deshalb ein unverzichtbares Element der integrierten Entsorgung.

1.5 Integrierte Entsorgung kommunaler Abfälle

Mit diesen Elementen einer integrierten Entsorgung bei Haus- und Gewerbemüll werden wesentlich anspruchsvollere Aufgaben an die entsorgungspflichtigen Gebietskörperschaften gestellt, die bereits ihre bisherigen Aufgaben nur unzureichend erfüllt haben. Für wirtschaftlich tragfähige Verwertungskonzepte sind sie meist zu klein, zur Zusammenarbeit mit anderen wegen des ausgeprägten Individualismus oder unterschiedlicher politischer Konstellationen nur selten fähig. Eine ausreichende Größe für wirtschaftlich tragfähige Lösungen für

- anspruchsvolle Verwertungssysteme
- Klärschlammverbrennungsanlagen
- Müllverbrennungsanlagen

wird meist aber erst bei der regionalen Kooperation mehrerer Gebietskörperschaften erreicht. Bei einer echten arbeitsteiligen Zusammenarbeit kann sogar auf die Grundforderung nach der Errichtung mindestens einer Restmülldeponie pro entsorgungspflichtiger Gebietskörperschaft, die an sich als Endprodukt der Entsorgungskette als notwendig angesehen wird, verzichtet werden, wenn durch stoffliche und thermische Verwertung das Restmüllaufkommen entsprechend reduziert wird. Lediglich für Kompostierungsanlagen ergibt sich kein nennenswerter Vorteil aus einer regionalen Zentralisierung. Wegen der mangelnden Organisationsfähigkeit für solche kooperativen Lösungen ist die Öffnung dieser Aufgaben für leistungsfähige Unternehmen erfolgversprechend. Sie können bestimmte Elemente eines Entsorgungssystems für mehrere Gebietskörperschaften übernehmen, entweder durch freiwillige Vereinbarungen oder durch Zuweisung bestimmter Funktionen aufgrund eines rechtsverbindlichen Länder-Abfallentsorgungsplans, der aufgrund des neuen Hessischen Abfallgesetzes festgestellt werden kann. Auch die Abfallwirtschaft sollte sich verstärkt marktwirtschaftlicher Kräfte bedienen, freilich, wie auch in anderen Bereichen, unter strenger staatlicher Kontrolle. Zu einem integrierten Entsorgungssystem wird auch eine solche verbesserte Struktur erst, wenn alle Teilsysteme in ihren Funktionen aufeinander abgestimmt sind. Das ist in der heutigen Zeit, die durch ganz elementare Defizite in der Entsorgungskette gekennzeichnet ist, eine kühne Forderung. Sie muß aber das Ziel bleiben, damit auch die Abfallwirtschaft möglichst ökonomisch arbeiten und damit ein Maximum an Umweltentlastung mit dem verfügbaren Mitteleinsatz erreichen kann. In der gegenwärtigen Zeit ist es auf diesem Weg die wichtigste Aufgabe, das Defizit bei den Anlagen zur thermischen Müllverwertung zu beseitigen, da eine ausreichende Kapazität zur Inertisierung des Restmülls Voraussetzung für eine langzeitsichere Deponie ist, die auch ausreichend rationell mit dem verfügbaren Deponieraum umgeht. Dieser Vorrang ist vom Vorsorgeprinzip her geboten, da die sichere Rückhaltung von Schadstoffen aus dem Naturkreislauf noch wichtiger als Abfallvermeidung und stoffliche Verwertung ist. Dieser Vorsorge kann die Ziele bei Vermeidung und Verwertung entgegen einer häufig aufgestellten Behauptung nicht behindern, weil Überkapazitäten bei Verbrennungsanlagen die für die stoffliche Verwertung maßgeblichen Marktkräfte nicht außer Kraft setzen können. Gerade weil eine auf hohe Verwertungsquoten ausgerichtete Abfallwirtschaft aber auch von den normalen Markteffekten konkurrierender Angebote auch innerhalb der Abfallwirtschaft und von der Konjunkturentwicklung beeinflußt wird, müssen die unverzichtbaren Entsorgungssysteme robust gegen Marktschwankungen dimensioniert werden. Zur integrierten Entsorgung gehört auch, daß die

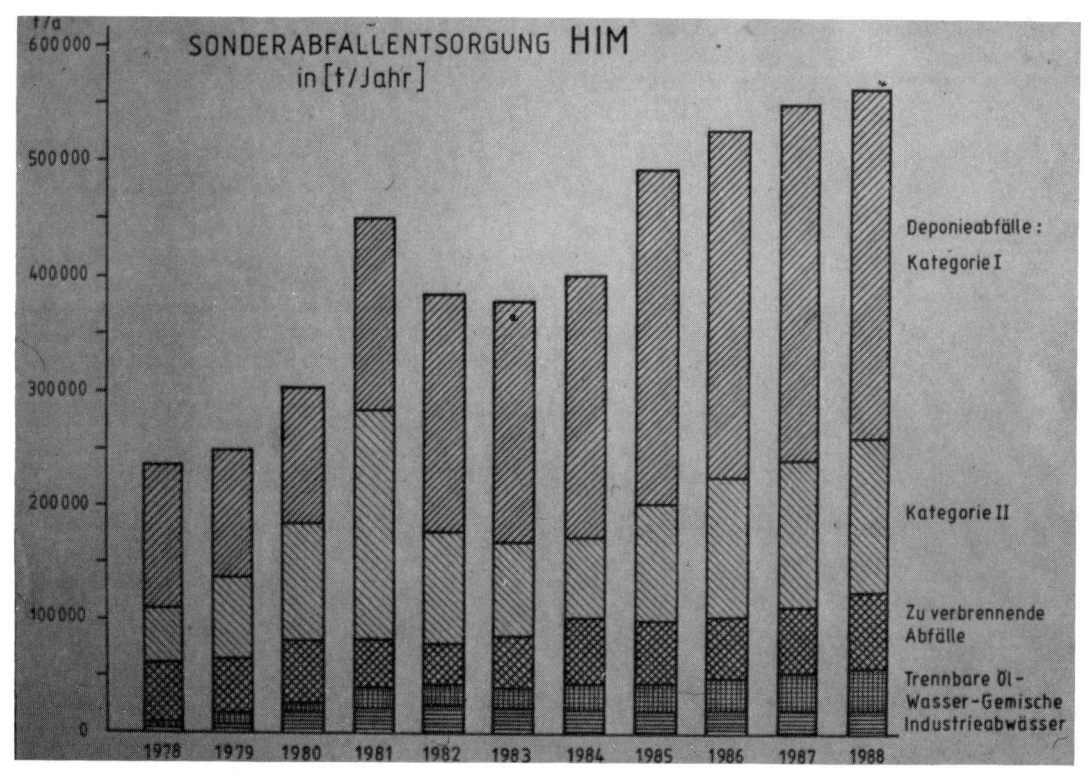

Bild 3: Sonderabfallentsorgung durch die HIM 1978–1988

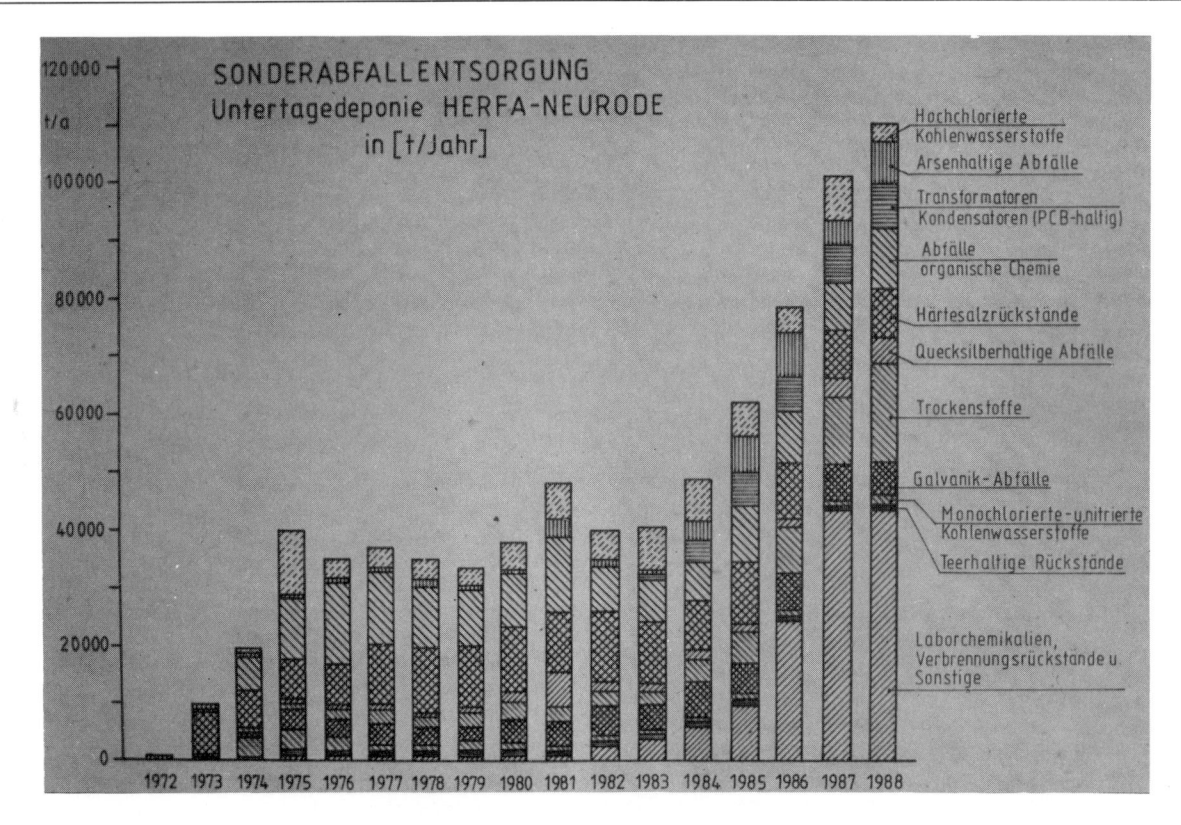

Bild 4: Sonderabfallentsorgung in der Untertagedeponie Herfa-Neurode 1972–1988

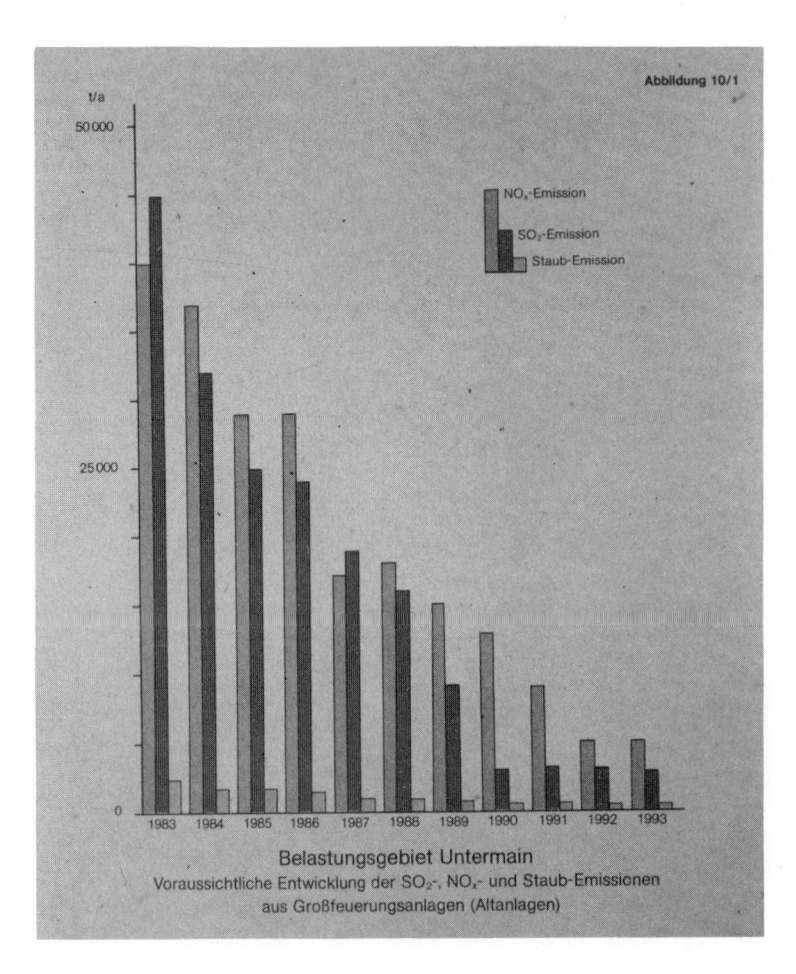

Bild 5: Emissionen aus Großfeuerungsanlagen im Belastungsgebiet Untermain 1983–1993

Anlagen zur Verwertung und Beseitigung von Abfällen so ausgelegt werden, daß sie alle Schadstoffe zuverlässig von der Umwelt fernhalten können, deren Auftreten durch organisatorische Maßnahmen nicht hinreichend sicher ausgeschlossen werden kann.

2. Sonderabfälle

Auch das Aufkommen von industriellen Sonderabfällen – bzw. „besonders überwachungsbedürftigen Abfällen" im Sinne der 1989 hierzu erlassenen Technischen Anleitung – ist durch anhaltendes Wachstum geprägt (Bild 3 und 4), das durch Konjunktureffekte und die fortschreitend strengere Zuordnung von Abfällen zur Sondermüllentsorgung hinreichend erklärt werden könnte. Tatsächlich ist dieses Wachstum aber zu einem erheblichen Teil auf Fortschritte der Umweltpolitk zurückzuführen, da im gleichen Zeitraum eine ganz erhebliche Reduktion der Schadstoffemissionen in Luft und Wasser erzielt wurde. Die Großfeuerungsanlagenverordnung führt in einem Zeitraum von nur 10 Jahren zu einer Reduktion der Emissionen aus großen stationären Anlagen um eine Größenordnung (Bild 5) [4]; verschärfte Einleitebedingungen für Industrieabwässer haben in ähnlicher Weise den Schadstoffeintrag reduziert (vergl. Bild 6 [5] und 7 [6]). Diese Entfrachtung von Abluft und Abwässern führt zu neuen festen Abfällen, die zum Teil, wie etwa Gipse aus der Entschwefelung von Kraftwerken verwertet werden können, zum Teil aber auch als Schadstoffsenken betrachtet werden müssen, die der Sondermüllentsorgung zugeordnet werden müssen. Auf dem Hintergrund dieser Entwicklung müßte man eigentlich ein viel steileres Wachstum der industriellen Abfälle erwarten – ein Indiz dafür, daß die Abfallvermeidung in der Industrie durchaus Fortschritte macht, die aber die anderen Effekte (noch) nicht zu kompensieren vermögen. Dies wird auch durch Daten aus der Chemie belegt (Bild 8) [6]. Alle Daten zur generellen Vermeidung von Sonderabfällen zeigen anfangs rasche, in den letzten Jahren nur noch langsame Fortschritte. Dies deutet darauf hin, daß eine erste Generation von generellen Maßnahmen weitgehend ausgeschöpft ist. Weitere Fortschritte können deshalb nur von gezielten Maßnahmen erwartet werden, die angesichts der Vielfalt der Sonderabfälle – allein die HIM entsorgt rund 2 000 verschiedene Abfälle aus rund 5000 Betrieben – nur schrittweise und nach sorgfältiger Prioritätensetzung aussichtsreich sein können. Ausgehend von einer ersten generellen Untersuchung (Bild 9) [7] werden deshalb zur Zeit rund 3000 Betriebe in Hessen durch die Gewerbeaufsicht in Zusammenarbeit mit Ingenieurbüros auf Ansatzpunkte für Vermeidungsgebote nach § 5.1.3 BImSchG untersucht. In vielen Fällen dürfte die Vermeidung bestimmter Sonderabfälle aber nur durch grundlegende Verfahrensumstellungen zu erreichen sein, die oft Ersatzinvestitionen, d. h. aber auch ausreichende Absatzerwartungen für das Produkt voraussetzen. Letztlich zeigt der enge Zusammenhang von Verfahrenstechnik und Abfallerzeugung auch Grenzen staatlicher Eingriffe auf, die ja erst bei vorhandenen Anlagen, bestenfalls im Genehmigungsverfahren nach der Planung neuer Anlagen ansetzen können. Grundlegende Erfolge sind aber vor allem zu Beginn der Planung neuer Produktionsprozesse zu erwarten, was voraussetzt, daß sich die Industrie den Grundsatz der Abfallminimierung weit stärker als bisher selbst zu eigen macht – eine wichtige Herausforderung für die Fähigkeit unserer Marktwirtschaft zur Reaktion auf neue Problemstellungen.

2.2 Verwertung von Sonderabfällen

Die Verwertung von Sonderabfällen ist wegen ihres Charakters als Schadstoffsenken keine triviale Aufgabe. Eine Ausnahme bilden die nur wegen ihrer Menge aus der kommunalen Abfallentsorgung ausgenommenen „besonders überwachungsbedürftigen Abfälle", wie Rauchgasreinigungsrückstände aus Kraftwerken, die bei der Herstellung von Bergbauversatzmaterial Verwendung finden können, oder die Aufarbeitung von Gießerei-Formsanden. Um darüber hinaus auch die Verwertung geeigneter Sonderabfälle voranzutreiben, hat die HIM kürzlich zusammen mit der NUKEM ein Tochterunternehmen HIMTECH gegründet, das die Recyclingchancen nutzen soll, die durch die Zusammenführung vieler Abfallströme bei einer zentralen Entsorgungsanlage günstigere wirtschaftliche Bedingungen für eine Verwertung, z. B. von Lackschlämmen oder Lösungsmitteln entstehen. Diese Neugründung verfolgt auch das Ziel, gerade bei einer landesoffiziellen Entsorgungsgesellschaft die stoffliche Abfallverwertung zu einem Unternehmensziel zu machen, damit die Verfolgung prioritärer abfallwirtschaftlicher Ziele nicht den wirtschaftlichen Interessen der Entsorgungsgesellschaft entgegenstehen muß – integrierte Entsorgung als Unternehmensziel. Darüber hinaus ist auch bei Sondermüll in einigen Fällen eine echte thermische Verwertung möglich, etwa bei Altölen oder kontaminierten Lösungsmitteln, die in einer Sondermüllverbrennungsanlage benötigt werden, um ohne Zukauf von Erdgas einen ausreichenden Brennwert sicherzustellen.

2.3 Beseitigung von Sondermüll

Bei den „besonders überwachungsbedürftigen Abfällen" handelt es sich zwar im Vergleich zum Hausmüll um Stoffe mit zum Teil höherer Toxizität, jedoch meist um homogene und genau definierte Stoffe, die einer ganz bestimmten, geeigneten Behandlung und Beseitigung zugeordnet werden können. So ist

    die chemisch-physikalische Behandlung in vielen Fällen geeignet, das Schadstoffpotential mit einfachen Methoden, wie Neutralisierung zu reduzieren,

    die thermische Behandlung die sicherste Methode, alle brennbaren Materialien in Volumen zu reduzieren und zu inertisieren

Bild 6: CSB-Belastung des Abwassers eines Chemiewerkes in Hessen

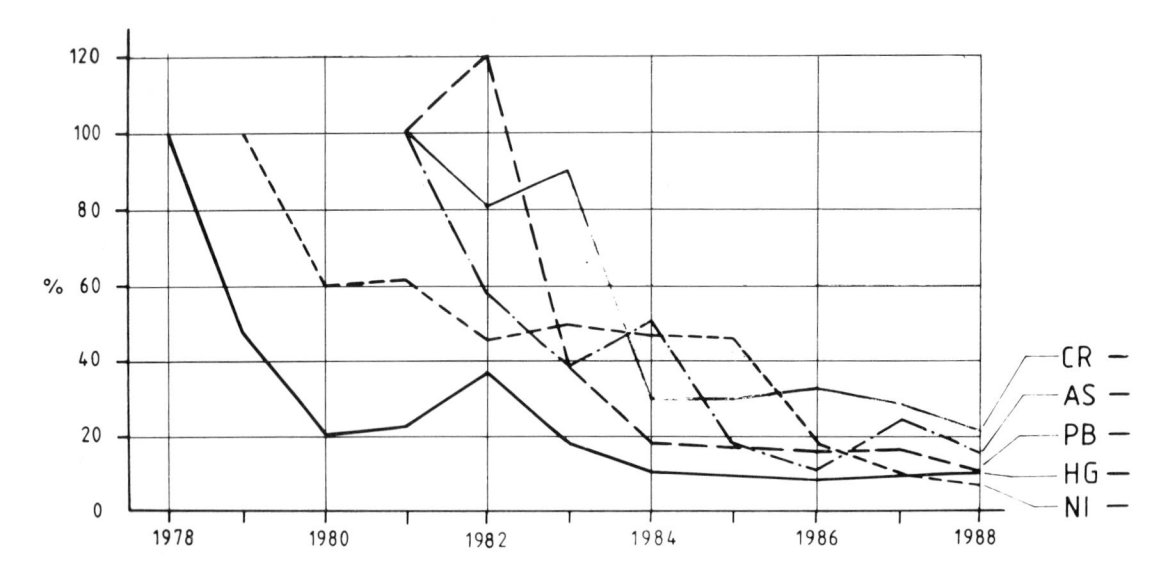

Bild 7: Schwermetallkonzentration des Abwassers eines Chemiewerkes in Hessen

die oberirdische Ablagerung von unlöslichen Stoffen in Sondermülldeponien unter Trennung verschiedener Stoffgruppen die wirtschaftlichste Methode für Massenabfälle und

die Untertagedeponie die beste Lösung für alle löslichen und hochtoxischen Abfälle.

Mit den beiden chemisch-physikalischen Behandlungsanlagen in Frankfurt und Kassel, der Sondermüllverbrennungsanlage Biebesheim, die durch die Erweiterung um eine dritte Verbrennungseinheit auf die erforderliche Kapazität gebracht werden soll, durch die im Genehmigungsverfahren weit fortgeschrittene Sondermülldeponie Mainhausen und durch die Untertagedeponie Herfa-Neurode wird Hessen in wenigen Jahren in der Lage sein, alle im Land erzeugten Sonderabfälle in eigenen Anlagen auf dem höchsten Stand der Technik zu entsorgen. Damit sind die Voraussetzungen für eine integrierte Entsorgung in Hessen auch im Industriemüllbereich geschaffen, in der alle Abfälle der angemessenen Behandlung und Beseitigung zugeführt und bisher unerschlossene Potentiale der Sonderabfallverwertung erschlossen werden können.

2.4 Altlasten

Mit der Sanierung von Altlasten kommt in den neunziger Jahren noch eine weitere bedeutungsvolle Aufgabe auf die Abfallwirtschaft zu. Allein in Hessen werden 5000 Altablagerungen, meist kommunale Müllkippen mit Anteilen von Gewerbemüll, und bis zu 1000 Altstandorte als altlastenverdächtig betrachtet.

Im November 1989 wurde eine Vereinbarung unterzeichnet, nach der sich Industrie und Kommunen verpflichten, jeweils zusammen mit dem Land zwei Finanzierungsfonds von je 50 Mio DM für drei Jahre einzurichten. Aus diesen Fonds sollen durch die HIM als Altlasten-Sanierungsgesellschaft solche Altlasten beseitigt werden, bei denen ein Verursacher nicht oder nicht mehr herangezogen werden kann. Mit der Sanierung von Altlasten, die nach der jetzt beginnenden Anfangsphase sicher eine sehr viel größere Dimension erreichen wird, werden natürlich auch wieder neue Abfallströme erzeugt. Insbesondere für die Behandlung kontaminierter Böden muß je nach Art und Grad der Kontamination die geeignete Technologie eingesetzt werden.

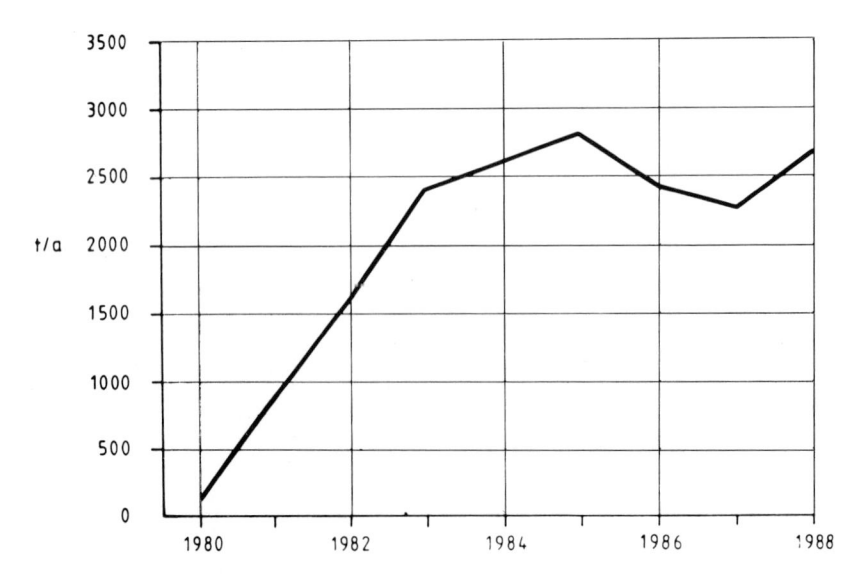

Bild 8: Wiederverwertung fester Abfallstoffe eines Chemiewerkes in Hessen

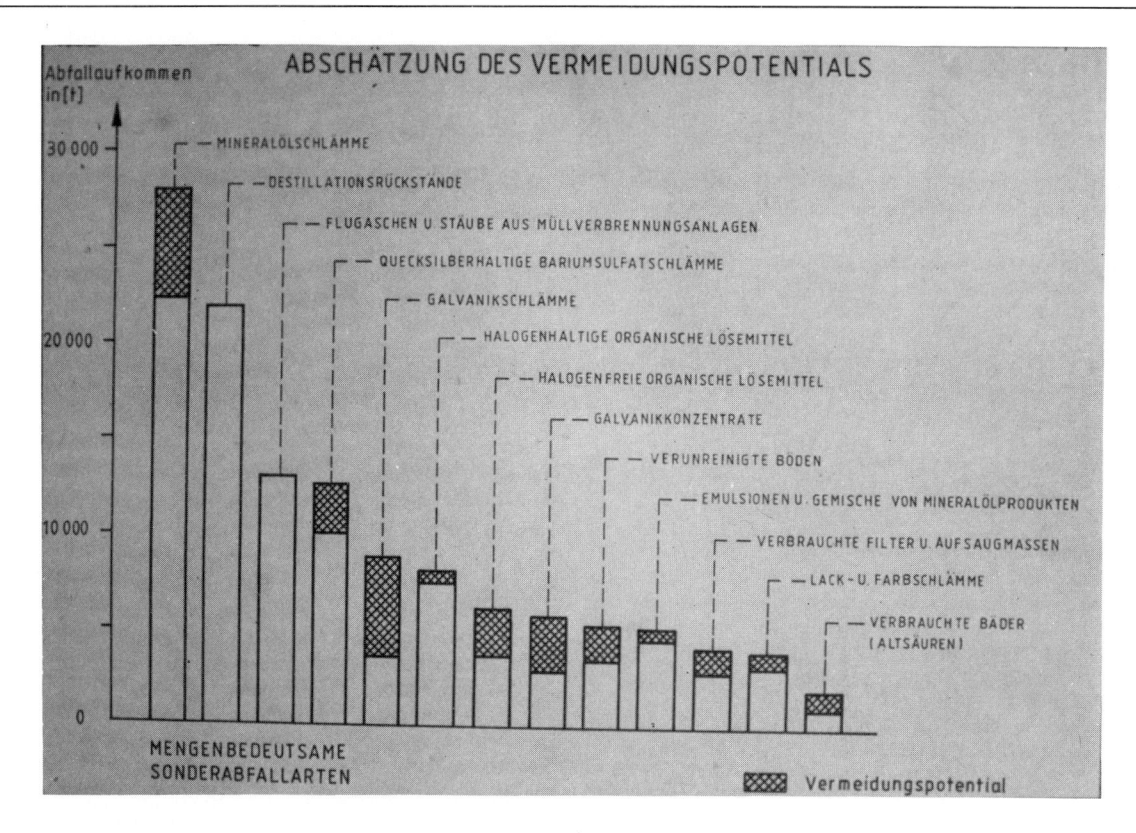

Bild 9: Abschätzung der Vermeidungspotentiale bei Sonderabfällen

Es ist zu befürchten, daß die aus der Altlastensanierung entstehenden Abfälle erneut dazu führen, daß die mühsam errungenen Fortschritte bei der Vermeidung und Verwertung von Sonderabfällen überkompensiert und damit verdeckt werden.

3. Grundsätze der integrierten Entsorgung

Die Konzeption eines integrierten Entsorgungskonzeptes für Sonderabfälle ist eine technisch noch vielfältigere und anspruchsvollere Aufgabe als die Entsorgung von Haus- und Gewerbemüll. Dabei erfordern beide Systeme den Einsatz vielfältiger, immer anspruchsvollerer Technologien in optimaler Anpassung an die Entwicklung von Menge und Zusammensetzung des Entsorgungsbedarfs und die Kraft zur Innovation zur Erschließung neuer Chancen der Vermeidung und Verwertung von Abfallstoffen. Diese Aufgabe erfordert die volle Kreativität und Leistungsfähigkeit unseres Wirtschaftssystems. Sie ist auf eine konstruktive Haltung des Staates für Innovationen und verläßliche Rahmenbedingungen für Investitionen im Entsorgungssektor angewiesen, die auch im europäischen Binnenmarkt Bestand haben müssen. Eine grundsätzlich sinnvolle regionale Zusammenarbeit in Europa bei der Entsorgung kann erst dann zugelassen werden, wenn in Europa einheitliche Umwelt- und Sicherheitsstandards gelten. Andernfalls würden in einem verfrüht geöffneten „Markt" für die Abfallwirtschaft ausgerechnet die Betreiber der nach höchsten Schutzzielen gebauten Anlagen wirtschaftlich benachteiligt. Schon heute behindert die Gefahr einer solchen Entwicklung in einigen Bundesländern die dringend nötigen Investitionen für neue Entsorgungsanlagen.

Die Realisierung eines integrierten Entsorgungssystems, das auch zur dynamischen Anpassung an die Entwicklungen in Wirtschaft und Technik fähig ist, erfordert, daß die Entsorgungswirtschaft als ein gleichberechtigter Wirtschaftszweig angesehen wird, der innerhalb seines gesetzlich definierten Auftrags möglichst weitgehende wirtschaftliche Entfaltungsmöglichkeiten erhalten muß, wie sie andere Industriezweige haben, die auch auf die Nutzung hochentwickelter Technologien angewiesen sind. Integrierte Entsorgungssysteme können so nicht nur zu einem notwendigen sondern auch zu einem eigenständigen Wirtschaftszweig mit hohem Nutzeffekt für die Allgemeinheit werden.

Schrifttum

[1] Abfallentsorgungsplan Hessen, Teilplan 1, Hausmüll und Gewerbeabfälle der Kategorie I Hessisches Ministerium für Umwelt und Reaktorsicherheit, Wiesbaden 1989.
[2] Müll(heiz)kraftwerk Wölfersheim – Grundlagenermittlung und Systemvorschlag – erstellt im Auftrag des Hessischen Ministeriums für Umwelt und Reaktorsicherheit von der Ingenieursozietät Prof. Tabasaran und Partner, Stuttgart 1989.
[3] Vogg, H. et. al.: Chemisch-verfahrenstechnische Aspekte zur Dioxinreduzierung bei Abfallverbrennungsprozessen, VGB Kraftwerkstechnik (8), 795-802, 1989.
[4] Luftreinhalteplan Untermain, Hessisches Ministerium für Umwelt und Reaktorsicherheit, Wiesbaden 1990.
[5] Private Mitteilung.
[6] Private Mitteilung.
[7] Sonderabfallvermeidung in Hessen – Maßnahmen, Vermeidungspotential, Realisierung – ECOTEC Institut für chemisch-technische und ökonomische Forschung und Beratung, München 1988.

Instrumente der Abfallvermeidung

Von N. Kopytziok[1])

Die Abfallvermeidung nimmt in der ökologisch orientierten Abfallwirtschaft die zentrale Stellung ein. Es soll dabei die Entstehung von Abfällen im Vorfeld verhindert werden. In der Fachliteratur wird die quantitative (Produktionsreduktion) und die qualitative (schadstoffärmere Produktion) Abfallvermeidung unterschieden [1]. Die Notwendigkeit abfallvermeidender Maßnahmen ist schon seit den 70er Jahren unumstritten. Jedoch wird eine harte, zuweilen unsachliche Auseinandersetzung darüber geführt, wer welchen Beitrag zur Abfallvermeidung liefern kann und soll [2]. In Umweltfibeln der Umweltämter wird immer wieder darauf hingewiesen, daß der Umweltschutz ein gemeinsames Engagement von Wirtschaft, Staat und Bevölkerung erfordert. In diesen Fibeln sind die Handlungsmöglichkeiten für den Bürger oft bis in das Detail aufgeführt. Einen ähnlich klar formulierten Maßnahmenkatalog für Wirtschaft und Staat gibt es jedoch nicht.

Der zunehmenden Akzeptanz der Bevölkerung, Umweltaspekte in ihre Kaufentscheidungen einfließen zu lassen, muß mit einem ökologisch ausgerichteten Warenangebot entsprochen werden. Hier sind öffentliche und industrielle Institutionen gefordert, ihren Beitrag zum Umweltschutz zu leisten. In diesem Artikel wird aufgeführt, was auf den verschiedenen relevanten Ebenen zur Abfallvermeidung beigetragen werden kann.

Forschung und Bildung

Bevor ein neues Produkt entwickelt, produziert und dem Verbraucher angeboten wird, ist es notwendig, alle Etappen der Herstellung eines Produktes mittels Stoff- und Energiebilanzen sowie toxikologischer Gutachten auf die Umweltauswirkungen hin zu untersuchen und deren Ergebnisse in Relation zu den bisherigen Produkten zu stellen. Es ist Aufgabe der Forschung, Kriterien und Untersuchungsmethoden für eine Vergleichbarkeit zu benennen und ökologisch verbesserte Produkt- und Produktionsalternativen zu entwickeln.

Neben der naturwissenschaftlich ausgerichteten Forschung sind auch die Wirtschafts- und Sozialwissenschaftler gefordert, ökologisch sinnvolle Entwicklungen zu unterstützen. So ist beispielsweise zu untersuchen, welche Auswirkungen zu erwarten sind, wenn ganze Produktionszweige umgeschichtet oder eingeschränkt werden.

Die neuen Erkenntnisse über die Umweltauswirkungen einzelner Produkte und Produktionsverfahren müssen für Unterrichtszwecke aller Ausbildungsebenen aufgearbeitet werden.

Es ist die Aufgabe der Pädagogen, den Lernenden den komplexen Gesamtzusammenhang zwischen Natur, Produktion und Konsum aufzuzeigen. Dabei kann beispielsweise die Odyssee eines Naturgegenstandes aufgezeigt werden, welcher als Rohstoff dient und zur Ware wird. Neben der Darstellung dieses Kontextes müssen sowohl die Schwierigkeiten der ökologischen Bewertung, als auch die gesellschaftlichen Veränderungen thematisiert werden.

Der Staat

Es muß Aufgabe des Staates sein, alle Umweltverschmutzungen zu registrieren und wirksame Maßnahmen zur Reduktion zu ergreifen. Hier gilt insbesondere die Anwendung des Verursacherprinzips, demzufolge der Hersteller eines Produktes die Kosten für dessen Beseitigung, aber auch die durch die Herstellung und den Gebrauch von Gütern entstehenden Umweltschäden tragen muß.

Ein wesentlicher Schritt ist die Einrichtung einer Warenprüfstelle. Diese sollte die Umweltbelastungen ermitteln, die durch die Produktion und Beseitigung einer Ware entstehen. Entsprechend dieser Erkenntnisse sind Produkte mit besonders hohen Umweltbelastungen (wie Sprays mit FCKW, PVC und Aluminium für Einwegzwecke) zu verbieten. Alle neuen Produkte müssen einem Genehmigungsverfahren unterzogen werden, bevor sie auf dem Markt angeboten werden dürfen.

[1]) Dipl.-Ing. Norbert Kopytziok, Institut für ökologisches Recycling, Berlin
Erstveröffentlichung: MÜLL und ABFALL 7/90, Erich Schmidt Verlag

Für die Abfallvermeidung sind bisher folgende Bundesgesetze von Bedeutung:

das Abfallgesetz (AbfG)
das Chemikaliengesetz (ChemG)
das Bundes-Immisionsschutzgesetz (BImSchG)
das Wasserhaushaltsgesetz (WHG)

Die Bundesregierung ist durch das Abfallgesetz von 1986 (§14) ermächtigt, ,,zur Vermeidung oder Verwertung schädlicher Stoffe in Abfällen oder zu ihrer umweltverträglichen Entsorgung nach Anhörung der beteiligten Kreise durch Rechtsverordnungen mit Zustimmung des Bundesrates" [3], Maßnahmen zu ergreifen.

Nach diesem Gesetz hat die Bundesregierung die Möglichkeit, den Vertrieb bestimmter Produkte in der BRD zu verbieten. Ein solches Verbot läßt jedoch die Produktion der verbotenen Produkte weiterhin zu. Ein Stoffverbot ist bisher ausschließlich über §17 des Chemikaliengesetzes möglich.

Die Schadstoffemissionen von Produktionsanlagen unterliegen dem BImSchG und dem WHG. Nach §5 Abs. 1 Satz 3 BImSchG müssen vermeidbare Reststoffe von genehmigungsbedürftigen Anlagen vermieden werden. Und nach §7a WHG darf eine Erlaubnis für das Einleiten von Abwasser nur erteilt werden, wenn die Schadstofffracht des Abwassers so gering wie möglich gehalten wird.

Um eine ökologisch orientierte Wirtschaftsform zu fördern, muß eine Umweltabgabe für die Belastung der Naturgüter Luft, Wasser und Boden erhoben werden, deren Ausnutzung bislang weitestgehend kostenlos möglich ist. Damit wird erreicht, daß umweltfreundlichere Produkte preisgünstiger auf dem Markt angeboten werden können als andere, und ein wirtschaftliches Interesse an der Entwicklung und dem Einsatz von umweltschonenderen Produktionsverfahren entsteht.

Als ein weiteres Instrument, eine ökologisch orientierte Politik zu erreichen, kann die Einführung der Öko-Steuer betrachtet werden. Die Öko-Steuer soll auf das konkrete Produkt erhoben werden, entsprechend der ökologischen Gesamtkosten, die bei seiner Herstellung, dem Gebrauch und der Entsorgung entstehen. Diese Steuer würde eine umfassende Steuerreform zur Folge haben, die Mehrwertsteuer könnte abgeschafft werden, die Lohnnebenkosten würden reduziert und gleichzeitig könnte über die zu erwartenden Mehreinnahmen zur Sicherung der Rentenversicherung beigetragen werden. Wie die Erfahrungen mit der Tabaksteuer gezeigt habe, ist es durchaus möglich, über eine Besteuerung eines Produktes dessen Verbrauch zu mindern, gleichzeitig aber Einnahmen für den Staatshaushalt zu erzielen. Somit würde diese Steuer die Umweltbelastung verringern und Innovationen und Marktchancen für umweltfreundliche Produkte fördern. Weiterhin könnten unsoziale Belastungen der Verbraucher gemindert werden und die menschliche Arbeitskraft durch die Senkung der Lohnsteuer wieder konkurrenzfähiger im Vergleich zu Maschinen werden. Gleichzeitig sind über die zu erwartende Minderung der Umweltbelastung geringere Krankheitskosten zu erwarten, so daß die Beiträge zur Krankenversicherung gesenkt werden könnten [4].

Die BRD als Mitglied in der EG

Die BRD hat die im EWG-Vertrag festgehaltenen Vereinbarungen sowie die neu erlassenen Richtlinien einzuhalten. Für die Abfallvermeidung ist der Entwurf einer Produkthaftung interessant, womit dem Verursacherprinzip künftig besser entsprochen werden kann.

Mit der geplanten Öffnung des EG-Marktes kommen aber auch weitere Aufgaben auf die BRD zu. Der Staat muß dafür Sorge tragen, daß die jeweiligen besten Umweltschutzregelungen eines Landes auch in den anderen EG-Ländern Anwendung finden, um einen Wettbewerbsnachteil umweltfreundlich produzierender Firmen zu verhindern. Außerdem muß gewährleistet sein, daß in der BRD verbotene Produkte nicht über andere Staaten hierher importiert werden können.

Länder und Kommunen

Die Bundesländer haben einen Abfallentsorgungsplan und ein Landesabfallgesetz im Rahmen des Bundesabfallgesetzes zu erstellen. Darüber hinaus können sie Vorschläge für Verordnungen erarbeiten, die von der Bundesregierung erlassen werden. Die Realisierung der Abfallentsorgungspläne sowie die Einhaltung der Gesetze und Verordnungen sind Aufgabe der Kommune.

Da die Bundesregierung alle wesentlichen Rahmenbedingungen bestimmt, ist der Handlungsspielraum der Länder und Kommunen zur Abfallvermeidung begrenzt. Dennoch zeigt der Entwurf des Bayrischen Abfallgesetzes, in dem es heißt:,,Gemeinden wirken darauf hin, daß möglichst wenig Abfall entsteht", wie Forschungsergebnisse zur Abfallvermeidung in die Praxis einfließen können. Seit Anfang der 80er Jahre ist bekannt, daß das bereitgestellte Abfallbehältervolumen und die Müllgebührenordnung in signifikantem Zusammenhang mit dem Abfallaufkommen steht [5]. Eine Bevorzugung kleiner Müllgefäße sowie ein mengenabhängiger Gebührenmaßstab ist deshalb i. d. R. gerechtfertigt. Auch die Stadt Nürnberg hat auf die Passage des Landesabfallgesetzes reagiert und in ihrer Satzung ,,Maßnahmen gegen überflüssigen Müll" angekündigt. Die Kommune kann beispielsweise direkten Einfluß auf die Industrie- und Gewerbeansiedlung nehmen. Bisher wurde diese Einflußmöglichkeit vorwiegend unter arbeitsplatzpolitischen Gesichtspunkten genutzt. Künftig können ökologische Aspekte an Bedeutung gewinnen.

Nicht unterschätzt werden sollte der Effekt, den die Kommune als ökologische Vorreiterin einnehmen kann. Sie kann das Kommunale Beschaffungswesen umstellen, in allen öffentlichen Gebäuden umweltverträgliche Bausubstanzen einsetzen sowie öffentliche Kantinen mit Mehrweggeschirr ausstatten lassen.

Eine wesentliche Vorraussetzung zur Realisierung einer Ökologisierung auf kommunaler Ebene ist, daß zunächst ein Katalog erstellt wird, in dem für die Kommune relevante Maßnahmen zur Abfallvermeidung aufgelistet sind. Zur Realisierung ausgewählter Maßnahmen ist eine realistische Aufstockung und Qualifizierung des Personals vorzunehmen.

Industrie und Handel

Die öffentliche und private Bereitschaft, umweltfreundliche und abfallarme Produkte zu bevorzugen, kann nur insofern zur Umsetzung führen, als auch ein ökologisches Warenangebot vorhanden ist. Die Ökologisierung des Steuer- und Abgabensystems bietet wirtschaftliche Anreize zur Produktionsumstellung. Unternehmen mit einem modernen Management haben den Rohstoffverbrauch und die Umweltbelastungen schon lange als einen ökonomischen Implikator erkannt. Der Chemiekonzern Ciba Geigy konnte bereits in den 70er Jahren mit nur geringem Kapitalaufwand seine Umweltverschmutzung erheblich reduzieren und dabei jährlich schätzungsweise 400 000 Dollar einsparen [6]. In den 80er Jahren haben u. a. Papierfabriken, Lackierereien und Galvanikbetriebe mit einfachen Umstellungen einen Großteil ihrer Abfälle aufbereiten und weiter nutzen können. Diese, der qualitativen Abfallvermeidung zuzurechnenden Maßnahmen werden in Zukunft zur Selbstverständlichkeit eines jeden Betriebes gehören, der überleben will. Dennoch reichen qualitativ vermeidende Maßnahmen nicht aus. Der jährliche Verbrauch von 100 000 t Rohöl für Einweg-Plastikbecher in der BRD oder das Abholzen ganzer Waldgebiete für die japanischen Eßstäbchen, die nach einmaligem Gebrauch weggeworfen werden, stellen eine unvertretbare Umweltbelastung dar. Die Philosophie vom ständigen Wirtschaftswachstum der älteren Generation wird zunehmend von einer Gebrauchswertorientierung eingeholt. Dabei steht die Entwicklung intelligenter Konsumgüter (d. h. attraktive, langlebige, schadstoffarme Produkte) im Mittelpunkt.

Wenn die Bundesregierung die Öko-Steuer wirksam einführen kann, besteht kein Zweifel daran, daß sich diese Produkte auf dem Markt durchsetzen werden.

Die Verbraucher

Wie anfangs erwähnt, sind die Ratschläge und Appelle an den Bürger, sich umweltfreundlich zu verhalten, am differenziertesten aufgearbeitet. Sie erhalten dann einen Sinn, wenn auf allen hier vorgestellten Ebenen aktiv zur Abfallvermeidung gearbeitet wird.

Wie die Erfahrungen der letzten Jahre zeigen, kann jedoch ein präventiv wirksamer Umweltschutz nicht erreicht werden, wenn die Verbraucherberatung zur Hauptaktivität der Abfallvermeidungs-Strategie wird.

Mitarbeiter von Umweltberatungsstellen können berichten, daß selbst sie nur wenige wirklich umweltfreundliche Produkte kennen, so daß sie den ratsuchenden Verbrauchern nur unbefriedigende Antworten geben können. Hinzu kommt, daß die Produktdeklaration mit Begriffen wie ,,umweltfreundlich, biologisch oder ökologisch" keiner öffentlichen Überprüfung bedarf. Dies führt nicht selten zu einer Täuschung der Bevölkerung, die sich umweltfreundlich verhalten will.

Schluß

Die vorgestellten Instrumente für eine stärkere Vermeidung von Abfällen wirken dem weiterverbreiteten Vorurteil ,,wir können nichts tun" entgegen. Auf allen gesellschaftlichen Ebenen gibt es Möglichkeiten, zum präventiven Umweltschutz beizutragen. Es wird die Aufgabe der politisch Verantwortlichen sein, diese Möglichkeiten zu erweitern und jene, die ökologische Abfallwirtschaftskonzepte erstellen, haben die Anwendung dieser Instrumente zu konkretisieren.

Schrifttum

[1] Institut für ökologisches Recycling: Ökologische Abfallwirtschaft, Umweltvorsorge durch Abfallvermeidung, Berlin 1989.
[2] Kopytziok, N.: Umweltpolitische Rahmenbedingungen für die Abfallvermeidung, in: a. a. O.
[3] Gesetz über die Vermeidung und Entsorgung von Abfällen, BGBl. S. 1410 f.
[4] Umwelt- und Prognose-Institut: Ökosteuern als marktwirtschaftliches Instrument im Umweltschutz, Heidelberg 1988.
[5] Eder, G.: Einflußgrößenuntersuchung zum Abfallverhalten privater Haushalte, ARGUS TU-Berlin, 1983.
[6] Royston, M. G.: Wie man mit Umweltschutz Kasse macht, in: HARVARDmanager 1982 ll.

Abfallwirtschaftskonzepte der Kreise und kreisfreien Städte und ihre Durchsetzung; Möglichkeiten der Abfallberatung und der Einflußnahme auf die Beschaffung umweltverträglicher Güter durch die öffentliche Hand[2])

Von W. Loschelder[1])

I. Problemstellung

§ 5 Abs. 3 Satz 1 LAbfG[1]) verpflichtet die kreisfreien Städte und Kreise, unter Beachtung der staatlichen Entsorgungspläne für ihr Gebiet Abfallwirtschaftskonzepte aufzustellen. Nach § 2 Abs. 2 Satz 1 LAbfG ist diesen Körperschaften ferner in erster Linie die Beratung über Möglichkeiten der Vermeidung und der Verwertung von Abfällen aufgetragen. Schließlich sind sie – wie alle Verwaltungsträger im Landesbereich – nach § 3 LAbfG gehalten, Material und Gebrauchsgüter zu beschaffen und zu verwenden, die aus Rohstoffen oder Abfällen hergestellt sind.

Diese drei Aufgaben stehen nicht unverbunden nebeneinander, so daß auch ihre Zusammenfassung in der vorliegenden Themenstellung nicht zufällig ist. Vielmehr sind sie, wie die nähere Betrachtung zeigt, inhaltlich eng miteinander verknüpft und beeinflussen einander wechselweise. Zudem fügen sie sich in einen einheitlichen, gemeinsamen Problemzusammenhang, der für die Materie von zentraler Bedeutung ist.

1. Was zunächst die inhaltliche Verknüpfung angeht, so ist auch hier auszugehen von den Leitzielen des Abfallrechts und ihre Staffelung, wie sie sich aus dem Abfallgesetz des Bundes ergeben und in den voraufgegangenen Referaten behandelt worden sind[2]). Diese Leitziele auf der Kreisstufe, also auf der entscheidenden Stufe des praktischen Vollzugs, zu konkretisieren, handhabbar zu machen und umzusetzen, ist die Funktion der Abfallwirtschaftskonzepte[3]). Denn nach § 5 Abs. 3 Satz 2 LAbfG haben diese „die notwendigen Maßnahmen zur Vermeidung und Entsorgung sowie bestehende und künftige Möglichkeiten der Nutzung von Energie und Abwärme" darzustellen.

Auf die nämlichen Zwecke ist aber auch die Abfallberatung nach § 2 Abs. 1 LAbfG gerichtet. Dabei liegt es einerseits auf der Hand, daß ihr Inhalt im einzelnen vor allem durch die Vorgaben bestimmt wird, die sich in dem jeweiligen Abfallwirtschaftskonzept finden. Auf der anderen Seite hängt es jedoch auch umgekehrt nicht zuletzt von der Intensität und Wirksamkeit der Beratung ab, ob und in welchem Maße das Konzept von den Beteiligten auch realisiert wird[4]).

Durch die Beschaffung und Verwendung umweltverträglicher Güter trägt die öffentliche Verwaltung für ihren Teil unmittelbar zur Verwirklichung der abfallrechtlichen Prioritäten bei[5]). Insoweit sind die wechselseitigen Abhängigkeiten wiederum offenkundig. Denn die Möglichkeit, derartige Güter in wünschenswertem Umfang und zu wirtschaftlich vertretbaren Bedingungen zu nutzen, wird wesentlich erst durch entsprechende Konzepte und ihre Durchführung geschaffen. Andererseits läßt erst eine hinreichende Bereitschaft, jene Produkte abzunehmen, einen Markt entstehen, der die Verwertung rentabel und zumutbar im Sinne des § 3 Abs. 2 Satz 3 BAbfG macht[6]).

2. Ein zentrales Problem des Abfallrechts, der seine Ziele konkretisierenden Konzepte und ihrer Durchsetzung besteht darin, daß die Aufgaben nicht in der Hand einer einzigen Instanz liegen, auch nicht arbeitsteilig in einem geschlossenen hierarchischen System wahrgenommen werden, dessen verbindliche Impulse ungehindert von der Zentrale bis zur ausführenden Stelle an der Basis durchlaufen. Vielmehr sind die – notwendigerweise differenzierten – Agenden so aufgeteilt, daß eine Vielzahl selbständiger Rechts- und Verwaltungsträger in Eigenverantwortung zur Erfüllung beitragen muß[7]).

a) Läßt man die Zuordnung der Regelungskompetenzen zwischen Bund und Land beiseite[8]), so ist zum einen das Gegenüber von Staats- und Kommunalverwaltung in Betracht zu ziehen. Eine erste Verzahnung – und gleichzeitig Auflockerung des Funktionsgefüges – besteht hier bereits im Instanzenzug der Abfallwirtschaftsbehörden. Denn nur die beiden oberen Stufen – der Minister für Umwelt, Raumordnung und Landwirtschaft und der Regierungspräsident – gehören nach § 34 LAbfG der unmittelbaren Staatsverwaltung an, während als untere Abfallwirtschaftsbehörde der Kreis und die kreisfreie Stadt tätig werden. Da der Vollzug der Vorschriften des BAbfG und LAbfG von den zuständigen Behörden als Sonderordnungsbehörden im Sinne des § 12 OBG überwacht wird – so ausdrücklich § 35 Abs. 1 LAbfG – und die den Abfallwirtschaftsbehörden nach jenen Gesetzen obliegenden Aufgaben als solche der Gefahrenabwehr gelten – so § 35 Abs. 2 LAbfG –, folgt aus §§ 12 Abs. 2, 3 Abs. 1, 9 OBG, daß die Kreise und kreisfreien Städte insoweit Pflichtaufgaben zur Erfüllung nach Weisung wahrzunehmen haben[9]) und damit einem – wegen Art. 78 Abs. 4 Satz 2 LVerf NW – grundsätzlich begrenzten sonderaufsichtlichen Weisungs- und Aufsichtsrecht unterliegen[10]).

Weitaus bedeutsamer ist jedoch der Umstand, daß § 5 Abs. 1 Satz 1 LAbfG die kreisfreien Städte und Kreise als entsorgungspflichtige Körperschaften im Sinne von § 3 Abs. 2 BAbfG bestimmt. In dieser Funktion nämlich werden diese nicht, wie im Falle des § 35 LAbfG, zur Erfüllung an sich staatlicher Aufgaben herangezogen, wenngleich, jedenfalls in Nordrhein-Westfalen, nur unter einer prinzipiell begrenzten staatlichen Aufsicht und Weisung, die das Handeln nach eigenen, örtlich begründeten Gestaltungsmaßstäben im übrigen nicht ausschließt[11]). Vielmehr ist ihnen die Entsorgung als eigene Angelegenheit, als – pflichtige – Selbstverwaltungsaufgabe zugewiesen[12]), die insgesamt in eigener Verantwortung und – „im Rahmen der Gesetze" – nach selbstgesetzten Kriterien wahrzunehmen ist. Die staatliche Aufsicht ist demgegenüber auf die Kontrolle der Rechtmäßigkeit beschränkt, also darauf, ob die Aufgabe überhaupt ausgeführt wird und ob die Ausführung den normativen staatlichen Vorgaben, gesetzlichen und untergesetzlichen, entspricht[13]).

---

[1]) Professor Dr. Wolfgang Loschelder, Ruhr-Universität Bochum.
[2]) Vortrag „Umweltrechtstage 1989".

[1]) Abfallgesetz für das Land Nordrhein-Westfalen (Landesabfallgesetz – LAbfG) vom 21. Juni 1988 (GV NW S. 250/SGV NW 74).
[2]) §§ 1 a, 2 BAbfG, Gesetz über die Vermeidung und Entsorgung von Abfällen (Abfallgesetz – BAbfG) vom 27. August 1986 (BGBl. I S. 1410, ber. BGBl. I S. 1501).
[3]) Zur verwandten Problematik der Erstellung von Abfallentsorgungskonzepten vgl. Bartels, Abfallrecht, 1987, (Schriftenreihe des Freiherr-vom-Stein-Instituts Bd. 9), S. 137 ff.
[4]) Allgemein zu den Zielen der Abfallberatung siehe LT-Drs. 19/2613 (insbes. S. 35 – dort zu § 2 LAbfG); vgl. auch Bartels (Fn. 3), S. 60 f.
[5]) Vgl. zu den Zielen auch insoweit LT-Drs. 10/2613 (insbes. S. 35 – dort zu § 3 LAbfG); vgl. auch Erlaß über die Berücksichtigung des Umweltschutzes bei der Vergabe öffentlicher Aufträge vom 29. 3. 1985 (MBL. NW. 556 SMBL. NW 20021).
[6]) Im einzelnen hierzu Kunig, in: Kunig/Schwermer/Versteyl, Abfallgesetz, 1988, § 3 Rn. 35.

[7]) Zur Verselbständigung von Teileinheiten innerhalb der Verwaltungshierarchie und den rechtlichen Grenzen einer solchen Verselbständigung allgemein Loschelder, Weisungshierarchie und persönliche Verantwortung in der Exekutive, in: Isensee/Kirchhof (Hrsg.), Handbuch des Staatsrechts der Bundesrepublik Deutschland, Bd. 3 (1988), S. 521 ff., insbes. S. 542 ff.
[8]) Dazu Peine, Der Spielraum des Landesgesetzgebers im Abfallrecht, NWVBl. 1988, S. 193 ff.; Tettinger, Randnotizen zum neuen Recht der Abfallwirtschaft, GewArch 1988, S. 41 ff., S. 48.
[9]) So ausdrücklich die amtliche Begründung zu § 38 Abs. 2 LAbfG, vgl. LT-Drs. 10/2613, S. 53.
[10]) Im Überblick Erichsen, Kommunalrecht des Landes Nordrhein-Westfalen, 1988, S. 59 f.; Wolff/Bachof/Stober, Verwaltungsrecht II, 5. Aufl. 1987, § 86 Rn. 191 (S. 90 f.); Kottenberg/Rehn/Cronauge, GO NW, Loseblatt, Stand: November 1990, Anm. III. zu § 3 GO NW, jeweils m. w. N.
[11]) Salzwedel, in: Wilhelm Loschelder/Jürgen Salzwedel, Verfassungs- und Verwaltungsrecht des Landes Nordrhein-Westfalen, 1964, S. 218, 229 ff.
[12]) Vgl. die amtliche Begründung, LT-Drs. 10/2613, zu § 5 Abs. 1 LAbfG S. 36; zu § 35 Abs. 1 LAbfG S. 52.
[13]) Differenzierend Kottenberg/Rehn/Cronauge, Anm. III. 1., IV. 2. zu § 3 GO NW.

An diesem Punkt tritt die Problematik der Verteilung auf selbständige Rechtsträger scharf hervor. Sie entwickelt sich aus der Spannungslage, die zwischen dem inneren, sachgegebenen Zusammenhang der Materie, aller auf die Vermeidung und Entsorgung von Abfällen gerichteten Planungen, Festlegungen und Vorkehrungen auf den verschiedenen Stufen einerseits[14]), und der mit rechtlicher Verselbständigung notwendig verbundenen Verminderung vertikaler Steuerung und horizontaler Abstimmung der einzelnen Teilaktivitäten andererseits besteht. Zweifellos lassen sich dem auch Vorteile gegenrechnen – in Gestalt einer Mobilisierung partikularer Eigeninitiative, eines stärkeren Engagements für selbst formulierte und verfolgte Belange, einer größeren Sachnähe zu den je konkreten Bedürfnissen und damit einer gesteigerten Genauigkeit, Schnelligkeit und Wirksamkeit ihrer Befriedigung[15]). Doch können diese Gewinne nur produktiv werden, wenn es gelingt, die verschiedenen Teilbeiträge hinlänglich in das staatlich gelenkte Gesamtsystem einzubinden. Wie schwierig es ist, dabei zu ausgewogenen Lösungen zu gelangen, hat jüngst der Beschluß des 2. Senats des Bundesverfassungsgerichts gezeigt, mit dem die Verfassungsbeschwerde der niedersächsischen kreisangehörigen Gemeinde Rastede gegen den landesgesetzlichen Entzug abfallrechtlicher Befugnisse zurückgewiesen wurde[16]). Wenn diese Entscheidung sich auch primär mit der Abgrenzung von Gemeinde- und Kreiskompetenzen zu befassen hatte, so fällt doch auf, daß ihre Ausführungen zum übergreifenden Zusammenhang dieser Streitfrage, zu deren Einbettung in den Rahmen materienspezifischer staatlicher Vorgaben, überaus allgemein und blaß bleiben[17]).

b) Damit ist bereits eine zweite Aufgliederung angesprochen, die nicht geringere Koordinierungsanforderungen stellt. Im Gegensatz etwa zur niedersächsischen Regelung[18]) ist in Nordrhein-Westfalen auch innerhalb des kommunalen Raumes die Entsorgung nicht einheitlich einem einzigen Träger zugewiesen. Jenseits der kreisfreien Städte obliegt nach § 5 Abs. 2 LAbfG das Einsammeln und Befördern der Abfälle, also die „Müllabfuhr" im herkömmlichen Verständnis, den kreisangehörigen Gemeinden, während die Kreise nach Abs. 1 für die Verwertung und das Ablagern im übrigen zuständig sind[19]).

Daß durch diese Aufspaltung Vorgänge, die sachlich aufeinander bezogen sind und sinnvoll nur nach einem einheitlichen Programm ablaufen können, kompetenziell aufgespalten werden, ist eindeutig[20]). Da zudem die Gemeinden ihren Part ebenfalls in Selbstverwaltung wahrnehmen[21]), wird hier die Abstimmung besonders prekär. Denn einerseits bedeutet dies, daß auch sie jeweils für ihr Gebiet ihren Teilbeitrag eigenverantwortlich erbringen, also nach selbstgesetzten, von denen des Kreises und der übrigen kreisangehörigen Gemeinden unabhängigen, gegebenenfalls abweichenden Maßstäben tätig werden und dabei Grenzen nur in rechtlicher Hinsicht unterliegen. Andererseits müssen sich die verschiedenen Sammel- und Transportaktivitäten der Gemeinden eines Kreises, sollen sie effektiv sein, sachlich und zeitlich ohne Friktionen in den Gesamtbetrieb der Abfallentsorgung auf der Kreisstufe einpassen[22]). Das schließt aber allzuweite Spielräume für eigenwillige gemeindliche Vorgehensweisen notwendigerweise aus. Das heißt: Die Zuordnung der einzelnen Phasen und Segmente der Gesamtentsorgung ist an sich, nach der Eigengesetzlichkeit des Gegenstandes, eher nach Zweckmäßigkeitsgesichtspunkten zu lösende Aufgabe, die nach weitreichenderen und flexibleren Dispositionsmöglichkeiten als nach nur rechtlichen Vorgaben verlangt.

Daß sich das Einsammeln und Befördern der Abfälle im Zuge der neueren Entwicklung zur „bloßen Hilfsfunktion der Abfallbeseitigung im engeren Sinne" gewandelt hat, räumt im übrigen auch das Bundesverfassungsgericht in seiner bereits erwähnten Entscheidung ausdrücklich ein und hält gerade – und nur – deswegen die niedersächsische Lösung für unbedenklich, die auch diese Tätigkeiten in die Zuständigkeit der Kreise übertragen hat[23]). Indessen ändert dies nichts daran, daß es sich in Nordrhein-Westfalen, wo die Territorialreform einen durchweg weiträumigeren Gebietszuschnitt geschaffen hat[24]), um eine Angelegenheit gemeindlicher Selbstverwaltung handelt. Infolgedessen muß hier geprüft werden, ob und in welchem Umfang die Koordinierung der Kreis- und Gemeindeaktivitäten durch **rechtliche** Regelungen geleistet werden kann[25]). Es liegt nahe, daß in dieser Hinsicht den Abfallwirtschaftskonzepten der Kreise, die nach § 5 Abs. 3 Satz 3 LAbfG „auch die erforderlichen Festlegungen für die Maßnahmen der kreisangehörigen Gemeinden" enthalten, eine Schlüsselrolle zukommt.

c) Die Integration aller Bemühungen, Abfälle zu vermeiden und zu entsorgen, hat aber nicht nur das Neben- und Gegeneinander staatlicher und kommunaler Verwaltungsträger, gesamtstaatlicher, einzelstaatlicher, kantonaler und lokaler öffentlicher Belange ins Auge zu fassen. Abfälle entstehen in der Masse nicht bei den öffentlichen Verwaltungen. Sie fallen in privaten Haushalten und Betrieben an[26]). Auf der anderen Seite können die entstandenen Abfälle auch nur in Grenzen tatsächlich administrativ, insbesondere durch Kreise und Gemeinden selbst, entsorgt werden. Daher sind auch insoweit Private maßgeblich in das Geschehen einbezogen, sei es, daß sie im Auftrag der entsorgungspflichtigen Körperschaften tätig werden[27]), sei es, daß sie selbst als Besitzer von Abfällen, welche die zuständige Körperschaft von der Entsorgung ausgeschlossen hat, entsorgungspflichtig sind[28]).

Auch darüber hinaus hängt es entscheidend vom privaten Sektor, dem Verhalten der Bürger selbst ab, ob die abfallrechtlichen Zielvorstellungen verwirklicht werden. So ist vor allem die Vermeidung von Abfällen durch Haushalte und Betriebe nur zum Teil durch rechtliche Regelung, durch Gebot und Verbot, zu erzwingen. Entsprechend kommt viel darauf an, daß Einsicht die Betroffenen zu freiwilligen Anstrengungen veranlaßt. Auch der Absatz von Produkten der Abfallverwertung kann nicht allein durch die öffentliche Verwaltung sichergestellt oder dem privaten Markt aufgezwungen werden, setzt breite Mitwirkung aus eigenem Antrieb voraus[29]).

Die Beeinflussung der privaten Beteiligten – im weitesten Sinne – benötigt andere Instrumente oder doch eine andere Gewichtung der Instrumente als die Steuerung konkurrierender und kooperierender öffentlicher Träger. Gewiß kann gerade hier, gegenüber dem grundrechtlich geschützten freien Belieben des Bürgers, auf eine breite Palette gesetzlicher und untergesetzlicher Vorschriften

---

[14]) Zu den tatsächlichen Gegebenheiten, die die Notwendigkeit einer großräumigen Abfallentsorgung und eines funktionalen Ineinandergreifens aller Teilvorgänge begründen, Doedens, Technische, wirtschaftliche, abfallrechtliche und organisatorische Gesichtspunkte für die Festlegung der Abfallbeseitigungskompetenz, in: Doedens/Kölble/Loschelder/Salzwedel, Die Zuständigkeit der Landkreise für die Abfallbeseitigung, 1982, S. 9 ff. zu den Konsequenzen für die gesetzliche Ausgestaltung der Materie Kölble, Zur Frage der Vereinbarkeit der Auslegung des § 1 (2) Satz 1 des Niedersächsischen Ausführungsgesetzes zum Abfallbeseitigungsgesetz durch das OVG Lüneburg mit dem Abfallbeseitigungsgesetz, ebenda, S. 53 ff.

[15]) Vgl. unter dem Gesichtspunkt der Vor- und Nachteile der Verselbständigung von Verwaltungseinheiten Püttner, Verwaltungslehre, 2. Auflage 1989, S. 83 ff. (84); ferner auch zur Problematik Krebs, in: Isensee/Kirchof (Fn. 7), S. 567 ff, (578 f.).

[16]) Beschluß vom 23. 11. 1988 – 2 BvR 1619/83 und 2 BvR 1628/83 – BVerfGE 79, S. 127 ff.

[17]) BVerfGe 79, S. 127/143 ff.

[18]) § 1 Abs. 1 AG AbfG Nds weist die Abfallentsorgung grundsätzlich insgesamt den Landkreisen und kreisfreien Städten zu; zur Möglichkeit der Übertragung an die kreisangehörigen Gemeinden im Einzelfall vgl. § 1 Abs. 2 AG AbfG Nds.

[19]) Vgl. die amtliche Begründung, LT-Drs. 10/2613, S. 36 f. (zu § 5 Abs. 1, 2 LAbfG).

[20]) Dazu eingehend Doedens (Fn. 14), S. 49 ff.

[21]) Vgl. oben S. 56.

[22]) Vgl. oben Fn. 20.

[23]) BVerfGE 79, 127/157 f.

[24]) Zu diesem Gesichtspunkt Franßen, in: Salzwedel (Hrsg.). Grundzüge des Umweltrechts, 1982, S. 399 ff. (416); vgl. auch Kunig (Fn. 6), § 3 Rn. 21 ff.

[25]) Anders formuliert: wie viere hinreichend fein abgestimmte Steuerung mit den Mitteln der Rechtsaufsicht bewirkt werden kann. Vgl. die amtliche Begründung, LT-Drs. 10/2613, S. 52 (zu § 35 Abs. 1 LAbfG).

[26]) Zu den einzelnen Abfallarten und zum Abfallaufkommen Jung, Die Planung in der Abfallwirtschaft, 1988, S. 45 ff.; Bender/Sparwasser, Umweltrecht, 1988, Rn. 598 ff. (S. 154 ff.).

[27]) Vgl. dazu § 3 Abs. 3 BAbfG, § 8 LAbfG.

[28]) Dazu § 3 Abs. 3 BAbfG, § 8 LAbfG.

[29]) Zum Moment der Freiwilligkeit und zu den Grenzen einer Reglementierung vgl. auch Bartels (Fn. 3), S. 60 f.; dort auch zu den Marktgegebenheiten, S. 69 ff.

nicht verzichtet werden. Die Abfallgesetze von Bund und Land legen die prinzipalen Pflichten fest[30]), Kreise und Gemeinden gestalten sie durch Entsorgungs- und Gebührensatzungen näher aus[31]). Nachhaltige Auswirkungen auf die Position der Privaten hat naturgemäß vor allem der Ausschluß bestimmter Abfälle vom Behandeln, Lagern und Ablagern oder auch schon vom Einsammeln und Befördern durch die Kommunen[32]).

Die Abfallwirtschaftskonzepte gehören demgegenüber in einen anderen Zusammenhang. Sie enthalten keine verbindlichen bürgeradressierten Regelungen. Diese sind Sache der Entsorgungs- und Gebührensatzungen. Die Abfallwirtschaftskonzepte stellen die Strukturen des Entsorgungswesens im Kreis und deren Entwicklungsperspektiven dar[33]). Auf diese Weise – und in ihrer Durchführung – schaffen sie freilich die Rahmenbedingungen auch für das private Verhalten. Sie bieten die nötige Information über abfallbewußtes Handeln und die administrativen Veranstaltungen und Einrichtungen, deren jenes sich bedienen kann. Zugleich sind sie, wie bereits erwähnt, die Grundlage für die Abfallberatung im einzelnen.

Damit bilden die Abfallwirtschaftskonzepte ein wesentliches Mittel der Einwirkung jenseits bindender Gebote und Verbote. Sie haben – in der Relation zum Bürger – influenzierenden Charakter und tragen insofern der Erkenntnis Rechnung, daß sich die grundrechtliche Freiheit privater Subjekte, die in so vielfältiger Weise in den abfallwirtschaftlichen Prozessen Wirkungen äußert, nicht umfassend normativ disziplinieren läßt – tatsächlich wie aus verfassungsrechtlichen Gründen. Sie zielen also in dem komplexen Gesamtgeschehen vorrangig auf die für einen Erfolg bedeutsamen Faktoren, die vom Grundgesetz wegen wie vernünftigerweise nicht in die Reglementierung einbezogen sind. Daneben dienen sie, durch Information und Motivation, selbstredend auch dazu, die freiwillige Befolgung verbindlicher Vorgaben zu fördern. Intensiviert wird dieser Effekt vor allem durch eine sachdienliche Abfallberatung. Schließlich vermag auch die erkennbare Nutzung umweltfreundlicher Güter durch die öffentliche Verwaltung, über ihre unmittelbaren abfallwirtschaftlichen Vorteile hinaus, didaktische Wirkungen, Anreize für den privaten Sektor zu erzeugen.

II. Die Abfallwirtschaftskonzepte und ihre Durchsetzung

Aus den bisherigen Überlegungen, die ein grobes Raster für die Einordnung der zu behandelnden Verwaltungsinstrumente skizziert haben, ergeben sich verschiedene rechtliche Weiterungen. Sie knüpfen insbesondere bei der Feststellung an, daß Abfälle zwar aus der Eigengesetzlichkeit des Gegenstandes heraus nur in einem arbeitsteiligen, inhaltlich abgestimmten und funktional ineinandergreifenden Zusammenwirken aller beteiligten Instanzen vermieden und entsorgt werden können, daß aber die rechtliche Eigenständigkeit der einzelnen Träger einer reibungslosen Koordination – jedenfalls potentiell – Widerstände entgegensetzt[34]). Da es nach der Struktur des Abfallwesens insoweit in erster Linie darum geht, die großräumigen – staatlichen und regionalen – Zielvorstellungen in den jeweils engeren Bereichen praktischen Vollzugs zu realisieren, konzentriert sich das Interesse vordringlich auf die Steuerungsmechanismen gegenüber den ausführenden Körperschaften.

In dieser Hinsicht nehmen zumal die Abfallwirtschaftskonzepte der kreisfreien Städte und Kreise eine Schlüsselfunktion ein. Und zwar stellt sich für sie zum einen die Frage, in welchem Maße sie die Daten, welche der staatliche Bereich ihnen liefert nicht zuletzt, in Nordrhein-Westfalen, die Abfallentsorgungspläne auf der Ebene der Regierungsbezirke – in ihren eigenen Aussagen zu berücksichtigen haben. Zum anderen aber ist speziell für die Abfallwirtschaftskonzepte der Kreise zu prüfen, welchen Einfluß sie ihrerseits auf die Aufgabenwahrnehmung der kreisangehörigen Gemeinden auszuüben vermögen – das

heißt vor allem: auf welche Weise sie gewährleisten können, daß die gemeindliche Sammel- und Transporttätigkeit die Entsorgungsmaßnahmen des Kreises nicht durchkreuzt, sondern sich möglichst präzise in sie einfügt. Ergänzend ist auf beiden Stufen auch in Rechnung zu stellen, daß in der Verflechtung der Aktivitäten die Situation im jeweils engeren Raum nicht ohne Einfluß auf die höhere Ebene sein kann und bei deren Planungen Beachtung fordert[35]).

1. Daß die kreisfreien Städte und Kreise bei der Erstellung ihrer Abfallwirtschaftskonzepte die normativen Vorgaben des staatlichen Rechts zu befolgen haben, ergibt sich aus der allgemeinen Gesetzesgebundenheit der kommunalen Selbstverwaltung. Dagegen bedarf die Verbindlichkeit der Abfallentsorgungspläne, die nach § 5 Abs. 3 Satz 1 LAbfG bei der Aufstellung der Abfallwirtschaftskonzepte zu beachten sind, näherer Prüfung. Generell ist überdies zu fragen, welche Grenzen die verfassungsrechtliche Selbstverwaltungsgarantie der staatlichen Disposition über die Betätigung der Städte und Kreise hier überhaupt zieht.

a) Nach § 6 Abs. 1 BAbfG haben die Abfallentsorgungspläne des Landes geeignete Standorte für die Abfallentsorgungsanlagen festzulegen sowie speziell die Abfälle im Sinne des § 2 Abs. 2 BAbfG, also die „Sonderabfälle", zu berücksichtigen. Ferner können sie – neben anderem – bestimmen, welcher Träger für eine Abfallentsorgungsanlage vorgesehen ist und welcher Anlage sich die Entsorgungspflichtigen zu bedienen haben[36]). Jedoch handelt es sich bei diesen Festlegungen zunächst lediglich um ein Mittel der Eigensteuerung der Landesverwaltung. Aus sich heraus kommt ihnen, als schlichter Fachplanung, eine Außenwirkung nicht zu[37]). Davon geht ersichtlich auch der Landesgesetzgeber aus, wenn er in § 17 Abs. 5 LAbfG bestimmt[38]), daß die Abfallentsorgungspläne – insoweit intern ausweitend – „mit ihrer Bekanntgabe Richtlinien für alle behördlichen Entscheidungen, Maßnahmen und Planungen" werden, „die für die Abfallentsorgung Bedeutung haben". Damit scheidet eine unmittelbare rechtliche Wirkung für die kreisfreien Städte und Kreise an sich aus, da diese sich bei der Formulierung der Abfallwirtschaftskonzepte im eigenen Bereich, im Kreis der Selbstverwaltungsangelegenheiten, bewegen.

Etwas Abweichendes gilt jedoch, wenn die Festlegungen in den Abfallentsorgungsplänen gem. § 6 Abs. 1 Satz 6 BAbfG, § 18 LAbfG für die Entsorgungspflichtigen durch Rechtsverordnungen der obersten oder oberen Abfallwirtschaftsbehörde für verbindlich erklärt werden. Denn damit gewinnen sie der Rechtsform nach normative Kraft und binden, soweit ihr Inhalt darauf angelegt ist, mit Außenwirkung die entsorgungspflichtigen Körperschaften – wie im übrigen auch die zur Entsorgung der nach § 3 Abs. 3 BAbfG ausgeschlossenen Abfälle verpflichteten privaten Besitzer[39]). Dabei sollen im vorliegenden Zusammenhang die Fragen, die sich auf die Reichweite der Bindung speziell bei der Standortwahl für Abfallentsorgungsanlagen beziehen, nicht näher vertieft werden, weil dieser Problemkomplex einem gesonderten Referat vorbehalten ist[40]). Jedenfalls ist davon auszugehen, daß die Städte und Kreise beispielsweise eine für verbindlich erklärte Festlegung des Einzugsbereichs einer Entsorgungsanlage für bestimmte Abfallarten in ihren eigenen Abfallwirtschaftskonzepten zu respektieren haben[41]).

---

[30]) Vgl. insbes. § 3 Abs. 1 BAbfG – Pflicht der Besitzer zur Überlassung der Abfälle – und § 3 Abs. 4 BAbfG – Pflicht der Besitzer zur Entsorgung ausgeschlossener Abfälle –; ferner etwa § 2 Abs. 2 LAbfG, zum Getrennthalten von Abfällen.
[31]) Vgl. § 9 LAbfG.
[32]) Vgl. § 3 Abs. 3 und 4 BAbfG, § 8 LAbfG.
[33]) Dazu die amtliche Begründung, LT-Drs. 10/2613, S. 37 (zu § 5 Abs. 3 LAbfG); ferner Bartels (Fn. 3), S. 138 f.
[34]) Vgl. oben bei Fn. 7 und bei Fn. 14 f.

[35]) Zu diesem Gesichtspunkt in der Relation Kreis/Land Bartels (Fn. 3), S. 139.
[36]) Zu den zwingend vorgeschriebenen und den nicht abschließend aufgezählten fakultativen Festlegungen der Abfallentsorgungspläne Bartels (Fn. 3), S. 85 ff.
[37]) Zur primären Eigensteuerungsfunktion von Fachplänen und zu den Möglichkeiten weitergehender Regelungen kraft spezieller Geltungsanordnung Schmidt-Aßmann, Umweltschutz im Recht der Raumplanung, in: Salzwedel (Hrsg.), Grundzüge des Umweltrechts, 1982, S. 117 ff. (149 ff.).
[38]) Im einzelnen hinsichtlich des Verhältnisses zur Landesplanung Weidemann, Abfallentsorgungspläne – ein wirksames Instrument des Entsorgungsrechts?, NVwZ 1988, S. 977 ff. (979 ff.).
[39]) Zur rechtlichen Wirkung der Verbindlichkeitserklärungen für private Abfallbesitzer VGH München, NuR 1987, S. 369 ff. (370); Weidemann (Fn. 38), S. 981.
[40]) Ronellenfitsch, Standortwahl bei Abfallentsorgungsanlagen: Planfeststellung und Umweltverträglichkeitsprüfung. Vgl. unten S. 108.
[41]) Zur rechtlichen Bindung und zu den Folgen möglicher „planwidriger" Vorhaben Bartels (Fn. 3), S. 87 die auf die Rechtsfolge nach § 8 Abs. 3 Satz 1 BAbfG verweist.

Eine andere Frage ist, wie stark der Abfallentsorgungsplan den eigenen Geltungsspielraum der Selbstverwaltungskörperschaften durch derartige Festlegungen insgesamt einengen darf. Angesichts der Situationsabhängigkeit eines solchen Plans, der Vielzahl der relevanten Faktoren, läßt sich eine Antwort hierauf naturgemäß nur pauschalierend, näherungsweise geben. Immerhin stehen nach den Vorüberlegungen zwei Richtpunkte fest.

Auf der einen Seite muß, ungeachtet der dieser Materie eigentümlichen prägenden Kraft der überörtlichen Bezüge, die Zuweisung der Abfallentsorgung an die pflichtigen Körperschaften als Selbstverwaltungsangelegenheit von Verfassungs wegen ernst genommen werden. Das verbietet auch dort, wo an sich die staatliche Verwaltung übergreifende Kriterien verbindlich vorgeben darf, unangemessene Beschränkungen der kommunalen Träger[42]. Demgemäß müssen sich die Vorgaben zumindest aus einem in sich konsistenten, durch die Erfordernisse einer großräumigen Wahrnehmung gerechtfertigten Gesamtprogramm schlüssig ableiten lassen, darüber hinaus auch einer Abwägung der örtlichen und überörtlichen Belange in concreto standhalten[43].

Der Notwendigkeit einer solchen Abwägung trägt insbesondere § 18 Abs. 1 Satz 4 LAbfG Rechnung, der ausdrücklich die Möglichkeit einräumt, daß die die Verbindlichkeit begründende Rechtsverordnung für bestimmte Abfallarten oder für einzelne Gruppen von Versorgungspflichtigen Ausnahmen von der angeordneten Benutzung einer Entsorgungsanlage zuläßt.

Unbeschadet des Gebots, den Selbstverwaltungscharakter der Entsorgungspflicht zu achten, muß aber auf der anderen Seite auch die technisch und wirtschaftlich zwingende Einbindung der Materie in den großen Raum mit dem nötigen Nachdruck zu Buche schlagen. Das für eine umwelt- und ressourcenschonende, wirkungsvolle Abfallentsorgung unverzichtbare Ineinandergreifen aller Aktivitäten läßt nicht allein den gemeindlichen Anteil an der Aufgabenerledigung in „dienender Funktion" erscheinen[44]; es bewirkt auch für die Kreisstufe, daß die Bezüge zur kantonalen Örtlichkeit unlösbar mit den überörtlichen Aspekten verflochten sind — ein Moment, das in der „Rastede"-Entscheidung des Bundesverfassungsgerichts bei weitem zu gering veranschlagt ist[45]. Gerade aus ihm ergibt sich aber in der Abwägung der Belange typischerweise das hohe Gewicht solcher Gesichtspunkte, die für eine Integrierung der kommunalen Tätigkeitssegmente in das regionale und überregionale Gesamtprogramm und die damit einhergehenden Einschränkungen kommunaler Eigengestaltung streiten.

Ein weiterer Schluß ist aus diesem Moment der Integration ebenfalls zu ziehen. Er betrifft die nicht durch Rechtsverordnung für verbindlich erklärten staatlichen Entsorgungspläne[46]. Diese haben zwar, wie dargelegt, für die Abfallwirtschaftskonzepte der Städte und Kreise keine unmittelbare **rechtliche** Wirkung; dennoch sind sie, wie nunmehr zu ergänzen ist, für sie nicht ohne Bedeutung[47]. Nach § 2 Abs. 1 BAbfG sind Abfälle in allgemeinwohldienlicher Weise, insbesondere ohne Einbußen für die dort im einzelnen aufgezählten Güter zu entsorgen. Wann die Entsorgung jedoch als im Sinne dieser Vorschrift ordnungsgemäß anzusehen ist, läßt sich regelmäßig — eben wegen der räumlichen Verflechtung — für die einzelne Stadt oder den einzelnen Kreis nicht isoliert, losgelöst vom größeren Zusammenhang der in der Region oder darüber hinaus verfügbaren Einrichtungen und Anlagen beantworten[48]. Auch kann die Entscheidung, ob bestimmte Vorkehrungen auf der Kreisstufe – die Einrichtung einer Deponie, die Verbringung von Abfällen zu dieser oder jener Anlage – den Gemeinwohlbelangen des § 2 Abs. 1 BAbfG entsprechen, nicht nur auf den vorhandenen Bestand gestützt werden, sondern muß die abschätzbare weitere Entwicklung einbeziehen – beispielsweise die bevorstehende Erschöpfung von Ablagerungskapazitäten oder einen wachsenden Markt für Abwärme an bestimmten Standorten. Es ist nun aber gerade die Aufgabe der Abfallentsorgungspläne, die gegenwärtige Entsorgungsstruktur und ihre künftigen Perspektiven im Sinne einer „vorausschauend gestalteten Planung"[49] unter überörtlichen Gesichtspunkten darzustellen. Infolgedessen muß ihnen, vorausgesetzt, sie sind sachgerecht erstellt worden, jedenfalls eine Indizwirkung dafür zuerkannt werden, daß Maßnahmen der Kreisstufe, Ausweisungen in den Abfallwirtschaftskonzepten[50] in dem Maße gemeinwohlgerecht sind, in dem sie diesen Vorgaben entsprechen.

Andererseits bedeutet dies, daß Aussagen der Abfallwirtschaftskonzepte, welche den Abfallentsorgungsplänen widersprechen, die Vermutung nicht ordnungsgemäßer Entsorgung gegen sich haben. Allerdings fällt ein solcher Konflikt der Planungsinhalte nicht automatisch das Urteil der Rechtswidrigkeit, weil für verbindlich erklärte Abfallentsorgungspläne selbst keine außenrechtliche Maßstabsqualität besitzen[51]. Sie können lediglich die tatbestandlichen Voraussetzungen der Maßstabsnorm des § 2 Abs. 1 BAbfG ausfüllen, und es bedarf entsprechend der Prüfung im Einzelfall, ob sie dies, und zwar abschließend, wirklich tun. Ist dies aber in concreto zu bejahen, so verstößt die Festlegung des Abfallwirtschaftskonzepts gegen geltendes Recht und kann entsprechend aufsichtlich beanstandet werden[52].

b) Aus dem Spannungsverhältnis zwischen eigenständiger Wahrnehmung in Selbstverwaltung und funktionaler Einbettung in die überörtlichen Bezüge ist weiterhin die Frage zu beantworten, welche materiellen Anforderungen grundsätzlich an die Erfüllung der Entsorgungspflicht durch die Städte und Kreise – und entsprechend auf der nächsten Stufe: durch die kreisangehörigen Gemeinden – zu stellen und gegebenenfalls mit aufsichtlichen Mitteln durchzusetzen sind.

Auszugehen ist insoweit wiederum von der Feststellung, daß die Abfallentsorgung als eigene Angelegenheit der Kommunalkörperschaften ausschließlich an rechtliche Schranken gebunden ist[53]. Damit wäre ein Versuch, diese Tätigkeit staatlicherseits nach Zweckmäßigkeitskriterien zu optimieren, von vornherein nicht zu vereinbaren. Immerhin bleibt die Möglichkeit zu erwägen, daß die Städte, Kreise und Gemeinden von Rechts wegen nicht über eine Bandbreite von Alternativen – schon oder noch – ordnungsgemäßer Entsorgung verfügen, zwischen denen sie – etwa auch nach Kriterien der Wirtschaftlichkeit – wählen können, sondern auf optimale effektive Lösungen festgelegt sind.

Für eine solche strikte Verpflichtung könnte erneut auf die Gemeinwohlmaßstäbe des § 2 Abs. 1 BAbfG, ferner etwa auf § 1 LAbfG verwiesen werden, wonach die Menge der Abfälle und ihr Schadstoffgehalt „so gering wie möglich zu halten", ferner nicht vermeidbare Abfälle „soweit wie möglich zu verwerten" sind. Jedoch muß bezweifelt werden, daß damit – mit dem Begriff des „Möglichen" – einseitig auf die Kategorie des technisch Machbaren, ohne Rücksicht auf sonstige – u. U. gegenläufige, beispielsweise wirtschaftliche – Gesichtspunkte abgestellt werden soll[54]. Beden-

---

[42]) Vgl. dazu Weidemann (Fn. 38), S. 980 f., der von einer Ausfüllungs- und Konkretisierungsbedürftigkeit der planerischen Vorgaben ausgeht; hinsichtlich des Verhältnisses zur gemeindlichen Bauleitplanung Bartels (Fn. 3), S. 88 f.

[43]) Zu den überörtlichen Gesichtspunkten und der regionalen Planung Hösel/von Lersner, Recht der Abfallbeseitigung, Bd. 1, Loseblatt, Stand: Mai 1991, § 6 Abs. 1 Rn. 3 ff.

[44]) Die Pflicht zur Berücksichtigung der gemeindlichen Interessen ist auch an der gesetzlich vorgeschriebenen Beteiligung der kommunalen Träger (§ 17 Abs. 1 Satz 2 LAbfG) bei der Aufstellung der Abfallentsorgungspläne zu erkennen; dazu etwa Schwermer, in: Kunig/Schermer/Versteyl (Fn. 6), § 6 Rn. 31 ff.

[45]) Vgl. oben Fn. 16.

[46]) Die Möglichkeit zur Verbindlichkeitserklärung sieht bereits § 6 Abs. 1 BAbfG vor. Zur Frage, ob darin allein eine ausreichende Ermächtigungsgrundlage zu sehen ist, vgl. Weidemann (Fn. 38), S. 979.

[47]) Zu eng insoweit Weidemann (Fn. 38), S. 980.

[48]) Vgl. das parallele Beispiel einer Standortfestlegung in den Abfallentsorgungsplänen bei Bartels (Fn. 3), S. 85.

[49]) So Schwermer (Fn. 44), § 6 Rn. 3.

[50]) Gemäß § 5 Abs. 3 LAbfG stellen die Kreise und kreisfreien Städte Abfallwirtschaftskonzepte unter Beachtung der Abfallentsorgungspläne auf.

[51]) Dazu Hösel/von Lersner (Fn. 43), § 6 Abs. 1 Rn. 20; vgl. oben Fn. 60.

[52]) Zur allgemeinen Aufsicht vgl. § 46 Abs. 1 und 3 KrONW und §§ 106, 106 a GO NW.

[53]) Zur Rechtmäßigkeitskontrolle Erichsen (Fn. 10), S. 312; Rauball (Fn. 10), § 106 Rn. 3.

[54]) Versteyl, in: Kunig/Schermer/Versteyl (Fn. 6), geht in diesem Zusammenhang davon aus, daß das technisch Mögliche nicht unzumutbar sein darf, vgl. § 2 Rn. 9; Hösel/von Lersner (Fn. 43), § 1 a Rn. 7, sehen in dem Begriff der Zumutbarkeit eine Verschärfung gegenüber der wirtschaftlichen Vertretbarkeit; bei der Unzumutbarkeit komme es primär auf die Schwere der Nachteile für die Umwelt an.

ken sind gegen eine derartige Deutung nicht allein deswegen anzumelden, weil sie den Spielraum kommunaler Eigengestaltung für die Selbstverwaltungsaufgabe „Abfallentsorgung" für sich betrachtet übermäßig reduzieren, ja praktisch aufheben würde[55]. In Rechnung zu stellen sind auch die Rückwirkungen, die sich aus einer Forderung nach optimaler Entsorgung „um jeden Preis"[56] für die kommunale Aufgabenwahrnehmung im übrigen ergeben würden. Die Aufweichungen, die das verfassungsrechtliche Gebot des Art. 78 Abs. 3 LVerf – Regelung der Kostendeckung neuer kommunaler Pflichtaufgaben – in Staatspraxis und Rechtsprechung seit langem erfahren hat[57], brauchen hier nicht ausgebreitet zu werden. Unter ungünstigen Bedingungen jedenfalls wäre sogar eine unangemessene Bindung der Sach- und Personalmittel der entsorgungspflichtigen Körperschaften vorstellbar, die deren Handlungsfähigkeit im übrigen mindern würde[58].

Daß der Gesetzgeber selbst das technisch mögliche Optimum nicht zum alleinigen Maß der Entsorgung erhebt, dokumentiert § 3 Abs. 2 Satz 3 BAbfG. Denn diese Vorschrift stellt den Vorrang der Abfallverwertung vor der sonstigen Entsorgung – also das primäre Ziel des Gesetzes – ausdrücklich unter den Vorbehalt, daß die Verwertung nicht nur technisch durchführbar, sondern auch wirtschaftlich zumutbar und marktkonform ist[59].

Sub specie Art. 28 Abs. 2 GG, 78 LVerf muß hierin der Ausdruck eines allgemeinen Prinzips gesehen werden – mit der Folge, daß Entsorgungskonzepte der Kommunen innerhalb einer Bandbreite tauglicher Alternativen rechtlich unbedenklich sind, wenn sie im Widerstreit divergierender Belange im Wege einer angemessenen Gewichtung zu einer vertretbaren Lösung der Entsorgungsprobleme führen.

c) Diese Überlegungen können zwar dem Grundgedanken nach, nicht jedoch im Sinne einer pauschalen Übertragung des Ergebnisses nutzbar gemacht werden, wenn es um die den entsorgungspflichtigen Körperschaften in § 3 Abs. 3 BAbfG, § 8 LAbfG eingeräumte Befugnis geht, mit Zustimmung der zuständigen Abfallwirtschaftsbehörde bestimmte Abfälle von der Entsorgung auszuschließen. Denn wenn § 3 Abs. 3 BAbfG den Kommunen auch Ermessen einräumt, ob sie die gebotene Möglichkeit ergreifen wollen, so stellt die Vorschrift doch ihren Wortlaut im übrigen und ihrer ratio nach eine eng auszulegende Ausnahmeregelung dar, die insbesondere keine Handhabe bietet, das Prinzip „hoheitlicher Entsorgung" durch Abwälzen auf Private zu unterlaufen[60].

Zulässig – und damit zustimmungsfähig – ist der Ausschluß von Abfällen nach besagter Bestimmung „nur", soweit diese „nach ihrer Art oder Menge nicht mit den in Haushaltungen anfallenden Abfällen" entsorgt werden können[61].

Damit liegen, wie es scheint, die Voraussetzungen strikt fest. Nur wenn der Gewerbemüll tatsächlich technisch nach Qualität und Quantität mit den verfügbaren Mitteln nicht zu beseitigen ist, dürfen sich Stadt, Kreis oder Gemeinde ihrer Pflicht entledigen. Ein besonderer praktischer oder wirtschaftlicher Aufwand allein reicht dazu nicht aus[62]. Auch ist nicht nur auf die vorhandenen Kapazitäten abzustellen, da die entsorgungspflichtige Körperschaft auch gehalten ist, zusätzliche Vorkehrungen zu treffen, wenn dies nötig wird[63].

Indessen kann ein solcher Zwang nicht unbegrenzt gelten. Das Gesetz geht, wie gezeigt wurde, nicht von einem technischen Optimum um jeden Preis aus, läßt vielmehr, verfassungskonform, Raum für die kommunale Eigengestaltung. Daher ist auch im vorliegenden Zusammenhang weder anzunehmen, daß es eine Entsorgung von Gewerbemüll ohne Rücksicht auf die Erfüllung der Kreis- oder Gemeindeaufgaben im übrigen noch eine Struktur des Entsorgungswesens verlangt, die ganz einseitig auf die Beseitigung problematischer Abfälle ausgerichtet ist. Von letzterem kann schon deswegen nicht auszugehen sein, weil damit die gesetzliche Regelgewichtung – primär hoheitliche Entsorgung des Hausmülls[64] – auf den Kopf gestellt und der pädagogische Zweck des Gesetzes[65] – Motivation der Gewerbetreibenden zur Abfallvermeidung – verfehlt würde.

Zu Recht wird daher der Standpunkt vertreten, daß insoweit nach Verhältnismäßigkeit abzuwägen ist[66]. Danach kommt es nicht nur darauf an, welche örtlichen – lokale und kantonale – Entsorgungskapazitäten im konkreten Fall tatsächlich bestehen bzw. geschaffen werden können und welche sonstigen Verwertungs- und Ablagerungsmöglichkeiten im weiteren Raum zur Verfügung stehen. Zu fragen ist auch, ob die damit verbundenen praktischen und finanziellen Schwierigkeiten sich in einem vertretbaren äußersten Rahmen halten – zumal in Relation zu dem Aufwand, den die Entsorgung „normaler" Abfälle, also des Hausmülls, am Ort mit sich bringt[67].

Im einzelnen sind in die Abwägung zahlreiche Faktoren einzustellen – etwa die Menge des anfallenden Gewerbemülls, verglichen mit dem Hausmüll, oder auch seine Vermeidbarkeit bzw. Unvermeidlichkeit[68]. Eine besondere Rolle kommt auch hier wiederum den Abfallbeseitigungskonzepten zu, insofern sie einen Maßstab dafür abgeben, ob, gemessen an einer vernünftigen Planung am Ort, die Grenze der Verhältnismäßigkeit überschritten wird oder nicht.

Daß auf einer solchen Grundlage der zuständigen Abfallwirtschaftsbehörde bei der Erteilung oder Versagung der Zustimmung zum Ausschluß von Abfällen kein Ermessen zusteht, ist klar. Sie übt auch insoweit Rechtmäßigkeits-, nicht Zweckmäßigkeitskontrolle aus[69]. Freilich wird sie beim Nachvollzug der Abwägung die örtliche Situation insgesamt und insbesondere die Güte der Abfallwirtschaftskonzepte und die Entschiedenheit ihrer Durchführung mitberücksichtigen[70]. Zudem ist auch hier wieder auf die Möglichkeiten hinzuweisen, durch tatsächliche Vorgaben im größeren Raum die rechtliche Lage auf den unteren Ebenen zu beeinflussen[71]. So kann etwa der Kreis, indem er ortsnahe Deponien anlegt, das gemeindliche Transportsystem entlasten, das Land durch die Ausweisung regionaler Entsorgungsanlagen für Spezialabfälle deren Verwertung oder Ablagerung erleichtern und so die Schwelle der Unverhältnismäßigkeit anheben.

d) Nur noch knapp muß nach alledem auf die Frage eingegangen werden, wie die Abfallentsorgungspläne der Regierungsbezirke auf die Abfallwirtschaftskonzepte der Kreisebene zu reagieren

---

[55]) Im Gegensatz zum Abfallvermeidungsgebot des § 1a Abs. 1 BAbfG, welches ohnehin keine eigene rechtliche Wirkung entfaltet, hat das Verwertungsgebot des § 1a Abs. 2 BAbfG zwar eine unmittelbare Wirkung für die entsorgungspflichtigen Körperschaften. Jedoch hebt die Verpflichtung, die Maßgaben des § 3 Abs. 2 BAbfG zu beachten, den Selbstverwaltungscharakter nicht auf. Vgl. dazu Hösel/von Lersner (Fn. 43), § 1a Rn. 4, 10.

[56]) Dazu auch Cronauge, Abfall: Verwerten statt Wegwerfen! In: Städte- und Gemeindebund 1985, S. 59 ff. (64); Offermann-Clas, Das Abfallrecht der Bundesrepublik Deutschland nach 10 Jahren EG-Abfallgesetzgebung, NVwZ 1985, S. 377 ff. (380).

[57]) Eingehend dazu VerfGH NW, DVBl. 1985, S. 685 ff. m. Anm. von Mutius/Hennecke; dies., Verfassungsrechtliche Anforderungen an die Durchführung des kommunalen Finanzausgleichs – dargestellt am Beispiel Nordrhein-Westfalens, in: Archiv für Kommunalwissenschaften 1985, S. 261 ff. (272 ff.); dies., Kommunale Finanzausstattung und Verfassungsrecht, S. 97 ff.

[58]) Eine andere Frage ist, wieweit die Gemeinden ihre spezifischen Kosten im Rahmen der Gebührenerhebung abwälzen können. Vgl. hierzu Peine, Die Finanzierung der Entsorgung häuslicher Abfälle: Gebührenmaßstäbe, Kosten der Beratung, der Nachsorge für stillgelegte Anlagen, Abgrenzung zu Straßenreinigungskosten, unten S. 9.

[59]) Zu diesen Begriffen Tettinger (Fn. 8), S. 44 f.; Hösel/von Lersner (Fn. 43), § 3 Rn. 17 ff. (19).

[60]) Dazu Kunig (Fn. 6), § 3 Rn. 40.

[61]) Dazu Hösel/von Lersner (Fn. 43), § 3 Rn. 30; Kunig (Fn. 6), § 3 Rn. 38.

[62]) Siehe dazu Bartels (Fn. 3), S. 162, die als Voraussetzung für den Ausschluß einer Entsorgung sowohl den Aspekt der objektiven Unmöglichkeit wegen der Gefährlichkeit der Stoffe als auch den Gesichtspunkt des subjektiven Unvermögens der Körperschaft aus unterschiedlichen Gründen näher beleuchtet; Hösel/von Lersner (Fn. 43), § 3 Rn. 30.

[63]) Dazu Kunig (Fn. 6); § 3 Rn. 40, 42.

[64]) Hösel/von Lersner (Fn. 43), § 3 Rn. 29.

[65]) Dazu Kunig (Fn. 6), § 3 Rn. 29.

[66]) Zur Verhältnismäßigkeit im Rahmen der Ausschlußmöglichkeiten von § 3 Abs. 3 BAbfG Hösel/von Lersner (Fn. 43), § 3 Rn. 30.

[67]) Zur Bedeutung dieser Relation ebenfalls Hösel/von Lersner (Fn. 43), a.a.O.

[68]) Kunig (Fn. 6), § 3 Rn. 39.

[69]) So ausdrücklich Kloepfer, Gewerbemüllbeseitigung durch Private, in VerwArch 1979, S. 195 ff. (213).

[70]) Zu weitgehend hinsichtlich der Aufsichtsbefugnisse insoweit aber wohl Franßen (Fn. 24), S. 419; Bartels (Fn. 3), S. 164 ff.; Hösel/von Lersner (Fn. 43), § 3 Rn. 33.

[71]) Vgl. oben S. 61.

haben. Zunächst versteht es sich schon von der Steuerungsfunktion jener Pläne für den weiteren Raum her, daß ihre Festlegung die Angaben aufnehmen und einkalkulieren müssen, welche die Abfallwirtschaftskonzepte über die Schwerpunkte künftiger Verwertung und Ablagerung in Stadt und Kreis enthalten[72]). Aber auch von Verfassungs-, nämlich von Selbstverwaltungs wegen können die kantonalen und lokalen Daten nicht übergangen werden. Denn wenn die Entsorgung durch die kommunalen Körperschaften, wie ausgeführt, grundsätzlich in eigener Verantwortung geschieht, eine Einbindung in übergreifende Prozesse mithin nur im Rahmen des sachlich Gebotenen zulässig ist, so müssen die örtlichen Entscheidungen, soweit sie nicht mit diesen Notwendigkeiten kollidieren, von der staatlichen Planung auch respektiert und rezipiert werden.

2. Bei allen dogmatischen und praktischen Unterschieden, die zwischen dem Gegenüber von Staats- und Kommunalverwaltung einerseits, dem Verhältnis Kreis/kreisangehörige Gemeinden andererseits bestehen[73]), ist doch das Grundproblem auf dem Feld der Abfallentsorgung hier wie dort das gleiche: die erforderliche Koordination unter den verschiedenen Trägern sicherzustellen, ohne deren Selbständigkeit unzulässig zu verkürzen. Im Falle von Kreis und Gemeinden ist dieser Ausgleich sogar besonders schwierig. Denn das enge Zusammenspiel der Sammel- und Transporttätigkeit mit der Entsorgung im übrigen[74]), die wechselseitige Beeinflussung der einzelnen Vorgänge drängen auf Feinabstimmung, die dienende Funktion der gemeindlichen Teilaufgabe[75]) bringt es mit sich, daß die Wahl der Verwertungsmethoden und Ablagerungsweisen auf der Kreisstufe auch die vorausliegende Zubringerphase bereits in beträchtlichem Umfang vorprogrammiert. Dennoch muß – davon ist zumal nach den Ausführungen des Bundesverfassungsgerichts in der „Rastede"-Entscheidung auszugehen – ein Mindestmaß an lokaler Eigengestaltung gewahrt bleiben.

a) In diesem mehrpoligen Aufgabenverbund kommt dem Abfallwirtschaftskonzept des Kreises die Rolle eines zentralen Steuerungsinstruments zu. Zwar gilt hier wiederum, daß es sich bei diesem Konzept zunächst um ein Mittel der Eigensteuerung handelt, das aus sich heraus keine rechtliche Auswirkung für Dritte entfaltet[76]). Doch bedeutet dies nicht – auch insoweit wiederholt sich das Grundmuster –, daß es damit für die Gemeinden bedeutungslos wäre. Vielmehr ist erneut die Bindung herauszustellen, die sich schon faktisch aus den Dispositionen des Kreises für die lokale Wahrnehmung ergibt.

So wurde bereits darauf hingewiesen, daß die vom Kreis vorgehaltenen Entsorgungseinrichtungen maßgeblich das Urteil beeinflussen, ob der Ausschluß bestimmter gewerblicher Abfälle von der gemeindlichen Müllabfuhr gerechtfertigt ist oder nicht[77]). Auch hängt es etwa wesentlich von den Behandlungsverfahren bei der Verwertung und Ablagerung im einzelnen ab, welche Sammelsysteme der Gemeinden – was die Trennung von Abfällen, die Verwendung spezieller Behälter und Fahrzeuge usw. angeht[78]) – den gesetzlichen Anforderungen geordneter Entsorgung entsprechen. Erst recht wird das Raster der Kriterien dichter, wenn nicht einzelne Entscheidungen des Kreises die Orientierungspunkte bilden, sondern ein geschlossenes – und schlüssiges, sachgerechtes – Abfallwirtschaftskonzept der Bewertung zugrunde gelegt werden kann.

b) Für diese tatsächlichen Einengungen des gemeindlichen Spielraums ist allerdings der Vorbehalt in Erinnerung zu rufen, daß ein Widerspruch zwischen dem übergreifenden Konzept und dem Vorgehen im engeren Raum nicht eo ipso zur Rechtswidrigkeit des letzteren führt, sondern daß im Einzelfall zu prüfen ist, ob –

gemessen am Entsorgungssystem insgesamt – die Bandbreite vertretbarer Aufgabenerfüllung eindeutig unterschritten ist[79]). Dieses Bild ändert sich auch in der vorliegenden Relation erst, wenn die Vorgaben des Abfallwirtschaftskonzepts normative Kraft gewinnen, also gemäß § 5 Abs. 3 Satz 3 LAbfG als Satzung erlassen werden. Dabei versteht es sich, daß die Satzungsform nicht für das gesamte Konzept geboten ist, sondern nur für seine auf Fremdsteuerung gerichteten Teile, d. h. für die Festlegungen, die die Maßnahmen der kreisangehörigen Gemeinden betreffen.

Es soll hier nicht vertieft werden, wie weit sich Satzungen der Rechtsform nach allgemein eignen, als Mittel für verbindliche Direktiven des Kreises gegenüber den kreisangehörigen Gemeinden zu dienen – sowohl im Hinblick auf den regulären Adressatenkreis kommunaler Satzungen, die Körperschaftsmitglieder[80]), wie bezüglich des Gesetzesvorbehalts in Art. 28 Abs. 2 Satz 1 GG[81]). Denn im vorliegenden Zusammenhang jedenfalls stellt das Gesetz in § 5 Abs. 3 Satz 3 eine spezielle Grundlage für die satzungsmäßige Regelung zur Verfügung, die auch angesichts der konkreten Sachstruktur keine Zweifel an ihrer hinreichenden Bestimmtheit zuläßt.

Damit ist dem Kreis die Befugnis eingeräumt, die gemeindlichen Aktivitäten seiner eigenen Konzeption anzupassen, also beispielsweise Festlegungen für das gemeindliche Behältersystem zu treffen. Verstoßen die Gemeinden hiergegen, so bedarf es keiner Abwägung mehr. Ihr Verhalten ist nach dem bindenden Maßstab des Abfallwirtschaftskonzepts selbst rechtswidrig und aufsichtlich zu beanstanden.

c) Auch insoweit zieht freilich die Selbstverwaltungsgarantie beliebigen und beliebig dichten Einschränkungen Grenzen. Die eigenverantwortliche lokale Aufgabenwahrnehmung weicht nur soweit zurück, wie eine wirksame und wirtschaftliche Entsorgung im kantonalen Rahmen dies tatsächlich verlangt. Allerdings führen hier in noch stärkerem Maße als an der Schnittstelle zwischen staatlicher und kommunaler Planung die intensiven Verflechtungen der Belange dazu, daß die Bedürfnisse des größeren Raumes – d. h. des Kreises **und** der übrigen kreisangehörigen Gemeinden – gegenüber der „dienenden Funktion" des Einsammelns und Transportierens ins Gewicht fallen. Sie gewinnen zusätzlich in dem Maße an Durchsetzungskraft, in dem sie als integrale Bestandteile eines überzeugenden Abfallwirtschaftskonzepts erscheinen. Umgekehrt gilt wiederum – und zwar ebenfalls kraft Selbstverwaltungsgarantie –, daß die Abfallwirtschaftskonzepte ihrerseits die örtlichen Dispositionen zur Kenntnis zu nehmen haben, sie in ihr Programm einsetzen und ihnen Rechnung tragen müssen.

3. Nach § 6 LAbfG können sich entsorgungspflichtige Körperschaften und Private zu Abfallentsorgungsverbänden zusammenschließen, gegebenenfalls auch zusammengeschlossen werden. Die so entstehenden Körperschaften des öffentlichen Rechts treten damit in die Entsorgungspflicht ein und folgen im übrigen, soweit nichts Abweichendes bestimmt ist, den Regelungen über kommunale Zweckverbände[82]). Indessen trifft das Gesetz keine ausdrückliche Aussage darüber, wer in diesem Fall die Abfallwirtschaftskonzepte aufzustellen hat.

Man könnte den Standpunkt vertreten, nach der Lagaldefinition des § 1 Abs. 2 BAbfG, die auch § 5 LAbfG zugrunde liege, umfasse die Abfallentsorgung – allein – die Abfallverwertung und das Ablagern von Abfällen sowie die hierzu erforderlichen Maßnahmen des Einsammelns, Beförderns, Behandelns und Lagerns[83]); demgemäß würden auch nur diese Aufgaben auf den Abfallentsorgungsverband übertragen – zumindest soweit nicht ausdrücklich etwas anderes vor-

---

[72]) Dies ergibt sich auch aus dem Gebot des § 17 Abs. 2 Satz 2 LAbfG, unter anderem die Kreise bei der Aufstellung der Abfallbeseitigungspläne zu beteiligen.
[73]) Vgl. dazu Loschelder, Die Befugnis des Gesetzgebers zur Disposition zwischen Gemeinde- und Kreisebene, 1986, S. 32 ff., 36 ff.
[74]) Dazu eingehend Doedens (Fn. 14), S. 40 ff.
[75]) BVerfGE 79, 127/159.
[76]) Vgl. zu der entsprechenden Konstellation bei den Abfallentsorgungsplänen oben bei Fn. 37.
[77]) Oben nach Fn. 71.
[78]) Dazu Doedens, oben Fn. 74.
[79]) Oben nach Fn. 50.
[80]) Dazu etwa Wolff/Bachof, Verwaltungsrecht I, 9. Aufl. 1974, S. 138.
[81]) Zur grundsätzlichen Beschränkung des Begriffs „im Rahmen der Gesetze" auf Gesetze im formellen Sinn vgl. Maunz, in: Maunz/Dürig/Herzog/Scholz, Grundgesetz, Bd. II, Loseblatt, Stand: Februar 1990, Art. 28 Rn. 51.
[82]) Eingehend dazu Erichsen (Fn. 10), S. 281 ff.; speziell zum Bereich der Abfallentsorgung Franßen (Fn. 24), S. 417; grundsätzlich zur interkommunalen Zusammenarbeit Loschelder, Selbstverwaltung durch mehrstufige Aufgabenerfüllung auf kommunaler Ebene, in: von Mutius (Hrsg.), Selbstverwaltung im Staat der Industriegesellschaft, Festgabe für v. Unruh, 1983, S. 381 ff. (394 ff.).
[83]) Vgl. Bartels (Fn. 3), S. 41.

gesehen sei. Dem ist aber entgegenzuhalten, daß angesichts der Komplexität der Materie heute ordnungsgemäße Abfallentsorgung stets nur eine geplante und planmäßige Entsorgung sein kann, die den inneren Zusammenhang aller Einzelelemente und ihre Entwicklung in der Zeit berücksichtigt[84]). Dann muß es aber dem Landesgesetzgeber unbenommen sein, diese notwendige Planung für die insoweit zentrale Kreisstufe als Teil der Entsorgungspflicht zu konkretisieren und zu institutionalisieren. Daß hiermit nicht eine gesonderte, von der Entsorgungspflicht ablösbare Verpflichtung begründet werden sollte, folgt auch aus dem – in § 5 Abs. 3 Satz 4 LAbfG hervorgehobenen – Erfordernis, die Abfallwirtschaftskonzepte in der ständigen Zusammenschau von Planung und Vollzug nach angemessener Zeit jeweils fortzuschreiben. Auch sind die planerisch höchst unbefriedigenden Konsequenzen zu bedenken, die sich ergäben, wenn einem Verband mehrere Kreise und kreisfreie Städte angehören und – bei einer möglichen Trennung der Aufgaben – der Verband für sein Gebiet die praktische Durchführung der Entsorgung nach unterschiedlichen Konzepten auszurichten hätte.

Folgt man dieser Sicht, so ergibt sich, daß die Übertragung der Entsorgungspflicht auf einen Verband stets auch die Verpflichtung zur Erstellung der Abfallwirtschaftskonzepte für das Verbandsgebiet mitumfaßt. Soll diese Verpflichtung im Einzelfall bei den übertragenden Körperschaften verbleiben, so geht nicht die Entsorgungspflicht als solche über, ist also § 6 LAbfG nicht anwendbar. Allenfalls wäre für eine solche Gestaltung das Gesetz über die kommunale Gemeinschaftsarbeit[85]) unmittelbar heranzuziehen; doch hätte die für die Genehmigung der Verbandssatzung zuständige Aufsichtsbehörde zu prüfen, ob trotz des Auseinanderfallens von Planung und Vollzug eine ordnungsgemäße Entsorgung gewährleistet ist. Ebenso muß andererseits, wenn nur ein Teil des Kreisgebiets in einen Abfallentsorgungsverband nach § 6 LAbfG eingebracht wird, die Genehmigung davon abhängen, daß die nun – einschließlich der Planung – gespaltene Entsorgung den notwendigen Mindeststandard nicht unterschreitet.

III. Möglichkeiten der Abfallberatung

Abschließend ist wenigstens kurz zum einen auf die Möglichkeiten der Abfallberatung zurückzukommen. Auch hierbei handelt es sich um eine Aufgabe, die an sich von der Verpflichtung zur ordnungsgemäßen Entsorgung – bzw. im Falle der Besitzer ausgeschlossener Abfälle: zur Überwachung ordnungsgemäßer Entsorgung – mitumfaßt wird[86]). Auch sie hat aber der Landesgesetzgeber ausdrücklich aufgenommen, konkretisiert, institutionalisiert und – um bei den entsorgungspflichtigen Körperschaften zu bleiben – als pflichtige Selbstverwaltungsaufgabe einforderbar gemacht.

In einem weiteren Sinne gehört zur Abfallberatung auch die interne Information der in irgendeiner Weise beteiligten und betroffenen Dienststellen der Körperschaft selbst, ferner – seitens der Kreise – die Information der kreisangehörigen Gemeinden. Jedoch hat § 2 Abs. 1 LAbfG ersichtlich nur die Beratung über die Möglichkeiten der Vermeidung und Verwertung von Abfällen zum Regelungsgegenstand erhoben[87]). Dies ergibt sich aus der Übertragungsmöglichkeit der Kreise auf die Gemeinden, die Satz 2 der Vorschrift einräumt und die sich der Sache nach nur auf diesen Ausschnitt beziehen kann.

Die Einordnung als pflichtige Selbstverwaltungsaufgabe markiert wiederum die Koordinaten für die Reichweite und Spielräume der zugewiesenen Tätigkeit und den Umfang ihrer aufsichtlichen Kontrolle. Dabei steht außer Zweifel, daß nicht allein ein völliges Absehen von beratenden Maßnahmen gegen das Gesetz verstößt, sondern auch nur vorübergehende, zeitlich begrenzte oder sonst improvisierende Aktivitäten rechtlich unzureichend sind. Gefordert werden muß vielmehr, daß personelle und sächliche Mittel in einem Mindestumfang auf Dauer eingesetzt werden, um diese Aufgabe zu erfüllen. Oberhalb eines solchen Minimalbestandes ist anderseits wiederum dem Anspruch auf kommunale Eigenverantwortung Rechnung zu tragen[88]). Insbesondere ist zu bedenken, daß die Angemessenheit des Beratungsaufwands in besonderem Maße von der konkreten örtlichen Situation und der jeweiligen Entsorgungsstruktur abhängt, ferner daß es sich um eine neue Agende handelt, für die erst Erfahrungen zu sammeln sind und die der lokalen und kantonalen Initiative breiteste Möglichkeiten zur Wahl stellt. Das schließt eine striktere rechtliche Standardisierung weitgehend aus und erlaubt aufsichtliche Interventionen, die über Anregungen und Hinweise hinausgehen, nur in extremen Fällen.

IV. Möglichkeiten der Einflußnahme auf die Beschaffung umweltverträglicher Güter

Erst recht treffen solche Überlegungen – zum anderen – für eine Einflußnahme auf die Beschaffung umweltverträglicher Güter durch die Gemeinden und Gemeindeverbände zu. Schon der Gesetzeswortlaut ist deutlich zurückhaltender formuliert, wonach – so § 3 LAbfG – die Landesbehörden, Kommunalkörperschaften usw. Güter, die aus Reststoffen und Abfällen hergestellt sind, beschaffen oder verwenden „**sollen**"[89]). Dies steht im Einklang mit der Sachgesetzlichkeit des Gegenstandes. Die Verwendung wiederaufbereiteter Produkte betrifft ein höchst vielfältiges und in starker Bewegung befindliches Feld, auf dem fortwährend neue Anstöße der Erprobung bedürfen. Das Urteil über den technischen Nutzen dieses oder jenes Erzeugnisses verweist auf außerjuristische Einschätzungen, die im einzelnen divergieren mögen[90]). Die wirtschaftliche Vertretbarkeit ist nicht zuletzt eine Frage des Marktes, auf den die Verwaltung zwar gerade Einfluß nehmen soll[91]), dessen Bedingungen aber auch von Gesetzes wegen in Rechnung zu stellen sind. Auch erschweren nicht selten ideologische Positionen die sachliche Wertung.

Unter diesen Umständen ist der gesetzlichen Regelung jedenfalls für den Selbstverwaltungsbereich wenig mehr als eine grundsätzliche Pflicht zu entnehmen, um die Beschaffung und Verwendung umweltfreundlicher Güter bemüht zu sein. Die Ausfüllung im einzelnen muß, jenseits schierer Untätigkeit oder doch weitgehender Vernachlässigung, den kommunalen Verwaltungen überantwortet bleiben. Die Aufsichtsbehörde kann sich im Rahmen ihres Unterrichtungsrechts[92]) die Schwerpunkte bezeichnen lassen, die der Kreis und die Gemeinde setzen. Eine Reglementierung im einzelnen ist ihr versagt – und zwar um so mehr, als die Vielfalt der Möglichkeiten allzu zahlreiche Details eigener gemeindlicher Verwaltungsführung ihrem Zugriff öffnen würde. Eindeutigere und breitere Erkenntnisse mögen künftig zu strikteren – gesetzlich formulierbaren – Kriterien führen. Gegenwärtig jedoch bleiben hier die Grenzen rechtlicher Disposition über selbständige Träger deutlich gezogen, ist gerade dies ein für die Materie exemplarischer Bereich, in dem Fortschritte eher durch Information und Motivierung zu erzielen sind.

---

[84]) Exemplarisch für die Dichte der erforderlichen Planung: Der Regierungspräsident Düsseldorf, Abfallentsorgungsplan für den Regierungsbezirk Düsseldorf, Düsseldorf 1988, S. 1 ff.; vgl. auch zu den Planungsfaktoren auf der örtlichen Ebene Städte Bottrop/Essen/Gelsenkirchen/Gladbeck/Mülheim (Hrsg.), Abfallwirtschaft in den Karnap-Städten, 1986, S. 8 ff., insbes. S. 13 ff.
[85]) I.d.F.v. 1. 10. 1979, GV NW S. 621.
[86]) Zur Bedeutung von Information und Beratung für eine ordnungsgemäße Abfallentsorgung vgl. etwa Bälder, Recht der Abfallwirtschaft, 1979, S. 223 ff., insbes. S. 225.
[87]) So auch die amtliche Begründung zu § 2 Abs. 1 LAbfG, LT-Drs. 10/2613, S. 35, die nur Industrie und Verbraucher als Beratungsadressaten erwähnt.
[88]) Vgl. oben S. 61.
[89]) Die amtliche Begründung zu § 3 LAbfG (LT-Drs. 10/2613, S. 35) führt dazu aus, daß diese Vorschrift § 25 Nr. 3 VOL/A ergänzen soll, wonach ein Angebot über umweltfreundliche Leistungen, das die vorgegebenen Mindestanforderungen erfüllt, auch als wirtschaftlich gilt, wenn sein Preis in tragbarem, auftragsbezogenem Maße über einem preislich günstigeren Angebot ohne oder mit geringeren umweltfreundlichen Eigenschaften liegt.
[90]) Als Beispiel für den gelegentlich unterschiedlich beurteilten Nutzen sog. „umweltverträglicher Güter" mag das sog. „Umweltschutzpapier" gelten: Während einerseits durch die Altpapierverwertung die Abfallmengen reduziert und Ressourcen geschont werden, ist damit andererseits die Entstehung von Sonderabfall in Gestalt der ausgewaschenen Stoffe des Altpapiers (Verunreinigungen, Füllstoffe, Kleber, Druckerschwärze usw.) sowie mit weiteren Umweltbelastungen in der Vorstufe der getrennten Altpapiersammlung (z. b. Rohstoffverbrauch bei der Behälterproduktion, Umweltschädigungen durch eingesetzte Fahrzeuge) verbunden; außerdem bewirkt die Verringerung des Papieranteils am Müllaufkommen eine Reduzierung des Heizwertes und die Unterschreitung einer umweltfreundlichen Verbrennungstemperatur bei der thermischen Verwertung. Vgl. zu diesem Fragenkomplex Städte Bottrop, ... (Fn. 83), S. 63 ff.; Bälder (Fn. 86), S. 62; Schenkel, Zukunftsprobleme der Abfallwirtschaft, Der Landkreis 1980, S. 594 ff. (596).
[91]) Vgl. die amtliche Begründung zu § 3 LAbfG, wonach die Vorschrift die Marktchancen für Stoffe, die aus Abfällen gewonnen werden können, erweitern soll, LT-Drs. 10/2613, S. 35; zur Bedeutung der öffentlichen Hand auf diesem Gebiet auch Schenkel (Fn. 89), S. 595.
[92]) Vgl. § 107 GO NW; allgemein dazu Rauball (Fn. 10), § 107 Rn. 1; Erichsen (Fn. 10), S. 314.

Das Bielefelder Abfallwirtschaftskonzept
– ein Zwischenbericht aus der Realisierungsphase –

Von U. Lahl und A. Wiebe[1]

1. Einleitung

Bereits am 26. 3. 1987 – ein halbes Jahr nach der Verabschiedung des neuen AbfG (Gesetz über die Vermeidung und Entsorgung von Abfällen) – hat der Rat der Stadt Bielefeld ein Abfallwirtschaftskonzept beschlossen.

Das Konzept legt eine klare Rangfolge der abfallwirtschaftlichen Maßnahmen fest:

1. Vermeidung von Abfällen und Schadstoffen,
2. Wiederverwendung von Stoffen,
3. stoffliche Verwertung,
4. thermische Behandlung (MVA) und Reststoffablagerung.

Die Maßnahmen der abfallarmen Beschaffung und der Öffentlichkeitsarbeit zur Abfallvermeidung sind unverzichtbar und vor allem mittelfristig geeignet, die Abfallmengensteigerungen aufzufangen. Dazu ist vom Stadtreinigungsamt ein Maßnahmenbündel erarbeitet worden, das in den vergangenen Jahren Stück für Stück realisiert wurde [1].

Der Beitrag „Kommunale Steuerungsinstrumente..." von A. Wiebe in diesem Band zeigt einige durchgeführte Maßnahmen aus diesem Programm.

2. Ein integriertes Abfallwirtschaftskonzept

Eine auch kurzfristig wirksame Reduzierung des „Restmülls" und die damit erzielte, dringend benötigte Entlastung der Müllverbrennung und der Deponien ist auf kommunaler Ebene allerdings nur mit einer konsequenten stofflichen Verwertung zu erzielen. Welche Maßnahmen dazu in Bielefeld geplant bzw. realisiert sind, stellt der folgende Beitrag dar:

2.1 Bio-Müll

Nach den 1985/86 in Bielefeld durchgeführten Analysen sind rund 35 % des Hausmülls durch Kompostieren verwertbar [2].

2.1.1 Biotonne und Kompostwerk

Für einen Teil einschließlich etwa 10.000 t/a an Garten- und Grünschnittabfällen, die bei der Pflege der öffentlichen Grünanlagen anfallen, befindet sich gegenwärtig eine Kompostanlage für 35.000 t/a im behördlichen Genehmigungsverfahren.

Im Vordergrund dieses Vorhabens steht die Entsorgungssicherheit – hohe Kompostqualität sichert den Absatz auf dem Markt – und nicht die möglichst weitgehende Entlastung der Müllverbrennungsanlage um den Preis von Qualitätseinbußen beim Kompost. Wenn die angelieferten Vegetabilien mit Schadstoffen durchsetzt sind, dann führt die Verwendung des dann ebenfalls belasteten Kompostes zur Bodenvergiftung. Bereits beim Ausliefern der Bio-Tonne ist darauf zu achten, daß der Abfallerzeuger umfassend informiert und motiviert wird. Um darüber hinaus ein hohes Maß an Umweltschutz zu gewährleisten, wird die Anlage nicht offen, sondern eingehaust in einer vollklimatisierten Halle mit allen notwendigen Schutzeinrichtungen gebaut [3].

Um geruchliche Beeinträchtigungen gänzlich auszuschalten, wird die gesamte Abluft über einen Bio-Filter geleitet. Der Biofilter seinerseits mußte ebenfalls eingehaust werden und mit einem etwa 20 m hohen Kamin versehen sein, damit der Filtereigengeruch in der Nachbarschaft nicht zu Belästigungen führt. Die Investitionskosten sind für den schlüsselfertigen Bau mit rd. 40 Mio DM veranschlagt. Die spezifischen Kosten für die Tonne an Vegetabilien-Input werden bei knapp 300,– DM liegen. Unsere Planungen haben gezeigt, daß eine Kompostierung nach dem Stand der Technik nicht unbedingt kostengünstiger sein wird, als die heute verfügbaren Entsorgungsverfahren [3]. Dennoch handelt es sich bei der Bio-Müllkompostierung um eine der wesentlichen Neuerungen moderner integrierter Abfallwirtschaftskonzepte.

Die Bio-Tonne soll in Bielefeld auf der Basis der Freiwilligkeit eingeführt werden, ohne daß für die Benutzer eine zusätzliche Gebührenbelastung entsteht.

2.1.2 Eigenkompostierung

Die zentrale Kompostierung steht der „Eigenkompostierung" auf den ersten Blick entgegen [4]. Städtische Kompostberater hatten 1900 beispielsweise rund 1000 Bürgerkontakte, um über Beratung, Verschenkaktionen von Kompoststiegen und Häckslerdienste die Kompostierung im eigenen Garten wieder zu verbreiten. Über 400 Familien konnten alleine im ersten Halbjahr 1989 neu für diese Form der Abfallvermeidung gewonnen werden. In den Folgejahren hat sich die Zahl der Neueinsteiger auf 800 jährlich eingependelt. Beim Bielefelder Konzept wird sehr viel Wert darauf gelegt, daß die zentrale Kompostierung eine Ergänzung der dezentralen ist und nicht umgekehrt [5]. Daher wurde die zentrale Kompostanlage auch nicht zu groß dimensioniert da ansonsten ein gewisser Sog zur Abfallerzeugung zu befürchten gewesen wäre und die dezentrale Kompostierung behindert würde.

Ein 1988 erfolgreich durchgeführter Versuch mit 24 Mietparteien eines Wohnblocks zeigt, daß Eigenkompostierung auch bei Großwohnanlagen mit gutem Erfolg durchführbar ist. Notwendig ist jedoch ein intensives Motivations-, Schulungs- und Dienstleistungsprogramm, was über ein ganzes Jahr alle Aspekte von der getrennten Erfassung bis zur Verwendung des fertigen Kompostes der Eigenkompostierung umfaßt. Nach einem Jahr wird der Betrieb dann in die Hände der Bewohnerinnen und Bewohner gelegt. Auf diese Weise sind bisher in Bielefeld ca. 800 Wohneinheiten in Großwohnanlagen an die Eigenkompostierung angeschlossen worden. Inzwischen ist beim Bezug eines Neubaukomplexes die Benutzung der Komposter sogar in den Mietverträgen verbindlich vorgeschrieben.

2.2 Steigerung der Verwertungsquote für Hausmüll

Seit April 1988 ist in Bielefeld die Papiersammlung als monatliche Straßenrand-Bundsammlung eingeführt worden. Rund 28 kg pro Einwohner und Jahr wurden 1990 erfaßt. Mit der Bundsammlung wurde ein privater Dritter aus dem „zweiten Arbeitsmarkt" beauftragt und dadurch für rund 15 schwer vermittelbare Arbeitslose ein Arbeitsplatz geschaffen.

Zusätzlich wurde bis vor kurzem über Depotcontainern privater Sammler 7,5 kg/a erfaßt. Von diesem System wurde 1991 – aus Anlaß des starken Preisverfalls für Altpapier – abgerückt. Die Container wurden von den Firmen im wesentlichen abgezogen. Dafür werden Zug um Zug vor allem die Großwohnanlagen mit 660 l/1.100 l – MGB für Papier bestückt, die mit einem städtischen Preßfahrzeug abgefahren werden. Je Behälter werden ca. 6 t/a erfaßt. Im Endausbau wird mit 800–1.000 Behältern gerechnet. Das System konkurriert nicht mit der Bundsammlung, weil sie in den Großwohnanlagen kaum in Anspruch genommen wird. Hintergrund: dort etablierte sich offensichtlich das Heraustellen des Papiers deshalb nur mäßig, weil auch die normalen (Groß-)Müllbehälter nicht an die Straße gestellt werden, sondern vom Sammelpersonal des Stadtreinigungsamtes zum Fahrzeug transportiert werden. In Bielefeld existiert ein relativ dichtes Netz von rund 250 Altglascontainern. 8.000 t/a werden gegenwärtig recycelt. Auf diese Weise wird eine Verwertungsquote von rund 55 % erreicht.

Aus ökologischer Sicht ist dem Scherbenrecycling die Ganzglasverwertung vorzuziehen. Mit 80 Standorten ist mittlerweile ein zweites Netz von Ganzglascontainern – im wesentlichen für Weinflaschen aufgebaut. Die Sammelquote wurde 1990 auf 1,2 Millionen Flaschen (750 t/a = 2,2 kg/Ea) gesteigert. 1988 wurden 0,5 Millionen Flaschen (295 t) erfaßt. Die Flaschen werden durch einen Betrieb des „zweiten Arbeitsmarktes" sortiert und dann an einen Spülbetrieb verkauft, dort gewaschen und erneut befüllt.

---

[1] Dr. Uwe Lahl, Dipl.-Ing. Andreas Wiebe, Umweltdezernat der Stadt Bielefeld

2.3 Gewerbeabfall – viel zu häufig vernachlässigt

Während die anfallenden Hausmüllmengen in Bielefeld über 120.000 t/a betragen, sammeln ein Dutzend Privatunternehmen 70.000 t/a hausmüllähnlichen Gewerbemüll. Diese Abfälle werden zur Zeit notdürftig von Baggern getrennt und wandern entweder auf Bauschuttdeponien oder in die Verbrennung. Auch für diesen Abfallstrom soll der stofflichen Verwertung zukünftig ein höherer Rang eingeräumt werden. Zu diesem Zwecke wurde ab 1990 von der Müllverbrennungsanlage keine verwertbaren Reinchargen mehr angenommen (Papier, Pappe, Kunststoff etc.). Recycelbare Holzabfälle und kompostierbare Vegetabilien wurden ebenfalls von der Anlieferung ausgeschlossen. Weiter wurde eine gestaffelte Entgeltstruktur eingeführt, wo bei hohem Gehalt an Wertstoffen auch die höchsten Entgelte zu zahlen sind (Spannweite für 1991 zwischen 115,– bis 190,– DM/t). Die folgende Tafel zeigt die erfreuliche Entwicklung der stärkeren Verwertung im Gewerbeabfallsektor.

Tafel 1: Abnahmen der Gewerbeabfallanlieferungen an der MVA

	Bielefeld	MVA gesamt
1987	52.000	88.000
1988	55.000	92.000
1989	67.000	111.000
1990	50.000	107.000

Um zunächst auch auf der Ebene der Abfallerzeuger die Abfallvermeidung und Abfallverwertung (an der Quelle) besser zu gewährleisten, hat 1991 die Bielefelder Gewerbeabfallberatungsagentur (fünf Mitarbeiter) ihre Arbeit begonnen [6]. Das Agenturkonzept wurde hier bewußt gewählt, damit privatwirtschaftliche Motive zur Erhöhung des Vermeidungsgrades voll ausgeschöpft werden können. Die Agentur wird mit jährlich etwa 0,5 Mio DM aus den Verbrennungsentgelten für Gewerbemüll unterstützt.

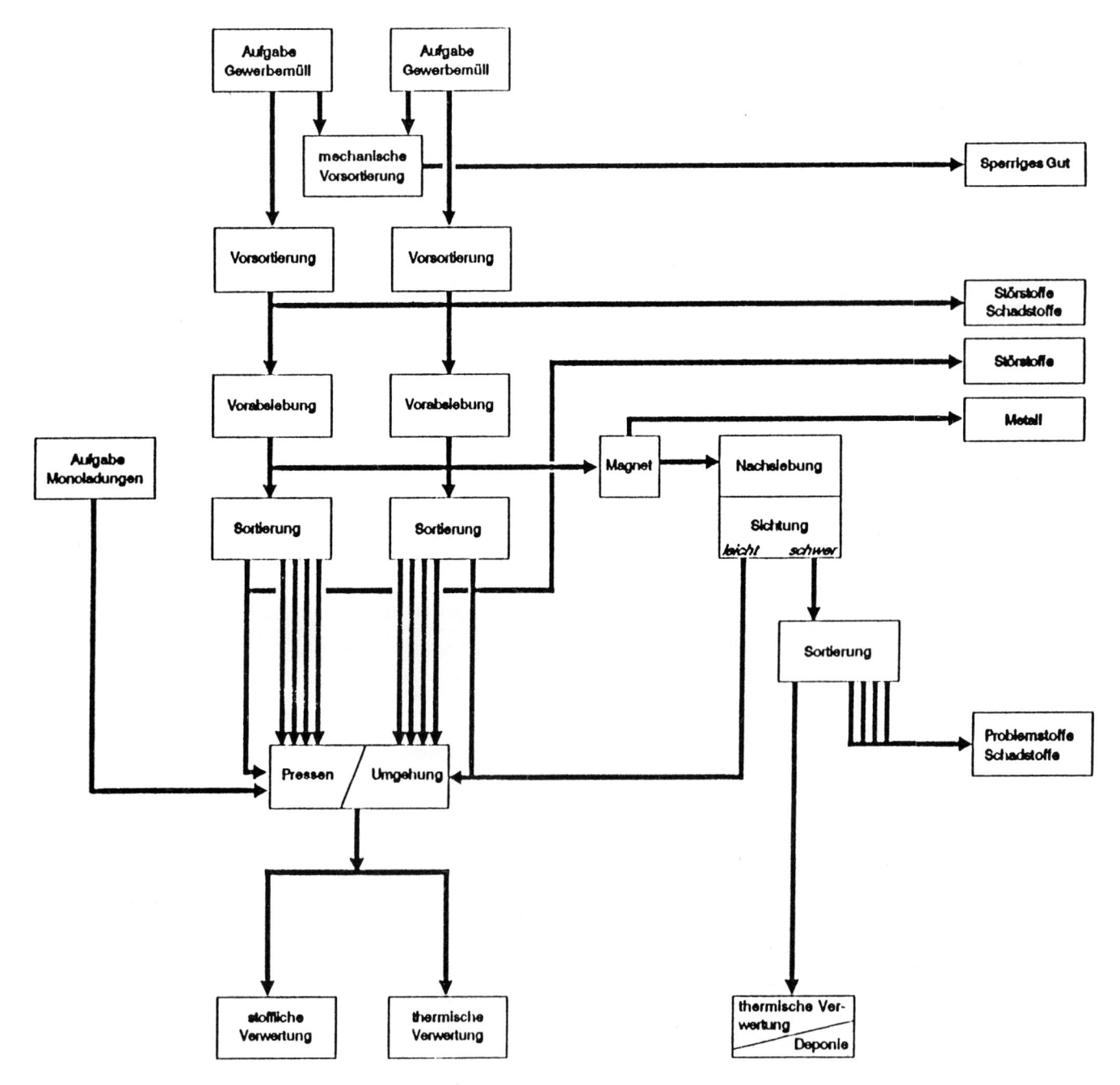

Bild 1: Prinzipskizze Gewerbemüll

Ab 1994 sollen zusätzlich alle verbleibenden restlichen Gewerbeabfälle über eine zentrale Sortieranlage (Stand der Technik) nach Wertstoffen, Innertstoffen, Schadstoffen und Restmüll getrennt werden. Diese Anlage, die von allen privaten Gewerbemülltransporteuren Bielefelds gemeinsam betrieben wird, ist im Genehmigungsverfahren. Sie ist auch in der Lage, Nach- und Feinsortierungen von Wertstoffen vorzunehmen. Die wesentlichen Daten der Anlage sind in der folgenden Tafel aufgeführt.

Tafel 2: Die Bielefelder Gewerbeabfallsortieranlage, BM = Baustellenmischabfälle, GM = Gewerbemüll

Investition	ca. 30 Mio DM
Jahresdurchsatz (gesamt)	100.000 t/a
Hausmüllähnliche Gewerbeabfälle (GM)	65.000 t/a
Baumischabfälle (BM)	35.000 t/a
Flächenbedarf	33.000 m^2
Flachbunkervolumen (GM)	2.000 m^3
Flachbunkervolumen (BM)	600 m^3
Belegschaft je Schicht	12–14 Personen

2.4 Müllverbrennung mit verbesserter Rauchgasreinigung

Gerade die Kommunen, die über Müllverbrennungsanlagen verfügen, neigen zu einer relativ unkritischen Bewertung dieser Technologie. Die Müllverbrennungsanlage (MVA) Bielefeld-Herford GmbH mit ihrer planfestgestellten Kapazität von 356.000 t/a ist zwar integraler Bestandteil des Bielefelder Abfallwirtschaftskonzeptes, dennoch darf die Verfügbarkeit einer solchen Anlage nicht dazu führen, ihre ökologischen Schattenseiten zu übersehen. Obwohl die MVA jährlich 60.000 MWh Strom ins kommunale Netz einspeist und 490.000 GJ Fernwärme erzeugt (bis zu 20 % des Wärmebedarfs und 8 % des Stroms der Stadt Bielefeld, energetischer Wirkungsgrad knapp 30 %), ist es in der Regel energie- und abfallwirtschaftlich sinnvoller, die stoffliche der thermischen Verwertung vorzuziehen [7].

Gegenwärtig wird die vorhandene Rauchgaswäsche erweitert. Die neue Rauchgasreinigung wird mit rund 200 Millionen DM veranschlagt und liegt damit um etliches oberhalb der Neuinvestition der Anlage (150 Mio).

Die Technik soll im folgenden ganz kurz skizziert werden [8]:

Die Rauchgase verlassen den Feuerraum und werden durch einen Eckrohr-Kessel geleitet, wo die Gase auf ca. 230 Grad Celsius abgekühlt werden. Die Anlage verfügt über eine Kraft-Wärme-Kopplung für Stromerzeugung und Fernwärmenutzung. Nach dem Energieteil beginnt die Rauchgasreinigung mit einem zweifeldigen Elektrofilter, mit dessen Hilfe die Staubbelastung von bis zu 10.000 mg/m^3 auf ca. 50 mg/m^3 gesenkt wird.

Im Rahmen des im Bau befindlichen ersten Realisierungsabschnittes der neuen Rauchgasreinigung werden diese Gase zunächst durch einen Sprühtrockner geleitet, wo mittels der Restwärme der Abgase die Solen aus der Abluftreinigung zur Trocknung eingedampft werden. Die Salze fallen entweder am Boden des Sprühtrockners an oder werden im nachgeschalteten, weiteren Elektrofilter vollständig abgeschieden. Das erste Teilaggregat der dann folgenden nassen Rauchgasreinigung dient der Ausscheidung von Salzsäure und das zweite der Filterung von SO_2. Beide Stufen können getrennt voneinander mit unterschiedlichen Neutralisationsmitteln (NaOH, Ca(OH)$_2$) betrieben werden, um den Anforderungen der Reststoffverwertung (NaCl) gerecht werden zu können. Als letzte Stufe des ersten Bauabschnittes folgt ein Aerosolabscheider, um auch feinste, mitgerissene Tröpfchen herauszufiltern und damit die Restbelastung der Rauchgase weiter zu senken.

Der erste Bauabschnitt ist, wie erwähnt, gegenwärtig mitten in der Realisierungsphase und wird voraussichtlich 1993 in Betrieb gehen. Alle Baumaßnahmen einschließlich der Umschlußzeiten müssen bei möglichst weitgehender Aufrechterhaltung des Anlagenbetriebes erfolgen, um keine größeren Entsorgungsengpässe auftreten zu lassen, was sowohl Planer und Konstrukteure, als auch den Betreiber vor z. T. enorme Schwierigkeiten stellt.

Für den zweiten Bauabschnitt ist das Ausschreibungsverfahren gegenwärtig abgeschlossen. Er soll, ebenso wie der erste Bauabschnitt, en block erstellt werden und in den Jahren 1994/95 abgeschlossen werden. Die aus dem Aerosolfilter austretenden Gase werden hier nach Saugzug über einen Wärmetauscher und einer externen Heizquelle (Öl, Gas) auf ca. 300 Grad Celsius gebracht und nach Zudosierung von Ammoniak über einen Katalysator geleitet, wodurch die Stickoxid-Konzentrationen auf unter 50 mg/m^3 gesenkt werden können. Der Katalysator wird mit zusätzlichen oxidativ wirkenden Lagen ausgerüstet sein, so daß die organische Restbelastung des Abgases reduziert werden kann. Dieser Effekt kann auch für Dioxine und Furane erreicht werden. Hier rechnen wir mit einer Reduzierung von 2 bis 5 auf 0,1 bis 0,3 ng/m^3. Die organische Restbelastung einschließlich Dioxine und evtl. Restbelastungen mit sauren Komponenten und Schwermetallen werden in der letzten Filterstufe durch Eindüsung eines Kalk-Aktivkohle-Gemisches gebunden und an einem Gewebefilter ausgeschieden. Über ein weites Saugzuggebläse verlassen die so gereinigten maximal 110 Grad Celsius warmen Abgase über einen 108 m hohen Kamin die Anlage.

Tafel 3: Emissionswerte der MVA Bielefeld-Herford GmbH

	Rohgas nach E.-Filter[1] (mg/m^3)	Reingas[2] (mg/m^3)	Tagesmittelwert[3] (mg/m^3)
HCl	900–1500	10	5–7
HF	10–15	1	1
Staub	50–100	10	1
CO	10–40	–	10–15
SO_2	ca. 230	30	20
NO_x	ca. 350	–	30
PCDD/F (T)	$2–7 \cdot 10^{-6}$	–	$0,1 \cdot 10^{-6} – 0,01 \cdot 10^{-6}$

Alle Werte beziehen sich auf trockenes Rauchgas im Normzustand mit einem Sauerstoffgehalt von 11 Vol.-%.

[1]) Kontinuierliche Messung als Tagesmittelwert
[2]) Halbstundenmittelwerte
[3]) Erwartungswert des Betreibers

2.5 Gebühren als Gestaltungshilfen

Die Realisierung des Bielefelder Abfallwirtschaftskonzeptes wird aller Voraussicht nach weitere Jahre beanspruchen. 30 bis 40 % der jetzigen Müllmengen können dann der Müllverbrennung ferngehalten werden. Als Anreiz für das Gewerbe, diesen Weg mitzugehen, müssen die drastischen Steigerungen der Entsorgungskosten gesehen werden. Diese Kosten sind aufgrund der aus Umweltschutzgründen notwendigen Investitionen, insbesondere in die Rauchgasreinigung der MVA zu erwarten. Angesichts dieser Kostenentwicklung wird sich insbesondere die Vermeidung aber auch die Verwertung von Abfällen auch durch Investitionen im Produktionsprozeß – in Zukunft stärker lohnen.

Im Bereich des Hausmülls ist die stoffliche Verwertung von Glas, Papier und Biomüll schon bei den heutigen Verbrennungskosten aus der Sicht des Gesamtgebührenhaushaltes wirtschaftlich sinnvoll. Die Hausmüllgebührenstruktur soll diese wirtschaftlichen Vorteile des stofflichen Verwertens an die Bürger weitergeben und gleichzeitig die Anstrengungen zum Abfallvermeiden und -verwerten belohnen [9]. Nach dieser neuen Regelung, die zum 1. 1. 1990 eingeführt wurde, können Haushalte, die die kostenlosen Angebote der Beratung, Schadstoffsammlung, Eigenkompostierung, Altpapier-, Bio-Müll- und Altglassammlung etc. nutzen, ihre Behältervolumen und damit ihre Gebühren um bis zu 50 % reduzieren. Etwa 15 % der Bielefelder Haushalte haben diese Vergünstigung bis heute in Anspruch genommen. Daß diese Gebührenstruktur rechtlich unbedenklich ist, obwohl sie nicht sklavisch dem Aquivalenzprinzip des Gebührenrechts folgt, wurde geprüft [10].

2.6 Reststoffe möglichst verwerten

Durch die Verbrennung wird zwar das Abfallvolumen um 85 % reduziert, doch die dennoch entstehenden Reststoffe sollten nicht aus dem Blick geraten. Für Bielefeld und Herford fallen nach dem Installieren der neuen Rauchgasreinigung folgende Reststoffe pro Jahr an:

- 50.000 m^3 Schlacke
- 15.000 m^3 verfestigter Filterstaub,
- 8.000 m^3 salzhaltige Rückstände.

Schon heute wird der Schrott aus der Schlacke vollständig verwertet und damit die Recyclingquote um 6.000 t/a gesteigert.

Gegenwärtig laufen Vorarbeiten und großtechnische Versuche mit dem Ziel, die Schlacken insgesamt zu verwerten [11]. Die hierfür zu bauende Anlage soll ebenfalls einen hohen Sicherheitsstandard aufweisen. Die Entscheidung fiel zugunsten einer vollständigen Einkapselung (Halle) des Aufbereitungstraktes. Untersuchungsprogramme ergaben, daß rund 10 % Schrott aus der Schlacke abgetrennt und dem Recycling zugeführt werden kann. Der Rest soll nach Aufbereitung, Alterung, Laugung und Konditionierung als Baustoff genutzt werden [12]. Um einen möglichst großen Anteil der MVA-Schlacke als Baustoff verwenden zu können, ist das Entfrachten des Verbrennungsguts von Schadstoffbeimengungen eine wichtige Zukunftsaufgabe.

Während der Gewerbemüllstrom über die beschriebene Sortieranlage geleitet und dort entgiftet wird, ist beim reinen Hausmüll lediglich die Schadstoffentfrachtung über das separate Sammeln von beispielsweise Batterien und Chemikalien möglich. Dafür gibt es bereits entsprechende Einrichtungen. Schadstoffe aus Haushalten können bei den Betriebshöfen des Stadtreinigungsamtes, den Bezirksämtern und bei der Bürgerberatung im Rathaus abgegeben werden. Außerdem wurde eine mobile Schadstoffsammlung eingerichtet. Das Schadstoffmobil fährt pro Jahr 50 verschiedene Haltepunkte im Stadtgebiet an. Diese Haltepunkte, die sich meist auf Marktplätzen befinden, sind durch besondere Haltestellenschilder gekennzeichnet. Gegenwärtig werden ungefähr 1 kg je Einwohner und Jahr an Schadstoffen aus dem Hausmüll gesammelt. Um diese Mengen steigern zu können, wurde ein größeres Zwischenlager für 0,5 Mio DM fertiggestellt. Weiter wurde die örtliche Satzung geändert. Schadstoffe aus Gewerbe und Haushaltungen sind seit kurzem von der gemeinsamen Einsammlung und Behandlung mit dem Hausmüll ausgeschlossen. Die Einhaltung dieser Vorschrift wird stichprobenartig kontrolliert.

Auch die anderen Reststoffe der MVA müssen geordnet entsorgt werden. Die größten Verwertungschancen haben die Salze der Rauchgasreinigung. Mit der chemischen Industrie sind Gespräche geführt worden, ob Möglichkeiten der Salznutzung bestehen. Diese Verwertungsstrategie muß gegenwärtig aufgrund einer Reihe von ökologischen Nachteilen ehe skeptisch betrachtet werden [13]. Andere Möglichkeiten in der metallverarbeitenden Industrie erscheinen gegenwärtig erfolgversprechender.

Die Flugstäube und Flugaschen dürften hingegen kaum zu verwerten sein. Neben Dioxinen enthalten diese Stäube beispielsweise 500 mg/kg Pb und 50 mg/kg Cd. Somit verbleibt lediglich das Deponieren. In der MVA werden die Flugstäube und Aschen mit einer sepziell entwickelten Zementrezeptur verfestigt. Die verfestigten Stäube werden auf der kommunalen Reststoffdeponie eingebaut.

In 1992/93 werden diese Stäube voraussichtlich vor Ablagerung zusätzlich thermisch nachbehandelt, um die Dioxinbelastung unter 10 ng/kg zu drücken (Hagenmaier-Trommel) [14]. Diese Maßnahme wird im wesentlichen im Blick auf die Verringerung des Deponierisikos durchgeführt.

2.7 Nachfolgedeponien

In einigen Jahren wird die vorhandene Reststoffdeponie verfüllt sein. 1987 haben der Kreis Herford und die Stadt Bielefeld den Zweckverband Verbunddeponie gegründet, um die Nachfolgedeponien zu planen und zu realisieren. Die Deponie Laar ist gewissermaßen ein Konzept im Konzept [15]. Sie ist die Antwort der Stadt auf die finanziellen Opfer, die der Industrie und dem Gewerbe von den Umweltbehörden für mehr Luftreinhaltung, Lärm- und Arbeitsschutz abverlangt werden. Denn all diese Umweltschutzmaßnahmen haben mit Sicherheit eines zur Folge: es fallen vermehrt Reststoffe an. Zur Realisierung von Laar wurden 42 ha landwirtschaftlicher Fläche gekauft. Es sollen insgesamt 4,5 Mio t Abfälle auf diesem Standort eingelagert werden.

Technische und organisatorische Regelungen werden auf der Deponie in Laar den besten derzeit möglichen Sicherheitsstandard gewährleisten:

- die Abfälle werden in einen Annahmebunker gekippt, kontrolliert und erst nach einer Prüfung abgelagert,
- die Abfälle werden unter einer Überdachung eingebaut, um den Sickerwasseranfall zu minimieren,
- organische Abfälle werden nicht abgelagert und
- für verschiedene Abfallstoffe werden verschiedene Ablagerungsbereiche eingerichtet [16].

Der Vorzug der neuen Deponien besteht darin, daß die Kontrollmöglichkeiten der Sicherheitsmaßnahmen und die Reparatur von eventuell auftretenden Schäden schon bei der Planung berücksichtigt wurden. Abfallwirtschaftlich bedeutend ist, daß die Abfallvorbehandlung als Barriere im Sinne des Multibarrierenkonzepts ernst genommen wird. Von den Erzeugern der Industrieschlämme wird entsprechend den Empfehlungen der Mainhausen-Kommission [17] eine Blockverfestigung mit einer Durchlässigkeit von $K = 5 \times 10^{-9}$ m/s und einer Mindestfestigkeit von 200 KN/m^2 gefordert.

2.8 Massenabfälle wieder aufarbeiten

Von den in der Bundesrepublik Deutschland gegenwärtig betriebenen Bauschuttdeponien gehen größere Umweltgefahren aus als von manchen ,,Sondermülldeponien''.

In Bielefeld fallen ca. 50.000 m^3 Bauschutt und ca. 300.000 m^3 Boden an. Angestrebt wird eine Recyclingrate von rund 60 %. Aber Bodenbörse und insbesondere Bauschuttrecycling sind nur akzeptabel, wenn beim Einsatz der Sekundärrohstoffe definierte Umweltstandards eingehalten werden. Um dieses Ziel zu erreichen, wird gegenwärtig eine zentrale Bauschuttaufbereitungsanlage realisiert. Die folgende Tafel zeigt einige wichtige technische Daten dieser Anlage.

Tafel 4: Technische Daten zur zentralen Bauschuttaufbereitungsanlage

Konstruktion:	Technische Anlage eingehause
Investition:	ca. 4 Mio DM
Einsatzstoffe:	Straßendeckenunterbau Pflastersteine Bordsteine Gehwegplatten Abbruchmaterial von Baukörpern (Beton, Ziegel, Kalksandsteine, Dachziegel, Betondachsteine u.a.)
Ausgeschlossene Stoffe:	Teerhaltiger Straßenaufbruch, Bauschuttmischabfälle Gipsformstücke, Gipskarton, schadstoffhaltige Abbruchmaterialien (z. B. aus Galvaniken, Schornsteinen etc.)
Jahresdurchsatz:	ca. 50.000 t/a
Durchsatz:	max. 1280 t/h
Nebenprodukte (Verwertbares außer Bauschutt).	max. 7,4 t/h
Reststoffe:	max. 0,2 t/h
Fläche:	16.000 m^2
Belegschaft je Schicht:	5 Personen

Die Anlage wird für alle am Baugewerbe in der Stadt Tätigen zugänglich sein.

Um das Bodenrecycling voranzubringen, wird gegenwärtig die Logistik einer Bodenbörse realisiert. Dabei wird in einer ersten Stufe ein EDV-Programm für die Koordinierung von Bodenanfall und Bodenbedarf mit den entsprechenden Qualitäts- und Ortsparametern mit einem begrenzten Kreis von städtischen Ämtern und Baufirmen erprobt. Nach ggf. notwendigen Modifizierungen wird dieses „Makeln" dann allgemein geöffnet. In einer dritten Stufe wird dann – nach einer entsprechenden Standortentscheidung – ein Zwischenlager in das System aufgenommen, um Anfall und Bedarf von Boden auch dann verkoppeln zu können, wenn eine gewisse Zeit bis zur Verwendung überbrückt werden muß.

Besonders wichtig, aber auch von Interessengegensätzen gekennzeichnet, ist die Verwertung von industriellen Massenabfällen. Bielefeld ist eins der bedeutenden Zentren der metallverarbeitenden Industrie. So produzieren fünf Gießereibetriebe rund 25.000 t Altsande, eine schwierige Entsorgungsaufgabe für Wirtschaft und Stadt. Altsande sind, auf den ersten Blick, ein geeignetes Material, um als Esatzstoff im Straßen- und Landschaftsbau genutzt zu werden. Sie können auf diese Weise Neusande ersetzen und einen Beitrag zum Ressourcenschutz leisten.

Die Stadt Bielefeld hat sich gegen diese Verwertungsstrategie der Gießereiwirtschaft gewehrt, denn in Altsanden sind je nach Herkunft, erhebliche Mengen an Produkten der unvollständigen Verbrennung (PAKs) enthalten, ebenso wie Reste aus den verwendeten Bindemitteln [18]. Eine Unternehmensgruppe konnte interessiert werden, für Bielefeld eine Pilotanlage zur thermisch-mechanischen Wiederaufbereitung von Gießereialtsanden zu realisieren. Die Anlage ist mittlerweile erstellt und recycelt nicht nur Sande der heimischen Wirtschaft [19]. Die folgende Tafel zeigt einige technische Daten dieser Anlage.

Tafel 5: Technische Daten der Altsandrecyclinganlage

Durchsatzleistung (Zwei Linien)	60.000 t/a
– davon anorganische	20.000 t/a
– davon org. Binder	40.000 t/a
Anzahl der angeschlossenen Gießereien	10–15
Temp. Reaktor	600–800 Grad C
Abgastemperatur Nachverbrennung	mind. 800 Grad C
Reststaub im Abgas	max. 20 mg/m^3
Recyclingrate insgesamt	95,5%
– davon für Gießereien	82%
Invest	23 Mio DM

Abschließend sei noch darauf hingewiesen, daß zur integrierten Abfallwirtschaft am Ort auch eine physikalisch-chemische Behandlungsanlage gehört. Diese Anlage erfüllt eine wichtige Funktion, um den gerade aus der Metallindustrie anfallenden Sonderabfall vorzubehandeln. Auch hier sind, sowohl aus der Sicht der TA-Sonderabfall als auch aus der Sicht der zukünftigen Reststoffdeponie erhebliche Investitionen zur Verbesserung des Anlagenstandards erforderlich. Diese Umbaumaßnahmen müssen in den nächsten Jahren erfolgen.

3. Ausblick

Insofern die prinzipiell vor Ort lösbaren Probleme der Abfallwirtschaftsbehörden (mangelndes Personal und unzureichende Ausstattung) einmal ausgeklammert werden, so stellt sich momentan eine zentrale Schwierigkeit bei der Realisierung integrierter Konzepte. Sobald der Versuch unternommen wird, über die reine Symbolpolitik hinaus mengenmäßig relevante Abfallströme wiederzuverwerten, tritt ein Zielkonflikt zwischen Verwertungssteigerung und Umweltschutz auf [20]. In der Regel ist der Einsatz eines Neustoffes zwar in der ökologischen Gesamtbilanz ungünstiger als die Wiederverwertung eines Altstoffes, betrachtet man allerdings lediglich die Schadstoffkonzentration eines jeweiligen Neustoffes im Vergleich zum Abfallstoff, so ist die Schadstoffkonzentration des Altstoffes sehr häufig höher (Beispiel Torf/Kompost; Zellstoff/Altpapier; Kies/Bauschutt; Düngemittel/Klärschlamm) als der Neustoff. Die Anstrengungen kommunaler integrierter Abfallwirtschaftskonzepte benötigen daher Flankenschutz in zweifacher Weise:

a) Schadstoffentfrachtungen der Abfall-Wertstoff-Ströme durch chemiepolitische Maßnahmen.

b) Erarbeitung und Festsetzungen von umweltpolitischen Standards für die Wiederverwertung von Altstoffen.

Schrifttum

[1] Konzept f. Öffentlichkeitsarbeit und Beratung, Stadtreinigungsamt, Eckendorfer Str. 57, 4800 Bielefeld 1, 1988.
[2] Umweltverträgliches und umsetzbares Abfallverwertungskonzept für die Stadt Bielefeld. Prof. Doedens und Mitarbeiter, Hannover, Oktober 1986, zu beziehen unter Stadtreinigungsamt Bielefeld.
[3] Lahl, U.: Möglichkeiten und Grenzen der Erfahrungen von Bio-Müll, Entsorgungspraxis 6, 293–300, 1991.
[4] Albrecht, K.: Konzept zur dezentralen Vermeidung und Verwertung der organischen Reststoffe in Bielefeld. Ing. für angewandten Umweltschutz Versmold, Bielefeld 1991.
[5] Schultz, R., Gaykl, L.: Service und Beratungsleitung der Stadt Bielefeld zur Förderung der Eigenkompostierung, Müllmagazin 1, 1989.
[6] Lahl, U., Wiebe, A.: Verbesserte Gewerbeabfallberatung, Entsorgungspraxis 9, 1991.
[7] Schiller-Dickhut, R., Friedrich, H.: Müllverbrennung, ein Spiel mit dem Feuer. AKP-Verlag Bielefeld, 1990.
[8] Lahl, U., Gröger, V., Böske, J.: Müllverbrennung – Das Umbaukonzept der Bielefelder Altanlage. WLB, 1991, im Druck.
[9] Wiebe, A., Lindemann, H.-H.: Gebührenstruktur als Anreiz für Abfallvermeidung und Verwertung. Der Städtetag 6, 1990.
[10] Lindemann, H.-H., Wiebe, A.: Die Hausmüllgebühren-Struktur. Natur und Recht 4, 1991.
[11] Strabag: Projektstudie zur Schlackenaufbereitungsanlage in Bielefeld. Köln 1991.
[12] Lahl, U., Hoppe, K.: Konzept für eine umweltverträgliche Schlackeaufbereitung. Müll und Abfall, eingereicht.
[13] Voigt, B.: Salzrecycling in der chemischen Industrie – Studie zum sog. geschlossenen Salzkreislauf 1991.
[14] Schetter, G. et al: Low temperature thermal treatment of filter ash from municipal waste inceneretors for dioxin decomposition on a technical Scale. Organohalogen Compounds Vol. 3, 165–168, 1991.
[15] Lahl, U., Möller, L., Heemeier, R.: Solide Basis – Eine Reststoffdeponie für anorganische Abfälle in Bielefeld weist ein vorbildliches Sicherheitsniveau auf. Müllmagazin 2, 56–61, 1991.
[16] AEW-Plan: Verbunddeponie Bielefeld-Herford: Planungsblock A bis D, 1989. Zweckverband Verbunddeponie Bielefeld-Herford, Borriesstr. 9, 4900 Herford.
[17] Gutachten der Sachverständigenkommission „Sonderabfalldeponien Mainhausen", Wiesbaden 1986.
[18] Kleinheyer, U. et al: Polycyclische aromatische Kohlenwasserstoffe im Formsand, Gießerei 74 (21), 640–642, 1987 sowie König, J. et al: Beurteilung der Deponierbarkeit ihres Gehaltes an polycyclischen aromatischen Kohlenwasserstoffen. Gießerei 75 (21) 627–630, 1988.
[19] Lahl, U.: Recycling of Waste Foundry Sand. Science of the total Environment 1991, im Druck.
[20] Lahl, U., Zeschmar-Lahl, B.: Facetten der Chlorchemie, Müllmagazin 3, 52–59, 1990.

Integrierte Entsorgungskonzepte im Steinkohlenbergbau
Betriebsmittel und Reststoffe im Kreislauf

Von E. v. Perfall[1])

Das heute überall geforderte Wiederverwertungsgebot gehört im Steinkohlenbergbau seit eh und je zu den Grundmaximen des unternehmerischen Handelns.

Traditionell achten die im Bergbau tätigen Mitarbeiter darauf, die Betriebsmittel so weit wie möglich wieder zu verwenden. Dies ergibt sich aus den Bedingungen unter Tage, wo ständig neue Lagerstättenteile erschlossen werden müssen, während andere Abbaubetriebe abgerüstet werden. Das zurückgewonnene Material wird, teils nach Instandsetzung oder Reparatur, erneut benutzt. Im Zuge des Lagerstättenverzehrs findet dieser Vorgang immer wieder statt.

So lag es nahe, daß der Steinkohlenbergbau den Kreislaufgedanken als einer der ersten Wirtschaftszweige auch unter Umweltgesichtspunkten weiterentwickelt hat. Heute werden im Bergbau kontaminierte Betriebsstoffe, schwer zu entsorgende Produktrückstände sowie verunreinigte Bodenflächen im großen Umfang wieder nutzbar gemacht.

Strukturwandel durch Bodenrecycling

Die Verlagerung des Steinkohlenbergbaus im Ruhrgebiet nach Norden sowie die stetige Rücknahme von Förderkapazitäten setzten erhebliche Betriebsflächen frei. Die ehemaligen Betriebsgelände sind durch Flächenrecycling einer neuen Nutzung zuzuführen.

Das Spektrum eines erfolgreichen Bodenrecycling reicht von der vollständigen Einbindung aufgegebener Industrieflächen in die Landschaft über die Ansiedlung von Betrieben und Einkaufszentren bis hin zum Wohnungsbau.

Bis 1980 sind jährlich im Durchschnitt vier Mio m² alte Industriegrundstücke für eine neue Nutzung freigegeben worden. Später verminderte sich die Freigabe auf durchschnittlich zwei Mio m² pro Jahr. Die Ansprüche ansiedlungswilliger Firmen an Lage und Infrastruktur sind gestiegen, und die Verfahren zur Entlassung aus der Bergaufsicht und das neue Planungsrecht sind wesentlich komplizierter geworden. Dadurch haben sich die Planungs- und Aufbereitungszeiträume verlängert.

Waren früher oft die Bergschäden ein Hindernis, das meist mit einer Bergschadensregelung überwunden werden konnte, steht seit Anfang der 80er Jahre zunehmend die Altlastenproblematik im Vordergrund. Langwierige Genehmigungsverfahren für die Sanierung und neu aufkommende Haftungsfragen führen oft dazu, daß dringend benötigte Flächen nicht oder nur mit großer Verzögerung saniert werden können. Doch schließlich sind erfreuliche Erfolge zu verzeichnen, wie das folgende Beispiel zeigt:

Mathias Stinnes, eine beispielhafte Recyclingmaßnahme

Bis zum Jahre 1967/68 wurde in Essen das Steinkohlenbergwerk Mathias Stinnes mit angegliederter Kokerei betrieben. Nach Stillegung und Abriß der meisten Betriebsteile lag das Gelände viele Jahre brach. Insbesondere wegen langjähriger Nutzung als Kokereistandort und den damit verbundenen Altlasten war das Grundstück für die Öffentlichkeit praktisch wertlos. Erst eine umfassende Recyclingmaßnahme – Mitte der 80er Jahre eingeleitet – ermöglicht heute eine Nutzung dieses Geländes.

Etwa 29.000 t mit polyzyklischen, aromatischen Kohlenwasserstoffen und Zyaniden belastetes Erdreich sowie Bauschutt mußten ausgehoben werden. Zunächst war vorgesehen, das gesamte Material zu deponieren. Nachdem 15.000 t deponiert worden waren, wurde diese Art der Sanierung als Mülltourismus kritisiert und eine echte Sanierungsalternative für den verbliebenen Boden- und Bauschutt entwickelt.

Mitte 1988 erhielt Ruhrkohle Umwelttechnik den Auftrag, den Boden thermisch zu reinigen. Zum Jahreswechsel 1988/89 wurden die verbliebenen 14.000 t Boden innerhalb von nur 30 Tagen nach Utrecht und Rotterdam transportiert und dort in den Anlagen eines holländischen Partners thermisch behandelt. Bei Temperaturen von 550° bis 600° wurde der Boden von seinen Kontaminationen befreit. Die ausgeschwelten Schadstoffe wurden bei 1.000° verbrannt und die angefallenen Abgase hochwirksam gefiltert. Der gereinigte Boden wurde zurücktransportiert und nach Prüfung und Freigabe wieder eingebaut.

Auch die Rekultivierung des Bodens verlief unproblematisch. Im ersten Jahr wurde ein Teil der Versuchsfelder mit Lupinen bepflanzt. Nach einer guten Entwicklung der Pflanzen wurden die Lupinen am Ende der Vegetationsperiode untergefräst. Die Begrünung konnte fortgesetzt werden.

Als jüngste Maßnahme wurde 1989 in Abstimmung mit dem Grundflächenamt Essen eine Teilfläche zur Kleingartenanlage umgewandelt. Diese Miniplantage zeigt, daß sich Nutzpflanzen auf den thermisch gereinigten Böden normal entwickeln. Der Ernteertrag der verschiedensten Gemüsesorten ist gut, die Qualität einwandfrei.

Der Steinkohlenbergbau leistet, wie das Beispiel Mathias Stinnes veranschaulicht, im Zusammenwirken mit der Öffentlichen Hand, mit Kommunen und Industrieverbänden durch Recycling seiner ehemaligen Betriebsflächen einen wichtigen Beitrag für die soziale, ökonomische und ökologische Erneuerung des Industriegebietes, in dem er tätig ist.

Rückgewinnung gebrauchter Betriebsflüssigkeiten

Belange des Brandschutzes erforderten in der Maschinentechnik des untertägigen Steinkohlenbergbaus den Einsatz von synthetischen Ölen. Die von ihnen ausgehenden schädlichen Umwelteinwirkungen führten zu deren Verbot. Obwohl synthetische Öle nicht mehr unter Tage eingesetzt werden, sind Verschleppungen zu verzeichnen, so daß heute sämtliche Betriebsflüssigkeiten und kontaminierte Reststoffe einer zentralen Behandlung zugeführt werden mit dem Ziel einer möglichst weitgehenden Wiederverwendung.

Abtrennung nicht verunreinigter Öle

Die Behandlung der Betriebsflüssigkeiten mit hohem Schlammanteil, mit geringem Schlammanteil und der verunreinigten Feststoffe erfolgt in getrennten Anlagen.

Die Reststoffe mit hohem Schlammanteil, insbesondere Ölabscheiderinhalte, werden in einer Dekanteranlage behandelt. Wasser-, Öl- und Feststoffe werden getrennt, die Feststoffe mit Bindemitteln versetzt, in Stahlfässern vergossen und bereitgestellt zur Endlagerung in der Untertagedeponie Herfa-Neurode.

Öle und Betriebsflüssigkeiten mit geringem Schlammanteil werden aus Gruben- und Tagesbetrieben in Fässern, getrennt nach Mineralöl, Waschwasser, Hydraulikflüssigkeiten und vermischten Flüssigkeiten, angeliefert und – nach Arten getrennt – in Umfüllbehälter entleert. Alsdann werden die Flüssigkeiten über Kantenspaltfilter und Gewebefilter mechanisch gereinigt.

Nach anschließender Entwässerung können die abgetrennten, nichtkontaminierten Betriebsöle und HFD-Flüssigkeiten wieder im Produktionsprozeß eingesetzt werden.

Herstellung von Syncrude

Kontaminierte Flüssigkeiten werden, wenn nicht in einer Sonderabfallverbrennungsanlage thermisch behandelt, in der Kohleöl-Anlage Bottrop, die gemeinsam von Ruhrkohle Oel und Gas GmbH und VEBA Oel AG betrieben wird, zu einem Wirtschaftsgut aufbereitet.

---
[1]) Dr. Eberhard v. Perfall, stellv. Vors. der Geschäftsführung Ruhrkohle Umwelt GmbH, Essen.

Die zunächst für die Kohlehydrierung gebaute und später auf bivalente Betriebsweise Kohle/Fremdöle umgerüstete Anlage erhielt 1988 vom Landesoberbergamt die Bewilligung für den Einsatz von flüssigen chlorhaltigen Kohlenwasserstoffen sowie für die Zumischung von Sondereinsatzstoffen wie:

– Altöle unter Einhaltung der Grenzwerte des § 13 der Altölverordnung
– Rückstände aus der Oberflächenentfettungsanlagen
– Lackschlämme
– Lösungsmittelgemische

Dieser Bescheid wurde 1990 um die Durchführung eines Hydrierversuches mit PCB-haltigen Altölen ergänzt. Die Versuchsdauer war auf 8 Monate, der Durchsatz auf maximal 8.000 t PCB-haltiger Öle begrenzt. In der Zwischenzeit ist eine zeitlich unbefristete Zulassung erteilt worden.

Gemäß den genannten Bescheiden sind durch die getroffenen Verfahrensänderungen sichergestellt, daß
– schädliche Umwelteinwirkungen und sonstige Gefahren, Nachteile und Belästigungen für die Allgemeinheit und die Nachbarschaft nicht hervorgerufen werden können;
– Vorsorge zur Emissionsbegrenzung durch dem Stand der Technik entsprechende Maßnahmen getroffen wird;
– Reststoffe vermieden und alle entsprechenden Stoffe dem Wirtschaftskreislauf zugeführt werden.

Das die Anlage verlassende Syncrude ist frei von organisch gebundenen Halogenen. Bei der versuchsweisen Verwertung PCB-haltiger Altöle haben die Messungen den erwarteten vollständigen PCB-Abbau bestätigt. Das Chlor wird zu Calziumchlorid gebunden und aus der Anlage ausgeschleust.

Das Syncrude ist Grundstoff für die Herstellung von Mineralölerzeugnissen, die im Produktionsprozeß des Bergbaus wieder eingesetzt werden können. Durch den Hydrierprozeß werden Wertprodukte erzeugt, die eingesetzten Reststoffe werden in den Wirtschaftskreislauf zurückgeführt. Ressourcen werden geschont und knapper werdende Verbrennungskapazitäten für Sonderabfälle nicht in Anspruch genommen.

Reststoffe aus der Kohleverbrennung

Der Steinkohlenbergbau hat frühzeitig Konzepte entwickelt, die bei der Verbrennung seiner Produkte entstehenden Reststoffe zurückzunehmen und sie wirtschaftlich zu verwenden, vor allem dort, wo sie ursprünglich herkamen, d. h. unter Tage.

Die bei der Verbrennung von Kohle zurückbleibenden Aschen entstehen aus den in der Kohle enthaltenen mineralischen Beimengungen und bestehen im wesentlichen aus Tonmineralien und Quarz. Die Art und Menge der Inhaltsstoffe ist abhängig von der Herkunft der Kohle und der Art ihrer Verbrennung. Hinzu kommen Reststoffe, die durch die Rauchgasreinigung entstehen. Je nach Technik entstehen Flugaschen, Granulate und Grobaschen, Gipse und Kalziumsulfit.

Verwendung als Baustoff

Die Reststoffe aus der Kohleverbrennung eignen sich zur vielseitigen Verwendung als Baustoff, u.a. auch in großem Umfang für die Verwendung im Steinkohlenbergbau unter Tage. Ruhrkohle Umwelt betreibt gemeinsam mit Partnern Anlagen zur entsprechenden Aufbereitung der Reststoffe.

Der Verwertungsgrad bei Granulaten und Flugaschen liegt bei 90 %. In Zement sind Flugaschen seit langem bewährte Zumahlstoffe. Granulate und Grobaschen eignen sich als Zuschlag in Beton und Betonerzeugnissen. Flugasche wird als Zusatz für Mörtel, Estrich und Putz, z.B. auch zur Herstellung von Bergbaumörtel verwendet, sie kann ferner bei der Herstellung von Ziegeln, Kalksandsteinen und Gasbeton eingesetzt werden.

Flugaschen, Granulate und Grobaschen erfüllen in der Regel alle bodenmechanischen Anforderungen. Außerdem sind sie chemisch weitgehend inert. Daher finden Sie Verwendung im Erd- und Landschaftsbau, beim Bau von Tragschichten, Straßendämmen sowie von Sicht- und Lärmschutzwällen und im Bergbau bei Hinterfüllungen im Rahmen von Baumaßnahmen. Ähnlich einzusetzen sind Wirbelschichtaschen und Rückstände aus der trockenen Rauchgasreinigung, die ebenfalls gute erdbautechnische Eigenschaften, z.B. in Hinblick auf Verdichtbarkeit, Festigkeit, Wasserdurchlässigkeit und Auslaugbarkeit, aufweisen.

Der bei der Rauchgasentschwefelung von Steinkohlekraftwerken anfallende Gips ist dem Naturgips gleichwertig. Aus REA-Gips können Baugipse, Gipsbauplatten, Erstarrungsregler bei der Zementherstellung und vor allem auch Bindemittel für Bergbaumörtel hergestellt werden.

Bei anderen Verfahren zur Rauchgasentschwefelung, z.B. dem Sprühabsorptionsverfahren, entsteht als Endprodukt Kalziumsulfit im Gemisch mit Kalziumsulfat (Gips), Kalkhydrat und Kalziumkarbonat. Allein oder gemeinsam mit Flugasche zu einem Stabilisat aufgearbeitet kann es als Baumaterial eingesetzt werden.

Im Steinkohlenbergbau werden z. Zt. jährlich zwei Mio t hydraulisch abbindender Baustoffe zu Dämmen und Hinterfüllungen verarbeitet. Dabei werden 850.000 t Reststoffe aus der Kohleverbrennung eingesetzt. Es wird daran gearbeitet, den Anteil zu erhöhen. Außerdem laufen Untersuchungen mit dem Ziel, auch andere Aschen, z.B. Filterstäube aus Müllverbrennungsanlagen, in den Untertagebau zu verwenden.

Verwendung im Bergbau als Versatzmittel

Aschen, Filterstäube und ähnliche Reststoffe aus der Kohleverbrennung können in den Bergwerken wirtschaftlich sinnvoll auch als Füll- und Versatzmaterial verwendet werden.

Das gängige Abbauverfahren im deutschen Steinkohlenbergbau ist der Strebbau. Der dabei ständig neu entstehende Hohlraum wird zunächst durch den Strebausbau abgesichert und geht hinter dem Strebausbau entsprechend dem Abbaufortschritt zu Bruch oder wird mit Versatz verfüllt. Versatz mindert innere und äußere Bergschäden, kühlt die Grubenwetter und mindert die Gefahr von großflächigen Oxidationen in abgebauten Flözflächen.

Bei der Festlegung der Stoffe, die in den tiefen Steinkohlengruben verwendet werden können, spielen Fragen der Umweltverträglichkeit und der Arbeitssicherheit die ausschlaggebende Rolle. Einerseits muß – auch langfristig – eine Gefährdung des Grundwassers oder eine sonstige nachteilige Beeinträchtigung seiner Eigenschaften ausgeschlossen sein. Andererseits darf die Belegschaft durch die eingebrachten Stoffe nicht gefährdet und nicht zusätzlich belastet werden. Dies bedeutet, daß z.B. radioaktive, explosive oder organische Stoffe ausgeschlossen sind.

Unter diesen Voraussetzungen eröffnen die natürlichen Bedingungen wie große Teufe, Ausbildung der Nebengesteine und geogene Belastung des tiefen Grundwassers ebenso wie die zur Verfügung stehenden Verbringungstechniken einem breiten Spektrum von Rest- und Abfallstoffen eine sichere und schadlose Entsorgung. In Nordrhein-Westfalen hat das Landesoberbergamt 1987 durch eine Rundverfügung die rechtliche Basis für die Untertageverbringung von Kraftwerksreststoffen geschaffen. Der Einsatz von Reststoffen im Rahmen bergtechnischer Maßnahmen ist eine Verwertungsmaßnahme und unterliegt wirtschaftsrechtlichen Gesichtspunkten. Wesentliche Voraussetzung für die betriebliche Anwendung dieses Entsorgungsweges ist, daß er wirtschaftlich vertretbar und somit zumindest kostendeckend betrieben werden kann.

Im Rahmen der behördlichen Genehmigungen wurden inzwischen über 200 000 t Reststoffe aus der Steinkohlenverbrennung in die Bergwerke der Ruhrkohle AG verbracht – ein weiteres Beispiel für die großtechnische Umsetzung integrierter Entsorgungskonzepte im Steinkohlenbergbau.

Kreislaufprinzip im Steinkohlenbergbau

Der Steinkohlenbergbau – seit alters her an die Wiederverwendung von Einsatzstoffen gewöhnt – praktiziert in Anwendung des umweltpolitischen Recycling-Gebotes in seinem eigenen Produktionsprozeß das Kreislaufprinzip in vielfältiger Form, so vor allem bei der Wiedernutzbarmachung von ehemaligen Industriestandorten, der Rückgewinnung der Betriebsmittel sowie bei der Rücknahme der Reststoffe, die bei der Nutzung seines Produktes entstehen.

Technische Langzeit-Systeme als Beitrag zur Abfallvermeidung

Von W. R. Stahel[1]

Einleitung

Eine auf lange Nutzungsdauer ausgelegte Gestaltung von technischen Systemen ist technisch sinnvoll, ressourcenschonend und abfallvermeidend. Sie ist zudem für Konsumenten und Hersteller wirtschaftlich interessant. Zu ihrer Vermarktung braucht es aber kommerzielle Innovationen, wie neue Vertriebsformen, und technische Innovationen, wie Modulbauweise, genormte Komponenten und ein angepaßtes Systemdesign. **Kommerzielle** Innovationen auf dem Gebiet Vertrieb und Marketing (und ihre Förderung) sind dabei vermutlich wichtiger als technische Innovationen.

Die Wirtschaftlichkeit einer langen Nutzungsdauer von Gütern beruht auf dem Prinzip einer besseren Verwaltung des bestehenden Güter**bestandes** (stock management), d. h. eines unveränderten Güternutzens bei (stark) vermindertem Ressourcenaufwand und Abfallaufkommen.

Dies kann u. a. durch folgende Strategien erreicht werden:

- **Langzeit**güter als Option der Hersteller,
- eine längere Nutzung vorhandener Güter durch Maßnahmen der **Nutzungsdauerverlängerung** als Option des Betreibers/Nutzers:
  - Beispiele Technik: Wiederverwendung, Reparatur, Instandsetzung, technologisches Hochrüsten;
  - Beispiele Vertrieb: Gebrauchtgüterbörsen und -warenhäuser,
- eine **Intensivierung** der Nutzung durch:
  - gemeinsame, geteilte oder Mehrfach-Nutzung (Beispiel Waschsalon statt Waschmaschine, Computer time-sharing),
- Kombinationen dieser Ansätze.

Qualität bezieht sich zunehmend auf die Garantie von **funktionierendem Systemnutzen (Resultaten) über lange Zeiträume** (Beispiel Betriebsleasing von Flugzeugen) unter Vermeidung von Systemunterbrüchen und Katastrophen. Dies bedeutet u. a., daß Systeme einfach und durchschaubar in Modulbauweise gestaltet werden sollten. **Komponenten**qualität wird zunehmend eine hohe Zuverlässigkeit und Langlebigkeit verbunden mit einem hohen Normungsgrad bedeuten.

Ein Übergang zu technischen Langzeitsystemen ruft nach einer neuen Rollenverteilung innerhalb der Wirtschaft (Industrie, Handel, Handwerk, Dienstleistungen), sowie einer langfristigen Finanzierung und qualitativen und quantitativen Absicherung des Güterbestandes, kurz eine konstruktive Zusammenarbeit zwischen Produktion, Banken und Versicherungen.

Grundlegende Unterschiede zwischen Produktionsoptimierung und Produktdauer-Optimierung.

„Im ganzen liegt das Reichsein viel mehr in dem Gebrauche, als im Eigentum"   (Aristoteles)

Die Produktions- oder Konsumgesellschaft.

Die heutige Wirtschaftsphilosophie geht noch weitgehend von der Prämisse der industriellen Revolution aus, daß Güter so billig wie möglich hergestellt werden müssen, um am Verkaufspunkt konkurrenzfähig und wirtschaftlich sinnvoll zu sein. Diese Prämisse, beruhend auf einer Situation der Knappheit an Rohstoffen und Gütern, führt dann logischerweise zu einer Optimierung der Produktionsabläufe, zur Massenproduktion, zu „global product"-Strategien, wobei jede Komponente weltweit da hergestellt wird, wo dies am billigsten möglich ist. Die Folgen dieser Optimierung sind Spezialisierung und Arbeitsteilung einerseits, und das Wachstum fertigungsunterstützender Dienstleistungen (Transporte, Lagerhäuser, Finanzierung und Werbung, Versicherungen, Logistik) andererseits, wobei heute diese Dienstleistungen die Produktionsaktivitäten bereits an wirtschaftlicher Bedeutung übertreffen. Eine Folge dieser Internationalisierung ist die weitgehende „Verleugnung" der Güter durch ihre Hersteller: Ablehnung jeder Haftung nach dem Verkaufspunkt (minimale Produkthaftung und Gewährleistung) und die Überwälzung der Kosten der Abfallbeseitigung auf den Staat (minimale Umwelthaftung). Diese Produktions- oder Konsumgesellschaft zeichnet sich durch eine lineare Struktur Produktion-Vertrieb-Konsum-Abfall aus.

In den Industrieländern, mit ihren mit Konsumgütern gesättigten Märkten, hat diese Haltung einen starken Wettbewerb zwischen Herstellern zur Folge. Dieser wiederum ist geprägt durch eine sexy Werbung mit dem Ziel des Verkaufsanreizes, sowie durch eine weitgehende Nichtberücksichtigung nutzungsrelevanter Faktoren, wie Reparaturkosten-Minimierung durch angepaßten Güterdesign. Daraus resultiert unsere Wegwerfgesellschaft mit steigenden Abfallhalden.

Ist dieser Abfall gleichbedeutend mit Reichtum? Sicher nicht, wenn wir auf die Aussage von Aristoteles zurückkommen. Ob wir jedes Jahr oder alle 20 Jahre unser Auto durch ein anderes ersetzen (vom Statussymbol her eine wichtige Frage), macht auf die Nutzung bezogen keinen Unterschied, da wir immer (nur) über ein Auto verfügen.

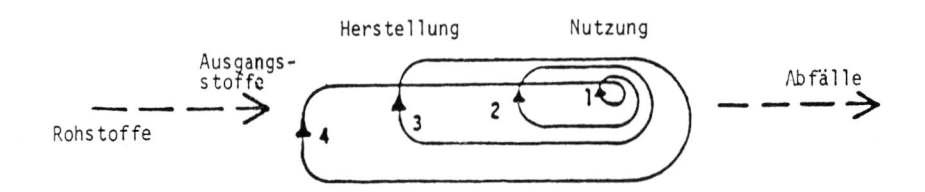

---

[1] Direktor Walter R. Stahel. Institut für Produktdauer-Forschung. Genf/Schweiz (The Product-Life Institute. Geneva)

---

offene Lebensdauer zwischen Systemen, Produkten und Komponenten dank einer Kompatibilität und einer Normung der Verbindungen.

Nutzungsdauer-Verlängerungsschlaufen:

1 Wiederverwendung des Produktes
2 Reparatur des Produktes
3 Grunderneuerung / Wiederinstandsetzung des Produktes
4 Wieder/Weiterverwendung der Ausgangsstoffe.

Bild 1: Die Spiralen der Nutzungsdauer-Verlängerung einer Nutzungs-Gesellschaft

Die Nutzungsgesellschaft.

Damit kommen wir zur Alternative, die Optimierung der Nutzung (statt der Produktion) und den Verkauf der Nutzung der Güter, anstelle der Güter, als Ausgangspunkt der wirtschaftlichen Tätigkeit zu betrachten. Der Verkaufspunkt verliert damit seine Bedeutung weitgehend, Lebenskosten- und Systemoptimierung sowie Produkte- und Entsorgungshaftung werden zu zentralen Themen. Volkswirtschaftlich betrachtet wird die Maximierung des Produktionsvolumens (und sein Maßstab **BSP**) abgelöst durch die Optimierung des bestehenden Reichtums („wealth management"), der als Maßstab die nationale Bilanz verwendet und die Umwelt als Aktiva miteinbezieht. Diese Nutzungsgesellschaft zeichnet sich durch eine Reihe von Wiederverwendungs-Schlaufen aus (Bilder 1 und 8).

Die Nutzungsoptimierung ist Teil der Produktdaueroptimierung, die das gesamte Leben eines Produktes umfaßt, das heißt die fünf Phasen:

- Design,
- Produktion,
- Vertrieb,
- Nutzung und
- Wiederverwendung,

wobei verschiedenste Teiloptimierungen (Kosten, Energieverbrauch, Risikomanagement, Arbeitsplatzschaffung, Umweltverträglichkeit) möglich sind. Eine Analyse der Nutzungsdauer von Gütern heute zeigt, daß:

- verschiedene Güter eine verschiedene Nutzungsdauer haben,
- die gleichen Güter in verschiedenen Kulturumgebungen eine verschiedene Nutzungsdauer haben,
- eine längere Nutzungsdauer durch Langzeitgüter und durch Nutzungsdauerverlängerungsmaßnahmen erreicht werden kann [4],
- eine Optimierung auf Systemebene oft sinnvoller ist als auf Produktebene.

Es besteht heute kein Zweifel, daß eine breitere Anwendung des Konzepts der Produktdaueroptimierung eine stark innovative Wirkung auf die Wirtschaft ausüben und neue Antworten zu bekannten Problemen bringen wird, wobei Innovationen aus der vergleichenden Analyse von neuen technischen, kommerziellen und wirtschaftlichen Alternativen entspringen.

Verschiedene Güter haben eine verschiedene Nutzungsdauer.

Am untersten Ende der Nutzungsdauerskala befinden sich die Nullprodukte, bei denen eine wirtschaftliche Nutzung nie stattfindet. Dazu gehören landwirtschaftliche Güter, Rüstungsgüter und Ersatzteile, welche wegen Überproduktion, Lagerbereinigung oder technologischer Substitution weggeworfen werden (Bild 2).

Als nächstes finden wir Einweg- oder Wegwerfprodukte, wie Spitalinstrumente, Werkzeuge oder Konsumgüter, die aus verschiedenen (nicht-technischen) Gründen nach Gebrauch weggeworfen werden, sowie dauerhafte Konsumgüter wie Personenwagen, Kleider und Haushaltmaschinen, um nur einige zu nennen, bei denen die Nutzungsdauer durch Modewechsel (das Syndrom des „Neueren, Schnelleren, Besseren") oder Reparaturprobleme (fehlende Ersatzteile, „pars-pro-toto-Syndrom") eingeschränkt wird (Bild 3). Gewisse Konsumgüter erhalten durch Eigenheiten der Herstellung, Materialverwendung oder Nutzung den Charakter von Lanzeitprodukten, wie Luxusautos, Flugzeuge, Waffen.

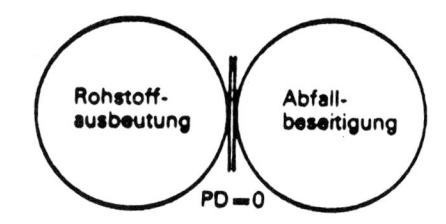

Bild 2: Nullprodukte. Produktdauer (PD) ist gleich Null.

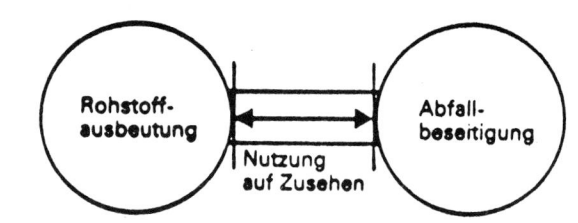

Bild 3: Konsumgesellschaft.

Am oberen Ende der Nutzungsdauerskala schließlich finden sich heute vor allem Produkte, welche in ein Nutzungs-System integriert sind, wie Mietwohnungen, Telekommunikationsnetze, Autobahnen, Eisenbahnen. Hier hängt die Nutzungsdauer von einer Optimierung der Systemkosten ab: vorbeugender Unterhalt, unterhaltsfreundliche Produktgestaltung und Maßnahmen der Nutzungsdauerverlängerung sind Teile einer Strategie, Systemunterbrüche zu vermeiden und das Verhältnis zwischen Nutzen und Aufwand systembezogen zu optimieren.

Das Verhältnis zwischen Nutzungsdauer und Abfallvolumen.

Dabei ist von Interesse, daß der Rohstoffaufwand und der resultierende Abfall für vergleichbare Güter in allen Fällen in ähnlichen Größenordnungen liegen (Bilder 2, 3 und 4). Daraus folgt, daß eine längere Nutzungsdauer **pro Nutzungsjahr** weniger Rohstoffe benötigt und weniger Abfall produziert. Oder in Zahlen ausgedrückt: eine Verdoppelung der Nutzungsdauer bringt eine Reduktion der jährlichen Abfälle um 50 %! Oder: eine Verkürzung der Nutzungsdauer um ein Jahr, bei einer durchschnittlichen Nutzungsdauer von 5 Jahren und einer konstanten Zahl der Güter, bewirkt eine Zunahme des jährlichen Abfallvolumens um sage und schreibe 25 %!

Wir müssen also in unseren Schadstoff- und Ökobilanzen in Zukunft den Faktor ‚Zeit' (d. h. Nutzungszeit) als Divisor miteinbeziehen, wenn wir sinnvolle Vergleiche zwischen verschiedenen Produkten ziehen wollen. (Hausaufgabe: Rechne den (Rohstoff-)Aufwand pro Nutzungsjahr zwischen einer Römerbrücke und einer modernen Betonbrücke und ziehe Schlüsse für die Zukunft).

Ein Vergleich verschiedener Kulturumgebungen zeigt, daß die gleichen Güter in Abhängigkeit ihrer Umgebung eine verschiedene Nutzungsdauer haben: ein Auto hat in Europa ein durchschnittliches Leben von rund 7 Jahren, in Indien von 22 Jahren. Dies zeigt, daß die Nutzungsdauer sehr stark vom Nutzer und seiner „Kultur" bestimmt wird.

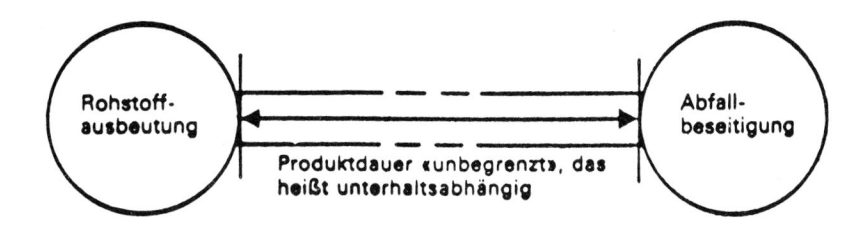

Bild 4: Nutzungsgesellschaft.

Möglichkeiten der Nutzungs- und Produktdaueroptimierung

Langzeitgüter und Nutzungsdauerverlängerungsmaßnahmen.

Produktoptimierung (von der Wiege zurück zur Wiege), zum Beispiel Langzeitgüter durch Produktdesign, ist vorwiegend eine Option des Herstellers; die Verlängerung der Nutzungsdauer durch Wiederverwendung, Reparatur, Grunderneuerung oder technisches Hochrüsten (siehe Bild 1) vorwiegend eine Option des Nutzers respektive Besitzers. Die beiden Lösungen sind kompatibel miteinander und kumulierbar. Daß Langzeitsysteme auch mit höchster Technologie kompatibel sind, zeigen die Raumfähren der USA und der UDSSR, sowie die Ariane-Raketen.

System-Optimierung statt Produkt-Optimierung.

Daß bei vernetzten technischen Systemen wie der Eisenbahn eine Systemoptimierung, und damit ein Ausschöpfen der Nutzungsdauer jeder Komponente, aus ökonomischen und betrieblichen Gründen sinnvoll und unumgänglich ist, wurde bereits erwähnt.

Systemoptimierung kann aber auch allgemein als aktive Strategie der Abfallvermeidung betrieben werden! Ein uraltes Beispiel dafür sind die Leuchttürme, welche seit je einen unschätzbaren Beitrag zur Sicherheit der Schiffe (und damit auch zur „Abfallvermeidung" im Sektor Schiffahrt) leisten. Ein modernes Beispiel ist die Ladenkette „Bodyshop" mit ihrem Konzept von umweltschonenden Schönheitsprodukten, die in einfachsten, im Laden wiederauffüllbaren, Kunststoffflaschen verkauft werden. Eine ausgesuchte Ladengestaltung, Personalschulung und -kleidung ersetzen die (fehlende) Verpackung als Werbefaktor. Diese innovative Vermarktungsstrategie ist für den Verpackungssektor, was die Leuchttürme für die Schiffahrt sind: eine wirtschaftlich sinnvolle, abfallvermeidende Systemlösung in einer Situation, wo eine Produktverbesserung („schönere" Verpackung oder „sicherere" Schiffe) keine Lösung des Problems auf Systemebene bringen kann. Daß dabei wirtschaftliche Umlagerungen entstehen (Umsatzeinbußen der Strandräuber bei der Schiffahrt, bzw. der Rohstoffindustrie und des Druckereigewerbe bei der Verpackung) muß zu Gunsten der besseren und volkswirtschaftlich billigeren Gesamtlösung in Kauf genommen werden.

Technische Langzeit-Systeme als Beitrag zur Abfallvermeidung

Der Ausdruck „technische Langzeit-Systeme" ist eigentlich ein Pleonasmus, ist doch jedes technische System erst durch seine Funktionstüchtigkeit über eine langen Zeitraum wirtschaftlich vertretbar. Dies trifft, unabhängig von der Größe des Systems, ebenso auf Produktionssysteme, Computer, Automobile wie auf Wasserversorgungen zu. Alle Systeme bestehen, nach innen gesehen, aus einer Vielzahl von Komponenten; alle Systeme sind, nach außen gesehen, mit einer Vielzahl von anderen Systemen vernetzt, das heißt gegenseitig abhängig.

Der Umwelt-Grundsatz „global denken, lokal handeln" kann direkt auf die technische Systemoptimierung übertragen werden: „in Systemen denken, in Komponenten handeln"! Die Schlüsselrolle des Systems ist demnach in einer Kompatibilität sowohl nach außen als nach innen und über längere Zeiträume zu suchen. Dies kann unter anderem durch eingebaute Flexibilität, künftige Anpaßbarkeit (offene Systeme), Modulbauweise, Fehlertoleranz und Systemstrukturwahl (Netz- statt Baumstrukturen, einfache und „durchsichtige" Strukturen) erreicht werden. Die Schlüsselrolle der Komponenten liegt vor allem in ihrer Konzeption als langlebige Funktionsmodule (Trag-, Trenn-, Steuer- und Verbrauchsmodule), einer Normierung der Komponenten und der Anschlüsse und damit einer einfachen Austauschbarkeit.

Die Langlebigkeit des Systems ist auf der Austauschbarkeit der Komponenten aufgebaut: Sobald ein technischer Fortschritt (auf Komponentenebene) zur Verfügung steht, kann das System als Ganzes unter minimalen Kosten (Komponentenwechsel) auf den neuesten Stand der Technik gebracht werden. Der Abfallanfall bleibt dabei auf eine Komponente beschränkt! Und umgekehrt: solange kein technischer Fortschritt angeboten wird, werden die Komponenten unverändert im System weitergenutzt.

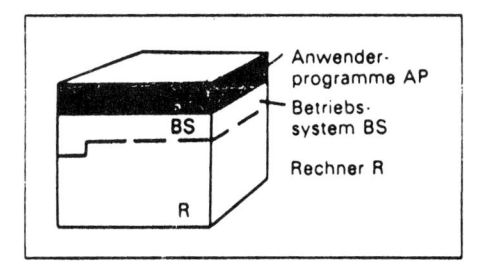

Bild 5: Aufbau eines traditionellen Computersystems. Anwenderprogramm AP und Betriebssystem BS sind rechnerabhängig; ein Technologiesprung in *einer* Komponente führt zu einem Systemwechsel (Pars-pro-toto-Syndrom).

Beispiel Computersysteme: die Bedeutung portabler Betriebssysteme.

Für die nahe Zukunft bahnt sich auf diesem Gebiet eine Sondermülllawine in Form von Elektronik- und Telekommunikationsgeräten an; eine Strategie der Computerabfallvermeidung wird deshalb dringend. Auf den ersten Blick scheint die Informatik ein klassisches Beispiel für ein Gebiet mit raschem technischen Fortschritt, wo Langlebigkeit zu Rückständigkeit führen könnte. Diese Betrachtungsweise des Problems „Computer und Dauerhaftigkeit" ist typisch für traditionelle „Produkte", welche Computer gleich wie Autos behandeln: jedes System ist eine isolierte (und gemäß der Werbung optimierte) Insellösung: alle Komponenten sind rechnerabhängig.

Wenn wir das oben skizzierte Systemdenken nun auf Computer anwenden, können wir drei Hauptkomponenten erkennen: Ausrüstung (Rechner und Peripheriegeräte), Betriebssystem (Rechnersteuerung) und Anwenderprogramme (Bild 5). Die Schlüsselrolle kommt dem Betriebssystem zu, welches die Verbindungen zwischen den anderen Komponenten und mit anderen Computern herstellt. Ist dieses Betriebssystem „portabel" (Bild 6), das heißt von einem Rechner zum anderen übertragbar, wird das System rechnerunabhängig (Ausrüstungs- und Programmteile können unabhängig voneinander optimiert werden). Die Vorteile werden vor allem bei einer Systemanpassung sichtbar: Ist das Betriebssystem portabel (Beispiele MS-DOS, BS2000, UNIX), so beschränkt sich die Anpassung auf eine Komponente, das heißt auf den Ausrüstungs- oder Programmteil, wo der Fortschritt oder die geänderten Anforderungen anfallen. Ist das Betriebssystem „traditionell", d. h. nicht übertragbar, muß das gesamte System (Ausrüstung, Betriebssystem und Anwenderprogramme) ersetzt werden.

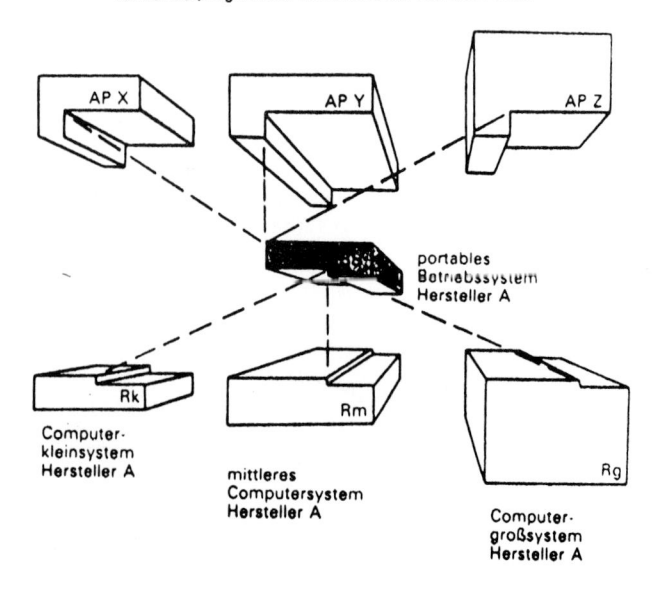

Bild 6: Aufbau eines Computersystems mit portablem Betriebssystem (Langzeitprodukt). Ein portables Betriebssystem erlaubt eine Flexibilität in bezug auf Rechnergröße und Anwenderprogrammwahl.

	Nutzungsalternativen	Beispiele von Akteuren	Träger der Risiken "Qualität" und "Nutzung"			An der Dauerhaftigkeit interessiert	Für Abfälle verantwortlich	Mittel zur Dauerhaftigkeit
			Hersteller	Betreiber	Benützer			
1	2	3	4	5	6	7	8	9
Verkauf	*Eigentümer ist Benützer* sofortiger oder späterer *Verkauf* am Verkaufspunkt von Konsumgütern: Automobile Haushalt Elektrogeräte Kleider Autoreifen Computer	Private	Garantierisiko (6/12 Monate)	—	**Benützer** Alle Risiken außer Garantie für eine unbeschränkte Zeitdauer			B 1

Miete	*Eigentümer ist Betreiber*
	Miete
	eines Gutes Ski
	             Fahrzeug
	eines Systems Wohnung
	               Hotelzimmer
	einer Dienstleistung Taxi
		(spezialisierte Unternehmen)
		Laden
		Hertz, Avis
		Investoren
		Hotels
		Taxihalter
			Garantierisiko	**Betreiber**
				Alle Risiken außer Garantie für eine unbeschränkte Zeitdauer
					Keine	*Betreiber*
						sucht günstiges Kosten/Nutzen-Verhältnis, das auch von der Besteuerung, den Abschreibungen, der Spekulation abhängt
							Verstreute Abfälle
							Kosten der Abfälle von der *Allgemeinheit* bezahlt
							(Haushaltabfälle)
								C
								B 1

Zurverfügungstellung	*Eigentümer ist Betreiber und Instandhalter* Zurverfügungstellung der Benutzung eines Systems Transport Telekommunikation Arbeitskleider	(Betreiber von Parken und Flotten) Swissair SBB PTT Wäscherei Aare	Alle Risiken für eine festzulegende Zeitdauer werden zwischen *Hersteller* und *Betreiber* ausgehandelt		Keine	*Instandhalter* Instandhaltungs-Engineering Minimierung der Betriebskosten inkl. Unterhalt und Abfallentsorgung	*Konzentrierte Abfälle* Kosten der Abfälle vom *Betreiber* internalisiert, folglich *Abfallvermeidung* durch Optimierung der Lebensdauer von Systemen und Komponenten (Wiederverwendung, Wiederinstandsetzung, technologisches Hochrüsten, Kaskaden von Nutzungsarten usw.)	B 2 B 3 C B 1
	Eigentümer ist Hersteller, Betreiber und Instandhalter Zurverfügungstellung der Benutzung eines Systems (Güter und Dienstleistungen) Fotokopien	(vgl. Fallstudie „Mieting") Agfa Gevaert	Alle Risiken während unbeschränkter Zeitdauer, *Hersteller = Betreiber*		Keine	*Hersteller* Vermeidungs-Engineering Null-Unterhalt, Vereinbarkeit von Maschinen, Systemen, langlebigen Komponenten		A B 2 B 3 B 4 C B 1

Bild 7: Das Konzept der Zurverfügungstellung von Gütern

Eine ausführliche Analyse der Vorteile eines PC als technisches Langzeit-System findet sich in der Fallstudie 3 ‚PC' in: Stahel, Walter (1991) Vermeidung von Abfällen im Bereich der Produkte: Strategien Langlebigkeit und Materialrecycling; Vertiefungsstudie für das Ministerium für Umwelt des Landes Baden-Württemberg, Stuttgart; Vulkan Verlag Essen.

Wirtschaftlichkeit technischer Langzeit-Systeme.

Die Wirtschaftlichkeit eines Systems liegt nicht in seinem Besitz, um auf unser Anfangszitat zurückzukommen, sondern in seiner Nutzung: Die Effizienz der Zivilluftfahrt hängt nicht vom Besitzstand der Ausrüstung ab (gekauft, geleast, gemietet), sondern von ihrer Fähigkeit, zahlende Passagiere oder Fracht zu einem gewünschten Zeitpunkt von A nach B zu bringen, wobei Flug- und Bodenpersonal, Flugzeuge, Flughäfen, Flugverkehrskontrollen und notwendige Dienstleistungen (Catering, Treibstoffe) alle in einem System mit geteilter Nutzung mitspielen müssen. Diese Komplexität des Systems begründet gleichzeitig auch seine hohe Verletzlichkeit.

Das gleiche gilt auch für Kleinsysteme wie Personal Computer. Der Käufer zieht in den wenigsten Fällen einen sinnvollen Nutzen aus dem Computer als solchem, sondern aus dem langfristig funktionierenden Zusammenspiel von Rechner, Betriebssystem, Anwenderprogrammen und Peripheriegeräten. Ein Fehler in einer Komponente blockiert das ganze System.

Die Kosten jedes Betriebsunterbruchs eines Systems, und damit auch jedes Systemwechsels, stehen in keiner Beziehung zum Preis der fehlerhaften Komponente. Dies bedeutet, daß Vermeidensengineering, präventiver Unterhalt und permanente Systemüberwachung wirtschaftlich sinnvolle Kostenstellen werden, und daß Systemkontinuität und Schadenverhütung einen bezifferbaren betriebswirtschaftlichen Wert erhalten.

Was für ein Eisenbahnsystem einleuchtet, ist genau so gültig für einen **PKW** oder eine Waschmaschine. Der Unterschied zwischen technischen Gross- und Kleinsystemen (Eisenbahn und Waschmaschine) liegt vor allem im Machtverhältnis zwischen Hersteller und Käufer/Betreiber/Nutzer. Beim Großsystem erzwingt der Betreiber (und Instandhalter) die Systemoptimierung über einen langen Zeitraum, da er langfristige Systemnutzung verkaufen muß, um zu überleben; beim Kleinsystem erzwingt der Hersteller in den meisten Fällen den Systemersatz, auch wenn ein Komponentenersatz genügen würde (das pars-pro-toto-Syndrom): dem Nutzer fehlen in den meisten Fällen die Kenntnisse oder technischen Mittel, um den Komponentenwechsel selbst durchzuführen (Beispiele Rostschäden in Autokarosserie, defekter Schalter am Elektrogerät). Die Auswirkungen der verschiedenen Arten der „Zurverfügungstellung von Gütern" auf Produkthaftpflicht, Nutzungsrisiko, Abfallvermeidung und Abfallverantwortlichkeit ist in Bild 7 dargestellt, die unserer Publikation „Wirtschaftliche Strategie der Dauerhaftigkeit" (Bankverein-Heft Nr 32) entnommen ist.

Ein nicht unwesentlicher Kostenpunkt der Systemoptimierung sind die Entsorgungskosten am Ende der Produktdauer: der Verkauf eines Produktes ist gleichzeitig auch die Abtretung dieser Kosten an den Staat, respektive den Steuerzahler. Moderne Formen des Verkaufs der Nutzung (Zurverfügungstellung eines technischen Systems durch Vermietung, beispielsweise) beinhalten auch die Übernahme der Entsorgungskosten durch den Systembetreiber; modernes unternehmerisches Verhalten kann staatliche Interventionen (Gesetze zur Rücknahmepflicht) vermeiden!

Beispiele technischer Systeminnovation.

Rund 50 % aller Abfälle fallen in Form von Bauschutt an. Sowohl im Hoch- als im Tiefbau ist der Staat ein wichtiger Besitzer von technischen Systemen, wie Gebäuden, Autobahnen, Versorgungsnetzen für Wasser, Telekommunikation, Elektrizität. Nur langsam setzt sich hier die Erkenntnis durch, daß eine wirtschaftliche Produkdaueroptimierung (in Form von Lebenskostenanalysen und Langzeitgarantien) wie auch alle Spielformen der Nutzungsdauer-Verlängerung (Bild 8) eine Selbstverständlichkeit sein sollte: Beispiele Straßenbelagserneuerungen unter Wiederverwendung des alten Belags als Rohmaterial, in-situ Erneuerung der Innenverkleidung von Wasser- und Abwasserröhren, präventive oder kurative Imprägnierungen von Mauerwerks- und Betonkonstruktionen. Die Trennung in Investitions- und Betriebsrechnung ist oft eines der (selbsterrichteten) Hindernisse auf diesem Weg.

Eisenbahnen sind seit Jahrzehnten die Großmeister der Nutzungs- und Produktdaueroptimierung. Das Wiederinstandsetzen von Schienen im Gleis (durch das Schleifen des Schienenkopfes), die Prinzipien der Minimierung der Reparaturkosten durch Systemdesign und der Nutzungskaskaden bei Lokomotiven (eine Schnellzuglok wird zur Güterzuglok, zur Reservelok und schließlich zur Rangierlokomotive) sowie die periodische Kontrolle und Grunderneuerung des Rollmaterials gehören zu den Lehrstücken der Wirtschaftlichkeit und Abfallvermeidung durch technische Langzeit-Systeme.

In der letzten Zeit entwickelt sich die Luftfahrt zum führenden Sektor der high-tech Nutzungsdaueroptimierung von technischen Systemen: Leasinggesellschaften haben seit wenigen Jahren die Rolle der Flottenbetreiber übernommen, die eine hohe Rendite durch eine Langzeit-Vermietung (an mehrere Nutzer) anstreben: in zunehmendem Maße nehmen sie auch eine führende Rolle als Instandhalter ein (Vermeidungsengineering, Langzeitsysteme durch Systemflexibilität, Herstellergarantien der langfristigen Hochrüstbarkeit aller wichtigen Komponenten, vorbeugende dynamische Unterhaltsphilosophie). So haben viele Fluggesellschaften und Luftwaffen heute schon hochentwickelte Expertensysteme zur Langzeitoptimierung technischer Systeme:

„Die Instandhaltung von Verkehrsflugzeugen folgt dem Prinzip, Fehler nicht zu beheben, sondern zu verhindern. Je mehr Diagnose, desto weniger Therapie. Die dynamische und permanente Triebwerk-Überwachung, wie sie die Lufthansa anwendet, folgt der Wartungsphilosophie, Eingriffe nicht zu einer bestimmten Zeit, sondern zur rechten Zeit, durchzuführen, nämlich dann, wenn sie nötig sind. Ein elektronisches Frühwarnsystem sammelt über 20 in jedes Triebwerk eingebaute Meßgeräte kontinuierlich Leistungsdaten, die im Bordrechner gespeichert und an die zentrale Rechneranlage in Frankfurt weitergegeben werden. Die Rechenanlage quittiert nicht nur alle Abweichungen von Sollwerten mit einem ‚Warnbericht', sie schreibt auch die Lebensgeschichte jedes Triebwerkes und macht langfristige Trends sich ändernder Leistungen sichtbar. Das Triebwerk gibt so frühzeitig Schwächen preis, die erst Wochen später zu einer Störung führen würden. Das elektronische Überwachungssystem kann hingegen nicht die Ursache eines Leistungsabfalls feststellen. Bei der Fehlersuche braucht man nach wie vor menschlichen Verstand, auch wenn sich dieser raffinierter technischer Methoden bedient. So verraten zum Beispiel Menge und Zusammensetzung des Metallabriebs im Öl Verschleißstellen. Das Frühwarnsystem liefert auch den Nachweis der Funktionstüchtigkeit. Ein optimal eingestelltes, ständig überwachtes Triebwerk spart Treibstoff und Arbeitszeit und drückt Betriebskosten; es erreicht mehr als 16 000 Betriebsstunden „on the wing", bevor es in die Werft muß! [Vogt 1989].

Beispiele kommerzieller Systeminnovation aus der Industrie.

Das Prinzip „Verkauf der Nutzung des Produktes anstelle des Produktes" ist in vielen Fällen nur möglich, wenn gleichzeitig Innovationen in der Vermarktungsstrategie eingeführt werden.

Ein Beispiel ist das langfristige Vermieten von Bürogeräten, wie Großcomputer und Photokopiergeräte, durch den Hersteller, verbunden mit der Rücknahme und Wiederverwendung durch den Hersteller. Dabei sind Maßnahmen der Nutzungsdauerverlängerung wie Grunderneuerung (Überholen der Gehäuse und der Mechanik) und technologisches Hochrüsten (Einbau technischer Neuerungen) an der Tagesordnung.

Andere Beispiele reichen vom Vermieten „Service inbegriffen" von Pflanzen, Kunstwerken, zu Handtuchrollen, Toilettenkabinen mit Münzeinwurf auf den Pariser Gehsteigen bis zur Mietwohnung, und von Baumaschinen über mobile Nierensteinzertrümmerungs-Anlagen zu Flugzeugen inklusive Besatzung.

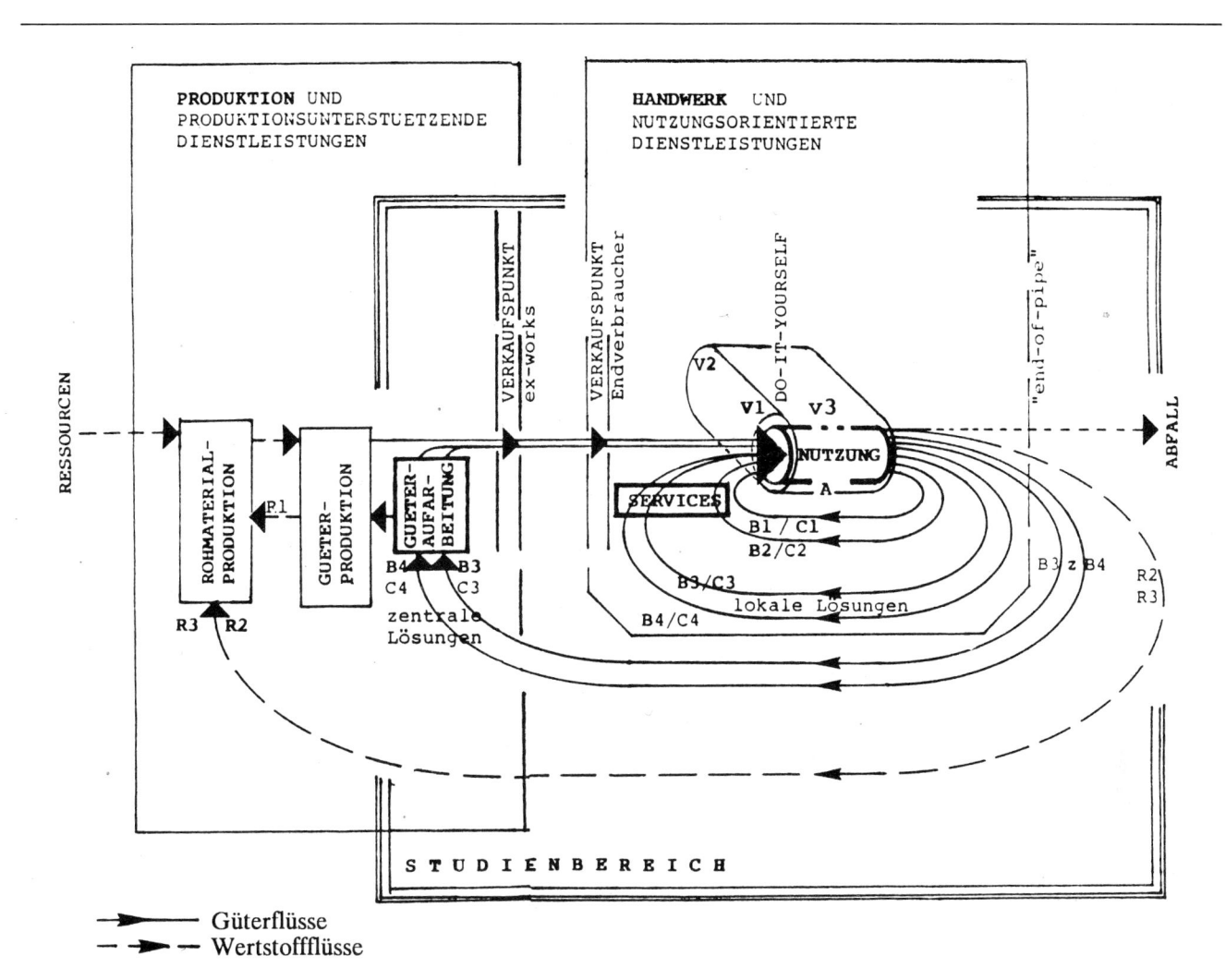

NUTZUNGSDAUER-VERLÄNGERUNGSSTRATEGIEN
Grundstrategie (1) 'Langlebigkeit'
Strategie A   Langzeitgüter
Strategie B   Nutzungsdauerverlängerung von Produkten
   B1   Wiederverwendung
   B2   Reparatur
   B3   lokal   Wiederinstandsetzung vor Ort
   B4   lokal   technologisches Hochrüsten vor Ort
   B3   zentral *Aufarbeitung in der Fabrik*
   B4   zentral *Hochrüsten in der Fabrik*

Strategie C   Nutzungsdauerverlängerung von Komponenten
   C1 - C4   analog zu B1 - B4
Strategie V   abfallvermeidende Vertriebslösungen
   V1   Verkauf der Nutzung statt der Produkte
   V2   geteilte, Gemeinschafts- oder Mehrfach-Nutzung
   V3   Verkauf der Dienstleistung "Qualitätskontrolle" statt Ersatzverkauf von Produkten.

Grundstrategie (2) 'Materialrecycling'
Strategie R   Rückgewinnung der Stoffe
   R1   direkte Rückgewinnung der Fabrikationsabfälle
   R2   sortenreines Materialrecycling "end of pipe"
   R3   Rückgewinnung von Stoffen aus Abfallgemischen

Bild 8: Die Strategien einer nutzungsbezogenen Dienstleistungsgesellschaft

Die Strategie des Teilens und Sorge-Tragens (Sharing and Caring)

Wenn wir der Meinung Aristoteles' folgen, daß der Nutzen das Wertvolle an einem Gut ist, dann sind zwei Worte, welche in der heutigen Werbesprache völlig unbekannt sind, von zentraler Bedeutung: teilen und Sorge tragen! Daß das Teilen von immateriellen Werten (Religion, Erfindungen, „geteilte Freud' ist doppelte Freud") einer Bereicherung vieler entspricht, ist bekannt. Daß Teilen aber auch im Bereich von materiellen Gütern sinnvoll ist, widerspricht der auf das Haben ausgerichteten Philosophie der Konsumgesellschaft (Besitzen als notwendiges Gegenstück zum Verkaufen).

Sorge tragen, könnte man meinen, ist eine Konsequenz des Habens. Was für den privaten Bereich noch gelten mag, trifft auf den geteilten Besitz schon lange nicht mehr zu (Vandalismus in öffentlichen Räumen und in der Natur). Die zugehörigen Begriffe wie Allmend oder Bannwald sind wohl den meisten Leuten nicht einmal mehr geläufig.

Organisationsformen des Teilens, wie „Autoteilet"-Genossenschaften in der Schweiz, bzw. Statt-Auto in Berlin, oder die (billige lokale) Vermietung von Gebraucht-**PKW** in Nordamerika und Frankreich, richten sich heute nur an einen kleinen Kreis von eingeweihten Konsumenten, oder beschränken sich vor allem, wie im Falle von Betriebsleasing, auf teure serienmäßige Investitionsgüter wie Flugzeuge, Baukräne und Großcomputer.

Auch die Industrie tut sich schwer, Nutzung groß zu schreiben, bedeutet dies doch vor allem auch eine Akzeptanz der Produkte- und Umwelthaftpflicht, welcher man heute bei Konsumgütern aus dem Wege zu gehen versucht: der Risiko-Begriff ist nicht mehr auf das traditionelle unternehmerische Risiko beschränkt, sondern er umfaßt jetzt auch Teile des reinen Risikos.

Wie gezeigt, bieten die bestehenden technologischen Langzeit-Systeme klare Mittel und Wege an, wie diese Probleme technisch gelöst und kommerziell verwirklicht werden können. Diese Lösungen können auf Systeme jeder Größe übertragen werden, vom Haartrockner zum **PKW** zum Eigenheim. Dazu ist es allerdings unvermeidlich, daß sich Fachleute in Forschung, Ausbildung und Industrie mit den vorhandenen Werkzeugen des Risiko-Managements, der Schadenverhütung und der präventiven Abfallvermeidung durch angepaßten Systemdesign auseinandersetzen; ein Thema, das heute an den meisten technischen Hochschulen noch ein Anathema ist.

Falls die Trägheit des Industriesektors eine solche Entwicklung nicht erlauben sollte, bestehen klare Anzeichen, daß die neuen wirtschaftlichen Kräfte vor allem seitens der Dienstleistungswirtschaft, wie z.B. Leasinggesellschaften, aber auch des Gesetzgebers, wie z.B. die EG-Direktiven zur Produkthaftpflicht und Umwelthaftung, diese Entwicklung im Rahmen der Tertialisierung der Wirtschaft den Industriefirmen aus volkswirtschaftlichen Gründen ‚aufzwingen' werden.

Die Zunahme der Gerichtsfälle auf den Gebieten Berufs-, Produkte- und Umwelthaftpflicht zeigt, daß die Erwartungen der Konsumenten immer mehr resultatbezogen und nicht produktbezogen sind: wissenschaftliche Erklärungen für ein Fehlverhalten oder Nicht-Funktionieren von Systemen interessieren nicht (mehr)! In einem Zeitalter, wo die Anbieter von Telekommunikationsnetzen garantieren müssen, daß über 20 Jahren ein Systemzusammenbruch von höchstens zwei Stunden auftritt, erscheinen regelmäßige ‚‚Systemzusammenbrüche'' bei Haartrocknern oder **PKW** unakzeptierbar. In einem Zeitalter, wo die reinen Produktionskosten nur etwa ein Viertel des Verkaufspreises eines Gutes ausmachen, das heißt weniger als die Verkaufsprovision, erscheint es unglaubwürdig, daß nutzungs- und umweltbezogene Produktverbesserungen wirtschaftlich nicht tragbar seien. Und es erscheint logisch, daß sich erfolgreiche Unternehmen vermehrt der Rationalisierung der Dienstleistungen zuwenden, die 75% des Verkaufspreises ausmachen, um die Wettbewerbsfähigkeit ihrer Unternehmen zu verbessern.

Der vielleicht schwersten Aufgabe sehen sich die Marketingleute gegenüber: wie kann man Schönheit entmonetarisieren, **PKW** sexuell neutralisieren, Nutzen statt Güterträume verkaufen? Daß auch dieses Problem lösbar ist, zeigt das Beispiel der britischen Alkohol- und Raucherwaren-Industrie: Das schon vor vielen Jahren erfolgte Verbot jeglicher Werbung, welche Bezug nimmt oder anspielt auf ‚‚jung'', ‚‚erfolgreich'', ‚‚reich'' oder ‚‚schön'', hat zu einem kreativen Aufschwung in der britischen Werbung geführt, welcher in anderen Ländern nicht zu finden ist!

Eine Vielzahl von Hemmnissen, welche die Strategie der Langlebigkeit heute noch behindert, könnte abgebaut werden und sind langfristig kein Hindernis: Technische Normen legen Materialien statt Leistungsanforderungen fest; die gesetzlichen Garantieanforderungen sind minimal und die Steuergesetze oft abfallfördernd. Prozeßtechnologie zur Grunderneuerung von Komponenten vor Ort fehlen ebenso wie Instrumente zur zerstörungsfreien Messung von qualitativen Veränderungen über längere Zeiträume und Expertensysteme zur Frühwarnung von Systemkollapsen und zur raschen Fehlerfindung. Schließlich sind auch fehlende Märkte für gebrauchte Komponenten, fehlende Ingenieurlehrgänge für Konstrukteure und Betriebs- und Instandhaltungs-(Reparatur-)Spezialisten mit Kenntnissen in Risk Management und Produktentsorgung sowie Investoren in der Rolle von Flottenbetreibern noch zu selten oder gar nicht vorhanden.

Zusammenfassung

Dauerhaftigkeit ist *energiesparend*, da die ursprüngliche *Energieinvestition* bei der Nutzungsdauerverlängerungen von Produkten weitgehend *erhalten* bleibt: Bei der Runderneuerung eines Reifens werden 66% der ursprünglich zur Produktion benötigten Energie eingespart, bei der Totalrenovation eines Gebäudes gar bis zu 80%. Dauerhaftigkeit ist gleichzeitig *preiswert*: ein generalüberholter Austauschmotor oder eine Gebäuderenovation kosten rund 40% weniger als ein neues Produkt; die wiederverwendbare erste Ariane-Raketenstufe spart Millionen pro Abschuß.

In gesättigten Märkten, wo der Kauf eines neuen Produktes das Wegwerfen eines vorhandenen Produktes auslöst, erlaubt die Strategie der Langlebigkeit weiter eine *starke Reduktion der Abfallmengen*. Eine Verdoppelung der durchschnittlichen Nutzungsdauer eines Produktes entspricht einer Reduktion der jährlichen Abfallmenge um 50%. Zusätzlich wird die *Umweltbeeinträchtigung* in Produktion, Vertrieb und Entsorgung dieser Produkte um 50% verringert.

Dauerhaftigkeit ist *komplementär* zu sauberen Prozeßtechnologien, entsorgungsfreundlicher Produktkonzeption und Materialrecycling zu verstehen! Alle diese Strategien sind *Teile einer nachhaltigen Wirtschaft*, und allen ist gemeinsam, daß ihre Einführung *eine Beschleunigung des technischen Fortschritts* bewirkt. Nur die Strategie der Langlebigkeit hat aber einen nachhaltigen Einfluß auch auf alle produktionsunterstützenden Dienstleistungen (Vertrieb, Verpackung, Entsorgung).

Die Strategie der technischen Langzeit-Systeme impliziert *eine mehr resultats- als eigentumsbezogene Beziehung zu Gütern*. Während der Konsument im Rahmen der heutigen Dienstleistungsgesellschaft glaubt, die *Nutzung* (das Resultat) eines Produktes zu kaufen, verkaufen viele Hersteller noch immer *Produkte im alten Sinne*. Käufer von technischen Systemen, wie PC mit Drucker und Programmen, stellen oft fest, daß bei Nicht-Funktionieren des Systems jeder Komponenten-Verkäufer die Schuld den anderen zuschiebt. Diese Diskrepanz zwischen *Nutzungserwartungen* und *Verkaufsversprechungen* wird sichtbar in der Prozeßflut über Produkte-, Umwelt- und Berufshaftpflichtfälle, in der neuen EG-Gesetzgebung mit verschuldungsunabhängiger langfristiger Produktehaftung, sowie in freiwilligen oder erzwungenen Rücknahmepflichten durch die Hersteller. Der im Rahmen der Langlebigkeitsstrategie geforderte Verkauf von Resultaten (Nutzung) anstelle von Gütern könnte auch diese Probleme besonders wirtschaftlich angehen, da er die Berücksichtigung der *Kostenoptimierung über die gesamte Produktlebensdauer* schon bei der Herstellung verlangen würde. Eine solche Lebensoptimierung impliziert auch eine *Lebenshaftung*.

Eine solche Lebenshaftung entspricht der Haftung ‚‚von der Wiege zurück zur Wiege'' bei ‚Produkten', die nicht entsorgt werden können: So ziehen Eisenbahngesellschaften in Fällen, wo die Wiederinstandsetzung oder Verbreiterung eines Tunnels teurer zu stehen kommt als ein Neubau, die Instandsetzung des bestehenden Tunnel in vielen Fällen dem Neubau vor, weil ihre Haftung für den alten, nicht mehr benützten Tunnel weiterbestehen würde und somit langfristig der (billigere) Neubau nicht wirtschaftlich ist (Beispiel S-Bahn Tunnel Zürich-Örlikon).

Schrifttum

Bartels, Klaus (1989) Überleben im Überfluß, NZZ Nr. 299, 23/24.12.1989.

Bankverein-Heft Nr. 32 (1987) Wirtschaftliche Strategie der Dauerhaftigkeit, Betrachtungen über die Verlängerung der Lebensdauer von Produkten als Beitrag zur Vermeidung von Abfällen; im Auftrag der Schweizerischen Gesellschaft für Umweltschutz; Börlin, Max, und Stahel, Walter R.; Schweiz. Bankverein, Basel.

Donkelaar, Pieter van et. al. (1991) Naturverträgliche Technologien für Produkte, die mit der Natur in Einklang stehen; Expert Verlag, Ehningen bei Böblingen/ BRD.

Giarini, Orio (ed.): Wohlstand und Wohlfahrt, Dialog über eine alternative Ansicht zu weltweiter Kapitalbildung; ein Bericht an den Club of Rome. Peter Lang, Frankfurt-Bern-New York, 1980/1986.

Giarini, Orio and Stahel, Walter R. (1989) The limits to certainty, facing risks in the new service economy; Kluwer Academic Publishers, Dordrecht/NL; und (1990) Les limites du certain; presses polytechniques et universitaires romandes, Lausanne.

Henning, Gernot (1990) Modulares PC-Konzept; Siemens Magazin COM 3-4/90.

OECD (1982) Product durability and product-life extension, OECD, Paris.

Stahel, Walter (1991) Vermeidung von Abfällen im Bereich der Produkte: Strategien Langlebigkeit und Materialrecycling; Vertiefungsstudie für das Ministerium für Umwelt des Landes Baden-Württemberg, Stuttgart; Vulkan Verlag Essen.

(1989) Die Bedeutung der Dauerhaftigkeit von Betriebssystemen; Technische Rundschau Nr. 4/89, Bern.

(1987) Das versteckte Innovationspotential; Technische Rundschau Nr. 19/87, Bern;

(1985) Recycling – Eine Chance für lokale Beschäftigungsinitiativen; Technische Rundschau Nr. 45/85, Bern.

Stahel, Walter R. and Reday, Genevieve (1987) The potential for substituting manpower for energy, Bericht für die EG-Kommission in Brüssel; (1981) Jobs for Tomorrow, Vantage Press, New York, N.Y.

‚‚The hidden Wealth'', special issue of Science and Public Policy, vol 13 (4), London 1986.

Vogt, Dieter: Checklist: der Prüfstand fliegt mit: Triebwerk-Überwachung. Lufthansa Bordbuch 4/89.

Kommunale Steuerungsinstrumente für eine ökologische Abfallwirtschaft

Von A. Wiebe[1]

1. Einleitung

Ist von kommunaler Abfallwirtschaft die Rede, steht in aller Regel die Getrennthaltung des Hausmülls fast allein im Zentrum des Interesses. Die gesamte Bandbreite der Abfallstoffe und -erzeuger aber auch die verschiedenen Steuerungsmöglichkeiten einer Kommune geraten nur all zu selten in den Blick der abfallwirtschaftlichen Diskussion. Will man mit abfallwirtschaftlicher Steuerung aber die Ursachen der Abfallentstehung in der Produktion angehen, sind die Möglichkeiten von Abfallvermeidung und -verwertung vor allem bei Industrie- und Gewerbeabfällen zu nutzen.

2. Direktes Behördenhandeln

2.1 Beschaffungspolitik

Dort wo die Kommune als Beschafferin am Markt Produkte nachfragt, können Beschaffungsordnungen die Berücksichtigung von Umweltschutzgesichtspunkten festschreiben. Diese Gesichtspunkte sind im Bereich der Verbrauchsgüter im wesentlichen solche der Abfallvermeidung beziehungsweise Verwendung von schadstoffarmen Produkten oder Produkten aus Recyclingmaterialien. Die Vergabegrundsätze der Stadt Bielefeld vom 08.09.1988 legen fest, daß „ein Angebot über umweltverträgliche Leistungen, das die vorgegebenen Mindestanforderungen erfüllt auch dann als wirtschaftlicher gilt, wenn sein Preis in tragbarem, auftragsbezogenem Maße über einen preislich günstigeren Angebot oder mit geringeren umweltverträglichen Eigenschaften liegt".

Im Sinne dieser Regelung hat die Ökologisierung des Beschaffungswesens einige Fortschritte gemacht. So wird bei Hochbauvorhaben der Stadt konsequent auf PVC im Bereich von Fenstern, Wand- und Fußbodenbelegen verzichtet. Der kommunale Fuhrpark benutzt wiederverwendbare Putzlappen, für Kopier- und Schreibarbeiten wird ausschließlich Recyclingpapier verwendet. Korrekturflüssigkeiten werdend ausschließlich auf Wasserbasis beschafft, die gesamte Gebäudereinigung wurde im Zuge der Rekommunalisierung auf umweltfreundliche Reinigungsmittel umgestellt, die Reinigungsmittel werden inzwischen in Mehrweggebinden angeliefert, in den städtischen Kantinen werden keine Mini-Portionsverpackungen für Milch mehr verwandt, in den städtischen Frei- und Hallenbädern sowie in Schulen werden Erfrischungsgetränke ausschließlich in Mehrwegflaschen verkauft und vieles andere mehr.

2.2 Investitionen in Öffentlichkeitsarbeit und Abfallberatung

Kommunale Abfallwirtschaft muß vor allem auch in Personal- und Sachmittel für Öffentlichkeitsarbeit und Abfallberatung investieren, weil die Abfallwirtschaft eine Aufgabe ist, die nicht ausschließlich zentral mit durchorganisierten Betrieben und großen technischen Anlagen zu lösen ist. Vielmehr sind wir bei der Ökologisierung der Abfallwirtschaft auf die engagierte Mitarbeit der gesamten Bevölkerung angewiesen.

Für die Stadt Bielefeld wurde ein integriertes Konzept für Öffentlichkeitsarbeit und Abfallberatung entwickelt (1), das auf einer Fachebene die Arbeit von Spezialisten vorsieht. Außerdem wird aber auf der Einzelberatungsebene, dort wo der konkrete Kontakt mit den Nutzern der verschiedenen Serviceleistungen des Stadtreinigungsamtes stattfindet, ein Schwerpunkt der Beratung und Öffentlichkeitsarbeit gesetzt. Als dritte Ebene kommt die **allgemeine Beratungsebene** hierzu. Hier soll die weitestmögliche Integration von Abfallberatung in das „normale" Verwaltungshandeln stattfinden.

So hat das Schulverwaltungsamt zusammen mit den Bezirksämtern die Aufgabe, bei den Hausmeistern der Schulen für die Nutzung von Mehrweg-Glasflaschen für die Schulmilch zu werben, und einen Ratsbeschluß über die vollständige Umstellung auf Pfandflaschen in diesem Bereich umzusetzen. Auch die Umstellung des Reinigungsdienstes auf umweltfreundliche Putzmittel gehört in diese Rubrik. Vor allem aber wurde das Personal des Amtes für Bürgerberatung in die Grundzüge des Abfallwirtschaftskonzeptes eingeführt und in einem zweitägigen Crashkurs in die Lage versetzt, bei den vier jährlichen Schwerpunkten der Öffentlichkeitsarbeit nicht nur an alle „Klienten" entsprechendes Informationsmaterial zu verteilen, sondern auch allgemeine Beratungsgespräche zu führen.

Auf der **Einzelberatungsebene** wird im Bereich der Schadstoffsammlung die Serviceleistung mit entsprechenden Beratungsaktivitäten über schadstoffarme Produkten verknüpft. Zwei Abfallberater sind gemeinsam mit zwei Facharbeitern damit befaßt, die Eigenkompostierung durch Beratung verbunden mit konkreten Hilfestellungen (Verschiedene Häckseltypen, Ausgabe von Kompoststiegen) in diesem Bereich für eine Reduzierung der Abfälle zu sorgen. (2)

Auf der **Fachebene** ist mit einer Raumplanerin und einer Volkswirtin die Konzeption der Öffentlichkeitsarbeit und der Beratungsaktivität gewährleistet. Hier werden auch die vier Schwerpunktthemen eines jeden Jahres festgelegt und inhaltlich erarbeitet. Im Presseamt sind für die Umsetzung dieser Themen eine Journalistenstelle und eine Grafikerstelle geschaffen worden. Mit einheitlich gestalteten Großplakaten, Anzeigen, Informationsblättern und vor allen Dingen der Entwicklung der Identifikationsfigur „Mülli-Müllone" ist die Gewähr für eine Öffentlichkeitsarbeit mit hohem Wiedererkennungswert geschaffen. An Sachmitteln stehen für die Öffentlichkeitsarbeit bisher jährlich leider nur DM 225 000 zur Verfügung. Daraus werden neben traditionellen Werbemitteln auch ein Kinospot zum Thema Einwegverpackungen, eine Werbelackierung für eine Straßenbahn sowie die Gestaltung der Müllfahrzeuge finanziert.

Weiter ist auf der Fachebene ein Verfahrenstechniker tätig, der bei Industriebetrieben die Vermeidung und Verwertung durch Beratung forciert. Er arbeitet in enger Abstimmung mit der unteren Wasserbehörde und dem Deponiebetrieb des Stadtreinigungsamtes.

Für die Beratung der Erzeuger von sog. „hausmüllähnlichen Gewerbeabfällen" wurde ein privates Konsortium beauftragt, das auch die Planung, Bau und Betrieb einer Gewerbemüllsortieranlage besorgt. Dabei erbringen vier Beraterinnen und Berater in interdisziplinarem Team nicht nur entsprechende Beratungsleistungen. Hier wird insbesondere auch für die mittelständischen Betriebe ein „Rundum"-Service angeboten werden, der auch den Absatz und alle logistischen Fragen der getrennten Sammlung beinhaltet und die im Verhältnis zur Behandlung in der MVA entstehenden Kostenvorteile zwischen Abfallerzeuger und Beratungsgesellschaft aufteilt (3).

---

[1] Andreas Wiebe, Leiter des Stadtreinigungsamtes Bielefeld

2.3 Freiwillige Vereinbarungen mit dem Handel

Bei schadstoffhaltigen Abfällen und komplexen Produkten ist eine effektive separate Erfassung nur durch eine Mitarbeit des Einzelbeziehungsweise Fachhandels möglich. Ein solches integriertes Entsorgungsmodell von Handel und Stadtreinigungsamt nimmt mit dem Handel außerdem einen (Teil)Verursacher mit in die Pflicht und verweist den Verbraucher für die Entsorgung seiner schadstoffhaltigen Abfälle einen Schritt zurück in die Versorgungskette.

In Bielefeld ist es gelungen, mit dem Einzelhandelsverband eine freiwillige Vereinbarung über die Entsorgung von Kühlgeräten durch den Einzelhandel zu schließen. Diese Vereinbarung gewährleistet, daß die vom Einzelhandel bei der Auslieferung neuer Geräte zurückgenommenen Altgeräte vom Einzelhandel entsorgt werden. Die Entsorgungskosten teilen sich Stadt und Einzelhandel im Verhältnis 60:40. Mit den Apotheken wurde eine entsprechende Kostenteilung für die Rücknahme von Altmedikamenten vereinbart.

Für die Entsorgung von Batterien ist eine freiwillige Vereinbarung zwischen der Stadt Bielefeld und dem Einzelhandelsverband abgeschlossen worden. Diese Vereinbarung schließt im Gegensatz zu der Vereinbarung des Bundesumweltministers mit der Elektroindustrie und dem Hauptverband des Deutschen Einzelhandels alle Haushaltsbatterien ein. Sowohl die von der Elektroindustrie entsorgten quecksilberhaltigen Batterien und Nickelcadmiumakkus als auch die anderen Rundzellen werden vom Einzelhandel nach dieser Vereinbarung ausnahmslos zurückgenommen. Die Stadt übernimmt die getrennte Entsorgung der Batterien. Die Auffassung der Elektroindustrie, daß die nicht gekennzeichneten Batterien ohne Bedenken gemeinsam mit dem Hausmüll verbrannt beziehungsweise abgelagert werden könnten, wird von uns nicht geteilt.

2.4 Zulassungsbeschränkungen bei Entsorgungsanlagen

Ein wesentliches Steuerungsinstrument ist die Zugangsregelung zu den kommunalen Entsorgungsanlagen. Hier ist sowohl unter dem Gesichtspunkt der Schadstoffreduzierung als auch unter dem Gesichtspunkt der verstärkten stofflichen Verwertung ein wirksames Eingreifen möglich.

Für die qualitative Beschränkung des Zugangs zu Deponien bzw. Verbrennungsanlagen werden die Benutzungsordnungen der entsprechenden Anlagen mit konkreten Anforderungen an die Abfallstoffe versehen. So dürfen auf den Deponien der Stadt Bielefeld nur Abfälle angenommen werden, die in ihren Analysewerten der Deponieklasse 2 (Richtwert) bzw. der Deponieklasse 3 (Grenzwert) aus dem Richtlinienentwurf des Landesamtes für Wasser und Abfall NW vom Juni 1987 entsprechen. Ein Labor zur Eingangskontrolle gewährleistet den Vollzug dieser Regelung durch die Möglichkeit von halbquantitativen Analysen. Als ganz entscheidend für den Schutz des Betreibers vor unnötigen Risiken hat sich aber die Einhaltung eines technisch relativ unproblematisch nachzuhaltenden Anforderungskriteriums erwiesen: des Wassergehalts. Viele Anlieferer von industriellen Schlämmen mußten erst zur Einhaltung des Grenzwertes von 35 % TS erzogen werden und haben jetzt deutlich höhere Aufwendungen für Entwässerung/Trocknung. Die Anforderung ist jedoch notwendig, um den Verbrauch von Deponievolumen durch die Einlagerung von Wasser zu reduzieren, die Standfestigkeit des Deponiekörpers (Hanglage) zu gewährleisten und den Eigenwasseranteil des Deponiekörpers unter Emissionsgesichtspunkte zu minimieren. Diese z. T. mit erheblichen Vorbehandlungskosten für die Abfallerzeuger verbundene Anforderung erhöht dort die Motivation zur Reduzierung der Abfallmengen.

Der Zugang zur Deponie läßt sich aber auch zeitlich limitieren, wenn z. B. eine Möglichkeit zur stofflichen Verwertung im Grundsatz technisch möglich erscheint, aber noch notwendige Detailabstimmungen zwischen Abfallerzeuger und -verwerter einige Zeit benötigen. Dieses Instrument läßt sich auch als Flankierung von technischen Umstellungen (z. B. Trennung von unterschiedlichen Abwasserströmen und Erzeugung von „Monoschlämmen") in Industriebetrieben einsetzen.

Der Schutz des MVA-Betreibers vor ordnungsrechtlichen Maßnahmen der Genehmigungsbehörde oder gar Ermittlungen wegen der einschlägigen Straftatbestände führten bei der MVA Bielefeld-Herford GmbH zu einem Ausschluß von reinen Chargen PVC von der Behandlung. Festgestellt worden war nämlich, daß größere PVC-Mengen zu starken Peaks bei den HCl-Emissionen führten, weil der plötzliche Anstieg der Chlorverbindungen im Rohgas durch die Rauchgasreinigungsanlage nicht sofort aufgefangen werden konnte. Seit dem Ausschluß von PVC von der Verbrennung sind solche (kurzzeitigen) Überschreitungen der Emissionsgrenzwerte nicht mehr aufgetreten.

Nicht nur qualitative, sondern auch quantitative Steuerungen sind über die Zulassungsbeschränkungen bei den Entsorgungsanlagen möglich. So wurde im Herbst 1990 wegen einer deutlichen Mengenüberlastung der MVA die Annahme von verwertbaren Stoffen (Pappe, Holz, etc.) von der Verbrennung ausgeschlossen. Diese Vorschriften wurden durch relativ umfangreiche Sichtkontrollen überprüft. Fahrzeuge mit wertstoffhaltigen Ladungen wurden zurückgeschickt und nach ca. zwei Wochen konnten die täglichen Zurückweisungen auf ca. 20 % reduziert werden. Diese Maßnahme ist durch eine entsprechende Bestimmung in der Satzung über die Vermeidung und Entsorgung von Abfällen in der Stadt Bielefeld in § 22 Abs. 3 abgedeckt. Dort heißt es „Die in den Benutzungsordnungen der in § 21 genannten Abfallentsorgungsanlagen besonders ausgewiesenen verwertbaren Abfälle aus Industrie und Gewerbe dürfen nur angeliefert werden, wenn im Einzelfall nachgewiesen wird, daß eine Verwertung im Sinne des § 3 Abs. 2 Satz AbfG nicht möglich ist. Dieser Nachweis ist durch Vorlage von schriftlichen negativen Stellungnahmen entsprechender Verwertungsbetriebe zu erbringen." Solche Bescheinigungen müssen der Unteren Abfallwirtschaftsbehörde vorgelegt und von ihr bestätigt werden, wenn ein Anlieferer mit im Prinzip verwertbaren Materialien Zugang zur Müllverbrennungsanlage erhalten will. Solche Bescheinigungen mußten bisher in fünf Fällen ausgestellt werden. Aufgrund dieser Maßnahme gingen die Gewerbemüllanlieferungen bei der MVA um 10 - 20 % zurück.

3. Ordnungsbehördliches Handeln

3.1 Gewerbeabfallkataster und Sonderabfallüberwachung

In Bielefeld existiert ein Gewerbeabfallkataster, das abfallwirtschaftliche Grundinformationen vor allem über die Sonderabfälle in Bielefelder Gewerbe- und Industriebetrieben enthält. Im Augenblick wird das Kataster an Hand der neuerdings bei der MVA-Anlieferung EDV-mäßig erfaßten Daten um Angaben im Bereich Wertstoffe und sog. hausmüllähnliche Gewerbeabfälle ergänzt. Das Kataster wird per EDV geführt und mit der Sonderabfallüberwachung (Begleitscheinverfahren) verknüpft (4). Mit diesem Verfahren wird für jeden Begleitschein automatisch die richtige Zuordnung eines bestimmten Abfallstoffes zu einer Entsorgungsanlage überprüft. Außerdem kann die Regelmäßigkeit der Entsorgung mit dem Verfahren kontrolliert werden.

Das Verfahren erlaubt es, für bestimmte Abfallarten, bestimmte Entsorgungswege oder bestimmte Firmen getrennte Auswertungen und Statistiken zu erstellen, die Grundlage für abfallwirtschaftliches Handeln sind. In diesem Bereich sind zwei Verwaltungskräfte und eine Datentypistin tätig.

Neben dem „Nachvollzug" der Entsorgungsvorgänge werden in diesem Bereich auch Verpflichtungen zur Nachweisführung ausgesprochen und Bußgeldverfahren eingeleitet beziehungsweise Vorarbeiten für Strafverfahren mit dem Kontrollpersonal vor Ort notwendig.

3.2 Kontrollaufgaben vor Ort

Von entscheidender Bedeutung für die Effektivität von Abfallüberwachung allgemein und der Sonderabfallüberwachung im besonderen ist die Präsenz von Personal vor Ort. In Bielefeld ist dieser Bereich mit zwei Außenkontrolleuren, einer Chemotechnikerin (inklusive Labor) zwei Verwaltungsbeamten und einem Ingenieur ausgestattet. Schon allein die Tatsache, daß Betriebskontrollen vor Ort durchgeführt werden, war für viele Betriebe ein Novum und führte zu entsprechenden Effekten.

Im Bereich der Boden- und Bauschuttdeponien in privater Regie ist eine mehr oder weniger permante Drohung mit ordnungsbehördlichem Einschreiten notwenig, um eine einigermaßen ordnungsgemäße Anlieferung von Boden- und Bauschutt zu gewährleisten. Hier wurde vom städtischen Personal in den letzten zwei Jahren auf fünf Deponien in ca. 50 Fällen das Aufladen und wieder Abtransportieren von Haus- oder Gewerbemüll sofort vor Ort veranlaßt. Oft muß außerdem der (eigentlich zuständige) Regierungspräsident zur Einleitung von Ordnungswidrigkeitsverfahren aufgefordert werden.

Vor allem im Bereich der Sonderabfallüberwachung vor Ort ist es auch bereits zu einigen staatsanwaltschaftlichen Ermittlungen beziehungsweise Strafverfahren gegen Betreiber von Sonderabfallbehandlungsanlagen (Firma Spilker jetzt Edelhoff) gekommen. In einem Fall wurde eine Freiheitsstrafe wegen eines Deliktes nach § 324 StGB verhängt. Die Zusammenarbeit mit dem örtlichen Kommissariat für Umweltdelikte der Kriminalpolizei hat sich sehr gut entwickelt.

Gerade in einer Situation, wo der Druck auf die Abfallerzeuger durch steigende Preise und enger werdende Kapazitäten ständig erhöht wird, muß eine effektive Überwachung das Ausweichen auf illegale Entsorgungspfade verhindern. Nur so kann gewährleistet werden, daß der Entsorgungsdruck an der richtigen Stelle zu Produktionsumstellungen im Sinne der Abfallvermeidung und Abfallverwertung führt.

3.3 Stellungnahmen der unteren Abfallwirtschaftsbehörde in Genehmigungsverfahren nach AbfG und BImSchG

Ein weiterer Baustein abfallwirtschaftlicher Steuerung sind die Genehmigungsverfahren für private Abfallbehandlungsanlagen und Deponien. Hier kann die untere Abfallwirtschaftsbehörde durch klare und vollziehbare Auflagen und Bedingungen die Zuweisung von Abfallstoffen zu bestimmten Anlagen und den ordnungsgemäßen Betrieb dieser Anlagen gewährleisten helfen. Durch die damit verbundenen Kostensteigerungen wird in aller Regel eine relevante Motivation für Vermeidung und Verwertung von Abfällen erzeugt. So konnte bei einer großen Papierfabrik für die betriebseigene Deponie erstmals eine fachliche fundierte Planung und entsprechende Ausführung durchgesetzt werden. Angesichts dieser (kostenträchtigen) Deponielösung wird die Ablagerung hier derzeit nur als Notlösung betrieben, während der Abfall zum überwiegenden Teil in der Ziegelindustrie verwertet wird.

Auch bei der Genehmigung von Produktionsanlagen kann nach § 5 Abs. 1 Nr. 3 BImSchG die Vermeidung oder Verwertung von Abfällen vorgeschrieben werden, wenn sie technisch machbar und wirtschaftlich zumutbar ist. Für die Handhabung dieser Vorschrift gibt es inzwischen zwar den Entwurf einer Verwaltungsvorschrift des Länderausschusses für Immissionsschutz (5), das die Verfahrensweise regelt. Für die Beurteilung der technischen Machbarkeit fehlen im Augenblick aber konkrete Standards für die einzelnen Industriebranchen. Allerdings hat schon die Aufforderung an die Industriebetriebe im Antrag Angaben über die innerbetrieblichen Stoffströme und die vom Betrieb selber erwogenen Vermeidungs- und Verwertungsmöglichkeiten einen gewissen Effekt. Betriebliche Abfallwirtschaftskonzepte mit klaren Vorgaben für die entsorgungsorientierte Produktionsplanung und jährliche Rechenschaftspflichten über die Abfallbilanz der einzelnen Betriebe (6) können hier einen weiteren Fortschritt bringen.

Die gesetzliche Vorschrift allein führt jedoch nicht zu relevanten Vermeidungs- und Verwertungserfolgen im Bereich der Produktionsabfälle. Hier müssen vor allen Dingen ökonomische Steuerungsinstrumente greifen.

3.4 Kommunale Kontrolleure in privaten Entsorgungsbetrieben

Das Installieren von kommunalen Kontrolleuren in privaten Entsorgungsbetrieben ist ein neues Instrument der unteren Abfallwirtschaftsbehörden, das in Bielefeld aus der konkreten Praxis heraus entstanden ist. Nach einem Störfall in einer chemisch-physikalischen Behandlungsanlage der Firma Spilker (jetzt Edelhoff) wurde der Weiterbetrieb nur mit einer geänderten Planfeststellung genehmigt, in der die Einstellung eines Kontrolleurs durch den Betrieb festgeschrieben wurde. Dieser Kontrolleur ist von betrieblichen Anweisungen unabhängig und den Behörden in jedem Fall berichtspflichtig.

Bei der geplanten Gewerbemüllsortieranlage eines Konsortiums aus sämtlichen in diesem Bereich tätigen Privatunternehmen, wurde dieses Modell in etwas modifizierter Form in einem privatrechtlichen Vertrag zwischen Stadt Bielefeld und Betreiber festgeschrieben. Hier hat der Kontrolleur allerdings ein Arbeitsverhältnis mit der Stadt Bielefeld. Die Lohnkosten werden der Stadt vom privaten Betreiber erstattet.

Solche Regelungen lassen sich sicherlich nicht allein mit dem gesetzlichen Auftrag der unteren Abfallwirtschaftsbehörde begründen. Hier ist sowohl Kooperationsbereitschaft der Betreiber als auch ein starker öffentlicher Druck zur Durchsetzung unerläßlich.

4. Rolle der Öffentlichkeit

Die traditionelle Obrigkeitsverwaltung sah in der Öffentlichkeit eher eine Bedrohung und weniger eine Unterstützung. Es zeigt sich jedoch, daß bei entsprechendem Verwaltungshandeln auch viel an Unterstützung und Zuspruch aus Bevölkerung und Öffentlichkeit kommt. In diesem Sinne gibt es vielfältige Möglichkeiten zu einer produktiven Zusammenarbeit zu kommen.

Die obengenannten städtischen Kontrolleure in privaten Entsorgungsbetrieben konnten nur durchgesetzt werden, weil öffentliche Bedenken und Proteste gegen die Zuverlässigkeit von privaten Betreibern geäußert wurden. So wurde nach dem obengenannten Störfall der Firma Spilker (jetzt Edelhoff) das Betriebsgelände für einige Tage von empörten Menschen blockiert. Auch die Gewerbemüllsortieranlage ist bei den Bürgern vor Ort nicht gern gesehen. Deshalb versucht der private Betreiber ein möglichst vollständiges Einvernehmen mit der Umweltverwaltung bei Planung und Betrieb der Anlage herzustellen.

Aber auch mit den von der Planung betroffenen Bürgerinnen und Bürgern werden im Vorfeld und während des gesamten Planungsprozesses die einzelnen Schritte des Vorhabens erörtert. Außerdem wurde in einem Vertrag zwischen der Stadt und dem Betreiberkonsortium die Bildung eines Beirates vereinbart, in dem auch eine Vertreterin der Bürgerseite Sitz und Stimme hat. In einem Vertrag zwischen den Bürgerinitiativen und einer Wohnungsbaugenossenschaft einerseits und der MVA Bielefeld-Herford GmbH andererseits wurden Informations- und Mitwirkungsrechte der Bürgerseite sowie eine qualitative und quantitative Beschränkung der Durchsatzleistung der Anlage vereinbart und mit Konventionalstrafen abgesichert.

Ein weiteres Beispiel mag belegen wie die Zusammenarbeit von Stadtreinigungsamt, Öffentlichkeit und einem großen Kreis von Betroffenen gemeinsam eine Verbesserung der abfallwirtschaftlichen Situation erreichen kann: für die Quecksilberbelastung des hausmüllähnlichen Gewerbemülls sind Leuchtstoffröhren ein relevanter Faktor. Allerdings stellten nur zwei von fünf Großhändlern Zwischenlager für die Verwertung solcher Leuchtstoffröhren zur Verfügung. Das Stadtreinigungsamt hat nunmehr die Öffentlichkeit und alle 1 600 Gewerbebetriebe über die Verwertungsmöglichkeit bei den beiden Firmen informiert und deutlich gemacht, daß eine Verwertung nach Ablauf eines halben Jahres zwingend vorgeschrieben wird. Nach Versand des entsprechenden Schreibens an die Gewerbebetriebe und der Information der Öffentlichkeit zeigte sich, daß auch die anderen Großhändler bald Zwischenlager für verbrauchte Leuchtstoffröhren einrichten und eine Verwertung gewährleistet werden kann. Es hatten sich soviele Kunden bei ihren Großhändlern und beim Stadtreinigungsamt gemeldet, daß die Großhändler relevante Umsatzeinbußen bei einer Verweigerungshaltung befürchten.

5. Ökonomische Steuerungsinstrumente

Die abfallwirtschaftliche Steuerung über die Entsorgungskosten ist ein umso effektiveres Steuerungsinstrument je weniger Zwischenschritte zwischen der Anlieferung bei der Behandlungsanlage bzw. Deponie und der Steuerung der Abfallproduktion liegen. Bei Produktionsabfällen, die direkt bei Deponien angeliefert werden, ist also der Steuerungseffekt am größten.

5.1 Entsorgungskosten erhöhen

Werden Anlagen zur Behandlung und Ablagerung von Abfällen in ihrem Emissionsstandard verbessert, müssen diese Kosten über die Gebühren beziehungsweise Entgelte von den Anlieferern getragen werden. Insoweit es sich um kommunale Anlagen mit Anschluß- und Benutzungszwang handelt, ist die Kostendeckung eine zwingende Vorschrift der Kommunalabgabengesetze. Eine Mitfinanzierung solcher Investitionen über allgemeine Steuermittel ist nach dieser Vorschrift rechtswidrig. Außerdem müssen Investitionen zur Reparatur beziehungsweise Sanierung von betriebenen Deponien mindestens im Verhältnis des noch zu verfüllenden Deponievolumens zum Gesamtvolumen von den derzeitigen Anlieferern getragen werden. Selbstverständlich sind in solche Gebührenbedarfsberechnungen auch Nachsorgekosten und die Kosten für eine Wertminderung der in Anspruch genommenen Grundstücke einzubeziehen.

In Bielefeld hat eine konsequente Kalkulation für die städtischen Deponien dazu geführt, daß zum 01.01.1988 eine Erhöhung der Deponieentgelte um 150 % vorgenommen wurde. Das Ablagerungsentgelt beträgt z. Zt. 140,00 DM/m^3 und wird bald bei ca. 300,00 DM/m^3 liegen. Bei einem großen Teil der Erzeuger von Industrieschlämmen hat diese Maßnahme ohne jeglichen Zeitverzug zu einer ordnungsgemäßen Verwertung von Aluminiumhydroxidschlämmen geführt. Dieses Verfahren war bei den alten Ablagerungskosten unwirtschaftlich und ist bei den neuen Ablagerungskosten wirtschaftlich.

Weitere Betriebe vor allem der Oberflächenveredelung und -behandlung bereiten zur Zeit Betriebsumstellungen in Zusammenarbeit mit dem Verfahrenstechniker des Stadtreinigunsamtes vor oder haben bereits die entsprechenden Genehmigungen zur Änderung ihrer Anlagen nach BImSchG beantragt.

Bei der MVA Bielefeld-Heford wird die Nachrüstung der Rauchgasreinigung auf eine zweistufige abwasserlose Naßwäsche und Dioxinrückhaltung zu einer Erhöhung der Verbrennungsentgelte von derzeit 130,00 DM/t (für Hausmüll) auf über 300,00 DM führen. Diese absehbare Entwicklung ist ein Faktor, der wesentlich zur Inangriffnahme der Gewerbemüllsortieranlage beigetragen hat.

5.2 Gebührendifferenzierung

Als sinnvolles Instrument im Bereich der ökonomischen Steuerung hat sich die Differenzierung von Behandlungs- und Ablagerungsentgelten nach den jeweiligen Aufwendungen für Behandlung beziehungsweise Emissionsminderungsmaßnahmen erwiesen. Bei der MVA Bielefeld-Herford werden die Verbrennungsentgelte für den Klärschlamm zum Beispiel überproportional angehoben, weil das Material aufwendig mit anderen Abfällen vermischt werden muß und einen erhöhten Flugstaub- und Feinschlackeanteil zur Folge hat. Diese Verbrennungskostensteigerung erhöht den finanziellen Spielraum für die landwirtschaftliche Verwertung und begünstigt den Beitritt der Stadt Bielefeld zu dem entsprechenden Haftungsfond und Investitionen für die landwirtschaftliche Verwertung. Die Kosten für Gewerbemüll variieren je nach Sortierungsgrad zwischen 115,00 und 190,00 DM/t. Diese Spreizung wird weiter verstärkt werden und flankiert dann die Gewerbemüllsortierung.

Auch bei den Hausmüllgebühren kann ohne rechtliche Probleme eine Differenzierung nach der Abfallmenge erfolgen (7). Allerdings darf man den abfallwirtschaftlichen Effekt einer solchen Regelung nicht überschätzen, denn die ökonomische Bedeutung der Abfallgebühren ist für die Durchschnittshaushalte sehr begrenzt. Nichtsdestotrotz ist eine Differenzierung der Abfallgebühren nach dem Abfallanfall ein wichtiger Baustein zur Abrundung eines abfallwirtschaftlichen Gesamtkonzeptes. In Bielefeld sieht die Satzung eine Reduzierung des wöchentlichen Behältervolumens auf bis zu 15 l/EWo (gegenüber bisher 30 l/EWo) vor. Um das auch für Einfamilienhäuser praktikabel zu machen, wird für die 120 Liter-Tonne eine 14-tägige Abfuhr (roter Deckel) angeboten. Die Erfahrungen mit dieser „Spartonne" sind positiv. Eine Zunahme von illegalen Entsorgungsvorgängen konnte nicht festgestellt werden. Nach einem Jahr sind ca. 10 % der Bielefelder Haushaltungen an die Spartonne angeschlossen. Das durchschnittliche Behältervolumen (incl. Kleingewerbe) hat sich um ca. 10 % auf knapp 50 l/EWo reduziert.

Schrifttum

[1] Konzept für Abfallberatung und Öffentlichkeitsarbeit in Bielefeld, Stadtreinigungsamt Bielefeld 1988
[2] Schultz, Ruth; Gayk, Lothar, Service- und Beratungsleistungen der Stadt Bielefeld zur Förderung der Eigenkompostierung, Müllmagazin 1/1989
[3] Verbesserte Gewerbeabfallverwertung durch neue Konzeptionen am Beispiel der Stadt Bielefeld (Veröffentlichung in Vorbereitung)
[4] Brinker, Achim; Wiebe, Andreas; Lahl, Uwe; Sonderabfallerfassung in einer Stadt, Müll und Abfall Handbuch Kennziffer 80 98
[5] Entwurf einer Verwaltungsvorschrift zur Vermeidung, Verwertung und Beseitigung von Reststoffen nach § 5 Abs. 1 Nr. 3 BImSchG; Länderausschuß für Immissionsschutz
[6] Entwurf LAbfG NW vom 08.02.1991, Landtagsdrucksache 11/1121
[7] Wiebe, Andreas, Lindemann, Hans-Heinrich, Gebührstruktur als Anreiz für Abfallvermeidung und -verwertung – Das Beispiel Bielefeld – der Städtetag 6/90 Seite 451 bis 454

5 Abfallverbrennung und Reststoffverwertung

Aktivkoksverfahren zur weitergehenden Abgasreinigung

Von B. Kassebohm und G. Wolfering[1])

1. Einleitung

Die Kraftwerke der Stadtwerke Düsseldorf AG und die Müllverbrennungsanlage der Stadt Düsseldorf sind in den letzten Jahren mit der quasitrockenen Rauchgasreinigung „System Düsseldorf" ausgerüstet worden. Es handelt sich bei diesem System um einen Sprühabsorber mit nachgeschaltetem Elektrofilter, wobei als Absorbtionsmittel eine Weißkalkhydratsuspension eingesetzt wird. Mit diesem System lassen sich die vom Gesetzgeber derzeit vorgeschriebenen Grenzwerte für SO2, HCL, Staub usw. sicher einhalten.

Um den NOx-Grenzwert bei kohlegefeuerten Kesseln von 200 mg/m³ i.N.tr. einhalten zu können, ist für die bei den Stadtwerken Düsseldorf AG betriebenen hochbelasteten Schmelzkammerfeuerungen (Zyklonfeuerungen) die Kombination von sogenannten Primär, d.h. feuerungstechnischen Maßnahmen, mit Sekundärmaßnahmen, d.h. Katalysatoren, erforderlich.

Mit feuerungstechnischen Maßnahmen allein gelang die Absenkung der Stickoxidemissionen von 1 600 – 1 800 mg/m³ n auf etwa 1 000 mg/m³ n. Damit ergaben sich zur Einhaltung der Grenzwerte für die nachzuschaltenden Katalysatoren immer noch notwendige NOx-Abscheidegrade von über 80 %. Z.Z. sind hierzu konventionelle Titanoxid-Katalysatoren auf der Reingasseite mit Wiederaufheizung der Rauchgase im Einsatz. Gerade für diese sekundäre Entstickung sind die Stadtwerke Düsseldorf AG bemüht, ein gleich wirksames aber kostengünstigeres Verfahren zu finden.

Die Müllverbrennungsanlage der Stadt Düsseldorf entsorgt die Region mit ca. 800 000 Einwohnern einschl. der dort ansässigen gewerblichen Betriebe. Das Müllaufkommen beträgt ca. 450.000 t/a Haus- und hausmüllähnliche Gewerbeabfälle. Die Anlage besteht aus sechs Müllverbrennungskesseln.

[1]) Betriebsdirektor Dipl.-Ing. Borchert Kassebohm, Dipl.-Ing. G. Wolfering, Stadtwerke Düsseldorf

Einen Überblick über die allgemeine, schrittweise Herabsetzung der Emissionsgrenzwerte und die z.Z. von der Müllverbrennungsanlage Düsseldorf eingehaltenen Werte zeigt am Beispiel des Monatsmittels Oktober 1988 das Bild 1.

Die nach TA Luft 86 geforderten Grenzwerte werden mit Ausnahme des gasförmigen Quecksilbers deutlich unterschritten. Dieses unterstreicht die Funktionstüchtigkeit der quasitrockenen Rauchgasreinigung „System Düsseldorf".

Die Nichteinhaltung des Grenzwertes für staub- und gasförmiges Quecksilber von 0,2 mg/m³ i.N.tr. gem. TA Luft '86 erfordert je nach Höhe der Überschreitung die Nachrüstung mit einer entsprechenden Rückhalteeinrichtung zu unterschiedlichen Terminen; im Fall der MVA Flingern bis zum 01.03.1991.

Unter Berücksichtigung der seit Dezember 1990 in Kraft getretenen 17. BImSchV können aber für eine ideale zukünftige Rauchgasreinigung, aber auch für die Nachrüstung bestehender Anlagen folgende Formulierungen gelten:

– für Fein- und Feinststäube muß wegen der hieran angelagerten Schadstoffe eine noch höhere Abscheidung realisiert werden,
– die Schwermetallabscheidung muß insbesondere für die gasförmig vorliegenden Stoffe ebenfalls wesentlich verbessert werden,
– die Abscheidung von chlorierten Kohlenwasserstoffen, wie Dioxine und Furane, muß bei der neuen Technik impliziert sein,
– die Stickoxidminderung soll ohne die Kosten der Wiederaufheizung der Rauchgase möglich sein,
– zum Schutz der Katalysatoren bei der „kalten" Stickoxidminderung gegen Verunreinigungen muß vor Zugabe des Ammoniaks das Rauchgas frei von Schwefeloxid, Salzsäure und anderer saurer Gasbestandteile gemacht werden,

SCHADSTOFFE in mg/m³	TA-LUFT FASSUNG 1974 11 % O_2 /m³ i.N. feucht	GENEHMIGUNGS-BESCHEID 1985 RRA	TA-LUFT FASSUNG 1986 11 % O_2 /m³ i.N. trocken	FREIWILLIGE BINDUNG 1987	ABGASWERTE DER MVA Oktober 1988	17. BIMSCHV 23.11.1990
Staub	100	75	30	1/2 h Mittel-30 (trocken) Tagesmittelwert 30 (feucht)	19,34	10
bes. staubförmige anorg. Stoffe		nur staubförmig				
Kl.I Cd, Hg, Tl	20	0,2	0,2 Staub + gasf.		0,1-0,5 (gasf.) 0,0005 (Staub)	Cd, Tl 0,05 Hg 0,05
Kl. II z.B. Ni. Co	50	1	1		0,01	Übrige 0,5
Kl. III z.B. Cu, Pb	75	5	5		1,09	
Kohlenmonoxid	1000	100	100		39,25	50
org. Stoffe Gesamt-C	-	20 (K6) 50 (K1-5)	20		5 - 10	10
Dioxine/Furane						0,0001 (TE)
Schwefeldioxid	-	200	100		36,25	50
Stickstoffoxid	-	300	500 (NO_2)		258,9	200 (NO_2)
Chlorwasserstoff	100	75	50		45,67	10
Fluorwasserstoff	5	3	2		n.n.	1

Bild 1: Entwicklung der Grenzwerte seit 1974 und die derzeitige Emissionen

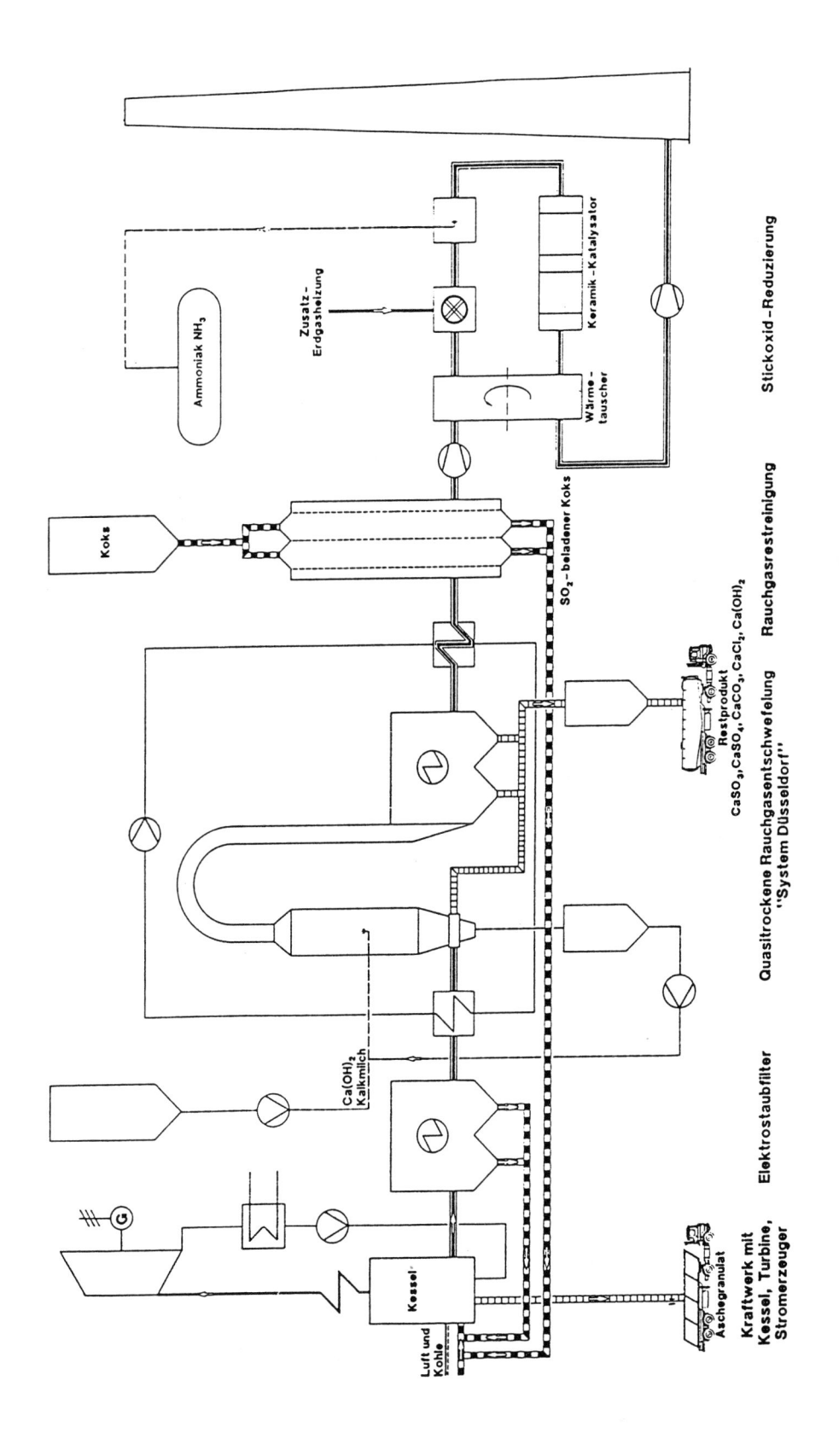

Bild 2: Rauchgasreinigungssystem für die Kraftwerke Flingern und Lausward

– die Abwasserfreiheit der Rauchgasreinigung muß durchgängig erhalten bleiben.

Die Stickoxidminderung ohne Wiederaufheizung der Rauchgase aber auch die Erfüllung von Anforderungen an eine zukunftsweisende Verfahrenstechnik zur weitergehenden Rauchgasreinigung ist durch den Einsatz von Koks möglich.

2. Konzept der weitergehenden Rauchgasreinigung mittels Koks

Die katalytische Stickoxidminderung von Rauchgasen ohne Wiederaufheizung erfordert eine Rauchgasqualität, wie sie bei Abgasen einer Erdgasfeuerung anzutreffen ist.

Das Vorhandensein von sauren Bestandteilen, wie z.B. SO_2, führt bei Zugabe von Ammoniak bei niedrigen Temperaturen zur Salzbildung, die bei niedrigen Temperaturen die Funktion der Katalysatoren beeinträchtigt.

Die weitergehende Rauchgasreinigung besteht im wesentlichen aus zwei Verfahrensschritten:

1. Schritt:
Einstellen der erforderlichen Rauchgasqualität mittels Koks (Rauchgasnachreinigung-RNR)

2. Schritt:
Stickoxidminderung (DENOX) mit Ammoniak und kaltarbeitenden Katalysatoren

2.1 Kraftwerke Lausward/Flingern

Das Rauchgasreinigungssystem „Düsseldorf" besteht bei Einsatz der Kokstechnik aus 4 Stufen:

Stufe 1: Elektrofilter zur Flugstaubabscheidung
Stufe 2: Rauchgasreinigung mit Sprühabsorber und Kalkhydrat sowie Elektrofilter
Stufe 3: Rauchgasnachreinigung (RNR) mit Koks
Stufe 4: Stickoxidminderung (DENOX) mit Ammoniak und Katalysatoren

Wie **Bild 2** zeigt, erfolgt zunächst in einem Elektrofilter die Abscheidung des Flugstaubes, der bei den vorhandenen Kesseln mit flüssigem Schlackeabzug in die Feuerung zurückgeführt und vollständig in der Schlacke eingebunden wird. Diese Flugstaubrückführung gewährleistet, daß das Unverbrannte im Flugstaub mit einem Anteil bis zu 50 % voll genutzt wird. Gleichzeitig entfällt bei der Schmelzfeuerung die Beseitigung der trockenen Flugstäube. Im nachfolgenden Schritt wird das Rauchgas dann entschwefelt. Das Prinzip des angewendeten quasitrockenen Rauchgasentschwefelungsverfahrens besteht darin, daß innerhalb einer Reaktionsstrecke eine Kalkhydratsuspension in den Rauchgasstrom eingedüst und von der Restwärme getrocknet wird. Durch Reaktion von SO_2 mit Kalkhydrat entstehen Reaktionsprodukte, vorwiegend Kalziumsulfid und Kalziumsulfat, die in einem nachgeschalteten Elektrofilter abgeschieden werden.

Der Entschwefelungsgrad liegt bei etwa 85 – 90 %, wobei die SO_2-Reingasgehalte im Rauchgas abhängig vom Schwefelgehalt der Kohle im Bereich von 200 – 400 mg/m³ i.N.tr. variieren. Das entschwefelte Rauchgas wird anschließend im nächsten Schritt mit Hilfe von Koks in der weitergehenden Rauchgasnachreinigung (RNR) vom Rest-SO_2 und dem Rest-Staub vollständig befreit. Als 4. Stufe folgt z. Z. noch die katalytische Stickoxidminderung in der allgemein bekannten Form bei Temperaturen von etwa 320°C. Diese Temperatur wird z. Z. erfolgreich aufgrund der sehr sauberen Rauchgase schrittweise gesenkt. Ziel ist es, die Zusatzheizung völlig abzustellen und bei der natürlichen Rauchgastemperatur von 90°C zu arbeiten. Erreicht wird dieses eventuell unter einer Erhöhung des Katalysatorvolumens von geschätzt 30 % und hängt von hier eingesetztem Katalysatormaterial ab.

2.2 Müllverbrennungsanlage Flingern

Bei Trockenfeuerungen und hierzu zählt auch die Müllverbrennungsanlage, ergibt sich mit der Kokstechnik ein 3-stufiges Rauchgasreinigungssystem:

Stufe 1: Rauchgasreinigung mit Sprühabsorber und nachgeschaltetem Elektrofilter
Stufe 2: Rauchgasnachreinigung (RNR) mit Koks
Stufe 3: Stickoxidminderung (DENOX) mit Ammoniak und Katalysatoren

Das **Bild 3** zeigt die rauchgasseitige Schaltung der 3 Stufen. Das Rauchgas wird im Sprühabsorber durch Eindüsen einer kalkhydratsuspension von 210°C auf 140°C abgekühlt. Die sauren Bestandteile im Rauchgas werden mit dem Kalkhydrat zu entsprechenden Verbindungen umgesetzt und zusammen mit dem Flugstaub der Kessel als sogenanntes Reaktionsprodukt im nachgeschalteten Elektrofilter abgeschieden.

Die RNR mit Koks hinter einer Müllverbrennung ermöglicht neben der Bereitstellung eines für die „kalte" Stickoxidminderung geeigneten Rauchgases auch die selektive Abscheidung späterer Schadstoffe, wie Staub, Hg, Dioxine, Furane etc. in der gleichen Anlage. Die Stickoxidminderung erfolgt bei Temperaturen bis 180°C.

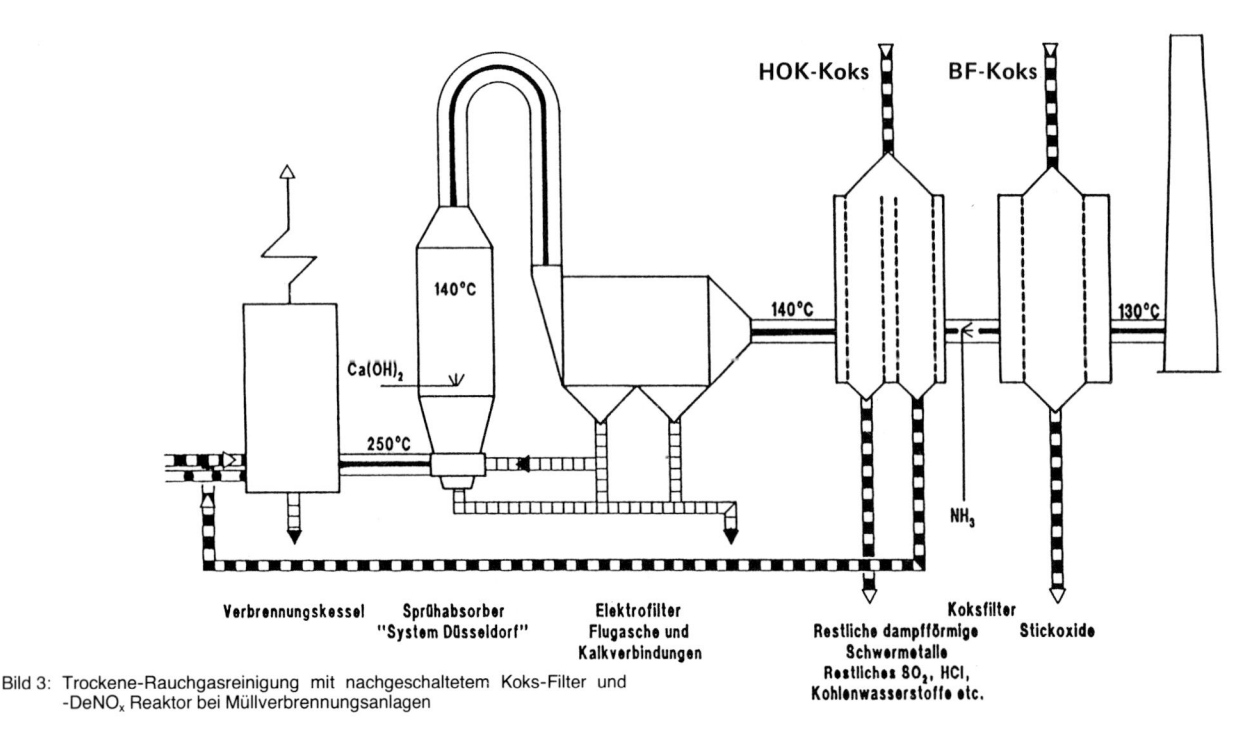

Bild 3: Trockene-Rauchgasreinigung mit nachgeschaltetem Koks-Filter und -DeNO$_x$ Reaktor bei Müllverbrennungsanlagen

3. Entwicklung der Kokstechnik für die Rauchgasreinigung

Im folgenden sind die von den Stadtwerken Düsseldorf AG hierfür betriebenen bzw. noch in Betrieb befindlichen Versuchs-, Demonstrations- und Betriebsanlagen unterschiedlicher Bauarten zusammengestellt.

1. Versuchsanlage im Heizkraftwerk Garath, Bauart Kreuzstrom
   10 000 m^3 $_n$/h   1985 – 1986
2. Versuchsanlage in der Müllverbrennung Düsseldorf, Bauart Kreuzstrom
   200 m^3 $_n$/h   1985 – 1986
3. Versuchsanlage im Kraftwerk Lausward, Bauart Mehrweg
   500 m^3 $_n$/h   1986 – 1987
4. Demonstrationsanlage im Heizkraftwerk Garath, Bauart Kreuzstrom
   60 000 m^3 $_n$/h   1987 – heute
5. Demonstrationsanlage im Kraftwerk Lausward, Bauart Mehrweg
   7 500 m^3 $_n$/h   1987 – 1988
6. Versuchsanlage in der Müllverbrennung Düsseldorf, Bauart Kreuzstrom
   500 m^3 $_n$/h   1987 – heute
7. Versuchsanlage in der Müllverbrennung Düsseldorf, Bauart Gegenstrom
   1 600 m^3 $_n$/h   1989 – heute
8. Betriebsanlagen im Kraftwerk Lausward und Kraftwerk Flingern zusammen 2,5 Mio m^3 $_n$/h seit 01.01.1990 in Betrieb.
9. Betriebsanlage in der Müllverbrennung Düsseldorf, Bauart Gegenstrom
   500 000 m^3 $_n$/h   ab 1991

4. Koksmaterialien

Bei den Versuchen wurden unterschiedliche Koksmaterialien eingesetzt, wobei in diesem Bericht ausschließlich auf Ergebnisse eingegangen wird, die mit in Nordrhein Westfalen hergestellten Koksarten (HOK und BF-Koks) erzielt wurden:

a) Herdofenkoks (HOK)
   auf Braunkohlebasis, hergestellt von der Fa. Rheinbraun, Köln

b) Aktivkoks
   an Steinkohlebasis (BF-Koks), hergestellt von der Bergbauforschung, Essen, der heutigen DMT

Wegen des höheren Preises für BF-Koks, der je nach Qualität mit ca. 2 000,-- bis 3 000,-- DM/t angegeben wird, sieht das Rauchgasreinigungskonzept vor, in der RNR ausschließlich HOK einzusetzen, da es zur Zeit zu einem Preis von etwa 260,-- DM/t angeboten wird.

Eine Regeneration des beladenen Herdofenkokses erübrigt sich. Der Koks wird nach möglichst vollständiger Beladung gewechselt und als Brennstoff in der eigenen Feuerung verbrannt. Die Verwendung von BF-Koks ist auf die Verwendung als Katalysator bei der Stickoxidminderung, d.h. ohne Verbrauch weil im „Festbett", beschränkt.

5. Ergebnisse

5.1 Rückhaltevermögen für Schadstoffe

Bei der Verbrennung von Kohle oder Müll kann davon ausgegangen werden, daß eine Vielzahl von Substanzen außer den Verbindungen mit C und N$_2$ in den entstehenden Rauchgasen vorhanden ist.

Ihre Abscheidung durch Aktivkoks oder Aktivkohle ist prinzipiell möglich. Grenzen werden durch die Betriebstemperatur, den Partialdruck und die Verweilzeit der Rauchgase in der Schüttung gesetzt.

5.1.1 SO$_2$-Aufnahme von HOK

SO$_2$ wird vom HOK aus dem Rauchgas adsorbiert und katalytisch zu Schwefelsäure oxidiert. Die Schwefelsäure wird adsorptiv und zum Teil chemisch gebunden im Koks zurückgehalten.

Die max. unter Laborbedingungen ermittelte Beladungskapazität von HOK beträgt ca. 25 Gew.-% Schwefelsäure, entsprechend ca. 16 Gew.-% SO$_2$. Voraussetzung für diese hohe Beladung ist allerdings eine sehr große Verweilzeit des Rauchgases im Koksbett, die in der Praxis nicht zu verwirklichen ist.

Eine Grenze ist dabei von der baulichen Größe und eine zweite vom Druckverlust gegeben. Mit den in der Praxis realisierbaren Standzeiten von einigen 100 Betriebsstunden und Rauchgas-Verweilzeiten von 6 – 10 s bei Leerrohrgeschwindigkeiten von 0,15 – 0,25 m/s (effektiv) ergeben sich Schichtdicken von 0,9 bis 2,5 m und eine SO$_2$-Beladung von 10 – 12 %.

5.1.2 Ergebnisse der Versuche in der MVA Düsseldorf-Flingern

Neben der Abscheidung von SO$_2$ wurde hier auch das Rückhaltevermögen gegenüber anderen Verbindungen nachgewiesen.

Bild 4 zeigt das Versuchsfilter, mit dem die in den **Bildern 5 – 9** aufgezeigten Ergebnisse erzielt wurden.

Dem Diagramm (**Bild 5**) können die HCl-Werte auf der Roh- und Reingasseite in Abhängigkeit von der Standzeit entnommen werden. Der HCl-Durchbruch bei Rohgaswerten zwischen 20 und etwa 50 mg/m^3 i.N.tr. durch die erste 100 mm-Koksschicht des Versuchsfilters erfolgte nach etwa 220 Stunden, durch die zweite Schicht nach etwa 300 Stunden und durch die dritte Schicht nach etwa 520 Stunden.

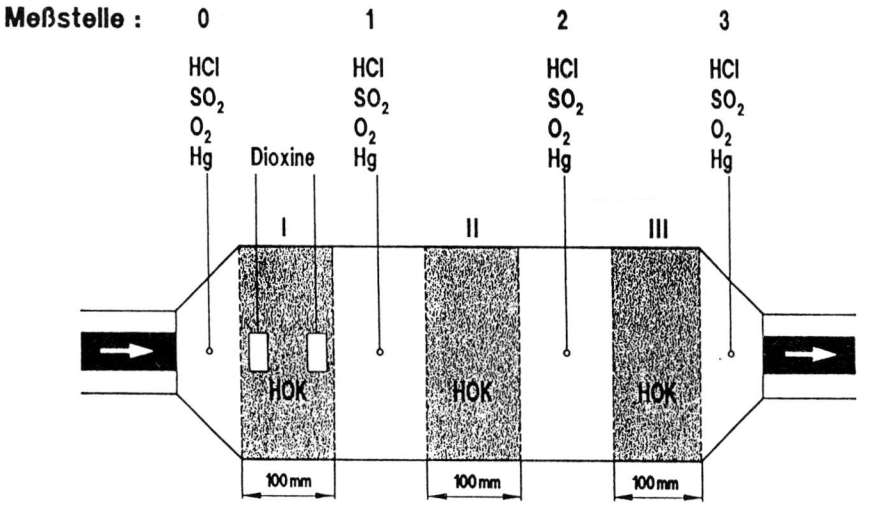

Bild 4: Koksfilter mit drei Koksschichten von 100 mm Bettiefe Anströmfläche : 0.5m^2, Volumenstrom : 200m^3/h

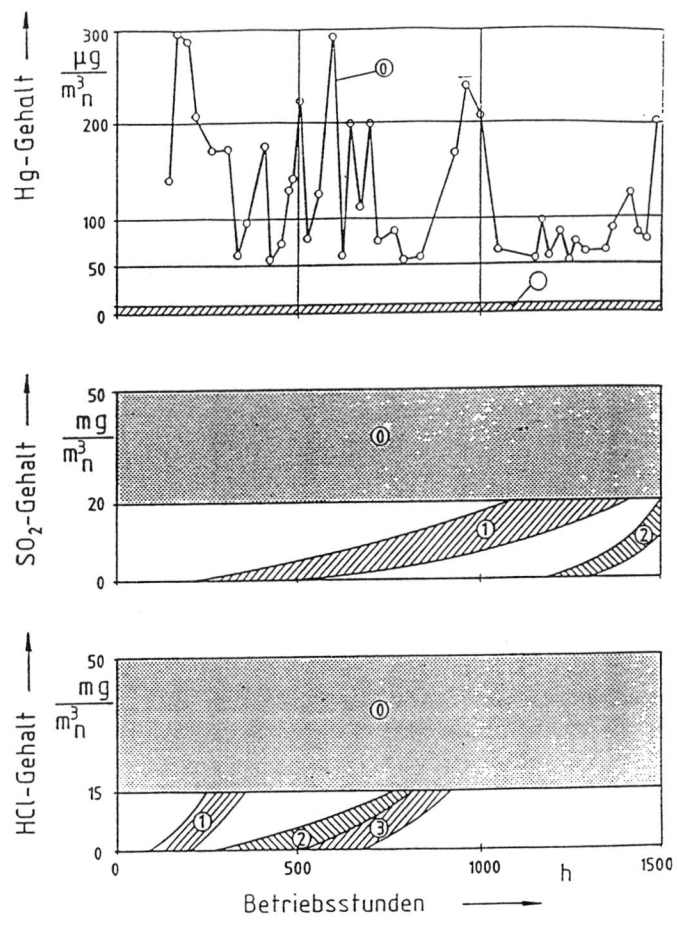

Bild 5: Hg-, SO₂- und HCl-Konzentration hinter den verschiedenen Koksschichten
0: Schadstoffkonzentration vor Koksfilter
1: Schadstoffkonzentration hinter Koksschicht 1
2: Schadstoffkonzentration hinter Koksschicht 2
3: Schadstoffkonzentration hinter Koksschicht 3

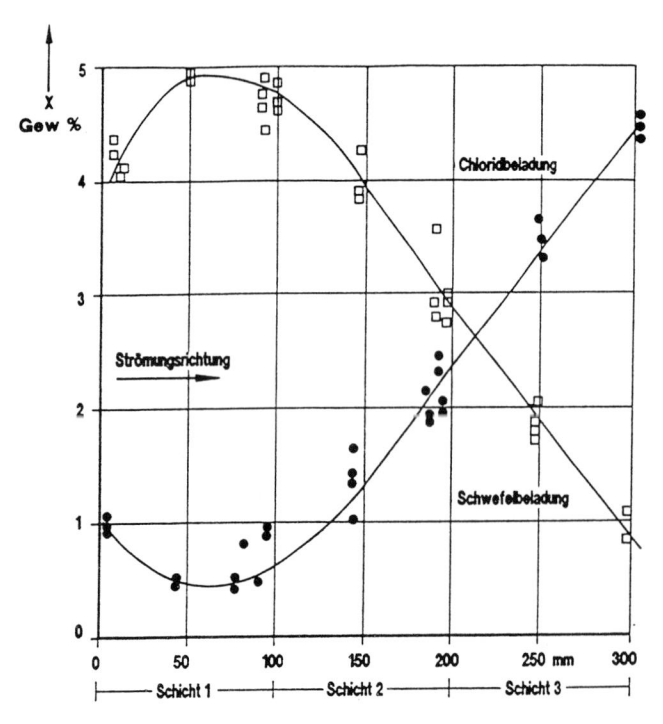

Bild 6: Schwefel- und Chlorbeladung von HOK in Abhängigkeit von der Schichttiefe nach 1600 Betriebsstunden

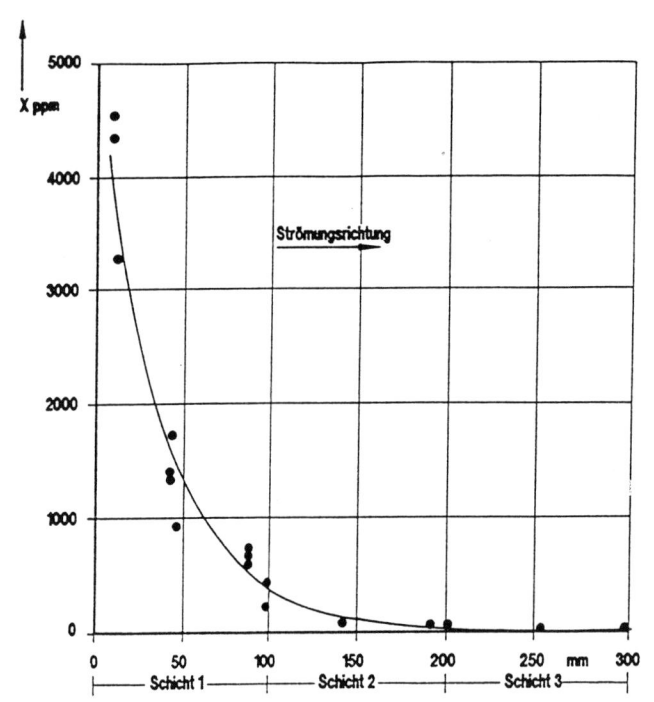

Bild 7: Quecksilberbeladung von HOK in Abhängigkeit von der Schichttiefe nach 1600 Betriebsstunden

Bezüglich der Entschwefelung mit Herdofenkoks zeigt sich, daß SO$_2$ vom Herdofenkoks besser adsorbiert wird als HCl. Nach **Bild 5** ergeben sich SO$_2$-Durchbrüche durch die erste Schicht nach ca. 340 Stunden und die zweite Schicht nach etwa 1 200 Stunden. Hinter der dritten Schicht, d.h. nach 3 x 100 = 300 mm, konnte während des Versuchszeitraumes von 1 500 Stunden SO$_2$ nicht nachgewiesen werden.

Die Quecksilberkonzentrationsmessungen vor und hinter der ersten Koksschicht ergaben, daß eine Herdofenkoksschicht von ca. 100 mm für den angegebenen Versuchszeitraum ausreicht, um den Quecksilbergehalt von etwa 20–350 mg/m³ i.N.tr. auf etwa 0–2 mg/m³ i.N.tr. zu reduzieren (**Bild 5**).

Darüber hinaus wurde festgestellt, daß neben Staub, HCL, SO$_2$ und Quecksilber auch Cadmium und hochmolekulare Kohlenwasserstoffe (z. B. Dioxine) nahezu vollständig aus dem Rauchgas entfernt werden.

Konzentrationsangaben in ng/g	Schicht 1	
	Mitte vorn	Mitte hinten
Tetrachlordibenzodioxine	157	0,2
Pentachlordibenzodioxine	173	0,3
Hexachlordibenzodioxine	210	0,2
Heptachlordibenzodioxine	98,4	0,2
Octachlordibenzodioxin	55,9	0,1
Summe Tetra- bis Octachlordibenzodioxine	694,3	1,0
Tetrachlordibenzofurane	747	0,8
Pentachlordibenzofurane	700	0,6
Hexachlordibenzofurane	352	0,7
Heptachlordibenzofurane	119	0,2
Octachlordibenzofuran	79,3	0,1
Summe Tetra- bis Octachlordibenzofurane	1997,3	2,4

Bild 8: Bestimmung polychlorierter Dibenzodioxine und Dibenzofurane in HOK-Proben, Summen

Konzentrationsangaben in ng/g	Schicht 1	
	Mitte vorn	Mitte hinten
2,3,7,8-Tetrachlordibenzodioxin	5,9	0,01
1,2,3,7,8-Pentachlordibenzodioxin	26,7	0,02
1,2,3,4,7,8-Hexachlordibenzodioxin	11,8	0,01
1,2,3,6,7,8-Hexachlordibenzodioxin	23,5	0,02
1,2,3,7,8,9-Hexachlordibenzodioxin	18,0	0,01
1,2,3,4,6,7,8-Heptachlordibenzodioxin	55,2	0,06
2,3,7,8-Tetrachlordibenzofuran	43,6	0,03
1,2,3,7,8-Pentachlordibenzofuran	105,0	0,06
2,3,4,7,8-Pentachlordibenzofuran	35,2	0,04
1,2,3,4,7,8-Hexachlordibenzofuran	68,5	0,03
1,2,3,6,7,8-Hexachlordibenzofuran	91,3	0,09
1,2,3,7,8,9-Hexachlordibenzofuran	3,3	n.n.
2,3,4,6,7,8-Hexachlordibenzofuran	39,1	0,10
1,2,3,4,6,7,8-Heptachlordibenzofuran	101,0	0,10
1,2,3,4,7,8,9-Heptachlordibenzofuran	40,5	0,01
TCDD-Äquivalente nach BGA	73,32	0,08

n.n.= nicht nachweisbar;
Nachweisgrenze 0,003 ng/g für die Einzelkomponenten

Bild 9: Bestimmung polychlorierter Dibenzodioxine und Dibenzofurane in HOK-Proben

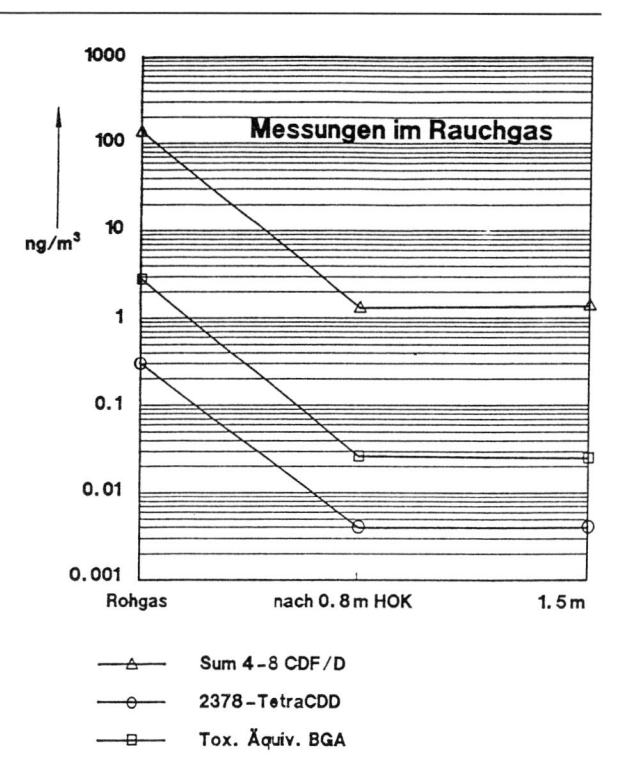

Bild 11: Dioxin- und Furanabscheidung mit Braunkohlenkoks an einer 2000 m³/h-Anlage hinter einer MVA

Die in über 1 500 Betriebsstunden mit 200 m³ n/h beaufschlagten 3 HOK-Schichten von je 100 mm wurden nach Ablauf des Versuches beprobt (**Bild 6**).

Das **Bild 6** ergibt die Schwefel- und Chloridbeladung über der Schichttiefe wieder. Sowohl für Schwefel als auch für Chlor kann eine maximale Konzentration von ca. 5 Ma.-% festgestellt werden. Hierbei liegt die maximale Beladung an Schwefel, in Strömungsrichtung gesehen, vor der Stelle mit der maximalen Beladung mit Chlor.

Dieser Sachverhalt ermöglicht bei entsprechender konstruktiver Gestaltung den separaten Abzug des verschiedenartig beladenen Kokses.

Deutlicher wird diese Möglichkeit bei der Darstellung der Hg-Beladung in **Bild 7**.

Das Hg wird vornehmlich auf den ersten Zentimetern zurückgehalten.

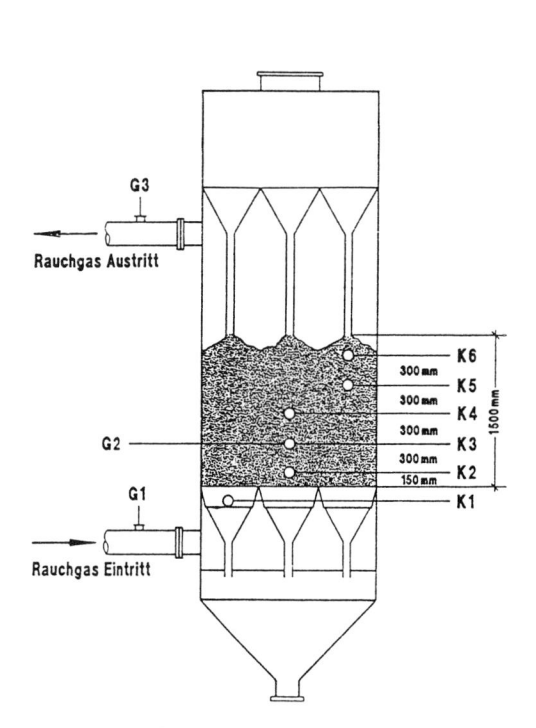

Bild 10: Aufbau der 2000 m³/h Versuchsanlage in der MVA-Flingern

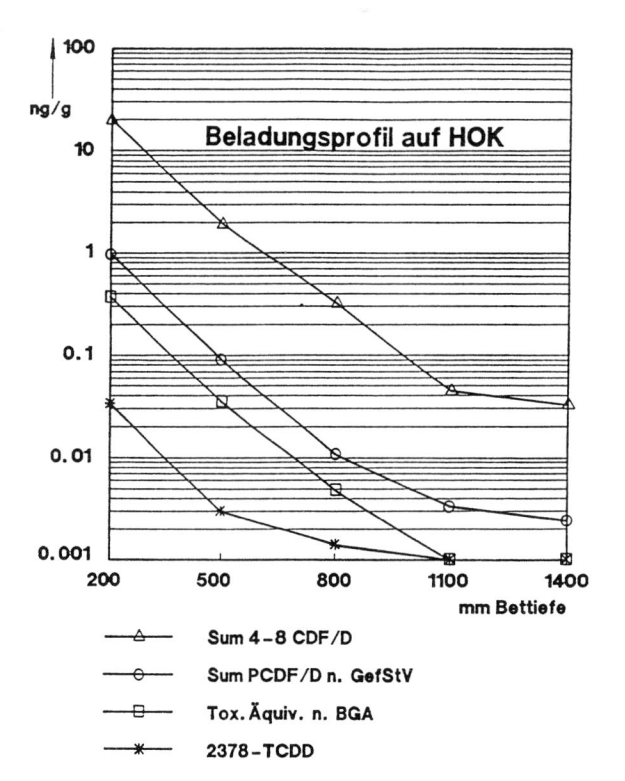

Bild 12: Dioxin- und Furanabscheidung mit Braunkohlenkoks an einer 2000 m³/h-Anlage hinter einer MVA

Die Abscheidung von Dioxin und Furanen geht aus **Bild 8/9** hervor. Auch hier zeigt sich, daß sich bereits in der ersten Schicht der größte Teil der Dioxine und Furane befindet.

In einer weiteren Versuchsanlage, dargestellt in **Bild 10**, wurde der Sachverhalt noch einmal untersucht. Es wurden sowohl Gas- als auch Koksproben gezogen. Die Probenahmestellen sind in **Bild 10** eingezeichnet und bezeichnet. Die Ergebnisse sind in den Diagrammen der **Bilder 11 und 12** wiedergegeben.

Die erzielten Reingaswerte von 0,066 ng TE/m³ n nach 750 mm HOK und von 0,038 ng TE/m³ nach 1 500 mm HOK belegen, daß durch Einsatz von HOK der in der 17. BImSchV genannte Wert von 0,1 ng TE/m³ i. N. tr. eingehalten werden kann.

Die vermehrte Abscheidung der Dioxine und Furane am HOK auf den ersten Zentimetern wird bestätigt.

5.1.3 Entstickung

Nach über insgesamt 10 000 Stunden Betriebserfahrung in Versuchsanlagen mit der Kokstechnik ist eine Beurteilung der NO_x-Reduktion mit Koks als Katalysator für die unterschiedlichen Koksarten möglich.

Die NO-Umwandlung benutzt die Koksoberfläche und erfolgt unter Zusatz von NH_3 zum Rauchgas: Als Reaktionsprodukte entstehen N_2 und H_2O (SCR Technik).

Die heute verlangten Grenzwerte (Auslegungen der 13. und 17. BImSchV) erfordern kleiner 200 mg NO_x/m^3 i.N.tr. Das entspricht Abscheidegraden von 80 – 90 %.

Bei Einsatz von HOK als Katalysator lassen sich 200 mg NO_x/m^3 i.N.tr. nur annähernd bei noch wirtschaftlich vertretbaren Verweilzeiten des Rauchgases im Koksbett von bis zu 20 s erreichen. Es wurde bei den Versuchen festgestellt, daß, unabhängig vom NO_x-Rohgas, ein Reingaswert von 200 mg NO_x/m^3 i.N.tr. nicht sicher unterschritten werden konnte (**Bild 13**). Dazu kommt eine Wasserdampfblockade der Koksporen, z.B. beim Rußblasen oder feuchteren Rauchgasen hinter Müllverbrennung, die das Ergebnis weiter verschlechtern. HOK ist aufgrund dieser Eigenschaft als Katalysator nur eingeschränkt tauglich.

Die Verwendung von BF Koks auf Basis von Steinkohle erlaubt bei Verweilzeiten von ca. 12 s den Grenzwert von 200 mg/m³ i.N.tr. einzuhalten. Um einen Grenzwert von 100 mg/m³ i.N.tr. sicher zu unterschreiten, ist ein Spezialkoks, sogenannter dotierter Koks, erforderlich.

Dieses Produkt der DMT, ermöglicht diesen Wert auch bei Temperaturen von 90°C einzuhalten. Das **Bild 14** gibt den prinzipiellen Verlauf der NO_x-Konzentration in Abhängigkeit von der Verweilzeit wieder.

5.2 Kokshandlung

Der Umgang mit Schüttgütern wie Koks stellt keine neue Technik dar. Beim Transport und Umschlag von HOK ist aber zu berücksichtigen, daß für die Rauchgasreinigung ein Koks mit einem bestimmten Kornspektrum benötigt wird, da hiervon der Druckverlust einer Schüttung bestimmt wird. Zum Einsatz gelangt HOK mit einer Körnung von 1 – 4 mm. Der Unterkornanteil muß möglichst klein gehalten werden.

Deshalb sind der Transport und die Förderung des Frischkokses mit größter Materialschonung durchzuführen. Dagegen kann für den zur Verbrennung bestimmten, beladenen Koks jedes rauhe, d.h. auch pneumatische Fördersystem verwendet werden.

5.2.1 Gegenüberstellung der auf dem Markt befindlichen Koksfilter

Die am Markt befindlichen Schüttgutfilter für Koks unterscheiden sich wie in **Bild 15** dargestellt.

1. Das Kreuzstromprinzip mit einmal durchströmten, vertikal angeordneten Filterbetten

2. Das Mehrwegfilter, bei dem die ebenfalls vertikal angeordneten Koksbetten mehrfach durchstömt werden

3. Das Gegenstromfilter mit einmal durchströmten waagerecht angeordnetem Filterbett

Die einzelnen Filterbetten müssen mit der Koksversorgung und -abführung so konstruiert sein, daß sich der mit unterschiedlichen Stoffen in unterschiedlichen Bettiefen beladene Koks jeweils separat abziehen läßt.

Beim Gegenstromfilter muß jeweils die der Gaseinströmung zugewandte unterste Schicht, die sich mit Staub, Quecksilber, chlorierten Kohlenwasserstoffen etc. belädt, separat von der nachfolgenden Schicht, die das restliche Schwefeldioxid und die Salzsäure adsorbiert hat, abziehen lassen. Die vertikalen Filterbetten der Kreuz- und Mehrwegfilter erreichen dieses durch Einbau von vertikalen Trennwänden aus Lochblechen innerhalb der Schüttung und entsprechenden separaten Abzugorganen im Unterteil.

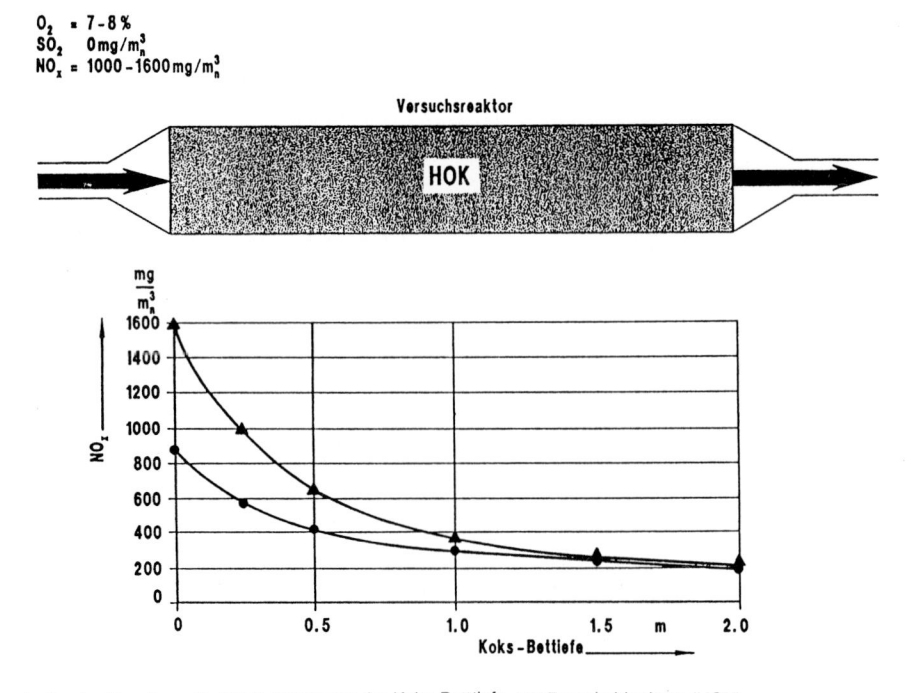

Bild 13: NO_x-Konzentration im Rauchgas in Abhängigkeit von der Koks-Betttiefe, nur Braunkohlenkoks (HOK)

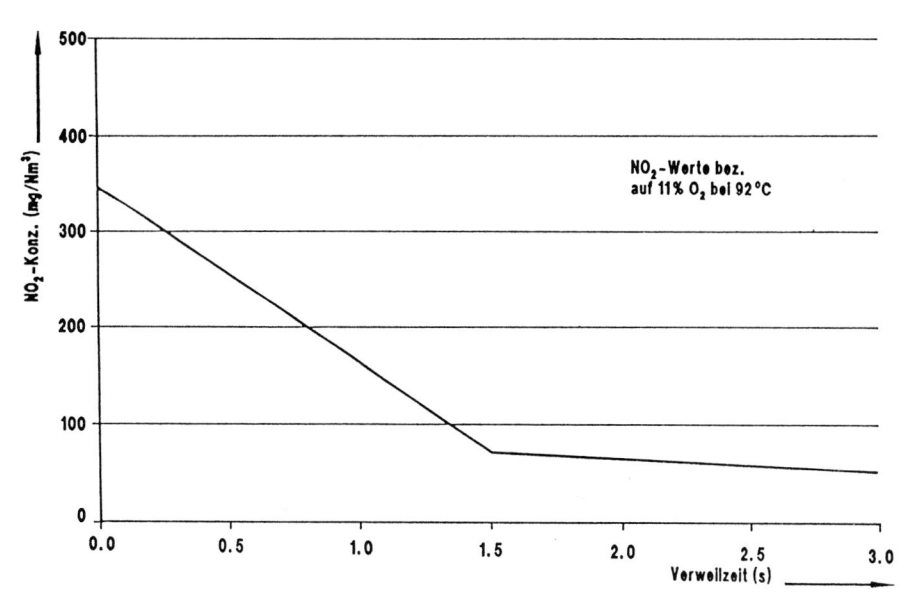

Bild 14: NO$_2$-Werte bei Einsatz vom dotiertem BF-Koks

(NO$_2$-Werte bez. auf 11% O$_2$ bei 92 °C)

Beim Kreuzstromfilter ist die gesamte Höhe mal Breite der einzelnen Koksbetten die Durchströmungsfläche. Die Vorreinigungsschicht ist etwa 100 mm tief und die gesamte Rauchgasreinigung muß in einem Durchgang durch das Bett vollzogen sein.

Beim Mehrwegfilter werden die Koksbetten mit geringerer Tiefe ausgeführt. Die erforderliche Schichttiefe zur Darstellung der Verweilzeit wird durch neues, mehrfaches Durchströmen durch das Koksbett erreicht. Die Koksschicht wird dabei mindestens aus zwei Richtungen nacheinander durchströmt.

Bei gleicher Anströmfläche benötigt dieses Filter die doppelte Anzahl von Koksbetten. Jedes Koksbett ist mit einer 100 mm tiefen Vorreinigungsschicht, die vom Hauptbett getrennt abzuziehen ist, ausgestattet.

Beim Gegenstromfilter tritt das Rauchgas unten in das Schüttgut ein und verläßt das Filter durch den Gasraum oberhalb der Schüttschicht. Die eigentliche Eintrittsstelle für das Rauchgas in die Koksschicht sind die sich jeweils bildenden Abzugskegel des Kokses.

Die Darstellungen in **Bild 15** gehen von der gleichen Rauchgasmenge und gleichen Rauchgasparametern aus. Es zeigt sich, daß die 3 Filtersysteme einen unterschiedlichen Grundflächenbedarf haben. In der Praxis wird das Gegenstromfilter deshalb zweistöckig übereinander realisiert, wobei der abgezogene Koks der oberen Etage, wie auch der

Kreuzstrom — Mehrweg — Gegenstrom

Grundflächen

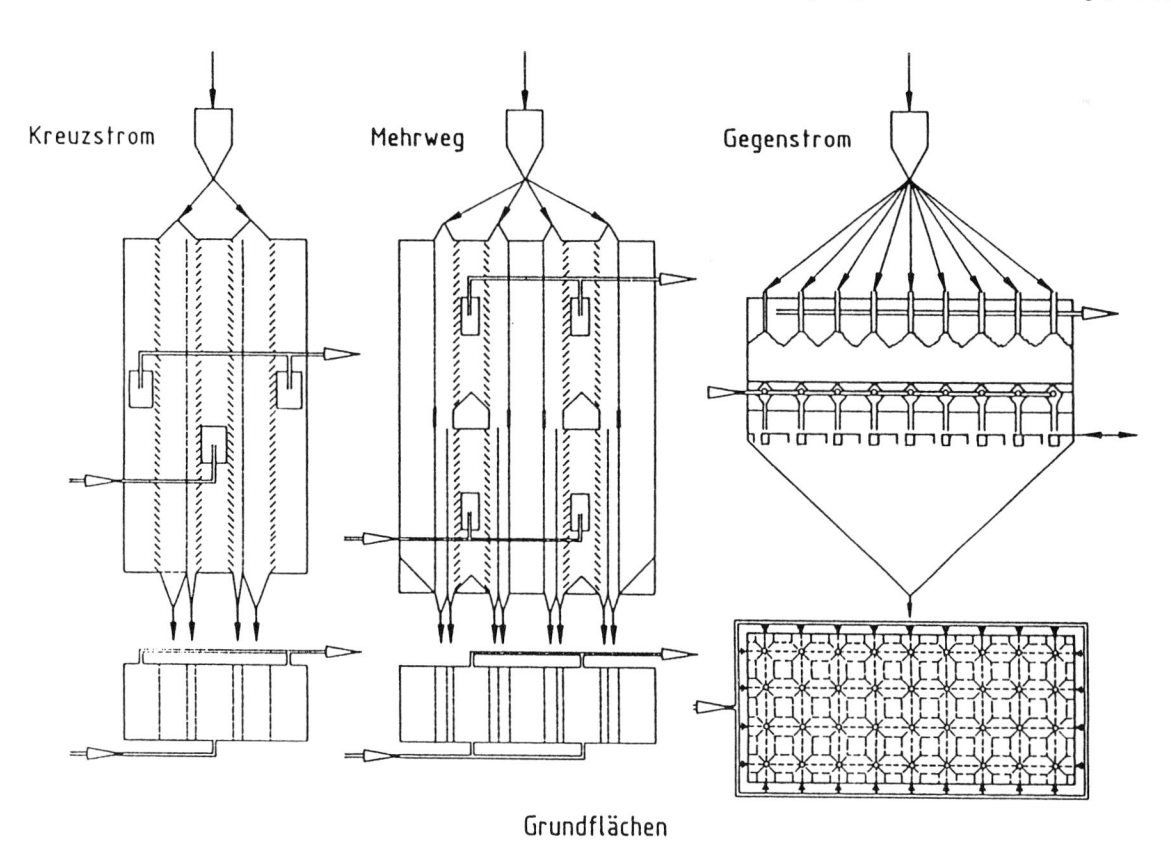

Bild 15: Rauchgasfilter mit Schüttung (insb. für Braunkohlekoks) aus dem Test- und Versuchsprogramm. Funktion und Bauvolumen für jeweils gleiche Menge, Durchstomgeschw. und Verweildauer

Frischkoks zur unteren Etage, dann durch die Filterschüttung der unteren Etage bzw. durch den Reingasraum hindurchzuleiten ist.

Die Durchströmungsgeschwindigkeit kann heute bei der Gegenstromtechnik bis zu 0,25 m/s effektiv betragen, hingegen liegt die Durchströmungsgeschwindigkeit bei vertikalen Koksbetten bei 0,1 m/s – 0,15 m/s effektiv.

Weitere Unterschiede in der Technik ergeben sich z.B. bezüglich der Homogenität der Schüttung. Diese Forderung ist von Wichtigkeit, da die chemisch-physikalischen Umsetzungen in einem Kokskohlefilter exothermen Charakter haben und das Rauchgas die gleichzeitige Aufgabe des Wärmeentzuges hierbei übernimmt. Neben größerem Druckverlust kann ein erhöhter Feinkornanteil zu verschiedenen Betriebsstörungen führen. Durch zusätzlich eingetragenen Staub aus dem Rauchgasstrom und aufgenommene Feuchtigkeit kann sich das Fließverhalten des HOK ändern, so daß die Austragungseinrichtungen entsprechend angepaßt werden müssen.

Dem gleichmäßigen Fließverhalten ist bei der Gestaltung der Gehäuse für die Filterbetten besondere Aufmerksamkeit zu schenken, um Inhomogenitäten im Koksbett zu vermeiden.

Stellen im Schüttgut mit höherer oder geringerer Dichte stören damit zum einen die Wärmeabfuhr und zum anderen täuschen sie einen Schadstoffdurchschlag des Filters vor. Gerade das letztere führt dann zum summarischen Koksabzug aller Schichten eines Filters, obgleich nur eine Hohlstelle die Ursache ist.

Die Neigung zu Inhomogenität muß bei hohen vertikalen Schüttungen mit entsprechender Mächtigkeit und entsprechend langsamen Abzugverfahrens technisch und konstruktiv mehr beachtet werden als bei schlanken Betten mit entsprechend häufigerem Koksabzug.

Beim Gegenstromfilter hilft die Aufwärtsbewegung der Rauchgasströmung durch das Bett Hohlraumbildungen oder Stellen mit Verdichtungen zu verhindern.

Die möglichst 100%ige Ausnutzung der Adsorptionsfähigkeit des Kokses ist eine betriebswirtschaftliche Forderung. Auch hierfür ist wie bereits vorher genannt die Homogenität der Schüttung ein gewisser Garant. Zum anderen würde die Feststellung der genauen Grenze der Kokssättigung eine Vielzahl von Meßstellen und Meßgeräten erfordern. Das Mehrwegfilter bietet durch die Umlenkung der Rauchgase eine gute Möglichkeit den Schadstoffgehalt als Maß der Kokserschöpfung zu detektieren und damit eine hohe Ausnutzung zu erreichen.

Das Kreuzstromfilter und das Gegenstromfilter kennen eine derartige Unterbrechung des Gasstromes auf dem Weg durch das Filter nicht. Die Messung muß daher innerhalb der Schüttung und, je genauer die Forderung, dann auch an mehreren Stellen erfolgen.

Koksausnutzung und Meßgeräteaufwand sind bei den einzelnen Filterbauarbeiten gegeneinander abzuwägen.

5.3 Betriebsstörungen

Die aufgetretenen Störungen sind auf Inhomogenitäten in der Koksschüttung und im Koksaustrag zurückzuführen.

In der Schüttung kann es zu unterschiedlicher Durchströmung durch Auflockerungen bzw. Verfestigungen kommen. Dabei kommt es in Bereichen zu geringer Durchströmung und zu einem Wärmestau, von dem ein Heißläufer ausgehen kann.

Umgekehrt versucht das Rauchgas nur den aufgelockerten Bereich verstärkt zu passieren. Hier besteht dann die Gefahr des Koksherausblasens.

Das etwaige Vorliegen eines Heißläufers ist an der CO-Bildung im Koks frühzeitig zu erkennen. Eine Überwachung des CO-Gehaltes am Eintritt und am Austritt weist im Normalfall nur eine geringe Differenz auf. Beim Entstehen des Wärmestaus steigt der CO-Wert am Austritt schnell an. Stunden bevor es zum Heißläufer kommt, kann eingegriffen werden. Durch Ausschleusen von Koks wird das Koksbett bewegt und die Durchströmung wieder vergleichmäßigt. Die CO-Bildung geht dann spontan auf ihren Ausgangswert zurück.

Probleme beim Koksaustrag sind auf Brückenbildung sowohl im Austrag selbst als auch in einzelnen Schichten aufgrund der sich ändernden Fließeigenschaften zurückzuführen. Eine konstruktive Umgestaltung der betroffenen Bereiche ist häufig die einzige Abhilfe.

6. Großtechnischer Einsatz der Koksfiltertechnik

Das Heizkraftwerk Garath (120 000 m^3 n/h Rauchgas) mit seinen beiden kohlegefeuerten Wanderrostkesseln ist z.Z. das einzige Kraftwerk, welches sowohl die Rauchgasnachreinigung wie auch die Stickoxidminderung mit HOK betreibt. Beide Kokskassetten sind Bauart „Kreuzstromfilter".

Die beiden Kraftwerke Lausward und Flingern (2,5 Mio m^3 n/h Rauchgas) haben 10 zeichnungsgleiche modulare Rauchgasnachreinigungen mit HOK und Stickoxidminderungskatalysatoren auf Titanoxidbasis mit Wiederaufheizung auf 340°C. Die Kokskassetten sind Bauart Kreuzstromfilter. Die Rauchgasnachreinigung der MVA-Flingern wird bis Ende 1991 errichtet.

Zum Einsatz kommt die Gegenstromfilter-Bauweise. Verteilt auf 3 Straßen mit je 160 000 m^3 n/h wird die Gesamtrauchgasmenge von 480 000 m^3 n/h gereinigt.

Für die bis etwa 1994 befristete Realisierung einer Stickoxidminderung mit Katalysatoren ohne Wiederaufheizung werden z.Z. Versuche mit verschiedenen Katalysatoren durchgeführt.

7. Zusammenfassung

Aus den seit 1985 durchgeführten Versuchen mit Koks läßt sich ein Konzept zur weitergehenden Rauchgasreinigung ableiten, das prinzipiell für Kraftwerke und Müllverbrennungsanlagen geeignet ist.

Die breite Palette der Schadstoffe, die vom Koks zurückgehalten werden, läßt vermuten, daß die Kokstechnik eine weiterverbreitete Anwendung finden wird.

Die auf dem Markt angebotenen Systeme sind grundsätzlich in der Lage, die Anforderungen zu erfüllen, die emissionsrechtlich erhoben werden.

Der systembedingte Unterschied liegt in der Geometrie der Koksschüttungen und der Rauchgasführung.

Ursachen und Wirkungen sind durch die verschiedenen aufgetretenen Betriebsstörungen erkannt und werden inzwischen durch konstruktive Maßnahmen und/oder eine entsprechende Überwachung beherrscht.

Zukunftsweisende Rauchgasreinigungstechnik für MVA's mit extrem niedrigen Emissionen und wiederverwertbaren Reststoffen

Von K. Kürzinger[1]

Im Jahre 1988 hat die Fa. NOELL-KRC Umwelttechnik GmbH, Würzburg, mit der Entwicklung des HCl-Gips-Wertstoff-Verfahrens zur Rauchgasreinigung von Müllverbrennungsanlagen begonnen (Bild 1). Ziel war nicht nur die Gewinnung sicher verwertbarer Reststoffe, sondern auch die möglichst vollständige Abscheidung aller im Rauchgas vorhandenen Schadstoffe.

Die Rauchgasreinigung ist modulartig aufgebaut. Damit können bei Vorhandensein aller Glieder der Verfahrenskette folgende Reingaswerte erzielt werden:

Staub	< 5 mg/Nm^3	(< 2 mg/Nm^3 bei Membranschlauchfilter)
HCl	< 1 mg/Nm^3	
HF	$< 0,1$ mg/Nm^3	
SO$_2$	< 10 mg/Nm^3	(< 2 mg/Nm^3 bei Polizeischlauchfilter mit vorgeschaltetem Wirbelbett)
NO$_x$	< 70 mg/Nm^3	
PCDD/PCDF	$< 0,05$ ng TE/Nm^3	
Hg	$< 0,01$ mg/Nm^3	
Cd, Tl	$< 0,01$ mg/Nm^3	

Die Variabilität des Konzepts läßt es auch zu, einzelne Komponenten der Grundkonzeption (s. Bild 1) durch andere Aggregate zu ersetzen, so z. B.

- Schlauchfilter durch E-Filter
- HCl-Gewinnung durch Kochsalzgewinnung
- Absorbens Kalkstein durch Natronlauge oder Kalziumhydroxid
- Denox mit integriertem Oxidationskatalysator bei 300 °C und Polizeischlauchfilter durch A-Koks-Festbett und Niedertemperaturdenox bei < 200 °C

[1] Dr.-Ing. K. Kürzinger, NOELL-KRC Umwelttechnik GmbH, Würzburg

Welche Reingaswerte bei diesen Änderungen des Grundkonzeptes zu erreichen sind, ist in jedem Einzelfall zu prüfen. Auf jeden Fall werden jedoch die Emissionsgrenzwerte der 17. BImSchV immer sicher eingehalten. (Je nach Absorbens gelangt man natürlich zu anderen Reststoffen.)

Die bei dem Wertstoffverfahren nach dem Grundprozeß aus den Naßwaschstufen anfallenden nicht verwertbaren Reststoffe betragen im Normalfall **weniger als 1 kg Salze pro Tonne Hausmüll**, da fast der gesamte Anteil der sauren Schadgase HCl und SO$_2$ als wiederverwertbare 20 oder 30 %ige Salzsäure bzw. Gips gewonnen wird.

Eine wichtige Anlagenkomponente des Verfahrens ist der KRC-Zweikreiswäscher mit Kalkstein als Absorbens zur SO$_2$-Abscheidung. Dieser Wäschertyp hat sich bei der Rauchgasreinigung von Kohle- und Ölkraftwerken bestens bewährt und liefert dort qualitativ hochwertigen Gips für die Gips- und Zementindustrie. Bei der Rauchgasreinigung von Müllverbrennungsanlagen wurden bisher Kalziumhydroxid oder Natronlauge verwendet. Die Firma KRC setzt nun den KRC-Zweikreiswäscher mit Kalkstein als Absorbens auch bei ihrem neuentwickelten HCl-Gips-Verfahren für Müllverbrennungsanlagen ein, da Kalkstein große Vorteile gegenüber Kalziumhydroxid oder Natronlauge bei gleicher Schadstoffabscheidung bietet. Einige Vorteile des Absorbens Kalkstein sind in der Gegenüberstellung in Tafel 1 wiedergegeben. Der im Prozeß gebildete Gips ist ohne Einschränkung in der Gips- und Zementindustrie verwertbar und aufgrund der guten Vorreinigung der Rauchgase durch den Staubabscheider am Systemanfang und den vorgeschalteten mehrstufigen HCl-Wäscher im HCl-Gips-Verfahren von besserer Qualität als Gips aus der Rauchgasreinigung von Kraftwerken. Alle für Kraftwerksgips geltende Spezifikationen werden eingehalten oder unterschritten.

Wie bereits erwähnt, hat die NOELL-KRC im Zuge der Entwicklung des HCl-Gips-Verfahrens vor ca. 3 Jahren erstmalig Kalkstein als Absorbens für SO$_2$ und HCl im Bereich der Rauchgasreinigung von Müll-

RAUCHGASREINIGUNG BEI MVA's
HCL-/ Gips- Gewinnung nach dem KRC - Wertstoffverfahren

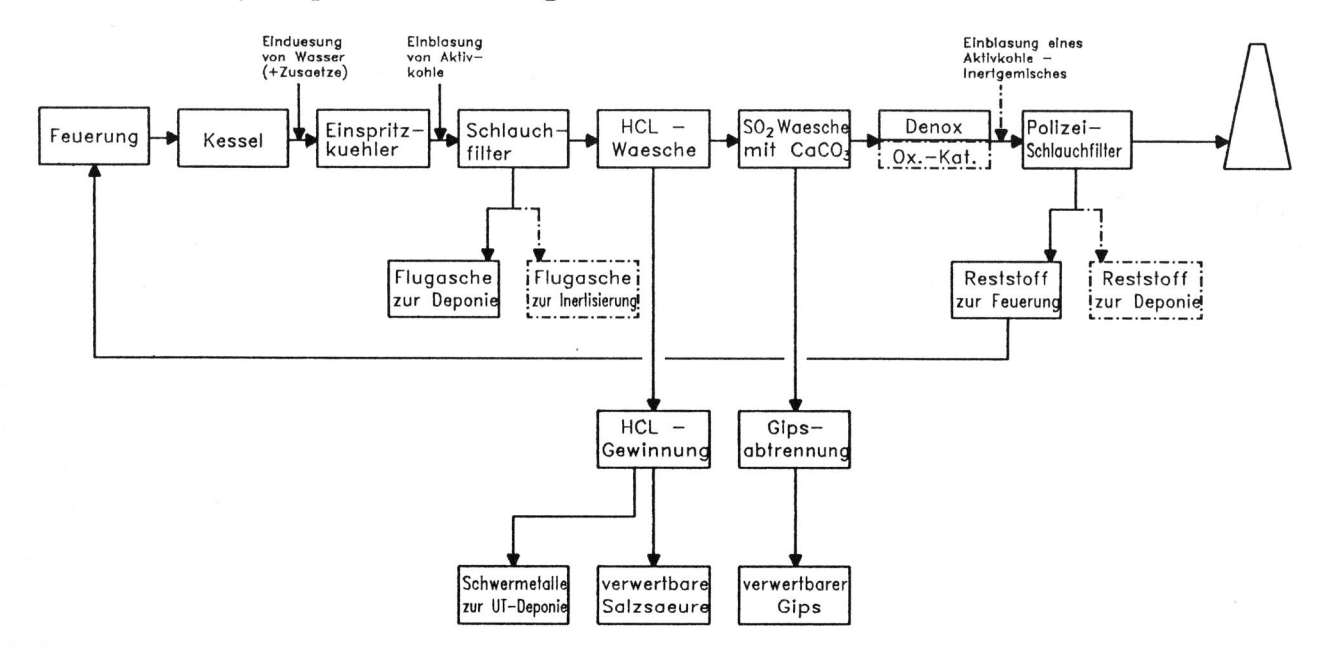

Tafel 1: **Vorteile von Kalkstein als Absorbens gegenüber Kalziumhydroxid bzw. Natronlauge**

Kalkstein	Kalziumhydroxid	Natronlauge
in trockener Form direkt dosierbar	Löschstation erforderlich	direkt dosierbar
sehr preisgünstig	teuer	sehr teuer
geringe Betriebskosten	hohe Betriebskosten	sehr hohe Betriebskosten
Überschuß in Suspension, deshalb stabiler pH-Wert, Spitzen werden ohne notwendigen Dosiereingriff selbständig abgefangen	kann nur analog dem Schadstoffeintrag dosiert werden, weshalb Spitzen nur schwer ausgeregelt werden können	kann nur analog dem Schadstoffeintrag dosiert werden, weshalb Spitzen nur schwer ausgeregelt werden können
völlig ungefährlicher Stoff	ätzender Stoff	ätzender Stoff
praktisch keine Anbackungen im Wäschersystem, deshalb hohe Verfügbarkeit der Anlage	im pH-Bereich nahe 6 kann es zu erheblichen Anbackungen im Waschsystem kommen	da Natronlauge lösliche Salze mit den im Abgas enthaltenen Schadstoffen bildet, gibt es praktisch keine Anbackungen
mit Gips entsteht ein verwertbares Produkt	mit Gips entsteht ein verwertbares Produkt	Natriumsulfat ist praktisch nicht verwertbar
Gips fällt direkt als Naßgips an	Gips fällt direkt als Naßgips an	Natriumsulfatlösung muß eingedampft werden
zweistufige Wäsche, daher sehr hohe Abscheidegrade erreichbar	meist einstufige Wäsche mit Problemen bei hohem gefordertem Abscheidegrad	meist einstufige Wäsche mit Problemen bei hohem gefordertem Abscheidegrad

und Sondermüllverbrennungsanlagen propagiert. Inzwischen sind mit der Kehrrichtverbrennungsanlage Horgen (Schweiz) und der Klärschlammverbrennungsanlage Berlin-Marienfelde zwei Anlagen mit Kalkstein als Absorbens in Betrieb gegangen. In der Anlage Horgen ist vor dem KRC-Zweikreiswäscher nur ein Elektrofilter installiert, so daß im Wäscher auch HCl, Reststaub und Schwermetalle abgeschieden werden müssen. Das Anlagenkonzept konnte so gewählt werden, da in Horgen kein verwertbarer Gips gewonnen werden sollte. Alle in der Schweiz gültigen Grenzwerte für das Reingas werden problemlos weit unterschritten.

KVA HORGEN, SCHWEIZ

Tagesmittelwert	(11 % O_2)	Schweizer Grenzwerte v. 16. 12. 85
Staub	3,7 mg/Nm³	50 mg/Nm³
SO_2	11 mg/Nm³	500 mg/Nm³
HCl	5 mg/Nm³	30 mg/Nm³
HF	< 0,2 mg/Nm³	5 mg/Nm³
Zn u. Pb	0,8 mg/Nm³	5 mg/Nm³
Cd	< 0,03 mg/Nm³	0,1 mg/Nm³
Hg	< 0,05 mg/Nm³	0,1 mg/Nm³

Der Kunde ist mit der Anlage außerordentlich zufrieden und hat der NOELL-KRC auch die Rauchgasreinigung der neuen zweiten Linie nach dem Kalksteinverfahren in Auftrag gegeben. Diese Wäsche ist inzwischen in Betrieb und erreicht wie die Linie 1 die gleichen guten Resultate. Reststoffe aus der Naßwäsche und Flugasche aus dem E-Filter werden mit Zement verfestigt und deponiert.

Die Rauchgasreinigung der Klärschlammverbrennungsanlage in Berlin-Marienfelde ist zur Staub-, Schwermetall- und HCl-Abscheidung mit einem Elektrofilter und einem mit Wasser betriebenen Vorwäscher sowie einem KRC-Zweikreiswäscher mit Kalkstein als Absorbens ausgerüstet. Der im Wäscher gebildete Gips wird über eine Zentrifuge abgetrennt und als Naßgips mit ca. 7 % Restfeuchte in der Zementindustrie verwertet. Das saure schwermetallhaltige Waschwasser des Vorwäschers und das Zentrifugat aus der Gipszentrifuge werden einer Abwasseraufbereitungsanlage zugeführt. Der offizielle Meßbericht des TÜV liegt noch nicht vor. Vorabmessungen haben folgende Reingaswerte ergeben:

BERLIN-MARIENFELDE

	Rohgas	Reingas
SO_2	> 1100 mg/Nm³	< 10 mg/Nm³
HCl	nicht gemessen	< 2,5 mg/Nm³
HF	nicht gemessen	< 0,1 mg/Nm³
Staub	nicht gemessen	< 6 mg/Nm³
Hg	0,1 mg/Nm³	< 0,05 mg/Nm³

Die Anlage fährt in den Kalksteinwaschstufen mit pH 4,2–4,4 im unteren Kreislauf und mit pH 6,0–6,2 im oberen Kreislauf absolut stabile und konstante pH-Werte, wobei im oberen Kreislauf ca. 10 % Kalkstein im Überschuß vorhanden sind. Starke Schwankungen im SO_2-Rohgaswert werden aufgrund des Kalksteinüberschusses praktisch ohne erkennbaren Einfluß auf die pH-Werte und den Reingaswert vollständig abgefangen. Bei einer Kalk- bzw. Natronlaugenwäsche hätte man hierbei doch erhebliche Probleme, weil diese Absorbentien nicht im Überschuß gefahren werden können. Nach einer jetzt 2-jährigen Betriebszeit der KRC-Kalksteinwäsche in der Kehrrichtverbrennungsanlage Horgen und einer nahezu 1,5-jährigen Betriebszeit in der Klärschlammverbrennungsanlage Berlin-Marienfelde darf festgestellt werden, daß sich der KRC-Zweikreiswäscher mit Kalkstein als Absorbens bewährt hat. Die Vorteile des Absorbens Kalkstein in Verbindung mit dem KRC-Zweikreiswäscher – preisgünstigstes Absorptionsmittel und höchste Abscheidegrade bei verwertbarem Endprodukt – machen dieses Verfahren den bisher eingesetzten Wäschern mit Kalkmilch bzw. Natronlauge überlegen. Eine Kostenübersicht der einzelnen Absorptionsmittel zeigt die folgende Tafel 2:

Tafel 2: **Betriebsmittelkosten von Natronlauge und Kalziumhydroxid gegenüber Kalkstein**

Absorbens	Preis	Kosten zur Abscheidung von 1 kg HCl	Kosten zur Abscheidung von 1 kg SO_2
NaOH (100 %)	800,– DM/t	0,88 DM	1,00 DM
Ca(OH)$_2$	140,– DM/t	0,11 DM	0,12 DM
CaCO$_3$	40,– DM/t	0,06 DM	0,06 DM

Herstellung von Baustoffen unter Verwendung trockener Reststoffe aus Abfallverbrennungsanlagen UTR-Verfahren[2])

Von H. Hölter[1])

1. Einleitung

Eine Wandlung von Reststoffen aus der Rauchgasreinigung von Müllverbrennungsanlagen zu Wirtschaftsgütern, wie dieses beispielsweise mit Flugstäuben aus Steinkohlenfeuerungen schon lange geschieht, war bisher nicht möglich.

Einer der Gründe, die gegen eine Verwendung dieser Filterstäube sprachen, war das Fehlen eines geeigneten Verfahrens, Schadstoffe eluatfest einzubinden.

Bisher wurden und werden leider immer noch Filterstäube aus Müllverbrennungsanlagen auf inländische und ausländische Deponien entsorgt. Daß diese Lösung vollkommen unbefriedigend ist, bedarf wohl keiner weiteren Erörterung.

2. Beschreibung des UTR-Verfahrens

Da die Firmengruppe Hölter sich schon seit Jahrzehnten mit Technologien, die der Reinhaltung der Luft und dem Schutz der Umwelt dienen, befaßt, lag es nahe, daß wir uns auch des o. g. Problems annehmen mußten. Aufgrund von vielen kostspieligen Versuchsreihen und Untersuchungen wurden Rezepturen gefunden, die eine Wandlung von Filterstäuben zu Wirtschaftsgütern ermöglichen und somit

[1]) Dipl.-Ing. Heinz Hölter, UTR Umwelttechnologie- und Recycling-Zentrum, Gladbeck.
[2]) Vortrag „1. Nordrhein-Westfälischer Recycling-Kongreß", Duisburg.

eine Entsorgung dieser Stäube auf Deponien zum Schutze unserer Umwelt nicht mehr erfolgen muß.

Mit diesem Kenntnisstand wurde die UMWELT-TECHNOLOGIE und RECYCLING GmbH & Co. KG (UTR), unter der Beteiligung der Firmengruppen Hölter, RAG und Fechner/Stinnes, gegründet. In Gladbeck wurde eine Großanlage errichtet, welche unter der Verwendung von speziellen Zuschlagstoffen, gemäß UTR-Rezepturen, hydraulisch abbindende Baustoffe für den Bergbau herstellt. Die Inbetriebnahme dieser Anlage erfolgte am 10.01.1990 durch Herrn Minister Matthiesen.

Der Bedarf an hydraulisch abbindenden Baustoffen, mit unterschiedlichen Spezifikationen, beträgt im deutschen Bergbau ca. 1,9 Mio. t/a und im polnischen Bergbau ca. 3,0 Mio. t/a.

Die bei der UTR aus Abfallstoffen hergestellten Baustoffe können die gesamte Anforderungspalette des Bergbaus hinsichtlich Druckfestigkeit, Eluatfestigkeit und hygienischer Unbedenklichkeit erfüllen.

Prüfbescheinigungen, Untersuchungsberichte und Zulassungen für die Verwendung und den Einsatz des UTR-Baustoffs im Bergbau liegen vor. Unser Baustoff hat ebenfalls eine polnische Zulassung für den Bergbau, nachdem auch dort umfangreiche Prüfungen von polnischen Instituten und Behörden einschließlich LD-50 Tests (Rattentest) durchgeführt wurden.

Eine Transportgenehmigung von Gladbeck nach Polen liegt vor (RP Münster). Resultierend aus den vorstehend aufgeführten Gutachten erhält das UTR-Produkt den Charakter eines Wirtschaftsgutes.

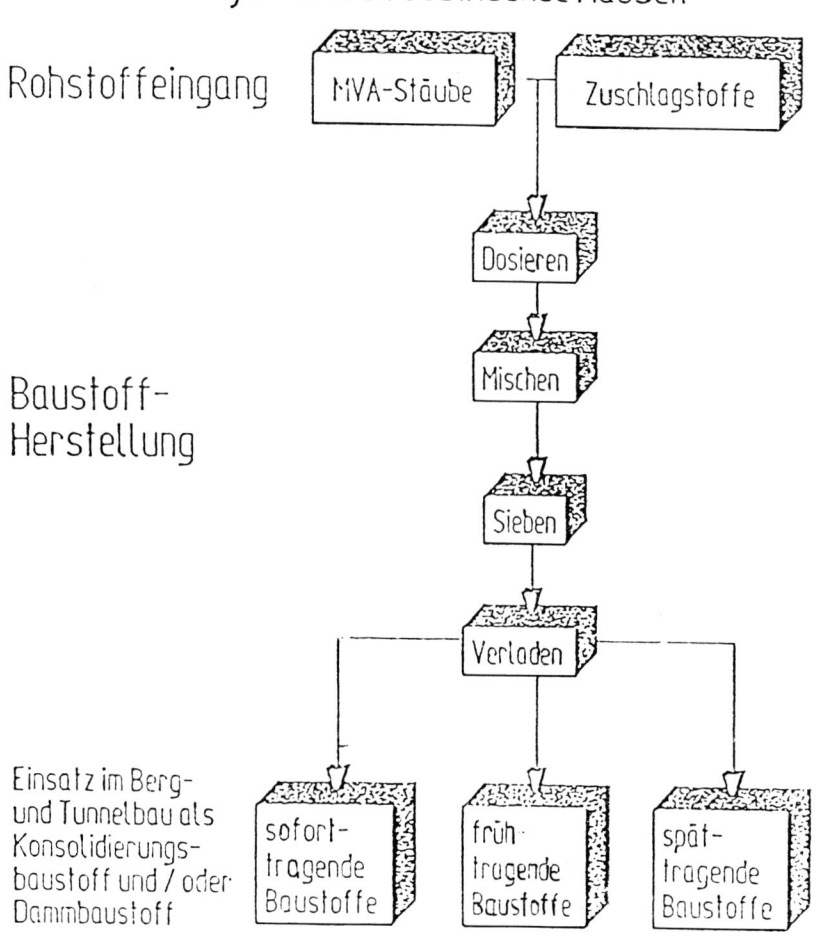

Bild 1

2.1 Hydraulisch abbindende Massen (Produktionsvorgang) Baustoffe für den Bergbau

MVA-Filterstäube und Zuschlagstoffe werden in trockenem, silofähigem Zustand angeliefert und in Vorratssilos gefördert. Von jeder angelieferten Charge des Rohprodukts (Filterstäube) werden Eingangsanalysen erstellt, um

a) eine genaue Überwachung der Inhaltsstoffe und
b) ein gleichbleibendes Endprodukt zu gewährleisten.

2.2 Mischvorgang

Die einzelnen Rezepturen sind in einem Computer gespeichert und werden über Identnummern abgerufen, um den Mischvorgang zu starten. Die elektronische Steuerung ist frei programmierbar. Alle Vorgänge werden elektronisch überwacht. Bei eventuellen Betriebsstörungen wird die Mischeinrichtung automatisch abgeschaltet, wobei gleichzeitig die Störungsquelle auf einem Bildschirm gezeigt wird. Die Baustoffmischanlage besteht im wesentlichen aus folgenden Bauteilen:

– den Silostationen
– zwei Wiegebehältern, die mit Rohrschnecken aus den einzelnen Silos beschickt werden
– dem Chargenmischer (3.000 Liter)
– dem Endproduktsieb
– und dem Endproduktsilo mit Verladeeinrichtung
– der Materialförderung zur Siebeinrichtung und zum Endproduktsilo mittels Becherwerken.

Nach dem Starten des Mischvorganges werden die Ausgangssignale von den beiden Wiegebehältern gegeben und die Materialien, gemäß vorgegebener UTR-Rezeptur, aus den Silos mittels Rohrschnecken in die Wiegebehälter gefördert.

Diese Rohrschnecken laufen in zwei Geschwindigkeitsstufen, wobei der größte Teil der vorgegebenen Mengen im Schnellgang gefördert wird. Die Feindosierung erfolgt im Langsamgang.

Nachdem die Mengendosierung der einzelnen Komponenten erfolgt ist, fließt das Material in den unterhalb angeordneten Chargenmischer. Während des Mischvorganges werden die Wiegebehälter wieder befüllt, so daß beide Vorgänge, das Wiegen und Mischen, zeitgleich ablaufen. Das gemischte Produkt wird anschließend über ein Vibrationssieb geleitet, um sicherzustellen, daß sich kein Überkorn und keine Fremdkörper im Endprodukt befinden. Das Fertigprodukt wird dann mittels Becherwerk in das Endproduktsilo gefördert, von welchem aus Silofahrzeuge befüllt werden.

Unser Know-how besteht unter anderem darin, Filterstäube aus verschiedenen Müllverbrennungsanlagen nach einer bestimmten UTR-Rezeptur zu mischen und mit darauf abgestellten speziellen Bindemittelanteilen zu versehen, um ein hochwertiges Endprodukt zu erhalten. Die gesamte Anlage wird unter Unterdruck betrieben und ist mit „Absolut-Filtern" versehen.

Die Planung und Ausführung der vorstehend beschriebenen Anlage erfolgte durch die UTR und Firmengruppe Hölter in Gladbeck bzw. Bottrop.

Geht man davon aus, daß sich in der BRD ca. 300.000 t/a MVA-Stäube nach dem UTR-Verfahren zu Wirtschaftsgut wandeln lassen, würde sich ein Anteil von ca. 700.000 bis 1 Mio. t/a Baustoffe für den Bergbau substituieren lassen.

Für Reststoffe, die sich nach dem vorstehend beschriebenen Verfahren nicht zu Wirtschaftsgütern wandeln lassen, sind weitere UTR-Verfahren entwickelt worden.

3. Keramisierte Baustoffzuschläge

Hierzu werden in einem ähnlichen Dosier- und Mischverfahren neben den Stäuben und mineralischen Zuschlagstoffen gleichzeitig spezielle Primärenergieträger mit gleichzeitiger Bindemittelfähigkeit beigemischt.

Dieses Gemisch wird in feuchtem Zustand auf einen Extruder gegeben und zu Pellets gepreßt.

Nach der Trocknung werden die Pellets in einem Drehrohrofen, der im Temperaturbereich zwischen 400 und 950 °C arbeitet, thermisch behandelt. In diesen Temperaturbereichen treten bei einer Reihe keramisch wichtiger Mineralien verschiedene Modifikationswechsel der Kristallstruktur ein, die spontan, reversibel oder metastabil verlaufen können.

Neben diesen Modifikationen in der Kristallstruktur gibt es eine Reihe von Festkörperreaktionen und Bildung von Verbindungen zwischen festen Phasen, die zu bestimmten Baustoffeigenschaften führen.

Für dieses Verfahren wurden geeignete UTR-Rezepturen entwickelt, die auf das jeweils gewünschte Endprodukt abgestimmt sind.

Einen breiten Raum nimmt bei der thermischen Behandlung dieser Mischprodukte die Abgasreinigung ein, z.B. aus einer thermischen Nachverbrennung, einem trockenen Absorptionsverfahren und einer Staubfilterung bestehen kann.

Die Rauchgase aus der Nachverbrennung können energetisch genutzt werden. Die Filterstäube werden wieder nach vorgegebener Rezeptur zur Baustoffherstellung verwendet.

Mit den vorstehend beschriebenen UTR-Verfahren ist das Recyclingangebot voll erfüllt und die Entlastung von kostbarem und kaum noch vorhandenem Deponieraum erreicht.

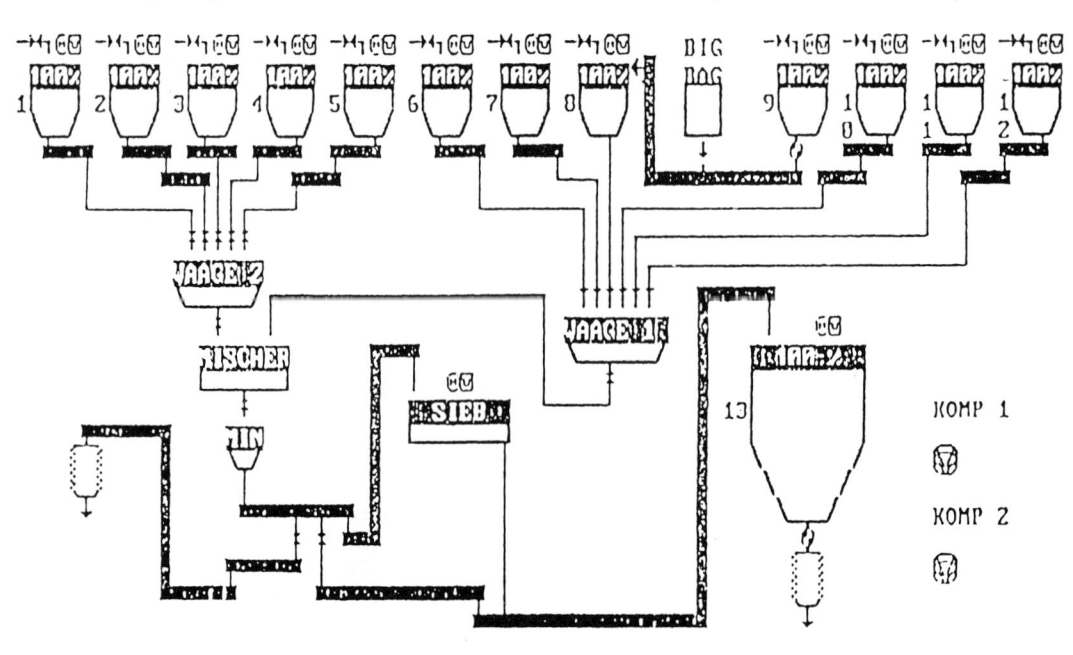

Bild 2

Einsatz von Wirbelschichtfeuerung und Entgasung für die thermische Behandlung und Verwertung von Klärschlamm

Von W. Cichon und M. Steger[1])

1. Aufgabenstellung der thermischen Klärschlammbehandlung

Klärschlamm fällt als unvermeidliches Abfallprodukt bei der Abwasserbehandlung an. Seine Menge, seine Zusammensetzung und seine Eigenschaften hängen sowohl von dem zu behandelnden Abwasser als auch von dem gewählten Behandlungsverfahren und dem vorgegebenen Reinigungsziel ab [1]. Die Vermeidung oder Verminderung von Klärschlamm, wie sie heute für feste Abfälle angestrebt wird, hätte deshalb auf der Abwasserseite anzusetzen, erscheint aber vor allem für die organischen, biologisch leicht zersetzbaren Klärschlämme aus kommunalen Abwasserbehandlungsanlagen wenig praktikabel. Eine unmittelbare Nutzung der dünnflüssig anfallenden Frisch- oder Faulschlämme ist, von Einzelfällen abgesehen, auch in ländlichen Regionen nur schwer realisierbar. Damit kommt der Behandlung und dem Verbleib der behandelten Schlämme eine entscheidende Schlüsselfunktion für die Bewältigung der Entsorgungsaufgabe zu.

Kennzeichnend für die Klärschlammeigenschaften ist vordergründig der hohe Wassergehalt, der in einem eingedickten Schlamm einen Anteil von 96 Volumen-% oder in einem entwässerten Schlamm bis zu 78 Volumen-% erreichen kann [2]. Hinsichtlich der Umweltrelevanz und der langfristigen Auswirkungen sind jedoch die Schwermetalle und vermehrt die biologisch schwer abbaubaren organischen Inhaltsstoffe kritischer zu beurteilen, da sie zwangsläufig aus dem Abwasser als schädliche Nebenstoffe in den Klärschlamm überführt werden [3]. Auf der anderen Seite stellt der organische Feststoffanteil ein nicht nur landwirtschaftlich nutzbares Wertstoffpotential dar, wie neuere Untersuchungen zeigen [4, 5, 6].

Die Verringerung des Schlammvolumens durch Abtrennung des an die Schlammflocken gebundenen Innen- und Adsorptionswassers ist deshalb nur ein Aspekt der thermischen Klärschlammbehandlung. So kann die gezielte Zerstörung umweltwirksamer organischer Verbindungen und die Immobilisierung der Schwermetalle auch bei der Klärschlammbehandlung zu einer vergleichbaren Schadstoffsenke führen, wie sie von Vogg für die Abfallverbrennung angestrebt wird [7]. Für den Entsorgungspflichtigen bleibt darüber hinaus die Hygienisierung unter dem Gesichtspunkt der kommunalen Daseinsvorsorge von wesentlicher Bedeutung. Im weiteren sind die Möglichkeiten zur wirtschaftlichen Erzeugung und Vermarktung eines Wertstoffes auszuschöpfen, um den Forderungen des Abfallgesetzes nachzukommen, sofern sie mit den vorgenannten Entsorgungszielen in Einklang stehen.

Für die Umsetzung dieser Aufgaben bieten die drei möglichen Verfahrenskonzeptionen

- Verdampfung des Schlammwassers in Form einer Trocknung
- Oxidation der organischen Stoffe in Form einer Veraschung
- Zersetzung der organischen Stoffe in Form einer Entgasung

unterschiedliche Voraussetzungen und Lösungsansätze.

2. Trocknung

Die Trocknung ist als Verfahren zur Herstellung eines hygienischen, biologisch nicht oder schwer zersetzbaren Produktes im gewerblichen und industriellen Bereich weit verbreitet. Die Technik der Klärschlammtrocknung macht sich einerseits die hier vorliegenden Erfahrungen zunutze und greift darüber hinaus auf die bereits gewonnenen Erkenntnisse über die Klärschlammtrocknung als Vorbehandlung für eine gemeinsame Müll-Klärschlamm-Verbrennung zurück [8]. In ihrer heutigen Ausführungsform blickt sie jedoch auf eine relative kurze Entwicklungszeit zurück; so bestehen in der Bundesrepublik Deutschland und in den angrenzenden Nachbarländern mit Stand

1989 erst fünf Betriebsanlagen. Eine ausführliche Übersicht über die Technik und die Randbedingungen der Klärschlamm-Trocknung findet sich in den verschiedenen Fachbeiträgen der letzten Jahre, die auszugsweise im Anhang zusammengestellt sind.

Ein entwässerter Klärschlamm bleibt durch seine Konsistenz und seinen Wasseranteil ein schwierig zu handhabendes oder zu deponierendes Material. Demgegenüber eröffnen sich für ein weitgehend wasserfreies Produkt fünf generelle Entsorgungswege:

- die Verwertung von Trockengut in der Landwirtschaft bzw. im gewerblichen/industriellen Bereich wie Asphalt- oder Zementherstellung
- die Verwertung von Trockengut in einer Pyrolyse
- der Einsatz von Trockengut im Kraftwerksbereich
- die Veraschung des Trockengutes in einer Verbrennung
- die Deponierung des Trockengutes

Das Ziel der Trocknung ist deshalb die Verdampfung des an die Schlammflocken gebundenen Innen- und Adsorptionswassers, das durch eine mechanische Entwässerung nicht abgetrennt werden konnte. Die für den endothermen Reaktionsablauf erforderliche Wärme muß dem Prozeß vollständig von außen als Fremdenergie zugeführt werden. Der abzudeckende Wärmebedarf hängt dabei sowohl von beiden schlammspezifischen Kriterien

- vorliegender Wassergehalt im entwässerten Schlamm,
- einzuhaltender Feststoffgehalt im Trockengut,

als auch von anlagenspezifischen Kriterien ab

- spezifischer Wärmebedarf des Trocknungssystemes,
- Art des Wärmeträgers,
- maximale Betriebstemperatur des Trockners,
- der Wärmeführung und Wärmerückgewinnung.

Der angestrebte Trocknungsgrad sollte sich an dem vorgesehenen Verwendungszweck des Trockengutes orientieren. Als Vorstufe für eine Klärschlamm-Veraschung ist ein Feststoffgehalt im Trockengut von 50 % ausreichend, d. h. pro Kubikmeter entwässertem Schlamm mit einem Feststoffgehalt von 25 %-TS, entsprechend einem Wassergehalt von 75 %-WG, wären rd. 0,5 m^3 Schlammwasser zu verdampfen. In der Praxis läßt sich dieser Feststoffgehalt durch eine einstufige Trocknung mit gängigen Trocknungsaggregaten erreichen. Das erzeugte Trockengut ist durch die Wärmebehandlung hygienisiert. Wird dieser Feststoffgehalt durch eine Vermischung von entwässertem Schlamm (TS = 25 %–30 %) mit Trockengut (TS = 90 %) eingestellt, so ist dieses „teilgetrocknete" Produkt nicht als hygienisch einwandfrei anzusehen. Für die Deponierung oder Verwertung wird üblicherweise ein Feststoffgehalt von wenigstens 90 %-TS gefordert, entsprechend sind vergleichsweise rd. 0,73 m^3 Schlammwasser zu verdampfen. Die volumenbezogenen Auswirkungen gibt Bild 1 wieder.

Während der Trocknung ändern sich sowohl die Konsistenz als auch die Eigenschaften des Klärschlammes. Die Auswirkungen werden unterschiedlich beurteilt. Otte-Witte sieht folgende Abgrenzung [9]:

- Bis zu einem Feststoffgehalt von etwa 40 %-TS bleibt der Schlamm im Trockner bei einer Temperatur von nahe 100 °C unter mechanischer Beanspruchung fließfähig;
- Zwischen 50 % und 60 % Feststoffgehalt ist der Schlamm klebrig und neigt zu Anbackungen und Verbackungen. Bei einigen Trocknungs-Verfahren wird daher der entwässerte Schlamm vorher mit feinkörnigem Trockengut „angepudert" und vermischt, um diesen betrieblich kritischen Konsistenz-Bereich zu umgehen. Durch Variation der rückgeführten Trockengutmenge lassen sich die Eingangs-Feststoffgehalte entsprechend variabel einstellen.

---

[1]) Dipl.-Ing. Wolfgang Cichon, Ingenieurplanung für den Umweltschutz Dr. Born – Dr. Ermel GmbH, Freital, Bergassessor Dipl.-Ing. Martin Steger, Lehrstuhl für Wassergütewirtschaft und Gesundheitsingenieurwesen, Technische Universität München

Volumen:
= 100%   = 50%   = 27%

Feststoffe = 250 kg

H₂O=750 kg

H₂O=250 kg

H₂O=28 kg

Entwässerter Schlamm   Trockengut   Trockengut
TS = 25%   mit TS = 50%   mit TS = 90%

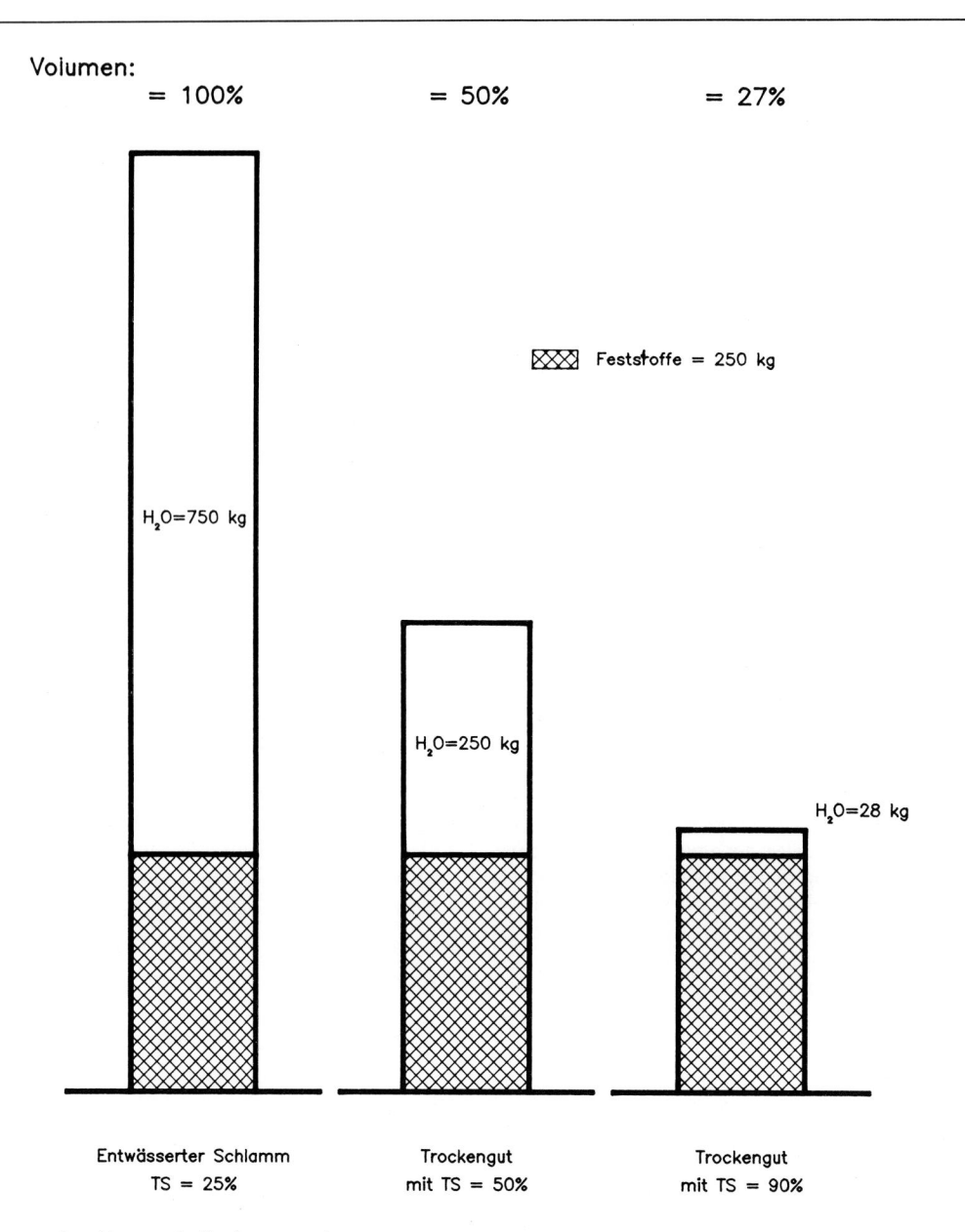

Bild 1: Volumenbezogene Auswirkungen der Trocknungsgrade

– Ab einem Feststoffgehalt von etwa 60 %-TS wird das Trockengut rieselfähig;
– Ab 90 % Feststoffgehalt ist das Trockengut biologisch stabil und lagerfähig; eine Verpilzung tritt nicht mehr auf. Bei einem großen Staubanteil im Trockengut besteht jedoch eine Neigung zur Selbstentzündung.

Andere Erfahrungen zeigen, daß ein rieselfähiges Gut erst ab Feststoffgehalten oberhalb 70 % vorliegt. Darüber hinaus ist bei einer längeren Lagerung, aufgrund der hygroskopischen Eigenschaften des Klärschlamm-Trockengutes, eine erneute Feuchtigkeitsaufnahme nicht auszuschließen. Damit wären die Voraussetzungen für eine mögliche biologische Zersetzung wieder gegeben. Erst bei Feststoffgehalten um 95 %-TS soll das Trockengut hydrophob werden und damit langfristig stabil gegen biologische Zersetzung sein [10].

Die Arbeitstemperatur einer Trocknung liegt üblicherweise im Bereich von 110 °C bis 170 °C, sie kann in Einzelfällen jedoch höher ausfallen. Mit steigender Temperatur setzen zunehmend Entgasungsvorgänge ein, die über die freigesetzten, organischen Inhaltsstoffe eine entsprechende Belastung der Brüden nach sich ziehen. Die aus dem Trockner abgezogenen Brüden müssen deshalb kondensiert werden.

Das belastete Kondensat läßt sich biologisch behandeln, dies kann im Rahmen der Schlammfaulung oder der Abwasserreinigung erfolgen. Das bei der Kondensation anfallende, noch wassergesättigte Restgas ist ebenfalls zu behandeln, z. B. durch eine Mitverbrennung bei der notwendigen Wärmeerzeugung.

Grundsätzlich sind zwei Trocknungsverfahren zu unterscheiden:

– die direkte Trocknung oder Konvektionstrocknung
– die indirekte Trocknung oder Kontakttrocknung

Als Neuentwicklungen werden der Einsatz von Infrarot- oder Hochfrequenztechnik erprobt. Diese Verfahrensalternativen arbeiten unter Nutzung elektrischer Energie, ihr energetischer Wirkungsgrad wäre deshalb im Einzelfall noch zu prüfen. Erfahrungen mit Betriebsanlagen sind noch nicht verfügbar [11].

Bei der direkten Trocknung wird das Heizmedium, z. B. heißes Rauchgas oder Abgas, direkt mit dem zu trocknenden Schlamm in Berührung gebracht. Das verdampfte Schlammwasser vermischt sich dampfförmig mit dem Rauchgas bis zur Sättigungsgrenze. Das kühlere, wassergesättigte Rauchgas (Brüden) wird aus dem Trockner abgezogen und muß behandelt werden. Als Trocknungaggregat wird für

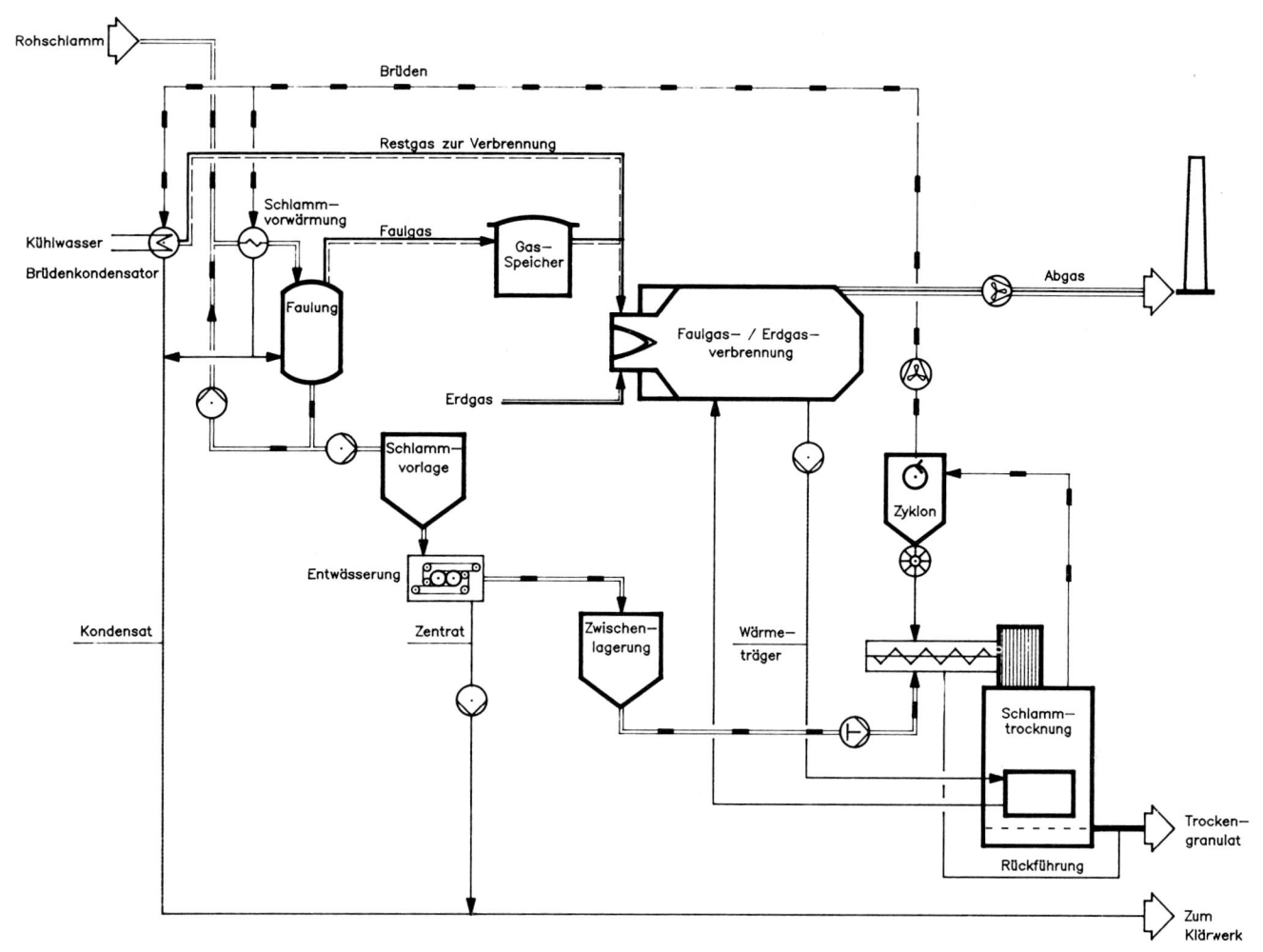

Bild 2: Verfahrensschema: Faulung – Trocknung

dieses Verfahren häufig ein Drehtrommeltrockner verwendet [9]. Die Vorteile dieses Verfahrens liegen im einfachen, robusten Anlagenaufbau und der betrieblich einfachen Handhabung. Aus energetischer und emissionsbezogener Sicht ist dieses Verfahren jedoch nach derzeitigem Kenntnisstand kritischer zu beurteilen. Eine effiziente Wärmerückführung und -rückgewinnung ist nur bedingt möglich. So wird ca. das Zweifache der theoretisch benötigten Wärme zur Wasserverdampfung und somit ein entsprechend hoher Fremdenergiebedarf benötigt. Durch den Einsatz von Rauch- oder Abgas ist die zu behandelnde Brüdenmenge ggf. zusätzlich mit den Inhaltsstoffen der Rauchgase belastet.

Bei einer indirekten Trocknung kommt das Heizmedium, Dampf oder Thermoöl, mit dem zu trocknenden Schlamm nicht in Berührung, sondern wird in einem geschlossenen System im Kreislauf geführt. Dadurch fällt eine kleinere Brüdenmenge an und es liegen günstige Voraussetzungen für eine wärmetechnische Optimierung vor [12]. In den Trocknungsreaktor wird, je nach Verfahrensführung, Luft als Transportmedium zugegeben und mit dem verdampften Schlammwasser in Form von Brüden aus dem Trockner abgezogen und behandelt. Als Trocknungsaggregate kommen mechanische Trockner (Scheibentrockner, Dünnschichttrockner) oder Fließbetttrockner zum Einsatz.

Unabhängig vom gewählten Trocknungsverfahren sollte ein mehrstraßiger Anlagenaufbau angestrebt werden, der folgende Hauptstufen umfaßt (Bild 2; nach [13]):

– Entwässerung des Klärschlammes auf Feststoffgehalte möglichst um 30 %-TS
– Zwischenspeicher für den entwässerten Schlamm
– Trocknung des entwässerten Schlammes bei max. 150 °C

– Wärmeerzeugung für Dampf oder Thermoöl durch Einsatz von Öl oder Gas
– Indirekt-Trocknung: Behandlung der Abgase aus der Wärmeerzeugung durch einen Katalysator
– Kondensation der Brüden; Nutzung ihres Wärmeinhaltes; Behandlung des Kondensates und der Restgase
– Zwischenlagerung des Trockengutes für den Abtransport; Abschluß des Zwischenlagers gegen die Atmosphäre durch Inertgas (Explosionsschutz)
– Verwertung oder Deponierung des erzeugten Trockengutes

Im Anlagenaufbau ist vor allem auf die Anordnung und die Ausführung der Lagerbereiche und der Transporteinrichtungen ein besonderes Augenmerk zu legen. Den Anforderungen des Explosionsschutzes, die sich an den Maßgaben für einen Einsatz gemahlener Braunkohle orientieren können, ist bei der Anlagenausführung besonders Rechnung zu tragen.

Auf langfristige Betriebserfahrungen mit neu konzipierten Klärschlamm-Trocknungsanlagen kann noch nicht zurückgegriffen werden. Nach Aussagen der führenden Hersteller, die ein breites Marktangebot bereithalten [14], sind jedoch im Trocknungsbetrieb auch für einen Trocknungsgrad auf Feststoffgehalte von 90 %-TS keine Probleme oder Einschränkungen zu erwarten.

3. Veraschung von Klärschlamm in der Wirbelschichtfeuerung

Die Verbrennung des Klärschlammes, die auch als Klärschlamm-Veraschung bezeichnet wird, schließt die vollständige Oxidation der organischen Klärschlammbestandteile ein. Dieser Oxidationsprozeß läuft durch die Zufuhr von Luftsauerstoff und unter Freisetzung von Wärme über die Stufen

- Trocknung
- Entgasung
- Vergasung
- Verbrennung

ab. Es verbleibt ein fester, mineralischer Rückstand. In Abhängigkeit der Klärschlammparameter „Organischer Feststoffanteil" und „Wassergehalt" können sich, unter Vernachlässigung sonstiger Randbedingungen, zwei unterschiedliche Verbrennungsabläufe einstellen [vgl. 15]:

- Bei einem Feststoffgehalt unter 30%-TS, dies entspricht einem Wassergehalt von 70%, und einem organischen Anteil im Feststoff von 50–60% genügt das mit der organischen Masse eingebrachte Energiepotential nicht, um die Prozeßtemperatur auf einem Niveau oberhalb von T = 850°C zu halten. Der Verbrennungsablauf muß deshalb mit Fremdenergie (z.B. Öl, Gas) gestützt werden.

- Bei einem Feststoffgehalt über 30%-TS, dies entspricht einem Wassergehalt unterhalb 70%, und einem organischen Anteil im Feststoff von über 65% entsteht bei der Veraschung ein Wärmeüberschuß und die Verbrennung kann selbstgängig, d.h. ohne Zugabe von Fremdenergie, auf einer Temperatur oberhalb 850°C gehalten werden.

Die Höhe des organischen Feststoffanteils im Klärschlamm hängt von der Art des behandelten Abwassers, der Abwasserbehandlung und von dem Schlammbehandlungsverfahren ab. So verringert die Schlammfaulung durch den anaeroben, biologischen Abbau die ursprünglich im Frischschlamm vorhandene organische Masse um rd.

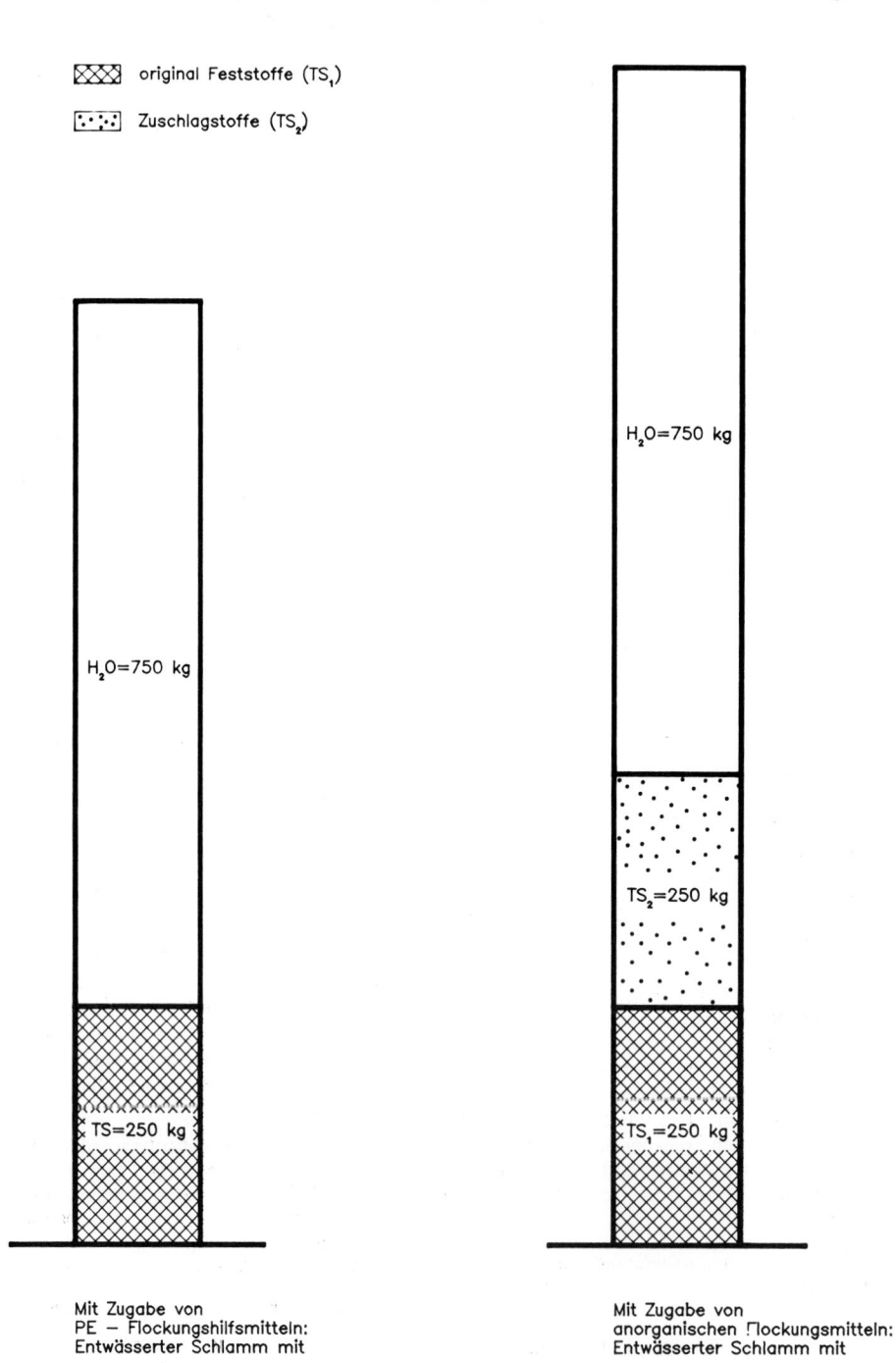

Bild 3: Einfluß der Feststoffzugabe

die Hälfte. Entsprechend weist der Faulschlamm einen geringeren organischen Feststoffanteil auf. Eine selbstgängige Veraschung von Faulschlamm erfordert deshalb eine weitgehendere Wasserabtrennung, als sie unter sonst gleichen Bedingungen für eine Veraschung von Frischschlamm notwendig ist.

Die der Verbrennung mit dem Schlamm noch zugeführte Wassermenge wird durch die vorgeschalteten Verfahrensstufen Entwässerung bzw. Trocknung beeinflußt. Entscheidend für die Beurteilung dieser Vorbehandlung ist aus verbrennungstechnischer Sicht der tatsächlich abgeschiedene Wasseranteil. Eine Erhöhung des Feststoffgehaltes im Schlammkuchen durch eine Anreicherung mit mineralischen Feststoffen führt im Resultat zu einer höheren Durchsatzmenge und vermehrt den zu deponierenden Ascheanteil, ohne verbrennungstechnisch einen Vorteil mit sich zu bringen. Bild 3 verdeutlicht die Zusammenhänge.

3.1 Entsorgungswege auf der Basis einer Veraschung

Für die reine Klärschlamm-Veraschung sind drei Verfahrenskonzeptionen denkbar:

- die Verbrennung von entwässertem Klärschlamm im Etagenofen,
- die Sinterung von getrocknetem Klärschlamm in einer Hochtemperatur-Verbrennung,
- die Verbrennung von entwässertem bzw. vorgetrocknetem Klärschlamm im Wirbelschichtofen.

Darüber hinaus besteht die Möglichkeit, entwässerten oder vorgetrockneten Klärschlamm gemeinsam mit kommunalen Abfällen in einer MVA zu verbrennen [8]. Ein weiterer Entsorgungsweg eröffnet sich durch die Mitverbrennung von Klärschlamm-Trockengut mit einem Feststoffgehalt von 90 % bis 95 %-TS in Kraftwerken, die auf der Basis einer Schmelzkammerfeuerung arbeiten. Weiterführende Angaben zu diesen Verfahren finden sich u. a. in [16, 17].

Die ersten in der Bundesrepublik Deutschland gebauten Schlammverbrennungsanlagen sahen überwiegend den Etagenofen als Verbrennungssystem vor. Dieser Ofentyp wurde aus der chemischen Industrie übernommen. Der vorentwässerte Schlamm wird am Kopf des Ofens aufgegeben und durch ein Krählwerk über die einzelnen Etagen des Ofens nach unten gefördert. Dabei durchläuft der Schlamm die Trocknungszone, die Verbrennungszone und die Kühlzone. Die ausgebrannte Asche wird am Fuß des Ofens abgezogen. Die Zugabe der Verbrennungsluft erfolgt im unteren Bereich des Ofens und sie wird im Gegenstrom geführt. Um rauchgasseitige Geruchsbelästigungen durch unverbrannt aus der Trocknungszone ausgetragene Stoffe (Entgasungsphase) auszuschließen, besteht zum einen die Möglichkeit, die Rauchgase in einer nachgeschalteten Brennkammer zu behandeln, oder zum anderen kann ein Rauchgas-Teilstrom in die Verbrennungszone zurückgeführt werden.

Der Etagenofen ermöglicht generell eine robuste, störungsarme Betriebsführung. Der Trocknungs- und der Veraschungsvorgang kann jedoch nach der Schlammaufgabe nur noch über die Menge und Temperatur der Verbrennungsluft und durch die mögliche Stützfeuerung kontrolliert werden [18, 19, 20]. Diese Eingriffsmöglichkeiten lassen nur eine begrenzte Beeinflussung und Regelung des Prozesses zu. Eine reaktionsschnelle Anpassung an veränderte Feuerungsbedingungen, wie sie von einem Verbrennungssystem zur Erfüllung zukünftiger Anforderungen der Emissionsbegrenzung erwartet werden muß, ist mit diesem Ofentyp nur bedingt möglich. Die ursprünglichen Probleme mit dem Ausbrand der Rauchgase und dem Geruch von den Trocknungsbrüden sowie die energetischen Belange wären dagegen durch entsprechende Anpassung der Ofentechnik und der Schlamm- bzw. Gasführung beherrschbar. Insgesamt ist die Bedeutung des Etagenofens zurückgegangen und er stellt nach heutigem, technischem und wirtschaftlichem Kenntnisstand kein zu bevorzugendes Verbrennungssystem dar [15].

Die Sinterung von getrocknetem Klärschlamm ist eine neu entwickelte Verfahrensvariante, die hinsichtlich der festen Rückstände einer Verbesserung der Deponiefähigkeit bzw. der Verwertungsmöglichkeiten anstrebt. Sie nutzt das bei Temperaturen oberhalb 1.100 °C einsetzende Fließen und Schmelzen der Ascheteilchen, um eine nicht auslaugbare, gesinterte Asche zu erzeugen. Bei alleiniger Verbrennung von Klärschlamm, insbesondere von Faulschlamm, ist für das Erreichen des erforderlichen Temperaturniveaus aus technisch-wirtschaftlicher Sicht eine Vortrocknung des Klärschlammes auf Feststoffgehalte von 90 % bis 95 % unabdingbar. Bei entsprechender Auslegung der Verfahrenskette und Ausführung der Aggregate soll dann ein energieautarker Betrieb mit Temperaturen von 1.400 bis max. 1.600 °C, die zu einem vollständigen Schmelzfluß der Asche führen, möglich sein. Betriebserfahrungen mit einer Hochtemperaturverbrennung für Klärschlamm liegen in der Bundesrepublik Deutschland noch nicht vor. Nach derzeitigem Kenntnisstand muß mit einer Zeitdauer von mehreren Jahren gerechnet werden, bis eine sichere Einschätzung der Betriebs- und Funktionsbedingungen sowie der Energie- und Emissionsbilanz derartiger Verfahren möglich ist [21, 22].

Ein für die Klärschlammveraschung geeignetes System, das sich in den letzten Jahren für diesen Einsatzbereich bewährt hat, ist die Wirbelschichtfeuerung. Sie ermöglicht sowohl aus betrieblicher Sicht als auch unter Einbeziehung der Emissionsbegrenzung eine Konzeption, die zukünftigen umweltrelevanten Anforderungen gerecht werden kann [23].

Mit Stand 1989 arbeiten in der Bundesrepublik Deutschland 12 Klärschlammverbrennungsanlagen mit einer Wirbelschichtfeuerung, eine weitere Neuanlage ist in der Planung. Die ersten Wirbelschichtverbrennungsanlagen wurden ausschließlich für eine Veraschung von entwässerten Klärschlämmen konzipiert. Erfahrungen zur wärmetechnischen Optimierung dieser Aufgabenstellung standen noch nicht oder nur begrenzt zur Verfügung. Deshalb ist bei den älteren Anlagen häufig eine kontinuierliche Zugabe von Fremdbrennstoffen wie Öl oder Gas notwendig. Mit der Weiterentwicklung der Verbrennungstechnik und durch die Integration der Klärschlammtrocknung ist heute bei neu konzipierten Wirbelschichtanlagen ein energieautarker Verbrennungsbetrieb möglich.

3.2 Möglichkeiten der Wirbelschichtfeuerung

Die technische Anwendung der Wirbelschicht geht auf die Entwicklung eines Verfahrens zur Braunkohle-Vergasung zurück, das 1922 als Patent „Verfahren zur Herstellung von Wassergas" (DRP 437 970) angemeldet wurde. Die Weiterentwicklung über die Nutzung in der chemischen Industrie führte zum Einsatz als Verbrennungssystem. Über die grundlegenden Funktionsablauf und die Zusammenhänge des Stoff- und Wärmeaustausches bei der Wirbelschicht wird in der Literatur ausführlich berichtet. Eine Zusammenfassung aus abfalltechnischer Sicht und ein umfangreiches Literaturverzeichnis findet sich in [23].

Die Wirbelschicht kann als Zweiphasen-System Gas/Feststoff aufgefaßt werden. In einem feststehenden Reaktor ruht eine lockere Schüttung eines feinkörnigen Materials. Diese Schüttung wird von unten mit Luft als Wirbelgas angeströmt. Mit steigender Anströmgeschwindigkeit wirkt auf die Einzelpartikel eine wachsende Auftriebskraft, die schließlich im Lockerungspunkt zur Überwindung der abwärts gerichteten Schwerkraft führt. Die Partikel der Schüttung erreichen einen ungeordneten Schwebezustand, der allgemein als Wirbelschicht bezeichnet wird. Dieser Ablauf erfordert aus verbrennungstechnischer Sicht eine angepaßte Ausführung des Reaktors, um die systembedingten Gegebenheiten zu kompensieren:

- unkontrollierter Feststoffaustrag aus dem Bett (entrainment),
- Erosionsgefahr durch die intensive Bettbewegung im Feuerraum und durch die hohe Staubfracht des Rauchgases in den nachgeschalteten Anlagenteilen,
- Einhaltung einer Verbrennungstemperatur, die unterhalb des Sinterungspunktes des eingesetzten Brennstoffes liegt, um Agglomerationen und damit einen Zusammenbruch des Wirbelbettes sicher auszuschließen,
- unzureichende Querverteilung des eingebrachten Brennstoffes in einer stationären Wirbelschicht.

Die intensive Durchmischung der Feststoffpartikel untereinander und mit dem Wirbelgas sowie der dabei auftretende günstige Stoff- und Wärmeübergang prägen jedoch die Vorteile der Wirbelschichtfeuerung als Verbrennungssystem:

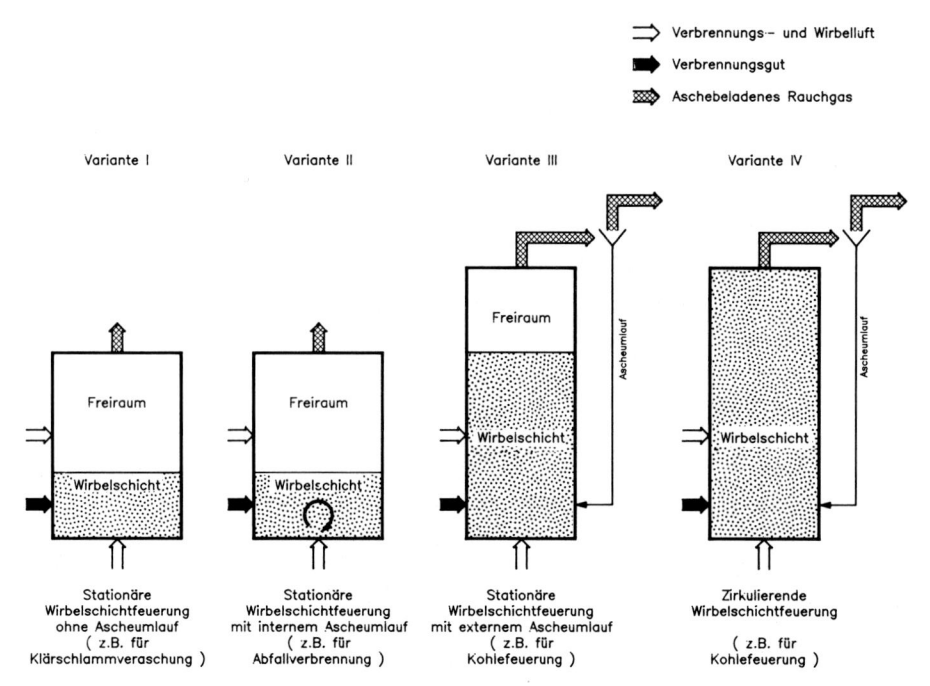

Bild 4: Wirbelschichtfeuerung
Unterscheidung der vier Varianten

- Die Verbrennung erfolgt bei vergleichsweise niedrigem Luftüberschuß und entsprechend geringen Rauchgasmengen,
- es lassen sich Brennstoffe mit hohem Ballastanteil und geringem Heizwert einsetzen,
- durch den hohen Anteil an heißer Bettmasse in der Wirbelschicht gegenüber der eingebrachten Brennstoffmenge und durch die intensive Verwirbelung ist eine gute Zündung des Brennstoffes und ein schneller Ausbrand bei hoher Temperaturkonstanz des Wirbelbettes erreichbar,
- durch Zuschlagstoffe wird eine feuerungsinterne Schadstoffbindung ermöglicht,
- feststehender Verbrennungsreaktor ohne bewegliche Einbauten im Feuerraum,
- schnelle Prozeßregelung über den Durchsatz,
- niedrige Feuerraumtemperatur,
- Wärmeabzug im Bereich des Wirbelbettes möglich.

Die Wirbelschichtfeuerung eignet sich sowohl für eine Verbrennung fester, körniger Brennstoffe als auch für den Einsatz pastöser, flüssiger oder gasförmiger Stoffe. An den Heizwert sowie an den Asche- und Wassergehalt des Verbrennungsgutes werden keine besonderen Anforderungen gestellt. Der Aufbau des Wirbelbettes erfolgt entweder durch die Ascheanteile des zugeführten Verbrennungsgutes oder durch die Zugabe eines inerten Materials mit entsprechender Körnung. Ist heizwertbedingt eine selbstgängige Verbrennung nicht möglich, so läßt sich der Verbrennungsablauf durch eine Stützfeuerung aufrechterhalten.

Für die Klärschlamm-Veraschung wird ausschließlich auf atmosphärisch betriebene Wirbelschichtfeuerungen zurückgegriffen. Die druckaufgeladene Wirbelschichtfeuerung hat ihr Entwicklungsstadium auch für die konventionelle Energieerzeugung noch nicht endgültig abgeschlossen und steht somit für die Bewältigung von Entsorgungsaufgaben in absehbarer Zeit nicht zur Verfügung. Ausgehend von den angebotenen Verfahren zur atmosphärisch betriebenen Wirbelschichtfeuerungen lassen sich vier grundlegende Ausführungsvarianten unterscheiden [23]:

- die stationäre Wirbelschichtfeuerung ohne Ascheumlauf
- die stationäre Wirbelschichtfeuerung mit internem Ascheumlauf
- die stationäre Wirbelschichtfeuerung mit externem Ascheumlauf
- die zirkulierende Wirbelschichtfeuerung

Die wesentlichen Kennzeichen der vier Wirbelschicht-Varianten stellt Bild 4 dar.

Die Veraschung von Klärschlamm erfolgt in stationären Wirbelschichtfeuerungen ohne Ascheumlauf. Eine Sonderform ist dabei der Etagen-Wirbelschichtofen, der mit einer in das Ofensystem integrierten Trocknung arbeitet [24]. Der derzeitige Hauptanwendungsbereich für die Wirbelschichtfeuerung ist die Wärme- oder Stromerzeugung durch Kohleverbrennung. Hier liegen weltweit die größten Erfahrungen vor.

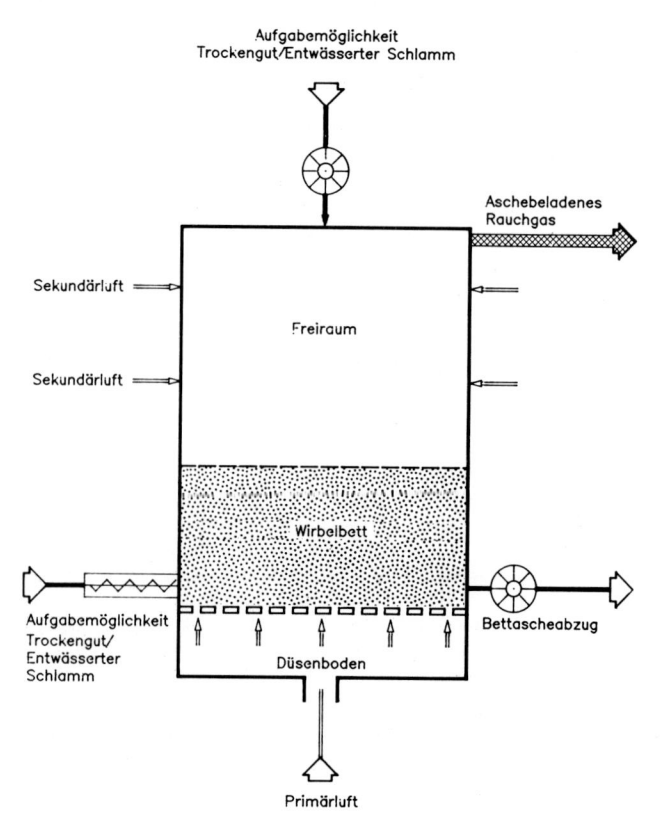

Bild 5: Systematischer Aufbau eines Wirbelschichtreaktors

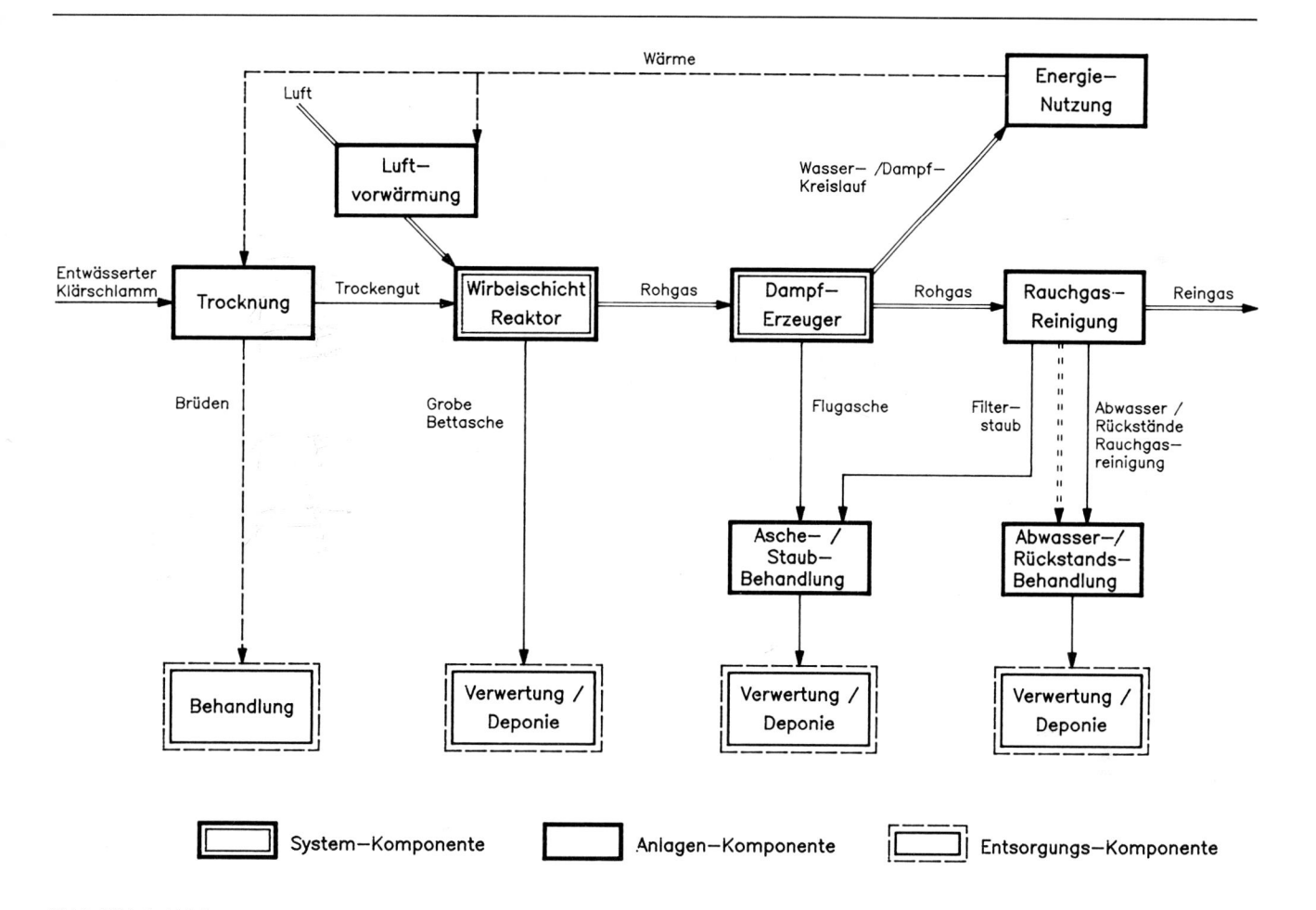

Bild 6: Wirbelschichtfeuerung:
Systemaufbau für eine Klärschlamm-Veraschung

In diesem Anwendungsbereich werden alle vier Ausführungsvarianten eingesetzt. Für größere Verbrennungsleistungen steht die zirkulierende Wirbelschicht zur Verfügung, die untere Leistungsgrenze wird durch die stationäre Wirbelschichtfeuerung ohne Ascheumlauf abgedeckt. Ein weiterer Anwendungsbereich für die Wirbelschichtfeuerung ist die Verbrennung von kommunalen oder gewerblichen Abfällen [25]. Im europäischen und außereuropäischen Ausland werden dazu unterschiedliche Varianten und Ausführungsformen der stationären Wirbelschicht erfolgreich eingesetzt. Auch die zirkulierende Wirbelschichtfeuerung konnte ihre Eignung für die Verbrennung von Abfällen aufzeigen. In der Bundesrepublik Deutschland gehen erste großtechnische Erprobungen den grundsätzlichen Einsatzbedingungen stationärer Wirbelschichtfeuerungen für kommunale Abfälle nach.

3.3 Verfahrenskonzeption

Der Aufbau einer stationären Wirbelschichtfeuerung ohne Ascheumlauf umfaßt, wie in Bild 5 dargestellt, für eine Klärschlamm-Veraschung im wesentlichen einen kompakten, senkrecht stehenden Reaktor mit den Zuführungen für das Verbrennungsgut Klärschlamm (seitlich oder am Kopf), das notwendige Bettmaterial und für die Verbrennungsluft sowie die Ableitungen für das Rauchgas und eine Abzugsmöglichkeit für die Bettasche. Die Wirbelschicht ist in ihrer Höhe begrenzt (0,6 bis ca. 1,0 m) und es liegt ein erkennbarer Freiraum oberhalb des Wirbelbettes vor. Die Geschwindigkeit des aufsteigenden Wirbelgases liegt um 1,0 bis 2,0 m/sec, sie ist jedoch abhängig von der Korngröße des eingesetzten Wirbelmaterials [24].

Der Wirbelschichtreaktor bildet im Verfahrensaufbau als Feuerungssystem den Kern der Klärschlamm-Veraschung (Bild 6 nach [23]). Er prägt über die jeweils eingesetzte firmenspezifische Ausführungsvariante wesentlich den Verfahrens- und Anlagenaufbau, ohne jedoch eine Kombination mit Aggregaten anderer Hersteller bei den vor- und nachgeschalteten Einrichtungen auszuschließen. Einen typischen Verfahrensaufbau gibt Bild 7 wieder [26]:

– Eingangsbereich mit dem Zwischenspeicher für entwässerten Schlamm als Schlammvorlage und den Behältern für die Betriebsstoffe

– Vorbehandlung des Klärschlammes durch Entwässerung auf einen Feststoffgehalt von 25 % bis 30 % und Trocknung auf TS = 50 % mit einer Indirekt-Trocknung bei max. rd. 150 °C

– Verbrennung des Klärschlamm-Trockengutes in der Wirbelschichtfeuerung bei Temperaturen von 850 °C bis 900/950 °C

– Abkühlung der heißen Rauchgase in der Kesselanlage auf Temperaturen um 200 °C und Erzeugung von Dampf

– Nutzung des erzeugten Dampfes für Wärmezwecke (Luftvorwärmung/Schlammtrocknung/Gebäudeheizung) bzw. zur Stromerzeugung

– Reinigung der Rauchgase durch Filter (Entstaubung) und Rauchgaswäsche (Abscheidung von Schadgasen) sowie Entstickung (je nach örtlicher Situation) und Behandlung der anfallenden Prozeßabwässer

– Ableitung der gereinigten Rauchgase über den Kamin mit einer Temperatur um 70 °C (ohne Wiederaufheizung) oder mit ca. 110 °C nach einer Wiederaufheizung

– Behandlung der anfallenden festen Rückstände

– Deponierung der nicht verwertbaren festen Rückstände aus der Feuerung und der Rauchgasreinigung.

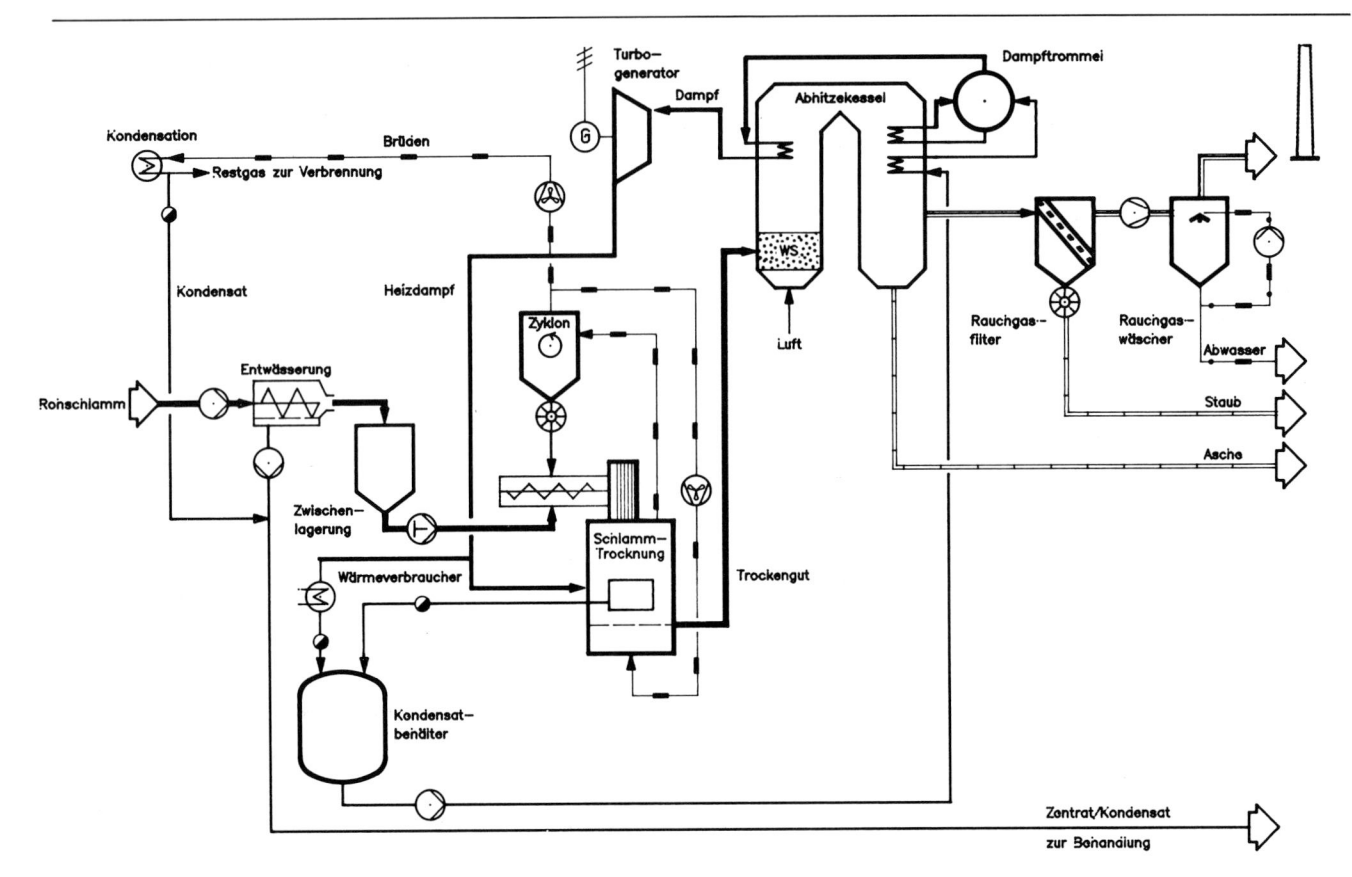

Bild 7: Verfahrensschema:
Klärschlamm-Veraschung

Auf den Einsatz einer intensiven Rauchgasreinigung kann auch unter Nutzung des feuerungsinternen Schadstoffbindevermögens, das durch eine Zugabe von Kalk weiter ausgebaut werden könnte, nicht verzichtet werden. Ein besonderes Augenmerk ist dabei auf die Rückhaltung von Schwermetallen, insbesondere von Quecksilber, zu legen. Im weiteren ist der höhere Staubanfall im Rauchgas zu berücksichtigen. Er ist hinsichtlich seiner Auswirkungen auf die Leistungsfähigkeit vorgeschalteter Staubabscheider und Sprühtrockner zu überprüfen.

3.4 Auslegung und Leistungsfähigkeit

Die Auslegung einer Wirbelschichtfeuerung als Verbrennungssystem unterliegt üblicherweise den firmenseitig vorliegenden Erfahrungen, aus denen sich die entsprechenden Auslegungsparameter ableiten. Sie sind im weiteren auf die rechtlichen Vorgaben, wie sie z.B. im Entwurf der Verordnung nach § 7 BImSchG für Verbrennungsanlagen aufgeführt sind, abzustimmen [3]. Ein wesentlicher Auslegungswert für eine Klärschlammveraschung ist die Wasser-Verdampfungsleistung oder H_2O-Rostbelastung in kg Wasser pro m² Rostfläche und Stunde (kg – $H_2O/(m^2 * h)$). Dieser Wert berücksichtigt die verbrennungstechnischen Konsequenzen aus der Wassermenge, die mit dem Schlamm in das Verbrennungssystem eingebracht wird [24]. Ein weiterer Auslegungsparameter ist die Feuerungsleistung in MW/m². Sie erfaßt die über den Brennstoff als organische Masse in den Verbrennungsablauf eingebrachte Energie. Für beide Auslegungsparameter liegen keine allgemein anwendbaren Richtwerte vor, sondern sie sind in Abhängigkeit der brennstoff- und anlagenbezogenen Rahmenbedingungen unter Nutzung der firmenspezifischen Erfahrungen zu wählen. Größenordnungsmäßig ergeben sich Anhaltswerte von [23, 27]:

– Wasser-Rostbelastung um 400 bis 800 kg – $H_2O/(m^2 * h)$,
– Feuerungsleistung bis zu 2,0 MW/m²
– Luftbelastung um 1.100 m³/(m² * h)

Für die Veraschung eines entwässerten oder vorgetrockneten Klärschlammes erscheint es zweckmäßig zu sein, beide Auslegungsparameter zu prüfen.

Die erreichbare Feuerungsleistung ergibt sich aus der Abhängigkeit zwischen der eingebrachten organischen Masse und der für ihre Veraschung bereitzustellenden Verbrennungsluftmenge. Die zur Verminderung eines übermäßigen Stoffaustrages (entrainment) aus dem Wirbelbett einzuhaltende Gasgeschwindigkeit von rd. 2,0 m/sec begrenzt die zuführbare Luftmenge und damit die Menge der verbrennbaren organischen Masse. In der technischen Umsetzung ergeben sich für eine Anlagenkonzeption mittlere Durchsatzleistungen von 2,0 bis 3,0 Tonnen Feststoff pro Stunde und Ofeneinheit. Als unterer Wert für eine technisch-wirtschaftliche Anlagengröße ist eine Durchsatzleistung von ca. 1,0 t – TS/h je Einheit anzusehen; dies entspricht einer entwässerten Schlammmenge von jährlich rd. 25.000 bis 30.000 m³. Da eine Aufteilung der zu behandelnden Gesamt-Klärschlammmenge auf 2 bis 3 Betriebslinien aus Gründen der Verfügbarkeit und Entsorgungssicherheit zweckmäßig ist, bietet sich der Einsatz einer Veraschung ab einer Gesamtmenge von jährlich etwa 50.000 m³ entwässerter Klärschlamm an.

Von dem Verbrennungsablauf her stellt eine Wirbelschichtfeuerung grundsätzlich gute Voraussetzungen für die Regelung und die Überwachung bereit. Die im Sekundenbereich liegenden Reaktions- und Verweilzeiten in der Wirbelschicht erlauben eine reaktionsschnelle Feuerungsführung. Veränderungen in der Brennstoffaufgabe und in der Zusammensetzung des Verbrennungsgutes wirken sich sofort auf die Feuerungsverhältnisse und die Rauchgasbeschaffenheit aus und werden so schnell erkennbar. Die hohe Temperaturstabilität des Wirbelbettes verhindert dabei nachteilige Auswirkungen auf den Verbrennungsablauf. Weitere Eingriffsmöglichkeiten bieten die Rauchgaszirkulation oder Ascherückführung, die zur Kontrolle und zur Beeinflussung des Verbrennungsablaufes und des Emissionsverhaltens herangezogen werden können [23]. Eine Ascherückführung ist jedoch bei der Klärschlammveraschung bislang nicht realisiert worden.

Im weiteren verfügt eine Wirbelschichtfeuerung aufgrund ihrer Funktionsweise über ein hohes Anpassungsvermögen an wechselnde Belastungszustände. So bringen kurzfristige Schwankungen des Heizwertes oder des Feuchtigkeitsgehaltes durch den hohen Anteil der Bettmasse und die darin enthaltene Wärme keine Beeinträchtigungen im Verbrennungsverhalten mit sich. So ist auch bei der Wirbelschichtfeuerung eine Überschreitung der vorgegebenen Feuerungsleistung bis etwa 10 % zum Ausgleich größerer Mengen oder gestiegener Heizwerte möglich. Ein Absinken des Heizwertes oder ein Mengenrückgang kann, sofern er nicht die Selbstgängigkeit der Verbrennung in Frage stellt, unter Ausnutzung des Unterlastbereiches kompensiert werden. Grundsätzlich lassen sich darüber hinaus unterschiedliche Brennstoffe gemeinsam verbrennen, so daß in gewissem Umfang ein Ausgleich, z. B. saisonaler Einflüsse, durch entsprechende Brennstoffkombinationen denkbar ist.

Hinsichtlich der technischen Sicherheit treten keine besonderen Risiken auf. Störungen im Betrieb bleiben in jedem Fall auf die Örtlichkeit der Anlage begrenzt. Die Anlage kann aus allen Betriebszuständen gefahrlos abgefahren werden. Eine Explosionsgefahr geht, durch die in den allgemeinen Vorschriften definierten Prüfkriterien und Sicherheitsmaßnahmen, auch von der unter Druck stehenden Kesselanlage nicht aus.

3.5 Stoffumsatz

Der Stoffumsatz in der Wirbelschicht wird entscheidend durch die intensive Vermischung der Feststoffpartikel und Gase sowie durch die geringe Korngröße der Partikel bestimmt. Als Folge der günstigen Reaktionsbedingungen wird eine weitgehend vollständige Oxidation der organischen Stoffe erreicht. Der Anteil an Unverbranntem in der Asche liegt deutlich unterhalb von 5 %, dies entspricht einem Ausbrand von mehr als 97 %. Die damit verbundene Wärmeentbindung soll verfahrensbedingt weitgehend im Wirbelbett erfolgen. Dies setzt voraus, daß der Klärschlamm in den unteren Bereich der Wirbelschicht aufgegeben wird. Die der Verbrennung zwangsläufig vorhergehende Entgasungsphase läuft dann überwiegend innerhalb des Wirbelbettes ab und die während der Entgasung gebildeten gasförmigen Kohlenwasserstoff-Verbindungen können noch im Wirbelbett nahezu vollständig ausbrennen. Wird der Schlamm im Freiraum aufgegeben, so setzt die Entgasungsphase bereits vor Eintritt des Schlammes in die Wirbelschicht ein und die gebildeten Gase brennen im Freiraum aus. Dieser Vorgang wird anhand der deutlichen Temperaturdifferenz zwischen Freiraum (höhere Temperatur) und Wirbelschicht (geringere Temperatur) erkennbar.

Als unterer Grenzwert für die Verbrennungstemperatur wären zukünftig 850 °C einzuhalten, der aus dem Entwurf der BImSchG-Verordnung hervorgeht und nach deren Inkrafttreten Gültigkeit erlangt [3]. Die einzuhaltende maximale Temperatur ergibt sich aus dem Erweichungs- bzw. Schmelzpunkt der Asche im Wirbelbett und liegt bei rd. 950 °C. Bei Überschreitung dieses Temperaturniveaus erweichen die Ascheteilchen, bei weiterem Temperaturanstieg haften sie aneinander und das Wirbelbett kann zusammenbrechen, wenn eine Fluidisierung der agglomerierten Partikel nicht mehr möglich ist.

Die Einhaltung der Verbrennungstemperatur sollte aus wirtschaftlichen und ökologischen Gründen, ohne einen ständigen Einsatz von Fremdenergie, mit dem durch die organische Substanz vorgegebenen Energiepotential sichergestellt werden. Ihr Heizwert liegt im Bereich von 20.000 bis 22.000 kJ pro kg organische Feststoffmasse. Damit steht vom Ansatz her im Frischschlamm eine ca. doppelt so großes Energiepotential wie im Faulschlamm zur Verfügung. Im Hinblick auf die Gesamt-Energiebilanz erscheint jedoch, wie aus einer überschlägigen Ermittlung hervorgeht, eine detaillierte Betrachtung des Einzelfalles sinnvoll:

– Frischschlamm-Bilanzierung:

organischer Anteil TS_{org}		= 1,5 t – TS_{org}
mineralischer Anteil TS		= 1,0 t – TS
Feststoffanteil TS	= bei 60 % TS_{org}	= rd. 2,5 t – TS;
Frischschlammenge (entwässert)	= bei TS = 25 %	= 10 m³;
Energiepotential-brutto	= 1,5 x 21.000	= 31.500 MJ
Trocknung vor Veraschung auf TS		= rd. 50 %
Zu verdampfende Wassermenge		= 5 m³
Trockengutmenge		= 5 m³
Der Veraschung zugeführte Wassermenge		= 2,5 m³
Energiepotential-brutto (31.500 – (2,5 x 2.440))		= rd. 25.000 MJ
Wärmebedarf für Trocknung (5 m³ Wasser) (3.000 x 5)		= 15.000 MJ
Rauchgasverlust (200 °C) (10.000 x 1,5 x 200 x 0,0014)		= 4.200 MJ

(Annahmen:
n = 1,4; Rauchgasmenge (trocken) = 10.000 m³/t – TS_{org};
Umrechnung Klärschlamm: 1 m³ = rd. 1 t)

– Faulschlamm-Bilanzierung:

organischer Anteil TS_{org} = im Frischschlamm		= 1,5 t – TS_{org}
mineralischer Anteil TS		= 1,0 t – TS
Stoffumsatz Faulung	= 50 % von TS_{org}	
organischer Anteil TS_{org} nach Faulung		= rd. 0,75 t – TS_{org}
Feststoffanteil TS	= 0,75 + 1,0	= 1,75 t – TS;
TS		= 25 % (entwässert)
Faulschlammenge	= 1,75/0,25	= rd. 7,0 m³
Energiepotential-brutto	= 0,75 x 21.000	= 15.750 MJ
Trocknung vor Veraschung auf TS		= rd. 50 %
Zu verdampfende Wassermenge		= 3,5 m³
Trockengutmenge		= 3,5 m³
Der Veraschung zugeführte Wassermenge		= 1,75 m³
Energiepotential-brutto (15.700 – (1,75 x 2.440))		= 11.480 MJ
Wärmebedarf für Trocknung (3,5 m³ Wasser) (3.000 x 3,5)		= 10.500 MJ
Rauchgasverlust (200 °C) (10.000 x 0,75 x 200 x 0,0014)		= 2.100 MJ

(Annahmen:
n = 1,4; Rauchgasmenge (trocken = 10.000 m³/t – TS_{org};
Umrechnung Klärschlamm: 1 m³ = rd. 1 t)

Bei der Faulung gewonnene Gasmenge (0,5 m³/kg – TS_{org}) (0,5 x 1.500)		= 750 m³
Energiepotential Faulgas (H_u = 18 MJ/m³) (18 x 750)		= 13.500 MJ

Zusammenstellung:

	Energiepotential (netto) in MJ	Angesetzter Energieabzug in MJ
Frischschlamm	rd. 25.400	19.200
Faulschlamm (einschl. Faulgas)	rd. 24.980	12.600

Durch die Einbeziehung der Faulgasmenge und des damit verfügbaren Energiepotentials kann in der Gesamtbilanzierung die Faulschlamm-Veraschung durchaus energetische Vorteile gegenüber einer Frischschlamm-Veraschung aufweisen. Eine Weiternutzung vorhandener Faulbehälter ist deshalb von vornherein nicht auszuschließen.

Durch die vorgeschaltete Trocknung fällt durch die Verminderung der Wassermenge eine geringere Durchsatzleistung in der Feuerung (Schlammenge) und im Rauchgasstrom (Wasserdampfanteil) an. Ihre wesentlichen Vorteile liegen jedoch weniger in den Folgerungen für den apparativen Aufwand, sondern vor allem in der günstigeren Regelung des Prozeßablaufes und in der gleichmäßigeren Verbrennung selbst. Aus betrieblicher Sicht sollte eine Trocknung auf einen Feststoffgehalt von rd. 50 % angestrebt werden. Dies führt zu einer ausgeglichenen Wärmebilanz und erlaubt die sichere Einhaltung der Verbrennungstemperatur von 850 bis 950 °C über die Regelung der Luftvorwärmung. Ein höherer Trocknungsgrad ist denkbar und führt zu einer weiteren Verringerung der Wassermenge (Bild 1). Als Folge fällt jedoch ein höherer Wärmeüberschuß an. Um ein Überschreiten der Temperatur von 950 °C sicher auszuschließen, muß dann dem Wirbelbett Wärme entzogen werden (z. B. durch Wandkühlung, höherer Luftüberschuß, Rauchgas- oder Ascherückführung). Damit steigt der Betriebsaufwand an, ohne daß unmittelbar ein Vorteil für die zu bewältigende Klärschlammentsorgung gegeben wäre.

3.6 Emissionen

Die Wirbelschichtfeuerung ist als grundsätzlich umweltfreundliches Verfahren für die Klärschlammveraschung anerkannt [28]. Bestimmend für diese Einschätzung sind ihre verfahrensspezifischen Vorteile

- niedrige und weitgehend konstante Feuerraumtemperatur,
- der hohe Anteil an heißer Bettmasse in der Wirbelschicht gegenüber der eingebrachten Brennstoffmenge und die intensive Verwirbelung gewährleistet eine gute Zündung des Brennstoffes und einen schnellen, vollständigen Ausbrand,
- die Verbrennung erfordert einen geringen Luftüberschuß,
- durch den geringeren Luftüberschuß fallen kleinere Rauchgasmengen an,
- durch Zuschlagstoffe wird eine feuerungsinterne Schadstoffbildung ermöglicht,
- schnelle Prozeßregelung über den Durchsatz.

Diese positive Einschätzung bedeutet jedoch nicht, das eine Wirbelschichtfeuerung emissionsfrei arbeitet. Auch bei diesem Verbrennungssystem sind die Emissionen, die über die drei Belastungspfade Gas, Abwasser und Feststoff auf die Umwelt einwirken, zu prüfen. Die anzustrebende Begrenzung der Emission auf ein verträgliches Maß bedingt eine Kombination und Abstimmung von feuerungstechnischen Maßnahmen und nachgeschalteten Behandlungsanlagen.

Die im Gaspfad wirksamen Emissionen werden durch gesetzliche Regelungen begrenzt. Die in Tafel 1 zusammengestellten Grenzwerte geben die derzeitige Situation anhand der gültigen TA Luft von 1986 und die zukünftigen Erwartungen, wie sie durch den Entwurf einer Verordnung zum Bundes-Immissionsschutzgesetz diskutiert werden, wieder [3, 29]. Diesen Werten ist in Tafel 2 eine Zusammenfassung von im Betrieb erreichten Emissionskonzentrationen gegenübergestellt [23, 30]. Die sichere Einhaltung der Grenzwerte für Staub, Schwermetalle und saure Schadgase (HCl, HF, SO_2) setzt den Einsatz einer nachgeschalteten Rauchgasreinigung mit hoher Leistungsfähigkeit voraus [31]. Die feuerungsinterne Möglichkeit, durch Zugabe von Kalk eine Bindung von Schwefel oder Chlor und Fluor zu erreichen, bietet dafür keine Gewähr. Auch bei hohem Kalküberschuß kann die zur Einhaltung der Emissionsbegrenzung notwendige Einbindung nicht erwartet werden. Zum anderen liegen für eine effektive Chlor- und Fluorrückhaltung ungünstige Temperaturverhältnisse vor [32]. Darüber hinaus wird durch die Kalkzugabe die Menge an Flugstaub und Filterstaub erhöht und zusätzlich mit den gebundenen Schadstoffen belastet. Die Begrenzung des Stickstoffoxid-Ausstoßes (NO_x) kann durch feuerungstechnische Primär-Maßnahmen, die der Bildung von Stickstoffoxiden entgegenwirken, gefördert werden. So führt eine gestufte Zuführung von Sekundärluft in den Reaktor zu einer NO_x-armen Verbrennung. Eine Einhaltung weiter verschärfter Grenzwerte ist jedoch ohne einen Einsatz technischer Sekundärmaßnahmen zur Umwandlung oder Rückhaltung gebildeter Stickstoffoxide nicht absehbar. Die Höhe der Kohlenstoffmonoxid-Konzentration (CO) im Rauchgas kann nur durch feuerungstechnische Maßnahmen beeinflußt werden. Die im Wirbelschichtreaktor herrschenden Verbrennungsbedingungen (Temperatur, Turbulenz, Verweilzeit) lassen einen nahezu vollständigen Ausbrand der Einsatzstoffe erwarten. Darauf weisen insbesondere die im praktischen Betrieb erreichbaren, niedri-

Tafel 1: Emissionsgrenzwerte für die Abfallverbrennung

Parameter	Einheit	TA Luft 86	Entwurf BImSchV 89
Bezugs-Sauerstoffgehalt im Abgas - Anlagen > 0,75 t/h	%	11,0	11,0
Mindest-Temperatur - normaler Abfall	°C	800	850
Sauerstoffgehalt Nachverbrennung	%	6,0	6,0
Staub	mg/cbm	30,00	10,00
Staub Klasse I (Cd/Hg/Th) (Massenstrom >= 1 g/h)	mg/cbm	0,20	für Hg 0,1 für Cd 0,1 alle Anderen
Staub Klasse II (As/Ni) (Massenstrom >= 5 g/h)	mg/cbm	1,00	0,1
Staub Klasse III (Pb/Ch/Zn) (Massenstrom >= 25 g/h)	mg/cbm	5,00	0,1
Kohlenmonoxid (CO)	mg/cbm	100,00	50,00
Organische Stoffe (C_{org})	mg/cbm	20,00	10,00
Stickstoffoxide als NO_2	mg/cbm	–	100,00
Schwefeloxide (SO_2)	mg/cbm	100,00	50,00
Halogenverbindungen: - anorganisch Chlor (HCl) - anorganisch Fluor (HF)	mg/cbm mg/cbm	50,00 2,00	10,00 1,00

Angabe der Tagesmittelwerte in mg/cbm

Tafel 2: Emissionswerte Klärschlammverbrennung Basis Wirbelschichtfeuerung [aus 23]

Emissions-parameter	Klärschlammverbrennungsanlage									
	Berlin Ruhleben	Bottrop	Stuttgart Mühlhausen	Ulm	Frankfurt Sindlingen *	Kleve	Abwasserverband Rur	Bochum Ölbachtal	Wupperverband Buchenhofen	Karlsruhe
	[88]	[89]	[90]	[91]	[92]	[93]	[94]	[95]	[96]	[97]
Staub	10	10-12	–	91,9	25,25	18-30	17	4,0	100	< 30
Kohlenmonoxid	50-100	17-26	15-1099	–	65	11-27	100	97	100	< 100
Stickstoffoxide	< 200	25	25-85	–	350	119-286	450	–	500	< 500
Schwefeldioxid	1700-3500	600	843-1317	75,9	265	n.n.	23	25	350	< 100
Chlorwasserstoff	50-270	4,5	–	89,4	n.n.	11-27	13	7,9	75	< 30
Fluorwasserstoff	5-10	1	–	0,43	n.n.	0,04-0,15	0,42	1,69	3	< 1
Schwermetalle										
Klasse I	0,2-0,6	0,22	–	–	–	–	–	–	–	–
Klasse II	< 1,0	0,07	–	–	–	–	–	–	–	–
Klasse III	< 5,0	0,03	–	–	–	–	–	–	–	–
Blei	–	–	–	0,010	0,184	0,034-0,048	–	–	–	–
Arsen	–	–	–	–	<0,01-0,04		–	–	–	–
Cadmium	–	–	–	0,016	0,046	<0,001-0,002	–	–	–	–
Chrom	–	–	–	–	–	0,005-0,020	–	–	–	–
Kupfer	–	–	–	0,029	–	0,014-0,017	–	–	–	–
Quecksilber	–	–	–	–	< 0,001	0,055-0,065	–	–	–	–
Zink	–	–	–	0,479	–	–	–	–	–	–
PCDD	–	n.n.	–	–	–	–	–	–	–	n.n.
PCDF	–	n.n.	–	–	–	–	–	–	–	n.n.

n.n. = nicht nachgewiesen
*) = Etagenwirbler = Kombination aus Wirbelschicht- und Etagenofen

gen Kohlenstoffmonoxid-Gehalte hin. Dieser Emissionswert wird darüber hinaus als Leitparameter für den Ausstoß an organischen Kohlenstoff-Verbindungen (C-organisch) angesehen. Angaben über derartige Emissionen liegen nur vereinzelt vor [23]. Tendenziell wird anhand dieser Werte deutlich, daß insbesondere Dioxin- und Furanemissionen bei einer Klärschlammveraschung in der Wirbelschicht nicht oder nur vereinzelt nachweisbar sind. Die bei der Wirbelschichtfeuerung auftretenden relativ geringen Emissionen dieser Schadstoffe werden auf die feuerungsbedingte Zerstörung der bei der Pyrolysephase gebildeten organischen Gase zurückgeführt. Andererseits sollen die Bildung und Emission von polychlorierten Dibenzodioxinen und Dibenzofuranen nach neueren Erkenntnissen im wesentlichen von der Führung der Rauchgase im Dampferzeuger beeinflußt werden. Die auftretenden Dioxin- und Furanverbindungen kondensieren demnach, wie die Schwermetalle, weitgehend an dem im Rauchgas enthaltenen Feinstaub. Einer möglichst vollständigen Staubabscheidung kommt damit auch von dieser Seite größte Bedeutung zu. Die Dioxin- und Furanemission wäre somit von der Feuerung selbst weitgehend unabhängig und den Ursachen für die günstigen Ergebnisse von Wirbelschichtfeuerungen müßte weiter nachgegangen werden. Im weiteren wird am Einsatz von Inhibitorsubstanzen zur Minimierung der Dioxinbildung gearbeitet.

Systembedingt ist die Rauchgasmenge aufgrund des geringen Luftüberschusses in der Verbrennung gering, so daß insgesamt eine vergleichsweise geringe Fracht emitiert wird. Aufgrund der gesetzlichen Forderung, im Rauchgas einen Mindestsauerstoffgehalt von 6 % einzuhalten, liegt die Untergrenze für den technisch nutzbaren Bereich derzeit bei einem Luftüberschuß von 40 % (n = 1,4). Demgegenüber sind bei einer Kohleverbrennung Luftzahlen von n = 1,1 bis 1,2 erreichbar.

Die im Abwasserpfad auftretenden Emissionen sind, bei vollständiger Nutzung der technischen Möglichkeiten zur Behandlung des Prozeßabwassers aus der Rauchgaswäsche, als unkritisch anzusehen. Durch die Kombination von chemisch-physikalischen und thermischen Behandlungsverfahren lassen sich die Schadstoffe vollständig in den Feststoffpfad überführen [33]. Das abgeleitete Prozeßwasser ist dann in seiner Wirkung umweltneutral. Der tatsächlich notwendige Aufwand für die Abwasserbehandlung hängt von der umweltrelevanten Beurteilung der örtlichen Gegebenheiten, insbesondere von der Belastungssituation des zu nutzenden Vorfluters, ab.

Im Feststoffpfad tritt eine deutliche Verschiebung der Stoffströme hin zur Flugasche und zum Filterstaub auf. Ihre Menge kann bis zu 100 % der gesamten festen Rückstände betragen. Bettasche fällt nur in geringem Umfang, zum Beispiel als Grobmaterial oder durch einzelne Störstoffe an. Die abgezogene Flugasche und der Filterstaub sind trockene, pulver- oder staubförmige Stoffe, die durch eine nachgeschaltete Behandlung (Wäsche, Sinterung oder Verfestigung) zur Verbesserung der Deponieeigenschaften oder der Verwertbarkeit aufbereitet werden können [34]. Derzeit ist jedoch nicht abschätzbar, inwieweit auch aufbereitete Rückstände einer Klärschlamm-Wirbelschichtfeuerung gesichert einer weiteren Verwertung zugeführt werden können. Zum jetzigen Zeitpunkt sollte deshalb für beide Rückstandsströme eine Deponie verfügbar sein. Die festen Rückstände aus der Rauchgasbehandlung sind als Sonderfall anzusehen und entsprechend abzulagern. Die Verwertung der Salze aus einer Rauchgaswäsche oder die Rückgewinnung der aus dem Rauchgas abgeschiedenen Schwermetalle wird derzeit weiter verfolgt und geprüft.

3.7 Kostenbetrachtung

Der Umfang der notwendigen Investitionen hängt, wie bei jeder Entsorgungsanlage, entscheidend von der geforderten Durchsatzleistung, der Anzahl der aus Entsorgungsgründen gewählten Verfahrenslinien, der für die vorgesehene Anlagenkonzeption notwendigen Verfahrensstufen und ihrer Ausführung ab. Einen weiteren Einfluß üben die örtlichen Gegebenheiten aus. Sie bestimmen über die Nutzungsmöglichkeit vorhandener Einrichtungen, wie Sozialbereiche, Werkstätten und Infrastruktur, den Umfang der zu erstellenden Nebenanlagen. Eine exakte Kostenermittlung kann deshalb nur unter Einbeziehung der jeweiligen Ausgangssituation erfolgen. Ein überschlägiger Kostenrahmen läßt sich aus den Angaben der Literatur oder aus Erfahrungswerten ableiten. Sie geben für die Investition einer Klärschlammveraschung auf Basis der Wirbelschichtfeuerung, bezogen auf die Jahrestonne an jährlicher Feststoffmenge, eine Größenordnung von 2.000,- DM je Jahrestonne (brutto) für größere Durchsatzleistungen bis 4.000 DM (brutto) je Jahrestonne bei kleineren Anlagen vor. Diese Investition schließt folgende Anlagenbereiche (einschließlich zugehöriger Transport- und Lagereinrichtungen) ein:

– Annahmebereich für Klärschlamm und Betriebsstoffe
– Lagerbereiche für Klärschlamm, Betriebsstoffe, Rückstände
– Trocknungsanlage
– Verbrennungsteil mit Feuerung und Kesselanlage
– Rauchgasreinigungsanlage mit Elektrofilter, Wäscher und Abwasserbehandlung
– Leitstand
– Energietrakt
– Kaminanlage mit Meßstation
– Rückstandsbehandlung und Verladeeinrichtung zum Abtransport
– Werkstätten/Materiallager

Anteilig entfallen rd. 18 % bis 22 % der Investition auf die Trocknung, der Verbrennungsteil mit Kesselanlage umfaßt rd. 35 % bis 45 % der Investition und rd. 20 % bis 35 % müssen derzeit für die Rauchgasbehandlung veranschlagt werden.

Hinsichtlich der kostenmäßigen Optimierung stehen vor allem die Auswirkungen im Vordergrund, die sich aus dem Einsatz der vorgeschalteten Trocknung, aus der Möglichkeit der Frisch- oder Faulschlammveraschung und aus der Anzahl der Verfahrenslinien ergeben. Grundsätzlich fällt die Investition für eine Veraschung ohne Trocknung geringer aus, da eine vollständige Verfahrensstufe eingespart wird. Der erreichbare Kostenvorteil bleibt jedoch auf eine Größenordnung von 10 % bis 15 % begrenzt, da die Veraschung eines entwässerten Schlammes höhere Aufwendungen im Feuerungsteil und in der Rauchgasbehandlung nach sich zieht.

Tendenziell wäre ein weiterer Kostenvorteil für die Faulschlamm-Veraschung zu erwarten, da die zu behandelnde Schlammenge geringer ist. Dieser Kostenvorteil kann jedoch im vollem Umfang nur wirksam werden, wenn eine Faulung bereits vorhanden ist. Der Neubau einer Faulung als integrierter Bestandteil einer Klärschlammveraschung wird aus wirtschaftlicher Sicht im Regelfall nicht anzustreben sein. Den kostenmäßigen Auswirkungen, die mit der gewählten Anzahl der Verfahrenslinien verbunden sind, ist im Einzelfall nachzugehen. Generell führt eine Aufteilung der Gesamtkapazität auf mehrere Verfahrenslinien zu steigenden Investitionen. Entsprechend ist ein 2-sträßiger Anlagenaufbau mit 2 * 100 % Entsorgungskapazität (1 * Betrieb + 1 * Reserve) kostengünstiger zu erstellen als ein 3-sträßiger Aufbau mit 3 * 50 % Entsorgungskapazität (2 * Betrieb + 1 * Reserve). Im Einzelfall kann jedoch die Bewältigung höherer Durchsatzleistungen bei der Ausführung der Aggregate einen Kostensprung mit sich bringen, der die erhofften wirtschaftlichen Vorteile aufhebt.

Hinsichtlich der Jahreskosten lassen sich drei Kostengruppen unterscheiden:

– die Kapitalkosten aus der Verzinsung und der Abschreibung der Investition

– die Betriebskosten der Anlage aus der Instandhaltung, den Betriebsstoffen, dem Personal und dem Verwaltungsaufwand durch Steuern, Versicherungen, Schriftverkehr und Organisation

– die Entsorgungskosten für die anfallenden Rückstände in Form von Abwasserkosten (Rückbelastung der Kläranlage), Deponiekosten, Aufwendungen für die Verwertung von Rückständen und Transportkosten

Bei den Aufwendungen für Abschreibung und Instandhaltung sind die verschleißbelasteten Einrichtungen besonders zu berücksichtigen. Dazu zählen nicht nur Antriebe oder Förderbänder, sondern auch Rohrleitungen für pneumatische Feststofförderung. Bei der Erfassung der Entsorgungskosten sind feste, pastöse und flüssige Rückstände zu beachten. Die Rückführung organisch belasteter Abwässer z.B. aus der Trocknung ist zwar für die Wirtschaftlichkeit der Kläranlage von untergeordneter Bedeutung. Sie sollte jedoch im Rahmen einer schlüssigen Kostenrechnung nicht außer Acht gelassen werden.

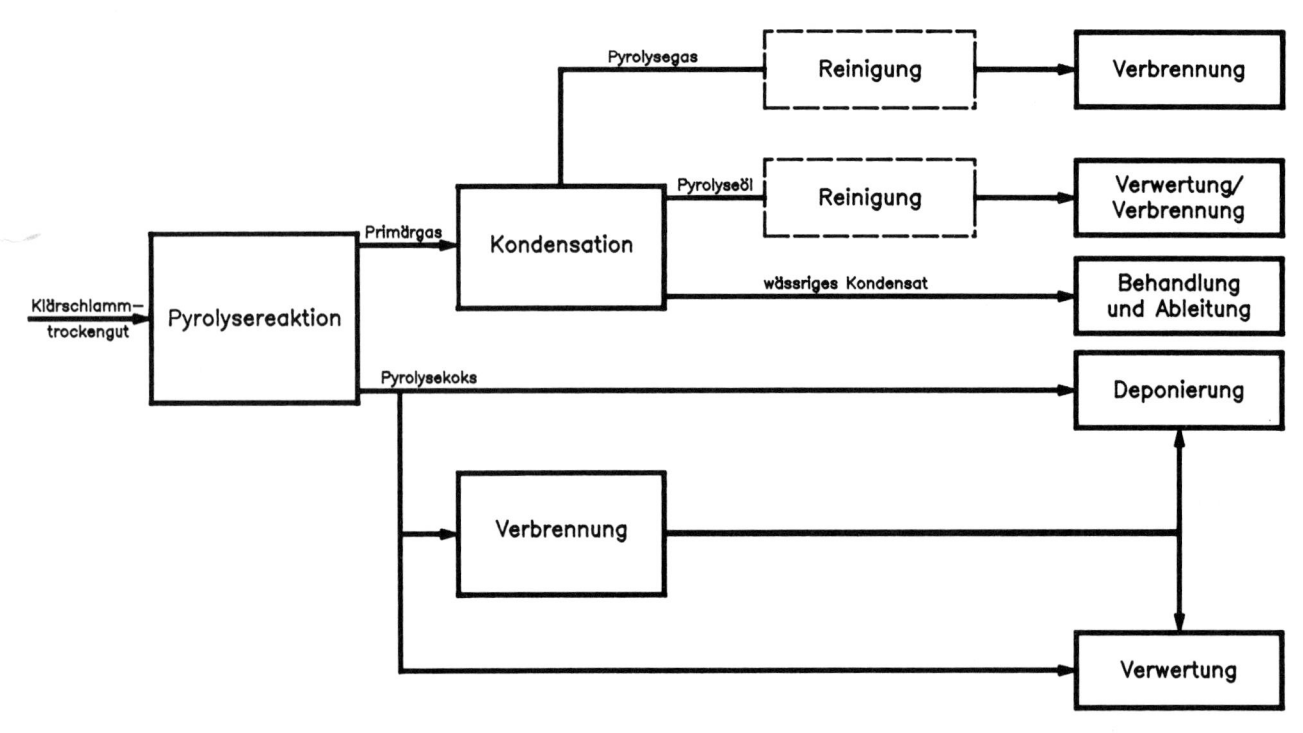

Bild 8: Verfahrensaufbau einer Klärschlammpyrolyse

Die Höhe der Jahreskosten richtet sich, analog zur Investition, nach der Anlagenkonzeption, der Durchsatzleistung und der Betriebsführung. Ein geschultes und gut motiviertes Betriebspersonal kann durch Vermeiden von Bedienungsfehlern und optimaler Fahrweise erheblich zu einem kostengünstigen Betrieb beitragen. Insgesamt muß heute mit spezifischen Jahreskosten für Kapitaldienst und Betrieb von 600,– bis 1.000,– DM pro Tonne durchgesetzter Feststoff, entsprechend 150,– bis 250,– DM je Kubikmeter entwässerter Klärschlamm, gerechnet werden. Für die Ablagerung der festen Rückstände fallen zusätzlich rd. 40,– bis 100,– DM pro Tonne durchgesetzter Feststoffe an. Für die Entsorgung der als Sonderabfall zu behandelnden Rückstände sind erheblich höhere Aufwendungen zu erwarten, insbesondere wenn auch eine Untertage-Deponie erforderlich wird. Demgegenüber bleiben die Transportaufwendungen von untergeordneter Bedeutung. Sie liegen für Transportentfernungen von rd. 50 bis 100 km bei überschlägig rd. 20,– bis 50,– DM je Tonne durchgesetzter Feststoffe.

4. Nutzung der organischen Bestandteile des Klärschlamms durch Entgasung

Der Begriff Entgasung oder Pyrolyse bezeichnet Verfahren zur thermischen Umwandlung organischer Stoffe. Im Gegensatz zur Verbrennung finden die Entgasungsreaktionen unter Sauerstoffabschluß in Inertgasatmosphäre statt. Sie sind durch die Teilzersetzung organischen Materials bei Temperaturen zwischen 150 und 900 °C unter Ausschluß eines Vergasungsmittels wie Luft, Sauerstoff, Kohlendioxid oder Wasserdampf gekennzeichnet [35]. Dabei bleibt als eigentliche Aufgabenstellung die Minimierung der zu deponierenden Reststoffmengen und die Inertisierung der organischen Inhaltsstoffe bestehen. Während jedoch bei der Veraschung des Klärschlammes der Umsatz der organischen Substanz direkt zur Dampf- oder Wärmeerzeugung genutzt wird, verfolgt die Entgasung von Klärschlamm das Ziel, die organischen Schlammbestandteile soweit wie möglich zu konvertieren und zu isolieren, um so speicherbare Energie oder Rohstoffe zur Weiterverarbeitung herzustellen. So erfolgt bei der eigentlichen Pyrolysereaktion eine Trennung in den festen Pyrolyserückstand (Pyrolysekoks) und in ein Primärgas, das sich durch Kondensation in die Produktpfade Pyrolyseöl, wässriges Pyrolysekondensat und verbleibendes Gas trennen läßt. Den grundsätzlichen Ablauf dieses Verfahrens zeigt Bild 8. Als Einsatzstoff kommt nur ein getrocknetes Klärschlammgut in Frage.

Von der Klärschlammpyrolyse werden nach Kaminsky folgende Vorteile erwartet [36]:

– Bei großer Volumenreduktion wird der feste Rückstand nicht so weit aufgeschlossen wie bei der Verbrennung, er ist dadurch weniger leicht eluierbar,

– die Pyrolysegase, die gegebenenfalls von Schadstoffen zu reinigen sind, haben ein mindestens zehnmal kleineres Volumen als Verbrennungsabgase; sie sind zudem durch die niedrigere Reaktionstemperatur geringer mit Schadstoffen beladen;

– die Korrosion in Pyrolyseanlagen ist aufgrund der reduzierenden Bedingungen und der niedrigeren Temperaturen gering, dies erhöht die Lebensdauer der Anlagen;

– die Schadstoffemissionen aus der geschlossenen Anlage und aus den Rückständen sind leichter beherrschbar;

– es werden heizwertreiche Gase und verwertbares Öl sowie daneben ein potentiell verwertbarer fester Pyrolyserückstand gewonnen;

– die Anlage ist gegen Schwankungen in Menge, Zusammensetzung und Wassergehalt des Klärschlamms relativ unempfindlich.

Hierbei ist jedoch anzumerken, daß betriebstechnische Erfahrungen mit Klärschlammpyrolyse bisher noch ausstehen. Die genannten Vorzüge müssen erst durch Anwendungen in Betriebsgröße realisiert und bestätigt werden.

4.1 Stoffumsatz in der Pyrolyse

Menge und Beschaffenheit der Produkte Pyrolysekoks, Pyrolyseöl und Pyrolysegas sind im wesentlichen Maße abhängig von den Behandlungsparametern, allen voran der Pyrolysetemperatur. Dabei finden bei steigender Temperatur jeweils unterschiedliche Reaktionen statt. Eine Übersicht gibt Tafel 3. Aus diesen Unterschieden ergibt sich in Abhängigkeit der Pyrolysetemperatur ein unterschiedliches Produktspektrum. Aus Bild 9 ist ersichtlich [37], daß bei niedrigeren Pyrolysetemperaturen um 300 °C vor allem Pyrolyseöle (hochsiedende Fraktion) und feste Pyrolyserückstände (Pyrolysekoks) gewonnen werden, während bei steigenden Temperaturen zunehmend die Gasfraktion das Produktenspektrum beherrscht. Gleichzeitig damit erfolgt ein Rückgang an festen Pyrolyserückständen.

Tafel 3: Prozeßbereiche der Pyrolyse (nach [35])

Temperaturbereich	Reaktionen	Prozeßbezeichnung	Phasen der Entgasung
< 150 °C	Bildung von Wasserdampf, Verdampfung leichtflüchtiger Stoffe	Trocknung	Trocknung
150 - 250 °C	chemisch gebundenes Wasser sowie lose gebundene Seitenketten werden abgespalten	Tieftemperaturpyrolyse	
250 - 500 °C	höhermolekulare organische Substanzen werden durch Abspaltung von Seitengruppen und Abbau der makromolekularen Gerüststrukturen in Gase, ölige und teerartige Verbindungen und festen Kohlenstoff (Koks) zersetzt	Schwelung Niedertemperaturkonvertierung	Verschwelung
500 - 800 °C	sowohl aus den flüssigen, organischen Produkten als auch aus dem festen Kohlenstoff entstehen vorwiegend Permanentgase (wie H_2, CO und CH_4)	Mitteltemperaturpyrolyse	
800 - 1200 °C	weitere Spaltung der Kohlenwasserstoffe führt zu einem niedrigeren Heizwert des Pyrolysegases, aber größerer Ausbeute Reduktion der Metalloxide	Hochtemperaturpyrolyse	Gasbildung
> 1200 °C	anorganische Inhaltsstoffe schmelzen, Schlacke flüssig abziehbar	Höchsttemperaturpyrolyse	

Bei niedrigen Temperaturen werden dabei vorrangig entsprechend Tafel 3 die Seitengruppen organischer Verbindungen abgespalten. Das Pyrolysegas besteht bei Temperaturen um 300 °C zu rund 99,6 % aus CO_2, CO und CH_4, wobei der Anteil des Kohlendioxids allein rund 80 % beträgt [38]. Erst bei Temperaturen ab rund 600 °C werden „C-C"-Bindungen gespalten [39]. Dies ist unter anderem die Ursache für das Ansteigen des Gasanteils. Zudem wird beim Pyrolysegas der Anteil von CO und CO_2 zugunsten gasförmiger Kohlenwasserstoffe ($< C_6$) von 90 % (bei 300 °C) auf etwa 60 % (bei 700 °C) zurückgedrängt [39].

Das gebildete Pyrolyseöl besteht bei der Pyrolyse niedriger Temperatur zum überwiegenden Teil aus alliphatischen (kettenförmigen) Kohlenwasserstoffen. Es ähnelt damit dem natürlich gebildeten Erdöl. Dagegen wird mit ansteigender Temperatur zunehmend die in der Biomasse vorliegende Molekülstruktur zersetzt und es fallen vermehrt aromatische Kohlenwasserstoffe an. Bei einer Pyrolysetemperatur von 760 °C enthält das Öl rund 31 % Einkernaromaten. Die Bildung polyzyklischer aromatischer Verbindungen beginnt vorwiegend ab 770 °C [40].

In ähnlicher Weise nimmt der Anteil des festen Rückstands bei zunehmender Pyrolysetemperatur ab. Während er bei 300 °C noch rund 50 % beträgt, wovon wiederum 25 bis 30 % Kohlenstoff sind, geht der Anteil des festen Rückstands bei 700 °C auf rund 15 % zurück.

Ein weiterer Einfluß auf die Menge und Zusammensetzung der Pyrolyseprodukte wird von der Schlammart, insbesondere hinsichtlich der Unterschiede zwischen Frischschlamm und Faulschlamm, ausgehen.

4.2 Verfahrenskonzeptionen

Versuche zur Entgasung von Klärschlamm fanden bisher vorrangig bei mittleren und niedrigen Temperaturen statt. In der Bundesrepublik Deutschland liegen die Schwerpunkte der Untersuchungen auf zwei Verfahrenskonzeptionen:

Niedertemperatur-Konvertierung: Ziel dieses von Professor Bayer an der Universität Tübingen entwickelten Verfahrens ist eine maximale Ausbeute an Pyrolyseöl. Das Verfahren nach Bayer ist durch folgende Parameter gekennzeichnet [40]:

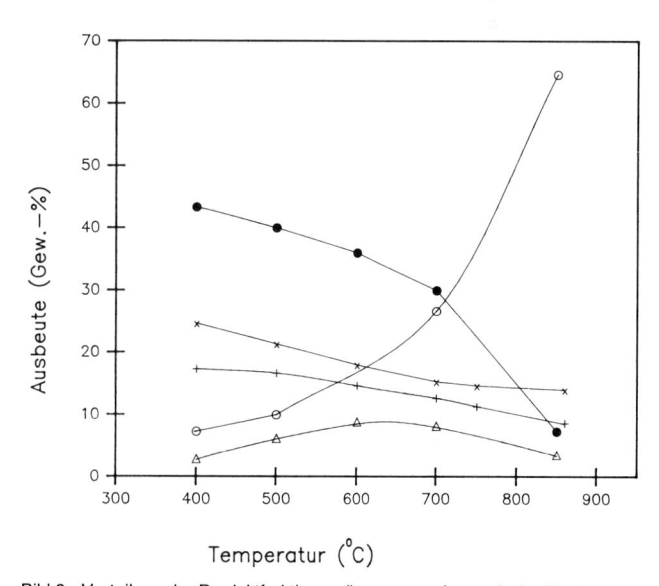

Bild 9: Verteilung der Produktfraktionen (bezogen auf organische Trockensubstanz) bei der Pyrolyse von Belebtschlamm in Abhängigkeit von der Temperatur

⊙ Pyrolyse-Gas
● hochsiedende Fraktion
x Pyrolyse-Rückstand
+ wässrige Fraktion
△ leichtsiedende Fraktion

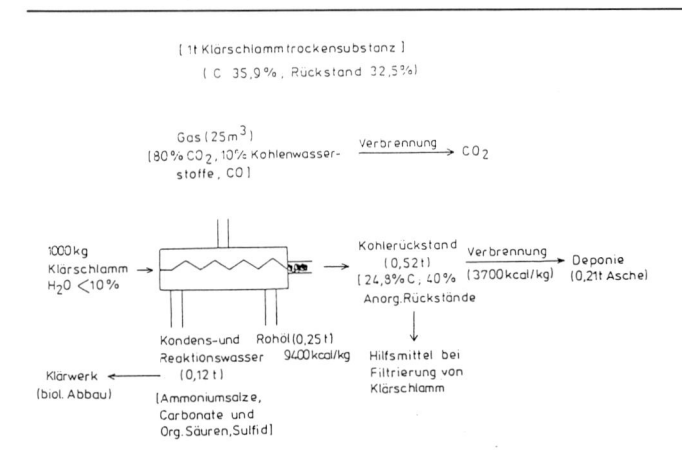

Bild 10: Produkte aus Konvertierungsofen (nach [42])

- Pyrolysetemperatur: 280–320 °C
- Produkte (bezogen auf ein Klärschlamm-Trockengut mit 10–15 % Wassergehalt):

Pyrolyseöl:	20–27 %,
Pyrolysekoks:	59–70 %,
Pyrolysegas:	5 %
Wässriges Kondensat:	7–15 %

Für eine maximale Ölausbeute werden die folgenden Betriebsbedingungen als optimal angesehen [41]:

- Eine mitteltiefe Pyrolysetemperatur (280–320 °C),
- ein niedriger Feuchtigkeitsgehalt,
- angepaßte Heizgeschwindigkeit, Reaktionsdruck und Verweilzeit.

Eine Übersicht über den bei Versuchen ermittelten Stoffanfall zeigt Bild 10. Die Niedertemperatur-Konvertierung versucht vom Ergebnis her die natürliche Ölbildung nachzuahmen. Dementsprechend weisen die gewonnenen Pyrolyseöle, ähnlich dem Erdöl, einen Kohlenstoffanteil von 70–82 % auf. Die Zusammensetzung des Pyrolyseöles im Vergleich mit einem Rohöl aus der Nordsee zeigt Bild 11. Sämtliche Ölbestandteile sind bei einer Temperatur bis zu 400° rückstandsfrei verdampfbar. Das anfallende Pyrolyseöl besteht hauptsächlich aus zwei Verbindungsklassen: Unverzweigte Alkane und Alkene sowie Fettsäuren [38]. Nach dem Auswaschen der Fettsäuren, die für die Hydrierung zu Fettalkoholen verwendbar wären, verbleibt dann ein Öl mit den Hauptkomponenten C_{10}–C_{22}, das als Rohstoff für die petrochemische Industrie verwertbar wäre. Im weiteren bietet sich eine Nutzung als Brennstoff oder, nach entsprechender Weiterverarbeitung, ein Einsatz als Treibstoff an. Das bei den Versuchen gewonnene Öl verbrannte rückstandsfrei [38].

Das nicht kondensierbare Pyrolysegas wird intern im Kreislauf zurück in den Konverter gefahren und dient dort als Schutzgas. Überschüssiges Gas wird aus dem Kreislauf entnommen und kann einer Verbrennung zugeführt werden. Sein Heizwert ist aufgrund des hohen CO_2-Anteils allerdings gering. Für die kontinuierliche Reaktorbeheizung wäre im Einzelfall der Einsatz von Fremdgas oder -öl bzw. die Nutzung von Abwärme mit höherem Temperaturniveau zu prüfen.

Der bei der Niedertemperaturkonvertierung verbleibende feste Rückstand setzt sich zu 15–40 % aus Kohlenstoff zusammen. Daneben enthält er mit einem Gehalt von rund 60 % den anorganischen Anteil des Klärschlammes. Sein Heizwert beträgt etwa 8 MJ/kg [38]. Stickstoff- und Schwefelgehalt sind gering. Er eignet sich deshalb grundsätzlich zur Verbrennung oder zur industriellen Verwertung. So fanden beispielsweise bereits Versuche statt, den Pyrolysekoks als Aktivkohle zu verwenden [41]. Es bietet sich auch eine Verwendung unter Nutzung des Wärmeinhalts bei der Zementherstellung an, zumal die gebrannten Rückstände puzzolanische (zementähnliche) Eigenschaften haben. Aus diesen Möglichkeiten der Verwertbarkeit ergibt sich ein interessanter Aspekt der vollständigen Verwertung von Klärschlämmen. Die umweltrelevanten Auswirkungen solcher Verfahren bedürfen aber noch genauer Untersuchungen. Andererseits kann aus der Verbrennung des Pyrolysekoks ein Energiebeitrag zur Aufrechterhaltung der Konvertierungstemperatur gewonnen werden.

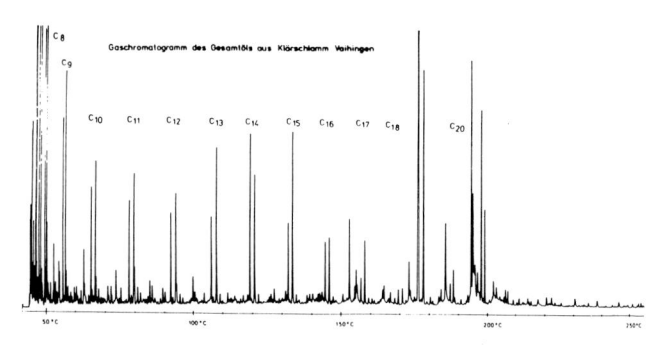

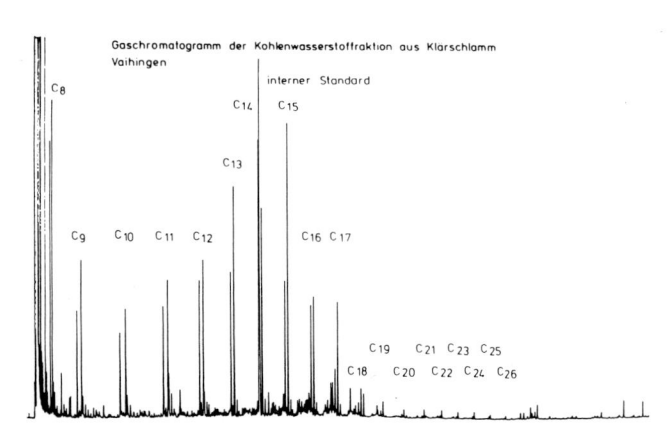

Bild 11: Gaschromatogramme von (a) Nordseeöl und (b) Klärschlamm (nach [42])

Je Tonne eingesetzten Klärschlamm-Trockengut entstehen zwischen 70 und 150 l Kondenswasser, das vom Pyrolyseöl beispielsweise durch eine Zentrifuge abgetrennt werden muß. Dieses Kondensat enthält zwischen 5 und 10 % Kohlenstoff, 3 bis 7 % Stickstoff als Ammoniumsalze und rund 2 % Schwefel. Der Kohlenstoff liegt ebenfalls vorrangig in Form von Ammoniumkarbonaten vor. Damit enthält das Kondensat bis zu 70 % des in der Pyrolyse ausgetriebenen Stickstoffs und 50 % des Schwefels. Der pH-Wert dieses Kondenswasser liegt zwischen 6 und 8 [38].

Der Niedertemperatur-Konvertierung von Klärschlamm werden folgende Vorzüge zugesprochen [41]:

- Der Schlamm wird mit geringem Volumen an festen Rückständen und einem sterilen Rest konvertiert,
- es wird ein hochwertiges Erzeugnis gewonnen,
- das Verfahren führt zu geringer sekundärer Verschmutzung, durch die niedrigen Temperaturen wird die Entstehung von Teeren und krebserzeugenden Polyaromaten weitgehend verhindert,
- die im Klärschlamm vorhandenen Schwermetalle sind zum überwiegenden Teil im festen Rückstand gebunden.

Eine Alternative stellt das **Hamburger Verfahren** dar: Das Verfahren der Klärschlammpyrolyse bei Mitteltemperatur wurde von Professor Kaminsky an der TU Hamburg entwickelt. Die Untersuchungen beziehen sich auf Pyrolysetemperaturen zwischen 670 und 760 °C. Durchschnittlich werden dort folgende Produktausbeuten (bezogen auf den organischen Klärschlammanteil) gewonnen [40]:

Pyrolyeöl:	2–28 %,
Pyrolysegas:	34–77 %,
Pyrolysekoks:	10–33 %,
Wässriges Kondensat:	1–15 %.

Damit unterscheiden sich diese Ergebnisse, entsprechend den oben dargestellten Zusammenhänge, von den Produkten aus der Niedertemperatur-Konvertierung deutlich durch eine Verschiebung hin zum Pyrolysegas und durch die Verringerung der festen Rückstände.

Für das bei diesem Pyrolyseverfahren gewonnene Öl sind vorwiegend industrielle Verwertungen in der Petrochemie anzunehmen, insbesondere zur Herstellung von Kunststoffen [40]. Tafel 4 zeigt die Zusammensetzung des in einer halbtechnischen Anlage bei Temperaturen zwischen 620 und 720 °C gewonnenen Pyrolyseöles.

Tafel 4: Zusammensetzung der Pyrolyseöle (nach [43])

Pyrolysetemperatur [°C]	620	690	750
Substanz [m%]			
C_5-Kohlenwasserstoffe	1,46	1,44	1,45
C_6-Kohlenwasserstoffe	2,21	2,53	1,51
C_7-Kohlenwasserstoffe	0,93	1,06	0,69
C_8-Kohlenwasserstoffe	0,35	0,37	0,23
C_9-Kohlenwasserstoffe	0,37	0,18	0,09
C_{10}-Kohlenwasserstoffe	0,32	0,16	0,04
C_{11}-Kohlenwasserstoffe	0,30	0,10	0,06
C_{12}-Kohlenwasserstoffe	0,21	0,18	0,06
Cyclopentadien	0,23	0,40	0,22
Diels-Alder-Produkte	0,13	0,66	1,48
Σ Aliphaten/Naphtene	9,18	7,76	5,84
Benzol	1,81	3,62	9,32
Inden	0,30	0,68	1,58
Naphthalin	0,40	0,92	1,69
Biphenyl	0,21	0,38	0,46
Acenaphthylen	0,06	0,17	0,36
Fluoren	0,06	0,11	0,19
Phenathren	0,12	0,20	0,30
Anthracen	0,05	0,03	0,04
Fluoranthen	0,02	0,02	0,04
Pyren	0,02	0,06	0,06
Chrysen/Triphenylen	0,03	0,04	0,11
Σ Aromaten	8,70	15,32	29,54
Phenol	0,47	0,83	1,84
Kresole	0,67	1,37	1,88
Methylfuran	0,28	0,32	0,19
Methylbenzofuran	0,24	0,27	0,17
Dimethylbenzofurane	0,13	0,26	0,12
Σ O-haltige Substanzen	1,85	3,08	4,25
Acetonitril	1,36	0,69	2,39
Propionitril	0,05	0,05	0,06
Acrylnitril	0,03	0,05	0,21
Benzonitril	0,08	0,06	0,13
Methylbenzonitrile	0,23	0,26	0,40
Naphthonitril	0,08	0,28	0,32
Pyrrol	0,41	0,53	1,33
Methylpyrrole	0,26	0,07	0,09
Indol	0,30	0,45	0,80
Chinolin/Isochinolin	0,12	0,10	0,30
Methylchinoline	0,07	0,07	0,15
Σ N-haltige Substanzen	3,25	2,88	8,89
Σ übrige Substanzen	1,57	2,35	2,19
Teere/Rückstand	75,45	68,61	49,29
Σ	100,00	100,00	100,00

Hauptprodukt der Pyrolyse bei mittleren und höheren Temperaturen ist das Pyrolysegas. Sein Heizwert erreicht mit 23 MJ/m³ etwa 70 % des Heizwerts von Erdgas [43]. In technischen Anlagen wird es einer Verbrennung zugeführt werden. Sein Wärmeinhalt wird großenteils zur Heizung des Pyrolysereaktors genutzt.

Die festen Rückstände sind zu deponieren. Eine Verwertbarkeit durch Verbrennung, wie dies bei den Rückständen der Niedertemperatur-Konvertierung der Fall ist, kann aufgrund des geringeren Kohlenstoffgehalts nicht mehr angenommen werden.

4.2 Anlagenauslegung und Verfahrenskonzeption

Die Konzeption einer Pyrolyseanlage ist im wesentlichen vom gewählten Verfahren und damit von der notwendigen Behandlung der Produkte abhängig. Neben dem unterschiedlichen mengenmäßigen Produktanfall der verschiedenen Verfahren ist auch die unterschiedliche Produktqualität zu berücksichtigen. Darüber hinaus nehmen die jeweiligen Möglichkeiten der Verwertung insbesondere der festen Rückstände erheblichen Einfluß auf das Gesamtkonzept. Eine Darstellung einzelner Verfahrensschritte kann daher lediglich modellhaften Charakter haben. Im wesentlichen wird eine Anlage zur Klärschlammpyrolyse aus folgenden Komponenten bestehen:

– Vorbehandlung des Klärschlamms durch größtmögliche maschinelle Entwässerung und Trocknung auf TS-Gehalte über 90 %,

– Konvertierung bei Temperaturen zwischen 300 und 800 °C (verfahrensabhängig),

– Kondensation der Gasphase zu Pyrolyseöl und wässrigem Kondensat,

– Trennung von Pyrolyseöl und Kondenswasser,

– Verbrennung der aufbereiteten Restgase zur Wärmeerzeugung und Reinigung der Abgase bzw. Erzeugung eines Reingases und Speicherung oder Verbrennung des Reingases,

– Aufbereitung und Speicherung der gewonnenen Pyrolyseöle,

– Deponierung bzw. Verbrennung oder Verwertung der festen Rückstände (Pyrolysekoks),

– Behandlung der anfallenden Kondenswässer und Prozeßwässer.

Kern einer Pyrolyseanlage ist der Konvertierungsofen. Bisher sind verschiedene Konvertertypen im Versuchs- und Technikumsmaßstab untersucht worden. Für die Pyrolyse bei höheren Temperaturen herrscht dabei der Wirbelschichtkonverter vor. Dieses Aggregat ist prinzipiell baugleich mit dem bei der Klärschlammveraschung beschriebenen Anlagenteil. Als Wirbelmedium wird jedoch nicht Luft, sondern rückgeführtes Pyrolysegas eingesetzt. Auch bei der Pyrolyse werden die oben beschriebenen Vorzüge des Wirbelschichtverfahrens genutzt.

Für die Niedertemperaturkonvertierung wurden daneben Drehrohröfen, Schneckenkonverter und Kastenkonverter mit verschiedenen Einrichtungen zum Transport des Pyrolysegutes eingesetzt und erprobt.

Die Beheizung der Konverter erfolgt jeweils indirekt von außen. In betriebstechnischen Maßstab werden zur Beheizung die Abgase aus der Verbrennung von Pyrolysegas oder Pyrolysekoks beziehungsweise eine Kombination der beiden Ströme herangezogen. Bei längsdurchlaufenen Konvertern ist eine Beheizung im Gegenstrom sinnvoll, da es von Bedeutung ist, das Pyrolysegut möglichst schnell auf Reaktionstemperatur zu bringen.

Die Auslegung des Konverters hängt vor allem von der notwendigen Verweilzeit des Pyrolysegutes im Reaktionsraum und dem erforderlichen Stoffdurchsatz ab. Für die Niedertemperaturkonvertierung wird beispielsweise eine optimale Verweilzeit von 20 Minuten angegeben [40], die Verweilzeit im Wirbelschichtreaktor wird bei höherer Temperatur geringer ausfallen.

4.4 Energetische Betrachtung

Bei der Pyrolyse müssen, bei Einsatz eines entsprechend aufbereiteten Trockengutes, lediglich geringe Mengen an Wasser und das Trockengut auf die Reaktionstemperatur erhitzt werden. Zudem liegt die Pyrolysetemperatur, speziell bei der Niedertemperatur-Konvertierung, weit unterhalb des bei einer Verbrennung einzuhaltenden Temperaturniveaus. Damit sind für die Beheizung des Pyrolysereaktors vergleichsweise geringe Wärmemengen erforderlich. Bei der Verbrennung der Produkte, speziell des Gases und des Öls sind im weiteren nur niedrige Luftüberschüsse in der Größenordnung unter n = 1,2 notwendig, so daß auch dort geringe Wärmeverluste stattfinden. Zusätzlich kann im geschlossenen Pyrolysesystem eine optimale Abwärmenutzung durchgeführt werden, indem die Abwärme der Konverterbeheizung als Niedertemperaturwärme für die Klärschlammtrocknung weiter eingesetzt wird. In die Bilanzierung wäre bei Einsatz von Faulschlamm darüber hinaus auch das anfallende Faulgas einzubeziehen, das für die Trocknung oder für die Reaktorbeheizung genutzt werden könnte.

Für eine aussagefähige Energiebilanzierung stehen aber mit den bisher durchgeführten Versuchen keine ausreichenden Grundlagen zur Verfügung. Die Bedingungen technischer Anlagen und die dort erreichbaren Wirkungsgrade sind noch nicht absehbar. So bleibt abzuwarten, ob die beispielsweise bei Versuchen mit einer Niedertemperaturkonvertierung für entwässerten Schlamm aus einer Kammerfilterpresse (40% TS) angegebene günstige Energiebilanz tatsächlich erreicht wird [38]:

Aufheizungsenergie Schlamm von 20 auf 100°C	0,418 MJ/kg
Verdampfungswärme Wasser	2,810 MJ/kg
Nettowärmebedarf Wasserverdampfung	3,228 MJ/kg
Aufheizung trockener Schlamm von 100 auf 300°C	0,250 MJ/kg
Praktischer Wärmebedarf	5,25 MJ/kg
Heizwert des Öls	10,0 MJ/kg
Heizwert des Pyrolysekoks	8,0 MJ/kg
Praktische Energiebilanz	+ 12,75 MJ/kg

In dieser Bilanz ist der Energieinhalt des Pyrolysegases nicht berücksichtigt. Ebensowenig sind darin potentielle Energierückgewinnungsmöglichkeiten oder mit den Produktströmen verbundene Wärmeverschleppungen angesetzt.

4.7 Emissionen

Zielsetzung der Klärschlammbehandlung durch Pyrolyse ist es, die im Klärschlamm enthaltenen Schadstoffe, soweit sie nicht durch die thermische Behandlung zerstört werden können, so vollständig wie möglich in die festen Pyrolyserückstände einzubinden. Dabei zeigt sich wiederum eine Abhängigkeit von der Pyrolysetemperatur.

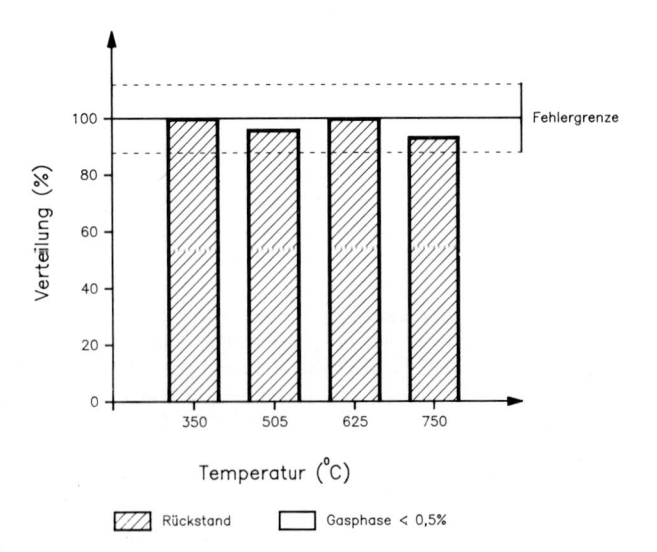

Bild 12: Chrom, Nickel, Kupfer, Zink und Blei
Verteilung auf Rückstand und Gasphase (nach [44])

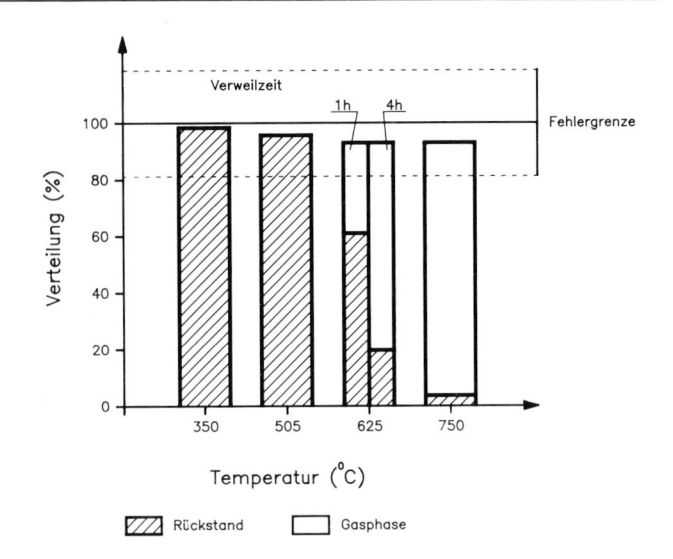

Bild 13: Verteilung von Cadmium auf Rückstand und Gasphase (nach [44])

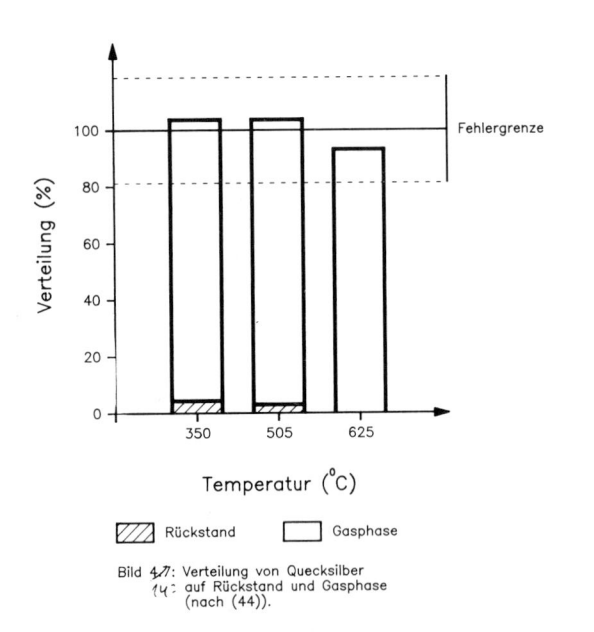

Bild 14: Verteilung von Quecksilber auf Rückstand und Gasphase (nach [44])

Die Bilder 12 bis 14 sind die Zusammenhänge zwischen der Temperatur und der Wiederfindungsrate von Schwermetallen im festen Rückstand dargestellt. Während sich demnach die Schwermetalle Blei, Chrom, Kupfer, Nickel und Zink nahezu quantitativ in den Pyrolysekoks einbinden lassen, muß für Cadmium zumindest bei höheren Pyrolysetemperaturen und für Quecksilber bei allen für die Pyrolyse relevanten Temperaturen mit einer Verflüchtigung und als Konsequenz mit einer Verteilung auf vorrangig auf das wässrige Kondensat sowie auf die Produkte Gas und Öl gerechnet werden.

Neben den Feststoffen ist der Wasserpfad der am stärksten belastete Emissionspfad. Die bisherigen Untersuchungen belegen einen chemischen Sauerstoffbedarf (CSB) von bis zu 50 g O_2/l und Ammoniumgehalte um etwa 40 g/l [43] und höher. Daneben können – insbesondere bei der Niedertemperaturkonvertierung – Belastungen durch organische Kohlenstoffe bis zu 10 % und Schwefelbelastungen bis 2 % auftreten [38]. Diese Schadstofffrachten machen eine besondere Behandlung dieser Abwässer notwendig.

Die Produkte Pyrolysegas und -öl werden möglicherweise vor ihrer Verbrennung bzw. Verwertung einer Reinigung zuzuführen sein. Dieses Verfahren ist aufgrund der zu behandelnden geringeren Stoffmenge einer Abgasreinigung nach der Verbrennung vorzuziehen.

Tafel 5: Elutionsuntersuchungen nach DIN 38.414 T4 [in 43]

Probe:	Klärschlamm	Verbrennungs-asche (1.200 °C)	Pyrolyse-rückstand (750 °C)
Element (µg/kg)			
Blei	350	55	50
Cadmium	8	14	< 3
Chrom	100	7750	30
Kupfer	8150	100	50
Nickel	3860	125	25

Bei der Verbrennung von Pyrolysekoks aus der Niedertemperaturkonvertierung muß besonders bei höheren Verbrennungstemperaturen, die zur Zementherstellung erforderlich sind, die dann einsetzende Schadstoffverteilung überprüft werden. Die Einbindung der im Feststoffpfad verbleibenden Schadstoffe erfolgt dort durch die Sinterung allerdings um so stärker.

Obwohl die festen Pyrolyserückstände den größten Inhalt an Schadstoffen zeigen, kann ihr Verhalten in der Umwelt als vergleichsweise unbedenklich bezeichnet werden. Tafel 5 zeigt die Ergebnisse von Elutionsuntersuchungen für einzelne Schwermetalle im Vergleich zu Klärschlamm und Asche aus der Verbrennung.

Die Problematik der Dioxinemissionen wurde bei der Pyrolyse von Klärschlamm noch nicht so eingehend untersucht, daß definitive Aussagen getroffen werden können. Untersuchungen zeigen aber, daß in Filterstaub von Müllverbrennungsanlagen enthaltene PCDD und PCDF durch Behandlung unter Inertgasatmosphäre ab Temperaturen von etwa 350 bis 400 °C quantitativ zerstört werden können [45]. Bei der Pyrolyse zumindest in höheren Temperaturbereichen herrschen ebensolche Bedingungen vor, so daß eine Zerstörung dieser Stoffe angenommen werden kann. Die Umstände, die bei der Müllverbrennung zu einer Neubildung von PCDD nach der eigentlichen Verbrennung führen können, liegen bei Pyrolyseanlagen mit einer der Verbrennung vorgeschalteten Gasreinigung nicht vor. Insbesondere die fehlende Staubemission macht eine Emission von Dioxinen und Furanen mit dem Luftpfad unwahrscheinlich.

4.6 Kosten

Eine definitive Aussage über die Investitionen und Jahreskosten einer Klärschlammpyrolyseanlage ist derzeit aufgrund mangelnder Betriebserfahrungen nicht möglich. So wirken sich auf die Kostenbetrachtung insbesondere die nachgeschalteten Behandlungsanlagen für die Produkte und die Kondensat- und Prozeßwässer aus, deren Auslegungsparameter noch nicht abschätzbar sind. Größenordnungsmäßig wird man von den Kosten auszugehen haben, die auch für die Klärschlammverbrennung anzusetzen sind. Bei gleicher Durchsatzleistung ist bei der Pyrolyse aufgrund des höheren notwendigen Trocknungsgrades und der längeren Verweilzeit im Ofen jedoch eine größere Auslegung der betreffenden Aggregate vorzusehen.

5. Schlußbetrachtung

Mit der Wirbelschichtfeuerung steht ein bewährtes Verfahrenskonzept zur Verfügung, mit dem auch größere Klärschlammengen zuverlässig behandelt werden können. Die ausgereifte Technik bietet ein hohes Maß an betrieblicher Zuverlässigkeit und kommt den Belangen eines Entsorgungsbetriebes nach. Das Volumen der abzulagernden Rückstände ist auf ein Minimum reduziert. Die verfahrensbedingten Emissionen sind beherrschbar und führen unter Nutzung der verfügbaren Reinigungsverfahren zu geringen Restbelastungen. Eine externe Verwertung der bei der Veraschung anfallenden Wärme ist jedoch nicht zu erwarten.

Das Konzept der Klärschlammpyrolyse besticht durch die Umsetzungsmöglichkeit des Verwertungsgebotes, die in der Konsequenz langfristig zu einer im Idealfall rückstandsfreien Klärschlammbehandlung führen kann. Ansatzpunkt ist das Recycling der festen, gasförmigen und flüssigen Pyrolyseprodukte im Rahmen einer stofflichen Verwertung. Die bisherigen Ergebnisse wurden jedoch lediglich im Versuchs- und Technikumsmaßstab erarbeitet. Erst nach Abklärung von Detailproblemen und nach erforderlichem Abschluß von Erprobungen im entsorgungstechnischen Maßstab sind die Einsatzbedingungen und Optimierungsmöglichkeiten absehbar. Dies setzt jedoch die Bereitschaft und das Engagement einzelner Entsorgungspflichtiger voraus, die dazu erforderlichen Anlagen zu errichten und zu betreiben.

Schrifttum

A) Ausgewertete Literatur:

[1] Möller, U.: Klärschlammbehandlung, -verwertung und -entsorgung auf weiter gesteigertem Niveau unter Einsatz von Klärschlammtrocknung und/oder -veraschung/-verbrennung in: siwawi – Schriftenreihe Siedlungswasserwirtschaft Bochum, Nr. 17, Bochum (1989).

[2] Reimann, D.O.: Klärschlammsituation in: Beihefte zu Müll und Abfall, Nr. 28, Erich Schmidt Verlag, Berlin (1989).

[3] Schenkel, W.: Schlammtrocknung und -verbrennung aus ökologischer Sicht in: siwawi – Schriftenreihe Siedlungswasserwirtschaft Bochum Nr. 17, Bochum (1989).

[4] Manczak, M., Kempa, E.S.: Viehfutter aus Belebtschlamm in: Recycling von Klärschlamm 1, EF-Verlag für Energie- und Umwelttechnik GmbH, Berlin (1987).

[5] Bayer, E., Kutubuddin, M.: Öl aus Klärschlamm, Korrespondenz Abwasser, Heft 6 (1982).

[6] Märtens, H.: Alfelder Modell – Klärschlammgranulat/Asphalt in: Beihefte zu Müll und Abfall, Nr. 28, Erich Schmidt Verlag, Berlin (1989).

[7] Vogg, H.: Von der Schadstoffquelle zur Schadstoffsenke – neue Konzepte der Müllverbrennung. Chem.-Ing.-Techn. 60, Nr. 4 (1989).

[8] Christmann, A.: Kombinierte Müll-Klärschlamm-Verbrennung. Theoretische Grundlagen und verfahrenstechnischen Aspekte. PHOENIX International 5, Nr. (1987).

[9] Otte-Witte, R.: Verfahren zur Schlammtrocknung – Verfahrensgegenüberstellung in: siwawi – Schriftenreihe Siedlungswasserwirtschaft Bochum, Nr. 17, Bochum (1989).

[10] Dentler, A.: Sulzer Escher Wyss Wirbelschichtverfahren zur indirekten Trocknung im Dampfkreislauf in: VDI-Handbuch Klärschlammentsorgung, Düsseldorf (1989).

[11] von Beckerath, K.: Gedanken zur Behandlung von organischen Abwasserschlämmen durch Hochfrequenztrocknung (Teil 1). AbfallwirtschaftsJournal 1, Nr. 10 (1989).

[12] Stachowske, M.: Energiegesichtspunkte bei der Schlammtrocknung in: siwawi – Schriftenreihe Siedlungswasserwirtschaft Bochum, Nr. 17, Bochum (1989).

[13] Ingenieurbüro für Verfahrenstechnik Dr. Born – Dr. Ermel GmbH: Vorbereitende Arbeiten für Projektierungen im Projektbereich Schlamm/Abfall. Ingenieurbüro Dr. Born – Dr. Ermel GmbH, 2807 Achim, (1989) (nicht veröffentlicht).

[14] Shin, K.C., Sonner, M.: Marktübersicht: Thermische Klärschlammbehandlung. wlb – Wasser, Luft und Boden, Heft 10 (1989).

[15] Gniosdorsch, L.G.: Ein Beitrag über den Einfluß der in Abhängigkeit von der verfahrensmäßigen Durchführung der biologischen Abwasserreinigung bedingten Schlammeigenschaften auf die Schlammentwässerung und anschließende Verbrennung. Schriftenreihe WAR, Nr. 3, Darmstadt (1979).

[16] Lichtenberger, H.: Geplante Klärschlammverbrennung in einem Kohlekessel im MHKW München-Nord in: Beihefte Müll und Abfall, Nr. 28, Erich Schmidt Verlag, Berlin (1989).

[17] STEAG: Verwertung von Klärschlamm in Steinkohlekraftwerken mit Schmelzfeuerung. Firmenschrift STEAG, Dinslaken (1989).

[18] Schürholz, R.: Entwässerung und Verbrennung von Klärschlamm in der Kläranlage Düsseldorf-Süd. Kommunalwirtschaft (1972) S. 361–363.

[19] Harkness, N. et al.: Some observations on the incineration of sewage sludge. Water Pollution Control (1972) S. 16–33.

[20] Busse, O.: Veraschung von Abwasserschlämmen in Etagenöfen. Methodik und Kosten in: Gewässerschutz-Wasser-Abwasser, Nr. 21, Aachen (1976).

[21] Loll, U.: Neue Trends zur Klärschlammverbrennung unter Hochtemperaturbedingungen. AbfallwirtschaftsJournal 1, Nr. 9 (1989).

[22] Pook, H.: KHD HW-Schmelzzyklonverfahren (Cormin) in: siwawi – Schriftenreihe Siedlungswasserwirtschaft Bochum, Nr. 17, Bochum (1989).

[23] Bischofsberger, W., Born, R.: Verfahrens- und umwelttechnische Analyse neuer thermischer Prozesse in der Abfallwirtschaft. Phase 2: Wirbelschichtfeuerung. Berichte aus Wassergütewirtschaft und Gesundheitsingenieurwesen, Nr. 90, Technische Universität München (1989).

[24] Menigat, R.G.: Der Etagenwirbler – eine Neuentwicklung auf dem Gebiet der Abfallentwicklung in der Wirbelschicht in: VDI-Berichte Nr. 286, Düsseldorf (1977).

[25] Born, R., Cichon, W.: Eignung thermischer Verfahren zur Restmüllverwertung in: Berichte aus Wassergütewirtschaft und Gesundheitsingenieurwesen, Nr. 81, Technische Universität München (1988).

[26] Ingenieurbüro für Verfahrenstechnik Dr. Born – Dr. Ermel GmbH: Unterlagen aus projektvorbereitenden Arbeiten. Ingenieurbüro Dr. Born – Dr. Ermel GmbH, 2807 Achim, (1989) (nicht veröffentlicht).

[27] Berghoff, R.: Die Verbrennung von Klärschlamm. Verfahren, Emissionen, energetische Aspekte in: Gewässerschutz-Wasser-Abwasser, Nr. 45, Aachen (1981).

[28] Beisecker, H.D.: Wirbelschichtfeuerung – weitere Entwicklungsmöglichkeiten für den Umweltschutz. Wärme (90), Heft 6 (1984).

[29] Bundesministerium des Innern: Erste Allgemeine Verwaltungsvorschrift zum Bundesimmissionsschutzgesetz (Technische Anleitung zur Einhaltung der Luft - TA Luft) vom 27. 02. 1986, GMBl. S. 95.

[30] Urban, U.: Wirbelschichtfeuerung für Schlammverbrennungsanlagen. wlb – Wasser, Luft und Betrieb, Heft 9 (1987).

[31] Cichon, W., Schöttler, M.: Möglichkeiten zur Emissionsminderung bei der thermischen Nutzung von Abfallreststoffen. umwelt & technik, Heft 5 (1988).

[32] Münzner, H.: Bindung von Fluor und Chlor aus Wirbelschichtfeuerungsabgasen an Kalk-Wirbelschichtasche-Mischungen. Bundesministerium für Forschung und Technologie, Forschungsbericht T 84-292, Bonn (1984).

[33] Jekel, M., Vater, C.: Umweltverträgliche Behandlung der Abwässer aus Hausmüllverbrennungsanlagen. AbfallwirtschaftsJournal 1, Nr. 6 (1989).

[34] Faulstich, M.: Inertisierung fester Rückstände aus der Abfallverbrennung. AbfallwirtschaftsJournal 1, Nr. 7/8 (1989).

[35] Bischofsberger, W., Born, R.: Verfahrens- und umwelttechnische Analyse neuer thermischer Prozesse in der Abfallwirtschaft. Phase 1: Pyrolyse. Berichte aus Wassergütewirtschaft und Gesundheitsingenieurwesen, Technische Universität München (1989).

[36] Kaminsky, W.: Klärschlammpyrolyse zur Erzeugung organischer Rohstoffe als Schlammverwertungsverfahren. Hoechst-Symposium „Entfernen von Phosphaten aus Abwässern und Nutzbarmachung von Klärschlämmen", Frankfurt/Neu-Isenburg (1986).

[37] Augustin, T., Kaminsky, W., Krüger-Betz, M.: Verwertung von Klärschlamm durch Pyrolyse in der Wirbelschicht. Chem.-Ing.-Techn. 56, Heft 1, S. 47 (1984).

[38] Bayer, E., Kutubuddin, M.: Öl aus Klärschlamm. Korrespondenz Abwasser 29, Heft 6, S. 377 (1982).

[39] Kaminsky, W., Semel, J., Sinn, H.: Orientierende Versuche zur Pyrolyse von Klärschlamm in einer indirekt beheizten Wirbelschicht. Makromol.-Chem., Rapid Commun., Heft 3, S. 371 (1982).

[40] Barniske, L, Vater, Ch.: Die Pyrolyse von Klärschlamm – eine Entsorgungsalternative? Korrespondenz Abwasser 34, Heft 8, S. 850 (1987).

[41] Buekens, A., Schoeters, J.: Konvertierung von Klärschlämmen zu Dieselöl und Aktivkohle. Hoechst-Symposium „Entfernung von Phosphaten aus Abwässern und Nutzbarmachung von Klärschlämmen". Frankfurt/Neu-Isenburg (1986).

[42] Bayer, E., Kutubuddin, M.: Niedertemperaturkonvertierung von Klärschlämmen und organischem Müll zu Öl. Recycling International/EF-Verlag für Energie und Umwelttechnik, Berlin (1982).

[43] Kummer, A.B., Bellmann, U., Kaminsky, W.: Klärschlammpyrolyse. Beihefte zu Müll und Abfall Nr. 28, Erich Schmidt Verlag, Berlin (1989).

[44] Kistler, R., Widmer, F.: Pyrolyse von Klärschlamm – Verteilung der Schwermetalle. Swiss Chem. 8, Heft 2 a, S. 45 (1986).

[45] Vogg, H., Vehlow, J., Stieglitz, L.: Neuartige Minderungsmöglichkeiten für PCDDs/PCDFs in Müllverbrennungsanlagen. VDI-Berichte Nr. 633 (1987).

Ergänzende Hinweise:

VDI-Kommission Reinhaltung der Luft: Dioxin, VDI-Bericht Nr. 634, VDI-Verlag, Düsseldorf (1987).

Antkowiak, R.: Mit sanften Temperaturen aus dem Schlamassel. VDI-Nachrichten Nr. 30 vom 28. 07. 1989, VDI-Verlag, Düsseldorf.

Bäuerle, Obers, Wischniewski: Die Kontrakttrocknung von kommunalen Klärschlämmen, Sonderdruck aus: Aufbereitungstechnik, Nr. 5 (1988).

Bahrs, D., Albers, H.: Betriebsanalyse der Klärschlammtrocknungsanlage Alfeld. Bundesministerium für Forschung und Technologie, Forschungsbericht T 85-062, TU Braunschweig 1985.

Beckmann: Dampfwirbelschichttrocknung. VDI-Bildungswerk, Tagung Klärschlammentsorgung, Düsseldorf (1989).

Böhnke, B.: Klärschlamm – Rohstoff oder Schadstoff? Gewässerschutz-Wasser-Abwasser 65, Aachen (1983).

Carstensen, U.: Forschungs- und Entwicklungsvorhaben über die Kompostierung von Rindenabfällen und Klärschlamm. Bundesministerium für Forschung und Technologie, Forschungsbericht T 80-076, Fa. Feldmühle AG, Hagen-Kabel (1980).

Christmann, A., Hartmann, H.: Umweltschutz und Energienutzung am Beispiel des neuen Müll-Heizkraftwerkes Essen-Karnap. Jahrbuch der Dampferzeugungstechnik, 6. Ausgabe, Vulkan-Verlag, Essen (1989).

Gasser, Lang: Nichtlandwirtschaftliche Verwertungsmöglichkeit von Klärschlamm unter besonderer Berücksichtigung und Verbrennung im Zementofen, Teilstudie 4. Bericht Nr. VA 85/5506/D der Holderbank Management und Beratung AG, Bern (1988).

Geßner: Emissionsbetrachtungen zur Klärschlammtrocknung und -verbrennung. Alfelder Symposium 11, Fachtagung für umweltgerechte Klärschlammentsorgung, Alfeld (1988).

Hauschild, W., Martin, J., Muckenheim, H., Schäfer, Ch.: Rostfeuerungen zur Verbrennung von Hausmüll, hausmüllähnlichem Gewerbemüll und Klärschlamm. Jahrbuch der Dampferzeugungstechnik, 6. Ausgabe, Vulkan-Verlag, Essen (1989).

Kneer, F.: Brikettierung von Klärschlamm und Hausmüll. Bundesministerium für Forschung und Technologie, Forschungsbericht T 86-002, Fa. Weiss, Dillenburg-Frohnhausen (1986).

Koglin, M.: Der Hamburger Faulschlamm wird getrocknet. Korrespondenz Abwasser Nr. 5 (1987).

Lee, S.Y.: Incineration an efficient and environmentally acceptable way to dispose of municipal and hazardous solid waste. Westinghouse Electric Company.

Obrist, Lang: Nichtlandwirtschaftliche Verwertungsmöglichkeiten von Klärschlamm unter besonderer Berücksichtigung der Verbrennung im Zementofen, Teilstudie 1. Bericht Nr. VA 88/5503/D der Holderbank Management und Beratung AG, Bern (1988).

Spillner, F.G.: Die Trocknung des Klärschlammes. Dissertation, Königlich Technische Hochschule Hannover, Berlin (1910).

Vater, C.: Neuere Entwicklungen zur Schlammtrocknung. ATV-Fortbildungskurs F/3, Schlammentsorgung im Lichte neuer Forderungen, Fulda (1989).

VDI-Gesellschaft für Energietechnik. Reststoffe bei der thermischen Abfallverwertung. VDI-Verlag, Düsseldorf (1988).

VDI-Gesellschaft für Energietechnik: Energie aus Müll und Klärschlamm. VDI-Bericht Nr. 459, VDI-Verlag, Düsseldorf (1982).

Verwertung von Aschen aus der Abfallverbrennung

Von A. Toussaint[1]

Einführung

Straßenbauwirtschaft und Straßenbauverwaltung können es sich zugute halten, seit mehreren Jahrzehnten durch die Verwendung industrieller Nebenprodukte und aufbereiteter Abfallstoffe im Erd- und Straßenbau einen erheblichen Beitrag zur Entsorgung und damit zum Umweltschutz geleistet zu haben und das zu Zeiten, als die zwingende Notwendigkeit der Schonung unserer Umwelt durchaus noch nicht allgemein erkannt war. Zwar waren es zunächst eher wirtschaftliche Gründe und ein hoher Baustoffbedarf zu Zeiten des intensiven Straßenbaus, der zu der Nutzung dieser ,,alternativen" Baustoffe führte, jedoch konnten durch die Verwendung dieser Materialien für den Erd- und Straßenbau Lagerstätten natürlicher Baustoffe geschont, Eingriffe in die Landschaft vermieden, teilweise auch der Energiebedarf für Aufbereitung und Transport verringert, vor allem aber Deponieflächen eingespart werden.

So wird beispielsweise durch die Verwendung von 70 % der jährlich in der Bundesrepublik Deutschland anfallenden rund 10 Mio. t Hochofenschlacke im Straßenbau die Eisenhüttenindustrie sinnvoll entsorgt. Ähnliches gilt für die Verwendung der sogenannten Berge des Steinkohlenbergbaus oder der Rückstände der Kohlenkraftwerke wie Schmelzkammergranulat oder Flugasche. Die Rückstände aus den Müllverbrennungsanlagen sind dazu vergleichsweise neue Stoffe, um deren sinnvolle Verwertung man sich im Erd- und Straßenbau bemüht.

Die Verbrennung des Hausmülls und hausmüllähnlicher Abfälle hat nicht primär den Zweck, einen Baustoff herzustellen, sondern die Müllmenge zu reduzieren. Die Müllverbrennung leistet in relativen und absoluten Zahlen den höchsten Beitrag zur Einsparung von Deponieflächen in der Abfallwirtschaft, wird doch das Gewicht des Hausmülls auf etwa ein Drittel, das Volumen auf ein Zehntel reduziert.

In der Bundesrepublik Deutschland fallen zur Zeit rund 27 Mio. t Hausmüll und hausmüllähnliche Abfälle an, von denen rund 9 Mio. t, also ein Drittel, in 47 Anlagen verbrannt werden. Dabei entstehen 2,3 Mio. t Aschen, 0,3 Mio. t Filterstaube und 30 000 t ,,Salze". Zum Vergleich sei ein Blick in die Schweiz geworfen. Dort werden in 42 Anlagen etwa 80 % des anfallenden Hausmülls verbrannt, wobei 500 000 t Asche anfallen, von denen wiederum die Hälfte als Baustoffe verwendet wird.

In Zukunft wird auch bei uns mit zunehmenden Mengen von Rückständen aus der Müllverbrennung zu rechnen sein. Zwar sieht das Abfallgesetz des Bundes die Rangfolge Vermeidung – Verwertung – Beseitigung vor, jedoch ist das mittelfristige Vermeidungspotential für Haushaltsabfälle nicht unendlich, so daß auch zukünftig große Abfallmengen zu erwarten sind. Das Umweltbundesamt rechnet daher für die Bundesrepublik bis 1995 mit der Errichtung von 20 weiteren Müllverbrennungsanlagen, so daß etwa 13 bis 15 Mio. t, also bei konstantem Abfall dann etwa die Hälfte des Hausmülls, verbrannt würden. Eine solche Entwicklung wird auch durch den hohen Stand der Umweltverträglichkeit und Verfügbarkeit der Verbrennungstechnik gefördert. Bei der Verbrennung der 13 bis 15 Mio. t Müll werden dann etwa 3,5 bis 4,1 Mio. t Asche und 0,5 Mio. t Filterstäube zu erwarten sein. Bei der Verbrennung der organischen Anteile des Hausmülls bei Temperaturen über 800 °C entstehen Rohasche, Rauchgase und Abwärme. Der Heizwert des Hausmülls beträgt zur Zeit etwa 8 000 bis 8 500 kJ/kg. Zum Vergleich: Für Rohbraunkohle wird ein Heizwert von 8 200 kJ/kg angegeben. Die Wärme wird zur Fernheizung, zur Stromgewinnung oder als Prozeßwärme genutzt. Die festen, heißen Verbrennungsrückstände werden im Wasserbad des Naßentaschers abgeschreckt, sie nehmen dabei erhebliche Mengen Wasser auf und werden anschließend bis zur Aufbereitung gelagert.

Aufbereitung

Die Rohasche wird meist durch Privatunternehmen ohne großen Aufwand durch Sieben und Abtrennen des Eisenschrottes aufbereitet. Die Rohasche enthält einen merklichen Anteil an Metallen, davon bis 15 % der Asche an Eisenschrott. Das Eisen wird durch verschiedene Magnetscheidersysteme abgetrennt. Zur Zeit der hohen Nachfrage nach Schrott veranlaßte dessen Gewinnung aus der Rohasche überhaupt erst die Aufbereitung, die damals noch mit Gewinn betrieben werden konnte. Inzwischen hat sich die Marktsituation für Schrott ungünstig entwickelt, zumal es sich bei dem Schrott aus der Müllverbrennungsasche um ein verschmutztes Produkt mit relativ hohem Kupfergehalt handelt. Durch die Absiebung des Größtkorns in der Regel bei 32 mm, aber auch bis 64 mm werden unverbrannte Stoffe, die sich zum größeren Teil in den großen Aggregaten befinden, ausgeschieden. Sie werden meist dem Rohmüll wieder zugemischt und mit diesem verbrannt. Die aufbereitete Müllverbrennungsasche oder ,,MV-Asche" wird in der Körnung 0/32 aber auch in anderen, insbesondere feineren Korngemischen als Baustoff angeboten.

Bautechnische Eigenschaften

Wird ein Material als neuer Mineralstoff für den Straßenbau angeboten, so werden seine Eigenschaften an denen bewährter Baustoffe gemessen und zunächst in gleicher Weise geprüft. Dies galt auch für die Müllverbrennungsaschen, denen die Verwender aufgrund der inhomogenen Zusammensetzung des Rohmülls, der unterschiedlichen Verbrennung sowie der wenig aufwendigen Aufbereitung erhebliche Vorbehalte entgegenbrachten. Vielleicht wurden deshalb die Müllverbrennungsaschen im Vergleich zu anderen alternativen Baustoffen in zahlreichen Forschungsarbeiten intensiver behandelt, zunächst allerdings mit der Zielsetzung, die bautechnische Eignung zu prüfen.

In der Bundesanstalt für Straßenwesen wurden in den 70er Jahren rund 20 verschiedene Müllverbrennungsaschen untersucht und die dabei gewonnenen Daten den Anforderungen und Richtwerten für bewährte Mineralstoffe gegenübergestellt [4]. Mit den Daten anderer Prüfstellen wurden sie Grundlage für das ,,Merkblatt für industrielle Nebenprodukte, Teil: Müllverbrennungsasche (MV-Asche)" [1]. Im folgenden werden die bautechnischen Eigenschaften der Müllverbrennungsaschen kurz gekennzeichnet:

Die Aschen fallen in ungleichkörnigen, sehr gut abgestuften Körnungen an (s. Bild 1). Sie bestehen aus 30 bis 70 % Glas- und Keramikbruch, 20 bis 60 % zusammengesinterten und feinen Aschen mit sonstigen mineralischen Bestandteilen, bis zu 4 % Metallteilen und bis zu 8 % noch brennbaren Rückständen. Die Feinkornanteile < 0,06 mm schwanken je nach Aufbereitung und Zugabe der Filterstäube zwischen 4 und 15 %. Nach dem Kriterium für ein günstige Kornform von Mineralstoffen für den Straßenbau, dem Verhältnis Länge zu Dicke des Einzelkorns kleiner 3 : 1, sind die Müllverbrennungsaschen mit höchstens 20 % ungünstig geformter Körner als gut korngeformt anzusehen, zumal viele Körner durch das Zusammensintern und Anschmelzen hakig bis bizarr geformt sind. Der Wassergehalt ist mit 14 bis 20 % vergleichsweise hoch. Er ändert sich je nach Lagerung der Asche oder nach Witterungsverhältnissen.

Die Reindichte schwankt zwischen 2,34 und 2,86 g/cm³, die Rohdichte zwischen 2,2 und 2,7 g/cm³. Die Proctordichte als wichtige Bezugsgröße für den Einbau in die Straße schwankt zwischen 1,5 bis 1,7 g/cm³ bei optimalen Wassergehalten zwischen 11 und 18 %. Insgesamt sind die Dichten im Mittel geringer als die der natürlichen Mineralstoffe des Straßenbaus. Die vergleichsweise niedrige Proctordichte weist auf den großen Hohlraumgehalt auch der verdichteten Schlacke hin.

Die mechanische Festigkeit der Müllverbrennungsasche ist deutlich geringer als die der im Straßenbau eingesetzten natürlichen Mineralstoffe. Die Widerstandsfähigkeit gegen Schlag, bestimmt als Zertrümmerungswert SZ an der Prüfkörnung 8/12,5 mm, beträgt 35 bis 47 %; zum Vergleich: Hochofenschlacke C muß SZ-Werte zwischen 22 und 34 % aufweisen. Beim Abriebversuch in einer Kugelmühle streuen die Abriebswerte weit zwischen 12 und 47 %, bei einem

---

[1] Dipl.-Ing. A. Toussaint, Bundesanstalt für Straßenwesen, Bergisch Gladbach
Vortrag ,,Envitec-Kongreß '89, Düsseldorf

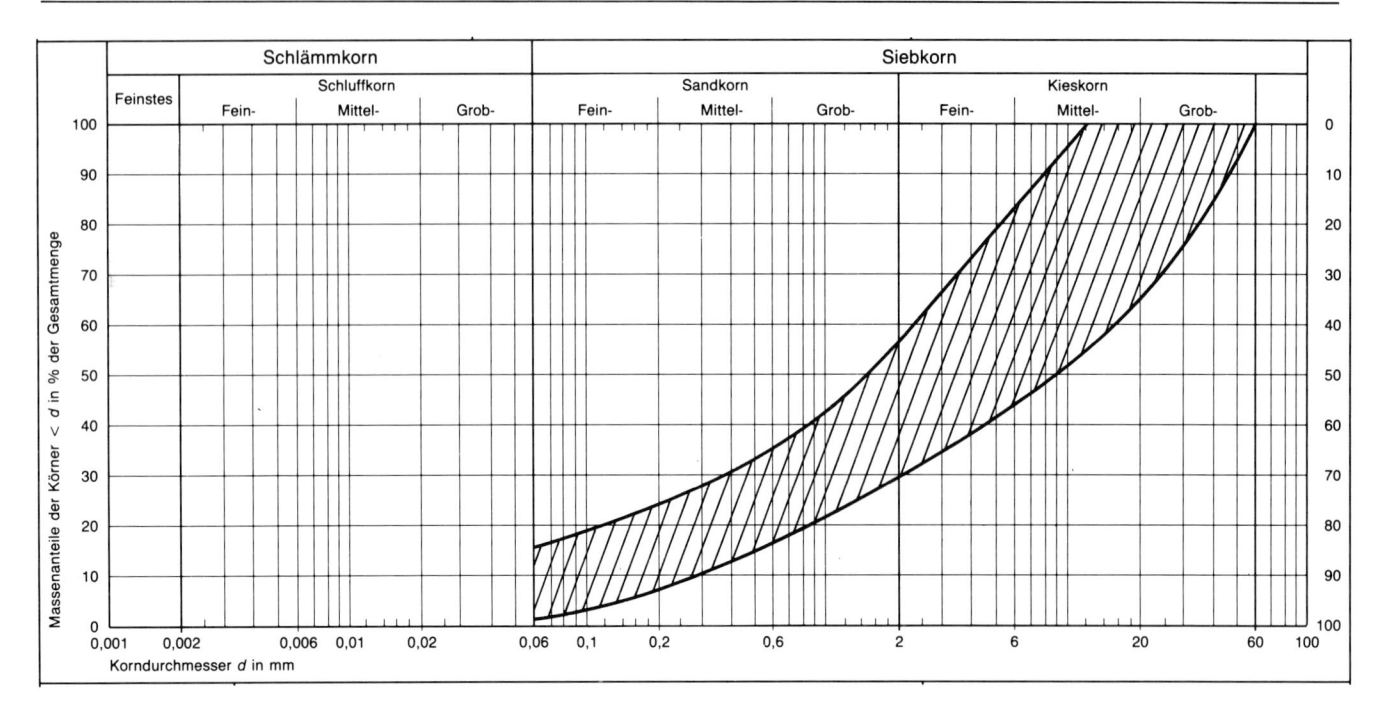

Bild 1: Körnungsbereich von Müllverbrennungsaschen

Maximum etwa bei 35 bis 40 %. Straßenbaugesteine ergeben bei diesem Test Werte von 12 bis 30 %.

Mineralstoffe für den Straßenoberbau müssen witterungsbeständig sein, dabei ist die wichtigste Eigenschaft der Widerstand gegen Frost. Müllverbrennungsaschen enthalten nicht frostbeständige Bestandteile. Bei der normgemäßen Frost-Tauwechselbeanspruchung können nach den bisherigen Untersuchungen bis 8,5 % absplittern. Vom Widerstand gegen Frost der Asche selbst ist die durch den Feinkornanteil verursachte Frostempfindlichkeit zu unterscheiden. Bei den Müllaschen wurden Feinkornanteile bis zu 15 % festgestellt. Danach waren sie nach den Kriterien für natürliche Böden als „sehr frostempfindlich" einzustufen. Bei vergleichenden Versuchen wurde im Gegensatz zu ähnlichen natürlichen Böden an den Aschen keine Frosthebungen festgestellt. Die praktischen Erfahrungen bei der Verwendung der Müllverbrennungsaschen in der Straße bestätigen diese Beobachtungen im Labor und erlauben, die Aschen als „nicht frostempfindlich" zu bezeichnen.

Anwendung

Befestigung von Wegen und wenig befahrenen Plätzen

Zunächst wurden Müllverbrennungsaschen zur Befestigung von ländlichen Wegen, Höfen und wenig befahrenen Park- und Industrieflächen eingesetzt. Insbesondere im nördlichen Niedersachsen und in Schleswig-Holstein wurden auf weichen, schluffig-tonigen oder moorigen Böden land- und forstwirtschaftliche Wege durch 8 bis 20 cm dicke Trag-Deckschichten aus Müllverbrennungsasche ohne Bindemittel befestigt und dadurch mit geringen Kosten auch bei ungünstiger Witterung befahrbar gemacht.

Hierzu wurden hauptsächlich Körnungen 0/16 oder 0/22 mm mit Planierraupen und Gradern, gelegentlich auch mit Straßenfertigern eingebaut. Bei den dünnen Schichten auf dem weichen Untergrund genügen zur Verdichtung die Überfahrten der Baustellenfahrzeuge und der anschließende Verkehr. Die unregelmäßig geformten und teilweise rauhen Körner bilden bei der günstigen Kornabstufung einen guten Verbund, der starken Verformungen bzw. Spurbildungen durch schwachen Verkehr widerstehen kann.

Auch zeitweise genutzte Parkplätze, wie für die Messe in Köln oder die Bundesgartenschau in Düsseldorf, waren mit Tragdeckschichten aus Müllverbrennungsanlagen befestigt. Dies gilt auch für Industrieflächen, die nur gelegentlich etwa bei Reparaturarbeiten befahren werden müssen. Es werden hierfür Aschen mit geringem Feinkornanteil, also ohne Zusatz der Flugaschen aus der Verbrennungsanlage, empfohlen. Die Schichten sind dann ausreichend wasserdurchlässig. Werden Wege oder Plätze mit Müllverbrennungsaschen mit hohem Feinkornanteil ohne Deckschichten hergestellt, muß durch ihre Profilierung anfallendes Oberflächenwasser abgeleitet werden. Werden dickere Schichten aus Müllverbrennungsaschen in zwei Lagen gebaut, sollte die untere aus gröberen, die obere aus feineren Körnungen bestehen. Aus optischen Gründen und auch um Schäden durch bei der Verdichtung frisch gebrochenes Glas oder scharfkantige Metallstücke zu vermeiden, wird die Asche mit dünnen Schichten aus Natursteinsplitt, Natursand oder feingebrochenen roten Haldenbergen abgedeckt.

Tragschichten ohne Bindemittel

Werden heute Müllverbrennungsaschen im Straßenbau eingesetzt, dann ganz überwiegend in weniger belasteten Verkehrsflächen als Tragschichten ohne Bindemittel. Diese Anwendungsmöglichkeit wurde durch intensive Untersuchungen vorbereitet. Mit drei Erprobungsstrecken, begleitet von ausführlichen Laboruntersuchungen, konnten die notwendigen Erfahrungen gewonnen werden (s. Bild 2).

Als älteste Erprobungsstrecke wurde bereits 1973 eine schwach befahrene Gemeindeverbindungsstraße bei Hagen nördlich von Bremen in einem feuchten anmoorigen Gelände gebaut, aufgeteilt in vier unterschiedlich bemessene Versuchsfelder. Der Straßenoberbau bestand aus einer 15 cm dicken Tragschicht aus Müllverbrennungsasche 0/30 unter einer 2,5 cm dicken Deckschicht aus Asphaltbeton. Diese sehr schwache Straßenbefestigung zeigte sich der geringen Verkehrsbelastung und der Witterung über viele Jahre gewachsen. Allerdings bildeten sich schon bald nach dem Bau zahlreiche handbreite, etwa 3 cm hohe Aufbeulungen der Straßenoberflächen. Nach Untersuchungen der Eidgenössischen Materialprüfanstalt an gleichen Ausbeulungen an Schweizer Straßen handelt es sich dabei um Reaktionen, verursacht durch Aluminiumteilchen in der Asche. Sie kristallisieren zu Aluminiumhydroxiden, Alkalisilicaten und Sulfoaluminaten unter Raumausdehnung aus.

Untersuchungen, auch dynamischer Art, wurden bei einer 1975 erbauten Versuchsstrecke der Stadt Hamburg angestellt. Hierbei handelte es sich um eine stark befahrene Stadtstraße mit einem entsprechenden 70 cm dicken Oberbau. 25 cm Tragschicht aus Müllverbrennungsasche wurde mit 10 cm bituminöser Tragschicht und 20 cm Tragschicht aus natürlichen Mineralstoffen ohne Bindemittel verglichen. Nach Auswertung von Messungen an ihren Versuchsstrecken

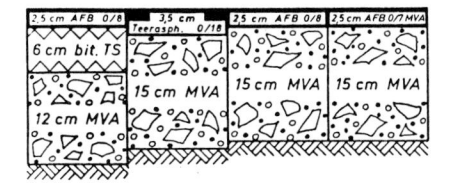

Bild 2: Aufbau verschiedener Erprobungsstrecken mit Tragschichten aus Müllverbrennungsaschen in Hagen/Weser, Hamburg und Leverkusen [4]

hat die Hamburger Baubehörde bereits in ihrer Entwurfsrichtlinie 1976 für standardisierten Oberbau und bituminösen Decken für Fahrbahnen der Bauklassen IV und V, also den am wenigsten belasteten Straßen, den Einsatz von Müllverbrennungsaschen für Tragschichten zugelassen. Bei der Bemessung der Schichtdicken ist dabei im Vergleich mit den herkömmlichen Tragschichten aus Schotter-Splitt-Sandgemischen ein Äquivalenzfaktor von 1,25 zugrunde zu legen. Das heißt, die Tragschichten aus Müllaschen müssen mit der 1,25fachen Schichtdicke – also zum Beispiel mit 25 cm statt 20 cm Dicke – eingebaut werden, um die gleiche Tragfähigkeit zu erzielen wie mit herkömmlichen Tragschichten ohne Bindemittel. Damit wird die geringere Festigkeit der Müllverbrennungsasche berücksichtigt.

In Anlehnung an dieses Dickenverhältnis wurde 1977 eine wenig befahrene Anliegerstraße in Leverkusen als dritte Erprobungsstrecke gebaut. Anstelle der Regelbauweise mit 10 cm Schottertragschicht aus Kalkstein wurden 15 cm Müllverbrennungsasche als zweite Tragschicht unter 10 cm bituminöser Tragschicht und 4 cm Deckschicht aus Asphaltbeton hergestellt. Diese Straßenbefestigung hat sich bis jetzt, also 12 Jahre lang, bewährt. Allerdings entstanden nach vier Jahren Liegezeit ebenfalls Aufbeulungen, wie sie bei der Erprobungsstrecke Hagen beobachtet wurden. Auf einen Abschnitt von 100 m wurden 31 Beulen gezählt. Die Kristallisation hat sich durch 14 cm bituminös gebundene Schichten durchgepaust. Inzwischen sind die Beulen durch den Verkehr wieder weitgehend plattgewalzt worden.

Umfangreiche Erfahrungen und Untersuchungsergebnisse bei der Verwendung der Müllverbrennungsaschen in Fundations- und Tragschichten wurden auch in der Schweiz gesammelt [5]. Aus all den in zahlreichen Berichten mitgeteilten Erfahrungen wurde gefolgert, daß Müllverbrennungsaschen in Tragschichten den Beanspruchungen durch geringe Verkehrsbelastung und durch die Witterung durchaus gewachsen sind. Nachuntersuchungen mit dem Plattendruckgerät ergaben, daß die beim Einbau erreichten Verformungsmodule erhalten bleiben, sich aber nicht erhöhen. Daraus kann geschlossen werden, daß sich die Müllverbrennungsasche nicht zusätzlich infolge eines häufig erwarteten Abbindeprozesses nachverfestigt. Es wurde auch festgestellt, daß in den eingebauten Tragschichten keine nennenswerte Kornverfeinerungen entstehen.

Aus den geschilderten Untersuchungen wird gefolgert: Müllverbrennungsaschen können als Tragschichten für die Bauklassen IV bis VI der neuen Standardisierung des Oberbaus für Verkehrsflächen verwendet werden. Dabei können entsprechend den Hamburger Richtlinien äquivalente Schichtdicken mit dem Faktor 1,25 im Vergleich zu Tragschichten aus gebrochenen Mineralstoffen angesetzt werden. Werden unmittelbar über die Müllverbrennungsaschen bituminöse Schichten gebaut, muß deren gesamte Dicke mindestens 16 cm betragen, um mögliche Aufbeulungen durch das Treiben von nicht raumbeständigen Bestandteilen zu vermeiden.

Müllverbrennungsaschen werden regional in großem Umfang in Tragschichten von 10 bis 20 cm Dicke unter Pflasterdecken und Plattenbelägen von Geh- und Radwegen sowie von ähnlichen Verkehrsflächen verwendet. Zwischen Tragschicht und Pflaster werden in der Regel Pflasterbettungen aus 3 bis 5 cm Sand eingebracht. Daher wurden bei Platten und Pflasterdecken keine Hebungen infolge Treibens nicht raumbeständiger Bestandteile beobachtet.

Die Stadt Köln verwendet seit Beginn der 70er Jahre mit Erfolg Müllverbrennungsaschen als Tragschicht unter Pflasterdecken von Gehwegen. Da zunächst nur Müllaschen mit Filterstäuben aus den Verbrennungsanlagen, also solche mit hohen Feinkornanteilen, geliefert wurden, entstanden bei nassem Wetter Schwierigkeiten beim Einbau. Es wurde daher die Müllverbrennungsasche mit etwa 30 % Schmelzkammergranulat vermischt, wodurch die Durchlässigkeit der Asche erhöht und als unbeabsichtigter, aber willkommener Nebeneffekt die Tragfähigkeit verbessert wurde. Auch nachdem die Müllverbrennungsasche frei von Filterstäuben geliefert wird, wird ihr in Köln weiterhin Schmelzkammergranulat zugesetzt [6].

Die umfangreichen Erfahrungen mit der Verwendung von Müllverbrennungsaschen veranlaßten die Forschungsgesellschaft für Straßen- und Verkehrswesen 1986 in ihrer Reihe „Merkblatt über die Verwendung von industriellen Nebenprodukten im Straßenbau" einen Teil „Müllverbrennungsasche (MV-Asche)" herauszugeben [1]. In diesem Merkblatt sind die Aschen mit ihren Eigenschaften beschrieben und die Anwendungsmöglichkeiten im Straßen- und Wegebau unter Berücksichtigung der Umweltverträglichkeit dargestellt, weiterhin werden darin Anforderungen, Prüfung und Überwachung der Müllverbrennungsaschen behandelt.

Tragschichten mit Bindemittel

Die durch ihre Verwendung vorgegebenen Qualitätsanforderungen an die bewährten natürlichen Mineralstoffe für den Straßenbau werden nur von wenigen industriellen Nebenprodukten oder Recyclingbaustoffen erfüllt. Im Interesse der Wirtschaftlichkeit und auch zur Verbesserung der Umweltverträglichkeit wird für diese Stoffe, auch für die Müllverbrennungsasche, durch Verfestigung mit Bindemitteln eine Erweiterung der Einsatzmöglichkeiten in der Straßenbefestigung gesucht. Hierdurch soll die Widerstandsfähigkeit dieser Stoffe gegen die Beanspruchung durch Verkehr und Klima so erhöht werden, daß die daraus hergestellte Schicht dauerhaft tragfähig und frostbeständig wird. Das technische Regelwerk des Straßenbaus führt dazu Möglichkeiten an.

Die Herstellung von bituminösem Mischgut aus Müllverbrennungsasche ist in Deutschland über das Versuchsstadium aber nicht hinausgekommen. Zwar forderten Herstellung und Einbau von derartigem Mischgut in der erwähnten Erprobungsstrecke Hagen keine besonderen Maßnahmen, jedoch benötigt die Asche aufgrund ihres hohen Wassergehaltes mehr Heizenergie zum Trocknen und das großflächige Material eine vergleichsweise größere Bindemittelmenge. Schließlich ist der Staubanfall bei der Heißaufbereitung der Asche zu bituminösem Mischgut wesentlich höher als bei der Verwendung herkömmlicher Mineralstoffe. Aus diesen Gründen muß von der Herstellung bituminösem Mischgutes aus Müllasche abgeraten werden.

Untersuchungen im Labor und an neuen Erprobungsflächen in Hamburg Stapelfeld haben gezeigt, daß sich Müllverbrennungsaschen mit Zementen mit hohem Sulfatwiderstand und niedrigem wirksamen Alkaligehalt zu hydraulisch gebundenen Tragschichten verarbeiten lassen. Bevor eine Empfehlung für diese Bauweise gegeben werden kann, muß das Langzeitverhalten derartiger Tragschichten beobachtet werden, da über ihr Verhalten hinsichtlich der Entwässerung des Straßenoberbaus und über die Raumbeständigkeit einzelner Bestandteile noch Erfahrungen gesammelt werden müssen.

Wichtig ist aber, daß sich durch die Verfestigung mit Zement mögliche Schadstoffe in der Müllverbrennungsasche durch die Einbindung in eine dichte Hydratstruktur immobilisieren lassen. Zur Zeit wird ein Merkblatt für die Verfestigung von Müllverbrennungsasche mit hydraulischen Bindemitteln erarbeitet [7].

Dammschüttmaterial

In einer Müllverbrennungsanlage fällt beim laufenden Betrieb in der Regel zu wenig Asche als Schüttmaterial für eine größere Erdbaumaßnahme an. Außerdem bestanden auch Vorbehalte gegen eine derartige Verwendung aufgrund von früheren Beobachtungen an kleineren Schüttungen. Die damals hohen Anteile an unverbrannten organischen Stoffen und feinen Aschen verursachten ein ungünstiges federndes Verhalten der Schüttung. Der Bau eines bis zu 5 m hohen Dammes für die Bundesstraße B 9 bei Dormagen 1985 bot die Möglichkeit größere Mengen an Müllverbrennungsaschen, und zwar 35000 m³ einzubauen und dabei deren bautechnische, wie auch deren umweltrelevante Eigenschaften zu erfassen [8] (s. Bild 3). Eine andere durch sorgfältige Untersuchungen begleitete Dammbaumaßnahme war ein 700 m langer Lärmschutzwall an der Autobahn A 8 bei Unterhaching südlich München mit 20000 t Müllverbrennungsasche mit und ohne Flugstaub [9]. Zur Zeit entsteht an der Autobahn A 44 bei Velbert ein Lärmschutzdamm, an dem verschiedene Abdeckungen und Abdichtungen der Schüttmasse aus Müllverbrennungsasche wie auch mit Zusätzen von Steinkohlenflugasche zur Minderung der Durchlässigkeit erprobt werden sollen [10].

Als Ergebnis der Untersuchungen ist festzustellen, daß Müllverbrennungsasche bautechnisch als Schüttmaterial auch für hohe Straßendämme geeignet ist, wenn die entsprechenden Anforderungen des Erdbaus beachtet werden. Insbesondere soll der Wassergehalt beim Einbau im Bereich des optimalen Wassergehaltes liegen. Die Müllverbrennungsasche ist hinsichtlich der Verdichtungsanforderungen einem weitgestuften, grobkörnigen Boden gleichzusetzen. Aus Gründen der Raumbeständigkeit und des Setzungsverhaltens der Dämmschüttung sollte ein möglichst hoher Verdichtungsgrad erreicht werden.

Umweltverträglichkeit

Hausmüll kann Schadstoffe verschiedenster Art enthalten. Bei seiner Verbrennung werden die organischen Schadstoffe weitgehend zerstört. Schwermetalle und Salze wie Sulfate und Chloride reichern sich jedoch in der Asche relativ zu den Gehalten im Rohmüll an. Die Qualität der Schlacke läßt sich allerdings durch eine optimale Feuerung positiv beeinflussen. Dazu zwingt auch eine Anforderung im genannten Merkblattteil über Müllverbrennungsasche ebenso wie die in einem entsprechenden LAGA-Merkblatt, wonach der Ausbrand, gekennzeichnet durch den Glühverlust, unter 5 % liegen muß. Durch hohe Verbrennungstemperaturen werden die organischen Substanzen weitgehend verbrannt, organische Spurenstoffe sowie anorganische Schadstoffe wie Salze und leichtflüchtige Schwermetalle lassen sich durch hohe Verbrennungstemperaturen aus der Asche in Richtung Rauchgas abtrennen. Die Filterstäube sind daher mit diesen Schadstoffen angereichert und dürfen wie die Feststoffe aus der Abgasreinigung weder für sich allein als Baustoffe eingesetzt, noch den als solchen zu verwendenden Müllverbrennungsaschen zugegeben werden. Diese Anforderung verbessert auch durch Minderung der Feinanteile die bautechnischen Qualitäten. Nach der Verbrennung wird die Asche abschließend im Naßentascher abgekühlt, wobei auch noch durch das Kühlwasser leicht lösbare Chloride ausgelaugt werden.

Schließlich verbleiben in der Asche doch Stoffe, die teilweise auslaugbar sind, Boden und Grundwasser sowie auch Einbauten aus Beton oder Metall beeinträchtigen können. Es ist daher notwendig, die als Baustoffe angebotenen Müllverbrennungsaschen auf ihre Umweltverträglichkeit zu überprüfen. Wie ihre bautechnischen sind auch ihre umweltrelevanten Eigenschaften in zahlreichen Forschungsarbeiten und bei praktischen Einsätzen untersucht worden. Trotzdem stehen zur Zeit zur Kontrolle der als Baustoffe zu verwendenden industriellen Nebenprodukte weder ein darauf ausgerichtetes Prüfverfahren noch entsprechende Grenzwerte zur Verfügung. Da der Boden und das Grundwasser in erster Linie durch Sickerwasser aus der Müllverbrennungsasche beeinträchtigt werden könnten, ist es sinnvoll, nur die auslaugbaren, als löslichen Schadstoffe zu erfassen, nicht aber die gesamten Inhaltsstoffe selbst. Neben anderen Methoden wird daher das Auslaugverfahren durch Schütteln nach DIN 38414 Teil 4, bekannt als S4-Verfahren, herangezogen. Es ist eigentlich zur Untersuchung von Klärschlämmen entwickelt worden. Als Beurteilungsmaßstäbe werden die Grenzwerte der Trinkwasserverordnung, der EG-Richtlinien für die Güte von Trinkwasser und Oberflächenwasser oder der Deponierichtlinie von Nordrhein-Westfalen herangezogen. Wie weit diese Maßstäbe sinnvoll sind, sei offengelassen. Bei Untersuchungen mit dem S4-Verfahren waren in den Eluaten gut ausgebrannter Müllverbrennungsaschen, die keine Flugstäube enthielten, Schwermetallionen nicht oder nur in wassertoxikologisch unbedeutenden Konzentrationen nachzuweisen. Nur gelegentlich wurden für einzelne Parameter die Grenzwerte der Trinkwasserverordnung überschritten.

Es ist aber problematisch, von diesen Laborversuchen auf die Verhältnisse in der Straße oder in einem Damm mit erheblich anderen

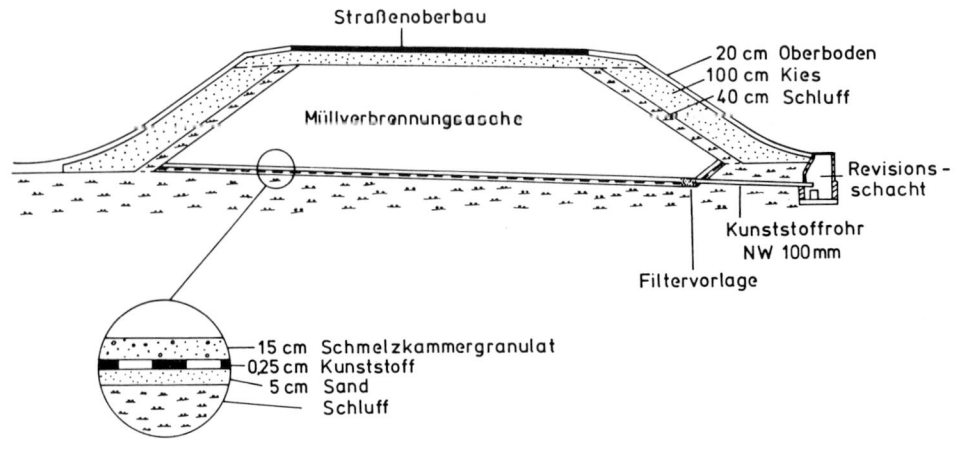

Bild 3: Schema des Aufbaus des Dammes aus Müllverbrennungsasche der Bundesstraße B 9 bei Dormagen

Randbedingungen zu schließen. Daher wurden bei verschiedenen Baumaßnahmen die anfallenden Sickerwässer und das Grundwasser untersucht. Dazu drei Beispiele:

So wurden beim Straßendamm in Dormagen die Sickerwässer im Bereich der tiefsten Lage des Dammfußes über eine Folie aufgefangen, in einem Sammelschacht gefaßt und mehrfach analysiert (s. Bild 3). Die Schadstoffanteile in den Sickerwässern waren deutlich höher als in den Eluaten nach dem S4-Verfahren der eingebauten Müllverbrennungsasche, die keine besonderen Auffälligkeiten zeigten. Die höheren Schadstoffanteile sind verständlich, wenn man sich verdeutlicht, daß sich beim Eluatverfahren die Mengen von Asche zu Wasser wie 1 zu 10 verhalten und man beim Sickerwasser von einem Verhältnis Asche zu Wasser von mindestens 5 zu 1 ausgehen kann. Das Sickerwasser durchströmt eine große Aschenmasse, wodurch die Menge der gelösten Stoffe zunimmt. Nach der Beurteilung durch die Wasserbehörde entsprach das Sickerwasser lediglich im Salzgehalt etwa dem einer Hausmülldeponie, während es hinsichtlich der Schwermetallionenkonzentration und der organischen Belastung wesentlich bessere Qualitäten aufwies [8].

Vom Wasserwirtschaftsamt Bamberg wurde das gesamte Sickerwasser eines nur mit einer 15 bis 20 cm dicken Schicht Müllverbrennungsasche befestigten Weges von 3 m Breite über eine Folie aufgefangen und analysiert. Trotz der sauren Niederschläge wies das Sickerwasser keine Analysenergebnisse auf, die die Werte der Trinkwasserverordnung überschritten [11].

An dem genannten Lärmschutzwall an der Autobahn A 8 bei Unterhaching wurden Beobachtungspegel zur Beprobung des Grundwassers eingebaut und in Teilbereichen das Sickerwasser aufgefangen. Sowohl das Grundwasser wie auch das Sickerwasser wurde zunächst über den Zeitraum von zwei Jahren kontinuierlich untersucht. Die Analysen des Sickerwassers ergaben, daß nur geringe Mengen an Eisen und Zink ausgelaugt werden. Die toxikologischen bedeutsameren Schwermetalle wie Chrom, Nickel, Kupfer, Cadmium, Blei und Mangan lagen im wesentlichen unterhalb der Nachweisgrenze. Aus den bisher vorliegenden Erkenntnissen war ein Einfluß auf das Grundwasser nicht erkennbar. Die Schwankungen der Schadstoffgehalte im Grundwasser korrelieren mit den Niederschlagsmengen im Dammbereich gleichermaßen wie die des dem nicht betroffenen Vergleichspegel entnommenen Grundwassers [9].

Trotz günstiger Untersuchungsergebnisse hinsichtlich ihrer Umweltbeeinflussung werden Müllverbrennungsaschen im Straßen- und Wegebau vorsichtig eingesetzt. Sie sollen nur außerhalb von geplanten oder festgesetzten Wasserschutzgebieten, einen Meter über dem höchsten Grundwasserstand eingebaut werden, für den Einsatz in einer Wasserschutzzone III B ist die Verwendung nur dann möglich, wenn die umweltrelevante Unbedenklichkeit projektbezogen nachgewiesen ist.

Müllverbrennungsasche ist ungeeignet zum Verfüllen von Leitungsgräben, da der Kontakt mit den metallischen und kohlenstoffhaltigen Bestandteilen zur Korrosion der Leitungen führen und ein möglicher Sulfatgehalt betonangreifend sein kann. Umstritten ist zur Zeit, inwieweit Versorgungsleitungen unter einer Straße mit einer Tragschicht aus Müllverbrennungsasche erhöhter Korrosionsgefährdung ausgesetzt sind. Der DVGW möchte grundsätzlich im Bereich von Versorgungsleitungen die Verwendung der Asche ausschließen. Da aber die Schadstoffkapazität der relativ dünnen und außerdem abgedeckten Tragschichten sehr gering ist, wurden bisher verstärkte Korrosionen der Leitungen nicht festgestellt.

Die Verwendung von Müllverbrennungsaschen wird von Behörden und Öffentlichkeit nur sehr mühsam akzeptiert, da sie nicht oder nur schlecht informiert, teilweise politisch, ja ideologisch voreingenommen sind. Nach einer Umfrage werden von 176 Gemeinden mit mehr als 10000 Einwohnern nur in sechs regelmäßig und in elf vereinzelt Müllverbrennungsaschen eingesetzt. Die Zustimmung der Wasserbehörden erfolgt häufig gar nicht oder erst nach langem Zögern, nachdem die jeweilige Baumaßnahme bereits abgeschlossen ist.

Erfreulicherweise gibt es aber Kommunen und Straßenbauverwaltungen, die aus ökologischer Verantwortung die Verwendung der Aschen fördern und damit zur sinnvollen Entsorgung des Mülls von uns allen beitragen.

Mit der Verwendung der Müllverbrennungsaschen im Erd- und Straßenbau kann der Forderung nach Reststoffverwertung des Abfallgesetzes genüge getan werden. Mittelfristig trägt die Verwendung zu einer sinnvollen Entsorgung bei. Langfristig müssen und können durch Verbesserung der Verbrennungsvorgänge und der Nachbehandlung der Aschen ihre bautechnischen und umweltrelevanten Qualitäten verbessert und damit ihre Verwendung gesichert werden.

Schrifttum

[1] Merkblatt über die Verwendung von industriellen Nebenprodukten im Straßenbau. Teil: Müllverbrennungsaschen (MV-Asche) Ausgabe 1986, Forschungsgesellschaft für Straßen- und Verkehrswesen.
[2] LAGA-Merkblatt: Verwertung von festen Verbrennungsrückständen aus Hausmüllverbrennungsanlagen 1983, Länderarbeitsgemeinschaft Abfall (LAGA).
[3] DIN 38414, Teil 4: Deutsche Einheitsverfahren zur Wasser-, Abwasser- und Schlammuntersuchung, Schlamm und Sedimente (Gruppe S) Bestimmung der Eluierbarkeit mit Wasser (S 4)
[4] Toussaint, A.: Verwertung von Verbrennungsrückständen aus Müllverbrennungsanlagen im Straßen- und Wegebau. VGB Kraftwerkstechnik 62, (April/82) H. 4, S. 303–308.
[5] Braun, R., Grabner, E., Hirt, R., Petermann, R.: Müllschlacke Eigenschaften, Deponieverhalten, Verwertung. Bericht der Schweizerischen Vereinigung für Gewässerschutz und Lufthygiene, Zürich 1979.
[6] Kurth, N.: Erfahrungen beim Einsatz von Rückständen aus Müllverbrennungsanlagen im Straßen- und Wegebau. Recycling International EF Verlag Berlin 1984, S. 943–947.
[7] Schubenz, D.: Zementgebundene MV-Asche im Straßenbau. Ein Beitrag zum Umweltschutz. beton, 38 (1988) H. 5, S. 1982–187.
[8] Gähl, N., Herz, G., Reuter, A., Toussaint, A.: Erfahrungen mit der Verwendung von Müllverbrennungsaschen als Dammschüttmaterial. Straße und Autobahn 38 (1987) S. 186–189.
[9] Bayerisches Landesamt für Umweltschutz: Abfallwirtschaft-Versuchsobjekt Lärmschutzwall aus Müllschlacke, Unterhaching, München 29.1. 1983-3 A/2-4257-3.
[10] Krass, K.: Müllverbrennungsasche-Reststoffe als Baustoff. 4. Symposium Recycling Baustoffe 1988. Verband Deutscher Baustoff-Recycling-Unternehmen e. V., Bad Godesberg, S. 22–27.
[11] Wasserwirtschaftsamt Bamberg: Untersuchung des Sicker- und Oberflächenwassers sowie der Auslaugung von beim Wegebau aufgebrachter Müllverbrennungsasche. Unveröffentlicher Untersuchungsbericht Juni 1984.

„Sonderabfallverbrennung mit Rückstandsbehandlung"

Von D. Schneider[1]

1. Einleitung

Die Industrie- und Sonderabfälle haben auf dem Gebiet der Abfallentsorgung aufgrund einer zunehmenden Verdichtung der Industrie, eines ständig steigenden Anteils toxischer Abfälle in den Haushaltungen und einer verschärften Definition des Begriffs „Sondermüll" erheblich an Bedeutung gewonnen. Die schadlose Behandlung und Beseitigung dieser Stoffe ist mittlerweile zu einer wesentlichen und vordringlichen Aufgabe des Umweltschutzes geworden. Die Schaffung zusätzlicher Entsorgungskapazitäten ist dringend erforderlich.

Deponien für Sonderabfälle stellen besondere geologische Anforderungen an den Untergrund und sind vor allem in einer dichtbesiedelten Infrastruktur nur noch beschränkt verfügbar. Darüber hinaus sind sie über langfristige Zeiträume gesehen ökologisch nicht unproblematisch.

Die Verbrennung stellt derzeit das einzige gut kontrollierbare Verfahren zur schadlosen Beseitigung von heterogenen Abfallstoffgemischen dar. Als Verbrennungsaggregat für Sondermüll wird die vielfach erprobte Kombination von Drehrohrofen und Nachbrennkammer favorisiert.

2. Anlagengrundkonzepte

Bei den Industrie- und Sonderabfällen handelt es sich um Rückstände, die nach Art, Beschaffenheit oder Menge in besonderem Maße

- gesundheitsgefährdend,
- wassergefährdend,
- explosibel oder
- brennbar sind oder
- Erreger übertragbarer Krankheiten enthalten bzw. hervorbringen können

und somit nicht mit dem Hausmüll gemeinsam beseitigt werden können [1]. Es handelt sich dabei um produktions- und anwendungsspezifischen Rückstände aus Industrie- und Gewerbebetrieben sowie um toxische Abfälle aus Haushaltungen und dem Gesundheitswesen.

Das Abfallaufkommen in der Großindustrie z. B. in der Großchemie ist meist so umfangreich, daß die Entsorgung in eigenen Anlagen innerhalb der Werke die wirtschaftlichste Lösung darstellt. Für die übrigen kleineren Gewerbe- und Industrieunternehmen ist dagegen aus betriebstechnischen und wirtschaftlichen Gründen eine überbetriebliche bzw. überregionale Entsorgungslösung erforderlich. Dies gilt ebenso für Sondermüllsammlungen aus Haushaltungen.

Die Sonderabfallentsorgung ist somit in zwei Grundkonzepten durchführbar, die im Bild 1 vereinfacht dargestellt sind:

- das innerbetriebliche Entsorgungskonzept und
- das überregionale Entsorgungskonzept.

Beim „innerbetrieblichen Konzept" werden nur Produktionsabfälle entsorgt. Die Überschußenergie wird innerhalb des jeweiligen Betriebes meist in Form von Dampf oder Heißwasser genutzt.

Das „überregionale Konzept" entsorgt flächendeckend festgelegte Gebiete von sämtlichen Sonderabfällen. Die überschüssige Energie kann ins öffentliche Strom- oder Fernwärmenetz eingespeist werden.

Überregionale Anlagen sollten darüber hinaus zu Entsorgungszentren ausgeweitet werden, in denen neben der reinen thermischen Behandlungsstufe weitere Aufgaben und Funktionen zur Übernahme und Behandlung von Sonderabfällen wahrgenommen werden. Dazu gehört:

- die Sammlung und Zwischenlagerung sowie gegebenenfalls Wiederverwertung der Sonderabfälle,
- die Umwandlung schädlicher Abfälle in unschädliche Bestandteile durch chemisch-physikalische oder biochemische Behandlungsstufen,
- die Aufbereitung kontaminierter Böden und
- die Deponierung oder Wiederverwertung von Reststoffen aus den einzelnen Behandlungsstufen des Entsorgungszentrums.

3. Abfallarten

Sonderabfälle treten in allen Aggregatzuständen als

- feste Abfälle,
- pastöse Abfälle,
- flüssige Abfälle und
- Abfallgemische

auf.

Ein für die Anlagenplanung erschwerender Gesichtspunkt ist, daß sich die Abfallpalette und die Stoffzusammensetzung kurzfristig ändern. Dies ist besonders ausgeprägt bei überregionalen Anlagen in denen Mengen und Stoffcharakteristik von konjunkturellen und produktspezifischen Einflüssen bestimmt werden. Diese Tatsache erfordert eine hohe Flexibilität in der Stofflagerung und Zuteilung zur Verbrennungseinrichtung sowie für die Abgasreinigungseinrichtungen.

Durch zunehmende Recyclingaktivitäten im Bereich der Flüssigabfälle ist ein steigender Anteil an festen Abfallstoffen und Abfallgemischen zu verzeichnen.

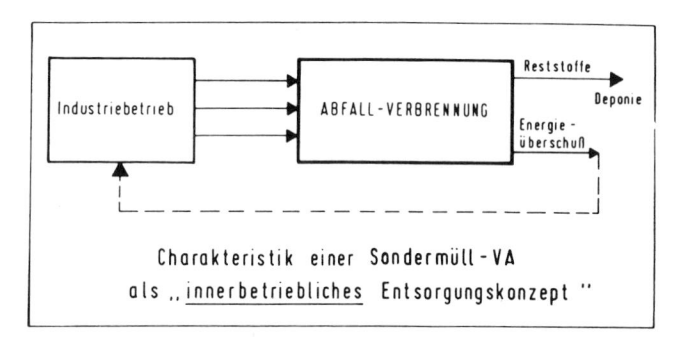

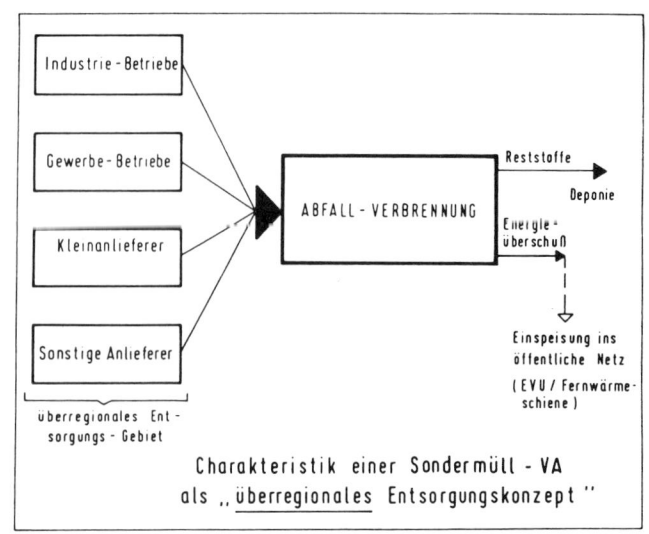

Bild 1: Entsorgungskonzepte bei Sondermüll-Verbrennungsanlagen

[1] Dr.-Ing. D. Schneider, Deutsche Babcock Anlagen GmbH, Krefeld
Vortrag „Babcock-Symposium „Lösungen für den Umweltschutz"

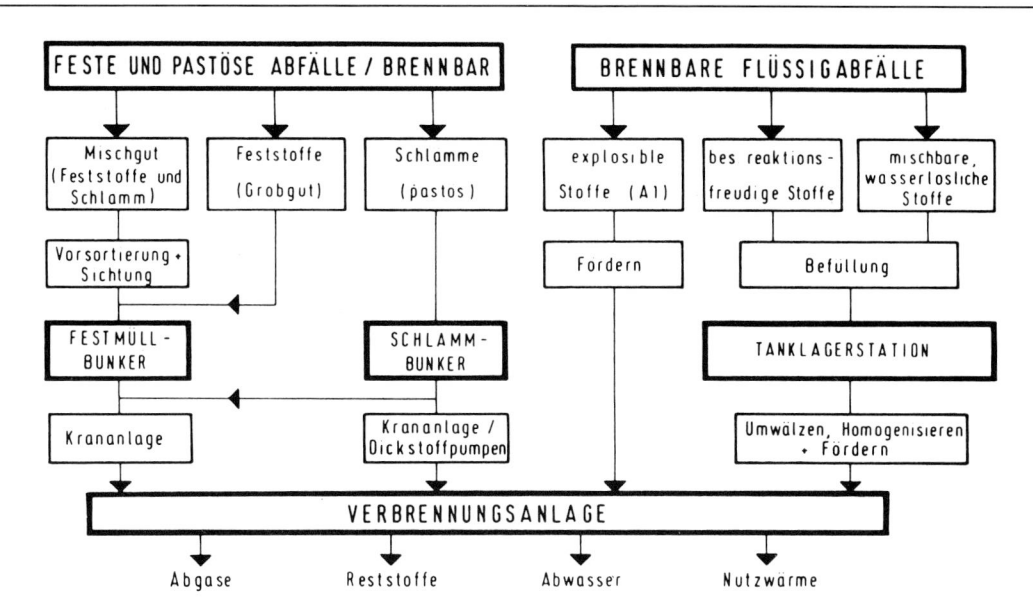

Bild 2: Abfallstoffströme in der Sondermüll-Verbrennungsanlage

4. Abfallogistik

Wichtiger Bestandteil einer gut funktionierenden Sondermüll-Verbrennungsanlage ist ein systematischer und kontrollierter Abfallfluß innerhalb der Anlieferung, Kontrolle und Zuweisung in die jeweiligen Zwischenlager. Dem Anlieferer sind bestimmte Anlieferungsbedingungen aufzuerlegen, vor allem

- die Anmeldung der Stoffe vor der Anlieferung,
- die Angabe der Stoffcharakteristik mit Abfallanalyse und Mengenangaben.

Unabhängig davon müssen vor allem Flüssigabfälle bei der Übernahme nochmals chemisch-physikalisch beurteilt werden. Bei innerbetrieblichen Anlagen können diese Maßnahmen auf stichprobenartige Kontrollen beschränkt werden.

Für die Zuweisung in Zwischenlager und die anschließende Verbrennung ist die Kenntnis weiterer spezifischer Stoffeigenschaften wie Mischbarkeit, Heizwert, Schadstoffgehalte, Konsistenz und Gefahrenklasse notwendig.

Kenntnisse zum Chlor-, Schwefel- und Fluor-Gehalt ermöglichen Steuerungsmaßnahmen bei der Verbrennung. Die Reduzierung der Rohgasbelastungen an HCl, SO_2 und HF ist durch Vermischung mit unkritischen Abfällen erreichbar.

Die Lagerung und die Zuteilung der Abfälle in die Verbrennungseinheit ist abhängig vom Entsorgungskonzept. Bild 2 zeigt dies für eine Anlage mit überregionaler Entsorgungsfunktion.

Aufgrund des hohen Anteiles an festen Abfällen und an Mischabfällen ist eine Zwischenlagerung der Abfälle in Tiefbunkern üblich.

Der Feststoffbunker wird aus Sicherheitsgründen meist in teilweise offener Bauweise, d. h. nicht voll umschlossen, ausgeführt, um die Entstehung explosibler Gasgemische zu verhindern.

Flüssige Abfälle werden entweder direkt aus Tankwagen der Feuerung zugeführt oder zunächst in Tanklagerstationen zwischengelagert.

Größere Fässer werden – soweit möglich – entleert. Leerfässer mit Restverschmutzungen können zerkleinert oder komplett in die Verbrennungsanlage geleitet werden.

Kleinere Fässer bis ca. 50 kg und einem Energieinhalt von max. 1 GJ können über Faßaufzüge unmittelbar in die Verbrennung aufgegeben werden.

Pastöse Abfälle werden abhängig von ihrer Viskosität im Tiefbunker zwischengelagert und mittels Kran oder aus Spezialtanks über Kolbenpumpen der Verbrennung zugeführt.

Alternative Konzepte gehen dazu über, die Sammlung und Anlieferung von Feststoffen mittels Containern so zu organisieren, daß deren Inhalt ohne weitere Umladung direkt in die Verbrennung gegeben und damit auf einen Feststoffbunker verzichtet werden kann.

Die Steuerung der Abfälle bei innerbetrieblichen Entsorgungsanlagen ist wesentlich einfacher. In Bild 3 ist das Konzept der Annahme, Lagerung und Zuteilung in einem Betrieb der Großchemie dargestellt.

Die festen und pastösen Abfälle werden hier an den Anfallstellen in den Produktionsbetrieben in Fässern mit vorgegebenem Volumen abgefüllt. An der Verbrennungsanlage werden sie auf Palettrahmen entsprechend ihrer Stoffart in ein Hochraumlager abgestellt. Das Abrufen der Behälter und ihre Zuteilung in die Verbrennung erfolgt programmgesteuert in Abhängigkeit verschiedener Kriterien wie z. B. Wärmeinhalt, Schadstoffgehalt etc.

5. Feuerungssystem

5.1 Verfahrenstechnische Kriterien

Bild 4 zeigt den vereinfacht dargestellten Stoffstrom innerhalb des Feuerungssystems einer Sondermüllverbrennungsanlage bestehend aus Drehrohrofen und Nachbrennkammer.

Das Feuerungssystem beinhaltet verfahrenstechnisch gesehen in der Regel drei Bereiche

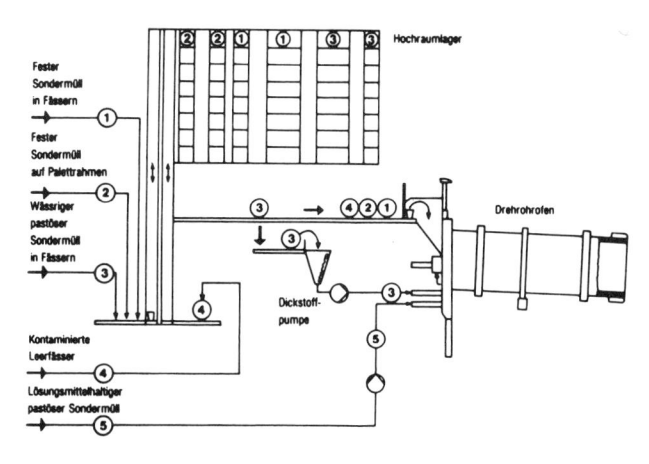

Bild 3: Lagerung und Zuteilung der Abfälle aus einem Hochraumlager einer Sondermüll-Verbrennungsanlage

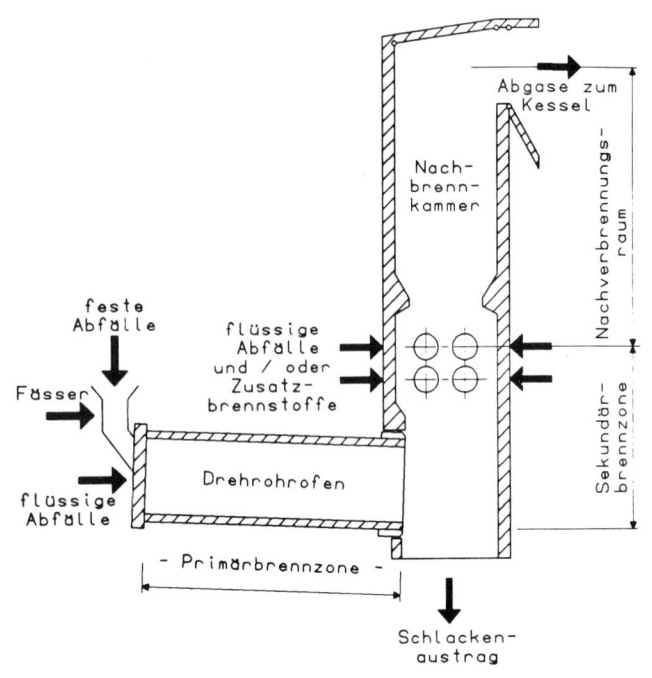

Bild 4: Abfallzufuhr und Verbrennungszonen in Drehrohrofen und Nachbrennkammer

In Bild 5 ist der Ablauf der Verbrennung im Drehrohrofen dargestellt. Man kann folgende Zonen unterscheiden:
- die Einlaufzone,
- die Trocknungs- und Zündzone,
- die Verbrennungszone und
- die Ausbrennzone.

Nach der Verdampfung des Wassers tritt unmittelbar das Austreiben und Zünden flüchtiger Bestandteile ein. Das Temperaturniveau ist in der vorderen Zone naturgemäß niedriger als im restlichen Ofenteil. Die notwendigen Temperaturen für das Zünden der flüchtigen Gase werden aber sicher erreicht. Ihr Ausbrand ist durch die überstöchiometrische Primärluftzuführung über die Ofenstirnwand gewährleistet. Die aufgrund der Drehbewegung um die Längsachse großflächige Ausbreitung und Auflockerung des Brenngutes unterstützt die Ausgasung sowie die Zündung und Verbrennung der festen Bestandteile. Die intensive Wärmestrahlung der Wandauskleidung des Drehofens beschleunigt diesen Prozeß.

Die Verweilzeit der Feststoffe beträgt ca. 30–90 Minuten.

Die Feuerraumtemperatur wird nach oben durch die maximal zulässige Temperaturbelastung der feuerfesten Auskleidung und nach unten durch die behördlich vorgegebene Mindesttemperatur der Rauchgase begrenzt. Die Spanne beträgt meist 900–1400 °C. Ist das Energiepotential der Abfälle zu gering, um die untere Temperaturgrenze zu erreichen, wird Zusatzbrennstoff in Form von brennbaren Flüssigabfällen oder Heizöl über Brenner in der Stirnwand zugeführt.

Im Drehrohrofen wird das Gleichstromprinzip verfolgt, bei dem sich Brennstoff und Gase in die gleiche Richtung bewegen. Dadurch ist sichergestellt, daß die Brüden aus der Trocknungszone auch die heißen Ofenpartien durchlaufen. Die Ausbrandgüte der Rauchgase wird dadurch wesentlich verbessert.

Der Luftüberschuß beträgt für die festen Abfälle ca. 1,9 bis 2,5 und liegt somit deutlich über dem Niveau von Rostfeuerungen. Dies ist wegen der etwas schlechteren Luftzuführungsbedingungen notwendig. Für die flüssigen Abfallstoffe wird eine Luftüberschußzahl von 1–1,4 eingestellt.

- die Primärbrennzone,
- die Sekundärbrennzone und
- die Nachbrennzone.

Der Drehrohrofen stellt dabei die Primärbrennzone dar. Sekundär- und Nachbrennzone sind in die sogenannte Nachbrennkammer integriert, die senkrecht angeordnet wird und in die an ihrem unteren Ende der rotierende Drehrohrofen mündet.

5.2 Drehrohrofen

Der Drehrohrofen ist universell anwendbar und für die Verbrennung von festen, pastösen und flüssigen Abfällen gut geeignet. Er besteht im wesentlichen aus einem mit feuerfestem Material ausgekleideten kreiszylindrischen Stahlblechmantel und der Antriebs- und Lagerkonstruktion.

5.3 Sekundär- und Nachbrennzone

Da eine ausreichende Verweilzeit für alle Teilgasströme aus dem Drehrohrofen und damit eine kontrollierte Ausbrandqulität der Rauchgase nicht in allen Fällen sichergestellt werden kann, wird der Drehrohrfeuerung eine Nachbrennkammer nachgeschaltet. In dieser er-

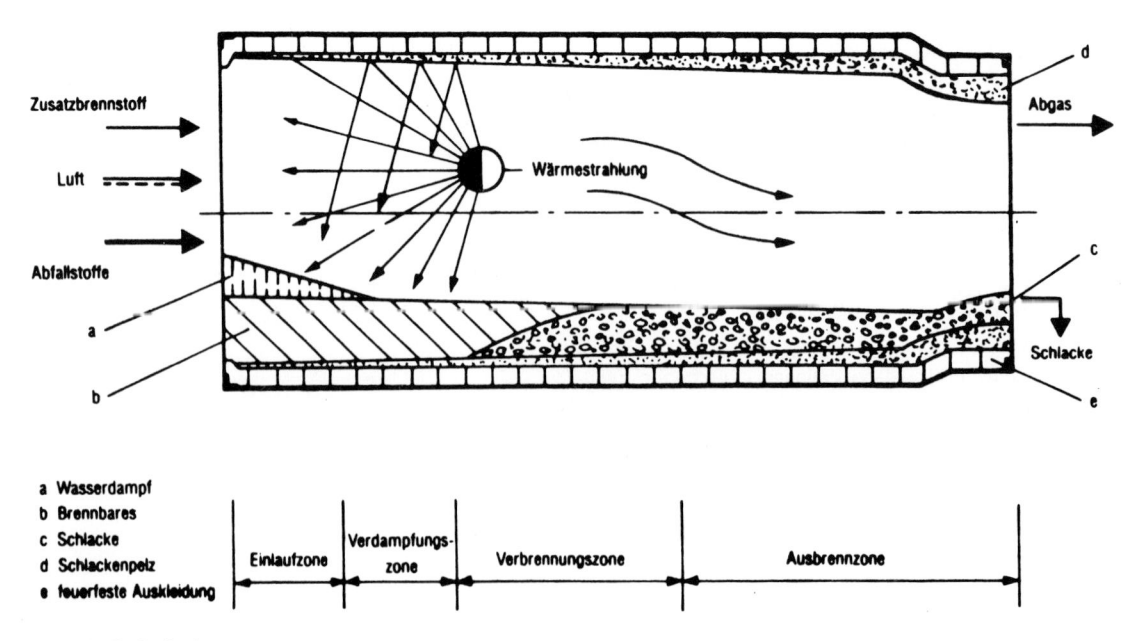

a Wasserdampf
b Brennbares
c Schlacke
d Schlackenpelz
e feuerfeste Auskleidung

Bild 5: Verbrennung im Drehrohrofen

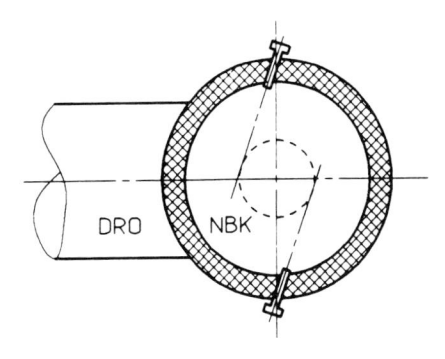

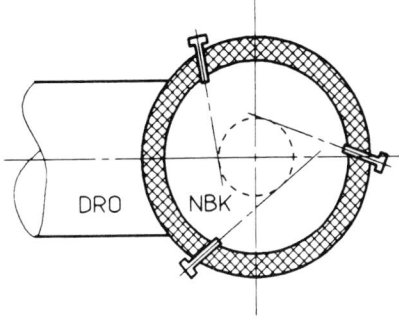

Bild 6: Brenneranordnung in der Nachbrennkammer

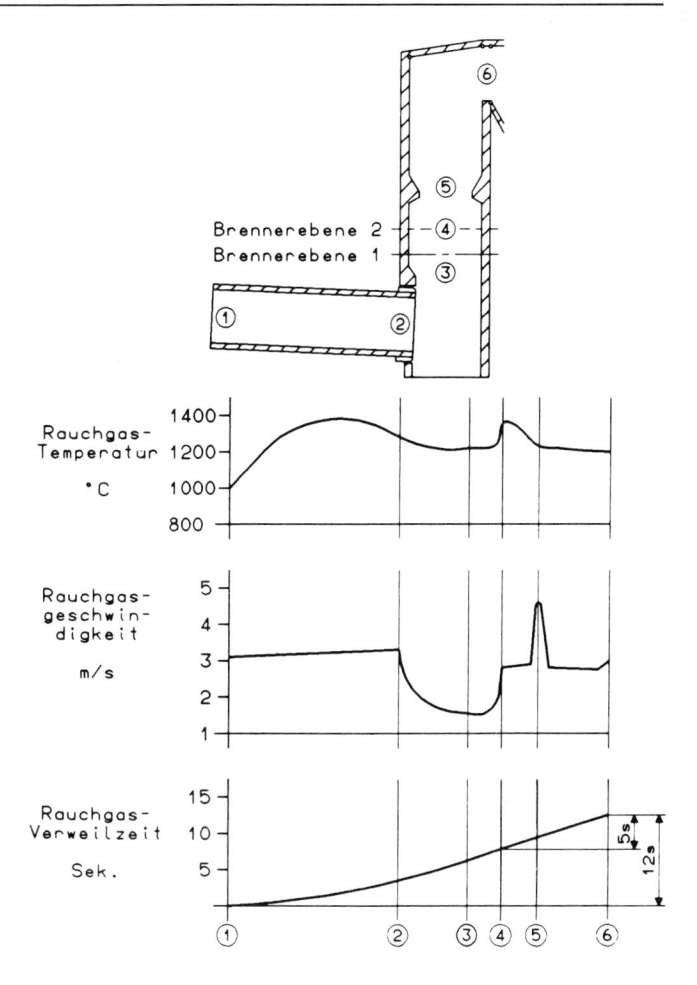

Bild 7: Temperatur-, Geschwindigkeits- und Verweilzeitdiagramm für die Rauchgase in einer Sondermüll-Verbrennungsanlage

folgt mit Hilfe einer Zusatzfeuerung mit Abfallbrennstoffen oder Primärbrennstoffen der gesicherte Ausbrand der Rauchgase bei kontrollierter, einstellbarer Temperatur und ausreichender Verweilzeit.

Dazu ist es notwendig, eine intensive Durchmischung der Abgase aus dem Drehrohrofen sicherzustellen und Gas-Luft-Strähnen aufzulösen. Dies kann durch Turbulenzbildner wie zum Beispiel Strömungsnasen, durch die geometrische Form der Nachbrennkammer und durch die Anordnung der Brenner, unterstützt werden.

Die meisten bestehenden Anlagen haben Nachbrennkammern mit rechteckigem Querschnitt. Strömungsuntersuchungen bei der DEUTSCHE BABCOCK ANLAGEN GmbH haben ergeben, daß in einer Nachbrennkammer mit kreisförmigem Querschnitt, tangential an einen gedachten Mittelkreis angeordneten Brennern und einer Einschnürung oberhalb der Brennerebene die bessere Vermischung der Rauchgase stattfindet. Die Anordnung der Brenner ist in Bild 6 dargestellt.

Neue BABCOCK Anlagen werden daher nur noch mit kreiszylindrischen Nachbrennkammern gebaut.

Die Nachbrennzone, in der sowohl die Rauchgase aus dem Drehrohrofen als auch die Abgase aus der Sekundärbrennzone nachverbrennen beginnt oberhalb der Brennerebene.

Die mittlere Verweilzeit der Rauchgase in der Nachbrennzone beträgt mindestens 3 Sekunden.

In Bild 7 sind der Temperatur-, Geschwindigkeits- und Verweilzeitverlauf in einer Verbrennungsanlage beispielhaft dargestellt.

6. Abhitzekessel

Zur wirtschaftlichen Nutzung der Wärmeenergie wird das aus der Nachbrennkammer kommende Abgas in einem nachgeschalteten Kessel abgekühlt. Der erzeugte Dampf kann entweder als Prozeßdampf innerhalb eines Industriebetriebes oder zur Strom- bzw. Fernwärmeerzeugung Verwendung finden.

Die Anforderungen und konstruktiven Kriterien eines Kessels einer Sondermüllverbrennung unterscheiden sich von denen bei Hausmüllverbrennungsanlagen. Mit dem Sonderabfall werden weitaus mehr niedrigschmelzende und hochkorrosive Bestandteile eingebracht. Sie gelangen mit den Flugstäuben und dem Rauchgas in den Kessel. Rauchgasgeschwindigkeiten, Temperaturgefälle und Heizflächengeometrien sind diesen Verhältnissen anzupassen. Insbesondere gilt dies für die Festlegung der Dampfparameter. Dampfdruck und -temperatur liegen deutlich niedriger als bei der Hausmüllverbrennung. Dadurch wird Korrosion, vor allem an Überhitzerheizflächen, verhindert.

6.1 Kesseltypen

Im Bild 8 sind die beiden bei Sondermüllverbrennungsanlagen üblichen Kesselkonzepte in Form von Prinzipskizzen dargestellt.

Es handelt sich zum einen um einen sogenannten „Gassenkessel" und zum anderen um den „L-Form" oder „Dackelkessel". Beide Konzepte sind in der Praxis bereits vielfach realisiert. Der Gassenkessel wurde bei Industriemüll-Verbrennungsanlagen häufiger eingesetzt. Der „L-Form"-Kessel eignet sich insbesondere für Anlagen mit höheren Anteilen an festen Abfallstoffen, da die Konvektionsheizflächen im horizontalen Zug mittels mechanischer Klopfvorrichtungen abgereinigt werden können. Er wird in Zukunft bei überregionalen Sondermüllverbrennungsanlagen eingesetzt werden.

Unabhängig vom gewählten Konstruktionsprinzip sind bei Sondermüllkesseln bestimmte verfahrenstechnische Kriterien zu berücksichtigen. Ein wichtiger Bestandteil ist dabei ein großzügig bemessener Strahlungsteil, in dem eine Abkühlung der Rauchgase auf

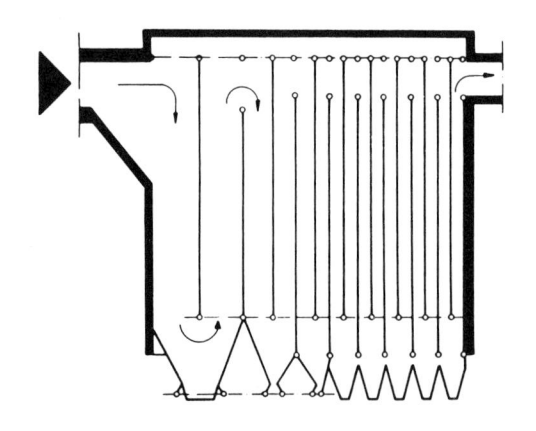

Typ - „Gassenkessel"

Typ - „L-Form-Kessel"

Bild 8: Kesseltypen für Sondermüll-Verbrennungsanlagen

mindestens 650 °C besser noch 550 °C vor Eintritt in die Konvektionsheizflächen sichergestellt wird. Bei diesem Temperaturniveau wird normalerweise der Erweichungspunkt der Flugasche unterschritten, so daß Verschmutzungen und Ablagerungen an den Kesselheizflächen durch den Einsatz von Reinigungseinrichtungen beherrschbar sind.

6.2 Heizflächenreinigung

Zur Reinigung der Kesselheizflächen werden verschiedene Systeme eingesetzt.

Für die Strahlungszüge pneumatisch oder elektrisch betätigte Klopfer zur Abreinigung der Beläge an den glatten Rohrwänden. Zur Verbesserung der Reinigungswirkung kann am Kesseleintritt unterstützend eine Abkühlung der heißen Rauchgase vorgenommen werden, um die bei höheren Temperaturen sehr ausgeprägten Klebeeigenschaften der Flugaschepartikel herabzusetzen. Zur Abkühlung können mehrere Varianten genutzt werden:

– Kühlluftzugabe,
– Wassereindüsung und
– Rauchgasrezirkulation.

Die Konvektionsheizflächen, vor allem in horizontalen Kesselzügen, werden durch seitlich am Kessel angeordnete automatisch arbeitende Klopfwerke gereinigt. Der Reinigungseffekt entsteht dabei durch das Schwingen der Kesselrohre, wodurch Beläge schalenartig abgelöst werden.

Bündelheizflächen im „kalten" hinteren Kesselteil beim „Gassenkessel" können mittels Dampf- oder Druckluftbläsern gereinigt werden.

7. Rauchgasreinigung

Zur Rauchgasreinigung bei Sondermüllverbrennungsanlagen müssen nasse Rauchgasreinigungssysteme eingesetzt werden, um die vorgeschriebenen Grenzwerte einzuhalten.

Naßwäscher ermöglichen es im Normalbetrieb Emissionswerte deutlich unterhalb der gesetzlichen Vorgaben zu realisieren und die für Sondermüllverbrennungsanlagen typische Lastschwankungen und Schadstoffspitzen zu kompensieren. Das Blockschaltbild (Bild 9) gibt einen Überblick über mögliche Systemkombinationen der Rauchgasreinigung.

Die Grundausstattung der Verfahrenskette besteht aus

– dem Elektrofilter zur weitgehenden Flugstaub- und Schwermetallabscheidung,
– dem zweistufigen Wäscher mit Chemikalienbevorratung und Abwasserbehandlung sowie
– der Rauchgasabführung mit Saugzug und Schornstein.

Die erste Waschstufe wird sauer betrieben und dient damit hauptsächlich zur Abscheidung von HCl, HF und der restlichen Schwermetalle. Die Zugabe von Kalksuspension oder Natronlauge wird über den pH-Wert, die Ausschleusung von Abwasser über die Dichte geregelt.

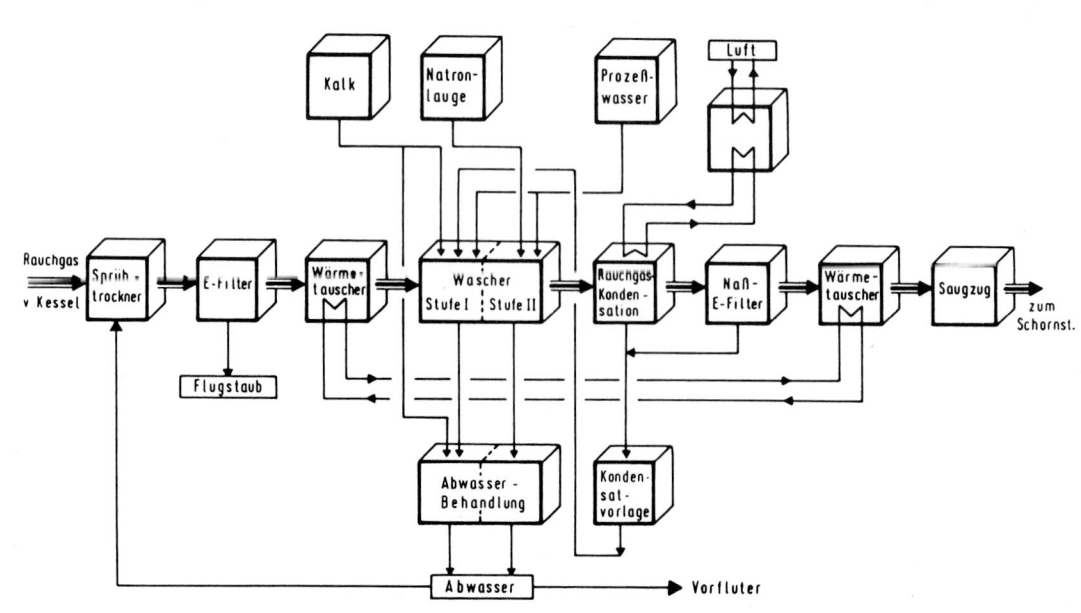

Bild 9: Mögliche Systemkombinationen für die Rauchgasreinigung bei Sonderabfall-Verbrennungsanlagen

Tafel 1: Emissionen von 3 Sondermüllverbrennungsanlagen in der BRD im Vergleich mit TA-Luft und Erwartungswerten bei Neuanlagen

Emission	Meßwerte der Anlagen			TA-Luft 86 (trocken)	TA-Luft 74 (feucht)	erzielbar bei Neu- anlagen
	A	B	C			
Staub	20	27	23	30	100	5-10
HCl	10	14	7	50	100	10-15
HF	0,2	0,5	0,1	2	5	1
SO_2	15	32	20	100	-	50
NO_x	230	104	138	500	-	80
CO	<10	30	6	100	1000	30

Konzentrationen in mg/m³ n, trockenes Rauchgas bez. auf 11 Vol.% O_2.
Rauchgasreinigugssysten : Naßwäscher
Genehmigung der Anlagen nach TA-Luft 74

Die zweite Stufe zur SO_2-Abscheidung wird mit Hilfe von Natronlauge schwach basisch gehalten. Gegenüber einem Betrieb mit Kalk lassen sich höhere SO_2-Abscheidegrade erzielen.

Die Abwässer können nach entsprechender Aufbereitung dem Vorfluter zugeführt werden.

Diese Grundausstattung kann bei zusätzlichen Anforderungen um weitere Verfahrensstufen ergänzt werden:

— Eindampfung der Abwässer in einem rauchgasbeaufschlagten Sprühtrockner, so daß das nasse System abwasserlos arbeitet oder

— Eindampfung der Abwässer in einer selektiven Eindampfanlage mit verwertbaren Restprodukten ($CaCl_2$, NaCl etc.).

— Rauchgaskondensation mit nachfolgendem Naß-Elektrofilter: Der Kondensationsvorgang bewirkt ein Agglomerieren der Aerosole sowie ein Abscheiden des Wassers und der darin enthaltenen Schadstoffe. Als Kühlmedium dient Wasser, das in einem eigenen Kühlkreislauf wiederum mit atmosphärischer Luft gekühlt wird. Die restlichen Schadstoffe und Aerosole werden im Naß-Elektrofilter abgeschieden und das gewonnene Kondensat in den Wäscher zurückgeführt.

— Rauchgas-Wiedererwärmung nach dem Prinzip der Wärmeverschiebung von Wärmeaustauscherstufe 1 nach E-Filter und Wärmeträger-Medien zur Wärmtauscherstufe 2 nach Naß-Elektrofilter.

8. Emissionen

Die tabellarische Aufstellung in Tafel 1 zeigt die gemessenen Reingaskonzentrationen an drei Sondermüllverbrennungsanlagen in der BRD im Vergleich zu den Grenzwerten der TA-Luft von 1986 [2] und 1974 nach der diese genannten Anlagen gebaut und genehmigt wurden.

Die Meßwerte zeigen, daß selbst die neuen Grenzwerte von 1986 weit unterschritten werden. Diese Ergebnisse bestätigen, daß bei moderner Anlagentechnik die Abgaswerte im Normalbetrieb deutlich besser sind als die zur Zeit gültigen Grenzwertauflagen. Die letzte Spalte in Tafel 1 enthält die bei Neuanlagen erzielbaren Werte. Sie dokumentieren deutlich den Fortschritt in der Anlagentechnik.

Die NO_x-Werte liegen bei Industrie- bzw. Sondermüllverbrennungsanlagen ohne Sekundärmaßnahmen zur NO_x-Abscheidung zwischen 150 bis 250 mg/m³$_n$, also deutlich unterhalb des zulässigen TA-Luft-Grenzwertes von 500 mg/m³$_n$.

Die Entwicklung der weiteren NO_x-Abscheidung bei Abfallbehandlungsanlagen geht zur Zeit in Richtung der katalytischen oder nicht katalytischen Reduktion [3] unter Zugabe von Ammoniak, insbesondere im Hinblick auf einen neuen zu erwartenden Grenzwert bei 100 mg/m³$_n$.

Der Vergleich der Schwermetall-Belastungen im ungereinigten Rauchgas vor Wäscher zwischen einer Verbrennungsanlage für Hausmüll und Sondermüll in Tafel 2 zeigt für einige Elemente deutlich höhere Vorbelastungen in Sondermüllverbrennungsanlagen, vor allem für Quecksilber, Cadmium und Kupfer.

Die anderen Elementkonzentrationen liegen für beide Anlagen etwa gleich hoch. Dieses Ergebnis kann natürlich nicht generell auf andere Sondermüll-Verbrennungsanlagen übertragen werden, da die Schadstoffbelastungen abfallspezifisch unterschiedlich sind.

Unabhängig davon können beim Einsatz von Naßwäschern die TA-Luft-Grenzwerte für Schwermetalle mit entsprechendem Sicherheitsabstand gewährleistet werden.

Wenn die Abfälle höhere Gehalte an polychlorierten Verbindungen enthalten, ist die Temperatur in der Nachbrennzone auf 1.200 °C anzuheben.

Verschiedene Versuchsprogramme haben gezeigt, daß die Zersetzungseffizienz der thermostabilen Verbindungen nicht allein von der Temperaturhöhe bestimmt wird [4]. Maßnahmen zur Intensivierung der Reaktionsabläufe in der Gasphase wie z.B. Turbulenzbildung zur besseren Durchmischung haben eine gleichgroße Bedeutung.

Seit Bekanntwerden der Entstehung von Dioxinen (PCDD) und Furanen (PCDF) bei der Abfallverbrennung wird intensiv nach den Bildungs- und Zersetzungsmechanismen gesucht.

Einen Durchbruch im Verständnis der Mechanismen brachten Untersuchungen von Vogg und Stieglitz [5, 6]. Aufgrund dieser Erkenntnisse gilt mittlerweile als sicher, daß PCDD und PCDF nicht in der Feuerung sondern an Staubbelägen in der Abkühlphase der Rauchgase im Kessel und Entstauber im Temperaturbereich von 650—250 °C gebildet werden. Sie sind hauptsächlich an kohlenstoffhaltige Staubpartikel gebunden [7] können aber auch gasförmig auftreten.

Tafel 2: Vergleich d. Schwermetallkonzentrationen im Rohgas von Sondermüll- und Hausmüllverbrennungsanlagen

TA-Luft-Klasse	Stoffart	SMVA	HMVA
I	Hg	0,13-0,32	0,0001
	Cd	0,6 - 2,5	1,29
	Tl	n.b.*	0,002
II	As	0,1	0,198
	Co	0,3	0,173
	Ni	0,3 - 2,4	3,705
	Se	n.b.	0,0001
	Te	n.b.	0,02
III	Zn	57	74,3
	Pb	25	21,1
	Cr	1,3 - 8,3	6,3
	Cu	5,7	2,25

Konzentrationen in mg/m³ n Rauchgas,
bez. auf 11 Vol.% O_2
* n.b. = nicht bestimmt

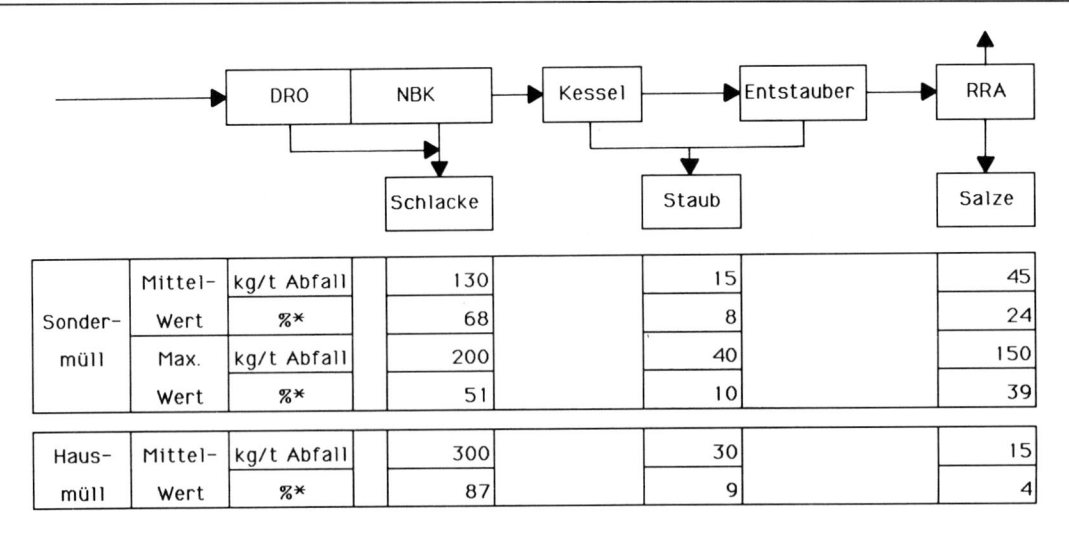

```
         ┌─────┬─────┐    ┌──────┐    ┌──────────┐    ┌─────┐
────────▶│ DRO │ NBK │───▶│Kessel│───▶│Entstauber│───▶│ RRA │──▶
         └─────┴─────┘    └──────┘    └──────────┘    └─────┘
               │              │             │            │
               ▼              ▼             ▼            ▼
          ┌────────┐      ┌───────┐    ┌────────┐    ┌─────┐
          │Schlacke│      │       │    │  Staub │    │Salze│
          └────────┘      └───────┘    └────────┘    └─────┘
```

	Mittel-	kg/t Abfall	130	15	45
Sonder-	Wert	%*	68	8	24
müll	Max.	kg/t Abfall	200	40	150
	Wert	%*	51	10	39
Haus-	Mittel-	kg/t Abfall	300	30	15
müll	Wert	%*	87	9	4

Bild 10: Reststoffmassenbilanzen von Sondermüll – im Vergleich zu Hausmüllverbrennungsanlagen

Durch eine sehr gute Feinstaubabscheidung, die Stand der Technik ist, werden über 95 % der Dioxinfracht mit dem Filterstaub abgeschieden.

Ende 1989 hat Hagenmaier an einem BABCOCK Versuchsaufbau an einer Hausmüllverbrennungsanlage herausgefunden, daß der SCR-Katalysator in den NH_3-freien Zonen einen Dioxinabbau über 85 % bewirkt [8].

Durch geeignete Auswahl, Schaltung und Fahrweise des Katalysators wird eine Dioxinzerstörung im Reingas bis in die Nähe des Grenzwertes von 0,1 ng/m³$_n$ erwartet.

9. Reststoffe

Im Fließschema Bild 10 ist eine Reststoffmassenbilanz von Sondermüllverbrennungsanlagen im Vergleich zu Hausmüllverbrennungsanlagen bezogen auf 1 Tonne Abfall aufgestellt.

Bei der Sondermüllverbrennung liegt der Schlackeanteil mit 130 bis 200 kg/t-Abfall gegenüber Hausmüllanlagen mit etwa 300 kg/t-Abfall deutlich niedriger. Auch bei der Flugaschemenge aus Kessel und Entstauber ist eine ähnliche Tendenz gegeben. Dies ist darauf zurückzuführen, daß bei der Sondermüllverbrennung neben den Feststoffen auch Flüssigabfälle mit geringen Aschegehalten verbrannt werden.

Die Frachten an Reaktionssalzen liegen aber bei Sondermüllverbrennungsanlagen aufgrund der höheren Schadstoffkonzentrationen im Rohgas um ein Vielfaches höher.

9.1 Schlacke

Schlacken aus Sondermüllverbrennungsanlagen werden grundsätzlich auf Sonderdeponien abgelagert.

In Tafel 3 ist ein Vergleich der Schwermetallkonzentrationen in der Schlacke aus Hausmüll- und Sondermüllverbrennungsanlagen durchgeführt worden. Für die betrachteten Fälle zeigen sich nur für Ni höhere Konzentrationen bei Sondermüllschlacken.

9.2 Filterstäube

Filterstäube sind aufgrund ihres hohen Anteiles an leichtlöslichen Verbindungen zweifelsohne der entsorgungskritischste Reststoffstrom bei der Abfallverbrennung. Bei neuen Konzepten wird daher eine Nachbehandlung der Reststoffe mit dem Ziel einer Aufkonzentrierung der Schadstoffe in einem kleinen Reststoffstrom angestrebt.

Zielsetzung dabei ist, die Flugstäube von ihren mobilen Bestandteilen zu befreien und Spuren-Konzentrationen von halogenierten Kohlenwasserstoffen zu zerstören.

Durch thermische Nachbehandlung der Stäube unter Luftabschluß bei ca. 300 °C kann ein Abbau der Aromaten erreicht werden. Eine halbtechnische Versuchsanlage hat mittlerweile die im Labor gewonnenen Ergebnisse voll bestätigt [9]. Eine Hausmüllverbrennungsanlage wurde mit diesem System ausgerüstet. Sie ist z. Zt. (März 1990) in der Inbetriebnahmephase.

Tafel 3: Vergleich der Schwermetallkonzentrationen in Schlacke aus Hausmüll- und Sondermüll-Verbrennungsanlagen

Anlage / Element	SONDERMÜLL		HAUSMÜLL				
	Anlage A (1)	Anlage B	Anlage C	Anlage D	Anlage E	Anlage F (2)	Anlage G (2)
Pb	3 975	230	3 836	1 300	2 000	17 400	2 100
Cd	22,1	5	9,8	1,61	5	30	140
Cr	1 320	5 700	807	50,4	9 600	2 200	2 300
Ni	1 009	2 000	411	58	230	110	200
Hg	0,997	k.A.	k.A.	1,1	1	10	2

k.A. = keine Angaben
Alle Angaben in mg/kg-TS
(1) - Mittelwert aus 24 Messungen
(2) - Schlacke und Flugstäube

Schwankungsbreiten Anlage A: Pb 680 - 14 315
Cd 6,5 - 120
Cr 400 - 2 690
Ni 540 - 2 840
Hg 0,02 - 4,0

Tafel 4: Elementaranalysen- und Elutionsergebnisse von rohem und geschmolzenem SVA-Elektrofilterstaub (ohne vorherige Staubwäsche)

	Elementaranalyse E-Filterasche		Schweizer Elutions Test E-Filterasche		Einleitbed. in der Schweiz
	roh	geschmolzen (ohne Staubwäsche)	roh	geschmolzen (ohne Staubwäsche)	
	mg/kg	mg/kg	mg/l	mg/l	mg/l
Cu	40000	7600	339,5	2,08	0,5
Zn	40100	17300	23,6	2,02	5
Pb	22680	3836	6,46	1,1	1
Cd	312	26	4,815	0,076	0,1
Ni	234	113			
Hg	0,34	0,14			
Cr	1096	338			

Alternativ dazu kann durch Einschmelzen der Stäube die vollständige Zerstörung der Kohlenwasserstoffverbindungen erzielt werden. Versuche im Labor und im Technikum haben dies bestätigt. Außerdem wurde eine Abreicherung sowie die Einbindung der Schwermetalle in das glasartige Gefüge der Schmelze erreicht, so daß ihre Eluierbarkeit erheblich verringert werden konnte [10].

Das Volumen des Filterstaubs reduziert sich beim Einschmelzen um ca. 70–80 %. Die Analysen- und Elutionsergebnisse sind in Tafel 4 dargestellt.

9.3 Reststoffbehandlungskonzept

Angesichts der guten Elutionsergebnisse und der verringerten Schadstoffgehalte der geschmolzenen Filteraschen, ist es naheliegend die Schlacken aus dem Drehrohrofen ebenfalls einzuschmelzen und damit ein wiederverwertbares Produkt, z.B. für den Straßen- und Landschaftsbau zu erhalten.

Ein Verfahrensschema für die Schlacke- und Filterstaubschmelze ist im Bild 11 dargestellt.

Das Einschmelzen der Schlacken geschieht sinnvollerweise direkt unterhalb des Drehrohrofenaustritts am Boden der für diesen Zweck speziell ausgeführten Nachbrennkammer mit Hilfe der Energie aus flüssigen Abfallbrennstoffen. Dadurch kann auf eine separate Wäsche der Abgase aus der Schmelze verzichtet werden.

Aus der Schmelze wird ein Großteil der enthaltenen Schwermetalle verdampft. Sie gelangen mit dem Rauchgasstrom in den Kessel und kondensieren. Als Staubpartikel oder an Staubpartikel gebunden werden sie im Elektrofilter wieder abgeschieden.

Um eine übermäßige Anreicherung der Schwermetalle in diesem Kreislauf zu verhindern wird der Filterstaub einer Wäsche unterzogen bevor er in die Schmelze eingebracht wird. Die Staubwäsche dient als Schwermetallsenke. Sie kann mit dem sauren Waschwasser aus der 1. Wäscherstufe durchgeführt werden [11].

Um eine Quecksilberanreicherung zu vermeiden, muß das Quecksilber über Ionenaustauscher vor der Staubwäsche aus dem Waschwasser entfernt werden.

10. Gesamtanlagenkonzept

Bild 12 enthält die schematische Darstellung des Gesamtprozesses einer modernen Sondermüll-Verbrennungsanlage mit den wesentlichen Anlagenbereichen

– Abfallanlieferung und -Kontrolle,
– Abfall-Lagerung für flüssige, pastöse und feste Abfälle,
– Verbrennungssystem bestehend aus Drehrohrofen und Nachbrennkammer,
– Wärmerückgewinnung und Energieverwertung im Dampfkessel mit Stromerzeugung,
– Rauchgasreinigung mit Entstauber und Naßwäsche sowie
– Rückstandsbehandlung mit Abwassereindampfung, Schlacke- und Filterstaubschmelze.

11. Beispiel einer ausgeführten Anlage

Die DEUTSCHE BABCOCK ANLAGEN GmbH hat einschließlilch ihrer Lizenznehmer insgesamt 185 Verbrennungseinheiten für Industrie- und Sondermüll mit einer Gesamtverbrennungsleistung von ca. 1,25 Mio t Abfall pro Jahr geliefert. Im folgenden wird eine Anlage mit ihren wesentlichen Auslegungsdaten vorgestellt.

Sondermüll-Verbrennungsanlage INDAVER Antwerpen/Belgien

Die Anlage, bestehend aus einer Verbrennungslinie, hat die Aufgabe der Entsorgung von Abfällen der Haushaltungen sowie der gesamten Gewerbe- und Industriebetriebe Belgiens.

– Entsorgungskonzept: überregionale Entsorgung
– Inbetriebsetzung: Ende 1989
– Jahresdurchsatzleistung: ca. 50.000 t Abfälle/Jahr
– Stündliche Durchsatzleistung: ca. 7,2 t Abfälle/Std.
  • davon feste Abfälle ca. 4,3 t/h entspr. 60 %
  • davon Abfälle in Fässern ca. 1,2 t/h entspr. 16 %
  • davon flüssige Abfälle ca. 1,7 t/h entspr. 24 %

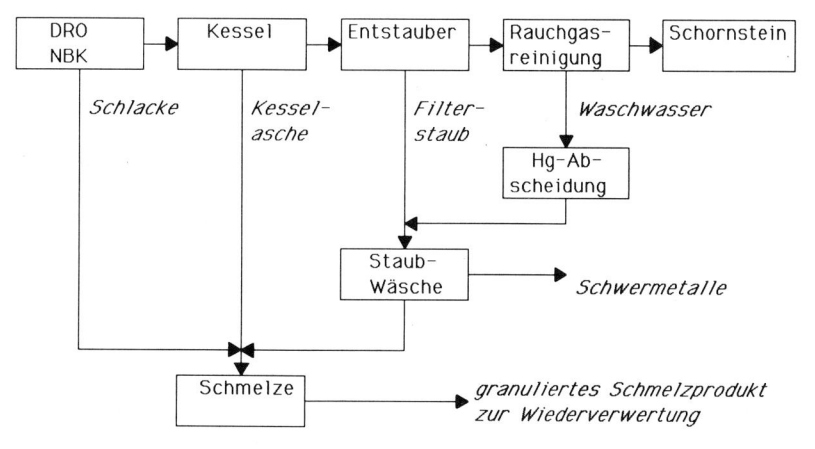

Bild 11: Verfahrensschema: Schlacken- und Filterstaubschmelze an einer SVA

Bild 12: Gesamtprozeß Sondermüll-Verbrennungsanlage

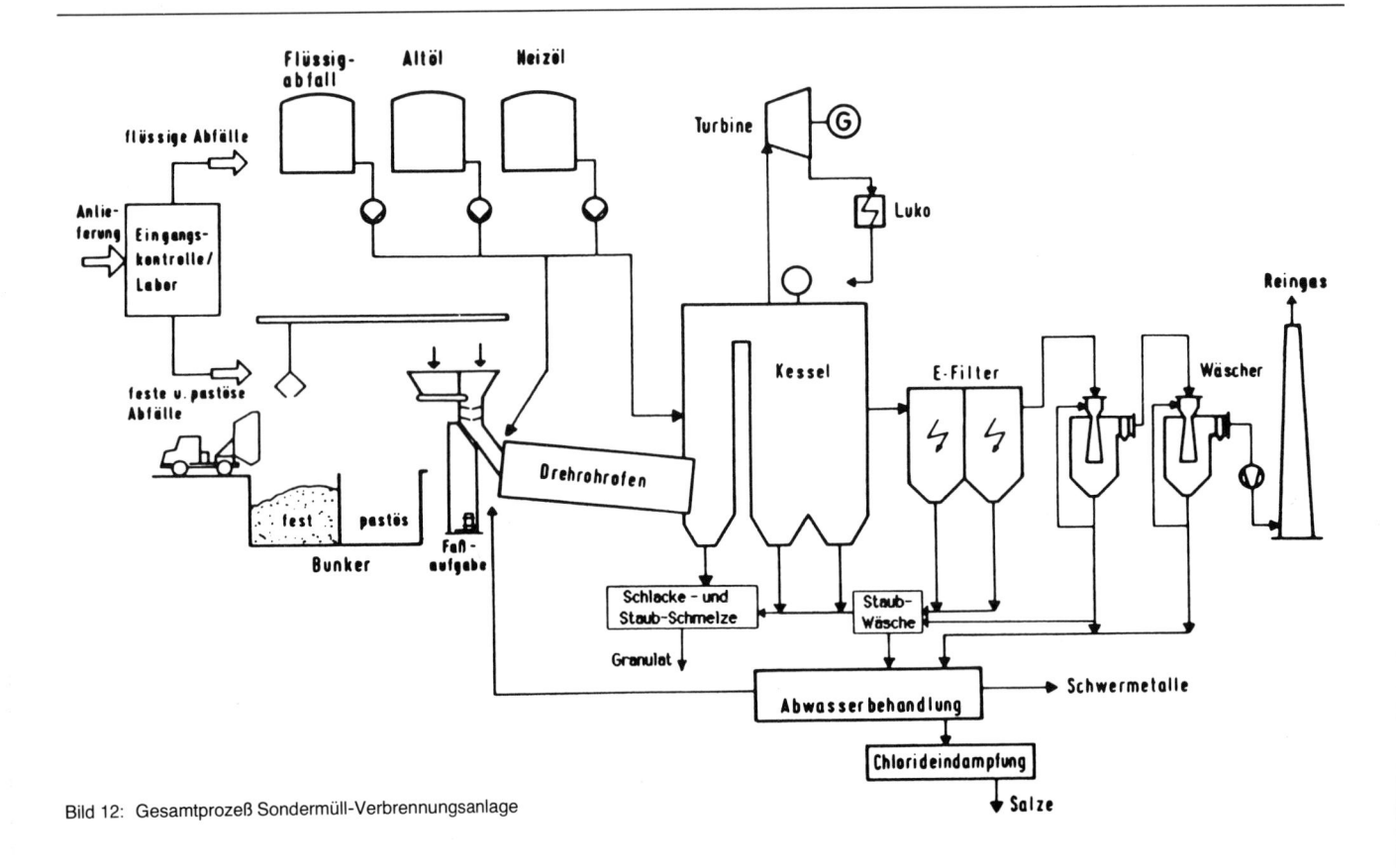

- Aufgabesysteme
  - feste Abfälle aus dem Festmüllbunker mittels automatischer Greiferkrananlage und Kastenbeschicker in den Drehrohrofen
  - Abfälle in Fässern aus dem Faßlager über Faßtransporteinrichtungen, Faßaufzug und inertisierter Aufgabekammer in den Drehrohrofen
  - flüssige Abfälle aus der Tanklagerstation durch Mehrstoffbrenner in Drehrohrofen und Nachbrennkammer
- Drehrohrofen
  - äußerer Durchmesser: 4,4 m   innen: 3,8 m
  - Länge: 12,0 m
- Nachbrennkammer
  - äußerer Durchmesser: 6,6 m   innen: 5,5 m
  - Höhe: 17,6 m
- Abhitzekessel
  - Dampfstrom: ca. 33,6 t/h
  - Dampfparameter: Sattdampf 21 bar/214 °C
  - Kesselbauart: Gassenkessel mit 8 Strahlungszügen, Verdampfer-Bündel im letzten Zug
- Energieversorgung
  elektrische Energieerzeugung zur Eigenstromversorgung und Überschuß-Einspeisung ins öffentliche Netz.

Die Anlage ist mit Bildschirmwartentechnik ausgestattet und wird mittels Prozeßrechner gesteuert. Alle Verfahrensabläufe sind weitestgehend automatisiert und rechnergesteuert.

12. Zusammenfassung

Bei der Verbrennung von Industrie- und Sonderabfällen werden die zum Teil hochtoxischen Abfälle mineralisiert und ihr Volumen erheblich verringert. Moderne Rauchgasreinigungsanlagen gewährleisten, daß die vom Gesetzgeber vorgegebenen Emissionsgrenzwerte im Abgas eingehalten werden. Durch gezielte Nachbehandlung der Filterstäube und Aschen können inerte, wiederverwertbare Produkte erzeugt und die umweltkritischen Stoffe in einer geringen Reststoffmenge aufkonzentriert und gefahrlos entsorgt werden. Eine breitgestreute, unkontrollierte Verschleppung von Schadstoffen in die Ökosphäre wird dadurch vermieden. Die im Sonderabfall enthaltene Energie wird größtenteils zurückgewonnen. (Die Angaben in diesem Artikel beziehen sich auf den Wissenstand im März 1990).

Schrifttum

[1] Gesetz über die Vermeidung und Entsorgung von Abfällen (Abfallgesetz – AbfG) vom 27. Aug. 1986 (Bundesrepublik Deutschland).
[2] Technische Anleitung zur Reinhaltung der Luft (TA-Luft 86); 27. 2. 1986 (BRD).
[3] Weirich, W., Fahlenkamp, H., Horch, K.: Stickoxidminderung mittels selektiver nicht katalytischer Reduktion in Abfallverbrennungsanlagen unter besonderer Berücksichtigung der Rückstände; 6. IRC, Berlin, November 1989.
[4] Hasberg, W., Römer, R.: Organische Spurenschadstoffe in Brennräumen von Anlagen zur thermischen Entsorgung, Chem. Ing. Tech. 6/1988.
[5] Vogg, H., Stieglitz, L.: Thermal behaviour of PCDD/PCDF in fly ash from municipal incinerators, Dioxin-Congress, University of Bayreuth/BRD, 1985.
[6] Vogg, H., Stieglitz, L., Metzger, M.: Recent findings on the formation and decomposition of PCDD/PCDF in solid municipal waste incineration, Specialized Seminar Copenhagen/DK., Januar 1987.
[7] Hagenmaier, H., Kraft, M., Brunner, H., Haag, R.: PCDD/PCDF-Bestimmungen an Abfallverbrennungsanlagen, VDI-Tagung „Dioxine", Essen/BRD, April 1986.
[8] Hagenmaier, H.: Katalytische Oxidation halogenierter Kohlenwasserstoffe unter besonderer Berücksichtigung des Dioxinproblems, VDI-Berichte Nr. 730, 1989.
[9] Hagenmaier, H.: Niedertemperatur-Behandlung von Filterstäuben, Entsorgungspraxis 5/88.
[10] Schug, H., Horch, K.: Induktive Schmelze von Rückständen aus der Abfallverbrennung, 6. IRC, Berlin, November 1989.
[11] Vehlow, J., Braun, H., Horch, K., Schneider, J., Vogg, H.: Semi industrial testing of the 3R Process; Int. Conf. on Municipal Waste Combustion, Hollywood, Florida/USA, April 1989.

Emissionsminderung in der thermischen Abfallverwertung
Verfahren und Möglichkeiten der Rauchgasreinigung und Rückstandsbehandlung

Von B. Stegemann und R. Knoche [1]

1. Einleitung

Vermeidung, Verminderung und Verwertung sind die seitens des Gesetzgebers durch die „Technische Anleitung Abfall" vorgegebenen Prioritäten für die Abfallwirtschaft. Sowohl der öffentlich ausgeübte Druck wie auch die Verknappung und Verteuerung von geeignetem Deponieraum haben inzwischen zu ersten Erfolgen der Müllreduzierung durch Getrenntsammlung und Wiederverwertung von Wertstoffen geführt.

Erreicht wurde jedoch bisher nur eine Verringerung des Zuwachses. Auch nach Nutzung aller Möglichkeiten der Vermeidung und Verwertung wird ein großer Müllanteil verbleiben, den es zu entsorgen gilt. Wachsende Müllberge sowie die unübersehbare Anzahl von Altlasten macht deutlich, daß die thermische Abfallverwertung auch in Zukunft ein unverzichtbarer Eckpfeiler der Abfallentsorgung bleiben wird.

Die Aufnahme neuer Grenzwerte von bisher noch nicht oder kaum in ihrem Ausstoß limitierten Schadstoffgruppen (Stickoxide, Dioxine/Furane) sowie die extreme Absenkung der zulässigen Schwermetallemissionen – wie durch die 17. BundesImmissionsschutz-Verordnung (BImSchV) [1] festgeschrieben – machten die Entwicklung zusätzlicher Prozeßstufen erforderlich. Diese unter dem Oberbegriff „Weitergehende Rauchgasreinigung" zusammengefaßten Verfahren gliedern sich im wesentlichen in Verfahren zur Entstickung, Dioxinminderung sowie der generell weiteren Absenkung aller übriger Schadstoffe auf. Ein Überblick über die Entwicklung deutscher sowie den Status quo einiger europäischer Emissionsgrenzwerte in Bild 1 zu entnehmen.

2. Ziele der thermischen Abfallverwertung

Die hauptsächlichen Ziele der thermischen Abfallverwertung sind

– Aufteilung des eingehenden Massenstromes an Müll in einen möglichst großen, inerten, ablagerungsfähigen und umweltverträglichen Stoffstrom sowie einen möglichst kleinen Stoffstrom mit größtmöglicher Aufkonzentrierung an Schadstoffen, die endgelagert oder langfristig einer Wiederaufarbeitung zugeführt werden können.

– Zerstörung toxischer und organischer Substanzen bei Minimierung der gas- und partikelförmigen Emissionen

– Konditionierung der festen Abfälle derart, daß sie verwertet oder ohne Umweltbeeinträchtigung abgelagert werden können

– Umwandlung der chemischen Energie in eine thermisch nutzbare Form.

[1] Dipl.-Ing. Bertold Stegemann und Dr.-Ing. Ronald Knoche
Lurgi Energie- und Umwelttechnik GmbH. Frankfurt am Main

3. Grundverfahren der Rauchgasreinigung

3.1 Quasitrockene Abgasreinigung – Sprühabsorption

Das Verfahren der Sprühabsorption basiert auf der Technologie der Sprühtrocknung und wurde in den vergangenen Jahren zur Behandlung von Rauchgasen aus Müllverbrennungsanlagen und Kraftwerken weiterentwickelt. Es bleibt auch für künftige Projekte eine interessante Technik.

Im Sprühabsorber wird das Absorptionsmittel in feine Tropfen mit hoher spezifischer Oberfläche zerteilt und in intensiven Kontakt mit den Rauchgasen gebracht. Die Gasabsorption vollzieht sich zunächst mit hohen Reaktionsgeschwindigkeiten über die flüssige, später über die trockene Phase.

Während des Kontaktes der zerstäubten Kalkmilch mit den heißen Rauchgasen erfolgt die Umsetzung der Schadstoffe mittels Kalkmilch zu den entsprechenden Kalziumverbindungen bei gleichzeitiger Verdampfung des durch die Suspension eingebrachten Wassers. Hierdurch sinkt die Rauchgastemperatur auf die vorgewählte Temperatur ab.

Als Staubabscheider hinter dem Absorber kommen sowohl Elektrofilter als auch Schlauchfilter zum Einsatz. Schlauchfilter zeichnen sich hierbei durch den Vorteil einer Restabsorption von Schadgasen an den Festkörperschichten auf der Schlauchoberfläche aus. Eine untere Temperaturgrenze des Rauchgases darf, da infolge der Kristallwasseranlagerung an $CaCl_2$ eine Verklebung des Schlauchfiltermaterials eintreten kann, nicht unterschritten werden. Beim Betrieb mit Elektrofiltern ist es hingegen möglich, die Rauchgastemperatur infolge der geringeren Gefahr der Ansatzbildung weiter abzusenken und damit eine größere Absorptionsleistung im Sprühreaktor zu erreichen.

Die in der Praxis erzielbaren Stöchiometriefaktoren für die Dosierung des Absorbers hängen vor allem von der Rauchgastemperatur, dem Abscheidegrad sowie den einzustellenden Schadstoffkonzentrationen auf der Reingasseite ab. Extrem niedrige Reingaswerte lassen den Verbrauch an Reaktionsmitteln und gleichzeitig den Freikalkgehalt im Rückstand überproportional ansteigen.

Dem prinzipbedingten Nachteil einer nur begrenzten Abscheidung von Schwermetallen sowie Dioxinen/Furanen, die einer Einhaltung entsprechender Grenzwerte entgegensteht, kann sowohl durch die Nachschaltung einer entsprechenden Aktivkoksstufe wie auch die direkte Dosierung von Aktivkoks/ Aktivkohle oder Additiven in den Sprühabsorber Rechnung getragen werden. Entsprechende Aufträge liegen für die Rauchgasreinigungsstufen der MVA Nürnberg und Rosenheim vor.

3.2 Nasse Rauchgasreinigung

Nasse Verfahren zur Rauchgasreinigung werden eingesetzt, wenn unter anderem folgende Kriterien vorliegen:

– Erzeugung von verwertbaren Produkten (Säuren, Salze) und damit erhöhte Recyclingquote

– hohe zu erzielende Abscheidegrade bezüglich gasförmigen Schadstoffen und Schwermetallen

– Minimierung der Masse an Rückstandsprodukt, da Stöchiometriefaktoren nahe 1 realisierbar sind.

Als zentrale Anlagenkomponente in naß arbeitenden Gasreinigungsanlagen werden Wäscher zur Gaskühlung, Feststoffabscheidung und zur Absorption der Schadgase verwendet.

Die in den Venturiwäscher (1. Wäscherstufe) eintretenden, entstaubten heißen Rauchgase kommen sofort mit der Waschflüssigkeit in Berührung und kühlen sich durch Aufnahme von Wasserdampf auf die Sättigungstemperatur ab.

mg/m³ (0 °C, 1013 mbar)	Bundesrepublik Deutschland TAL 1976	Bundesrepublik Deutschland TAL 1986	Europäische Gemeinschaft 1992	Bundesrepublik Deutschland 17.BImSchV 12.90	Niederlande 1989 Stundenmittelwerte
Stäube	100,0	30,0	30,0	10,0	5,0
SO_2	–	100,0	300,0	50,0	40,0
HCl	100,0	50,0	50,0	10,0	10,0
HF	5,0	2,0	2,0	1,0	1,0
NO_x	–	500,0	–	200,0	70,0
CO	500,0	–	100,0	50,0	50,0
C_{org}	–	–	–	10,0	10,0
PCDD / PCDF *	–	–	–	0,1 ng TEQ*/m³	0,1 ng TEQ*/m³
Schwermetalle					
Klasse I Hg	–	0,2	0,2	0,05	0,05
Cd + Tl				0,05	0,05
Klasse II (As, Co, Ni, Se, Te)	–	1,0	1,0	1,0	1,0
Klasse II (Sb, Pb, Cr, Co, Sn, Cu, Mn, V)	–	5,0	5,0		

* Toxizitätsäquivalent des 2, 3, 7, 8 TCDD

Bild 1: Entwicklung der Emissionsgrenzwerte

Müllart	: Kommunalmüll
Anzahl der Ofenlinien	: 3
Rauchgasmenge, Vn, f	: 3 × 88 000 Nm³/h
Rauchgastemperatur	: 220 °C
Absorbens	: Ca(OH)₂
Inbetriebnahme	: 1989

Schadstoffe (Basis: 11 Vol % O_2)		Eintritt RGR Vn, tr	Emissionswerte	
			Garantie Vn, tr	Messung Vn, tr
HCl - Gehalt	mg/m³	2000	< 40	25
HF - Gehalt	mg/m³	25	< 1	< 0,2
SO_2 - Gehalt	mg/m³	600	< 80	30
Staubgehalt	mg/m³	5000 (vor E-Filter)	< 10	< 2
Schwermetalle (gemäß TA - Luft) Klasse 1			< 0,1	< 0,1 (mit Additivzugabe)
Klasse 2			< 0,5	< 0,002
Klasse 3			< 2,0	< 0,004

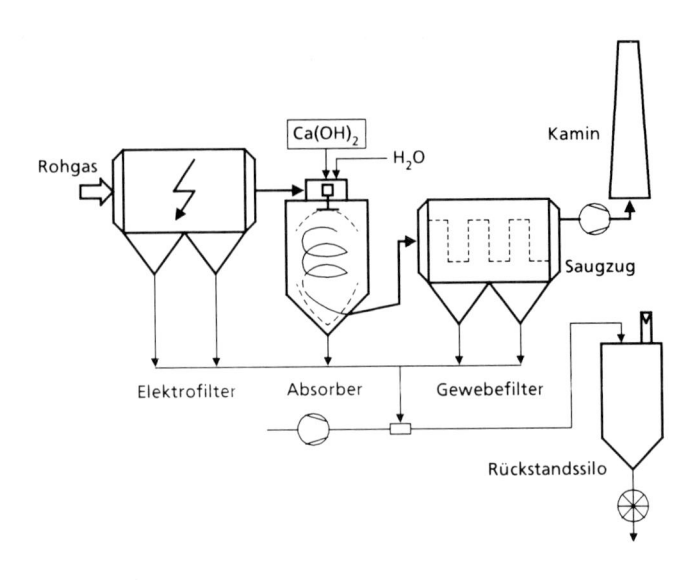

Bild 2: Quasitrockene Rauchgasreinigung am Beispiel der MVA Nürnberg

Während der Abkühlung erfolgt durch den Kontakt mit der Waschflüssigkeit die Absorption der Schadstoffe HCl und HF sowie bestimmter Schwermetalle bei gleichzeitiger Reduzierung des pH-Wertes der Waschflüssigkeit.

Die weitere Abscheidung der verbliebenen Restgehalte an HCl und HF, vor allem aber des Schwefeldioxides, erfolgt in der verstellbaren Radialstromwaschzone (2. Wäscherstufe), welche mit basischer Waschflüssigkeit betrieben wird. Die für die Waschwirkung maßgebende Relativgeschwindigkeit zwischen Gas und Waschflüssigkeit wird durch Erhöhung der Strömungsgeschwindigkeit im engsten Querschnitt de Waschzone erzeugt. Hierbei werden infolge hoher Turbulenz große Austauschflächen zwischen flüssiger und gasförmiger Phase erreicht, so daß hohe Abscheidegrade erzielt werden.

Die Einbringung der für die Absorption erforderlichen Neutralisationsmittel erfolgt pH-abhängig in die Waschkreisläufe.

Zur Vermeidung einer Aufkonzentrierung der Waschflüssigkeit durch die in den Wäschen stattfindenden Absorptions- und Neutralisationsprozesse werden kontinuierlich Teilmengen der Waschflüssigkeit aus den sauren und basischen Kreislaufsystemen ausgeschieden.

Das ausgeschleuste Waschwasser kann entweder mit anderen Abwässern in einer Abwasserreinigungsanlage so weit aufbereitet, daß seine Qualität den Anforderungen der Einleitbedingungen in Gewässer entspricht oder aber in einem vorgeschalteten Sprühabsorber respektive einer nachgeschalteten Eindampfanlage eingedampft werden.

3.3 Abwasserfreie Rauchgasreinigung

Die Vorteile der nassen Gasreinigung lassen sich in wichtigen Punkten mit denen der trockenen Gasreinigung verknüpfen. Diese Verfahrensvariante arbeitet nach dem in Bild 4 gezeigten Prinzip.

Die Rauchgase der Verbrennungsanlage können entweder direkt oder aber nach einer Vorentstaubung dem Sprühabsorber zugeführt und dort z. B. mittels Zerstäubung einer Kalkhydratsuspension (Ca(OH)₂) bis auf Restgehalte von Schadstoffen befreit werden. Die Schadgase HCl, HF und SO_2 werden somit durch Umsetzung mit Kalkhydrat gebunden und fallen in trockener Form als Rückstände an.

Die derart vorgereinigten Rauchgase werden durch geeignete Feststoffabscheider (Schlauch-/Elektrofilter) entstaubt und anschließend zur weiteren Absenkung der Schadstoffkonzentrationen einer nachgeschalteten Wäschergruppe zugeführt. Gemäß der bereits für die nasse Rauchgasreinigung näher beschriebenen Prozeßführung werden in der ersten Wäscherstufe (Venturiwäscher) im wesentlichen HCl, HF sowie Schwermetalle aus dem Rauchgas entfernt, während der zweiten Stufe (Radialstromwäscher) hauptsächlich die Aufgabe der SO_2-Entfernung zufällt.

Die aus den Wäscherkreisläufen zur Unterbindung der Aufkonzentration von Schadstoffen abgezogenen Waschwassermengen lassen sich hierbei vorteilhaft unter Nutzung der fühlbaren Wärme des Rauchgases im Sprühabsorber eindampfen.

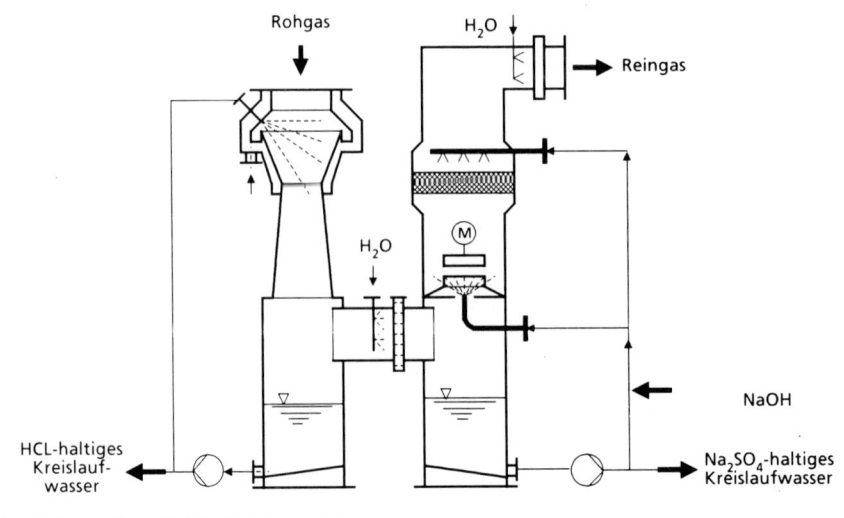

Bild 3: Naßwäscher mit Füllkörperkolonne als zusätzliche Reinigungsstufe

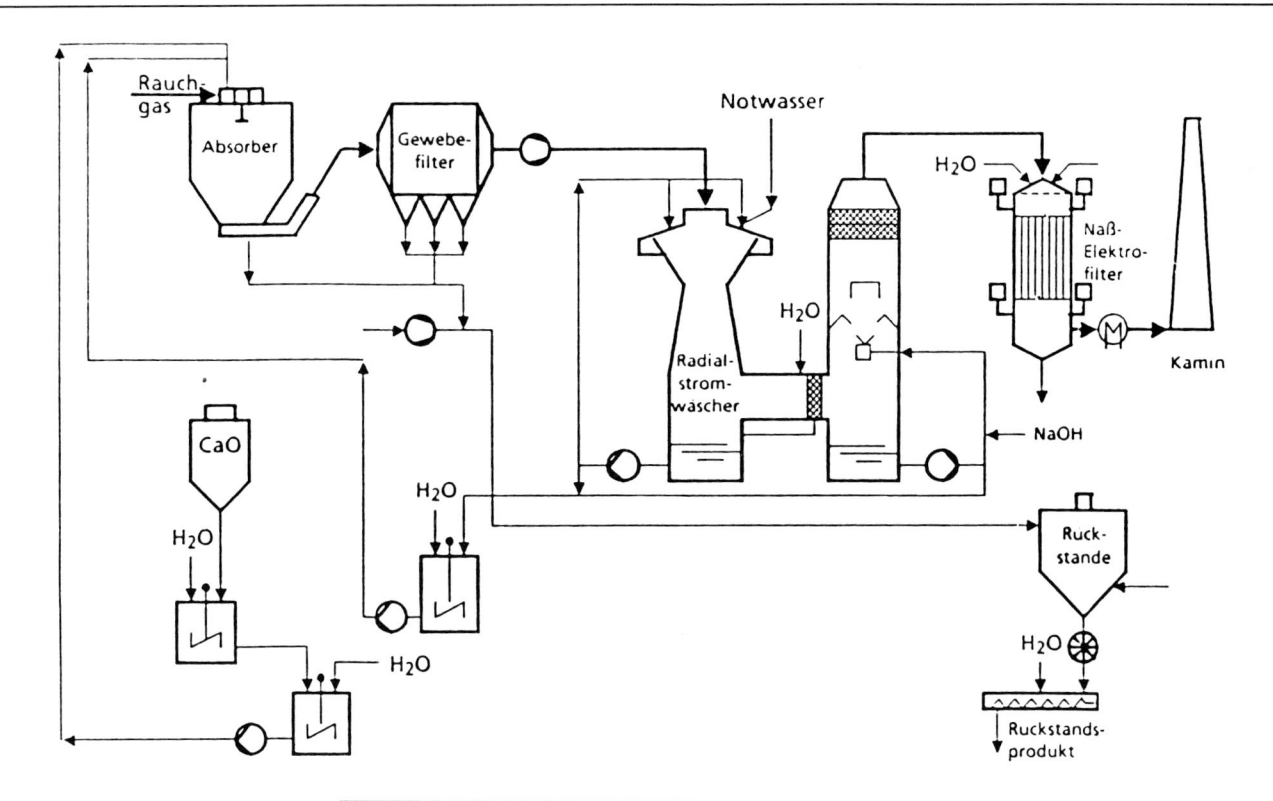

Müllart	:	Kommunalmüll
Anzahl der Ofenlinien	:	2
Rauchgasmenge, Vn, f	:	2 x 60 000 Nm³/h
Rauchgastemperatur	:	220 °C
Absorbens	:	Ca(OH)$_2$, NaOH
Inbetriebnahme	:	1988

Schadstoffe (Basis: 11 Vol % O_2)		Eintritt RGR Vn	Emissionswerte Garantie Vn, tr	Emissionswerte Messung Vn, tr
HCl - Gehalt	mg/m³	1200	3	< 1
HF - Gehalt	mg/m³	12	0,3	< 0,1
SO$_2$ - Gehalt	mg/m³	350	35	< 15
Staubgehalt	mg/m³	3000	3	< 1
Schwermetalle (gemäß TA - Luft)				
Klasse 1			0,2	< 0,1
Klasse 2			0,3	n. b.
Klasse 3			0,5	n. b.

Bild 4: Abwasserfreie Rauchgasreinigung des MHKW-Coburg-Neuses

Vorteile dieses Verfahrensprinzips sind das Entfallen einer Abwasseraufbereitungsanlage sowie die Möglichkeit der Verlagerung der Abscheidung auf Sprühabsorber und/oder Wäscher, wodurch ein Freiheitsgrad in der Nutzung der Absorbentien gewonnen wird.

4. Weitergehende Rauchgasreinigung

4.1 Rauchgasentstickung (DENOX)

Beim gegenwärtigen Stand der Feuerungstechnik werden ab NO$_x$-Reingaswerten von über ca. 250 mg/Nm³$_{tr}$ Sekundärmaßnahmen erforderlich, wobei je nach gefordertem Entstickungsgrad verschiedene Verfahren in Betracht kommen.

Mit Ausnahme der Rauchgasrezirkulation die bedingt durch die Verbrennungsluftsubstitution und die daraus resultierende O_2-Partialdruck- und Verbrennungstemperaturerniedrigung nur moderate Entstickungsgrade zuläßt, greifen die meisten Verfahren direkt oder indirekt (Harnstoff) auf Ammoniak oder Ammoniak-Derivate als Reduktionsmittel zurück.

Eindüsung von Ammoniak

$4 NO + 4 NH_3 + O_2 \rightarrow 4 N_2 + 6 H_2O$

$2 NO_2 + 4 NH_3 + O_2 \rightarrow 3 N_2 + 6 H_2O$

Eindüsung von Harnstoff

$CO(NH_2)_2 + 2 NO + 1/2 O_2 \rightarrow 2 N_2 + CO_2 + 2 H_2O$

4.1.1 SNCR-Verfahren (nichtkatalytisches Verfahren)

Beim SNCR-Verfahren werden die Reduktionsmittel, üblicherweise eine wäßrige Ammoniak- oder Harnstofflösung, bei Temperaturen zwischen 850 und 1.000 °C über ein Düsensystem in den Feuerraum des Kessels eingebracht. Durch Zugabe von Harnstoff-Lösung können je nach Stöchiometrie Abscheidegrade zwischen 50% und 90% sicher erreicht werden.

Bei hohen Abscheidegraden von mehr als ca. 80% ist hierfür jedoch eine Zugabe-Stöchiometrie von über 2 notwendig. Den Überschüssen an Reduktionsmittel entsprechend muß mit einer Ammoniakbelastung des Rauchgases und gegebenenfalls auch der Flugstäube gerechnet werden.

Der Ammoniakschlupf im Rauchgas wird bei einer Müllverbrennung mit nassem Rauchgasreinigungssystem in der sauer betriebenen Wäscherstufe ausgewaschen und gelangt so in das Abwasser. Aus diesem muß er in einer alkalisch betriebenen Rektifizierkolonne (NH_3-Stripper) abgetrennt und erneut dem Prozeß zugeführt werden. Die derart unterbundene Anreicherung des Ammoniaks in der sauren Wäscherstufe verhindert sowohl ein „Durchbrechen" des NH_3 in das Reingas wie auch eine Alkalisierung des Wäschers mit der damit verbundenen Verschlechterung der Schwermetallabscheidung.

Eine bei niedrigen Entstaubungstemperaturen auftretenden Ammoniakbelastung der Flugstäube und anderer Feststofffraktionen muß durch Einrichtungen zur Aschewaschung oder thermischen Austreibung Rechnung getragen werden.

Im Vergleich zu einer SCR-DENOX-Anlage zeichnet sich das SNCR-Verfahren durch niedrige Baukosten und einen wesentlich geringeren Platzbedarf aus. Hierbei ist jedoch zu berücksichtigen, daß der Investitionsaufwand für die durch den NH_3-Schlupf bedingten Modifikationen (Abwasseraufbereitung, Aschebehandlung etc.) den der eigentlichen SNCR im allgemeinen übersteigen.

4.1.2 SCR-Verfahren (katalytische Verfahren)

Beim SCR-Verfahren wird dem Rauchgas mit Luft vorgemischtes NH_3 in etwa stöchiometrischer Menge zum abzuscheidenden NO_x zudosiert und das NH_3 enthaltende Rauchgas anschließend über einen in mehreren Ebenen angeordneten Katalysator geleitet. Der Katalysator besteht im allgemeinen aus Titandioxid als Hauptkomponente sowie Oxiden von Vanadium, Wolfram und gegebenenfalls anderen Metallen. Günstige Betriebstemperaturen liegen im Bereich zwischen 250 und 380 °C. Je nach Anordnung der DENOX-Stufe relativ zur Rauchgasreinigung unterscheidet man zwischen der sogenannten Roh- (Anordnung vor) bzw. Reingasschaltung (Anordnung nach Rauchgasreinigung).

Alle SCR-Verfahren zeichnen sich durch hohe Umsetzungsgrade bezüglich NO_x von > 90% bei nahezu stöchiometrischer Dosierung von NH_3 aus.

Dem prinzipbedingten Vorteil in der Rohgasschaltung auf eine Gasaufheizung verzichten zu können setzt die Reingas-SCR aufgrund der im Reingas weitgehend fehlenden Katalysatorgifte eine deutlich höhere Standzeit des Katalysators entgegen. Vor allen diesem Umstand

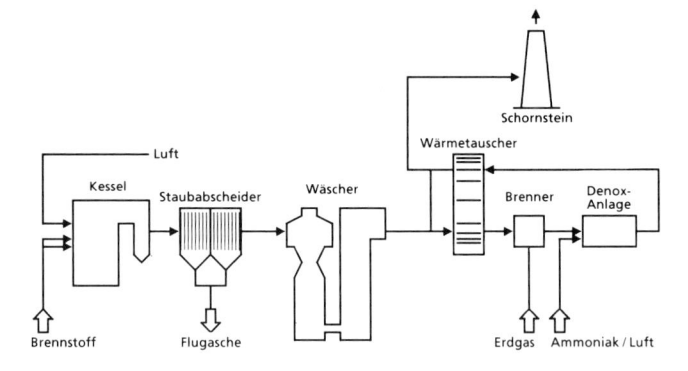

Bild 6: Katalytische DENOX-Anlage (SCR-DENOX) in Reingasschaltung

sowie der Abwesenheit eines NH_3-Problems in Flugasche und Naßwäsche ist es zuzuschreiben, daß sich die Reingas-SCR weitestgehend gegenüber der Rohgasschaltung durchgesetzt hat.

Die DENOX-Anlage besteht üblicherweise aus einem Gas-Gas-Wärmetauscher, einem erdgasbetriebenen Flächenbrenner (alternativ einem dampfbetriebenen Gasvorwärmer), der Ammoniak-Vormischung und Zudosierung sowie dem Reaktor. Der Gas-Gas-Wärmetauscher nutzt die heißen Rauchgase, die den Reaktor verlassen, zur Vorwärmung der ankommenden Rauchgase.

Der Prozeß der SCR-DENOX unterliegt einer stetigen Weiterentwicklung, die vor allem auf die Verringerung des Energieeinsatzes wie auch auf die simultan zu übernehmende Aufgabe der Dioxin-/Furan-Minderung ausgerichtet ist.

Die Entwicklung neuer auf niedrige Betriebstemperaturen (< 200°C) hin optimierter Katalysatoren eröffnet neben dem reduzierten Energieeinsatz die Möglichkeit des Übergangs auf kostengünstige Formen der Gasaufheizung wie z. B. dampfbetriebene Wärmetauscher.

Trotzdem geht die Absenkung der Betriebstemperaturen nicht mit einer analogen Senkung der Investitionskosten einher. Die mit der Temperatur nachlassende Aktivität der Katalysatoren führt zu einem entsprechenden Anstieg des benötigten Katalysatorvolumens sowie damit einhergehenden erhöhten Investitionskosten.

4.1.3 Kombinierte katalytische Entstickung und Dioxinminderung

Das Effekt der Dioxin-/Furan-Minderung, wie bei nicht oder nur gering mit NH_3 beaufschlagten Bereichen von SCR-Katalysatoren im Temperaturbereich oberhalb ca. 250 °C beobachtet, hat inzwischen zur Entwicklung spezieller für diese Aufgaben optimierter Katalysatoren geführt.

Derartige Katalysatoren bewirken bei Temperaturen von ca. 250–350 °C in oxidierender Atmosphäre eine Dioxin-/Furanminderung, ohne daß es zu einer anschließenden Neubildung dieser Stoffe kommt. Hierbei werden PCDD's/PCDF's oxidativ, d.h. in Form einer katalytischen Nachverbrennung zu CO_2, H_2O und HCl umgesetzt [3]. Im Gegensatz zur adsorptiven Bindung von Dioxinen an Adsorbentien wie z. B. Herdofenkoks (siehe 4.3) kommt es aufgrund der stofflichen Zerstörung zu keiner Anreicherung dieser Schadstoffe im Katalysator.

Besonders vorteilhaft läßt sich eine katalytische Dioxin-Minderungsstufe mit einer zumeist ohnehin vorzusehenden katalytischen $DeNO_x$-Anlage in Reingasschaltung verbinden. Im wesentlichen bedeutet dies, daß der für die Entstickungsreaktion erforderliche $DeNO_x$-Reaktor um die anteilig für die Dioxin-Minderung erforderliche Katalysatormenge vergrößert wird. Bei einem Umsetzungsgrad von 98% wie z.B. bei einer Absenkung von 5 auf 0,1 ng TE/Nm^3 erforderlich, ist von einem im Vergleich zur Entstickung in etwa doppelt so großem zu installierenden Katalysatorvolumen auszugehen. Aufgrund der großen für eine gleichmäßige NH_3-Verteilung im Rauchgas benötigten Mischstrecken, empfiehlt sich eine Anordnung des Dioxin-Minderungskatalysators strömungsmäßig nach dem für die $DeNO_x$ benötigten Katalysator. Typische Werte für den NH_3-Schlupf nach Entstickung von < 5 ppm stellen keine wesentliche Behinderung mehr für die wünschenswerte Absorption von Sauerstoff in den Katalysatorkörper und die dann erfolgende katalytische Nachverbrennung oxidierbarer Stoffe dar.

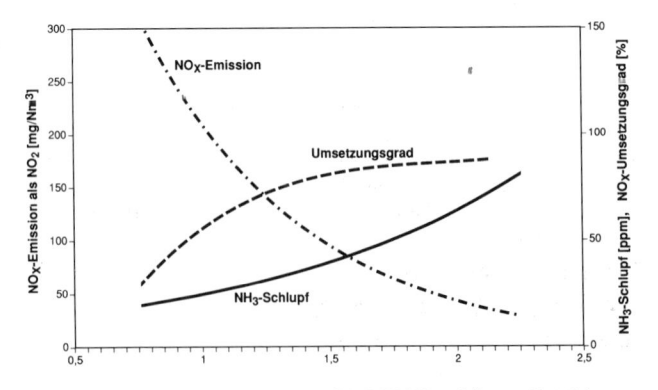

Bild 5: Abhängigkeit des bei einer SNCR-DENOX erzielbaren Entstickungsgrades von der Stöchiometrie der Chemikaliendosierung

Die katalytische Dioxin-Minderung ist inzwischen eine großtechnische verfügbare Technologie die insbesondere für Neuanlagen mit nur moderaten primärseitigen Dioxin-/Furan-Rohgasbeladungen in Betracht kommt.

Dort, wo das konzipierte Wäschersystem für die übrigen zu erbringenden Abscheidegrade ausreichend ist, stellt die katalytische Dioxin-Minderung aufgrund günstiger Investitionskosten sowie des Entfalls zu deponierender Reststoffe eine interessante Alternative zur Adsorptionstechnik dar.

Mit der 1993 in Betrieb gehenden Rauchgasreinigung SMVA Schwabach wird dieses Konzept der simultanen katalytischen Entstickung und Dioxin-/Furan-Minderung großtechnisch umgesetzt.

4.2 Adsorptive Schadstoffabscheidung an Braunkohlenkoks

Braunkohlenkoks in der Rauchgasreinigung

Seine hervorragenden Eigenschaften hinsichtlich hohem Adsorptionsvermögen, großen Reaktionsaktivitäten, bedingt durch seine Basizität, sowie sein niedriger Preis (ca. 10 % des Preises von Aktivkohle) machen Braunkohlenkoks für den Einsatz in Rauchgasreinigungsanlagen interessant [4].

Bei dem in der Rauchgasreinigung eingesetzten Koks handelt es sich um sogenannten Herdofenkoks (HOK), der auf Basis von Braunkohle im sogenannten Herdofenverfahren bei einer Verkokungstemperatur von ca. 950°C hergestellt wird.

Die gute Eignung des HOK für den Einsatz in der Rauchgasreinigung resultiert neben den bereits genannten Eigenschaften aus seiner hohen spezifischen Oberfläche und der damit verbundenen Oberflächenreaktivität bei günstiger Porenvolumenverteilung.

Die im Herdofenkoksprozeß gezielt angestrebte Aktivitätsabsenkung, die relativ hohe Zündtemperatur und die nur geringen Anteile an flüchtigen Bestandteilen machen Herdofenkoks zu einem sicherheitstechnisch problemlos handhabbaren Produkt.

Wie vielfach nachgewiesen, zeigt HOK ein sehr gutes Abscheidevermögen bezüglich SO_2, HCl, HF, H_2S, NH_3, basischen Aminen, gasförmig vorliegenden Schwermetallen sowie Dioxinen und Furanen. Weiterhin erfolgt ein weitgehendes Herausfiltern von an Partikel gebundenen Schadstoffen, wie zum Beispiel Blei und Cadmium.

Die Abscheidemechanismen sind hierbei neben der reinen Filterung von Stäuben sowohl adsorptiven Vorgängen (SO_2, HCl, Dioxine, Furane) wie auch katalytischen Effekten (z. B. $SO_2 \rightarrow H_2SO_4$, $NO_x \rightarrow N_2$) und chemischen Bindungen an den basischen Bestandteilen des Herdofenkokses zuzuschreiben.

Schwermetalle

Die im Rohgas vorhandenen Schwermetalle, die als Chloride, Sulfide und Oxide vorliegen, durchlaufen verschiedene Temperaturstufen, kondensieren und werden zum großen Teil an der Oberfläche der Flugaschen adsorbiert.

Welche Schwermetalle bzw. -verbindungen gasförmig in die Gasreinigungsanlage gelangen, wird maßgeblich vom Dampfdruck der jeweiligen Spezies bestimmt. Bei Temperaturen unterhalb 200°C liegt lediglich bei Quecksilber ein nennenswerter Dampfdruck vor, wobei Untersuchungen ergaben, daß dieses Schwermetall bei Müllverbrennungsanlagen als zweiwertiges Halogenid ($HgCl_2$) anfällt [5].

Quecksilberkonzentrationen schwanken bei Verbrennung von Hausmüll üblicherweise im Bereich von 0,3 bis 0,8 mg/m³, im Sondermüllbereich können deutlich höhere Werte auftreten.

Dioxine / Furane

Bei den gemeinhin als Dioxine und Furane bezeichneten Verbindungen handelt es sich um Verbindungsklassen aromatischer Ether mit insgesamt 75 polychlorierten Dibenzodioxinen (PCDD) und 135 polychlorierten Dibenzofuranen (PCDF). Das Auftreten dieser Verbindungen in Rauchgasen wird – hohe Verbrennungstemperaturen und ausreichende Gasverweilzeiten vorausgesetzt – vor allem den Rückbildungsmechanismen („de novo-Synthese") im Rauchgas unter den Randbedingungen

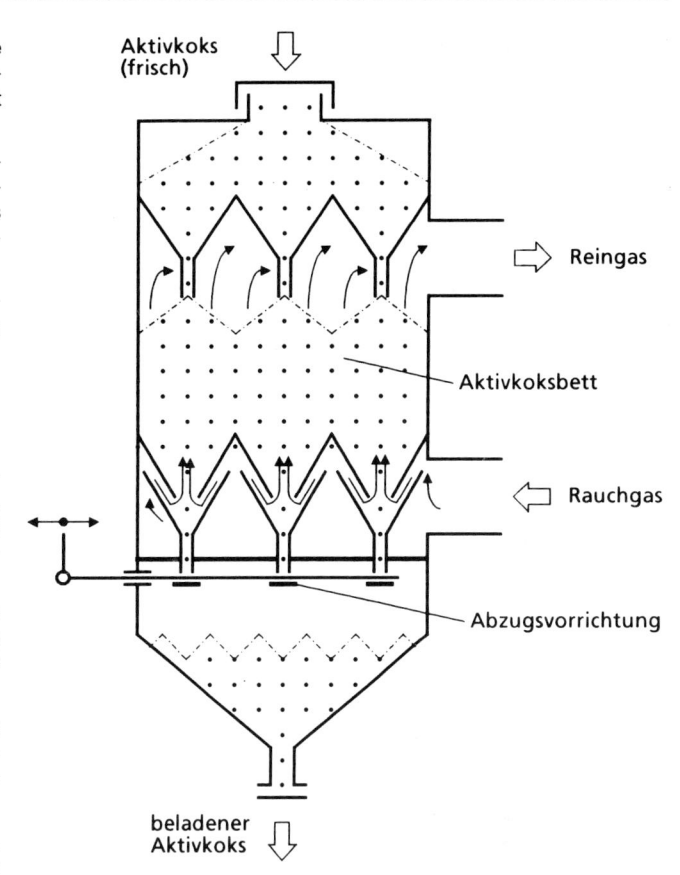

Bild 7: Schematischer Aufbau des Gegenstromadsorbers

– Vorhandensein der Komponenten Sauerstoff, Chlor und Flugasche als Katalysator
– Temperaturbereich 250 – 450°C

zugeschrieben [6].

Die nur geringe Wasserlöslichkeit sowie die weitgehende Beständigkeit gegenüber Säuren und Basen verhindern eine hinreichende Reduzierung von Dioxinen und Furanen in den Grundverfahren der Rauchgasreinigung und bedingen somit den Einsatz weitergehender Maßnahmen zu deren Abscheidung.

Aus Gründen der Vergleichbarkeit wird die Gesamttoxizität verschiedener PCDD-/PCDF-Spektren anhand verschiedener toxikologischer Äquivalenzmodelle bewertet (z. B. Eadon, BGA, Nato CCMS, etc.), die die verschiedenen Dioxine und Furane mittels Gewichtungsfaktoren auf die Toxizität des 2, 3, 7, 8 TCDD umrechnen. Typische nach modernen Müllverbrennungsöfen gemessene Toxizitätsäquivalente (TE) liegen im Bereich von 1 – 5 ng/Nm³.

4.2.1 Schadstoffabscheidung im Wanderbettadsorber

Kennzeichnend für das hier vorgestellte Fest-/Wanderbettverfahren (Bauart LENTJES) ist ein Gegenstrom HOK-Adsorber gemäß Bild 7. Das zu reinigende Rauchgas durchströmt hierbei einen in Form eines Doppeltrichtersystems ausgeführten Verteilerboden, um dann die Aktivkoksschüttung von unten nach oben zu durchqueren, während das Adsorbens den Reaktor von oben nach unten durchläuft.

In der HOK-Stufe werden die Schadstoffe SO_2, Halogene, Schwermetalle sowie die in Spuren vorhandenen organischen Schadstoffe, wie zum Beispiel Dioxine, Furane adsorptiv gebunden bzw. chemisch umgesetzt und somit dem Rauchgasstrom entzogen.

Die Spanne zulässiger Betriebstemperaturen von 100 – 170°C ist nach unten durch die sichere Vermeidung von Taupunktunterschreitungen und nach oben durch die Gefahr einer Selbstentzündung gekennzeichnet. Als Adsorbens kommt ein Herdofenkoks mit einer Korngröße von ca. 1 – 5 mm zur Anwendung, der neben der gewünschten Porenvolumenverteilung durch eine für das Wanderbettverfahren erforderlichen Härte und Abriebfestigkeit gekennzeichnet ist.

Das Gegenstromprinzip erlaubt im Vergleich zum Querstromreaktor eine gleichmäßigere Beladung des HOK über die Anströmfläche, bei gleichzeitig besserer Ausnutzung der Grenzbeladung des Aktivkokses.

Die angestrebte HOK-Verbrauchsminimierung wird hierbei durch einen einfach geregelten Abzug der am höchsten beladenen Koksschicht erreicht, die in nahezu beliebig einstellbaren Chargen abgezogen werden kann. Als Führungsgröße für die Häufigkeit des Abzuges wird im Normalfall der Anstieg des Druckverlustes infolge der Staubanreicherung in den unteren Schichten des Bettes herangezogen.

Zusätzlich wird beim Erreichen eines vorgegebenen Schadstoffgrenzwertes am Austritt des Reaktors eine größere, definierte Menge Aktivkoks abgezogen und durch Frischkoks ersetzt. Als Führungsgröße hierfür kann zum Beispiel die HCl-Austrittskonzentration dienen.

Bedingt durch die Konstruktion der Abzugsvorrichtung ist es möglich, Hg- sowie HCl-/SO_2-beladene Koksschichten getrennt abzuziehen und zu entsorgen. Der Abzug kann dem Kessel als Brennstoff zugeführt werden, da davon ausgegangen werden kann, daß hier Dioxine und Furane thermisch zerstört werden und die nachgeschaltete Rauchgasreinigung eine ausreichende Senke für die übrigen Schadstoffe darstellt.

4.2.2 Schadstoffabscheidung im Flugstromadsorber

Mit den inzwischen zur Marktreife entwickelten Verfahren der Schadstoffabscheidung im Flugstromadsorber steht eine der konventionellen Rauchgasreinigung nachzuschaltende, kostengünstige, speziell auf die Abscheidung von Schwermetallen sowie Dioxinen/Furanen ausgelegte Reinigungsstufe zur Verfügung.

Aufgrund der nur geringen zur Adsorption von Dioxinen/Furanen sowie Schwermetallen an HOK benötigten Kontaktzeiten wird im Anschluß an die konventionelle Rauchgasreinigung dem ca. 100–120 °C heißen Rauchgas eine geringe volumenstromproportionale Menge von HOK sowie eines Additives zugegeben. Unter Beachtung der Randbedingungen einer gleichmäßigen Verteilung von HOK und Additiv über den Querschnitt des Rauchgaskanales sowie der Auswahl geeigneter Korngrößenverteilungen und Mischungsverhältnisse für Aktivkoks und Additiv werden beide Komponenten über Zerstäubungsorgane dem Rauchgas zugegeben. Die innige Vermischung des Adsorbens mit der Gasphase bewirkt für die Dauer der Verweilzeit beider Stoffe miteinander („Transportreaktor") bereits eine weitgehende Adsorption von Dioxinen/Furanen sowie Schwermetallen am Aktivkoks.

In einem nachfolgenden Gewebefilter werden beide Komponenten abgeschieden und dem Reingasstrom entzogen. Neben der Funktion der Feststoffabscheidung kommt dem Schlauchfilter hierbei noch die Funktion einer zweiten Abscheidungsstufe zu. Sowohl der Aktivkoks wie auch das Additiv bilden einen Filterkuchen auf den Filterschläuchen, der vom Rauchgas durchdrungen werden muß („Festbettreaktor"). Auch hier kommt es zu einer adsorptiven Bindung von Schwermetallen sowie Dioxinen und Furanen an den Aktivkoks. Die ver-

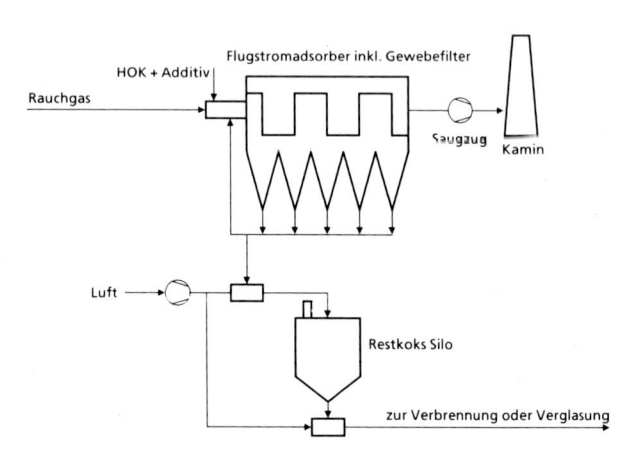

Bild 8: Flugstrom-Adsorptionsverfahren

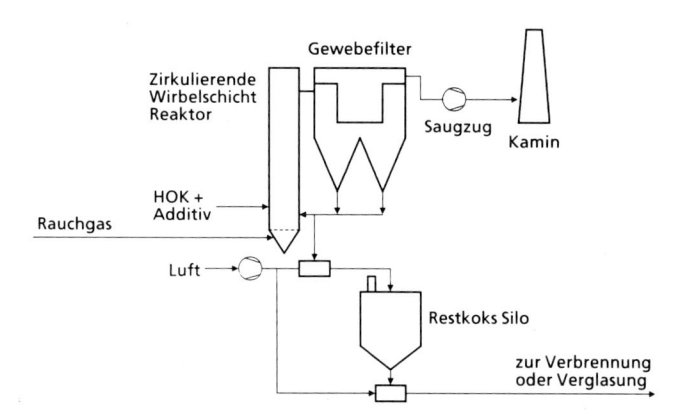

Bild 9: Schadstoffabscheidung in der zirkulierenden Wirbelschicht

gleichsweise geringe Verweilzeit zwischen Gas und Adsorbens erlaubt jedoch keine nennenswerte Abscheidung der noch im Rauchgas befindlichen Restmengen an HCl, HF und SO_2.

Als Inertmaterial können Kalk, Kalkstein oder das ggf. aus einem Quasitrockenverfahren enthaltene Rückstandsprodukt eingesetzt werden. Das Zumischen von Inertmaterial zum Herdofenkoks verhindert die Glimmbrandgefahr durch Abführen der bei den exothermen Reaktionen der Schwefelsäurebildung am Herdofenkoks entstehenden Wärme. Durch Rückführung des nur teilweise beladenen und am Gewebefilter abgeschiedenen Adsorbens in den Reaktionsraum erfolgt eine signifikante Erhöhung der Feststoffverweilzeit, womit eine entsprechende Verringerung der HOK-/Inertmaterial-Dosierung ermöglicht wird.

4.2.3 Schadstoffabscheidung in der zirkulierenden Wirbelschicht

Einen Mittelweg zwischen der Festbettechnologie und dem Fluidbettverfahren stellt die Schadstoffabscheidung in der zirkulierenden Wirbelschicht (ZWS) dar.

Das vorgereinigte Rauchgas tritt hier mit einer Temperatur von ca. 100–120°C in einen der konventionellen Rauchgasreinigung nachgeschalteten Wirbelschichtadsorber ein. Hier wird das Rauchgas intensiv mit feinkörnigem Herdofenkoks sowie einem hierzu mengenproportional zugefügten Additiv bei großer Relativbewegung vermischt und aufgrund der Gasgeschwindigkeit am Adsorberkopf ausgetragen. Nach der Staubabscheidung im nachgeschalteten Gewebefilter mit integriertem mechanischen Vorabscheider wird der Feststoff zurück in den Wirbelschichtadsorber gefördert.

Dieser Vorgang wiederholt sich feststoffseitig vielfach, so daß damit sehr lange Feststoffverweilzeiten eingestellt werden können, die bei der entsprechenden Wahl des Additives auch die simultane Adsorption der sauren Schadgase HCl, HF und SO_2 erlauben.

Ein der eingetragenen und abgeschiedenen Schadstoffmenge entsprechender Anteil der entstehenden Reaktionsprodukte wird aus dem Feststoffkreislauf ausgeschleust und – je nach Randbedingungen – der Verbrennung, einer thermischen Behandlung, einer Verglasung oder einer Deponie zugeführt.

Bei der Feststoffabscheidung im Gewebefilter wird das Rauchgas sowohl auf den geforderten Reingasstaubgehalt gebracht wie auch einer weiteren adsorptiven Reinigung von Schadstoffen beim Durchströmen der sich auf den Filterschläuchen bildenden Beläge unterzogen.

Spezifische Vorteile der zirkulierenden Wirbelschicht sind

– hohe Abscheidegrade bezüglich Dioxinen/Furanen sowie Schwermetallen bei simultaner Adsorption der sauren Schadgase HCl, HF, SO_2 durch Wahl geeigneter Additive wie z. B. Kalk, Kalkstein, etc.

– hohe Relativgeschwindigkeit zwischen Rauchgas und Adsorbens und hierdurch bedingter intensiver Wärme- und Stoffaustausch.

Kriterium	Festbettadsorber	Flugstromadsorber	zirkulierende Wirbelschicht
Gas/Feststoffaustausch	gering	gering	hoch
Teillast, min	30 %	80 %	25 %
Adsorbens, roh (µm)	1250-5000	1-100	1-100
HOK/CaO-Verhältnis	1:0	1:4 - 1:10	1:3
HOK Verbrauch (g/Nm3)	hoch	gering	sehr gering
spez. Gasleistung (m3/m2h)	1 000	60 000	18 000
Druckverlust (mbar)	70	20	40
Gasverweilzeit (s)	5	0,5	5,5
Emissionsdaten			
HCl (mg/Nm3)	1	< 10	1,5
SO2 (mg/Nm3)	1	< 25	1
Staub (mg/Nm3)	5	1-2	1-2
Hg (µg/Nm3)	10	15	10
PCDD/PCDF (ng TE/Nm3)	< 0,1	< 0,1	< 0,1

Bild 10: Technische Daten verschiedener Adsorptions-Verfahren

Hieraus resultieren eine sichere Unterdrückung der Glimmbrandgefahr eine maximale Beladung des Adsorbens mit der Folge eines sehr geringen spezifischen Verbrauches und entsprechend kleiner zu entsorgender Rückstandsmengen

- gutes Teillastverhalten im Bereich von ca. 30 – 100 %.

Die für die Festbett-, Flugstrom- und ZWS-Adsorber typischen Auslegungsdaten sind der vergleichenden Gegenüberstellung des Bildes 9 zu entnehmen [7].

Die überaus positiven, im Rahmen einer mehrmonatigen Versuchskampagne an einer (im Seitenstrom der SMVA Schwabach betriebenen) Pilotanlage erzielten Ergebnisse haben inzwischen zu dem Auftrag über die neu zu erstellende Rauchgasreinigung für diese Anlage geführt.

5. Sonderverfahren der Dioxin-/Furan- und Schwermetall-Minderung bei der Sanierung von Altanlagen

Die mit der 17. BlmSchV definierten Emissionsobergrenze von 0,1 ng TE/Nm³ für Dioxine/Furane dürfte nur von den wenigsten der derzeit in Betrieb befindlichen MVA's eingehalten werden. Auch die Absenkung der Grenzwerte für Schwermetalle steht vor allem im Hinblick auf die Hg-Emission für viele der Altanlagen ein Problem dar, das es durch Nachrüstung zu lösen gilt. Neben den bereits genannten Möglichkeiten zur Nachrüstung einer kombinierten Schwermetall- sowie Dioxin-/Furan-Abscheidung ergeben sich auch andere, weniger kosten- und platzintensive Möglichkeiten, die unter günstigen Voraussetzungen ebenfalls eine Einhaltung verschärfter Grenzwerte erlauben.

5.1 Simultane Dioxin-/Furan- und Schwermetallabscheidungen

Vor allem in Verbindung mit quasitrockenen und kombinierten Verfahren, die beide auf eine Sprühabsorptions-Stufe mit nachgeschalteter Staubabscheidung zurückgreifen, hat sich die Dosierung von Herdofenkoks in die Sprühabsorber oder die nachgeschalteten Gewebefilter bewährt.

Bei einer Zugabe von typischerweise 0,1 – 0,3 g HOK/Nm³ zum Rauchgas lassen sich Abscheideraten für Schwermetalle und Dioxine/Furane (unter der Voraussetzung einer leistungsfähigen Verbrennung) realisieren, die eine Einhaltung der Werte der 17. BlmSchV erlauben.

Anlage	Gasdurchsatz	Schadstoff	Rohgas	Reingas	Abscheidung
MVA 1	60 000 Nm³/h	PCDD, PCDF ng/Nm³ TE Nato CCM	2,96 2,37	0,068 0,08	97,7 96,6
		Quecksilber µg/Nm³	512 255	8,0 23,0	98,4 90,9
MVA 2	90 000 Nm³/h	PCDD, PCDF ng/Nm³ TE/BGA	8,12	0,12	98,5
		Quecksilber µg/Nm³	1180 188 381	24,4 20,0 24,3	97,9 89,0 93,1
MVA 3	30 000 Nm³/h	PCDD, PCDF ng/Nm³ TE Nato CCM	9,24 1,85	0,09 0,058	99,1 96,9
		Quecksilber µg/Nm³	414 274	11,1 3,5	97,3 98,7

Bild 11: Erzielbare Abscheidegrade bezüglich Dioxinen/Furanen sowie Quecksilber bei Dosierung von Aktivkoks

Eine wesentliche Verringerung der benötigten Menge an Adsorbens läßt sich durch die Substitution von HOK durch – die allerdings sehr viel teurere – Aktivkohle erreichen. Die Frage nach dem einzusetzenden Adsorbens beantwortet sich durch eine Wirtschaftlichskeitsbetrachtung unter Berücksichtigung der Preise für Aktivkoks bzw. Aktivkohle sowie der zu entrichtenden Deponiekosten. Die mit Dioxinen/Furanen sowie Schwermetallen beladene Kohle fällt zusammen mit den Reaktionsprodukten des Sprühabsorbers an und wird mit ihnen entsorgt. Der für diese Prozeßänderung erforderliche Aufwand ist im wesentlichen durch die Silohaltung des Aktivkokses und dessen Transport bzw. Dosierung in den Sprühabsorber gekennzeichnet.

Aufgrund der an der MVA Frankfurt Nordweststadt durchgeführten Versuche zur Dioxin-/Furan- und Schwermetallminderung mittels HOK-Dosierung wurde uns der Auftrag über eine entsprechende Nachrüstung dieser MVA erteilt.

5.2 Schwermetallabscheidung

Sollte nur eine Verringerung der Schwermetallemissionen gefordert sein, so läßt sich dies mit einem noch geringeren Aufwand erreichen. Anstatt des Aktivkokses können der in den Sprühabdorber eingedüsten Kalkmilch Schwermetall-Komplexbildner zugegeben werden. Die hiermit erzielbare Hg-Abscheidung beträgt je nach Dosierung zwischen 70 – 95 % und ist damit in etwa der der HOK-Zugabe vergleichbar.

Ebenso wie im Falle der quasitrockenen Verfahren wird durch die Dosierung von z. B. TMT–15, Na_2S oder Natriumhypochlorid in die Wäscherkreisläufe von Naßwäschern auch hier eine nochmalige Verbesserung der Hg-Abscheidung erreicht.

Dioxin-/Furan-Abscheidung

Neben reinen Sekundärmaßnahmen, die auf die alleinige Beseitigung von bereits entstandenen Dioxinen/Furanen ausgerichtet sind, besteht die Möglichkeit, durch Primärmaßnahmen die Bildung dieser Schadstoffe weitgehend zu unterdrücken. Durch Heißgasentstaubung im Temperaturbereich von ca. 500 – 800 °C und/oder Hochtemperaturquenchung und das damit verbundene schlagartige Durchfahren des kritischen Bereiches von ca. 450°C auf ca. 250°C lassen sich die für die Dioxinbildung gemäß der de Novo-Synthese kritischen Randbedingungen weitestgehend unterdrücken.

Während die Heißgasentstaubung großtechnisch erst in Kürze verfügbar ist, findet die Hochtemperaturquenche sowohl bei der Planung von Neuanlagen wie auch bei der Nach- und Umrüstung von Kesseln zunehmend Beachtung.

6. Rauchgasreinigungsprozesse mit Wertstoffgewinnung

Der kostenintensive Einsatz von Neutralisationsmitteln und Adsorbentien in Rauchgasreinigungen – vor allem zur Abscheidung der Schadgasanteile HCl und SO_2 – bildet hinsichtlich der Substitution oder Einsparung dieser Stoffe ein beträchtliches Einsparungspotential.

Eine Möglichkeit der deutlichen Verringerung des Einsatzes von z. B. Natronlauge oder Kalkmilch als Neutralisationsmittel besteht in der Gewinnung von Salz- und Schwefelsäure. Grundidee dieser Verfahren ist hierbei die Erzeugung von Wertstoffen bei gleichzeitiger Verringerung des Chemikalieneinsatzes um den ansonsten zu ihrer Neutralisation erforderlichen Betrag bei gleichzeitiger analoger Verringerung der anfallenden Rückstandsmengen.

Bei den im folgenden kurz diskutierten Verfahren sollte eine möglichst effektive Partikelabscheidung zwecks Minimierung des Eintrages von Schwermetallen, organischen Verbindungen und sonstigen partikulären Verunreinigungen vorgeschaltet werden.

6.1 Salzsäuregewinnung in der Rauchgasreinigung

Bei der Gewinnung von Salzsäure aus schwach chlorwasserstoffhaltigen Gasen hat sich die adiabate Absorption an Wasser durchgesetzt.

Die Zielvorgaben sind hierbei zumeist gekennzeichnet durch die Forderungen nach Erhalt eines vermarktbaren Produktes von ausreichender Konzentration – nach DIN 1960 hat technische Salzsäure eine Konzentration von 30 – 32 Ma % – bei weitgehender Abwesenheit von Verunreinigungen.

In der technischen Realisierung wird das HCl-haltige Rauchgas nach dessen weitestgehender Entstaubung zunächst einem mehrstufigen Absorber zugeführt, in dem Chlorwasserstoff mit Wasser zu verdünnter Salzsäure adiabatisch aus der Gasphase ausgewaschen wird. Die hierbei theoretisch maximal erreichbaren Säurekonzentrationen sind sowohl von den HCl-Partialdrücken in Gas- und Flüssigphase wie auch von der Betriebstemperatur des Absorbers abhängig. Hohe HCl-Partialdrücke in der Gasphase und niedrige Absorbertemperatur erhöhen die erzielbaren Konzentrationen.

Aufgrund der jedoch nur geringen HCl-Rauchgaskonzentration sowie des in etwa atmosphärischen Arbeitsdruckes werden ausschließlich unterazeotrope Dünnsäuren (typisch < 10 %) erzielt, die durch Destillation alleine nicht über die Azeotropenkonzentration von ca. 20 % aufkonzentriert werden können. Erst die Kombination von adiabatischer und isothermer Absorption gegebenenfalls mit zusätzlicher Rektifikation erlaubt das Erreichen der angestrebten Konzentration von ca. 30 – 32 Ma %.

Die bei der Absorption freiwerdende Lösungswärme von ca. 75 KJ/mol, die zu einer Erhöhung der Absorbertemperatur mit den entsprechenden negativen Konsequenzen auf die erzielte Säurekonzentration führen würden, wird bei dem System in der isothermen Stufe durch geeignete Maßnahmen wie z. B. durch Zwischenkühlung bei einer mehrstufigen Absorption entzogen und die Absorbertemperatur damit auf Werte von ca. 30 – 60°C begrenzt.

In einer gegebenenfalls nachgeschalteten fraktionierten Destillation kann die derart gewonnene Dünnsäure sowohl auf die gewünschte Säurekonzentration gebracht, wie auch von Teilen der durch die simultane Absorption von SO_3, HF, NO_x, Staub und organischen Verbindungen eingetragenen Verunreinigungen befreit werden.

Der Anreicherung von Schwermetallen und anderen Verunreinigungen im Destillationskreislauf wird durch die kontinuierliche Entnahme eines kleinen zu entsorgenden Teilstromes begegnet. Die u. U. problematische Bildung von Schwefel- und Salpetersäure durch die Absorption von SO_3 und NO_x kann weitgehend durch eine der HCl-Gewinnung vorgeschaltete Entstickung nach dem SNCR-Verfahren unterbunden werden.

6.2 Schwefelsäuregewinnung aus Rauchgas mit Wasserstoffperoxid oder Peroxomonoschwefelsäure

Nach vorausgegangener intensiver Partikel- und HCl-Abtrennung verbleibt SO_2 als einziger noch in größeren Mengen im Rauchgas vorhandener Schadstoff. Zu dessen effizienter Abscheidung bieten sich Rauchgaswäschen mit Oxidationsmitteln an, die neben den Vorteilen einer Abwasser- und Rückstandsminimierung die Gewinnung von Schwefelsäure als Wertprodukt ermöglichen.

Diese Prozesse werden vorteilhafterweise in einer zweistufigen Rauchgaswäsche mit getrennter Kreislaufführung durchgeführt.

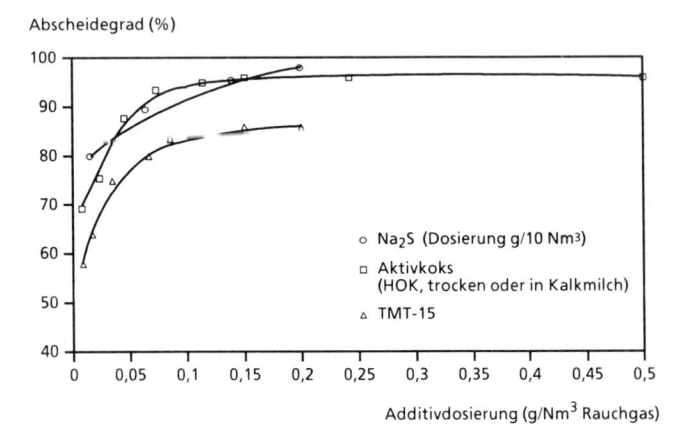

Bild 12: Erzielbare Abscheidegrade bezüglich Quecksilber bei Additivdosierung

Die oxidierende Waschlösung kann hierbei durch anodische Oxidation von H_2SO_4 in einer Elektrolyseeinheit hergestellt werden. Es bildet sich Peroxodischwefelsäure, die in der Schwefelsäure-Lösung zur Peroxomonoschwefelsäure („CAROSCHE Säure") und Schwefelsäure disproportioniert. Bei Verwendung von H_2O_2 als Oxidationsmittel wird statt der Elektrolyseeinheit und der Vorlage nur ein H_2O_2-Vorratsbehälter benötigt.

Die Oxidationsmittel werden in stöchiometrischen Mengen entsprechend dem zu entfernenden SO_2 in den Säurekreislauf der in Gasrichtung letzten Waschstufe geleitet. Das mit der gebildeten Schwefelsäure in die erste Waschstufe überlaufende restliche Oxidationsmittel wird dort nahezu vollständig abgebaut. Die insgesamt produzierte Schwefelsäure wird als verdünnte Lösung aus dem Kreislauf der ersten Stufe entnommen.

Abhängig von den Variablen SO_2-Gehalt im Rauchgas sowie der relativen Feuchte des Rauchgases ergeben sich erzielbare H_2SO_4-Konzentrationen von zumeist 50 – 60 %.

6.3 Gewinnung marktfähiger Salzfraktionen in der Eindampfkristallisation

Die Kombination einer nassen Rauchgasreinigung mit einer Eindampfkristallisation erlaubt je nach Art des in den Wäscherkreisläufen eingesetzten Neutralisationsmittels und Führung der Wäscherabstöße in der Abwasserreinigung die Gewinnung unterschiedlicher verwertbarer Salze.

Bei Einsatz von Natronlauge oder Natronlauge zusammen mit Kalkmilch als Neutralisationsmittel ergibt sich ein natriumchloridhaltiges Abwasser aus dem in der Kristallisationsanlage hochreines NaCl gewonnen werden kann. Die Einbindung einer Flugaschewäsche hingegen resultiert im Erhalt eines NaCl/KCl Mischsalzes, das bei geeignetem Mischungsverhältnis Verwendung in der sekundär Aluminiumschmelze Verwendung findet.

Bei jeweils getrennter Aufarbeitung des Waschwasserabstoßes aus saurer und basischer Waschstufe erhält man separate NaCl- und Na_2SO_4-Kristallisate.

Anlagen mit der Gewinnung marktfähiger Salzfraktionen (MVA Iserlohn mit NaCl-, KVA Bazenheid mit NaCl-/KCl-Gewinnung) befinden sich seit Jahren erfolgreich in Betrieb und stellen auch für zukünftige Projekte (MHKW Burgkirchen mit NaCl-Gewinnung, Inbetriebnahme 1993) eine interessante Technik dar.

7. Gesicherte Reststoffentsorgung durch Rückstandskonditionierung

Die Orientierung an immer niedrigeren Konzentrationen von Schadstoffen im Reingas von thermischen Abfallbehandlungsanlagen führt zu einer Vermehrung der Rückstände bzw. höheren Schadstoffkonzentrationen in den Rückständen aus den Rauchgasreinigungsanlagen.

Hierzu rechnen bei thermischen Abfallverwertungsanlagen im wesentlichen

- Schlacken bzw. Aschen,
- Filterstäube und
- Reaktionsprodukte

aus den unterschiedlichen Rauchgasreinigungsverfahren.

Diese schadstoffangereicherten Rückstände weise Gehalte an mobilisierbaren Schwermetallen, organischen Schadstoffen, Chloriden und Sulfaten auf, die in unbehandelter Form zunehmend Entsorgungsprobleme bereiten.

Die Suche nach einer gefahrlosen Entsorgung dieser Rückstände führte zur Entwicklung einer Vielzahl von Prozessen, deren Ziel darin besteht, die Rückstände derart zu konditionieren, daß sie weitgehend frei von löslichen Verbindungen problemlos auf gewöhnliche Deponien gelagert werden können oder aber als Wertprodukt Wiederverwendung finden.

7.1 SOLUR-Glasschmelzverfahren

Nach dem in Bild 13 gezeigten SOLUR-Glasschmelzverfahren werden bei Temperaturen zwischen 1300°C bis 1400°C die zu entsorgenden Rückstände gemeinsam mit den evtl. erforderlichen Zuschlagstoffen in einem voll elektrisch betriebenen Schmelzofen aufgeschmolzen [8].

Die durch das Aufschmelzen erzeugten Gase werden von der Schmelbadoberfläche durch die aufliegende Gemengeschicht geleitet und kühlen auf ca. 150°C ab. Dabei kondensiert ein Teil des Abgases in der Gemengeschicht. Die anfallenden Kondensationsprodukte werden mit dem Gemenge wieder in das Schmelzbad zurückgeführt.

Die verbleibenden Abgase aus dem Verglasungsofen werden mittels einer Abgasbehandlungsstufe – entsprechend konditioniert – einem Kamin oder wieder dem Verbrennungsofen zugeleitet.

Besondere Vorteile des Glasschmelzverfahrens:

- **Volumenreduktion**

  Das Volumen des verbleibenden Glasproduktes reduziert sich auf ca. 50 % des eingesetzten Rückstandes. Das Restprodukt, eine Salzschmelze, nimmt weniger als 5 % des ursprünglichen Rückstand-Volumens ein.

- **Eluierbarkeit**

  Die Eluierbarkeit des erzeugten Wertstoffes (Glasproduktes) ist äußerst gering und liegt deutlich unterhalb der Grenzwerte für Mineralstoffdeponien.

- **Chlorierte organische Verbindungen**

  Die am staubförmigen Rückstand anhaftenden chlorierten Kohlenwasserstoffe, wie PCDD und PCDF, werden bei den hohen Glasschmelztemperaturen quantitativ zerstört.

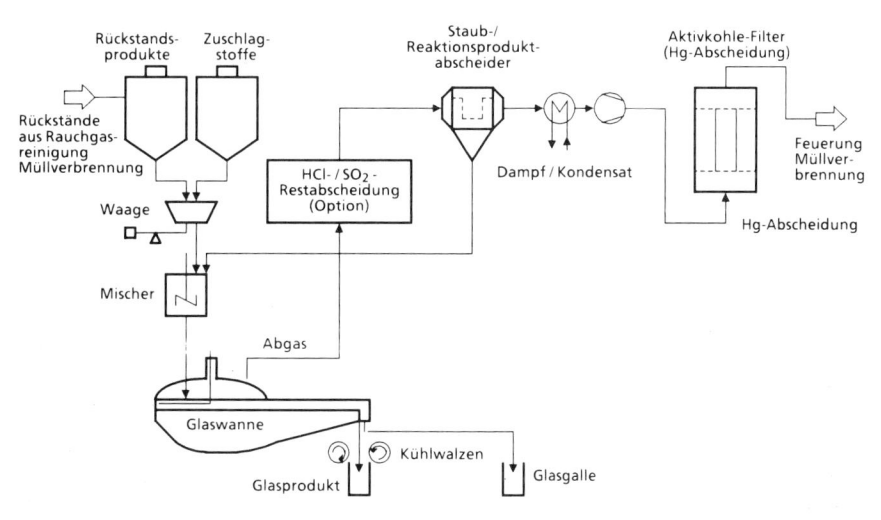

Bild 13: SOLUR-Glasschmelzverfahren

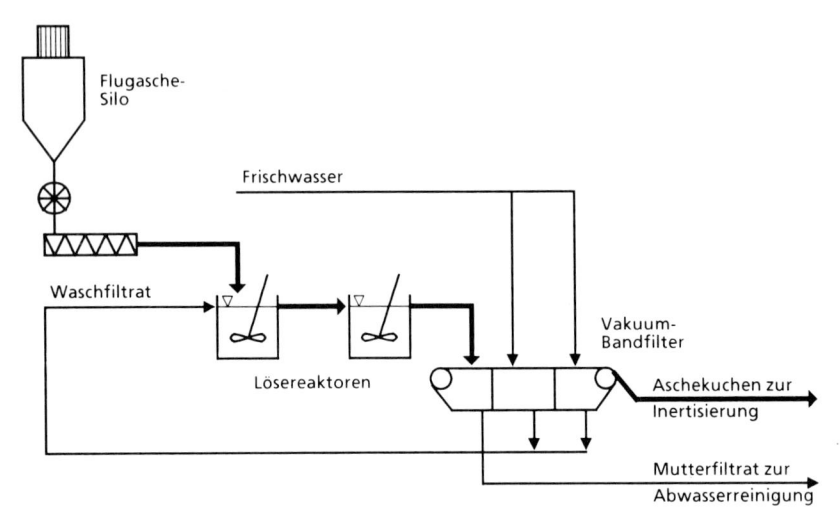

Bild 14: Flugaschewaschung

- **Charakteristik des erzeugten Produktes**

  Aus dem Schmelzfluß bildet sich bei Abkühlung ein glasig erstarrender Stoff, in dem die mit dem Gemenge eingeführten Kationen und die Anionen – bis an die Sättigungsgrenze – in der Glasmatrix eingebunden sind. Die flüssige Glasmasse kann durch geeignete Formgebungsverfahren beliebig verarbeitet werden. Das Glas findet als silikatischer Austauschstoff, d. h. als Wertstoff, z. B. in der Bauindustrie Verwendung.

7.2 Aschewaschung und Rückstandverfestigung

Aschewaschung

Die bei der Müllverbrennung anfallenden Flugstäube werden in Feststoffabscheidungen abgeschieden und als erstem Behandlungsschritt einer wässerigen Laugung unterzogen. Dabei werden aus dem Flugstaub lösliche Bestandteile entfernt, welche zu etwa 5–15 % anteilig enthalten sind.

Je nach Wahl der Reaktionsbedingungen gehen hierbei unterschiedliche Substanzen und Stoffgruppen in Lösung. Schwerpunktmäßig sollen jedoch Alkali- und Erdalkalichloride entfernt werden, was vorteilhafterweise in einer Suspension aus einem Teil Asche und zwei bis drei Teilen Wasser bei einem sich hierbei einstellenden pH-Wert von ca. 9–11 geschieht. Bezogen auf die Chloride ist die Lösereaktion bereits nach 10–15 Minuten abgeschlossen. Die Entwässerung der Suspension mit der Waschung des aus der Abwasserreinigung erhaltenen Filterkuchens liefert einen Restchloridgehalt von ca. 1 g/kg Filterkuchen, was einem Wirkungsgrad von über 95 % entspricht.

Bei der Wahl anderer Reaktionsbedingungen (z. B. Variation der pH-Werte) lassen sich andere Aschebestandteile lösen und der Anteil des „Löslichen" der Flugasche benötigt andere Leitsubstanzen.

Es ist anzumerken, daß mit steigenden Reaktionszeiten und fallendem pH-Wert die Filtrierarbeit der Aschesuspension abnimmt.

Prozeßtechnisch erfolgt das Suspendieren und Reagieren in zwei Behältern, die zur Optimierung der Verweilzeitverteilung hintereinandergeschaltet werden. Als Löseflüssigkeit dient das bei der Filterkuchenwaschung entstehende Waschfiltrat. Aus dem zweiten Lösereaktor gelangt die Aschesuspension auf das Entwässerungsaggregat, im Normalfall ein Vakuumbandfilter.

Der gewaschene Filterkuchen wird trockengesaugt und kann nun einer Reststoffverfestigung zugeführt werden.

Dem Einsatz von Frischwasser zur Aschewaschung sollte der Vorzug gegenüber der Anwendung des sauren Abwassers der ersten Wäscherstufe der Rauchgasreinigung gegeben werden. Die Gründe hierfür sind:

– Die Azidität des Waschwassers wird von der Alkalität der Asche neutralisiert, womit der pH-Wert der Suspension im Normalbetrieb nicht wesentlich unter 7–8 liegen wird. Darüber hinaus ist z. B.

Quecksilber, welches in elementarer metallischer Form in der Asche enthalten ist, selbst im stark sauren Bereich unlöslich.

– Die für die Waschung des Filterkuchens auf dem Bandfilter benötigte Frischwassermenge entspricht der zum Ansatz der Aschesuspension erforderlichen Mindestmenge, so daß der Frischwasserbedarf des Systems nicht vergrößert wird. Die Benutzung von Frischwasser minimiert – im Gegensatz zu etwaigem herangezogenen Wäscherabwasser – qualitative Schwankungen.

Die beschriebene Art der Wassernutzung stellt hinsichtlich der Menge und Effizienz ein Optimum dar und hat sich in der Praxis bewährt.

Ascheverfestigung

Die Ausgangsstoffe gewaschene Flugasche und Filterkuchen werden zusammen mit Zement in einem Mischer innig vermengt. Wasser wird ggf. in einer solchen Menge zugesetzt, daß eine erdfeuchte krümlige Masse entsteht. Beim Mischen werden die Substanzen quasi ineinander „gelöst", so daß feinste Partikel so zueinander kommen, daß sie eine Bindung eingehen können. Dieser Vorgang ist das Wesen der Konditionierung. Es bildet sich eine betonähnliche Matrix aus, in der Schadstoffe in unlöslicher Form fixiert sind. Die derart beschaffene Masse wird mittels Formen in eine für Transport und Lagerung geeignete Form gebracht.

Das hier vorgestellte Verfahren wurde bisher ausschließlich für die Konditionierung gewaschener und ungewaschener Flugaschen sowie für den aus der Abwasserbehandlung erhaltenen Filterkuchen angewandt. Erkenntnisse über die Eignung zur Behandlung von Rückständen aus Trocken- und Quasitrockenverfahren, in denen zu etwa 50 % wasserlösliche Salze enthalten sind, liegen bisher nicht vor.

8. Rauchgasreinigung unter dem Aspekt der Emissions- und Rückstandsminimierung

Gasförmige Emissionen

Die Massenströme der mit den Reingasen emittierten Schadstoffe errechnen sich aus dem Produkt von trockenem Reingasstrom und spezifischer auf die Volumeneinheit bezogener Schadstoffbeladung.

Mittels einer modernen Rauchgasreinigungs- und Feuerungstechnik ist es möglich beide Einflußgrößen gleichermaßen zu minimieren und so dem Ideal der „Nullemission" ein gutes Stück näher zu kommen.

Die Minimierung der spezifischen gasförmigen Emission erfolgt hierbei mit der bereits vorher dargelegten Technik. Schon mit nassen Waschverfahren lassen sich die Grenzwerte für HCl, HF, SO_2 – sowie unter günstigen Eingangsbedingungen auch für Schwermetalle – gemäß 17 BImSchV. einhalten. Deutlich geringere Werte werden jedoch nur durch Einsatz von auf Aktivkoks/Aktivkohle basierenden Adsorptionsverfahren erzielt. Die Frage nach dem Einsatz einer katalytischen Dioxin-Minderung (siehe 4.1.3) muß deshalb dahingehend

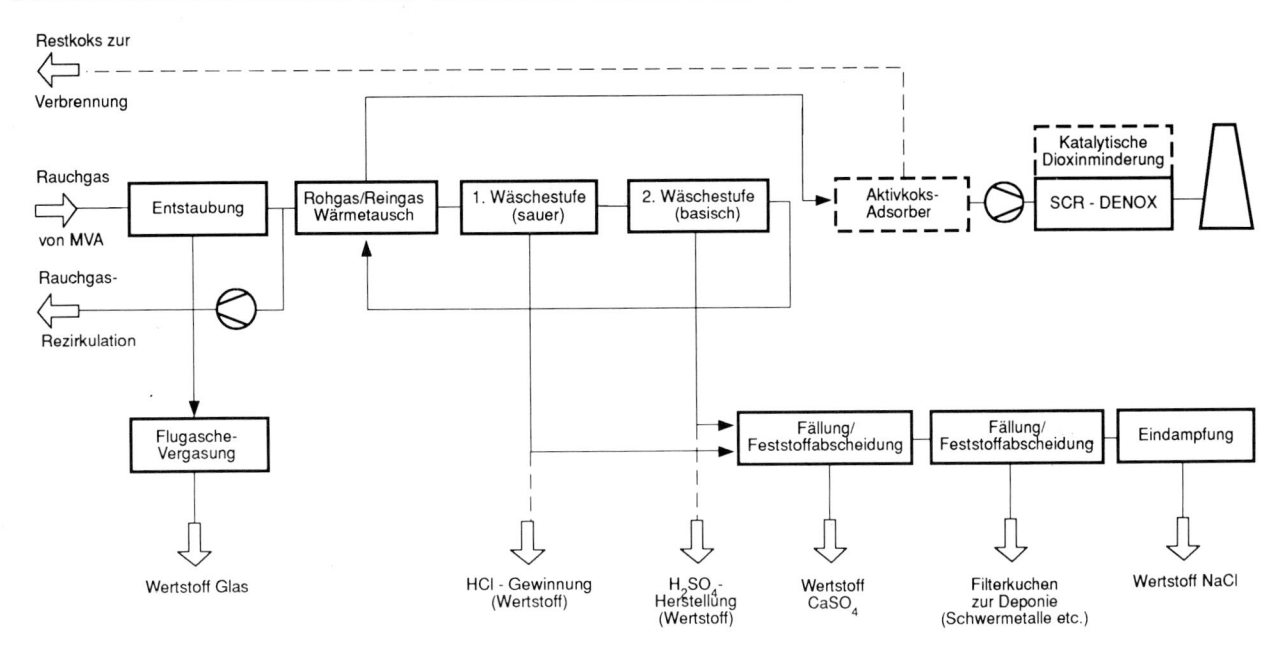

Bild 15: Rauchgasreinigung unter Minimierung der zu deponierenden Reststoffe

beantwortet werden, daß dieses Verfahren vorzugsweise dann einzusetzen ist, wenn die vorgeschalteten Reinigungsstufen die gesicherte Einhaltung der anderen Schadstoffgrenzwerte erlauben.

Primärseitig kann eine deutliche Rauchgasvolumenstrom-Verminderung durch die sogenannte Rauchgaszirkulation, d. h. die teilweise Verbrennungsluftsubstitution durch Rauchgas erfolgen. Hierzu werden ca. 20–30 % des Rauchgases nach Entstaubung durch Zumischung zur Sekundar- bzw. Tertialuft erneut der Verbrennung zugeführt. Analog zum rezirkulierten Rauchgasanteil ergibt sich eine entsprechend verringerte in der Rauchgasreinigung zu behandelnde Rauchgasmenge mit resultierenden O_2-Gehalten von ca. 7–8 Vol%. Die Kombination von Rauchgasrezirkulation mit einer um eine Adsorptionsstufe erweiterten Rauchgasreinigung führt somit in der Konsequenz zu einem Minimum an gasförmigen Emissionen.

Emissionen an Feststoffen

Ziel einer Rückstandsminimierung im Sinne der Minimierung der Massenströme an zu deponierender Feststoffe muß es sein die unvermeidlich in der Rauchgasreinigung anfallenden Feststoffe derart zu konditionieren, daß

– ein Maximum der Rauchgas-Inhaltsstoffe als Wertstoffe wiedergewonnen und

– eine höchstmögliche Aufkonzentrierung nicht recyclingfähiger Schadstoffe im zu deponierenden Rückstandsstrom erfolgt.

Für die in der Entstaubung anfallende Flugasche empfiehlt sich eine Inertisierung durch Verglasung, während für die Rauchgasinhaltsstoffe – je nach Prozeßführung – sowohl eine Gewinnung von verwertbarem HCl bzw. H_2SO_4 oder aber Gips und/oder eine Salzgewinnung in Betracht kommen. Als alleiniger zu deponierender Reststoff ergibt sich damit eine geringe Menge an jedoch hoch mit Schwermetallen und anderen Stoffen beladenem Filterkuchen. Eine Rückführung dieses Stoffstromes in die Verglasung verbietet sich aus Gründen der erneuten Freisetzung der gebundenen Schadstoffe.

9. Prozeßführungsunterstützung in Rauchgasreinigungsanlagen (Betriebsoptimierung)

Die zunehmenden Anforderungen an die Rauchgasreinigung und die damit verbundenen Verkopplungen durch Stoff- und Energieströme führen immer öfter zu komplexen Gesamtanlagen. Als Folge wird die Zahl der zu beeinflussenden Prozeßvariablen und die Komplexität der Regelalgorithmen größer.

Den wachsenden Anforderungen an die Prozeßführung stehen neue Möglichkeiten der Prozeß-Leittechnik und -Rechnertechnik gegenüber [9]. Digitale Rechnung und mathematische Modelle des Prozesses erlauben die verstärkte Nutzbarmachung von verfahrens-, regelungs- und systemtechnischem Wissen für die Prozeßführung. Ziel dabei ist eine über das derzeit übliche hinausgehende Optimierung des Anlagenbetriebes, d. h. die kontinuierliche Angleichung des Betriebszustandes an ein wirtschaftliches Optimum bei gleichzeitiger Erfüllung sämtlicher Anforderungen an die Prozeßführung. Beispiele für zeitabhängige Störungen einer Müllverbrennungsanlage, auf die die Prozeßführung reagieren muß, sind z. B. auftretende Schwankungen der Müllzusammensetzung oder Verschmutzungen der Kessel-Wärmetauscherflächen.

Die zusätzlichen Funktionen zur Unterstützung der Prozeßführung können integriert sein in das vorhandene Prozeß-Leitsystem oder -Automatisierungssystem einer Anlage (z. B. verbesserte Regelungsstrategien durch Störgrößenaufschaltungen oder modellgestützte Meß- und Regelungsverfahren). Alternativ kann ein rechnergestütztes Prozeß-Informationssystem die zusätzlichen Informationen für die Prozeßführung zur Verfügung stellen. Folgende Funktionen können z. B. in einem derartigen Prozeß-Informationssystem realisiert sein:

– Speichern/Archivieren/Abfragen von Meßdaten aus dem Prozeß,
– verbesserte Prozeßbeobachtung und -diagnose durch
  • Visualisierung kritischer Größen,
  • Darstellung abgeleiteter Prozeßgrößen
    (z. B. Stoff- und Energiebilanzen),
– modellgestützte Planung von Betriebszuständen und Fahrweisen (z. B. bei Änderung von Einsatzstoffen oder Last),
– Ermittlung und Einstellung optimaler Sollwerte bei veränderlichen Randbedingungen.

Der wirtschaftliche Anreiz für eine Prozeßführungsunterstützung in Rauchgasreinigungsanlagen liegt vor allem in der Einsparung von Betriebsmitteln, in der Reduzierung der Mengen an zu entsorgenden festen Rückständen und in größeren Anlageverfügbarkeiten (Vermeidung von Störungen durch bessere Prozeßbeobachtung und -diagnose).

Voraussetzung für eine Prozeßführungsunterstützung an einer gegebenen Anlage ist die quantitative Kenntnis der Zusammenhänge variabler Parameter und deren Einflüsse auf den Anlagenbetrieb. Diese Kenntnis wird gewonnen in der systematischen Analyse der Anlage (Prozeßanalyse).

Derartig gewonnene und als Software zur Verfügung stehende quantitative Korrelationen erlauben es, einen aktuellen Betriebszustand zu bewerten im Hinblick auf ein mögliches Optimum und ggf. den Betriebszustand entsprechend anzupassen.

Schrifttum

[1] 17. Verordnung zur Durchführung des Bundes-Immissionsschutzgesetzes, November 1990.
[2] Fahlenkamp, H., Hagenmaier, H. et al.: Katalytische Oxidation: Eine Technik zur Verminderung der PCDD/PCDF Emission aus Müllverbrennungsanlagen auf $< 0,1$ ng TE/m^3 (i.N.tr.). VGB Fachtagung „Thermische Abfallverwertung 1990".
[3] Horch, K., Schetter, G., Fahlenkamp, H.: Dioxinminderung in Abfallverbrennungsanlagen. Entsorgungspraxis 5/91.
[4] Bewerunge, J., Ritter, G.: Braunkohlenkoks zur Reinigung von Rauchgasen aus Abfallverbrennungsanlagen. GVC-Tagung 1989 „Entsorgung von Sonderabfällen durch Verbrennung".
[5] Braun, H., Metzger, M. und Vogg, H.: Zur Problematik der Quecksilber-Abscheidung aus Rauchgasen von Müllverbrennungsanlagen, Müll und Abfall (1986) Heft 2.
[6] Vogg, H. et al.: Thermal behaviour of PCDD/PCDF infly ash from municipal waste incinerators, Chemosphere (1990) No. 15.
[7] Vicinus, J.: Aktivkohleadsorption zur weitergehenden Gasreinigung. LURGI-Erfahrungsaustausch 1990, Bad Homburg v.d.H., 30.10.1990.
[8] Mayer-Schwinning, G., Merlet, H., Pieper, H., Zschocher, H.: Verglasungsverfahren zur Inertisierung von Rückstandsprodukten aus der Schadgasbeseitigung bei thermischen Abfallbeseitigungsanlagen, VGB Kraftwerkstechnik 70 (1990) Heft 4.
[9] Schaub, G., Karbach, A., Hirschfelder, H.: Prozeßanalyse mit Hilfe moderner Datenerfassung für die Automatisierung von verfahrenstechnischen Anlagen, Chem-Ing-Technik 1990, Heft 4.

Thermische Verwertung kommunaler Klärschlämme

Von H. Obers[1]

1. Einführung

Das integrierte Entsorgungskonzept zur thermischen Verwertung kommunaler Klärschlämme umfaßt die mechanische Entwässerung, die Trocknung und die thermische Verwertung des getrockneten Klärschlamms in Steinkohlekraftwerken mit Schmelzkammerfeuerung. Dieses Konzept trägt alternativ oder in Ergänzung zur landwirtschaftlichen Verwertung wesentlich zur Sicherung einer umweltverträglichen Entsorgung von Klärschlämmen aus kommunalen und verbandlichen Abwasserreinigungsanlagen bei.

2. Problemstellung

In der Bundesrepublik Deutschland werden in mehr als 7.800 kommunalen Abwasserreinigungsanlagen bei der Behandlung von häuslichen und gewerblichen Abwässern sowie von Fremdwässern jährlich rund 50 Millionen Tonnen dünnflüssige Klärschlämme erzeugt, was einer Trockensubstanz (TS) von ca. 2,5 Millionen Tonnen entspricht. Verschärfte Anforderungen an die Wasserreinhaltung und der dadurch bedingte technische Ausbau der Abwasserreinigungsanlagen zur Stickstoff- und Phosphorelimination werden insgesamt zu einem weiteren Anstieg dieser Mengen führen. Die umweltverträgliche Entsorgung der Klärschlämme stellt die Betreiber der Abwasserreinigungsanlagen vor wachsende Probleme:

– Die landwirtschaftliche Verwertung wird für große Mengen künftig nicht zur Verfügung stehen, da bei der Klärschlammaufbringung auf landwirtschaftlich genutzten Flächen Schwermetalle und organische Schadstoffe der Klärschlämme zu schädlichen Anreicherungen in den Böden führen und in die Nahrungskette gelangen können.

– Bei der Deponierung konkurriert der Klärschlamm mit anderen Abfallstoffen um den knappen und dringend benötigten Deponieraum. Auch dieser Entsorgungsweg beinhaltet wegen der Umwandlung organischer Verbindungen und der Auslaugbarkeit der Schwermetalle auf Dauer Risiken. Es ist zu erwarten, daß nach Inkrafttreten der Technischen Anleitung (TA) Abfall künftig nur noch in Ausnahmefällen geringe Mengen Klärschlamm auf Deponien verbracht werden dürfen.

– Entsorgungsmöglichkeiten in Müllverbrennungsanlagen oder speziellen Verbrennungsanlagen für Klärschlamm stehen für die meisten Betreiber kurzfristig nicht zur Verfügung. Abgesehen von der nur beschränkten Verbrennungskapazität solcher Anlagen ergeben sich zusätzlich Reststoffprobleme.

Diese Situation erfordert es, über neue Wege der Klärschlammentsorgung nachzudenken und geeignete Lösungen zu finden. Das Konzept der thermischen Verwertung von kommunalen Klärschlämmen mit den Verfahrensstufen maschinelle Entwässerung, Trocknung und thermische Verwertung des getrockneten Klärschlamms in bestehenden Steinkohlekraftwerken mit Schmelzkammerfeuerungen stellt eine umweltfreundliche, langfristig gesicherte und kurzfristig zur Verfügung stehende Möglichkeit dar, die Rückstände aus Abwasserreinigungsanlagen zu entsorgen.

3. Anfall und Mengen von kommunalen Klärschlämmen

Basierend auf der Abwasserstatistik 1983 waren von 61,3 Millionen Einwohnern der Bundesrepublik 91,7 % der Bevölkerung an die öffentliche Kanalisation angeschlossen. Der Anschlußgrad variierte zwischen 66 % in den Gemeinden mit weniger als 2.000 Einwohnern und 97,6 % in den Gemeindegrößenklassen mit mehr als 100.000 Einwohnern. Die Abwässer der Kanalisation wurden zu 95 % in öffentlichen Kläranlagen und zu etwa 5 % überwiegend in privaten Kleinkläranlagen behandelt. Insgesamt ergab sich ein Anschlußgrad von 86,5 % der Wohnbevölkerung, entsprechend rund 53 Millionen Einwohnern, die an öffentliche Kläranlagen angeschlossen waren. Im Jahr 1983 wurden rund 7.800 Millionen Kubikmeter Abwasser behandelt, welches sich zu 41 % aus häuslichen und zu 16 % aus gewerblich-industriellen Einleitungen zusammensetzt. Der restliche Anteil von 43 % stammt von Grund-, Bach-, Drän-, Bade- und Regenwasser, die unter dem Begriff Fremdwasser zusammengefaßt werden [1]. Der überwiegende Anteil von 86 % der eingeleiteten Abwässer wurde in den Kläranlagen mechanisch-biologisch gereinigt und etwa 8 % der Abwässer einer weitergehenden Reinigung, wie z.B. der Phosphorelimination, unterzogen. Demgegenüber wurden nur 6 % der Abwässer einer mechanischen Entfernung von Schwimm-, Schweb- und Sinkstoffen zugeführt [2].

Zur Erfassung der Anzahl und Größen der Abwasserreinigungsanlagen in der Bundesrepublik wurden die Statistiken der abwassertechnischen Verbände ausgewertet [3]. Die Ausbaugrößen bzw. die Kapazitäten der Abwasserreinigungsanlagen werden in Abhängigkeit vom Einwohnerwert (EW) und dem angestrebten Reinigungsziel bemessen. Als Einwohnerwert bezeichnet man die Summe der angeschlossenen Einwohnerzahl (EZ) und sogenannten Einwohnergleichwerten (EWG), die als äquivalente Schmutzfrachten bei der Behandlung von Abwässern aus Gewerbe- und Industriebetrieben berücksichtigt werden.

Das Verhältnis der Schmutzfracht insgesamt zur Schmutzfracht aus häuslichen Einleitungen beträgt etwa 2:1 [1]. Bei ca. 53 Millionen angeschlossenen Einwohnern kann in der Bundesrepublik mit einem Einwohnerwert von rund 106 Millionen EW gerechnet werden. In der Tafel 1 sind die Anzahl und die installierten Ausbaugrößen der Abwasserreinigungsanlagen aufgeführt. Das Verhältnis der angeschlossenen Einwohner und Einwohnergleichwerte der einzelnen Anlagen ist selbstverständlich vom Industrialisierungsgrad und der Bevölkerungsstruktur des Einzugsgebietes abhängig, so daß zum Teil regional starke Abweichungen von den mittleren Werten auftreten können.

Der Tafel 1 ist zu entnehmen, daß mit etwa 80 % der überwiegende Anteil der Abwasserreinigungsanlagen zu der Größenklasse bis 10.000 EW zählt. Gleichzeitig beträgt jedoch ihr Anteil an der Gesamtkapazität der installierten Reinigungsleistung nur ca. 10 %. Demgegenüber verfügen 215 Anlagen in der Größenklasse von mehr als 100.000 EW über eine Gesamtkapazität von rund 57 % der Reinigungsleistung.

Tafel 1: Anzahl und Ausbaukapazität kommunaler Kläranlagen in der Bundesrepublik [3]

Anlagengröße	Anzahl	Anteil	Ausbaukapazität	Anteil
EW		(%)	EW	(%)
< 1.000	2.947	37,5	1.323.763	0,9
1.001–2.000	1.040	13,2	1.466.906	1,1
2.001–10.000	2.233	28,5	10.792.924	7,8
10.001–15.000	403	5,1	5.023.880	3,6
15.001–50.000	784	9,9	22.729.410	16,5
50.001–100.000	245	3,1	18.243.260	13,2
> 100.000	215	2,7	78.693.300	56,9
Summe	7.867	100,0	138.273.443	100,0

[1] Dr.-Ing. H. Obers, Steag Entsorgungs-GmbH
 Erstveröffentlichung „STÄDTE- UND GEMEINDERAT" 12/1990

Zur Abschätzung der anfallenden Klärschlammengen wird ein jährliches Klärschlammaufkommen von rund 2,5 Millionen Tonnen Trockensubstanz [4] und ein Anschlußwert von 106 Millionen EW zugrunde gelegt. Daraus ergibt sich für die Bundesrepublik eine spezifische Schlammenge von 23,6 kg TS/EW · a. Dieser Mittelwert entspricht den Angaben von Imhoff [5], wonach für kommunale Abwasserreinigungsanlagen folgende spezifische Schlammengen angegeben werden:

– Rohschlamm, gemischt ca. 30 kg TS/EW · a
– Faulschlamm, gemischt ca. 20 kg TS/EW · a

Für die Erarbeitung eines Klärschlammentsorgungskonzeptes ist es jedoch erforderlich, die exakten Daten der jeweiligen Region durch eine statistische Erhebung zu ermitteln, wie am Beispiel des Landes Baden-Württemberg gezeigt werden kann. In einer Statistik aus dem Jahr 1987 wurden 1.240 Abwasserreinigungsanlagen erfaßt. Bei einer Bandbreite der spezifischen Schlammengen zwischen 10–33 kg TS/EW · a wurde ein durchschnittlicher Wert von nur 17 kg TS/EW · a ermittelt [6].

4. Entsorgungs- und Verwertungswege für kommunale Klärschlämme

Die Herkunft und Mengen kommunaler Abwässer sind weitgehend erfaßt und statistisch belegt. Dagegen ist es zum Teil sehr schwierig, differenzierte Angaben zu den Mengen der anfallenden Klärschlämme und deren Verbleib zu erhalten. Eine Gegenüberstellung der Angaben zur Menge und dem Verbleib der anfallenden Klärschlämme der Jahre 1986 und 1990 ist in der Tafel 2 dargestellt. So wurde eine vielzitierte Literaturstelle aus dem Jahr 1986 von den Autoren [7] vorsichtig eine fundierte Abschätzung genannt, mit dem Hinweis, daß eine exakte bundesweite Erhebung noch nicht durchgeführt wurde. Danach wurde 1986 die Gesamtmenge von 2,3 Mio. t TS Klärschlamm zu 59 % deponiert, 29 % landwirtschaftlich verwertet, 9 % verbrannt und zu einem Anteil von 3 % kompostiert. Aktuelle Daten [4, 8] für das Jahr 1990 zeigen für die auf 2,5 Mio. t TS angestiegene Klärschlammenge starke Abweichungen in der Verteilung der Entsorgungs- und Verwertungswege. Die direkte Deponierung der Klärschlämme reduzierte sich auf 45 % und die landwirtschaftliche Verwertung auf 25 %. Der Anteil der Verbrennung erhöhte sich um 6 % auf derzeit 15 % der Gesamtmenge. Unverändert werden 3 % der Klärschlämme der Kompostierung zugeführt.

Erstmalig wird ein Anteil von 12 % der Klärschlämme dem Entsorgungs- bzw. Verwertungsweg Export zugerechnet. Nach Angaben von Schenkel [8] sind dabei Klärschlämme berücksichtigt, die außerhalb der Bundesrepublik z.B. deponiert oder in der Zementindustrie unter Zumischung von Kohle verbrannt werden.

Die zukünftige Mengenentwicklung kommunaler Klärschlämme wird im wesentlichen von der verbesserten Reinigungsleistung der Kläranlagen, der bundesweiten Realisierung der dritten Reinigungsstufe zur Stickstoff- und Phosphorelimination sowie der Zunahme der Einwohnergleichwerte bestimmt. Langfristig kann mit einem Feststoffmehranfall von insgesamt ca. 10–20 % gerechnet werden, wobei eine Abnahme des durchschnittlichen Trockenrückstandes (TR) der Rohschlämme zu erwarten ist.

Die prozentuale Verteilung der Klärschlammentsorgungs- und -verwertungswege wird sich nach einer Trendprognose von Loll [9] bis zum Jahr 2000 dahingehend ändern, daß gegenüber dem Stand von 1986 nur noch 14,5 % der Klärschlämme einer landwirtschaftlichen Verwertung und 2,5 % der Kompostierung zugeführt werden. Bei einem nahezu konstanten Anteil von 56 % für direkte Deponierung soll sich die der Verbrennung zugeführte Klärschlammenge auf 27 % verdreifachen. Die Rückstände der Verbrennung, die ca. 45–50 % der ursprünglichen Klärschlammtrockenmasse ausmachen, werden ebenfalls deponiert.

Dieser Prognose zufolge wäre es erforderlich, langfristig mehr als 80 % der anfallenden Klärschlämme durch eine geordnete Ablagerung auf Mono- oder Mischdeponien zu entsorgen, obwohl eine Vielzahl von Argumenten gegen diesen Entsorgungsweg spricht. So ist es z.B. erklärtes Ziel der Landesregierung in Nordrhein-Westfalen, die Klärschlammdeponierung in den nächsten Jahren nicht mehr zu genehmigen [10]. Die Deponierung von Klärschlamm wird nach dem Entwurf der TA Abfall in Zukunft nur noch zugelassen, wenn der Gehalt an organischen Inhaltsstoffen durch thermische Verwertung oder sonstige Behandlung nach dem Stand der Technik minimiert worden ist [11]. Neben der Standortfrage werden vor allem die Anforderungen an die technische Gestaltung und Ausführung der Abdichtungs- und Entwässerungssysteme sowie der Sickerwasser- und Deponiegasbehandlung zunehmen. Durch die Deponierung wird letztlich die Emission in die Umwelt nicht vermieden, sondern zeitlich nur hinausgezögert. Sowohl Klärschlamm-Monodeponien als auch -Mischdeponien sind Reaktordeponien, bei denen es über Jahrzehnte und Jahrhunderte zu gasförmigen und flüssigen Emissionen kommt [12].

Weiterhin ist für die Standsicherheit von Deponien zu bedenken, daß derzeit für den einzubauenden Klärschlamm schon Mindestwerte der Flügelscherfestigkeit zwischen 15 und 20 kN/m^2 für Mischdeponien und ca. 40 bis 50 kN/m^2 für Monodeponien diskutiert werden [9]. Bei der Zugrundelegung dieser Mindestwerte wird die erforderliche Nachbehandlung der entwässerten Klärschlämme durch Zugabe von Branntkalk, Zement oder speziellen Deponiebindern den Entsorgungsweg Deponie technisch und wirtschaftlich in Frage stellen.

Die Klärschlammverbrennung wird in der Bundesrepublik überwiegend in industriellen Ballungszentren praktiziert, insbesondere wenn die anfallenden Mengen und Schadstoffbelastungen eine landwirtschaftliche Verwertung nicht zulassen oder der benötigte Deponieraum nicht zur Verfügung steht. Zur separaten Verbrennung vorentwässerter kommunaler Klärschlämme werden derzeit 11 Wirbelschichtöfen, 3 Etagenöfen und 1 Etagenwirbelofen eingesetzt [2]. Die gemeinsame Verbrennung von kommunalen Klärschlämmen mit Hausmüll wird in 10 Anlagen durchgeführt [13], wobei folgende Zuführungen des vorentwässerten Klärschlamms in die Feuerung möglich sind:

– Mahltrocknung mit Einblasfeuerung,
– Aufgabe durch Wurfbeschicker,
– Aufgabe in ein Homogenisierungsaggregat,
– Aufgabe mit dem Müll nach einer thermischen Trocknung.

Allein für die Erweiterung der Klärschlammverbrennungskapazitäten um ca. 300.000 t TS/a müßten, ohne Berücksichtigung der Verfügbarkeit der bestehenden Anlagen, etwa 15 bis 20 neue Verbrennungsanlagen gebaut werden. Abgesehen von der Durchsetzbarkeit geeigneter Standorte und den u.U. langfristigen Genehmigungsverfahren für diese Anlagen sind hohe Investitions- und Betriebskosten zu erwarten.

Zur Sicherstellung der umweltverträglichen Entsorgung von Schlämmen aus kommunalen und verbandlichen Abwasserreinigungsanlagen werden daher, in Ergänzung zur landwirtschaftlichen Verwertung, Verfahren in Betracht gezogen, die durch Nutzung vorhandener Kapazitäten kurzfristig zur Verfügung stehen. Da entwässerte bzw. getrocknete Klärschlämme aufgrund organischer Bestandteile Heiz-

Tafel 2: Mengen und Verbleib der Klärschlämme in der Bundesrepublik [7*; 4**]

Stand	1986*		1990**	
Verbleib	Anteil (%)	Menge (t TS)	Anteil (%)	Menge (t TS)
Deponie	59	1.357.000	45	1.125.000
Landwirtschaft	29	667.000	25	625.000
Verbrennung	9	207.000	15	375.000
Kompostierung	3	69.000	3	75.000
Export	k. A.	k. A.	12	300.000
Summe	100	2.300.000	100	2.500.000

werte in der Größenordnung konventioneller Brennstoffe haben, bestehen konkrete Überlegungen, Klärschlämme in begrenztem Umfang als Zusatzbrennstoff in Feuerungsanlagen einzusetzen [11]. In der Reihenfolge der technischen Verfügbarkeit und der Möglichkeit der Realisierung werden Steinkohlekraftwerke mit Schmelzkammerfeuerung mit Priorität genannt [14].

5. Integriertes Entsorgungskonzept zur thermischen Verwertung kommunaler Klärschlämme in Schmelzkammerfeuerungen von Steinkohlekraftwerken

Die Realisierung eines integrierten Entsorgungskonzeptes zur thermischen Verwertung kommunaler Klärschlämme in Schmelzkammerfeuerungen von Steinkohlekraftwerken ermöglicht aufgrund der verfügbaren Verbrennungskapazitäten eine überregionale Anbindung großer Klärschlammengen von Abwasserreinigungsanlagen der Kommunen und Gebietskörperschaften. Darüber hinaus stellt dieses Konzept einen langfristig gesicherten Entsorgungsweg dar, der bis weit ins nächste Jahrhundert reicht. Bei einem Anteil des getrockneten Klärschlamms zur Kohle bis zu ca. 15 % der Feuerungswärmeleistung können in einem Kraftwerk Mengen von mehreren 100.000 t/a eingesetzt werden. Die Kapazität der Steinkohlekraftwerke mit Schmelzkammerfeuerung in der Bundesrepublik würde theoretisch sogar ausreichen, um die Gesamtmenge des anfallenden Klärschlamms von ca. 2,5 Mio. t TS/a zusätzlich zur Kohle aufnehmen zu können. Die Kohle mit Ballastgehalten von bis zu 35 % wird u. a. in Walzenschüsselmühlen auf die erforderliche Mahlfeinheit von 10 % Rückstand auf einem Sieb mit der Feinheit 90 μ/m aufgemahlen und gleichzeitig getrocknet. Bei der gemeinsamen Verbrennung von Kohle und Klärschlamm erfolgt die Zumischung von getrocknetem Klärschlamm in den Kohlemühlen. Für den großtechnischen Einsatz von kommunalen Klärschlämmen als Zusatzbrennstoff in Schmelzkammerkesseln sollte der Klärschlamm getrocknet werden.

5.1 Vorbehandlung der Klärschlämme

Unter Berücksichtigung der Ausbaugrößen und der technischen Ausstattung der Abwasserreinigungsanlagen wird den Entsorgungspflichtigen ein Konzept angeboten, das von der Anfallstelle des Klärschlamms bis zur Reststoffentsorgung nach der thermischen Verwertung eine Gesamtlösung darstellt. Die Bausteine des Konzeptes sind die lokale mechanische Entwässerung (ggf. mit mobilen Entwässerungsanlagen), die Trocknung, die thermische Verwertung des getrockneten Klärschlamms einschließlich der Reststoffentsorgung sowie die Transportlogistik für die verschiedenen Stoffströme. In Bild 1 ist dieses Konzept im optimierten Verbundsystem dargestellt.

Der Klärschlamm kann je nach örtlicher Voraussetzung als:

– Roh- bzw. Faulschlamm (5 % TR),
– vorentwässerter Schlamm (30 % TR) oder
– getrockneter Schlamm

direkt auf der Kläranlage übernommen werden. Generell sollte ein möglichst hoher Entwässerungsgrad der Roh- und Faulschlämme angestrebt werden, da die mechanische Entwässerung gegenüber der thermischen Trocknung kostengünstiger ist. Die Zugabe von Entwässerungshilfsstoffen, die z.B. zur Erhöhung der Flügelscherfestigkeit bei der Klärschlammdeponierung eingesetzt werden, ist zu vermeiden. Dadurch wird die Vergrößerung der zu behandelnden Feststoffmenge und gleichzeitig eine Heizwertreduzierung vermieden. Sollte der Einsatz eines Hilfsstoffes anstelle von Kalk erforderlich sein, ist die Verwendung von Kohlenstaub als Ersatzstoff möglich. Anorganische Flockungsmittel wie Eisen- und Aluminiumchloride sollten durch Sulfatverbindungen oder Polyelektrolyte ersetzt werden, da Chloride bei der angestrebten thermischen Verwertung des getrockneten Klärschlamms im Kraftwerk Korrosionsprobleme verursachen können.

Mittlere und größere Kläranlagen verfügen in der Regel über mechanische Entwässerungsaggregate wie z.B. Zentrifugen, Siebbandpressen oder Kammerfilterpressen. Anlagen zur Trocknung von Schlämmen sind dagegen nur in geringem Umfang vorhanden. Als Gründe sind anzuführen, daß zum überwiegenden Teil die vorentwässerten Klärschlämme bislang in der Landwirtschaft verwertet oder deponiert werden.

Optimierung im Verbund:

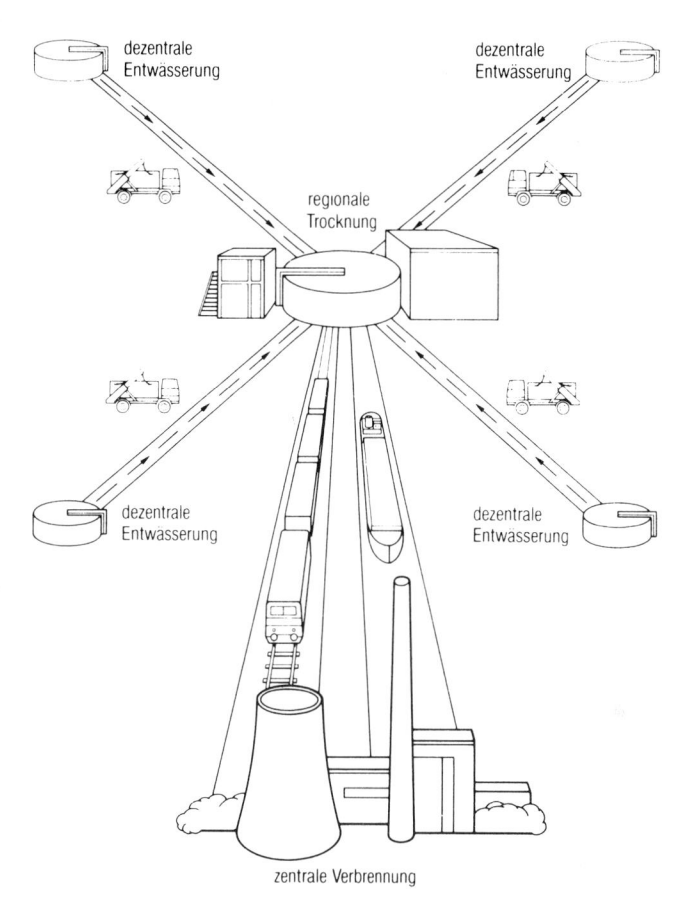

Bild 1: Bausteine des integrierten Entsorgungskonzeptes

Die Errichtung von Klärschlammtrocknungsanlagen kommt unter wirtschaftlichen und betriebstechnischen Gesichtspunkten nur für größere Kläranlagen ab ca. 250.000 EW in Betracht. Das Entsorgungskonzept beinhaltet auch die Trägerschaft und Betriebsführung von regionalen Anlagen. Die Trocknungsanlagen arbeiten in kontinuierlichem Mehrschichtbetrieb mit Verdampfungsraten größer als ca. 3 bis 6 t/h.

Bei der Planung einer Klärschlammtrocknung auf einer Abwasserreinigungsanlage ist die verfahrenstechnische Verknüpfung der mechanischen Entwässerung und der thermischen Trocknung unter Nutzung der verfügbaren Energien aus der Faulgaserzeugung und der Brüdenkondensation anzustreben. In Bild 2 ist ein solches Wärmeverbundsystem dargestellt.

Grundsätzlich können direkte oder indirekte Trocknungsverfahren angewendet werden, wobei die indirekten Verfahren Vorteile bei der Energiegewinnung und der Abgasbehandlung aufweisen. Neben der Auslegung des eigentlichen Trocknungsaggregates sind folgende Verfahrensschritte besonders zu berücksichtigen [15]:

– Lager- und Förderung des entwässerten Schlammes
– Energieversorgung und Wärmenutzung
– Brüdenkondensation
– Kondensatbehandlung
– Lager- und Förderung des getrockneten Schlammes

5.2 Verbrennung im Kraftwerk

Der getrocknete Klärschlamm wird von den Trocknungsanlagen je nach Voraussetzung per Lkw, Bahn oder Schiff zum Kraftwerk transportiert und in Siloeinheiten zwischengelagert. Klärschlamm und Steinkohle werden in einem entsprechenden Verhältnis den Kohle-

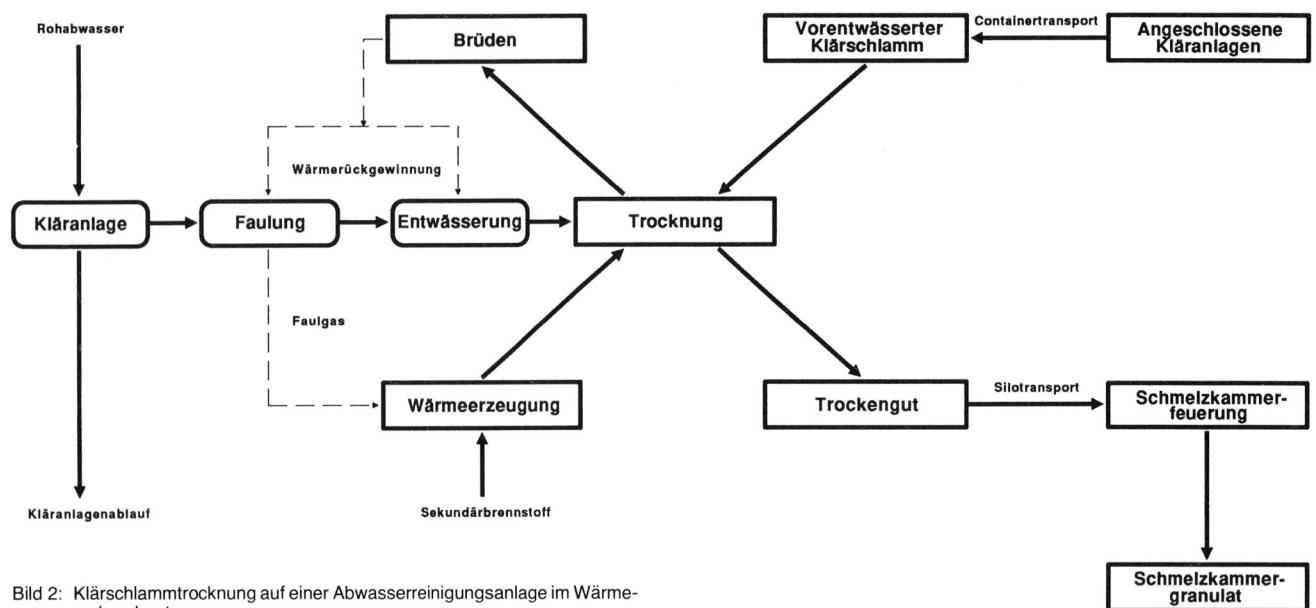

Bild 2: Klärschlammtrocknung auf einer Abwasserreinigungsanlage im Wärmeverbundsystem

mühlen aufgegeben, zerkleinert und über Staubbrenner der Schmelzkammerfeuerung zugeführt. Die Verbrennungstemperaturen im Feuerungsraum betragen ca. 1.500 bis 1.600 °C. Vorteilhaft sind z.B. Schmelzkammerfeuerungen, die mit mehreren voneinander unabhängig fahrbaren Teilkammern ausgerüstet sind, um auch bei Teillastbetrieb des Kraftwerkes mit einer variablen Anzahl der Schmelzkammern den ungestörten Schmelzfluß bei hoher Temperatur zu gewährleisten. Diese Fahrweise stellt bei einem Klärschlammeinsatz sowohl die Temperaturbedingungen als auch die Einbindung der Schwermetalle bei allen Lastfällen sicher. Die schmelzflüssig aus den Teilkammern austretende Schlacke wird in einem Wasserbad abgekühlt und erstarrt zu einem glasartigen Granulat, in das Spurenelemente auslaugsicher eingebunden sind [16]. Die Rohgase werden in einem Elektrofilter weitgehend entstaubt, wobei die abgeschiedene Asche in die Schmelzfeuerung zurückgeführt werden kann. In der Rauchgasentschwefelungsanlage wird das Schwefeldioxid mit Branntkalk in Kalziumsulfat-Dihydrat (Gips) umgewandelt. Die Rauchgase werden außerdem von den gasförmigen Rauchgasinhaltsstoffen wie Chlor oder Fluor weitgehend gereinigt. Der Entschwefelungsanlage ist eine selektive katalytische Reduktionsanlage nachgeschaltet, die mit Hilfe von Ammoniak die Stickstoffoxide in Stickstoff und Wasserdampf umwandelt. Als Reststoff fällt neben dem Schmelzgranulat nur noch Gips mit hoher Reinheit an. Abwässer werden entsprechend den Abwassereinleitbedingungen gereinigt.

5.3 Verwertung der Reststoffe

Schmelzkammergranulate sind vielseitig einsetzbar und werden als umweltfreundlicher Rohstoff wirtschaftlich verwertet. Das Material ist frei von organischen Bestandteilen und stellt als wertvolles Baumaterial einen Ersatzstoff für natürliche Zuschlagstoffe dar. Schmelzkammergranulat erfüllt die Voraussetzungen der Deponieklasse 1, die sogar eine Ablagerung im Grundwasserbereich erlaubt. Schmelzkammergranulate unterliegen einer ständigen Prüfung und Güteüberwachung hinsichtlich ihrer Qualität und Einsatzmöglichkeiten. Die anfallenden Mengen werden vollständig wiederverwertet durch den Einsatz

– im Straßen- und Wegebau,
– als Zuschlagstoff bei der Betonherstellung,
– als Baustoff für die Herstellung von Mauersteinen,
– als Filtermaterial im Tief-, Straßen- und Wegebau,
– als Strahlmittel beim Stahl- und Brückenbau und in weiteren Spezialgebieten für Oberflächenbehandlung sowie
– als salzfreies Winterstreumittel.

Der Gips aus der Rauchgasentschwefelung von Steinkohlekraftwerken ist in seiner Qualität dem Naturgips ebenbürtig. Neuere Untersuchungen haben bestätigt, daß die Unterschiede zwischen Naturgips und REA-Gips in der chemischen Zusammensetzung und im Gehalt an Spurenelementen aus gesundheitlicher Sicht unerheblich sind. Sie können ohne gesundheitliche Bedenken zur Herstellung von Baustoffen verwendet werden [17]. Einsatzschwerpunkt für Gips aus Kraftwerken sind Putzgips, Gipsplatten, Bergbaumörtel und Zement.

5.4 Ergebnisse des Klärschlammversuchseinsatzes in einem Kraftwerk mit Schmelzkammerfeuerung

Aufgrund einer Versuchsgenehmigung des zuständigen Gewerbeaufsichtsamtes wurden 1989 im Gemeinschaftskraftwerk West GbR am Standort Voerde Großversuche zur Verbrennung von Klärschlämmen in einer Schmelzkammerfeuerung durchgeführt. Der Einsatz von Klärschlamm als Zusatzbrennstoff im Kraftwerk wurde durch ein aufwendiges Meßprogramm, das von mehreren unabhängigen Instituten durchgeführt wurde, begleitet. Insgesamt wurde eine Menge von ca. 25.000 t getrocknetem Klärschlamm verbrannt, die dem jährlichen Klärschlammanfall einer Abwasserreinigungsanlage mit etwa einer Million Einwohnerwerten entspricht. Neben einer Inputanalyse des Klärschlamms wurden alle Restströme des Kraftwerkes untersucht, die in Bild 3 dargestellt sind. Aus den vorliegenden Daten kann folgendes Ergebnis abgleitet werden:

– *Schwermetalle*

Die im Klärschlamm enthaltenen Schwermetalle werden nahezu vollständig im Granulat eingebunden. Das im Kohle-Klärschlammbetrieb gewonnene Granulat entspricht der Deponieklasse 1 und kann weiterhin, wie bei reinem Kohlebetrieb, verwertet werden. Veränderungen im Gips und Abwasser haben sich nicht ergeben. Am Schornstein wurden die Reststäube untersucht, die nur noch in einer Konzentration von < 10 mg/m^3 im Rauchgas enthalten sind. Alle Schwermetalle liegen weit unter den in der TA Luft festgelegten Werten

– *Polychlorierte Biphenyle (PCB)*

Die im Klärschlamm enthaltenen PCB's werden so vollständig zerlegt, daß sie weder im Rauchgas noch in den Reststoffen Granulat, Filterasche und Gipssuspension nachgewiesen werden können. Eventuell freiwerdendes Chlor wird in der Rauchgasentschwefelungsanlage abgeschieden.

– *Polycyclische Aromate (PAK)*

Alle im Klärschlamm enthaltenen polycyclischen Aromate werden weitestgehend zu CO_2 und H_2O verbrannt. Die im Abgas gemessenen PAK's liegen mehrere Zehnerpotenzen unter den Grenzwerten der TA Luft.

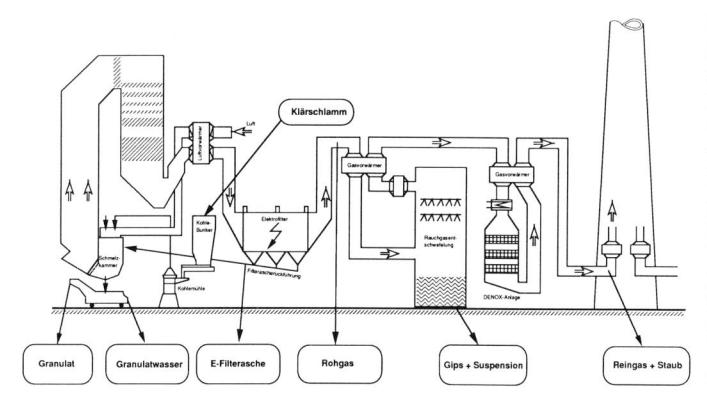

Bild 3: Thermische Verwertung von getrocknetem Klärschlamm in einem Steinkohlekraftwerk mit Schmelzkammerfeuerung

– *Dibenzodioxine und Dibenzofurane*

Zur Erfassung besonders niedriger Konzentrationsniveaus wurden zwei Methoden angewandt und die Messungen jeweils von vier unabhängigen Instituten durchgeführt. Die Dioxin- und Furanwerte, die im Abgas hinter dem Elektrofilter und vor der Rauchgasentschwefelung gemessen worden sind, liegen deutlich unter den im Entwurf der 17. Verordnung zum Bundes-Immissionsschutzgesetz festgesetzten Emissionsgrenzwerten. Basierend auf 20 Messungen können für diese Komponenten folgende Mittelwerte angegeben werden [18]:

– 2, 3, 7, 8 TCDD $0{,}0004$ ng/m^3
– 2, 3, 7, 8 TCDF $0{,}0036$ ng/m^3

Die Untersuchungen der Reststoffe der Schmelzkammerfeuerung ergaben, daß alle Dioxine und Furane unter der Nachweisgrenze von $0{,}01$ ng/g lagen.

– *NO_x-, SO_2-, HCL- und HF-Emissionen*

Die NO_x-, SO_2-, HCL und HF-Werte werden bei Einsatz von Klärschlamm in Kraftwerken nach der Rauchgasentschwefelungsanlage und nach der Denoxanlage gegenüber dem Normalbetrieb nicht verändert.

– *Reststoffe*

Eine Veränderung des Granulats und des REA-Gipses findet bei Steinkohlekraftwerken mit Schmelzkammerfeuerung bei Einsatz von Klärschlämmen nicht statt, so daß die anfallenden Reststoffe vollständig einer wirtschaftlichen Verwertung zugeführt werden können.

6. Kostenschätzung

Nach Schätzungen des Umweltbundesamtes [19] betragen die derzeitigen Mindestkosten für die Schlammentsorgung je Tonne Trockensubstanz (TS):

– Landwirtschaftliche Verwertung bis 300 DM
– Ablagerung auf Deponien nach Entwässerung auf 35 % TR 400–600 DM
– Entwässerung und Verbrennung des Schlammes und Deponierung der Asche 600–1.200 DM

Für den Einsatz von Klärschlamm in Kraftwerken mit Schmelzkammerfeuerungen ist es erforderlich, den Klärschlamm zu trocknen. Diese zusätzliche Behandlung, der Transport und die Produktkontrolle des Klärschlamms stellen neben der Anpassung der Infrastruktur im Kraftwerk die wesentlichen Kostenfaktoren dar. Da die anfallenden Reststoffe vollständig in den Wirtschaftskreislauf zurückgeführt werden können, sind keine Deponiekosten zu berücksichtigen. Nach derzeitigem Stand werden bei Übernahme von entwässerten Klärschlämmen mit 25–35 % TR Entsorgungspreise zwischen 550 und 750 DM je Tonne Trockensubstanz (TS) kalkuliert. Bezogen auf einen spezifischen Schlammanfall von 23,6 kg TS/EW · a ergeben sich für dieses integrierte Entsorgungskonzept jährliche Kosten von ca. 13 bis 18 DM je Einwohnerwert.

7. Zusammenfassung

Abschließend kann festgestellt werden, daß der Einsatz von getrocknetem Klärschlamm als Zusatzbrennstoff zur Steinkohle in Kraftwerken mit Schmelzkammerfeuerung die zukünftigen Anforderungen an eine umweltfreundliche und wirtschaftliche Entsorgung großer Klärschlammengen in vollem Umfang erfüllt. Der thermisch nicht verwertbare Anteil des Klärschlammes wird in das umweltfreundliche Wirtschaftsgut Granulat überführt, wodurch eine erhebliche Entlastung der Deponien verwirklicht wird. Die vorhandenen Kraftwerke sind auf dem neuesten Stand der Technik, erfüllen die Auflagen des Umweltschutzes und sichern eine wirtschaftliche Klärschlammverwertung mit hoher Verfügbarkeit bis weit ins nächste Jahrhundert.

Schrifttum

[1] Gilles, J.: Öffentliche Abwasserbeseitigung im Spiegel der Statistik, Korrespondenz Abwasser, 5/1987.
[2] Umweltbundesamt: Daten zur Umwelt 1988/89.
[3] ATV-Schriftenreihe, Kläranlagen-Nachbarschaften der Landesgruppen.
[4] Ruchay, D.: Klärschlamm – Wertstoff oder Schadstoff?, Klärschlammaufbereitung, Technische Akademie Wuppertal, 3/1990.
[5] Imhoff, K.R.: Taschenbuch der Stadtentwässerung, Verlag Oldenbourg, 26. Auflage, 1985.
[6] Statistisches Landesamt Baden-Württemberg: Statistische Berichte, Artikel-Nr. 361387001 Umwelt, 11/1988.
[7] Blickwedel, P.T. u. Schenkel, W.: Klärschlamm-Menge und Anfall in der Bundesrepublik, Korrespondenz Abwasser 8/1986.
[8] Schenkel, W.: Künftige Entsorgungswege für den Klärschlamm, Vortrag 23, Essener Tagung 3/1990.
9] Loll, U.: Klärschlammbehandlung – Stand und Entwicklung 1990, Recycling von Klärschlamm 2, EF-Verlag für Energie- u. Umwelttechnik, Berlin 1989.
[10] Minister für Umwelt, Raumordnung und Landwirtschaft NW, Abfallwirtschaftskonzepte der kreisfreien Städte und Kreise, Erlaß vom 10.4.1989; III A 4-935 33306; III A 5-540
[11] Landtag Nordrhein-Westfalen, 10. Wahlperiode, Drucksache 10/5299, Recycling in Nordrhein-Westfalen, 3/1990.
[12] Lahl, U. u. Zeschmar-Lahl, B.: Klärschlammentsorgung – die Spielregeln ändern, Korrespondenz Abwasser, 2/1990.
[13] Siefert, F.: Schlammverbrennung vor dem Hintergrund der TA-Luft, Klärschlamm – quo vadis –, 7. Bochumer Workshop Siedlungswasserwirtschaft, 9/1989.
[14] Birn, H. u. Jung, G.: Abfallbeseitigungsrecht für die betriebliche Praxis, Teil 12, Kapitel 6, Alternativen der Klärschlammentsorgung, Stand 2/1990.
[15] Bäuerle, H.G., Obers, H. u. Wischniewski, M.: Die Kontakttrocknung von kommunalen Klärschlämmen, Aufbereitungs-Technik, Nr. 5/1988.
[16] Hannes, K.W.: Verbrennung von Klärschlämmen in Schmelzkammerfeuerungen, Entsorgungspraxis Spezial Nr. 8, 1989.
[17] Beckert, J.: Vergleich von Naturgips und REA-Gips, Vortrag VGB-Kongreß Kraftwerk und Umwelt, 1989.
[18] Berger, D.H.: Thermische Verwertung von Klärschlamm, Vortrag GKU-Klärschlammseminar, Voerde, 3/1990.
[19] Deutscher Bundestag, 11. Wahlperiode, Drucksache 11/3907, Klärschlammverwendung und -entsorgung, 1/1989.

Produkte der Rauchgasreinigung — offenes Endproblem der Abfallverbrennung?

H. Vogg[1]

Einleitung

Die Abfallverbrennung erfährt im Rahmen abfallwirtschaftlicher Gesamtkonzepte in der Bundesrepublik Deutschland eine immer stärkere Bedeutung. Die zur Zeit in 48 Hausmüllverbrennungsanlagen installierte Verbrennungskapazität von 8 Mio t (30 % des Abfallaufkommens) wird nach älteren Prognosen auf ca. 15 Mio t gesteigert werden. In dann etwa 65 Anlagen werden voraussichtlich mindestens 50 % des Hausmülls und hausmüllähnlichen Gewerbemülls verbrannt werden [1]. Unter Berücksichtigung der neu hinzugekommenen Bundesländer wird bei einem angenommenen Abfallaufkommen von ca. 35 Mio t letztendlich sogar von ca. 20 Mio t notwendiger Verbrennungskapazität ausgegangen werden müssen [2].

Sorgen bereiten weniger die damit verbundenen Emissionen in den Luftpfad, da diese durch effektive Rauchgasreinigung auf ein beispielhaft niedriges Maß reduziert werden können [2, 3] (Tafel 1), als vielmehr die durch diese Minderungsmaßnahmen anfallenden erheblichen Mengen an Rauchgasreinigungsprodukten, deren Entsorgung weder unter ökologischen noch unter wirtschaftlichen Gesichtspunkten als gesichert angesehen werden kann [3, 4]. Sowohl für die direkte obertägige Deponierung als auch für die Verwertung oder Behandlung dieser Produkte fehlen klare Kriterien mit der Folge, daß in der Praxis der zu vollziehenden Genehmigungen, aber auch der politischen Vorgaben weiterhin unterschiedlichste Vorgehensweisen bzw. Lösungsvorschläge existieren.

Die mangelnde Akzeptanz von Verbrennungsanlagen durch die Bevölkerung hat unter anderem auch darin eine Ursache. Es bleibt zu hoffen, daß die dringend benötigte TA Abfall zu diesem Fragenkomplex eindeutige Aussagen wird machen können.

Mengenströme

Um sich ein exaktes Bild über die aktuelle Situation zu verschaffen, müssen zunächst die wichtigsten Rohgasinhaltsstoffe sowie die für die Rauchgasreinigung benötigten Chemikalien, jeweils in Form von Mengenströmen, betrachtet werden. Sie lassen sich einteilen in

a) Flugaschen,

b) Gasförmige Stoffe,

c) Reaktionschemikalien.

Flugaschen

Im Rohgas von Hausmüllverbrennungsanlagen werden heute Staubbeladungen von etwa 2–5 g/m^3 gemessen, was einem Wert von etwa 10–30 kg Flugstaub je Tonne verbrannten Mülls entspricht.

Gasförmige Stoffe

Mengenmäßig wichtige gasförmige Stoffe sind HCl und SO_2 mit Konzentrationen von etwa 1000 bzw. etwa 300 mg je m^3. Pro Tonne Müll bedeutet dies einen Summenwert von etwa 8 kg.

Reaktionschemikalien

Der Chemikalienbedarf je Tonne Müll kann in erster Näherung für Trockenverfahren mit etwa 30 kg, für Quasitrockenverfahren mit etwa 20 kg und für Naßwaschverfahren mit etwa 10 kg angegeben werden.

Unter Berücksichtigung der ablaufenden chemischen Reaktionen resultieren die in Tafel 2 aufgelisteten Gesamtproduktmengen je Tonne Müll.

Bei den Naßverfahren mit Abwasser müssen letztere einer sorgfältigen Reinigung unterzogen werden, wobei Neutralisationsschlämme mit einer Trockensubstanz von etwa 1 kg entstehen. Die löslichen Salzinhalte selbst werden in einen Vorfluter abgeleitet.

Ausgehend von diesen Zahlen und unter der Annahme, daß die verschiedenen Rauchgasreinigungsverfahren sich etwa die Waage halten werden, errechnet sich ein Durchschnittswert für Rauchgasreinigungsprodukte je Tonne Müll von rund

---

[1]) Professor Dr. H. Vogg, Kernforschungszentrum Karlsruhe
Vortrag „Envitec-Kongreß '89", Düsseldorf

Tafel 1: Zeitliche Entwicklung der Emissionen aus Müllverbrennungsanlagen (in mg/m^3)

Zeit	RGR-Technik	Staub	HCl	SO_2	NO_x	CO	Cd	Hg	PCDD/F*
60 er Jahre	Grobentstaubung (Zyklon)	500	1000	500	300	1000	0,5	0,5	?
70 er Jahre	Feinentstaubung (E-Filter)	100	1000	500	300	500	0,2	0,5	10–50
80 er Jahre	Feinentstaubung + chem. Verfahren	50	100	200	300	100	0,1	0,2	1–10
90 er Jahre	Feinstentstaubung + chem. Hochleistungsverfahren	10	5	50	100	10	0,02	0,05	0,1–1
TA Luft 86		30	50	100	500	100	Σ 0,2		—
17. BImSchV		10	10	50	200	50	0,05	0,05	0,1

* in ng/m^3 TEQ (NATO)

Tafel 2: Rauchgasreinigungsprodukte in kg je Tonne Müll

	Sorptionsverfahren		Naßverfahren	
	trocken	quasi-trocken	ohne Abwasser	mit Abwasser
Flugaschen	20	20	20	20
Salze	40	30	15	–
Schlämme	–	–	1	1
Summe (ca. kg)	60	50	36	21
wasserlöslich (ca. %)	70	60	50	35

Tafel 3: Rauchgasreinigungsprodukte aus der Hausmüllverbrennung

	Verbrannte Müllmenge [10^6 t]	Erzeugte RGR-Produktmenge [t]	Entsorgungskosten [Mio. DM]
1990	9	450 000	45...450
2000	20	1 000 000	70...700

Tafel 4: Schwermetallgehalte von Elektrofilterstäuben aus Hausmüllverbrennungsanlagen (in mg/kg) [5]

Komponenten	Werte
Cadmium	280 ... 800
Blei	4700 ... 16000
Chrom	140 ... 450
Nickel	50 ... 840
Kupfer	800 ... 2100
Zink	12000 ... 30000
Selen	< 10
Quecksilber	5 ... 9
Arsen	40 ... 120
Thallium	< 10
Vanadium	20 ... 210
Barium	390 ... 5900
Tellur	< 10

Tafel 5: Dioxin/Furan-Gehalte von Elektrofilterstäuben aus Hausmüllverbrennungsanlagen (in ng/g)

Komponenten	Werte
PCDD	50 ... 500
PCDF	50 ... 500

Tafel 6: Elutionsverhalten von Flugaschen (20 °C, 24 h gerührt; Fluid: Feststoff = 100 : 1)

	pH = 10	pH = 4
Cd	< 0,1 %	85 %
Cu	< 0,1 %	10 %
Ni	< 0,1 %	15 %
Pb	< 0,1 %	5 %
Sb	1 %	3 %
Zn	< 0,1 %	50 %

Tafel 7: Wichtigste Schadstoffinventare in den RGR-Produkten von Müllverbrennungsanlagen

Cd	150 t/a
Hg	50 t/a
Dioxine/Furane (TEQ)	500 g/a

50 kg, das heißt im Jahre 2000 wird man in Deutschland mit einer Gesamtmenge von etwa 1 Mio Tonnen pro Jahr rechnen müssen (Tafel 3). Die Entsorgungskosten werden zwischen 100 und 1000 DM je Tonne liegen, das heißt es handelt sich auch um ein wirtschaftliches Problem mit einem Umfang von mehreren hundert Millionen DM.

Eigenschaften der Rauchgasreinigungsprodukte

Die zunächst auffallendste Eigenschaft der in Tafel 2 aufgelisteten Produkte ist ihre Wasserlöslichkeit, die deshalb dort ebenfalls mit ausgewiesen wurde. Aus diesen Zahlen sieht man sofort, wie vordergründig die Diskussion über den abwasserlosen Betrieb von Müllverbrennungsanlagen geführt wird. Sie macht nur dann einen Sinn, wenn die Produkte dem Zutritt von Wasser entzogen werden, was in Anbetracht der sehr großen Mengen (s.o.) freilich eine kaum realisierbare Möglichkeit darstellt.

Zur Beurteilung des Risikopotentials werden in erster Linie die Gehalte an Schwermetallen (Tafel 4) und organischen Schadstoffen (Tafel 5) herangezogen. Von den Schwermetallen interessieren vor allem die mobilisierbaren, das heißt im Langzeitverhalten löslichen Anteile, bei den organischen Substanzen richtet sich das besondere Augenmerk auf chlorierte Dioxine und Furane.

Schwierigkeiten bereiten zur Zeit fehlende international anerkannte Elutionskriterien, die das Langzeitrisiko nachvollziehbar und realistisch quantifizieren könnten. Erkennbare Trends deuten auf standardisierte schwach saure Elutionstests hin, wie sie beispielsweise in der Schweiz ausgearbeitet sind [6, 7]. Eigene, vor Jahren bereits publizierte [8] einfache Tests in schwacher Schwefelsäure bei pH = 4 zeigen (Tafel 6), daß vor allem den Elementen Cadmium, Zink, Kupfer besondere Aufmerksamkeit geschenkt werden muß. Das ökotoxisch bedeutsame Cadmium läßt sich bereits bei pH = 4 fast vollständig mobilisieren.

Die Summe chlorierter Dioxine und Furane (PCDD + PCDF) in Rauchgasreinigungsprodukten der Müllverbrennung liegt heute bei einigen 10^{-7} g/g [8], was einer Erzeugung von etwa $3 \cdot 10^{-4}$ g TCDD-Äquivalent je Tonne Müll entspricht. (Zu der toxikologischen Bewertung wird auf [10] verwiesen). Wenngleich diese Menge in einer relativ großen Filterstaub-Produktmenge von 20–50 kg verteilt und dort auch gut fixiert ist, setzen neuerdings Bemühungen ein, auch an dieser Stelle dem Minimierungsgebot für Dioxine zu folgen und Reduktionsmaßnahmen einzuleiten.

In Tafel 7 sind die pro Jahr sich ergebenden wichtigsten Schadstoffinventare in den Produkten der RGR zusammengestellt. Quecksilber, das bei der Verbrennung nahezu vollständig verflüchtigt wird, wurde ebenfalls mit aufgenommen. Bei den Sorptionsverfahren tritt es im Reaktionsprodukt auf, vorausgesetzt die Produktabscheidung erfolgt bei ≤140 °C (andernfalls werden nicht unerhebliche Mengen emittiert). Bei den Naßwaschverfahren wird es vorzugsweise in die stark saure Wasserphase des 1. Wäschers eingebunden, aus der es durch spezifische Fällreagenzien (TMT-15) oder gezielt durch Ionenaustausch abgetrennt werden kann.

Die aufgelisteten Mengen zeigen, daß sie zweifellos nicht vernachlässigbar sind und man sicher gut beraten ist, wenn man sich mit ihrem langzeitigen Verbleib näher beschäftigt.

Verwertungsaussichten

Daß für unbehandelte Flugaschen sowie Flugasche/Salz-Mischprodukte keine Chancen für eine stoffliche Verwertung sich abzeichnen, liegt aufgrund der im vorigen Kapitel aufgezeigten Eigenschaften dieser Produkte auf der Hand.

Für die aus der Rauchgaswäsche gewinnbaren Salze dagegen hat es an Versuchen zu einer Verwertung nicht gefehlt [11, 12]. Die erreichten, immer noch mangelhaften Produktqualitäten verwundern nachträglich nicht, vor allem wenn man weiß, daß in den ersten sauer betriebenen Wäscher genügend Feinstaub eingetragen und somit die Produktion zum Beispiel eines genügend reinen NaCl sehr erschwert wird. Für andere denkbare Salze gilt ähnliches; geringer Marktwert, zum Beispiel von Calciumchlorid oder -sulfat, kommt hinzu.

Von der im Kapitel „3R-Verfahren" weiter unten beschriebenen unmittelbaren Verwertung der im ersten Wäscher erzeugten Salzsäure für die Flugstaubbehandlung einmal abgesehen, ergeben sich aus heutiger Sicht für eine Verwertung der Rauchgasreinigungsprodukte einer Müllverbrennungsanlage relativ ungünstige Aussichten, es sei denn, die Rauchgasreinigungstechnik wird dem Verwertungsaspekt der Produkte unter Verzicht auf ökonomische Optimierung entsprechend angepaßt oder es werden weitere Vorreinigungsschritte für die Produkte entwickelt.

Behandlungsverfahren

Die Entsorgung der Hauptmenge an Flugstäuben und der durch chemische Umsetzungen erzeugten Rauchgasreinigungsprodukte aus der Müllverbrennung erfolgt heute auf höherwertigen, das heißt mit Sickerwasserführungen ausgestatteten obertägigen Deponien in Form alleiniger (Monodeponie) oder mit Müllverbrennungsschlacken vermischter Ablagerung. Zur Deponietechnik selbst kann man sich in [13] informieren.

In Rondeshagen wird gemeinsam von Hamburg und Schleswig-Holstein eine überdachte Deponie mit einer Dachfläche von 22 000 m² erprobt [14]. Nach Verfüllung wird die Oberfläche wasserundurchlässig abgedichtet und das Dach auf ein neues Feld verschoben.

Da alternativ oder ergänzend zu verbesserten Deponietechniken weiterführende Vorschriften für zusätzliche Behandlungsschritte vor der Ablagerung in den nächsten Jahren erwartet werden, soll nachfolgend ausschließlich über einige dieser zur Zeit verfolgten Behandlungsverfahren berichtet werden.

Untertägige Deponierung

Mangels obertägiger Deponiemöglichkeiten werden in Hessen Filterstäube und Rauchgasreinigungsprodukte aus Hausmüllverbrennungsanlagen als vorläufige Lösung in der Untertage-Deponie Herfa-Neurode entsorgt.

In Baden-Württemberg wird für zwei Anlagen die untertägige Verbringung von Produkten aus abwasserlos betriebenen Rauchgasreinigungsverfahren in ein stillgelegtes Salzlager in Heilbronn durchgeführt. In einer speziellen Variante zur Produktminimierung werden im Müllheizkraftwerk Göppingen weniger schadstoffhaltige grobe Flugstaubpartikel in einem Zyklonabscheider vorabgetrennt und diese wie die Schlacke, jedoch separat, obertägig deponiert. Die Feinstäube mit den festen Salzen dagegen werden weiter konditioniert, was in aller Regel aus einer etwa 30%igen Befeuchtung und Abpackung in vorgeschriebene genormte Behälter besteht.

Die Lagerkosten für die untertägige Deponierung sind erheblich (etwa 500 DM je Tonne) und insofern keinesfalls minimiert, als die eigentlich toxischen Inhaltsstoffe weniger als 1 % der Gesamtablagerungsmenge ausmachen.

Verfestigungsverfahren

Der im Kapitel „Eigenschaften der Rauchgasreinigungsprodukte" beschriebenen Mobilisierung von Inhaltsstoffen in den Rauchgasreinigungsprodukten bei Kontakt mit wäßrigen Medien kann man durch Verfestigung versuchen entgegenzuwirken [15]. Dazu gibt es eine Vielzahl verschiedenster Entwicklungen, freilich mit dem häufig festzustellenden generellen Nachteil, daß firmenspezifisches Know-how in Form nachvollziehbarer Rezepturen kaum preisgegeben und eine objektive Beurteilung dadurch stark erschwert wird. Eine Gewichtsvergrößerung um den Faktor 2 oder mehr muß normalerweise in Kauf genommen werden. Eluattests deuten in aller Regel auf stark verminderte Freisetzung der kritischen Inhaltsstoffe hin, Chloride dagegen werden stets in größeren Mengen abgegeben. Der Nachweis genügender Langzeitstabilität der technischen Produkte über längere Regen-, vor allem aber auch Frostperioden muß erst noch erbracht werden.

Beispielhaft wird nachfolgend auf einige der produktspezifischen Verfahren eingegangen.

Gemisch Filterstäube/Neutralisationsschlämme

Dieses als sogenanntes Bamberger Modell entwickelte Verfahren führt Elektrofilterstäube und eingedickten Neutralisationsschlamm mit 8 % Trockensubstanz aus der Naßwäsche im Verhältnis 2:1 in einem kontinuierlichen Mischer zusammen [16]. Das Gemisch wird auf Deponie gegeben, wo es sich nach einigen Wochen verfestigt und danach in 30 bis 40 cm dicken Schichten einplaniert und weiter verdichtet werden kann. In Langzeitberegnungsversuchen mit pH 4 Regenwasser an realistischen Probekörpern wurden Schwermetall-Eluatkonzentrationen deutlich unterhalb der zulässigen Werte gefunden. Chloride wurden nahezu quantitativ, Sulfate zu etwa 10 % ausgewaschen.

Gemisch Trockensorptionsprodukte/Schlacke/Zement/Wasser

In Bayern werden zur Zeit Versuche durchgeführt, anfallende Produkte der trockenen bzw. quasitrockenen Heißgasreinigung mit Schlacke zu verfestigen [17]. Die Zugabe der Schlacke verfolgt den Zweck, den pH-Wert bei Kontakt mit Wasser abzusenken und dadurch die Auslaugbarkeit von Schwermetallen zu vermindern. Die hohe Löslichkeit der Chloride im Niederschlagswasser dagegen wird nicht beeinflußt. Die Mengenbilanz sieht folgendermaßen aus: Aus 1 t verbranntem Müll fallen etwa 70 kg Trockensorptionsprodukt an, die zu einem Verfestigungsprodukt von etwa 225 kg verarbeitet werden. Letzteres besteht zu 10 % aus Zement und zu etwa je 30 % aus Trockensorptionsmasse, Schlacke und Wasser. Für ein Ablagerungsgroßexperiment auf einer Deponie ist die Produktion von 360 t Gemisch und Einbau in eine Kassette mit 200 m³ Fassungsvermögen vorgesehen.

Verfestigung von Flugstäuben durch Einsatz porenfüllender Dichtungsmittel

Die Grundidee dieses Verfahrens besteht darin, dem schädlichen Zutritt von Wasser dadurch entgegenzuwirken, daß man den leicht löslichen Stoff in eine dauerstabile, dichte Matrix einbettet [18]. Mit Hilfe eines von der Hüls AG entwickelten Bindemittels gelingt es, bei Wasserzutritt ein porenfüllendes Gel auszubilden. Interessanterweise liegt die Bindemittelkonzentration mit etwa 1 % sehr niedrig. Die Druckfestigkeit nach 50 Tagen betrug 1000 kN/m², der Durchlässigkeitskoeffizient wurde mit $< 2 \cdot 10^{-10}$ m/s gemessen.

Gemisch Filterstäube/Salze/Zement/Additive/Wasser

Eine besonders anspruchsvolle Aufgabe stellt die direkte Verfestigung von Filterstaub/Salzgemischen aus der Naßwäsche mit Zement und weiteren Additiven dar. Die Firma GSF, München, berichtet, daß die Salzkonzentration im fertigen Produkt 10 % nicht übersteigen sollte [19], während die Firma Nukem die Einbringungsraten bei seperater Konditionierung von Rauchgaswaschsalzen mit etwa 50 % und bei der gemeinsamen Konditionierung von Filterstäuben und Salzen mit 60 bis 70 % angibt [20]. Von letzterer Firma nach der schweizer Norm [7] durchgeführte Eluattests ergaben für Probekörper mit einer Einbringungsrate von 50 % Schadstoffkonzentrationen deutlich unterhalb zulässiger Abwassereinleitwerte. Im verfestigten Probekörper lagen im Gegensatz zu aufgemahlenen Proben auch die Chloridabgabewerte niedrig. Über praxisnahe Feldversuche liegen noch keine endgültigen Erfahrungen vor.

Thermische Behandlung

Organische Schadstoffe, speziell Dioxine/Furane in Müllverbrennungsfilterstäuben, sind thermisch weit weniger stabil als ursprünglich angenommen [21–24]. Innerhalb etwa einer Stunde können sie in Luftatmosphäre bei 500 bis 600 °C, unter Luftausschluß bereits bei 400 °C weitgehend zerstört werden. Auf die Zerstörungsmöglichkeiten in einem Müllverbrennungsofen unter oxidativen Bedingungen wird im Kapitel „3R-Verfahren" näher eingegangen. Das von Hagenmaier entwickelte Verfahren zur Zersetzung organischer Schadstoffe in Abwesenheit von Sauerstoff bedient sich eines beheizten, mit Flugstaub erfüllten Drehrohres. Bei Temperaturen zwischen 350 und 400 °C und Verweilzeiten von 1/2 bis 1 Stunde können mehr als 95 % der Dioxine/Furane zerstört werden [24].

3R-Verfahren

Im Gegensatz zu den Verfestigungsverfahren, die eine Immobilisierung der Schadstoffe in den Rauchgasreinigungsprodukten durch Zuschlagstoffe erreichen wollen, besteht die Idee des im Kernforschungszentrum Karlsruhe entwickelten 3R-Verfahrens darin, durch einen im sauren Milieu ablaufenden Extraktionsprozeß gefährliche Inhaltsstoffe vor allem den Filterstäuben zu entziehen [8] (Bild 1). Säure, quasi als Abfall- oder Wiederverwertungssäure, steht dazu kostenlos zur Verfügung, wenn für die HCl-Reinigung des Abgases ein separater Naßwäscher eingesetzt wird. Die Extraktion selbst wird schwach sauer betrieben, um Verhältnisse herbeizuführen, wie sie sich für Filterstäube beim Kontakt mit heute üblichen schwach sauren Regenwässern in langen Zeiträumen einstellen würden. Der 3R-Prozeß kann als partieller Löseprozeß verstanden werden, in dem vor allem das ökotoxisch bedeutsamste Schwermetall Cadmium nahezu quantitativ, daneben aber auch noch größere Mengen von Zink und bestimmte Anteile an Kupfer, Nickel und Blei extrahiert und nach einer Neutralisationsfällung als Konzentrat abgeschieden werden [25]. In einem Demonstrationsprojekt wurde das 3R-Verfahren gemeinsam mit der Deutschen Babcock Anlagen AG Krefeld am Müllheizkraftwerk in Oberhausen technisch erprobt [26]. Ein dort gewonnenes typisches Ergebnis für die Cd-Extraktion ist in Bild 2 dargestellt.

Anschließend an die Extraktion werden die behandelten Filterstäube kompaktiert und zur Zerstörung der unvermindert vorhandenen organischen Schadstoffe in den Verbrennungsofen zurückgeführt. Daß eine quantitative Zersetzung von Dioxinen/Furanen im Gutbett der Verbrennung möglich ist, konnte sowohl in Laborversuchen als auch in halbtech-

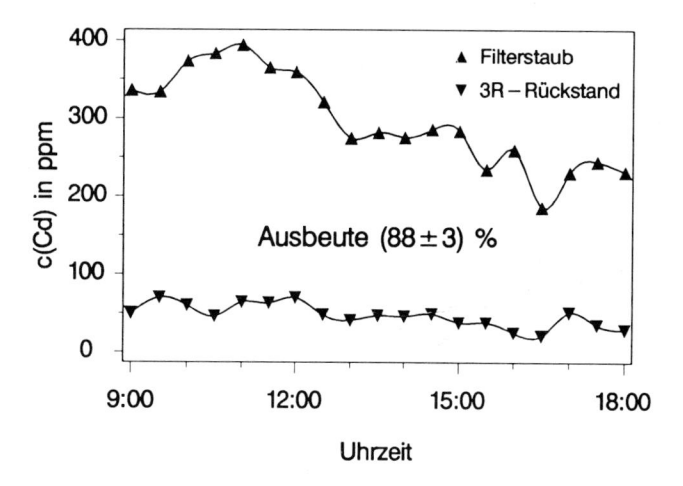

Bild 2: Konzentration von Cadmium in Feststoffströmen der Anlage Dora (19. April 1988)

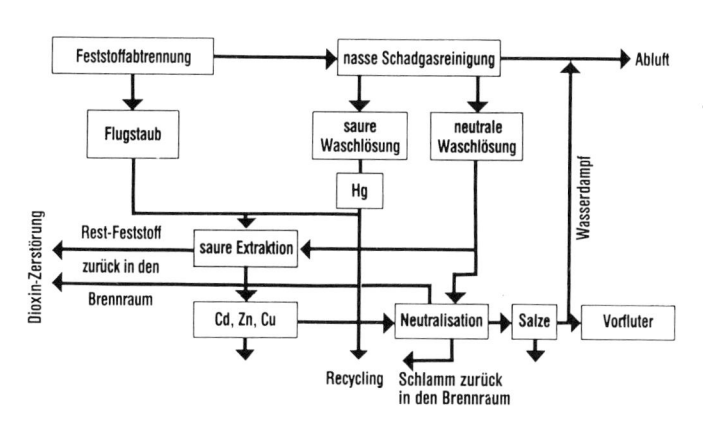

Bild 1: 3R-Verfahren (Rauchgas-Reinigung mit Rückstandsbehandlung)

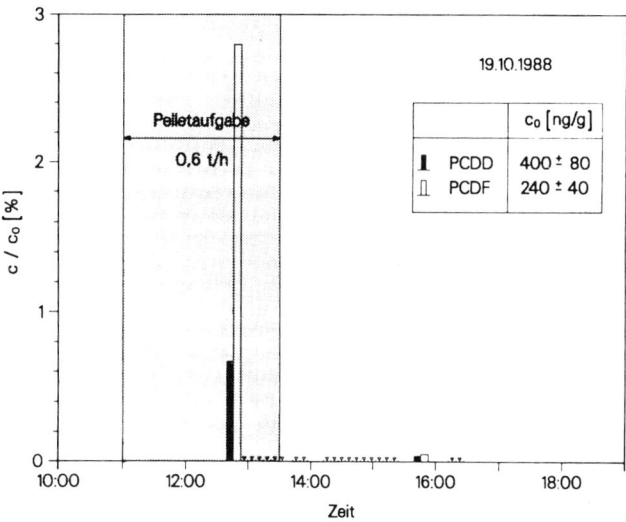

Bild 3: Relative PCDD/PCDF-Konzentration in rückgeführten Pellets in Abhängigkeit von der Probenahmezeit

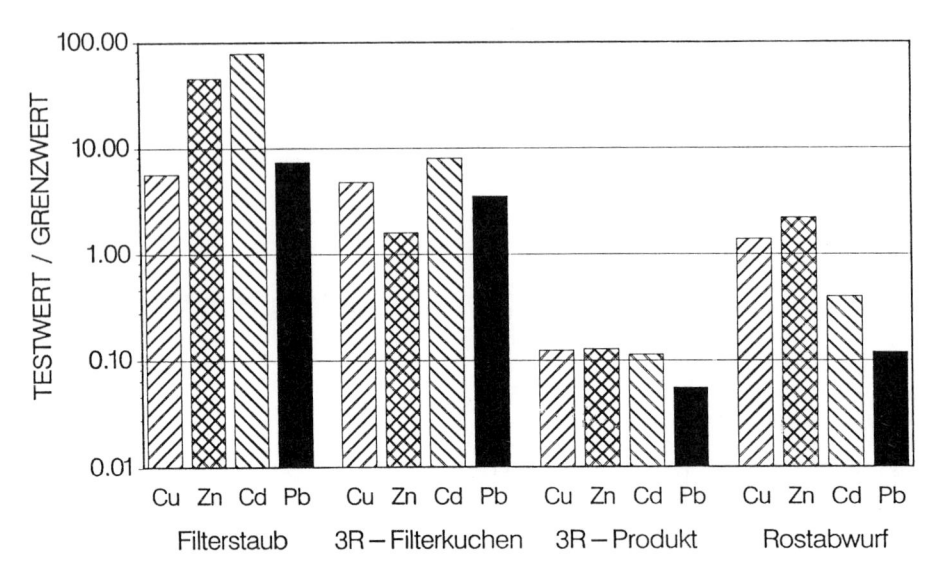

Bild 4: Ergebnisse des Schweizer Eluat-Tests (SET) für unbehandelten und 3R-behandelten Filterstaub sowie für Schlacke

nischen Experimenten bewiesen werden [27]. In einem großtechnischen Rückführversuch [28] betrug, abgesehen von einigen Rostdurchfallproben, die Restkonzentration an Dioxinen/Furanen im rückgeführten Material deutlich weniger als 1 % (Bild 3). Erhöhte Dioxin/Furan-Konzentrationen im Abgas traten nicht auf. Infolge vorangegangener Kompaktierung des Aufgabegutes wurde auch keine zusätzliche Staubfreisetzung beobachtet.

Der 3R-Prozeß stellt somit eine chemisch-technische Umwandlung von Filterstäuben in Schlackequalität dar, mit verfahrenstechnischer Führung so, daß das behandelte Produkt im Gemisch mit der Schlacke ausgetragen wird und wie letztere dann weiter verarbeitet werden kann. Die Qualität des thermisch behandelten Materials hinsichtlich der Eluateigenschaften ist hervorragend. Selbst die nach dem schweizer Testverfahren zulässigen Werte werden deutlich unterschritten [29] (Bild 4). Das Endprodukt ist deutlich besser als die Schlacke.

Verglichen mit erschmolzenen Flugstäuben (vgl. nächsten Abschnitt) sind die Eluat-Ergebnisse der 3R-Produkte kaum schlechter (Tafel 8) [30].

Tafel 8: Elutionsergebnisse des 3R-behandelten und des geschmolzenen Filterstaubes

	Filterstaub-Behandlung durch 3R-Verfahren		Filterstaub-Behandlung durch induktive Schmelze	
Testmethode	DEV S4	SET	DEV S4*	SET**
Inhaltsstoff	mg/l	mg/l	mg/l	mg/l
Cd	0,006	0,1	0,002	0,08
Zn	0,05	0,7	0,04	0,3
Pb	0,01	0,1	0,01	0,1
Cu	0,01	0,02	0,004	0,02

* DEV S4 = Deutsches Einheitsverfahren
** SET = Schweizer Eluat-Test

Der Prozeß selbst ist nicht auf Filterstäube beschränkt, sondern kann in analoger Weise auch auf Neutralisationsschlämme, zum Beispiel aus dem zweiten Wäscher oder aus der Abwasserbehandlung eines nassen Rauchgasreinigungsverfahrens, angewandt werden.

Schmelz-Verfahren

In den letzten Jahren wurden für Flugaschen zum Zwecke deren Inertisierung verschiedene Schmelzverfahren entwickelt [31–33]. Sie unterscheiden sich in der Schmelztemperatur (1300 bis 1600 °C) und der dafür angewandten Technologie. Die Qualität der erzeugten Glasprodukte ist sehr gut: sie kommt bei Elutions-Tests z.B. in sehr niedrigen Schwermetallkonzentrationen zum Ausdruck (vgl. Tafel 8).

Bei der Propagierung von Schmelzverfahren für Flugaschen wird gerne übersehen, daß — abgesehen von Cadmium und Zink — das eigentliche Schwermetall-Schadstoffpotential der Abfallverbrennung, bezogen auf die Produkte, nicht in den Flugaschen, sondern in der Schlacke enthalten ist. Dort treten mehr als 90 % Frachtanteile z.B. des Blei, Kupfer, Nickel, Chrom, auf. Große Mengen an Schlacken aufzuschmelzen, dürfte aus Kostengründen aber wohl kaum in Frage kommen. So gesehen sind *einfache* Prozesse zur Verbesserung von Produktqualitäten die eigentliche Hauptaufgabe weiterer Entwicklungen.

Schlußbemerkung

Die vorstehend gemachten Ausführungen zeigen, daß der Einbau modernster Rauchgasreinigungsverfahren in bestehende sowie künftige Müllverbrennungsanlagen Luftpfademissionen zwar drastisch reduzieren kann, daß für die Entsorgung der dabei gebildeten Rauchgasreinigungsprodukte jedoch einheitliche Beurteilungskriterien, aber auch fertig entwickelte Lösungen erst noch erarbeitet werden müssen. Sicher scheint zu sein, daß eine wie auch immer geartete Behandlung dieser Produkte vor einer Endlagerung notwendig sein wird. Im Wissen darum, daß es sich um ein „junges Problem" handelt, das sowohl administrativ als auch technisch gegenwärtig konsequent in Angriff genommen wird, sollte man trotzdem zuversichtlich den weiteren Entwicklungen entgegensehen. Zumindest sind vielfältige positive Lösungsansätze erkennbar, die diesen Optimismus gerechtfertigt erscheinen lassen.

Schrifttum

[1] Barniske, L.: Stand der Abfallverbrennung in der Bundesrepublik Deutschland, Müllverbrennung und Umwelt 2 (Thome-Kozmiensky, K.J., Hrsg.), EF-Verlag, Berlin 1987, S. 151

[2] Vogg, H.: Stellung der Abfallwirtschaft — Stand und Tendenzen, Müllverbrennung und Umwelt 4 (Thome-Kozmiensky, K.J., Ed.), EF-Verlag, Berlin (1990), S. 1–13

[3] Vogg, H.: Von der Schadstoffquelle zur Schadstoffsenke — neue Konzepte der Müllverbrennung, Chem.-Ing.-Tech. 60 (1988), S. 247

[4] Pietrzeniuk, H.J.: Reststoffe aus der Abfallverbrennung, Müllverbrennung und Umwelt 2 (Thome-Kozmiensky, K.J., Hrsg.), EF-Verlag, Berlin 1987, S. 714

[5] Knorn, D., Fürmair, B.: Ergebnisse von Emissionsmessungen an Abfallverbrennungsanlagen, Müll und Abfall 2 (1984), S. 29

[6] Baccini, P., Brunner, P.H.: Behandlung und Endlagerung von Reststoffen aus Kehrichtverbrennungsanlagen, Gaz-Eaux-Eaux usees 65 (1985), S. 403

[7] Tobler, H.: Bewertungskriterien für Reststoffe, VDI-Bericht 753 (1989), S. 111

[8] Vogg, H.: Verhalten von (Schwer-)Metallen bei der Verbrennung kommunaler Abfälle, Chem-Ing.-Techn. 56 (1984), S. 740

[9] Hagenmaier, H., Kraft, M., Brunner, H., Haag, R.: Zur Problematik der Emissionsmessung von polychlorierten Dibenzodioxinen und polychlorierten Dibenzofuranen an Abfallverbrennungsanlagen, VDI-RdL, Düsseldorf, Schriftenreihe Band 3 Dioxine, 1986, S. 57

[10] Bundesgesetzblatt (1990) Nr. 64, S. 2553

[11] Jungmann, G.: Emissionsbegrenzung und Reststoffbehandlung bei Feuerungsanlagen, VDI-Bildungswerk, BW 7461, 1987

[12] Bosse, K.: Behandlung der Reaktionsprodukte aus abwasserfreien Rauchgasreinigungsverfahren bei der Abfallverbrennung, Müll und Abfall 17 (1985), S. 78

[13] EP-Special; Deponie, No. 2, Mai 1988

[14] Greiner, G.: Das wandernde Dach von Rondeshagen, Entsorga 9/1987, S. 14

[15] Rettenberger, G.: Verfestigung von Rückständen aus der Abfallverbrennung, Müllverbrennung und Umwelt 2 (Thome-Kozmiensky, K.J., Hrsg.), EF-Verlag Berlin 1987, S. 743

[16] Reimann, D.O.: Gemeinsame Beseitigung von Filterstäuben und Neutralisationsschlämmen aus der Rauchgaswäsche – Bamberger Modell, Technische Mitteilungen, HdT Essen, 78 (1985), S. 268

[17] Fichtel, K.: Verfestigungsversuche in Bayern, Müllverbrennung und Umwelt 2 (Thome-Kozmiensky, K.J., Hrsg.), EF-Verlag Berlin 1987, S. 732

[18] Fischer, J., Hass, H.J.: Verfestigung von Flugstäuben aus Verbrennungsanlagen, VDI-Berichte 753 (1989), S. 179

[19] Graf zu Münster, L.: Inertisierung und Verfestigung schadstoffhaltiger und problematischer Abfallschlämme und Stäube zum Zwecke der einfachen Deponierung und Wiederverwendung, Ausstellerforum Abfall, Dokumentation 1/87, herausgegeben vom VKS, 1987

[20] Demmich, I., Stahl, D.: Konditionierung salzhaltiger Rückstände aus Rauchgaswaschsystemen zum Zwecke der sicheren Ablagerung, Ausstellerforum Abfall, Dokumentation 1/87, herausgegeben vom VKS, 1987

[21] Vogg, H., Stieglitz, L.: Thermal Behavior of PCDD/PCDF in Fly Ash from Municipal Waste Incinerators, Chemosphere 15 (1986) 1373

[22] Stieglitz, L., Vogg, H.: On Formation Conditions of PCDD/PCDF in Fly Ash from Municipal Waste Incinerators, Chemosphere 16 (1987), S. 1917

[23] Hagenmaier, H., Kraft, M., Brunner, H., Haag, R.: Catalytic Effects of Fly Ash from Waste Incineration Facilities on the Formation and Decomposition of PCDD and PCDF, Environ. Sci. Technol. 21 (1987) 1080

[24] Hasenkopf, O., Nonnenmacher, A., Auchter, E., Hagenmaier, H., Kraft, M.: Wirksamkeit von Primär- und Sekundärmaßnahmen zur Dioxinminderung in Müllverbrennungsanlagen, VGB Kraftwerkstechnik 67 (1987), S. 1069

[25] Vogg, H., Christmann, A., Wiese, K.: Das 3R-Verfahren — ein Baustein zur Schadstoffminimierung bei der Müllverbrennung, Recycling von Haushaltsabfällen 1 (Thome-Kozmiensky, K.J., (Hrsg.), EF-Verlag Berlin 1987, S. 471; KfK-Nachrichten 18 (1986), S. 235

[26] Vehlow, J., Braun, H., Horch, K., Merz, A., Schneider, J., Stieglitz, L., Vogg, H.: Waste Management & Research (1990) 8, S. 461–472

[27] Vogg, H., Vehlow, J., Stieglitz, L.: Neuartige Minderungsmöglichkeiten für PCDDs/PCDFs in Müllverbrennungsanlagen, VDI-Berichte 634, Dioxin, Kolloquium Mannheim, 5.–7. Mai 1987, S. 541

[28] Merz, A., Horch, K., Schneider, J., Stieglitz, L., Vehlow, J., Vogg, H.: Beihefte zu Müll und Abfall (1990), Heft 29, S. 100–104

[29] Vehlow, J.: BKW Special Müllverbrennung und Entsorgung, VDI-Verlag 10 (1990), S. R50–59

[30] Schneider, J., Horch, K.: VGB-Tagung Rückstände aus der Müllverbrennung, Mai 1990, Essen — VGB TB 221 — V 17

[31] Schug, H., Horch, K.: K.J. Thomé-Kozmiensky (Hrsg.) Müllverbrennung und Umwelt 3, EF-Verlag für Energie- und Umwelttechnik GmbH, Berlin (1990), S. 841

[32] Hirth, M., Wieckert, Ch., Jochum, J., Jodelt, H.: K.J. Thomé-Kozmiensky (Hrsg.) Müllverbrennung und Umwelt 3, EF-Verlag für Energie- und Umwelttechnik GmbH, Berlin (1990), S. 809

[33] Mayer-Schwinning, G., Merlet, H., Pieper, H., Zschocher, H.: K.J. Thomé-Kozmiensky, (Hrsg.): Müllverbrennung und Umwelt 3, EF-Verlag für Energie- und Umwelttechnik GmbH, Berlin (1990), S. 853

6 Abfallablagerung

Auswirkungen der TA-Abfall auf die Sonderabfalldeponierung

Von C.O. Zubiller[1]

1. Die Rolle der Deponie in der Entsorgung

Deponien sind das letzte und schwächste Glied in der Kette der Entsorgung.

In Sonderabfalldeponien können inputgesteuerte Reaktionen nicht kontrolliert geplant und durchgeführt werden. Deshalb sind Reaktionen unerwünscht. In Hausmülldeponien sind beschleunigte Abbauprozesse zwar erwünscht, lassen sich aber räumlich und zeitlich nicht kontrolliert steuern.

Die Auswirkungen einer Deponie auf das Grundwasser und auf Oberflächengewässer sind verfahrenstechnisch nicht regelbar. Die Deponie darf also nicht, wie dies in der Vergangenheit häufig der Fall war, wahllos als stets verfügbare Beseitigungsmöglichkeit mißbraucht werden.

Das der TA-Abfall zugrunde liegende Konzept will mit dieser Vorstellung Schluß machen.

Um die Auswirkungen der TA-Abfall (VwV v. 12. März 1991 CTA-Abfall, GMBl.1991, S. 139). (TA-Abfall), GMBl. 1990, S. 866) auf die Ablagerung von Sonderabfällen beurteilen zu können, ist es zweckmäßig, zuvor die wichtigsten Anforderungen zu diskutieren.

1.1 Die Anwendung des Begriffes Stand der Technik auf Deponien

Nach bisherigem Gebrauch und aufgrund rechtlicher Festlegungen wird der Begriff **STAND DER TECHNIK**, z.B. nach dem Bundesimmissionsschutzgesetz (BImSchG), überwiegend auf prozeßtechnische Anlagen angewandt, deshalb gibt es bei der Übertragung des Begriffes auf Deponien noch Auslegungsschwierigkeiten.

Der Entwurf der TA-Abfall sieht in Anlehnung an das BImSchG folgende Definition vor:

„**Stand der Technik** ist der Entwicklungsstand fortschrittlicher Verfahren, Einrichtungen oder Betriebsweisen, der die praktische Eignung einer Maßnahme für eine umweltverträgliche Abfallentsorgung gesichert erscheinen läßt. Bei der Bestimmung des Standes der Technik sind insbesondere vergleichbare Verfahren, Einrichtungen oder Betriebsweisen heranzuziehen, die mit Erfolg im Betrieb erprobt worden sind."

---

[1] Ministerialrat Dipl.-Ing. Carl-Otto Zubiller, Hessisches Ministerium für Umwelt, Energie und Bundesangelegenheiten, Wiesbaden
Vortrag: „Deutsch-Deutsches Abfallforum", Kassel

Um diese Definition auf Deponien übertragen zu können, müssen Einzelelemente des Bauwerks mit bewährten Anwendungsbeispielen aus der Bautechnik verglichen und die Anforderungen dieser Vorschrift auf Maßnahmen des Ablagerns an den Sicherheitszielen gemessen werden.

1.2 Sicherheitsziele für die Deponie als Bauwerk

Die Sicherheit von Deponien läßt sich nach einem mehrstufigen Barrierensystem charakterisieren. Neben der inputgesteuerten Festlegung für die zulässigen Abfallinhaltsstoffe sind mehrere bautechnische Barrieren vorzusehen, um eine Deponie unter Langzeitbedingungen sicher zu konstruieren. Sie lassen sich den Hauptschutzgütern Wasser und Boden entsprechend wie folgt darstellen:

- **Geologische Barriere** durch Untergrundeigenschaften des Standortes
- **Basisabdichtung** mit dauerhafter Entwässerungsschicht (Flächendränung)
- **Sickerwasserreduzierung** durch Überdachung oder Überdeckung
- **Oberflächenabdeckung** nach Beendigung der Deponie oder von Deponieabschnitten
- **Hydrologische Barriere** durch gezielte Auswahl der Rekultivierungsschicht und der Bepflanzung, um die potentielle Sickerwasserrate aus Niederschlägen möglichst gering zu halten.

Neben diesen Bauwerksbarrieren spielen Qualitätskontrolle, Qualitätssicherung der verwendeten Werkstoffe und Baumaterialien, insbesondere für die Abdichtung, die Eingangskontrolle und die Betriebsüberwachung eine zusätzliche Rolle für das Sicherheitskonzept der Langzeitdeponie.

Mit der Eigenkontrolle ist für eine regelmäßige Funktionstüchtigkeit der vorgenannten Barrieren und deren Dokumentation zu sorgen. Die ordnungsgemäße Durchführung wird durch die staatliche Überwachung in unregelmäßigen Abständen überprüft. Langjährige Input-/Outputvergleiche mit Frachtberechnungen und synchron durchgeführten Grundwasseranalysen unterstützen die Systemkontrolle.

2. Die Bedeutung der Sicherheitsbarrieren unter Langzeitbedingungen

2.1 Die stoffliche Barriere

Die Festlegung des zulässigen Deponie-Inputs muß als Hauptbarriere für jedes vernünftige Sicherheitskonzept zugrunde gelegt werden. Die

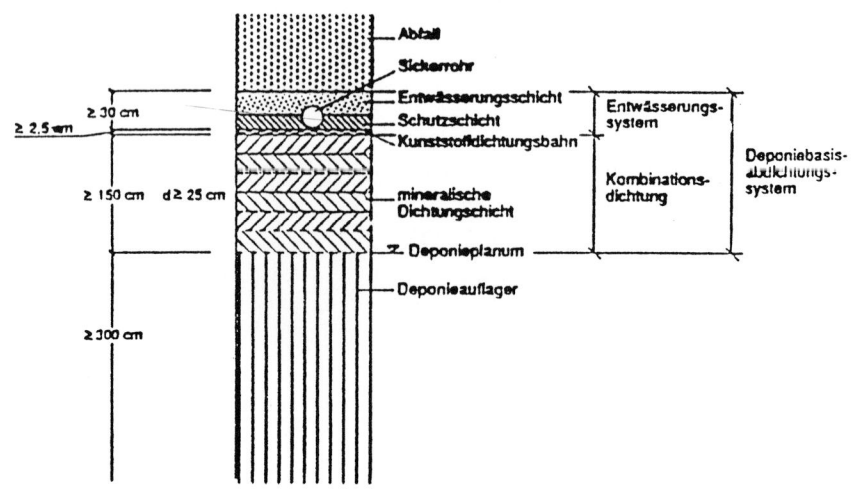

Bild 1: Deponiebasisabdichtungssystem (schematisch)

TA-Abfall berücksichtigt diesen Leitgedanken. Die Zulassungskriterien für die oberirdische Ablagerung in Deponien sind insofern auf das Lösungsverhalten bzw. die potentielle Mobilität der Abfallinhaltsstoffe ausgerichtet. Hierzu wurden umfangreiche Untersuchungen an 14 Sonderabfalldeponien, z. T. Altablagerungen, ausgewertet. Dies hat neben absoluten Ausschlußkriterien (Nr. 4.4.3) dazu geführt, Richtwerte zu empfehlen, die als Eluat nach DEV/S 4 bestimmt, die Indirekteinleiterwerte nicht überschreiten dürfen (Anhang D).

Ausgeschlossen von der oberirdischen Ablagerung sind Abfälle, bei denen aufgrund der im Entsorgungsnachweis beschriebenen Herkunft ein Gehalt an organischen Stoffen mit einem Toxizitäts-, Langlebigkeits- oder Bioakkumulationsrisiko (z. B. organische Halogenverbindungen, organische Phosphorverbindungen) anzunehmen ist.

Der wasserlösliche Anteil soll in der Regel 10 % nicht überschreiten.

Die hochstehende Tafel entspricht Anhang D

„Anhang D
Zuordnungskriterien

Bei der Zuordnung von Abfällen zur oberirdischen Ablagerung sind die folgenden Zuordnungskennwerte einzuhalten:

Nr.	Parameter[1])	Zuordnungswert	
D1	Festigkeit[2])		
D1.01	Flügelscherfestigkeit	≥ 25	kN/m²
D1.02	Axiale Verformung	≤ 20	%
D1.03	Einaxiale Druckfestigkeit (Fließwert)	≥ 50	kN/m²
D2	Glühverlust des Trockenrückstandes der Originalsubstanz	≤ 10	Gew.-%
D3	Extrahierbare lipophile Stoffe	≤ 4	Gew.-%
D4	Eluatkriterien		
D4.01	pH-Wert	4–13	
D4.02	Leitfähigkeit	≤ 100.000	µS/cm
D4.03	TOC	≤ 200	mg/l
D4.04	Phenole	≤ 100	mg/l
D4.05	Arsen	≤ 1	mg/l
D4.06	Blei	≤ 2	mg/l
D4.07	Cadmium	≤ 0,5	mg/l
D4.08	Chrom-VI	≤ 0,5	mg/l
D4.09	Kupfer	≤ 10	mg/l
D4.10	Nickel	≤ 2	mg/l
D4.11	Quecksilber	≤ 0,1	mg/l
D4.12	Zink	≤ 10	mg/l
D4.13	Fluorid	≤ 50	mg/l
D4.14	Ammonium	≤ 1.000	mg/l
D4.15	Chlorid	≤ 10.000	mg/l
D4.16	Cyanide, leicht freisetzbar	≤ 1	mg/l
D4.17	Sulfat	≤ 5.000	mg/l
D4.18	Nitrit	≤ 30	mg/l
D4.19	AO$_x$	≤ 3	mg/l
D4.20	Wasserlöslicher Anteil	≤ 10	Gew.-%

[1]) Analysevorschriften siehe Anhang B
[2]) D1.02 kann gemeinsam mit D1.03 gleichwertig zu D1.01 angewandt werden."

Diese Kriterien setzen voraus, daß von allen nachstehend diskutierten Dichtungsbarrieren Lösungsprodukte der abgelagerten Abfälle nicht vollständig zurückgehalten werden oder unter Langzeitbedingungen eine wichtige technische Barriere versagen kann. Selbst unter dieser unwahrscheinlichen Annahme könnten die restriktiven EG-Grundwasserrichtlinien noch eingehalten werden, weil die dann im Grundwasser des Deponienachbarbereiches auftretenden Konzentrationen so gering wären, daß eine nachteilige Beeinträchtigung des Wohls der Allgemeinheit nicht zu besorgen ist.

Die Eluatwerte geben das Gefährdungspotential wieder. Im Rahmen des Entsorgungsnachweises kann es im Einzelfall notwendig werden, bei einer Entscheidung, ob der Abfall auf einer bestimmten Deponie abgelagert werden kann, zusätzlich auch Feststoffanalysen (zur Einschätzung des Schadstoffpotentiales) zu verlangen.

Die eingehende fachliche Diskussion und der Vergleich mit zahlreichen untersuchten Sickerwasser- und Grundwasserproben (im Deponieabstrom) läßt die in Anhang D geforderten Eluatwerte, die i. a. an Indirekteinleiterwerte orientiert sind, als Richtwert auf Sicherheits-Niveau zu.

2.2 Die geologische Barriere

Unter den mehrfach erwähnten Langzeitbedingungen sind trotz der stofflichen Barriere und den technischen Mehrfachsicherheitssystemen bestimmte, aber auch möglichst erfüllbare geologische Anforderungen an den Standort zu stellen.

Hierbei kommt es mehr noch als auf die dichtenden Eigenschaften auf das Rückhaltevermögen der Bodenschichten gegenüber mobilen Schadstoffen, insbesondere persistenten Schwermetallen an. Deshalb ist der K_f-Wert, der ein Maßstab für die Durchlässigkeit des Bodenmaterials ist, hier nur von zweitrangiger Bedeutung. Bei den dichtenden tonmineralischen Bestandteilen des Untergrundes am Deponie-Standort sollte also besonderer Wert auf die Sorptionsfähigkeit gelegt werden.

Damit dem UMK-Beschluß – Entsorgungssicherheit im eigenen Bundesland zu ermöglichen – Rechnung getragen werden kann, wurde ein Untergrund mit 3 m, $k_f = 10^{-7}$ m/s für noch ausreichend gehalten. Hierzu s. 9.3.2 und 9.3.3, was die Lage zum Grundwasser anbelangt.

2.3 Die Bauwerksbarrieren

Die bautechnischen Sicherheitsbarrieren sind im wesentlichen:

– Basisabdichtung
– leichtgängige und dauerhafte Entwässerung des Sickerwassers
– Überdachung als Element der Vermeidung temporärer Sickerwasserneubildung während des Deponiebetriebes
– Oberflächenabdichtung, kontrollierbar und reparierbar, ggf.
– Ablagerung in Monobereichen

Am Stand der Technik orientiert hat meine Arbeitsgruppe für die TA-Abfall hierzu mehrheitlich folgende Anforderungen empfohlen:

Basisabdichtung mit Entwässerungssystem:

Tonmineralische Dichtung, 6 Lagen zu 0,25 m = 1,5 m, $k_f = 10^{-10}$ m/s; darauf im Preßverbund Kunststoffdichtungsbahn, HDPE, 2 mm Mindeststärke. Die TA-Abfall fordert 2,5 mm Mindeststärke für die Kunststoffdichtungsbahn.

Oberflächenabdichtung:

Über dem Abfall: Ausgleichsschicht aus homogenem, nicht bindigem Material (0,5 m); ggf. Gasdrainage (0,3 m); Kombinationsdichtung wie an der Basis, jedoch Mindeststärke der mineralischen Schicht 0,5 m und $k_f = 5 \times 10^{-10}$ m/s; Kunststoffdichtungsbahn (mindestens 2 mm).

Bild 2 entspricht Nr. 9.4.1.4 TA-Abfall.

Sickerwasserverminderung:

Beim Aufbau des Deponiekörpers ist die Sickerwasserneubildung zu minimieren. Dazu sind Flächen auf dem Deponiekörper, auf die noch kein Oberflächenabdichtungssystem aufgebracht wurde, zu überdachen oder dicht abzudecken.

3. Konsequenzen aus der Festlegung des heutigen Standes der Technik

Die Sicherheitskonzeption ist so festzulegen, daß bei Versagen eines Barrierensystems (ganz oder teilweise) die anderen noch in ihrer jeweils definierten Dimension tragfähig bleiben. Wenn die Inputsteuerung für einzelne mobile Schadstoffe oder Schadstoffgruppen aus Gründen mangelnder Kontrolle versagt, trägt noch das bautechnische Mehrfachbarrierensystem und/oder die geologische Barriere.

Die geforderte stoffliche Inputsteuerung kann nach dem heutigen Stand der Behandlungstechnik unter Berücksichtigung der Ausschlußbedingungen durch thermische und chemisch-physikalische Behandlungsverfahren erreicht werden. Große Mengen hoch schadstoffangereicherter Sickerwässer sind vermeidbar.

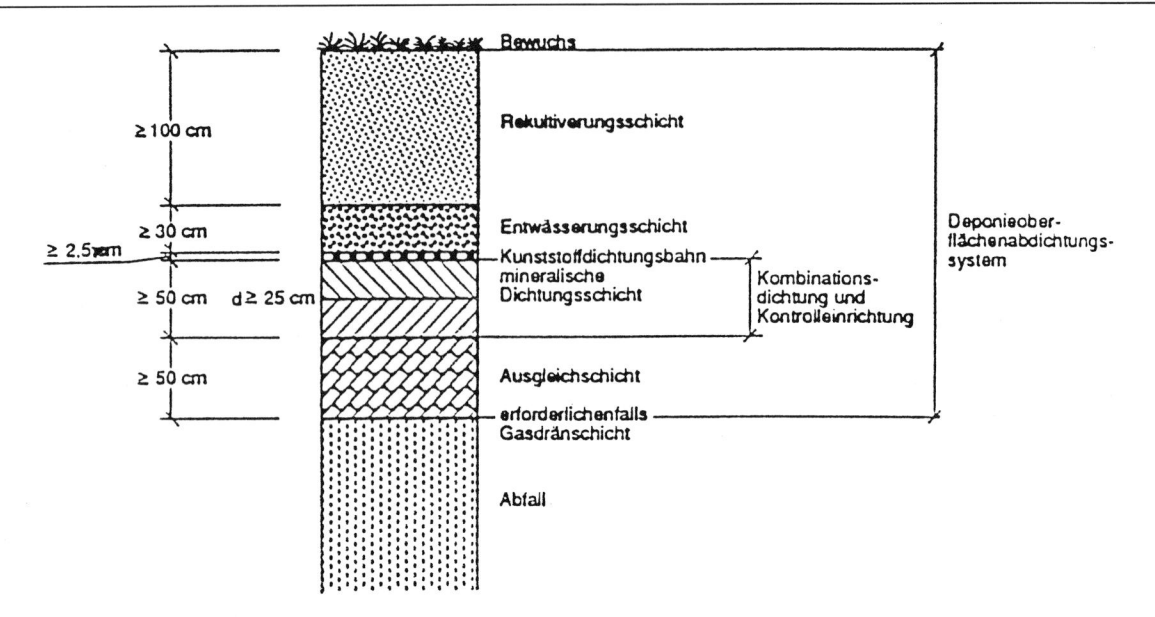

Bild 2: Deponieoberflächenabdichtungssystem

Die konsequente Verwirklichung der beschriebenen Zielsetzung macht weitere Kapazitäten für die Sonderabfallverbrennung notwendig. Die Umweltminister in der Bundesrepublik haben dies erkannt und eine beschleunigte Realisierung gefordert. Auch die chemisch-physikalische Behandlung von Abfällen muß extensiver und mit intelligenteren Methoden am Ort der Entstehung von Abfällen oder Reststoffen erfolgen. Zwangsläufig lösen diese Anforderungen einen Innovationsschub für Kreislauftechniken und andere Möglichkeiten der Verminderung von Abfällen und Schadstoffen in Abfällen oder deren umweltverträgliche Verwertung aus. Ein gewollter Effekt.

Die geforderten Kombinationsdichtungen für Deponiebasis und -oberfläche sind in der Praxis erprobt. Die Anforderungen an die Qualitätssicherung und -kontrolle für die zu verwendenden Dichtungswerkstoffe und -materialien sind ebenfalls mit Erfolg in der Bautechnik durchgeführt worden (Anhang E). Dies gilt auch für die vorgeschlagene Deponieentwässerung.

Allerdings zeichnen sich bei dem schnell wachsenden Fortschritt auf dem Gebiet der Materialtechnik und der bautechnischen Anwendungsmöglichkeiten schon jetzt gleichwertige Alternativen ab. Um den Stand der Technik in einer TA-Abfall nicht in einen Stillstand festzuschreiben, hat die Arbeitsgruppe „Sonderabfalldeponie" eine Dynamisierungsformel vorgeschlagen. Danach kann bei Zustimmung einer Fachkommission beim Umweltbundesamt (mit Vertretern dieses Amtes, der Bundesanstalt für Materialforschung und -prüfung, der Hochschulen, der Industrie und der Länder) von den Festlegungen der TA-Abfall abgewichen werden. Die Bundesregierung ist dem weitgehend gefolgt. Nr. 2.4 enthält entsprechende Ausnahmeregelungen.

Über diese beschriebenen, aufgrund von Plausibilitätsnachweisen nachvollziehbaren Sicherheitsaussagen hinaus, wäre es empfehlenswert, neue Anlagen durch Input-Outputbilanzen mit fortlaufender Aufzeichnung und Dokumentation über die systematische Kontrolle der Barrierefunktion zu begleiten. Aus diesem Grund werden für die TA-Abfall auch entsprechende Vorschriften zur Eigenkontrolle, die Nachsorgekontrolle und die Dokumentation gemacht.

4. Auswirkungen der TA-Abfall auf die Situation der Abfallablagerung

Der Teil 2 der TA-Abfall (Sonderabfalldeponie) ist mit der VwV vom 17. 12. 1990 als Änderungsvorschrift der 2. VwV zum AbfG am 17. 12. 1990 verkündet worden und am 1. 4. 1991 in Kraft getreten.

Die Altanlagen- und übergangsregelung nach Nr. 11 und 12 sind für die Übergangsphase im Interesse der Entsorgungssicherheit unverzichtbar.

Während der Bund eine restriktive Fassung auch für Übergangs- und Altanlagenregelungen verfolgte, befürchteten die Länder und Industrieverbände ein noch größeres Vollzugsdefizit bei zunehmenden Entsorgungsengpässen.

Selbst ein umwelttechnisch noch vertretbarer Verbund über Ländergrenzen oder Export wird gesamtpolitisch infrage gestellt. Wie lange die wenigen noch benutzbaren Deponien in Frankreich für die Bundesrepublik noch zur Verfügung stehen, bleibt ebenfalls ungewiß.

Als für andere Länder auch verfügbare Sonderabfalldeponien sind in der Bundesrepublik nur Billigheim, Baden-Württemberg, Hoheneggelsen nach erfolgter Erweiterung und Schönberg, Mecklenburg bekannt. Die Zulassung für Abfälle, die nicht aus dem jeweiligen Bundesland stammen, ist vom Verfahren langwierig und von der Menge begrenzt. Die Einschränkungen nach Abfallarten sind bei den neuen Zulassungsbedingungen schon weitgehend an die künftigen Anforderungen angepaßt. Bedenken wir, daß Baden-Württemberg seine bisherigen Exportmengen im Rahmen dieser Zulassungsbedingungen auf die Deponie Billigheim umlenkt und in Hoheneggelsen die spezielle Ablagerungstechnik in sogenannten Ringschächten nur zeitabhängig mit verhältnismäßig geringer Herrichtungskapazität abschnittsweise Deponieraum erschließen kann, sind die Mitbenutzungschancen äußerst gering. In Billigheim beträgt das Erweiterungsvolumen weniger als 1 Mio. m³.

Grenzen wir das Thema auf die künftig nach § 2 Abs. 2 AbfG überwachungsbedürftigen Abfälle ohne die Massenabfälle ein, so kann aufgrund der abschätzbaren Deponielaufzeiten und des jetzt schon vorhandenen Fehlbedarfs für die nächsten fünf Jahre ein zusätzlicher Kapazitätsbedarf von mindestens 5 Millionen m³ angenommen werden. Der jetzt vorhandene Fehlbedarf läßt sich an den Exportdaten ablesen, allein für die Deponie Schönberg sind dies rd. 400.000 t/a. Weitere 200.000 t/a abzulagernder Sonderabfälle sind in den Exportdaten erfaßt. Der Rest wird noch irgendwie verteilt. Die abzulagernde Gesamtmenge der Abfälle nach § 2 Abs. 2 AbfG (wiederum ohne Massenabfälle) kann mit rd. 2 Millionen Jahrestonnen unterstellt werden. Für die nächsten 10 Jahre bis zum Jahre 2000 sind also in der Bundesrepublik Deponiekapazitäten, die den Anforderungen der TA-Abfall entsprechen, von etwa 20 Millionen m³ vorzuhalten. Höchstens 10 bis 20 % dieses Deponievolumens dürften in 2 bis 3 Anlagen vorhanden sein.

Diese Annahmen setzen aber voraus, daß alle stofflichen Anforderungen an die Ablagerung erfüllt werden, d. h. genügend Entsorgungsanlagen zur thermischen und chemisch-physikalischen Behandlung zur Verfügung stehen. Das Defizit für die thermische Behandlung von

Sonderabfällen nach dem Standard der TA-Abfall beläuft sich in 1990 allein auf mindestens 600.000 t/a, in Hessen liegt es bei mindestens 50.000 t/a.

Dabei bleiben thermische Bodenbehandlungsmaßnahmen unberücksichtigt. Niemand kann z. Zt. sagen, in welchem Umfang chemische, mikrobielle und hydraulische Verfahren zur Altlastensanierung in onsite-Verfahren entlastend in Ansatz gebracht werden können.

Ungewiß ist auch der Umfang der stofflichen Verwertung von Rückständen aus der Rauchgasreinigung, die einen erheblichen Anteil des ober- und unterirdisch abzulagernden Volumens ausmachen. Allerdings nimmt hier die Verwertungsrate erfreulich zu.

Allein die Rückstände aus den vorhandenen 49 Anlagen und den wenigen Sonderabfallverbrennungsanlagen werden ohne Schlacken und Kesselasche entsprechend dem Ausbaugrad der Luftreinhaltungsmaßnahmen bis 1995 bei etwa 950.000 t/a liegen.

Neuerdings bestehen auch hier gute Aussichten, diese Reststoffe als Zuschlagstoffe für Baustoffe untertage einzusetzen.

Aus diesem Anteil, der nicht in die genannte Bedarfsplanung für oberirdische Deponien einbezogen wurde und anderen Massenabfällen, die nur noch abgelagert werden können, errechnet sich ein nicht unerheblicher Bedarf an zusätzlicher Ablagerungskapazität, dem nur durch die Einrichtung von Monodeponien **und** zusätzlichen Untertagekapazitäten vom Typ Herfa-Neurode und Heilbronn Rechnung getragen werden kann.

Vergegenwärtigen wir uns noch einmal den Ist-Zustand, so wird deutlich, daß wir – in Abhängigkeit von den UVP-Erkenntnissen oder Widerständen an potentiellen Deponiestandorten nach den Maßstäben der TA-Abfall noch längere Zeit (sicher erheblich mehr als fünf Jahre) mit Übergangsmaßnahmen und Altanlagenregelungen leben müssen.

Eine verantwortungsvolle Umweltpolitik darf bei dieser Situation nicht den Anschein erwecken, daß wir ganz ohne Verbund wahrscheinlich auch nicht ohne Export auskommen. Ein politisch attraktiver Exportverzicht bedeutet für längere Zeiträume leider noch immer eine Problemverlagerung.

Die Situation macht, ohne das weitere Ausführungen hierzu notwendig wären, deutlich, daß sog. Hochlager überhaupt keine Lösung darstellen. Vor diesem Hintergrund wäre es unverantwortlich, nachgerüstete Deponien wie Schönberg mit einer ausgezeichneten geologischen Barriere unter vordergründigen gesamtpolitischen Erwägungen ins Abseits zu diskutieren. Damit würde auch den dort sichtbaren (technischen) Bemühungen für eine Angleichung an die erforderlichen Standards Unrecht getan. Gesamtdeutsche Umweltpolitik darf auch nicht verkennen, daß es außer Schönberg und einer Untertagedeponie keinen verfügbaren Deponieraum nach vertretbaren Gesichtspunkten in den östlichen Bundesländern gibt, wohl aber zusätzliche Abfallmengen. Der hier entstehende zusätzliche Bedarf kann derzeit noch nicht abgeschätzt werden.

Planung, Bau und Betrieb von Deponien nach TA Abfall

Von K. Stief[1])

1 Einleitung

Abfälle sollen künftig entsprechend den Anforderungen entsorgt werden, die in Technischen Anleitungen (TA Abfall) zum Abfallgesetz festgelegt werden.

Die Ermächtigung zum Erlaß der Technischen Anleitungen Abfall beruht auf dem § 4 Abs. 5 des Abfallgesetzes:

> Der Bund erläßt nach Anhörung der beteiligten Kreise mit Zustimmung des Bundesrates allgemeine Verwaltungsvorschriften über Anforderungen an die Entsorgung von Abfällen nach dem Stand der Technik, vor allem aber solcher im Sinne von § 2 Abs. 2. Hierzu sind auch die Verfahren der Sammlung, Behandlung, Lagerung und Ablagerung festzulegen, die in der Regel eine umweltverträgliche Abfallentsorgung gewährleisten.

Im § 2 Abs. 2 AbfG wird folgendes geregelt:

> An die Entsorgung von Abfällen aus gewerblichen oder sonstigen wirtschaftlichen Unternehmen oder öffentlichen Einrichtungen, die nach Art, Beschaffenheit oder Menge in besonderem Maße gesundheits-, luft- oder wassergefährdend, explosibel oder brennbar sind oder Erreger übertragbarer Krankheiten enthalten oder hervorbringen können, sind nach Maßgabe dieses Gesetzes zusätzliche Anforderungen zu stellen. Abfälle im Sinne von Satz 1 werden von der Bundesregierung durch Rechtsverordnung mit Zustimmung des Bundesrates bestimmt.

In der Verordnung zur Bestimmung von Abfällen nach § 2 Abs. 2 des Abfallgesetzes (Abfallbestimmungsverordnung – AbfBestV) wird von der Bundesregierung u. a. folgendes verordnet (AbfBestV, 1990):

> **§ 1 Besonders überwachungsbedürftige Abfälle**
>
> (1) Die in der Anlage zu dieser Verordnung in Spalte 1 durch einen fünfstelligen Abfallschlüssel gekennzeichneten und in Spalte 2 genannten Abfallarten sind Abfälle im Sinne des § 2 Abs. 2 des Abfallgesetzes (besonders überwachungsbedürftige Abfälle) soweit sie aus gewerblichen oder sonstigen wirtschaftlichen Unternehmen oder öffentlichen Einrichtungen, insbesondere aus den in Spalte 3 aufgeführten Betrieben, Betriebsteilen, Herstellungs-, Bearbeitungs- oder Anwendungsvorgängen stammen.

Die TA Abfall, Teil 1 trat am 1. April 1991 in der geänderten Fassung vom 28.12.1990 in Kraft. Sie umfaßt Anforderungen zur Lagerung, chemisch/physikalischen und biologischen Behandlung, Verbrennung und Ablagerung von **besonders überwachungsbedürftigen Abfällen** (TA Abfall, 1990).

In einer TA Siedlungsabfall werden Anforderungen an die Entsorgung von Siedlungsabfällen gestellt werden. Eine große Reihe der grundsätzlichen Anforderungen, die für die Ablagerung besonders überwachungsbedürftiger Abfälle gelten, werden auch für Siedlungsabfälle Anwendung finden.

2 Anforderungen an Deponien
2.1 Begriffe

Deponie
Abfallentsorgungsanlage, in der Abfälle abgelagert werden.

Altdeponien
Deponien, deren Errichtung und Betrieb zum Zeitpunkt des Inkrafttretens der TA Abfall zugelassen sind.

Monodeponie
Oberirdische Deponie oder Untertagedeponie oder ein gesonderter Bereich einer Deponie, in der Abfälle, die aus einem definierten Produktions-, Abwasserbehandlungs-, Abgasreinigungsverfahren oder aus der Altlastensanierung stammen oder die nach Art und Reaktionsverhalten vergleichbar sind, zeitlich unbegrenzt abgelagert werden.

2.2 Ausnahmeregelungen

In einer Verwaltungsvorschrift, die bundesweit Gültigkeit haben soll, können nie alle möglichen Fälle berücksichtigt werden. Dafür sind Ausnahmeregelungen vorgesehen:

> Die zuständige Behörde kann Abweichungen von den Anforderungen der Technischen Anleitungen zulassen, wenn im Einzelfall der Nachweis erbracht wird, daß durch andere geeignete Maßnahmen das Wohl der Allgemeinheit – gemessen an der Anforderungen dieser Technischen Anleitung – nicht beeinträchtigt wird.

2.3 Sicherheitsleistungen

Durch Sicherheitsleistungen soll erreicht werden, daß auch nach der Stillegung einer Abfallentsorgungsanlage, also auch einer Deponie, finanzielle Mittel zur Verfügung stehen um eine Anlage ‚in Ordnung' zu bringen. Entsprechende Regelungen, die nicht ausschließlich auf Deponien beschränkt sind, finden sich bereits im AbfG.

Im AbfG § 8 Abs. 2 wird bestimmt: Die zuständige Behörde kann in der Planfeststellung oder in der Genehmigung verlangen, daß der Inhaber einer Abfallentsorgungsanlage für die Rekultivierung sowie zur Verhinderung oder Beseitigung von Beeinträchtigungen des Wohls der Allgemeinheit nach Stillegung der Anlage Sicherheit zu leisten hat.

Die Praxis zeigt, daß die gesetzlichen Möglichkeiten zu wenig genutzt wurden.

Deshalb werden besondere Anforderungen an die Sicherheitsleistungen zusätzlich in den Technischen Anleitungen geregelt:

> Hat der Inhaber einer Abfallentsorgungsanlage gemäß § 8 AbfG Abs. 2 ... Sicherheit zu leisten, soll diese Forderung in der Regel der Zulassung der Anlage als Bedingung beigefügt werden. Eine nachträgliche Änderung der Sicherheitsleistung kann im Zulassungsbescheid vorbehalten werden.

Bei Festlegung der Höhe der Sicherheitsleistung im Zulassungsbescheid sind insbesondere folgende Gesichtspunkte heranzuziehen:

a) Gefährdungspotential der Anlage nach Lage, Art und Größe jeweils unter Berücksichtigung der nach dieser Technischen Anleitung (TA Abfall, Teil 1) sowie weiteren Regelungen zu treffenden Sicherheitsvorkehrungen und vorzunehmenden Sicherheits- und Langzeitbetrachtungen.

b) Kosten für Maßnahmen nach Stillegung der Anlage, insbesondere für
  – Abschlußarbeiten (z. B. Sicherheitsvorkehrungen, Rückbau)
  – Rekultivierung
  – Nachsorge

c) Möglichkeiten der nachträglichen Änderung der Sicherheitsleistung aufgrund der Auswertung von Überwachungsergebnissen während des Betriebes.

Die Tatsache, daß Deponien abschnittsweise verfüllt werden, kann dadurch berücksichtigt werden, daß:

a) Die Erbringung der Sicherheitsleistungen abschnittsweise, insbesondere bei Anlagen zur Ablagerung von Abfällen möglich ist;

b) Die Sicherheitsleistung freizugeben ist, soweit der Sicherungszweck erfüllt ist. Die Freigabe kann auch abschnittsweise erfolgen.

2.4 Zuordnungskriterien

Wesentlichen Einfluß auf das Verhalten von Deponien, die unter Berücksichtigung der TA Abfall eingerichtet werden, sind von den Kriterien für die Zuordnung von Abfällen zu Deponien zu erwarten.

Durch die TA Abfall wird bestimmt, daß Abfälle, die nachweislich nicht verwertet werden können, einer Anlage zur Behandlung oder Ablagerung zu geordnet werden müssen. Für die besonders über-

---
[1]) Wiss. Direktor Dipl.-Ing. Klaus Stief. Umweltbundesamt Berlin

wachungsbedürftigen Abfälle ist in Anhang C der TA Abfall, Teil 1 mit dem Abfallkatalog eine Orientierungshilfe für die Zuordnung zu den Entsorgungswegen, also auch zu Deponien, gegeben.

Die endgültige Zuordnung eines Abfalls zu einer bestimmten Abfallentsorgungsanlage hat aufgrund der Abfalleigenschaften und der Zulassung der Abfallentsorgungsanlage zu erfolgen.

Grundsätzlich gilt, daß Abfälle der oberirdischen Deponie zugeordnet werden können, wenn unter Beachtung der allgemeinen Anforderungen die Zuordnungswerte eingehalten werden. Bei nicht ausreichender Festigkeit kann eine Verfestigung zur Einhaltung dieses Zuordnungswertes zulässig sein.

Außer den allgemeinen Anforderungen an die Abfalleigenschaften und den Zuordnungswerten sind folgende Kriterien zu beachten:

a) Abfälle dürfen nur dann abgelagert werden, wenn von ihnen keine erheblichen Geruchsbelästigungen für die Nachbarschaft ausgehen,

b) Abfälle, bei denen aufgrund der Herkunft oder Beschaffenheit durch die Ablagerung wegen ihres signifikanten Gehaltes an toxischen, langlebigen oder bioakkumulierbaren organischen Stoffen (z. B. organischer Halogenverbindungen, organische Phosphorverbindungen) eine Beeinträchtigung des Wohls der Allgemeinheit zu besorgen ist, sind grundsätzlich nicht einer oberirdischen Deponie zuzuordnen.

c) Bei Überschreitung des Zuordnungswertes, durch den der organische Anteil in den Abfällen begrenzt werden soll (Glühverlust des Trockenrückstandes der Originalsubstanz) kann eine oberirdische Ablagerung zugelassen werden, wenn in Verbindung mit zusätzlichen Angaben der Nachweis erbracht wird, daß der Abfall unter Ablagerungsbedingungen zu keinen Reaktionen führt, durch die Schadstoffe in erhöhtem Maße freigesetzt werden können, oder nachgewiesen wird, daß die Überschreitung nicht auf den Gehalt an organischem Kohlenstoff zurückzuführen ist.

Abfälle, die die Zuordnungswerte für
– Festigkeit
– Extrahierbare lipophile Stoffe
– Chrom VI
– Cyanide, leicht freisetzbar
– Nitrit
– AOX
– wasserlöslicher Anteil

nicht einhalten, sollen der chemisch/physikalischen oder biologischen Behandlung zugeordnet werden.

Für Abfälle, die die Zuordnungswerte Chrom VI, leich freisetzbare Cyanide, Nitrit, oder den wasserlöslichen Anteil an der Originalsubstanz (Abdampfrückstand) nicht einhalten, ist alternativ eine Zuordnung zur Ablagerung in Untertagedeponien zu prüfen.

Abfälle, die die Zuordnungswerte

– Glühverlust des Trockenrückstandes der Originalsubstanz (soweit organischer Kohlenstoff)
– Extrahierbare lipophile Stoffe
– Phenole
– AOX

überschreiten oder Abfälle mit einem signifikanten Gehalt an toxischen, langlebigen oder bioakkumulierbaren Stoffen sollen der Verbrennung zugeordnet werden.

2.5 Aufbau des Deponiekörpers

Von wesentlicher Bedeutung für das Deponieverhalten ist der Aufbau des Deponiekörpers. Allerdings sind die Abhängigkeiten nicht so ausreichend genau bekannt, daß man das Deponieverhalten von Mischdeponien gezielt beeinflussen könnte.

Der Aufbau des Deponiekörpers ist von Deponie zu Deponie unterschiedlich, weil die Art und die Menge der Abfälle verschieden ist, und weil auch die zeitliche Verteilung der Anlieferung der verschiedensten Abfallarten unterschiedlich ist. Deshalb können in einer TA Abfall auch nur grundsätzliche Anforderungen an den Aufbau des Deponiekörpers gestellt werden, die aber trotzdem wesentlich zur Verbesserung von Deponien und der Vergleichbarkeit des Deponieverhaltens beitragen werden.

Der Deponiekörper ist so aufzubauen, daß keine nachteiligen Reaktionen der Abfälle untereinander oder mit dem Sickerwasser erfolgen. Erforderlichenfalls sind getrennt entwässerte Bereiche für bestimmte Abfälle vorzuhalten.

Grundsätzlich ist anzustreben, den Deponiekörper abschnittsweise so aufzubauen, daß eine möglichst zügige Verfüllung der einzelnen Abschnitte erfolgt und das Deponieoberflächenabdichtungssystem unverzüglich eingebaut werden kann.

Der Einbau der Abfälle hat so zu erfolgen, daß langfristig nur geringe Setzungen des Deponiekörpers zu erwarten sind.

Der Deponiekörper ist so aufzubauen, daß seine Stabilität sichergestellt ist.

Der Deponiekörper muß in sich selber und in bezug auf seine Umgebung mechanisch stabil hergestellt werden. Bei der Deponieplanung ist das Stabilitätsverhalten des Deponiekörpers durch rechnerische Annahmen zu prognostizieren. Diese Annahmen sind auf der Grundlage des Betriebsplanes alle 2 Jahre zu überprüfen. Die Ergebnisse sind den Jahresauswertungen der Eigenkontrollen beizufügen.

Die Abfälle sind hohlraumarm und verdichtet einzubauen.

Staubförmige oder geruchsintensive Abfälle sind so abzulagern, daß von ihnen keine erheblichen Emissionen ausgehen. Besser wäre es allerdings Abfälle so vorzubehandeln, daß auf der Deponie keine Stäube verweht und von den Abfällen keine Gerüche ausgehen können.

Abfälle, die von sich aus, in Verbindung mit Wasser oder durch Reaktionen mit anderen Abfällen exotherm reagieren können, so einzubauen, daß sie an der Deponiebasis keine Temperaturen von mehr als 25° C hervorrufen, um Schäden an den Deponiebasisabdichtungssystemen vorzubeugen. Auch hier wäre es besser, die Abfälle durch Behandlung vor der Ablagerung ausreagieren zu lassen.

2.6 Sickerwasserbehandlungsanlage

In der TA Abfall werden keine Anforderungen an die Sickerwasserbehanldung gestellt.

Die jeweils zuständige Behörde hat im Rahmen des Zulassungsverfahrens die Ablaufwerte der Sickerwasserbehandlungsanlage festzulegen. Für die Auswahl des Sickerwasserbehandlungsverfahrens bei Deponien für besonders überwachungsbedürftige Abfälle ist im Anhang F der TA Abfall, Teil 1 eine Orientierungshilfe gegeben.

2.7 Sickerwasserverminderung

Große Bedeutung kommt der Sickerwasserverminderung in der Betriebsphase zu, weil die Sickerwässer aus Deponien in der Regel so mit Schadstoffen belastet sein werden, daß sie vor der Ableitung in ein Gewässer behandelt werden müssen. Sowohl die Behandlung selbst, als auch die Entsorgung der Behandlungsrückstände verursachen hohe Kosten.

Folgende Anforderungen an die Sickerwasserverminderung werden in der TA Abfall, Teil 1 gestellt:

Beim Aufbau des Deponiekörpers ist die Sickerwasserbildung zu minimieren. Dazu sind alle Flächen auf dem Deponiekörper, auf die noch kein Deponieoberflächenabdichtungssystem aufgebracht wurde, zu überdachen oder abzudecken, soweit nicht eine Anfeuchtung des Abfalls aus technischen oder betrieblichen Gründen erforderlich ist.

Bei der Überdachung darf das Deponiebasisabdichtungssystem durch Stützen oder Fundamente des Daches nicht beschädigt oder unzulässig beansprucht werden. Dies ist rechnerisch nachzuweisen.

Die Abdeckung kann befristet oder dauerhaft erfolgen.

Soweit die Abdeckung auf Dauer im Deponiekörper verbleibt, ist bei der weiteren Ablagerung auf dieser Einbaufläche zu beachten, daß

a) die Stabilität des Deponiekörpers sichergestellt ist,

b) die kontrollierte Sickerwasserableitung aus dem Deponiekörper sichergestellt ist und

c) die kontrollierte Gasfassung und -ableitung aus dem Deponiekörper sichergestellt sind, sofern im Rahmen von Eigenkontrollen signifikante Gaskonzentrationen gemessen werden.

Auch bei sogenannten Bioreaktordeponien, d.s. Deponien in denen biologische Abbauprozesse stattfinden können, z.B. herkömmliche Hausmülldeponien, Klärschlammdeponien, ist die Sickerwasserverminderung wünschenswert, wenngleich die Zuführung von Wasser zur Förderung der biologischen Abbauprozesse notwendig ist. Wegen der unakzeptablen Unsicherheiten bezüglich der bio-chemischen Abbauprozesse im Deponiekörper, sollen künftig Deponien nicht mehr als Bioreaktordeponien konzipiert werden.

Alle thermisch und biologisch abbaubaren Anteile in den Abfällen sollen weitestgehend vor der Ablagerung durch Vorbehandlungsmaßnahmen entfernt werden.

Deponien für andere Abfälle als besonders überwachungsbedürftige Abfälle werden sich hinsichtlich der Anforderungen an die Sickerwasserverminderung zu orientieren haben

– am Gefährdungspotential der Schadstoffe in den abgelagerten Abfällen,

– an den Möglichkeiten zur Mobilisierung der Schadstoffe aus den abgelagerten Abfällen,

– an dem Kostenvergleich zwischen Maßnahmen zur Sickerwasserverminderung und Maßnahmen zur Sickerwasserbehandlung einschließlich der Rückstandsentsorgung.

2.8 Gas

Die Bildung von Deponiegas wird eigentlich nicht erwartet, wenn der Zuordnungswert für den organischen Anteil der Abfälle (bestimmt als Glühverlust) 10 % oder geringer ist. Da eine Gasbildung nicht ausgeschlossen werden kann, wird gefordert, daß Gasemissionen und Geruchsemissionen in der Betriebsphase regelmäßig gemessen werden müssen. Außerdem wird verlangt, daß in der Nachbetriebsphase ggf. die Funktionstüchtigkeit der Gasdränschicht regelmäßig zu kontrollieren ist.

Die Durchführung der Deponiegasmessungen hat nach dem ‚Meßprogramm zur Ermittlung des Massenkonzentration relevanter Schadstoffe im Deponiegas und im Abgas von Deponiegasverbrennungsanlagen' (Umweltplanung, Arbeits- und Umweltschutz, Schriftenreihe der Hessischen Landesanstalt für Umwelt, Wiesbaden, Heft Nr. 88, 1989) zu erfolgen.

Die Geruchsemissionen werden entsprechend den VDI Richtlinien VDI 3881 Blatt 1 (Ausgabe Mai 1986), Blatt 2 (Ausgabe Januar 1987), Blatt 3 (Ausgabe November 1986) bestimmt.

Sofern im Rahmen der Eigenkontrollen signifikante Gaskonzentrationen gemessen werden, sind geeignete Einrichtungen zur Fassung, Ableitung und Behandlung des anfallenden Gases einzusetzen.

2.9 Deponieabdichtungssysteme

Kombinationsdichtungen, bei denen Kunststoffdichtungsbahnen direkt auf tonmineralische Dichtungsschichten so verlegt werden müssen, daß unter Auflast ein großflächiger Preßverbund entstehen kann, sind in der TA Abfall die Regelabdichtungen (Bild 1).

Um eine Weiterentwicklung des Standes der Technik zu fördern, bzw. die Anwendung gleichguter technischer Lösungen nicht zu behindern, wird festgelegt, daß von den Anforderungen an die Kombinationsdichtungen der TA Abfall abgewichen werden kann, wenn nachgewiesen wird, daß das Alternativsystem gleichwertig ist.

Für Mineralstoffdeponien kann an einfache mineralische Abdichtungen gedacht werden, wenn die Basisabdichtung praktisch nur eine Kontrollfunktion haben soll.

Qualitätssicherungsplan

Mängel bei Deponieabdichtungssystemen sind erfahrungsgemäß Qualitätsmängel, die durch die Bauausführung bedingt sind. Deshalb haben Anforderungen an die Qualitätssicherung große Bedeutung.

In der TA Abfall wird verlangt, daß vor der Herstellung der Deponieabdichtungssysteme ein Qualitätssicherungsplan aufzustellen ist. In den Qualitätssicherungsplänen sind die speziellen Elemente der Qualitätssicherung, sowie die Zuständigkeiten, sachliche Mittel und Tätigkeiten so festzulegen, daß die im einzelnen festgelegten Qualitätsmerkmale der Deponieabdichtungssysteme eingehalten werden.

Bereits jetzt hat sich durchgesetzt, daß im Zusammenhang mit der Qualitätsüberwachung und -prüfung drei voreinander unabhängige Funktionen unterschieden werden:

– Eigenprüfung des Herstellers.

– Fremdprüfung durch Dritte im Einvernehmen mit der zuständigen Behörde, z.B. durch ein externes Ingenieurbüro bzw. Institut,

– Überwachung durch die zuständige Behörde.

In der Praxis hat sich auch weitgehend durchgesetzt, daß die Herstellbarkeit der mineralischen Dichtungsschicht unter Baustellenbedingungen an Versuchsfeldern nachzuweisen ist. Die Ergebnisse der Feldversuche werden dann auch Bestandteil des Qualitätssicherungsplans.

Für Kunststoffdichtungsbahnen dürfen nur qualitativ hochwertige Materialien verwendet werden, die nach den Regeln der Technik verlegt werden müssen.

Grundsätzlich wird gefordert, daß für Abdichtungsmaßnahmen an Deponien nur **zugelassene** Kunststoffdichtungsbahnen verwendet wer-

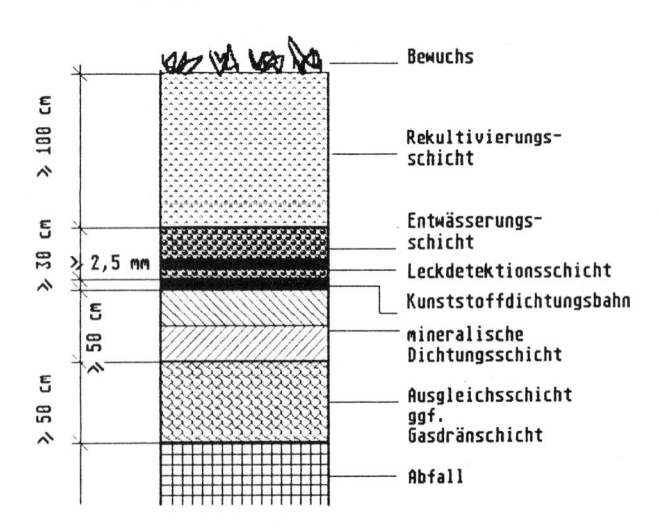

Bild 1:

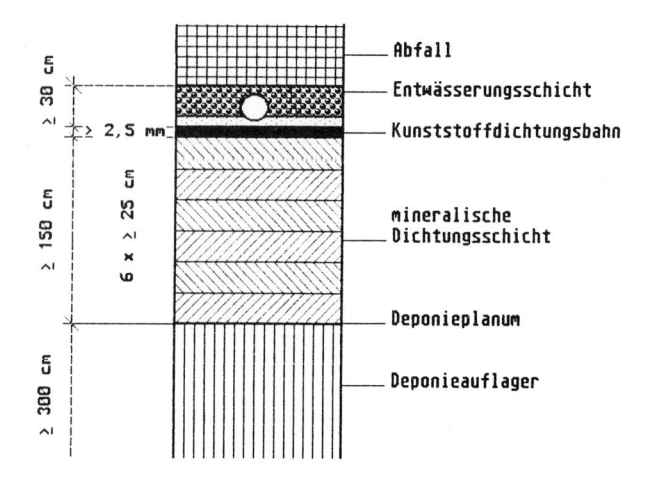

Bild 2:

den dürfen. Außerdem muß die Eignung der Kunststoffdichtungsbahnen für den speziellen Anwendungsfall nachgewiesen sein.

Deponiebasisabdichtungssysteme

Als Deponiebasisabdichtungssysteme werden einfache Kombinationsdichtungen (ohne Leckdetektionsschicht) gefordert, bei denen die mineralischen Dichtungsschichten einen Gesteinsdurchlässigkeitsbeiwert von k-Wert $\leq 5 \times 10^{-10}$ m/s haben. Für die verschiedenen Deponieklassen werden unterschiedliche Dicken für die mineralischen Dichtungsschichten, entsprechend dem unterschiedlichen Gefährdungspotential der abgelagerten Abfälle gefordert. Die Dicke der mineralischen Dichtungsschicht bei Deponien für besonders überwachungsbedürftige Abfälle muß mindestens 1,50 m betragen.

Kunststoffdichtungsbahnen müssen mindestens 2,5 mm dick sein.

Im Zusammenhang mit den Deponieabdichtungssystemen sind die folgenden Anforderungen besonders herauszuheben:

Auflastbedingte Verformungen des Dichtungsauflagers dürfen die Funktionstüchtigkeit der Deponieabdichtungssysteme nicht nachteilig beeinträchtigen. Hierzu sind die Setzungen und Verformungen zu berechnen.

Die Verformungen des Deponiebasisabdichtungssystems sind in der Betriebsphase in jährlichen Intervallen mit Hilfe durchgehender Höhenvermessungen der Sickerrohre im Entwässerungssystem zu kontrollieren. Die gemessenen Verformungen sind mit den Ergebnissen der Setzungs- und Verformungsberechnungen zu vergleichen.

Ebenso sind in jährlichen Intervallen (bis zu einer Abfallschütthöhe von 2 m vierteljährlich) durchgehende Kamerabefahrungen der Sickerrohre durchzuführen.

Betonenswert ist auch, daß im Deponiebasisabdichtungssystem jährlich durchgehende Temperaturprofile in den Sickerrohren aufzunehmen sind. Das ist sowohl für die Beurteilung der Beanspruchung von Sickerrohren aus Kunststoffen als auch für Kunststoffdichtungsbahnen von großer Bedeutung.

Schwachstellen in Deponiebasisabdichtungssystemen sind immer Rohrdurchdringungen. Es wird deshalb gefordert, daß Rohrdurchdringungen des Dichtungssystems im Böschungsbereich kontrollierbar und reparierbar auszuführen sind.

Deponieoberflächenabdichtungssysteme

Die einzige Möglichkeit für die Sickerwasserbildung bei Deponien ist die Infiltration von Niederschlägen in den Deponiekörper, wenn der Standort so gewählt wurde, daß das Deponieplanum mind. 1 m über dem höchsten Grundwasserspiegel und kein Fremdwasser dem Deponiekörper zufließen kann. Deshalb kommt für alle Deponietypen den Deponieoberflächenabdichtungssystemen sehr große Bedeutung zu.

Für Deponieoberflächenabdichtungssysteme wird in der TA Abfall, Teil 1 gefordert, daß die so auszuführen sind, daß Undichtigkeiten für die Dauer der Nachsorge lokalisiert und repariert werden können. D. h. in irgendeiner Form muß eine Leckdetektion möglich sein. Diese Forderung wird auch bei anderen Deponieklassen erfüllt werden müssen, wenn eine Sickerwasserbildung mit größtmöglicher Sicherheit ausgeschlossen werden soll.

Kontrollierbare und reparierbare Deponieoberflächenabdichtungssysteme erscheinen grundsätzlich sinnvoller als kontrollierbare Deponiebasisabdichtungssysteme.

Auch Deponieoberflächenabdichtungen sind in der Regel als Kombinationsdichtungen auf einer ausreichenden Tragschicht auszuführen. Die Dicke der mineralischen Dichtungsschichten muß mindestens 50 cm betragen, die Dicke der Kunststoffdichtungsbahnen mindestens 2,5 mm.

2.10 Eigenkontrollen

Die dokumentierten und nachprüfbaren Erfahrungen, die in den vergangenen Jahren und Jahrzehnten an Deponien gesammelt wurden, sind recht dürftig. Eine generelle zwingende Verpflichtung zur Durchführung von Eigenkontrollen, zur Dokumentation und Auswertung der Ergebnisse gab es nicht. Deshalb sind auch insbesondere die Kenntnisse über das Verhalten von Deponien oder Müllabladeplätzen, die in den letzten 10 bis 20 Jahren, und erst recht noch in den Jahren davor, entstanden sind, ungenügend. Diese Tatsache wird besonders deutlich, wenn man vor der Aufgabe steht Altlastverdachtsflächen aus der Ablagerung von Abfällen zu bewerten.

In der TA Abfall werden Eigenkontrollen, die Dokumentation und die Auswertung der Ergebnisse ausdrücklich gefordert. Es wird konkret bestimmt, was, wie, wie oft gemessen werden muß.

Durch Eigenkontrollen des Deponiebetreibers oder einer von ihm beauftragten Stelle ist nachzuweisen, daß die Anforderungen an das Deponieverhalten eingehalten werden, und ein bestimmungsgemäßer Deponiebetrieb sowie die Funktionstüchtigkeit der Deponieabdichtungssysteme sichergestellt sind.

Um die Voraussetzungen für die Eigenkontrollen zu schaffen, wird verlangt, daß mindestens die folgenden Meß- und Kontrolleinrichtungen vorzuhalten und in regelmäßigen Abständen auf ihre Funktionsfähigkeit hin zu überprüfen sind:

- **Grundwasserüberwachungssystem** mit mindestens einer Meßstelle im Grundwasseranstrom und mindestens 4 Meßstellen im Grundwasserabstrombereich der Deponie,
- Meßeinrichtungen zur Überprüfung der **Setzungen** und **Verformungen** der **Deponieabdichtungssysteme** und des **Deponiekörpers**,
- Meßeinrichtungen für die **meteorologische Datenerfassung** (Niederschlag, Temperatur, Wind, Verdunstung)

Eigenkontrollen müssen während der **Betriebsphase** und in der **Nachsorgephase** entsprechend den Anforderungen durchgeführt **und ausgewertet** werden.

Die Auswertung der Daten soll in der Betriebsphase monatlich und jährlich, in der Nachsorgephase jährlich erfolgen.

Bei der Jahresauswertung sind die gemessenen Daten insbesondere auch statistisch auszuwerten. Insbesondere sind folgende Zusammenhänge darzustellen:

- Sickerwassermenge – Niederschlagsmengen-Oberflächenabflußmengen-Verdunstungsmengen-Verfahren der Ablagerung
- Sickerwasserzusammensetzung – Inkrustation der Sickerrohre,
- Sickerwasserzusammensetzung und Verfahren der Ablagerung (Frachtenabschätzungen),
- Sickerwasserzusammensetzung – Auslaugungsverhalten des Deponiekörpers – Auslaugungsverhalten der Abfälle,
- Setzungen des Deponiekörpers – Verfahren der Ablagerung.

2.11 Erklärung zum Deponieverhalten

Die Kenntnisse über das Deponieverhalten älterer in Betrieb befindlicher und stillgelegter Deponien sind relativ ungenügend. Die Zeit, die vorhanden war, um Erfahrungen über den Einfluß der Deponietechnik auf das Deponieverhalten zu sammeln, ist weitgehend ungenutzt verstrichen. In der TA Abfall wird die Sammlung und Auswertung von Informationen über das Deponieverhalten verbindlich gefordert.

Das Deponieverhalten ist durch den zeitlichen Verlauf der Sickerwassermenge und -beschaffenheit und ggf. Gasemissionen, Temperaturentwicklung sowie durch das Setzungs- und Verformungsverhalten des Deponiekörpers zu dokumentieren.

Dabei ist der zeitliche Verlauf des Deponieverhaltens vom Beginn der Betriebsphase an darzustellen und mit den rechnerischen Annahmen für den Deponiekörper und ggf. den in der Planfeststellung getroffenen Annahmen zur Sickerwassermenge und -beschaffenheit sowie den Gasemissionen zu vergleichen.

Die Erklärungen zum Deponieverhalten werden auch im Zusammenhang mit der Schlußabnahme einer Deponie benötigt.

2.12 Abschluß der Deponie und Nachsorge

Deponien sind eigentlich erst ‚fertig', wenn sie verfüllt worden sind, wenn sie stillgelegt werden. Dann beginnt die (hoffentlich) ‚ewige' Aufbewahrung der Abfälle. Insofern könnte man die Betriebsphase der Deponie eigentlich noch zur Bauphase rechnen, obwohl nach heutigem Verständnis die Bauphase beendet ist, wenn der erste Müllwagen auf die Deponie rollen darf.

Die Beurteilung, ob eine Deponie so gut gelungen ist, wie man bei Beantragung der Plangenehmigung versprochen und bei Genehmigung der Anlage angenommen hat, kann eigentlich erst dann geprüft werden, wenn die Deponie ‚voll' ist. Dazu reicht aber nicht eine Ortsbesichtigung, sondern es müssen die Aufzeichnungen über den Bau der Deponie, über das Deponieverhalten in der Betriebsphase und die Prognosen über das Langzeitverhalten geprüft werden.

Nach Stillegung einer Deponie (oder eines Deponieabschnittes) sind die Oberfläche abzudichten und die Meß- und Kontrolleinrichtungen für die Datenerfassung in der Nachsorgephase herzurichten.

Um festzustellen, wie sich das Deponieverhalten entwickelt hat, und wie begründete Maßnahmen für die Nachsorgephase geplant und angeordnet werden können, wird im Rahmen einer **Schlußabnahme** im Zusammenhang mit der Stillegung einer Deponie in der TA Abfall gefordert, daß die in der Betriebsphase gemessenen, ausgewerteten und dokumentierten Daten noch einmal bewertet werden müssen.

Die zuständige Behörde hat eine Schlußabnahme durchzuführen und dabei folgendes zu berücksichtigen:

a) die jährlichen Erklärungen zum Deponieverhalten,

b) die Jahresauswertungen der Eigenkontrollen,

c) die Funktionstüchtigkeit der Deponieabdichtungssysteme und der Meß- und Kontrolleinrichtungen,

d) die Betriebspläne und die Bestandspläne.

Die Einsicht, daß Deponien herkömmlicher Art der **Nachsorge** bedürfen, ist zwar grundsätzlich schon lange vorhanden, allerdings ist sie erst richtig im Zusammenhang mit der Altlastenproblematik in das Bewußtsein der Verantwortlichen gedrungen. Oberirdische Deponien bedürfen der Nachsorge. In der Nachsorgephase sind insbesondere Langzeitsicherungsmaßnahmen und Kontrollen des Deponieverhalten durchzuführen und zu dokumentieren.

Die Nachsorgephase, d. i. die Phase nach der Stillegung der Deponie, muß im Grunde als eine Phase angesehen werden, die niemals zu Ende geht, weil das Gefährdungspotential von Deponien, z. B. durch Schwermetalle, niemals verschwindet.

In der TA Abfall, Teil 1 hat man einen anderen Ansatz gewählt:

> Die Kontrollen und Maßnahmen in der Nachsorgephase sind vom Deponiebetreiber im Rahmen der Eigenkontrollen ... solange durchzuführen, bis die zuständige Behörde ihn aus der Nachsorgepflicht entläßt.

Als Grundlage für diese Entscheidungen werden die jährlichen Erklärungen zum Deponieverhalten bzw. die dokumentierten und ausgewerteten Daten über das Deponieverhalten hervorragende Bedeutung erhalten.

2.13 Anforderungen an den Deponiestandort

Ein besonders schwieriges Problem ist die Auffindung und die Durchsetzung geeigneter Deponiestandorte. Zum einen fehlt die Akzeptanz durch die Bevölkerung der Standortgemeinden, die schwerwiegende Nachbarschaftsbeeinträchtigungen durch den Deponiebetrieb fürchten. Zum anderen erscheint es aus Vorsorgegründen erforderlich, Deponien nur an Standorten zu errichten, die geeignet sind die schnelle und weiträumige Ausbreitung von Schadstoffen im Untergrund zu verhindern, und die in Gebieten liegen, die wirtschaftlich von untergeordneter Bedeutung sind.

Der detaillierten Festlegung von bundeseinheitlichen Anforderungen an den Untergrund von Deponiestandorten sind enge Grenzen gesetzt, weil die geologischen und hydrologischen Gegebenheiten der unterschiedlichen Regionen Deutschlands nicht in Verwaltungsvorschriften berücksichtigt werden können.

In der TA Abfall werden deshalb nur allgemeine Anforderungen an Deponiestandorte festgelegt. Oberirdische Deponien für besonders überwachungsbedürftige Abfälle dürfen nicht errichtet werden in:

a) Karstgebieten und Gebieten mit stark klüftigem besonders wasserwegsamem Untergrund,

b) innerhalb von festgesetzten, vorläufig sichergestellten oder geplanten Trinkwasser- oder Heilquellenschutzgebieten sowie Wasservorranggebieten (Gebiete, die im Interesse der Sicherung der künftigen Wasserversorgung raumordnerisch ausgewiesen sind),

c) innerhalb eines festgesetzten, vorläufig sichergestellten oder geplanten Überschwemmungsgebietes.

Darüber hinaus sind eine Reihe von Gegebenheiten in den Planfeststellungs- und Genehmigungsunterlagen zu beschreiben und die Eignung des Standortes auch daraufhin zu prüfen, insbesondere aber die geologischen, hydrologischen und geotechnischen Verhältnisse am Deponiestandort und im weiteren Grundwasserabstrombereich.

Die allgemeinen Anforderungen werden durch konkretere Anforderungen an das Deponieauflager und die Lage zum Grundwasser präzisiert, wodurch allzu großzügigen Interpretationen der Standorteignung vorgebeugt werden soll.

Als Deponieauflager bei Deponien für besonders überwachungsbedürftige Abfälle ist ein natürlicher Untergrund erforderlich, der eine Mindestmächtigkeit von 3 m und ein hohes Adsorptionsvermögen aufweist. Dies gilt in der Regel als erfüllt, wenn bei tonmineralhaltigem Untergrund über 3 m ein Gebirgsdurchlässigkeitswert von $k \leq 10^{-7}$ m/s gegeben ist und der geforderte Untergrund eine flächige Verbreitung aufweist.

Bei **geringen** Abweichungen von den Anforderungen an das Deponieauflager, bei ansonsten gut geeigneten Standorten, sind zusätzliche technische Maßnahmen erlaubt und gefordert. Insbesondere wird verlangt, daß nachträgliche Auffüllungen im mineralischen Material einen Tonmineralgehalt von mind. 10 Masse-% haben müssen.

Daß ein Deponieauflager, welches die o. g. Anforderungen überhaupt nicht erfüllt, durch technische Ersatzmaßnahmen (d. h. im Grunde künstliche mineralische Abdichtungen „aufgebessert" werden darf, ist aus der TA Abfall, Teil 1 nicht abzuleiten. Damit würde im Grunde auch nur das Basisabdichtungssystem verstärkt. Es könnten aber nicht die erwünschten geologischen und hydrogeologischen Gegebenheiten geschaffen werden.

Es bleibt zu prüfen, ob und welche geringeren Anforderungen an den Untergrund und das Deponieauflager bei Deponien möglich sind, für die die Zuordnungswerte deutlich schärfer sind, als die in Anhang D der TA Abfall, Teil 1.

Um sicherzustellen, daß auch langfristig kein Grundwasser in den Deponiekörper eindringen kann, wird gefordert, daß das Deponieplanum so angelegt sein muß, daß es nach Abklingen der Untergrundsetzungen mindestens 1 m über der höchsten zu erwartenden Grundwasseroberfläche bzw. Grundwasserdruckfläche bei freiem oder gespanntem Grundwasser (nach DIN 4049, Teil 1 (Ausg. Sept. 1979)) liegt. Andere geologische oder hydrogeologische Gegebenheiten, durch die ausgeschlossen wird, daß Grundwasser in den Deponiekörper eindringt, können berücksichtigt werden.

3. Schlußbemerkungen

In der TA Abfall, Teil 1 werden u. a. Anforderungen an Deponien für besonders überwachungsbedürftige Abfälle gestellt.

Die Anforderungen orientieren sich am Stand der Technik bei Deponien. Zwar gibt es derzeit wohl keine Deponie, bei der alle Anforderungen erfüllt sind, aber andererseits sind alle Anforderungen irgendwo, und in den meisten Fällen nicht nur einmal realisiert worden.

Einige Anforderungen sind besonders herauszuheben, weil sich durch sie Deponien erheblich verbessern und verändern werden, bzw. sich durch sie die Kenntnisse über das Deponieverhalten sehr verbessern werden:

- Begrenzung der Möglichkeiten zur Ablagerung unbehandelter Abfälle durch Festlegung von Zuordnungswerten für die abzulagernden Abfälle.
- geotechnische Berechnung und Kontrolle der Stabilität des Deponiekörpers,
- Verpflichtung zum Vorhalten und zur Benutzung von Meß- und Kontrolleinrichtungen,
- Erklärung zum Deponieverhalten,
- Sickerwasserverminderung durch Überdachung,
- Qualitätssicherung bei der Herstellung der Deponieabdichtungssysteme (Eigenprüfung, Fremdprüfung, Kontrollüberwachung, Testfelder)
- kontrollierbare und reparierbare Deponieoberflächenabdichtungssysteme,
- Kontrolle von Setzungen und Temperaturen bei Deponiebasisabdichtungssystemen,
- Schlußabnahme bei Stillegung der Deponien.

Sehr wichtig ist aber auch, daß in der TA Abfall festgelegt wird, daß Deponien nur an Standorten errichtet werden dürfen, die bestimmte Mindestanforderungen erfüllen. Es ist selbstverständlich, daß die Wahl „besserer" Standorte eine höhere Sicherheit gegen die Ausbreitung von Schadstoffen im Untergrund darstellt, was insbesondere aus Vorsorgegründen anzustreben ist. Da die Verfügbarkeit „bester" Deponiestandorte beschränkt ist, kann die Lösung des Deponieproblems nur in der Abfallvermeidung bzw. in der radikalen Verbesserung der Eigenschaften der abzulagernden Abfälle liegen, so daß die potentiell möglichen Umweltauswirkungen von Deponien sehr gering werden.

In diesem Zusammenhang muß auf das Sondergutachten „Abfallwirtschaft" des Rates von Sachverständigen für Umweltfragen (SRU, 1990) hingewiesen werden, in dem u. a. auch die gesamte Deponieproblematik sehr ausführlich dokumentiert und erläutert wird, und Lösungsansätze, die der Rat sieht, zusammengestellt sind.

Hier sollen nur einige grundsätzliche Ausführungen des Rates wiedergegeben werden, die eine weitgehende Übereinstimmung mit der Deponiephilosophie und den Anforderungen an Deponien in der TA Abfall deutlich machen:

„Die Deponierung sollte nach Auffassung des Rates das letzte Stadium im Umgang mit Siedlungs- und Sonderabfällen darstellen. Eine Deponie als Endlager für die abgelagerten Abfälle muß auf Dauer angelegt sein. Zur Minimierung der von Deponien ausgehenden Emissionen wird das Multibarrierenkonzept mit den Barrieren Deponiestandort, Deponiekörper, Basisabdichtungssystem, Oberflächenabdichtungssystem verfolgt; dazu gehören Nachsorge sowie die Kontrollierbarkeit und Reparierbarkeit der Dichtungssysteme. Die wesentliche Barriere stellt der Deponiekörper selbst dar; dies setzt die weitestgehende Inertisierung der einzulagernden Abfälle durch vorgeschaltete Abfallbehandlung voraus. Bis ausreichende Behandlungsmöglichkeiten geschaffen sind, wird für die Ablagerung von Restmüll aus Siedlungsabfällen der Betrieb von gesteuerten Bioreaktordeponien als vertretbare Übergangslösung angesehen.

Die zur Deponie gelangenden Abfallmengen sollen so gering und so ungefährlich wie möglich, d. h. endlagerfähig sein. Nach schweizerischen Vorstellungen werden deponiefähige Abfälle, die dieser Forderung entsprechen, als „erdkrusten"- oder „erzähnlich" bezeichnet – ein hoher, wohl nur als Annäherung erreichbarer Anspruch, der wirksame Abfallbehandlungsmethoden erzwingt.

Die Deponierung ist, um es noch einmal zu betonen, der letzte und endgültige Schritt im Umgang mit den Abfällen. Aus heutiger Sicht gibt es dazu keine Alternative. Es muß daher ohne Ausrede oder Beschönigung festgestellt werden, daß wir unseren Nachfahren – und diese wiederum ihren Nachfahren – eine sukzessive mit Abfalldeponien angereicherte Lithosphäre hinterlassen werden. Dies ist eine unumstößliche Tatsache, an der nichts Grundsätzliches geändert werden kann. Jedoch können wir die Anzahl, die Inhalte und die Gefahrenpotentiale dieser Deponien so beeinflussen, daß die in ihnen ruhende oder von ihnen möglicherweise ausgehende Umweltbelastung gering gehalten wird. Ein aus heutiger Sicht und heutigen Befürchtungen unterlassener Behandlungsschritt, wie z. B. der Verzicht auf die Mineralisierung durch Abfallverbrennung, würde diesem auf die Zukunft gerichteten Ziel entgegenwirken."

Schrifttum

SRU, 1990. Sondergutachten Abfallwirtschaft, September 1990. Der Rat von Sachverständigen für Umweltfragen erschienen im März 1991. Metzler-Poeschel-Stuttgart.
TA Abfall, Teil 1, 1991. Gesamtfassung der Zweiten allgemeinen Verwaltungsvorschrift zum Abfallgesetz (TA Abfall) Teil 1: Technische Anleitung zur Lagerung, chemisch/physikalischen, biologischen Behandlung, Verbrennung und Ablagerung von besonders überwachungsbedürftigen Abfällen vom 12. März 1991.
Gemeinsames Ministerialblatt, Hrsg. Bundesminister des Innern, 42. Jg. Nr. 8, Seiten 137–214, Bonn, den 12. März 1991. ISSN 0939-4729.

Abbau- und Umsetzungsprozesse im Deponiekörper[2])

Von R. Stegmann[1])

1. Einführung

Es ist z. Z. nicht möglich, die biologischen und/oder chemisch-physikalischen Prozesse, die in einer Hausmülldeponie stattfinden, exakt darzustellen. Wesentliche Ursachen hierfür sind das nicht beschreibbare Gemisch aus den unterschiedlichsten abgelagerten Stoffen und die Unkenntnis über die Milieubedingungen, die in einer Deponie herrschen. Hierbei ist zu berücksichtigen, daß in Abhängigkeit von dem jeweiligen Bereich in der Deponie unterschiedliche Materialien und Milieubedingungen vorherrschen, so daß die „mittleren" Prozesse in einer Deponie zu einem bestimmten Zeitpunkt aus einer Vielzahl von Einzelprozessen bestehen. Hierbei sind vor allem die Vorgänge, die im Mikrobereich stattfinden, von großer Bedeutung und kaum untersucht. Eine gewisse „mittlere" Situation kann anhand der Sickerwasserqualität und der Gasproduktion und -zusammensetzung beschrieben werden. Diese Emissionen sind das Ergebnis einer Überlagerung von den unterschiedlichsten Sickerwasserqualitäten und Gaszusammensetzungen, die in einer Deponie in Abhängigkeit vom internen Standort auftreten können.

Die Problematik wird immer dann besonders deutlich, wenn Messungen im Deponiekörper durchgeführt werden. Es werden unterschiedliche Temperaturen, Wassergehalte, Gas- und Sickerwasserzusammensetzungen in Abhängigkeit von der Meßstelle gemessen.

Um nun doch die überwiegenden Prozesse in einem Deponiekörper in Abhängigkeit von der Zeit beschreiben zu können, müssen starke Vereinfachungen getroffen werden; darüber hinaus ist auf die Erkenntnisse zurückzugreifen, die aufgrund von Detailuntersuchungen und Laborversuchen gewonnen werden konnten.

Eine Beschreibung der Prozesse in Deponien, die nach Jahrzehnten bzw. Jahrhunderten nach Ablagerung der Abfallstoffe ablaufen, ist nicht möglich. Erste Ansätze zur Abschätzung von Sickerwasseremissionen in Abhängigkeit von der Zeit auf der Basis von Extrapolationsrechnung von Meßwerten zeigen die Relevanz des Austrags von Stoffen auch über Hunderte von Jahren nach Ablagerung (Ehrig 1989, Baccini et al. 1987, Kruse 1989).

Es besteht ein großer Forschungsbedarf zur genaueren Beschreibung der chemischen, physikalischen und biologischen Prozesse in Deponien in Abhängigkeit von der Zeit. Auf der Grundlage dieser Ergebnisse kann das Langzeitemissionspotential von Deponien besser abgeschätzt werden und können Ansätze zur Vorbehandlung, Kriterien zum Ausschluß von abzulagernden Abfällen sowie zur Verbesserung des Deponiebetriebes erarbeitet werden.

Darüber hinaus sind die Erkenntnisse Voraussetzung für eine genauere Deponiegasmengen- und Qualitätsprognose, womit den Deponiebetreibern bessere Planungsdaten für den Bau und Betrieb von Entgasungs- und Gasnutzungsanlagen zur Verfügung gestellt werden konnten.

Forschungsbedarf ist ebenfalls erforderlich, um die Auswirkungen der Abfallzusammensetzung infolge Vorbehandlung und/oder getrennte Sammlung auf die Emissionen abschätzen zu können.

Im folgenden wird auf das Verhalten von Schwermetallen und Salzen im Deponiekörper, jedoch im wesentlichen auf die anaeroben biologischen Abbauprozesse, deren Verlauf in Deponien und deren Auswirkungen auf die Sickerwasser- und Gasqualität sowie Gasproduktion eingegangen werden.

2. Vorgänge im Deponiekörper

2.1 Grundsätzliches

In der Deponie finden chemische, physikalische sowie biochemische Prozesse statt. Durch das Aufbringen einer Auflast (Verdichter, Deponiehöhe) wird Flüssigkeit zum Teil aus wasserreichen Abfällen ausgequetscht, die teilweise von anderen Abfallstoffen aufgesogen wird (zum Beispiel Papier) oder an der Sohle als Sickerwasser anfällt. Niederschlagswasser tritt in den Deponiekörper ein, wodurch Stoffe in Lösung gehen. Die Durchfeuchtung des Abfalls ist dabei ungleichförmig; Beobachtungen zeigen, daß das Sickerwasser in noch in Betrieb befindlichen Deponien in bevorzugten Sickerbahnen durch den Abfallkörper migriert.

Das Substrat für die biochemischen Umsetzungsprozesse ist der Hausmüll. Es sind im wesentlichen Papier und Pappen ($\sim 25-30\%$) sowie organische Küchenabfälle ($\sim 30-40\%$), die von Bakterien unter aeroben und anaeroben Bedingungen umgesetzt werden.

Im Oberflächenbereich einer Deponie sowie im frisch eingebauten Müll, laufen z. T. aerobe Abbauprozesse ab. Da die Kontaktzeit Luft-Müll relativ kurz ist, werden wohl nur leichtabbaubare Stoffe umgesetzt. Art und grundsätzlicher Verlauf der Prozesse sind mit denen der Müllkompostierung vergleichbar. Die Intensität dieser Abbauvorgänge ist jedoch allein schon wegen der kurzen Kontaktzeit viel geringer; auch sind auf der Deponie keine optimalen Bedingungen (z. B. Wassergehalt, Temperatur, Nährstoffe) vorhanden, wie sie in Kompostanlagen installiert werden. Im wesentlichen setzen die Bakterien unter aeroben Bedingungen organische Stoffe zu CO_2 und Wasser um; hierbei wird Energie frei.

Wie schon erwähnt, ist neben der Abfallzusammensetzung der Wasserhaushalt der Deponie von zentraler Bedeutung. Bild 1 zeigt, wie sich der Wasserhaushalt des Haushaltsabfalls auf die mikrobiologische Aktivität auswirken kann. Weitere Einzelheiten zum Thema Wasserhaushalt sind bei Ehrig, 1990, nachzulesen.

2.2 Anaerobe Abbauprozesse

Die wesentlichen Umsetzungsprozesse in der hochverdichteten Deponie finden unter anaeroben Bedingungen statt. Hierbei werden die abbaubaren organischen Stoffe im wesentlichen zu CH_4 und CO_2 als Endprodukte umgebaut.

Der anaerobe Abbauprozeß läuft stark vereinfacht dargestellt in den folgenden drei Phasen ab: Hydrolyse, Säurebildung (saure Gärung) und Methanbildung (Methangärung) (s. Bild 2).

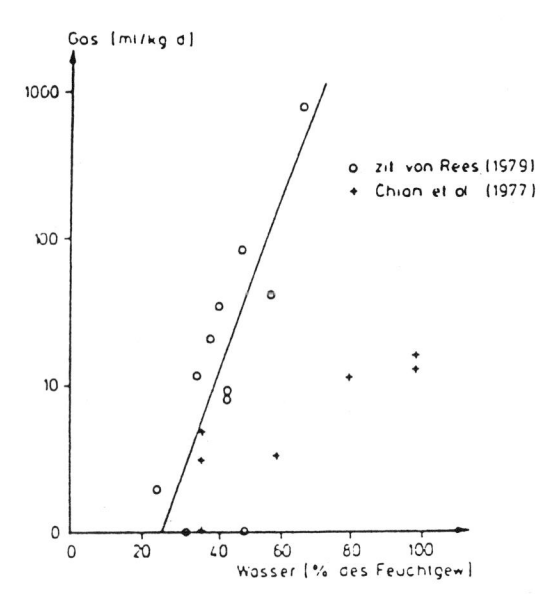

Bild 1: Einfluß des Wassergehaltes auf die Gasproduktion (aus Ehrig, 1980)

---
[1]) Prof. Dr.-Ing. R. Stegmann, Techn. Universität Hamburg-Harburg
[2]) Vortrag „Deutsch-Deutsches Abfallforum", Kassel

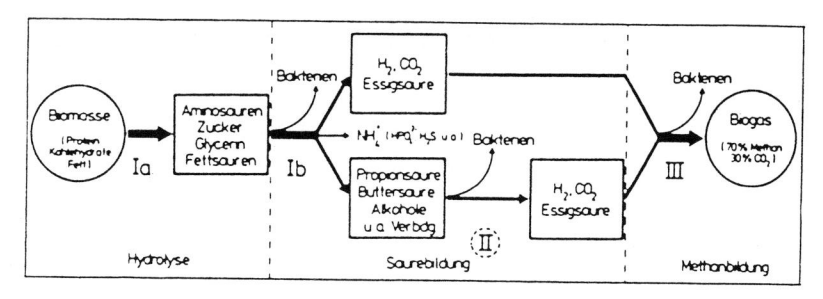

Bild 2: Schematische Darstellung anaerober Abbauprozesse

Die Biomasse – Protein, Fette, Kohlenhydrate – wird durch Exoenzyme, die von Bakterien produziert werden, in der Phase der Hydrolyse zu Aminosäure, Glukose usw. umgebaut. In der Phase der Säurebildung werden aus diesen Stoffen von unterschiedlichen Bakteriengruppen organische Säuren produziert, wobei einige Bakterienarten in der Lage sind, diese Substanzen direkt zu H_2, CO_2 und auch Essigsäure umzusetzen. Es werden jedoch auch eine Vielzahl von organischen Säuren und Alkoholen produziert, die in einer Zwischenstufe von den acetogenen Bakterien zu CO_2, H_2 und Essigsäure umgesetzt werden.

Die Ausgangsprodukte CO_2, H_2 und Essigsäure der Phase der Säurebildung können in der dritten Stufe von den Methanbakterien zu CH_4 und CO_2 umgesetzt werden.

Bild 3 zeigt die wesentlichen Abhängigkeiten zwischen den beteiligten Bakteriengruppen, den Substraten sowie Zwischen- und Endprodukten und kann als Ergänzung zu Bild 2 angesehen werden. Die stöchiometrische Beziehung zwischen Ausgangssubstrat und den gasförmigen Endprodukten CO_2 und CH_4 wird in der Formel von Buswell und Müller, 1952 beschrieben.

$$C_nH_aO_b \left(n - \frac{a}{n} - \frac{b}{2}\right) H_2O \dashrightarrow \left(\frac{n}{2} - \frac{a}{8} + \frac{b}{4}\right) CO_2 + \left(\frac{n}{2} + \frac{a}{8} - \frac{b}{4}\right) CH_4$$

Der Abbau wird von einer großen heterogenen Gruppe von anaeroben und fakultativ anaeroben Bakterien vollzogen. Einige der wesentlichen Reaktionen sind in Tafel 1 von Christensen und Kjeldsen, 1989 zusammengestellt worden. Die methanogenen Bakterien sind obligat anaerob und benötigen ein niedriges Redoxpotential und Abwesenheit von Sauerstoff. Die hydrogenophilen Bakterien bauen Wasserstoff und Kohlendioxid zu Methan um, während die acetophilen im

Bild 3: Substrate und wesentliche Bakteriengruppen, die an der Methanbildung beteiligt sind (Christensen, Kjeldsen, 1989)

Tafel 1: Beispiele von wesentlichen Abbaureaktionen für vier Gruppen von Bakterien, die am anaeroben Abbau beteiligt sind (Christensen, Kjeldsen, 1989)

Ausgangsstoff	Produkt
Fermentative Prozesse	
$C_6H_{12}O_6 + 2H_2O$	$2CH_3COOH + H_2 + 2CO_2$
$C_6H_{12}O_6$	$CH_3C_2H_4COOH + 2H_2 + 2CO_2$
$C_6H_{12}O_6$	$2CO_3CH_2OH + 2CO_2$
Acetogene Prozesse	
$CH_3CH_2COOH + 2H_2O$	$CH_3COOH + CO_2 + 3H_2$
$CH_3C_2H_4COOH + 2H_2O$	$2CH_3COOH + 2H_2$
$CH_3CH_2OH + H_2O$	$CH_3COOH + 2H_2$
$C_6H_5COOH + 4H_2O$	$3CH_3COOH + H_2$
Methanoge Prozesse	
$4H_2 + CO_2$	$CH_4 + 2H_2O$
CH_3COOH	$CH_4 + CO_2$
$HCOOH + 3H_2$	$CH_4 + 2H_2O$
$CH_3OH + H_2$	$CH_4 + H_2O$
Sulfatreduzierende Prozesse	
$4H_2 + SO_4^{2-} + H^+$	$HS^- + 4H_2O$
$CH_3COOH + SO_4^{2-}$	$CO_2 + HS_3^- + HCO- + H_2O$
$2CH_3C_2H_4COOH + SO_4^{2-} + H^+$	$4CH_3COOH + HS^-$

HCOOH: formic acid, CH_3COOH: Essigsäure, CH_3CH_2COOH: Propionsäure, $CH_3C_2H_4COOH$: Buttersäure, $C_6H_{12}O_6$: Glucose, CH_3OH: Methanol, CH_3CH_2OH: Ethanol, C_6H_5COOH: Benzol Säure, CH_4: Methan, CO_2: Kohlendioxid, H_2: Wasserstoff, SO^{2-}: Sulfat, $HS-$: Schwefelwasserstoff, $HCO-$: Hydrogenkarbonat

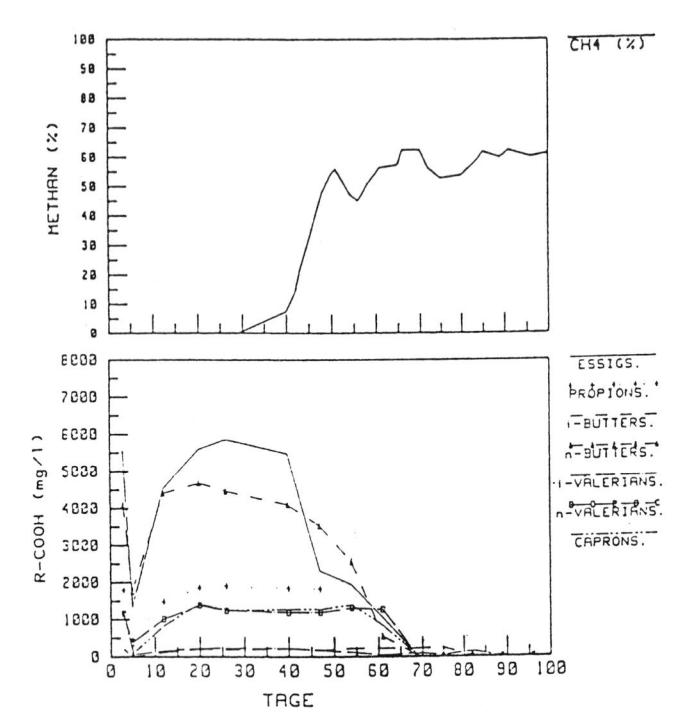

Bild 4: Konzentrationen der organischen Säuren im Sickerwasser und Methangehalt im Gas während der biochemischen Umsetzungsprozesse (Spendlin, 1985)

Tafel 2: Milieubedingungen für die methanproduzierenden Mikroorganismen (Stegmann, Ehrig, 1980)

1. Wassergehalt > 50%
   bei sonst gleichen Bedingungen:
   bei 55% Wassergehalt ——> Abbau 172 kg Glukose/m³ · a
   bei 30% Wassergehalt ——> Abbau   4 kg Glukose/m³ · a

2. Temperatur > 30 °C
   < 10 °C Methanbildung kommt zum Erliegen

3. pH-Wert ~ 7

4. Alkalität zum Aufbau eines Puffersystems 2.000 mg $CaCO_3$/l

5. Niedere Fettsäuren (volatile fatty acids)/Alkalität < 0,8 aus Gründen der Pufferung

6. Nährstoffverhältnisse für den anaeroben Abbau
   CSB : N : P = 100 : 0,44 : 0,08

wesentlichen organische Säuren zu Methan und Kohlendioxid abbauen. Die methanogenen Bakterien können auch Methanol und Ameisensäure abbauen (s. Bild 3). Der Abbau von Essigsäure zu Methan ist der bei weitem am häufigsten auftretende Abbauweg (ca. 70%).

Die sulfatreduzierenden Bakterien ähneln den methanogenen Bakterien und sind aufgrund des großen Sulfatangebotes in Deponien von Bedeutung. Auch die sulfatreduzierenden Bakterien sind obligat anaerob und können Wasserstoff, Essigsäure und höhere Fettsäuren abbauen, wobei CO_2 entsteht (s. Tafel 1). Große Aktivitäten von sulfatreduzierenden Bakterien vermindern das Nahrungsangebot für die methanproduzierenden Bakterien.

Anhand der Konzentrationen der organischen Säuren im Sickerwasser werden die Phasen der Säurebildung und Methanbildung deutlich. In Bild 4 sind die Ergebnisse einer Versuchsserie (Spendlin, 1985), die im Rahmen eines BMFT-F+E-Vorhabens an der Technischen Universität Hamburg-Harburg im Labormaßstab durchgeführt wurde, dargestellt. In dieser Versuchsserie wurde zerkleinerter Haushaltsabfall, der kurze Zeit aerob vorbehandelt wurde, anaerob fermentiert.

Bild 4 zeigt, daß in der Anfangsphase im Sickerwasser sehr hohe Konzentrationen vor allem an Essig- und Buttersäure gemessen werden. Sobald die Methanproduktion beginnt, nimmt die Säurekonzentration im Sickerwasser rapide ab. Nach dem Erreichen der stabilen Methanphase – das heißt, die Methankonzentrationen im Gas liegen relativ konstant ≥ 50% CH_4 – fallen die Konzentrationen der organischen Säuren im Sickerwasser bis in den Bereich von 0 mg/l ab. Diese Versuche wurden in bezug auf die Methanbakterien unter optimalen Bedingungen im Labormaßstab durchgeführt. Daher wird die Phase der stabilen Methangärung schon nach 80 Versuchstagen erreicht. In der Deponie laufen diese Prozesse in wesentlich längeren Zeiträumen ab.

Die „säureproduzierenden" Bakterien haben eine viel kürzere Vermehrungsrate als die „Methanbakterien" (etwa Faktor 10 bis 20). Das bedeutet, daß in der Anfangsphase zunächst die organischen Säuren produziert werden und die Methanproduktion erst deutlich später beginnt (s. Bild 4). Bei zu hohen Konzentrationen an organischen Säuren kann die Methanbildung gehemmt werden (Tafel 2 und 3).

Tafel 3: Toxische Einflüsse auf die methanproduzierenden Mikroorganismen (Stegmann, Ehrig, 1980)

1. Toxischer Einfluß der niederen Fettsäuren
   niedere Fettsäuren < 6.000 mg/l als Essigsäure
   Keine Hemmung durch Essigsäure und Buttersäure auf Reinkulturen von bis zu 15.180 bzw. 16.440 mg/l
   Keine Hemmung der Methanbakterien durch Fettsäuren und deren Salze bei Konzentrationen < 10.000 – 13.000 mg/l als Essigsäure

2. Salze:
   Giftigkeit nimmt in folgender Reihenfolge zu:
   Ca —> Mg —> Na —> NH_4

Parameter	stimulierend	mäßige Toxizität	starke Toxizität
Na	100–200	3.500–5.500	8.000 mg/l
K	200–400	2.500–4.500	12.000 mg/l
Ca	100–200	2.500–4.500	8.000 mg/l
Mg	75–150	1.000–1.500	3.000 mg/l
NH_4–N	50–200	1.500–3.000 bei hohem pH	3.000 mg/l

Bei Mehrkomponentenlösungen können je nach Zusammensetzung synergistische bzw. antagonistische Effekte auftreten. Hemmung von Methanobacterium formicicum durch NH_4–N bei Konzentrationen > 2.470 mg/l. Toxizität bei NH_4–N > 3.200 mg/l. NH_3 ist schon bei geringeren Konzentrationen giftig.

Parameter	toxische Konzentration (mg/l)
Na	3.300
K	2.500
Ca	2.500
Mg	1.000
Sulfide	100 (im Zulauf)
Sulfate	500
Ammonium	1.500 (im Zulauf)

3. Schwermetalle
   Giftig < 1 mg/l
   Höhere Konzentrationen können toleriert werden, wenn z. B. genügend Sulfide vorhanden sind.
   Cu ist toxisch > 2 mg/l

Parameter	toxische Konzentration (mg/l)
Cu	1,0
Zn	5,0
Cr^{6+}	5,0
Ni	2,0
Cd	0,02 (im Zulauf)

Durch die hohe Konzentration an organischen Säuren fällt der pH-Wert in den sauren Bereich, was sich ebenfalls hemmend auf die Entwicklung der Methanbakterien auswirkt.

Bei ungehemmten Systemen stellt sich nach einiger Zeit ein Gleichgewicht zwischen „Methan-" und „Säurebakterien" ein. Dieses Gleichgewicht zwischen der Produktion an organischen Säuren und deren Umsetzung zu Methan wird in vielen Deponien erst nach einigen Jahren erreicht.

Die Phase der Methanbildung aus Essigsäure ist der eigentliche geschwindigkeitsbestimmende Schritt. Manche Zwischenprodukte – insbesondere die Propionsäure – beeinträchtigen die Methanproduktion, wobei nur der in nichtdissoziierter Form vorliegende Anteil der Propionsäure hemmend wirkt. Bei Anwesenheit von Propionsäure sind deshalb niedrige pH-Werte zu vermeiden (Märkl et al., 1983).

Der Abbau der Propionsäure zu Essigsäure ist aus thermodynamischen Gründen nur bei extrem niedrigen H_2-Partialdrücken möglich. Da bei der angesprochenen Reaktion selbst Wasserstoff entsteht, kann dieser Umsatz nur bei direkter Weiterreaktion von H_2 und CO_2 zu Methan erfolgen. Da beide Reaktionen von unterschiedlichen Bakterien durchgeführt werden, müssen diese in engem Kontakt stehen (Märkl et al., 1983).

Der Prozeß neigt bei hoher Belastung zu Instabilität. Ist das Angebot an Organika zu groß (frischer Abfall mit hohem Anteil an leichtabbaubaren Stoffen), so erfolgt sehr schnell eine Säurebildung. Durch den abgesunkenen pH-Wert und das zu hohe Angebot an Säuren kann sich u. U. die Methanbildung gar nicht entwickeln.

Die wesentlich abiotischen Faktoren, die die Methanbildung beeinflussen können, sind in Tafel 2 und Tafel 3 zusammengestellt. Diese Daten sind das Ergebnis einer umfangreichen Literaturauswertung. Christensen und Kjeldsen, 1989 veröffentlichten darüber hinaus die Literaturdaten, die den Einfluß von chlorierten Kohlenwasserstoffen auf die Hemmung von methanproduzierten Bakterien haben (s. Tafel 4). Eigene Untersuchungen bestätigen den hemmenden Einfluß von halogenierten Kohlenwasserstoffen auf die Methanbildung (Poller, 1990).

2.3 Verhalten von Schwermetallen in Hausmülldeponien

Das Verhalten von Schwermetallen in Deponien ist von einer Reihe von unterschiedlichen Prozessen abhängig. Eine wesentliche Voraussetzung für das Ablaufen von Reaktionen ist das Vorhandensein von Wasser. Nach Pfeiffer, 1989 zit. aus Förstner, 1989 sind folgende Reaktionen grundsätzlich für die Mobilität von Schwermetallen in Deponien verantwortlich:

– die Erhöhung der Löslichkeit durch organische Komplexbildner; Konkurrenz durch das hohe Angebot zweiwertiger Makrokationen (Ca^{2+}, Mg^{2+}, Fe^{2+}) wirkt jedoch der Komplexierung entgegen;
– der Einfluß der Azidität, die vor allem bei der Hydrolyse komplexer organischer Substanz – Proteine, Fette Kohlehydrate – im Stadium der Deponieentwicklung („saure Phase") entsteht;
– Adsorptions- und Desorptionsprozesse;
– Immobilisierung durch Fällungsreaktionen, insbesondere durch Sulfidfällung;
– Umwandlung von sulfidhaltigen Feststoffen durch oxidative Prozesse.

Die chemisch-physikalischen Prozesse wie Auslaugung, Fällung etc. in einer Deponie werden vor allem durch das Redoxpotential und den pH-Wert beeinflußt, die sich wiederum in Abhängigkeit von den mikrobiologischen Abbauprozssen einstellen.

In Bild 5 sind die relativen Mobilitäten von Elementen bei verschiedenen pH- und Redoxbedingungen schematisch dargestellt. Erhöhte Redoxpotentiale und fallender pH (saure Phase) führen z. B. zu einer größeren Mobilität von Cadmium, Kupfer, Zink, Blei und Quecksilber; Chrom wird mobiler bei steigendem pH-Wert und Redoxpotential (Förstner et al. 1989).

Die Sorptionsreaktionen zwischen Metallspezies in Sickerlösungen und festen Bestandteilen der abgelagerten Abfallstoffe dürften unter aeroben Bedingungen mit denen in Böden grundsätzlich vergleichbar sein. Die kolloidalen Bodenbestandteile (Tonmineralien, amorphe Fe- und Al-Oxide) wirken als negativ geladene Ionenaustauscher. Die Sorption ist dabei z. T. pH-abhängig; darüber hinaus ist die Konzentration und Art der Feststoffe zu berücksichtigen. Unterschiedliche Metalle weisen unterschiedliches Sorptionsverhalten an Humussubstanzen auf; so werden Zink relativ wenig, Eisen- und Aluminiumoxide jedoch stärker sorbiert. Durch Verdrängen können bereits sorbierte Metalle durch andere ausgetauscht werden (Cadmium kann von Kupfer verdrängt werden). Die Chrom- und Arsenkonzentrationen im Sickerwasser werden vermutlich überwiegend durch Adsorptions – Desorptionsprozesse beeinflußt; steigende Konzentrationen von abgelagerten Stoffen führen dann auch zu höheren Sickerwasserkonzentrationen (Förstner, 1989).

Grundsätzlich ist festzuhalten, daß in einem derartigen Gemisch an Stoffen bei der Fülle an Einflußgrößen, eine Beschreibung der Sorptionsreaktionen nicht möglich ist.

Von besonderer Bedeutung in diesem Zusammenhang sind die Schwefelverbindungen, die vor allem aus dem Schwefel der Eiweiße, aber auch aus Bauschutt und ähnlichem Material stammen. Bei jungen Deponien in der Phase der sauren Gärung – hohes Redoxpotential –

Tafel 4: Grenzwerte von spezifischen organischen Verbindungen in bezug auf die Hemmung der Methanbildung (Grenzwerte für eine Verminderung der Methanbildung um 50%) (aus Christensen, Kjeldsen, 1989 von Johnson, 1981)

Inhaltsstoff	Konzentration (mg/l)	Reference
Acetaldehyde	440	Chou et al. (1978)
Acrolein	20–50	Hovious et al. (1973)
	11	Chou et al. (1978)
Acrylicacid	864	Chou et al. (1978)
Acrylonitrile	100	Hovious et al. (1973)
	212	Chou et al. (1978)
Analine	2418	Chou et al. (1978)
Catechol	2640	Chou et al. (1978)
Crotonaldehyde	455	Chou et al. (1978)
Diethylamine	300–1000	Hovious et al. (1973)
Ethylacetate	968	Chou et al. (1978)
Ethylacrylate	300–600	Hovious et al. (1973)
Ethylbenzene	339	Chou et al. (1978)
Ethyldichloride	150–500	Hovious et al. (1973)
	2,5–7,5	Stuckey et al. (1978)
2-Ethyl-1-hexanol	500–1000	Hovious et al. (1973)
Formaldehyde	50–100	Hovious et al. (1973)
	72	Chou et al. (1978)
	200	Pearson et al. (1980)
Chloroform	20	Stickley (1970)
3-Chloro-1,2-propandiole	663	Chou et al. (1978)
1-Chloropropane	149	Chou et al. (1978)
1-Chloropropene	7,6	Chou et al. (1978)
2-Chloropropionicacid	868	Chou et al. (1978)
Lauricacid	593	Chou et al. (1978)
Methylene chloride	100	Thiel (1969)
	1,8–2,2	Stuckey et al. (1978)
2-Methyl-5-ethylpyridine	100	Hovious et al. (1973)
Methyl-isobutyl ketone	100–300	Hovious et al. (1973)
Nitrobenzene	12,3	Chou et al. (1978)
Phenol	2444	Chou et al. (1978)
	300–1000	Hovious et al. (1973)
	500	Pearson et al. (1980)
Propanol	5200	Chou et al. (1978)
Resorcinol	3190	Chou et al. (1978)
Carbontetrachloride	2,2	Thiel (1969)
Vinylacetate	592	Chou et al. (1978)
	200–400	Stuckey et al. (1978)
Vinylchloride	5–10	Stuckey et al. (1978)

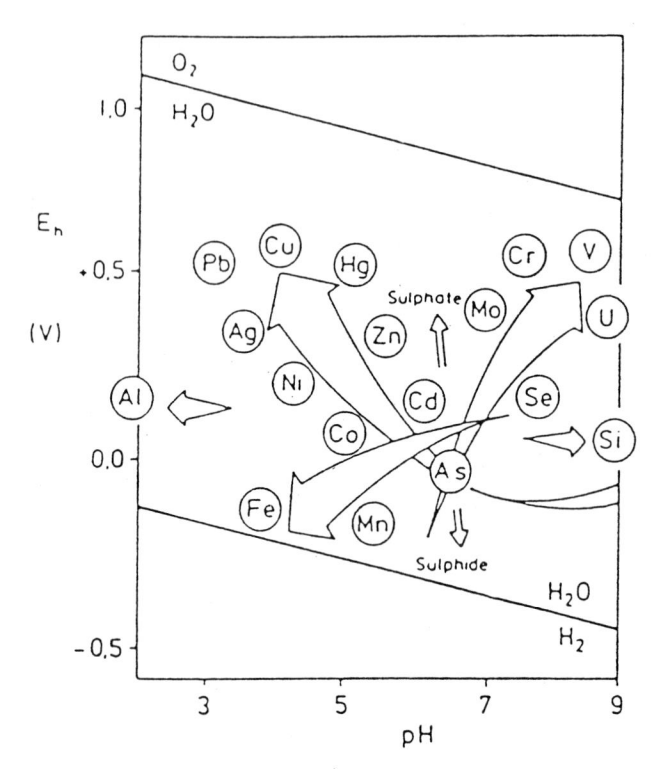

Bild 5: Schematische Darstellung der wesentlichen Trends bezüglich einer ansteigenden Mobilität (aufweitende Pfeile) von Metallen in Abhängigkeit von Redox-pH-Veränderungen in Deponien

Tafel 5: Mittlere ($\bar{x}$) und maximale (max) Sickerwasserkonzentrationen, die für die Saure Phase und die Methanphase typisch sind (Ehrig, 1982)

Parameter		Saure Phase		Methan-Phase	
		$\bar{x}$	max	$\bar{x}$	max
pH	–	6,1	5,5	8,0	8,5
BOD$_5$/COD	–	0,58	–	0,06	–
COD	mg/l	22.000	38.100	3.000	4.340
BOD$_5$	mg/l	13.000	30.425	180	383
Fe	mg/l	925	2.120	15	29,3
Ca	mg/l	1.300	2.480	80	573
Mg	mg/l	600	1.130	250	534
Mn	mg/l	24	65,5	0,65	1,73
Zn	mg/l	5,6	68,4	0,64	3,78
Sr	mg/l	7,2	14,7	0,94	7,25
SO$_4$	mg/l	–	1.745	–	884

werden überwiegend Sulfate im Sickerwasser gemessen. Mit zunehmender Methanproduktion, der damit verbundenen Aufzehrung der Carbonsäuren und steigenden pH-Wert werden Sulfatverbindungen mikrobiologisch zu Schwefelwasserstoff reduziert. Der Schwefelwasserstoff reagiert mit Metallverbindungen und bildet schwerlösliche Metallsulfide.

Sulfat-Atmung (Schlegel, 1972)
$$8\,(H) + SO_4^{-} \rightarrow H_2S + 2\,H_2O + 2\,OH^-$$

Eisenfällung (Schlegel, 1972)
$$4\,Fe^{++} + H_2S + 2\,OH^- + 4\,H_2O \rightarrow FeS + 3\,Fe(OH)_2 + 6\,H^+$$

Der Übergang von der sauren Gärung zur Methangärung fällt zeitlich mit der Abnahme des Sulfatgehaltes sowie der Schwermetalle Fe, Mn, Zn und Co (Chian und Dewalle, 1977) im Sickerwasser zusammen (s. Bild 6).

Grundsätzlich können die Metalle Cu (I), Ag (I), Zn (II), Cd (II), Hg (II), Pb (II) und Sn (II) Sulfidverbindungen bilden; das gilt auch in der dargestellten Reihenfolge für folgende Metalle: Mn (II) Fe (II), Co (II), Ni (II), Cu (II). Die Ausfällung von Sulfiden wird als dominierender Mechanismus für die Begrenzung der Metallkonzentrationen im Sickerwasser unter entsprechenden Redoxbindungen angesehen; das bedeutet auch, daß die Metallkonzentrationen im Sickerwasser weitgehend unabhängig vom Metallgehalt in den Abfällen sind (Förstner, 1989).

Inwieweit nach sehr langen Zeiträumen Sauerstoff in die Deponie eindringen kann und dadurch die Sulfide zu Sulfaten oxidiert werden, kann nicht prognostiziert werden. Durch derartige Prozesse wird u. a. sulfidisch gebundenes gut lösliches Eisen II wieder freigesetzt (Calmano, 1989).

$$FeS_2 + 7/2\,O_2 + H_2O \rightarrow Fe^{2+} + 2SO_4^{2-} + 2H^+$$

Anschließend wird Fe (II) zu Fe (III) oxidiert:

$$Fe^{2+} + 1/4\,O_2 + H^+ \rightarrow Fe^{3+} + 1/2\,H_2O$$

Fe^{3+} hydrolisiert unter Bildung von unlöslichem Eisen III hydroxid:

$$Fe^{3+} + 3H_2O \rightarrow Fe(OH)_3 + 3\,H^+$$

Die Konzentration der freigesetzten Metalle müßte der Sulfatkonzentration entsprechen (Pfeiffer, 1989).

Zusammenfassend kann festgestellt werden, daß die kritische Phase der Mobilisierung von in einer Deponie abgelagerten Metallverbindungen zu Beginn der Deponierung („saure Phase") auftritt. In dieser Phase sinken die pH-Werte und es sind ausreichend organische Zersetzungsprodukte vorhanden, die für eine Komplexierung der freigesetzten Metalle zur Verfügung stehen. Durch Absenkung des pH-Wertes muß erfahrungsgemäß mit einer Erhöhung von Cadmium-, Nickel-, Zink- und Mangankonzentrationen gerechnet werden (Förstner, 1989). In Tafel 5 sind typische Metallkonzentrationen für Sickerwässer unterschiedlicher Deponiephasen zusammengestellt worden.

2.4 Verhalten von Salzen

Chloride werden in Abhängigkeit vom Kontakt mit Wasser ausgelaugt. Diese Zusammenhänge werden aus den Ergebnissen von Laborversuchsbehältertests deutlich. Eine derartige Verdünnung ist aber bei großtechnischen Hausmülldeponien nicht zu beobachten, da wahrscheinlich das Potential an Salzen in Deponien so groß ist, daß auch nach 20 Jahren kein Chloridkonzentrationsabfall zu beobachten ist (Ehrig, 1989). Es wurde aber beobachtet, daß ein gewisser „Nachschub" von Chlorid auch mit dem biologischen Abbau von organischen Abfallstoffen verbunden ist. Aufgrund der Laboruntersuchungen von Stegmann und Mennerich, 1983 wird von einem ähnlichen Auslaugverhalten von Natrium und Kalium ausgegangen (s. Bild 6).

Der Austrag von NH_4-N aus einer Deponie wird einmal durch Auslaugung und durch den Abbau von organischen Stickstoffverbindungen zu Ammonium beeinflußt. Diese Zusammenhänge erklären auch einen gewissen Ammoniumanstieg in der Methanphase.

3. Entstehung von Emissionen durch Deponien (Stegmann, Spendlin, 1987)

Die von einer Deponie ausgehenden Gas- und Wasseremissionen werden durch die biochemischen Umsetzungsprozesse sowie durch die physikalische Auslaugung in der Deponie verursacht. Während der unterschiedlichen mikrobiellen Abbauphasen unterscheiden sich die Emissionen ganz erheblich.

Wie schon erwähnt treten bei jungen Deponien, in denen sich die mikrobiellen Abbauprozesse überwiegend in der sauren Gärung befinden, sehr hohe Konzentrationen an organischen Säuren auf, die vor allem für die hohen BSB$_5$- und CSB-Konzentrationen im Sickerwasser verantwortlich sind. Außerdem treten erhöhte Konzentrationen einiger Schwermetalle auf (Tafel 5) (s. auch Ehrig, 1990).

Mit zunehmender Reduktion der organischen Säuren durch mikrobielle Aktivität der Methanbakterien steigt der pH-Wert im Sickerwasser auf 7,0 an, und die CSB-Konzentrationen im Sickerwasser werden erheblich reduziert (s. Bild 6).

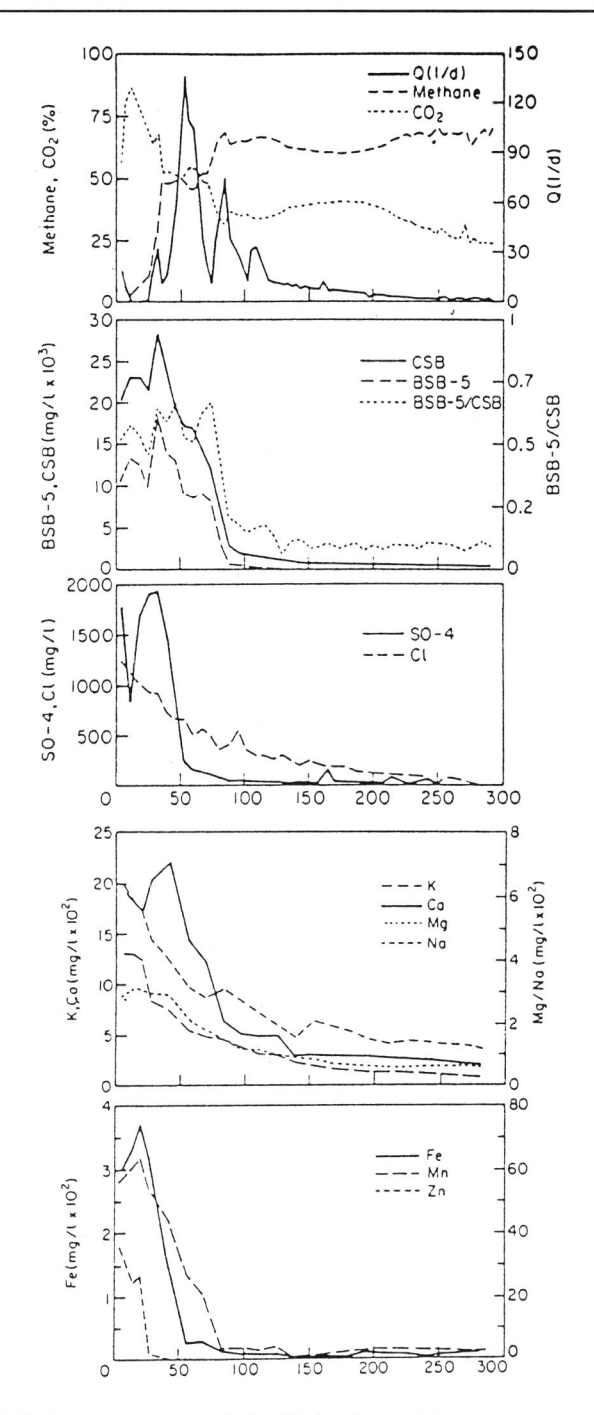

Bild 6: Zusammensetzung zwischen biochemischen Abbauprozessen und der Emission von anorganischen Stoffen (Stegmann, Spendlin, 1989)

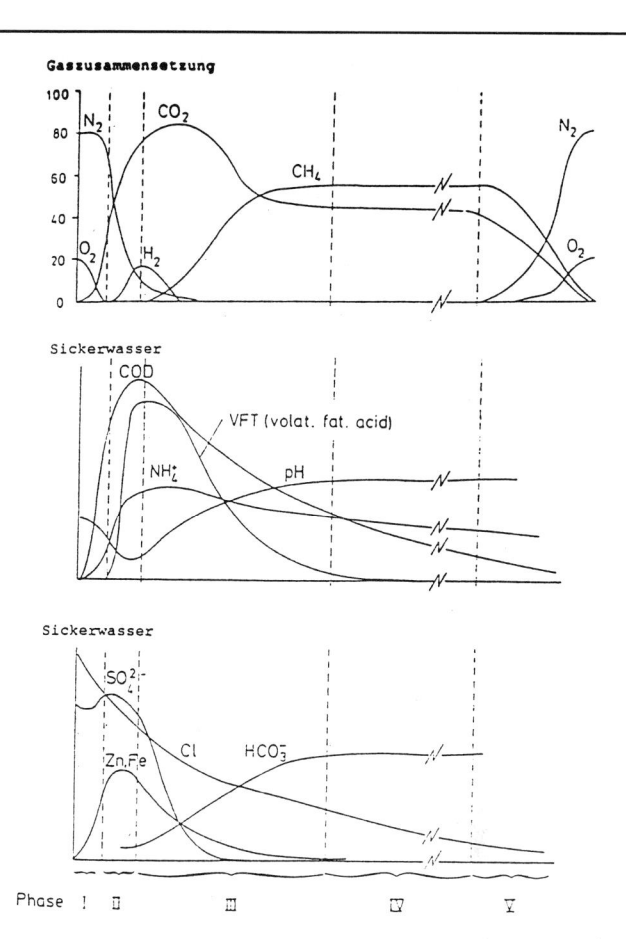

Bild 7: Vereinfachte Darstellung der Sickerwasser- und Gaskonzentrationsverläufe in einer Deponiezelle (aus Christensen, Kjeldsen, 1989 z.T. basierend auf Farquhar, Rovers, 1973)

In dieser Phase werden die organischen Säuren zu CO_2 und CH_4 umgesetzt, und es entsteht ein Deponiegas mit einer Zusammensetzung von ungefähr 50 % bis 60 % CH_4 und entsprechend 40 % bis 50 % CO_2. Man kann davon ausgehen, daß pro Tonne Haushaltsabfall (TS etwa 75 %) etwa 120 m³ bis 150 m³ Deponiegas produziert werden. Bild 7 zeigt eine vereinfachte Trenddarstellung der wesentlichen Sickerwasser- und Gaskomponenten in Abhängigkeit von der Zeit.

Es sind in Deponien unter strikt anaeroben Bedingungen z.T. sehr hohe Temperaturbereiche bis zu 80 °C gemessen worden. Bild 8 zeigt ein Beispiel eines mittleren Temperaturverlaufes in einer Deponie, wie dieser häufig angetroffen wird. Es stellt sich dabei die Frage, wie dieser Temperaturanstieg auch unter anaeroben Bedingungen stattfinden kann. Betrachtet man den Energiegewinn bei dem aeroben und anaeroben Abbau von Glucose, so wird die viel geringere Wärmeproduktion unter anaeroben Bedingungen deutlich (aus Christensen, Kjeldsen, 1989):

Aerobe Bedingungen:

$$C_6H_{12}O_6 + O_2 \rightarrow CO_2 + H_2O + \text{Biomasse} + \text{Wärme}$$
                                                    (Trockengewicht)

1 kg   0,64 kg   0,88 kg   0,34 kg   0,40 kg   9300 kJ

Anaerobe Bedingungen

$$C_6H_{12}O_6 \rightarrow CH_4 + CO_2 + \text{Biomasse} + \text{Wärme}$$
                                    (Trockengewicht)

1 kg   0,25 kg   0,69 kg   0,056 kg   632 kJ

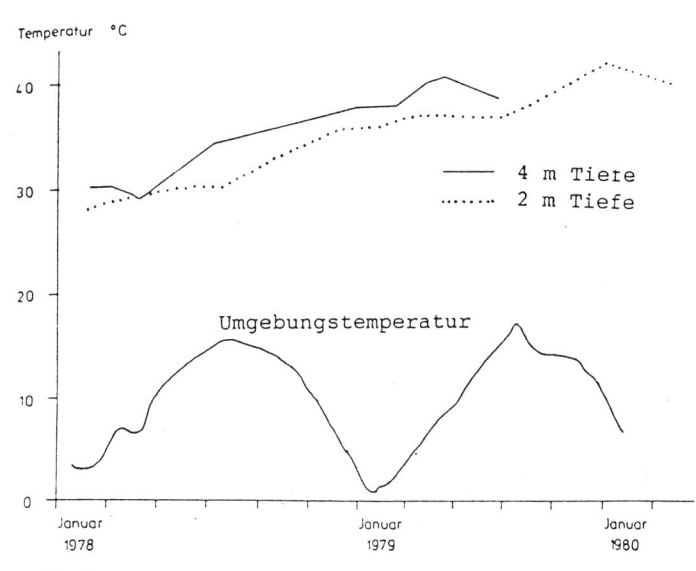

Bild 8: Temperaturen gemessen in einer Deponie in England und Umgebungstemperaturen (aus Christensen, Kjeldsen 1989, nach Rees (2), 1980)

203

Tafel 6: Halogenierte Kohlenwasserstoffe im Deponiegas (mg/m³) (Laugwitz, 1990)

	jüngere Deponien BRD	ältere Deponien BRD
Dichlordifluormethan R 12	18–50	17–140
Trichlorfluormethan R 11	1,2–15	0,4–6
Dichlortetrafluorethan R 114	2–5,5	2–10
Trichlortrifluorethan R 113	0–0,2	0,03–0,2
Dichlorfluormethan R 21	0,6–11	0,2-3
Chlordifluormethan R 22	4–20	7–51

Aufgrund der sehr guten Isolierungseigenschaften des Mülls und des geringen Wärmeabflusses durch Gas und Sickerwasser reicht die im Vergleich zur Kompostierung geringe Wärmeproduktion aus, um die in Bild 8 dargestellten Temperaturen zu erzielen. Höhere Temperaturen können auch aufgrund chemisch-physikalischer Prozesse entstehen.

Zunehmende Bedeutung haben in den letzten Jahren die organischen Spurenstoffe und hier vor allem die halogenierten Kohlenwasserstoffe sowohl im Deponiegas als auch im Sickerwasser bekommen. In Tafel 6 sind die Gehalte an halogenierten Kohlenwasserstoffen einiger Deponien zusammengestellt. Die Konzentrationen sind zum Teil so hoch, daß diese Probleme bei der Gasnutzung oder bei der schadlosen Beseitigung verursachen. In Tafel 7 sind nicht halogenierte organische Spurenstoffe zusammengestellt worden (Rettenberger, 1987).

Weitgehend ungeklärt ist, in wie weit organische Spurenstoffe nur durch Strippeffekte aus der Deponie ausgetrieben werden oder ob biochemische Umsetzungsprozesse für das Freisetzen dieser Stoffgruppen mit verantwortlich sind. Ergebnisse von Laborversuchen an der Technischen Universität Hamburg-Harburg, in denen mit den gleichen Abfallproben sowohl Strippversuche als auch biochemische Abbauversuche durchgeführt werden, deuten darauf hin, daß sowohl Strippeffekte als auch biochemische Abbauprozesse am Freisetzen der organischen Spurenstoffe beteiligt werden. Auf diesem Gebiet ist jedoch noch erheblicher Forschungsbedarf vorhanden.

4. Einfluß der Deponietechnik auf die biochemischen Abbauvorgänge

Deponien sollten mit dem Ziel betrieben werden, die Emissionen zu minimieren. Die Oberflächenabdichtung und -gestaltung sollte möglichst frühzeitig realisiert werden. Das bedeutet, die biotechnischen Umsetzungsprozesse auf möglichst kurze Zeiträume zu begrenzen. Diese Forderung ist auch aus der Unsicherheit der Haltbarkeit und Funktionstüchtigkeit der Basisabdichtungen einschließlich Drainagen notwendig.

Die in den vorangegangenen Abschnitten beschriebenen Grundlagen der biochemischen Abbauprozesse in der Deponie haben gezeigt, daß diese Prozesse in mehreren Phasen ablaufen. Sollte es gelingen, die stabile Methanphase möglichst schnell zu initiieren, so würden die organischen Sickerwasser- und Schwermetallemissionen ganz erheblich reduziert werden. Untersuchungen im Labormaßstab sowie Messungen an Deponien (Stegmann, Mennerich, 1983) haben gezeigt, daß diesbezüglich nur in den untersten Deponieschichten die Methanphase möglichst schnell initiiert werden muß. Diese Schichten dienen als anaerobe Reinigungsstufe in der Deponie selbst, in der die organischen Säuren, die in den oberen Schichten produziert werden, größtenteils zu Methan (CH_4) und Kohlendioxid (CO_2) umgesetzt werden. Auf diese Weise wird die organische Sickerwasserbelastung ganz erheblich reduziert.

Um die stabile Methanphase möglichst frühzeitig im gesamten Müllkörper zu erreichen, ist die Deponietechnik nicht nur im Bereich der Sohle, sondern im gesamten Deponiebereich zu ändern. Dieses kann durch Einführung eines kombinierten Aerob-Anaerob-Verfahrens erreicht werden (Stegmann, Spendlin, 1989).

Die verschiedenen in der Diskussion befindlichen Betriebstechniken verbunden mit einer Abfallvorbehandlung müssen in Versuchsdeponien auf ihre Wirksamkeit untersucht werden. Neben einer aeroben Vorbehandlung (Kompostierung) sollte das vom Verfasser entwickelte Aerob-Anaerob-Verfahren verbunden mit einem Dünnschichteinbau und Abfallvorbehandlung getestet werden. Die kontrollierte Sickerwasserkreislaufführung scheint einen positiven Einfluß auf die Umsetzungsbeschleunigung zu haben.

Gute Erfahrungen mit der oben erwähnten lockeren Basisschicht bei nicht optimierter Deponietechnik wurden in Lingen auf der Deponie Venneberg gemacht (Stegmann, 1983). Erste positive Ergebnisse werden auch von Damiecki, Lanzrath, 1989 und Kruse, 1989 berichtet.

5. Langzeitverhalten der Deponie

Wie eingangs schon erwähnt, laufen die Umsetzungsprozesse in der Deponie über sehr lange Zeiträume ab, so daß auch nach Abschluß einer Deponie die Emissionen kontrolliert und möglichst vollständig erfaßt sowie „schadlos beseitigt" werden müssen. Da die Deponien für „unendliche" Zeiträume nach deren Abschluß weiter existieren, ist so lange eine Überwachung erforderlich, bis keine die nähere Umgebung belastenden Emissionen mehr von ihr ausgehen, das heißt die Gasemissionen vernachlässigbar gering sind und das Sickerwasser annähernd Trinkwasserqualität erreicht hat.

Weitgehendst ungeklärt ist bisher, wie sich die in der Deponie unter anaeroben Bedingungen ausgefällten Schwermetalle verhalten, wenn die biochemischen Prozesse nahezu abgeschlossen sind. Dann besteht die Möglichkeit, daß Sauerstoff in die Deponie eindringt, was zu einer erhöhten Löslichkeit der Schwermetalle führen kann. Auf diesen Zusammenhang deuten Untersuchungen von Modig hin (zitiert von Lagerkvist, 1986), der hohe Metallkonzentrationen im Sickerwasser von Erzhalden aus dem Mittelalter gemessen hat, die durch die Sulfidoxidation verursacht wurden.

Tafel 7: Organische Spurenstoffe im Deponiegas (mg/m³) (Rettenberger, 1987)

Äthan	C_2H_6	0,8 – 48
Äthen	C_2H_4	0,7 – 31
Propan	C_3H_8	1,4 – 13
Propen	C_3H_6	0,04– 10
Butan	C_4H_{10}	0,03– 23
Buten	C_4H_8	1 – 21
Pentan	C_5H_{12}	0 – 12
2 Methylpentan	C_6H_{14}	0,02– 1,5
3 Methylpentan	C_6H_{14}	0,02– 1,5
Hexan	C_6H_{14}	3 – 18
Cyclohexan	C_6H_{12}	0,03– 11
2 Methylhexan	C_6H_{16}	0,04– 16
3 Methylhexan	C_6H_{20}	0,04– 13
Cyclohexan	C_6H_{12}	2 – 6
Heptan	C_7H_{16}	3 – 8
2 Methylheptan	C_8H_{18}	0,05– 2,5
3 Methylheptan	C_8H_{18}	0,05– 2,5
Oktan	C_8H_{18}	0,05– 75
Nona	C_9H_{20}	0,05–400
Cumol	C_9H_{12}	0 – 32
Bicyclo (3,2,1) Oktan 2,3 Methyl-4-Methylen	$C_{10}H_{16}$	15 –350
Dekan	$C_{10}H_{22}$	0,2 –137
Bicyclo (3,1,0) Hexan 2,2 Methyl-5-Methyläthyl	$C_{10}H_{14}$	12 –153
Undekan	$C_{11}H_{24}$	7 – 48
Dodekan	$C_{12}H_{26}$	2 – 4
Tridekan	$C_{13}H_{28}$	0,2 – 1
Benzol	C_6H_6	0,03– 7
Ethylbenzol	C_8H_{10}	0,5 –236
1,3,5 Methylbenzol	C_9H_{12}	10 – 25
Toluol	C_7H_8	0,2 –615
m/p Xylol	C_8H_{10}	0 –376
o Xylol	C_8H_{10}	0,2 – 7

6. Zusammenfassung

Die wesentlichen Umsetzungsprozesse in der Deponie erfolgen durch den biochemischen Abbau der organischen Substanz. Die durch die mikrobiellen Aktivitäten geschaffenen Milieubedingungen beeinflussen auch die meisten chemischen und physikalischen Prozesse.

In der hochverdichteten Deponie erfolgt der Abbau der organischen Substanz fast ausschließlich durch „anaerobe Mikroorganismen". Dieser Abbau erfolgt in den Stufen Hydrolyse, saure Gärung und Methangärung.

In jungen Deponien überwiegt die Phase der sauren Gärung, das heißt es werden vor allem organische Säuren produziert, die für den überwiegenden Anteil des CSB, der in dieser Phase in sehr hohen Konzentrationen bis zu 60.000 mg/l im Sickerwasser auftritt, verantwortlich sind. Befinden sich die Phasen der sauren Gärung und der Methangärung im Gleichgewicht, werden die organischen Säuren weiter zu Methan und Kohlendioxid umgesetzt, was zu einer erheblichen Reduktion des organischen Anteils im Sickerwasser der Deponie führt. Die in dieser Phase vorhandenen Milieubedingungen schaffen die Voraussetzungen, daß es zur Bildung schwerlöslicher Metallsulfide kommt.

Die Mobilität von Schwermetallen in Deponien wird darüber hinaus von unterschiedlichen Mechanismen beeinflußt (pH, Redox, Komplexierung, Adsorption, Flockung/Fällung etc.).

Salze wie Chloride werden in der wässrigen Phase ausgelaugt, Ammoniumverbindungen werden ebenfalls z.T. ausgelaugt; der geschwindigkeitsbegrenzende Schritt scheint hier der Abbau der organischen Stickstoffverbindungen zu Ammonium zu sein.

Wenn es gelingt, die biochemischen Umsetzungsprozesse derart zu beeinflussen, daß die Phase der stabilen Methangärung möglichst schnell erreicht wird, werden Sickerwasseremissionen frühzeitig reduziert und die Gasproduktionsphase deutlich verkürzt. Durch derartige Maßnahmen könnten die wesentlichen Emissionen auch auf kürzere Zeiträume begrenzt und dadurch besser kontrolliert werden.

Ansätze in dieser Richtung sind Sickerwasser-Kreislaufführung, lokkere untere Abfallschicht, die ankompostiert ist, bevor die nächsten hochverdichteten Abfallagen in dünnen Schichten eingebracht werden. Eine weitere Entwicklung stellt das Aerob-Anaerob-Verfahren dar. Die Entgasung sollte dabei zu einem möglichst frühen Zeitpunkt erfolgen.

Schrifttum

Ehrig, H.-J.: Water and Element Balances of Landfills aus „The Landfill-Reactor and Final Storage" (Hrsg. P. Baccini). Lecture Notes in Earth-Sciences, 20 Springer-Verlag, 1989.

Baccini, P.: Water and Element Balances of Municipal Solid. Hengeler, G: Waste Landfills. Figi, R.: Waste, Management and Research. Belewi, H., 1987.

Kruse, K.: Anpassung einer Hausmülldeponie an den Stand der Technik durch gezielte Stabilisierung, Abfallwirtschaft in Forschung und Praxis. Nr. 30. Erich Schmidt-Verlag, 1989.

Ehrig, H.-J.: Wasserhaushalt und Langzeitemissionen von Deponien. Deutsch-Deutsches Abfallforum Kassel, Abfallwirtschaft und Deponietechnik vom 23.4.–26.4.90. Veranstalter: Universität Kassel, Fachgebiet Abfallwirtschaft und Recycling.

Ehrig, H.-J.: Beitrag zum quantitativen und qualitativen Wasserhaushalt von Mülldeponien. Veröffentlichung des Instituts für Stadtbauwesen. TU Braunschweig, Heft 26, 2. Auflage, 1980.

Rees, J.(1): The fate of carbon compounds in the landfill. Journal of Chemical Technology and Biotechnology, 30, 1980.

Chian, E.S.K., De Walle, F.: Evaluation of Leachate Treatment and Characterisation of leachate. USEPA-Report 600/2-77-1986a, 1977.

Schobert, S.: Mikrobielle Methanisierung von Klärschlamm, Expertengespräch, Projektträger Biotechnologie, Forschungsanlage, Jülich, 20.6.1978.

Christensen, Th.H., Kjeldsen, P.: Basic Biochemical Processes in Landfills, aus Christensen, Cossu, Stegmann (Hrsg.): Sanitary Landfilling, Process, Technology and Environmental Impact, Academic Press, 1989.

Buswell, A.M., Mueller, H.F.: Mechanisms of methane fermentations. Industrial and Engineering, Chemistry, 44, 1952.

Spendlin, H.-H.: Auswirkungen des Deponiebetriebes aus Sickerwasserbelastungen – Messungen im Labormaßstab – aus: Sickerwasser aus Mülldeponien, Veröffentlichungen des Institutes für Stadtbauwesen, Heft 39, Eigenverlag 1985.

Märkl, H., Mather, M., Witty, W.: Meß- und Regeltechnik bei der anaeroben Abwasserreinigung sowie bei Biogasprozessen. Münchener Beiträge zur Abwasser-, Fischerei- und Flußbiologie, Band 36, R. Oldenbourg-Verlag, 1983.

Stegmann, R., Ehrig, H.-J.: Entstehung von Gas und Sickerwasser aus geordneten Deponien – Möglichkeiten der Beeinflussung – Müll und Abfall, Heft 2, 1980.

Johnson, L.D: Inhibition of anaerobic digestion by organic priority pollutants PhD-Thesis, Iowa State University, Iowa, USA, 1981.

Chon, W.L., Speece, R.E., Siddigi, R.H., Mec Keon, K.: The effects of petrochemical structure on methane fermentation toxicity. Progress in Water Technology, 10, 1978.

Hovious, J.C., waggy, G.T.: Identification and control of petrochemical pollutants inhibitory to anaerobic processes. Conway, R.A. USEPA-Series, EPA-R2-73-194, 1973.

Stuckey, D.C., Parkin, G.F., Owen, W.F., McCarty, P.L.: Comparative evaluation of anaerobic toxicity by batch and semicontinuous assays Paper presented at the Water Pollution Control Federation, 51 Annual Conference, Anaheim, Californien, USA, 1978.

Pearson, F., Shiun-Chung, C., Gartier, M.: Toxic inhibition of anaerobic biodegradation, Water Pollution Control Federation Journal, 52, 1980.

Stickley, D.P.: The effect of chloroform in sewage on the production of gas from digesters. Waster Pollution Control, 69, 1970.

Thiel, P.G.: The effect of methane analogues on methanogenis in an aerobic digestion. Water Research, 3, 1969.

Förstner, U.: Mobilisierung von Schwermetallen aus Deponiematerialien, Technische Universität Hamburg-Harburg, Arbeitsbereich Umweltschutztechnik, Internes Papier, 1989.

Förstner, U., Kersten, M., Wienberg, R.: Geochemical processes in Landfills. In Baccini, P. (Hrsg.) The Landfill-Reactor and Finale Storage Lecture Notes in Earth Sciences, Springer Verlag, 1989.

Pfeiffer, S.: Biogeochemische Regulation der Spurenmetallöslichkeiten während der anaeroben Zersetzung fester kommunaler Abfälle, Dissertation Universität Bayreuth, 1989.

Schlegel, H.-G.: Allgemeine Mikrobiologie. Georg Thieme Verlag, Stuttgart, 1972.

Calmano, W.: Schwermetalle in kontaminierten Feststoffen. Reihe: Umweltschutz-Technik. TÜV-Verlag Rheinland, 1989.

Ehrig, H.-J.: Sickerwasser aus Hausmülldeponien – Menge und Zusammensetzung, In: Müll und Abfallbeseitigung, Berlin, Erich Schmidt-Verlag, 1982.

Poller, T.: Persönliche Mitteilung, 1990.

Stegmann, R., Spendlin, H.-H.: Vorgänge in kommunalen Abfalldeponien – Grundlage der chemisch-physikalischen und biochemischen Prozesse – aus: Deponie, Ablagerung von Abfällen, EF-Verlag, 1987.

Farquhar, G., Rovers, F.A.: Gasproduction during refuse decomposition. Water, Air and Soil Pollution 2, 1973.

Rees,J.(2): Optimization of methane production and refuse decomposition in landfills by temperatur control. Journal of Chemical Technology and Biotechnology, 30, 1980.

Laugwitz, R.: Deponiegase als Quelle halogenierter Kohlenwasserstoffe, Müll und Abfall, Heft 3, 1990.

Rettenberger, G.: Gashaushalt von Deponien. Aus: Deponie, Ablagerung von Abfällen, EF-Verlag, 1987.

Stegmann, R., Mennerich, A.: Entwicklung eines Testverfahrens zur gemeinsamen Ablagerung von kommunalen und industriellen Abfällen. Forschungsbericht TU Braunschweig, unveröffentlicht, 1983.

Stegmann, R., Spendlin, H.-H.: Enhancement of Degradation: German Experiences. Aus: Christensen, Cossu, Stegmann (Hrsg.): Sanitary Landfilling-Process, Technology and Environmental Impact, Academic Press, 1989 Lagerkvist, A.: Landfill strategy. Lulea, Schweden Högskolan, Bericht, 1986.

Die Bergwerksdeponie Heilbronn –
Endlagerung für Rauchgasrückstände

Von W. Wegener[1]

Bei der Aufbereitung bergbaulicher Rohstoffe zu verkaufs- und verwendungsfähigen Produkten fallen in erheblichen Mengen Rückstände an, die von den Bergbaubetrieben selber über Tage in Form von Halden oder unter Tage als Versatz zur Auffüllung und Stabilisierung der Hohlräume abgelagert werden. Während im Steinkohlenbergbau abbaubedingt kaum Hohlräume für eine weitere Nutzung zur Verfügung stehen, können einzelne Kali- und Steinsalzbergwerke leere Strecken und Abbaukammern von z. T. mehreren Millionen m³ für eine sekundäre Verwertung bereitstellen.

Die für die Genehmigung von untertägigen Deponie- bzw. Auffüllmaßnahmen mit Fremdstoffen heranzuziehenden Rechtsvorschriften sind unterschiedlicher Art:

- Atomrechtliche Genehmigungen für die Ablagerung radioaktiver Stoffe,
- abfallrechtliche Genehmigungen für die Deponierung von Abfällen und
- bergrechtliche Genehmigungen für das Versetzen von unterirdischen Hohlräumen als gebirgsstützende Maßnahmen.

Aus dem Bereich des Salzbergbaus werden in folgenden Anlagen Fremdstoffe abgelagert bzw. laufen Genehmigungsverfahren und technische Vorbereitungen:

- Morsleben, Asse und Gorleben (Steinsalz) für radioaktive Stoffe,
- Herfa-Neurode (Kali) und Heilbronn (Steinsalz) als abfallrechtlich genehmigte Deponiebetriebe,
- Stetten (Steinsalz) als bergrechtlich genehmigter Versatzbetrieb für Rückstände aus der firmeneigenen Verarbeitung des Salzes.

Daneben untersuchen fast alle Kalibergwerke in den östlichen Bundesländern, ob ihre Untertageanlagen für die Deponierung von Abfällen geeignet sind.

Untertagedeponien im Salz

Im folgenden wird nur auf die Deponierung von Sonderabfällen in den beiden abfallrechtlich genehmigten Deponiebergwerken eingegangen. Es sind dies die östlich von Bad Hersfeld gelegene Untertagedeponie Herfa-Neurode der Kali und Salz AG und die Bergwerksdeponie Heilbronn der Südwestdeutsche Salzwerke AG.

Obwohl beide Bergwerke dem Salzbereich zugehören, sind ihre geologischen Gegebenheiten sehr unterschiedlich, haben sie andere Hohlraumabmessungen, z. T. voneinander abweichende technische und sicherheitliche Bedingungen und in bezug auf die Anzahl der zur Ablagerung angenommenen Stoffarten ein unterschiedliches Programm.

UTD Herfa-Neurode

Die UTD Herfa-Neurode wurde in einem abgetrennten Teil des Kalibergwerks Wintershall in rund 800 m Teufe eingerichtet und hat 1972 ihren Betrieb aufgenommen. Die Leistung liegt bei rund 160.000 t/Jahr (1). Die Deponie ist für über 3.000 definierte Abfälle zugelassen, wovon derzeit etwa 1.300 Abfallarten abgelagert werden. Den mengenmäßig größten Anteil stellen Filterstäube und Rauchgasreinigungsmassen aus der Müllverbrennung.

Bergwerksdeponie Heilbronn

Im Gegensatz zur UTD Herfa-Neurode darf in der Bergwerksdeponie Heilbronn nur eine Stoffgruppe endgelagert werden, und zwar Rückstände aus der Rauchgasreinigung von Müllverbrennungsanlagen.

---

[1] Bergassessor a.d. Wilhelm Wegener SÜDWESTDEUTSCHE SALZWERKE AG, Heilbronn

(1) Kind: Voraussetzung und Praxis bei der Einlagerung bestimmter Industrieabfälle in der Unter-Tage-Deponie Herfa-Neurode; Vortrag auf der Tagung Kali '91, Hamburg, Mai 1991.

Diese Rückstände umfassen die Kesselasche, Flug- und Filterstäube sowie die Reaktionsprodukte der Rauchgasreinigung jeweils einzeln oder in Mischung miteinander.

Nutzung der Hohlräume

Durch den Salzabbau wird jährlich ein Hohlvolumen von rund 1 Million m³ neu geschaffen. Ein großer Teil hiervon wird für eigene Betriebszwecke weiterverwendet. Hierzu gehören Förderbandstrecken, Werkstatträume, Kammern für die Zwischenlagerung von Halb- und Endprodukten und besonders für die Ablagerung der bei der Aufbereitung des Salzes anfallenden Rückstände sowie für die Wetterführung.

Der für betriebliche Zwecke nicht beanspruchte Hohlraum kann nur in dem Maße für die Ablagerung von Fremdstoffen bereitgestellt werden, wie es die Forderung nach einer technischen, organisatorischen und sicherheitlichen Trennung zwischen dem weiterhin umgehenden Salzabbau und dem Deponiebetrieb zuläßt.

Deponiefähiger Abfall

Bei der Bestimmung der für die Ablagerung geeigneten Abfallart mußte berücksichtigt werden, daß die weiterhin umgehende Salzgewinnung und der Deponiebetrieb in vielfältiger technischer, organisatorischer und sicherheitlicher Sicht miteinander verbunden bleiben. Weiter war von Bedeutung, daß die einzelnen Ablagerungskammern ein vergleichsweise großes Volumen haben, aber zunächst nur eine begrenzte Anzahl von Kammern für die Einlagerung ausgewiesen worden sind. Außerdem wird die Belegung jeder einzelnen Kammer mit nur einer Sonderstoffart von nur einem Erzeuger aus Haftungsgründen für vorteilhaft angesehen.

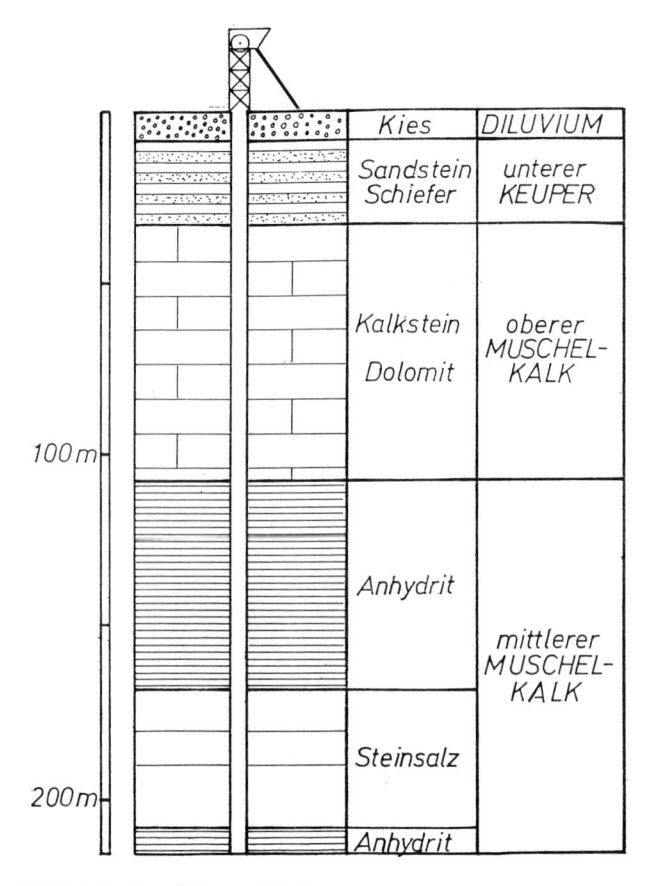

Bild 1: Schachtprofil Bergwerk Heilbronn

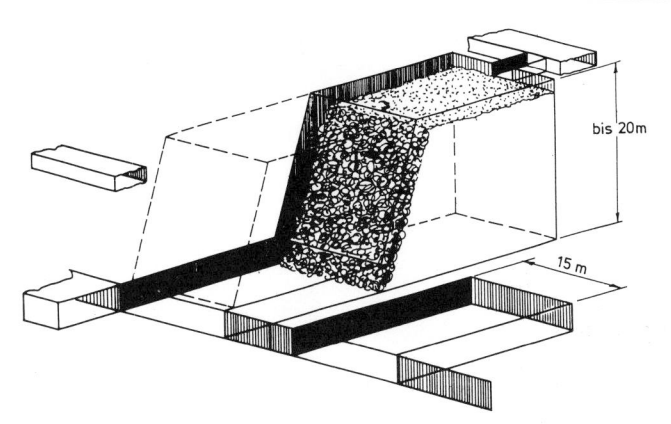

Bild 2: Abbauschema

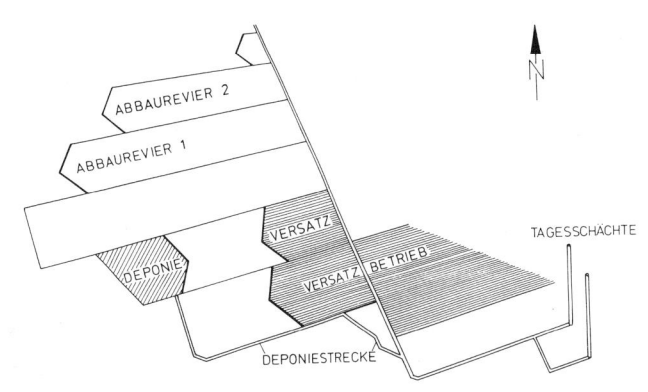

Bild 4: Schematische Horizontal-Darstellung des Grubengebäudes

Rauchgasreinigungsrückstände aus der Müllverbrennung, die wegen ihres Gehaltes an löslichen Salzen die Präferenzklasse 1 für eine Entsorgung nach unter Tage haben, erfüllen die gestellten Bedingungen, denn ihr Gefährdungspotential ist vergleichsweise gering und sie fallen in größeren Mengen bei nur einer geringen Zahl von Abfallerzeugern an.

Die für den Deponiebetrieb erforderliche abfallrechtliche Planfeststellung wurde im Jahr 1986 durchgeführt und konnte in einer Zeit von fünf Monaten abgeschlossen werden.

Geologie

Das Heilbronner Salzlager ist horizontal ausgebildet und liegt in rund 170 bis 210 m Teufe, es hat somit eine Mächtigkeit von rund 40 m. Aus qualitativen Gründen wird nur der untere Lagerteil, der eine maximale Mächtigkeit von 20 m hat, abgebaut. Gegen wasserführende Schichten im Teufenbereich 0 bis 120 m ist das Salzlager durch eine bis zu 50 m starke Ton- und Anhydritschicht geschützt (Bild 1).

Abbau

Durch Bohr- und Sprengarbeit entstehen im Kammer-Festen-Abbauverfahren Hohlräume von 15 m Breite, bis zu 20 m Höhe und 150 bis 200 m Länge (Bild 2).

Aus gebirgsmechanischen Erfordernissen, d.h. zur Sicherung der offenen Grubenräume und der Tagesoberfläche, müssen zwischen den parallel zueinander aufgefahrenen Abbaukammern Gebirgsfesten (Salzpfeiler) von 15 bis 18 m Breite stehenbleiben. Die für einen Bergbaubetrieb vergleichsweise großen Hohlraumabmessungen mit Querschnitten von rund 70 bis 300 m^2 und Kammervolumen von im Durchschnitt 40.000 bis 50.000 m^3 lassen den Einsatz großer und leistungsstarker Gewinnungs- und Ladegeräte zu (Bild 3).

Bild 3: Fahrlader in einer Abbaukammer

Trennung von Salz- und Deponiebetrieb

Um die Salzgewinnung und Ablagerung von Fremdsstoffen voneinander unabhängig zu machen, wurden

– in der Grube (Horizontalbereich) eine räumliche Trennung und

– in dem Schacht (Vertikalbereich) eine zeitliche Trennung

der beiden Betriebsaufgaben Salz und Rückstände eingeführt.

Die Deponiekammern liegen am westlichen Rand des abgebauten Feldesteils und sind von dem aktiven Salzgewinnungsbetrieb durch ein nicht mehr in Abbau stehendes Revier getrennt. Der Zugang von dem Schacht zu dem Deponiebereich mußte in Form einer rund 3,8 km langen Strecke neu geschaffen werden (Bild 4).

Für den Transport der Rauchgasrückstände von über nach unter Tage wurde das Förderprogramm des Schachtes zeitlich getrennt. Es werden entweder nur Salz in den Fördergefäßen von unten nach oben oder nur Rauchgasrückstände auf den Förderkorbetagen von oben nach unten transportiert.

Bei der Wetterführung ließ sich keine vollständige Trennung der beiden Betriebsbereiche einrichten. Die mit rund 12.000 m^3/min durch einen der beiden Schächte einziehenden Frischwetter werden unter Tage in einen Strom für die Betriebspunkte der Salzgewinnung und einen für die Deponie geteilt. Die Abwetter werden wieder zusammengeführt und treten über den zweiten Schacht nach über Tage aus. Da sich im Abwetterstrom Bergleute aufhalten, ergibt sich für den Deponiebetrieb die Forderung, daß die abgelagerten Stoffe keine Gase, Dämpfe oder intensiven Gerüche abgeben dürfen.

Vorbereitung der Deponiekammern

Um die ca. 15 Jahre alten Abbaukammern als Deponieräume nutzen zu können, müssen zunächst deren Stöße und Firsten nachgesehen, erforderlichenfalls beraubt und durch Gebirgsanker gesichert werden (Bild 5). Die Kammersohle ist für den Fahr- und Stapelbetrieb zu ebnen.

Anlieferung und Behältnisse

Als Transportmittel für die Anlieferung der Rauchgasreinigungsrückstände akzeptiert die Bergwerksdeponie Heilbronn nur Bundesbahnwaggons, und zwar in gedeckter Ausführung mit beidseitig auf volle Breite zu öffnenden Schiebetüren.

Außer in Blechbehältnissen können die Reinigungsrückstände auch in flexiblen Schüttgutbehältnissen, sogenannten Big Bags, abgefüllt sein. Beide Behältnisarten müssen mit einem wasserdichten Innenliner aus Plastikfolie ausgeschlagen sein.

Nachdem anfänglich nur Blechcontainer verwendet wurden, sind heute 95 % der angelieferten Rückstände in Big Bags abgefüllt.

Anfeuchtung

Eine wichtige Sicherheitsforderung der Bergwerksdeponie Heilbronn ist, daß die Reinigungsprodukte mit Wasser gleichmäßig angefeuchtet

Bild 5: Beraubearbeiten

Bild 6: Schacht Franken

werden. Hierdurch kann ausgeschlossen werden, daß bei einem Freisetzen der Rückstände aus der Verpackung, z. B. bei Beschädigung der Behältnisse während des Transportes unter Tage, Staub aufgewirbelt und von der Grubenluft durch das Bergwerk verfrachtet wird und die im Abwetterbereich beschäftigten Bergleute gefährdet.

Mit der Anfeuchtung der Rauchgasreinigungsrückstände wird ein Abbindeprozeß eingeleitet. Eine auf diese Weise erreichte Aushärtung des Materials ist erforderlich, wenn die Ablagerung in Big Bags erfolgen soll. Nur mit einem harten, tragfähigen Inhalt lassen sich die Big Bags entsprechend den Genehmigungsauflagen bis zu siebenfach übereinanderstapeln. Das Anfeuchten und Aushärten bewirkt auch eine Volumenverringerung. Die Schüttwichte erhöht sich von rund 0,4 t/m^3 auf 0,8 bis 1,0 t/m^3.

Da einige Müllverbrennungsanlagen räumliche Schwierigkeiten für die Aufstellung einer Befeuchtungs- und Absackanlage haben, prüft die Bergwerksdeponie Heilbronn zur Zeit, ob sie diese Aufgabe ausführen und anbieten kann.

Annahme und innerbetriebliche Transport

Nach der Anlieferung wird wie folgt verfahren:

- Sichtkontrolle und Vergleich mit den Angaben der Abfallbegleitpapiere,

- Entnahme einer Rückstellprobe je Waggon und zusätzlich im vorgegebenen Mengen- und Zeitabstand Probenahmen für die Bestimmung der Leitelemente im werkseigenen Labor (Blei, Cadmium, Zinn, Quecksilber) und der Identitätsanalysen durch Fremdinstitute (Vollanalysen),

- Entladen mit Gabelstapler und Abstellen der Behältnisse vor den Schachttoren (Bild 6).

Der Vorteil der Big Bags liegt darin, daß der Preis dieses Verpackungsmaterials nur ungefähr 10 % desjenigen der Blechbehältnisse beträgt.

In Abstimmung mit der Transport- und Ablagerungstechnik in der Bergwerksdeponie Heilbronn müssen die Behältnisse folgende Abmessungen haben:

- Blechcontainer: 1,2 m x 1,7 m Grundfläche,
  1,1 m Höhe,
  Gesamtgewicht 1,9 bis 2,0 t,
  verlorener Palettenfuß

- Big Bags: 1,2 m Durchmesser,
  1,5 m Füllhöhe,
  Gesamtgewicht 1,5 t,
  Einpunktaufhängung,
  abgestellt auf rückgabefähiger
  Palette 1,2 m x 1,2 m.

Für die Beschickung und das Entladen der Etagen der Schachtförderkörbe sowie das Beladen der Transportfahrzeuge im Füllort des Schachtes werden ebenfalls Gabelstapler eingesetzt (Bild 7).

Den Transport vom Schacht bis zum vier Kilometer entfernten Deponiebereich übernehmen Lastkraftwagen von 15 bis 18 t Nutzlast.

Ablagerung

In der Deponiekammer werden die Blechbehältnisse mit Gabelstaplern von den LKWs abgenommen und fünffach übereinander abgesetzt. Bei den in Big Bags abgepackten Rückständen erfolgt das Abladen und Stapeln obergriffig mit einem Spezialgerät. Die Großsäcke werden in sieben Lagen übereinander deponiert (Bild 8).

Nachdem eine Kammer mit 10.000 bis 15.000 t Rauchgasreinigungsrückständen gefüllt ist, werden die Zugänge mit einer 0,5 m starken Mauer verschlossen (Bild 9). Proben der Kammerluft können über ein Schnüffelrohr weiterhin gezogen werden.

Deponiekapazität

Die Kapazität des Deponiebetriebes wird bei den augenblicklichen Gegebenheiten durch die Schachtförderung bestimmt. Sie beträgt rund 70.000 t pro Jahr. Durch Mengenumlagerungen im Salzbereich und Ausbau der Förderanlagen ist eine Steigerung auf jährlich über 100.000 t möglich. Bisher wurden rund 50.000 t Rauchgasreinigungsrückstände deponiert. Entsorgt werden z. Z. zehn Müllverbrennungsanlagen aus Baden-Württemberg, Bayern und dem Saarland.

Bild 7: Beladen der Förderkorbetage

Bild 8: Stapeln von Big Bags

Bild 9: Abmauern einer Deponiekammer

Zusammenfassung

In dem Bericht wird im wesentlichen auf die Bergwerksdeponie Heilbronn der Südwestdeutsche Salzwerke AG eingegangen. Der Ablagerungsbetrieb ist durch Planfeststellung als Monodeponie für Rauchgasreinigungsrückstände aus der Verbrennung von Hausmüll zugelassen. Zwischen der weiterhin betriebenen Salzgewinnung und dem Deponiebetrieb bestehen technische, organisatorische und sicherheitliche Verflechtungen, die gegenseitige Abstimmungen und Rücksichtnahmen erforderlich machen.

Aus Sicherheitsgründen muß die angelieferte Rauchgasreinigungsmasse angefeuchtet sein. Als Verpackungen werden Blechbehältnisse und Big Bags angenommen. Die Anlieferung erfolgt mit Bundesbahn-Waggons.

Bisher wurden rund 50.000 t Rückstände deponiert. Die Kapazität kann von derzeit rd. 70.000 t/Jahr auf über 100.000 t/Jahr vergrössert werden.

Untersuchung von Abfällen und Rückständen zur Beurteilung bei der Ablagerung und Verwertung

Von W. Leuchs[1]

1. Einleitung

Die Bestrebung, auf Deponien künftig nur noch belastete anorganische Abfälle zuzulassen, bedingt für organische Abfälle eine thermische oder alternativ beim Hausmüll auch eine biologische Vorbehandlung.

Durch die Hausmüll- und Sondermüllverbrennung und auch durch die Verbesserung der Luftemissionen von industriellen Verbrennungsprozessen generell entstehen immer mehr belastete mineralische Rückstände, die immer mehr Deponieraum beanspruchen würden. Um sicherzustellen, daß dieser wertvolle und immer knapper werdende Raum geschont wird und nur noch hochbelastete Minerals deponiert werden, hat der Gesetzgeber in § 1a AbfG den Gedanken festgeschrieben, unvermeidbare Abfälle soweit wie möglich zu verwerten. Gemeint sind hier insbesondere auch Reststoffe, die als Nebenprodukte (z.B. Eisenhüttenschlacken) bei Industrieprozessen anfallen und die früher häufig auf Mineralstoffdeponien verbracht wurden.

„Soweit wie möglich verwerten" heißt einerseits, daß eine bautechnische Eignung, beispielsweise für den Straßenbau, und andererseits auch die Umweltverträglichkeit gegeben sein muß.

Die bautechnische Eignung von industriellen Reststoffen ist seit langem bekannt, entsprechende Anforderungen sind in verschiedenen „Merkblättern" oder „Technischen Lieferbedingungen" festgelegt und praktische Erfahrungen liegen z.T. schon seit einigen Jahrzehnten vor.

Auswirkungen auf die Umwelt, insbesondere die Auswirkungen auf Grund- und Oberflächenwasser und damit verbundene Anforderungen an den Verwertungsort und die Bauweise sind weitgehend unbekannt. Allgemein kann man jedoch feststellen, daß innerhalb derselben hydrogeologischen Einheit in dicht besiedelten Gebieten z.B. die Ca- und SO_4-Konzentrationen im Grundwasser u.a. als Folge der Bauschutt- und Gebäudeverwitterung über den Konzentrationen des Grundwassers im ländlichen Raum liegen (Leuchs & Römermann, 1991).

Bei der Reststoffverwertung, wie auch der Abfalldeponierung ist der Besorgnisgrundsatz des Wasserrechts zu beachten. Es dürfen nur solche Stoffe offen verwertet oder abgelagert werden, die aufgrund ihrer stofflichen Zusammensetzung und ihres Auslaugverhaltens keine Verunreinigung des Wassers oder eine sonstige nachteilige Veränderung seiner Eigenschaften hervorrufen. Sofern also zu erwarten ist, daß belastete Sickerwässer anfallen, darf eine Verwertung bzw. Deponierung nur unter bestimmten baulichen Vorkehrungen (z.B. Abdichtung) erfolgen. Aus Gründen des vorsorgenden Gewässerschutzes spielt dann auch die Standortfrage eine entscheidende Rolle.

Die Prognose der Auslaugung stellt sich im Zusammenhang mit der Verwertung von Reststoffen oder Deponierung von Abfällen als das eigentliche Problem heraus.

Umstritten ist, mit welchen Untersuchungsverfahren und Beurteilungsmaßstäben der Stoffaustrag aus mineralischen Stoffen in der Praxis am besten prognostiziert werden kann.

Im folgenden werden verfahrensbedingte Vor- und Nachteile verschiedener gängiger Untersuchungsmethoden zur Feststellung des Auslaugverhaltens erörtert und diskutiert, welche Interpretationsmöglichkeiten entsprechend gewonnene Daten bieten. Darüber hinaus wird für bestimmte Materialien und Fragestellungen auf spezielle alternative Untersuchungsmöglichkeiten eingegangen.

2. Einflußfaktoren auf die Stoffmobilität

Zunächst steuern die physikalischen, chemischen und biologischen Faktoren, ob bestimmte Schadstoffe ausgewaschen werden können oder nicht.

Bei den physikalischen Einflußgrößen sind vor allem

– Wasserdurchlässigkeit,
– Lagerungsdichte und
– spezifische äußere Oberfläche

entscheidend. Sie bestimmen die Transportgeschwindigkeit, die Kontaktzeit und -fläche zwischen den Reaktanden sowie das Lösungsmittel-/Feststoffverhältnis.

Unter den **chemischen Faktoren** sind u.a. wichtig:

– die Gesamtkonzentration
– die Eigenschaften des spezifischen Schadstoffes (z.B. Bindungsform, Wasserlöslichkeit, Feststoff-/Wasser-Verteilungskoeffizienten)
– das chemische Milieu (pH, Eh).

Biologische Einflüsse sind in den Mineralstoffen in der Regel nur von untergeordneter Bedeutung.

Bei einzelnen Materialien, die abbaubare oder oxidierbare Minerale (z.B. Pyrit im Bergematerial) enthalten, kann die chemische Zusammensetzung des Sickerwassers wesentlich durch die mikrobiellen Umsetzungen geprägt sein.

Welcher Schadstoff in welcher Konzentration über welchen Zeitraum dann tatsächlich das Gewässer belastet, hängt schließlich noch von den Gegebenheiten des Standortes und der Bauweise ab.

Im einzelnen sind folgende Faktoren besonders relevant:

– Niederschlags-/Verdunstungsrelation
– Mächtigkeit der Sickerstrecke zwischen Sohle der Verfüllung bzw. der Ablagerung und Grundwasseroberfläche
– Flurabstand
– Beschaffenheit der Deckschicht
– hydrogeologische und hydrochemische Situation
– Lage zum Oberflächengewässer
– Art des Einbaus (z.B. Verhältnis Oberfläche/Volumen, verdichteter Einbau, Einbau in eingebundener Form)
– Ausführung der Abdichtungssysteme.

Üblicherweise werden zur Beurteilung von Abfall- oder Reststoffen aus wasserwirtschaftlicher Sicht aus der Fülle der sicher noch unvollständigen Auflistung von wichtigen Beurteilungsmaßstäben nur Analysendaten von Auslaugversuchen und/oder von Säure- und Lösungsmittelaufschlüssen herangezogen. Eine integrale Bewertung, die auch die anderen wesentlichen Einflußfaktoren berücksichtigt, wird selten durchgeführt. Sie stellt allerdings auch hohe Anforderungen an den Bearbeiter und ist aufgrund des hohen Untersuchungsaufwandes nicht in jedem Fall gerechtfertigt. Besonders schwierig ist die realitätsnahe Verknüpfung der verschiedenen, z.T. wechselwirkenden und z.T. nicht hinreichend genau bekannten Einflußgrößen.

Reststoffverwertung und Abfalldeponierung müssen heute aber auch ohne abgesicherte Erkenntnisse aus Langzeituntersuchungen so geregelt werden, daß keine Altlasten von morgen entstehen.

Dazu muß in Abhängigkeit von der Bedeutung des Einzelfalls (hier: Volumen des Stoffes) mit den verfügbaren analytischen und jeweils vertretbaren finanziellen Mitteln das kurz- bis langfristige Auslaugverhalten und die Auswirkungen auf die Gewässerbeschaffenheit abgeschätzt werden.

3. Untersuchungsmöglichkeiten zum Auslaugverhalten von Abfällen und Reststoffen

3.1 Schüttelversuche

Aufgrund des vergleichsweise geringen Aufwandes hat sich in der Praxis der Schüttelversuch mit destilliertem Wasser nach DIN 38414-S4 durchgesetzt.

---

[1] Dr. Wolfgang Leuchs. Landesamt für Wasser und Abfall Nordrhein-Westfalen. Düsseldorf

Obwohl in dieser Norm auf die Grenzen des Verfahrens deutlich hingewiesen wird, findet man in den meisten Gutachten und Publikationen keine kritische Bewertung der Ergebnisse. Einzelfallorientierte Modifikationen der Versuchsbedingungen oder die Durchführung von Alternativmethoden sind noch die Ausnahme in der Praxis.

Die Grenzen des S4-Verfahrens und einzelfallbezogene Versuchsmodifikationen werden im folgenden erörtert. Eine ausführliche Diskussion zur Problematik des S4 haben Friege et al. (1990) vorgelegt.

Salze und wasserlösliche organische Verbindungen

Hinsichtlich der verschiedenen chemischen Stoffgruppen eignet sich das Verfahren im allgemeinen nur für Salze und gut wasserlösliche organische Verbindungen, wie z.B. Phenole.

Bezogen auf die Probeneinwaage entspricht die auf diese Weise im Eluat ermittelte Stoffmenge dann annähernd dem Gesamtgehalt. In Zweifelsfällen kann dies durch mehrmaligen Ersatz des Elutionsmittels überprüft werden (Ham et al. 1980).

Die Ergebnisse des Elutionsversuches sollten ausschließlich nach der spezifischen Fracht und nicht nach der Konzentration beurteilt werden. Die Sickerwasserzusammensetzung des abgelagerten Materials hängt ganz entscheidend von den Wasserhaushaltsverhältnissen ab. Diese können durch den S4-Versuch nicht abgebildet werden. Das Lösungsmittel-/Feststoffverhältnis des S4-Verfahrens ist gegenüber in der ungesättigten Zone eingebautem rolligen Material etwa 200 mal höher (Friege et al. 1990). Dies bedeutet theoretisch, daß auch das Probenwasser 200fach konzentrierter ist als das S4-Eluat (vgl. Tafel 1). Die Angabe „mg/l" hat in der Vergangenheit dazu verleitet und verleitet auch noch in der Gegenwart dazu, daß Grenzwerte der Trinkwasserverordnung oder ähnliche Regelwerke zur Beurteilung der Eluate herangezogen werden.

Man hält Abfälle oder Reststoffe, deren Eluatkonzentrationen unter den Grenzwerten liegen oder diesen Werten entsprechen, für grundwasserverträglich und leitet ab, daß keine besonderen Anforderungen z.B. an die Bauweise erforderlich sind. Unterstellt man einmal, daß S4-Eluate tatsächlich der Zusammensetzung des neugebildeten Grundwassers entsprechen, ist ein Vergleich zwischen Eluatwerten von Böden bzw. Gesteinen, die i.e.S. auch grundwasserverträglich sein sollten, und Abfällen bzw. Reststoffen von Interesse. Bild 1 zeigt am Beispiel eluierbarer Sulfatkonzentrationen, daß die natürlichen Medien weit unterhalb des Grenzwertes der Trinkwasserverordnung von 240 mg/l liegen, während einzelne Abfälle und Reststoffe diesen Wert auch deutlich überschreiten können.

Zur Beurteilung sollten also nicht Grenzwerte aus Regelwerken herangezogen werden, sondern es sollten die Eluatwerte des betreffenden Problemstoffes mit Eluatgehalten von den am Verwertungsort- oder Deponierungsort anstehenden natürlichen Böden und Gesteinen verglichen werden. Vergleichsuntersuchungen dieser Art sind in der Praxis bis heute offenbar unüblich, entsprechend wenige Daten finden sich in der Literatur.

Metalle und Metalloide

Mit Ausnahme des gut wasserlöslichen Chrom VI können S4-Gehalte von Metallen und Metalloiden nur Hinweise auf das Initialstadium einer Ablagerung geben. Welche Konzentrationen durch den Einfluß von außen auf das System einwirkender Agenzien, wie z.B. saurer Regen, im Sickerwasser anfallen, ist mit dem S4-Verfahren nicht prognostizierbar. Untersuchungen von Cremer & Obermann (1990) mit verschiedenen Abfallstoffen haben ergeben, daß die zur Beurteilung relevanten pH-Werte bei pH 4 und pH 11 liegen. Bei beiden pH-Werten können bestimmte Metalle und Metalloide eine hohe Mobilität erreichen.

Tafel 1: Vergleich zwischen Sickerwasserkonzentrationen der Rückstandsdeponie der MVA Region Ingolstadt (Schlacke-Flugstaub-Gemisch) und mittleren Eluatgehalten von 4 Schlacke/Flugstaubproben aus dieser MVA (verändert nach Fichtel et al. 1983).

Parameter		Sickerwasser	Eluat nach DIN 38414–S4
pH-Wert		7,5	12,5
Abdampfrückstand	mg/l	29950	2389
TOC	mg/l	–	10
Ammonium	mg/l	31	0,4
Nitrit	mg/l	–	0,09
Nitrat	mg/l	19	<2
Chlorid	mg/l	15625	730
Sulfat	mg/l	199	341
Sulfit	mg/l	<0,2	<0,2
Fluorid	mg/l	0,75	1,1
Natrium	mg/l	4848	164
Kalium	mg/l	5763	305
Magnesium	mg/l	39	7
Calcium	mg/l	799	463
Chrom	mg/l	<0,08	<0,05
Nickel	mg/l	0,26	<0,05
Kupfer	mg/l	0,10	<0,05–0,25
Zink	mg/l	0,14	<0,02–3,2
Cadmium	mg/l	–	<0,02
Quecksilber	mg/l	0,1	<0,0005
Blei	mg/l	0,27	<0,1–18

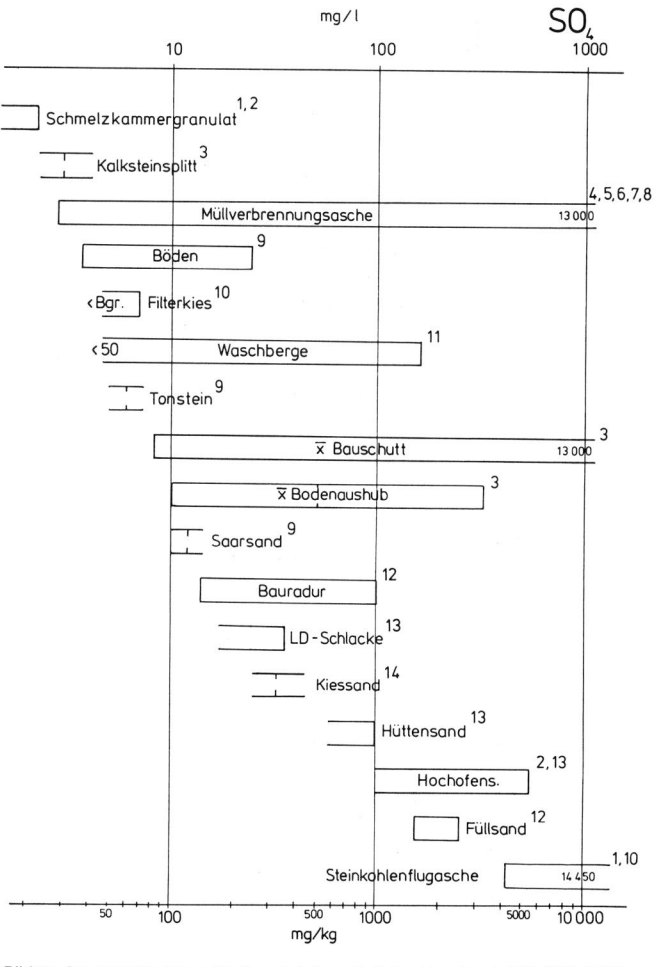

Bild 1: Aus verschiedenen Medien eluierbare Sulfatfrachten (nach DIN 38414-S4). Zusammenstellung nach Literaturdaten: 1 Merkel (1985a), 2 Frank-Fuchs (1989), 3 IWL (1979), 4 Leschber & Holederer (1985), 5 NN (1982), 6 Merkel (1985b), 7 Fichtel et al. (1983), 8 Görtz (1987), 9 Kiefer (1989), 10 Oetting (1980), 11 Untersuchungen des Landesamtes für Wasser und Abfall NRW (unveröffentlicht), 12 Dohmann & Tränkler (1986), 13 Forschungsgemeinschaft Eisenhüttenschlacken (pers. Mitt.), 14 Matthes (1979)

Weiterhin wurde festgestellt, daß der pH-Wert gegenüber anderer Variablen den größten Einfluß besitzt. Die Autoren schlagen vereinfacht folgende, abgestufte Vorgehensweise vor:

1. Bestimmung der Metallgesamtgehalte im Königswasseraufschluß (DIN 38414-S7)
2. Vergleich mit lokaler oder regionaler Hintergrundbelastung
3. Elution bei konstant gehaltenem pH-Wert von 4 bei Überschreitung der Hintergrundbelastung.

Auf den letzten Schritt kann verzichtet werden, wenn die Säureneutralisationskapazität des Stoffes nach einer bestimmten Versuchsdauer oder bis zu einem bestimmten pH-Wert groß ist. Sofern im Alkalischen lösliche Metalle oder Metalloide wie z. B. Pb, Cr, As über den Hintergrundkonzentrationen liegen und ein alkalisches Milieu bei der Ablagerung zu erwarten ist, wird die Elution bei konstant pH 11 empfohlen. Für die Beurteilung der Metallmobilität ist die Kenntnis der Säureneutralisationskapazität von entscheidender Bedeutung; sie ist ein Maß dafür, wie schnell mit einer Versauerung durch den Einfluß des sauren Regens gerechnet werden muß.

Wird die Säureneutralisationskapazität eines Abfall- oder Reststoffes bezogen auf eine bestimmte Fläche und eine Schichtdicke der Baseneutralisationskapazität der Niederschläge pro Jahr und Fläche gegenübergestellt, kann man den Zeitraum der pH-Wert-Pufferung abschätzen. Einschränkend muß allerdings erwähnt werden, daß die Kinetik der Auflösungsreaktion des mineralischen Puffers in den verschiedenen Abfall- und Reststoffen nicht bekannt ist. Darüber hinaus fehlen für eine abgesicherte Auswertung Vergleichsdaten, die mit einem standardisierten Verfahren gewonnen wurden.

Rückstände aus der Aufbereitung von Stein- und Braunkohle, also Waschberge (Ton-, Silt- und Sandsteine) bzw. Braunkohlesande, sind bei Zutritt von Luft-O_2 und Wasser in der Lage, selbst Säure zu produzieren. Diese entsteht durch die mikrobiell katalysierte Oxidation des eingelagerten Pyrits. Wie van Berk (1987) durch Grundwasseruntersuchungen bei Steinkohlenberghalden nachweisen konnte, macht sich diese Reaktion erst nach einigen Jahrzehnten in einer Veränderung der Grundwasserbeschaffenheit bemerkbar. Im einzelnen ist hierdurch nach Aufbrauch der Säurepufferung des Bergematerials u. a. eine verstärkte Bildung von löslichem Sulfat, ein Absinken der pH-Werte auf ein Niveau zwischen 3 und 4 und ein Anstieg der Schwermetallkonzentrationen zu beobachten.

Ob pyrithaltiges Material grundsätzlich zur Säure- und Sulfatbildung neigt, kann durch einen Elutionsversuch im oxidierenden Milieu überprüft werden. Die oxidierenden Bedingungen werden durch die Zugabe von Perhydrid-Tabletten und kontinuierliche Einleitung von Preßluft eingestellt.

Die Beziehung zwischen Versuchsdauer und pH-Wert ist ein relatives Maß für die Säurebildungsrate; die Sulfatkonzentrationen wie auch Schwermetallgehalte können am Ende des Versuches in der Elutionsflüssigkeit bestimmt werden. Die Auswertung der Ergebnisse erfolgt im Vergleich zu den Ergebnissen des S4-Versuches. Ob sich unter Ablagerungsbedingungen dann tatsächlich saure, sulfatreiche und schwermetallhaltige Sickerwässer bilden, hängt u. a. noch von der Verfügbarkeit des Pyrits gegenüber Luftsauerstoff und Wasser sowie der Oxidations- und Neutralisationsgeschwindigkeit ab.

Ein Problem vieler Abfälle und industrieller Reststoffe sind stark alkalische pH-Werte im S4-Eluat. Aufgrund der hohen Hydroxidionenaktivität ist dadurch auch oft die elektrische Leitfähigkeit erhöht. Daß auch einige Metalle in diesem pH-Milieu hoch mobil sein können, wurde bereits erwähnt. Die alkalischen pH-Werte entstehen häufig durch die Auflösung der CaO bzw. Ca(OH)$_2$-Komponente des Mineralstoffes. Unter Ablagerungsbedingungen ist jedoch zu vermuten, daß diese Verbindungen durch den Zutritt von Luft-CO_2 karbonatisiert werden, was dann mit einem Rückgang der pH-Werte verbunden wäre. Ob diese Reaktion tatsächlich möglich ist, kann durch eine Elution mit CO_2-gesättigtem Wasser geklärt werden.

Lipophile organische Verbindungen und leichtflüchtige organische Verbindungen

Gegenüber den bereits abgehandelten Stoffgruppen sind die S4-Gehalte von lipophilen organischen Verbindungen und leichtflüchtigen organischen Substanzen so schlecht reproduzierbar, daß damit keine Beurteilung vorgenommen werden darf.

Bei den schwerflüchtigen, lipophilen Verbindungen resultieren die Probleme durch die hohe Affinität der Stoffe zu festen Oberflächen. Aufgrund der hohen Feststoff-/Wasser-Verteilungskoeffizienten sind die tatsächlich im wäßrigen Eluat gelöst vorliegenden Konzentrationen analytisch vielfach nicht nachweisbar. Oft werden im S4-Eluat jedoch Konzentrationen nachgewiesen, die theoretisch aufgrund der Wasserlöslichkeit und der Verteilungskoeffizienten nicht bestimmbar sein dürften. Ursächlich sind in den meisten Fällen im Eluat suspendierte Feststoffpartikel, an denen die lipophilen organischen Verbindungen haften. Die schlechte Reproduzierbarkeit für solche Verbindungen ergibt sich durch den wechselnden Anteil der Feinfraktion im Eluat und den in der Norm nicht ausreichend definierten Filtrationsbedingungen.

Für fein verteilte Verunreinigungen von lipophilen Verbindungen in gut durchlässigen Materialien ist es darüber hinaus überaus fraglich, ob Filtration oder Zentrifugation den Bedingungen bei der offenen Ablagerung über durchlässigem Boden nahe kommen. Man weiß beispielsweise, daß auch Feststoffe (z. B. Asbestfasern oder Bakterien) in den Grundwasserleiter eingetragen werden können und sich mit dem Grundwasserstrom ausbreiten (z. B. Mc Carthy & Zachara 1989).

Bei leichtflüchtigen Aromaten konnte Dönne (1989) neben diesen Effekten folgende Einflüsse feststellen, die die Eignung des S4-Verfahrens stark in Zweifel ziehen:

– Temperatur des Elutionsmittels
– Umdrehungszahl beim Schütteln
– erhebliche Substanzverluste bei Zentrifugation bzw. Membranfiltration
– Substanzverluste durch Adsorptionseffekte an Wandungen
– Ausgasungseffekte.

Diese Probleme sind vermutlich weder im Rahmen der Norm DIN 38414-S4 noch bei anderen Elutionsverfahren zu lösen.

Aus diesem Grund kann die Beurteilung der Wasserverfügbarkeit bei leichtflüchtigen organischen Verbindungen nur auf der Grundlage von Gesamtgehalten des Feststoffes durchgeführt werden, die zunächst mit der Hintergrundbelastung von Böden und Gesteinen zu vergleichen sind. Bei Überschreitung der Hintergrundkonzentrationen ist durch Heranziehen der stoffspezifischen Eigenschaften und der Standortgegebenheiten (s. Kap. 2) durch überschlägige Bilanzrechnungen abzuschätzen, ob ein Austrag in das Grundwasser zu erwarten ist und wie er die vorhandene Beschaffenheit verändert.

Bei schwerflüchtigen lipophilen Organika können in Grenzen auch Säulen- oder Lysimeterversuche Interpretationshilfen liefern (s. u.).

3.2 Säulen und Lysimeterversuche

Säulen- und Lysimeter, die beregnet und gravitativ von Sickerwässern durchsickert werden, können bei sachgerechter Versuchsanordnung gut die kurzfristigen praktischen Verhältnisse nachbilden.

Verfälschungen sind hauptsächlich auf Wandeffekte zurückzuführen, die man aber z. B. nach dem Prinzip der BF-Lysimeter vermeiden kann (Frigge 1987).

Säulen- und Lysimeterversuche dieser Art bieten den Vorteil, daß auch Effekte wie Selbstabdichtung beobachtet werden können und der Sickerwasseranfall bilanziert werden kann. Frigge (1987) konnte bei Lysimeterversuchen mit Wirbelschichtaschen aufgrund von Mineralneubildungen in den Porenräumen im Versuchszeitraum kein Sickerwasser auffangen.

Ferner ist es möglich, in Säulen oder Lysimetern verschiedene Materialien übereinander einzubauen, um Gesamteffekte zu beobachten. Wie beispielsweise der unterlagernde Boden auf den Eintrag von belasteten Sickerwässern reagiert und welche Auswirkungen dadurch auf das Grundwasser bestehen, hat Frank-Fuchs (1989) kürzlich eindrucksvoll am Beispiel der Hochofenschlacke gezeigt. Bei versauerten Böden wurden die deutlichsten Effekte beobachtet. Durch den Eintrag von Erdalkali- und Alkaliionen aus der Hochofenschlacke kommt es zur Desorption von adsorbierten Protonen und Aluminiumionen im unterlagernden Boden. Diese werden an die Porenlösung abgegeben und bewirken eine weitere pH-Wert-Absenkung, die wiederum die verstärkte Lösung von Schwermetallen nach sich zieht. Im Extremfall ist also nicht das Schwermetallinventar des Abfall- oder Reststoffes sondern das des unterlagernden Bodens oder Gesteins ausschlaggebend.

Zur Beurteilung des längerfristigen Auslaugverhaltens besteht die Möglichkeit, die Versuchssäulen kontinuierlich unter Druck zu durchströmen (NN 1987, Schöer & Förstner 1987). Die Versuchsanordnung ist jedoch eher dazu geeignet, das Auslaugverhalten von Stoffen, die unter ständiger Wasserbedeckung eingebaut sind und von Wasser durchströmt werden, abzuschätzen. Probleme ergeben sich u.U. durch die Bildung von Wasserleitbahnen. Auswirkungen kinetisch gehemmter Reaktionen können während der vergleichweise kurzen Versuchszeiten nicht erfaßt werden.

3.3 Beurteilung von verfestigten Materialien

Zur Verbesserung der Deponierungseigenschaften von hochbelasteten toxischen Stoffen ist als zusätzliche Sicherheitsbarriere die Verfestigung oder Immobilisierung in Erwägung zu ziehen. Im In- und Ausland gibt es heute eine Fülle von verschiedenen Verfahren, die in den Bereichen Sonderabfall und kontaminierter Boden meistens noch in der Erprobungsphase stehen. Gerschler (1988) gibt eine übersichtliche Zusammenstellung der wichtigsten Verfahren. Unsicherheiten bestehen noch in der wasserwirtschaftlichen Beurteilung der eingebundenen Materialien. Im einzelnen ist noch nicht verbindlich vorgeschrieben, welche Mindestanforderung hinsichtlich Wasserdurchlässigkeit und Festigkeit einzuhalten sind und wie sich langfristige Verwitterungsprozesse auswirken.

Besondere methodische Schwierigkeiten bestehen darüber hinaus bei der Ermittlung des Elutionsverhaltens. Neben der in Abschnitt 3.1 beschriebenen Einschränkung des Schüttelversuches nach DIN 38414-S4 für Metalle und bestimmte organische Verbindungen stellt sich hier das Problem, an welcher Korngrößenfraktion oder welcher Prüfkörpergeometrie und -oberfläche Elutionsversuche durchgeführt werden sollen.

Die Elution von staubfein gemahlenem Material ist nicht realistisch. Minimal sollte die Korngröße untersucht werden, die das einzubindende Material ursprünglich besaß.

Die Durchströmung definierter Probekörper kann in der Triaxialzelle (NN 1987) simuliert werden, wobei mit langen Versuchszeiten zu rechnen ist.

Zur Prüfung der von Klüften und Rissen ausgehenden Auslaugung ist es sinnvoller, Probekörper mit nicht zu kleiner Oberfläche – viele Gutachter arbeiten mit zylindrischen oder würfeligen Körpern mit einer Oberfläche zwischen 100 und 500 cm^2 – mit der Elutionsflüssigkeit schonend zu umspülen. Dazu kann der Probekörper beispielsweise in ein Becherglas eingehängt werden, in dem der Eluent langsam gerührt wird (Gerschler 1988).

Aus dem Trinkwasserbereich kommt das Trogverfahen, bei dem eine definierte Oberfläche mit einem definierten Wasservolumen (1 cm^2 : 1 ml) in Kontakt steht (NN 1977). Vom Prinzip her eignen sich solche Standversuche auch zur Beurteilung der Eluierbarkeit und Verfügbarkeit von Schadstoffen, die in Straßendecken eingebunden sind.

Zur Beurteilung von eingebundenen Schadstoffen in Bereichen, die mechanischem Abrieb ausgesetzt sind, ist es jedoch unerläßlich zu prüfen, ob diese Schadstoffe nachträglich wieder freigelegt, abgetragen und abgeschwemmt oder gelöst werden können.

4. Schlußbetrachtung

Die Durchführung von Elutionsversuchen aller Art und die Analyse der Eluate sind nicht Selbstzweck, sondern sollen Aufschlüsse über die Deponier- bzw. Verwertbarkeit von Abfällen geben.

Bei unbekannten Materialien wird man zunächst mit einfachen Untersuchungsmethoden (z.B. S7- und S4-Versuch) zu einer Beurteilung der Deponier-/Verwertbarkeit kommen wollen. Spezielle Untersuchungen sind ggfs. dann notwendig, wenn Auffälligkeiten festgestellt wurden und es aufgrund der Herkunft und der Entstehung des Materials nicht auszuschließen ist, daß Schadstoffe ausgelaugt werden können. Dabei hängt die Art der jeweils geeigneten Untersuchungsmethode von der Art der Belastung, der physikalischen und mechanischen Beschaffenheit, dem Standort und den Expositions- und Einbaubedingungen bei Deponierung und Verwertung ab. Je größer das zu beurteilende Volumen ist, desto umfangreicher kann und muß die Prüfung erfolgen. Für Massengüter sind so beispielsweise auch Großlysimeterversuche empfehlenswert.

Zur Beurteilung der materialspezifischen Stoffgehalte ist es optimal, wenn jeweils auch Daten von natürlichen Böden oder Gesteinen (am besten aus dem Umfeld des Standortes), die unter den gleichen Versuchsbedingungen bestimmt wurden, herangezogen werden können.

Sofern das zu beurteilende Material dieselben Gesamtgehalte bzw. -Eluatgehalte wie die Böden und Gesteine im Umfeld des Deponierungs- oder Verwertungsortes aufweist, sind im allgemeinen keine besonderen Auflagen notwendig. Beim Vergleichen von Gesamtgehalten von z.B. Blei und Zink, die sich bereits großflächig in Oberböden akkumuliert haben, sollten die Höchstwerte des Oberbodens sicherheitshalber deutlich unterschritten werden, da in Abfall-/Reststoffen z.T. mit vergleichsweise lockeren Bindungen und damit mit höherer Wasserverfügbarkeit gerechnet werden muß.

Sickerwassereluate aus Säulen- und Lysimeterversuchen können zur Beurteilung des kurzfristigen Stoffaustrags auch mit der Zusammensetzung des Grundwassers im Bereich der Grundwasseroberfläche am Deponierungs-/Verwertungsort in Beziehung gesetzt werden. Methodische Hinweise zur Probenahme dieses Tiefenbereiches finden sich bei Leuchs & Obermann (1991). Die Sickerwassereluate sollten möglichst der Zusammensetzung dieser Grundwasserschicht entsprechen, sofern diese nicht bereits schon durch andere Emissionsquellen belastet ist.

Liegen die festgestellten Kenngrößen des Abfalls/Reststoffes über den genannte Orientierungsdaten muß im nächsten Schritt entschieden werden, ob durch die Standortgegebenheiten oder durch technische Maßnahmen der Sickerwasseranfall so weit reduziert oder verhindert werden kann, daß auch auf Dauer keine Verunreinigung des Grundwassers und keine sonstige nachteilige Veränderung seiner Beschaffenheit auftreten kann.

Technische Maßnahmen können sein:

– günstiges Verhältnis zwischen Verwitterungsoberfläche und Volumen
– Verdichtung
– Inertisierung
– Abdichtung.

Da technische Bauwerke einerseits eine begrenzte Haltbarkeit und Funktionstüchtigkeit besitzen sowie während des Deponie- und Baustellenbetriebes keine 100%ige Kontrolle der geforderten Auflagen möglich ist und ökologisch relevante Pannen nie auszuschließen sind, dürfen höher belastete Materialien nicht in die aus wasserwirtschaftlicher Sicht besonders schützenswerten und die in hydrogeologischer Hinsicht empfindlichen Gebiete verbracht werden.

Neben Wasserschutzgebieten sind hier

– Bereiche zum Schutz der Gewässer
– Überschwemmungsgebiete
– Sümpfungsgebiete
– Karstgebiete und
– Porengrundwasserleiter bzw. Kluftgrundwasserleiter ohne Deckschichten ausreichender Mächtigkeit

gemeint.

Schrifttum

Berk, W. van (1987): Hydrochemische Stoffumsetzungen in einem Grundwasserleiter – beeinflußt durch eine Steinkohlenbergehalde. – Besond. Mitt. z. dt. Gewässerkdl. Jb., **49**: 175 S.

Cremer, S. & Obermann, P.: Langzeitverhalten von aus Feststoffen mobilisierbaren Schwermetallen in unterschiedlichen pH/Redoxmilieus: Entwicklung eines aussagekräftigen Elutionsverfahrens, – gwa (im Druck).

Dönne, K. (1989): Untersuchungen zum Elutionsverhalten von chlorierten Kohlenwasserstoffen, Benzol, Toluol, Xylol und Schwermetall-Salzen in Industrieschlämmen, Diplom-Arbeit, Universität Münster.

Dohmann, M. & Tränkler J. (1986): Abwasser- und abfalltechnische Aspekte bei der Verwendung aufbereiteten Bauschutts. Forschungsberichte aus dem Fachbereich Bauwesen, Heft 36, Universität-Gesamthochschule Essen, 1986

Frank-Fuchs, A. (1989): Auswirkungen von Schmelzkammergranulat und Hochofenschlacke auf Boden und Wasser – Untersuchungen zur Umweltverträglichkeit. – Diss. Univ. Saarland: 208 S.

Fichtel, K. Beck, W. & Giglberger, J. (1983): Auslaugverhalten von Rückständen aus Abfallverbrennungsanlagen. Schriftenreihe Bayer. Landesanstalt f. Umweltschutz, 55: 48 S., Oldenbourg Verlag.

Friege, H., Leuchs. W., Plöger, E., Cremer, S. & Obermann P. (1990): Bewertungsmaßstäbe für Abfallstoffe aus wasserwirtschaftlicher Sicht. – Müll und Abfall, Heft 7: 413 – 426.

Frigge, J. (1987): Beurteilung des Deponieverhaltens von Kraftwerks-Nebenprodukten, gwa 99, 23 – 32.

Gerschler, L. J. (1988): Neue Entwicklungen bei der Verfestigung von Sonderabfällen. – Müll und Abfall, Heft 7: 307 – 319.

Görtz, W. (1987): Probleme bei der Bewertung der Wassergefährlichkeit von Feststoffen, dargestellt am Beispiel von Rückständen aus der Müllverbrennung. – 11. Aachener Werkstattgespräch 19.3.-20.3.87: 144 – 169.

Ham, R. K., Anderson, M. A., Stegmann, R. & Stanforth R. (1980): Die Entwicklung eines Auslaugtests für Industrieabfälle. – Müll und Abfall, Heft 7, S. 212 – 220.

IWL (1979): Untersuchung von Bauschuttdeponien, zitiert in: Dohmann, M. & Tränkler J. (1986): Abwasser- und abfalltechnische Aspekte bei der Verwendung aufbereiteten Bauschutts. – Forschungsberichte aus dem Fachbereich Bauwesen, Univ. Gesamthochschule Essen, **36**, 99 S.

Kiefer, F. (1989): Untersuchungen zur Umweltverträglichkeit und Verwendung von Kraftwerksnebenprodukten (Flugaschen und „Stabilisat"). – Diss. Univ. Saarland: 211 S.

Leschber, R. & Hollederer G. (1985): Elution von Müllverbrennungsschlacke im Hinblick auf ihre Eignung im Straßen- und Wegebau. – WaBoLu 4/85: 29 S.

Leuchs, W. & Römermann, H. (1991): Auswirkungen stadtökologischer Gestaltungsmaßnahmen auf die Grundwassersituation. – In: Schumacher H. & Thiesmeier, B.: Urbane Gewässer. – Essen: 427–445.

Leuchs, W. & Obermann, P.: Grundsätzliche Überlegungen zur Probenahme von Grundwasser, insbesondere bei tiefenspezifischer Probenahme, – LWA-Materialien 1/91: 47 – 73

Mc Carthy, J. F. & Zachara, J. M. (1989): Subsurface transport of contaminants. Environ. Science & Tech., 23: 496 – 502.

Mattheß, G. (1979): Einfluß von Berge- und Schlackenmaterialien im Straßenbau auf das Grundwasser. Zitiert in: Dohmann, M. & Tränkler, J. (1986): Abwasser- und abfalltechnische Aspekte bei der Verwendung aufbereiteten Bauschutts. – Forschungsberichte aus dem Fachbereich Bauwesen, Univ. Gesamthochschule Essen, **36**, 99 S.

Merkel, E. (1985a): Anfall und Bewertung von festen Rückständen aus dem Kraftwerksbetrieb. In: LWA-Materialien 4/85: 103 – 124.

Merkel, E. (1985b): Anfall und Bewertung von festen Rückständen aus der Abfallverbrennung. – In: LWA-Materialien 4/85: 125 – 146.

NN (1977): Gesundheitliche Beurteilung von Kunststoffen und anderen nichtmetallischen Werkstoffen im Rahmen des Lebensmittel- und Bedarfsgegenständegesetzes für den Trinkwasserbereich. – Mitteilungen aus dem Bundesgesundheitsamt, Bundesgesundheitsblatt 20, Nr. 9 vom 29. April 1977, S. 124 – 129.

NN (1982): Untersuchung des Elutionsverhaltens von Schlacken aus Müllverbrennungsanlagen. – LAGA Arbeitsgruppe Analysenmethoden 8513-61.

NN (1987): Entwicklung von Untersuchungsverfahren zur Beurteilung des Verhaltens von verfestigten Abfällen bei der Ablagerung auf Deponien und zur Festlegung von Güteanforderungen. – Bericht an den Regierungspräsidenten in Münster, Institut für Grundbau und Bodenmechanik und Institut für Stadtbauwesen, Abteilung Siedlungswasserwirtschaft, Technische Universität Braunschweig.

Oetting, R. (1980): Hydrogeochemische Laboruntersuchungen an Bergematerialien und einer Hochofenschlacke. – Schriftenr. Verein f. Wasser-, Boden und Lufthygiene, 50: 162 S.

Schrittweise Optimierung der Restmüllbeseitigung durch Kombination biologischer und thermischer Verfahren

Von P. Spillmann[1]

1. Ziel der Optimierung

Nach dem Naturgesetz der Erhaltung der Masse geht auf dem Wege von der Produktion über den Verbrauch zur Beseitigung nichts verloren, kommt aber auch nichts hinzu. Das Abfallproblem entsteht dadurch, daß aus der Natur entnommene Stoffe durch Produktion und Verbrauch so verändert werden, daß sie nicht wieder in die Natur integrierbar sind. Dieses Produktionsproblem wird zum Volumenproblem, wenn wenige, nicht reintegrierbare Stoffe mit einem noch integrierbaren Abfall vermischt werden (z. B. mobile NE-Schwermetalle im Klärschlamm). Da die Lösung des „Produktionsproblems Abfall" z. Z. noch nicht Aufgabe der Produzenten ist, kann als Optimierung der Beseitigung nur die Minimierung der Nachteile durch den Beseitiger angesehen werden.

2. Grundkonzept

Das Problem ist gelöst, wenn nicht integrierbare Stoffe den integrierbaren Abfällen ferngehalten, in den Produktionsprozeß zurückgeführt oder in integrierbare Stoffe umgewandelt werden. Durch getrennte Erfassung der toxischen Stoffe („Problemabfälle") aus Produktion, Gewerbe und Haushaltungen ist eine gezielte Umwandlung toxischer in nicht toxische Stoffe möglich. Unter gegenwärtigen Wirtschaftsbedingungen bleibt aber eine diffuse Grundbelastung im kommunalen Abfall mit toxischen, organischen Verbindungen und Schwermetallen erhalten. Sie wird nachweislich von sorgfältig geführten, geordneten Deponien sehr gut zurückgehalten (Spillmann, Hrsg., 1986). Da aber die z. Z. übliche geordnete Deponie keine unbegrenzte Problemlösung liefert, sind weitere Verbesserungen durch Abfallbehandlung erforderlich.

Eine genau stoffspezifische Behandlung, die bereits festgelegte Stoffe nicht mobilisiert und toxische Stoffe nicht neu synthetisiert, kann der Beseitiger mit den z. Z. anfallenden Gemischen nicht durchführen. Der Restmüll ist aber zumindest in Stoffgruppen grob fraktionierbar, die dann stoffgruppenspezifisch behandelt werden können. In diesem Sinne ist eine Restmüllbeseitigung mit kleinstmöglichem Nachteil nach folgendem Grundkonzept praktizierbar:

– Verlängerung der Nutzungsdauer
  – Hohlraumreduktion
  – Massenreduktion

[1]) Dr.-Ing. Peter Spillmann. Leichtweiss-Institut der Technischen Universität Braunschweig

– Natureinpassung als Lagerstätte
  – stoffgruppenspezifische Vorbehandlung
  – Konstruktion langzeitstabiler Deponiekörper

3. Verlängerung der Nutzungsdauer

3.1 Hohlraumreduktion

Ca. 70 Vol.-% einer Deponie bestehen z. Z. aus Hohlräumen, die mit Gas oder Wasser gefüllt sind. Die gemeinsame Ablagerung von Müll und Schlamm in flachen Kassetten gemäß ATV-Merkblatt enthält danach je 1 m³ Deponievolumen genau so viel (bzw. wenig) gesamte Abfall-Trockensubstanz wie eine schlammfreie übliche Deponie. Die Bezeichnung „hochverdichtet" ist deshalb für den gegenwärtigen Deponiebetrieb unzutreffend.

Aus dem Hohlraumgehalt von 70 Vol.-% der Deponien folgt, daß eine Verbesserung der Deponietechnik zur Senkung des Hohlraumgehaltes sowohl für Müll- als auch für Schlammablagerungen eine schnelle und wirksame Maßnahme zur Verlängerung der Nutzungsdauer ist. Die Ergebnisse wurden bereits ausführlich publiziert (z. B. Spillmann, 1989 a). Hier wird deshalb nur die Zusammenfassung in Bild 1 dargestellt. Die Volumenreduktionen um mehr als 50 Vol.-% beruhen auf der Summe folgender Wirkungen:

1. Dünnschichteinbau:
   Allein im Dünnschichteinbau (ca. 15 bis 20 cm Schichtdicke) kommen die Füße des Kompaktors zur Wirkung.

2. Mischung:
   Gemische unterschiedlich großer Körper nehmen weniger Volumen ein als Einkornschüttungen der gleichen Körper (Mischung von Sperr- und Gewerbemüll mit Hausmüll und Klärschlamm). Die Durchfeuchtung der Gemische senkt außerdem die Anfangsfestigkeit der Kartonagen und des Papiers, so daß sich die Wirkung der Stampfflüße verdoppelt.

3. Biochemischer Abbau (Rotte):
   10 bis 15 Gew.-% TS Rotteverlust bewirken 0,2 bis 0,3 m³ eingespartes Deponievolumen je 1 t feuchten Abfalls. Der zersetzte Abfall nimmt bodenähnliche Konsistenz an (etwa sandiger Lehm) und ist nach den Regeln des Erdbaues einzubauen.

Der in Bild 1 angegebene zusätzliche Volumenbedarf für Klärschlamm gilt nur für gut ausgefaulte und sehr gut entwässerte (nicht angedickte) Schlämme in „einwohnergleichen" Massenverhältnissen.

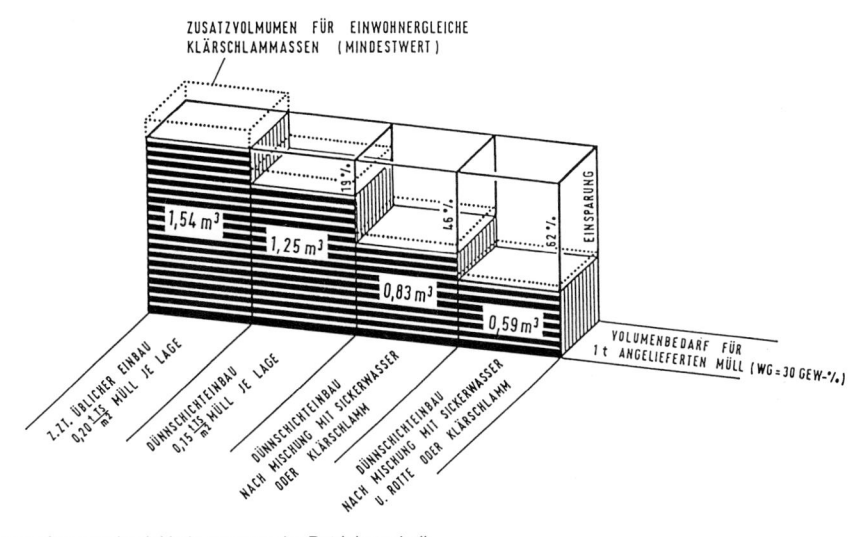

Bild 1: Reduzierung des Hohlraumvolumens durch Verbesserung der Betriebstechnik

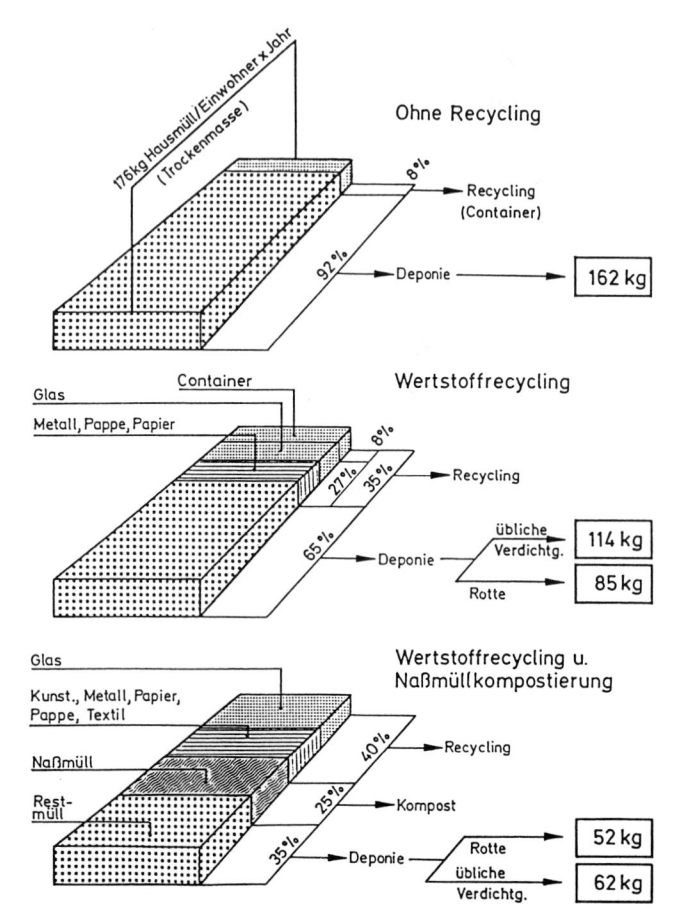

Bild 2: Reduktion der Hausmüll-Trockenmasse durch Recycling, Beispiel Stadt Wolfsburg

Eine konsequente Verbesserung der Deponietechnik verdoppelt die Nutzungsdauer einer Deponie im Vergleich zum gegenwärtigen üblichen Einbau.

3.2 Massenreduktion

Die Summe der Massen ist stets konstant. Unter „Massenreduktion" soll hier verstanden werden, daß die auf geordnete Deponien abzulagernden Abfallmassen reduziert werden.

Das ist auf zwei Wegen erreichbar:

1. Reintegration geeigneter Teilströme in die Natur oder den Produktionsprozeß (Recycling)
2. Umwandlung in Kohlendioxid und Wasser

Als Beispiel für die gegenwärtig maximal mögliche Massenreduktion des Hausmülls ist in Bild 2 das Sortierergebnis eines Hausmülls aus Wolfsburg, für hausmüllähnlichen Sperr- und Gewerbemüll das des Landeskreises Hannover in Bild 3 dargestellt (alle Werte bezogen auf Trockensubstanz). (Diese Aussage gilt nicht für ortsspezifischen Gewerbemüll.)

Das Recyclingpotential des Klärschlammes beträgt 100%, wenn durch strenge und konsequente Einleiterkontrollen die industrielle Belastung verhindert, die Produkthaftung gegenüber dem Landwirt übernommen und die fachgerechte Einarbeitung in den Boden angemessen bezahlt werden. Dies gilt zumindest außerhalb der Ballungsräume. Für wenig belastete Schlämme werden künftig auch andere Verwendungen, z. B. über die Niedrigtemperatur-Konvertierung (Umwandlung in Mineralöl und Kohle), möglich sein.

Die thermische Behandlung unbelasteter, weitgehend oxidierbarer Bestandteile des Restmülls führt nicht zu einer Verlagerung der Schadstoffe. Am Beispiel der Sortieranalyse des Restmülls aus Wolfsburg, Bild 4, ist deutlich zu erkennen, daß eine gut brennbare und schadstoffarme Kunststoff (PE)- und Papierfraktion aussortierbar ist.

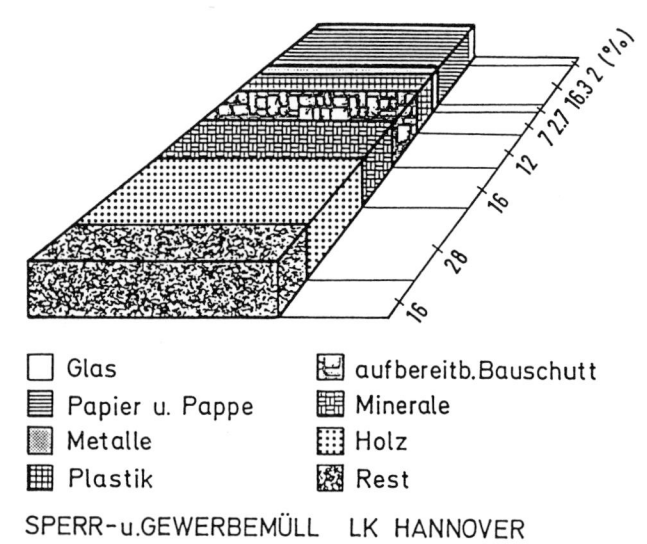

Bild 3: Recyclingpotential eines Sperr- und Gewerbemülls, Beispiel Landkreis Hannover

Bereits mit einem groß gelochten Trommelsieb wird z.B. auf der Deponie des Landkreises Hannover eine schadstoffarme Brennstofffraktion gewonnen und in einer benachbarten Müllverbrennungsanlage verbrannt. In Schaffhausen wird dieses Prinzip bereits konsequent angewandt. Nach Bild 4 beträgt das Reduktionspotential des häuslichen Restmülls durch stoffspezifische thermische Behandlung ca. 40 bis 50 Gew.-%. Das Reduktionspotential des hausmüllähnlichen Gewerbemülls (Bild 3) beträgt durch Recycling und stoffgerechte thermische Behandlung ca. 80 Gew.-%.

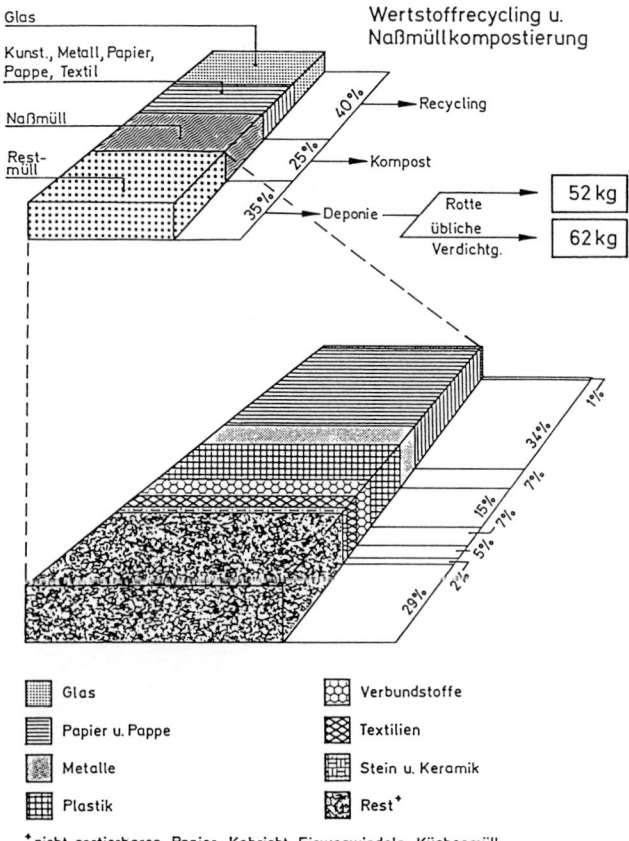

Bild 4: Zusammensetzung der Restmüll-Trockenmasse nach Wertstoffrecycling und Naßmüllkompostierung („Biomüll"-Kompostierung), Beispiel Stadt Wolfsburg

a) REDUKTION DER TROCKENMASSE DES HAUSMÜLLS

b) ERZIELBARE VOLUMENREDUKTION (DÜNNSCHICHTEINBAU = 100 %)

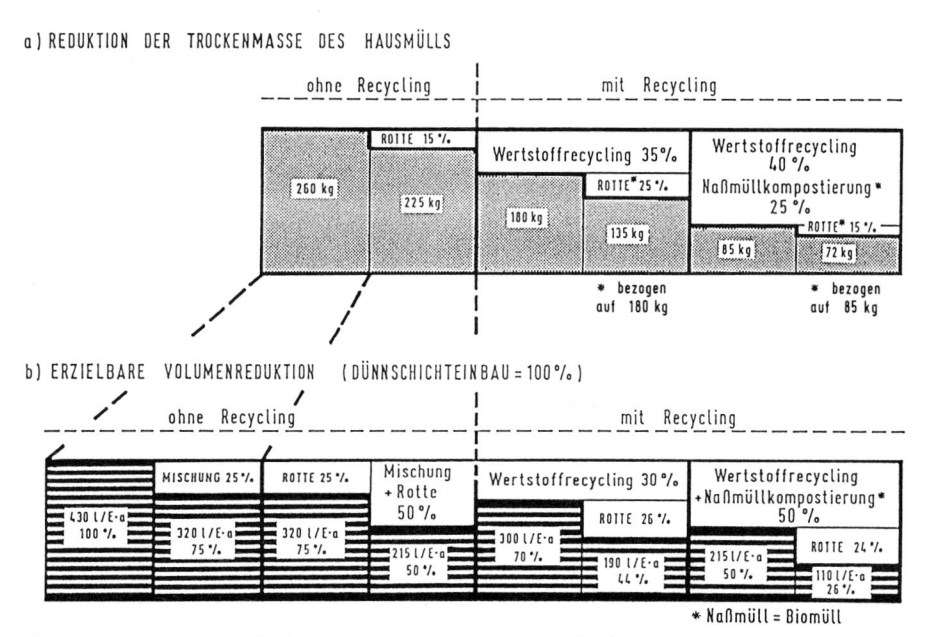

Bild 5: Reduzierung der Trockenmasse und des Abfallvolumens von Hausmüll durch Recyclingmaßnahmen und Verbesserungen der Betriebstechnik (gerundete Werte)

Nach intensivem Recycling und gezielter stoffgerechter thermischer Behandlung des Hausmülls und des hausmüllähnlichen Gewerbemülls sind nur noch ca. 20 Gew.-% der z.Z. anfallenden Massen dieser Abfälle abzulagern.

3.3 Umsetzung der Massenreduktion in Volumenreduktion

In Zusammenarbeit mit der Stadt Wolfsburg und gefördert durch die Deutsche Forschungsgemeinschaft (DFG) wird z.Z. das Deponieverhalten des Restmülls im Vergleich zum Gesamtmüll an Deponieausschnitten (stauchbare Großlysimeter) auf der Deponie in Wolfsburg untersucht. Die wesentlichen Ergebnisse wurden im Juli 1990 publiziert (Collins u. Spillmann, 1990). Die gemessenen Massen und Volumina der Ablagerungen (Bild 5) zeigen eindeutig, daß die sehr weitgehende Massenreduktion von 65 Gew.-% nur dann in eine gleichwertige Volumenreduktion umgesetzt werden kann, wenn die in Kap. 3.1 beschriebenen Verfahren angewandt werden. Mit weitgehendem Recycling von 65 Gew.-% TS und biochemischem Abbau des Restmülls von 15 Gew.-% TS des Restmülls vor dessen Verdichtung bleiben nur 25 Vol.-% im Vergleich zu einem Dünnschichteinbau des Gesamtmülls. Das entspricht der 4-fachen Nutzungsdauer. Durch thermische Behandlung der dazu geeigneten Fraktion kann das Restvolumen nochmals halbiert werden, so daß optimal die 8-fache Nutzungsdauer erreicht werden kann. Das sehr weitgehende Recycling allein führt nur zur Halbierung des Volumens und damit zur Verdopplung der Nutzungsdauer – eine Wirkung, die mit viel geringerem Aufwand allein durch Mischung und Rotte der Abfälle ohne Recycling erzielbar ist.

Sollte ein Klärschlammrecycling nicht gewährleistet sein, ist es nicht sinnvoll, einerseits mit großem Aufwand auch minderwertiges Papier zu gewinnen, das zur Ablagerung des Schlammes als Restmüll-Klärschlamm-Gemisch zur Ableitung des Schlammwassers erforderlich ist, und andererseits Primärrohstoffe wie Kalk (Konditionierung) und Kies (Entwässerungszonen) zum Aufbau einer Klärschlamm-Monodeponie als Halde zu verwenden. Die Hohlräume des Restmülls nach Bild 6 reichen aus, gut ausgefaulten, sehr gut entwässerten Klärschlamm einwohnergleich aufzunehmen (Bild 6: 1 Einwohner Müll, 1 Einwohner Schlamm. Spillmann, 1989 b). Großformatige Folien sollten jedoch vor der Mischung zerkleinert oder ausgesiebt werden. Höhere Einwohnergleichwerte für Schlamm als für Müll erfordern stets parallel zur Feststoffreduktion eine Schlammreduktion.

Die Lösung der Klärschlammbeseitigung ist Voraussetzung für das weitgehende Feststoffrecycling. Die durchgreifende Verbesserung der Deponietechnik ist Voraussetzung dafür, die Massenreduktion auch als Volumenreduktion weitgehend nutzen zu können.

4. Natureinpassung als Lagerstätte

4.1 Stoffgruppenspezifische Vorbehandlung

Ziel der Vorbehandlung ist die Festlegung der Umwandlung der Abfallstoffe zur unschädlichen Ablagerung in der Natur. Die Festlegung von Naturstoffen, z.B. NE-Schwermetallen, ist hinreichend, wenn der geogene Gehalt des Gewässers nicht erhöht wird. Synthetische Stoffe können nur in dem Maße zurückgehalten werden, daß die Grundbelastung des Standortes nicht erhöht wird.

Nach Abtrennung der Brennstofffraktion (ca. 50% des Restmülls) ist in der Regel gegenwärtig mit z.T. erheblichen Belastungen durch organische Verbindungen (Beispiele Tafel 1 und 2) zu rechnen (z.B. Poller, 1990). Die leicht flüchtigen Verbindungen sind jedoch in Reaktoren in kurzer Zeit austreibbar (Poller, 1990), und schwer flüchtige Verbindungen wie Chlorphenole erwiesen sich in der Methanphase als gut abbaubar (Bild 7), (Pecher, 1989). Daraus folgt, daß künftig ein geschlossener Bio-Reaktor die Möglichkeit bietet, die organische Substanz abzubauen, dabei die flüchtigen Schadstoffe auszutreiben und gleichzeitig schwerflüchtige organische Verbindungen mit fortschreitenden Kenntnissen gezielt abzubauen, ohne festliegende Stoffe zu mobilisieren. Das Methan-Schadstoffgemisch kann vor einer Hochtemperatur-Brennkammer exakt mit Luft gemischt und dann mit ausreichender Verweilzeit in der Brennkammer vollständig mineralisiert werden. Die Abgasreinigung vereinfacht sich entsprechend, und eine Wärmenutzung ist nach wie vor möglich. Eine nachgeschaltete Mietenrotte ermöglicht einen weitgehenden biologischen Abbau im Sinne einer natürlichen Lagerstätte organischer Substanz.

Diese Kombination von biologischem Abbau und thermischer Behandlung ermöglicht, völlig unterschiedliche Stoffe im Restmüllgemisch selektiv zu behandeln.

4.2 Konstruktion langzeitstabiler Deponiekörper

Technische Bauwerke wie Dichtung, Entwässerungssystem und Abdeckung einer Deponie haben eine begrenzte Lebensdauer. Der Deponiekörper selbst ist deshalb als langzeitstabiler Körper zu bauen. Diese Aufgabe ist ein weites Feld, so daß hier nur einige ganz elementare Probleme angerissen werden können. Der Begriff „stabil" bezieht sich dabei sowohl auf das mechanische als auch das chemische und biochemische Verhalten des Deponiekörpers.

Die wichtigste mechanische Stabilität ist die Standsicherheit der Deponie. Ein Restmüll nach Bild 4 erreicht nur eine mittlere „Korndichte" von ca. 1,4 t/m^3. Ohne zusätzliche mineralische Abfälle werden davon ca. 0,6 t/m^3 in der Deponie abgelagert. Feucht ergibt das

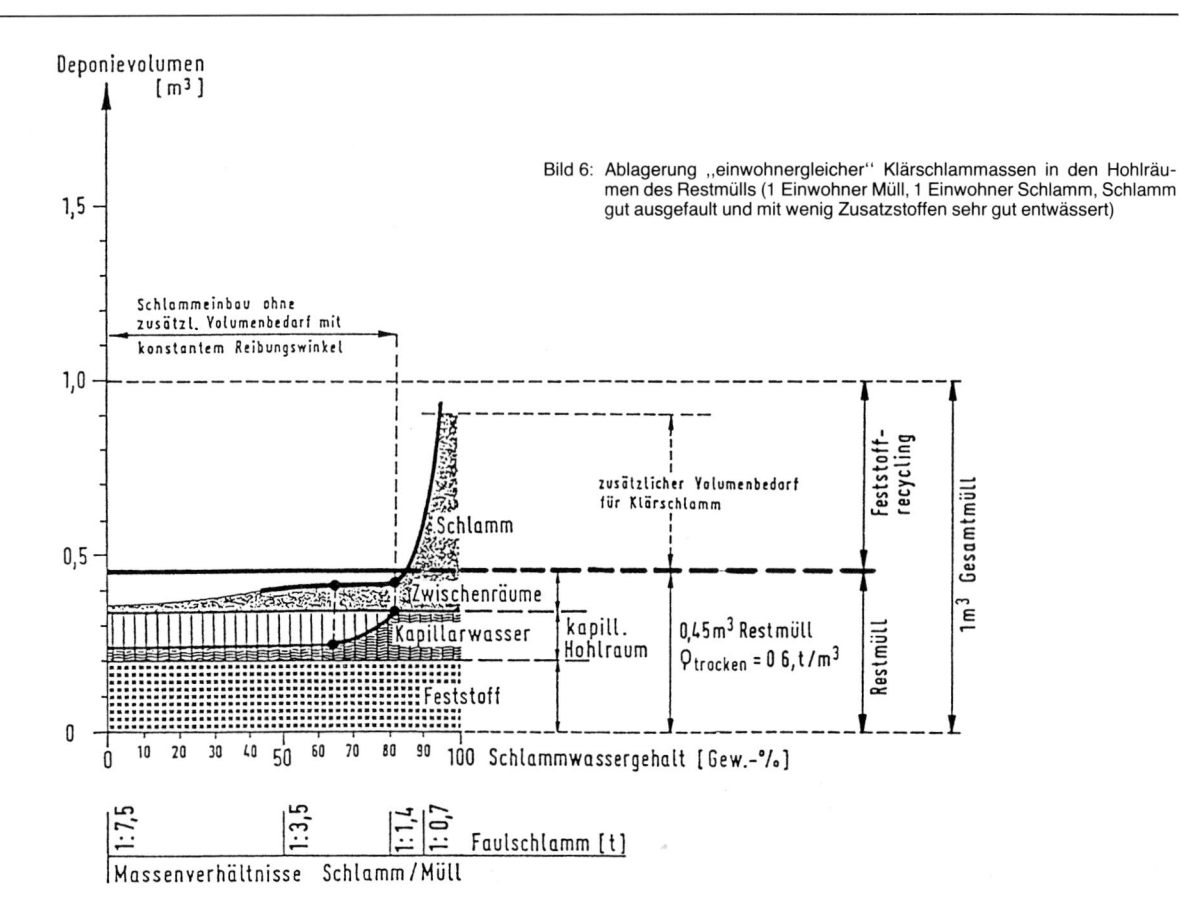

Bild 6: Ablagerung „einwohnergleicher" Klärschlammassen in den Hohlräumen des Restmülls (1 Einwohner Müll, 1 Einwohner Schlamm, Schlamm gut ausgefault und mit wenig Zusatzstoffen sehr gut entwässert)

eine Dichte von ca. 0,8 t/m³ in der Deponie und damit eine Gewichtskraft von 8 kN/m³. Unter Auftrieb verbleibt eine Gewichtskraft von nur 1,7 kN/m³, sobald ein Einstau auftritt. In Bild 8 ist für eine Deponie mit standsicherem Fuß und flacher Böschung die Bruchbedingung mit der logarithmischen Spirale für den Reibungswinkel $\varphi = 15°$ (Vertorfung) und die Sicherheit 1 nachgewiesen. Auch mit $\varphi = 20°$ würde die Böschung brechen und höhere Reibungswinkel als $\varphi = 23°$ sind für leichten Müll und hohe Auflast nicht bekannt (Gay, 1990). Da auf naturdichtem Standort und mit nur temporär wirkender Entwässerung und Abdeckung nach den hydraulischen Grundgesetzen ein Einstau unvermeidbar ist, kann mit den z. Z. üblichen Methoden ein langzeitig standfester Deponiekörper aus unbehandeltem Restmüll als große Halde nicht hergestellt werden.

Die einfachste, aber sehr wichtige chemische Beständigkeit des Deponiekörpers ist die Brandsicherheit. Wie allgemein bekannt, ist es sehr schwierig, ein ausgetrocknetes, brennendes Hochmoor zu löschen. Der Heizwert einer Restdeponie ist durch den hohen Kunststoffanteil noch wesentlich höher, und ein Schwelbrand in einer ausgetrockneten Abfallhalde würde wegen dieser Kunststoffe hoch toxische Stoffe in großen Mengen synthetisieren. Nach den persönlichen Erfahrungen des Verfassers genügt die Brennglaswirkung einer Glasscherbe, einen Schwelbrand auszulösen. Mit gegenwärtiger Deponietechnik dürfte die langfristige Brandsicherheit mit Restmüll kaum herstellbar sein.

Tafel 1: Häufigste Chlorkohlenwasserstoffbelastung im Deponiegas (Poller, 1990)

Komponente	Meßwerte	(Angaben in mg/m³)			
		X_{min}	X_{max}	$X_\varnothing$	δ_n
Dichlordifluormethan R 12	8	10,3	111,0	51,5	36,1
Dichlormethan R 30	7	0,01	57,3	27,0	19,7
Chlordifluormethan R 22	8	1,9	30,7	13,4	9,8
cis-1,2-Dichlorethen	5	2,4	14,7	6,7	4,2
Trichlorfluormethan R 11	7	0,3	35,0	9,7	11,2
Vinylchlorid	8	0,3	5,7	3,4	1,9
Dichlortetrafluorethan R 114	8	2,3	8,9	4,1	2,0
Dichlorfluormethan R 21	7	0,7	28,0	11,8	9,9
Tetrachlorethen	8	0,5	10,5	3,3	3,5
Trichlorethen	8	0,04	8,6	2,3	3,1
1,1,1-Trichlorethan	6	0	2,4	0,7	0,8
1,1,2-Trichlortrifluorethan	6	0,07	1,7	1,0	1,1
Trichlormethan R 20	5	0	0,2	0,1	0,1
Summe von org. Chlor aus Einzelkomponenten			Σ Cl = 79,4 mg/m³		
Summe von org. Fluor aus Einzelkomponenten			Σ F = 27,4 mg/m³		

Tafel 2: Beispiele für häufige und seltene nichtchlorierte Kohlenwasserstoffe

Aromate:				
Benzol	33,20	31,50	36,20	19,20 mg/m³
Toluol	102,40	35,30	66,90	60,30 mg/m³
Ethylbenzol	86,00	29,1	10,0	10,10 mg/m³
p-Xylol	7,10	7,20	9,90	6,00 mg/m³
m-Xylol	25,30	23,40	34,60	24,50 mg/m³
o-Xylol	5,00	4,20	11,30	3,20 mg/m³

andere Lösungsmittel und leichtflüchtige Stoffe:	
Piperidin	10 – 100 µg/m³
alpha-Pinen	1000 – 10000 µg/m³
beta-Pinen	100 – 1000 µg/m³
Camphen	10 – 100 µg/m³
Caren	10 – 100 µg/m³
Limonen	100 – 1000 µg/m³

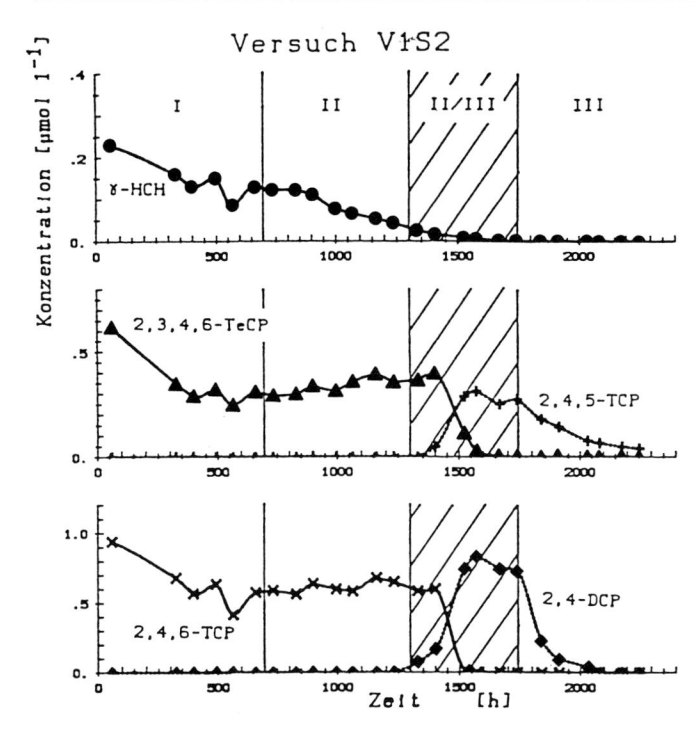

Bild 7: Beispiel für den biologischen Abbau von schwerflüchtigen chlorierten Kohlenwasserstoffen

Die Verschlechterung der Stand- und Brandsicherheit hat die gleiche Ursache: die relative Zunahme biologisch nicht abbaubarer Kunststoffe und nur teilweise abbaubarer Zellulose aus der Verpackung und eine Abnahme der Minerale. Deshalb ist es nicht nur ein volumetrischer Vorteil, nicht halogenierte Kunststoffe (Dichte 1 t/m^3) und Verpackungsmaterial (Dichte 1,4 t/m^3) zu verbrennen und den Mineralanteil (Dichte 2,6 t/M^3) im Rest zu erhöhen. Halogenierte Kunststoffe nicht in Anlagen mit umfangreicher Filtertechnik zu verbrennen, sondern abzulagern, ist nur sinnvoll, wenn in der Ablagerung Brände ausgeschlossen sind. Ein biologisch weitgehend abgebautes, organisches Materialgemisch mit Mineralstoffen in den Poren kann so hergestellt werden, daß es im hoch verdichteten Zustand erdfeucht nicht brennbar ist. Eine Abdeckung, die zur Austrocknung führt, ist jedoch nicht sinnvoll. Eine biochemische Stabilität in dem Sinne, daß Abbauvorgänge nicht mehr stattfinden, ist auch in natürlichen organischen Ablagerungen nicht anzutreffen. Als stabilisiert im Sinne einer naturähnlichen organischen Ablagerung kann deshalb der Zustand angesehen werden, der sich den natürlichen Ablagerungen nachweisbar nähert und sich langzeitig analog zur natürlichen Ablagerung mit geringer Wasserbelastung weiterentwickeln wird.

Die niedrigsten organischen Belastungen wurden an einem Deponieausschnitt im Maßstab 1 : 1 (stauchbarer Großlysimeter, 4 m hoch, 4,5 m Durchmesser) mit einem weitgehend durchgerotteten und auf 1,5 t/m^3 verdichteten Müll-Klärschlamm-Gemisch erzielt, also mit biochemischem Abbau nach Nährstoffausgleich (Spillmann, 1989). Der Rest-CSB betrug langzeitig nur noch 150 mg O$_2$/l mit fallender Tendenz (nach Weis und Frimmel in Spillmann, 1990: Zwischenstufen zu natürlichen Huminstoffen). Das Ammonium wurde im gesamten Querschnitt trotz der extremen Dichte nitrifiziert, und der Nitratgehalt des Sickerwassers betrug nach 4 Jahren Lagerzeit nur noch ca. 50 mg/l. Demnach wäre ein biochemisch weitgehend abgebauter, hoch verdichteter und nur mäßig durchlässiger Deponiekörper ($\approx$ Lehmboden) anzustreben, der durch innere Dränung (vertikale und horizontale Dränflächen oder Rigolen) so entwässert und belüftet wird, daß er aerob bleibt, nur in geringem Umfang, aber zum biochemischen Abbau ausreichend durchsickert wird und Porenwasserüberdrücke sicher vermieden werden. Dieses Material ist auch stand- und brandsicher.

Die Erfüllung dieser Forderungen erscheint angesichts der gegenwärtigen Müllberge utopisch. Nach konsequentem Recycling, Separation der schadstoffarm brennbaren Fraktion und der biologisch-thermischen Behandlung des dann verbleibenden Restes sind aber nur noch 1/5 bis 1/10 des gegenwärtigen Volumens abzulagern. Dieses Restvolumen kann durchaus mit genau definierter Technik in einem als Bauwerk konstruierten Deponiekörper optimal abgelegt werden. Übrig bleiben dann langfristig eine erhöhte Wasserbelastung durch natürliche Salze und natürliche organische Abbauprodukte bis zu den

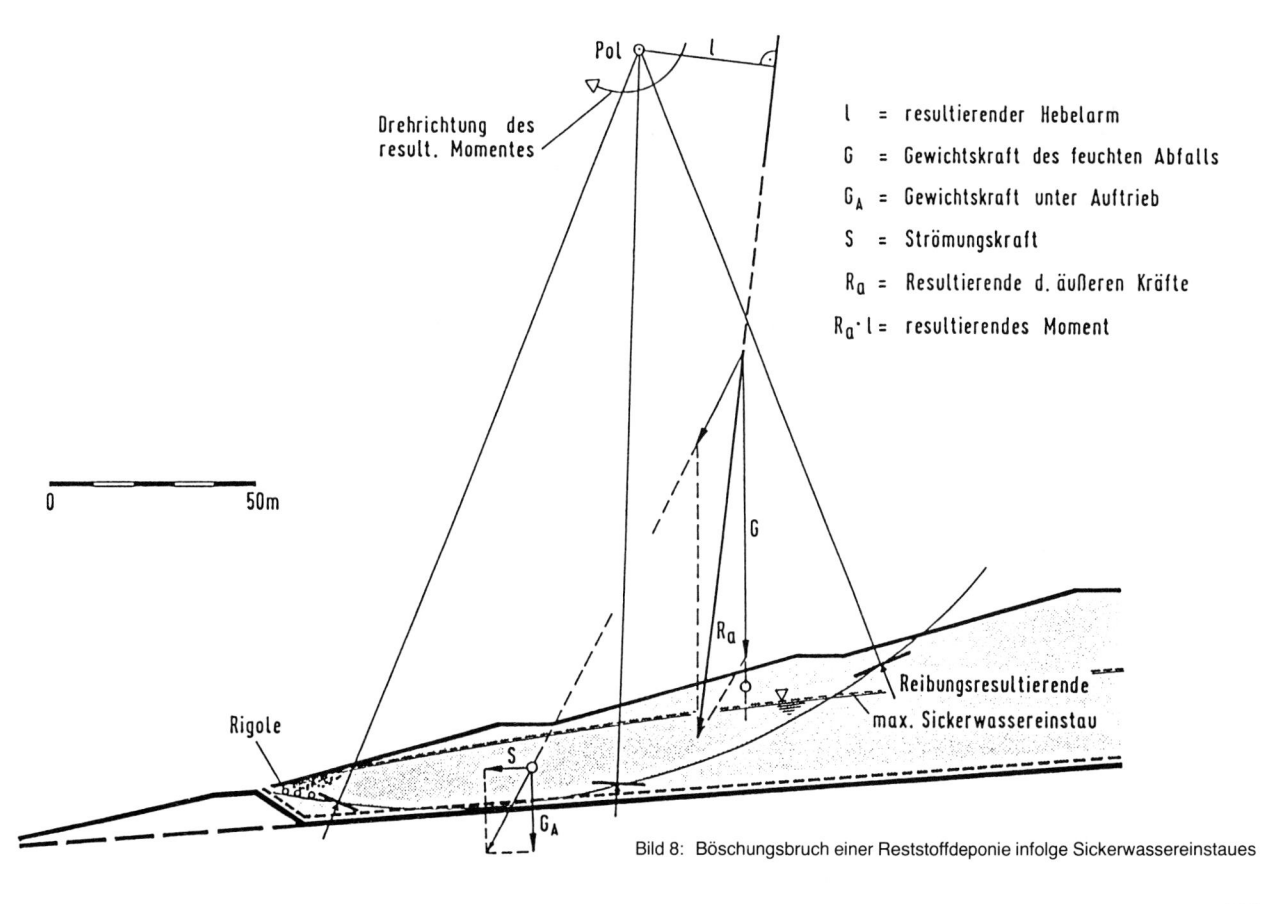

l = resultierender Hebelarm
G = Gewichtskraft des feuchten Abfalls
G_A = Gewichtskraft unter Auftrieb
S = Strömungskraft
R_a = Resultierende d. äußeren Kräfte
$R_a \cdot l$ = resultierendes Moment

Bild 8: Böschungsbruch einer Reststoffdeponie infolge Sickerwassereinstaues

Huminstoffen – nach Ansicht des Verfassers der z. Z. erreichbare „kleinstmögliche Nachteil".

5. Zusammenfassung und Folgerungen für die Praxis

Das Abfallproblem ist ein Produktionsproblem. Es entsteht dadurch, daß durch den Produktionsprozeß die aus der Natur entnommenen Stoffe so verändert werden, daß sie nach Gebrauch nicht schadlos in die Natur wieder integriert werden können. Der Abfallwirtschaftler kann nur die kleinstmögliche Belastung als Optimierung der Beseitigung anstreben:

- Gezielte Erfassung problematischer Chemikalien zur stoffgerechten Behandlung,
- gezielte Erfassung der Stoffe, die zur Rückführung in die Natur oder den Produktionsprozeß geeignet sind,
- stoffgruppenspezifische Behandlung des Restmülls vor der Ablagerung mit dem Ziel, mobile Schadstoffe umzuwandeln oder festzulegen, ohne bereits festgelegte Stoffe zu mobilisieren, (erreichbar z. B. durch biologisch-thermische Behandlung).

Kurzfassung

Das Abfallproblem entsteht durch produktionsbedingte Änderungen der natürlichen Rohstoffe. Da nur mobile Stoffe Lebensvorgänge beeinträchtigen können, besteht die Aufgabe der Restmüllbeseitigung darin, belastende Stoffe festzulegen oder in schadlose Stoffe umzuwandeln, ohne festliegende Schadstoffe zu mobilisieren oder neu zu synthetisieren. Die Kombination biologischer und thermischer Verfahren ermöglicht den gezielten biologischen Schadstoffabbau im Abfallgemisch und beschränkt die thermische Behandlung auf Gase und gezielt separierbare Stoffgruppen.

Schrifttum

Alyanak, J., G. Ch. W. Gay, K. F. Henke, R. Rettenberger u. O. Tabassaran (1981): Schlammkennwerte. – In: Gay et al., (1981).

Brunner, P. H. (1989): Die Herstellung von umweltverträglichen Reststoffen als neues Ziel der Müllverbrennung. – Müll und Abfall 21 (4), S. 166-180.

Collins, H.-J. u. P. Spillmann (1990): Lagerungsdichte und Sickerwasser einer Modelldeponie von selektiertem Hausmüll. Müll und Abfall, 22 (6), S. 365-373.

Gay, G. Ch. W., K. F. Henke, G. Rettenberger u. O. Tabassaran (1981): Standsicherheit von Deponien für Hausmüll und Klärschlamm- – Stuttgarter Berichte zur Abfallwirtschaft, 14: Erich-Schmidt-Verlag, Bielefeld, ISBN 3-503-01399-7.

Hakulinen (1989): Anaerobic Dechlorination of Pulp and Paper Industry Wastewaters. – 4th Annual Biofor Conference, Toronto, Canada.

Lahl, U. (1990): Chemie im Müll – Verkennen, Vergessen, Verdrängen (Meßergebnisse von Versuchen in der MVA Bielefeld). – Thermische Abfallbehandlung und Reststoffdeponierung. Bergischer Abfallwirtschaftsverband, Hearing z. Abfallwirtschaft, 04. 09. 90 in Lindlar.

Pecher, P. (1989): Untersuchungen zum Verhalten ausgewählter organischer Chlorkohlenwasserstoffe während des sequentiellen Abbaues von kommunalen Abfällen. Dissertation an der Fakult. Biologie, Chemie und Geowissenschaften der Universität Bayreuth.

Poller, Th. (1990): Hausmüllbürtige LCKW/FCKW und deren Wirkung auf die Methangasbildung. – Abfallwirtschaft TU Hamburg-Harburg. Hamburger Berichte 2, Economica-Verlag, ISBN 3-926831-75-8.

Ramke, H. G. (1990): Vorbehandlung von Siedlungsabfällen und Monodeponierung von Klärschlamm im Hinblick auf die Funktionsfähigkeit der Deponieentwässerung. – ATV-Fortbildungskurs F 6 Abfallentsorgung, Fulda 10./12. 10. 90.

Rheinhaben, W. v. (1979): Abbau der organischen Substanz von Siedlungsabfällen bei verschiedenen Temperaturen im Laborversuch. – Müll und Abfall, 11 (2), S. 25-31.

Salkinoja-Salonen, R. V. u. M. Salkinoja-Salonen (1986): Bioreclamation of chlorphenol-contaminated soil by composting. Applied Microbiology and Biotechnology, 25, S. 68-75.

Spillmann, P. u. H.-J. Collins (1981): Das Kaminzug-Verfahren. – Forum Städte-Hygien, 32 (1), S. 15-4.

Spillmann, P. (Hrsg.) (1986): Wasser- und Stoffhaushalt von Abfalldeponien und deren Wirkung auf Gewässer. – (Forsch.-Ber./Deutsche Forschungsgemeinschaft), VCH Verlagsges. m. b. H., Weinheim, ISBN 3-537-27121-X.

Spillmann, P. (1988): Hochverdichtete Deponie oder Rotte-Deponie. ATV-Fortbildungskurs E/6, Kommunale Abfallentsorgung, Fulda 2./4.

Ergebnisse von Untersuchungen zur Funktionsfähigkeit von Entwässerungssystemen bei Hausmülldeponien

Von H.-G. Ramke[1]) und M. Brune[2])

1. Einleitung

Langfristig funktionsfähige Entwässerungssysteme sind für Abfalldeponien aus Gründen des Gewässer- und Grundwasserschutzes sowie unter dem Gesichtspunkt der Standsicherheit von Deponien von gleicher Bedeutung wie eine dichte Deponiebasis. Mitte der 80'iger Jahre wurden vermehrt Schadensfälle an den Entwässerungssystemen von Hausmülldeponien bekannt. Die Bildung von verfestigten, schwer lösbaren Ablagerungen in den Entwässerungsrohren und der Entwässerungsschicht führten vielfach zu einem Verlust der Leistungsfähigkeit der Deponieentwässerung. Die Ursachen für die zum Teil sehr ausgeprägten Inkrustationsprozesse waren größtenteils unbekannt (s. **Ramke, 1986**). Die Auffassungen über geeignete Materialien für die Entwässerungsschicht differierten stark, die Auswirkungen betrieblicher Maßnahmen auf die Lebensdauer des Entwässerungssystems konnten nicht bestimmt werden.

Mit den hier dargestellten Untersuchungen wurden deshalb zwei Ziele verfolgt:

- Ermittlung der Inkrustationsursachen
- Ableiten von Empfehlungen für den Bau und Betrieb der Deponien für Siedlungsabfälle

Zur Erfassung der Inkrustationsprozesse in den Entwässerungssystemen wurden sowohl Felduntersuchungen als auch Laborversuche (Säulenversuche) durchgeführt. Die Felduntersuchungen waren notwendig, um die in der Deponiepraxis auftretenden Probleme zu erfassen, während die Laborversuche erst die Möglichkeit lieferten, die Inkrustationsprozesse unter kontrollierten Randbedingungen zu untersuchen und den Einfluß einzelner Faktoren gezielt zu analysieren. Den Felduntersuchungen ging eine Umfrage bei Deponiebetreibern voraus, um das Ausmaß der Schäden an Entwässerungssystemen zu erfassen und für die Felduntersuchungen geeignete Deponien auszuwählen.

Mit der Durchführung der Untersuchungen wurden vom BMFT unter der Projektträgerschaft des Umweltbundesamtes zwei Institute der TU Braunschweig beauftragt:

- Leichtweiß-Institut für Wasserbau
  Abteilung Landwirtschaftlicher Wasserbau und Abfallwirtschaft
  Prof. Dr.-Ing. H.-J. Collins
  Bearbeitung deponietechnischer Fragestellungen
- Institut für Mikrobiologie
  Prof. Dr. rer. nat. H.-H. Hanert
  Bearbeitung mikrobiologischer Fragestellungen

Das Forschungsprojekt wurde im Zeitraum April 1987 bis Oktober 1989 bearbeitet. Die Ergebnisse dieser Arbeit sollen hier dargestellt werden.

2. Umfrage bei Deponiebetreibern

Die Umfrage bei den Betreibern der Siedlungsabfalldeponien wurde in den Regierungsbezirken Braunschweig, Hannover und Stuttgart durchgeführt. Es wurden insgesamt 38 kommunale Gebietskörperschaften befragt. In die Auswertung konnten die Antworten von 28 Gebietskörperschaften einbezogen werden, die 31 Deponien betrieben bzw. beschickten, von denen 2 über kein Entwässerungssystem verfügten.

Gefragt wurde nach den Primärschäden „Ablagerungen in den Rohren" und „mechanische Beschädigungen der Rohre" sowie den Folgeschäden „Wasseraufstau auf der Sohle", „Wasseraufstau im Deponiekörper" und „Wasseraustritte am Deponiefuß/aus der Deponieböschung". Nach Schäden, die nur durch weiterführende Maßnahmen wie Ausgrabungen bekannt werden können, wie z. B. eine Zersetzung des Materials der Entwässerungsschicht, wurde nicht explizit gefragt.

In Bild 1 sind die Ergebnisse der Umfrage grafisch aufbereitet dargestellt. Ausgangsbasis der prozentualen Angaben sind 29 Deponien, da die beiden Deponien ohne Entwässerungssystem nicht in die Auswertung einbezogen wurden.

Die Bildung von Ablagerungen in den Rohren wurde entweder durch Spülen oder durch eine Inspektion der Rohre festgestellt. Das Ausmaß der Bildung dieser Ablagerungen reicht von einer verschlammten Rohrsohle bis hin zu harten Inkrustationen, die den Rohrquerschnitt massiv verringern bzw. ausfüllen. Ablagerungen wurden in über der Hälfte aller Fälle nachgewiesen und sind nur auf 3 Deponien (entsprechen ca. 10 %) definitiv nicht beobachtet worden. Für die restlichen Deponien konnten keine Angaben gemacht werden bzw. es wurden nur Vermutungen geäußert.

Mechanische Beschädigungen der Rohre wurden etwa für ein Drittel aller Deponien gemeldet. Die Spannweite des Schadensausmaßes ist naturgemäß sehr hoch. Die Schäden können von einem einzigen Bruch eines Rohres oder einer Muffe auf der ganzen Deponie bis zu stark beschädigten, über einen Großteil der Haltungslänge gerissenen Rohren reichen. Aufgrund der zum Teil summarischen Angaben über die einzelnen Deponien läßt sich keine genaue Aufschlüsselung für die einzelnen Rohrarten vornehmen, es ist jedoch bei der Auswertung deutlich geworden, daß insbesondere Steinzeugrohre sehr stark von den mechanischen Schäden betroffen sind.

Die Wasseraustritte im Deponierandbereich bzw. der Sickerwasseraufstau sind in Bild 1 als Folgeschäden angegeben. Wasseraustritte am Deponiefuß bzw. der Deponieböschung wurden von etwa 40 % aller Deponien gemeldet. Auch hier ist der Schadensumfang unterschiedlich und kann von lokalen Vernässungen bis hin zu Hangrutschungen und einem massiven Sickerwasseraustritt reichen. Ein Sickerwasseraufstau auf der Sohle wurde von 11 Deponien angegeben. Hier ist zu berücksichtigen, daß in mindestens 3 Fällen ein Sickerwassereinstau bewußt in Kauf genommen wurde, da der Deponiekörper als Sickerwasserspeicher diente.

Häufiger als der Wassereinstau auf der Sohle oder das ungefaßte Austreten von Deponiesickerwasser tritt der Sickerwassereinstau innerhalb des Abfallkörpers auf. Die Ursachen für einen Einstau innerhalb des Abfallkörpers sind derzeit noch nicht befriedigend geklärt. Als Möglichkeiten kommen sowohl stauende Zwischenschichten als auch eine Behinderung des Gasaustausches in Betracht. Unterstellt man, daß jedem Böschungswasseraustritt ein Wassereinstau vorausgegangen sein muß, ist es auf über 60 % aller hier ausgewerteten Deponien zu einem Einstau des Sickerwassers im Abfallkörper gekommen. Neben der langfristigen Funktionsfähigkeit des Entwässerungssystems an der Deponiebasis muß daher sicherlich zukünftig auch der Entwässerung des gesamten Abfallkörpers erhöhte Aufmerksamkeit geschenkt werden.

Im Anschluß an die Deponieumfrage wurden auf etwa der Hälfte der Deponien Ortsbesichtigungen durchgeführt und die erhaltenen Informationen vertieft und verifiziert. Auf 7 Deponien waren von den Betreibern Aufgrabungen vorgenommen worden. Hierbei zeigte sich, daß auch die Müllschichten oberhalb der Entwässerungssysteme teilweise verfestigt bzw. wasserundurchlässig werden können. Inkrustationsprozesse finden offensichtlich nicht nur in der Entwässerungsschicht, sondern auch in den darüberliegenden Abfallschichten statt. Eine Einwaschung feiner Abfallpartikel in die Entwässerungsschicht wurde

---

[1]) Dr.-Ing. Hans-Günter Ramke, vormals Leichtweiß-Institut für Wasserbau, TU Braunschweig, jetzt Consulting Engineers Salzgitter, W-3320 Salzgitter
[2]) Dr. rer. nat. Matthias Brune, vormals Institut für Mikrobiologie, TU Braunschweig, jetzt Bundesanstalt für Materialforschung und -prüfung (BAM), Berlin

Teil 1 : Primärschäden

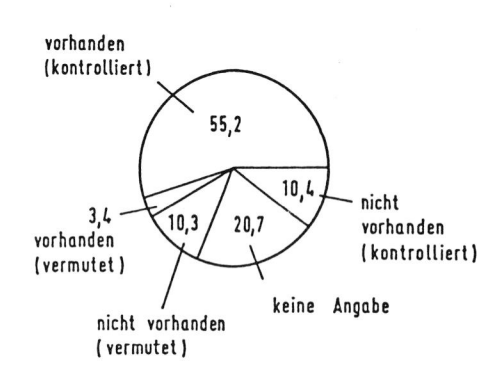

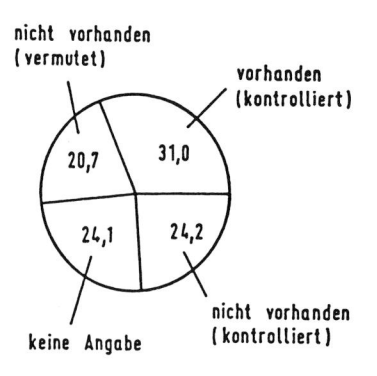

Bildung von Ablagerungen in Entwässerungsrohren

- vorhanden (kontrolliert): 55,2
- nicht vorhanden (kontrolliert): 10,4
- keine Angabe: 20,7
- nicht vorhanden (vermutet): 10,3
- vorhanden (vermutet): 3,4

Mechanische Beschädigung von Entwässerungsrohren

- nicht vorhanden (vermutet): 20,7
- vorhanden (kontrolliert): 31,0
- nicht vorhanden (kontrolliert): 24,2
- keine Angabe: 24,1

Teil 2 : Folgeschäden

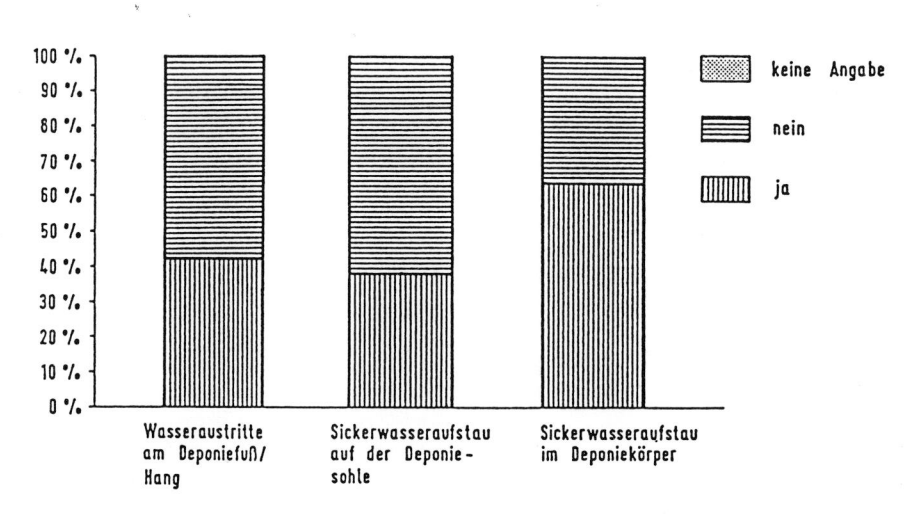

Balkendiagramm mit Kategorien: keine Angabe, nein, ja
- Wasseraustritte am Deponiefuß/Hang
- Sickerwasseraufstau auf der Deponiesohle
- Sickerwasseraufstau im Deponiekörper

Bild 1: Schadensfälle an Deponieentwässerungssystemen – Ergebnisse einer Umfrage bei Deponiebetreibern

bei den Aufgrabungsarbeiten nach den Aussagen der Beteiligten auch dann nicht beobachtet, wenn grober Kies als Dränmaterial verwandt wurde.

Die Schäden an den Rohren – Ablagerungen und mechanische Beschädigungen –, die bei der Deponieumfrage mitgeteilt wurden, dürften in den wenigsten Fällen zu einem echten Versagen des Entwässerungssystems mit der Folge eines Wasseraufstaues geführt haben. Der Untersuchungsumfang reichte hier jedoch nicht aus, um eindeutige Beziehungen herzustellen. Die Umfrage bei den Deponiebetreibern und die Ortsbesichtigungen zeigten jedoch klar, daß die Inkrustationsvorgänge auf den meisten Deponien auftraten und – neben der unbefriedigenden Entwässerung des Abfallkörpers – das größte Problem für die langfristige Funktionsfähigkeit des Entwässerungssystems darstellen.

3. Untersuchung der Inkrustationsprozesse auf Siedlungsabfalldeponien

3.1 Arbeitsübersicht

Im Rahmen des angesprochenen UBA/BMFT-Forschungsvorhabens wurden auf insgesamt 10 Deponien Untersuchungen durchgeführt.

Das vollständige Arbeitsprogramm, daß naturgemäß nur im Ausnahmefall vollständig durchgeführt werden konnte, umfaßte die folgenden Arbeitsschritte:

- chemische und mikrobiologische Sickerwasseruntersuchung
- Bestimmung der Gaszusammensetzung in den Entwässerungsrohren
- Messung des Temperaturverlaufes in den Entwässerungsrohren
- Kamerainspektion und Spulgutprobenahme
- mikrobiologische Aufwuchsexperimente im Entwässerungsrohr
- Aufgrabung des Entwässerungssystems
- chemische und mikrobiologische Untersuchung der Inkrustationen

Ziel dieses Untersuchungsprogrammes war es, die chemisch-physikalischen und mikrobiologischen Milieubedingungen im Entwässerungssystem möglichst weitgehend zu erfassen und daraus Rückschlüsse auf die Entstehungsursachen der Inkrustationen zu ziehen. Einen weiteren Schwerpunkt bildete die Untersuchung des Inkrustationsmaterials.

Die Tafel 1 gibt eine Übersicht über den Umfang der Arbeiten auf den einzelnen Deponien. Die Methoden sind im einzelnen beschrieben bei **Ramke/Brune, 1990**.

Tafel 1: Übersicht über die Untersuchungen auf Siedlungsabfalldeponien

Deponie	MSW-analyse	Gas-analyse	Temperatur-messung	Kamera-Inspektion	Spülgut-analyse	Grabung	Aufwuchs-versuche	Bemerkungen
Altwarmbüchsen	×	×	×	×	×		×	3-malige Messung
Venneberg	×	×	×	×	×	×	×	2-malige Messung
Geldern-Pont						×		2 Grabungen
Hessental	×	×	×	×	×	×		
W I	×	×		×	×	×		
D I	×	×	×		(×)			
H 2	×	×	×	×				
S I	×				×	×		
W 2	×				×			
D 3	×	×	×	×	×			

3.2 Milieubedingungen in Deponieentwässerungssystemen

Übersicht

Die Untersuchungen der Milieubedingungen in Deponieentwässerungssystemen sollen exemplarisch an zwei unterschiedlichen Deponien erläutert werden, die typisch für verschiedene Betriebsweisen und Abbauzustände sind:

— Deponie Altwarmbüchen
 sehr schnell aufgebaut, ca. 10-20 m/a, Überdeckung 10-40 m, intensive und langanhaltende Phase der sauren Gärung

— Deponie Venneberg,
 langsam aufgebaut, ca. 2 m/a, Überdeckung etwa 10 m, Stillstand der Verfüllung, stabile Methanphase

Damit können die Milieubedingungen und das Inkrustationsverhalten in zwei sehr unterschiedlich belasteten Entwässerungssystemen verglichen werden.

Deponie Altwarmbüchen

Die Deponie Altwarmbüchen, auf der die Untersuchung des Entwässerungssystems bereits 1986 im Auftrag der Stadt Hannover begonnen wurde (s. **Steinkamp, 1987**), wurde am schnellsten von allen untersuchten Deponien aufgebaut. Dies schlug sich in den hohen und langanhaltenden Sickerwasserbelastungen nieder. Exemplarisch für einen hochbelasteten Drän sind die Messungen im Sommer 1989 am Drän 30, die in Bild 2 zusammengestellt sind.

Die Sickerwässer dieser Deponie zeigten mit Sauerstoffwerten um 0,2 mg/l (probenahmebedingt), Redoxpotentialwerten (E_h) zwischen −150 und +100 mV sowie mit in allen Dränen nachweisbarem Sulfid ein eindeutig anaerobes Milieu im Entwässerungssystem an, was durch die Gasanalysen bestätigt wurde. Während die Sickerwässer aus dem vergleichsweise jüngeren Deponiebereich (um die Dräne 29 bis 35) mit pH-Werten zwischen 5,5 und 6,5 während des gesamten Untesuchungszeitraumes sauer waren, verhielten sich die Wässer aus den relativ älteren Bereichen (Dräne 3-24) pH-neutral bis leicht alkalisch (mit pH-Werten von 7 bis 8).

Die Konzentration an organischen Verbindungen erreichte bei den sauren Wässern aus dem relativ jüngeren Abschnitt (Drän 29 bis 35) Spitzenwerte mit 35.500 mg/l Buttersäure und 7.000-8.000 mg/l Capronsäure, was sich in CSB-Werten bis zu 80.000 mg/l und BSB_5-Werten bis zu 45.000 mg/l ausdrückte. Bemerkenswert ist, daß der Bauabschnitt, aus dem das hochbelastete Sickerwasser des Dräns 30 stammt, bereits in der Zeit von 1983 bis 1985 komplett verfüllt worden ist und dennoch eine solch andauernde organische Sickerwasserbelastung aufwies. Aber auch bei dem Sickerwasser des älteren Bereiches, der bereits 1983 komplett verfüllt worden war (Drän 3 bis 16), handelte es sich um organisch hochbelastetes Wasser mit Buttersäurekonzentrationen bis 4.000 mg/l, Capronsäurekonzentrationen bis 1.350 mg/l bei CSB-Werten um etwa 10.000 mg O_2/l und BSB_5-Werten, die zumeist weit über 1.000 mg O_2/l lagen. Der hohe Anteil biologisch abbaubarer Substanzen an der organischen Sickerwasserbelastung dieser schnellwachsenden Deponie mit ihrer hohen Abfallüberdeckung drückte sich im hohen BSB_5/CSB – Verhältnis bzw. im hohen Verhältnis der Konzentration niederer Fettsäuren zum CSB aus.

Nicht nur hinsichtlich der organischen Sickerwasserbelastung, sondern auch hinsichtlich der anorganischen Sickerwasserbelastung nahm die Deponie Altwarmbüchen die erste Stelle von allen untersuchten Deponien ein, wie es die Sickerwasseranalyse in Bild 2 verdeutlicht. Das gilt auch für die Wässer aus älteren Betriebsabschnitten. Die hohen Leitfähigkeits- und Chloridwerte (20-110mS/cm bzw. 2.500-90.000 mg/l) resultieren zum Teil aus der Tatsache, daß in den untersuchten Bauabschnitten Salzschlacke abgelagert wurde. Die organisch am höchsten belasteten Sickerwässer aus den relativ jüngeren Deponieabschnitten wiesen auch die höchsten Konzentrationen anorganischer Inhaltsstoffe auf, wobei insbesondere die Gehalte an Eisen und Calcium sehr hoch waren (siehe Drän 30, Bild 2).

Die in den meisten Dränen der Deponie Altwarmbüchen ermittelte Gasatmosphäre mit 60-65 % Methan und 30-35 % Kohlendioxid zeigte an, daß hier bereits die Methanphase erreicht worden war. Auch die Dräne mit saurem Sickerwasser wie Drän 30 zeigten bereits ein konstantes Verhältnis zwischen Methan und Kohlendioxid. Der dargestellte Luftanteil von ca. 5 % ist wie hier in der Regel auf einen unvermeidbaren Eintrag von Luft in das Entwässerungssystem bei der Probenahme zurückzuführen und bei noch geringeren Konzentrationen durch die Technik der Probenahme bedingt. Wenn das Sauerstoff/Stickstoff-Verhältnis im Deponiegas der natürlichen Atmosphäre entspricht, ist der Restluftgehalt auf die Probenahme zurückzuführen.

Der Temperaturverlauf im Entwässerungsrohr, der im unteren Teil des Bildes 2 dargestellt ist, kann als typisch für diese Deponie bezeichnet werden. Die Temperaturen an der Deponiebasis erreichten bis zu 40°C und zeigten einen Gradienten von etwa 15°C auf 100 m Rohrlänge. Eine vollständige Aufnahme des Temperaturverlaufs an der Deponiebasis war technisch nicht möglich, so daß das Erreichen des Temperaturmaximums nur vermutet werden kann.

Die untersuchten Sickerwässer wiesen hohe Gesamtbakterienzahlen auf, die nicht wesentlich unter denen von kommunalem Abwasser liegen. Unabhängig vom Bauabschnitt wurden in der Regel Werte zwischen 10^6 und 10^7 Bakterien pro ml Müllsickerwasser ermittelt. Derartig ausgeprägte Bakterienzahlen in den Müllsickerwässern führten bereits zu Beginn der Untersuchungszeit zu der Erwartung, daß die Mikroorganismen mit hoher Wahrscheinlichkeit einen großen Einfluß auf die Ausfällungsbildung im Entwässerungssystem ausüben.

Die physiologischen Schlüsselgruppen der Bakterien, die den Abbau der organischen Substanz des angelieferten Abfalls zu Methan bewerkstelligen, bildeten den wesentlichen zahlenmäßigen Anteil an der Gesamtpopulation: *Methanbakterien* mit 10^3 und 10^5 Zellen pro ml Sickerwasser, *Sulfatreduzierer* mit 10^4 bis 10^6 Zellen pro ml, *anaerobe organotrophe (gärende) Bakterien* mit 10^3 bis 10^5 *Zellen pro ml*, *Eisenreduzierer* mit 10^4 bis 10^6 Bakterien pro ml sowie *Manganreduzierer* in ähnlichen Konzentrationen wie die Eisenreduzierer. Dabei ist trotz der unterschiedlichen Sickerwasserzusammensetzungen keine Korrelation zwischen der Konzentration einer Bakteriengruppe und dem zugehörigen Bauabschnitt festzustellen.

Bild 4 zeigt, daß diese Bakterien auch auf den anderen untersuchten Deponien in vergleichbaren Konzentrationen in den Sickerwässern nachgewiesen wurden. Schwankungsbreiten dieser Konzentrationen

```
Altwarmbüchen , Drän 30 , 12. 9.89

pH     :    5.9       [ - ]
el. LF :  135.000     [ µS / cm ]
CSB    :  51.200      [ mg O₂ / l ]
BSB₅   :  23.300      [ mg O₂ / l ]
Ca     :   3.530      [ mg / l ]
Fe     :   1.150      [ mg / l ]
```

Teil 1 : Sickerwasseranalyse

CH_4 62.2 %
N_2 4.0 %
O_2 1.5 %
CO_2 32.3 %

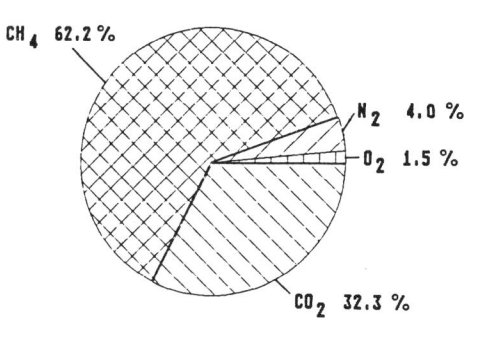

Teil 2 : Gaszusammensetzung im Drän

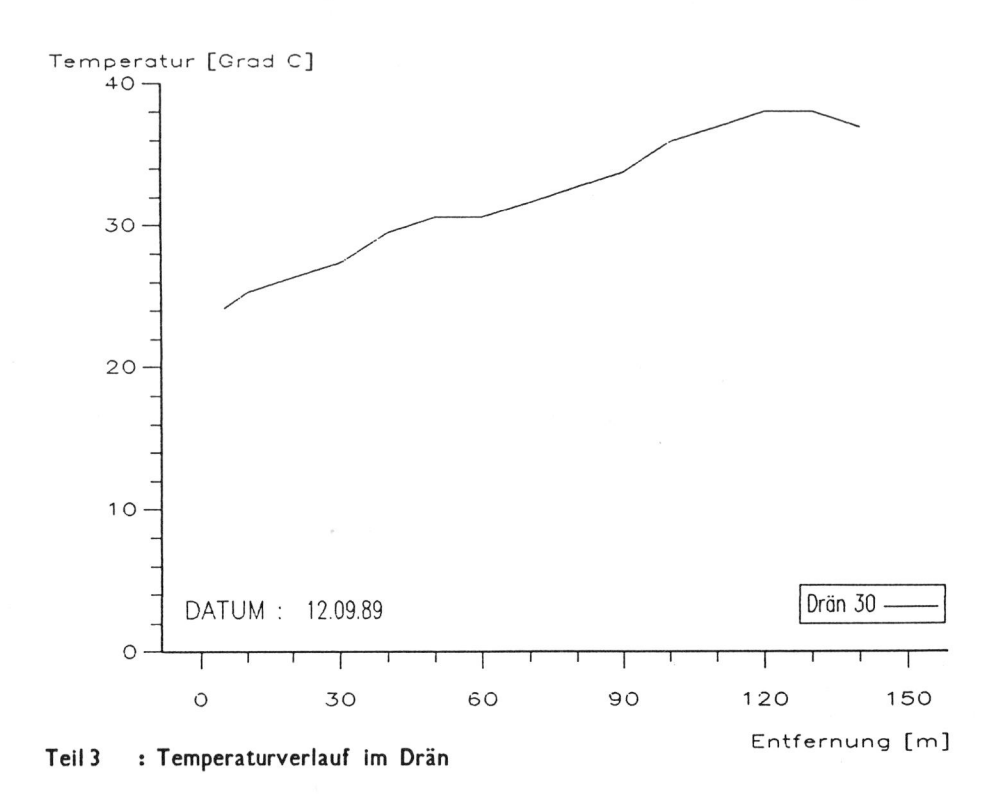

Teil 3 : Temperaturverlauf im Drän

Bild 2: Ergebnisse der Milieuuntersuchungen – Deponie Altwarmbüchen

einer Bakteriengruppe bis zu 2 Zehnerpotenzen sind in Anbetracht der kurzen Generationszeiten von Bakterien und der Standardabweichung bei der Bestimmung als nicht wesentlich einzustufen.

Deponie Venneberg

Die Deponie Venneberg unterscheidet sich von der Deponie Altwarmbüchen durch einen erheblich geringeren jährlichen Abfallanfall und daraus resultierend einer sehr viel geringeren Aufbaugeschwindigkeit. Auf der halben Grundfläche des untersuchten Bauabschnittes wurden die unteren Abfallschichten nach einer ungelenkten Vorrotte eingebaut. Auf dieser Deponie wurde im Rahmen eines vom Niedersächsischen Minister für Wissenschaft und Kunst geförderten Vorhabens neben den hier dargestellten Aktivitäten die Durchlässigkeit der Entwässerungsrohre und der Rohrumgebung systematisch untersucht. (s. **Collins/Ramke, 1986**).

Während die Sickerwasserbelastung beider Felder zu Beginn deutlich differierte (geringere Belastung der Fläche mit der ungelenkten Vorrotte), war ein Unterschied in der Sickerwasserbelastung zum Zeitpunkt der Untersuchungen (etwa 7 Jahre nach Ablagerungsbeginn) nicht mehr festzustellen. Die untersuchten Sickerwässer zeigten Sauerstoffgehalte von maximal 0,3 mg/l und Redoxpotentialwerte (E_h) zwischen 0 und +100 mV. Die pH-Werte reichten mit Werten von pH 7 bis pH 8 vom neutralen bis zum leicht alkalischen Milieu. In Bild 3 ist die Sickerwasserzusammensetzung des Dräns 15 zum Zeitpunkt der Untersuchungen wiedergegeben.

Die CSB-Werte lagen im Durchschnitt eine Zehnerpotenz niedriger als die von Sickerwässern der Deponie Altwarmbüchen. Der Anteil biologisch abbaubarer Verbindungen, gekennzeichnet durch ein BSB_5/CSB-Verhältnis um 0,1 und kleiner, war ebenfalls viel geringer. Auch die Konzentrationen der anorganischen Sickerwasserinhaltsstoffe waren erheblich geringer als auf der Deponie Altwarmbüchen, wie die Analyse von Sickerwasser aus Drän 15 in Bild 3 zeigt.

Daß sich der 1985 fertig verfüllte Bauabschnitt zur Zeit der Untersuchung bereits in der stabilen Methanphase befand, bestätigten auch die Gaszusammensetzungen aller untersuchter Dränrohre mit ca. 65 % Methan und 35 % Kohlendioxid. Der in Bild 3 dargestellte Luftanteil ist ebenfalls probenahmebedingt.

Die im unteren Teil des Bildes 3 dargestellten Temperaturen zeigen den Verlauf unter der gesamten Ablagerungsfläche. Es ist zwar mit zunehmender Abfallüberdeckung ein Anstieg der Temperaturen festzustellen, die Maximaltemperaturen und Gradienten sind jedoch deutlich geringer als auf der Deponie Altwarmbüchen. Die Maximaltemperatur beträgt etwa 20°C, der Temperaturgradient etwa 6°C auf

Venneberg , Drän 15 , 4.7.88

pH	:	7,0	[-]
el. LF	:	10.900	[µS / cm]
CSB	:	1.000	[mg O_2 / l]
BSB_5	:	40	[mg O_2 / l]
Ca	:	132	[mg / l]
Fe	:	28	[mg / l]

CH_4 62,8 %
N_2 1,2 %
O_2 0,4 %
CO_2 35,6 %

Teil 1 : Sickerwasseranalyse   Teil 2 : Gaszusammensetzung im Drän

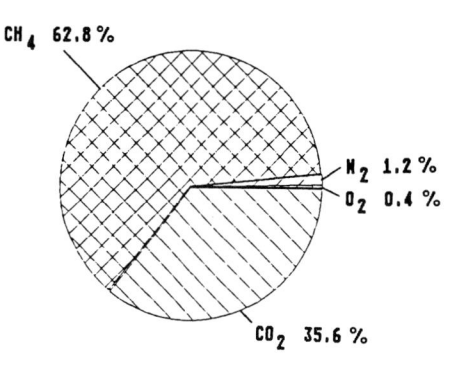

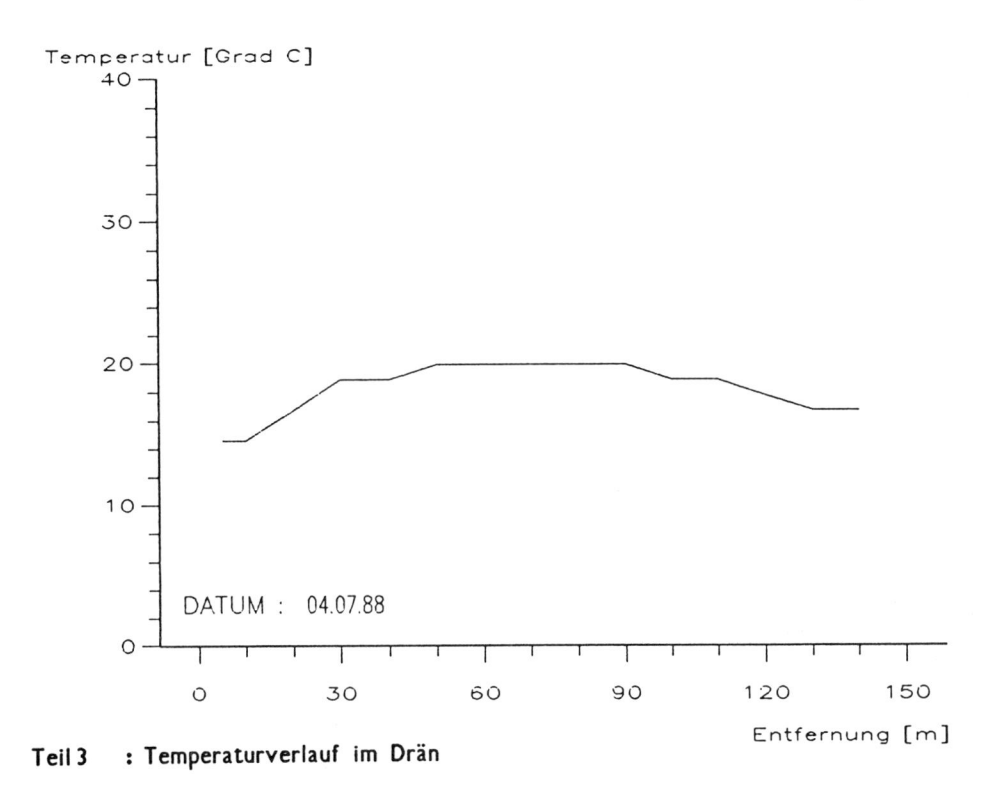

Teil 3 : Temperaturverlauf im Drän

Bild 3: Ergebnisse der Milieuuntersuchungen – Deponie Venneberg

60 m Länge. Die Ursache für die geringere Temperatur der Deponiebasis ist in dem geringeren Ausmaß der exothermen Prozesse zu sehen, was auf den fortgeschritteneren Abbauzustand und die geringere abgelagerte Abfallmasse zurückzuführen ist.

Die ermittelten Gesamtbakterienzahlen liegen hier mit 10^5 bis 10^6 Zellen pro ml im Durchschnitt um eine Zehnerpotenz niedriger als die der Sickerwässer von der Deponie Altwarmbüchen. Im Hinblick auf die Schwankungsbreiten bei Bakterienzahlbestimmungen in Verbindung mit der relativ kleinen Zahl an Bestimmungen ist dieser Unterschied als nicht wesentlich einzustufen, so daß kein Bezug zu den unterschiedlichen Abbauzuständen und Betriebsweisen hergestellt werden kann.

3.3 Ausmaß der Inkrustationsprozesse

Die Bildung von Inkrustationen im Deponieentwässerungssystem konnte in unterschiedlichem Maße auf nahezu allen untersuchten Deponien festgestellt werden. Das Ausmaß der Inkrustationsprozesse war jedoch stark unterschiedlich, wie die folgenden Beispiele aufzeigen:

– In den Entwässerungsrohren der Deponie Altwarmbüchen mit ihrer hohen Sickerwasserbelastung war die Inkrustationsintensität sehr hoch. Obwohl die Rohre mindestens einmal jährlich gespült wurden, waren in der Regel wiederholte Spülgänge und gelegentlich der Einsatz einer Fräse erforderlich, um die Rohre vollständig zu reinigen.

– Die langsam aufgebaute Deponie Venneberg, die sich zum Zeitpunkt der Untersuchungen bereits in der stabilen Methanphase befand, und nur noch geringe Sickerwasserbelastungen aufwies, zeigte innerhalb eines Jahres praktisch keine Bildung von Ablagerungen in den Entwässerungsrohren mehr.

– Eine untersuchte Rotte-Deponie wies gleichfalls nur eine sehr geringe Inkrustationsneigung auf.

Die Beeinträchtigung der Entwässerungssysteme reichte von geringen Rohrablagerungen bis hin zur flächigen, weitgehenden Inkrustation der Rohrumgebung und der Entwässerungsschicht. Obwohl in allen Fällen die Entwässerungssysteme noch funktionsfähig waren, wurde die Gefährdung der Deponien durch das Versagen der Entwässerungssysteme deutlich.

Typisch für die Bildung von Rohrablagerungen waren die Beobachtungen auf der Deponie Altwarmbüchen. Hier zeigten die Kamerauntersuchungen 3 Formen von Ablagerungen:

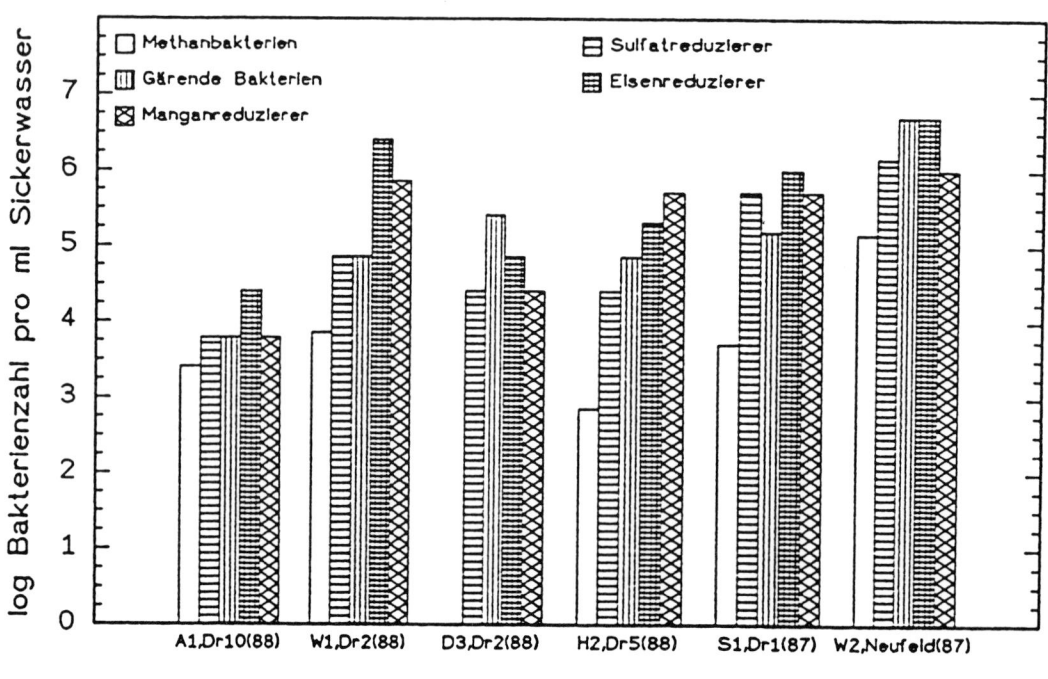

Bild 4: Bakterienflora im Müllsickerwasser von 6 Hausmülldeponien

- Ablagerungen an der Sohle
- Ablagerungen an der seitlichen Rohrwandung
- plattige Ablagerungen, quer im Rohr liegend, von einer Wandung zur anderen reichend

Die Beeinträchtigung der Funktionsfähigkeit konnte von leichten Ablagerungen im Sohlbereich bis zu starken Verringerungen des freien Fließquerschnitts reichen. Die Ablagerungen an den Wandungen reduzierten im Extremfall die freie Wassereintrittsfläche auf Null.

Das Ausmaß, daß die Inkrustationen in der Entwässerungsschicht annehmen können, wurde besonders deutlich durch Aufgrabungen der Versuchsfelder auf der Deponie Geldern Pont, die unter der Leitung des Büros Dr. Düllmann im Auftrag des BMFT vorgenommen wurden (siehe **Düllmann/Eisele, 1989**). Diese bisher einmalige flächenhafte Freilegung einer Deponiebasis in der Bundesrepublik hat gezeigt, daß nicht nur die Rohrumgebung infolge starker Inkrustationen weitgehend verfestigen und wasserundurchlässig werden kann, sondern auch die gesamte Entwässerungsschicht in Mitleidenschaft gezogen wird. Die Entwässerungsschicht, die aus einem Kies-Sand-Gemisch bestand (20 % 0-2 mm, 80 % 2-9 mm), war in weiten Abschnitten über 1/3 bis 2/3 ihrer Gesamthöhe stark inkrustiert und verfestigt. Der Flächenanteil der betroffenen Bereiche umfaßte 30 bis 80 % der jeweiligen Teilfläche. Die Durchlässigkeit war um mehrere Zehnerpotenzen bis auf Werte um 10^{-8} m/s verringert.

3.4 Zusammensetzung des Inkrustationsmaterials

Die äußere Struktur der Rohrablagerungen war unterschiedlich:

- Ablagerungen aus sphärischen Partikel mit einem maximalen Durchmesser von 15 mm, zumeist aber in Körnungen < 5 mm
- plattiges Material mit einer Dicke von einigen Millimetern, das mit der einen Oberflächenseite der Dränrohrwandung angelegen hatte
- brockige Ablagerungen amorpher oder feinkörniger Struktur
- quaderförmige Ablagerungen mit korallenartiger Struktur (vertikale Röhren, 2-3 mm Durchmesser, mehrere Zentimeter lang) an der Oberfläche

Das in der Regel harte Spülgut war immer fein verreibbar und wirkte homogen. In der Regel war es durchgehend schwarz. Die Säureprobe zeigte Sulfid und Carbonat als chemische Bestandteile an.

Die Struktur des inkrustierten Dränmaterials reichte von Kieskörnern, die mit einem leichten Belag von Feinmaterial überzogen waren, bis hin zur völligen Verfüllung der Poren, so daß eine betonähnliche Struktur entstand. Das Feinmaterial entsprach makroskopisch den Rohrablagerungen. Es wurden zwar auch schlammig belegte Kiesmaterialien vorgefunden, zumeist war das Dränmaterial aber hart verfestigt, wobei Kieskornbereiche mit bis zu mehreren Metern Durchmessern zusammenhängen konnten.

Die maßgeblichen Bestandteile der Ablagerungen sind Calcium und Eisen, die als Carbonat sowie durch Schwefel (vorwiegend sulfidisch) festgelegt werden. In Bild 5 sind die Zusammensetzungen einiger typischer Inkrustationsmaterialien wiedergegeben. Kennzeichnend für das Spülgut ist der geringe Gehalt an in Königswasser unlöslichen Rückständen. Bei dem Inkrustationsmaterial, das mit dem Dränmaterial verklebt war, ist dieser Anteil – wegen der unvollständigen Trennung von den Bestandteilen des Dränmaterials – deutlich höher. Die Spannweite der möglichen Zusammensetzungen reicht von Ablagerungen, die überwiegend aus Calciumcarbonat bestehen, bis zu Inkrustationsmaterial mit einem hohen Eisen- und Schwefelgehalt. Generell wird in allen Ablagerungen ein deutlicher Gehalt an organischem Material (Glühverlust bzw. organischer Kohlenstoff) gefunden.

Die Feinstruktur eines typischen Inkrustationsmaterials zeigen in schrittweiser Vergrößerung die Fotos 1-3 des Bildes 6 (siehe **Ramke/Brune, 1990**). Exemplarisch wurden hier Dränrohrablagerungen in einer Klärschlamm-Miete auf der Deponie Hannover-Altwarmbüchen mit dem Rasterelektronenmikroskop aufgenommen. Die Spülgutpartikel sind ein dreidimensionales Netzwerk aus dichten Ansammlungen (Aggregaten) von Bakterien. Die Bakterienaggregate mit einem Durchmesser um $10\eta m$ sind unterschiedlich stark mit anorganischem Ausfällungsmaterial behaftet. Das Netzwerk aus Bakterienaggregaten schließt ein mindestens gleich großes Porenvolumen ein, dessen Hohlräume etwa denselben Durchmesser wie die Bakterienaggregate haben.

Die auf den Bakterienzellen entstehenden Ausfällungen haben einen Durchmesser weit unter einem ηm und wirken wie Pickel auf den Bakterien. Fortgeschrittene Ausfällungen schließen das ganze Bakte-

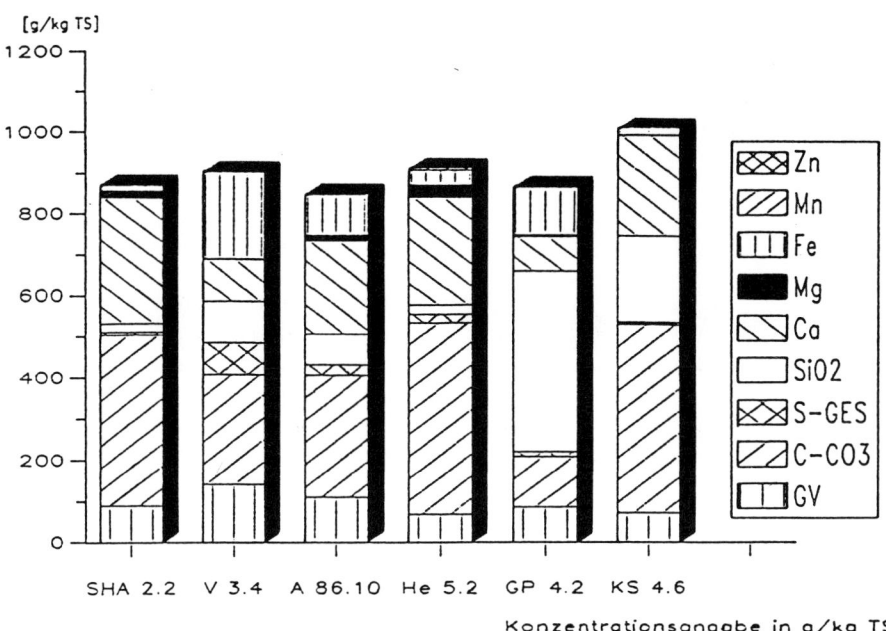

PROBE :		SHA 2.2	V 3.4	A 86.10	He 5.2	GP 4.2	KS 4.6
MATERIAL :		Spülgut	Spülgut	Spülgut	Spülgut	Inkrust.	Inkrust.
GV	g/kg TS	88.5	140.6	110.0	69.2	85.0	72.3
Gesamt -C	g/kg TS	133.0	72.1	110.0	117.5	53.5	97.7
Organisch-C	g/kg TS	50.0	19.0	51.0	24.8	28.9	6.4
Carbonat -C(CO3)	g/kg TS	415.0	265.5	295.0	463.5	123.0	456.5
Gesamt-S	g/kg TS	6.3	78.3	26.0	20.6	13.8	5.4
SiO2	g/kg TS	20.8	100.2		22.4	437.4	212.0
Filterrückstand	g/kg TS			74.0	5.0		236.8
Ca	g/kg TS	308.0	102.0	227.0	264.0	84.0	245.4
Mg	g/kg TS	18.2	2.1	16.0	32.2	7.2	1.6
Fe	g/kg TS	10.9	212.0	97.0	34.0	112.0	14.8
Mn	g/kg TS	3.1	2.9	3.0	4.9	2.0	
Zn	g/kg TS	.5	.5		.4	2.0	.6
Sonstige	g/kg TS						

Bild 5: Zusammensetzung ausgewählter Inkrustationsmaterialien aus Siedlungsabfalldeponien

rienaggregat ein. An einem Spülgutpartikel lassen sich immer mehrere Stadien unterschiedlich fortgeschrittener Inkrustationsstadien beobachten. Diese Strukturen wurden generell sowohl am Spülgut aller untersuchten Deponien als auch am verfestigten Ausfällungsmaterial zwischen den Körnern des Dränmaterials festgestellt.

Den EDX-Analysen (Röntgen-Mikrostrahl-Analysen) zufolge, die in Verbindung mit der REM-Untersuchung an den Inkrustationsmaterialien vorgenommen wurden, waren die maßgeblichen Elemente in den von den Bakterien gebildeten Ausfällungen Schwefel, Calcium und Eisen, die in wechselnden, aber ähnlich großen Anteilen immer wieder gefunden wurden. Das gilt sowohl für die untersuchten Dränrohr- als auch für die Dränkies-Ablagerungen. Bild 7 zeigt eine typische EDX-Analyse von Spülgut aus Drän A1/3 von der Deponie Altwarmbüchen (August 1988) bei 81-facher REM-Vergrößerung. Die Peaks der Elemente Aluminium und Silber rühren vom Präparateteller bzw. vom bei der Präparation verwendeten Leitsilber her. Der Siliziumpeak deutet auf eine kleine Beimengung von Feinsandkörnern hin, die in das Material integriert waren.

3.5 Ergebnisse der Felduntersuchungen

Diese und andere Ergebnisse der Felduntersuchungen können wie folgt zusammengefaßt werden:

- Die Bildung von Inkrustationen im Deponieentwässerungssystem konnte in unterschiedlichem Maße auf nahezu allen untersuchten Deponien festgestellt werden.

- In den Entwässerungsrohren reichte das Ausmaß der Inkrustationen von einem leichten Belag der Wandung bis hin zu einer deutlichen Verringerung des Fließquerschnitts. Die Rohrablagerungen konnten jedoch in der Regel durch Spülen, gegebenenfalls auch durch Fräsen entfernt werden.

- Die Inkrustationen der Entwässerungsschicht, insbesondere in der Rohrumgebung, können im Extremfall zu einem völligen Verlust der Durchlässigkeit führen, meistens ist jedoch noch eine Restdurchlässigkeit gegeben.

Foto 1 : Geringe Vergrößerung

Foto 2 : Mittlere Vergrößerung

Foto 3 : Starke Vergößerung

Bild 6: Typische Struktur von Inkrustationsmaterialien in Deponieentwässerungssystemen – schrittweise Vergrößerung mit einem Rasterelektronenmikroskop

— Verschlämmungen der Entwässerungsschicht durch eingespülte feine Abfallpartikel wurden bei den Aufgrabungen nur selten beobachtet. Der Übergang zwischen der unteren Abfallschicht und der Entwässerungsschicht war meistens scharf ausgeprägt. Nur in Bereichen hohen Wasserandrangs war eine Einwaschung von Feinpartikeln anzunehmen.

— Die mikrobiologischen und physikochemischen Analysen der Müllsickerwässer, die Deponiegasanalysen und auch die Farbe sowie Zusammensetzung der Ablagerungen zeigten, daß das Milieu im Entwässerungssystem von den anaeroben bakteriellen Umsetzungsprozessen im Deponiekörper bestimmt wird.

— Entscheidende Ursache für die Bildung der Inkrustationen ist die Stoffwechselaktivität anaerober Bakterien (siehe Kapitel 5).

— Rein chemisch-physikalische Ursachen für die Bildung von Inkrustationen wie eine Temperaturverringerung oder veränderte Partialdrücke des Kohlendioxid sind zwar nicht auszuschließen, spielen jedoch aufgrund der nachgewiesenen Bedeutung der mikrobiologischen Prozesse höchstens eine untergeordnete Rolle.

— Die maßgeblichen Bestandteile der Ablagerungen sind die Kationen Calcium und Eisen, die als Carbonat sowie durch Schwefel (vorwiegend sulfidisch) festgelegt werden.

— Die von allen untersuchten Deponien mit Abstand am schnellsten wachsende Deponie wies auch die eindeutig höchste organische sowie anorganische Sickerwasserbelastung und die mit Abstand intensivsten Inkrustationsprozesse auf. Hier wurden wiederholt die größten Mengen Dränrohrablagerungen innerhalb eines Jahres gebildet.

— Wenn sich die Deponie in der stabilen Methanphase mit niedrigen Sickerwasserbelastungen befindet, kommt es kaum noch zur Bildung von Ablagerungen.

— Die untersuchte Rottedeponie wies nur eine sehr geringe Inkrustationsneigung auf.

— Die Aufgrabung einer Klärschlammablagerung zeigte, daß das Entwässerungssystem aufgrund sehr starker Ausfällungen in weiten Bereichen nahezu undurchlässig geworden war.

— Kalkschotter ist als Material der Entwässerungsschicht absolut ungeeignet. Er zerfällt unter den Milieubedingungen an der Deponiebasis.

4. Simulation der Inkrustationsprozesse im Labor

4.1 Zielsetzung und Versuchsaufbau

Parallel zu den Untersuchungen auf Deponien wurden Laborversuche zur Simulation der Inkrustationsprozesse durchgeführt. Damit wurde das Ziel verfolgt, gezielter, als es auf Betriebsdeponien möglich ist, den Einfluß einzelner Faktoren auf den Verlauf der Inkrustationsprozesse zu erfassen und die zeitliche Entwicklung der Inkrustationsbildung analytisch zu verfolgen. Die Versuche sind datailliert bei **Ramke/Brune, 1990** beschrieben.

Es wurden zwei Versuchsserien mit unterschiedlichen Fragestellungen durchgeführt:

Vorserie: — Entwicklung einer geeigneten Methodik zur Simulation der Inkrustationsprozesse an der Deponiebasis

Hauptserie: — Einfluß der Sickerwasserbeschaffenheit auf die Inkrustationsprozesse

— Einfluß der Körnung des Dränmaterials auf die Standzeit

Die Simulation der Inkrustationsprozesse im Labor erfordert neben der geometrischen Übertragbarkeit die Ähnlichkeit der Versuchseinrichtung mit der Basis einer Hausmülldeponie in chemisch-physikalischer und mikrobiologischer Hinsicht. Die Entwicklung des Durchlässigkeitsverhaltens der Komponenten des Entwässerungssystems muß ferner unter der Verwendung von Sickerwässern aus Hausmülldeponien überprüft werden, da Sickerwässer in ihrer komplexen Zusammensetzung synthetisch nicht befriedigend nachgebildet werden können.

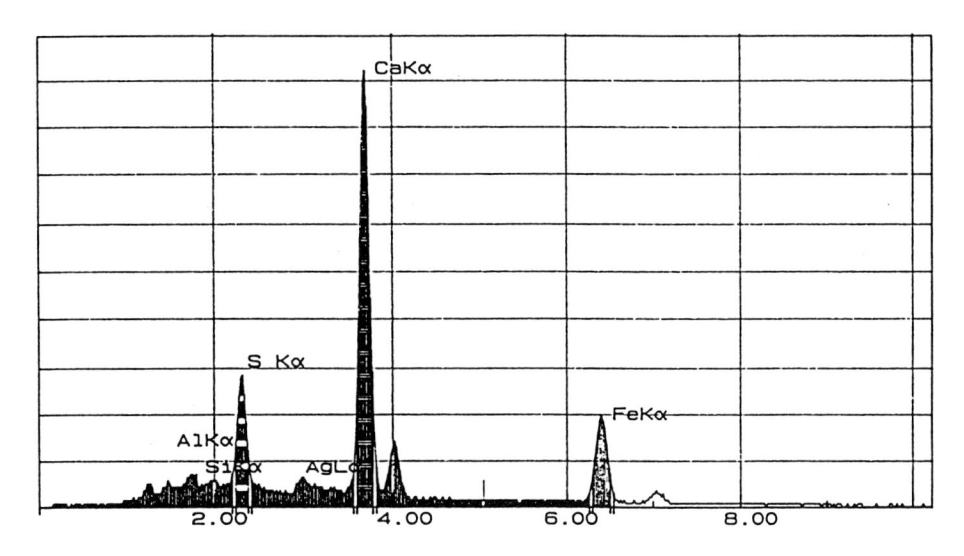

Bild 7: EDX-Analyse von Inkrustationsmaterial (Spülgut Drän A1/3, Deponie Altwarmbüchen, 8/88)

Bild 8 zeigt den Versuchsaufbau. Die Versuche wurden in geschlossenen Kunststoffsäulen mit einem Durchmesser bis zu 200 mm und einer Höhe von ca. 1,0 m durchgeführt. Über eine Lochplatte wurde das Dränmaterial mit einer Höhe von 30 cm eingebaut, darüber wurde Müllkompost mit einer Höhe von 15 cm eingebracht. Das Deponiesickerwasser wurde über eine Schlauchpumpe von oben auf die Säulenfüllung aufgegeben, durchsickerte den Kompost, das Dränmaterial und die Lochplatte und floß aus dem Sammelraum unter der Lochplatte über einen Syphon ab. Durch die Syphonkonstruktion sollte der Eintrag von Luftsauerstoff in das System über den Auslauf verhindert werden.

Die Sickerwasservorratsbehälter waren verschlossen, um den Luftaustausch und damit den Sauerstoffeintrag in den Sickerwasservorrat zu verringern. Das wöchentlich frisch von der Deponie geholte Sickerwasser wurde nur einmal aufgegeben und getrennt gesammelt. Entstehendes Deponiegas wurde in einem gasdichten Beutel aufgefangen. Feststoffproben konnten über seitlich angeordnete Entnahmestutzen unter Schutzgasatmosphäre entnommen werden. Damit war die chemische und mikrobiologische Analyse aller Phasen in den Säulen möglich. Ein Wassereinstau in den Säulen konnte durch Piezometer bestimmt werden, die in verschiedenen Höhen angebracht waren.

4.2 Versuchsdurchführung

Simulation eines deponiespezifischen Milieus in Versuchssäulen

Die Versuche wurden in beiden Serien nicht sofort mit hochbelastetem Sickerwasser begonnen, um durch die hohe organische Belastung bei niedrigen pH-Werten nicht die Entwicklung einer angepaßten Mikroflora zu behindern. Es wurde deshalb jeweils ca. 2 Wochen lang Sickerwasser aus dem in der stabilen Methanphase befindlichen Altfeld der Deponie Braunschweig verwandt. Erst anschliessend wurde das jeweilige, der Belastung entsprechende Sickerwasser aufgegeben.

Die Versuche wurden bei 30°C durchgeführt, um der im wesentlichen mesophilen Biozönose der Hausmülldeponien möglichst günstige Lebensbedingungen zu bieten. Die Säulen wurden mit einem Gasgemisch aus 50% CO_2 und 50% N_2 mindestens einmal täglich gespült, bis es zur selbständigen Produktion von Methan und Kohlendioxid kam. Das ausgetauschte Volumen betrug bei jeder Spülung mindestens das zweifache des Säulenvolumens.

Nach dem Einsetzen der Gasproduktion wurde die Gaszusammensetzung in den Säulen sowie der Sauerstoffgehalt im Sickerwasser regelmäßig kontrolliert, um einen Lufteintrag zu erfassen. Der Eintrag von Sauerstoff ließ sich zwar nicht völlig unterbinden, die Gehalte im Sickerwasser (um 0,1 mg/l) sowie die in den durchsichtigen Säulen erkennbare Färbung von Kiesbelägen und Ablagerungen (durchgängig schwarz) zeigten aber, daß die Wirkung auf das Milieu gering war und Oxidationsvorgänge vernachlässigt werden konnten.

Die Wasserzugabe wurde eingestellt, wenn der Einstau in der jeweiligen Säule so groß wurde, daß eine weitere Wasserzufuhr einen Überdruck bedeutet hätte und auch eine temporäre Unterbrechung der Wasserzufuhr im Verlauf mehrerer Tage zu keiner nennenswerten Entwässerung der Säule führte.

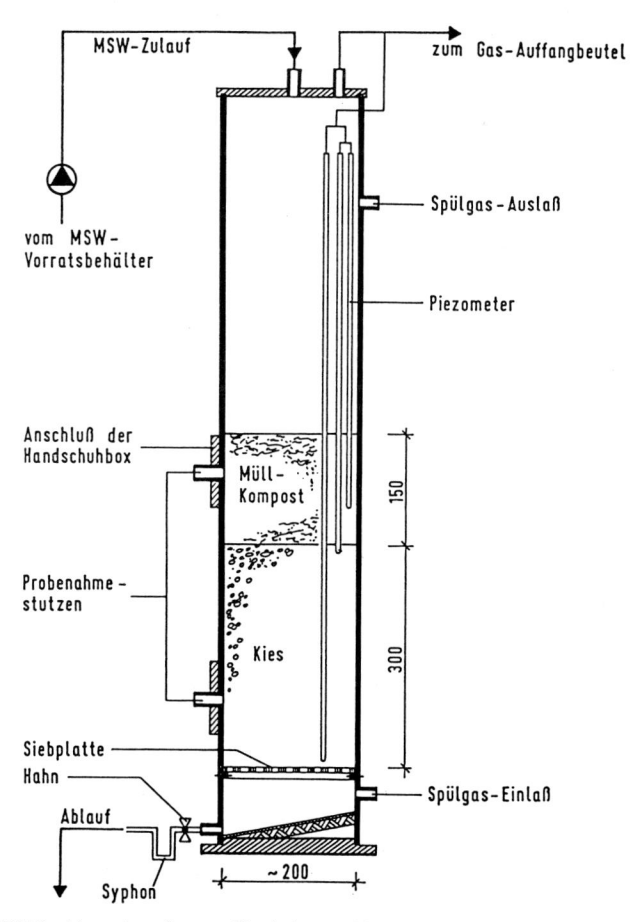

Bild 8: Versuchsaufbau zur Simulation von Inkrustationsvorgängen im Labor

Tafel 2: Simulation der Inkrustationsvorgänge im Labor-Versuchsüberblick zur Hauptserie der Säulenversuche

Säule Nummer	Dränmaterial Korndurchmesser [mm]	Trennlage	Sickerwasser Belastung	Versuchsdauer [d]	Durchfluß [l/d]	Bemerkungen
1	8–16	–	hoch	462	7,4	Standard
2	1–32	–	hoch	394	6,8	
3	8–16	–	niedrig	462	7,6	
4	8–16	–	hoch	462	8,1	Standard
5	16–32	grobe Poren	hoch	421	7,8	
6	16–32	grobe Poren	niedrig	462	9,2	
7	16–32	–	hoch	462	9,4	
8	16–32	–	niedrig	462	9,8	
9	8–16	–	hoch	433	15,2	doppelter Durchfluß
10	2–4	–	hoch	406	9,5	
11	2–8	feine Poren	hoch	289	9,1	
12	16–32	feine Poren	hoch	289	8,0	

Die endgültige Form der Versuchsdurchführung ist in der Vorserie bestimmt worden. Hier hatten sich die folgenden Merkmale als besonders günstig hinsichtlich des Ziels einer deponieähnlichen Simulation der Inkrustationsprozesse herausgestellt:

– Verwendung von Originalsickerwasser aus Siedlungsabfalldeponien (keine Kreislaufführung des Wassers in einer mit Abfall gefüllten Säule)
– Aufgabe des Sickerwassers auf die Dränschicht von oben (ungesättigte Dränschicht, nicht eingestaut)
– Einbau einer Müll-Kompostschicht über der Dränschicht (besserer Start der Umsetzungsprozesse, gleichmäßiger Verlauf)

Versuchsüberblick

Die folgenden Ausführungen beschränken sich auf die Durchführung und Ergebnisse der Hauptserie.

Um den Einfluß der Sickerwasserbeschaffenheit auf die Inkrustationsprozesse zu untersuchen, wurden zwei verschiedene Sickerwässer benutzt. Das eine Sickerwasser war organisch und anorganisch hochbelastet und entstammte Bauabschnitten auf Deponien, die sich noch in der Phase der sauren Gärung befanden. Das andere Sickerwasser war vergleichsweise gering belastet und eher für Deponien, die sich in der stabilen Methanphase befinden, typisch. Der Einfluß der Körnung auf die Standzeit der Säulen wurde durch den Einsatz verschiedener Dränmaterialien in den Versuchssäulen erfaßt.

In der Tafel 2 sind die Versuchsvarianten der Hauptserie im einzelnen dargestellt. Die Varianten 1, 4 und 9 stellen mit einem Dränmaterial der Körnung 8-16 mm und einer Beaufschlagung mit hochbelastetem Sickerwasser die Standardvariante mit entsprechenden Parallelen dar. Das Dränmaterial 8-16 wurde als Standard zur Beurteilung des Umsetzungs- und Inkrustationsverhaltens gewählt, weil eine Körnung 16-32 mm als Standard bei mehr Säulen größere Säulendurchmesser und entsprechend größere Sickerwassermengen erfordert hätte. Das hochbelastete Sickerwasser ließ nach dem Kenntnisstand zu Beginn der Versuche die größere Inkrustationsneigung erwarten.

Die Säulen 3, 6 und 8 wurden mit schwachbelastetem (altem) Sickerwasser beaufschlagt. Damit wurden sowohl die Vergleiche zur Körnung des Versuchsstandards als auch zur mittlerweile empfohlenen Körnung auf den Deponien ermöglicht. Mit den Versuchsvarianten 5, 7, 10, 11 und 12 wurden unterschiedliche Körnungen und Aufbauvarianten des Entwässerungssystems hinsichtlich ihrer Standzeit (Dauer der Wasserdurchlässigkeit) bei einer Beaufschlagung mit hochbelastetem Sickerwasser verglichen.

4.3 Umsetzungsprozesse in den Versuchssäulen

Die verwandten Sickerwässer sind mit den Spannweiten der Konzentrationen ihrer Inhaltsstoffe in der Tafel 3 dargestellt. Für beide Versuchsvarianten wurde nach 5 bzw. 10 Monaten ein anderes Sickerwasser verwandt, da die Sickerwasserbelastung beider Wässer zu weit zurückgegangen waren.

Tafel 3: Übersicht über die Sickerwasserzusammensetzung bei den Säulenversuchen

		Hochbelastetes Sickerwasser		Schwachbelastetes Sickerwasser	
		Phase I	Phase II	Phase I	Phase II
pH	(–)	7,2–7,8	5,7–8,1	7,4–7,9	7,2–7,9
LF	(µS/cm)	8.950–21.900	14.000–65.600	13.450–20.300	8.950–21.900
BSB_5	(mg/l)	400–4.365	3.840–45.900	57–930	145–2.700
CSB	(mg/l)	1.630–8.890	3.350–63.700	1.450–2.070	1.610–6.340
NH_4-N	(mg/l)	620–1.690	1.660–3.500	740–1.440	620–2.080
Mg	(mg/l)	100–360	200–840	170–270	100–270
Ca	(mg/l)	130–380	150–4.000	70–120	120–290
Fe	(mg/l)	8–85	9–870	10–28	8–79
Mn	(mg/l)	0,6–4,1	0,3–28	0,2–0,6	0,4–4,0
Cl	(mg/l)	1.490–3.540	3.545–21.700	2.590–3.830	1.490–3.550
SO_4	(mg/l)	1–121	2,6–118	29–115	1–68

Entscheidend für die Erklärung der Inkrustationsprozesse ist der Verlauf der Umsetzungsprozesse in den Versuchssäulen, die deshalb etwas detaillierter dargestellt werden sollen. In den schwachbelasteten Säulen setzte der Abbau der organischen Inhaltsstoffe erst nach der Umstellung des aufgegebenen Sickerwassers ein. Erst mit dieser höheren organischen Belastung begann die mikrobiologische Umsetzung, was auch an der beginnenden Gasproduktion deutlich wurde. Nach ca. 150 bis 200 Tagen kamen die Umsetzungsprozesse weitgehend zum Erliegen, wie sich durch die annähernde Übereinstimmung der organischen Belastung im Zu- und Ablauf zeigte. Die Ursache war die weitere Verringerung des Substratangebots im Zulauf.

Eine Verringerung der Eisen und Calciumgehalte im Ablauf war erst mit dem Einsetzen der mikrobiologischen Aktivitäten festzustellen, bis dahin entsprachen die Gehalte im Ablauf in allen drei Säulen denen im Zulauf. Das Magnesium wurde kaum festgelegt. Mit dem Erliegen der mikrobiologischen Prozesse ging auch die Elimination des Calciums und Eisens zurück. Lediglich der Calciumgehalt lag auch in der Schlußphase im Ablauf etwas tiefer als im Zulauf, allerdings war diese Differenz erheblich kleiner als während der Umsetzungsphase. Die Gasentwicklung in den schwachbelasteten Säulen war mit etwa 2l/d deutlich geringer als in den hochbelasteten Säulen. Der Methangehalt des gebildeten Gases lag bei ca. 70 % und war relativ stabil.

In Bild 9 sind die Abläufe der hochbelasteten Säulen 2, 5, 7 und 12 dem Zulauf für die Parameter CSB, Eisen und Calcium gegenübergestellt. Für alle Säulen zeigt sich eine deutliche Elimination der organischen und anorganischen (inkrustationsrelevanten) Inhaltsstoffe, bis mit dem Maximum der Zulaufkonzentrationen die Elimination dieser Inhaltsstoffe weitgehend war.

Zu Beginn der Versuche ging die organische Belastung des Sickerwassers langsam zurück. Die Verwendung von Sickerwasser einer anderen Deponie war mit einer leichten Zunahme des CSB verbunden, dieser stieg jedoch steil an, als Wasser aus einem neuen Schüttfeld aufgegeben wurde und erreichte dann Werte bis zu 60.000 mg/l. In der Folge dieses Belastungsstoßes starb die Biozönose in den meisten Säulen ab, während in anderen Säulen das Versuchsende bereits vorher durch starke Inkrustationen und die damit verbundene Wasserundurchlässigkeit beendet war.

Die Ganglinien des CSB verdeutlichen die partielle mikrobielle Umsetzung der abbaubaren organischen Inhaltsstoffe. Die CSB-Konzentration in den Abläufen lag immer niedriger als die Zulaufkonzentration, das Ausmaß der CSB-Elimination war in allen Säulen bis zum Belastungsstoß ähnlich hoch. Nach dem Aufbringen dieses stark sauren Sickerwassers erfolgte in den hier dargestellten Säulen, die noch wasserdurchlässig waren, kein oder nur noch ein stark verringerter Abbau. Mit diesem Verlauf des CSB-Abbaues korrespondieren die Ganglinien des Calciums und des Eisens. Parallel zum Anstieg der organischen Belastung im Zulauf nahm der Gehalt an Calcium und Eisen zu, was auf den sehr hohen Gehalt an niederen Fettsäuren und den damit verbundenen Abfall des pH-Wertes zurückzuführen ist. Bis zur Einspeisung des extrem hochbelasteten Sickerwassers wiesen die Abläufe aller Säulen annähernd die gleichen Eisen- und Calciumkonzentrationen auf, die deutlich tiefer als die Zulaufkonzentrationen waren. Die Reaktion auf den Belastungsstoß entsprach der Reaktion auf die organische Belastung.

Die Calcium- und Eisenganglinien zeigen, in welchem Ausmaß diese inkrustationsrelevanten Kationen bei der Passage der Säulen aus dem Sickerwasser eliminiert wurden. Die Verringerung der Kationenkonzentration im Ablauf bedeutet ihre Festlegung im Versuchsbehälter. Die Ähnlichkeit der Abflußganglinien des CSB und der Kationen Eisen und Calcium ist dabei ein wesentliches Indiz für die mikrobiologische Ursache der Ausfällungsprozesse.

In der gleichen Weise wie die Deponiesickerwässerproben wurden auch die Zu- und -abläufe der Versuchssäulen der Gesamtbakterienzahlbestimmung und zu bestimmten Zeitpunkten der differenzierten Bakterienzahlbestimmung unterzogen. Bei der Bestimmung der Gesamtbakterienzahlen konnten die Sickerwasserbakterien regelmäßig in deponietypischen Konzentrationen mit $7 \cdot 10^6$ bis 10^7 Bakterien pro ml Säulensickerwasser nachgewiesen werden, unabhängig davon, ob es sich um eine hoch- oder schwachbelastete Säule, ob es sich um den Zulauf oder den Ablauf handelte. Die Fluoreszenz-

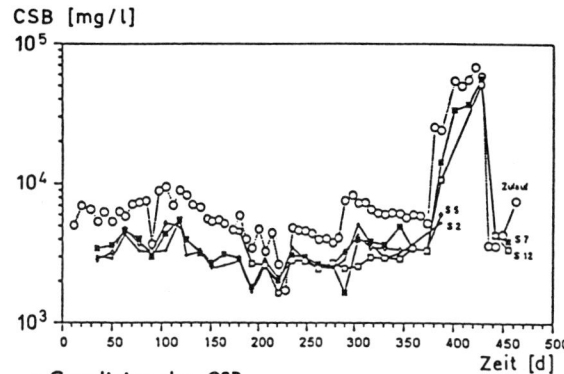

Teil 1 : Ganglinien des CSB

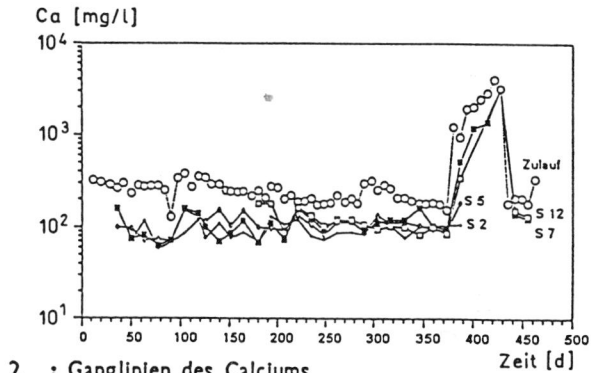

Teil 2 : Ganglinien des Calciums

Teil 3 : Ganglinien des Eisens

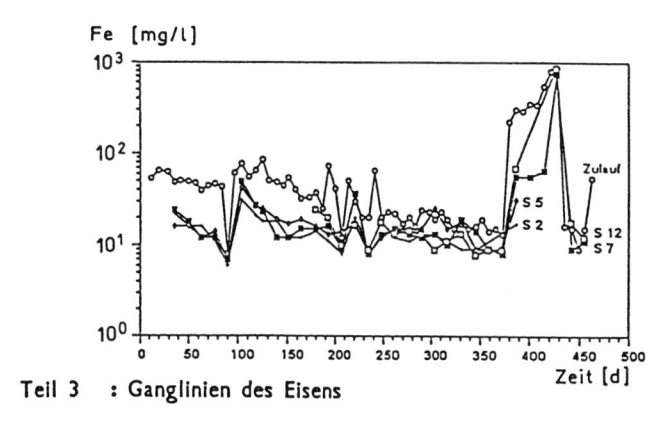

Bild 9: Hauptserie der Laborversuche zur Simulation der Inkrustationsvorgänge – Zu- und Abflußganglinien hochbelasteter Säulen

mikroskopie zeigte wiederholt, daß 20-40 % der Bakterien der Gruppe der Methanbakterien zuzuordnen waren.

Die differenzierte Bakterienzahlbestimmung führte wiederum zum Nachweis der fünf Bakteriengruppen, die auch den wesentlichen Anteil der Bakterienpopulation in den untersuchten Deponiesickerwässern bildeten (Methanbakterien, Sulfatreduzierer, Eisen- und Manganreduzierer, gärende Bakterien). Sie lagen in den Zuläufen und auch in den Abläufen in deponietypischen Konzentrationen vor, wie sie Bild 4 zu entnehmen sind. Auch wenn sich für keine physiologische Gruppe ein signifikanter Konzentrationsunterschied zwischen dem jeweiligen Zu- und Ablauf ergab, lassen diese Ergebnisse doch darauf schließen, daß diese Bakterien in den Versuchssäulen aktiv waren. Die Anteile der beteiligten physiologischen Gruppen an der Gesamtpopulation sind ebenfalls typisch für alle bisher untersuchten Deponiesickerwässer.

4.4 Entwicklung des Durchlässigkeitsverhaltens und der Porenvolumina

Durchlässigkeitsverhalten

Die Entwicklung des Durchlässigkeitsverhaltens der einzelnen Säulen wurde bei den durchsichtigen Säulen visuell (Bewuchs, Wasseraufstau), durch die Beobachtung des Wassereinstaues in den Piezometern und die Bestimmung des Porenvolumens verfolgt.

Die Säulen 3, 6 und 8, die mit dem schwächer belasteten Sickerwasser beschickt wurden, zeigten während der gesamten Betriebsdauer dieser Versuchsserie keine signifikante Verringerung der Durchlässigkeit. In keiner der Säulen war ein Wassereinstau festzustellen.

Ein Wassereinstau trat nur bei einigen der mit stärker belastetem Wasser beschickten Säulen auf. Bereits 10 Monate nach Versuchsbeginn konnte bei der Säule 12 gelegentlich ein Wassereinstau oberhalb der Trennlage beobachtet werden, der 12 Monate nach Versuchsbeginn ständig auftrat. Die Säulen 2, 5 und 10 mußten nach ca. 390 bis 430 Tagen Versuchsdauer vorzeitig außer Betrieb genommen werden, da die Durchlässigkeit soweit verringert war, daß kein Sickerwasser mehr aufgegeben werden konnte. Die Durchlässigkeitsverringerungen zeichneten sich durch einen zunehmenden Einstau innerhalb der Säulen ab. Die Säule 2 war mit einem Mischkies der Körnung 1-32 mm gefüllt, die Säule 10 mit einem Feinkies der Körnung 2-4 mm, und bei der Säule 5 lag eine nichtmineralische Trennlage über einem Grobkies der Körnung 16-32 mm.

Um sicherzustellen, daß der Wassereinstau nicht auf eine Verfestigung des Kompostes zurückzuführen war, wurde bei den Säulen 2, 5 und 12 die Kompostschicht nach ca. 410 Tagen entfernt, bei der Säule 10 ca. 1 Woche vor Versuchsende nach etwa 455 Tagen.

In allen Säulen, aus denen vor dem Ende der Versuche der Kompost ausgebaut worden war, hatten sich größere lokale Verfestigungen im Kompost gebildet. Lediglich bei der Säule 12 war die Durchlässigkeit nach dem Entfernen des Kompostes, d.h. der Abfluß des aufgebrachten Sickerwassers ohne gravierenden Einstau, wieder gegeben. In den anderen Säulen war die obere Kiesschicht bzw. die Trennlage weitgehend undurchlässig geworden. Unmittelbar nach der Entfernung des Kompostes war bei stärkerer Sickerwasserzugabe ein Einstau festzustellen, und nach 1-2 Wochen mußten die Säulen dann völlig außer Betrieb genommen werden. Der Verlust der Durchlässigkeit konnte damit auf die Verstopfung der Entwässerungsmaterialien zurückgeführt werden.

In den übrigen Säulen war während der Versuchsdauer zwar festzustellen, daß sich ein größteils intensiver Belag auf den Dränmaterialien gebildet hatte und die Porenräume lokal stark verringert schienen, ein Wasseraufstau war jedoch nicht zu beobachten. Bis auf die Säule 11 handelte es sich bei den bis zum Versuchsende durchlässigen, jedoch stärker belasteten Säulen ausschließlich um Varianten, die mit groben Dränmaterialien der Körnungen 8-16 bzw. 16-32 mm gefüllt waren und keine Trennlage zwischen Kies und Abfall hatten.

Bestimmung des Porenvolumens

Das entwässerbare Porenvolumen wurde durch einen schonenden Einstau der Säulen und anschließende Entwässerung und Wägung der innerhalb eines festgelegten Meßbereiches freigewordenen Wassermenge bestimmt.

In Bild 10.1 ist die zeitliche Veränderung des Porenanteils der Kompostschicht dargestellt. Der Verringerung des Porenvolumens in der

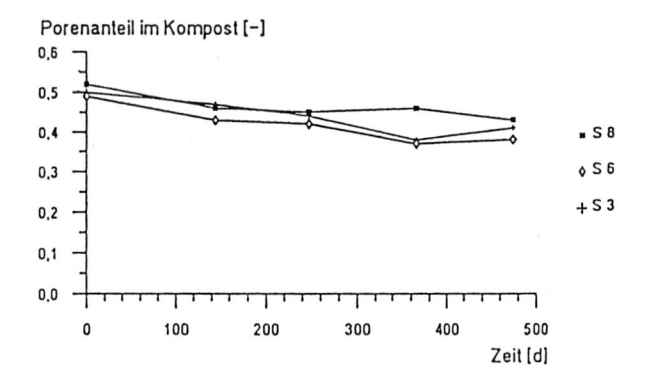

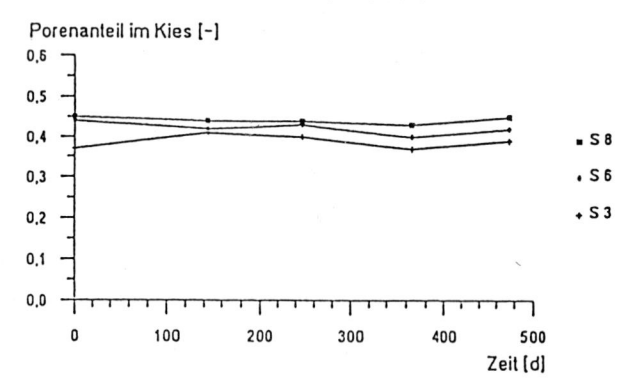

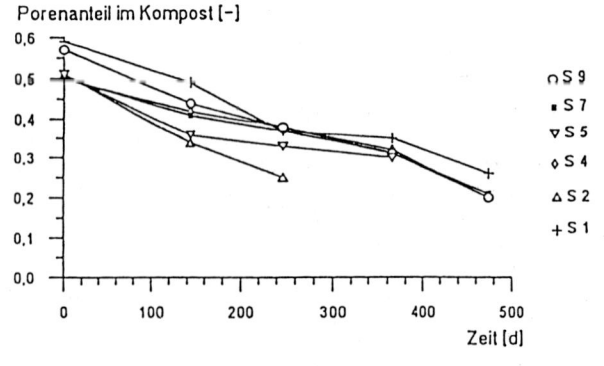

Teil 1 : Entwicklung der Porenanteile im Kompost

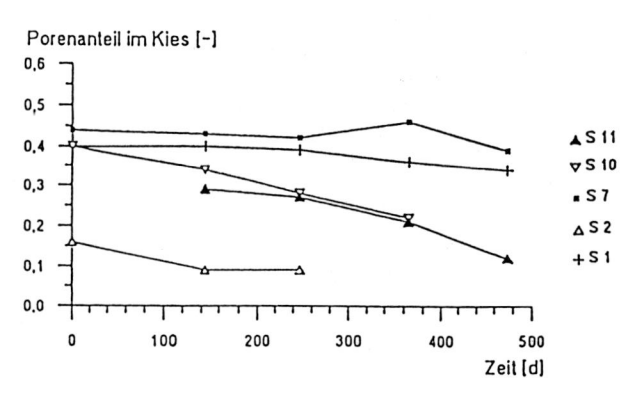

Teil 2 : Entwicklung der Porenanteile im Kies

Bild 10: Entwicklung der Porenanteile in den Versuchssäulen

Kompostschicht der schwachbelasteten Säulen war deutlich geringer als bei den mit stärker belastetem Sickerwasser beschickten Säulen. Dies deckt sich mit den Ergebnissen der Sickerwasseranalysen und der Gasmessungen, die zeigten, daß die Umsetzungs- und Ausfällungsprozesse in den stärker belasteten Säulen ungleich intensiver waren. In der Folge wurde in den schwachbelasteten Säulen weniger Inkrustationsmaterial abgelagert.

Der ähnliche Verlauf der Linien der Porenanteile im Kompost der hochbelasteten Säulen erklärt die starke Übereinstimmung in den Ablaufqualitäten der verschiedenen Säulen. Trotz unterschiedlicher Entwässerungsmaterialien und damit unterschiedlich großer spezifischer Oberflächen im Bereich der Dränschicht waren die Umsetzungsprozesse etwa gleich stark. Als Ursache hierfür kann infolge der starken, aber ähnlichen Verringerung der Porenanteile im Kompost angenommen werden, daß der Hauptteil der Umsetzungsprozesse und damit der Ablagerungsbildung im Bereich der Kompostschicht ablief.

Der Verlauf der Porenanteile im Kies (Bild 10.2) spiegelt die gleichen Unterschiede im Ausmaß der Ablagerungsbildung wider wie der Verlauf der Porenanteile im Kompost. Während bei den schwach belasteten Säulen praktisch keine Verringerung der Porenvolumina festzustellen war, zeigten einige der hochbelasteten Säulen einen deutlichen Rückgang des Porenanteils im Dränmaterial.

Bei den mit grobem Dränmaterial gefüllten Säulen nahm der Porenanteil zwischen 5 und 10 % ab, die mit dem etwas feineren Kies 8-16 mm gefüllten Säulen zeigen bei einem geringeren Anfangsporenanteil auch eine etwas größere Verringerung des Porenvolumens. Gravierend ist jedoch der Unterschied zwischen den mit grobem und den mit feinem Material gefüllten Säulen. Die erfaßbare Verringerung betrug bei den Säulen 10 und 11 ca. 20 % und lag damit zwei- bis dreimal höher als bei den Säulen mit der Körnung 8-16 mm und viermal höher als bei der Säule 2 (Körnung 16-32 mm). Die Säule 2 (Körnung 1-31 mm) hatte mit 16 % den geringsten entwässerbaren Anfangsporengehalt (der rechnerische Porengehalt liegt deutlich höher) und wies nach ca. einem halben Jahr nur noch einen Porenanteil von ca. 10 % auf.

4.5 Beobachtungen beim Ausbau der Säulen

In Tafel 4 sind die Beobachtungen beim Ausbau der Säulen aus der Hauptversuchsserie schematisch zusammengefaßt.

Der Ausbau zeigte, daß in den mit schwachbelasteten Sickerwasser beschickten Säulen der Kompost lokal verfestigt und in weiten Bereichen mit einem feinen, teerartigen schwarzen Material (Inkrustationen) durchsetzt war. Der Kompost der stärker belasteten Säulen unterschied sich von dem der schwachbelasteten Säulen nur in der quantitativen Ausprägung dieser Ausfällungen. Die stärker belasteten Säulen wiesen häufig einen stark verfestigten Bereich mit kegelförmigem Profil auf, der nur schwer lösbar war. Die grobe Kompoststruktur war meist nicht mehr erkennbar, die groben Poren durch das Ausfällungsmaterial ausgefüllt.

Die Dränmaterialien der stärker belasteten Säulen waren in der Regel nur mit der Brechstange auszubauen. Der Porenraum zwischen den Kieskörnern war durch die schwarzen, teerartigen, meist glänzenden Inkrustationen deutlich verringert. Das Dränmaterial der Säule 2 (Kies 1-32 mm) wies in den oberen Bereichen kaum noch Poren auf, ebenso der Feinkies in Säule 10. In den Säulen 4 und 9, gefüllt mit einem Dränkies der Körnung 8-16 mm, zeigte sich zwar, das das Inkrustationsmaterial die Kieskörner stark belegt und teilweise verklebt hatte, die Grobporen waren jedoch noch deutlich erkennbar.

Die in der Säule 5 eingebaute Trennlage konnte nur als ca. 3-4 cm starkes, hartes Paket aus der Säule ausgebaut werden. Es bestand von oben nach unten betrachtet aus verbackenem, verhärtetem Kompost, eingebettet in das feine Inkrustationsmaterial, der eigentlichen Trennlage, die gleichfalls inkrustiert war, und auf der Unterseite anhaftenden Kieskörnern. Die Oberseite der Trennlage glänzte stark und war durch das teerartige Inkrustationsmaterial nahezu versiegelt. Die Unterseite der Trennlage zeigte noch offene Poren. Dieser „Kuchen" reichte über die ganze Fläche der Säule und wies annähernd die gleiche Dicke auf. Der darunter befindliche Kies war völlig lose und nur mit einer dünnen, schwarzen, schleimigen Schicht belegt.

Die gleichen Beobachtungen waren auch bei den anderen Säulen mit einer Trennlage zu machen, wenngleich hier wegen des geringeren Ausmaßes der Umsetzungsprozesse die Ausbildung des „Kuchen" geringer war. Damit kann generell festgestellt werden, daß sich über den Vliesen eine Zone verringerter Durchlässigkeit ausgebildet hat. Die Höhe dieser Zone, der Anteil des abgeschiedenen Inkrustationsmaterials und der Grad der Verhärtung variieren mit den Versuchsbedingungen wie Sickerwasserqualität, Ausmaß der Umsetzungsprozesse und Versuchsdauer.

Während der Kies in den Säulen mit einer Trennlage in der Regel lose und kaum belegt war, war er in den Säulen ohne Trennlage stärker belegt und haftete punktuell zusammen. Die Grobporen waren jedoch nicht zugesetzt und die Wasserdurchlässigkeit weitgehend erhalten. Im Übergangsbereich zwischen Kompost und Grobkies (16-32 mm) beispielsweise bei der Säule 7 hatte sich eine Zone ausgebildet, in sich Kompostmaterial und schwarzes Ausfällungsmaterial zwischen die Kieskörner gesetzt hatte bzw. eingespült wurde. Die Höhe dieser Übergangsschicht betrug jedoch nur ca. 3 cm. Darunter waren trotz der hohen Fließgeschwindigkeiten während der Durchlässigkeitsbestimmungen keine Einspülungen von Feinmaterial zu beobachten.

Tafel 4: Beobachtungen beim Ausbau der Versuchssäulen

Ausbau	Kompost	Übergangsbereich	Trennlage	Kies
Säule 2	partiell verfestigt	obere Kiesschicht sehr hart	—	oben stark verfestigt, ohne Poren, unten loser
Säule 4	partiell verfestigt	obere Kiesschicht sehr hart	—	Kies stark verfestigt, noch porig
Säule 5	verfestigt	„Kuchen" (3 cm), hart	stark verring. Durchlässigkeit	lose, dünn belegt
Säule 6	lose	loser „Kuchen"	wenig verring. Durchlässigkeit	lose, kaum belegt
Säule 7	verfestigt, wenig Poren	Kompost – Kies: Einwaschungen	—	lose, belegt, durchlässig
Säule 8	lose	lose, kaum Feinteile im Kies	—	lose, wenig belegt, „sauber"
Säule 9	partiell verfestigt	obere Kiesschicht sehr hart	—	durchgehend verfestigt, noch durchlässig
Säule 10	verfestigt, wenig Poren	obere Kiesschicht sehr hart	—	durchgehend verfestigt, oben wenig freie Poren
Säule 11	verfestigt	„Kuchen"	stark verring. Durchlässigkeit	verfestigt
Säule 12	partiell verfestigt	„Kuchen"	stark verring. Durchlässigkeit	lose, kaum belegt

Kuchen: durch feines Inkrustationsmaterial mit der Trennlage verbackener Kompost

4.6 Zusammensetzung des Inkrustationsmaterials

In Bild 11 ist die chemische Zusammensetzung einiger ausgewählter Inkrustationsmaterialien aus den Säulenversuchen dargestellt. Neben den aus dem Dränmaterial herrührenden Anteilen von unlöslichem Rückstand besteht das Inkrustationsmaterial sowohl zwischen dem Kies als auch in der Trennlage überwiegend aus organischer Substanz, Carbonat und Calcium. Das Calcium dürfte damit überwiegend als Carbonat festgelegt sein. Allerdings treten auch deutliche Eisen- und Schwefelgehalte auf. Nach dem Aufgeben von Salzsäure auf die frischen Proben war ein Schäumen und die Bildung von Schwefelwasserstoff festzustellen. Dies deutet auf die sulfidische Festlegung insbesondere des Eisens hin. Die Zusammensetzung des in den Säulen gebildeten Inkrustationsmaterials entspricht damit der des Inkrustationsmaterials von Deponien.

Die lichtmikroskopischen- und REM-Untersuchungen der Inkrustationsmaterialien, die die Filterkiese der verschiedenen Versuchssäulen belegten bzw. deren Porenräume mehr oder weniger anfüllten, ergaben eine starke Einheitlichkeit der untersuchten Feinmaterialien in ihrer mikroskopisch erfaßbaren Struktur. Diese Struktur ist dieselbe, die auch an den Feinmaterialien der Deponie-Inkrustationen aus Dränrohr und Entwässerungsschicht zu erkennen war. Das Bild 12 mit REM-Aufnahmen von inkrustiertem Dränmaterial aus Säule 10 verdeutlicht, daß

– das Inkrustationsmaterial die Porenräume des 2-4 mm-Filterkieses stark verringert bis komplett verfüllt hatte (Teil 1)

– das Inkrustationsmaterial aus einem Netzwerk von Bakterienaggregaten mit auf den Bakterien aufgelagerten anorganischen Ausfällungen besteht. (Teil 2). Die anorganischen Ausfällungen wirken auf dem Photo heller als die Bakterien. Die feinfädigen Strukturen sind von kugelförmigen Bakterien ausgeschiedene Schleimfäden, an denen ebenfalls anorganische Ausfällungen abgelagert werden.

Charakteristisch für die in Verbindung mit den REM-Untersuchungen durchgeführten EDX-Analysen von Versuchssäuleninkrustationen ist die EDX-Analyse in Bild 13, die bei 326-facher REM-Vergrößerung

Zusammensetzung der Inkrustationen
Hauptserie der Säulenversuche

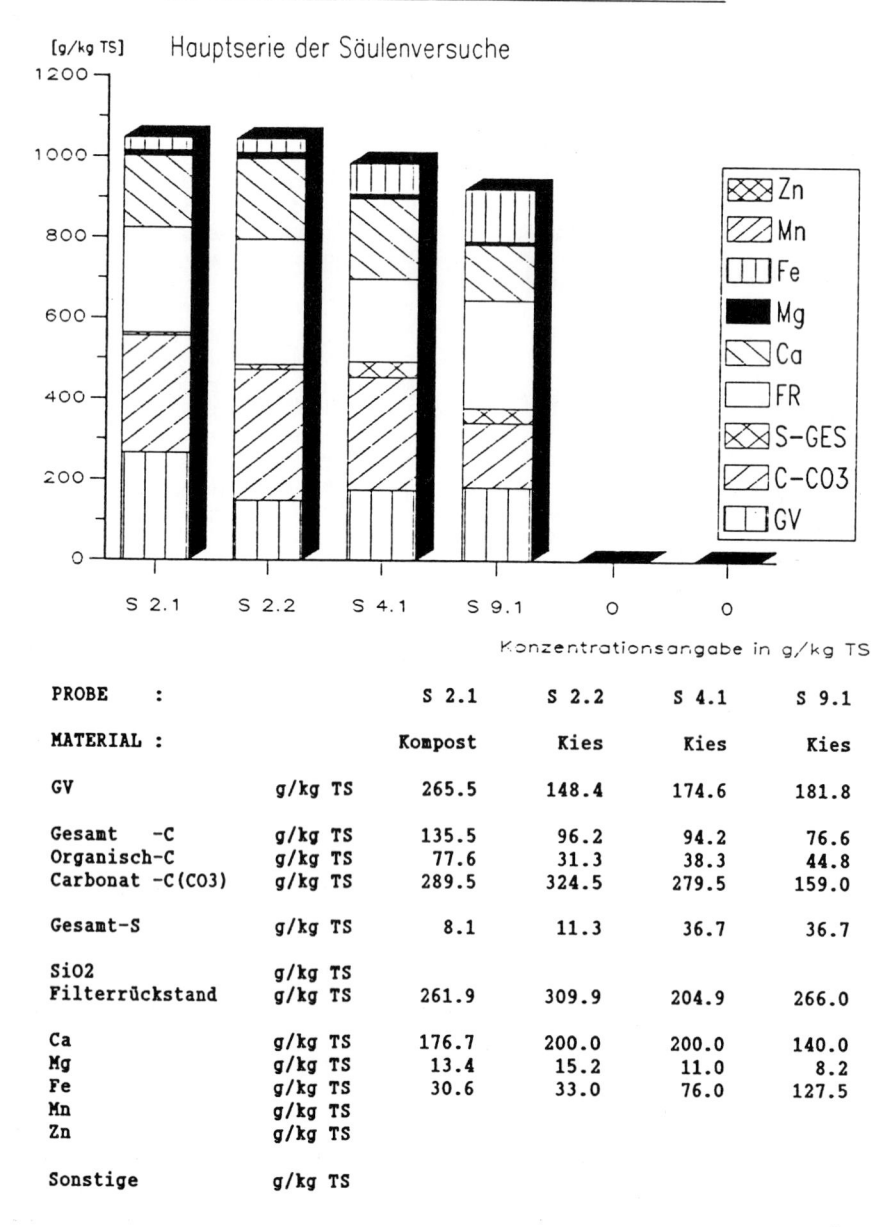

Konzentrationsangabe in g/kg TS

PROBE:		S 2.1	S 2.2	S 4.1	S 9.1
MATERIAL:		Kompost	Kies	Kies	Kies
GV	g/kg TS	265.5	148.4	174.6	181.8
Gesamt -C	g/kg TS	135.5	96.2	94.2	76.6
Organisch-C	g/kg TS	77.6	31.3	38.3	44.8
Carbonat -C(CO3)	g/kg TS	289.5	324.5	279.5	159.0
Gesamt-S	g/kg TS	8.1	11.3	36.7	36.7
SiO2	g/kg TS				
Filterrückstand	g/kg TS	261.9	309.9	204.9	266.0
Ca	g/kg TS	176.7	200.0	200.0	140.0
Mg	g/kg TS	13.4	15.2	11.0	8.2
Fe	g/kg TS	30.6	33.0	76.0	127.5
Mn	g/kg TS				
Zn	g/kg TS				
Sonstige	g/kg TS				

Bild 11: Hauptserie der Laborversuche zur Simulation der Inkrustationsvorgänge – Chemische Zusammensetzung des Inkrustationsmaterials

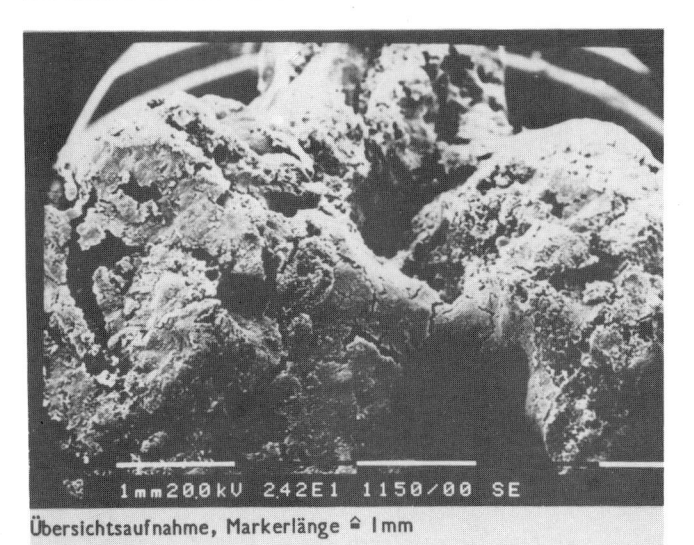

Übersichtsaufnahme, Markerlänge ≙ 1 mm

Detailaufnahme, Markerlänge ≙ 0,1 µm

Bild 12: REM-Aufnahmen von inkrustiertem Dränmaterial (Hauptserie, Säule 10)

mit inkrustiertem Grobsand aus Säule 1 der Vorversuchsserie (nach dem Säulenausbau) vorgenommen wurde: Demzufolge sind – wie auch bei den untersuchten Deponie-Inkrustations-Materialien – Schwefel, Calcium und Eisen die maßgeblichen Elemente in dem Feinmaterial. Der ausgeprägte Siliziumpeak rührt von den Feinkieskörnern her, die mit dem Feinmaterial zusammenhängend präpariert wurden. Die Hauptelemente der organischen Substanz (Wasserstoff, Sauerstoff, Kohlenstoff) lassen sich mit dieser Analytik nicht erfassen.

4.7 Ergebnisse und Schlußfolgerungen

Die Simulation der an der Basis von Hausmülldeponien stattfindenden Inkrustationsprozesse im Labor führte zu den folgenden Ergebnissen:

– Inkrustationserscheinungen konnten bei der Verwendung von schwachbelastetem Sickerwasser, das der stabilen Methanphase zugeordnet werden kann, nicht mehr in nennenswertem Umfang festgestellt werden.

– Bei der Verwendung von hochbelastetem Sickerwasser konnten starke Inkrustationserscheinungen festgestellt werden, die den auf Hausmülldeponien beobachteten Inkrustationen entsprechen.

– Die untersuchten Inkrustationsmaterialien entsprechen nicht nur in ihrer chemischen Zusammensetzung, sondern auch hinsichtlich ihrer mikroskopischen Struktur den Ablagerungen, die auf Deponien festgestellt wurden.

– Unabhängig von der Stärke der Inkrustationen zeigten die untersuchten Ablagerungen einen einheitlichen Aufbau

– Grobe Dränmaterialien, wie z. B. Kies der Körnung 16-32 mm, waren am Ende der Versuche kaum in ihrer Durchlässigkeit beeinträchtigt, während bei geringfügig feineren Materialien wie beispielsweise einem Kies der Körnung 8-16 mm bereits eine Verringerung des Porenraumes deutlich wurde.

– Feine und weitgestufte Dränmaterialien (Kies 2-4 und 1-32 mm) hatten ihre Wasserdurchlässigkeit nahezu völlig eingebüßt.

– Die zwischen der Entwässerungsschicht und dem Kompost eingebrachten Trennlagen hatten bei der Verwendung von stark belastetem Sickerwasser ihre Durchlässigkeit gleichfalls weitgehend verloren.

Damit können die folgenden Schlußfolgerungen gezogen werden:

– Hochbelastetes Sickerwasser ist hinsichtlich der Bildung von Inkrustationen sehr viel problematischer als schwach belastetes Sickerwasser.

– Unter gleichen Bedingungen bleibt die Durchlässigkeit grober Dränmaterialien sehr viel länger erhalten als die feiner Dränmaterialien oder der untersuchten Trennlagen.

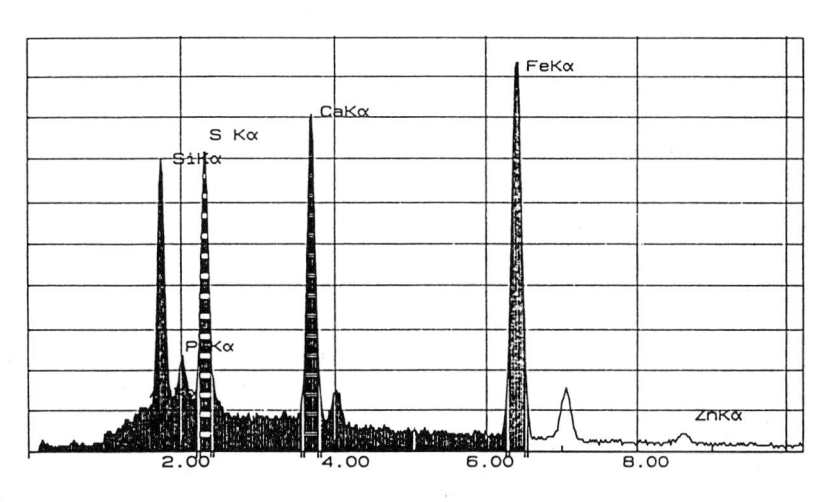

Bild 13: EDX-Analyse von Inkrustationsmaterial (inkrustiertes Dränmaterial, Vorserie, Säule 1)

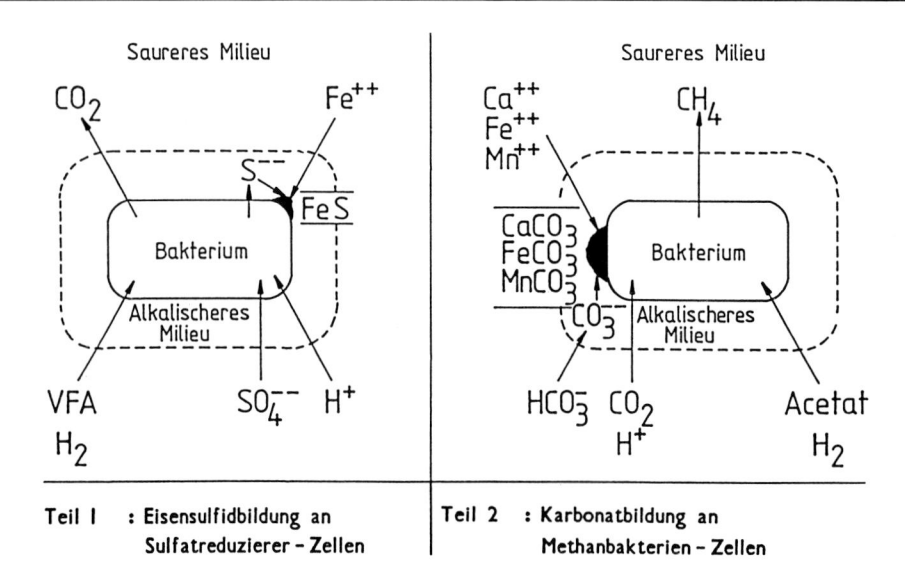

```
         Saureres Milieu                    Saureres Milieu
    CO₂              Fe⁺⁺         Ca⁺⁺             CH₄
                                  Fe⁺⁺
                  S⁻⁻             Mn⁺⁺
                      FeS
                               CaCO₃
         Bakterium             FeCO₃   Bakterium
                               MnCO₃
      Alkalischeres                  CO₃⁻  Alkalischeres
         Milieu                              Milieu

    VFA      SO₄⁻⁻  H⁺         HCO₃⁻  CO₂           Acetat
    H₂                                 H⁺            H₂

   Teil 1 : Eisensulfidbildung an      Teil 2 : Karbonatbildung an
            Sulfatreduzierer - Zellen           Methanbakterien - Zellen
```

Bild 14: Schematische Darstellung der Reaktionspartner in der Umgebung einer Bakterienzelle bei der Inkrustationsbildung

– Da auf Hausmülldeponien zumindest in der Anfangsphase immer hochbelastetes Sickerwasser anfällt, sind Materialien, deren Durchlässigkeit durch Inkrustationsprozesse stark beeinträchtigt werden kann, für die Verwendung in der Entwässerungsschicht einer Hausmülldeponie nicht geeignet.

5. Ursachen der Inkrustationsprozesse

Die Ergebnisse der mikrobiologischen Untersuchungen können in folgender Aussage zusammengefaßt werden (siehe **Ramke/Brune, 1990**):

Anaerobe Bakterien verursachen die Bildung von Inkrustationen in Dränrohr und Filterkies.

Dieser Aussage liegen die folgenden Beobachtungen zugrunde:

– Anaerobe Mikroorganismen sind in hoher Dichte in Sickerwasser vorhanden und besiedeln mit hoher Bereitschaft die Oberflächen des Entwässerungssystems.

– Die Analyse der Feinstruktur des Inkrustationsmaterials zeigte, daß es sich um ein Netzwerk von Bakterienansammlungen mit angelagertem anorganischem Ausfällungsmaterial handelte.

– Aufwuchsexperimente, bei denen Glasflächen und Kies in Dränrohren zweier Deponien exponiert und anschließend analysiert wurden, zeigten, daß der Inkrustationsprozeß nur an den Bakterienzellen und den von Ihnen abgeschiedenen Schleimfäden beginnt. Die weiteren Ausfällungen gehen von diesen Inkrustationskeimen aus, bis der Biofilm raumfüllend mit anorganischem Material inkrustiert ist. Die Bakterienaggregate und das abgeschiedene anorganische Material können bis zu den dargestellten Ausmaßen heranwachsen.

– Die Feststoffanalysen zeigten, daß das anorganische Material in den Inkrustationen aus Calcium, Eisen, Magnesium und Mangan besteht, die als Karbonate und in Schwefelverbindungen festgelegt wurden.

Die Bildung der Inkrustationen durch die Bakterien kann auf zwei wesentliche Prozesse zurückgeführt werden (siehe Bild 14):

– Bakterogenese der sulfidischen Ablagerungen

   Eisenreduzierende Organismen bringen dreiwertiges Eisen zweiwertig in Lösung. Sulfatreduzierer reduzieren beispielsweise Sulfat aus Gips zu Sulfid. Infolge der Desulfurikation ist das Milieu in der Umgebung eines Sulfatreduzierers alkalischer als in den übrigen Bereichen, das Sulfid fällt in diesem Milieu als unlösliches Metallsulfid aus.

– Bakterogenese des Carbonats

   Die Voraussetzung der Bildung des Calciumcarbonats ist die Lösung des Calcium aus dem Abfall. Dies geschieht durch die Organismen der Phase der sauren Gärung, die den pH-Wert des Sickerwassers verringern und damit u. a. Calcium freisetzen. Bei der Abscheidung des Calciumcarbonats auf der Oberfläche der Bakterien ist davon auszugehen, daß die Stoffwechselaktivitäten von Methanbakterien und Sulfatreduzierern, bei denen Wasserstoffionen verbraucht werden, zu lokalen Störungen des Gleichgewichtes im Bereich der Bakterienzellen führen, wodurch das gelöste Hydrogencarbonat/Carbonat als Calciumcarbonat ausfällt.

Die Entstehung von Ausfällungen im Entwässerungssystem von Siedlungsanfalldeponien geschieht demnach in zwei Stufen:

– Gärende Bakterien sowie Eisen- und Manganreduzierer bewirken im Müll zunächst den Mobilisierungsprozeß, d. h. organische Inhaltsstoffe des Mülls gehen in Form von niederen Fettsäuren (VFA) im Sickerwasser in Lösung; anorganische Inhaltsstoffe des Mülls werden als Ionen in das Sickerwasser freigesetzt.

– Im zweiten Prozeß, dem Ausfällungsprozeß, verursachen Bakterien, vornehmlich Methanbakterien und Sulfatreduzierer, im Entwässerungssystem durch ihre Stoffwechselaktivitäten die Bildung unlöslicher Sulfide und Karbonate aus Inhaltsstoffen des Sickerwassers. Dies ist der wesentliche Prozeß, der zur Bildung der Inkrustationen führt.

Inkrustationen können demnach nur entstehen, wenn im Müllsickerwasser gleichzeitig gut abbaubare organische Substanz (als Nährstoff für die inkrustationsbildenden Bakterien) und Ionen (Calcium, Eisen, Sulfat, Hydrogenkarbonat u.s.w.) in Lösung sind.

6. Empfehlungen für den Bau und Betrieb von Siedlungsabfalldeponien

Die wesentlichen Folgerungen aus den bisherigen Untersuchungen für den Bau und Betrieb lauten:

1. Inkrustationen in Entwässerungssystemen von Hausmülldeponien lassen sich nicht völlig unterbinden, durch die Betriebsweise der Deponie jedoch stark reduzieren.

2. Das Material der Entwässerungsschicht sollte möglichst grob gewählt werden, um einen ausreichenden Porenanteil und große Porendurchmesser zur Verfügung zu haben (zur Filterstabilität gröberer Materialien als 16-32 mm können allerdings keine Aussagen getroffen werden).

3. Entscheidend für die Lebensdauer des Entwässerungssystems wird es sein, das Ausmaß der Inkrustationen durch abfallwirtschaftliche und betriebliche Maßnahmen zu begrenzen, d. h. den inkrustationsbildenden Bakterien die Lebensbedingungen zu entziehen.

4. Intensität und Dauer der sauren Phase müssen verringert werden. Dies kann entweder erreicht werden durch betriebliche Maßnahmen, die einen aeroben Abbau der organischen Inhaltsstoffe ermöglichen, wie

   – Vorrotte des Abfalls
   – langsamer Aufbau

   oder durch abfallwirtschaftliche Maßnahmen

   – getrennte Sammlung des organischen Materials und anschließende Kompostierung

5. Das Dargebot an anorganischen, inkrustationsbildenden Stoffen wie Eisen und Calcium muß verringert werden. Vermutlich ist die getrennte Ablagerung von Bauschutt sinnvoll.

6. Besonders kritisch ist es nach den bisherigen Erkenntnissen, wenn ein hochinkrustives Sickerwasser (viele leicht abbaubare Stoffe, hohe Calcium- und Eisengehalte) auf eine Mikroflora in der stabilen Methanphase trifft. Die unteren Schichten einer Abfalldeponie in die stabile Methanphase zu führen und dann durch schnellen Aufbau des Abfalls eine intensive saure Garung einzuleiten, muß somit vermieden werden.

7. Zusammenfassung

Die Bildung von verfestigten, schwer lösbaren Ablagerungen in den Entwässerungsrohren und der flächigen Entwässerungsschicht stellt das größte Problem für die langfristige Funktionsfähigkeit der Basisentwässerungssysteme von Abfalldeponien dar. Eine Umfrage bei Deponiebetreibern ergab, daß diese Inkrustationen auf den meisten Deponien auftreten. Die beobachteten Beeinträchtigungen reichen von einer vorwiegend lokalen Bildung von Ablagerungen bis zu einer nahezu flächigen Verfestigung. Im Rahmen eines UBA/BMFT-Forschungsvorhabens wurden die Inkrustationsprozesse auf Betriebsdeponien und im Labor untersucht. Bei den Ausfällungen handelt es sich um Calcium und Eisen, die carbonatisch bzw. sulfidisch gebunden werden. Es zeigte sich, daß Stoffwechselprozesse anaerober Mikroorganismen die unmittelbare Ursache der Inkrustationen sind. Die Inkrustationsvorgänge lassen sich zwar nicht völlig unterbinden, durch die Wahl grober Dränmaterialien und eine auf eine geringe Sickerwasserbelastung zielende Betriebsweise lassen sich die negativen Auswirkungen aber begrenzen.

Schrifttum

Collins, H.-J.; Ramke, H.-G., 1986: Ermittlung geeigneter Filtermaterialien für die Entwässerungssysteme von Abfalldeponien, Zwischenbericht. Niedersächsischer Minister für Wissenschaft und Kunst, Aktenzeichen 2091-B V 4 e 33/85

Düllmann, H.; Eisele; B., 1989: Schadensanalyse von Deponiebasisabdichtungssystemen aus Kunststoffdichtungsbahnen, Abschlußbericht. Umweltforschungsplan des Bundesministers für Umwelt, Naturschutz und Reaktorsicherheit, FE-Vorhaben 103 02 225

Ramke, H.-G., 1986: Überlegungen zur Gestaltung und Unterhaltung von Entwässerungssystemen bei Hausmülldeponien. Fortschritte der Deponietechnik '86, Fachtagung HdT, Essen. Abfallwirtschaft in Forschung und Praxis, Band 16. Erich Schmidt Verlag, Berlin

Ramke, H.-G.; Brune, M., 1990: Untersuchungen zur Funktionsfähigkeit von Entwässerungssystemen in Deponiebasisabdichtungssystemen, Abschlußbericht. Bundesminister für Forschung und Technologie, FKZ BMFT 145 0457 3

Steinkamp, S., 1987: Untersuchungsergebnisse des Entwässerungssystems der Zentraldeponie Hannover. Möglichkeiten der Überwachung und Kontrolle von Deponien und Altablagerungen, Fachseminar. Veröffentlichungen des Zentrums für Abfallforschung der Technischen Universität Braunschweig, Heft 2

7 Aspekte der Abfallwirtschaft in Ostdeutschland

Bilanz der Abfallwirtschaft in der DDR am Beispiel einer Region[2])

Von H.-H. Seyfarth[1])

Eine Bilanz der Abfallwirtschaft der DDR und die Ableitung von Handlungsstrategien zu ihrer Sanierung ist grundsätzlich auf zwei Betrachtungsebenen möglich: auf der zentralen Ebene des verantwortlichen Ministeriums und auf der unteren Ebene der konkreten Wirtschaftsprozesse in einer Region.

Auf der ministeriellen Analysenebene ergeben sich landesweite Mittelwerte durch Datenaggregierung in der vielstufigen Diensthierarchie, die sich zu einem synthetischen Gesamtbild zusammenfügen. Die „exakten" Zahlenangaben dürfen aber nicht über die Unsicherheiten ihres Ursprungs hinwegtäuschen. Ungenaue, geschönte, gezielt einseitig erfaßte oder einfach schlampig recherchierte Urdaten, vielfältige statistische Kniffe mit eindeutiger politischer Zielrichtung bei der Weiterverarbeitung der Daten, Informationsverluste bei der Weitergabe zur nächsten Hierarchiestufe und schlichte Unterschlagung unangenehmer Teilmengen von Daten oder ihre Fälschung aus politischen Motiven sind dem DDR-Insider leider nur zu vertraut; regierungsamtliche Angaben ohne sorgfältiges eigenes Quellenstudium sind deshalb für wissenschaftliche Zwecke kaum verwendbar.

Damit wird die zweite, untere Analysenebene der konkreten Wirtschaftsprozesse in den Territorien das eigentliche Feld, dessen Untersuchung Aufschluß über die tatsächliche Situation vor Ort gibt, auch wenn ein erheblicher methodischer Aufwand nötig ist, um das Wesentliche im Einzelnen aufzuspüren und repräsentative Gesamtaussagen zu gewinnen.

Fallstudien der konkreten Stoffströme in Betrieben und Territorien spiegeln die reale Situation direkt wider; die Analyse ihrer Invarianten ist ein mühevoller, aber sicherer Weg, das Gesamtsystem zu erkennen.

Im folgenden werden einige Ergebnisse von Fallstudien vorgestellt und diskutiert, die seit 1986 von einer multidisziplinären Arbeitsgruppe der Kammer der Technik unter meiner Leitung erarbeitet wurden. Ich bedanke mich bei den vielen Kollegen, die an diesem Projekt mitgearbeitet haben.

Untersuchungsfeld war der Kreis Eisenach, der in wichtigen Parametern etwa dem DDR-Durchschnitt eines Industrie-Agrar-Kreises entspricht. Die Untersuchungsergebnisse wurden mit Resultaten aus anderen Kreisen des Bezirkes Erfurt bzw. mit Ergebnissen anderer Kollegen verglichen. (Ich danke an dieser Stelle herzlich Herrn Dr. Lausch/Institut für Geoökologie der AdW und Herrn Buttgereit, Rat des Bezirkes Magdeburg.)

Der Untersuchungsansatz wurde bewußt weiter gefaßt, als es dem heutigen administrativen Verständnis einer Abfallwirtschaft entspricht. Gerade in der DDR wurden bisher alle wesentlichen Teilaspekte des Gesamtproblems (Anfall, Wirkungen, Verwertung, Transport, Deponie, Analytik, rechtliche Aspekte u. a.) ressort-gebunden von jeweils unterschiedlichen Fachorganen und Entscheidungsträgern „bearbeitet", so daß eine ganzheitliche Sicht schon aus diesen strukturellen Gründen erfolgreich verhindert wurde.

1. Zur Bilanz der gegenwärtig anthropogenen Stoffabgabe an die Umwelt

Als Beispiel für ein typisches Kreisgebiet gibt Bild 1 eine Übersicht über die Größenordnung des Stoff-Flusses aus menschlicher Tätigkeit in die Umwelt des Kreises Eisenach.

Nach den überschlägigen Berechnungen beträgt der Gesamtumfang hier ca. 1 Mio. t/a.

Die „eigentlichen" industriellen Abfälle des Kreises Eisenach umfassen ca. 150 verschiedene Stoffe. Mengenmäßig dominieren – entsprechend dem industriellen Profil des Kreises – Galvanikschlämme, Carbidschlamm, Altemulsionen, Lösungsmittelabfälle, Altsäuren,

---

[1]) Prof. Dr. H.-H. Seyfarth, Erfurt
[2]) Vortrag auf dem „Deutsch-Deutschem Abfallforum", Kassel

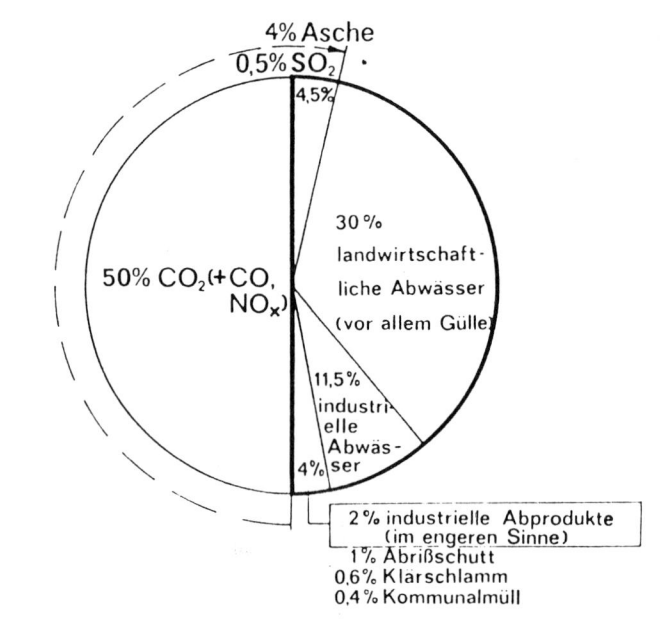

Bild 1: Übersicht über die Größenordnung des anthropogenen Stoff-Flusses in die Umwelt im Kreis Eisenach

- 4% Asche
- 0,5% SO_2
- 4,5%
- 50% CO_2 (+CO, NO_x)
- 30% landwirtschaftliche Abwässer (vor allem Gülle)
- 11,5% industrielle Abwässer
- 4%
- 2% industrielle Abprodukte (im engeren Sinne)
- 1% Abrißschutt
- 0,6% Klarschlamm
- 0,4% Kommunalmüll

Farbschlämme, Tabakstaub, Härtereialtsalze, Thermo- und Duroplastabfälle, Lackrückstände, Textilabfälle, Verbundwerkstoff-Reste u. a..

Diese wenigen Angaben aus unserem Modellkreis illustrieren bereits einige generelle Aussagen, die auch für viele andere Regionen der DDR gelten:

– Die gasförmigen Prozeßprodukte der Energieerzeugung durch Braunkohleverbrennung (einschließlich der gewerblichen und privaten Kleinfeuerstellen) stellen in der Regel den Hauptanteil der Stoffmenge, die wir an die Umwelt abgeben.

Nur im direkten Standortbereich der Großbetriebe des Bergbaus und der Stoffwirtschaft dominieren andere Abfallarten.

– Die flüssigen Abfälle der industriemäßigen Landwirtschaftsbetriebe – vor allem Gülle, Harn/Kot und Silosickersaft – stehen an zweiter Stelle der Gesamtmengen-Bilanz.

– Erst an dritter Stelle folgen die eigentlichen industriellen Abfälle. Sie bestehen zum überwiegenden Teil aus Prozeßabwässern sehr unterschiedlicher Zusammensetzung und Toxizität.

– Die festen und schlammartigen Industrieabfälle sowie Klärschlamm, Kommunalmüll und Abrißschutt nehmen – gemessen an den bereits genannten Stoffgruppen – einen relativ geringen Anteil an der Gesamtbilanz ein. Ihre Problematik liegt in ihrer stofflichen Vielfalt. Viele Inhaltsstoffe sind hoch toxisch.

Diese Stoffgruppe steht aber vor allem deshalb im Mittelpunkt der Aufmerksamkeit der Betriebe und Behörden, weil sie sich als einzige nicht von selbst in der Umwelt verteilt, sondern in jedem Fall einen Minimalaufwand von Transport-, Umschlag- und Lagerprozessen erfordert.

– Die gasförmigen Emissionen des Verkehrs, die in einer Gesamtmengenbilanz nicht so stark ins Gewicht fallen, zeichnen sich jedoch durch zwei unangenehme Besonderheiten aus: ihre Konzentration auf die unmittelbare Umgebung stark belasteter Streckenabschnitte und der toxische Charakter der freigesetzten Bleiverbindungen, Stickoxide und aromatischen Kohlenwasserstoffe.

Eine Gesamtübersicht über wichtige Stoffgruppen der Abfall-Bilanz der DDR gibt Tafel 1.

Tafel 1: Übersicht der wichtigsten Abfallarten der DDR.

Industriezweig	Gase	Flüssigkeiten	Feststoffe
Bergbau	HCl	$MgCl_2$-, NaCl-Ablaugen, Aufbereitungslösungen Uranbergbau, Grubenwässer	Braunkohle-Abraum, Begleitgesteine
Energieerzeugung	CO_2, CO, SO_2, NO_x		Aschen, Stäube, Rußflocken
Metallurgie, Metallindustrie, Halbleiterindustrie	SO_2, NO_x, CO, F-Verbindungen	NO_2-haltige und schwermetallhaltige Lösungen, Ätzlösungen, Altöle, org. Lösungsmittel	Stäube und Schlämme Härtereialtsalze
Zementindustrie			Kalk-, Klinkerstäube
Zellstoff-, Papier-, Nahrungsgüterindustrie		hochbelastete organische Abwässer und Schlämme	
Textil- und Lederindustrie		Farbabwässer, Laugen, Chemikalienreste	Schlämme
Leichtind.		org. Lösungsmittel, metallhaltige Abwässer	Plaste-, Metall-, Holz-, Papierabfälle
Chem. Ind.	je nach Produktionsprofil örtlich begrenzter Anfall vielfältiger Abfallprodukte		
Landwirtschaft	NH_3, CO_2, CH_4	Gülle, Silosickersaft, Dünger- u. PSM-Reste	
Verkehr	CO, NO_x, Kohlenwasserstoff		Ruß, Pb-Verbindungen
Haushalte	SO_2, CO_2, CO, Ruß	Tenside, phosphathaltige org. Abwässer	Hausmüll

Die offiziell freigegebenen Mengenangaben weisen einige Besonderheiten auf. Je nach Quelle schwanken die Jahresangaben des Gesamtanfalls zwischen 70 und 250 Mio. t/a, bei 450 (vor einigen Jahren noch 350) Abfallarten. Nur wenige seriöse Autoren verweisen gleichzeitig darauf, daß alle Abgase, Abwässer, Gülle und Bergbauabfälle bei dieser Angabe des „Gesamtanfalls" nicht berücksichtigt wurden.

Die tatsächliche Abfall-Gesamtmenge der DDR wurde offiziell bis heute noch nicht veröffentlicht. Man kann sie jedoch aus zugänglichen Hilfsangaben als Größenordnung leicht ausrechnen; die folgenden Zahlen wären also zu der offiziellen „Gesamtmenge" zu addieren.

Abfälle des Braunkohlebergbaus	ca. 1800 Mio. t/a
Abgase der Kohleverbrennung	ca. 300 Mio. t/a
Abfälle des Kali-, Steinsalz-, Uran-, Kupfer- und Zinn-Bergbaus	ca. 100 Mio. t/a
Abfälle der industriemäßigen Landwirtschaft (Gülle, Kot/Harn, Silosickersaft, PSM-Abfallbrühen)	70 Mio. t/a

Daraus ergibt sich eine tatsächliche Gesamtabfallmenge in der DDR von ca. 2,5 Mrd. t/a (1989) und damit sicherlich ein internationaler „Spitzenplatz".

Das Problem der unsicheren Datenlage geht aber weit über dieses Beispiel hinaus. Die Erfassung jeglicher statistischer Daten war in der DDR immer einer der streng gehüteten und reglementierten Monopolbereiche der Parteiführung. Erfassungen außerhalb dieses Monopols durfte es eigentlich nicht geben, – sie wären sofort als Spionage eingestuft worden. Auch der Hinweis auf wissenschaftliche Interessen hätte hier nicht weitergeholfen, – was wissenschaftlich interessant war, bestimmte nicht ein einzelner Wissenschaftler, sondern die Zentrale.

Da es aber bis heute keine offizielle Verbindlichkeit gibt, **alle** anfallenden Abfälle zu erfassen (sondern nur jene, in einer jeweils aktualisierten Nomenklatur vorgegebenen), gibt es strenggenommen bis jetzt auch keine vollständige Übersicht **aller** industriellen Abfälle der DDR!

Daß wir unter solchen Bedingungen überhaupt regional eigene Datenerhebungen durchführen konnten, lag an der Grauzone, in der sich eine KDT-Arbeitsgruppe bewegen konnte, deren Arbeitsergebnisse zufällig im Interessenbereich eines lokalen Wirtschaftssekretärs lagen.

Bei unseren Arbeiten stellten wir fest, daß es offenbar aus diesen Gründen bis heute kaum einen Betrieb gibt, der seine stoffliche Gesamtbilanz kennt. Vor allem in Klein- und Mittelbetrieben bzw. bezirksgeleiteten Kombinaten fehlen in den meisten Fällen vollständige technologische Unterlagen; praktisch unbeachtet sind alle Hilfsprozesse.

Daraus folgt ein anderes Problem: die nirgends erfaßten Abfälle (vor allem der vielen verstreuten Kleinanfallstellen) werden auch in der Regel illegal beseitigt. Wir schätzen die Dunkelziffer nach unseren Erfahrungen auf 50 % der offiziell ausgewiesenen Industrieabfälle. In den meisten Fällen werden sie falsch deklariert und auf Kommunalmüll-Deponien untergemischt, wenn sie nicht gleich illegal irgendwo in der Betriebsumgebung verkippt werden. Bei dem stiefmütterlich behandelten, materiell und personell völlig unterversorgten Deponie- und Überwachungswesen ist das kein Problem. Andererseits gibt es in der Tat kaum eine Analysen-Möglichkeit für den Betrieb, sich bei zumutbaren Konditionen eine Übersicht über den Stoffinhalt seiner Abfälle zu verschaffen.

2. Bemerkungen zur Wirtschaftspolitik

Die genannten Probleme bei der Ermittlung der exakten Daten zur Abfallsituation sind Ausdruck der Tatsache, daß die Abfallwirtschaft dem Wirkungsbereich der Wirtschaftspolitik eines Landes unterliegt und natürlich von ihr ganz entscheidend geprägt wird.

Es ist deshalb notwendig, die Wirtschaftspolitik der DDR kurz zu charakterisieren, da hier der Schlüssel zum Verständnis unserer aktuellen Situation sowohl im Abfall- wie im Umweltbereich liegt. Die Wirtschaftspolitik der SED-Führung war durch eine Reihe von Merkwürdigkeiten geprägt, die wohl kaum auf den ersten Blick dem Außenstehenden verständlich sind.

Das für den nüchternen Naturwissenschaftler und Techniker wohl Bestürzendste war das Unvermögen der politischen Entscheidungsträger aller Ebenen, realistisch, vorurteilsfrei, differenziert, „dialektisch", kurz: selbst zu denken. Die offizielle Denkhaltung war auf isolierte, statische Effekte, auf Schwerpunkte orientiert, – unfähig, über den Tageshorizont hinaus eine zeitliche Dynamik, Folge-, Neben- und Spätwirkungen, gegenseitige Vernetzungen und stochastische Abhängigkeiten ins Kalkül zu ziehen.

Hier liegt wohl auch einer der Gründe für die sonderbare Mischung von Technik-Gläubigkeit und Wissenschafts-Feindlichkeit der politischen Führung.

Die Konzentration des Potentials auf punktuelle „Kampfpositionen" war nie mit der Einsicht gekoppelt, daß damit gleichzeitig die anderen Aufgabenfelder von diesem zusätzlich zusammengezogenen Potential entblößt wurden. Dem Reiz der großen Zahl erlegen, dominierte bei der Zielbestimmung immer das Quantitative, das in Tonnen Meßbare, – Qualitatives wie Kreativität, Ideen, Gerechtigkeit, Geborgenheit, Freiheit, „Nicht-in-Tonnen-Meßbares" also, lag außerhalb des Vorstellungsvermögens der Entscheidungsträger.

Das für den Außenstehenden aber wohl Erstaunlichste war die naive Gläubigkeit, mit der das Palmström-Motto „Was nicht sein kann, auch nicht sein darf" als Staatsdoktrin gehandhabt wurde und damit alle Lebensbereiche – auch die Abfall- und Umweltproblematik – prägte.

Das alles wird nur verständlich, wenn man zum zentralen Punkt dieser Politik vorstößt: dem Dogma von der Unfehlbarkeit der Partei.

Wer sich im ausschließlichen Besitz der Wahrheit wähnt, hat in der Tat keinen Grund, anderslautende Praxiserfahrungen überhaupt zur Kenntnis zu nehmen, es sei denn als Indiz, daß die revolutionäre Umgestaltung eben dieser Praxis im Sinne der unfehlbaren Lehrsätze noch gründlicher zu erfolgen hat.

Es liegt auf der Hand, daß bei einer solchen Rahmenkonstellation auch für die Wirtschaft niemand in der Führung wirklich an neutralen seriösen Praxisuntersuchungen interessiert war, schon gar nicht durch politische Außenseiter wie Hochschulwissenschaftler, und vor allem nicht, wenn dabei eine Belehrung der allwissenden Zentrale herausgekommen wäre (eine zusätzliche Illustration der eigenen Unfehlbarkeit und Weisheit hätte man sicher toleriert).

Tatsächlich haben in den zurückliegenden Jahren in der DDR alle jene Gebiete stagniert, – Psychologie, Soziologie, Rechts- und Wirtschaftswissenschaften, Umweltschutz –, deren Untersuchungsergebnisse zwangsläufig zu einer Kritik am real existierenden Sozialismus führen mußten.

Die allgemeinen Konsequenzen dieser Politik sind heute für jeden unübersehbar.

Auf dem Gebiet der Abfallwirtschaft hat sie zu einer Lage geführt, die durch weitgehenden Verzicht auf eine abproduktarme Prozeßgestaltung bzw. eine weitgehende Vernetzung der Produktionsprozesse und eine umfassende Verarbeitung der anfallenden Abfälle gekennzeichnet ist. Die Folge dieser Nicht-Verminderung und Nicht-Verwertung ist die direkte Weitergabe der Abfälle an die Umwelt mit z.T. katastrophalen Folgeschäden auch für die gesamtwirtschaftlichen Rahmenbedingungen selbst.

3. Abfallvermeidung durch Übergang zu abfallarmen Technologien

Dieser Aspekt einer weitsichtigen, materialsparenden Wirtschaftsweise spielte in der Wirtschaftspropaganda der SED seit langem eine große Rolle. „Abproduktarme Technologien" zählten zu den offiziellen „Schlüsseltechnologien" und genossen theoretisch höchste Priorität. Unsere Untersuchungen belegen aber, daß eine solche Zielstellung praktisch nicht durchsetzbar war, – zu groß wären die Widersprüche zu den bestimmenden Grundsätzen dieser Wirtschaftspolitik dabei geworden. Wer Bedingungen in der Wirtschaft setzt, die Initiativen lähmen und Innovationsfeindlichkeit belohnen, wer die Handlungskompetenz für betriebliche Entscheidungen nicht an Sachkompetenz bindet, der muß sich nicht wundern, daß die Absicht zur Einführung neuer, abfallarmer Technologien von den Praktikern der Betriebe nicht ernstgenommen werden kann. Zu stark ist in jedem Betrieb der Dauerdruck durch kurzsichtige Tagesziele, unproduktiven Verwaltungsaufwand, Konzentration auf favorisierte Schwerpunkt-Produkte, die Vernachlässigung von Neben- und Folgewirkungen, der Verzicht auf wirtschaftlich sinnvolle Verflechtung von Produktionslinien, auch über Kompetenzlinien hinweg, als daß an die Umstellung einer solchen Wirtschaft auf abfallarme Technologien ernsthaft zu denken wäre.

Gänzlich unglaubhaft aber wird diese Zielstellung, wenn der gleiche Staat gleichzeitig die Deponie von Abfällen mit Subventionen erleichtert und betrieblichen Umweltsündern de facto freie Hand gibt. So ist es nicht verwunderlich, wenn trotz solcher propagandistisch gut klingenden Zielformulierungen Jahr für Jahr die Absolutmenge der Industrieabfälle der DDR unvermindert anstieg, die umfangreiche Sammlung internationaler Verfahrensvorschriften für abfallarme Technologien aller Branchen im Ministerium für Umweltschutz – und nicht in den zuständigen Industrieministerien – dokumentiert wurde, ohne daß sich allerdings ein Betrieb um solche internationalen Erfahrungen gerissen hätte.

So paßt es ins Bild, wenn bei Importen neuer Technologien und Anlagen für ein benötigtes „Skandalprodukt" jene Positionen „eingespart" wurden, die der Weiterverarbeitung der Nebenprodukte und dem Umweltschutz dienten. Wenn aber wirklich einmal ein Beispiel für den Übergang zu neuen, abfallarmen Technologien durch die Medien ging, so mußte man bei genauer Analyse immer wieder feststellen, daß hier unter dem Druck handfester Sachzwänge, und nicht in freier Entscheidung für eine weitsichtigere Alternative gehandelt wurde.

So war z.B. die Einführung einer alternativen, abfallarmen Gewinnungstechnologie für Kalisalze (BB, Bergbau durch Bohrung) schon sehr lange in der Diskussion (Bild 2). Der praktische Schritt zur Anlage des Bohrfeldes Bleicherode wurde aber erst dann vollzogen, als der wachsende Widerspruch zwischen staatlicher Plan- und Exportauflage und ständig schlechter werdender Vorratssituation nicht mehr anders lösbar war.

Man muß allerdings auch feststllen, daß nicht wenige Wissenschaftler dieses Landes einen ebenso verzweifelten wie aussichtslosen Kampf führten – und ihre ganze wissenschaftliche Autorität in die Waagschale warfen, um auch bei uns den praktischen Durchbruch zu einer besseren Kopplung industrieller Stoffströme – für abfallarme Technologien – zu erzwingen. Wir können heute besser erkennen, warum diese mühevolle Arbeit erfolglos bleiben mußte.

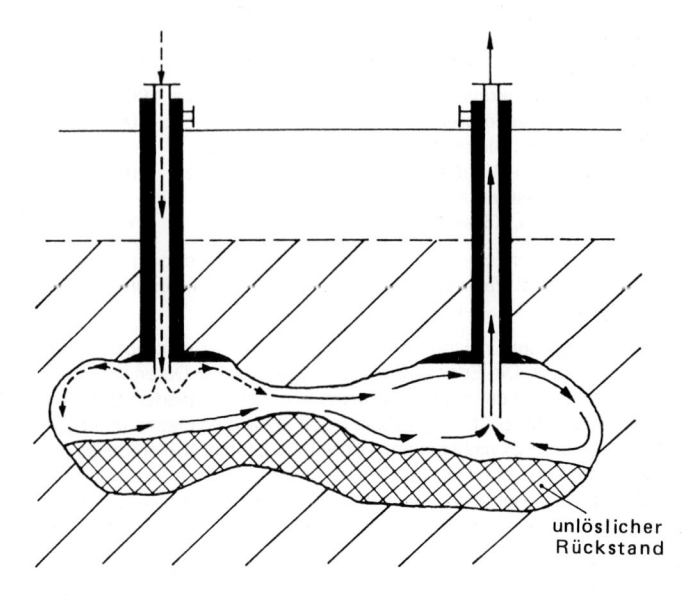

Bild 2: Schema der Aussolung von Salzlagerstätten durch Verwendung von Bohrlöchern von der Erdoberfläche aus

4. Verwertung von Abfällen

Die **klassischen Abfälle** (Schrott, Altpapier, Alttextilien, Altglas, Knochen, Holzreste...), für deren Erfassung und Verwertung bereits früher eine entsprechende Infrastruktur bestand, bilden auch heute noch das Rückgrat unserer Abfallwirtschaft. Das Sortiment wurde um einige Positionen erweitert (z. B. Thermoplastabfälle), andere wurden wiederentdeckt (z. B. Silberrückgewinnung aus Filmen). Aus den früheren Betrieben des Altstoffhandels bzw. der Altstoffverwertung wurden vor einigen Jahren die Kombinate Sero (Sekundärrohstoffverarbeitung) und MAB (Metallaufbereitung).

Ich kann mich hier kurz fassen, – über die Arbeit beider Kombinate liegt genügend Literatur vor, die auch leicht zugänglich ist und im wesentlichen den Realitäten entspricht.

Generell muß man aber feststellen, daß dieser Bereich insgesamt das Produktionsniveau der Abfallwirtschaft vor 1945 nicht halten konnte. Das ist aus der bereits geschilderten Spezifik der DDR-Wirtschaftspolitik leicht erklärbar: die Abfallwirtschaft war nie ein politischer „Schwerpunkt-Bereich", und so erhielt sie folglich nur unterproportionale „Zuführungen von personellen und materiellen Fonds". Mit anderen Worten: vom Lohnniveau seiner Mitarbeiter bis zur kärglichen technischen Ausstattung zählt dieser Bereich (neben der örtlichen Versorgungswirtschaft und den kommunalen Dienstleistungsbereichen) zu den ärmsten dieses armen Landes.

Andererseits – auch das ist hier festzuhalten – hat gerade dieser Bereich von den Vorteilen einer zentralen Kommandowirtschaft besonders profitiert: es wurde ein umfangreiches, stabsmäßig geführtes und staatlich subventioniertes Erfassungsnetz errichtet bzw. ein solches an bestehende Strukturen angekoppelt, in dessen zentralistischen Aufbau theoretisch jeder Staatsbürger – vom Jungen Pionier über die Mitglieder aller „sozialistischen" Arbeitskollektive und gesellschaftlichen Institutionen bis zum Rentner im Wohngebiet – irgendwie integriert war, dazu kam ein dichtes Netz von Altstoff-Annahmestellen und mobilen Annahmetrupps.

Dieses System funktionierte immerhin so effizient, daß z. B. der Wertstoffgehalt von DDR-Hausmüll deutlich unter dem vergleichbarer Länder liegt, und auch hinsichtlich der Rückführ-Quoten nimmt die DDR einen internationalen Spitzenplatz ein. Dahinter stand die Überlegung, daß eine getrennte Erfassung von Altstoffen vor einer Vermischung in der Mülltonne billiger ist als die nachträgliche Wertstoffsortierung, für die ohnehin keinerlei technische Möglichkeiten bestanden hätten.

Das große Problem der Abfallwirtschaft der DDR ist die Ausdehnung ihres Wirkungsbereiches auf die **„nicht-klassischen"** industriellen Abfälle, die im Ausland vor allem seit dem Rohstoff-Preisknick der siebziger Jahre in zunehmendem Umfang gewinnbringend verarbeitet werden. Dazu sind aber eigenständige technologische Lösungen, spezifische technische Ausrüstungen, qualifizierte Fachleute, ein innovationsfreundliches Bedingungsgefüge und die Kompetenz für eine dynamische Unternehmensführung Voraussetzung, – alle jene Faktoren also, die unter den Bedingungen der SED-Wirtschaftspolitik undenkbar waren. Wie wenig man in der Mittag'schen Kommandozentrale über diese internationalen Entwicklungen informiert war, wird aus der Tatsache ersichtlich, daß man 1986 sogar den Stellvertreterbereich Abfallwirtschaft beim Minister für Materialwirtschaft auflöste und den Minister für Glas und Keramik beauftragte, die „wenigen Probleme auf diesem Feld" gleich mitzuübernehmen.

Man muß feststellen, daß die DDR-Wirtschaftsverantwortlichen die internationale Entwicklung der ehemaligen Altstoffwirtschaft zu einem neuen, eigenständigen Wirtschaftszweig und seine weitgehende Verflechtung mit dem übrigen Wirtschaftsgefüge nicht begriffen haben.

Anders ist es nicht zu erklären, daß die vielfältigen Initiativen von Wissenschaftlern ohne Wirkung blieben, wenn Milliardenbeträge staatlicher Investitionsmittel Jahr für Jahr in die Gewinnung immer ärmerer Primärrohstoffe flossen, während zur Verarbeitung von wertstoffreichen Industrieabfällen nicht einmal elementare Voraussetzungen geschaffen wurden (Bild 3).

In der DDR endet heute – wie in den 50er Jahren – der Produktionsprozeß mit dem gewünschten Zielprodukt. Wenn die gleichzeitig mit entstehenden Abfälle nicht zufällig problemlos im eigenen Betrieb wieder eingesetzt werden können, sind sie uninteressant. Staatlich subventionierte Deponie-Billigpreise markieren den Königsweg der DDR-Abfallwirtschaft (Bild 4).

Unter den Bedingungen dieser Wirtschaftspolitik war selbst ein hoher Wertstoffanteil im Abfall und die Kenntnis der wahrscheinlichen Verarbeitungstechnologie kein Anreiz für einen Techniker oder Betriebsleiter, sich für die Realisierung einer Weiterverarbeitung einzusetzen oder gar zu diesem Zweck Abfälle vom Nachbarbetrieb zu übernehmen. Zu vielfältig waren die absehbaren Nachteile; mit einem nennenswerten persönlichen Vorteil wäre ohnehin nicht zu rechnen gewesen.

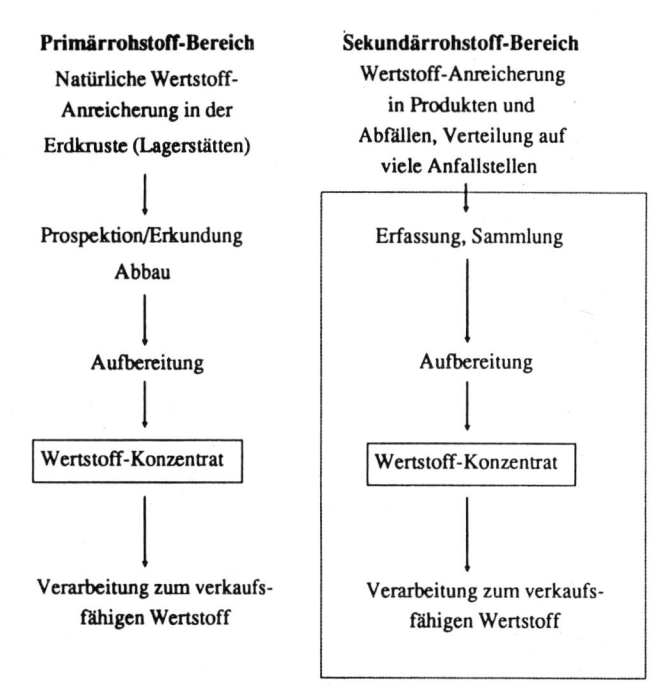

Bild 3: Die beiden Säulen der Rohstoff-Verarbeitung in einer modernen Wirtschaft. In der DDR war der umrandete Bereich weitgehend unterentwickelt, das Wertstoff-Potential der Abfälle blieb damit weitgehend ungenutzt

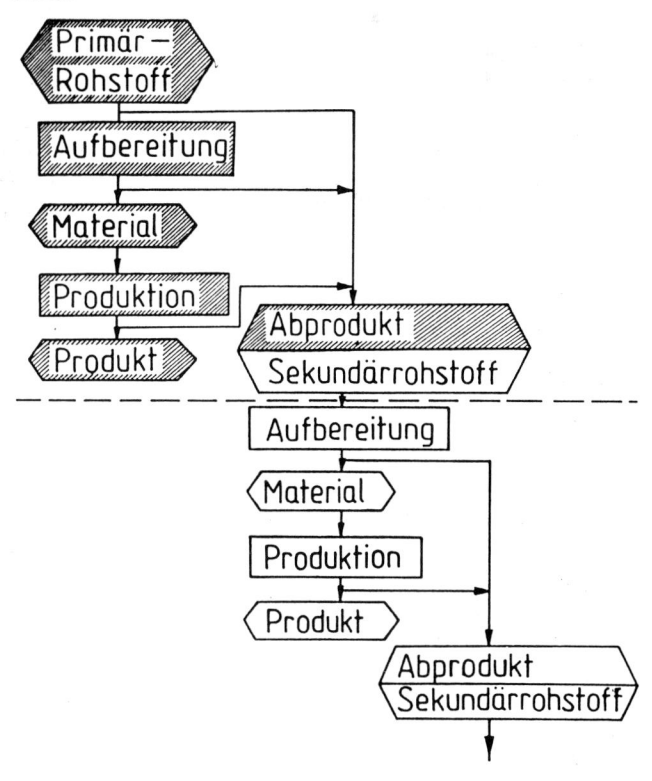

Bild 4: Der schraffierte Teil charakterisiert die gegenwärtige Produktionsstruktur der DDR

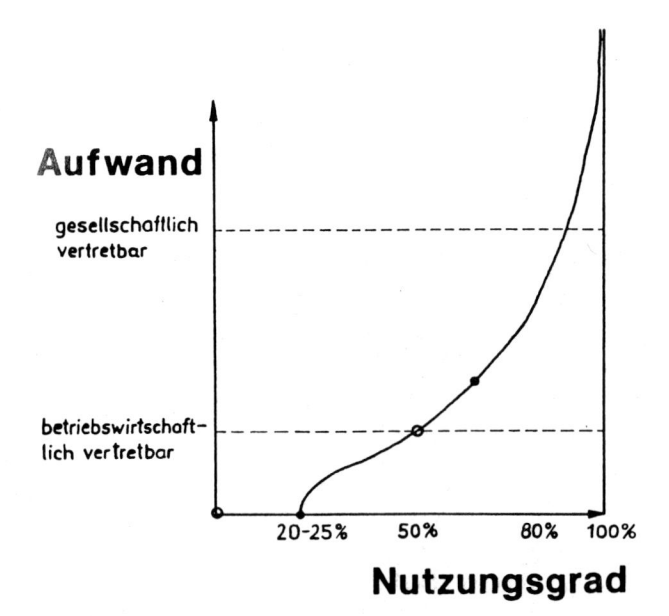

Bild 5: Aufwandsverteilung bei der Verwertung industrieller Abfälle in den Territorien der DDR (Durchschnittswerte)

Die staatlich eingebaute Klippe – die Beschaffung eines Negativattests als Voraussetzung für die Deponie – war unter den realen Bedingungen dieses Landes praktisch eine Formsache (sofern man das Abprodukt überhaupt meldete und es nicht – wie häufig bei geringen Mengen – auf illegalen Wegen beseitigte).

Es liegt auf der Hand, daß unter solchen Wirtschaftskonstellationen eine große Menge nutzbarer Abfälle in diesem Lande auf ihre Verwertung wartet. Die politischen Veränderungen dieser Wochen lassen erwarten, daß die bisher fehlenden Voraussetzungen nun in relativ kurzer Zeit geschaffen werden können. Man muß kein Prophet sein, um der Abfallwirtschaft in diesem Teil Deutschlands in den kommenden Jahren steile Wachstumsraten vorauszusagen. Damit wird auch die Frage interessant, mit welchem Aufwand man hier rechnen muß. Bild 5 gibt unsere Erfahrungen aus verschiedenen Kreisen des Bezirkes Erfurt in einer schematischen Darstellung wieder.

Etwa 20–25 % der Abfälle einer Region ließen sich praktisch mit den hier vorhandenen technischen Möglichkeiten verarbeiten, wenn Verursacher und Nutzer gleichermaßen daran interessiert wären. Eine ähnlich umfangreiche Gruppe von Abfällen ließe sich – die hier erforderlichen Investitionen vorausgesetzt – mit Gewinn verarbeiten. Eine dritte Gruppe, die nicht so genau abgrenzbar ist, wäre aus unserer Sicht mit staatlicher Förderung zu verarbeiten, weil diese Aufwendungen offenbar noch geringer wären, als die sonst in jedem Fall entstehenden Entsorgungskosten, bzw. die Folgeschäden bei Abgabe an die Umwelt.

Nur für die vierte Gruppe wäre nach heutiger Erkenntnis eine Verwertung auf keinen Fall vertretbar, – hier käme nur die Entsorgung bzw. Deponie in Frage.

Jenseits dieses DDR-typischen Nachholbedarfs in der Entwicklung einer modernen Abfallwirtschaft – der sicher in den nächsten Jahren diese Regionen prägen wird – soll abschließend die Frage nach der Zukunft der Stoffwirtschaft und damit auch nach der Zukunft der industriellen Entwicklung überhaupt gestellt werden.

Die langjährige Beschäftigung mit abfallwirtschaftlichen Problemen im Betrieb haben in mir die Überzeugung wachsen lassen, daß der Kern des heute prognostizierten Paradigmenwechsels eine neue, viel umfassendere Sicht auf den Begriff „Effektivität" sein muß.

An der Freiheit unternehmerischer Entscheidung dürfen wir nicht rütteln. 40 Jahre DDR sind hier ein abschreckendes Versuchsfeld. Aber erst, wenn sich die Gesellschaft auf Rahmenbedingungen verständigt hat, unter denen auch ökologisch gut ist, was sich wirtschaftlich lohnt, haben wir den Schritt in einen höheren Entwicklungsabschnitt des industriellen Fortschritts getan. Damit ergeben sich für die Abfallwirtschaft Perspektiven, die auf die Ablösung der bisher dominierenden Rolle des primären Sektors bei der Rohstoffbereitstellung zielen.

Abfallentsorgungs- und Altlastenprobleme im Bundesland Sachsen-Anhalt

Von E. Garbe und G. Schröder[1]

1. Altlasten

In den vergangenen rund 50 Jahren ist auf den Territorien der neuen Bundesländer Mecklenburg-Vorpommern, Brandenburg, Berlin (Ostteil), Sachsen-Anhalt, Sachsen und Thüringen eine Vielzahl von Altlasten entstanden, die zum großen Teil akut oder dauernd die Umwelt gefährden. Dabei sollten folgende Arten von Altlasten unterschieden werden:

- Verkippungen von Müll in natürliche und künstliche Senken und Gruben (Steinbrüche, Kiesgruben, Lehmgruben, Tongruben usw.);
- Müllhochhalden (besonders in der Nähe von Großstädten und von bzw. in Großbetrieben);
- Ablagerungen von Sondermüll (meist im Betriebsgelände);
- Absetzungen von industriellen Abfällen in Tagebaurestlöchern der Braunkohlenförderung;
- in das Erdreich eingedrungene Schadstoffe (Säuren, Laugen, Salzlösungen, Mineralöle usw.);
- industrielle Hochhalden (zum Beispiel in chemischen Großbetrieben);
- stillgelegte Industriebetriebe mit schadstoffhaltigen Flächen, Anlagen und Gebäuden;
- militärisches Übungsgelände mit altlastenverdächtigen Flächen;
- industrielle und militärische Altlasten aus dem Zweiten Weltkrieg.

Bei den aufgeführten Altlasten kann noch weiter unterschieden werden nach

- dem Alter der Altlast (zum Beispiel über 40 Jahre, 20 bis 40 Jahre, unter 20 Jahren);
- der Anzahl der eingelagerten Schadstoffe;
- der Art der abgelagerten Abfälle (zum Beispiel brennbar, nicht brennbar oder verrottbar, nicht verrottbar);
- dem Grad der Rekultivierung (zum Beispiel mit Erdreich bedeckt, mit Bäumen oder Büschen bewachsen, landwirtschaftlich oder gärtnerisch genutzt, bebaut mit Wohnhäusern oder Wochenendhäusern);
- der Mobilität der eingelagerten Schadstoffe (chemische oder adsorptive Bindung an immobile Stoffe, Löslichkeit in Wasser usw.).

Bei einer Bewertung des Gefährdungspotentials, das von einer Altlast ausgeht, steht die Frage der Grundwasserkontamination im Vordergrund. Von Bedeutung sind aber auch die chemischen, physikalischen und biologischen Vorgänge, in deren Ablauf sowohl schädliche Gase emittiert als auch weitere unter Umständen wasserlösliche Schadstoffe freigesetzt werden können. Daraus ist ersichtlich, daß faktisch jede Altlast ein Problem für sich darstellt und daß die Ergebnisse einer einzelnen Altlastenerkundung nicht ohne weiteres auf eine andere Altlast übertragen werden können: Erstens unterscheiden sich meist die geologischen Bedingungen; zweitens sind die eingelagerten Abfälle in ihrer stofflichen Zusammensetzung nicht gleich und drittens haben die Altlasten aufgrund ihres unterschiedlichen Alters und der differenzierten äußeren Bedingungen einen unterschiedlichen Verrottungs- und Verwitterungsgrad.

Zur Analyse des Zustandes einer Altlast müssen – soweit vorhanden und zugänglich – historische Aufzeichnungen ausgewertet, geologische Gutachten angefertigt und stoffliche Einschätzungen anhand von Probebohrungen vorgenommen werden. Das Ergebnis der Analyse muß zu folgenden Fragen aussagekräftig sein:

1. Geht von der Altlast eine akute Gefährdung der Umwelt aus?
2. Welche Maßnahmen sind zur Sicherung der Altlast erforderlich?
3. Kann die Altlast mit vertretbarem Aufwand unschädlich gemacht werden?
4. Welche Verfahren sind zur Beseitigung der Altlast möglich sowie ökologisch und wirtschaftlich zweckmäßig?
5. Sind die Inhaltsstoffe der Altlast stofflich bzw. energetisch verwertbar oder müssen sie einer geordneten Sondermülldeponie zugeführt werden?

Zur Beseitigung der Altlasten sind meist große Entsorgungskapazitäten (Deponien) erforderlich, die in den neuen Bundesländern noch nicht vorhanden sind.

2. Abfallentsorgung

In den neuen Bundesländern gibt es viel zu wenig Deponien, die dem heutigen Stand der Technik entsprechend umweltverträglich sind und den Anforderungen des Gesetzgebers entsprechen. Überdies fehlen mit modernsten Rauchgasreinigungsanlagen ausgerüstete Müll- und Sondermüllverbrennungsanlagen, die Ursache für das Entstehen neuer Altlasten sein könnte. Das Aufkommen an Hausmüll hat sich seit der Wende fast verdreifacht. Hinzu kommt, daß das einst gut funktionierende Sero-Sammelsystem nicht mehr existiert.

Rückschritte sind auch auf dem Gebiet der Pfandverpackungen zu verzeichnen. Die neue Verpackungsordnung wird hier sicher einiges verändern. Die Zeit von einigen Jahren für ihre Einführung in die Praxis erscheint jedoch zur Lösung der Müllprobleme in den neuen Bundesländern zu lang.

Aus den dargelegten Fakten lassen sich vor allem folgende Schlußfolgerungen ableiten:

1. Es ist schnellstens dafür zu sorgen, daß weniger Abfälle anfallen.
2. In den neuen Bundesländern ist ein flächendeckendes komplexes System zur Abfallentsorgung zu schaffen.

Zur Abfallminderung ist zu bemerken, daß die Sanierungsprogramme der Industriebetriebe in den neuen Bundesländern Maßnahmen zur Einführung abfallarmer und abfallfreier Technologien enthalten. Der Anfall von Sonderabfällen ist infolge der Stillegung von Betrieben und Betriebsteilen wesentlich zurückgegangen.

Bezüglich der Abfallbeseitigung wirkt sich negativ auf die Sonderabfallentsorgung aus, daß zum Teil auch die (allerdings ungenügend ausgerüsteten) kleinen Rückstandsverbrennungsanlagen in verschiedenen Industriebetrieben stillgelegt wurden. Die noch in Betrieb befindlichen Entsorgungsanlagen werden über kurz oder lang ebenfalls stillgelegt.

Es sind unter anderem folgende Entsorgungsanlagen zu planen und einzusetzen:

- Abfallaufbereitungsanlagen zur Separierung recyclingfähiger Inhaltsstoffe;
- Anlagen zur physikalischen und/oder chemischen Behandlung von Abfällen;
- Anlagen zum Kompostieren von Abfällen;
- Anlagen für die Verbrennung oder anderweitige thermische Behandlung von Abfällen mit Wärmenutzung;
- übertägige geordnete Deponien;
- untertägige Deponien.

Die Realisierung dieser notwendigen Zielvorgabe stößt jedoch auf gewaltige Schwierigkeiten und Hemmnisse. Die wichtigsten sind

1. Standortprobleme,
2. die Finanzierung,

---
[1] Prof. Dr. habil. Eberhard Garbe und Dr. rer. nat. Gerhard Schröder, Merseburg (Sachsen-Anhalt)

3. Genehmigungsverfahren (Akzeptanz der oberen und obersten Behörden) sowie
4. die Akzeptanz der Bevölkerung (Kommunen).

Standortprobleme

Standorte, die je nach Art der Entsorgungsanlage mehr oder weniger den örtlichen Gegebenheiten entsprechen, können relativ leicht gefunden werden. Unter Regie des Verbandes der chemischen Industrie (VCI) haben sich in Halle (Saale) rund 20 Unternehmen der chemischen Industrie der neuen Bundesländer (vorwiegend aus Sachsen-Anhalt) bereit erklärt, bei der umweltfreundlichen Entsorgung von Sonderabfällen durch die Bereitstellung finanzieller Mittel, Verfahren, Anlagen, Standorte und ausgebildetem Fachpersonal aktiv mitzuwirken. Fachleute aus diesen Unternehmen hatten schon seit etwa einem Jahr in Arbeitskreisen die Bildung einer Gesellschaft zum Entsorgen von Sonderabfällen und zum Sanieren von Altlasten in Sachsen-Anhalt vorbereitet. Lösung der Sonderabfallprobleme durch die chemische Industrie bietet eindeutige Vorteile:

- Stillegung von Braunkohlekraftwerken, an deren Stelle zum Teil moderne Müll- oder Sonderabfallverbrennungsanlagen errichtet werden können;
- Bereitstellung erschlossener Flächen;
- Nutzung der anfallenden Wärmeenergie;
- Vorhandensein aller notwendigen Anschlüsse für Elektroenergie, Kesselspeisewasser, Trinkwasser, Abwasser usw.;
- Bereitstellung von geschultem Fachpersonal;
- Erhaltung bzw. Schaffung von Arbeitsplätzen.

Hier ist das erforderliche Potential über die Bereitschaft der Chemiebetriebe, sich an der Entsorgungsgesellschaft durch Einbringen finanzieller Mittel oder betriebsfertigen Entsorgungsanlagen zu beteiligen bzw. Entsorgungskapazitäten bereitzustellen, zu erschließen.

Die Lösung hat darüber hinaus noch weitere Vorteile; so können zum Beispiel die in den beteiligten Unternehmen anfallenden Sonderabfälle zum Teil gleich vor Ort entsorgt werden.

Finanzierung

Die Finanzierung von Bau und Betrieb der Entsorgungsanlagen bereitet den neuen Bundesländern große Schwierigkeiten. Hier sind finanzkräftige Investoren und Teilhaber ebenso gefragt wie die Bereitstellung finanzieller Mittel durch Bund und Länder. Darüber hinaus sollten günstige Kredite, so zum Beispiel ERP-Mittel, zur Verfügung gestellt werden. Ohne solche finanziellen Hilfen sind die Vorhaben kaum zu realisieren.

Genehmigungsverfahren

Ein weiteres Hemmnis bei der Lösung der Abfallprobleme liegt im langwierigen Ablauf der Genehmigungsverfahren. Es ist einzusehen, daß ein Genehmigungsverfahren für die Planung von Entsorgungsanlagen strenge Auflagen hinsichtlich der Umweltverträglichkeit enthalten muß. Es sollten jedoch Mittel und Wege gefunden werden, den Ablauf der Genehmigungsverfahren in der Regel auf höchstens zwei Jahre zu beschränken. Ein vorzeitiger Baubeginn sollte ermöglicht werden. Das wird natürlich von Fall zu Fall unterschiedlich sein, aber für die Lösung der Entsorgungsprobleme ist Eile geboten, ohne daß die fachliche Sorgfalt vernachlässigt werden darf.

Akzeptanz in der Bevölkerung

Welche Schwierigkeiten sich hier ergeben, soll an einem Beispiel dargestellt werden:

Die gleiche Bevölkerung, die über viele Jahrzehnte in unmittelbarer Nachbarschaft ein Braunkohlenkraftwerk akzeptierte, in dem jährlich 750 kt Rohbraunkohle verbrannt wurden, wobei pro Jahr 90 kt Asche anfielen und etwa 30 bis 35 kt Schwefeldioxid sowie etwa 4 bis 5 kt Staub emittiert wurden, ist jetzt dagegen, daß an dessen Stelle eine moderne Sondermüllverbrennungsanlage gebaut wird.

Die vorgesehene Anlage soll nach den bisherigen Vorstellungen zunächst einsträngig mit einer Jahreskapazität von 30 kt Sonderabfälle ausgelegt werden. Die Kesselleistung soll rund 20 kW betragen. Für später ist eine Erweiterung mit einem zweiten Strang gleicher Kapazität und Leistung vorgesehen. Die Sondermüllverbrennungsanlage, in der eventuell auch Hausmüll in kleinen Mengen mit verbrannt werden könnte, soll besonders zum Entsorgen ölhaltiger Abfälle dienen.

Die Einsicht der Bevölkerung und der Kommunen, daß der Bau von Entsorgungsanlagen notwendig ist, wird durch teils unsachliche Veröffentlichungen einiger wenig kompetenter Politiker in der lokalen Presse sicher nicht gefördert. Einseitige Betrachtung dieser Probleme kann jedoch nicht im Interesse einer umweltverträglichen Entsorgung liegen. Hier wird sozusagen Öl aufs Feuer gegossen. Um solche Vorhaben durchzusetzen, bedarf es eines sachlichen Dialoges zwischen den zukünftigen Betrieben und den Behörden einerseits sowie zwischen den Behörden unter Mitwirkung der Betreiber und der Bevölkerung andererseits. Dabei sollten alle Fragen offen dargelegt und im Dialog erläutert und geklärt werden. Die Entsorgungsprobleme sind komplex zu betrachten und zu lösen, wobei sich meist Lösungen für größere Gebiete als das Territorium eines Landkreises anbieten. Damit sind die Bezirks- und die Landesregierungen gefordert, hilfreich im eigenen Interesse mitzuwirken. Auf jeden Fall ist auf lokaler Ebene eine bessere Öffentlichkeitsarbeit zu Abfallentsorgungsproblemen und -vorhaben erforderlich. Wenn überall nur abgelehnt wird, lassen sich die entstehenden Fragen nicht lösen.

Auch hier kann ein Beispiel die Situation deutlich machen:
Die Kaliwerke Roßleben (Thüringen) liegen an der Grenze zwischen Thüringen und Sachsen-Anhalt. Die Hohlräume des Kaliwerkes befinden sich zum Teil unter dem Territorium des Landkreises Querfurt (Sachsen-Anhalt). Nun haben Vertreter des Landratsamtes Querfurt in der Tagespresse öffentlich Einspruch gegen das thüringische Vorhaben einer Untertagedeponie im Kaliwerk Roßleben erhoben. Sie befürchten zu Unrecht, daß nun eine Schädigung „von unten" in ihrem Territorium eintritt. Darüber hinaus befürchten sie, daß dann Transporte von „Giftmüll", zum Beispiel aus Bitterfeld, Schkopau (Buna) und Leuna durch ihr Kreisgebiet nach Roßleben durchgeführt werden. Wenn aber Bitterfelder Sonderabfälle zum Beispiel in Hessen eingelagert würden, dann wäre auch mit einem eventuellen Transport durch den Landkreis Querfurt zu rechnen.

Eine unsachliche, teils unrichtige Darstellung von Entsorgungsproblemen kann die ohnehin geringe Bereitschaft der Bevölkerung, den Bau von Entsorgungsanlagen zu akzeptieren, ganz erheblich vermindern.

3. Gesamteinschätzung

Die Lösung des Problems, Abfall zu vermeiden, zu verringern und zu entsorgen, kann vor allem auf folgende Weise erreicht werden:

- Einführung abfallarmer Technologien und Verfahren in den verschiedenen Produktionszweigen der Wirtschaft;
- Recycling von Produktionsabfällen möglichst vor Ort im Produktionsprozeß oder unmittelbar danach, in Ausnahmefällen in anderen Unternehmen;
- Einschränkung des Verpackungsaufwandes;
- Verbesserung und Erweiterung des Pfandsystems für Verpackungsmaterial, insbesondere für Glasflaschen;
- Sammlung von Altglas, Altpapier, Altkunststoffen und anderen recyclierbaren Abfällen;
- getrenntes Erfassen von Abfällen wie Glas, Papier, Metalle, Kunststoffen usw.;
- Sicherung einer hohen Recyclingquote für stofflich verwertbare Inhaltsstoffe im Haus- und Sondermüll;
- Planung umweltverträglicher Verbrennungsanlagen mit Wärmenutzung;
- Errichtung von Anlagen zur physikalischen, chemischen und biologischen Aufbereitung von Abfällen;
- Entstehung von Kompostierungsanlagen;
- Einrichtung von gesonderten Deponien für Abfälle und Sonderabfälle;

- Einrichtung von Untertagedeponien in Bergwerken insbesondere des Kalibergbaues, in denen alle Bedingungen für sichere Einlagerung gegeben sind;
- Bildung von Gesellschaften zur Abfallentsorgung bzw. von Beteiligungs- und Finanzierungsgesellschaften.

Eine sachgerechte, ökologisch und wirtschaftlich vertretbare Abfall- und Sonderabfallentsorgung in den neuen Bundesländern ist nur möglich, wenn ein komplexes System zur Entsorgung entsteht und schrittweise, jedoch möglichst schnell aufgebaut wird. Diese umfangreichen Aufgaben zu lösen, sind alle Beteiligten (Industrie, Verbraucher, Behörden und Bevölkerung) aufgerufen.

Schrifttum:

[1] Der Rat von Sachverständigen für Umweltfragen – Kurzfassung des Gutachtens Abfallwirtschaft (1990)

[2] Garbe, E.; Schröder, G.: Möglichkeiten und Grenzen der Abfallentsorgung in den industriellen Zentren. Vortrag CUT 1991 Erfurt (1991)

Autorenverzeichnis

Dr. rer. nat. Peter Bachhausen
BASF Lacke + Farben AG
Max-Winkelmann-Straße 80
4400 Münster

Dipl.-Ing. Manfred Beckmann
B. U. S. Chemie
Bockenheimer Landstraße 24
Postfach 17 01 44
6000 Frankfurt a. M. 1
Tel. (0 69) 1 70 99-0
Fax (0 69) 1 70 99-88

Dr. rer. nat. Matthias Brune
Vorm. Inst. für Mikrobiologie
Technische Universität Braunschweig
jetzt.: BAM-Bundesanstalt für
für Materialforschung und -prüfung
1000 Berlin

Dipl.-Ing. Ivo Celi
u. Dipl.-Ing. Antonio Celi
MR Metall-Recycling GmbH & Co KG
Im Büchel/Ferntal
Postfach 11 24
5466 Neustadt (Wied)
Tel. (0 26 83) 3 20 41
Fax (0 26 83) 37 73

Dipl.-Ing. Wolfgang Cichon
Ingenieurplanung für den Umweltschutz
Dr. Born/Dr. Ermel GmbH
2807 Achim

Dipl.-Ing. Ralf Erichsen
ORG-CONSULT Essen
Bismarckstraße 51
4300 Essen 1
Tel. (02 01) 78 90 05
Fax (02 01) 77 96 63

Ministerialrat
Dr. Bernd van der Felden
Ministerium für Umwelt
Hardenbergstr. 8
6600 Saarbrücken

Dr. Gerhard Feldhaus
Ministerialdirektor
Leiter der Abteilung Umwelt und Gesundheit
Immisionsschutz, Schutz vor Gefahrstoffen
im Bundesministerium für Umwelt
Naturschutz und Reaktorsicherheit
Bernkasteler Straße 8
5300 Bonn 2
Tel. (02 28) 3 05-24 00

Dipl.-Ing. E. Freuntscht
Gesellschaft für Hüttenwerksanlagen mbH
Düsseldorfer Straße 189
4000 Düsseldorf 11
Tel. (02 11) 57 80 31

Prof. Dr. habil. Eberhard Garbe
Merseburg (Sachsen-Anhalt)
(nähere Informationen liegen
der Redaktion nicht vor)

Hermann Otto Hangen
Kreisverwaltung Bad Kreuznach
Salinenstraße 47
Postfach 18 61
6550 Bad Kreuznach
Tel. (06 71) 95-4 15
Fax (06 71) 9 54 42

Dipl.-Ing. Heinz Hölter
UTR Umwelttechnologie-
und Recycling-Zentrum
Beisenstraße 39 – 41
4390 Gladbeck
Tel. (0 20 43) 4 01-0

Prof. Dr. H. Hogg
Kernforschungszentrum Karlsruhe
Weberstraße 5
Postfach 36 40
7500 Karlsruhe 1
Tel. (0 72 47) 8 20 82
Fax (0 72 47) 82 50 70

Betriebsdirektor
Dipl.-Ing. Borchert Kassebohm
Stadtwerke Düsseldorf AG
Hauptverwaltung Luisenstraße 105
Postfach 11 36
4000 Düsseldorf 1
Tel. (02 11) 82 11
Fax (02 11) 37 36 41

Dr.-Ing. Roland Knoche
LURGI Energie- und
Umwelttechnik GmbH
Lurgiallee 5
Postfach 11 12 31
6000 Frankfurt a. M. 11
Tel. (0 69) 58 08-0
Fax (0 69) 58 03-38 88

Dipl.-Ing. Norbert Kopytziok
Institut für ökologisches Recycling Berlin
Kurfürstenstraße 14
1000 Berlin 30
Tel. (0 30) 2 62 80 21

Hannes Kraef
Geschäftsführer
RCN-Recycling-Chemie Niederrhein GmbH
Postfach 51
4180 Goch
Tel. (0 28 23) 50 46
Fax (0 28 23) 52 38

Dr. H. Krämer
Vorstandsmitglied RWE Entsorgung AG
und Mitglied des Vorstandes der RWE Energie AG
Kruppstraße 5
4300 Essen 1
Tel. (02 01) 1 85-51 06
Fax (02 01) 1 85-51 99

Dr.-Ing. K. Kürzinger
NOELL-KRC Umwelttechnik GmbH
Postfach 62 60
8700 Würzburg
Tel. (09 31) 9 03-00

Dr. Uwe Lahl
Umweltdezernat der Stadt Bielefeld
Postfach 1 81
4800 Bielefeld 1
Tel. (05 21) 51-20 20
Fax (05 21) 51-34 36

Dr. Wolfgang Leuchs
Landesamt für Wasser und Abfall
Nordrhein-Westfalen
Auf dem Draap 25
Postfach 52 27
4000 Düsseldorf 1
Tel. (02 11) 15 90-1 69

Prof. Dr. Wolfgang Loschelder
Ruhr-Universität Bochum
Universitätsstraße 150
Postfach 10 21 48
4630 Bochum 1
Tel. (02 34) 7 00-52 52/63
Fax (02 34) 7 00-20 00

Dr.-Ing. H. Obers
STEAG Entsorgungs GmbH
Hyssenallee 88
4300 Essen 1
Tel. (02 01) 1 87-65 58

Dr.-Ing. Helmut Offermann
Betriebswirtschaftliches Institut
der Westdeutschen Bauindustrie, Düsseldorf
Schillerstraße 33
Postfach 17 13
4000 Düsseldorf 1
Tel. (02 11) 67 03-2 77

Prof. Dr. Hans-Jürgen Papier
Universität Bielefeld
Fakultät für Rechtswissenschaft
Postfach 86 40
4800 Bielefeld 1
Tel. (05 21) 1 06-43 98
Fax (05 21) 1 06 58 44

Dr. Eberhard von Perfall
stellv. Vors. der Geschäftsführung
Ruhrkohle Umwelt GmbH
Gleiwitzer Platz 3
4250 Bottrop
Tel. (0 20 41) 12-44 00/44 01/44 40

Dr. rer. oec. K.-H. Pitz
ORFA Organ-Faser GmbH & Co. KG
Steinweg 11
5760 Arnsberg 2
Tel. (0 29 31) 20 54
Fax (0 29 31) 20 55

Dr. Manfred Popp
Staatssekretär
Hessisches Ministerium für Umwelt
und Reaktorsicherheit
Dostojewskistraße 8
6200 Wiesbaden
Tel. (0 61 21) 8 17-25 76

Dr.-Ing. Hans-Günther Ramke
Vormals: Leichtweiß-Institut für Wasserbau
Technische Universität Braunschweig
jetzt: Consulting Engineers Salzgitter
3320 Salzgitter

Norbert Rethmann
Rethmann Entsorgungswirtschaft GmbH & Co. KG
Werner Straße 95
Postfach 12 53
4714 Selm
Tel. (0 25 92) 2 10-1 66
Fax (0 25 92) 21 0-2 09

Dr. Reinhard Rieß
Bayer AG, Leverkusen
Geschäftsbereich Kunststoffe
Kunststoff-Recycling und Umwelt
Bayerwerk
Geb. B. 207
5090 Leverkusen
Tel. (02 14) 30 33 52

Dipl.-Ing. A. Rudolph
Georg Fischer GmbH
Schmelzerei
Postfach 10 03 69
4020 Mettmann
Tel. (0 21 04) 14 83 65

K. Rudischhauser
Generaldirektion für Umwelt,
nukleare Sicherheit und Zivilschutz
bei der Kommission der EG, Brüssel
Brey 5/246 EWG
B-1040 Brüssel
Tel. (00 32) 2/2 35 60 36
Fax (00 32) 2/2 35 01 44

Claudia Rüsing
ORG-CONSULT Essen
Bismarckstraße 51
4300 Essen 1
Tel. (02 01) 78 90 05
Fax (02 01) 77 96 63

Prof. Dr. H.-H. Seyfarth
Holbeinstraße 1
O-5084 Erfurt
Tel. (00 37/19 15) 17 07 06

Rechtsanwalt
Michael Schreier
RWE Entsorgungs AG
Bamlerstraße 61
4300 Essen 1
Tel. (02 01) 31 92-3 09
Fax (02 01) 31 92-4 51

Dipl.-Ing. Werner Schenkel
1. Direktor und Professor
beim Umweltbundesamt
Bismarckplatz 1
1000 Berlin 33
Tel. (0 30) 83 03-22 90
Fax (0 30) 89 03-22 85

Dipl.-Ing. D. Schneider
Deutsche Babcock Anlagen GmbH
Postfach 4 u. 6
4150 Krefeld 11
Tel. (0 21 51) 4 48-5 05
Fax (0 21 51) 4 48-4 67

Dr. rer. nat. Gerhard Schröder
Merseburg (Sachsen-Anhalt)
(nähere Angaben liegen der
Redaktion nicht vor)

Dr.-Ing. Peter Spillmann
Leichtweiss-Institut
Technische Universität Braunschweig
Postfach 33 29
3300 Braunschweig
Tel. (05 31) 3 91 39 58

Direktor Walter R. Stahel
Institut für Produktdauer-Forschung
18, chemin Rieu
CH-1208 Geneve 3-Rive
Tel. (00 41) 22/46 35 04
Fax (00 41) 22/47 25 12

Prof. Dr. Erich Staudt
Lehrstuhl Arbeitsökonomie,
Ruhr-Universität Bochum
Buscheyplatz 13
4630 Bochum 1
Tel. (02 34) 70 10 02

Dipl.-Ing. Berthold Stegemann
LURGI Energie und Umwelttechnik GmbH
Lurgi-Allee 5
Postfach 11 12 31
W-6000 Frankfurt 11
Tel. (0 69) 58 08-0
Fax (0 69) 58 08-38 88

Bergassessor Dipl.-Ing. M. Steger
Lehrstuhl für Wassergütewirtschaft
und Gesundheitsingenieurwesen
Technische Universität München
8000 München

Prof. Dr.-Ing. R. Stegmann
Technische Universität Hamburg-Harburg
Edmund-Siemens-Allee 1
Postfach 90 10 52
2100 Hamburg 90
Tel. (0 40) 77 18-31 08
Fax (0 40) 77 18 25 73

Wiss. Direktor Dipl.-Ing. Klaus Stief
Umweltbundesamt Berlin
Bismarckplatz 1
1000 Berlin 33
Tel. (0 30) 89 03-22 53
Fax (0 30) 89 03-22 85

Dipl.-Volksw. Friedrich Tettinger
Niederrheinische Industrie
und Handelskammer
Duisburg-Wesel-Kleve zu Duisburg
Mercatorstraße 22 — 24
4100 Duisburg 1

Dipl.-Ing. A. Toussaint
Bundesanstalt für Straßenwesen
Brüderstraße 53
5060 Bergisch-Gladbach 1
Tel. (0 22 04) 4 36 69
Fax (0 22 04) 4 38 33

Prof. Dr. H. Vogg
Kernforschungszentrum Karlsruhe
Weberstraße 5
Postfach 36 40
7500 Karlsruhe 1
Tel. (0 72 47) 82-0
Fax (0 72 47) 82-50 70

Bergassessor a. D. Wilhelm Wegner
Süddeutsche Salzwerke AG
Postfach 31 61
7100 Heilbronn
Tel. (0 71 31) 1 37-2 16
Fax (0 71 31) 1 37-2 70
Fax Direktion (0 71 31) 7 90 71

Dipl.-Ing. Andreas Wiebe
Leiter des Stadtreinigungamtes Bielefeld
Eckendorfer Straße 57
Postfach 1 81
4800 Bielefeld 1
Tel. (05 21) 51-20 20
Fax (05 21) 51-34 36

Dipl.-Ing. G. Wolfering
Stadtwerke Düsseldorf
Hauptverwaltung Luisenstraße 105
Postfach 11 36
4000 Düsseldorf 1
Tel. (02 11) 82 11
Fax (02 11) 37 36 41

Ministerialrat Dipl.-Ing. Carl-Otto Zubiller
Hess. Ministerium für Umwelt
und Reaktorsicherheit
Mainzer Straße 80
Postfach 31 09
6200 Wiesbaden
Tel. (06 11) 8 15-14 30
Fax (06 11) 8 15 19 41

Stichwortverzeichnis

A

Abbauprozesse, anaerobe 198
Abbruchmaterial 72
Abfall- und Reststoffüberwachungs-Verordnung 35
Abfallbehandlungsanlagen, private 115
Abfallberatung 113
Abfallbestimmungsverordnung 34, 192
Abfallbörse 24, 77
Abfallbörse, europäische 78
Abfallbörse, grüne 77
Abfallbürokratie 7
Abfälle, überwachungsbedürftige 192
Abfallentsorgungs- und Altlastensanierungsverband 16
Abfallentsorgungsplan Hessen 84
Abfallentsorgungspläne 16, 94
Abfallgesetz (AbfG) 32
-, Niedersächsisches 93
Abfallrecht 15
Abfallschlüssel 34, 192
Abfalltourismus 2, 10
Abfallüberwachung 25
Abfallvermeidung 90
Abfallvermeidungsgebot 24
Abfallwirtschaft, kommunale 113
Abfallwirtschaftsbehörde 94
-, untere 92
Abfallwirtschaftskonzept 2000 80
-, betriebliches 115
-, der Kreise 92
Abfallwirtschaftsprogramm X
Ablagerungsentgelt 116
Abproduktarme Prozeßgestaltung 242
Abproduktarme Technologien 242
Abwasserloser Betrieb von Müllverbrennungsanlagen 181
Aktivkoks 163
Aktivkoksverfahren 118
Akzeptanz 196
-, in der Bevölkerung 246
Akzeptanzprobleme 80
Alkoholyse/Glykolyse 60
Altdeponien 192
Altgenehmigungen 25
Altlasten 245
-, militärische 245
Altlastenfond 9
Altöle, PCB-haltige 105
Altölverordnung 105
Altsand 103
Altstoffe 22
Altstoffwirtschaft 243
Altvater 69
Aluminiumkrätze 51
Andienungspflicht 82

Anfeuchtung 207
Anschluß- und Benutzungszwang 10
Asbest 75
Asphalt und Bauschutt 73
Auslaugverhalten 210
Autoverwertung 61

B

B.U.S. Chemie GmbH 51
Bakterien, anaerobe 236
Bakterogenese 236
Bamberger Modell 182
BASF Lacke + Farben AG 38
Basisabdichtung 188
Basler Abkommen 6
Batterien 114
Bauhauptgewerbe 75
Bauschutt 72
Bauschuttdeponien 102
Baustellen-Mischabfälle 72
Baustoff-Recycling 72
BAV-Trienekens 69
Bayer AG 58
Bayerisches Abfallgesetz 91
Bayerisches Abfallwirtschafts- und Altlastengesetz 16
Begleitscheinverfahren 35, 114
Behältersystem, gemeindlich 97
Behandlungsanlage, physikalisch-chemisch 103
Behörde, federführende 29
Berechnung, geotechnische 197
Bergwerksdeponie Heilbronn 206
Beschaffung umweltverträglicher Güter 98
Besorgnisgrundsatz 210
Betriebswirtschaftliches Institut der Westdeutschen Bauindustrie 72
Bezner 69
Bielefelder Abfallwirtschaftskonzept 99
Big Bags 207
Binnenmarkt 12
Bio-Filter 99
Bioabfall 67
Bioabfallkompostierung 67
Bioakkumulationsrisiko 189
Biochemischer Abbau (Rotte) 215
Bioreaktor 83
Bioreaktordeponie 194
Biotonne 67, 99
BMW XIV
Böden, thermisch gereinigte 104
Bodenaushub 73
Bodenbörse 102
Bodenrecycling 104

Boxenkompostierung 69
Branchenüblichkeit 25
Brandsicherheit 218
Braunkohlenkoks 167
Braunkohleverbrennung 240
Brennstofffraktion 217
Brikollare-Verfahren 69
Brück, Wolfram XIII
Brüden 132
BSB5-Werte 223
Bühler-Miag 69
Bundes-Immissionsschutzgesetz 22
Bundesanstalt für Materialforschung und -prüfung (BAM) 221
Bundesanstalt für Straßenwesen 149
Bundesministerium für Umwelt, Naturschutz und Reaktorsicherheit 20
Bundesverband der Deutschen Entsorgungswirtschaft 2
Bürgerberatung 102

C

Cadmium 183
CAROSCHE Säure 171
Chemikaliengesetz 22, 90
Ciba Geigy 91
Co disposal 10
Computerabfallvermeidung 108
Computerschrott 57
Consulting Engineers Salzgitter 221
Containerkompostierung 69
Conversion IX
Corporate Communication 81
CSB-Werte 223
CSFR XIV

D

Dammschüttmaterial 152
DDR 240
de novo-Synthese 167
Decken für Fahrbahnen 151
DENOX 165
Deponie 192
Deponiebasisabdichtungssysteme 195
Deponieentlastung 65
Deponiegas 194
Deponiekörper 193, 198
Deponien für Sonderabfälle 154
Deponien in Frankreich 190
Deponieoberflächenabdichtungssystem 190
Deponierung von Klärschlamm 176
Deponiesickerwasser 221
Deponiestandort 196
Deregulierung 2
Deutsche Babcock Anlagen 69, 154
Deutsche Forschungsgemeinschaft (DFG) 217
Deutsches Einheitsverfahren 184
Dibenzodioxinen, polychlorierte 141

DIHT (Deutscher Industrie- und Handelstag) XII
Dioxin 85
Dioxin-Minderung, katalytische 167
Doppstadt 69
Drän 223
Drehrohrofen 156
Drehtrommelöfen 51
3 R - Verfahren 183
Duale Abfallwirtschaft 59
Duales System 80
Duales System Deutschland XIII
Dünnschichteinbau 215
Duroplastabfälle 240
Duroplaste 57

E

ECO-SYSTEM Group XIV
ECOSYSTEM SAXONIA Dresden XIV
Edelhoff Städtereinigung GmbH 65
EG-Abfallwirtschaftsprogramm 8
EG-Erklärung von Dublin XIV
Eigenkomposter 67
Eigenkompostierung 99
Eigenverantwortung, kommunale 98
Einheitliche Akte 4
Einweg-Plastikbecher 91
Einwegwindeln 216
Einwohnergleichwerte (EWG) 175
Einwohnerwert (EW) 175
Einzelhandel XIII
Eisenach 240
Elastomere 61
Elektrofilter 158
Elektronikindustrie 57
Eloxalindustrie 57
Eluatfestigkeit 129
Eluatwerte 189
Elutionskriterien 181
Elutionsversuche 213
Emissionen durch Deponien 202
End of the pipe 8
End-of-the-pipe-Ansatz X
Entgasung 142
Entschwefelung von Kraftwerken 87
ENTSORGA Magazin 2
Entsorgungs- und Gebührensatzungen 94
Entsorgungsanlagen, regionale 96
Entsorgungsautonomie 10
Entsorgungskonzept
-, innerbetriebliches 154
-, integriertes 82
-, überregionales 154
Entsorgungspflicht auf einen Verband 98
Entsorgungssicherheit im eigenen Bundesland 189
Entsorgungstechnologie 14
Entsorgungszwangswirtschaft 13
Entstickung 163
Entwässerungssysteme 221
ENVITEC X

EPA Environmental Protection Agency X
EPSY XII
Erdaushub 72
Erfurt 240
Ermessensbelang 30
ERP-Mittel 246
Europäisches Parlament X, XIII

F

F+E-Bemühungen um intelligente Recycling-
 technologien XIV
FAF Folienverwertungsgesellschaft XII
Faulgasverbrennung 25
Faulschlamm 139
Faulung 133
FCKW-Verordnung 21
Festbettadsorber 169
Feuerfestindustrie 56
Filterkuchen 168
Filterstaub 44, 129, 160
Flächenrecycling 104
Florenz, Karl-Heinz X
Flugasche 105, 180
Flügelscherfestigkeit 177
Flugstromadsorber 168
Freiwillige Selbstverpflichtung der Industrie 32
Fremdentsorger 15
Frischschlamm 139

G

Galvanoindustrie 57
Gebühren 101
Gefahrstoffe 22
Gemeinden, kreisangehörige 97
Geologische Barriere 188
Gerätebatterien 57
Geruchsemissionen 65
Gesamt-Risiko-Abschätzung 29
Gesellschaft für Hüttenwerksanlagen mbH (GHW) 44
Gesetzgebung, konkurrierende 16
Gewerbeabfall 100
Gewerbeabfallkataster 114
Gliwice (Gleiwitz) XIV
Grenzüberschreitende Beteiligung ausländische
 Behörden 29
Großwohnanlagen 99
Großfeuerungsanlagen-Verordnung 20, 87
Grünabfall 67
GSW Gesellschaft für Stoffliche Wiederverwertung mbH 65
Gülle 240

H

Hagenmaier 183
Hagenmaier-Trommel 102
Halle (Saale) 246
Halle-Merseburg-Bitterfeld IX
Hamburger Verfahren 144
Heilbronn 206
Heizwert 149
Heißgasentstaubung 170
Henkel KGaA XII
Herfa-Neurode 206
Hessische Industriemüll GmbH (HIM) 82
Hessisches Abfallwirtschafts- und Altlastengesetz 16
Hessisches Ministerium für Umwelt und Reaktor-
 sicherheit 82
Hessisches Ministerium für Umwelt, Energie und
 Bundesangelegenheiten 188
HIMTECH 87
Hochlager 191
Hochofenschlacke 149
Hochtemperaturquenche 170
Hohe-See-Verbrennung 42
Hohlraumreduktion 215
Horstmann Fördertechnik 69
Hydrierung 60
Hydrologische Barriere 188
Hydrolyse 60, 205
Hygienisierung 131

I

IHK zu Düsseldorf XI
IHK-Abfallbörse 77
Illegale Beseitigung 241
Immissionsschutzrecht 20
Inertisierung 82
Informationsverluste 240
Infrastrukturabfälle 7
INFU - Institut für Umweltschutz der Universität
 Dortmund IX
Inkrustationen 221
Institut für ökologisches Recycling 90
Institut für Produktdauer-Forschung 106
Institut für Wirtschaftsforschung (Ifo) 80
Instrumente, ökonomische 8
Integrierte Entsorgungskonzepte 82
International Waste Identification Code 9
Interseroh AG XIII

J

Jobst, Jakob XI
Josef Riepl Bau Umwelt-Technik GmbH 65

K

K-Wert 189
Katowice IX
Kennzeichnungspflicht 32
Kernforschungszentrum Karlsruhe 180
Klärschlamm 82
-, kommunaler 175

-, -Veraschung 135
Klärschlammbehandlung, thermische 131
Klärschlammpyrolyse 142
Kleinmengenregelung 34
Knüllpapier 67
Koagulate 40
Kombinate 241
Kommission der Europäischen Gemeinschaft 4
Kommunalverwaltung 97
Komposthaufen 67
Kompostieranlage 67
Kompostierung, zentrale 99
Kompostwerk 67
Königswasseraufschluß 212
Kooperation, regionale 85
Körnung des Dränmaterials 228
Kreisverwaltung Bad Kreuznach 67
Krupp MaK Maschinenbau 69
Küchen- und Gartenabfälle 67
Kugelmühlenstäuben 51
Kühlgeräte 114
Kunststoff-Recycling 58
Kupolofenanlage 44

L

Lackverarbeitung 38
Landesabfallgesetz 91
Landesamt für Wasser und Abfall Nordrhein-Westfalen 210
Langzeit-Systeme 106
Langzeitprodukte XIV
Lärmschutzwälle 105
Leichtweill-Institut der Technischen Universität Braunschweig 215
Lescha 69
Leuchtstoffröhren 115
Lipophile organische Verbindungen 212
Lithosphäre 197
Lizensierter Altautoverwerter 61
Lizenzmodell von NRW 16
Loesche 69
Lösemittel 41
-, halogenierte 39
Luftreinhaltung 20
Lurgi Energie- und Umwelttechnik GmbH 163
Lysimeter 212

M

MAB (Metallaufbereitung) 243
MAB-Lentjes 71
Magdeburg 240
Mainhausen-Kommission 102
Markenverband eV XII
Massenreduktion 216
Mattenkompostierung 69
Mehrfachbarrierensystem 189
Mehrfachsicherheitssysteme 189
Mercedes-Benz XIV

Merseburg 245
Methanbakterien 200
Methanphase 237
Mietenkompostierung 69
Mikroorganismen 67
Mineralstoffdeponien 210
Ministerium für Umwelt, Saarbrücken 28
Monodeponie 182, 192
Montanal 55
Morsleben, Asse, Gorleben 206
Müllabfuhr, gemeindliche 97
Müllheizkraftwerk Göppingen 182
Mülltourismus 12
Müllverbrennungsasche 149
Müllverwertung, thermische 85
Multibarrierenkonzept 197

N

Nachbrennkammer 157
Nachrotte 69
Nachrüstung 169
Nachsorge 197
Nachweispflicht 34
Nasse Rauchgasreinigung 163
Naßwäscher 159
Naßmüllkompostierung 216
Negativattest 244
Nett-Projekt 6
Neue Bundesländer 245
Nickelcadmiumakkus 114
Niederrheinische Industrie- und Handelskammer 77
Niedersächsische Gesellschaft zur Endablagerung von Sonderabfall mbH 16
Niedertemperatur-Konvertierung 143
Niedrigtemperatur-Konvertierung 216
NOELL-KRC Umwelttechnik GmbH 127
NUKEM 87
Nullemission 172
Nullprodukte 107
Nutzungsdauer 215
Nutzungskaskaden 110
Nutzungsoptimierung 107

O

Oberflächenabdeckung 188
Oberschlesien XIV
Oelsen, Olaf XIII
Öffentlichkeitsarbeit 113
Öffentlichkeitsbeteiligung 29
Öko-Steuer 90
Ökobilanzen 107
Ökologisierung des Beschaffungswesens 113
Ordnungsbehördliches Handeln 114
ORFA Organ-Faser Aufbereitungs GmbH & Co. KG 63
ORFA-Verfahren 63
ORG-CONSULT Essen 32
Organ-Faser Aufbereitungsgesellschaft mbH & Co. KG 65

Organic Waste Systems (Belgien) 71

P

Papier-Recycling XII
Parteiführung 241
PHARE XIV
Piezometer 229
Planfeststellungsverfahren 28
Plangenehmigungsverfahren 28
Polen XIV
Politiker in der lokalen Presse 246
Polnisches Umweltministerium XIV
Porenvolumen 232
Porsche 60
Prallmühle 63
Problemabfälle 215
Proctordichte 149
Produktdaueroptimierung 107
Produktdesign 108
Produktlebensdauer 112
Produktrücknahme 8
Prozeßtechnologien, saubere 112
Prozeßüberwachung 49
Pyrolyse 60, 142

Q

Qualitätssicherungsplan 194
Quecksilberbelastung 115

R

R + T Umwelt GmbH 80
Radio- und Fernsehschrott 57
\Rastede\-Entscheidung des Bundesverfassungsgerichts 95
Rat von Sachverständigen für Umweltfragen (SRU) 197
Rau, Johannes X
Rauchgasnachreinigung-RNR 120
Rauchgasreinigung 180
-, abwasserfreie 164
-, System Düsseldorf 118 118
-, weitergehende 163
Rauchgasreinigungsrückstände 87
Rauchgasreinigungstechnik für MVA's 127
REA-Gips 105
Reaktionschemikalien 180
Recycling-Auto XIII
Recycling-Chemie Niederrhein GmbH 41
Recycling-Kongress, Nordrhein-Westfalen 77
Redestillate 42
Rekonditionierbetriebe 39
REMIX 73
REPAVE 73
Resal 55
RESHAPE 73
Resource Recovery X
Ressourcenpolitik 11

Ressourcenschonung 21
Restmüllbeseitigung 215
Reststoffbestimmungs-Verordnung 35
Reststoffe 6
Reststoffverwertung 24
RESY XII
Resy Organisation für Werkstoff-Entsorgung GmbH XII
RESY-System XIII
Rethmann 71
RGR-Produkte 181
Riecken-Harvestore 71
Rigolen 219
Rinde 67
Ripa di Meana 2
Risk Management 112
Rückhaltetechnik 20
Rücknahme- und Pfandpflicht 32
Rücknahmepflicht 110
Rückstandsbehandlung 163
Rückstandverfestigung 172
Ruhr-Universität Bochum 12, 92
Ruhrgebiet 80
Ruhrkohle Oel & Gas GmbH 65
Ruhrkohle Umwelt GmbH, Essen 104
Rummler, Thomas XI
RWE 10
RWE Entsorgung AG 80

S

S4-Versuch 211
Sachsen-Anhalt 245
Sachsen-Böhmen-Schlesien XI
Salzbergbau 206
Salzsäuregewinnung 170
Salzschlacke 51
Sammelentsorgungsnachweis 35
Säulenversuche 230
Säurebakterien 201
Schadstoff 20
Schadstoffabbau, biologischer 220
Schadstoffentfrachtungen 103
Schadstoffsenke 82, 131
Schlauchfilter 163
Schleicher, Ursula XIII
Schmelzkammerfeuerungen 177
Schmelzkammergranulate 178
Schmutzfracht 175
Schönberg, Mecklenburg 190
Schüttelversuche 210
Schwefelsäuregewinnung 170
Schweizer Eluat-Test 184
Schwelbrand 218
Schwermetalle in Hausmülldeponien 201
Schwermetallgehalt 181
Schwermetallkonzentrationen 160
Scoping-Verfahren 29
SCR-Verfahren (katalytische Verfahren) 166
SED-Führung 242
Sekundäraluminium 51

Sero (Sekundärrohstoffverarbeitung) 243
Sero-Sammelsystem 245
Serobetriebe 80
SFW-Saarberg-Fernwärme 71
Sharing and Caring 111
Sicherheitsdatenblätter 39
Sickerbahnen 198
Sickerwässer 153
Sickerwasserbehandlungsanlage 193
Sickerwasserreduzierung 188
17. Verordnung zum Bundesimmissionsschutzgesetz 85
Silosickersaft 240
SMAG Bereich Hazemag 71
SNCR-Verfahren (nichtkatalytisches Verfahren) 166
SOLUR-Glasschmelzverfahren 171
Sonderabfalldeponierung 188
Sonderabfälle 15
Sondermüll-Verbrennungsanlage INDAVER Antwerpen 161
Sondermülldeponie Mainhausen 88
Sortierung 63
Sozialismus, real existierender 242
Spionage 241
Sprühabsorption 163
Stadt Bielefeld 99
Stadtreinigungsamt Bielefeld 113
Stadtwerke Düsseldorf 118
Stand der Technik 34, 188
Standort Bundesrepublik Deutschland XIV
Standsicherheit der Deponie 217
Steag Entsorgungs-GmbH 175
Steinkohlekraftwerke 175
Steinkohlenbergbau 104
Steinmüller 71
Stetten 206
Stickoxidminderung (DENOX) 120
Stickstoff- und Phosphorelimination 175
Störfall 20
Stoffmobilität 210
Stoffverbot 21
Straßenaufbruch 72
Straßenbauwirtschaft 149
Straßenrand-Bundsammlung 99
SÜDWESTDEUTSCHE SALZWERKE AG 206
sustainable development XIV, 9
Syncrude 105
Systemdesign 112
Systeminnovation 110

T

T.U.C. Consult (Schweiz) 71
Techn. Universität Hamburg-Harburg 198
Technische Anleitung Abfall (TA Abfall) 32
Technologietransfer X
TEQ (NATO) 180
Thyssen Engineering 71
Thyssen Entsorgungs-Technik GmbH 65
TNT Express GmbH XII
Töpfer, Klaus XI
Toxizitätsäquivalente 167

Trienekens Entsorgung GmbH 80
Trocknung 131
TU Braunschweig 221

U

Übernahmeschein 35
Umschmelzwerke 51
Umweltbundesamt Berlin 192
Umweltdelikte 115
Umweltgemeinschaft 12
Umweltmagazin XI
Umweltschutz, integrierter 21
Umweltschutzpapier 98
Umweltverträglichkeitsprüfung 28
Ungarn XIV
Universität Bielefeld 15
Untertagedeponie 82
Untertagedeponie Herfa-Neurode 104
Untertagedeponien im Salz 206
Untertageverbringung von Kraftwerksreststoffe 105
Untertägige Deponierung 182
upgrading von Recyclaten 60
UTR Umwelttechnologie- und Recycling-Zentrum Gladbeck 129
UTR-Verfahren 129
UVP-Stammgesetz 28

V

Valorga (Frankreich) 71
VCI (Verband der Chemischen Industrie) XIII
VEBA 10
VEBA Oel AG 104
Venturiwäscher 163
Verband der chemischen Industrie (VCI) 246
Verbundwerkstoff-Reste 240
Vereinbarungen, freiwillige 114
Vereinigung für Wertstoffrecycling GmbH XII
Verfahren zur Altlastensanierung, mikrobielle 191
Verklappung 82
Verlösung 53
Vermeidungsengineering 110
Vermeidungsgesellschaft 7
Verpackungsverordnung XI, 32
Verpilzung 132
Verursacherprinzip 4
Verwaltungsmonopol 15
Verwertungsgesellschaft für Holzpackmittel und Paletten mbH (VHP) XII
VEW Vereinigte Elektrizitätswerke Westfalen AG 65
Voest-Alpine (Österreich) 71
Volkswagen XIV
Vorrotte 69, 237
Vorsorgeprinzip 4

W

Wasserhaushaltsgesetz (WHG) 90
Waste Management 10
Wegwerfgesellschaft 7
Wertstoffrecycling 17
WGA-Entsorgungssystem XII
Windsichtern 63
Winterstreumittel 178
Wirbelschichtfeuerung 131

Wirbelschichtreaktor 136

Z

Zentrale Stelle für Sonderabfälle 16
Zentralverband Gewerbliche Verbundgruppe (ZGV) XII
Zinkrecycling 44
Zirkulierende Wirbelschicht (ZWS) 168